Nr. 33 1959
S. 10455–10782 19. August

Chemisches Zentralblatt

Vollständiges Repertorium für alle Zweige der reinen und angewandten Chemie

1830 gegründet. 1897—1945 von der Deutschen Chemischen Gesellschaft fortgeführt. Im Auftrage der Deutschen Akademie der Wissenschaften zu Berlin, der Chemischen Gesellschaft in der DDR, der Akademie der Wissenschaften zu Göttingen und der Gesellschaft Deutscher Chemiker (in der BRD)

herausgegeben von Prof. Dr. **Heinrich Bertsch** und Prof. Dr. Dr. h. c. **Wilhelm Klemm**

130. Jahrgang

1959

Chefredakteure: Dr. Eugen Klever und Dr. Heinz Walter

Akademie-Verlag GmbH., Berlin – Verlag Chemie, GmbH., Weinheim/Bergstr.

Inhalt

Postverlagsort: Berlin

Professor Dr. Maximilian Pflücke

70 Jahre

Herr Professor Dr. phil. Maximilian Pflücke vollendete am 26. Juli 1959 sein siebzigstes Lebensjahr und trat nach 46jähriger Tätigkeit als Herausgeber und Chefredakteur des Chemischen Zentralblattes am 30. Juni 1959 in den Ruhestand. Für Generationen in- und ausländischer Chemiker und Naturwissenschaftler wurde sein Name zum Inbegriff wissenschaftlicher Dokumentationsarbeit in Gestalt des von ihm jahrzehntelang geleiteten Chemischen Zentralblattes. Wie nur wenigen vergönnt, konnte Pflücke die ihm schon mit jungen Jahren übertragene Herausgeberschaft bis zu diesem Ehrentage mit der ihm eigenen Tatkraft und in nimmermüdem Einsatz erfolgreich fortführen. Unter seiner Leitung hat sich das Chemische Zentralblatt trotz großer zeitbedingter Schwierigkeiten zu dem international angesehenen Referateorgan für alle Zweige der reinen und angewandten Chemie entwickelt.

Die Persönlichkeit des Jubilars und seine Verdienste als namhafter Wegbereiter für die heute nicht mehr wegzudenkende wissenschaftliche Dokumentation der Chemie erheischen an dieser Stelle einen Abriß seines wissenschaftlichen Werdeganges:

Pflücke studierte nach der am Viktoria-Gymnasium in Potsdam absolvierten Reifeprüfung zunächst Bauingenieurwesen und Nationalökonomie an der Technischen Hochschule in Berlin-Charlottenburg. Danach widmete er sich dem Studium der Chemie, Philosophie und Naturwissenschaften an der Universität zu Berlin, das er noch auf mehrere medizinische Semester ausdehnte. Die Promotionsarbeit fertigte Pflücke im Laboratorium von Geheimrat Prof. Dr. Emil Fischer an, und 1914 promovierte er unter dem Rektorat von Max Planck zum Doktor der Philosophie.

Am 1. Januar 1914 trat Pflücke als Redakteur in die Schriftleitung des zur Deutschen Chemischen Gesellschaft zugehörigen Chemischen Zentralblattes ein. 1923 wurde er als Chefredakteur verantwortlich mit der Herausgabe des Chemischen Zentralblattes bestallt, das er bis zum 30. Juni 1959 ununterbrochen leitete. Sein ständiger, auf die Bedürfnisse der chemischen Fachwelt ausgerichteter Impuls, zusammen mit seinem wissenschaftlichen Kenntnisreichtum und einer guten Organisationsgabe, vermochten es, daß Pflücke Umfang und Aussagekraft des Chemischen Zentralblattes ständig mehren und den aktuellen Anforderungen anpassen konnte. So wurde unter seiner Leitung die Patentberichterstattung auf ausländische Patente ausgedehnt, das bis dahin noch nicht vorhandene Formelregister entwickelt und eingeführt, das Sachregister neugeordnet und die Einzugsgebiete für die Berichterstattung im Referateteil international ausgedehnt. Das dem Chemischen

Zentralblatt heute zugrunde liegende Ordnungssystem (*Das System* 1. Auflage 1958) und die Normierung der Zeitschriftentitel durch die von Pflücke herausgegebene *Periodica Chimica* (1. Auflage 1930; 2. Auflage 1952) sind weitere Marksteine seines Wirkens.

Dem Wissenschaftler Pflücke wurden zahlreiche Ehrungen zuteil:

1929 überreichte ihm die Deutsche Chemische Gesellschaft anläßlich des 100jährigen Bestehens des Chemischen Zentralblattes die silberne Hofmann-Haus-Plakette,

1951 zeichnete ihn die Regierung der Deutschen Demokratischen Republik mit dem Nationalpreis aus,

1954 erhielt er die Gmelin-Beilstein-Gedenkmünze der Gesellschaft Deutscher Chemiker und

1958 wurde er zum Ehrenmitglied der Chemischen Gesellschaft in der DDR ernannt.

An der Humboldt-Universität zu Berlin hat Professor Pflücke seit 1949 einen Lehrauftrag über Dokumentation der Naturwissenschaften inne. 1957 ernannte ihn die Deutsche Akademie der Wissenschaften zu Berlin zum Direktor des Instituts für Dokumentation.

Anläßlich seines 70. Geburtstages verlieh ihm die Technische Hochschule Dresden die akademische Würde des Dr. Ing. e. h.

Pflücke versah zudem eine Vielzahl von Funktionen und Ämtern, die in engem Zusammenhang mit seiner wissenschaftlichen Bedeutung und Anerkennung auf dem Gebiete der Dokumentation stehen. Aber der von ihm innegehabte große Pflichtenkreis schloß immer die Fürsorge für seine Mitarbeiter in der Redaktion des Chemischen Zentralblattes mit ein. So hat er, von allen verehrt, es verstanden, den Fachredakteuren seine Konzeption der wissenschaftlich-schöpferischen Gestaltung des Chemischen Zentralblattes in einem Maße nahezubringen, welches seinen Nachfolgern die Fortführung seines Werkes erleichtert.

Die Redakteure des Chemischen Zentralblattes verbinden mit ihrem Dank an Herrn Professor Dr. Maximilian Pflücke alle guten Wünsche für noch viele Jahre schöpferischer Tätigkeit im Dienste der wissenschaftlichen Berichterstattung.

Berlin, am 26. Juli 1959

Dr. HEINZ WALTER
Chefredakteur

Namenregister

Patentregister

Chemisches Zentralblatt

1959 Nr. 33 19. August

Geschichte. Unterricht.

E. Jucker, *Zur Entwicklung der Carotinoid-Chemie. Paul Karrer zum 70. Geburtstag.* Lebenslauf u. Würdigung der bahnbrechenden Arbeiten, bes. auf dem Gebiete der Carotinoidchemie des Nobel-Preisträgers (1957) P. KARRER (geb. als Sohn schweizer. Eltern in Moskau am 21/4.1889). — Bild. (Angew. Chem. **71.** 253—59. 21/4. 1959. Basel.) E. KLEVER. 1

Artturi I. Virtanen, *N. J. Toivonen 70 Jahre.* Würdigung der Forschungsarbeit des Professors an der Univ. Helsinki NIILO JOHANNES TOIVONEN (geb. 7/2. 1888 in Hämeenlinna), die in der Hauptsache auf alicyclische Verbindungen gerichtet war. (Suomen Kemistilehti **31.** B 1—2. 1958.) W. KUNTZ. 1

René Wurmser, *René Audubert. 1892—1957.* Nachruf auf den Professor an der Sorbonne RENÉ AUDUBERT (geb. 1/11. 1892 in Puiol sur Dordogne), Würdigung seiner Persönlichkeit u. seiner Forschungen bes. über elektrolyt. Prozesse u. über die Aussendung von UV-Strahlen durch chem. Reaktionen. — Bild. (J. Chim. physique Physico-Chim. biol. **55.** 159—62. März 1958.) W. KUNTZ. 1

Albert Portevin, *Nachruf auf Edouard Houdremont, korrespondierendes Mitglied der Akademie der Wissenschaften.* Kurze Würdigung des bekannten Metallurgen E. HOUDREMONT (geb. am 19/5. 1896 in Luxemburg, gest. am 10/6. 1958 in Essen). (C. R. hebd. Séances Acad. Sci. **246.** 3557—58. 30/6. 1958.) E. KLEVER. 1

Vincent J. Schaefer, *Irving Langmuir, ein Mann vieler Interessen.* Würdigung der Persönlichkeit I. LANGMUIRS (in der Industrie tätig, gest. 16/8. 1957) u. seines Eintretens für vielseitige individuelle Entwicklung als Träger wissenschaftlichen Fortschritts. — Bild. (Science [Washington] **127.** 1227—29. 23/5. 1958. Schenectady, N. Y., Munitalp Found.) W. KUNTZ. 1

E. Newton Harvey, *Albert Prescott Mathews, Biochemiker.* Nachruf auf den Prof. der Biochemie in Cincinnati A. P. MATHEWS (geb. 26/11. 1871 in Chicago, gest. 21/9. 1957), Würdigung seiner Persönlichkeit u. seiner Tätigkeit auf den Gebieten der Biochemie u. Biophysik. (Science [Washington] **127.** 743—44. 4/4. 1958. New Jersey, Princeton Univ.) W. KUNTZ. 1

Josef Mattauch, *Friedrich A. Paneth.* Nachruf auf F. A. PANETH (geb. 31/8. 1887 in Wien, gest. am 17/9. 1958 in Wien) u. Würdigung seiner Arbeiten (vgl. PETERS, C. **1959.** 5353). (Forsch. u. Fortschr. **33.** 29—31. Jan. 1959. Mainz.) E. KLEVER. 1

Karl-Eduard Schoenherr, *In memoriam Paul Uhlenhuth.* Nachruf auf den am 13/12. 1957 in Freiburg/Brsg. verstorbenen Geheimrat Prof. Dr. med. P. UHLENHUTH u. Würdigung seiner wissenschaftlichen Leistungen auf serolog., bakteriolog., hygien. u. besonders chemotherapeut. Gebiet. (Arzneimittel-Forsch. **8.** 249—50. April 1958.) K. MAIER. 1

Hans Meyer und **Wolfgang Eberhardt,** *Ernst Urban †.* Nachruf u. Würdigung des am 23/4. 1958 verstorbenen Apothekers Dr. E. URBAN (Lebenslauf). (Pharmaz. Ztg. verein. Apotheker-Ztg. **103.** 427—28. 1/5. 1958.) HEINZ WALTER. 1

Ruttmann, *Max Werner †.* Nachruf auf den Werkstoffspezialisten bei den Farbenfabriken Bayer Dr. M. WERNER (geb. 18/9. 1888 in Hannover, gest. 17/11. 1957 in Hannover) u. Würdigung seiner Arbeiten bes. über Korrosion, Korrosionsprüfung u. -verhütung. — Bild. (Werkstoffe u. Korrosion **9.** 132. Febr. 1958. Leverkusen.) W. KUNTZ. 1

Eugene Wegmann, *Das Erbe Werners und Huttons.* Würdigung der Werke von WERNER u. HUTTON u. ihr Einfl. auf die heutige Geologie u. Gesteinslehre. (Geologie **7.** 531—59. 1958. Neuf Châtel, Schweiz.) F. ENSSLIN. 1

O. Th. Schmidt, *Géza Zemplén. (26. Oktober 1883—24. Juli 1956).* Nachruf auf den Begründer der wissenschaftlichen organ. Chemie in Ungarn G. ZEMPLÉN u. Würdigung seiner Arbeiten auf dem Forschungsgebiet der Zuckerchemie. — Bild u. Verzeichnis seiner Arbeiten. (Chem. Ber. **92.** I—XIX. 14/2. 1959.) E. KLEVER. 1

Zsigmond Károlyi und **Elemér Kocsis,** *Daten zur heimischen Geschichte der chemischen Wissenschaften. Karl Nendtvich.* Würdigung der wissenschaftlichen Tätigkeit von K. NENDTVICH (1811—1892), erster Professor der chem. Technologie der Technischen Universität (Muegyetem) von Budapest. (Magyar Kémikusok Lapja [Z. Ver. ung. Chemiker] **13.** 334—39. Sept. 1958. Budapest, Müszaki Egyetem Központi Könyvtára.) G. HALMI. 1

Richard Foregger, *Joseph Black und die Identifizierung von Kohlendioxyd.* Bericht über die Versuche J. BLACKS (1728—99, Professor in Glasgow u. Edinburgh), durch die er CO_2, von ihm „fixed air" genannt, als spezif. Gas identifizierte u. sein Vork. bzw. seine Entstehung u. seine wesentlichen Eigg. bestimmte. Literaturverzeichnis. — Bild. (Anesthesiology **18.** 257—64. März/April 1957.) W. KUNTZ. 1

G. Kersaint, *Hat Fourcroy Schritte getan, um Lavoisier zu retten?* (Vgl. C. **1958.** 10883.) Die Frage wird auf Grund genauer Quellenstudien bejaht. (Rev. gén. Sci. pures appl. **65.** 27—31. Jan./Febr. 1958.) W. KUNTZ. 1

J. R. Partington, *Die Entdeckung des Radons.* Übereinstimmend schreiben alle Lehrbücher der Radioaktivität u. Physik die Entdeckung des Radons DORN (Vgl. Abhandlungen der Naturforschenden Gesellschaft zu Halle **23.** [1901.]) zu. DORN benutzte eine ähnliche App. wie RUTHERFORD bei der Entdeckung des Thorons. Er arbeitete mit $RaBr_2$ u. fand, daß Rn-Al nicht durchdringen kann. (Nature [London] **179.** 912. 4/5. 1957. Cambridge.) A. KOSS-ROSENQVIST. 2

W. Schneider, *Vor 100 Jahren: Kekulé und die organische Strukturchemie.* (Pharmaz. Ind. **20.** 379—83. Aug. 1958. Braunschweig, T. H., Pharmaziehistor. Seminar.) HEINZ WALTER. 2

R. Grewe und **G. Winter,** *Zur Geschichte der 5-Dehydrochinasäure.* Die vor etwa 100 Jahren von O. HESSE durch Oxydieren von Chinasäure mit Br dargestellte Verb. (mit der etwas später von A. STRECKER durch Alkalischmelze des Piperins erhaltenen von R. FITTIG als ident. befunden) wurde in einer Nacharbeitung der Vorschrift durch die Vff. als *5-Dehydrochinasäure,* F. 139°, $[\alpha]_D$ −44,5° erkannt, die 1950 von B. D. DAVIS strukturell aufgeklärt u. benannt wurde. (Angew. Chem. **71.** 163. 21/2. 1959. Kiel, Univ., Inst. für Organ. Chem.) K. BLUMRICH. 2

Kurt Quecke, *Die Signaturenlehre im Schrifttum des Paracelsus.* Darst. der zeitgenöss. Signaturenlehre im Verhältnis zum Standpunkt des PARACELSUS VON HOHENHEIM. (Beih. „Pharmazie" Heft **2.** 41—52. 1955. Marburg/Lahn.) HEINZ WALTER. 2

Friedrich Dobler, *Die chemische Arzneibereitung bei Theophrastus Paracelsus am Beispiel seiner Antimonpräparate.* 1. u. 2. Mitt. Ausführliche histor. Darst. des alchimist.-therapeut. Gedankengutes des THEOPHRASTUS PARACELSUS VON HOHENHEIM (1493-1541). Am Beispiel der hinterlassenen chem. Vorschriften zur Bereitung zeitgenöss. *Sb*-Präpp. werden Modellverss. angestellt u. dabei ermittelt, daß PARACELSUS u. a. *Stibium chloratum* (Antimonbutter; $SbCl_3$), *Stibium sulfuratum rubrum* (Mineralkermes; $Sb_2S_3 + K_4Sb_2O_7$) u. *Stibio-Kalium tartaricum* (Brechweinstein; K-Antimonyltartrat) therapeut. verwendete. Demzufolge wurde Brechweinstein bereits von PARACELSUS u. nicht erst von A. VON MYNSICHT (1661) dargestellt. (Pharmac. Acta Helvetiae **32.** 181—93. Beilage zu: Schweiz. Apotheker-Ztg. Mai. 226—52. Juni 1957.) HEINZ WALTER. 2

H. v. Czetsch-Lindenwald, *Das Wasser des Abu Menas. Ein Beitrag zur Geschichte der Arzneispezialitäten.* Histor. Darst. u. 2 Abb. von Gefäßen. (Pharmaz. Ind. **20.** 284—85. Juni 1958. Alexandria, Univ., Fac. of Pharm.) HEINZ WALTER. 2

A. F. A. Reynhart, *Die Gewinnung von Kalium aus Seewasser.* Übersicht über Ort, Art u. Menge des Vork. von K, bes. in Seewasser, die geschichtliche Entw. der K-Gewinnung aus Seewasser, bes. das NICCOLI- u. NORDUCO-Verfahren. (Chem. Weekbl. **54.** 745—53. 27/12. 1958. Ijmuiden, N. V. Mekog.) W. WESLY. 2

Karl Riehm, *Neue Einblicke in die Technik der vorgeschichtlichen Salzsiedekunst.* Bestimmte Scherben von Tongefäßen, die in vorgeschichtlichen europäischen Salzgewinnungsstätten häufig gefunden wurden u. deren Verwendungszweck bisher nicht geklärt werden konnte, werden als Gefäße zur Salztrocknung gedeutet. (Forsch. u. Fortschr. **32.** 47—49. Febr. 1958. Halle/Saale.) W. KUNTZ. 2

Martin Levey, *Das Silber in der alten mesopotamischen Literatur. Bemerkungen zum Gebrauch des Chemiker-Archäologen.* Angaben über den Handelswert von Silber u. Silbergeld, über verschied. Arten u. Läuterungsprozesse des vermutlich eingeführten Silbers. (Rev. gén. Sci. pures appl. **65.** 33—39. Jan./Febr. 1958. University Park, Pa.) W. KUNTZ. 2

H. R. Schubert, *Die früheren Eisenhüttenleute und die öffentliche Meinung über Jahrhunderte.* Kurzer Überblick über das Ansehen u. die Stellung von Eisenhüttenleuten in England in verschied. Jahrhunderten. (J. Iron Steel Inst. **191.** 18—19. Jan. 1959.) H. HOCHSTEIN. 2

Béla Mihalik, *Über das Färben von Textilien der primitiven Völker bis zum Neo-Batik.* Überblick. — 11 Literaturzitate. (Magyar Textiltechn. [Ung. Textiltechn.] **10.** 218—22. Juni 1958.) N. SEILER. 2

Tornau, *Zur Geschichte der Zeitschrift für Acker- und Pflanzenbau.* (Z. Acker- u. Pflanzenbau **100.** 1—14. Sept. 1955.) M. WINIKER. 4

Everett A. Trousdale, *Lösen von Aufgaben in der Chemie.* Vf. empfiehlt das Rechnen in g-Moll. u. Molvoll. anstatt in g oder anderen Gewichts- u. Volumeinheiten — Beispiele. (J. chem. Educat. **35.** 299. Juni 1958. Naselle, Wash., Naselle Grays River Valley School.) K. BLUMRICH. 6

Hans H. Jaffé, *Die Energien von Elektronen in Atomen. Eine Übung für Studenten in einem Valenztheoriekurs.* Die zur Entfernung von Elektronen verschied. Bahnen aus Atomen nötigen Energien werden aus spektroskop. Daten berechnet (Beispiel: Zn-Elektronen). Bestehende Unsicherheiten lassen nur Annäherungen zu. Aus den Größen u. ihren Differenzen werden Möglichkeiten kovalenter (einschließlich ion.) Bindungen zwischen Atomen beurteilt. Nach einer Tabelle für Elemente der 1., 2. u. 3. Periode beträgt die für Bindungen in Betracht kommende Energie 5 bis 18 eV (oder das Energieverhältnis der beteiligten Elektronen höchstens 2:1; bei Hybridisierung wahrscheinlich weniger. (J. chem. Educat. **33.** 25—27. Jan. 1956. Cincinnati, O., Univ.) K. BLUMRICH. 6

Ralph T. Overman, David L. Coffey und **Lowell A. Muse**, *Radioisotopenversuche in den Programmen der Orins-Sommerkurse.* Beschreibung von Verss. mit ^{60}Co, ^{14}C u. ^{32}P: Messungen mit dem Quarzfadenelektroskop (Prüfen der linearen Anzeige, Selbst- u. Fremdabsorption von β-Strahlen), GEIGER–MÜLLER-Zähler (Einstellen der Spannung, γ-Absorption u. Rückstrahlung, Dickenmessung mit β-Strahlen) u. seinen Hilfsgeräten (Strahlungsgesetz u. -konstanten von akt. Isotopen); Aktivieren von Ag durch Neutronen u. Best. der Zerfallskurven der Prodd., Autoradiographie von ^{32}P in Pflanzen, Trennen von Ni u. Co ($+^{60}Co$) durch Ionenaustausch u. Isotopen-Verdünnungsanalyse (Best. von Fe als $Fe[OH]_3$). (J. chem. Educat. **35.** 296—98. Juni 1958. Oak Ridge, Tenn., Inst. of Nucl. Stud., Spec. Training Div.) K. BLUMRICH. 6

Hugh Henry Neville and William Edward Yuill, Translation from German for chemists. New York: Interscience Publishers; London: Blackie. 1959. (XII + 139 S. m. Tab.) 15 s.

—, Handbook of chemistry and physics, a ready reference book of chemical and physical data. 40th ed. Ohio: Chemical Rubber Publishing Co.; London: Blackwell Scientific Publications. 1958. (XII + 3456 S. m. Tab.) 5 £.

A. Allgemeine, physikalische und anorganische Chemie.

A_1. Kernphysik und Kernchemie.

J. Katzman, *Zunahme der Höhenstrahlintensität in Verbindung mit solarer Aktivität.* Zwischen September 1956 bis Februar 1957 wurde parallel mit der Zunahme der Sonnenaktivität ein Anstieg der Höhenstrahlung mit einem minimalen Impuls von $4{,}5 \cdot 10^9$ eV/c um über 100% mittels Teleskopen mit festen Winkeln von $11{,}5 \cdot 10^{-4}$ u. $26{,}0 \cdot 10^{-4}$ festgestellt. (Canad. J. Physics **36.** 807—14. Juli 1958. Ottawa, Nat. Res. Council, Div. of Pure Phys.) M. WIEDEMANN. 85

A. G. Fenton, K. B. Fenton und **D. C. Rose**, *Eine Variation der Höhenstrahlintensität auf Seehöhe zwischen 1954 und 1957.* Nach Messungen mittels Neutronen-Monitoren u. Mesonen-Teleskopen auf den geomagnet. Breiten 57 u. 83° N von 1954—1957 nahm die Mesonenintensität um 5—6% ab, die Intensität der Nucleonenkomponente um über 22%. (Canad. J. Physics **36.** 824—39. Juli 1958. Ottawa, Nat. Res. Council, Div. of Pure Phys.) M. WIEDEMANN. 85

R. R. Brown, *Breitenvariation des 27 Tage-Abfalls der Höhenstrahlintensität.* Aus Messungen mittels Neutronen-Monitoren während einer Periode intensiver Sonnenaktivität auf verschied. Breiten ergibt sich, daß die Äquatorialvariationen die berechneten Werte um den Faktor 2—3 übersteigen. (Nuovo Cimento [10] **9.** 197—207. 16/7. 1958. Berkeley, Calif., Univ. of California, Dep. of Phys.) M. WIEDEMANN. 85

M. Koshiba, G. Schultz und **Marcel Schein**, *Das Ladungsspektrum der Höhenstrahlung auf 41° N.* Das Ladungsspektr. auf 104000 ft u. 41° N wurde mittels Kernemulsionen aufgenommen, für $Z > 9$ wurde die Lückenzählung benutzt. Für das Verhältnis der leichten Kerne L ($Z = 3, 4, 5$) zu den mittleren M ($Z = 6, 7, 8$) ergab sich zu $0{,}32 \pm 0{,}07$ u. das Verhältnis der schweren ($Z > 9$) zu M zu $0{,}48 \pm 0{,}10$. Ein Vgl. zeigt die große Ähnlichkeit der Häufigkeitsverteilung der Elemente in der Höhenstrahlung u. gewissen jungen Sternen. (Nuovo Cimento [10] **9.** 1—16. 1/7. 1958. Chicago, Ill., Univ., Dep. of Phys. and Enrico Fermi Inst. for Nucl. Stud.) M. WIEDEMANN. 85

Georg H. Rawitscher, *Streuung von polarisierten μ-Mesonen an ausgedehnten Kernen.* Streulösungen der DIRAC-Gleichung für ein μ-Meson im stat. elektr. Feld eines ausgedehnten Kerns werden für verschied. Werte der Geschwindigkeit des einfallenden Teilchens ($\beta = 0{,}4$ bis $0{,}8$) u. der Ladung des Streukerns ($Z = 48$ u. 80) numer. erhalten.

Winkelverteilungen des unpolarisierten Querschnitts u. die Links-rechts-Asymmetrien S eines transversal polarisierten Bündels von μ^+- u. μ^--Mesonen werden wiedergegeben. Im Fall von μ^+ kann S empfindlich von der Form der Kernladungsverteilung abhängen. (Physic. Rev. [2] **112.** 1274—81. 15/11. 1958. Rochester, N. Y., Univ. of Rochester, Dep. of Phys. and Astron.) Herbert Weber. 90

S. W. MacDowell, *Korrelierte Polarisation von μ-Mesonen beim $K_{\mu 3}$-Zerfall.* Mittels der relativist. Dichtematrix wird der Polarisationsvektor der μ beim $K_{\mu 3}$-Zerfall berechnet. Die depolarisierenden Effekte energiereicher Atomstöße werden ermittelt, für Bremsung der μ von 130 auf 0,5 MeV in *C* dürften sie ca. 1% betragen. (Nuovo Cimento [10] **9.** 258—62. 16/7. 1958. Birmingham, Univ., Dep. of Math. Phys.) M. Wiedemann. 90

C. Castagnoli, A. Manfredini und **A. W. Merrison,** *Energieabhängigkeit der Positronenasymmetrie beim Zerfall polarisierter μ-Mesonen in der Emulsion.* Die Winkelasymmetrie von 1001 Positronen aus dem Zerfall von in Kernemulsionen abgebremsten μ-Mesonen wurde in Abhängigkeit von der Energie untersucht. Die experimentellen Daten stimmen mit der unter der Annahme eines Zweikomponenten-Neutrinos u. der Erhaltung der Leptonenladung abgeleiteten Asymmetrie überein. (Nuovo Cimento [10] **9.** 186—87. 1/7. 1958. Roma, Univ., Ist. di Fis., Ist. Naz. di Fis. Nucl.; Liverpool, Univ., Phys. Dep.) M. Wiedemann. 90

C. Ceolin, N. Dallaporta und **L. Taffara,** *Pionenerzeugung bei der K^+-Nucleon-Wechselwirkung.* Der Wirkungsquerschnitt für die sek. Pionenerzeugung bei K^+–Nucleon-Wechselwirkungen im Bereich von 220—350 MeV sowie das Verhältnis der Pionenerzeugung zur elast. Streuung wurden berechnet. Aus der Pionenerzeugung lassen sich Schlüsse auf den Typ der K–Nucleon-Wechselwirkung ziehen. (Nuovo Cimento [10] **9.** 353—57. 16/7. 1958. Padova, Univ., Ist. di Fis., Ist. Naz. di Fis. Nucl.) M. Wiedemann. 90

T. K. Fowler, *Quasielastische Streuung von Pionen an Kernen.* Vf. diskutiert eine auf der Impulsapproximation basierende Vorschrift zur Schätzung der unelast. Verunreinigung, die allg. bei Verss. zur Messung der elast. differentiellen Pion–Nucleon-Streuquerschnitte infolge der endlichen Energieauflösung des Detektors vorliegt. Bei solchen quasielast. Messungen ist der Interferenzanteil der unelast. Streuung, für den der Formfaktor die Fourier-Transformation der wichtigen u. unbekannten Nucleonenpaar-Korrelationsdichte ist, experimentell getrennt von der direkten unelast. Streuung über einen großen Bereich von Streuwinkeln. (Physic. Rev. [2] **112.** 1325—35. 15/11. 1958. Madison, Wis., Univ. of Wisconsin.) Herbert Weber. 90

G. Morpurgo, *Diskussion einiger Winkelverteilungen bei den Reaktionen $\pi + N \rightarrow \pi + \pi + N$, $N + N \rightarrow 2N + \pi$, $\gamma + N \rightarrow \pi + \pi + N$.* Vf. schlägt Unterss. der Winkelverteilungen vor, um zu prüfen, ob 2 der 3 hervorgerufenen Teilchen bevorzugt in einem relativen Drehimpulszustand vorkommen u. um einen Beweis für die Erhaltung oder Nichterhaltung der Parität bei starken Wechselwirkungen zu erhalten. (Nuovo Cimento [10] **9.** 564—67. 1/8. 1958. Parma, Univ., Ist. di Fis., Labor di Frascati, Ist. Naz. di Fis. Nucl.) M. Wiedemann. 90

P. S. Goel und **K. A. Neelakantan,** *Analyse der τ-Mesonen.* Inhaltlich ident. mit der C. **1958.** 5558 referierten Arbeit. (Proc. Indian Acad. Sci., Sect. A **42.** 22—27. Juli 1955. Bombay, Tata Inst. for Fundament. Res.) M. Wiedemann. 90

J. Hornbostel, E. O. Salant und **G. T. Zorn,** *Ausbeuten der durch Protonen von 1,7 bis 3 BeV erzeugten K^+- und K^--Mesonen.* Zur Messung der in Be- (u. Pb-)Kernen durch Cosmotronprotonen verschied. Energien von 1,7 bis 2,95 GeV erzeugten K^+- u. K^--Ausbeuten wurden Kernemulsionen benutzt. Die experimentelle Ausrüstung wählte Teilchen aus, die in Vorwärtsrichtung mit Impulsen von ca. 300 MeV/c emittiert wurden. Bei 2,95 GeV entspricht die K^+-Ausbeute von Be einem differentiellen Querschnitt pro Kern von $(4{,}0 \pm 0{,}5) \cdot 10^{-31}$ cm²(MeV/c)$^{-1}$ Raumwinkel^{-1}; der K^--Querschnitt ist 26 mal kleiner. Der K^+-Querschnitt von Pb ist gegenüber dem von Be um einen Faktor größer, der etwa gleich dem Verhältnis der geometr. Querschnitte dieser Kerne ist. Mit abnehmender Protonenenergie fallen die K^--Ausbeuten schneller als die K^+-Ausbeuten. Die Energieabhängigkeit der Ausbeuten wurde mit Kurven verglichen, die unter Annahme konstanter Matrixelemente aus den für die Strangeness-Erhaltung erforderlichen Phasenraumfaktoren der Erzeugungsreaktionen berechnet wurden. (Physic. Rev. [2] **112.** 1311—18. 15/11. 1958. Upton, N. Y., Brookhaven Nat. Labor.) Herbert Weber. 90

D. J. Holthuizen, *Die Bestimmung der Masse kurzlebiger Elementarteilchen.* Übersicht über die Verff. zur Best. der M. von π-, μ-, K-Mesonen u. Hyperonen. — 32 Schrifttumhinweise. (Nederl. Tijschr. Natuurkunde **24.** 241—56. Okt. 1958. Amsterdam, Univ., Natuurk. Labor.) W. Wesly. 90

Yoshio Yamaguchi, *Phänomenologische Analyse der Zerfallsprozesse der Σ- und Λ-Hyperonen.* Die Zerfallsprozesse der Σ u. Λ werden unter der Hypothese $\Delta I = 1/2$

diskutiert. Die Asymmetriekoeffizienten der Pionen des Hyperonenzerfalls werden durch das Verhältnis der partiellen Zerfallsraten der Σ^+ u. Σ^- ausgedrückt. (Progr. theoret. Physics [Kyoto] **19.** 485—94. Mai 1958. Genève, CERN. [Orig.: engl.]) M. WIEDEMANN. 90

K. Haller, *Bemerkungen über einige Identitäten in der statistischen Mesonentheorie.* Mathemat. Abhandlung. (Nuovo Cimento [10] **9.** 346—49. 16/7. 1958. St. Louis, Mo., Washington Univ., Wayman Crow Labor. of Phys.) M. WIEDEMANN. 90

A. I. Bas, *Polarisation bei Umkehrreaktionen.* Theoret. Abhandlung. (Журнал Экспериментальной и Теоретической Физики [J. exp. theoret. Physik] **32.** 628—30. März 1957.) G. KIRSCHSTEIN. 90

W. M. Jeleonski und **P. Ss. Syrjanow,** *Zur Theorie der kollektiven Bewegung von Teilchen in quantenmechanischen Systemen.* Theoret. Abhandlung. (Журнал Экспериментальной и Теоретической Физики [J. exp. theoret. Physik] **32.** 515—19. März 1957. Uraler Polytechn. Inst.) G. KIRSCHSTEIN. 90

Kanji Fujii und **Kenzo Iwata,** *Das phänomenologische Modell für die Wechselwirkung von Elementarteilchen.* Es wird ein Modell diskutiert, bei dem die Parität bei schwachen Wechselwirkungen nicht erhalten bleibt. Die Arten ν, e, μ, p, n u. Λ werden als Elementarteilchen angesehen, die anderen als zusammengesetzt. Sämtliche Wechselwirkungen sind vom FERMI-Typ. Ferner sind sie invariant bei individueller Γ_5-Transformation. Die Prinzipien lassen sich auf Leptonenprozesse anwenden. (Progr. theoret. Physics [Kyoto] **19.** 475—84. Mai 1958. Sapporo, Hokkaido Univ., Dep. of Phys. [Orig.: engl.]) M. WIEDEMANN. 90

Sadahiko Matsuyama und **Hironari Miyazawa,** *Dispersionsbeziehungen bei der Nucleon–Nucleon-Streuung.* (Vgl. C. **1959.** 1007.) Die Dispersionsbeziehungen für die Nucleon–Nucleon-Streuung werden aufgestellt, die u. a. auch den Verlauf des nuclearen Kräftepotentials aus experimentellen Daten zu bestimmen gestatten. (Progr. theoret. Physics [Kyoto] **19.** 517—33. Mai 1958. [Orig.: engl.]) M. WIEDEMANN. 90

R. T. Sharp, *Zweinucleonen-Potential nach der Theorie von Chew und Low.* Die Kernkräfte werden im Rahmen der CHEW-Low-Theorie behandelt u. das Zweinucleonen-Potential durch Integrale über die Lösung der Low-Gleichung ausgedrückt. Das Einmeson-Austauschpotential ist exakt. Das Verf. läßt sich auf nichtadiabat. Effekte im Zweinucleonen-Potential, auf das Λ–Nucleon-Potential u. die Dreinucleonen-Kraft anwenden. (Nuovo Cimento [10] **9.** 23—36. 1/7. 1958. London, Imp., Coll., Dep. of Math.) M. WIEDEMANN. 90

A. S. Dolginow, *Über den Charakter der Kräfte zwischen den Nucleonen.* Theoret. Betrachtungen über die allg. Form der Potential-Operatoren. (Журнал Экспериментальной и Теоретической Физики [J. exp. theoret. Physik] **32.** 612—14. März 1957. Leningrad, Physik.-techn.Inst. der Akad. der Wiss. der UdSSR.) G. KIRSCHSTEIN. 90

G. W. Gorschkow und **W. M. Kodjukow,** *Absorption von γ-Strahlen von punktförmigen und ausgedehnten Quellen in Wasser.* Die Absorption der γ-Strahlen von ^{24}Na (1,38 u. 2,76 MeV) u. ^{198}Au(0,411 MeV) in W., das sich in einem Gefäß von 2 m Durchmesser u. 2 m Höhe befand, wurde unter Verwendung einer Kammer u. eines Zählers bestimmt. Als Quellen dienten Au-Metall oder eine Lsg. von NaCl, im Falle ausgedehnter Quellen eine Lsg. in W. von 1,5 m Durchmesser u. 1 m Höhe. Die Absorptionskurven snid angegeben, sie hängen im allg. von der Form der Quelle u. der spektralen Zus. der Strahlung ab, auch bei punktförmigen Quellen entsprechen sie nicht der theoretischen. (Атомная Энергия [Atomenergie] **5.** 71—73. Juli 1958.) M. WIEDEMANN. 90

M. A. Lisstengarten, *Innere Konversion.* Zusammenfassende krit. Übersicht über Theorie der innern Konversion u. über den Vgl. mit den experimentellen Ergebnissen. (Известия Академии Наук СССР, Серия Физическая [Nachr. Akad. Wiss. UdSSR, physik. Ser.] **22.** 759—74. Juli 1958.) E. KLEVER. 90

E. V. Ivash, *Winkelbeziehungen der inneren Konversion.* Für s-, $p_{1/2}$- u. $p_{3/2}$-Elektronen bei der Mischung der 2^{L+1}-Magnetpol-2^L-elektr. Pol-Strahlung u. für $p_{1/2}$- u. $p_{3/2}$-Elektronen bei der Mischung 2^{L+1}-elektrischer Pol-2^L-Magnetpol-Strahlung wird die Winkelkorrelation zwischen γ-Strahl u. Elektron der inneren Konversion relativist. behandelt. (Nuovo Cimento [10] **9.** 136—44. 1/7. 1958. Austin, Tex., Univ. of Texas.) M. WIEDEMANN. 90

Ichiro Kawakami, *Die Erhaltungssätze beim Leptonenprozeß und zwei Arten von Neutrinos.* Die Erhaltung der Leptonenzahl u. der Neutrinoladung sowie die Existenz zweier Neutrinos, eines rechts u. eines links zirkular polarisierten, wird postuliert. Damit sind Leptonenprozesse ohne Beteiligung von Neutrinos mit Ausnahme der Paarprozesse verboten u. die theoret. Voraussagen für den π–μ–e- u. den β-Zerfall stimmen mit dem Experiment überein. (Progr. theoret. Physics [Kyoto] **19.** 459—69. Mai 1958. Tokyo, Rikkyo Univ., Dep. of Phys. [Orig.: engl.]) M. WIEDEMANN. 90

M. Cervasi Fidecaro, G. Fidecaro, G. Marini und **L. Mezzetti,** *Die Zenitverteilung der Höhenstrahlneutronen im Bereich hoher Energie.* Auf 3500 m wurde die Zenitwinkelverteilung der Neutronen mit mehr als 10 GeV mittels eines Detektors der durchdringenden Schauer, die in dünnen Paraffin- u. Graphitschichten erzeugt wurden, in Verbindung mit einem Zählerhodoskop untersucht. Die Verteilung gehorcht exp (-m/cosΘ) mit m = 7,1 $\pm$ 1,3. Die Winkelverteilung der ionisierenden Sekundärteilchen wurde ebenfalls ermittelt. Die mittlere Energie der Ereignisse ergibt sich zu 24 GeV. Die experimentellen Daten werden mit der Theorie der Kernkaskaden verglichen. (Nuovo Cimento [10] **9.** 37—58. 1/7. 1958. Roma, Univ., Ist. di Fis., Ist. Naz. di Fis. Nucl.) M. Wiedemann. 90

G. A. Bat und **D. F. Saretzki,** *Effektive Grenzbedingungen in der Neutronendiffusionstheorie. (Übersicht).* Für monoenerget. Neutronen werden ebene u. zylindr. Oberflächen bei „schwarzen" sowie „grauen" Körpern behandelt. (Атомная Энергия [Atomenergie] **4.** 510—19. Juni 1958.) M. Wiedemann. 90

Gyula Csikai, *Beobachtung der Rückstoßwirkung von Neutronen durch Wilson-Kammer.* (Vgl. C. **1959.** 5015.) Zusammenfassung u. Auswertung der Verss. zur Best. der Rückstoßwirkung von Neutronen mit ^{6}He (^{6}He $\rightarrow$ ^{6}Li + e$^-$ + ν + 3,5 MeV) in automat. Wilson-Kammer, gefüllt mit H_2. Herst. von ^{6}He über ^{9}Be (n, α)-Rk durch Beschuß von 5 g $Be(OH)_2$ mit Neutronen aus einer 4 c Po + Be-Neutronenquelle. (Energia és Atomtechn. **10.** 262. Aug. 1957. Központi Fizikai Kutató Int., Atomfiz. Osztály.) G. Halmi. 90

M. W. Kasarnowski, *Energetische Verteilung der Neutronen einer gepulsten Quelle in einem schweren Moderator mit konstanter freier Weglänge.* (Vgl. C. **1959.** 2002.) Für die Energieverteilung der Neutronen wird im Bereich von Energien, die klein sind gegenüber der Ausgangsenergie, eine Formel abgeleitet. (Атомная Энергия [Atomenergie] **4.** 539 —46. Juni 1958.) M. Wiedemann. 90

G. I. Martschuk und **F. F. Michailuss,** *Resonanzabsorption von Neutronen in einem unendlichen, gleichförmigen Medium.* Die Verlangsamung der Neutronen in einem unendlichen, gleichförmigen Medium mit starker Resonanzabsorption u. gleichmäßig verteilten Neutronenquellen wird behandelt. Der Einfl. der Doppler-Verbreitung des Resonanzniveaus auf das Resonanzintegral wird behandelt. Für das erste Niveau von ^{238}U(6,7 eV) in Natururan u. in UO_2 werden die Stoßdichte u. die Resonanzintegrale berechnet. Es ergaben sich für das Resonanzintegral bei Berücksichtigung des Doppler-Effektes Werte von 52,59 bzw. 3,09 bei 0° K u. von 50,93 bzw. 3,31 bei 655° K. (Атомная Энергия [Atomenergie] **4.** 520—30. Juni 1958.) M. Wiedemann. 90

W. W. Orlow, *Gegenseitige Abschirmung der Brennelemente in einem enggepackten Gitter durch Resonanzabsorption.* Für ein Syst. paralleler Schichten sowie für ein nahezu homogenes werden Formeln für die gegenseitige Abschirmung erhalten. Für die Resonanzabsorption bei ringförmiger Geometrie werden Formeln angegeben. (Атомная Энергия [Atomenergie] **4.** 531—38. Juni 1958.) M. Wiedemann. 90

Ju. A. Wdowin, *Bildung von Proton–Antiproton-Paaren durch γ-Quanten hoher Energie.* Berechnung des Wirkungsquerschnitts unter verschied. Bedingungen. (Журнал Экспериментальной и Теоретической Физики [J. exp. theoret. Physik] **32.** 542—46. März 1957. Moskau, Inst. für Physik-Ingenieure.) G. Kirschstein. 90

W. G. Neudatschin, *Über die Struktur der Kernschalen 1 $f_{7/2}$.* Die Schalenstruktur *1* $f_{7/2}$ liegt bei den Kernen zwischen ^{40}Ca u. ^{56}Ni vor. Die experimentellen Daten werden zusammengestellt u. im Zusammenhang mit der Theorie der jj-Bindung erörtert. (Вестник Московского Университета, Серия Математики, Механики, Астрономии, Физики, Химии [Nachr. Moskauer Univ., Ser. Math., Mechan., Astronom., Physik, Chem.] **12.** Nr. 2. 111—16. 1957. 2. Physik. Forschungsinst.) M. Wiedemann. 95

L. K. Peker und **L. A. Sliw,** *Elektrische Monopolübergänge in Kernen mit ungerader Massenzahl.* Vff. halten es für möglich, daß z. B. in ^{197}*Au* zwischen Energieniveaus mit dem Spin 1/2 ein E0-Übergang stattfindet u. verhältnismäßig leicht nachweisbar sein müßte. Solche Übergänge könnten auch bei ^{115}*In* u. ^{199}*Hg* erfolgen. (Журнал Экспериментальной и Теоретической Физики [J. exp. theoret. Physik] **32.** 621—22. März 1957.) G. Kirschstein. 95

Dénes Berényi, *Die Theorie des β-Zerfalls unter besonderer Berücksichtigung der verbotenen Spektren.* Weiterentwicklung der Fermi-Theorie. — 38 Literaturangaben. (Magyar Fizikai Folyóirat [Ung. Z. Physik] **6.** 251—59. 1958. Debrecen, MTA Atommag Kutató Inté.) G. Halmi. 103

György Marx, *Ungelöste Probleme in der Theorie des β-Zerfalls.* Theoret. Abhandlung mit Lösungsansätzen. — 31 Literaturangaben. (Magyar Fizikai Folyóirat [Ung. Z. Physik] **6.** 261—72. 1958. Budapest, Eötvös Loránd Tudományegyetem Elméleti Fiz. Int., Központi Fiz. Kutató Int. Atomfiz. Osztálya.) G. Halmi. 103

Marvin E. Wyman, Edward M. Fryer und **Munson M. Thorpe,** *(n, t)-Querschnitte für* ^{10}B, ^{11}B *und* ^{9}Be. Vff. beschreiben Messungen der (n, t)-Querschnitte für ^{9}Be, ^{10}B u. ^{11}B. Die ^{3}H-Ausbeute wird durch absol. Zählung der β-Aktivität mit einem mit Äthan (20 cm Hg) gefüllten Proportionalzähler bestimmt. Das Vol. des Zählers beträgt 80 cm^3, der Wirkungsgrad ca. 95%. Die (n,t)-Querschnitte sind bei den angezeigten Neutronenenergien für ^{9}Be bei 14,1 MeV, 18 $\pm$ 1,5 mbarn; ^{10}B bei 4 MeV, 95 $\pm$ 10 mbarn; ^{10}B bei 5,6 MeV, 230 $\pm$ 25 mbarn; ^{10}B bei 9,6 MeV, 125 $\pm$ 15 mbarn; ^{10}B bei 14,1 MeV, 85 $\pm$ 6 mbarn; ^{10}B für das Spaltspektr. 30 $\pm$ 2 mbarn u. für ^{11}B bei 14,1 MeV, 15 $\pm$ 5 mbarn. Die Reaktionsgleichungen mit den entsprechenden Energietönungen (Q-Werte) werden interpretiert. (Physiv. Rev. [2], **112.** 1264—66. 15/11. 1958. Los Alamos, N.Mex., Univ. of California, Los Alamos Scient. Labor.)

Gerhard Schmidt. 103

K. W. Jones, L. J. Lidofsky und **J. L. Weil,** *Untersuchung der Reaktion* $^{15}N(p,n)^{15}O$. Vff. bestimmen die Anregungskurve für die Rk. ^{15}N(p,n)^{15}O bei 0^0 von der Schwelle bei 3,78 MeV bis zu 6,38 MeV Beschußenergie. Die Kurve wird mit einem dünnen ($\leqslant$ 10 keV) Gastarget von ^{15}N(^{15}N $\geqslant$ 75%) u. einem konventionellen Langzähler aufgenommen. Resonanzen, die angeregten Zuständen in ^{16}O bei 16,21, $\sim$16,3, $\sim$17,0, 17,13, 17,29, $\sim$17,5, 17,63, 17,84, 17,97 u. 18,05 MeV entsprechen, werden beobachtet. Der 16,21 MeV-Zustand ist $J^\pi = 1^+$ u. der 16,3 MeV-Zustand ist $J^\pi = 0^-$. Die Energiedifferenz zwischen der Schwellenenergie von ^{15}N(p,n)^{15}O u. der Dicktargetschwelle von ^{7}Li(p,n)^{7}Be bei einem H_2^+-Bündel ergibt sich zu 17,6 $\pm$ 0,5 keV. Eine Schwellenenergie für die Rk. ^{15}N(p,n)^{15}O von 3,7808 $\pm$ 0,0011 MeV wird gefolgert, wenn mögliche Differenzen in den extrapolierten Endpunkten der Schwellen der Rk. ^{7}Li(p,n)^{7}Be mit H$^+$- u. H_2^+-Bündeln nicht beachtet werden. (Physic. Rev. [2] **112.** 1252—56. 15/11. 1958. New York, N. Y., Columbia Univ., Dep. of Phys.) Gerhard Schmidt. 103

D. F. Herring, Ren Chiba, B. R. Gasten und **H. T. Richards,** *Differentielle Querschnitte der Reaktionen* $^{14}N(\alpha,\alpha)^{14}N$ *und* $^{14}N(\alpha,p)^{17}O$. Mit einer Streukammer bestimmen Vff. die differentiellen Querschnitte der Rkk. ^{14}N(α, α)^{14}N u. ^{14}N(α, p)^{17}O für α-Beschußenergien von 2,0—3,8 MeV. Die differentiellen Querschnitte der ersten Rk. werden bei Schwerpunktswinkeln von 170,8, 140,6, 125,1 u. 91,0^0 gemessen. Resonanzen werden bei 2,351, 2,370, 2,767, 2,868, 2,870, 3,080, 3,576 u. bei ca. 3,67 u. ca. 3,71 MeV beobachtet. Die differentiellen Querschnitte der zweiten Rk. werden für α-Beschußenergien von 2,7—3,8 MeV bei Schwerpunktswinkeln von 169,7, 135,6, 119,0 u. 84,7^0 bestimmt. Resonanzen werden bei α-Beschußenergien von 2,868, 3,080 u. 3,69 MeV beobachtet. (Physic. Rev. [2] **112.** 1210—16. 15/11. 1958. Madison, Wis., Univ. of Wisconsin.)

Gerhard Schmidt. 103

D. F. Herring, *Energieniveaus von* ^{18}F. (Vgl. vorst. Ref.) Die l.c. wiedergegebenen differentiellen Querschnitte für die Rk. ^{14}N(α, α)^{14}N werden unter Verwendung des Dispersionsformalismus analysiert, um Eigg. der Energieniveaus von ^{18}F zu erhalten. Eine detaillierte Anpassung des berechneten Querschnitts an die experimentellen Daten erscheint für die beiden breiten Resonanzen im 3 MeV-Bereich (Labor.-Syst.) möglich. Die Anomalie bei 3,7 MeV kann nicht durch ein einzelnes Niveau erklärt werden. Für die übrigen Niveaus wird eine detaillierte Anpassung des berechneten Querschnittes an die experimentellen Daten nicht versucht. Es ist jedoch möglich, die J-Werte u. die Parität dieser Niveaus durch eine qualitative Prüfung der Daten zu begrenzen. (Physic. Rev. [2] **112.** 1217—24. 15/11. 1958.) Gerhard Schmidt. 103

James M. Ferguson, *Zerfallsschema von* ^{26}Al. Mit Scintillationsspektrometern untersucht Vf. die Energien u. Intensitäten der β- u. γ-Strahlungen aus dem langlebigen Grundniveau von ^{26}Al. Das Positronenspektr. wird unter Verwendung eines Plaste-Scintillators mit 4π-Geometrie erhalten; es zeigt einen verbotenen Verlauf u. einen Endpunkt bei 1,160 $\pm$ 0,008 MeV. Die Positronen sind in Koinzidenz mit einem γ-Strahl mit einer Energie von 1,84 $\pm$ 0,01 MeV, der wahrscheinlich aus dem ersten angeregten Niveau von ^{26}Mg stammt. Ein schwacher γ-Strahl mit einer Energie von 1,10 $\pm$ 0,05 MeV in Koinzidenz mit dem 1,84 MeV-γ u. mit einer Intensität von 0,03 relativ zum 1,84 MeV-γ wird ebenfalls beobachtet. Diese Strahlung könnte aus dem zweiten angeregten Niveau von ^{26}Mg stammen, in das ^{26}Al durch Elektroneneinfang zerfällt. Weitere γ-Strahlen werden nicht beobachtet. Eine Spitze im Impulshöhenspektr. bei 700 keV rührt wahrscheinlich mehr von Streueffekten als von einer γ-Photospitze her. (Physic. Rev. [2] **112.** 1238—40. 15/11. 1958. Cambridge, Mass., MIT, Dep. of Phys., Radioact. Center.)

Gerhard Schmidt. 103

R. Berenbaum und **J. H. Matthews,** *Auf den Protoneneinfang durch* ^{35}Cl, ^{37}Cl *und* ^{39}K *folgende* γ*-Strahlung.* 2. Mitt. *Winkelverteilungen und -korrelationen.* (1. vgl. C. **1958.** 5860.) Die Winkelverteilungen einiger γ-Strahlen aus den Rkk. ^{35}Cl(p,γ)^{36}Ar, ^{37}Cl(p,γ)^{38}Ar u. ^{39}K(p,γ)^{40}Ca wurden untersucht. Nach den Ergebnissen läßt sich den

Resonanzen von 1120, 1300 u. 1566 keV in $^{39}K + p$ ein Spin von $1\pm$ zuordnen, obwohl auch der Spin 2^- nicht ausgeschlossen ist. Für die 1533 keV-Resonanz in $^{37}Cl + p$ ist der Spin 2^- wahrscheinlicher als 2^+. Im Falle $^{35}Cl + p$ ist der Spin der 1510 keV-Resonanz $1\pm$ oder möglicherweise 2^-, der Spin der 855 keV-Resonanz ist 3^+. Aus den Messungen der Winkelverteilung u. -korrelation ergeben sich für die Niveaus in ^{36}*Ar* folgende Spinzuordnungen: 1,95 MeV (2^+) u. 4,1 MeV (3^-). (Proc. physic. Soc., Sect. A **70.** 445—51. 1/6.1957. London, Imp. Coll. of Sci. and Technol., Phys. Dep.) L. WIESNER. 103

J. W. Butler und **C. R. Gossett,** *Zerfall von ^{62}Cu.* (Vgl. C. **1958.** 11714.) Vff. stellen eine ^{62}Cu-Quelle mittels der (p,γ)-Rk. an einem angereicherten ^{61}Ni-Target her. Die isotop. Zus. der ^{61}Ni-Probe ist 2,78 $\pm$ 0,15% ^{58}Ni, 10,36 $\pm$ 0,11% ^{60}Ni, 83,06 $\pm$ 0,29% ^{61}Ni, 2,41 $\pm$ 0,09% ^{62}Ni u. 1,38 $\pm$ 0,10% ^{64}Ni. Die γ-Strahlen, die der Positronenemission folgen, werden mit einem NaJ(Tl)-Kristall (3 in. · 3 in.) in Verb. mit einem 256 Kanal-Impulshöhenanalysator nachgewiesen. Die Positronen werden mit einem Plaste-Scintillator erfaßt. γ-Strahlen mit Energien von 0,88 $\pm$ 0,01, 1,13 $\pm$ 0,02 u. 1,17 $\pm$ 0,01 MeV werden gemessen. Die relativen Intensitäten in bezug auf die Positronen sind 0,3, 0,1 bzw. 0,5% mit Ungenauigkeiten um einen Faktor 2. Zur Identifizierung der γ-Strahlen beim Zerfall von ^{62}Cu werden Koinzidenzverfahren u. Halbwertszeitmessungen angewandt. Die Halbwertszeit für Positronenemission ergibt sich zu 9,9 $\pm$ 0,2 Minuten. Verzweigungsverhältnisse und log *ft*-Werte für die verschied. Positronengruppen beim Zerfall von ^{62}Cu werden berechnet u. tabellar. wiedergegeben. (Physic. Rev. [2] **112.** 1257—63. 15/11. 1958. Washington, D. C., U. S. Naval Res. Labor., Nucleon. Div.)
GERHARD SCHMIDT. 103

E. G. Funk jr. und **M. L. Wiedenbeck,** *Zerfall von ^{110m}Ag.* Vff. untersuchen mit 180°-Magnetspektrometern die γ-Strahlen von ^{110m}Ag. Das Quellenmaterial liegt in Form von $AgNO_3$ in HNO_3 vor. Mit photograph. Anzeige (Auflösung ca. 0,1%) werden insgesamt 22 Elektronenlinien beobachtet, die 14 γ-Übergängen entsprechen. Die Konversionselektronenenergien u. ihre Deutung werden tabellar. wiedergegeben. Die Energien sind auf ca. 0,2% genau. Sämtliche beobachteten Übergänge können in befriedigender Weise in ein Zerfallsschema aufgenommen werden, wenn angenommen wird, daß der 764 keV-Übergang dem 1504 keV-Übergang vorangeht. Die Energiesumme der 657 u. 814 keV-γ-Strahlungen ist nahe der 1473 keV-γ-Strahlung, weshalb ein Niveau bei 1473 keV angenommen wird. Richtungskorrelationsmessungen werden an 6 γ-Kaskaden in ^{110}*Cd* durchgeführt, die Spinzuordnungen für 4 Niveaus u. Multipolaritätszuordnungen für die starken γ-Übergänge ergeben. (Physic. Rev. [2] **112.** 1247—51. 15/11. 1958. Ann Arbor, Mich., Univ. of Michigan, Dep. of Phys.) GERHARD SCHMIDT. 103

W. W. Wladimirski, A. A. Panow, I. A. Radkewitsch und **W. W. Ssokolowski,** *Messung des Spaltquerschnittes von ^{233}U und der totalen Wirkungsquerschnitte von Arsen, Vanadium, Tantal und Wismut.* Mittels eines Neutronenspektrometers mit mechan. Unterbrecher wurden der Spaltquerschnitt von ^{233}U u. die Gesamtwirkungsquerschnitte von As, V, Ta u. Bi gemessen. Bei U sind für die E_0-Werte 1,47, 1,78, 2,23, 3,6, 4,5, 6,8, 10,4, 12,7, 15,4, 16,4 u. 19,0 eV die Resonanzparameter $\sigma_0 \cdot \Gamma_f$ u. Γ_f angeführt, bei As für 46,8 u. 97 eV Γ, Γ_γ, Γ_n u. Γ_n^0, bei Bi für 800 u. 2300 eV. (Атомная Энергия [Atomenergie] **5.** 69—70. Juli 1958.) M. WIEDEMANN. 103

N. A. Perfilow und **S. I. Ssolowjewa,** *Über die komplexe Spaltung von Urankernen durch 14 MeV-Neutronen.* Mit U getränkte Photoemulsionen werden mit 14 MeV-Neutronen beschossen. Pro 1000—1300 Spaltungen wird eine Spaltung mit Emission eines energiereichen α-Teilchens beobachtet. Die Energie- u. Winkelverteilung unterscheiden sich nicht von den mit therm. Neutronen an ^{235}U beobachteten. (Атомная Энергия [Atomenergie] **5.** 175—76. Aug. 1958.) K.-E. SEYB. 103

A. N. Protopopow, G. M. Tolmatschew, W. N. Uschatski, R. W. Wenediktowa, I. T. Krissjuk, L. P. Rodionowa und **G. W. Jakowlewa,** *Verteilung der Spaltprodukte nach ihren Massen bei der Spaltung von ^{235}U, ^{238}U und ^{239}Pu durch 14,6 MeV-Neutronen.* ^{235}U, ^{238}U u. ^{239}Pu werden mit 14,6 MeV-Neutronen ($5 \cdot 10^8$/sec) beschossen, die Spaltprodd. radiochem. abgetrennt, ihre absol. Intensitäten u. daraus die relativen Ausbeuten zu ^{99}Mo = 1 bestimmt. Ergebnisse für ^{235}U ^{89}*Sr* 0,86, ^{91}Sr 0,96 ^{95}*Zr* 0,97, ^{97}Zr 1,16, ^{105}*Ru* 0,28, ^{111}*Ag* 0,22, ^{113}Ag 0,22, ^{115}*Cd* 0,21, ^{131}*J* 0,83, ^{140}*Ba* 0,86; für ^{238}U ^{89}Sr 0,55, ^{91}Sr 0,65, ^{95}Zr 0,93, ^{97}Zr 1,02, ^{101}Mo 0,99, ^{102}Mo 0,71, ^{105}Ru 0,39, ^{111}Ag 0,18, ^{113}Ag 0,16, ^{115}Cd 0,16, ^{131}J 0,91, ^{140}Ba 0,80 u. für ^{239}Pu ^{89}Sr 0,44, ^{91}Sr 0,49, ^{97}Zr 0,96, ^{111}Ag 0,34, ^{115}Cd 0,28, ^{140}Ba 0,64. Fehler ca. 5—10%. (Атомная Энергия [Atomenergie] **5.** 130—34. Aug. 1958.) K.-E. SEYB. 103

W. I. Lebedew und **W. I. Kalaschnikowa,** *Mittlere Zahl der bei der Spaltung von ^{241}Am durch thermische Neutronen emittierten Neutronen.* 250 µg mit Ionenaustauscher gereinigtes ^{241}Am werden in einer Ionisationskammer mit therm. Neutronen beschossen. Mit BF_3-Detektoren in Paraffin werden schnelle Spaltneutronen in Koinzidenz mit Spaltimpulsen gezählt. Die mittlere Zahl von Neutronen pro Spaltung beträgt $\nu = 3,14 \pm 0,05$, bezogen auf $\nu(^{235}U) = 2,47 \pm 0,03$. (Атомная Энергия [Atomenergie] **5.** 176—77. Aug. 1958.) K.-E. SEYB. 103

Wikt. I. Spitzyn und **A. F. Kusina,** *Über die Gewinnung von wägbaren ^{99}Tc-Mengen aus mit Neutronen beschossenem Molybdän.* 200 g MoO_3 werden 70 Tage mit Reaktorneutronen (10^{14}n/cm² sec) beschossen u. nach Abfall von Fremdaktivitäten (einige Jahre) ca. 11,4 μc 0,5 mg ^{99}Tc isoliert. Zur Trennung von Mo wird Tc nach längerem Kochen mit HNO_3 zusammen mit $MgNH_4PO_4$ gefällt. Mitfällung 20%. Nach Red. mit H_2S in 6—12 n HCl fällt Tc nicht mit Mg aus. Verunreinigungen werden aus HNO_3 ($p_H = 2$) am Kationenaustauscher adsorbiert. Tc läuft durch. (Атомная Энергия [Atomenergie] **5.** 141—46. Aug. 1958.) K.-E. SEYB. 104

P. M. Aron, *Trennung von Indicatormengen von Lanthanoiden von Plutonium unter Anwendung von Calciumfluorid.* Die bei der Spaltung von Pu entstehenden Seltenen Erden werden in 1 n HNO_3 in Ggw. von Ag_7NO_{11} (zur Oxydation von Pu) mit 40% HF u. $Ca(NO_3)_2$ gefällt. Ag_7NO_{11} wird durch Elektrolyse einer 10%ig. $AgNO_3$-Lsg. mit Diaphragma im Anodenraum abgeschieden. (Атомная Энергия [Atomenergie] **5.** 183 bis 185. Aug. 1958.) K.-E. SEYB. 104

Dániel Vödrös, *Bedeutung der Radioisotope.* Übersicht über die Verwendung der Radioisotope als Indicatoren. (Energia és Atomtechn. **10.** 250—54. Aug. 1957. Központi Fizikai Kutató Intézet, Radiológiai Osztály.) G. HALMI. 106

I. P. Alimarin und **K. F. Swoboda,** *Einige Besonderheiten der Ausbeuten beim Szillard-Chalmers-Prozeß bei Alkylderivaten des Jods.* Alkyljodide wurden 2 Std. mit einer Po-Be-Quelle von 5 c mit einem sehr geringen γ-Background bestrahlt, dann das freie J mit einer wss. Lsg. von 0,1 mol Na_2SO_3 + 0,1 mol NaJ extrahiert. Die Retention war bei hochgereinigten Präparaten höher, die Werte liegen außerdem höher als die von anderen Autoren mit Quellen mit höherem γ-Background erhaltenen. R betrug für CH_3J 100%, für C_2H_5J 95%, für C_3H_7J 55% u. für C_4H_9J 43%. (Атомная Энергия [Atomenergie] **5.** 73—75. Juli 1958.) M. WIEDEMANN. 108

W. W. Korolew und **I. I. Ssidorowa,** *Elektrische Reaktorsimulatoren.* Mittels Simulatoren wird z.B. die Gleichung der Isotopenzus. des Reaktors gelöst u. die automat. Reglung der Leistung des Reaktors berechnet, ferner der Temp.-Koeff. der Reaktivität. (Атомная Энергия [Atomenergie] **5.** 29—43. Juli 1958.) M. WIEDEMANN. 110

G. Ss. Komaischko, W. I. Matwijenko, W. M. Permjakow, Je. Ss. Ssubbotin und **O. G. Feofilow,** *Über einige Methoden zur Massenherstellung von Po-α-Neutronenquellen.* Vff. behandeln eine nasse Meth., bei der eine Lsg. von salpetersaurem Po über Be-Pulver gegeben u. die Mischung dann getrocknet u. zerrieben wird. Po wird durch Verdampfen im Vakuum frei von Cu gewonnen. Die Intensitäten dieser Quellen liegen bei $0,95 \cdot 10^6$ Neutronen/sec für 1 c ^{210}Po. Die trockne Herst., bei der Cu-Pulver mit einer bekannten Menge ^{210}Po mit Be-Pulver gemischt wird u. durch Erhitzen im hermet. geschlossenen Gefäß eine gleichmäßige Verteilung des Po erzielt wird, lieferte Quellen mit $2,1 \cdot 10^6$ Neutronen/sec für 1 c ^{210}Po. (Атомная Энергия [Atomenergie] **5.** 64—67. Juli 1958.) M. WIEDEMANN. 112

R. W. P. McWhirter, P. Palit und **E. H. Bellamy,** *Unterscheidung zwischen ^{3}He- und ^{4}He-Teilchen durch Messungen von 'dE/dx' und "E".* Für die Unterscheidung von ^{3}He- u. ^{4}He-Teilchen eines kontinuierlichen Energiespektrums von ca. 10 bis 30 MeV wurde ein Detektor entwickelt, der aus zwei Gitter-Ionisationskammern besteht, in denen die Gesamtenergie der Teilchen in zwei Fragmenten E_1 und E_2 gemessen wird. Mit der Anordnung wurde die Rk. $\gamma + {}^4He \rightarrow \pi^0 + {}^4He$ untersucht. (Nuclear Instruments [Amsterdam] **3.** 80—84. Aug. 1958. Glasgow, Univ., Dep. of Natural Philos.) G. KURDAL. 112

András Neszmélyi, *Neutronenverstärkung.* Übersicht über verschied. Typen von Neutronenverstärker. (Energia és Atomtechn. **10.** 263—67. Aug. 1957. Kösponti Fizikai Kutató Intézet, Atomfizikai Osztály.) G. HALMI. 112

János Nagy und **Imre Tarján,** *Meßinstrument zur Schilddrüsendiagnose mit ^{131}J.* Beschreibung u. Abb. des Geräts (GEIGER-MÜLLER-Zähler) (Magyar fizikai Folyóirat [Ung. Z. Physik] **6.** 239—45. 1958. Budapest, Orvosi Fiz. Int.) G. HALMI. 112

Ulrich Hauser und **Werner Kerler,** *Leicht montierte Aluminiumoxydfolien für Fenster und Abschlüsse.* Beschreibung der Meth. zur Herst. von Al_2O_3-Fenstern bes. für kernphysikal. Untersuchungen. (Rev. sci. Instruments [N.S.] **29.** 380—82. Mai 1958. Heidelberg, Univ., II. Physik. Inst.) C. GOTTFRIED. 112

W. F. Smirnow, *Scintillationsmethode zur Messung der Radioaktivität schwacher Präparate.* Zusammenfassende Übersicht. — 16 Literaturangaben. (Заводская Лаборатория [Betriebs-Lab.] **24.** 989—95. 1958.) E. KLEVER. 112

S. J. Bame jr., Eugene Haddad, J. E. Perry jr. und **R. K. Smith,** *Messung der Ausbeute monoenergetischer Neutronen mit einem vereinfachten Teleskop.* (Vgl. C. **1959.** 6360.) Der dünne Indicatorkristall gestattet in Verb. mit der Weitwinkel-Geometrie eine genügende Trennung zwischen dem Background u. den Rückstoßprotonen-Impulsen. Der Zähler wird für Neutronenenergien bis zu 1,2 MeV verwendet. Aus der Anzahl der Rückstoßimpulse im Linienspektrum läßt sich die emittierte Neutronenzahl der Quelle berechnen. Die Ausbeutemessungen stimmen mit den Ergebnissen überein, die mit einem Dreifach-Koinzidenzteleskop gewonnen wurden. (Rev. sci. Instruments [N.S.] **29.** 652—53. Juli 1958. Los Alamos, N. Mex., Univ. of California, Los Alamos Scient. Labor.) G. Kurdal. 112

R. W. Ssemowa, *Anwendung von Terphenyl zur β-Zählung.* 0,5—1%ig. benzol. Lsgg. von p- u. m-Terphenyl mit 8% Polystyrol (bezogen auf Terphenyl) werden glatten Glasplatten aufgedampft. Die Nachweisempfindlichkeit des p-Terphenyls für β-Strahlen (0,4-1,5 MeV) erreicht 100%, für γ-Strahlen (^{60}Co) 0,004%. Dünne Scintillatoren von 2 mg/cm^2 Dicke haben hohe Empfindlichkeit gegenüber weichen β-Strahlen (^{14}C, ^{3}H). (Атомная Энергия [Atomenergie] **5.** 177—78. Aug. 1958.) K.-E. Seyb. 112

B. Owen und **R. A. Lloyd,** *Korrektur für die γ-Empfindlichkeit des β-Zählers bei der Standardisierung von ^{60}Co nach der β–γ-Koinzidenzmethode.* Die γ-Empfindlichkeit des β-Zählers wird durch vollkommene Abschirmung der β-Strahlung bestimmt. Der zwischen Strahlenquelle u. β-Detektor aufgestellte Absorber verändert jedoch die γ-Empfindlichkeit des β-Zählers. Zur Berücksichtigung des Einfl. der Absorberdicke wurde der β-Zähler an einen Impulshöhenanalysator angeschlossen. Ohne Absorber wird eine dem β-Spektr. entsprechende Abhängigkeit der Aktivitätsrate von der Energie erhalten, mit Absorber dagegen eine von der Energie prakt. unabhängige Aktivitätsrate. Messungen oberhalb der Maximalenergie der β-Strahlung von ^{60}Co zeigen, daß die γ-Empfindlichkeit des β-Zählers durch Zwischenschaltung eines Al-Absorbers von 0,5 mm erhöht wird. Die Veränderung der γ-Empfindlichkeit des β-Zählers ist annähernd eine lineare Funktion, deren Anstieg sich durch Zwischenschaltung von Absorbern verschied. Stärke oder durch Veränderung des Abstandes zwischen Strahlenquelle u. β-Zähler bestimmen läßt. (Nature [London] **181.** 396—98. 8/2. 1958. Teddington, Middlesex, Nat. Physic. Labor.) L. Wiesner. 112

John A. Northrop, *Wirksamkeiten von Wellenlängenverschiebern in Edelgasscintillatoren.* Da die meiste Strahlung, die von der Bremsung geladener Teilchen in den Edelgasen herrührt, im UV-Gebiet liegt, müssen organ. Phosphore verwendet werden, um das Licht in einen Spektralbereich zu verschieben, der für Photomultipliernachweis geeignet ist. Vf. führte Messungen durch für die relativen Wirksamkeiten verschied. organ. Wellenlängenverschieber für α-Teilchen-Scintillation in *Xe, Kr* u. *Ar.* Die Substanzen, die im Vakuum auf die Photoröhren u. die reflektierenden Wände des Scintillators aufgedampft worden waren, waren *p-Quaterphenyl, Diphenylstilben* (**I**), *1,1,4,4-Tetraphenylbutadien, p-Bis-2-[5-phenyloxazolyl]·benzol* (**II**), **I** + **II** u. *2-[1-Naphthyl]-5-phenyloxazol.* Die Meßergebnisse sind tabellar. wiedergegeben. (Rev. sci. Instruments [N.S.] **29.** 437—38. Mai 1958. Los Alamos, N. Mex., Univ. of California, Los Alamos Scient. Labor.) C. Gottfried. 112

Igor Saavedra, *Über die Theorie der Diffusions-Nebelkammer.* Mit Hilfe einer exakteren Beschreibung der Transportvorgänge in der Kammer wurde die Shuttsche Theorie der Diffusions-Nebelkammer verbessert. Die Rechnung führt auf einen neuen Ausdruck für den Temperaturgradienten. Der Korrekturfaktor hängt von den partikulären Komponenten der bin. Gasmischung der Kammer ab. Er beträgt z.B. für das Gemisch Methyl–Äthyl-Alkohol ca. 50%. (Nuclear Instruments [Amsterdam] **3.** 85—89. Aug. 1958. Santiago, Univ. de Chile, Labor. de Fis. Nucl.) G. Kurdal. 112

Károly Kántor und **Kálmán Zsdánszky,** *Wilson-Kammer mit automatischer Steuerung zur Untersuchung der Höhenstrahlung.* Techn. Daten für die im Zentralforschungsinstitut konstruierte automat. Wilson-Kammer. (Magyar fizikai Folyóirat [Ung. Z. Physik] **6.** 191—208. 1958. Központi Fiz. Kutató Int., Kozmikus Sugárzási Osztály.) G. Halmi. 112

Sch. Ssalai und **D. Bereni,** *β-Spektrometer vom Toroidal–Sektor-Typ.* Beschreibung des Spektrometers. (Известия Академии Наук СССР, Серия Физическая [Nachr. Akad. Wiss. UdSSR, physik. Ser.] **22.** 877—78. Juli 1958. Budapest, Ungar. Akad. der Wiss., Inst. für Kernforsch.) E. Klever. 112

Ingvar Lindgren, *Untersuchung eines β-Spektrometers mit einem dreieckförmigen Feld.* Die Quellen werden punkt- u. scheibenförmig angenommen. Vf. zeigt, daß der Einfl. der Breite der Quelle auf das Auflösungsvermögen mit dem Dreieckfeld wesentlich kleiner als mit einem homogenen Feld ist. Die sphär. Aberation ist größer, die maximale Leuchtdichte bei einer gegebenen Auflösung ist jedoch größer als die mit einem homogenen Feld erzielte. Die theoret. Ergebnisse stimmen mit den experimentellen überein. (Nuclear Instruments [Amsterdam] **3.** 104—08. Aug. 1958. Uppsala, Univ., Inst. of Phys.) G. Kurdal. 112

A. M. Hoogenboom, *Eine neue Methode der γ-Spektroskopie: Ein Doppelkristall-Scintillationsspektrometer mit verbesserter Auflösung.* Das bei der Kaskadenvernichtung emittierte γ-Spektrum wird mit einem Spektrometer gemessen, bei dem ein Zweikristall-Scintillationszähler mit einem Mehrkanalanalysator verwendet wird. Gegenüber anderen Spektrometern werden nur die Spitzen der Gesamtenergie erfaßt. Bei höheren γ-Energien wird eine verbesserte Auflösung erzielt. (Nuclear Instruments [Amsterdam] **3.** 57—68. Aug. 1958. Utrecht, Rijksuniv., Fys. Labor.) G. Kurdal. 112

A. A. Kuraschow, A. F. Linew, B. W. Rybakow und **W. A. Ssidorow,** *Mehrkanal-Flugzeitspektrometer für schnelle Neutronen.* Ein 256 Kanal-Flugzeitspektrometer für schnelle Neutronen wird beschrieben, das die Hochfrequenzspannung des Cyclotrons als Steuerimpulse benutzt. Die Kanalbreite beträgt ca. 1 mμsec, die Aufnahmekapazität 2^{16} Impulse pro Kanal. Die Neutronen werden in bestimmten Abständen vom Target mit Scintillationszählern mit organ. Kristallen registriert. Neutronenspektren der B(p, n)- u. Li(p, n)-Rkk. mit 9,8 MeV-Protonen werden gemessen. (Атомная Энергия [Atomenergie] **5.** 135—40. Aug. 1958.) K.-E. Seyb. 112

Neil Ashby, *Relativistische Theorie des sphärischen elektrostatischen Analysators.* Vf. zeigt, daß für Energien, die größer als eine bestimmte kinet. Energie T_{max} sind, der sphär. Analysator kein wirklich fokussierendes Instrument ist. Es werden Beziehungen für die Geschwindigkeits- u. Energieauflsg. abgeleitet. Bes. wird ein Spezialfall, bei dem der Zentralwinkel des Analysators $> 3\,\pi/2$ ist, diskutiert. (Nuclear Instruments [Amsterdam] **3.** 90—96. Aug. 1958. Cambridge, Mass., Harvard Univ.) G. Kurdal. 112

István Berkes, István Demeter und **Pál Kostka,** *Van de Graaff-Generator von 1 MV Spannung zur Beschleunigung der Elektronen.* (Vgl. nachst. Ref.) (Energia és Atomtechn. **10.** 268—73. Aug. 1957.) G. Halmi. 112

István Berkes, István Demeter und **Pál Kostka,** *Der 1 MV-van de Graaff-Beschleuniger der atomphysikalischen Abteilung des ungarischen Zentralforschungsinstituts für Physik.* Beschreibung der Spannungsquelle u. des Beschleunigerteils des 1 MV-van de Graaff. Der Generator ermöglicht die Beschleunigung von Elektronen auf 200—800 keV. Der maximale Targetstrom beträgt 40 μA. Der ausgeblendete Elektronenstrom beträgt maximal 8 μA. (Magyar Fizikai Folyóirat [Ung. Z. Physik] **6.** 209—23. 1958. Központi Fiz. Kutató Int., Atomfiz. Osztály.) G. Halmi. 112

I. Ss. Danilkin und **W. Je. Pissarew,** *Untersuchung des Übergangsmodus im Synchrotron bei Verwendung einer Betatron-Anfangsbeschleunigung.* Die Theorie des Übergangsmodus bei Änderung von der Betatron- zur Synchrotronbeschleunigung wird für den Fall der adiabat. langsamen Anlegung des beschleunigenden Feldes an das 250 MeV-Synchrotron entwickelt u. experimentell bestätigt. Die Charakteristik des Elektronenstroms im Betatronbereich wird bestimmt. (Атомная Энергия [Atomenergie] **4.** 503—09. Juni 1958.) M. Wiedemann. 112

J. K. Dawson and **Long Geoffrey**, Chemistry of nuclear power. London: Newnes. 1959. (VIII + 208 S. m. Tab. u. Diagr.) 30 s.

Bernard Kopelmann, ed., Materials for nuclear reactors. New York: McGraw-Hill. 1959. (421 S. m. Abb. u. Diagr.) 8°. $ 12.—.

A₂. Optisches Verhalten der Materie.

A. Thiriet, *Kraft und Energie.* 1. Mitt. *Sonnenenergie und Photosynthese der Cellulose.* Vf. versucht die Ergebnisse verschied. Autoren zu einer einheitlichen Vorstellung über die Sonnenenergie, Natur u. Struktur der Sonnenstrahlung sowie die Auswrkgg. dieser Strahlung auf der Erdoberfläche zusammenzufassen. Bes. eingehend wird hierbei der photosynthet. Aufbau der Cellulose abgehandelt. (Papeterie **80.** 683—93. Okt. 1958.) F. Lang. 113

I. A. Khvostikov und **T. G. Megrelishvili,** *Neue Banden und Linien im Dämmerungshimmelspektrum.* Mit Hilfe eines Gitterspektrographen der Dispersion 80 Å/mm untersuchen Vff. das Spektr. des Dämmerungshimmels zwischen 5400 u. 6800 Å. Neben den ständig auftretenden Linien von O I u. den Na D-Linien werden neue Linien u. Banden beobachtet; sie sind zusammen mit der Interpretation tabellar. wiedergegeben. (Nature [London] **183.** 811. 21/3. 1959. Georgia, U.S.S.R., Mount Kanobili, Abastumani Astrophys. Observ.) Herbert Müller. 113

D. W. Parkin und **W. Hunter,** *Kosmischer Staub in der Atmosphäre.* Vff. untersuchen die Zus. von atmosphär. Staubndd., die auf Bardsey Island, auf den Isles of Scilly sowie auf Höhenflügen (3048 m) mit Hilfe bes. Techniken gesammelt wurden. Außerdem stand eine Schmelzwasserprobe aus einer Gletscherspalte (Westgrönland) zur Verfügung. Es wurden neben einer großen Anzahl Teilchen mit ca. 10μ Durchmesser auch wesentlich größere Teilchen (100—200 μ) beobachtet. Undurchsichtige Teilchen konnten durch Röntgenbeugung als polykrist. *Fe* identifiziert werden. Die Teilchen scheiden, häufig erst nach Zerstörung einer Deckschicht, aus $CuSO_4$-Lsg. metall. Cu ab. Für einen außerterrestr. Ursprung der Teilchen spricht der Ni-Geh., der durchschnittlich > 5% ist. Wegen der geringen aufgesammelten Mengen kann ein Beitrag des Perseidenschwarmes, während dessen Erscheinen die Probenahme erfolgte, nicht sichergestellt werden. Wahrscheinlicher ist die dauernde Staubabscheidung aus der Zodiakalwolke die Quelle für die Proben. (Nature [London] **183.** 732—34. 14/3. 1959. Liverpool, Coll. of Technol., Dep. of Phys. and Math.) Herbert Müller. 113

Werner Brandt, *Korrekturen der festen Bindung für das Bremsvermögen.* Theoret. berechnete Korrekturen, die das geringere Bremsvermögen der fest gebundenen Elektronen der inneren Schalen bei kleinen Teilchenenergien berücksichtigen, werden mit den Versuchsdaten verschied. Autoren verglichen. Es zeigt sich, daß die von Walske (C. **1954.** 8501 u. C. **1957.** 4003) angegebenen Korrekturen für K- u. L-Schalen mit dem Vers. übereinstimmen, wenn nur die K- u. L-Schalen ein Bremsvermögen-Defizit bewirken. Ist ein größerer Anteil der Elektronenwolke schwererer Atome beteiligt, wird das Bremsvermögen-Defizit durch Extrapolationen der Walskeschen Korrekturen über ihren Gültigkeitsbereich hinaus unterschätzt. In diesem Falle liefert das statist. Modell des Elektrons gute Korrekturen (vgl. Lindhard u. Scharff, C. **1956.** 5460). Die Abnahme von I_0/Z (I_0 = mittleres Anregungspotential) mit wachsendem Z bestätigt die $Z^{-2/3}$-Abhängigkeit der Austauscheffekte nach dem statist. Modell des Atoms. (Physic. Rev. [2] **112.** 1624—26. 1/12. 1958. Wilmington, Del., E. I. du Pont de Nemours and Co., Engng. Dep., Radiat. Phys. Labor.) D. Jörchel. 116

R. C. M. Learner und **A. G. Gaydon,** *Von der Wechselwirkung zwischen Rotation und Schwingung in zweiatomigen Bandenspektren herrührende Änderungen der Übergangswahrscheinlichkeit.* Am Beispiel der (0,1)-Bande von *OH* bei 3428 Å wird gezeigt, daß die unabhängige Ableitung der Rotations- u. Schwingungsübergangswahrscheinlichkeiten, z.B. bei der Best. der effektiven Temp. in Flammen u. stellaren Spektren, zu großen Fehlern führt. Man hat vielmehr die Verschiebung der zur Berechnung der Schwingungsübergangswahrscheinlichkeiten verwendeten Überlappungsintegrale bzw. Potentialfunktionen zu berücksichtigen, die — bes. bei der (0,1)-Bande — vom Rotationszustand abhängt. (Nature [London] **183.** 242—43. 24/1. 1959. London, Imp. Coll. of Sci. and Technol., Dep. of Chem. Engng.) D. Jörchel. 118

Ferenc Berencz, *Berechnung des Grundzustandes des Wasserstoff-Moleküls mit der Variationsmethode.* (Vgl. C. **1958.** 10265.) Vf. bestimmt die Bindungsenergie des H_2-Mol. im Grundzustand mittels einer Eigenfunktion, in der statt der effektiven Kernladung 2 Variationsparameter stehen. Die Berechnung wurde mit der Eigenfunktion ohne bzw. mit Korrelationsfaktor ausgeführt. Der nach der letzteren Meth. erhaltene Wert weicht vom experimentellen um 10,8% ab. Die Eigenfunktion ist infolge der wenigen Variationsparameter relativ einfach, weshalb diese auch bei komplizierteren Moll. zur Berechnung der Dissoziationsenergie geeignet ist. (Magyar fizikai Folyóirat [Ung. Z. Physik] **5.** 105—21. 1957. Szeged, Univ., Inst. für theoret. Phys.)
J. Plank. 118

G. Feinberg, *Wirkungen eines elektrischen Dipolmoments des Elektrons auf die Wasserstoffenergieniveaus.* Es werden die gebundenen Zustände im Coulomb-Feld eines geladenen Teilchens mit dem Spin 1/2 u. einem elektr. Dipolmoment mit Hilfe der nichtrelativist. Schrödinger-Gleichung abgeleitet. Es ergibt sich ein zusätzlicher Beitrag zur Aufspaltung zwischen den $2S_{1/2}$ u. $2P_{1/2}$-Zuständen, der vom Dipolmoment herrührt. Durch die Forderung, daß diese Extra-Energieverschiebung nicht die Übereinstimmung zwischen theoret. u. experimentellen Werten der Lamb-Verschiebung zerstören darf, erhält man die Bedingung, daß das Dipolmoment des Elektrons kleiner als 10^{-13} cm mal Elektronenladung sein muß. Weitere Effekte des Dipolmoments auf die H-Niveaus (zusätzliche Feinstruktur-Aufspaltung, Wechselwrkg. mit dem magnet. Moment des Protons) werden erörtert. (Physic. Rev. [2] **112.** 1637—42. 1/12. 1958. Upton, N. Y., Brookhaven Nat. Labor.) D. Jörchel. 118

Irén Deézsi, *Über die sogenannten γ-, ε-, β- und δ-Banden des Stickstoffoxyd-Moleküls.* Vf. stellt die bisherigen Ergebnisse aus der Literatur zusammen. — 57 Literaturangaben. (Magyar fizikai Folyóirat [Ung. Z. Physik] **4.** 489—508. 1956. Budapest, Zentralforsch. Inst. für Physik, Spektroskop. Abt.) J. Plank. 118

W. Dale Compton und **Clifford C. Klick**, *Einige Tieftemperatureigenschaften der R-, M- und N-Zentren in KCl und NaCl.* Durch Bestrahlung mit dem gefilterten Licht einer 300 W-W-Lampe wurden vorübergehende Änderungen im Absorptionsspektr. eines gefärbten NaCl-Kristalls bei 77 u. 4° K erzeugt. Aus diesen Änderungen läßt sich schließen, daß die R-, M- u. N-Zentren nicht willkürlich verteilt, sondern nahe aneinander gelegen sind. Eine Entscheidung, ob die R_1- u. R_2-Bande von Übergängen in 2 verschiedenen Zentren oder von 2 Übergängen im selben Zentrum herrühren, ist — im Gegensatz zur Ansicht anderer Autoren — auf Grund dieser Verss. nicht möglich. Messungen des Polarisationsgrades der mit R_1- oder R_2-Bandlicht angeregten Emission an verschied. KCl- u. NaCl-Proben bei 4° K zeigten, daß der Polarisationswert offenbar von der Konz. der anderen Zentren abhängt u. eine Best. der Symm. der R-Zentren nicht erlaubt. Bei N_1-Bandlicht-Anregung eines NaCl-Kristalls wurde $P_{110} = 0{,}40$ u. $P_{100} = 0{,}17$ gemessen; die Symmetrieachse dieses Zentrums verläuft also längs ⟨110⟩. — Aus Messungen der Temperaturabhängigkeit der Halbwertbreiten der Absorptions- u. Emissionsbanden des M-Zentrums geht hervor, daß der opt. Übergang hauptsächlich durch lokale Wechselwrkgg. des Zentrums mit den Nachbarionen, nicht jedoch durch Wechselwrkgg. mit den weit reichenden Phononen des Gitters beeinflußt wird. (Physic. Rev. [2] **112.** 1620—23. 1/12. 1958. Washington, D. C., U. S. Naval Res. Labor.) D. JÖRCHEL. 118

V. Wilson Goodlett und **K. Keith Innes**, *Hohlkathodenemission des AlO-Spektrums.* Mit einer Al–Al_2O_3-Kügelchen enthaltenden Hohlkathode wurde bei Strömen von 2 A das Emissionsspektr. des AlO-Mol. erzeugt. Mit einem 150000-Linien-Gitter konnten die grünen (A–X)-Banden in 3. Ordnung u. die UV-Banden 2. u. 3. Ordnung registriert werden. Das effektive Auflösungsvermögen betrug 200000. Abgebildet sind die 0–0-Bande des $A^2\Sigma$–$X^2\Sigma$-Syst. (4842 Å) u. die 0–0-Bande des $B^2\Pi_{3/2}$–$X^2\Sigma$-Syst. (3028 Å). Als Spinverdopplungskonstanten wurden aus den Linien der niedrigen K-Werte $\gamma' = 0{,}019 \pm 0{,}005$ u. $\gamma'' = 0{,}008 \pm 0{,}006$ cm^{-1} bestimmt. Die Werte sind kleiner als die von anderen Autoren angegebenen. Aus dem UV-Syst. ergaben sich die Schwingungskonstanten des oberen ($^2\Pi$)-Zustandes: $T_e = 33174{,}6$, $\omega_e = 728{,}4$ u. $\omega_e x_e = 7{,}5$; aus einer Rotationsanalyse folgen die Konstanten des $B^2\Pi$-Zustandes: $B_e = 0{,}6027$, $\alpha_e = 0{,}0036$ u. $A_1 = -75{,}78$ cm^{-1}. (Nature [London] **183.** 243—44. 24/1. 1959. Nashville, Tenn., Vanderbilt Univ., Dep. of Chem.) D. JÖRCHEL. 118

O. Theimer und **C. A. Plint**, *Lichtstreuung an fast idealen Kristallen.* Die Theorie der Lichtstreuung von Kristallen wird den modernen Theorien der Gitterstörstellen angepaßt. Außer der therm. Streuung wird die Streuung durch makroskop. homogene Verteilungen punktförmiger Störstellen (unbesetzte Plätze, Verunreinigungen), die durch ihre Konz., Polarisierbarkeit u. radiale Verteilungsfunktion charakterisiert werden, sowie durch die Streuung makroskop. nicht homogener Störungen in der Nachbarschaft linienförmiger Versetzungen (z. B. durch Spannung), die durch Größe, Form u. Brechungsindex charakterisiert werden, betrachtet. Aus der Deutung von in den letzten Jahren von verschied. Vff. durchgeführten Streumessungen wird die Dichte der Versetzungen eines Einkristalls von HARSHAW-NaCl zwischen 10^7 u. 10^9 cm^{-2} geschätzt, die durchschnittliche Konz. unbesetzter Stellen zwischen 10^{15} u. 10^{17} cm^{-3} u. der Durchmesser der Gebiete nichthomogener Störungen zu ca. 1000 Å, die Konz. unbesetzter Plätze zu ca. 10^{18} cm^{-3}. (Ann. Physics **3.** 408—22. April 1958. Norman, Oklahoma, Univ. of Oklahoma, Phys. Dep.) H. LINDBERG. 119

F. Stöckmann, *Elektronenspektren von Kristallen.* Zusammenfassender Bericht über die Spektren, welche durch Übergänge in den äußeren Schalen der Gitterbausteine zustandekommen u. bei denen daher das Kristallgitter selbst entscheidenden Einfl. ausübt. Eingehender werden behandelt Elektronenspektren von idealen Kristallen: Ionenkristalle (z. B. Alkalihalogenide), Excitonen (z. B. bei Cu_2O), organ. Farbstoffe (Cyaninfarbstoffe) u. Energiebänder von Halbleitern (z. B. Ge). Ferner wird über Elektronenspektren von Störstellen in Kristallen diskutiert: U-Banden im KBr u. KH, Farbzentren in Alkalihalogeniden, freie Ladungsträger in Ge u. strahlende Rekombinationen von Ladungsträgern beiderlei Vorzeichens. Abschließend wird der Einfl. der Gitterschwingungen auf die Elektronenspektren (therm. leuchtender ZnO-Kristall, Schwingungsstruktur bei LENARD-Phosphoren) besprochen. (Naturwissenschaften **45.** 502—06. 1. Nov.-H. 532—37. 2. Nov.-H. 1958. Darmstadt.) D. HAHN. 119

A. D. E. Pullin, *Ultrarot- und Röntgenspektroskopie.* Fortschrittsbericht. 245 Literaturangaben. (Annu. Rep. Progr. Chem. **53.** 7—20. 1956, herausgeg. 1957.) HEINZ WALTER. 120

Charles A. Barth, William J. Schade und **Joseph Kaplan**, *Blaues Nachglühen von Stickstoffmonoxyd.* Vff. haben den Einfl. eines Zusatzes von He zu einer N_2–O_2-Mischung (Partialdruck: 2—5 bzw. < 0,1 mm Hg) auf das Spektr. des Nachglühens

(elektrodenlos) im UV-, sichtbaren u. IR-Bereich untersucht. Es ergibt sich eine relative Zunahme der Intensitäten der γ-Banden im UV-Bereich, so daß in Ggw. von He die (3,9)-Bande stärker ist als die (0,5)-Bande. Auch die Intensität der β-Banden im sichtbaren Bereich ist in Ggw. von He relativ erhöht. Im Gegensatz zu den He-freien Mischungen ist dann die (3,19)-Bande stärker als die (5,20)-Bande. Die Intensitätsverteilung der Banden im IR wird durch den Edelgaszusatz in den roten Bereich verschoben. Diese Befunde bestätigen den Vorgang $N(^4S) + O(^3P) + He \rightarrow NO$ (Zwischenstufe) $+ He \rightarrow NO$ ($A^2\Sigma$, $B^2\Pi$) + He. Die He-Atome beeinflussen die Verteilung der Schwingungsenergien während der Bldg. oder der Lebensdauer der Zwischenstufe. (J. chem. Physics **30.** 347—48. Jan. 1959. Los Angeles, Calif., Univ. of California, Inst. of Geophys.)
H.-U. WOELK. 120

Villiers W. Meloche und **Gene E. Kalbus,** *Anomalien in den Infrarot-Spektren der anorganischen Verbindungen, die nach dem KBr-Verfahren hergestellt werden.* Bei der Anwendung des KBr-Verf. zur IR-Unters. von anorgan. Verbb. treten Schwierigkeiten durch den Austausch von Anionen des KBr u. der anorgan. Salze u. durch den Druck oder die Orientierungseffekte auf. Es werden verschied. Spektren von K_2SO_4, KNO_3, *KCNS*, $3\,CdSO_4 \cdot 8\,H_2O$, nach dem KBr- u. nach dem Nujol-Verf. verglichen. Als Hauptgrund des Austauschs wird die Feuchtigkeit, die auf der Oberfläche der Proben u. des KBr adsorbiert wird, angenommen. (J. inorg. Nuclear Chem. **6.** 104—11. April 1958. Madison, Wis., Univ. of Wisconsin, Dep. of Chem.) E. HAHN. 120

V. C. Farmer, *Die Infrarotspektren von Talk, Saponit und Hektorit.* Vf. untersuchte die IR-Absorptionsspektren von Talk, Saponit u. Hektorit im Gebiet zwischen 4000 u. 400 cm^{-1}. Aus den Spektren dieser 3 trioktaedr. Mineralien ist ihre enge Verwandtschaft deutlich erkennbar. Bei der Unters. von orientierten Proben konnten die Schwingungen, in denen die Änderung des Dipolmoments senkrecht zu den Schichten der Mineralien lag, identifiziert werden. Ein Vgl. mit den theoret. Vorhersagen war befriedigend. Es konnten außerdem 3 Banden unterschieden werden, die von den Dehnungsschwingungen des Zwischenschichtwassers herrührten u. von denen eine Bande einer sehr schwachen H-Bindung zugeschrieben wurde. (Mineralog. Mag. J. mineralog. Soc. **31.** 829—45. Juni 1958. Aberdeen, Macaulay Inst. for Soil Res.) C. GOTTFRIED. 120

C. C. Derwin, *Beugung durch einen vollkommenen absorbierenden dünnen Schirm.* Vf. konstruierte einen ebenen, nur 1/8 Wellenlänge dicken Schirm, der 99% der Intensität von senkrecht einfallenden Mikrowellen absorbierte, der aus Glas mit einer elektr. leitenden Oberfläche bestand. Es wurden vergleichende Messungen der Beugungsdiagramme in u. nahe den Schlitzen in vollkommen absorbierenden u. vollkommen reflektierenden dünnen Schirmen durchgeführt. Es wurde gefunden, daß das Beugungsdiagramm der Schlitze auf der der Quelle entgegengesetzten Seite der Schirme für beide Schirme bei Abständen $>$ 1/2 Wellenlänge dasselbe war. (J. appl. Physics **29.** 921—22. Juni 1958. Albany, N. Y., State Univ. of New York, Coll. for Teachers.)
C. GOTTFRIED. 121

György Gergely, *Calorimetrische Bestimmung des Wirkungsgrades luminescierender Stoffe vom ZnS-Typ.* Die calorimetr. Meth. von BODÓ (Acta Phys. Hungaricae **3.** [1953] 23) wurde dadurch weiterentwickelt, daß ein Ultrathermostat u. im Mikrocalorimeter Thermistore verwendet wurden. Als luminescierende Vgl.-Substanz bekannten Wirkungsgrades wurde Wurtzit benutzt. Die calorimetr. u. photometr. bestimmten Wirkungsgrade waren gleich. (Magyar fizikai Folyóirat [Ung. Z. Physik] **5.** 423—26. 1957.)
J. PLANK. 125

György Gergely, *Wirkung von Löschstoffen auf das Emissions- und Absorptionsspektrum von ZnS—Ag.* Vf. untersuchte mit *Fe*, *Ni* u. *Co* verunreinigte *ZnS–Ag-Wurtzit*-Leuchtpulver. Die Zusätze vermindern im Blau die Lichtemission. Fe verursacht im Rot, Ni im nahen IR, Co im fernen IR eine Emission. Bei höherer Konz. der Verunreinigungen (10^{-4} g/g) nehmen diese Emissionen ab. Die auslöschende Wrkg. erfolgt bei 10^{-6} Co, 10^{-5} Fe oder Ni. Die Absorptions-Koeffizienten zeigen bei 3650 u. 4358 Å keine wesentliche Änderung. Es trat auch Selbstabsorption der eigenen Fluorescenzstrahlung auf. (Magyar fizikai Folyóirat [Ung. Z. Physik] **6.** 125—31. 1958. Budapest, Tavközlesi Kutató Intézet.) J. PLANK. 125

A$_3$. Elektrizität. Magnetismus. Elektrochemie.

K. R. Allen und **K. Phillips,** *Wirkung einer Bestrahlung auf den Durchbruch in feldhomogenen und Kugelfunkenstrecken.* Als Ergebnis einer quantitativen Unters. über die Verringerung der Durchbruchspannung zwischen Elektroden in Ggw. ionisierender Strahlung werden Diagramme angegeben, aus denen die Anzahl der Funkenüberschläge pro Min. in Abhängigkeit von der Feldstärke ohne u. mit Bestrahlung (0,1 mg Ra) bei 760 u. 388 Torr zu ersehen ist, u. zwar im homogenen Feld (**I**) u. zwischen

Kugelelektroden (II). Es zeigte sich ein starker Anstieg der Funkenhäufigkeit mit der Strahlungsintensität, der bei 760 Torr noch ausgeprägter als bei 388 Torr ist. Die Verringerung der Durchbruchspannung bei einer bestimmten Bestrahlungsintensität betrug — unter sonst vergleichbaren Bedingungen — im Falle I ca. 0,1%, im Falle II dagegen ca. 1%, ein Ergebnis, das als ein Volumeffekt gedeutet wird. Ferner erfolgt der Anstieg der Funkenhäufigkeit mit der angelegten Spannung im Falle II wesentlich flacher als im Falle I. (Nature [London] **183.** 233—35. 24/1. 1959. Manchester, Metropolitan-Vickers Electr. Co. Ltd., Res. Dep.) D. JÖRCHEL. 131

N. I. Schtepa, *Graphoanalytische Aufzeichnung der Bahnen geladener Teilchen in elektrischen Wechsel- und konstanten magnetischen Feldern.* Beschreibung zweier Methoden zur schrittweisen graph. Integration der Bewegungsgleichung in vorgegebenen zeitlich veränderlichen elektr. Feldern bei gleichzeitiger Anwesenheit zeitlich konstanter Magnetfelder. Diskussion der dabei auftretenden Fehlerquellen u. des Anwendungsbereichs. Als Anwendungsbeispiel wird die Bewegung eines Protons in einem zeitlich sinusförmig modulierten homogenen elektr. Wechselfeld berechnet, dem ein zeitlich konstantes homogenes Magnetfeld gleicher Feldstärkenrichtung überlagert ist. (Журнал Технической Физики [J. techn. Physik] **28.** 178—87. Jan. 1958.) F. LENZ. 131

P. H. Fang, *Leitfähigkeit von Plasmen für Mikrowellen.* Die Plasmaleitfähigkeit für Elektronen mit MAXWELLscher Energieverteilung wird für die Fälle berechnet, in denen der Stoßquerschnitt a) von der Geschwindigkeit unabhängig, b) umgekehrt proportional zur Geschwindigkeit ist. Die entsprechenden Verteilungsfunktionen der Relaxationszeiten werden diskutiert. (Physic. Rev. [2] **113.** 13—14. 1/1. 1959. Washington, D. C., Nat. Bur. of Stand.) H. LIEPACK. 131

H. R. Johnson und **F. Rohrlich,** *Atomare Elektronenaffinitäten.* Die nach der Meth. der quadrat. Extrapolation der Ionisationspotentiale (GLOCKLER, [1934]) u. verwandten Methoden berechneten Elektronenaffinitäten negativer atomarer Ionen stimmen schlecht mit den experimentellen Werten überein. Vff. halten daher die rein mathemat. Extrapolation auf Grund weniger u. ungenauer Versuchsdaten für nicht zulässig u. schlagen eine Extrapolation auf Grund einer physikal. gerechtfertigten Formel der Form $I(Z) = \alpha (Z - \sigma)^2 + \gamma + a_1/(Z - \sigma) + a_2/(Z - \sigma)^2 +$ Rest vor (α, σ, γ, a_1 u. a_2 sind aus den beobachteten Ionisationspotentialen einer gegebenen isoelektron. Folge zu bestimmende Parameter), die wenigstens 2 nach unabhängigen Methoden prüfbare Parameter enthalten. Danach errechnen sich die Elektronenaffinitäten folgender negativer Ionen (in eV) zu: $B^- = 0{,}82$, $C^- = 1{,}21$, $N^- = 0{,}54$, $O^- = 1{,}47$, $F^- = 3{,}62$, $Al^- = 1{,}19$, $P^- = 1{,}33$, $S^- = 2{,}79$ u. $Cl^- = 3{,}84$. Die Daten werden mit den Ergebnissen der quadrat. Extrapolation u. Versuchswerten verglichen. (Nature [London] **183.** 244 bis 245. 24/1. 1959. Boulder, Colo., Univ. of Colorado, Dep. of Astro-Geophys.; Baltimore, Md., Johns Hopkins Univ., Dep. of Phys.) D. JÖRCHEL. 131

E. E. Salpeter, *Einige atomare Wirkungen auf ein elektronisches elektrisches Dipolmoment.* In die DIRAC-Gleichung des Elektrons wird eine paritätsverletzende Störung eingeführt, die physikal. einem permanenten elektr. Dipolmoment eines Elektrons, parallel zu seinem Spin, entspricht. Für Positronen werden zwei Kombinationen der relativen Vorzeichen von elektr. Moment u. Spin betrachtet. Numer. Konsequenzen einer derartigen Störung werden für das H-Atom u. das Positronium berechnet. — Aus verschied. Verss. werden folgende rohe obere Grenzen für das elektr. Dipolmoment ξ (in $e\hbar/mc$) abgeleitet: Aus dem numer. Wert der LAMB-Verschiebung: $\xi < 0{,}004$; aus der Metastabilität des 2s-Zustandes in H: $\xi < 0{,}03$; aus der Abwesenheit der $K \rightarrow L_1$-Röntgenstrahlübergänge in den schwersten Atomen: $\xi < 0{,}005$ (oder wahrscheinlich noch kleiner); aus dem Wert der Hyperfeinaufspaltung des Positronium-Grundzustandes: $\xi < 0{,}02$. (Physic. Rev. [2] **112.** 1642—48. 1/12. 1958. Ithaca, N. Y., Cornell Univ., Newman Labor of Nucl. Stud.) D. JÖRCHEL. 131

M. Ss. Metzik, *Elektrisierung von Glimmerkristallen bei ihrer Spaltung.* Durch Sondenmessungen wird nachgewiesen, daß die elektrostat. Aufladungen auf frisch gespaltenen Glimmeroberflächen eine mosaikartige Ladungsverteilung bilden, die sich nach Größe u. Vorzeichen rasch mit dem Ort ändert. Ferner wird das zeitliche Auseinanderlaufen des Ladungsgebirges experimentell untersucht, das sich an Vakuum u. an trockener Luft über etwa eine Stunde erstreckt u. in Ggw. von feuchter Luft schon nach weniger als einer Min. beendet ist. Die Deutung der beobachteten u. einiger anderer Erscheinungen gelingt mit Hilfe eines abgewandelten Strukturmodells für Muskovit u. Phlogopit, das den röntgenograph. Daten nicht widerspricht, in welchem in einer Zwischenschicht außer den K-Ionen auch H_2O-Moll. angeordnet sind. (Журнал Технической Физики [J. techn. Physik] **28.** 109—13. Jan. 1958. Irkutsk, Shdanow-Univ.) F. LENZ. 132

I. J. Hopfield, *Theorie des Excitonenbeitrags zur komplexen Dielektrizitätskonstanten von Kristallen.* Es wird gezeigt, daß die gewöhnliche halbklass. Theorie der Lichtabsorption durch Excitonenzustände — im Unterschied zum Falle der Absorption durch Zwischenbandübergänge — nicht ausreicht. Excitonen sind näherungsweise Bosonen, u. bei der Wechselwrkg. mit dem elektromagnet. Feld spielt das Excitonenfeld die Rolle des klass. Polarisationsfeldes. Die Eigenzustände des Syst. aus Kristall- u. Strahlungsfeld sind Mischungen aus Photonen u. Excitonen. Die gewöhnliche opt. Einquantenlebensdauer einer Anregung ist unendlich. Absorption tritt nur auf, wenn „Dreikörper-Prozesse" eingeführt werden. Die entwickelte Theorie schließt Effekte des „lokalen Feldes" ein, die in erster Näherung auf die Lorentzsche „lokale-Feld-Korrektur" führen. Die Oscillatorstärke wird durch die integrierte Absorptionskonstante ausgedrückt. (Physic. Rev. [2] **112.** 1555—67. 1/12. 1958. Ithaca, N. Y., Cornell Univ., Phys. Dep.) D. Jörchel. 132

I. Ja. Eissner, *Über einige Besonderheiten der dielektrischen Hysteresis von Seignettesalz.* (Vgl. C. **1957.** 8712 u. C. **1959.** 4693.) Es wird der Zusammenhang zwischen dem momentanen Wert der Polarisation u. der angelegten Spannung bei Seignettesalz (I) mit Zusatzelementen, bes. für X-Schnitte im Temp.-Gebiet — 20 bis + 40°, untersucht. Die dielektr. Hysteresis wird mittels eines Kathodenstrahloscillographen verfolgt. Sie tritt im Wechselfeld mit Frequenz 50 Hz bei Spannungen von ca. 700 V/cm auf, die Hysteresisschleifen (HS) haben aber eine andere Form als bei reinem **I**. Aus Lsgg. mit Zusatz von $(NH_4)_2MoO_4$ gezüchtete **I**-Kristalle zeigen in starken elektr. Feldern nur geringe dielektr. Verluste; im Temp.-Bereich zwischen den Curie-Punkten ändert sich die Polarisation nicht linear mit der Spannung. **I**-Kristalle mit B-Zusatz haben anomale HS mit Verengung bei kleinen Spannungen. Bei **I**-Kristallen mit Cu-Zusatz besteht die Anomalie der HS darin, daß in einem größeren Spannungsbereich die Polarisation sich linear mit der Spannung ändert u. erst bei einer bestimmten Spannung die HS beginnt. (Известия Академии Наук СССР, Серия Физическая [Nachr. Akad. Wiss. UdSSR, physik. Ser.] **21.** 334—39. März 1957. Lwow, Pädagog. Inst.) R. K. Müller. 132

I. Ss. Res, *Über einen Apparaturkomplex für Forschungsuntersuchungen auf dem Gebiet der Seignettedielektrika an kleinen Proben.* (Vorl. Mitt.) In Abb. u. Schaltschema wird eine Anordnung zur Unters. der piezoelektr. Aktivität an kleinen Objekten gezeigt u. beschrieben. Als Beispiel für die Anwendung wird tabellar. die Abhängigkeit der Piezoaktivität von $Li_2SO_4 \cdot H_2O$, *Äthylendiamin-* u. *K-Tartrat* vom Zustand der Proben (Platten, Tabletten, Pulver) mitgeteilt. Die Anlage kann auch zur Unters. der Temperaturabhängigkeit der DK. einer zu untersuchenden Substanz an Standardtabletten verwendet werden. (Известия Академии Наук СССР, Серия Физическая [Nachr. Akad. Wiss. UdSSR, physik. Ser.] **21.** 466—72. März 1957. Zentr. wiss. Forsch.-Labor. für Piezotechnik.) R. K. Müller. 133

W. I. Kljatschkin, *Zur Theorie der Orientierungsordnung von Molekülkristallen.* Es werden Gleichungen für die Berechnung der Wahrscheinlichkeit einer orientierten Konfiguration einer Gruppe von Moll. entwickelt, die durch Fern- oder Nahwirkungskräfte verbunden sind. Die Unterschiede der Seignetteelektrizität u. des orientierenden Schmelzens können die Folge einer verschied. Natur der Kräfte sein, die eine stabile geordnete Struktur bewirken. Im ersteren Falle sind fernwirkende Dipolkräfte wirksam, im zweiten solche von kurzer Wirkung. (Известия Академии Наук СССР, Серия Физическая [Nachr. Akad. Wiss. UdSSR, physik. Ser.] **21.** 359—67. März 1957. Inst. für Halbleiter der Akad. der Wiss. der UdSSR.) R. K. Müller. 133

R. Je. Passynkow, *Über mikroskopische Theorien der seignetteelektrischen Eigenschaften von Bariumtitanat.* Die seignetteelektr. Eigg. von $BaTiO_3$ werden teils auf unelast. Verschiebungen von Ionen infolge Einw. effektiver Felder von erheblicher Elektronenpolarisation, teils auf spontane Deformationen der Elektronenhüllen der Ionen u. ihre anschließende elast. Verschiebung aus Gleichgewichtslagen zurückgeführt. Die erste Theorie müßte durch die Ermittlung der Temperaturcharakteristiken der spontanen Polarisation, der dielektr. Permeabilität u. der Entropie ergänzt werden. Die zweite Theorie gibt eine Erklärung der Existenz einer spontanen Polarisation aus rein elektron. Effekten u. sollte durch Berücksichtigung der Ionenverschiebungen u. der damit verbundenen Temperatureffekte erweitert werden. (Известия Академии Наук СССР, Серия Физическая [Nachr. Akad. Wiss. UdSSR, physik. Ser.] **21.** 340—51. März 1957. Inst. für Halbleiter der Akad. der Wiss. der UdSSR.) R. K. Müller. 133

K. A. Minajewa, *Untersuchung von Ultraschallstrahlern aus Seignettesalzkristallen.* Aus Seignettesalz (**I**) kann man keinen Schnitt herstellen, der longitudinalen Piezoeffekt aufweist u. frei von Schubdeformationen ist. Vf. untersucht vergleichend die Schwingungsform der strahlenden Oberfläche im Schallfeld beim L-Schnitt des **I** für Resonanzfrequenzen von 6,9—19,5 kHz. Man kann eindeutig das Schallfeld eines Strahlers mit der Amplitudenverteilung auf seiner schwingenden Oberfläche in Beziehung setzen u. auf diesem Wege die Spannungscharakteristik des L-Schnitts verbessern. (Известия Академии Наук СССР, Серия Физическая [Nachr. Akad. Wiss. UdSSR, physik. Ser.] **21.** **444—49.** März 1957. Moskau, Lomonossow-Univ.)

R. K. MÜLLER. 133

M. Ss. Lurje, *Abhängigkeit der dielektrischen Permeabilität polykristalliner Seignetteelektrika von der Zeit bei Einwirkung mechanischer Belastung und eines konstanten elektrischen Feldes.* Bei einseitiger Belastung (P) in Feldrichtung in einem konstanten elektr. Feld (E) u. bei Aufhebung der Belastung wird eine Erhöhung der DK. von $BaTiO_3$ (**I**), dann Rückgang auf den Ausgangswert festgestellt. Die Abhängigkeit von der Zeit τ entspricht $(1/\Delta P)(\Delta\varepsilon/\varepsilon) = A_0 \cdot \exp(-\alpha\tau)$ mit verschied. α für Be- u. Entlastung. Oberhalb des CURIE-Punktes (CP) ist $(1/\Delta P)(\Delta\varepsilon/\varepsilon) < 0$ unabhängig von τ. Die krit. Feldspannung E_{kr}, bei der der nichtstationäre Prozeß in den stationären übergeht, ist bei **I** 2000, bei **I** + 9% $BaSnO_3$ 450, bei **I** + 5% Pb_3O_4 2800 V, andere feste Lsgg. liegen dazwischen. Mit steigender Temp. nimmt E_{kr} zu. Über dem CP ist $(1/\Delta E_{=})\cdot(\Delta\varepsilon/\varepsilon) = B_0 \cdot \exp(-\beta\tau) < 0$. Die Ergebnisse bestätigen einen Orientierungsmechanismus der Seignetteelektrizität des **I** u. seiner festen Lösungen. (Известия Академии Наук СССР, Серия Физическая [Nachr. Akad. Wiss. UdSSR, physik. Ser.] **21.** **439—43.** März 1957. Allunions wiss. Forsch.-Inst. für Schürfmethodik u. -technik.)

R. K. MÜLLER. 133

R. Je. Passynkow und **W. W. Winogradow,** *Stabilisierte piezokeramische Materialien.* Die elektroakust. Parameter von $BaTiO_3$ (**I**) sind zwischen — 40 u. + 40° inkonstant; von den 3 Phasenübergängen macht sich derjenige bei + 12° in einem scharfen Minimum der Resonanzfrequenz (f_{res}) bemerkbar. Die beste Konstanz zeigen tern. Systeme aus **I** mit z. B. 8% $CaTiO_3$ (**II**) + 4% $PbTiO_3$ mit $(f_{res} - f_0)/f_0 = 1{,}9$ gegenüber 9 bei **I** allein bei — 40 bis + 40°, jedoch bei geringer spezif. akust. Leistung: spezif. Verlustenergie $A_0 = 0{,}15$ ($\cdot 10^{-10}$ J/V² · cm) gegenüber 0,8 bei **I**. Bei **I** + 6% **II** ist $A_0 = 0{,}3$; diese Kombination ist daher für Ultraschallstrahler geeigneter. Ungeeignet sind feste Lsgg. von **I** mit $BaSnO_3$ oder $SrTiO_3$ trotz hoher DK wegen ungenügender Stabilität u. hohen A_0-Wertes (3,0 bzw. 4,5). (Известия Академии Наук СССР, Серия Физическая [Nachr. Akad. Wiss. UdSSR, physik. Ser.] **21.** **450—54.** März 1957. Inst. für Halbleiter der Akad. der Wiss. der UdSSR.) R. K. MÜLLER. 133

A. G. Boganow und **R. A. Chomutetzkaja,** *Ergänzende Mitteilungen über das System fester Lösungen $PbTiO_3$–$SrTiO_3$.* Feste Lsgg. werden durch Erhitzen auf 1200 bis 1350° von $PbTiO_3$ mit $SrTiO_3$ (**I**) in verschied. Mischungsverhältnissen hergestellt. Die DK erreicht bei 65—80% **I** die höchsten Werte, bei 20 u. 30% **I** werden erhöhte Werte beim CURIE-Punkt (CP) oder darüber festgestellt. Die Werte von tg δ sind bei allen Systemen vor dem CP erhöht. Alle Systeme zeigen positive spontane Vol.-Elektrostriktion, die mit zunehmendem **I**-Geh. gesetzmäßig abnimmt. Der lineare Ausdehnungskoeff. nimmt im tetragonalen Gebiet mit abnehmendem **I**-Geh. von $9 \cdot 10^{-6}$ auf $1 \cdot 10^{-6}$ ab u. liegt im kub. Gebiet zwischen $7 \cdot 10^{-6}$ u. $1 \cdot 10^{-6}$. Die Unters. der Polarisation zeigt bei **I**-Gehh. < 50% auch bei sehr hohen Feldspannungen (bis 37 kV/cm) keine Hystereseschleife; ein Maximum der Polarisation ($12 \cdot 10^{-6}$ CGS-Einheiten) wird bei 70% **I** festgestellt. Der Piezomodul nimmt mit steigendem **I**-Geh. von $0{,}5 \cdot 10^{-6}$ auf $1 \cdot 10^{-6}$ CGS-Einheiten zu. Für ein seignetteelektr. Radiometer bieten feste Lsgg. mit 60—70% **I** Vorteile. (Известия Академии Наук СССР, Серия Физическая [Nachr. Akad. Wiss. UdSSR, physik. Ser.] **21.** **433—38.** März 1957. Inst. für Silicatchem. der Akad. der Wiss. der UdSSR.) R. K. MÜLLER. 133

N. N. Krainik, *Untersuchung der antiseignetteelektrischen Eigenschaften einiger Bleizirkonat enthaltender fester Lösungen.* Bin. Gemische bzw. feste Lsgg. von $PbZrO_3$ (**I**) mit $CaZrO_3$ (**II**), $PbCeO_3$ (**III**), $CdZrO_3$ (**IV**), $MgZrO_3$ (**V**), $ZnZrO_3$ (**VI**) u. $PbThO_3$ (**VII**) werden durch Sintern von PbO, ZrO_2 u. Oxyden bzw. Carbonaten der anderen Komponente dargestellt. Nach der Röntgenunters. besteht in den Systemen aus **IV**, **VI** u. **VII** mit vorgebildetem **I** keine feste Lsg., bei Herst. aus Oxydgemischen entstehen solche mit kleinen Mengen **IV** u. **V**. In den Systemen **I**-(≤ 8 Mol.-%)**II**, **I**-**III** u. **I**-**IV** liegen 2 Phasenübergänge vor; bei niedrigerer Temp. ein Übergang von antiseignetteelektr. Phase (AP) in unpolare Zwischenphase (ZP), bei höherer Temp. in paraelektr. Phase, bei **I**-**II** ein dritter Übergang in eine andere paraelektr. Phase. Die spontane Vol.-Striktion beim Übergang AP → ZP im Syst. **I**-**II** ändert bei höherer **II**-Konz. ihr negatives Vorzeichen in positives. Die Temp.-Abhängigkeit von tg δ (δ = Verlustwinkel) zeigt bei **I**-**II**, **I**-**III** u. **I**-**IV** im Gebiet der Phasenübergänge keine Anomalien. (Известия Академии Наук СССР, Серия Физическая [Nachr. Akad. Wiss. UdSSR, physik. Ser.] **21.** 411—22. März 1957. Inst. für Halbleiter der Akad. der Wiss. der UdSSR.)

R. K. MÜLLER. 133

E. Taft, H. Philipp und **L. Apker,** *Exciton-induzierte Photoemission von BaO bei 80° K.* Vff. führten photoelektr. Unterss. an BaO bei 80° K durch unter besonderer Berücksichtigung der von Zollweg (C. **1956.** 3208) u. Jahoda (C. **1958.** 2333) gefundenen 4 Absorptionsmaxima bei 3,8, 3,91, 4,05 u. 4,30 eV. Diese Maxima treten bei 80° K in der Spektralverteilung der lichtelektr. Ausbeute hervor, wenn BaO Donatorzustände enthält, die weniger als 2 eV unter dem Vakuumniveau liegen. Der Effekt scheint ähnlich der excitoninduzierten Photoemission der Alkalihalogenide u. liefert eine bes. empfindliche Meth. zur Unters. des schwachen Absorptionsmaximums bei 3,8 eV. Hier liegt wahrscheinlich die Quelle der von Philipp (C. **1958.** 2928) in der Energieverteilung beobachteten unerwartet langsamen Elektronen. (Physic. Rev. [2] **113.** 156—57. 1/1. 1959. Schenectady, N. Y., Gen. Electr. Res. Labor.) H. Liepack. 134

Zsolt Náray, *Temperaturabhängigkeit der Empfindlichkeit von Sb–Cs-Photokathoden im Temperaturgebiet von — 170° bis + 20°.* Die Messungen ergaben, daß bei der der Grenzwellenlänge nahe liegenden Wellenlänge $\lambda = 6256$ der $I_{1k}(T)/I_{2k}$-Wert bei abnehmender Temp. monoton sinkt. In dem untersuchten Temp.-Gebiet ändert sich die Empfindlichkeit ungefähr mit dem Faktor 3—3,5. Bei der Wellenlänge 4925 Å bleibt die Empfindlichkeit zwischen 130—290° K unverändert u. nimmt unterhalb 130°K schnell ab. (Magyar fizikai Folyóirat [Ung. Z. Physik] **5.** 427—30. Budapest, Zentralforsch. Inst. für Physik, Abt. kosm. Strahlung.) J. Plank. 134

A. R. Schulman, I. R. Sakirowa, Ju. A. Morosow und **Ss. A. Fridrichow,** *Sekundärelektronenemission von Nickel.* Experimentelle Unters. des Sekundäremissionskoeff. u. der Geschwindigkeitsverteilung der aus Ni-Oberflächen ausgelösten Sekundärelektronen bei Primärenergien von 200—2000 eV. Die durch am Kollektor ausgelöste Tertiärelektronen bedingte Fehlerquelle u. die Möglichkeit ihrer weitgehenden Ausschaltung durch ein Antidynatron-Netz werden diskutiert. (Журнал Технической Физики [J. techn. Physik] **28.** 87—96. Jan. 1958. Leningrad, Polytechn. Kalinin-Inst.) F. Lenz. 134

Ruth Seiwatz und **Mino Green,** *Raumladungsberechnungen für Halbleiter.* Das elektr. Feld an der Oberfläche eines Halbleiters in Abhängigkeit von der Potentialdifferenz an der Raumladungswandschicht u. von den Halbleitereigg. wird für ein eindimensionales Modell u. gleichförmige Störstellenverteilung berechnet. Ein Sonderfall (völlige Ionisation der Störstellen, Nichtentartung des Elektronengases) ist numer. durchgerechnet. (J. appl. Physics **29.** 1034—40. Juli 1958. Chicago, Ill., Zenith Radio Corp.) K. Zückler. 135

W. L. Bontsch-Brujewitsch, *Über den Unterschied zwischen den Rekombinationszentren und den Haftniveaus.* Die Einteilung von Traps in Rekombinationszentren u. Haftniveaus hat in keiner Weise absol. Charakter, denn ob ein Trap als Rekombinationszentrum oder Haftstelle wirkt, wird nicht nur durch die Eigg. des vorliegenden konkreten Zusatzes bestimmt, sondern auch durch die Temp., die Herstellungsbedingungen der Probe u. die Injektionsbedingungen. (Журнал Технической Физики [J. techn. Physik] **28.** 67—76. Jan. 1958. Moskau, Univ., Physikal. Fak.) F. Lenz. 135

Pál Selényi, *Abschnitte aus der Physik technischer Selengleichrichter.* Vf. untersuchte die Ursache seiner Beobachtung, daß beim Biegen von Selengleichrichterscheiben der Sperrstrom vervielfacht wird u. der Rückstrom um 5—10% ansteigt. Er nimmt an, daß durch das Biegen die in der Sperrschicht anwesenden „Ionisationskeime" dissoziieren, wodurch die Zahl der an der Leitung teilnehmenden Ionen u. Elektronen ansteigt u. der Strom zunimmt. Die Dissoziation ist die Folge von elast. Kräften, welche sich nach der Deformation ausgleichen, so daß der Stromanstieg nach kurzer Zeit zurückgeht. Vf. untersuchte ferner das Rauschen von Kristallgleichrichtern, ihr anomales Schrotrauschen, das beim Durchgang von Strom in der Sperrichtung u. entsprechendem Verstärken im Kopfhörer wahrnehmbar ist u. vom Kathodenstrahloscilloskop als starkes Stromschwanken angezeigt wird. (Magyar fizikai Folyóirat [Ung. Z. Physik] **4.** 415 bis 432. 1956.) J. Plank. 135

L. L. Makowski, *Berechnung der Abhängigkeit des Stromverstärkungsfaktors vom Emitterstrom in Germanium-Legierungstrioden für den Injektions- und den Extraktionsbereich bei hohen Temperaturen.* Theoret. Deutung der experimentellen Befunde (vgl. Stafejew u. Mitarbeiter, C. **1958.** 5572) über den Strom-Verstärkungsfaktor bei hohen Tempp. (ca. 90°) auf Grund der Theorie von Webster (Proc. I. R. E. **42.** [1954.] Nr. 5). Die Übereinstimmung der berechneten Abhängigkeit des Verstärkungsfaktors vom Emitterstrom mit dem Experiment ist befriedigend. (Журнал Технической Физики [J. techn. Physik] **28.** 52—54. Jan. 1958. Leningrad, Akad. der Wiss. der UdSSR, Physik.-Techn. Inst.) F. Lenz. 135

A. L. Rwatschew, *Trägheit des Photoeffektes und elektrische Leitfähigkeit von Kupfer(I)-oxyd.* Experimentelle Unters. der Trägheit des Photoeffekts durch oscillograph. Registrierung des zeitlichen Verlaufs des lichtelektr. Stroms bei Belichtung mit monochromat. π-Impulsen verschied. Wellenlänge. Es gibt Spektralbereiche mit prakt. konstanter Trägheit u. Stellen, an denen die Trägheit sprunghaft ihren Wert ändert. Diese Stellen liegen bei Wellenlängen, für die die Absorptionskurven u. die spektrale Abhängigkeit der lichtelektr. Leitfähigkeit scharfe Knicke besitzen, woraus auf einen Wechsel im Mechanismus des lichtelektr. Effekts an diesen Stellen geschlossen wird. Diskussion der Möglichkeiten, aus den gemessenen spektralen Abhängigkeiten auf die Kinetik der lichtelektr. Leitung in Cu_2O zu schließen. (Журнал Технической Физики [J. techn. Physik] **28.** 45—51. Jan. 1958. Lwow, Polytechn. Inst.) F. LENZ. 135

M. Bailyn, *Transport in Metallen: Wirkung der Nichtgleichgewichtsphononen.* Mit Hilfe der Störungstheorie erster Ordnung werden die gekoppelten BOLTZMANN-Gleichungen für Phononen u. Elektronen in einem Metall gleichzeitig gelöst. Die Endergebnisse erscheinen in Form von Integralen, die die Phonon–Phonon-Relaxationszeit $\tau(\sigma)$ u. die Elektron–Elektron-Relaxationszeit enthalten. Aus dem Ausdruck für die elektr. Leitfähigkeit geht hervor, daß selbst, wenn $\tau(\sigma) \to \infty$ (PEIERLSsches Gleichgewichtsproblem), eine endliche elektr. Leitfähigkeit durch Umklapp-Prozesse existiert. Im allg. lassen sich die Effekte als „Phononen-Relaxationseffekte" beschreiben, die alle Transportkoeffizienten etwas verändern, wenn $\tau(\sigma)$ groß ist, u. als „Phononen-Schlepp"-oder-Drifteffekte, die nur die thermoelektr. Energie merklich verändern. (Physic. Rev. [2] **112.** 1587—98. 1/12. 1958. Evanston, Ill., Northwestern Univ., Dep. of Phys.) D. JÖRCHEL. 136

F. P. Bowden und **J. B. P. Williamson,** *Elektrische Leitung in Festkörpern.* 1. Mitt. *Einfluß des Stromdurchgangs auf die Berührungsfläche von Festkörpern.* Die sorgfältigst geglättete Oberfläche von Metallen weist Unebenheiten auf, die in der Größenordnung von einigen Atomlagen liegen. Beim Zusammenbringen zweier solcher Oberflächen unter einem Druck, der noch keine Deformation der Unebenheiten bewirkt, ist daher die wahre Berührungsfläche der Metalle sehr klein. Bei Stromdurchgang tritt durch die starke Verkleinerung des Leitungsquerschnitts eine Einschnürung des Stromflusses u. damit ein Übergangswiderstand auf. Dieser Widerstand ist definiert als die zusätzliche Potentialdifferenz, geteilt durch den fließenden Strom. Es wird gezeigt, daß Veränderungen der Kontaktfläche als Folge der durch den Strom in diesem Widerstand erzeugten Wärme erklärt werden können. Für jede gegebene Stromstärke existiert ein bestimmter krit. Widerstandswert, bei dem noch keine bleibenden Veränderungen der Kontaktflächen hervorgerufen werden. Wird der Wert überschritten, so geben die Berührungsflächen durch die entwickelte Wärme dem angelegten Druck nach, womit gleichzeitig die Berührungsfläche vergrößert wird. Die Wrkg. von kurzen Stromstößen auf Kontaktflächen aus *Au* wurde untersucht. Die Ergebnisse zeigen, daß die Wrkg. unabhängig von der Dauer des Stromflusses in dem untersuchten Bereich von 10 μsec bis 10 msec ist. Sie zeigen weiter, daß bleibende Veränderungen an der Kontaktfläche nur eintreten, wenn der Strom stark genug ist, um das Metall an der Berührungsfläche zu schmelzen. Bei Au ist der stärkste Strom, der noch keine bleibenden Veränderungen hervorruft, der, der am Übergangswiderstand eine zusätzliche Potentialdifferenz von 0,38 V erzeugt. Es ist möglich, aus dieser Potentialdifferenz die Temp. der Kontaktzone zu berechnen. Die Berechnung nach einem von KOHLRAUSCH angegebenen Verf. ergab, daß eine bleibende Veränderung auftritt, sobald eine Temp. von 950^0 erreicht wurde. Da dieser Wert wesentlich unter dem F. von Au liegt, wird angenommen, daß die mathemat. Behandlung des Problems nach KOHLRAUSCH nicht mehr richtig ist, wenn die Temp. sich der Schmelz-Temp. nähert. (Proc. Roy. Soc. [London], Ser. A **246.** 1—12. 22/7. 1958. Cambridge, Univ., Dep. of Phys., Res. Labor. for Phys. and Chem. of Solids.) K. ROSS. 136

J. A. Greenwood und **J. B. P. Williamson,** *Elektrische Leitung in Festkörpern.* 2. Mitt. *Theorie der temperaturabhängigen Leiter.* (1. vgl. vorst. Ref.) Es wird eine neue mathemat. Behandlung des Problems der elektr. Aufheizung von Leitern vorgelegt. Diese Behandlung gibt unter angemessenen Bedingungen eine kurze Ableitung der hauptsächlichen Ergebnisse der Theorie u. führt darüberhinaus zu drei neuen Schlüssen. Erstens wird gezeigt, daß das Hauptproblem, das Auffinden der räumlichen Verteilung des Potentials, des Stroms u. der Temp. innerhalb eines Leiters, dessen therm. u. elektr. Leitfähigkeit von der Temp. abhängig sind, auf das entsprechende Problem der konstanten Leitfähigkeit u. einer einfachen numer. Integration zurückgeführt werden kann. Zweitens wird gezeigt, daß die räumliche Verteilung des Stroms innerhalb des Leiters unabhängig von den therm. u. elektr. Eigg. des Materials ist u. unverändert bleibt, wenn der Gesamtstrom variiert wird. Drittens wird gezeigt, daß es Bedingungen gibt, unter denen eine stetige Lösung des Problems unmöglich ist. Für viele Leiter sind stetige Bedingungen nur möglich, wenn der Strom unter einem bestimmten krit. Wert bleibt. Wird dieser Wert überschritten, so steigt die Temp. kontinuierlich an, u. der Prozeß wird z. B. durch das Schmelzen beendet. Nach der angegebenen Meth. kann die räumliche Verteilung des Stroms in einem für Widerstandsschweißungen entsprechend geformten Leiter berechnet werden. Die Theorie sagt genau die experimentellen Ergebnisse einer Unters.-Serie an Schweißungen voraus. Auf die *Au*-Kontakte angewendet, bietet die Theorie eine Erklärung für das erwähnte anomale Verhalten. (Proc. Roy. Soc. [London], Ser. A **246.** 13—31. 22/7. 1958.) K. ROSS. 136

K. R. Vassel, *Elektrisches Leitfähigkeitsverhalten von Aluminium, Kupfer und anderen Basismetallen. Die Wirkung einzelner Legierungspartner und Spurenelemente sowie Systematik dieser Wirkung.* Auf Grund von eigenen Messungen an *Al* u. *Cu* sowie von Literaturdaten für *Ag, Au, Mg* sowie *Fe, Ni* u. *Ti* versucht Vf., eine Systematik der Wrkg. einzelner Spurenelemente auf die Widerstandserhöhung der Grundmetalle zu geben. Es wird eine Abhängigkeit der atomaren Widerstandserhöhung von der Wertigkeitsdifferenz zwischen Grund- u. Zusatzmetall sowie von der Ähnlichkeit der Elektronenkonfigurationen gefunden, wobei als Ähnlichkeitskriterium das Vorhandensein bzw. Fehlen einer nur teilweise besetzten d-Schale anzusehen ist. Die Wrkg. von je einer Wertigkeitsdifferenz, ausgedrückt durch den Gruppenabstand im Periodensyst., hängt vom Charakter des Grundmetalls ab; im Falle des Fe ist sie konstant, im Falle des Al, Mg u. Ti etwa linear, im Falle des Ag, Au u. Cu jedoch reziprok. Zusatzelemente mit dem Grundmetall ähnlichen Elektronenkonfigurationen üben eine kleinere Wrkg. aus als solche mit unähnlichen Konfigurationen. Es wird versucht, die Effekte elektronentheoret. (atomist.) zu deuten. (Bergakademie [Freiberg] **9.** 306—11. Juni 1957. Budapest, Forschungsinst. für NE-Metalle.) J. JASKOWSKY. 136

F. Erdmann-Jesnitzer, *Beitrag zum elektrischen Leitfähigkeitsverhalten von Kupfer.* (Erörterungsbeitrag zu vorst. Ref.) Die elektr. Leitfähigkeit von Cu verschied. Sauerstoffgeh. geht mit steigenden Mengen echt im Cu-Gitter „gelösten" Sauerstoffes über ein Maximum. Zu dessen Deutung wird der Einfl. von „Subkorngrenzen", wie sie durch elektronenopt. Aufnahmen sichtbar gemacht werden können, herangezogen. Diese liegen im eigentlichen Korn u. lassen sich durch Versetzungsmodelle beschreiben. Im Sinne einer „Entlastungs"-Diffusion wird die zufolge der Versetzungen auftretende Gitterstörung vermindert (COTRELL-Effekt für Substitutionsmischkristallbildner) u. die potentielle Energie im Korn herabgesetzt. Dadurch erhöht sich möglicherweise die elektr. Leitfähigkeit. (Bergakademie [Freiberg] **9.** 356—58. Juli 1957. Freiberg/Sa.) J. JASKOWSKY. 136

R. Suhrmann, G. Wedler und **G. Krüger,** *Über die Chemisorption des Benzols an aufgedampften, durchsichtigen Nickelfilmen bei 90° K.* (Vgl. C. **1957.** 2118. 8435.) Die quantitativen Verss. zeigten, daß sich der elektr. Widerstand des Ni-Films bei zunehmender Belegung einem Grenzwert nähert. Die lichtelektr. Empfindlichkeit dagegen überschreitet ein Maximum. Für die in einer Monoschicht pro cm^2 Makrooberfläche chemisorbierte Zahl von Benzolmoll. ergeben sich verschied. Werte, je nachdem, ob diese Zahl aus lichtelektr. oder Widerstandsmessungen bestimmt wird. Im ersten Fall errechnet man $7{,}4 \cdot 10^{14}$ Benzolmoll. pro cm^2, im 2. Fall nur halb so viele. Eine Beeinflussung des Filmwiderstandes rührt wahrscheinlich nur von solchen Moll. her, die vollkommen auf der Ni-Oberfläche aufliegen, während alle Moll. eine Polarisation erfahren können. Jedes Benzolmol. bindet bei der Chemisorption, überwiegend kovalent, 6,2 Elektronen des Ni-Films. Bei kleinen u. großen Benzolzugaben dürfte eine Rk. 1. Ordnung, im Bereich der Monobelegung eine Rk. 2. Ordnung stattfinden. (Z. physik. Chem., Frankf. Ausg. [N. F.] **16.** 132—35. Mai 1958. Hannover, TH, Inst. für Physik, Chem. u. Elektrochem.) D. JÖRCHEL. 136

R. R. Hake, D. E. Mapother und **D. L. Decker,** *Isotopieeffekt auf den Supraleitübergang in Blei.* Es werden Beobachtungen des Unterschieds der krit. Felder supraleitender Pb-Proben verschied. Isotopenmassen mitgeteilt. Die zwischen 7,2 u. ca. 1,4° K unter Verwendung des MEISSNER-Effekts u. einer ballist. Induktionsmeth. durchgeführten Messungen bestätigen in der Umgebung von T_c die theoret. Voraussagen, daß $T_c = \text{const.} \cdot M^p$ ist (M = mittlere Isotopenmasse), u. liefern ein $p = -0{,}501 \pm 0{,}013$. Bei tieferen Tempp. festgestellte Abweichungen vom Ähnlichkeitsprinzip dürften keinen echten Beweis gegen dieses Prinzip darstellen, vielmehr scheinen die anomalen H_c-Werte für thermodynam. irreversible Übergänge charakterist. zu sein. (Physic. Rev. [2] **112.** 1522—32. 1/12. 1958. Urbana, Ill., Univ. of Illinois, Phys. Dep.) D. JÖRCHEL. 136

N. W. Grum-Grshimailo und **I. A. Popow,** *Hall-Effekt in Chromlegierungen mit Molybdän.* An Cr–Mo-Proben verschied. Zus. (hergestellt aus reinen Metallpulvern durch Pressen (5—6 t/cm^2) u. Sintern bei 1000°/48 Std., wobei für nur kurze Zeit 1200° erreicht wurde) wurden die HALL-Konstanten bestimmt. Cr u. Mo bilden im gesamten Konzentrationsgebiet eine ununterbrochene Reihe fester Lsgg., wobei die HALL-Konstanten jedoch auf die Anwesenheit von Cr_5Mo, Cr_3Mo, Cr_3Mo_2 u. Cr_2Mo_5 deuten. — Die Gitterparameter können nach der Formel $a = 2,878 + 0,266(c_{Mo}) + 0,168(c_{Cr})^3(c_{Mo}) + 0,445 (c_{Cr})^3(c_{Mo})^2 + 0,703(c_{Cr})^2(c_{Mo})^5$ in Abhängigkeit von der Konz. berechnet werden. (Журнал Неорганической Химии [J. anorg. Chem.] **3.** 1227—31. Mai 1958.) H. TŮMA. 136

Frank P. Beitel jr. und **Emerson M. Pugh,** *Zwei Hall-Effekte in Eisen–Kobalt-Legierungen.* Bei 77, 169 u. 293° K wurden HALL-Koeff. u. Widerstand ϱ von Fe–Co-Legierungen unter Verwendung von Feldern bis 3,3 Weber/m² gemessen. In Proben mit bis zu 0,2% Co ist der gewöhnliche HALL-Koeff. R_0 bei Raumtemp. positiv, wird bei tieferen Tempp. jedoch negativ; in allen anderen Zuss. ist R_0 negativ. Eine Analyse mit Hilfe eines einfachen Modells, in dem das (4s)-Leitungsband aus einem parallelen u. antiparallelen Unterband besteht, zeigt, daß das parallele 3d-Unterband bei einem Fe-Geh. bis zu 20% in Co gefüllt ist. Mit steigendem Fe-Geh. leert es sich u. hat bei 50% Fe ca. 0,2 Löcher/Atom. Bei 65% Fe verschieben sich jedoch die Bänder derart, daß das parallele 3d-Unterband wieder gefüllt ist. Diese Folgerung ergibt sich auch nach einem anderen Modell. — Der außerordentliche HALL-Koeff. R_1 ist für weniger als 25% Co in Fe positiv, in allen anderen Zuss. wird er negativ, wenn die Temp. von 300 auf 169° K abnimmt. Es gilt die Beziehung $R_1 = a + b\varrho^2$. (Physic. Rev. [2] **112.** 1516—20. 1/12. 1958. Pittsburgh, Pa., Carnegie Inst. of Technol.) D. JÖRCHEL. 136

Siklós Tivadar, *Methode der zweiten Quantisierung und ihre Anwendung in der Theorie des Magnetismus.* Wiedergabe der Meth. von N. N. BOGOLJUBOW u. S. W. TJABLIKOW. (Magyar fizikai Folyóirat [Ung. Z. Physik] **5.** 451—66. 1957.) J. PLANK. 137

Lénárd Pál, *Abhängigkeit der differentialen Susceptibilität von ferromagnetischen Stoffen hexagonalen Kristallgefüges von der Feldstärke in starken magnetischen Feldern.* Wird angenommen, daß die einzelnen Kristalle in einem polykristallinen Stoff voneinander unabhängig sind u. der Stoff von plast. Deformationen, äußeren u. inneren elast. Spannungen frei ist, so kann der Wert der differentialen Susceptibilität im angenähert gesätt. Zustande leicht bestimmt werden. Vf. gibt einen einfachen Zusammenhang für die Abhängigkeit der differentialen Susceptibilität polykristalliner ferromagnet. Stoffe hexagonalen Kristallgefüges von der Feldstärke an, welcher für starke magnet. Felder gültig ist. (Magyar fizikai Folyóirat [Ung. Z. Physik] **4.** 539—45. 1956. Budapest, Zentralforsch. Inst. für Physik, Ferromagnet. Abt.) J. PLANK. 137

Francis X. MacDonough, *Ein Hauben-Verfahren zum Aufmagnetisieren von schalenförmigen Magnetron-Magneten.* Beschreibung einer Anordnung (Impulsverf., Stromstärke einige 10^5 A) zum Aufmagnetisieren geschlossener Dauermagnetkreise, u. a. für Magnetron-Röhren. (J. appl. Physics **29.** 506—07. März 1958. Beverly, Mass., Bomac Labor.) K. REICHEL. 137

Yûki Shirakawa, *Über den Demagnetisierungsfaktor von zylindrischen Stäben.* Der ballist. Demagnetisierungsfaktor von zylindrischen Stäben ferromagnet. Substanzen, deren Dimensionsverhältnis < 10 war, wurde experimentell mittels einer neuen Meth. bestimmt unter Verwendung der Demagnetisierungskurve einer neuen K. S. Magnetlegierung, die eine große Koerzitivkraft besitzt. Das Verhältnis zwischen Demagnetisierungsfaktor N u. Dimensionsverhältnis n läßt sich wiedergeben durch $N = 5,5(m - 0,54)^{1,4}$ für $m < 10$. (Nippon Kinzoku Gakkai-Si [J. Japan Inst. Metals] **21.** 294—96. April 1957. [Orig.: japan.; Auszug: engl.]) C. GOTTFRIED. 137

R. G. George, *An Hystereseschleifen in Erscheinung tretende „magnetische Viscosität“.* Effekte der magnet. Viscosität (vgl. SIXTUS u. TONKS, [1931]) werden an Hand der Hystereseschleifen von polykrist. *Mg–Mn-Ferrit* („Ferroxcube“ D1), denen pulsierende u. Wechselstrommagnetisierungen überlagert wurden, erörtert. (Nature [London] **183.** 245. 24/1. 1959. London, Univ. of London, King's Coll.) D. JÖRCHEL. 137

D. H. Wenny und **K. M. Olsen,** *AlNiCoVII-Guß mit verbesserten physikalischen Eigenschaften.* Die bisher ungünstigen mechan. Eigg. der hochkoerzitiven (1000 Oe) Dauermagnetqualität AlNiCo VII konnten durch Guß in vorgeheizte (1000°) Silica-Kokillen verbessert werden. (J. appl. Physics **29.** 504—05. März 1958. Murray Hill, N. J., Bell Telephone Labor., Metallurg. Dep.) K. REICHEL. 137

Imre Nagy, Lénárd Pál und **Dezsö Pallagi,** *Frequenzabhängigkeit der Permeabilität von Magnetit im Mikrowellenbereich.* Vff. untersuchten die Frequenzabhängigkeit der komplexen Permeabilität von in Paraffin suspendiertem Magnetit im 1000—3000 MHz-Gebiet. (Magyar fizikai Folyóirat [Ung. Z. Physik] **4.** 359—69. 1956.) J. PLANK. 137

R. D. Spence und **R. D. Ewing,** *Beweis für den Antiferromagnetismus in $Cu_3(CO_3)_2(OH)_2$.* Die Protonenresonanzverss. zeigten, daß die Temperaturabhängigkeit der Aufspaltung der Resonanzlinien durch die Cu-Ionen unterhalb 30° K starke Austauscheffekte aufweist. Bei 1,86° K findet ein Übergang statt, u. das Resonanzbild unterhalb dieses Übergangs läßt auf einen antiferromagnet. Zustand schließen. T_1 bei 1,86° K beträgt weniger als 10^{-3} Sek. u. ändert sich in der Nachbarschaft des Überganges kaum. Vff. vermuten, daß oberhalb 1,86° K das eine Proton ca. 1 Å vom OH-Sauerstoff entfernt liegt u. die OH-Bindung einen Winkel von 88,3° mit der c-Achse u. einen Winkel von 25,3° mit der b-Achse bildet. Die Lage des anderen Protons folgt aus der bekannten Raumgruppe. Danach kann auf eine antiferromagnet. Spinanordnung unterhalb 1,86° nicht geschlossen werden. (Physic. Rev. [2] **112.** 1544—45. 1/12. 1958. East Lansing, Mich., Michigan State Univ., Dep. of Phys.) D. JÖRCHEL. 137

John A. Weil und **John H. Anderson,** *Bestimmung des g-Tensors in der paramagnetischen Resonanz.* (J. chem. Physics **28.** 864—66. Mai 1958. Pittsburgh, Pa., Mellon Inst.) G. SCHOFFA. 137

P. P. Sorokin, I. L. Gelles und **W. V. Smith,** *Mehrfachquantenübergänge bei der paramagnetischen Resonanz.* Zusätzlich zum n. paramagnet. Resonanzspektr. von Mn^{2+} in kub. MgO wurden bei hohen HF-Feldern Absorptionslinien bei den Frequenzen $(E_k\text{-}E_{k-2})/2h$ beobachtet, die als Doppelquantenübergänge ($\Delta M = 2$) zwischen Energieniveaus nahezu gleichen Abstands gedeutet werden. Die Übergänge $M = -3/2 \rightarrow +1/2$ treten bei Raumtemp. u. bei Tempp. des fl. N_2 für versch. Kristallorientierungen bzgl. eines Gleichmagnetfeldes von 3400 Oe auf. Bei 77° K wurden Tripelquantenübergänge $-1/2 \rightarrow 5/2$, $-5/2 \rightarrow 1/2$ beobachtet. Die zeitabhängige Störungstheorie 2. Ordnung liefert eine Formel für das Verhältnis der Absorptionsintensität der Doppelübergänge zu der von Übergängen erster Ordnung, die die Beobachtungen richtig wiedergibt. (Physic. Rev. [2] **112.** 1513—15. 1/12. 1958. Poughkeepsie, N. Y., IBM Corp., Res. Labor.) D. JÖRCHEL. 137

Ju. N. Molin und **W. W. Wojewodski,** *Untersuchung der Einwirkung einer ionisierenden Strahlung auf Quarz durch die Methode der paramagnetischen Elektronenresonanz.* Experimentelle Unters. der paramagnet. Resonanzabsorption in geschmolzenem Quarz unter Beschuß mit γ-Strahlen in kristallinem Quarz unter Beschuß mit γ-Strahlen u. Neutronen. Im geschmolzenen Quarz wurden zwei Typen von paramagnet. Zentren gefunden. Die Abhängigkeit der Konz. dieser Zentren von der Bestrahlungsdosis, ihr Verh. bei Erwärmung u. ihr zeitliches Abklingen bei verschied. Tempp. wurde untersucht. Die Kinetik der Bldg. u. des Zerfalls der paramagnet. Zentren durch Einfang von freien Elektronen bzw. Löchern durch Störstellen u. Rekombination freier Elektronen mit eingefangenen Löchern u. umgekehrt wird an Hand eines einfachen Schemas diskutiert. (Журнал Технической Физики [J. techn. Physik] **28.** 143—49. Jan. 1958. Moskau, Akad. der Wiss. der UdSSR, Inst. für chem. Physik.) F. LENZ. 137

J. R. Zimmerman und **J. A. Lasater,** *Kernmagnetische Relaxationsresonanzuntersuchungen von an Silicagel adsorbiertem Wasser.* 3. Mitt. In Ergänzung früherer Arbeiten (vgl. C. **1957.** 5195; C. **1958.** 3224) haben Vff. longitudinale u. transversale Relaxationsmessungen von an Silicagel adsorbiertem Wasserdampf in Abhängigkeit von der Bedeckung x/m der Oberfläche durchgeführt. Die Messungen zeigen die gleichzeitige Existenz von 2 verschied. Adsorptionsphasen, die oberhalb eines bestimmten x/m-Wertes auftreten. Die beiden Phasen sind für das longitudinale u. das transversale Relaxationsgebiet identisch. Die Auswertung der Messungen unter Verwendung der Theorie stochastischer Prozesse führt zu Werten für die durchschnittliche Lebensdauer von Wasserstoffkernen in den Adsorptionsschichten als Funktion von x/m. Für $x/m = 0{,}104$ beträgt t_1 z. B. $2{,}5 \cdot 10^{-3}$ sec. Vff. diskutieren ihre Ergebnisse auch in Verbindung mit der dielektr. Absorption von Adsorptionsschichten u. setzen die gemessenen Relaxationszeiten in Beziehung zu den Kernkorrelationszeiten. Eine Meth. zur Best. u. Unters. monomol. Schichten wird erläutert. (J. physic. Chem. **62.** 1157—63. Okt. 1958. Dallas, Tex., Magnolia Petroleum Comp., Field Res. Labor.) H.-U. WOELK. 137

D. F. Holcomb, *Liniengestalten der magnetischen Resonanz beim Einsatz der Sättigung.* Es wurden die *Li*-Resonanz in Li-Metall bei 77 u. 215° K u. die ^{19}F-Resonanz in CaF_2 bei Raumtemp. als Funktion der HF-Energie bis zum Bereich merklicher Sättigung gemessen. Bei hinreichend großen H_1-Werten (HF-Magnetfeld) wurde in beiden Fällen eine Abnahme von δH (Abstand der beiden Maxima der Ableitung der Absorptionslinie) beobachtet. Die Änderungen der Linienbreite in Li bei verschied. T_1-Werten u. der charakterist. Bewegungsfrequenz der Kerne sind in qualitativer Übereinstimmung mit der Theorie von TOMITA. (Progr. theoret. Physics [Kyoto] **19.** [1958.] 541.) Im Falle von CaF_2, wo die Spin-Gitterrelaxation von paramagnet. Verunreinigungen abhängt, tritt eine Abnahme von δH bei wesentlich höheren Sättigungsniveaus als im Falle von Li u. auch Al ein. (Physic. Rev. [2] **112.** 1599—1603. 1/12. 1958. Ithaca, N. Y., Cornell Univ., Dep. of Phys.) D. JÖRCHEL. 137

C. V. Briscoe und **C. F. Squire,** *Spin-Gitterrelaxationszeit für ^{127}J in KJ im Temperaturbereich 2 bis 20° K.* Mit einem kernmagnet. Resonanzspektrometer vom POUND–WATKINS-Typ wurde T_1 von ^{127}J in einkristallinen u. gepulverten KJ-Proben gemessen. Bei

Tempp. des fl. H_2 ist T_1 in beiden Fällen etwa gleich u. ändert sich von 20 Sek. bei 20° K auf 70 Sek. bei 14° K. Temperaturabhängigkeit u. Größe von T_1 lassen sich in diesem Temperaturbereich nach der Kernquadrupolspin-Gitterrelaxationstheorie von VAN KRANENDONK (C. **1955.** 10681) deuten. Zwischen 2 u. 4° K ist T_1 innerhalb der experimentellen Fehler konstant: 6,9 · 10^3 Sek. für den Einkristall, 6,0 · 10^2 Sek. für die Pulverprobe. Diese Werte sind um Größenordnungen kleiner als nach der Theorie. Die ^{127}J-Resonanz (Spin I = 5/2) besteht aus einer engen Zentrallinie (Halbwertbreite kleiner als 1 Gauß) mit schwachen breiten (> 15 Gauß) Flanken. Verantwortlich dafür ist nach POUND eine von der Wechselwrkg. zwischen Kernquadrupolmoment u. elektr. Feldgradienten herrührende Verschiebung der kernmagnet. Energieniveaus. (Physic. Rev. [2] **112.** 1540—43. 1/12. 1958. Houston, Tex., Rice Inst.) D. JÖRCHEL. 137

T. L. Estle, H. R. Hart jr. und **J. C. Wheatley,** *Kernmagnetische Resonanz in Cer(III)-magnesiumnitrat bei Temperaturen unterhalb 1° K.* Nach der Meth. der teilweisen adiabat. Entmagnetisierung u. der adiabat. Rotation wurde die Protonenresonanz in $Ce_2Mg_3(NO_3)_{12} \cdot 24H_2O$-Einkristallen untersucht. Die Fläche unter der Kernresonanzkurve wurde als thermometr. Parameter benutzt. Wegen des temperaturabhängigen lokalen HF-Feldes gehorchte diese Fläche nicht dem CURIEschen Gesetz. Es wird ein Parameter T* definiert, der umgekehrt proportional zur Fläche unter der korrigierten Resonanzabsorptionskurve ist, u. eine (T–T*)-Beziehung abgeleitet, die Temperaturverhältnisse bei der adiabat. Rotation liefert, die innerhalb 5—10% mit den aus den Kristalleigg. berechneten Verhältnissen übereinstimmen. — Die Resonanzstruktur zeigt, daß die Aufspaltungen durch die mittlere Magnetisierung der Ce^{3+}-Ionen verursacht werden u. daß die Protonen wenigstens 5 Å von den Ce-Ionen entfernt sind. (Physic. Rev. [2] **112.** 1576—86. 1/12. 1958. Urbana, Ill., Univ. of Illinois, Dep. of Phys.) D. JÖRCHEL. 137

I. A. Menzies, D. L. Hill und **L. W. Owen,** *Elektrolytische Abscheidung von Beryllium.* Verss. zur elektrolyt. Abscheidung von *Be* aus Lsgg. von $BeCl_2$ in fl. NH_3, *Piperidin, Pyrrol, Anilin, Äthylendiamin* (ohne u. mit Zusatz von NH_4SCN) u. *Acetonitril* liefern zwar Ndd. mit Be-Geh., jedoch nicht von ausreichender Reinheit u. Qualität. Aus Lsgg. von $Be(CH_3)_2$ u. von $Be(CH_3)_2 + BeCl_2$ in Ae., werden Be-Filme erhalten, die jedoch noch nicht genügend rein sind u. außerdem nur geringe mechan. Stabilität besitzen. Dichte, glänzende Be-Schichten werden bei der Elektrolyse einer 2,5 mol. Lsg. von $BeCl_2 \cdot 2(C_2H_5)_2O$ in Ae. bei 150° erhalten; Verunreinigungen durch Fe, Ni u. Al werden bei dem Verf. abgetrennt. Die elektrolyt. Raffination von Be in geschmolzenen eutekt. Gemischen von *LiCl* u. *KCl* bzw. *NaCl* u. $BeCl_2$ bei 400° führt bei Verwendung von Stromdichten bis zu 50 A/dm² zu hochreinen Be-Blechen. (Nature [London] **183.** 816—17. 21/3. 1959. Aldermaston, UKAEA, Atom. Weapons Res. Establ.) HERBERT MÜLLER. 141

Paul Ehrlich und **Hubert Kühnl,** *Über die schmelzelektrolytische Abscheidung von Titanmetall.* Vff. scheiden Ti-Metall elektrolyt. aus Alkalimetallchloridschmelzen (NaCl, KCl u. deren Gemische, sowie aus Gemischen von NaCl u. NaF u. von NaCl, KCl u. NaF), die gelöstes $TiCl_2$ enthalten, unter Verwendung lösl. Anoden aus Ti bei 700 bis 900° ab. Die verwendete Vers.-App. wird eingehend beschrieben (Abb.). Es wird über 45 Elektrolyse-Verss. berichtet, bei denen der Einfl. der Elektrolysebedingungen (Ti-Konz., Bewegung des Elektrolyten, Art des Elektrolyten, Stromdichte, Temp.) auf die Ti-Abscheidung untersucht wird. Grobkrist. sehr reine Abscheidungen von Ti sind bei 850° durch eine große Oberfläche der Anode sowie einen geringen Abstand der Elektroden zu erhalten. Vff. diskutieren den Abscheidungsmechanismus des Ti. Durch Messung der Polarisationsspannung u. durch einen Überführungs-Vers. wird die Existenz von anion. Ti-Komplexen in der Salzschmelze bewiesen. Weiterhin untersuchen Vff. die Abscheidung des Ti durch innere Elektrolyse. Das Kristallwachstum erfolgt bei beiden Abscheidungsarten (kathod. Abscheidung u. innere Elektrolyse) analog: Die Kristalle wachsen am schnellsten in der Richtung der a-Achse des hexagonalen Systems. Die am langsamsten fortschreitende Zunahme in Richtung der c-Achse erfolgt, indem sich der dadurch am besten ausgebildeten (0001)-Ebene von den Kanten her neue Schichten überlagern. (Z. anorg. allg. Chem. **298.** 176—92. 1959. Gießen, Univ., Chem. Inst., Anorgan. Abt.) L. SCHWIEGK. 141

I. A. Lesk und **R. E. Gonzalez,** *Selektive elektrolytische Ätzung von Germanium- und Siliciumtransistorübergangsstrukturen.* Vff. beschreiben die Möglichkeiten zur selektiven Ätzung von n-p-n- u. p-n-p- Transistorübergangselementen durch elektrolyt. Auflösung unter Berücksichtigung der elektr. Eigg. der Komponenten. Als Ätzmittel für Ge–Si-Elemente hat sich eine Mischung (1:1) aus wasserfreier Essig- u. Flußsäure am besten bewährt. Die Meth. wird an Hand einiger techn. Beispiele erläutert. (J. electrochem. Soc. **105.** 469—72. Aug. 1958. Syracuse, N. Y., General Electric Comp., Electronic Comp. Div.) H.-U. Woelk. 143

N. N. Gratzianski und **P. F. Kaljushnaja,** *Untersuchung der Korrosionsbeständigkeit fester Lösungen von Metallen.* 4. Mitt. *System Bi–Sb.* (3. vgl. C. **1959.** 9493.) Die untersuchten festen Lsgg. des Syst. Bi–Sb mit F. 271—631° (15—90% Sb) werden in 0,1 n u. 1,0 n NaOH bei Zimmertemp. langsam angegriffen, am wenigsten bei 40 (Atom-%) Sb, am stärksten bei 80% Sb. Die Korrosionsgeschwindigkeit in 5%ig. Essigsäure ist bei Bi-reichen Lsgg. groß, sie nimmt mit steigendem Sb-Geh. stetig ab, sehr rasch bei 65% Sb, u. bleibt dann konstant. Die Potentiale der Legierungen ändern sich mit der Zus. stetig ohne Sprünge. Die Oberflächenschicht beträgt nach Messungen der Mikrohärte vor (nach) der Korrosion 1,5—3,0 (2,0—3,5) μ. Ein Faktor beim Auftreten der Grenzen der Korrosionsfestigkeit ist die Bldg. einer dichten Oberflächenschicht bei einer bestimmten Zus. u. Korrosionsgeschwindigkeit. (Журнал Физической Химии [J. physik. Chem.] **31.** 887—92. April 1957. Akad. der Wiss. der UkrainSSR, Inst. für allg. u. anorg. Chem.) R. K. Müller. 143

A. F. Joffé, Physik der Halbleiter. Berlin: Akademie-Verl. 1958. (X + 400 S. m. 155 Abb. u. 18 Tab.) 8°. DM 35.—.

A$_4$. Thermodynamik. Thermochemie.

Joseph Ford, *Gleichgewichtsnäherung eindimensionaler Systeme.* Es wird gezeigt, daß sich die „grobkörnige" Wahrscheinlichkeitsdichte für ein näher definiertes Syst. mit einer endlichen Teilchenzahl dem Gleichgewicht nähern kann, selbst wenn das für die Liouvillesche „feinkörnige" D. nicht der Fall ist. Dieses Verh. rührt von der Ggw. nichtlinearer Kräfte her. Infolge dieser Nichtlinearität hängt die Poincarésche Wiederholungszeit für eine gegebene Rückkehrgenauigkeit von den Anfangsbedingungen ab. Diese Abhängigkeit führt zum Gleichgewicht. Betrachtet werden der anharmon. Oscillator u. die anharmon. Kette. (Physic. Rev. [2] **112.** 1445—51. 1/12. 1958. Niagara Falls, N. Y., Electro Metallurg. Co., Metals Res. Labors.) D. Jörchel. 146

T. D. Lee und **C. N. Yang,** *Tieftemperaturverhalten eines verdünnten Bose-Systems harter Kugeln.* 1. Mitt. *Gleichgewichtseigenschaften.* (Vgl. C. **1958.** 1194.) Mit Hilfe einer Verallgemeinerung der l. c. angegebenen Meth. wird die Verteilung der Energieniveaus eines verd. Bose-Syst. harter Kugeln abgeleitet. Diese Niveaus dienen zur Berechnung der statist. Eigg. des Systems. Es zeigt sich die Ggw. eines Phasenübergangs, dessen Übergangspunkt in niedrigster Ordnung des Hartkugeldurchmessers a berechnet wird. Unter der Voraussetzung, daß $(a/\lambda) \ll 1$ u. $\varrho a^3 \gg 1$ (λ = therm. Wellenlänge, ϱ = Teilchendichte), werden ferner die thermodynam. Funktionen des Syst. in der Gas- u. in der entarteten Phase bestimmt. (Physic. Rev. [2] **112.** 1419—29. 1/12. 1958. Upton, N. Y., Brookhaven Nat. Labor.) D. Jörchel. 149

W. Groth und **K. H. Welge,** *Über das Trennpotential thermisch gesteuerter Gegenstrom-Gaszentrifugen.* Vff. diskutieren die theoret. Grundlagen therm. gesteuerter Gegenstrom-Gaszentrifugen. Es ergibt sich der Hinweis, daß die Annäherung an den maximalen Wert des Trennpotentials umso größer sein müßte, je schwerer das verwendete Gas ist. Zur experimentellen Prüfung wurden Anreicherungsverss. mit *Uranhexafluorid* sowie den natürlichen Isotopengemischen von *Ar* u. *Xe* durchgeführt. Dazu wurden einige konstruktive Verbesserungen an dem bereits beschriebenen (Groth u. Mitarbb., Forschungsber. Wirtschafts- u. Verkehrsministerium Nordrhein-Westf. Nr. 510) Gaszentrifugenmodell ZG3 vorgenommen (ausführliche Darlegung). Die Versuchsergebnisse werden in Form der stat. Anreicherungsfaktoren u. der Abhängigkeit der Anreicherung vom Durchsatz unter Variierung des Druckes, der Umfangsgeschwindigkeit u. der mittleren Temp. des Rotors angegeben u. daraus das Trennpotential der Zentrifuge ermittelt. Ein Vgl. mit den maximalen theoret. Trennpotentialen ergibt, daß das durch den massenabhängigen Druckgradienten bestimmte Strömungsprofil der Gegenstromkonvektion von großem Einfl. auf das experimentell erreichbare Trennvermögen von Gaszentrifugen ist. (Z. physik. Chem., Frankf. Ausg. [N.F.] **19.** 1—20. Jan. 1959. Bonn, Univ., Inst. für Physikal. Chem.) W. Wagner. 149

S. A. Zwick, *Verhalten kleiner Permanentgasblasen in einer Flüssigkeit.* 1. Mitt. *Isolierte Blasen.* Theoret. Unters. über das dynam. Verh. kugelförmiger Permanentgasbläschen in Fll. niedriger Viscosität, bes. bei Einwirkung von Kräften, die zu einer Veränderung der Blasengröße führen oder eine Bewegung relativ zur umgebenden Fl. verursachen. (J. Math. Physics **37.** 246—68. Okt. 1958. Azusa, Calif., Aerojet-General Corp.) W. Wagner. 149

Louis Goldstein, *Thermische Anregungen in flüssigem ^3He.* Unter Verwendung bekannter experimenteller Daten über fl. ^3He wird die Wärmekapazität $C_v(T)$ der gesättigten Fl. berechnet. C_v hat im Temperaturbereich bis zur krit. Temp. wenigstens 3 Wendepunkte, von denen der bei der tiefsten Temp. von der partiellen Wärmekapazität der Spinunordnung herrührt. Der bei Annäherung an die krit. Temp. auftretende Wendepunkt wird durch die thermodynam. Forderung bedingt, daß C_v seinen endlichen Grenzwert $C_v(T_c)$ von unten her mit positiv unendlicher 1. u. 2. Temperaturableitung erreichen muß. Die Gesetze der Druckabhängigkeit der partiellen Spinwärme im fl. Bereich des ^{3}He-Phasendiagramms werden abgeleitet. Diese Abhängigkeit bestimmt bei tiefen Tempp. die beobachtbare Druckabhängigkeit der Gesamtwärmekapazität. Die Ggw. von Partialanregungen vom Phononentyp im fl. ^{3}He konnte theoret. nicht erwiesen werden, obwohl derartige symm. Anregungen in dieser antisymm. Fl. nicht auszuschließen sind. (Physic. Rev. [2] **112.** 1465—82. 1/12. 1958. Los Alamos, N. Mex., Univ. of California, Los Alamos Sci. Inst.) D. JÖRCHEL. 149

Louis Goldstein, *Vom Kernspinsystem herrührende Volumanomalie des flüssigen ^{3}He.* (Vgl. vorst. Ref.) Es wird gezeigt, daß sich der Koeff. der anomalen Volumexpansion von fl. ^{3}He (vgl. C. **1957.** 6060) im Rahmen des Formalismus einer statist. Thermodynamik, die mit den Kernspinfreiheitsgraden verknüpft ist, quantitativ beschreiben läßt. Die Theorie sagt ein Volumminimum oder Dichtemaximum voraus, daß oberhalb 0,2° K auftreten sollte. In der Nähe dieser Temp. hat der negative Spinexpansionskoeff. ein scharfes Minimum, u. die Gesamtflüssigkeitsdichte sollte einen Wendepunkt in der D.-Temp.-Ebene aufweisen. Da die ganze Anomalie direkt von der Kompressibilität der Fl. abhängt, dürfte der Effekt in der gesätt. Fl. am ausgeprägtesten sein u. bei Anwendung äußeren Drucks abnehmen. (Physic. Rev. [2] **112.** 1483—87. 1/12. 1958.) D. JÖRCHEL. 149

Newton Bernardes, *Theorie der Festkörper Ne, Ar, Kr und Xe bei 0° K.* Auf der Grundlage des EINSTEINschen Modells des Festkörpers werden mit Hilfe einer quantenmechan. Variationsmeth. die Sublimationswärmen u. die Zustandsgleichungen für Ne, Ar, Kr u. Xe bei 0° K berechnet, wobei die den Daten der Gasphase angepaßten MIE-LENNARD-JONES-6: 12-Potentiale verwendet werden. In der angegebenen Reihenfolge ergeben sich für Druck 0: Sublimationswärmen in cal/Mol: —420, —1825, —2630 u. —3824; Voll. in cm³/Mol: 13,1, 22,6, 27,5 u. 35,1; Beitrag des quantenmechan. Effekts zur Sublimationswärme in %: 28, 10, 5,6 u. 3,7; Beitrag des quantenmechan. Effekts zum Vol.: 15, 4,2, 2,4 u. 0,9; DEBYE-Tempp. in ° K: 73, 93, 70, 65. Aus der Volumabhängigkeit der DEBYE-Tempp. folgen die GRÜNEISEN-Konstanten: 2,7, 3,0, 3,2 u. 3,2. Ferner werden die theoret. Kompressibilitätskurven angegeben. — Im allg. ist die Übereinstimmung mit dem Experiment gut. (Physic. Rev. [2] **112.** 1534—39. 1/12. 1958. St. Louis, Mo., Washington Univ., Dep. of Phys.) D. JÖRCHEL. 149

Janusz Ciborowski und **Jan Bulanda,** *Diffusionsprobleme beim freien Verdampfen binärer Flüssigkeitsgemische.* Für das Verdampfen homogener bin. Flüssigkeitsgemische im Strom eines neutralen Gases wird eine vereinfachte GILLILAND-Gleichung abgeleitet, die die „trial and error"-Meth. entbehrlich macht. Für den Fall, daß sich die Komponenten bei der Diffusion zur Oberfläche nicht beeinflussen, wird ein Nomogramm für die Berechnung der Zahl der durch die Oberflächeneinheit diffundierenden Mole der Komponenten angegeben. Die Abweichungen beider Methoden von der GILLILAND-Formel beträgt bis 2,5% wie am Beispiel des Verdampfens von Bzl.-*Toluol* im Luftstrom gezeigt wird. (Przemysł chem. **37.** 516—19. Aug. 1958. Warszawa, Politechn., Zakł. Inż. chem.) F. URBAN. 150

John A. Day, *Über das Erstarren von drei bis neun Mikron großen Wassertropfen.* Mittels einer photograph. Meth. untersuchte Vf. das Gefrieren von Wassertropfen mit Durchmessern von 3,6 u. 9 μ. In Diagrammen ist die Anzahl gefrorener Tropfen gegen die spontane Erstarrungstemp. wiedergegeben. (J. Meteorol. **15.** 226—28. April 1958. Oregon State Coll.) C. GOTTFRIED. 150

K. L. Rohde, C. E. May, B. J. Newby und **B. D. Whithers,** *Flüchtigkeit des Spaltproduktes Ruthenium bei hohen Temperaturen.* Bei der Aufarbeitung von U-Al-Brennstoffelementen wird nach der Extraktion des U aus der salpetersauren Lsg. das $Al(NO_3)_3$ therm. zersetzt. Die abgehenden Stickoxyde können durch leichtflüchtige Spaltprodd. kontaminiert werden. Hierzu gehört bes. Ru. Wie die Unterss. der Vff. zu diesem Problem zeigen, wird Ru bei der therm. Zers. von Nitraten oberhalb 100° zum flüchtigen Tetroxyd oxydiert. Diese Rk. ist jedoch lokal begrenzt. Wenn die Zers. in red. Atmosphäre erfolgt, verbleibt das Ru im Oxyd. Wird bei höheren Tempp. gearbeitet, findet sich das Ru wieder an den heißen Stellen des App., nicht im gebildeten Oxyd, dessen Temp. durch die Verdampfung der Fl. begrenzt bleibt. (Ind. Engng. Chem. **51.** 68—70. Jan. 1959. Idaho Falls, Id., Philips Petroleum Co., Atomic Energy Div.) H.-U. WOELK. 150

K. S. Gomelski, *Enthalpie des Korunds im Temperaturgebiet von 100 bis 900° C.* Es wurden die Enthalpie (bezogen auf 298,16° K) u. die spezif. Wärme bei konstantem Druck von Korund (I) im Temperaturgebiet von 360° bis 1140° K calorimetr. bestimmt. Die in einer Tabelle angegebenen Vers.-Ergebnisse bestätigen die Möglichkeit der Anwendung von I als Eichsubstanz für die Hochtemperaturcalorimetrie. (Журнал Физической Химии [J. physik. Chem.] **32.** 1859—61. Aug. 1958.) E. KLEVER. 151

Walter Eichenauer und **Martin Schulze,** *Messung der Atomwärme des Zinks zwischen 12 und 273° K.* Neubestimmung der C_p-Werte des *Zn* zwischen 12 u. 273° K. Die sorgfältig ausgewerteten Ergebnisse (Ausführliche Tabellen u. Diagramme) stimmen mit den besten Literaturdaten gut überein; das gleiche gilt für den ebenfalls neu berechneten u. korrigierten Temp.-Verlauf der DEBYEschen charakterist. Temperaturen. Durch Einbeziehung der Werte anderer Bearbeiter konnte die Normalentropie des Zn zu S(25°) = 9,94 ± 0,03 Cl ermittelt werden. (Z. Naturforsch. **14a.** 28—32. Jan. 1959. Darmstadt, TH, Eduard-Zintl-Inst.) W. WAGNER. 151

Béla Lakatos, *Die Periodizität der thermodynamischen Eigenschaften von Verbindungen.* (Magyar tudományos Akad. kémiai Tudományok Osztályának Közleményei 7. 119—40. 1956.) — C. **1957.** 1600. J. PLANK. 156

H. F. Cordes und **N. R. Fetter,** *Die Bildungswärme des Nitroniumperchlorats und des gasförmigen Nitroniumions.* Vff. best. die Lösungsenthalpie von NO_2ClO_4 in W. bei 24,7° zu 20,4 ± 0,4 kcal/Mol für ein 10^4:1-Molverhältnis von W.: Salz. Aus bekannten Enthalpiewerten berechnen Vff. nach der Gleichung NO_2ClO_4(fest) + H_2O(fl.) = HNO_3(aq) + $HClO_4$(aq) die Bldg.-Enthalpie von NO_2ClO_4 zu 8,0 ± 0,4 kcal/Mol. Aus diesem Wert wird die Bldg.-Wärme des gasförmigen NO_2^+ Ions zu 244,5 kcal/Mol abgeschätzt. (J. physic. Chem. **62.** 1340—41. Okt. 1958. China Lake, Calif., U.S. Naval Ordnance Test Station.) L. SCHWIEGK. 156

G. Gattow, *Zur Thermochemie von Tl_2CO_3 und Tl_2CS_3.* Die Dampfdrucke (mm Hg) von CO_2 bzw. CS_2 entspr. der Rkk. $Tl_2CO_{3(fl.)} \rightarrow Tl_2O_{(gelöst)} + CO_{2(g)}$ bzw. $Tl_2CS_{3(fest)} \rightarrow Tl_2S_{(fest)} + CS_{2(g)}$ gehorchen zwischen 275 u. 320° bzw 110 u. 145° den Beziehungen $\log p_{CO_2} = -5{,}934 \cdot 10^3/T + 12{,}136$ bzw. $\log p_{CS_2} = -6{,}061 \cdot 10^3/T + 16{,}689$. Daraus wurden folgende thermodynam. Daten berechnet (Reihenfolge Tl_2CO_3, Tl_2CS_3): Rk.-Wärme ΔH_r + 27,1 ± 0,7, +27,7 ± 0,6 kcal; Rk.-Entropie ΔS_r + 42,3 ± 1,1, +63,2 ± 1,3 Cl; Bildungswärme ΔH^{298} —168,1 ± 1,7, —21,0 ± 2,0 kcal/Mol u. Entropie S^{298} +34,3 ± 2,5, + 32,6 ± 2,5 Cl/Mol. (Naturwissenschaften **45.** 623. 2. Dez.-H. 1958. Göttingen, Univ., Anorgan.-chem. Inst.) W. WAGNER. 156

F. D. Richardson und **L. E. Webb,** *Sauerstoff in geschmolzenem Blei und Thermodynamik von Bleioxyd-Kieselsäure-Schmelzen.* Diskussion zu der C. **1957.** 3187 referierten Arbeit. (Bull. Instn. Mining Metallurgy Nr. **590.** Trans. **65.** 147—54. Jan. 1956.) W. WESLY. 156

I. A. Wassiljewa, Ja. I. Gerassimow, Ju. P. Ssimanow und **T. N. Resuchina,** *Das Gleichgewicht zwischen Kupferwolframat und Wasserstoff und die thermodynamischen Charakteristiken von $CuWO_4$.* $CuWO_4$ wird nach 3 Verff. der Literatur (Fällung von $CuCl_2$ mit K_2WO_4; Schmelzen von $CuCl_2$ u. Na_2WO_4 mit NaCl im Überschuß; Sintern von WO_3 mit CuO) dargestellt. Die ermittelten Eigg. sind: F. 930°; Sättigungsdampfdruck p bei 1098° K 5,97 · 10^{-3}, bei 1181,3° K 8,91 · 10^{-3} mm Hg; log p = —(2714,1/T) + 0,2474; ΔH (Verdampfungswärme) 12416 cal/Mol; Gitterparameter a = 4,69, b = 4,88, c = 5,82Å, β = 88°; pyknometr. D_{20}^{20} = 7,80. Die Rk. von $CuWO_4$ mit H_2 wird bei 305—488° u. bei 661—750° untersucht. Als Gesamt-Rk. (Verlauf in 4 Stufen) ergibt sich $CuWO_4 + 4\,H_2 \rightarrow Cu + W + 4H_2O$ mit log K = —(7042/T) + 7,6018, ΔZ_5^0 = 32224 — 34,7865T (bei 750°). Für die Bldg. aus den Elementen nach Cu(Gas) + W(Gas) + 4 O → $CuWO_4$ (fest) bei 1000° (1273° K) ergibt die Berechnung der freien Energie u. der Entropie ΔH_{1273} = —804250 cal/Mol; ΔS_{1273}^{f} = —215,04 cal/Mol · Grad. (Журнал Физической Химии [J. physik. Chem.] **31.** 825—31. April 1957. Moskau, Lomonossow-Univ.) R. K. MÜLLER. 156

Ss. A. Schtschukarew, M. A. Oranskaja, T. A. Tolmatschewa und **L. L. Wanitschewa,** *Thermische Dissoziation der Goldbromide.* Die Dissoziationsverhältnisse von $AuBr_3$ u. AuBr bei 350—450° K werden statist. mit dem Isoteniskop (bei $AuBr_3$ auch mit der Membran-Meth.) bestimmt. Die Dissoziationswerte lassen sich durch einen Zerfall von $AuBr_3$ wie auch durch Oxydation von AuBr erklären. Bei AuBr kann nur die Zers.-Rk. gemessen werden, da die Br-Anlagerung an AuBr sehr langsam verläuft u. erst bei höherer Temp. schneller wird. Auf Grund der Meßwerte wird die Bldg.-Enthalpie u. Entropie von $AuBr_3$(ΔH: —26,5 ± 0,5 [kcal/Mol], ΔS: —60 ± 1 [Clausius] u. AuBr (ΔH: —8,0 ± 0,05 [kcal/Mol], ΔS: —17 ± 1 [Clausius]) bei 350—450° K berechnet.

AuBr ist bei Zimmer-Temp. nur metastabil, unterhalb 325° K disproportioniert es in $AuBr_3$ u. Au. (Журнал Неорганической Химии [J. anorg. Chem.] **3.** 1478—82. Juli 1958.) Wolfgang Müller. 156

Gerald Rosen, *Zündung von brennbaren Gasen.* Ausgehend von den Grundgleichungen für die Strömung u. Diffusion von Masse u. Wärme u. der chem. Kinetik entwickelt Vf. unter bestimmten Annahmen (konstanter Druck, Mach-Zahl < 1, vernachlässigbare Viscositätseffekte, Rkk. erster Ordnung) eine Theorie für die Zündung brennbarer Gase. Die erhaltenen Gleichungen werden mit denen der Theorie der Überschußenthalpie verglichen. Es zeigt sich, daß die Ansätze des Vf. zu der empir. minimalen Zündungsenergie führen, ohne daß die Überschußenthalpie eingeführt werden muß. (J. chem. Physics **30.** 298—303. Jan. 1959. Princeton, N. J., Univ., Guggenheim Jet Propuls. Center.) H.-U. Woelk. 157

G. Astarita, *Beitrag zur Untersuchung der Temperaturwechselbeständigkeit.* In einer theoret. Abhandlung werden zunächst die für die Temperaturwechselbeständigkeit wirksamen Faktoren abgeleitet. Als solche Faktoren kommen therm., mechan. u. geometr. Größen in Frage. Sodann wird das Verh. einer unendlichen ebenen Wand beim Erhitzen u. Abkühlen berechnet. Die Berechnung erfolgt unter Voraussetzung einer linearen Temperaturverteilung in der Wand u. einer linearen Aufheizung. Schließlich werden die experimentellen Meßwerte mit den entsprechenden Rechengrößen verglichen u. damit die Brauchbarkeit der theoret. Ableitung bestätigt. (Bull. Soc. franç. Céram. **1958.** Nr. 41. 3—11. Okt.—Dez.) H. Saalfeld. 158

K. R. Atkins, Liquid helium. New York: Cambridge Univ. Press. 1959. (320 S. m. Diagr.) 8°. $ 11.—.

A_5. Kolloidchemie. Grenzschichtforschung.

Harold D. Bale und **Paul W. Schmidt,** *Kleinwinkelröntgenstrahlstreuung von Aluminiumhydroxydgel.* Vff. haben Al-Hydroxydgele unter verschied. Bedingungen (Elektrolytzus. und -konz.) hergestellt u. die Intensität der Kleinwinkelstreuung der nassen Präparate als Funktion des Streuwinkels ermittelt. Ergänzt wurden diese Unterss. durch einige Messungen an gealterten Präparaten. Die erhaltenen Kurven für die Abhängigkeit der Streuintensität vom Streuwinkel werden mit theoret. Werten für die Streuung polydisperser Ellipsoide verglichen. Es zeigt sich, daß die Form der Streukurven frischer Gele durch die Konz. von Al^{3+} u. die elektr. Ladung der adsorbierten Ionen beeinflußt wird. Der p_H-Wert (7—9,8) scheint dagegen keinen Einfl. zu haben. Der Alterungsprozeß wiederum wird durch den p_H-Wert der Mutterlauge u. die Ladung der adsorbierten Ionen beeinflußt, während die Elektrolytkonz. nur geringen Einfl. hat. Aus dem Vgl. der experimentellen mit den theoret. Streukurven schließen Vff. auf die Bldg. amorpher Teilchen; die Bevorzugung plättchenförmiger Strukturen ist wahrscheinlich. Während der Alterung u. Kristallisation nimmt die Teilchengröße ab. (J. physic. Chem. **62.** 1179—83. Okt. 1958. Columbia, Mo., Univ. of Missouri, Phys. Dep.) H.-U. Woelk. 162

R. Brout und **M. Nauenberg,** *Quantentheorie der Oberflächenenergie und -spannung.* Es wird eine einfache Meth. beschrieben, nach der sich die Oberflächeneigg. einer quantenmechan. Fl. berechnen lassen, wenn die Eigg. im Inneren des Mediums theoret. oder experimentell bekannt sind. (Physic. Rev. [2] **112.** 1451—55. 1/12. 1958. Ithaca, N. Y., Cornell Univ., Dep. of Phys.) D. Jörchel. 166

A. W. Janischewski und **I. Ss. Pawluschenko,** *Bestimmung der Phasengrenzfläche von Emulsionen.* Experimentell wurde gefunden, daß die Phasengrenzfläche in farblosen Emulsionen $S = (\Phi_0/\psi - 1)/a$ ist. Φ_0/ψ ist das Verhältnis der Lichtintensitäten der Lichtstrahlen, die durch das Dispersionsmittel u. die Emulsion hindurchgegangen sind. a ist eine Funktion, deren Berechnung angegeben wird. Die Best. von Φ_0/ψ wird mit einem „Lichtsonde“ genannten App. ausgeführt, der aus einem Photoelement, das in die betr. Fll. eintaucht, besteht. Außerdem ist noch eine mkr. Best. des mittleren Durchmessers der Teilchen erforderlich. (Журнал Прикладной Химии [J. angew. Chem.] **31.** 1215—20. Aug. 1958. Leningrad, Technol. Inst. des Lensowjets.) J. v. Schroeder. 166

Joseph J. Jasper und **Helen R. Seitz,** *Untersuchungen der Temperaturabhängigkeit der Grenzflächenspannung einiger halogenierter Toluole gegenüber Wasser.* Die Grenzflächenspannungen γ_i von o-Chlor-, o-Brom- u. o-Jodtoluol gegenüber W. haben Vff. als Funktion der Temp. zwischen 19,45 u. 79,30° bestimmt. In Übereinstimmung mit früheren Beobachtungen werden gegen die Temperaturachse konkav gekrümmte Kurven erhalten, die sich durch die empir. Gleichungen $\gamma_i = 37{,}516 - 0{,}00550\ t - 0{,}0007995\ t^2$ (o-Chlortoluol) $\gamma_i = 41{,}343 + 0{,}000864\ t - 0{,}0008028\ t^2$ (o-Bromtoluol) u. $\gamma_i = 43{,}991 - 0{,}07848\ t = 0{,}0001014\ t^2$ (o-Jodtoluol) darstellen lassen. Der Kurvenverlauf kann auf eine Zunahme der gegenseitigen Löslichkeit der beiden Fll. mit der Temp. zurückgeführt werden. Auch die latenten Wärmen, Entropien u. Enthalpien nehmen verschieden stark mit der Temp. zu. Bei 20^0 stimmen die γ_i-Werte der Cl- u. Br-Verss. überein, während der Wert für das o-Jodtoluol wesentlich größer ist. Mit steigender Temp. nimmt die Übereinstimmung der erstgenannten Werte ab. Vff. vermuten auf Grund dieser Ergebnisse, daß im Syst. o-Jodtoluol ein extrem dünnes Grenzflächengebiet existiert. (J. physic. Chem. **62.** 1331—33. Okt. 1958. Detroit, Mich., Wayne State Univ., Dep. of Chem.) H.-U. Woelk. 166

A. J. de Vries, *Schaumbeständigkeit.* 1. Mitt. *Struktur und Beständigkeit von Schäumen.* Krit. Übersicht über die die Schaumbeständigkeit bestimmenden Faktoren, bes. Oberflächenspannung, Gibbs-Effekt u. Oberflächenelastizität (OE) dünner Fl.-Filme. Der Beitrag der OE zur freien Energie der Verformung von Schaumlamellen wird bestimmt. Die 2 verschied. Formen von Schaumstrukturen (Schäume mit Blasen u. Schäume mit vieleckigen Zellen) u. ihre Unterschiede werden beschrieben, bes. bzgl. der spontanen Destabilisierung von Schäumen: Gasaustausch zwischen den Blasen u. Zerfall der Lamellen. (Recueil Trav. chim. Pays-Bas **77.** 81—91. Febr. 1958. Antony, Co. de Saint-Gobain, Centre de Rech.) W. Wesly. 166

A. J. de Vries, *Schaumbeständigkeit.* 2. Mitt. *Gasdiffusion in Schäumen.* (1. vgl. vorst. Ref.) Druckunterschiede zwischen Schaumblasen verschied. Größe führen zum Gasausgleich zwischen kleinen u. großen Blasen. Die Geschwindigkeit der Verkleinerung kleiner Blasen wird als Funktion des Blasenradius, der Oberflächenspannung der Fl. u. der Dicke u. Durchlässigkeit der Fl. zwischen den Blasen berechnet, wobei angenommen wird, daß der Druckunterschied zwischen einer kleinen u. einer benachbarten, großen Blase in 1. Annäherung nur vom Radius der kleinen Blase abhängt u. daß die Durchlässigkeit der Lamellen durch die Löslichkeit u. die Diffusionskonstante des Gases in der Fl. bestimmt wird. Die Geschwindigkeitsgleichung gestattet es, die Zahl der Blasen je Vol.-Einheit Schaum als Funktion der Zeit auszudrücken, wenn die anfängliche Frequenzverteilung der Blasengröße bekannt ist. Die Funktion der Blasengrößenverteilung läßt sich aus der in der Kontaktebene zwischen Schaum u. Behälterglaswand beobachteten Blasengröße berechnen. Ein Verf. zur Best. von Zahl u. Größe der Blasen in dieser Ebene wird beschrieben. (Recueil Trav. chim. Pays-Bas **77.** 209—23. März. Rubber Chem. Technol. **31.** 1142—1205. Dez. 1958.) W. Wesly. 166

B. Roger Ray, J. R. Anderson und **J. J. Scholz,** *Benetzung von polymeren Oberflächen.* 1. Mitt. *Kontaktwinkel von Flüssigkeiten an Stärke, Amylose, Amylopektin, Cellulose und Polyvinylalkohol.* Die Kontaktwinkel von W. u. organ. Fll. an Filmen von Getreidestärke, Amylose, Amylopektin, Cellulose (Viscosetyp) u. Polyvinylalkohol wurden gemessen. Fll., die Hydroxylgruppen enthalten (*Glycerin, Thiodiglykol, Äthylenglykol*) neigen zur Bldg. instabiler Kontaktwinkel mit Komplikationen, die auf Sorption u. Quelleffekte zurückzuführen sind; die anfänglichen Kontaktwinkel bei fortschreitender Benetzung von W. an Stärke- u. Cellulosefilmen sind endlich u. betragen zwischen 83 u. 15^0 in Abhängigkeit vom Gleichgewichtsgrad. Nur an Stärke weist W. einen stabilen endlichen Kontaktwinkel von 40^0 auf. Rohe Baumwollfasern sind sehr hydrophob, die Verunreinigungen werden allmählich durch das Lösungsm. u. Alkali entfernt. Eine Anzahl organ. Fll., die meist Halogen enthalten (*Methylenjodid; Tetrabromäthan, Tribrompropan, 1-Bromnaphthalin, 1-Chlornaphthalin, Tetrachloräthan* u. *Benzylbenzoat, Nitrobenzol, Dibenzylamin, Tri-o-kresylphosphat, Benzaldehyd* u. *Methylbenzoat*), bilden stabile, endliche u. reproduzierbare Kontaktwinkel an den polymeren Oberflächen. Wie von Zisman nachgewiesen, besteht eine lineare Beziehung zwischen dem Cosinus des Kontaktwinkels u. der Oberflächenspannung der entsprechenden Flüssigkeiten. Jeder der polymeren Stoffe besitzt eine charakterist. Gerade, u. durch Extrapolation nach $\cos \Theta = 1$ werden krit. Oberflächenspannungen zwischen 35 u. 42 dyn/cm erhalten. Aus der relativen Lage der Geraden wird geschlossen, daß die Benetzbarkeit u. die freie Oberflächenenergie in der Ordnung Stärke, Amylopektin, Amylose, Polyvinylalkohol, Cellulose zunimmt. Im Gegensatz zu anderen polymeren Stoffen treten nur kleine bzw. zu vernachlässigende Hysteresiseffekte auf. Die Charakteristik bei der Benetzung der Luftseite u. der Substratseite von Folien, die auf *Glas* (**I**), *Hg* (**II**), *Polymethylmethacrylat* (**III**), *Polyäthylenterephthalat* (**IV**), *Polystyrol* (**V**), *Polychlortrifluoräthylen* (**VI**) u. *Teflon* (Polytetrafluoräthylen, **VII**) gegossen u. abgezogen wurden, wurde untersucht; es werden erhebliche Differenzen (bis zu 30^0) bes. für Amylose (am geringsten für Polyvinylalkohol) beobachtet. Es wird eine induzierte Orientierung gefordert; der Polarisierungseffekt nimmt von **I** nach **VII** ab. (J. physic. Chem. **62.** 1220—27. Okt. 1958. Berichtigung: **62.** 1608. Dez. 1958. Urbana, Ill., Univ. of Illinois, Dep. of Chem. and Chem. Engng.) W. Karcher. 166

J. J. Scholz, B. Roger Ray und **J. R. Anderson**, *Benetzung von polymeren Oberflächen. 2. Mitt. Kontaktwinkel von Flüssigkeiten an Estern und Äthern von Amylose und Amylopektin.* (1. vgl. vorst. Ref.) W. u. verschied. organ. Fll. bilden an Filmen von *Amyloseacetat, -propionat, -butyrat* (**I**), *-capronat* u. *-benzoat* u. an Filmen von *Methyl-* u. *Äthylenamylose* (**II**) stabile u. endliche Kontaktwinkel. Beim Auftragen des Cosinus des Kontaktwinkels an den verschied. Polymeren gegen die Oberflächenspannung der Fll. werden charakterist. Kurven erhalten, die zwei lineare Beziehungen (jeweils eine für die 2 Haupt-Fll.-Klassen) enthalten. Die Hysteresiseffekte sind stark ausgeprägt (10—30°); für jeden polymeren Stoff existieren 2 charakterist. Kurven (jeweils für fortschreitende u. zurückgehende Benetzung). Die Benetzbarkeit gleicher Derivate von Amylose, Amylopektin u. Cellulose weist keinerlei Unterschiede auf; daraus wird geschlossen, daß die Oberflächeneigg. mehr durch die funktionellen Gruppen der polymeren Kette als durch die mol. Konfiguration beeinflußt werden. Die Charakteristik der Benetzung steht in Beziehung mit der Kettenlänge der Substituenten. Die Kontaktwinkel von W. an Folien von **I** u. **II**, die auf *Hg, Polymethylmethacrylat* (**III**), *Polychlortrifluoräthylen* (**IV**) u. *Teflon* (**V**) gegossen wurden, wurde nach dem Abziehen auf der Luft- u. Substratseite gemessen. Während die Unterschiede bei **III**, **IV** u. **V** nur gering sind, werden bei Verwendung von Hg-Oberflächen die Kontaktwinkel auf der Hg-Seite für **I** u. **II** stark herabgesetzt (Θ_a um ca. 20 u. Θ_r um 79 bzw. 52°). (J. physic. Chem. **62**. 1227—30. Okt. 1958. Berichtigung: **62**. **1608**. Dez. 1958.) W. Karcher. 166

E. P. Kingsbury, *Einige Ansichten über die Wärmedesorption eines Grenzflächenschmiermittels.* Vf. leitete eine Gleichung her, welche eine Beziehung herstellte zwischen dem Reibungskoeff. in einem an der Grenzfläche geschmierten Gleitsyst. u. der Temp. der Adsorptionswärme u. der Gleitgeschwindigkeit. Die erhaltene Gleichung konnte experimentell durch Verss. bestätigt werden, bei denen Stahl auf Stahl mit n-Hexadecan oder n-Octadecan als Schmiermittel verwendet wurden. (J. appl. Physics **29**. 888—91. Juni 1958. Cambridge, Mass., Inst. of Technol., Lubrication Labor.)
C. Gottfried. 166

Vittorio Carassiti, *Optische Isomerie und asymmetrische Agentien. 3. Mitt. Nochmals über die Spaltung eines Razemates durch Diffusion in molekular asymmetrischen Flüssigkeiten.* (2. vgl. C. **1959**. 7709). Vf. berichtet über erneute Verss. über die Diffusion von 0,03-molaren Lsgg. von rechtsdrehendem, linksdrehendem u. racem. $[Co \cdot en_3]Cl_3$ in eine 0,5843 molare Saccharoselsg. sowie der racem. Verb. in reines Wasser. Die Versuchsergebnisse sind in Tabellen zusammengestellt. (Ann. Chimica **48**. 167—76. Febr. 1958. Bologna, Univ., Ist. Chim. „G. Ciamician".) C. Gottfried. 171

Walter H. Bauer, Neill Weber und **Stephen E. Wiberley**, *Eintrittseffekte beim capillaren Fluß von Aluminiumdilaureat–Toluol-Gelen.* (Vgl. C. **1956**. 12193.) Bei nominellen Wandschergeschwindigkeiten (D) über 100 cm^{-1} in einem Bereich abnehmender Schergeschwindigkeit (SG) wurde capillarer Fluß von Gelen einer 2%ig. Lsg. von *Aluminiumdilaureat* in *Toluol* beobachtet. Dabei hängt das Aussehen der Flußkurve (Wandscherdruck τ gegen D) stark vom Verhältnis Radius:Länge (R/L) der benutzten Capillarröhren ab. Es treten starke Eintrittseffekte auf. Aus Kurven, in denen der Scherdruck, der für eine konstante SG nötig ist, gegen R/L für verschied. SG aufgetragen wurde, wurden Werte für τ_0, die für Eintrittseffekte korrigiert sind, durch Extrapolation nach R/L = 0 erhalten. Die Flußkurve D gegen τ_0 wird angegeben. Die Flußkurve D_{real} gegen τ_0 wurde konstruiert, nachdem d log D/d log τ bestimmt worden war. Im Bereich abnehmender SG wurde nach einer Korrektur für Eintrittseffekte Gültigkeit einer exponentiellen Beziehung ($\tau^N = \eta D$) nachgewiesen. (J. physic. Chem. **62**. 1245—47. Okt. 1958. Troy, N. Y., Rensselaer Polytechn. Inst.)
W. Karcher. 173

Robert Gomer, *Adsorption und Diffusion von Edelgasen auf Wolfram.* Die Adsorption u. Diffusion von *Ne, Ar* u. *Xe* auf W-Spitzen wurde im Feldemissionsmikroskop untersucht u. für Monoschichten eine Verringerung der Austrittsarbeit um entsprechend 0,15; 0,8 u. 1,4 V bei 4,2° K gefunden. Bei Mehrfachadsorption konzentriert die Einw. des elektr. Feldes das Adsorbat im Zentrum der Spitze. Sind mehr als 4 Schichten vorhanden, wird oft spontane Bldg. von Kristalliten beobachtet, die bei höherer Temp. wieder verschwinden. Die Verdampfungsgeschwindigkeit ist für die einzelnen Schichtenverschieden. Die Desorptionsenergie von Ar konnte zu 1900 ± 200 cal abgeschätzt werden. (J. chem. Physics **29**. 441—42. Aug. 1958. Chicago, Ill., Univ., Dep. of Chem. and Inst. for the Study of Metals.) P. Warneck. 176

Robert Gomer, *Streulängen von Edelgasen für Elektronen negativer Energie. Feldemission durch Dielektrika.* (Vgl. vorst. Ref.) Die bei Feldemission beobachtete Verringerung der Austrittsarbeit an W-Spitzen durch Schichten von adsorbiertem *Ne, Ar* oder *Xe* wird zurückgeführt auf die Erniedrigung 1) des elektr. Feldes durch das Adsorbat,

2) des Bildpotentials vor der Spitze, 3) der potentiellen Energie eines Elektrons durch Polarisation des Mediums, 4) der Austrittsarbeit durch die Ggw. von Atomen im Tunnelbereich, die zur Bldg. von Kanälen im Potentialwall führt. Die Größe der verschied. Einfll. wird berechnet; der letzte liefert einen Energiezuwachs proportional zur Streulänge a der Kanäle. Der Energienullpunkt der Gasatome fällt mit der Energie des Potentialwalles zusammen, was einer Streuung von Elektronen negativer Energie entspricht. Für Ein- u. Mehrfachschichten wird a in derselben Größenordnung gefunden. (J. chem. Physics **29.** 443—44. Aug. 1958.) P. WARNECK. 176

Norman Hackerman und **Arthur C. Hall,** *Die Adsorption von Wasserdampf an Quarz und Calcit.* Es wurden die Adsorptionsisothermen von W.-Dampf. an gepulvertem Quarz (99,82% SiO_2, 0,019% Fe_2O_3, 0,049% Al_2O_3 u. 0,031% MgO; spezif. Oberfläche 5,7 m^2/g) u. Calcit (98,2% $CaCO_3$, 1,2% $MgCO_3$ u. 0,45% SiO_2; spezif. Oberfläche 2,8 m^2/g) bei 15 u. 25° aufgenommen u. durch graph. Integration der (V/P)–P-Kurve, durch Extrapolation nach P_0 bzw. durch Anwendung der Gleichung von CLAUSIUS-CLAPEYRON der zweidimensionale Druck in den adsorbierten Filmen, die freie Energie für die Immersion der Festkörper in ges. W.-Dampf u. die Adhäsionsarbeit bzw. die isostere Adsorptionswärme berechnet. Die Isothermen sind über den gesamten Adsorptionsbereich reversibel; die von anderen Autoren beobachtete Irreversibilität wird auf eine Vorbehandlung der Oberfläche zurückgeführt. Die BET-Kurven sind im relativen Druckbereich 0,05—0,4 linear u. gestatten durch Vgl. mit der Kr-Oberfläche die Best. der Oberfläche pro Mol. Wasser. (J. physic. Chem. **62.** 1212—14. Okt. 1958. Austin, Tex., Univ. of Texas.) W. KARCHER. 176

John G. Foss und **Lloyd H. Reyerson,** *Die Sorption von Wasserdampf durch lyophilisierte Ribonuclease.* Es wurden die Sorptionsisothermen von W.-Dampf an *Ribonuclease* (**I**), die mit einer 1%ig. wss. Lsg. einer lyophilen Behandlung unterworfen worden war, mit Hilfe einer gravimetr. Meth. gemessen. Unter Verwendung der Gleichungen von BETTELHEIM u. VOLMAN wurden die differentiellen Adsorptionswärmen u. Adsorptionsentropien berechnet. Die BET-Kurve für die 20°-Isotherme ist bis zu einem Verhältnis $p/p_0 = 0{,}15$ linear u. entspricht einer monomol. Schicht bei 5,8%; die Kurven für 20 u. 30° weisen einen Knickpunkt bei ca. 5,5% auf. Die Bldg. der monomol. Schicht wird auf eine Absättigung der polaren Seitengruppen im Protein zurückgeführt. Der Oberflächendruck für beide Isothermen wurde berechnet; die Werte für die Sorption von W. an **I** werden bis herab zu 2% durch eine Isotherme nach FREUNDLICH wiedergegeben. (J. physic. Chem. **62.** 1214—16. Okt. 1958. Minneapolis, Minn., Univ. of Minnesota, School of Chem.) W. KARCHER. 176

F. Aragón, J. Cano Ruiz und **D. M. C. MacEwan,** *Interlamellare Sorptionskomplexe vom β-Typ.* In Sorptionskomplexen der *Graphitsäure* (**I**) vom β-Typ stehen die sorbierten Moll. wahrscheinlich senkrecht zu den Schichten des Sorbats. Vff. untersuchen die Schichtaufweitung von **I** durch geradkettige aliphat. Monoamine mit 4—18 C-Atomen. Die Aufweitung steigt linear mit der Kettenlänge; der Anstieg ist 2,6 Å pro C-Atom. Dieser Wert ist auch gleichzeitig die Länge der Projektion zweier C–C-Abstände. Demnach liegen zwei Schichten sorbierter Moll. senkrecht zur Sorbatschicht vor. Da der Gesamtwert der Schichtaufweitung kleiner als die Länge von zwei gestreckten Moll. ist, muß angenommen werden, daß die der NH_2-Gruppe benachbarten zwei oder drei C-Atome in Kontakt mit dem Sorbat stehen u. der Rest des Mol. rechtwinklig abgebogen ist. Analoge Ergebnisse werden für die Sorption der Amine an *Montmorillonit* erhalten. Auch geradkettige Alkohole geben mit **I** β-Komplexe; der Bereich der zulässigen Kettenlänge ist jedoch wesentlich kleiner. (Nature [London] **183.** 740—41. 14/3. 1959. Dundee, Queen's Coll., Carnegie Labor. of Phys.) HERBERT MÜLLER. 176

J. H. Purnell, *Physik im Dienste der Chemie. Gaschromatographie.* Ausführl. Überblick über theoret. u. experimentelle Grundlagen sowie Anwendungsgebiete der Gaschromatographie. — 40 Literaturangaben. (J. Roy. Inst. Chem. **82.** 586—608. Sept. 1958.) E. MOISAR. 177

W. T. Higdon und **C. E. Marshall,** *Elektrochemische Eigenschaften kolloidaler Tone in Abhängigkeit von zwei Darstellungsmethoden.* 3 verschied. Tone der Montmorillonit-Gruppe [*Arizona Bentonit* (**I**), *Wyoming Bentonit* (**II**) u. *Putnam Ton* (**III**)] wurden durch Elektrodialyse u. durch Ionenaustausch mit Hilfe des sauren Kationenaustauschers *Amberlite IR 120* in die saure Form überführt. Die erhaltenen Prodd. wurden mit NaOH-, KOH-, $Ca(OH)_2$- bzw. $MgHCO_3$-Lsgg. titriert u. die spezif. Leitfähigkeit, der p_H-Wert u. die Aktivität der Metallkationen im Verlauf der Titrationen bestimmt. Aus den Titrationskurven geht hervor, daß die durch Elektrodialyse gewonnenen Tone meist mit Al gesätt. sind (die Austauschstellen sind überwiegend durch Al besetzt), während die durch Kationenaustausch erhaltenen Tone zumindest zeitweilig mit H^+-Ionen gesätt. sind. Der Knickpunkt bei den Titrationen von **I** u. **II** liegt für partiell an Al gesätt.

Tone bei bedeutend höheren Na-, K-, Ca- bzw. Mg-Konzz. als für Tone, die nur an H^+ gesätt. sind. Im Falle von **III** wurden mit beiden Darst.-Methoden partiell an Al gesätt. Tone erhalten, die in ihrer Kationenaustauschkapazität nicht so große Unterschiede wie **I** u. **II** aufwiesen. Die Aktivität u. Leitfähigkeit der einwertigen Kationen (Na^+, K^+ u. H^+) in einer Suspension der Tone beträgt nur 3/10 des Wertes, der für eine Lsg. derselben Kationenkonzz. zu erwarten ist, da sie durch die Anwesenheit von Al im Austauschkomplex der Tone beeinflußt werden. (J. physic. Chem. **62.** 1204—09. Okt. 1958. Columbia, Mo., Univ. of Missouri, Dep. of Soils.) W. KARCHER. 177

A_6. Strukturforschung.

William T. Holser, *Punktgruppen und Ebenengruppen in einer doppelseitigen Ebene und ihre Untergruppen.* Tabellar. sind die Punktgruppen u. Ebenengruppen der doppelseitigen Ebene in der Bezeichnung von HERMANN u. MAUGUIN zusammengestellt u. ihre allgemeinen Untergruppen abgeleitet. (Z. Kristallogr., Kristallgeometrie, Kristallphysik, Kristallchem. **110.** 266—81. Juli 1958. Los Angeles, Calif., Univ., Inst. of Geophys.) C. GOTTFRIED. 181

D. M. MacKay, R. L. Gregory und **P. E. K. Donaldson,** *Ein „Raumbild"-Mikroskop.* Vf. beschreibt kurz ein von ihm gebautes Raumbildmikroskop (TEEGAN, Beama J. **56.** [1949.] 378), das im Unterschied zu dem nach rein opt. Prinzipien arbeitenden Gerät der anderen beiden Vff. (C. **1959.** 8655) mit einem elektromagnet. schwingenden Träger, seitlich das Objekt abtastenden Kathodenstrahlen u. einem Photovervielfacher arbeitet. Der entscheidende Vorteil dieses Geräts besteht in der Möglichkeit, ein Signal elektron. zu „invertieren", so daß ein helles Bild auf schwarzem Untergrund erscheint. Auf diese Weise können z. B. in Emulsionen einzelne nucleare Teilchenspuren, die als schwarze Spur im hellen Untergrund verschwänden, gut beobachtet werden. — In einer Ergänzung weisen die anderen beiden Vff. auf ihre z. Zt. laufenden Verss. am rein opt. Raumbildmikroskop, bes. auf die Möglichkeit auch einer rein opt. „Helligkeitsumkehr" hin. (Nature [London] **183.** 246—47. 24/1. 1959. London, King's Coll., Wheatstone Phys. Labor.; Cambridge, Univ., Psycholog. Labor., Physiolog. Labor.) D. JÖRCHEL. 181

W. A. Wooster, *Verwendung der Analogie von Röntgenbeugung und Lichtbeugung bei der Bestimmung der Feinstruktur von Kristallen.* Zusammenfassender Vortrag. (Magyar fizikai Folyóirat [Ung. Z. Physik] **4.** 267—81. 1956.) J. PLANK. 181

Bani R. Banerjee, *Integrierende Probendrehvorrichtung für Röntgenstrahlenbeugung.* Es wird eine exzentr. rotierende Vorrichtung zur röntgenograph. Unters. von flachen Proben beschrieben, wodurch der Röntgenstrahl einen größeren Bereich der Probe erfaßt. (Rev. sci. Instruments [N. S.] **29.** 438. Mai 1958. Whiting, Ind., Standard Oil Co.) C. GOTTFRIED. 181

Harold P. Hanson und **Richard Economy,** *Getriebesystem für ein kontinuierlich zentriertes Zweikristall-Röntgenspektrometer.* Beschreibung der Getriebevorrichtung. (Rev. sci. Instruments [N. S.] **29.** 420—22. Mai 1958. Austin, Tex., Univ.) C. GOTTFRIED. 181

Julian Auleytner, *Bestimmung der Orientierung von Mosaikblöcken mit einer Feinfokusröntgenröhre.* Die Unterss. wurden mit einer vom Vf. neu konstruierten Feinfokusröntgenröhre durchgeführt, deren Brennfleckdurchmesser ca. 40μ betrug. Method. wurde derart vorgegangen, daß bei den Aufnahmen entweder der Kristall geschwenkt wurde u. der photograph. Film nicht bewegt wurde oder daß die Bewegung des Films synchron mit der Bewegung des Kristalls gekuppelt war. Aufnahmen an der (100)-Fläche von *NaCl*, an *KBr*-Einkristallen, die mit Stickstoffoxyden behandelt worden waren, an einem *Quarz*-Einkristall u. an der (111)-Fläche von *Ge* zeigten, daß sich Desorientierungen von Mosaikblöcken für Winkel $> 30''$ bestimmen lassen. (Acta physica polon. **17.** 111—16. 1958. Warsaw, Univ., Inst. of Phys., u. Acad. of Sci., Inst. of Phys.) C. GOTTFRIED. 181

J. W. Jeffery, *Eine Untersuchung der von Interferenzen freien Gebiete auf Laueaufnahmen um 1. den direkten Strahl und 2. Reflexionen mit einfachen Indices.* (Z. Kristallogr., Kristallgeometrie, Kristallphysik, Kristallchem. **110.** 321—28. Juli 1958. London, Birkbeck Coll., Crystallogr. Labor.) C. GOTTFRIED. 181

Guy Vuillard, *Glasiger Zustand von wäßrigen Lösungen verdünnter Säuren.* Wss. Lsgg. verschied. Konz. von H_2SO_4 **(I)** H_2SeO_4 **(II)**, HCl **(III)**, $HClO_4$ **(IV)** u. H_3PO_4 **(V)** wurden durch schnelles Eintauchen in fl. N_2 in den glasigen Zustand überführt. Bei langsam ansteigender Temp. wurde mittels DTA die Umwandlungstemp. des Glases T_g bestimmt. Bei **I** ändert sich T_g mit der Zus. des Gemisches; wird die Konz. der **I** von 10 auf 1 Mol-% erniedrigt, dann bleibt T_g konstant bei -123^0. Bei **II** wurde für Konzz. zwischen 10 Mol-% u. den größten Verdünnungen ein konstanter Wert von T_g =

-122^0 gefunden. Ein konstanter Wert von $T_g = -138^0$ wurde für **III** für Konzz. zwischen 22 Mol-% u. den größten Verdünnungen gemessen. Bei **IV** lag T_g konstant bei -130^0 für Konzz. zwischen 12 u. 1 Mol-%. Für **V** schließlich ergab sich für den Konzentrationsbereich zwischen 10 u. 0,5 Mol-% ein T_g-Wert von -114^0. Ganz allgemein ergab sich aus den Verss., daß T_g für verd. Lsgg. konstant bleibt u. unabhängig von der Säure ist. (C. R. hebd. Séances Acad. Sci. **241**. 1126—28. 24/10. 1955.) C. Gottfried. 186

G. Ss. Shdanow, *Atomstruktur und chemische Bindung.* Zusammenfassende Darst.: Kristallchemie des Period. Syst.; Strukturcharakteristiken der Bindungen; Struktur von Kristallen mit bes. physikal. Eigenschaften. — 36 Literaturhinweise. (Вестник Московского Университета, Серия Математики, Механики, Астрономии, Физики, Химии [Nachr. Moskauer Univ., Ser. Math., Mechan., Astronom., Physik, Chem.] **12**. Nr. **4**. 61—78. 1957. Lehrstuhl für Physik des festen Körpers.) R. K. Müller. 190

William T. Holser, *Beziehung von Symmetrie zur Struktur in Zwillingen.* (Vgl. C. **1959**. 7711.) Strukturtheoret. Untersuchung. (Z. Kristallogr., Kristallgeometrie, Kristallphysik, Kristallchem. **110**. 249—65. Juli 1958. Los Angeles, Calif., Univ., Inst. of Geophys.) C. Gottfried. 190

W. Kleber, *Über Hypomorphie.* (Vgl. C. **1959**. 392.) An *α-Schwefel, Cuprit, Wulfenit, Phosgenit, Bleinitrat,* NH_4Cl u. $PbCl_2$ untersuchte Vf. eingehend auftretende Symmetriediskrepanzen. Alle untersuchten Kristalle zeigten eine Verminderung der morphologischen gegenüber der strukturellen Symmetrie, wobei die äußere Symmetrie durch den Fortfall von Spiegelebenen gekennzeichnet wird. Für diese Erscheinung der verminderten morpholog. Symmetrie wird der Begriff „Hypomorphie" eingeführt. Diese Art der Hypomorphie wird auf die trachtmodifizierende Wrkg. von Milieufaktoren zurückgeführt. Die hierbei zu berücksichtigenden Grenzflächenprozesse wurden mit Hilfe der Theorie der flächenspezif. Adsorption diskutiert u. die Bedingungen für die Entstehung hypomorpher Kristallgestalten erörtert. (Wiss. Z. Humboldt-Univ. Berlin, math.-naturwiss. R. **5**. 1—13. 1955/56. Berlin, Humboldt-Univ., Mineral.-Petrograph. Inst. u. Museum.) C. Gottfried. 190

Masao Atoji, *Anhydrit, erhalten durch Dehydratation von Gips.* Vf. hat einen großen Gips-Einkristall in einem offenen Ofen durch Erhitzen auf 500° vollständig entwässert. Die Form u. die Spalteigenschaften des polykristallinen Anhydritkristalls entsprechen weitgehend denen des Ausgangskristalls, die Spaltbarkeit in der b_0-Ebene des Gipses ist erhöht. Die Einzelkristalle des Anhydrits bestehen aus einer Anzahl von Nadelkristallen, die Nadelachse entspricht der a_0-Achse der Raumgruppe Bbmm. Die a_0-Achsen der Anhydritkristalle wachsen parallel zur {101}-Achse des ursprünglichen Gipskristalls. Die Dehydration des Gipses erfolgt nach den Ergebnissen des Vf. ohne Änderung des Translationsraumes senkrecht zur {101}-Achse des Gipses. Es ist ein anisotroper Prozeß, in der Richtung parallel zur b_0-Achse werden prakt. keine W.-Moll. entfernt. (J. chem. Physics **30**. 341—42. Jan. 1959. Ames, Io., Iowa State Coll., Inst. for Atomic Res. and Dep. of Chem.) H.-U. Woelk. 190

Eitaro Matuyama, *Struktur von Kish und anderen Graphitarten.* Aus der Formel für den Intensitätsverlauf der Röntgenstrahlenbeugung am reziproken Gitter eines Kristalls von Franklin (C. **1952**. 4735) kann der Unordnungsgrad der Schichten verschied. Graphitarten ermittelt werden, da nur parallele, teilweise desorientierte Schichten auftreten. Vf. untersucht mit Hilfe von Pulveraufnahmen den Unordnungsgrad an der $11\bar{2}2$-Linie von Kish- u. Lamellargraphit, die aus Grauguß isoliert waren, sowie von Ceylongraphit u. Kishgraphit der Kamaishimine. Die Übereinstimmung der Meßwerte mit der Theorie ist ausgezeichnet. (Nature [London] **183**. 670—71. 7/3. 1959. Ube, Yamaguchi Univ., Fac. of Engng.) Herbert Müller. 195

A. Brown und **J. J. Norreys,** *β-Polymorphe von Uran- und Thoriumdisiliciden.* Vff. untersuchen metallograph. u. mit Hilfe der Röntgenbeugung verschied., durch Schmelzen im elektr. Lichtbogen hergestellte U- u. Th-Silicide. Die aus Gemischen mit 62—63 Atom-% Si hergestellten Verbb., früher auf Grund von Strukturunterss. als „β-USi_2" bzw. „β-$ThSi_2$" bezeichnet, besitzen die Zus. U_3Si_5 bzw. Th_3Si_5. Die Zellparameter sind für U_3Si_5 a = 3,843 ± 0,001 u. c = 4,069 ± 0,001 Å, für Th_3Si_5 a = 3,985 ± 0,001 u. c = 4,228 ± 0,001 Å. Bei Rkk. von fl. Bi mit U- u. Th-Siliciden werden zwei neue Phasen isoliert; sie besitzen hexagonale Struktur u. die Raumgruppe C 6/mm, das Achsenverhältnis c/a ist < 1. Durch Wärmebehandlung bei 1200—1300° geht die Th-Verb. in *α*-$ThSi_2$ über, das durch Erhitzen auf 850° das wahre *β*-$ThSi_2$ liefert. Analoges gilt für die U-Verbindung. Die Zellparameter sind für *β*-USi_2 a = 4,028 ± 0,001 u. c = 3,852 ± 0,001 Å u. für β-$ThSi_2$ a = 4,136 ± 0,001 u. c = 4,126 ± 0,001 Å. (Nature [London] **183**. 673. 7/3. 1959. Wembley, Middlesex, Gen. Electric Co. Ltd., Res. Labors.) Herbert Müller. 195

W. D. Derbyshire und **H. J. Yearian,** *Röntgenstrahlbeugung und magnetische Messungen an Fe–Cr-Spinellen.* Die röntgenograph. Unters. des Syst. $FeFe_{2-x}Cr_xO_4$, $0 \leqslant x \leqslant 2$, diente zur Best. des Sauerstoff-Parameters jeder Probe. Für kleine x-Werte zeigen diese Parameter eine inverse, für mittlere x-Werte eine teilweise inverse u. für $x = 1,3-2$ eine n. Spinell-Struktur an. Die an Proben im Bereich $x = 0$ bis $x = 1,2$ durchgeführten Messungen des magnet. Moments ergaben für $x = 0$ bis $x = 0,3$ eine inverse Spinell-Struktur u. zeigten, daß wenigstens für große x, wahrscheinlich sogar für $x > 0,5$, die Spins der an den B-Plätzen gelegenen Kationen nicht alle parallel liegen. Daher läßt sich die Anordnung der Kationen an den A- u. B-Plätzen für einen Spinell in diesem Zusammensetzungsbereich nicht aus seinem magnet. Sättigungsmoment folgern. Die relativen Stärken der magnet. Wechselwrkgg. u. die Änderung des Sättigungsmoments im Bereich $x = 1,3$ bis $x = 2$ wird erörtert. (Physic. Rev. [2] **112.** 1603—07. 1/12. 1958. Lafayette, Ind., Purdue Univ.) D. JÖRCHEL. 195

Aaron Wold und **William Croft,** *Darstellung und Eigenschaften der Systeme $LnFe_xCr_{1-x}O_3$ und $LaFe_xCo_{1-x}O_3$.* Es wurde untersucht, ob in Mischoxyden der Systeme *Seltene Erden (Ln)–Fe–Cr* (**I**) Einordnung der Kationen, die sich auf B-Lagen befinden, in alternierende (111)-Ebenen u. in den Mischoxyden der Systeme *La–Fe–Co* (**II**) Einordnung von diamagnet. Cr^{3+} in alternierende (111)-Ebenen auftritt, was in beiden Fällen zu einem meßbaren ferro- bzw. ferrimagnet. Moment führen müßte. Die Sättigungsmagnetisierung verschied. Proben (Ln = La, Nd, Sm u. Y) wurde bei 4° K gemessen. Da in keinem Falle ein nennenswertes magnet. Moment gemessen wurde, wird angenommen, daß die Ionen der Übergangsmetalle die B-Lagen in einer zufälligen Anordnung besetzen. Die Gitterkonstanten u. das Vol. der Elementarzelle von *$LaFeO_3$* wurden röntgenometr. zu $a_0 = 5,548$, $b_0 = 5,557$ u. $c_0 = 7,851$ Å u. V zu 242,05 Å³ bestimmt; für *$LaCrO_3$* wurden 5,480; 5,507 u. 7,758 Å u. 234,12 Å³, für *$NdFeO_3$* 5,456; 5,585 u. 7,761 Å u. 236,5 Å³, für *$NdCrO_3$* 5,411; 5,471 u. 7,702 Å u. 228,0 Å³, für *$SmFeO_3$* 5,393; 5,595 u. 7,714 Å u. 232,76 Å³, für *$SmCrO_3$* 5,367; 5,496 u. 7,649 Å u. 225,63 Å³, für *$YFeO_3$* 5,278; 5,584 u. 7,603 Å u. 224,07 Å³ u. für *$YCrO_3$* 5,245; 5,518 u. 7,540 Å u. 218,22 Å gemessen. Die Verbb. besitzen rhomb. Symmetrie [D_{2h} (16) Pbnm; 4 Formeleinheiten pro Elementarzelle]; zwischen den Verbb. $LnFeO_3$ u. $LnCrO_3$ besteht jeweils starke Löslichkeit, bei der Substitution von Fe^{3+} durch Cr^{3+} nimmt das Vol. ab. Das Syst. $LaFe_x Co_{1-x}O_3$ (dargestellt bei 1100°) besitzt rhomb. Symmetrie von $LaFeO_3$ bis $LaCo_{0,2}Fe_{0,8}O_3$; beim Ersatz von Fe durch Co nimmt das Zellvol. geringfügig ab. Zwischen $LaCo_{0,25}Fe_{0,5}O_3$ u. $LaCo_{0,5}Fe_{0,4}O_3$ existieren nebeneinander eine rhomb. u. eine hexagonal-rhomboedr. Phase. $LaCoO_3$ u. Zuss. bis $LaCo_{0,65}Fe_{0,35}O_3$ sind hexagonal-rhomboedrisch. Proben, die bei 1300° dargestellt wurden, zeigen orthorhomb. Symmetrie von $LaFeO_3$ bis $LaCo_{0,5}O_3$ u. rhomboedr. Symmetrie von $LaCo_{0,55}Fe_{0,45}O_3$ bis $LaCoO_3$.

V e r s u c h e : Verbb. des Syst. **I** wurden dargestellt durch Erhitzen des entsprechenden Oxyds der Seltenen Erden mit verschied. mol. Mischungen von Fe_2O_3 u. Cr_2O_3 in Luft über 96 Std.; Proben der Reihe **II** durch Erhitzen von La_2O_3 mit verschied. mol. Mischungen von Fe_2O_3 u. $CoCO_3$ in Luft bei 1100° über 96 bzw. bei 1300° über 18 Stunden. (J. physic. Chem. **63.** 447—48. März 1959. Lexington, Mass., Lincoln Labor.; Needham Heights, Mass., Radio Corp. of America, Dep. of Chem.) W. KARCHER. 195

Ju. P. Ssimanow und **R. D. Kurschakowa,** *Darstellung und Röntgenuntersuchung von $MnWO_4$ und der Wolframate der $FeWO_4$–$(Fe_xMn_{1-x})WO_4$–$MnWO_4$-Reihe.* $MnWO_4$ bildet mit $FeWO_4$ eine Reihe von Doppelsalzen, deren Zus. u. Gitterparameter bestimmt werden. $MnWO_4$: a = 4,823 (Å); b = 5,757; c = 4,985; β = 89°7'; v = a · b · c · sinβ = 138,4 Å³; $(Fe_{0,25}Mn_{0,75})WO_4$:4,793; 5,730; 4,980; 89°10'; 136,8; $(Fe_{0,41}Mn_{0,59})WO_4$:4,782; 5,720; 4,975; 89°18'; 136,1; $(Fe_{0,66}Mn_{0,34})WO_4$:4,774; 5,712; 4,972; 89°25'; 135,6; $FeWO_4$:4,722; 5,691; 4,951; 90°; 133,0. In einem Diagramm wird die Änderung der Gitterparameter mit der Zus. dargestellt; es ergeben sich S-förmige Kurven mit Wendepunkt bei 40—60 Mol-% Fe(Mn). (Журнал Физической Химии [J. physik. Chem.] **31.** 820—24. April 1957. Moskau, Lomonossow-Univ.) R. K. MÜLLER. 195

J. Auleytner und **B. Kołakowski,** *Mikroskopische Beobachtungen der Oberfläche von InSb-Einkristallen.* Vff. untersuchten Ätzfiguren, hauptsächlich auf den (110)- u. (111)-Flächen von InSb-Einkristallen. Die polierten Oberflächen wurden nach kurzem Eintauchen in eine gesättigte KJ-Lsg. zunächst 10 Sek. in einer Ätzlsg. A oder B u. hierauf 1 Std. in einer Ätzlsg. C oder D angeätzt, mit Methylalkohol u. Aceton abgespült u. hierauf getrocknet. Ätzlsg. A besteht aus HNO_3 50%, HF 50%, Lsg. B aus HNO_3 50%, HF 50% u. einer geringen Verunreinigung von Hydrochinon, Lsg. C aus HNO_3 30%, HF 20%, Essigsäure 50% u. Lsg. D aus HNO_3 40%, HF 35%, Methylalkohol 25%. Es wurde beobachtet, daß die Formen der Ätzgrübchen auf den kristallograph. verschiedenen Oberflächen verschieden sind. 2 Typen von Ätzfiguren wurden festgestellt, die in Größe u. Dichte variieren. (Acta physica polon. **17.** 93—96. 1958. Warsaw, Acad. of Sci., Inst. of Phys.) C. GOTTFRIED. 196

R. O. Carlson, *Gold auf Siliciumoberflächen.* Vf. nimmt Bezug auf Unterss. von BEMSKI (vgl. C. **1959.** 6369), der auf Grund einer Neutronenaktivierungsanalyse die Ggw. von 10^{12}—10^{13} *Au*-Atomen pro cm^2 auf der Oberfläche von *Si*-Proben festgestellt hatte, auch nach Behandlung mit Ätzmitteln u. deionisiertem Wasser. Da eigene frühere Unterss. (vgl. C. **1958.** 3799) hiervon abweichende Ergebnisse geliefert hatten, bestimmte Vf. die Oberflächenkonz. von Au auf Si mittels einer Neutronenaktivierungsanalyse, die ähnlich durchgeführt wurde wie die von BEMSKI (vgl. l. c.). Durch diese Unterss. wurden die vom Vf. früher erhaltenen Ergebnisse bestätigt. (J. appl. Physics **29.** 1001—02. Juni 1958. Schenectady, N. Y., General Electric Res. Labor.) C. GOTTFRIED. 196

Aurel Berghezan und **Angéline Fourdeux,** *Beobachtung und gleichzeitige Erhitzung von dünnen, metallischen Proben im Inneren eines Elektronenmikroskops.* Mit Hilfe eines modifizierten Probenhalters untersuchen Vff. elektronenmkr. nach der Durchstrahlungs- u. Beugungsmeth. die bei therm. Behandlung dünner Metallproben auftretenden Erscheinungen. Verformtes Al zeigt eine Unterstruktur mit Störstellen entlang der Unterkorngrenzen, die aus einer Anhäufung einzelner Versetzungen in verschied. Gittern bestehen. Die Versetzungen wandern teilweise schon unter der Einw. des Elektronenstrahls. Bei zusätzlicher Erhitzung werden in der Probe neue Spannungen erzeugt, die weitere Versetzungen zur Wanderung veranlassen. Die Wanderung verläuft in verschied. Richtungen, jedoch entlang der (111)-Ebene. Treffen sich Versetzungen verschied. Vorzeichens in einem Subkorn, so heben sie sich nach dem Mechanismus von BURGERS auf; sonst verschwinden sie stets an benachbarten Unterkorngrenzen. Beim Erwärmen von Al auf einem Cu-Probenträger erfolgt eine Diffusion von Cu in das Al; die Erscheinung ist auf Grund der verschied. Durchlässigkeit beider Metalle für Elektronen gut zu beobachten. Die Diffusion erfolgt entlang der Korn- u. Unterkorngrenzen in das ganze Volumen. — In einer abgeschreckten dünnen Probe einer Al-Legierung mit 4% Cu ist bei Raumtemp. keine Kornstruktur zu beobachten; beim Erhitzen tritt eine Kornstruktur hervor, die außerdem mit dem Auftreten einer Fällung entlang der Korngrenzen verbunden ist. (C. R. hebd. Séances Acad. Sci. **247.** 1194—96. 20/10. 1958.) HERBERT MÜLLER. 197

Malcolm J. Fraser, *Eine Quelle natürlicher Zinnwhisker.* Vf. beobachtet an Sn-überzogenen Waffenteilen aus dem 1. Weltkrieg (Bajonettscheiden) das Auftreten natürlicher Sn-Whisker. Es treten die verschiedensten Wachstumsformen auf: Spitzen, Spiralen, abgeknickte u. verzweigte Whisker. Die Länge der Whisker älteren Ursprungs liegt zwischen 5 u. 12 mm, während solche jüngeren Datums (2. Weltkrieg) ca. 2 mm lang sind. Die Dicken liegen zwischen 1 u. 10 μ. (Nature [London] **183.** 670. 7/3. 1959. Pittsburgh, Pa., Westhinghouse Res. Labors., Metallurg. Dep., Metals Joining Sect.) HERBERT MÜLLER. 197

J. M. Silcock, *Röntgenographische Untersuchung der ω-Phase in TiV-, TiMo- und TiCr-Legierungen.* In Fortsetzung einer Unters. von SILCOCK u. Mitarbeitern (vgl. Symposium, Monograph and Report Series Nr. **18.** [1956] 93. Inst. of Metals, London) über die ω-Phase einer Ti-V-Legierung mit 16% V untersuchte Vf. eine *Ti-V-Legierung* mit 29% V, eine *Ti-Mo-Legierung* mit 13% Mo u. eine *Ti-Cr-Legierung* mit 13% Cr. Gefunden wurde, daß alle diese Legierungen eine ω-Phase bilden. Ein Vgl. der Intensitäten zeigte, daß die ω-Struktur in allen Legierungen dieselbe ist wie in der Ti-V-Legierung mit 16% V. Die Phase kann zurückgebildet u. ihre Bldg. durch Kaltbearbeitung verzögert werden. Alle 4 Orientierungen von ω in jedem kub. β-Kristall treten gleich häufig auf. Eine Probe mit $\beta + \omega +$ Spur von α, die durch Hochtemperaturalterung erhalten worden war, zeigte dagegen ungleiche Anteile der 4 Orientierungen; hieraus folgt mit Sicherheit, daß die ω-Phase hexagonal u. nicht kub. ist. Die von BAGARJATZKI u. Mitarbeitern (vgl. C. **1957.** 6684) vorgeschlagene Unebenheit der Mittelebene ist wahrscheinlich kleiner als 0,005, d. h. die Atomlagen können 000; 1/3 2/3 0,495; 2/3 1/3 0,505 sein anstelle von 000; 1/3 2/3 1/2; 2/3 1/3 1/2. Die Bldg der α-Phase wird durch Kaltbearbeitung beschleunigt, u. zwar bildet sich ω dann in beschränkter Orientierungsmannigfaltigkeit. Die Ausscheidung von α verursacht die Verfestigung der bei 460° gealterten Ti-V-Legierung mit 29% V. Versucht man, die Kristalle durch Phosphorsäure abzuätzen, dann werden $\beta + \omega$- u. $\beta + \alpha$-Strukturen in $\beta +$ Hydrid umgewandelt. (Acta metallurg. [New York] **6.** 481—93. Juli 1958. Stoke Poges, Fulmer Res. Inst.) C. GOTTFRIED. 197

N. W. Grum-Grshimailo und **D. I. Prokofjew,** *Untersuchung des Zustandsdiagramms des ternären Systems Chrom–Wolfram–Molybdän.* 1. Mitt. *Mikroskopische und Röntgenstrukturuntersuchung der Legierungen.* Aus reinem Cr-, W- u. Mo-Pulver wurden durch Pressen (5 t/cm^2) u. Sintern (1800°; 8 Std.; H_2) Proben verschied. Zus. hergestellt u. mkr. u. röntgenograph. untersucht. Zur Best. der isothermen Schnitte bei 1300 u. 1000° wurden die Proben bei 1300° 240 Std. u. 1000° 1000 Std. geglüht u. in W. abgeschreckt. Geätzt wurden die Proben elektrolyt. in einer alkal. $K_3[Fe(CN)_6]$-Lsg. (> 2 V). — Die isothermen Schnitte werden graph. dargestellt; bei 1800° sind alle drei Metalle unbegrenzt löslich, u. die Lsg. besitzt ein kub. raumzentriertes Gitter; beim Abkühlen zerfällt die Lsg. in zwei tern. Lsgg., eine mit Cr u. die andere mit W als Grundmetall, beide gleichfalls kub. raumzentriert. Bei 1300 u. 1000° erscheinen Zweiphasenlegierungen, welche im Konzentrationsdreieck dem Cr–W-Gebiet angeschlossen sind. (Журнал Неорганической Химии [J. anorg. Chem.] **3.** 1220—26. Mai 1958.) H. TŮMA. 197

S. V. Radcliffe und **E. C. Rollason,** *Die Kinetik der Bildung von Zwischenstufengefüge in sehr reinen Eisen–Kohlenstoff-Legierungen.* Die isotherm. Umwandlung von Austenit zu Zwischenstufengefüge im Temp.-Bereich von 200—450° wird an drei Fe–C-Legierungen mit 0,77, 1,07 u. 1,20 % C u. an einem unlegierten Stahl mit 0,65% C durch Messung der elektr. Widerstandsänderungen untersucht. Die Prozesse der Austenitisierung u. der schnellen Abkühlung von Drahtproben auf Reaktionstemp. wurden durch direkte elektr. Erhitzung mit nachfolgender Gasabschreckung durchgeführt. Der Widerstand u. die Temp. der Probe während der Abschreckung u. der nachfogenden isotherm. Rk. wurden kontinuierlich aufgezeichnet. Es ist hierbei festgestellt worden, daß eine deutliche Änderung in der Kinetik der Umwandlung über den Temp.-Bereich von 300—350° auftritt. Außerdem wird die Zwischenstufenbldg. unterhalb dieses Bereiches von Änderungen im Widerstand u. des spezif. Volumens begleitet, welche anzeigen, daß der Ferrit im Gefüge in zunehmendem Maße an C übersättigt wird, wenn die Rk.-Temp. gesenkt wird. Durch Röntgenbeugungsunterss. an voll umgesetzten Proben ist ein Auftreten von Tetragonalität des Ferrits nicht ermittelt worden. Die gemessene Kinetik zeigt, daß die Bldg. von Zwischenstufengefüge nicht eine einfache, wachstumsgeregelte Rk. ist, u. es wird angenommen, daß sie durch Ferritkeimbldg. mit einer Geschwindigkeit angeregt wird, welche von der Temp. u. der Austenitzus. abhängt. (J. Iron Steel Inst. **191.** 56—65. Jan. 1959. Birmingham, Univ.) H. HOCHSTEIN. 197

Shigeo Oketani und **Shigemaro Nagakura,** *ε-Phase von Eisencarbiden.* Durch Aufdampfen auf einen NaCl-Einkristall wird ein *Fe*-Film erzeugt. Dieser bildet bei Zementierung in red. Fe-Pulver die ε-Phase von Fe_2C. Die RÖNTGEN-Pulverlinien (hexagonal in dichter Packung) sind in Übereinstimmung mit denen von HOFER, COHN u. PEEBLE (C. **1949.** E. 30) mit 2 Überstruktur-Strahlungslinien von $d = 4{,}0$—$4{,}4$ u. $d = 3{,}2$—$3{,}3$ Å. Nach 10 Min. Erwärmen im Vakuum auf 400° geht die ε- in die χ-Phase über (TRILLAT, C. **1954.** 2700), die sich bei 1 Min. Erwärmen auf 500° in die Θ-Phase umwandelt. Bei dem letzten Übergang scheint die Bldg. von Graphit ausgeschlossen. (Kagaku [Science] **25.** 638. 1955. Tokyo, TH. [Orig.: japan.]) L. SCHULER. 197

Shuzo Takeda und **Natsuo Yukawa,** *Untersuchungen über höchst wärmebeständige Cr–Mo–Fe-Legierungen.* 1. Mitt. *Das Gleichgewichtsdiagramm des Systems Cr–Mo–Fe.* Mkr., röntgenograph. u. therm. wurde die Konstitution des Systems Cr–Mo–Fe untersucht u. das Gleichgewichtsdiagramm bestimmt. In dem System treten 6 Phasen auf, u. zwar die raumzentriert-kub. α-Phase, die flächenzentriert-kub. γ-Phase, die hexagonale ε-Phase mit der Zus. Fe_3Mo_2, die tetragonale σ-Phase mit der Zus. *FeMo* u. *FeCr*, die flächenzentriert-kub. Hochtemperaturmodifikation der Cr- oder δ-Phase u. eine ternäre raumzentriert-kub. χ-Phase mit der Zus. $Fe_{36}Mo_{10}Cr_{12}$. Es treten 3 nichtvariante Rkk. auf, u. zwar Schmelze $M_1 + \sigma + \varepsilon \rightarrow \chi$ bei 1455°, Schmelze $M_2 + \sigma \rightarrow \alpha + \chi$ bei 1385° u. Schmelze $M_3 \rightarrow \alpha + \chi + \varepsilon$ bei 1345°. (Nippon Kinzoku Gakkai-Si [J. Japan Inst. Metals] **21.** 275—79. April 1957. [Orig.: japan.; Auszug: engl.]) C. GOTTFRIED. 197

Richard Ergang, Gabriele Günther und **Helmut Weik,** *Der Stand der Kenntnisse über die Sigmaphase in Eisen–Nickel–Chrom-Legierungen.* Literaturübersicht mit 60 Schrifttumsstellen. (Stahl u. Eisen **79.** 46—51. 8/1. 1959.) H. HOCHSTEIN. 197

G. Sines und **R. Kikuchi,** *Die elastische Wechselwirkung zwischen Punktfehlstellen und Agglomeraten von Punktfehlstellen in Metallen.* An Hand eines Modells berechneten Vff. die elast. Wechselwrkg. zwischen 2 einzelnen atomaren Fehlstellen, zwischen reihenförmigen Mehrfachfehlstellen u. einzelnen Fehlstellen sowie zwischen plattenförmigen Fehlstellenagglomeraten u. Einzelfehlstellen. (Acta metallurg. [New York] **6.** 500—08. Juli 1958. Chicago, Ill., Univ., Inst. for the Study of Metals.) C. GOTTFRIED. 200

A. Granato, A. Hikata und **K. Lücke,** *Erholung von Dämpfung und Moduländerungen nach plastischer Verformung.* Vff. gehen von der bekannten Tatsache aus, daß kleine plast. Verformungen die Dämpfung erhöhen u. den scheinbaren Elastizitätsmodul eines kristallinen Stoffes erniedrigen u. daß sich diese Größen wieder nach den ursprünglichen Werten hin erholen, u. entwickeln eine Theorie unter der Annahme, daß diese zeitliche Änderung von Dekrement u. Modul nach der plast. Verformung durch die Blockierung von Versetzungen durch bei der Verformung entstandene punktförmige Fehlstellen bewirkt wird. Diese Zeitabhängigkeit soll dem $t^{2/3}$-Gesetz des Reckalterung von Cottwell u. Bilby (vgl. Proc. physic. Soc., Sect. A **62.** [1949.] 49) folgen. Ein Vgl. der Theorie mit experimentellen Daten aus der Literatur ergab im Zeitgesetz Übereinstimmung für Proben, die zwischen etwa 0,4 u. 4% verformt worden waren; für größere u. kleinere Verformungen trat diese Übereinstimmung nicht auf. Auf Grund der Theorie kann man Messungen der Dämpfung u. des Moduls benutzen, um die Aktivierungsenergien der Wanderung von durch Verformung erzeugten Punktdefekten oder Leerstellen zu bestimmen. Aus den bekannten Daten ergab sich für Cu eine Aktivierungsenergie der Wanderung von 24 kcal/Mol oder 1,0 eV unter der Annahme, daß Leerstellen wandernde Punktdefekte sind. (Acta metallurg. [New York] **6.** 470—80. Juli 1958. Providence, R. I., Brown Univ., Metals Res. Labor., Div. of Appl. Math. and Dep. of Phys.) C. Gottfried. 200

Hiroshi Fujita, *Höhere Approximation für Relaxationsspektren aus dynamischen Messungen.* Vf. entwickelt allg. Methoden succesiver Approximationen zur Berechnung des Relaxationsspektrums aus dynam. mechan. Messungen. Der Grundgedanke deckt sich substantiell mit einer von Schwarzl u. Staverman (vgl. Physica **18.** [1952.] 791) entwickelten Methode. (J. appl. Physics **29.** 943—46. Juni 1958. Kyoto, Univ., Dep. of Fisheries, Phys. Chem. Labor.) C. Gottfried. 200

Jadwiga Halaunbrenner, *Über den Einfluß der Anisotropie der Unterlage auf den Widerstand eines rollenden Zylinders.* Vf. bestimmte die Richtungsabhängigkeit des Widerstandes von Zylindern, welche auf anisotropen Unterlagen rollten. Die Zylinder bestanden aus Stahl, waren 40 mm lang u. hatten Durchmesser von 10—20 mm. Als anisotrope Unterlagen wurden eine durch Bearbeitung anisotrop gemachte Oberfläche eines weichen *Stahls, Fichtenholz* u. ein *NaCl*-Einkristall verwendet. Die Versuchsergebnisse werden diskutiert. (Acta physica polon. **17.** 83—91. 1958. Cracow, Polytechn. Coll., Dep. of Phys.) C. Gottfried. 200

N. P. Allen, *Die mechanischen Eigenschaften des Ferritkristalls.* Auf Grund von 39 Schrifttumsangaben werden theoret. Ausführungen über die elast. Eigg., das plast. Fließen, die Streckgrenze, Versetzungen, Zwillingsbldg., den Bruch u. die Entw. eines Bruches, über die Ausbldg. eines Versetzungsnetzwerkes im geglühten Ferrit, Spaltbruch sowie über den Einfl. der Temp. auf die Bruchspannung, bes. bei tiefen Tempp. von — 196°, von Ferritkristallen gemacht. (J. Iron Steel Inst. **191.** 1—18. Jan. 1959. Nat. Phys. Labor., Metallurgy Div.) H. Hochstein. 200

W. W. Webb und **W. D. Forgeng,** *Mechanisches Verhalten von Mikrokristallen.* (Vgl. C. **1958.** 13980.) An kleinen fadenförmigen oder stäbchenförmigen Kristallen, die Dicken von 1—10 μ u. Längen von 0,1—1,0 mm hatten, wurden Biegeverss. durchgeführt, um das maximale Ausmaß der Verformung zu bestimmen, der die Kriställchen ohne Bruch oder plast. Verformung widerstanden. Die Kristalle wurden entweder aus Zweiphasenlegierungen chem. herausgelöst oder waren aus der fl. oder Dampfphase gewachsen. Die nach der ersten Meth. erhaltenen Kristalle waren Fe_3C, Cr_2N, Cr_3O_4 u. *Cr*, die nach der zweiten Meth. erhaltenen Kristalle β-*Mn*, Mn_5Si_3, α-Si_3N_4 u. α-Al_2O_3. Es wurde gefunden, daß alle Kriställchen elast. bis zu relativ großen Verformungen gebogen werden konnten. Aus den Verss. wurde geschlossen, daß Fadenkristalle zwar etwas Besonderes sind, weil sie keine Stufenversetzungen enthalten, daß jedoch auch andere Kristalle ähnliche Festigkeiten erreichen. Es hat den Anschein, daß Versetzungen einen geringen Einfl. auf die mechan. Eigg. von harten oder brüchigen Mikrokristallen haben. (Acta metallurg. [New York] **6.** 462—69. Juli 1958. Niagara Falls, N. Y., Division of Union Carbide Corp., Electro Metallurg. Co., Metals Res. Labor.) C. Gottfried. 200

B. H. Kear und **P. L. Pratt,** *Abschreckspannungen und Abschreckverformungen in Ionenkristallen.* Vff. untersuchten mit Hilfe der photoelast. Meth. mit dem Polarisationsmikroskop an *NaCl*- u. *LiF*-Einkristallen die Abschreckspannungen u. Abschreckverformungen. Method. wurde derart vorgegangen, daß die Kristalle zunächst 1 Std. bei 650° angelassen u. im Ofen abgekühlt wurden. Hierauf wurden die Kristalle entweder 1 Std. auf 750° erhitzt u. auf Zimmertemp. abgeschreckt oder aber auf — 183° abgekühlt u. hierauf in einem Bad von Siliconöl schnell auf Zimmertemp. gebracht. Die Abschreckverformungen sind im Mikroskop als scharfe Doppelbrechungsstreifen erkennbar, die farbig sind, wenn eine dichroitische Platte verwendet wird. Die Farbverteilung in diesen Bändern erwies sich als abhängig vom Vorzeichen der in den Gleitebenen nach plast. Verformung verbliebenen Versetzungen. Auf Grund dieser Beziehung wurden Abschreckspannungsbilder in den Kristallen, die schnell auf tiefere oder höhere Temp. gebracht worden waren, durch Gruppen von Versetzungen verschiedenen Vorzeichens gedeutet. (Acta metallurg. [New York] **6.** 457—61. Juli 1958. Birmingham, Univ., Dep. of Phys. Metallurgy.) C. Gottfried. 200

Allen R. Driesner und **Paul Wagner**, *Reibungskoeffizienten von Graphit in dem Temperaturbereich von 25° C bis 2450° C.* Speziell für Verwendungszwecke für Kernreaktoren wurden die stat. u. kinet. Reibungskoeffizienten von Graphit in Abhängigkeit von den Oberflächenbedingungen u. der Temp. bis zu Tempp. von 2450° gemessen. Untersucht wurden handelsüblicher Graphit, Graphit mit einem Überzug von *NbC* u. Graphit mit 100 mgU/cm³ in Form von *Urancarbid* in der Graphitmatrix. Es wurde gefunden, daß der stat. Reibungskoeff. μ_s mehr von den Oberflächenbedingungen als anderen Faktoren einschl. Temp. abhängig ist. μ_s u. der kinet. Reibungskoeff. μ_k steigen mit zunehmender Temp., u. zwar ist der Einfl. für μ_s ausgesprochener als für μ_k. Die beiden Koeffizienten sind unabhängig von der angewandten Belastung u. der Orientierung des Graphits. (J. appl. Physics **29.** 901—03. Juni 1958. Los Alamos, N. Mex., Univ. of California, Los Alamos Sci. Labor.) C. GOTTFRIED. 200

A₇. Gleichgewichte. Kinetik.

D. A. Sutton, M. D. Middleton und **R. A. F. Body**, *Reaktion einiger Silicate mit chelatbildenden Reagentien.* Vff. untersuchen, inwieweit Chelatgruppen enthaltende Reagentien nachst. Silicate lösen u. dadurch in vivo aus dem Körper entfernen können. Untersucht wurden: Olivin, Krokydolith, Antigorit, Chrysotil, Talk, u. Orthoklas sowie als synthet. Prodd. Ca-, Mg-, Al-, Fe(II)- u. Cu(II)-Silicate u. Tricalciumsilicate. Als Chelatbildner wurden verwendet: Äthylendiamintetraessigsäure, Penicillamin, Glykol. Synthet. Tricalciumsilicat (70% $3\,CaO \cdot SiO_2 \cdot 1{,}5\,H_2O$ u. 30% $5\,CaO \cdot 2\,SiO_2 \cdot H_2O$) wird bereits bei Zimmertemp. gelöst, Antigorit, Chrysotil u. Olivin lösen sich bei Siedetemp. sehr schwer. Orthoklas wird nicht angegriffen. Von den Metallsilicaten sind die Ca-Verbb. am stabilsten. Wegen der sehr geringen Rk.-Geschwindigkeit erscheint eine therapeut. Anwendung ungeeignet. (Nature [London] **183.** 99—100. 10/1. 1959. Johannesburg, South African Inst. for Med. Res., Pneumoconiosis Res. Unit, Council for Sci. and Industrial Res.) G. PRETZSCHNER. 223

I. G. Ryss und **T. A. Gribanowa**, *Löslichkeitspolytherme von Kaliumfluorsulfonat.* Die Löslichkeitspolythermen von KSO_3F im W. bei 0—50° werden ermittelt, dabei wird ein Korrekturglied angeführt, das die Anionenhydrolyse berücksichtigt. Die thermodynam. Charakteristik des Lösungsprozesses von KSO_3F wird berechnet: $\Delta H^0 \sim 10{,}5$ kcal/Mol, $\Delta S^0 \sim 30{,}5$ Clausius; die Hydratationswärme des gasförmigen SO_3F^--Ions liegt in der Nähe von 50 kcal/Mol. — Die thermodynam. Charakteristiken der Lsg.-Prozesse von KBF_4, $KClO_4$, $KMnO_4$ u. KSO_3F werden gegenübergestellt. (Журнал Неорганической Химии [J. anorg. Chem.] **3.** 1665—68. Juli 1958. Dnepropetrowsk, Ingenieur-Inst. für Eisenbahntransport u. metallurg. Inst.) WOLFGANG MÜLLER. 224

I. G. Ryss und **L. P. Bogdanowa**, *Löslichkeitspolytherme von $Na_3B_3O_3F_6$. Gleichgewicht des Systems $Na_3B_3O_3F_6$–NaJ–H_2O bei 25°.* (Vgl. vorst. Ref.) Die Bldg. von BF_4^--Ionen in Lsgg. von $Na_3B_3O_3F_6$ verläuft bei 25° so langsam, daß diese Rk. die Unters. der Löslichkeit von $Na_3B_3O_3F_6$ nicht stört. Die Bldg.-Geschwindigkeit von BF_4^- wächst wesentlich bei höherer Temp. u. verringert sich mit Zunahme der $Na_3B_3O_3F_6$-Konzentration. — Die Löslichkeit von $Na_3B_3O_3F_6$ wird zwischen 0° u. 70° gemessen (fast linearer Anstieg von 16,7 auf 31,65%). Die berechnete Lösungswärme liegt näherungsweise bei — 7,5 kcal/Mol. — Unterss. des Gleichgewichts im Syst. $Na_3B_3O_3F_6$–NaJ–H_2O bei 25° bestätigen die angenommene Formel dieser Verbindung. Bei hohen $B_3O_3F_6^{3-}$-Konzz. erleidet dieses Ion in Lsg. keine nennenswerte Depolarisation. (Журнал Неорганической Химии [J. anorg. Chem.] **3.** 1669—74. Juli 1958.) WOLFGANG MÜLLER. 224

Tomihito Kambara und **Hiroshi Hashitani**, *Extraktion von Aluminiumoxinat.* Unter Verwendung der Dissoziationskonstanten von *Oxin* werden Gleichungen für die Extraktion von Oxin u. *Aluminiumoxinat* durch organ. Lösungsmittel in Abhängigkeit vom p_H entwickelt, die der prakt. Prüfung standhalten. (Analytic. Chem. **31.** 567—69. April 1959. Kyoto, Japan, Ritsumeikan Univ., Dep. of Chem.) E. DEHMLOW. 224

D. Brennan und **P. C. Fletcher**, *Heterogene Atomisierung von Wasserstoff und Sauerstoff.* Experimentelle Unterss. über den Atomisierungsmechanismus von H_2 in Ggw. eines W-Drahtes u. Mo-Oxyd als H-Atomfänger zeigten, daß die Atomisierungsrate im Bereich 10^{-2} bis 10^{-6} Torr bei ca. 1200° K proportional $\sqrt{P}$ ist u. die Aktivierungsenergie bei dieser Temp. 52,6 ± 1,0 kcal/Mol beträgt. Die danach gültige Gleichung: Atomisierungsrate $= 18 \cdot 10^{24}\,(P_{H_2}\,mm)^{1/2} \exp(-52600/RT)$ Atome · cm⁻² · sec⁻¹ ist mit dem Mechanismus W—H→W + H verträglich (W = Wolframoberfläche, W—H = ein auf dieser adsorbiertes H-Atom). Die bei diesen Tempp. adsorbierten H-Schichten haben 2 Freiheitsgrade u. das Verhältnis von atomarem zu mol., von der Oberfläche desorbiertem Wasserstoff hat den Wert, der auf Grund der Gleichgewichtskonstanten K für die Rk. $H_2 \rightleftharpoons 2\,H$ zu erwarten ist, wobei die Temp. die des Drahtes, der Druck der des umgebenden Gases ist. Diese Resultate haben 2 Konsequenzen: 1. Die Rk. muß von erster Ordnung in Bezug auf den H_2-Druck werden, wenn der Wert P_{H_2}/K hinreichend klein ist. Diese Änderung der Reaktionsgeschwindigkeit wurde tatsächlich bei 10^{-6} Torr u. 1800° K beobachtet. 2. Die Reaktionsgeschwindigkeit ist unabhängig von der Bedeckung u. damit der Oberflächenstruktur. — Die ebenfalls untersuchte O_2-Atomisierung über Pt folgt auch einem $\sqrt{P}$-Gesetz, die Aktivierungsenergie ist genau $D(O_2)/2$. — Damit ist gezeigt, daß der Anteil des anderen möglichen Atomisierungsmechanismus ($H_2 + W \rightarrow W - H + H$) von anderen Forschern überbewertet worden sein dürfte. (Nature [London] **183.** 249—50. 24/1. 1959. Liverpool, Univ., Dep. of Inorgan. and Phys. Chem.) D. JÖRCHEL. 225

V. Gutmann, *Ionenreaktion in Lösungen einiger Chloride und Oxychloride.* Es werden Ionenrkk. von einigen Chloriden in *$AsCl_3$* u. *JCl* als Lösungsm. diskutiert, die auf Chloridionenübergänge zurückgeführt werden. Für Rkk. in Oxychloriden (*NOCl* u. *$POCl_3$*) wird eine Koordination am O-Atom (Solvatbldg.) neben der Möglichkeit von Cl^--Übergängen diskutiert. — 77 Literaturhinweise. (J. physic. Chem. **63.** 378—83. März 1959. Wien, TH, Inst. für allg. u. anorg. Chem.) W. KARCHER. 225

B. D. Wassilenko und **A. N. Wolski,** *Thermodynamik der Chlorierungsreaktionen von Zirkoniumdioxyd durch gasförmiges Chlor.* Die Chlorierungs-Rk. von ZrO_2 mit gasförmigem Cl_2 (**I**) u. die Chlorierung von ZrO_2 mit Cl_2 in Ggw. von festem Kohlenstoff (**II**) wird thermodynam. untersucht. **I** führt bei 1000 zu Gleichgewichts-Konzz. von ca. 0,2 Vol.-% an $ZrCl_4$, bei Temp.-Erhöhung auf 1500° wird geringfügige Zunahme auf 2,7 Vol.-% festgestellt. — Bei Temp. < 700° gilt für **II** vorwiegend die Gleichung: $1/2\,ZrO_2 + 1/2\,C + Cl_2 = 1/2\,ZrCl_4 + 1/2\,CO_2$, oberhalb 700° geht die Rk. hauptsächlich nach: $1/2\,ZrO_2 + C + Cl_2 = 1/2\,ZrCl_4 + CO$ vor sich. Nebenher läuft von 600 bis 1000° die Rk.: $1/2\,ZrO_2 + CO + Cl_2 = 1/2\,ZrCl_4 + CO_2$. — Die Partialdrucke, Gleichgewichtskonstanten K_0 sowie die GIBBSschen Potentiale werden für die Tempp. von 500—1500° angegeben. (Журнал Неорганической Химии [J. anorg. Chem.] **3.** 1497 bis 1504. Juli 1958. Moskau, Kalinin-Inst. für Buntmetalle und Gold.)

WOLFGANG MÜLLER. 225

B. R. Baker, Fred Basolo und **H. M. Neumann,** *Elektronenübergang im System Tris-(1.10-phenanthrolin)-kobalt(II)/Tris-(1.10-phenanthrolin)-kobalt(III).* Die Geschwindigkeit des Elektronenübergangs im Syst. *Tris-(1.10-phenanthrolin)-Co(II)* (**I**)/ *Tris-(1.10-phenanthrolin)-Co(III)* (**II**) u. den analogen Systemen *2.2'-Dipyridyl* (**III**) u. *2.2'.2''-Tripyridin* (**IV**) wurde unter Verwendung von ^{60}Co als Tracer untersucht. Eine Lsg. von **I** (als Sulfat) mit einem Überschuß an Phenanthrolin ($1 \cdot 10^{-3}$ — $0{,}85 \cdot 10^{-3}$ mol.) u. Pufferlsg. wurde mit einer Lsg. von **II** (als Perchlorat; aktiviert durch ^{60}Co) versetzt, gerührt u. im Abstand von 2—5 Min. 6 Proben von 1 ml entnommen. Zur Trennung von Co(II) u. Co(III) in den Proben wurden 3 verschied. Methoden ausgearbeitet: 1. Extraktion von Co(II) mit 4 ml n-Hexanol u. 4 ml gesätt. Na-Acetatlsg. [70—80% Co(II) in der alkoh. Phase]; 2. Extraktion von Co(II) aus Lsg. von 1 ml 4 n HCl u. 4 ml 30%ig. NH_4SCN durch Schütteln mit 15 ml Ae. - n-Hexanol 1:1 [Konz. an **II** < 10^{-4} mol.; 85—90%ig. Extraktion von Co(II)]; 3. Ausfällung von **II** aus 4 n HCl-Lsg. nach Zugabe von 1 ml einer $1 \cdot 10^{-3}$ mol. $Co(ClO_4)_3$-Lsg. als Träger mit 1 mol. KJ_3-Lösung. Bei der Unters. der Systeme **III** u. **IV** wurde ähnlich gearbeitet. Durch Messung der ^{60}Co-Aktivität wurde auf diese Weise die Geschwindigkeitskonstanten (k) der Austauschrk. in W., in Lsgg. mit Cl^-, NO_3^-, in D_2O u. in Mischungen Aceton/W. erhalten. In KNO_3-Lsgg. ist k der Konz. an Co(III) u. Co(II) jeweils proportional, in KCl-Lsgg. ist k bzgl. Co(III) von 1. Ordnung, gegenüber Co(II) jedoch annähernd der Ordnung 1/2. Der p_H-Wert hat auf die Rk. keinen Einfluß. k ist in KNO_3-Lsgg. 2—3 mal größer als in KCl-Lösungen. Die Verhältnisse werden durch Bldg. von Ionenpaaren zwischen **II** u. Cl^- erklärt. k ist in D_2O ebenso groß wie in W. u. nimmt in Aceton-W.-Gemischen mit steigendem Aceton-Geh. ab. Der letztere Effekt wird mit Hilfe des Tunnelmodells (Veränderung der DK bzw. der Viscosität) diskutiert. Aus der Kurve log k gegen 1/T wurde für den Übergang **I**/**II** eine Aktivierungsenergie von 15 ± 5 kcal · Mol^{-1} u. eine Aktivierungsentropie von 4 Entropieeinheiten abgeleitet. Die Ergebnisse werden hinsichtlich der Feldstärke der Liganden, der Elektronenkonfiguration des Metalls u. der abschirmenden bzw. leitenden Eigg. der Liganden diskutiert.

Versuche: *$[Co(C_{12}H_8N_2)_3](ClO_4)_3 \cdot 2\,H_2O$* **II**, durch Kochen von $[Co(C_{12}H_8N_2)_3] \cdot (ClO_4)_2 \cdot 1\,H_2O$ **I** mit 10 ml gesätt. Br_2-W. u. 20 ml W. am Rückfluß u. Zugabe von 5 ml 70%ig. $HClO_4$. — $[Co(C_{15}H_{11}N_3)_2] \cdot (ClO_4)_2 \cdot 1\,H_2O$, rote Kristalle, aus 0,16 g $CoCl_2 \cdot 6\,H_2O$ u. 0,4 g **IV** in 5 ml ausgekochtem W. u. Zugabe von 7 ml $NaClO_4$-Lsg. (2—3 g/10 ml) u. $[Co(C_{15}H_{11}N_3)_2] \cdot (ClO_4)_3 \cdot 1\,H_2O$, gelbe Kristalle, durch Kochen von 0,24 g $CoCl_2 \cdot 6\,H_2O$ u. 0,5 g **IV** in 40 ml W. mit 22 ml Br_2-W. u. Zugabe von 10 ml

70%ig. $HClO_4$. (J. physic. Chem. **63.** 371—78. März 1959. Evanston, Ill., Northwestern Univ., Dep. of Chem.) W. KARCHER. 225

T. Kan, *Mechanismus der Katalyse.* Übersicht über die Rolle von Fremdstoffen in Katalysatoren, die elektr. Eigg. der Katalysatoroberfläche, über metall. u. legierte sowie Halbleiterkatalysatoren. — 55 Literaturangaben. (Kagaku [Science] **25.** 13—17. 1955. [Orig.: japan.]) L. SCHULER. 227

A. Kobayashi, *Einige Fragen über die Oberflächen von Halbleiterkatalysatoren, Adsorption und Niveaus von „Oberflächenfallen“.* Übersicht über Forschungsaufgaben der Oberflächenchemie u. -physik. (Kagaku [Science] **25.** 7—13. 1955. [Orig.: japan.]) L. SCHULER. 227

J. Halpern, *Homogene katalytische Aktivierung von molekularem Wasserstoff durch Metallionen und -komplexe.* Cu^{2+}-, Cu^{+}-, Ag^{+}- u. Hg^{2+}- bzw. Hg^{+}-Ionen u. einige ihrer Komplexe reagieren in Lsg. homogen mit mol. H_2 u. katalysieren homogen die Rk. zwischen H_2 u. a. gelösten Substraten. Die Rkk. wurden in verschied. Lösungsmitteln wie W., Aminen, Carbonsäuren u. KW-stoffen untersucht. Auf Grund kinet., thermodyn. u. Isotopenaustauschunterss. wird geschlossen, daß das Aufbrechen der H_2-Moll. entweder homolyt. oder heterolyt. je nach Art der Katalysatoren, ihrer Oxydationsstufe u. ihrer Umgebung (Komplexzustand, Lösungsm. u. a.) erfolgt. Einige Ionen wie Cu^{+} u. Ag^{+} können H_2 auf beiden Wegen aktivieren; die heterolyt. Aufspaltung wird bevorzugt, wenn das Metallion mit bas. Liganden bzw. von Lösungsm.-Moll., die als Protonenacceptoren fungieren, umgeben ist. Die katalyt. Aktivität in diesen Systemen scheint eher auf elektron. als auf geometr. Faktoren zurückzugehen. Bes. ausgeprägte katalyt. Aktivität besitzen bifunktionelle Komplexe, die als Elektronen- u. Protonenacceptoren wirken können. Es wurde festgestellt, daß Ca^{2+}, Mg^{2+}, Zn^{2+}, Mn^{2+}, Co^{2+}, Cd^{2+}, Pb^{2+}, Al^{3+}, Fe^{3+}, Cr^{3+}, Tl^{3+}, Ce^{4+}, UO_2^{2+}, VO_3 u. CrO_4^{2-} in wss. Lsg. keine katalyt. Wrkg. aufweisen. (J. physic. Chem. **63.** 398—403. März 1959. Vancouver, B. C., Univ. of Brit. Columbia, Dep. of Chem.) W. KARCHER. 227

G. A. Mills, S. Weller und **A. Wheeler,** *Katalytische Aktivierung von molekularem Wasserstoff durch Kobaltcyanidlösungen.* Vff. untersuchten die Red. von wss. *Kaliumcyanocobaltat(II)*-Lsgg. (I), den D_2–H_2O-Austausch, ihre paramagnet. Eigg. u. ihre UV-Absorptionsspektren. Bei der Red. von 0,1—0,4 mol.Lsgg. von I mit H_2 zu Co(I) wurde ein Alterungseffekt beobachtet. Frische Lsgg. reagieren mit H_2 bei 25° sehr schnell ($t_{1/2} \sim 1$ Min.; H_2-Druck = 1 atm.); nach 1,5–2 Std. absorbieren die Lsgg. jedoch nur sehr wenig H_2, obwohl sie noch H_2 aktivieren können, wie durch Katalyse des D_2–H_2O-Austausches nachgewiesen wurde. Frischbereitete Lsgg. weisen Paramagnetismus (entsprechend einem Elektron für jedes Co^{2+}-Ion) auf; der Paramagnetismus nimmt jedoch im gleichen Maße wie die Reduzierbarkeit ab. Dieser Alterungsprozeß wird auf eine Dimerisierung nach $[Co^{II}(CN)_5]^{3-} \rightarrow [Co^{II}(CN)_5]_2^{6-}$ zurückgeführt. Lsgg. von Cyanocobaltat(III)-komplexen absorbieren H_2 nicht u. katalysieren den Austausch D_2–H_2O nicht. $t_{1/2}$ für den Isotopenaustausch in Lsgg. von I ist um vieles größer als $t_{1/2}$ für die Absorption von H_2 bzw. D_2; bei steigender Co-Konz. u. zunehmendem NaOH-Geh. wird $t_{1/2}$ für den Isotopenaustausch geringer. Für den Isotopenaustausch u. die Red. wurden Rk.-Konstanten 1. Ordnung gefunden; beide Rkk. zeigen einen starken prim. Salzeffekt ($CoCl_2$, KCN, NaOH, KCl, $BaCl_2$; Na_2SO_4 ist weniger wirksam). Die Ergebnisse werden diskutiert u. folgender Mechanismus der Aktivierung von H_2 durch I vorgeschlagen: $2\,[Co^{II}(CN)_5]^{3-} + H_2 \rightarrow 2\,[Co^{II}(CN)_5H]^{3-} \rightarrow 2\,[Co^{I}(CN)_5]^{4-} + 2\,H^+$ u. Salzeffekt $[Co^{II}(CN)_5]^{3-} + H:H + X^- \rightarrow [Co^{II}(CN)_5:H]^{4-} + HX$; $[Co^{II}(CN)_5:H]^{4-} + [Co^{II}(CN)_5]^{3-} \rightarrow 2\,[Co^{I}(CN)_5]_4^{-} + H^+$. (J. physic. Chem. **63.** 403—10. März 1959. Marcus Hook, Pa., Houdry Process Corp.) W. KARCHER. 227

Philip George und **D. H. Irvine,** *Die durch Ferrimyoglobin katalysierte Oxydation des Hexacyanoferrat(II)-ions mit Wasserstoffperoxyd.* (Vgl. C. **1958.** 143.) Zu einer Mischung von *Ferrimyoglobin* (I) u. $[Fe(CN)_6]^{4-}$ (II) in großem Überschuß wurde H_2O_2 zugegeben (Konz. H_2O_2:I $\sim$ 10:1) u. die Rk. spektrophotometr. verfolgt. Die opt. Dichte der Lsg. nimmt zunächst mit dem Verschwinden von I ab u. bleibt dann konstant, obgleich I noch in beträchtlicher Menge vorhanden ist. In diesem Stadium wird I im selben Maße regeneriert, in dem es oxydiert wird. Für die katalyt. Wrkg. von I bei der Oxydation von II mit H_2O_2 wird nachst. Mechanismus vorgeschlagen: (1) Fe_{Mb}(III) + $H_2O_2 \xrightarrow{kp} Fe_{Mb}$ (IV) + OH, (2) OH + $Fe(CN)_6^{4-} \rightarrow Fe(CN)_6^{3-} + OH^-$ (schnell) u. (3) Fe_{Mb} (IV) + $Fe(CN)_6^{4-} \xrightarrow{k_F} Fe(CN)_6^{3-} + Fe_{Mb}$ (III). Im stationären Zustand wird $[Fe_{Mb}(III)]/[Fe_{Mb}(IV)] = k_F[Fe(CN)_6^{4-}]/kp\,[H_2O_2]$. Für den anfänglichen Verbrauch von I wird die Geschwindigkeitskonstante 1. Ordnung zu $k = kp\,[H_2O_2] + k_F[Fe(CN)_6^{4-}]$ abgeleitet. Die Kinetik von Rk. (1) (vgl. C. **1958.** 143) u. Rk. (3) wurde untersucht. Für Rk. (3) wurde eine Rk.-Konstante 1. Ordnung erhalten; k ist jedoch der Konz. von II nicht direkt proportional. Ähnliches Verh. wurde mit J^- als Red.-Mittel beobachtet, während mit Phenol direkte Proportionalität erhalten wird. Direkte Proportionalität besteht zwischen k u. [H^+]. Aus den experimentellen Ergebnissen wurde für k bei $p_H = 8,4$ u. 18° der Wert $3,57 \pm 0,16 \cdot 10^{-3}$ sec^{-1} u. bei 25° der Wert $8,06 \pm 0,38 \cdot 10^{-3}$ sec^{-1} abgeleitet. Die Ergebnisse werden durch die Annahme von 2 verschied. Red.-Wegen erklärt: 1. ein Mechanismus, bei dem **II** u. die konjugierte Säureform der höheren Oxydationsstufe von **I** auftreten u. 2. ein Mechanismus mit der konjugierten Säure von **II** u. der konjugierten bas. Form der höheren Oxydationsstufe von I. (J. physic. Chem. **63.** 415—19. März 1959. Philadelphia, Pa., Univ. of Pennsylvania, Dep. of Chem.) W. KARCHER. 227

W. W. Petschkowski, *Über die thermische Zersetzung von Zinksulfat in Gegenwart von Eisen-, Chrom-, Kupfer- und Aluminiumoxyden.* Die therm. Zers. von $ZnSO_4$ in Ggw. von Cr_2O_3, Al_2O_3, Fe_2O_3 u. CuO wird bei 700—850° untersucht. Die Zers. kann durch folgende Formeln ausgedrückt werden: $ZnSO_4 \rightleftharpoons ZnO + SO_3$ (1); $SO_3 \rightleftharpoons SO_2 + 1/2O_2$ (2); $nZnO + mMeO \rightarrow nZnO \cdot mMeO$ (3). Die Metalloxyde wirken wahrscheinlich katalyt. auf Schritt 2; Schritt 3 ist eine Sekundärreaktion. Die stärkste katalyt. Wirksamkeit zeigt Cr_2O_3, etwas schwächer wirken Fe_2O_3 u. CuO. — Die Zers. hängt vom O_2-Geh. der Gasphase über dem $ZnSO_4$ ab. (Журнал Неорганической Химии [J. anorg. Chem.] **3.** 1483—86. Juli 1958.) WOLFGANG MÜLLER. 227

R. I. C. Michie und **S. M. Neale,** *Katalytische Wirkung von Kupfer bei der alkalischen Autoxydation von Cellulose bei niedrigen Alkalikonzentrationen.* Der Einfl. von Cu auf die Autoxydation von mit 0,5—0,001 n/NaOH getränkten Cellulosefasern ist unerwartet hoch; wird der Celluloseabbau durch NaOH ohne Katalysatorzusatz u. der Einfl. der CO_2-Absorption berücksichtigt, so liegt die Abbaugeschwindigkeit bei 0,05 n/NaOH u. Cu-Zusatz um den Faktor 80 höher als bei reiner NaOH. (Nature [London] **183.** 534—35. 21/2. 1959. Manchester, Coll. of Sci. and Technol.)
HERBERT MÜLLER. 227

Trotman-Dickenson and Aubrey Fiennes, Free radicals, an introduction. London: Methuen; New York: Wiley. 1959. (142 S. m. Tab. u. Diagr.) 12 s. 6 d.

Rudolf Vogel, Die heterogenen Gleichgewichte. 2. bearb. Aufl. Leipzig: Akademische Verl. Ges. 1959. (XXI + 728 S.) 8°. DM 54.—.

A_8. Präparative anorganische Chemie. Komplexverbindungen. Metallorganische Verbindungen.

A. Engelbrecht und **E. Nachbaur,** *Hydroxylammonium-fluorborat* $(NH_3OH)BF_4$. (Kurze Mitt.). Durch Sättigen einer absol. alkoh. Lsg. von Hydroxylamin mit BF_3 unter Eiskühlung, Zugabe von Bzl., Kühlen mit Eis u. Filtrieren wurde in 100%ig. Ausbeute *Hydroxylammoniumfluoroborat* (**I**) als extrem hygroskop., in W. u. A. leicht, in Ae. u. Bzl. unlösl. Salz erhalten. **I** ist in sd.W. beständig, gibt die für das Hydroxylammoniumkation zu erwartenden Red.-Rkk. u. wird mit Nitron gefällt. **I** schm. bei 45—60° u. zers. sich oberhalb 150°. Scheinbares Mol.-Gew. in 0,1 mol. wss. Lsg.: 64,4. Eine Röntgenaufnahme von **I** ist angegeben. Ein Bldgs-Mechanismus wird diskutiert. (Mh. Chem. **89.** 165—66. 21/3. 1958. Innsbruck, Univ., Inst. für Anorgan. u. Analyt. Chem.) H. BERTSCH. 243

Paul Tomboulian, *Chemie von Tritryllithium. Direkte Darstellung und einige Reaktionen. Trityllithium* (**I**) entsteht bei der Rk. zwischen Li u. Tritylchlorid (**V**) in Tetrahydrofuran (THF), 1.2-Dimethoxyäthan (DMÄ), Ae., Bzl. oder Toluol. Während die Rk. in THF leicht anspringt, wird in DMÄ die höchste Ausbeute (70%) bei längerer Rk.-Dauer erreicht. Die anderen Lösungsmittel waren weniger geeignet. Als Nebenprodd. traten *Triphenylmethan* (**II**) u. *p-Benzhydryltetraphenylmethan* (**III**, $(C_6H_5)_3C{-}C_6H_4{-}CH(C_6H_5)_2$) auf. Vf. erklärt die Bldg. dieser Verbb. durch die „Dimerisierung" des Tritylchlorids mit Li zur Li-Verb. von **III**. Das freigesetzte Proton soll mit **I II** bilden. Deuterierungsverss. zeigen, daß zwischen **III** u. **I** einerseits u. Li-**III** u. **II** andererseits ein Gleichgewicht vorliegt, das normalerweise rechts liegt, bei der Carbonisierung (Bldg. von Triphenylessigsäure zur Analyse) aber nach links verschoben wird. Die niedrigen Ausbeuten an **I** bei langen Reaktionszeiten u. hohen Tempp. werden auf Rkk. mit den Lösungsmm. zurückgeführt. — Bei der **I**-Darst. mit nicht frisch dest. THF entstanden 63% Tritylperoxyd (**IV**), während bei Behandlung von **I** mit O_2 nur wenig **IV**, jedoch viel Triphenylcarbinol entstanden. — **I** reagiert mit *Aceton* unter Bldg. von **II** u. *Mesityloxyd* u. mit *Benzaldehyd* unter Bldg. von *1.2.2.2-Tetraphenyläthanol.* Das rohe **I**–Li–**III**-Gemisch ergibt mit *Benzoylchlorid* oder *Äthylbenzoat Benzopinakolin* (aus **I**) u. wenig *α-Benzoyl-α.α.α'.α'.α'.-pentaphenyl-p-xylol.* Letztes Prod. geht bei alkal. Spaltung in **III** über.

V e r s u c h e: Alle FF. korrigiert. *Trityllithium* (**I**), a) durch 5 std. Kochen von Li u. **V** in DMÄ unter Argon, 19 std. Rühren bei Zimmertemp., 70% (Ausbeute, best.

nach Carbonisierung als Triphenylessigsäure, F. 264—267°); b) durch Zutropfen von **V** in THF zu feingeschnittenem Li in THF unter Argon, 3 std. Rühren bei Zimmertemp., 55%; c) durch dieselbe 4 std. Rk. bei —60°, 43%; — *p-Benzhydryltetraphenylmethan* (**III**), F. 226—229°, als Nebenprod. bei der **I**-Darst. in allen Lösungsmitteln. — *1.2.2.2-Tetraphenyläthanol*, F. 152—153°, durch 5 std. Rk. von **I** (ohne Li-Überschuß) mit Benzaldehyd in THF, Eingießen in Trockeneis, Chromatographieren an Al_2O_3, 12,5%. — Benzopinakolin, F. 239—245°, durch a) 3 std. Rühren des **I**–Li–**III**-Gemisches (aus 0,19 g **V** u. 0,9 g Li) mit 2,3 g Benzoylchlorid in THF, mehrfaches Chromatographieren an Al_2O_3 mit Bzl. u. Chlf., 27%, b) 20 std. Rühren des Gemisches aus 6 g **V** u. 0,93 g Li mit 2,6 g Äthylbenzoat in THF, Hydrolysieren u. Chromatographieren, 32%. — *α-Benzoyl-α.α.α'α'-pentaphenyl-p-xylol*, $C_{45}H_{34}O$, F. 246—247° (Bzl.-Hexan), als Nebenprod. bei der Chromatographie vorst. Verb., 0,69 bzw. 0,61 g. (J. org. Chemistry **24.** 229—34. Febr. 1959. Minneapolis, Minn., Univ. of Minn., School of Chem.) E. DEHMLOW. 273

I. N. Lepeschkow und **L. W. Nowikowa**, *Über die Bildung von primärem Polyhalit.* Es wurde die Zus. der Lsg. (See-W.) bei 35° untersucht, aus welcher Polyhalit prim. kristallisiert. Beide untersuchte Lsgg. [2,53 u. 2,11(%) K^+; 6,60; 5,33 Mg^{2+}; 1,26; 1,74 Na^+; 6,15; 2,44 SO_4^{2-}; 18,93; 18,30 Cl^-; 7,71; 3,06 $MgSO_4$; 19,74; 18,44 $MgCl_2$; 4,82; 4,02 KCl; 3,2; 4,40 NaCl; 35,47; 29,92 Salze in Lsg.) ergaben typ. Polyhalitkristalle, welche weiter thermogravimetr. bestätigt wurden. (Журнал Неорганической Химии [J. anorg. Chem.] **3.** 1261—64. Mai 1958. Kurnakow-Inst. für allg. u. anorg. Chemie der Akad. der Wiss. der UdSSR.) H. TŮMA. 282

Ju. Ss. Leonow, *Untersuchung der Reaktion zwischen Zinkoxyd und Borsäureanhydrid mit Ausnutzung von Luminescenzbeobachtungen.* Vf. benutzt zur Unters., der komplizierten Rkk. im Syst. ZnO-B_2O_3 beim Erhitzen die Differentialthermoanalyse u. vergleicht die Ergebnisse mit röntgenograph. u. Luminescenzuntersuchungen. Bes. eingehend werden die Rkk. von ZnO u. B_2O_3 im Verhältnis 1:1 u. 3:1 untersucht. — Im Syst. werden zwei Komponenten gebildet: ZnO · B_2O_3 u. 3 ZnO · B_2O_3, von denen in Ggw. von Mn (Zusatz als $MnCl_2$ oder $MnSO_4$) die erste eine grüne, die zweite eine orangefarbene Luminescenz zeigt. Der Zusatz von Mn (5—7%) übt eine ausgleichende Wrkg. aus, da bei dessen Ggw. stets beide Verbb. entstehen. So entsteht bis zu 780° (15—20 Min.) in geringer Menge auch 3 ZnO · B_2O_3 unabhängig von der ursprünglichen Zusammensetzung. (Журнал Неорганической Химии [J. anorg. Chem.] **3.** 1245—53. Mai 1958. Lebedew-Inst. für Phys. der Akad. der Wiss. der UdSSR.) H. TŮMA. 288

G. N. Mohapatra und **M. K. Rout**, *Quecksilberderivate von 2-Aryliminothiazolidonen-(4).* (Vgl. C. **1956.** 10708.) Eine Reihe von 2-Aryliminothiazolidonen-(4) wurden durch Rk. mit Hg(II)-Acetat in die *Acetoxymercuriderivv.* übergeführt. Es wird angenommen, daß die Acetoxymercurigruppe in den Arylkern eintritt. 2-Iminothiazolidone-(4) die an der Jminogruppe keinen Arylrest tragen, ließen sich unter den angewandten Bedingungen nicht mit Hg(II)-Acetat umsetzen. Die Acetoxymercurigruppe kann nicht an der Methylengruppe haften, da 2-Arylimino-5-aryliden- bzw. 5.5-dialkylthiazolidone-(4) mit Hg(II)-Acetat reagierten. Substitution in 3-Stellung ist ebenfalls ausgeschlossen, da N-Acetoxymercuriderivv. durch Alkali leicht zers. werden müßten. Die analogen Chlormercuri- u. Brommercuriverbb. wurden durch Zugabe von NaCl bzw. NaBr zu dem die Acetoxymercuriverbb. enthaltenden Rk.-Gemisch dargestellt. Die dargestellten Acetoxy-, Chlor- u. Brommercuriverbb. zeigen im Test gegen E. Coli u. Staphylococcus aureus wesentlich stärkere antibakterielle Wrkg. als die Ausgangsverbb.; die Testergebnisse sind angegeben. Die obigen Verbb. zeigen auch fungicide Wirkung.

Versuche: *2-Aryliminothiazolidone-(4) 2-p-Acetoxymercuriphenyl-*, F. 220°, durch Zugabe von 2 g Hg(II)-Acetat in W. u. wenig Essigsäure zu 1 g 2-Phenyliminothiazolidon-(4) in A.-Essigsäure. Stehen über Nacht u. Filtrieren; 70% (Ausbeute). — *2-p-Chlormercuriphenyl-*, F. 345° (Zers.), durch Zugabe von 3,2 g Hg(II)-Acetat zu 4,8 g Essigsäure, 2,5 g $NaHCO_3$ u. 30 cm^3 W., Zugabe von 0,8 g 2-Phenyliminothiazolidon-(4) in A.-Essigsäure, Zugabe von konz. NaCl-Lsg., 24 std. Stehen u. Filtrieren; 75%. — *2-p-Brommercuriphenyl-*, F. 280°, analog vorst. Verb.; 76%. — *2-p-Acetoxymercuri-o-tolyl-*, F. 185°, 75%. — *2-p-Chlormercuri-o-tolyl-*, F. 315°; 72%. — *2-p-Brommercuri-o-tolyl-*, F. >350°; 67%. — *2-p-Acetoxymercuri-m-tolyl-*, F. 192°, 78%. — *2-p-Chlormercuri-m-tolyl-*, F. 350° (Zers.), 78%. — *2-p-Brommercuri-m-tolyl-*, F. 276°; 65%. — *2-o-Acetoxymercuri-p-tolyl-*, F. 211°; 80%. *2-o-Chlormercuri-p-tolyl-*, F. 260°; 73%. — *2-o-Brommercuri-p-tolyl-*, F. >350°; 69%. — *2-p-Acetoxymercuri-o-nitrophenyl-*, F. 220°; 65%. — *2-p-Chlormercuri-o-nitrophenyl-*, F. 195°; 55%. — *2-p-Brommercuri-o-nitrophenyl-*, F. >350°; 50%. — *2-p-Acetoxymercuri-m-nitrophenyl-*, F. 190°; 60%. — *2-p-Chlormercuri-o-nitrophenyl-*, F. 212°; 59%. — *2-p-Brommercuri-m-nitrophenyl-*, F. 165°; 55%. — *2-o-Acetoxymercuri-p-nitrophenyl-*, F. 206°; 68%. — *2-o-Chlormercuri-p-nitrophenyl-*, F. 242°; 63%. — *2-o-Brommercuri-p-nitrophenyl-*, F. 198°, 57%. —

2-p-Acetoxymercuri-o-chlorphenyl-, F. 207°; 75%. — *2-p-Chlormercuri-o-chlorphenyl-*, F. >350° (Zers.); 75%. — *2-p-Brommercuri-o-chlorphenyl-*, F. 180°; 71%. — *2-p-Acetoxymercuri-m-chlorphenyl-*, F. 178°; 70%. — *2-p-Chlormercuri-m-chlorphenyl-*, F. 180°; 80%. — *2-p-Brommercuri-m-chlorphenyl-*, F. 260° (Zers.); 76%. — *2-o-Acetoxymercuri-p-chlorphenyl-*, F. 190°; 80%. — *2-o-Chlormercuri-p-chlorphenyl-*, F. 170°; 78%. — *2-o-Brommercuri-p-chlorphenyl-*, F. >350°; (Zers.) 80%. — *2-p-Acetoxymercuri-o-carboxyphenyl-*, F. 240°; 50%. — *2-p-Chlormercuri-o-carboxyphenyl-*, F. 345° (Zers.); 56%. — *2-p-Brommercuri-o-carboxyphenyl-*, F. >350° (Zers.), 55%. — *2-p-Acetoxymercuri-m-carboxyphenyl-*, F. 263°; 55%. — *2-p-Chlormercuri-m-carboxyphenyl-*, F. 280° (Zers.); 60%. — *2-p-Brommercuri-m-carboxyphenyl-*, F. 278° (Zers.); 58%. — *2-o-Acetoxymercuri-p-carboxyphenyl-*, F. >350°; 58%. — *2-o-Chlormercuri-p-carboxyphenyl-*, F. 290° (Zers.); 63%. — *2-o-Brommercuri-p-carboxyphenyl-*, F. 290° (Zers.); 60%. — *2-[Acetoxymercurinaphthyl-(1)]-*, F. 170°; 80%. — *2-[Chlormercurinaphthyl-(1)]-*, F. 325° (Zers.); 90%. — *2-[Brommercurinaphthyl-(1)]-*, F. 323° (Zers.); 85%. — *2-[Acetoxymercurinaphthyl-(2)]-*, F. 226°; 85%. — *2-[Chlormercurinaphthyl-(2)]-*, F. 257° (Zers.); 85%. — *2-[Brommercurinaphthyl-(2)]-*, F. 335° (Zers.); 91%. (J. Indian chem. Soc. **32.** 715—18. Nov. 1955. Cuttack, Ravenshaw Coll., Dep. of Chem.) H. BERTSCH. 290

W. Kinna und **W. Knorr,** *Über die Oxydation von Titan.* Inhaltlich ident. mit der C. **1957.** 12695 referierten Arbeit. (Techn. Mitt. Krupp **14.** 99—104. Sept. 1956.) H. HOCHSTEIN. 321

W. N. Jewdokimow, *Die Reaktion von Germaniumtetrachlorid mit Calciumoxyd.* Zur Ermittlung der Rkk. zwischen $GeCl_4$ u. CaO wurde eine bes. App. konstruiert, welche auch zur Best. von Rkk. zwischen anderen Systemen Gas — feste Substanz geeignet ist. — CaO wurde in ein Quarzrohr eingewogen, mit einem Thermoelement versehen; auf das Rohr wird ein Ofen aufgeschoben. Das Rohr wurde mit einem Gefäß mit $GeCl_4$ verbunden; die Temp.-Differenz in diesem Gefäß sowie die Temp. der Umgebung (in einem DEWAR-Gefäß) wurde mit einem Differentialthermoelement nach KURNAKOW festgehalten. Das Syst. wurde evakuiert (10^{-2} mm Hg), u. durch Erwärmen des $GeCl_4$-Gefäßes ein $GeCl_4$-Dampfdruck von ca. 70 mm Hg eingestellt. Das CaO wurde nun linear erwärmt u. dessen Temp. sowie die Temp-Differenz auf Photopapier festgehalten. — Die Rk. von $GeCl_4$ mit CaO verläuft in drei Stufen: Bei 420° wird Ca_2GeO_4, bei 600° $CaGeO_3$ u. bei 650° $CaGe_2O_5$ gebildet, wobei die beiden letzten Rkk. unter Beteiligung der Rk.-Produkte u. $CaCl_2$ verlaufen. Der Gleichgewichtszustand der letzten Rk. wurde bis 1200° nicht erreicht. (Журнал Неорганической Химии [J. anorg. Chem.] **3.** 1232 bis 1236. Mai 1958.) H. TŮMA. 326

E. R. Clark, *Wechselwirkung zwischen organischen Hydroxysäuren und Germaniumsäure in wäßriger Lösung.* (Vgl. C. **1958.** 11752.) Vf. untersucht weitere Komplexe zwischen Germaniumsäure u. organ. Hydroxysäuren mit Hilfe konduktometr., polarimetr. u. potentiometr. Verfahren. Die Komplexe besitzen die folgenden Molverhältnisse Ge:Säure *Glykolsäure* 1:3, *α-Phenylmilchsäure* 1:2, *Brommandelsäure* 1:3, *Benzilsäure* 1:2 u. *α-Hydroxycyprylsäure* 1:2. Auf Grund thermogravimetr. u. chem. Unterss. werden empir. Formeln angegeben. Der Komplex mit *Mandelsäure* verliert beim Erhitzen auf 140 u. 200° je 2 Mole H_2O. (Nature [London] **183.** 536—37. 21/2. 1959. Wolverhampton, Wolverhampton and Staffordshire Coll. of Technol., Dep. of Appl. Sci.) HERBERT MÜLLER. 326

E. Sch. Jarmuchamedowa und **T. N. Ssumarokowa,** *Komplexverbindungen von Zinnchlorid und -bromid mit Harnstoff.* Es werden die Komplexe $SnCl_4 \cdot 2(NH_2)_2CO$ durch Erwärmen von 1 Mol $SnCl_4$ u. 2 Mol Harnstoff u. Waschen mit heißem Benzol. u. $SnBr_4 \cdot 2(NH_2)_2CO$ durch Vermischen von 1 Mol $SnBr_4$ u. 2 Mol Harnstoff dargestellt; es handelt sich um kristalline, an der Luft beständige u. in organ. Lösungsmm. unlösl. Stoffe. — Es werden die Kurven der kryoskop. Titration von Harnstoff in Essigsäure mit $SnCl_4$ u. $SnBr_4$ angegeben. (Журнал Общей Химии [J. allg. Chem.] **28(90).** 1410—12. Mai 1958. Inst. für chem. Wiss. der Akad. der Wiss. der KasachSSR.) HELMUT SCHÄFER. 327

T. Modesstowa und **T. Ssumarokowa,** *Die Systeme $PbCl_2$–$PbBr_2$ und $PbBr_2$–PbJ_2.* Die Systeme $PbCl_2$–$PbBr_2$ u. $PbBr_2$–PbJ_2 werden durch therm. Analyse untersucht. $PbBr_2$ existiert in 2 Modifikationen, der Umwandlungspunkt $\alpha \rightarrow \beta$ liegt bei 344°. Als FF. der β-Modifikationen werden gefunden: $PbCl_2$ F. 480°, $PbBr_2$ F. 364°, PbJ_2 F. 396°. Die Ergebnisse weisen auf eine Verb. PbClBr hin (in Form einer festen Lsg. von $PbCl_2$ u. $PbBr_2$). Die Schmelzdiagramme von $PbCl_2$–$PbBr_2$ haben die Form zweier vereinigter Linsen, entspr. einer Phasenumwandlung der fl. Lsg. in eine feste in Form der α-Modifikation (entspr. gilt für die β-Modifikation). Ferner wird eine Umwandlung der festen Lsg. der α-Modifikation in die feste Lsg. der β-Form festgestellt. — Das Schmelzdiagramm des Syst. $PbBr_2$–PbJ_2 vereinigt zwei Diagramme vom V-Typ

(Existenz von α- u. β-Form). (Журнал Неорганической Химии [J. anorg. Chem.] **3.** 1655—60. Juli 1958. Chem. Inst. der Kasach. Akad. der Wiss.) WOLFGANG MÜLLER. 328

T. Kuusinen, *Über die Einwirkung der Halogenate auf Vanadin(III)-oxyd in wäßriger Lösung.* V_2O_3 wird sowohl in saurer als auch in ursprünglich neutraler (die Lsg. wird sofort nach Einsetzen der Rk. sauer u. es scheidet sich V_2O_5 aus) Lsg. durch Alkalichlorate, -bromate, -jodate u. -perjodate zu V_2O_5 bzw. zu Vanadat(V) u. durch Perchlorationen langsam zu V(IV)-Verbb. oxydiert. Die Rkk. verlaufen offenbar autokatalytisch. Die Halogenate wirken auch dann oxydierend, wenn der Einfl. der bei den Rkk. gebildeten H^+-Ionen durch Zusatz von $NaHCO_3$ oder $CaCO_3$ aufgehoben wird u. sogar unter alkal. Bedingungen, wenn auch langsamer als in einer ungepufferten Lösung. Die Halogenate werden zur Halogenidstufe dabei red. mit Ausnahme von Perjodat, das, falls reichlich von ihm vorhanden ist, zu Jodat red. wird. Die Oxydationsgeschwindigkeit nimmt in der Reihenfolge: Perjodat > Bromat > Jodat > Chlorat > Perchlorat ab. In alkal. Lsgg. oxydieren die Jodate schneller als die Bromate. In den sauren Lsgg. reagiert das gebildete Halogenid weiter mit überschüssigem Halogenat zu freiem Halogen, das in eine KJ-Lsg. geleitet u. dann mit $Na_2S_2O_3$ best. wurde. (Z. anorg. allg. Chem. **298.** 194—201. 1959. Helsinki, Univ., Chem. Inst.) L. SCHWIEGK. 330

I. Ss. Morosow und **D. Ja. Toptygin,** *Über die Umsetzung von Ammoniumchlorid mit Tantal-, Niob-, Titan-, Aluminium- und Eisenchlorid.* Die Systeme $TaCl_5$–NH_4Cl u. $NbCl_5$–NH_4Cl werden durch therm. Analyse untersucht. Hiernach bildet sich eine dystekt. Verb. NH_4TaCl_6 sowie eine inkongruent schm. Verb. NH_4NbCl_6. Die Verbb. NH_4AlCl_4 (**I**), NH_4TaCl_6 (**II**) u. NH_4NbCl_6 (**III**) werden tensimetr. analysiert. **I** dest. ohne Zers., **II** u. **III** zerfallen beim Erhitzen in die Komponenten. — $TiCl_4$ reagiert nicht mit **I**, NH_4FeCl_4 u. **II**; beim Erhitzen vorst. Verbb. mit $TiCl_4$ tritt in großen Konz.-Bereichen Schichten-Bldg. auf. **III** wird durch $TiCl_4$ zerlegt. — (Журнал Неорганической Химии [J. anorg. Chem.] **3.** 1637—43. Juli 1958.) WOLFGANG MÜLLER. 332

Joseph A. Leary und **John F. Suttle,** *Uranylchlorid [Uran(VI)-dioxydichlorid].* Darst. nach dem von KATZ u. RABINOWITCH (The Chemistry of Uranium, Part I, Nat. Nucl. Energy Series, Div. VII, Vol. **5.** Part 8, 577; New York: Mc Graw-Hill Book Co., Inc. 1951) angegebene Verf.: $UCl_4 + O_2 = UO_2Cl_2 + Cl_2$; Ausbeute ca. 100%. (Inorg. Syntheses **5.** 148—50. 1957. Albuquerque, N. Mex., Univ. of New Mexico; Los Alamos, N. Mex., Sci. Labor.) W. WESLY. 339

James M. Schreyer, *Uranylhydrogenorthophosphat-4-hydrat[Uran(VI)-hydrogendioxyorthophosphat-4-hydrat].* Man versetzt 250 ml 1,1 mol. H_3PO_4 unter Umrühren mit 250 ml 1 mol. $UO_2(NO_3)_2$-Lsg., rührt 12 Std., trennt die Mutterlauge vom Nd., wäscht ihn 2mal mit je 125 ml Aceton, trocknet im Vakuumexsiccator u. dann 12 Std. an der Luft; Ausbeute ca. 82%. (Inorg. Syntheses **5.** 150—52. 1957. Oak Ridge, Tenn., Oak Ridge Nat. Labor.) W. WESLY. 339

A. D. Gelman, L. Je. Drabkina und **A. I. Mosskwin,** *Bestimmung der Zusammensetzung und Instabilitätskonstante der Oxalatkomplexionen von Plutonium(VI).* Die Löslichkeiten von *Plutonyloxalat* in 1n HNO_3 unter Zusatz von 0—0,4 Mol/Liter $(NH_4)_2C_2O_4$ werden bestimmt. In obiger Lsgg. existieren Komplexionen $[PuO_2C_2O_4]^0$ u. $[PuO_2(C_2O_4)_2]^{2-}$, deren Instabilitätskonstanten bei $2,2 \cdot 10^{-7}$ bzw. $(3,4—4,3) \cdot 10^{-12}$ liegen. (Журнал Неорганической Химии [J. anorg. Chem.] **3.** 1546—50. Juli 1958. Inst. für physikal. Chemie der Akad. der Wiss. der UdSSR.) WOLFGANG MÜLLER. 343

Karl H. Gayer und **Leo Woontner,** *Eisen(II)-chlorid-2-hydrat.* Darst. nach dem von FRIEND (Textbook of Inorgan. Chem., **9.** Part II. 92. London [1925.] Charles Griffin and Co., Ltd.) u. MELLOR (A. Comprehensive Treatise on Inorgan. and Theoret. Chemistry, Vol. XIV, 12; London: Longmans Green and Co., Ltd. 1935.) angegebenen Verff.; Ausbeute ca. 68%. (Inorg. Syntheses **5.** 179—81. 1957. Detroit, Mich., Wayne State Univ.; Parker Rust Proof Co.) W. WESLY. 354

Isao Kushima und **Tsuyoshi Amanuma,** *Über die Bildung und Konstitution von Calciumferrit.* Mittels chem. Analyse, röntgenograph. u. mkr. untersuchten Vff. die Bldg., die Konst. u. die Mikrostrukturen von Calciumferrit. Es konnten 2 Ferrite: $CaO \cdot Fe_2O_3$ (**I**) u. $2\,CaO \cdot Fe_2O_3$ (**II**) nachgewiesen werden. **I** bildet sich oberhalb 700°, schmilzt bei 1220°, löst sich in heißer 1:1 HCl, ist paramagnet. u. bildet nahe dem F. hexagonale Kristalle mit Wachstumsstufen. **II** bildet sich oberhalb 1000°, hat F. 1280°, löst sich leicht in kalter verd. HCl u. ist ebenfalls paramagnetisch. (J. Mining metallurg. Inst. Japan **73.** 879—83. Dez. 1957. [Orig.: japan.; Auszug: engl.]) C. GOTTFRIED. 354

Sh. L. Wert und **M. W. Kamenzew,** *Bildung von Sulfiden bei der Reaktion von Eisensulfid mit Metalloxyden.* 5. Mitt. *Die Reaktion von FeS mit TiO_2 in Gegenwart von Kohlenstoff.* (4. vgl. C. **1959.** 3068.) Bei der Rk. zwischen TiO_2 u. FeS (im TAMMANN-Ofen im Graphit- oder Korundtiegel unter CO, Molverhältnis 1:2,34—1,14) bei Anwesenheit von C (2,54—6,1 Mol) entsteht TiS in Lsg. mit FeS bei Tempp. oberhalb 1300° nach Red. von TiO_2 zu niederen Oxyden. Beim Erhöhen der Temp. steigt zuerst der TiS-Geh., während weiter TiC unter Desulfurieren der Masse gebildet wird. Erhöhung des FeS-Geh. hat Erhöhung der TiS-Menge zu Folge, während C diese Rk. unterdrückt. Die Zugabe von Al_2O_3 bzw. $Al_2O_3 + Fe_2O_3$ ist ohne Einfl., CaO verbindet sich zu CaS u. erniedrigt somit die Menge der TiS + FeS-Lsg., während SiO_2 die Rk. von Ti mit S fördert. (Журнал Неорганической Химии [J. anorg. Chem.] **3.** 1200—04. Mai 1958. Forschungsinst. für Abriebstoffe u. Schleifmittel.) H. TŮMA. 354

Dieter M. Gruen und **Robert L. McBeth,** *Tetraedrische* $[NiCl_4]^{2-}$*-Ionen in Kristallen und geschmolzenen Salzen. Spektrophotometrische Untersuchung von Chlorokomplexen des Nickel(II) in geschmolzenen Salzen.* Es wurden die Absorptionsspektren von Lsgg. von Cs_2ZnCl_4-Kristallen, in denen Zn(II) isomorph durch Ni(II) ersetzt wurde, u. von $NiCl_2$ in geschmolzenem *Pyridiniumchlorid* (I), LiCl, CsCl, Cs_2ZnCl_4 u. eutekt. Schmelzen $LiNO_3/KNO_3$ aufgenommen. Aus den Spektren geht hervor, daß Ni(II) in I u. in geschmolzenem CsCl u. Cs_2ZnCl_4 als tetraedr. $NiCl_4^{2-}$-Ion vorliegt. Spektrale Veränderungen, die in geschmolzenem LiCl beobachtet wurden, werden auf tetragonale Verzerrung des $NiCl_4^{2-}$-Ions in diesem Lösungsm. zurückgeführt. Bei Zugabe von Cl^--Ionen zu Lsgg. von Ni(II) in eutekt. Schmelzen $LiNO_3/KNO_3$ wird die Bldg. von Chlorokomplexen des Ni(II) beobachtet. In Cs_2ZnCl_4 konnte Zn(II) bis zu 25% durch Ni(II) isomorph ersetzt werden. — Die festen Lsgg. von Cs_2NiCl_4 in Cs_2ZnCl_4 wurden durch Auflösen von stöchiometr. Mengen von CsCl u. $NiCl_2$ in geschmolzenem Cs_2ZnCl_4 dargestellt. (J. physic. Chem. **63.** 393—97. März 1959. Lemont, Ill., Argonne Nat. Labor.) W. KARCHER. 356

Hans B. Jonassen und **V. V. Ramanujam,** *Zweikernige Komplexe als Katalysatoren.* Die Rk. zwischen *Ni(II)* u. *Tris-[2-aminoäthyl]-amin* (I) bzw. *Triäthylentetramin* (II) wurde mit Hilfe spektrophotometr., konduktometr. u. potentiometr. Titrationen untersucht. $Ni(ClO_4)_2$ u. I · 3 HCl bzw. **II** · 4 HCl wurden mit NaOH titriert; aus den Kurven geht hervor, daß mit I das komplexe Ion $[Ni_2^{II} I_2(OH)_3]^+$ (**III**) gebildet wird, das eine Hydroxo-Brücke enthält. Nach Zugabe von 6 Äquivalenten OH^- zur Mischung Ni(II)—**II** · 4 HCl fällt die Verb. $[Ni\,II\,(OH)_2]$ aus; bei der Zugabe von OH^- nimmt die magnet. Susceptibilität ab, das $[Ni\,II]^{2+}$-Komplexion ist diamagnetisch. **III** ist paramagnet. (2 ungepaarte Elektronen in d_{z^2} u. $d_{x^2-y^2}$-Bahnen), bei weiterer OH^--Zugabe nimmt die paramagnet. Susceptibilität ab bis mit 1,5 Äquivalenten OH^- Diamagnetismus erreicht ist. **III** katalysiert die Zers. von H_2O_2. Es wird angenommen, daß der schiefe oktaedr. Aufbau mit Bindung in Richtung der d_{x2-y2}-Bahn zu angeregten Zuständen für das Ni(II)-Ion führt, die einen Elektronenübergang erlauben, wie er von BASOLO u. PEARSON für den Übergang Co(II)–Co(III) gefordert wird. Die Konzeption zweikerniger Komplexe mit einfacher Brücke als Katalysatoren wird auf organ. freie Radikale u. Ionenrkk. in homogenen u. heterogenen Systemen übertragen. (J. physic. Chem. **63.** 411—15. März 1959. New Orleans, La., Tulane Univ., Richardson Chem. Labor.) W. KARCHER. 356

Jean Curchod, *Untersuchung der Kupferkomplexe von α- und β-Alanin und Phenylalanin mittels der Bildungsfunktion.* Vf. untersuchte mittels konduktometr. Titration mit KOH Gemische von Cu-Salz u. den 3 Aminosäuren α- u. β-Alanin u. Phenylalanin. Die erhaltenen Dissoziationskonstanten der verschied. Komplexe wird tabellar. angegeben. (C. R. hebd. Séances Acad. Sci. **241.** 1124—26. 24/10. 1955.) C. GOTTFRIED. 358

Fr. Hein und **Ursula Beierlein,** *Weitere Beiträge zur Darstellung und Komplexchemie des 2.5-Di-[α-pyridyl]-pyrrols.* (Vgl. HEIN u. MELICHAR, C. **1956.** 11180.) Das koordinativ dreizählige *2.5-Di-[α-pyridyl]-pyrrol* (I) bildet mit Acetaten zweiwertiger Schwermetalle (Co, Ni, Fe, Zn) intensiv farbige, im Vakuum sublimierbare Innerkomplexe, die auf 1 Metall 2 Ligandanionen enthalten u. in organ. Lösungsmitteln gut lösl. sind. Jedoch liefert Cu(II) einen 1:3-, Ag(I) einen 1:1-Komplex. Von den Umsetzungsprodd. des I mit Schwermetallhalogeniden wurde ein Fe-Komplex der Zus. 1 Fe: 1 Ligand:2 Cl isoliert, vermutlich ein μ-Dichlorozweikernkomplex mit dreiwertigem Fe. Die I-Komplexe mit Co(II), Ni(II) u. Fe(II) sind auf Grund ihres magnet. Verh. dem Normaltyp zuzuordnen. Ferner wurden zwei neue luftempfindliche Komplexe des schon früher von HEIN u. MELICHAR (l. c.) untersuchten *2.5-Di-[α-pyridyl]-3.4-dicarbäthoxypyrrols* (**II**) hergestellt, u. zwar die Fe(II)- (**III**) u. Cr(II)-Verbindungen. Auch **III** liegt als Normalkomplex vor. — Vergleich der komplexbildenden Eigg. von I u. II.

V e r s u c h e: *Cu-Picolinat,* nach einem verbesserten Verf.; 65% (Ausbeute). — *2.5-Di-[α-pyridyl]-pyrrol* (I), $C_{14}H_{11}N_3$, F. 96°, durch Decarboxylierung von 2.5-Di-(α-pyridyl)-pyrrol-3.4-dicarbonsäure in sd. Äthanolamin; lange Nadeln, 85,2%. *Dihydrochlorid,* $C_{14}H_{13}Cl_2N_3$, Zers. 208 bis 212°; gelbes mikrokrist. Pulver. *Nitrat,* F. 175°

(Zers.); gelbe Kristalle. — Darst. der Komplexe, wenn nicht anders angegeben, durch Vermischen alkoh. **I**- oder **II**-Lsgg. mit einer Lsg. des entsprechenden Metallsalzes (Acetat oder Chlorid) in W. u. Erwärmen. — **I**-*Co(II)-Komplex*, $C_{28}H_{20}CoN_6$, F. 273 bis 274°, mit überschüssigem Co-Acetat; leuchtend rote stäbchenförmige Kristalle; (magnet. Moment) $\mu = 4,8 \pm 0,1$ (BOHRsche Magnetonen). — **I**-*Ni(II)-Komplex*, F. 318°, man schmilzt **I** mit wasserfreiem Ni-Acetat unter N_2 zusammen, extrahiert mit Bzl. u. fällt mit Bzn.; dunkelgelbe Nadeln; $\mu = 3,2 \pm 0,1$. — **I**-*Fe(II)-Komplex*, $C_{28}H_{20}FeN_6$, F. 168°, analog vorst. Verb.; hellrote Nadeln, in Lsg. sehr luftempfindlich; $\mu = 4,5 \pm 0,1$. — **I**-*Zn-Komplex*, $C_{28}H_{20}N_6Zn$, auch aus **I** u. Zn-Staub in geschmolzenem Naphthalin (dabei H_2-Entw.) erhältlich; gelbe Kristalle. — **I**-*Cu(II)-Komplex*, $C_{42}H_{31}CuN_9$, F. 155—156°; braune doppelbrechende Kristalle mit schwach bläulichem Oberflächenglanz. — **I**-*Ag-Komplex*, $C_{14}H_{10}AgN_3$, F. 214°; blaß zitronengelbes, mikrokrist. Pulver. — *Chlorhaltiger* **I**-*Fe(III)-Komplex*, $C_{14}H_{10}Cl_2FeN_3$, Zers. 265°, aus $FeCl_2$ (Oxydation des Fe durch den Luftsauerstoff); blauschwarze Kristalle. — **II**-*Fe(II)-Komplex* (**III**), $C_{40}H_{36}FeN_6O_8$, F. 208°, Arbeiten unter N_2; dunkelrote, violettstichige Nadeln; $\mu = 5,0 \pm 0,1$. — **II**-*Cr(II)-Komplex*, $C_{40}H_{36}CrN_6O_8$, aus **II** u. $CrCl_2$ in absol. Methanol unter N_2; tiefdunkelbraune Nadeln. (Pharmaz. Zentralhalle Deutschland **96.** 401—21. Aug./Sept. 1957. Jena, Friedrich-Schiller-Univ., Inst. für Anorgan. Chem.) R. GELIUS. 359

F. P. Dwyer und **J. W. Hogarth,** *Ammoniumhexabromoosmat(IV).* Man zerbricht eine Ampulle mit 1 g OsO_4 in einem Kolben, versetzt mit 36 ml 47%ig. HBr, kocht 2 Std. unter Rückfluß, dekantiert, wäscht mit 7 ml HBr nach, versetzt die heiße Lsg. mit 3 g NH_4Br, kühlt nach dessen Auflsg. auf Zimmertemp. ab, versetzt unter Rühren mit 50 ml absol. A., läßt den schwarzen Nd. absitzen, wäscht ihn durch Dekantieren u. danach im Glasfiltertiegel mit absol. A. chloridfrei u. trocknet bei 140°; Ausbeute 2,7 g (ca. 96%). Die Verb. krist. in kleinen, schwarzen Würfeln u. Oktaedern, löst sich schwer in kaltem W. zu einer roten Lsg., ist lösl. in warmem Glycerin u. Äthylenglykol, unlösl. in A. u. CH_3OH. Aus warmen wss. Lsgg. scheidet sich schwarzes OsO_4 ab. (Inorg. Syntheses **5.** 204. 1957. Sydney, Univ.) W. WESLY. 366

E. L. Francis, Thorium data manual. London: H. M. S. O. 1959. (K. S. m. Tab. u. Diagr.) 9 s. 6 d.

—, Trabajos de la tercera Reunion internacional sorbe Reactividad de los Solidos. 2—7 de abril de 1956. Vol. I. Conferencias plenarias. Seccion I. (730 S. m. Abb.) Keine Preisangabe.

A₉. Mineralogische und geologische Chemie.

Hokuichiro Omachi und **Tamorō Ogiwara,** *Untersuchung über die Textur und Struktur von Mn-haltigen Erzen mit dem Elektronenmikroskop. Mn*-haltige *Fe*-Erze aus Schiefer, Feuer- u. Schalstein von mesozoischen u. paläozoischen Formationen sind mineralog. zusammengesetzt aus *Hämatit* (**I**), *Pyrolusit* (**II**), *Rhodochrosit, Quarz, Calcit, Plagioklas* u. *Chlorit*, chem. aus Fe_2O_3, MnO_2 u. SiO_2. Nach Anätzen der Schliffflächen des Erzes mit Königswasser wird eine „Maske" (aus Collodium) nach dem Abdruckverf. erzeugt u. durch Cr schattiert u. dann unter dem Elektronenmikroskop (7000-fach) untersucht. Aus den Beobachtungen wird gefolgert, daß Mn-haltige Fe-Erze durch Ersatz des ursprünglich feuersteinartigen Gesteins durch **I** u. **II** gebildet wurden. (Kagaku [Science] **25.** 637. 1955. Sapporo, Hokkaido, Univ. [Orig.: japan.]) L. SCHULER. 372

Meyer Rubin und **Corrinne Alexander,** *Radiokohlenstoffaltersbestimmungen des US Geological Survey.* 4. Mitt. (3. vgl. C. **1957.** 7594.) Fortsetzung der Übersicht für die Zeit vom 1/7. 1955 bis 7/11. 1956. (Science [Washington] **127.** 1476—87. 27/6. 1958. Washington, D. C., U. S. Geol. Surv.) E. KLEVER. 378

E. K. Gerling, *Einfluß des Metamorphismus auf die Ergebnisse der Blei-Altersbestimmung.* Es wurde die Brauchbarkeit der graph. Meth. zur Altersbest. von Mineralien untersucht. In Fällen, wo bei einer Metamorphose nur Pb u. kein U verloren gegangen ist u. daher folgende Mengenverhältnisse vorliegen: $^{207}Pb/^{206}Pb > ^{207}Pb/^{235}U > ^{206}Pb/^{238}U$, kann das wahre Alter u. das Datum der Metamorphose des Minerals genau bestimmt werden. Durch eine Neubest. des Alters eines *Uraninits* vom Weißen Meer auf $1950 \cdot 10^6$ Jahre wird für die Zerfallskonstante des K-Einfangs von ^{40}K ein Wert von $\lambda_K = 5,4 \cdot 10^{-11}$ Jahre^{-1} erhalten. (Геохимия [Geochemie] **1958.** 287—95. Leningrad, Labor. für Geol. des Praecambriums der Akad. der Wiss. der UdSSR.) K.-E. SEYB. 378

Germano Rigault, *Gallium und Indium in der Zinkblende.* In 74 Zinkblenden verschiedenster, zum größten Teil europäischer Vorkk. bestimmte Vf. spektrograph. den Geh. an Ga u. In. Die Gehh. schwankten zwischen maximal 0,1% u. minimal ca. 0,0005%. Vf. diskutiert die Beziehungen zwischen der Struktur der Zinkblende u. ihrem Geh. an Ga u. In. Die experimentellen Ergebnisse sind tabellar. zusammengestellt. (Periodico Mineralog. **25.** 43—78. 1956. Torino, Univ., Ist. di Mineral. e Petrografia.) C. GOTTFRIED. 378

G. I. Botscharowa, *Stadien der Mineralbildung von zwei Gruppen hydrothermaler polymetallischer Lagerstätten vom Nord-Kaukasus.* Die hydrothermalen Pb–Zn–Ag-Lagerstätten des Nordkaukasus gehören zu 2 Gruppen: paläozoische u. jüngere meso-känozoische Gruppe. Die Bldg. der Lagerstätten der 1. Gruppe erfolgte in 4 Stadien der Mineralisation: Quarz- oder Quarz–Pyrit-Stadium, fast immer begleitet von der Ausscheidung von Pyrit in Form von Einschlüssen; in den Quarz–Pyrit-Adern u. -Linsen finden sich gewöhnlich Bereiche, die an Arsenopyrit, mitunter auch an Markasit angereichert sind; das Quarz–Polymetall-Stadium führte zur Bldg. reicher Erze (vorwiegend Pb–Zn); das 3. Quarz–Carbonat-Stadium hängt mit neuen, jetzt schwächeren tekton. Deformationen zusammen; hier wurden die Carbonate ausgeschieden, während der Quarz hier von untergeordneter Bedeutung ist; das Baryt- oder Baryt–Carbonat–Arsen-Stadium schließt die Mineralisation ab. Bei den meso-känozo. Lagerstätten unterscheidet Vf. 4 Hauptstadien der Mineralisation: das 1. Quarz- oder Quarz–Pyrit-Stadium ist überall verbreitet u. geht der Vererzung voraus; das 2. u. 3. Stadium ist ähnlich dem bei den paläozoischen Lagerstätten; die Mineralisation wird durch das erzlose Calcitstadium abgeschlossen. Der Unterschied besteht demnach nur in der Verschiedenheit des 4. Stadiums. Außerdem sind die jungen Lagerstätten gekennzeichnet durch das Auftreten von Mn-Siderit u. Calcit-Pyrrhotinerzen, die bei den alten Lagerstätten fehlen. Die Beimengungen an seltenen Elementen sind ebenfalls einander ähnlich. Bei den älteren Lagerstätten kommt das Ge in den Sphaleriten u. Pyriten häufiger u. in größeren Mengen vor. (Вестник Московского Университета, Серия Биологии, Почвоведения, Геологии, Географии [Nachr. Moskauer Univ., Ser. Biol., Bodenkunde, Geol., Geogr.] **13.** Nr. 1. 125—29. 1958. Moskau, Univ., Lehrstuhl für Mineral.) O. LEBTAG. 378

L. K. Jachontowa und **P. A. Raudoniss,** *Oxydationsprodukte des Rammelsbergits aus der Assoziation mit Smaltin und Nickelin.* Mineralog., therm. u. röntgenograph. wurde das Oxydationsprod. von *Rammelsbergit* (I) untersucht, dessen Zone von *Nickelin* u. *Smaltin* (II) eingeschlossen ist. Danach erfolgt die I-Oxydation in folgenden Stufen: 1) Dispergierung von I unter Ausscheidung von wenig As, teilweise als Arsenolith; I verliert hierbei seinen Metallglanz u. nimmt das Aussehen von Asche an; die Dispergierung ist wahrscheinlich durch die ungleichmäßige Körnigkeit von I sowie dessen Isolierung von der Umgebung durch den auf I aufwachsenden II bedingt; 2) in einzelnen Bereichen des Ascheprod. tritt Annabergit (III) in Form einer krist. M. auf; das Ascheprod. nimmt eine grünliche Färbung an; 3) die III-Menge nimmt zu unter deutlicher Grünfärbung. Das letzte Stadium der I-Umwandlung ist von einer starken Migration der Lsgg. in der Oxydationszone begleitet, wobei genügend W. u. O_2 am Prozeß beteiligt sind, so daß die I-Isolierung aufgehoben wird u. die Bedingungen für eine Stabilität des Ascheprod. nicht mehr gegeben sind. Die gewöhnlichen Einschlüsse u. Adern von I ohne die Schutzwirkg. eines anderen beständigeren Minerals werden bei der Oxydation ohne Zwischenstadien von III abgelöst. (Вестник Московского Университета, Серия Биологии, Почвоведения, Геологии, Географии [Nachr. Moskauer Univ., Ser. Biol., Bodenkunde, Geol., Geogr.] **12.** Nr. 1. 209—18. 1957. Moskau, Univ., Lehrstuhl für Mineral.) O. LEBTAG. 378

Ivo Uras, *Das Flußspatvorkommen von Monreale (Sardinien).* Geologisch-petrograph. Unters. des im Abbau begriffenen Flußspatvork. von Monreale. Der abgebaute Flußspat enthält maximal 98,87% CaF_2, minimal 92,37%, Rest SiO_2. Die Menge des abbaufähigen CaF_2 wird auf ca. 170000 t geschätzt. Einige neue Gesteinsanalysen werden mitgeteilt. (Periodico Mineralog. **25.** 1—31. 1956. Cagliari, Univ. degli Studi, Ist. di Giacimenti Minerari.) C. GOTTFRIED. 380

V. Rossetti und **R. Sitzia,** *Die grünen Erden in der tertiären Eruptivformation des mittelwestlichen Sardiniens.* Opt., chem., thermogravimetr., röntgenograph. u. mittels DTA untersuchten Vff. die in dem obigen Gebiet auftretenden grünen Erden, die als Begleiter der dort anstehenden Tuffe, Trachyte oder Andesite vorkommen. Hauptbestandteile der Erden sind einerseits *Glaukonit,* anderseits *Caledonit.* Der Glaukonit begleitet hauptsächlich die Tuffe u. die Trachyte, der Caledonit die Andesite. Der Glaukonit ist durch Umwandlung von Biotit, der Caledonit durch Umwandlung aus den Pyroxenen entstanden. Eine Reihe chem. Analysen wird mitgeteilt. (Periodico Mineralog. **25.** 171—208. 1956. Cagliari, Univ., Ist. di Mineral.) C. GOTTFRIED. 380

John B. Huttl, *Die Auffindung der Pima-Mine durch wissenschaftliche Erforschung.* Erforschung u. Ausbeutung (Fließbild) eines Cu-Erz-(Chalkopyrit-) Vorkommens. (Engng. Mining J. **159.** Nr. 3. 100—06. März 1958.) W. WESLY. 380

Gino Ogniben, *Plötzliche Umkehrung der Zonarstrukturen und oscillierende Zonarstruktur in Plagioklasen der dioritischen Porphyrite des Monte Sostino (östliche Adamellogruppe).* Die opt. Unters. der Plagioklase in den obigen Gesteinen ergab, daß man 3 Generationen von Plagioklasen unterscheiden muß. Die erste Generation bildet größere Phenokristalle u. besteht aus 2 Zonen, von denen die äußere Zone Korrosionserscheinungen zeigt u. kalkhaltiger ist als die innere Zone. Die zweite Generation bildet kleinere Phenokristalle u. hat einen höheren Geh. an CaO als die erste Generation. Die dritte Generation schließlich besteht aus den Plagioklasen der Grundmasse; ihr CaO-Geh. liegt zwischen dem der ersten u. zweiten Generation. Die Zonarstruktur in den großen Phenokristallen ist vom oscillierenden Typ, speziell in dem zentralen Teil der Kristalle. Normal ist die Zonarstruktur in den beiden anderen Generationen. Nach einem kurzen Überblick über die hauptsächlichsten Hypothesen der Entstehung der Zonarstruktur erklärt Vf. die plötzliche periphere Umkehr in den großen Kristallen durch das Aufsteigen eines zweiten Magmas, das kalkhaltiger u. heißer war, während die oscillierende Zonarstruktur als eine Folge von Übersättigungserscheinungen erklärt werden kann. (Periodico Mineralog. **25.** 213—44. 1956. Padova, Univ., Ist. di Mineral., Petrografia e Geochim.) C. GOTTFRIED. 380

Filippo Falini, *Beobachtungen über das Zinnobervorkommen von Cerreto Piano in Toskana.* Vf. beschreibt zunächst ausführlich die Geologie u. Stratigraphie der Grube Cerreto Piano, aus der eine relativ geringe Menge Hg gefördert wird. Das Erz besteht hauptsächlich aus Zinnober u. mikrokristallinem *Markasit* u. kommt hauptsächlich innerhalb der dort anstehenden Besalsande einer pliozänen marinen Formation vor. Die Genese wird besprochen. (Periodico Mineralog. **25.** 95—126. 1956. Roma, Univ., Ist. di Geol. Appl. e Giacimenti Minerari.) C. GOTTFRIED. 380

Renato Pellizzer, *Über die Gegenwart einer vorwiegend aus Mikroklin bestehenden Breccie und eines Zements von Thuringit in den ophiolitischen Gesteinen des unteren Panarotales.* Geologisch-petrograph. Untersuchung. (Periodico Mineralog. **25.** 129—35. 1956. Bologna, Univ., Ist. di Mineral. e Petrografia.) C. GOTTFRIED. 382

R. N. Ssobolew, *Über die Beziehungen zwischen den quantitativen mineralogischen und chemischen Zusammensetzungen der Granitoide.* Für 13 Granitoide wurden die Ergebnisse der chem. Analyse mit denen der quantitativen Mineralunters. verglichen. Diese Gegenüberstellung zeigte, daß die chem. Zus. u. die Mineralzus. für jede Gesteinsart zu sehr ähnlichen Ergebnissen führen. Vf. sieht als erwiesen an, daß die mineralog. Unters. eines Schliffes die chem. Analyse des Gesteins ersetzen kann. (Вестник Московского Университета, Серия Биологии, Почвоведения, Геологии, Географии [Nachr. Moskauer Univ., Ser. Biol., Bodenkunde, Geol., Geogr.] **12.** Nr. 1. 219—28. 1957. Moskau, Univ., Lehrstuhl für Petrographie.) O. LEBTAG. 385

E. H. Lovitt, und **A. C. Skerl,** *Geologie der Lovitt-Goldmine, Wenatchee, Washington.* Untergrund ist eozän. Sandstein u. Konglomerate; über der Mine befindet sich Lava. Geolog. Karten, Diskussion der Struktur u. Angabe der Lage der Goldadern. Hauptgestein Quarz, Calcit. Ag- u. Au-Geh. sind ungefähr gleich. (Mining Engng. **10.** 963—66. Sept. 1958. Wenatchee, Wash., Lovitt Mining Co.) G. MEINHARDT. 385

Mario Galli, *Petrographische Untersuchungen über die Ophiolithformationen des Ligurischen Apennins.* 2. Mitt. *Diabase der Riviera di Levante.* (1. vgl. C. **1955.** 6706.) Petrograph. Untersuchung. Eine Reihe neuer Gesteinsanalysen wird mitgeteilt. (Periodico Mineralog. **25.** 139—68. 1956. Genova, Univ., Ist. di Mineral. e Petrografia.) C. GOTTFRIED. 385

V. L. Barsukov und **G. E. Kurilcikova,** *Über den Borgehalt von Serpentiniten.* (An. Romino-Sovietice, Ser. Geol. Geogr. [3a] **12.** 39—42. Juli/Sept. 1958. — C. **1959.** 1058.) E. KLEVER. 385

A. Steiner, *Petrogenetische Betrachtungen über die Lava von 1954 von Ngauruhoe und ihre Xenolithe.* Die Lava der Eruption von 1954 ist ein Olivin führender, basalt. Andesit mit häufigen Quarz- u. Feldspatxenolithen. Außerdem sind glasige Gneisxenolithe vorhanden. Das Gestein ist aus einem Olivin-Basaltmagma durch Assimilation eines sauren Gneises entstanden. (New Zealand J. Geol. Geophysics. **1.** 325—63. Mai 1958. New Zealand Geol. Surv., Dep. of Sci. and Ind. Res.) F. ENSSLIN. 385

Iwaji Iwasaki, Takashi Katsura und **Naoyuki Sakato,** *Geochemische Untersuchung der Vulkane in Japan.* 30. Mitt. *Flüchtige Bestandteile in vulkanischen Gesteinen.* (29. vgl. J. chem. Soc. Japan, pure Chem. Sect. [Nippon Kagaku Zassi] **72.** [1951.] 736.) Mit einem Massenspektrometer werden die Gase analysiert, die beim Erhitzen vulkan. Gesteine (*Basalt, Andesit, Rhyolith* u. *Dacit*) im elektr. Ofen bis 1200° entweichen. Identifizieren lassen sich so CO_2, O_2, *Ar*, SO_2, *HCl*, H_2O sowie $N_2 + CO$. — App. — Skizze. (J. chem. Soc. Japan, pure Chem. Sect. [Nippon Kagaku Zassi] **76.** 778—82. Juli 1955. Tokyo, TH. [Orig.: japan.]) L. SCHULER. 386

Iwaji Iwasaki, Takashi Katsura und **Naoyuki Sakato,** *Geochemische Untersuchung der Vulkane in Japan.* 31. Mitt. *Bestimmungsverfahren für Chlor in vulkanischen Gesteinen.* (30. vgl. vorst. Ref.) 0,05—0,3 g der Gesteinsprobe werden mit Na_2CO_3 geschmolzen u. die Schmelze in W. gelöst. Nach Ansäuern mit 5 nHNO_3 wird das Cl^- nach Iwasaki (Bull. chem. Soc. Japan **25.** [1952.] 226) bestimmt. Es können so Cl-Gehh. von 0,1—0,002% bestimmt werden. In der USA-Standard-Probe G-1 wurden 0,005% Cl gefunden. (J. chem. Soc. Japan, pure Chem. Sect. (Nippon Kagaku Zassi] **76.** 1116—19. Okt. 1955. Tokyo, TH, [Orig.: japan.]) L. Schuler. 386

F. L. Per, *Chemische Zusammensetzung der Bodensedimente der Seen der Lettischen SSR.* In den Bodensedimenten der untersuchten Seen ist der Geh. an organ. Stoffen verschieden. Mit zunehmendem Geh. an organ. Substanz werden wenig oxydierte, N-freie Stoffe angereichert. Hierbei nimmt der absol. Gesamt-N-Geh. zu; der %-Geh. in den organ. Stoffen bleibt jedoch fast unverändert. Auch der Geh. an Ca nimmt zu, jedoch nicht bei allen Seen u. nicht so stark wie die organ. Substanz. Der p_H-Wert der Bodensedimente sinkt nicht unter 6,8. Der Geh. an leicht zugänglichen P_2O_5-Formen beträgt im Minimum 6—8 mg P_2O_5 je 100 g Schlamm u. ist im Maximum 2—3mal größer. (Известия Академии Наук Латвийской ССР [Nachr. Akad. Wiss. LettSSR] **1958.** Nr. 1. 67—74. Biol. Inst. der Akad. der Wiss. der LettSSR.) O. Lebtag. 390

Hans Kiefer und **Rupprecht Maushart,** *Die natürliche Radioaktivität im Wasser.* Unterss. über den Anteil der einzelnen Komponenten der natürlichen Radioaktivität (RA) in verschied. Wässern, über das Verhältnis der natürlichen zur künstlichen RA, das Verh. der RA in stehenden u. fließenden Gewässern sowie im Rohrleitungsnetz in Abhängigkeit von Pumpleistung, Wassertiefe u. Untergrund. Die Messungen erstrecken sich auf Rn u. dessen Folgeprodd. RaA, RaB, RaC, RaD, RaE u. RaF; Tn u. Folgeprodd.; Ra; ^{40}K u. auf die durch Fallout verursachte künstliche RA. An Meßverfahren kamen hauptsächlich chem. Fällungsmethoden zur Anwendung. Der Hauptanteil der RA im W. ist auf Rn u. dessen kurzlebige Folgeprodd. zurückzuführen. Aus den Messungen leiten Vff. Folgerungen für die W.-Überwachung von atomtechn. Anlagen ab. (Nukleonik **1.** 22—27. April 1958. Karlsruhe, Strahlenmeßgr. der Kernreaktor Bau- u. Betriebs-GmbH.) A. Blaschette. 393

G. P. Jakobsson, *Rolle der Sümpfe bei der Bildung von Lagerstätten von Schwefelwasserstoffwässern.* Krit. Behandlung des Literaturmaterials. — 12 Literaturangaben. (Известия Академии Наук Латвийской ССР [Nachr. Akad. Wiss. LettSSR] **1958.** Nr. 1. 155—62. Inst. für Geol. u. Bodenschätze der Akad. der Wiss. der LettSSR.) O. Lebtag. 393

Kálmán Czike und **Piroska Fodor-Csányi,** *Untersuchung des Deuteriumgehaltes ungarischer natürlicher Wässer und pflanzlicher Flüssigkeiten.* Vff. bestimmten nach entspr. Reinigung u. Dest. die D. von W. verschied. Herkommens u. von Pflanzensäften im Vgl. zur D. des Budapester Trinkwassers, dessen D. gegen D_2O-freies W. eine Differenz von $+15,5\,\gamma \pm 0,4$ aufweist. Ergebnisse: W. aus Fruchtsäften großer Ausdunstungsoberfläche $+2,2$—$4,1\,\gamma$, aus unterird. Knollen $+0,7\,\gamma$, aus Früchten unmittelbar oberhalb der Erde 0,8—1,0 γ, Von natürlichen Gewässern zeigte die D. des W. aus der Tropfsteinhöhle Aggtelek, Gruben W. von Komlo, W. des Plattensees keine Abweichung. Die wahrscheinlich postvulkan. Heißquelle von Héviz —1,0 γ, W. aus Tiefbohrungen auf der ungar. Tiefebene $+1,8$—$3,0\,\gamma$, kohlensaure Quellen 0,2—0,8 γ nur die kohlensaure Heilquelle von Balatonfüred zeigte eine Anreicherung von 2,2 γ. Die Best. der D. wurde bei 22,1° mit der Schwimmermeth. der Vff. ausgeführt. (Magyar Tudományos Akad., Kémiai Tudományok Osztályának Közleményei [Ung. Akad. Wiss., Ber. Abt. chem. Wiss.] **8.** 439—48. 1957. Budapest, Zentralforsch.-Inst. für Phys., Abt. für Atomphys.) J. Plank. 393

Christian E. Junge, *Die Verteilung von Ammoniak und Nitrat im Regenwasser der Vereinigten Staaten.* Zusammenfassende Übersicht über die NH_4^+- u. die NO_3^--Konzz. im Regenwasser aller Staaten der USA vom Sommer 1956 bis Juni 1957 unter Berücksichtigung der Einflüsse durch Industrien, Bevölkerungsdichte u. Landwirtschaft. — Ergebnisse: 1. Die ermittelten NO_2-Werte sind durch NH_3-Oxydation entstanden. 2. Der hohe Geh. des Regenwassers an N_2O, sowie an kleineren Mengen *NO* oder NO_2 stammt aus Bodenrkk.; *NO* bildet sich wahrscheinlich in sauren Böden ($p_H < 5$) aus HNO_2. (Trans. Amer. geophysic. Union **39.** 241—48. April 1958. Bedford, Mass., Air Force Cambridge Res. Center.) H. Eckstein. 393

Nagao Ikeda, *Chemische Untersuchungen der heißen Quellen von Arima.* 3. Mitt. *Chemische Zusammensetzung der Tenmangu-Quelle.* 1. Mitt. (2. vgl. J. chem. Soc. Japan, pure Chem. Sect. [Nippon Kagaku Zassi] **70.** [1949.] 363 Gesamtanalyse des W.; danach ist der Gesamtrückstand 76,1 g/Liter, p_H 5,8, bei 94° W.-Temp., Geh. an Na^+ 20,53, an Cl^- 43,79, *Li* 0,0558, *Rb* 0,0035, *Cs* 0,0025, *Sr* 0,0021 u. *Ba* 0,0624 g/Liter. (J. chem. Soc. Japan, pure Chem. Sect. [Nippon Kagaku Zassi] **76.** 716—19. Juli 1955. Tokyo Univ. [Orig.: japan.]) L. Schuler. 393

Nagao Ikeda, *Chemische Untersuchungen der heißen Quellen von Arima.* 4. Mitt. *Chemische Zusammensetzung der Tenmanguquelle.* 2. Mitt. *Gehalt der Tenmanguquelle an V, Cr und Mo.* (3. vgl. vorst. Ref.) Das W. der Tenmanguquelle enthält an *V* 0,006, an *Cr* $9 \cdot 10^{-5}$, an *Mo* $6 \cdot 10^{-5}$, *F* $7{,}5 \cdot 10^{-4}$, *Br* 0,0548 u. *J* $9 \cdot 10^{-4}$ g/Liter. (J. chem. Soc. Japan, pure Chem. Sect. [Nippon Kagaku Zassi] **76.** 719—21. Juli 1955. [Orig.: japan.]) L. Schuler. 393

Nagao Ikeda, *Chemische Untersuchungen der heißen Quellen von Arima.* 7. Mitt. *Chemische Zusammensetzung der Tenmanguquelle, Arima.* 5. Mitt. (5. u. 6. vgl. C. **1959.** 7064.) Das Quellwasser der Tenmanguquelle enthält 1,04 Mache-Einheiten *Rn*, $212 \cdot 10^{-12}$ g/Liter an *Ra* u. $250 \cdot 10^{-15}$ g/Liter *ThX*. Ausführliche Tabelle über ca. 50 weitere Ionen. (J. chem. Soc. Japan, pure Chem. Sect. [Nippon Kagaku Zassi] **76.** 1079—82. Okt. 1955. Tokyo Univ. [Orig.: japan.]) L. Schuler. 393

Nagao Ikeda, *Chemische Untersuchungen der heißen Quellen von Nasu.* 7. Mitt. *Chemische Zusammensetzung der Motoyuquelle.* 5. Mitt. *Zeitliche Veränderung der chemischen Zusammensetzung der Motoyuquelle.* (6. vgl. C. **1950/54.** 3789 S.) Die spektrochem. Best. der seltenen Elemente der Motoyuquelle ergibt folgende Gehh. (g/Liter): Li, Rb, Cs je 10^{-5}, Sr, Ba je 10^{-6} bis 10^{-5}, Be u. Ge je 10^{-8} bis 10^{-7}, Ga 10^{-7} bis 10^{-6} u. Ra $1{,}6 \cdot 10^{-12}$. — 7 Tabellen sowie Diagramme über die zeitliche Änderung (24 Std.) von Luft- u. W.-Temp., Gehh. an H_2S, Cl^-, SO_4^{2-} u. Fe^{2+}. (J. chem. Soc. Japan, pure Chem. Sect. [Nippon Kagaku Zassi] **76.** 711—13. Juli 1955. Tokyo Univ. [Orig.: japan.]) L. Schuler. 393

Nagao Ikeda, *Chemische Untersuchungen der heißen Quellen von Nasu.* 8. Mitt. *Über die chemische Zusammensetzung der Motoyuquelle von Yumoto.* 6. Mitt. *Gehalt an Radon.* (7. vgl. vorst. Ref.) Das Quellwasser der Motoyuquelle enthält 0,33 Mache-Einheiten *Rn*, 0,00185 *As*/Liter, 1γ *In*/Liter u. 0,1γ *Sb*/Liter. (J. chem. Soc. Japan, pure Chem. Sect. [Nippon Kagaku Zassi] **76.** 713—16. Juli 1955. [Orig.: japan.]) L. Schuler. 393

Nagao Ikeda, *Chemische Untersuchungen der heißen Quellen von Nasu.* 11. Mitt. *Über den Sinterabsatz der Motoyuquelle von Yumoto, Nasu.* 1. Mitt. (9. u. 10. vgl. C. **1959.** 7064.) Die Motoyuquelle ist eine saure, Alaun enthaltende Quelle; sie bildet einen gelben Absatz, welcher aus einem neuen *As-Sulfid*, AsS_2, besteht. (J. chem. Soc. Japan, pure Chem. Sect. [Nippon Kagaku Zassi] **76.** 1071—73. Okt. 1955. Tokyo Univ. [Orig.: japan.]) L. Schuler. 393

Nagao Ikeda, *Chemische Untersuchungen der heißen Quellen von Nasu.* 12. Mitt. *Über den Sinterabsatz der Motoyuquelle von Yumoto, Nasu.* 2. Mitt. (11. vgl. vorst. Ref.) Der Absatz der Motoyuquelle enthält folgende Spurenelemente (%): *Cu* 0,0057 (oder 0,074% des roten Sinters), *Pb* 0,0019, *Zn* 0,00063, *V* 0,0010, *Cr* 0,000032, *Mo* 0,00029, Sr 0,00086, *Ba* 0,0065, *Ge* 0,00001—0,000001, *Be* 0,0001, *Ga* 0,0001—0,00001, *Li* $<$ 0,0001, *Rb* 0,0001, *Cs* $<$ 0,00001 u. *Ra* $4{,}2 \cdot 10^{-11}$. (J. chem. Soc. Japan, pure Chem. Sect. [Nippon Kagaku Zassi] **76.** 1073—76. Okt. 1955. [Orig.: japan.]) L. Schuler. 393

Nagao Ikeda, *Chemische Untersuchungen der heißen Quellen von Nasu.* 13. Mitt. *Über den Sinterabsatz der Motoyuquelle von Yumoto, Nasu* 3. Mitt. (12. vgl. vorst. Ref.) An weiteren Spurenelementen enthält der Sinterabsatz der Motoyuquelle (%): *F* 0,001, *B* 0,01, *Ag* 0,001—0,0001, *Au* 0,001—0,00001, *Bi* 0,00001—0,000001, *Sb* 0,00001—0,000001, *Cd* 0,00001 u. *Zr* 0,0017. (J. chem. Soc. Japan, pure Chem. Sect. [Nippon Kagaku Zassi] **76.** 1076—79. Okt. 1955. [Orig.: japan.]) L. Schuler. 393

Nagao Ikeda, *Chemische Untersuchungen der heißen Quellen von Nasu.* 14. Mitt. *Über den Sinterabsatz der Motoyuquelle von Yumoto, Nasu.* 4. Mitt. (13. vgl. vorst. Ref.) Der von der Motoyuquelle gebildete Sinterabsatz enthält 0,0001% *In* u. 0,0005% *Sn*. Erörterung der Verteilung der Spurenelemente im Quellwasser u. im Absatz an Hand von 3 ausführlichen Tabellen. (J. chem. Soc. Japan, pure Chem. Sect. [Nippon Kagaku Zassi] **76.** 1195—98. Nov. 1955. [Orig.: japan.]) L. Schuler. 393

Nagao Ikeda, *Chemische Untersuchungen der heißen Quellen von Nasu.* 15. Mitt. *Über ein neues natürlich gebildetes Arsensulfid.* (14. vgl. vorst. Ref.) Die chem. Analyse des im Sinterabsatz der Motoyuquelle enthaltenen *Arsensulfids* entspricht AsS_2, einer neuen Verb., die nach den Ergebnissen der Röntgenanalyse amorph ist. — 8 Tabellen. (J. chem. Soc. Japan, pure Chem. Sect. [Nippon Kagaku Zassi] **76.** 1198—1201. Nov. 1955. [Orig.: japan.]) L. Schuler. 393

Douglas L. Brooks, *Die Verteilung der durch Kohlendioxyd bedingten Abkühlung in der unteren Stratosphäre.* Auf Grund der in der Literatur enthaltenen Daten über die Absorptionsfähigkeit des CO_2 in der Bande 15 μ schätzte Vf. die jahreszeitliche u. Breitenverteilung der durch CO_2 bewirkten Abkühlung in der Stratosphäre für das Gebiet zwischen Tropopause u. ca. 30 km oder 10 mb ab. (J. Meteorol. **15.** 210—19. April 1958. Cambridge, Mass., MIT, Operations Evaluat. Group.) C. Gottfried. 396

Gilbert D. Kinzer und **William E. Cobb,** *Laboratoriumsmessungen und Analyse des Wachstums und der Sammlungswirksamkeit (collection efficiency) von Wolkentropfen.* Vff. untersuchten die Wachstumsgeschwindigkeit von Wassertropfen mit einem ursprünglichen Radius von 2 μ, die in einer langsam aufwärts strömenden Wolke stationär gehalten wurden. Zweck der Unters. war, als Funktion der Radien die Geschwindigkeitszunahme der Radien mit Bezug auf die Zeit der Masse m eines mit der Geschwindigkeit V durch eine Wolke von Tropfen fallenden Tropfens zahlenmäßig zu berechnen. Die Beziehungen jedoch zwischen Wachstumsgeschwindigkeit u. Radien lassen sich deutlich durch einen dimensionslosen Faktor E (collection efficiency) wiedergegeben, der definiert ist als das Verhältnis des pro Zeiteinheit gesammelten fl. W. zu der Menge, die als Wolke in dem Vol. des Fallweges pro Zeiteinheit mitgeführt wird. (J. Meteorol. **15.** 138—48. April 1958. U. S. Weather Bur., Office of Phys. Res.) C. Gottfried. 396

Roland J. Pilié und **James E. Jiusto,** *Eine Laboratoriumsuntersuchung von Kondensstreifen.* Vff. untersuchten Kondensstreifen, die durch Verbrennung von KW-stoffölen u. verschied. Flugzeugbenzinen unter kontrollierten Temp.- u. Feuchtigkeitsbedingungen bei Drucken von 1000—300 mb erhalten worden waren. Es wurde gefunden, daß die Anfangsphase der kondensierten Feuchtigkeit fl. ist u. daß auch, im Gegensatz zu der bisherigen Auffassung, die Endphase zuweilen fl. ist. Unter idealen Beobachtungsbedingungen genügt ein Geh. an fl. W. von 0,004 pro m^3 zur Erzeugung eines gerade sichtbaren Kondensstreifens. (J. Meteorol. **15.** 149—54. April 1958. Cornell Aeronaut. Labor., Inc.) C. Gottfried. 396

N. A. Renzetti und **J. C. Romanovsky,** *Vergleichende Untersuchung von Oxydationsmitteln in der Atmosphäre von Los Angeles.* Vff. verstehen unter einem Oxydationsmittel in der Luft ein Oxydationsmittel, das eine Bezugssubstanz zu oxydieren vermag, die selbst von gewöhnlichem O_2 der Luft nicht oxydiert wird. Beschrieben werden die von McCabe (vgl. C. **1954.** 6549) entwickelte Phenolphthaleinmeth., die von Littman u. Benolich beschriebene KJ-Meth. (vgl. C. **1954.** 9587) sowie die von Bradley u. Haagen-Smit (vgl. C. **1953.** 4092) empfohlene Verwendung von Kautschuk für O_3-Messungen. Graph. werden die Versuchsergebnisse wiedergegeben, die in Los Angeles an Luftunterss. vom 15. Juli bis 15. Nov. 1955 erhalten worden waren. Die Methoden werden verglichen. (J. Air Pollut. Control Assoc. **6.** 154—59. Nov. 1956. Los Angeles, Calif., Air Pollutions Foundat.; Los Angeles County Air Pollut. Control District.) C. Gottfried. 396

F. E. Littman, H. W. Ford und **N. Endow,** *Die Bildung von Ozon in der Luft von Los Angeles.* Vff. berichten über Laboratoriumsverss., die den Zweck hatten, die Bldg. von O_3 in der Luft von Los Angeles experimentell zu untersuchen. Zu diesem Zweck wurde Luft, u. zwar Tages- u. Nachtluft, kontinuierlich mit Hg-Licht bestrahlt u. in einem von Littman u. Benoliel (vgl. C. **1954.** 9587) konstruierten App. zur Registrierung von Oxydationsstoffen (O_3) untersucht. Aus diesen Verss. wurde geschlossen, daß in der Luft Verunreinigungen auftreten müßten, die nach der Bestrahlung O_3 lieferten. Die Bldg. des O_3 setzte aus, wenn die Luft vor der Bestrahlung durch eine mit fl. O_2 gefüllte Falle geleitet wurde, nicht aber beim Durchleiten durch eine Falle, die mit Trockeneis gekühlt wurde. Die mit fl. O_2 gekühlten gesammelten Proben wurden mittels IR-, UV- u. massenspektroskop. Methoden untersucht. Hauptprodd. waren CO_2 u. W., der Rest organ. Verbindungen. Chem. Analysen ergaben das Vorhandensein von NO_2. Hierauf wird über erste Verss. über den Einfl. eines Zusatzes von NO_2 zu der Luft auf die Bldg. von O_3 berichtet. Angeführt werden Verss. von Haagen-Smit u. Mitarbeitern (vgl. C. **1950/54.** 2375 S.) über die Bldg. von O_3 bei der Bestrahlung von Gemischen von NO_2 u. KW-stoffen. (J. Air Pollut. Control Assoc. **6.** 171—75. Nov. 1956. Pasadena, Calif., Stanford Res. Inst.) C. Gottfried. 396

Lewis H. Rogers, Nicholas A. Renzetti und **Morris Neiburger,** *Einflüsse des Rauches und chemische Analyse der Luft von Los Angeles.* Analyse der Atmosphäre im Gebiet von Los Angeles ergab das Vork. von Oxydationsmitteln in meßbaren Mengen. Die schädigenden Einflüsse auf Pflanzen u. Menschen werden besprochen. (J. Air Pollut. Control Assoc. **6.** 165—70. Nov. 1956.) C. Gottfried. 396

—, Department of Mines and Technical Surveys. Annual Report. Ottawa: Department of Mines and Technical Surveys. 1957. (142 S. m. Abb. u. Tab.) 50 cents.

—, International Geofysisch Jaar 1957—1958. Programma van Belgie, Belgisch Congo en de Belgische Zuidpoolexpeditie. Bruxellis: In Aedibus Reg. Acad. 1958. (63 S.) Keine Preisangabe.

B. Allgemeine und theoretische organische Chemie.

D. H. Rank, G. D. Saksena und **T. A. Wiggins,** *Die Struktur einer Emissionslinie des aus einer Oxyacetylenflamme erzeugten CH-Radikals.* Untersucht wurde die Linienverbreiterung der Emissionslinie $\lambda = 4226$ Å des Überganges K-19 R_{dc} $(0.0)^2\Delta - {}^2\Pi$ des aus der „*Oxyacetylen*"-Flamme erzeugten CH-Radikals mittels photoelektr. Intensitätsmessung der durch Gitter erzeugten Beugungsringe. Es wird gezeigt daß die Linienkontur u. -halbwertsbreite nicht durch DOPPLER-, sondern Stoßverbreiterung bestimmt wird, so daß eine direkte Best. der Translationstemp. T_t nicht möglich ist. Jedoch läßt sich auf Rotationsgleichgewichte in der CH-Flamme schließen, so daß nach Einführung einer Korrektur, die die Verbreiterung auf Grund der von höherer Stoßzahl berücksichtigt, ein Rückschluß auf T_t zu ziehen ist. (J. opt. Soc. America **48.** 521—24. Aug. 1958. University Park, Pa., Pennsylvania State Univ., Phys. Dep.) E. ROEDER. B 118

Tsuguo Tanaka, *Einige Additionsverbindungen von Bis-salicylaldehydäthylendiiminkupfer.* 2. Mitt. (1. vgl. C. **1958. 4441.**) Vff. untersuchen das UV-Absorptionsspektr. von *Disalicylaläthylendiaminkupfer* (**I**) in Verbindungen, mit denen es Additionsverbb. eingeht, wobei sich die Komplexbldg. nur in der Lage der Bande II u. nicht in Bande I äußert. Bande II wird im Vgl. zu der des **I** in benzol. Lsg. (372 mμ) nach kürzeren Wellenlängen verschoben. Diese Verschiebung erfolgt am stärksten in Carbonsäuren [*Essigsäure, Propionsäure* (**III**)], *p-Kresol, Pikrinsäure* u. *Phenol* (**IV**; 27—17 mμ), wobei der Extinktionskoeff. zunimmt. In Ggw. von *Anilin, Anisol* u. *$CHCl_3$* treten bei geringfügiger Verschiebung (2—9 mμ) nur schwache Maxima auf. Die betreffenden Additionsverbb. lassen sich außer im Falle des *5.5'-Dichlor-* u. *-Dinitroderiv.* von **I** mit *$CHCl_3$*, nicht isolieren. Die Verschiebungen der Bande II werden als Maß für die Stärke der Komplexbindung gewertet. Die Tendenz zur Bldg. von Addukten bei den 5.5'-Derivv. des **I** nimmt in der folgenden Reihenfolge ab: $CH_3 > H > NO_2 > Cl$.

Versuche: *Bis-[5-methylsalicylal]-äthylendiaminkupfer* (**II**), $C_{18}H_{18}CuN_2O_2$, eine gesätt. Cu-Acetatlsg. wird zur alkoh. Lsg. von 2 g 5-Methylsalicylaldehyd gegeben u. erhitzt, der Nd. wird in alkoh. Lsg. mit Äthylendiaminmonohydrat versetzt; aus $CHCl_3$ blaurote Nadeln. **II–III**-*Addukt,* $C_{21}H_{24}CuN_2O_4$, aus vorst. Verb. u. **III**. **II–IV**-*Addukt,* $C_{24}H_{24}CuN_2O_3$, Zusammenschmelzen von **IV** u. **II**; purpurne Nadeln aus $CHCl_3$. — *Bis-[5-chlorsalicylal]-äthylendiaminkupfer* (**V**), $C_{16}H_{12}Cl_2CuN_2O_2$, analog **II** mit 5-Chlorsalicylaldehyd dunkelgrün. **V–IV**-*Addukt,* $C_{22}H_{18}Cl_2CuN_2O_3$, instabile purpurne Kristalle aus $CHCl_3$. **V**–$CHCl_3$-*Addukt,* $C_{16}H_{14}Cl_8CuN_2O_2$, blau an Luft instabil. — *Bis-[5-nitrosalicylal]-äthylendiaminkupfer* (**VI**), $C_{18}H_{12}CuN_4O_6$, analog **II** mit 5-Nitrosalicylaldehyd, dunkelgrüne Oktaeder aus Pyridin. **VI–IV**-Addukt, $C_{22}H_{18}CuN_4O_7$, ziegelrote Kegel (Bzl.). **VI**–$CHCl_3$-*Addukt,* blau. **I–III**-*Addukt,* $C_{19}H_{20}CuN_2O_4$, aus **I** in **III** bei Zimmertemp., purpurfarben. (J. Amer. chem. Soc. **80.** 4108—10. 5/8. 1958. Honjo, Saga-shi, Saga-Univ., Dep. of Chem.) H. NÖTH. B 118

A. E. Douglas, *Der Zeeman-Effekt in den Spektren von mehratomigen Molekülen.* Die Absorptionsspektren von *Bzl., Pyridin, Acetylen, Diacetylen, SO_2* u. *CS_2* wurden mit Hilfe einer LYMAN-Entladung u. eines durch eine Kondensatorentladung angeregten impulsartigen Magnetfeldes auf ZEEMAN-Aufspaltung untersucht. Diese ließ sich nur im Falle des SO_2 u. des CS_2 nachweisen. Daraus wird geschlossen, daß die magnet. Momente dieser Mol. im angeregten Zustand von der Größenordnung eines BOHRschen Magnetons sind, u. daß das magnet. Moment vom Elektronenspin herrührt. Es wird angenommen, daß die angeregten Zustände, die der CS_2-Bande bei 3600 Å u. der SO_2-Bande bei 3800 Å entsprechen, eher Triplett- als Singulettzustände sind. (Canad. J. Physics **36.** 147—49. Jan. 1958. Ottawa, Nat. Res. Council, Div. of Pure Phys.) G. HEINSOHN. B 118

Edgar A. Steck und **Frederick C. Nachod,** *Beziehungen zwischen Struktur und Spektren von Aminochinolinderivaten.* Vff. untersuchen die UV-Absorptionsspektren einer Vielzahl von Aminochinolinderivv., um Beziehungen zwischen den spektralen Charakteristika, der Struktur u. den biol. Eigg. als Antimalariapräp. aufzufinden. In einfachen Fällen sind die strukturellen Eigg. leicht mit Naphthylaminen vergleichbar. Die UV-Absorptionsmaxima werden angegeben von a) Aminoderivv. des Naphthalins u. Chinolins als Funktion des p_H: *α-Naphthylamin, N.N-Dimethyl-α-naphthylamin, 5-Amino-, 8-Amino-, 3-Amino-, 6-Amino-* u. *7-Aminochinolin, β-Naphthylamin* u. *N.NDimethyl-β-naphthylamin*; b) von halogensubstituierten 4-[4-Diäthylamino-1-methylbutylamino]-3-methylchinolinen in 0,01 nHCl: *5-, 6-, 7-* u. *8-Fluor, 5-, 6-, 7-* u. *8-Chlor-, 5-, 6-, 7-,* u. *8-Brom-, 6-, 7-* u. *8-Jodderiv.*; c) in 0,01n HCl von *2-Methyl-, 3-Methyl-* u. *3-Propyl-7-chlor-4-[4-diäthylamino-1-methylbutylamino]-chinolin* sowie *7-Chlor-4-[4-diäthylamino-1-methylbutylamino]-chinolin* (**I**); d) von **I**, *4-[4-Diäthyl-*

aminobutylamino]-, *4-[3-Diäthylamino-2-hydroxypropylamino]-*, *4-[2-(2-Hydroxyäthylamino)-äthylamino]-*, *4-[2-Dihexylaminoäthylamino]-*, *4-[2-(2-Diäthylaminoäthylmercapto)-äthylamino]-* u. *4-[3-(2-Diäthylaminoäthylmercapto)-propylamino]-7-chlorchinolin* in 0,01 nHCl (Einfl. der NHR-Gruppe); e) von Dihalogen-4-NHR-chinolinen in 0,01 nHCl: *3.7-Dichlor-*, *5.7-Dichlor-*, *5.8-Dichlor-* u. *6.8-Dichlor-4-[4-diäthylamino-1-methylbutylamino]-chinolin*, *3-Brom-7-chlor-*, *3-Jod-7-chlor-*, *5.6-Dichlor-*, *6.7-Dichlor-* u. *7.8-Dichlor-4-[3-diäthylamino-2-hydroxypropylamino]-chinolin*; f) von: *6-Methyl-*, *8-Methyl-*, *5.6-Dimethyl-*, *6.7-Dimethyl-*, *6-Methoxy-*, *8-Methoxy-*, *6-Äthoxy-*, *7-Äthoxy-*, *8-Äthoxy-* u. *7-Phenoxy-4-[4-diäthylamino-1-methylbutylamino]-3-methylchinolin* in 0,01 nHCl; g) von *8-Amino-*, *8-[4-Diäthylamino-1-methylbutylamino]-* u. *8-[3-Dimethylamino-1-methylpropylamino]-6-hydroxychinolin* sowie *3-Aminonaphthol-(1)* in 0,01 nHCl. (Z. physik. Chem., Frankf. Ausg. [N. F.] **15.** Bonhoeffer-Gedenkband 372—84. April 1958. Rensselear, N. Y., Sterling-Wintrop Res. Inst.) M.-L. Klaar. B118

Renaud Rinaldi, René Boyer und **Yvette Bernard,** *Experimentelle Bestimmung der Reflexion, Transmission sowie der Absorption dünner zusammengepreßter Blättchen von Organolblau.* Die Best. erfolgte an Mikrokristallen von *1-Methylamino-4-p-toluylamino-anthrachinon*, die je aus 1—45 monomol. Schichten bestanden, gemessen wurde die Wellenlängenabhängigkeit. Extreme Reflektion war bei 4250 Å, ein Minimum der Absorption bei 5150 Å festzustellen. (C. R. hebd. Séances Acad. Sci. **245.** 2239—41. 16/12. 1957.) G. Meinhardt. B 119

R. P. Eischens und **W. A. Pliskin,** *Die Infrarotspektren adsorbierter Moleküle.* Vff. beschreiben die IR-Spektren chemisorbierter u. physikal. adsorbierter Gase u. Dämpfe (bes. von elementaren Gasen, CO, H_2O, NH_3, KW-stoffen, C_2H_2, C_2H_4, C_2H_6 u. andere Olefine) an Trägerkontakten u. trägerlosen Kontakten (bes. Metalle der VIII. Nebengruppe u. Cu sowie Al_2O_3, SiO_2–Al_2O_3). Die Möglichkeiten der Meth. werden erörtert. — 69 Literaturangaben. (Advances Catalysis related Subjects **10.** 1—56. 1958. Bracon, N. Y., Texaco Res. Center.) Wolfgang Müller. B 120

P. G. Masslow und **Ju. P. Masslow,** *Über die Möglichkeit der Voraussage der Schwingungsspektren einiger Verbindungen aus bekannten Spektren anderer Verbindungen.* Bei Methanderivv., die als Substituenten 2 verschied. Halogene (X, Y) tragen, wird die Möglichkeit einer Berechnung der Schwingungsspektren, so von $CHXY_2$ aus denjenigen von CHY_3 u. von $CHYX_2$ usw. untersucht. Die tabellar. gegebenen Beispiele bestätigen, daß dies mit hoher Genauigkeit gelingt. Aus den erhaltenen Spektren kann der Schwingungsanteil der thermodynam. Funktionen berechnet werden. In Tabellen werden die berechneten Spektren mit Versuchswerten der Literatur verglichen. Die berechneten „bedingten" Spektren sind thermodynam. den wahren Spektren fast gleichwertig. Die Meth. ermöglicht auch die Best. der Obertöne, der Intensität u. des Polarisationsgrades der Linien. Für folgende Halogenderivv. werden die berechneten Spektren tabellar. mitgeteilt: ClH_2CCH_2Br, $ClCH_2CH_2J$, BrH_2CCH_2J, JH_2CCH_2J, $ClBrHCCH \cdot BrCl$, $Cl_2HCCHCl_2$, $Br_2HCCHBr_2$, $Cl(CH_2)_3Br$, $Cl(CH_2)_3J$, $Br(CH_2)_3J$, $F_2C{=}CFCl$, $F_2C{=}CCl_2$, $FClC{=}CCl_2$, *cis-* u. *trans-*$HBrC{=}CHBr$, $HBrC{=}CBr_2$, $HClC{=}CCl_2$, $HFC{=}CF_2$, $HFC{=}CClBr$, SeF_6, GeF_4, $SiCl_4$, $GeBr_4$, $SiBr_4$. (Оптика и Спектроскопия [Optik u. Spektroskopie] **3.** 38—53. Juli 1957. Leningrad, Kriegsmech. Inst. Lehrstuhl für Physik.) R. K. Müller. B 120

Lennart Larsson, *Infrarotspektroskopischer Strukturbeweis des isomerisierten Dimethylaminoäthoxymethylphosphorylfluorids.* Das fl. *Dimethylaminoäthoxymethylphosphorylfluorid* (I) lagert sich nach Tammelin (C. **1958.** 9561) in ein festes Prod. gleicher Zus. um, für das die Struktur II vorgeschlagen wurde: Isopropoxymethylphos-

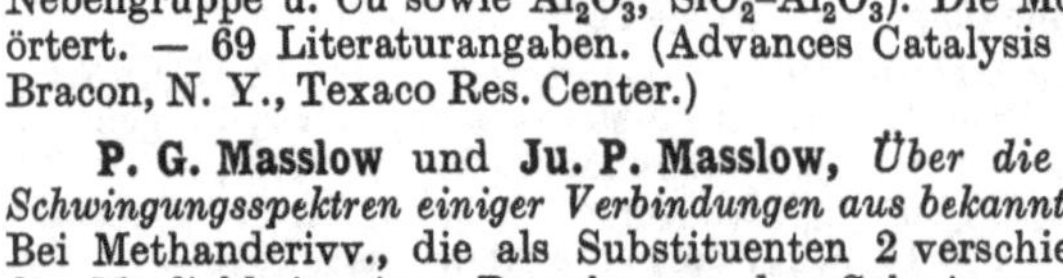

I II

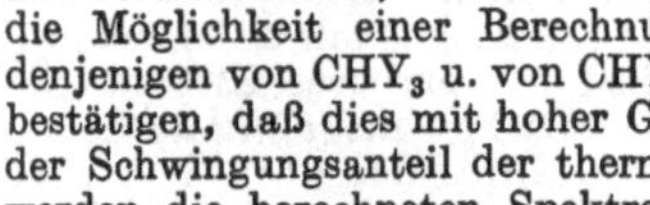

III

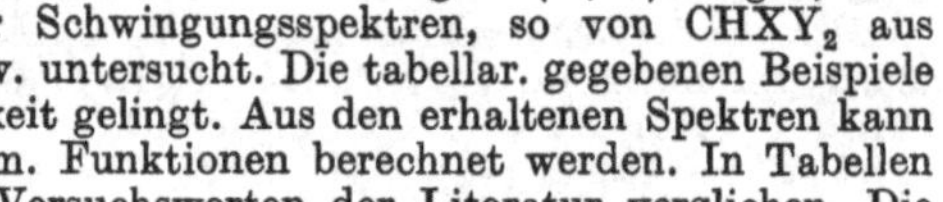

IV

phorylfluorid reagiert nicht mit Triäthylamin, diese Tatsache spricht gegen Struktur **II.** Eine weitere Umlagerungsmöglichkeit ist der von Fukuto u. Stafford (C. **1959.** 3094) beschriebenen Rk. analog, wobei das Äthylenimmoniumsalz **III** bzw. (wahrscheinlicher) das Piperaziniumsalz **IV** gebildet wird: Das IR-Spektr. des Umlagerungsprod. von **I** entspricht genau dem des quaternierten **I** mit Ausnahme der fehlenden P–F-Schwingung 848 cm^{-1} u. einer neuen, P–N-(?) Schwingung bei 740 cm^{-1}, es stimmt weiterhin gut mit dem des *Äthoxymethylphosphorylcholinjodids* mit Ausnahme der in letzterem fehlenden P–N-Bande überein. Die Spektren bestätigen also den von TAMMELIN vorgeschlagenen Reaktionsverlauf u. schließen die Strukturen **III** u. **IV** aus. Ein weiteres Argument gegen Struktur **III** ist das Ausbleiben einer Rk. mit Thiosulfat, das nach BARTLETT (J. Amer. chem. Soc. **69.** [1947.] 2971) mit dem Äthylenimmoniumion reagiert. (Acta chem. scand **12.** 587—88. 1958. Sundbyberg, Sweden, Res. Inst. of Nat. Defence, Dep. 1.) B. SCHRADER. B 120

L. M. Swerdlow und **Je. P. Krainow,** *Berechnung und Deutung der Schwingungsspektren von Naphthenen.* 1. Mitt. *Cyclopropan und Hexadeuterocyclopropan.* In Tabellen werden die symmetrisierten Matrizen der kinemat. Koeffizienten u. der Kraftkoeffizienten *von Cyclopropan* (**I**), die Frequenzen u. Formen der Normalschwingungen von **I** u. *Hexadeuterocyclopropan* u. die Einflußkoeffizienten (EK) von **I** mitgeteilt. Die EK der CH_2-Gruppe k_q^{-1}, k^{-1}, h_α^{-1} u. a_α^{-1} sind bei **I** fast die gleichen wie bei C_2H_4, entsprechend sehr ähnlicher Verteilung der Elektronenwolke in der CH_2-Gruppe. Im Vgl. mit C_2H_6 ist bei **I** die C—C-Bindung um fast 6% fester, der Winkel CCH um fast 25% weniger „fest" (116°54′ statt 109°28′). Der Vgl. der EK K^{-1} (C—C) u. K^{-1} (CCC) ergibt etwa gleiche Festigkeit des Winkels CCC u. der C—C-Bindung, während sie bei acycl./aliphat. KW-stoffen (z. B. C_3H_8) für den Winkel CCC ca. $^1/_6$ der C—C-Bindung beträgt. (Оптика и Спектроскопия [Optik u. Spektroskopie] **3.** 54—60. Juli 1957. Saratow, Autobahn-Inst.) R. K. MÜLLER. B 120

C. W. F. T. Pistorius, *Potentialfeld und Kraftkonstanten ebener, quadratischer X_4-Moleküle.* Mittels der WILSONschen F-G-Matrizenmeth. werden die Gleichungen für die Abhängigkeit der Schwingungsfrequenzen von den Kraftkonstanten für die verschied. symm. Arten ebener quadrat. X_4-Moll. (Gruppe D_{4h}) theoret. berechnet u. auf die Gerüstschwingungen des *Cyclobutans* angewendet. (Z. physik. Chem., Frankf. Ausg. [N. F.] **16.** 126—31. Mai 1958. Pretoria, South Africa.) W. NIEMITZ. B 120

Marisa Scrocco und **Luciano Caglioti,** *Infrarotspektroskopie einiger Pyrrolderivate im Schwingungsgebiet der CH_3-Gruppe.* Untersucht wurden die IR-Absorptionsspektren von *2-Methyl-*, *3-Methylpyrrol*, *2-Methylpyrrolcarbonsäure-(4)* u. *-carbonsäure-(5)*, *5-Methylpyrrolcarbonsäure-(4)*, *4-Methylpyrrolcarbonsäure-(5)*, *3-Methylpyrrolcarbonsäure-(5)* u. *-carbonsäure-(4)*. Die Aufnahmen wurden entweder an den reinen Substanzen oder in CCl_4-Lsg. durchgeführt. Die Versuchsergebnisse sind graph. u. tabellar. wiedergegeben. (Atti Accad naz. Lincei, Rend., Cl. Sci. fisiche, mat. natur. [8] **24.** 429—35. April 1958.) C. GOTTFRIED. B 120

H. E. Podall, *Beziehungen zwischen Spektren und Struktur von Alkylpyridinen.* Die Alkylpyridine haben charakterist. IR-Absorptionsmaxima im Bereich von 11—15 μ u. charakterist. Banden im Bereich von 5—6 μ, welche hauptsächlich von der Stellung der Alkylgruppen im Pyridinring abhängen. Jede der Alkylgruppen (CH_3, C_2H_5, iso-C_3H_7, tert. C_4H_9) im Pyridinring zeigt auch charakterist. Banden im 7—9 μ-Bereich. Die Haupt- u. Alkylabsorptionsbanden von *Pyridin* u. folgenden Alkylpyridinen: *2-**, *3-** u. *4-Methyl-**, *2-**, *3-** u. *4-Äthyl-**, *2-**, *3-** u. *4-Isopropyl-**, *2-**, *3-** u. *4-tert.-Butyl-** *2.3*-*, *2.4* 2.5-** u. *2.6-Dimethyl-**, *2-Methyl-3-** u. *-5-äthyl-**, *2-Methyl-3-** u. *-5-isopropyl-**, *2-Methyl-5-** u. *-6-tert.-butyl-**, *2-Äthyl-6-tert.-butyl-**, *2-Isopropyl-6-tert.-butyl-**, *2.6-Diisopropyl-*, *2.6-Di-tert.-butyl-**, *2.3.6-* u. *2.4.6-Trimethyl-**, *2.6-Dimethyl-3-isopropyl-**, sind angeführt. Die Lage der Hauptabsorptionsbanden im 11—15 μ-Bereich von Methylbenzolen (*Bzl.*, *Toluol*, *o-*, *m-*, *p-Xylol*, *Mesitylen*, *1.2.3-* u. *1.2.4-Trimethyl-*, *1.2.3.5-Tetramethyl-*, *1.3-Dimethyl-2-* u. *-4-äthyl-*, *1.2-Dimethyl-3-äthyl-* u. *1.4-Dimethyl-3-äthylbenzol*) u. den entsprechenden Pyridinderivv. wird verglichen, wobei die Pyridinderivv. im Mittel bei einer um 0,32 μ kürzeren Wellenlänge absorbieren. Die Abweichung der Hauptabsorptionsmaxima beträgt im Mittel nur 0,03 μ, wenn die Banden der Methylpyridine mit denen der Methylbenzole, welche die gleiche Anzahl unsubstituierter H-Atome haben, verglichen werden. — Die Haupt-UV-Absorptionsmaxima u. die entsprechenden Extinktionskoeffizienten der mit * gek. Verbb. in 0,1n HCl u. 0,1n NaOH wurden bestimmt. Die Lagen der UV-Maxima hängen hauptsächlich von der Stellung der Alkylgruppen im Ring ab u. sind im wesentlichen davon unabhängig, ob eine Methyl-, Isopropyl- oder tert. Butylgruppe vorliegt. Die Verschiebungen der Maxima beim Übergang von 2-, zur 3- u. 4-Substitution sind mit Ausnahme bei der 2.3-Disubstitution additiv. (Analytic. Chem. **29.** 1423—26. Okt. 1957. West Lafayette, Ind., Purdue Univ.)
K. F. MÜLLER. B 120

L. H. Briggs und **L. D. Colebrook,** *Konstitution von α- und β-Dipiperiton.* Die IR-Spektren von *α-* u. *β-Dipiperiton* u. ihren *Acetaten* in Chlf. werden aufgenommen, auf

Grund dessen auf eine intramol. H-Brücke im freien Dipiperiton geschlossen wird. Es wird daher der Strukturformel von TAYLOR (C. **1955.** 10501) zugestimmt. (Chem. and Ind. **1955.** 200. 19/2. Auckland, New Zealand, Univ. Coll.) A. STEIMMIG. B 120

B. D. Ossipow, *Hyperfeinstruktur des Rotationsüberganges $I = 3 \rightarrow 4$ des Moleküls $CH_3{}^{127}J$.* Im Bereich 60000 MHz werden 14 Linien der Hyperfeinstruktur des Übergangs $I = 3 \rightarrow 4$ von $CH_3{}^{127}J$ gefunden, von denen je 5 zu K = 1 u. K = 2, 4 zu K = 3 zugeordnet werden. Die entsprechenden Frequenzen liegen für K = 1 bei 60036,35; 60010,55; 59975,55; 59955,05 u. 59965 ± 1 MHz; für K = 2 bei 60076,05; 59937,75; 59922, 75;59975,55 u. 60059,75; für K = 3 bei 60141,55; 59819,35; 59832,75; u. 60011,95. (Оптика и Спектроскопия [Optik u. Spektroskopie] **3.** 94—95. Juli 1957.) R. K. MÜLLER. B 121

Marcel Delépine und **Fernande Larèze,** *Die Spaltung von Phenyläthylessigsäure oder α-Phenyl-n-buttersäure $(C_6H_5)(C_2H_5)CHCOOH$ (mit Überlegungen über Mischkristalle).* Die Meth. der Racematspaltung der *Phenyläthylessigsäure* (I) mit Chinchonidin nach LEVENE [1930] wird verbessert; das rechtsdrehende Salz ist hier am wenigsten löslich. Es zeigt sich jedoch, daß die Trennung bei einem gewissen Geh. an beiden Salzen blokkiert wird u. daß die Spaltung dann in umgekehrter Richtung verläuft u. zur Abtrennung der *l*-Säure führen kann. — Mit Kodein ist das linksdrehende Salz weniger löslich. *Cinchonidinsalze* mit **I,** $C_{10}H_{12}O_2 \cdot C_{19}H_{22}N_2O$, lange dünne filzige Nädelchen aus wss. A., *d-Form, Hydrat,* F. 100° (MAQUENNE-Block); *l-Form, Hydrat,* F. 113° (MAQUENNE-Block). — *Kodeinsalze* mit **I,** $C_{10}H_{12}O_2 \cdot C_{18}H_{21}NO_3 \cdot 4\,H_2O$. *d-Salz, Hydrat,* F. 106—107°; *wasserfreies d-Salz,* F. 146—147°. *l-Salz,* F. 159°. (Bull. Soc. chim. France, Mém. [5] **1955.** 104—08. Jan. Paris, Coll. de France, Labor. de Chim. organ.) H. FECHTER. B 123

Itiro Omura, Hiroaki Baba, Keniti Higasi und **Yuichi Kanaoka,** *Ionisationspotentiale von einigen organischen Molekülen.* 5. Mitt. *Heterocyclische Stickstoffverbindungen.* (4. vgl. C. **1959.** 7069.) Das erste Ionisationspotential wird nach einer modifizierten Meth. des krit. Anstiegs von folgenden Verbb. bestimmt: Pyridazin (9,86 [eV]; $Kp._{14}$ 84—86°, durch Chlorierung von Pyridazin-3.6-diol zum 3.6-Dichlorpyridazin u. dessen Hydrierung an Pd-Kohle in NH_3–A.), *Pyrimidin* (9,91; Kp. 123°, analog aus 2.4-Dichlorpyrimidin), *Pyrazin* [10,01; Kp. 113°, F. 53—54° (Ae.), durch Decarboxylierung von Pyrazin-2.3-dicarbonsäure in Essigsäure], *symm.-Triazin* [10,07; F. 81—82° aus Formamidin u. Na-Diformamid nach GRUNDMANN (C. **1955.** 7684)], *2.3-Lutidin* (9,68; Kp. 161°), *2.4-Lutidin* (9,43; Kp. 157,5—157,8°) u. *2.6-Lutidin* (9,57; Kp. 142,2°). Der Vgl. der Ionisationspotentiale der CH_3-substituierten Pyridine mit denen der entsprechenden Benzolderivv. zeigt, daß bei den untersuchten Lutidinen die nichtbindenden Elektronen des N-Atoms das Ionisationspotential bestimmen. Das Ionisationspotential von Bzl. wird durch Ersetzen der CH-Gruppen durch N erhöht. Berechnungen zeigen, daß auch bei den Di- u. Triazinen das Ionisationspotential in erster Linie durch die nichtbindenden Elektronen der N-Atome u. nicht durch die π-Elektronen bestimmt wird. (Bull. chem. Soc. Japan **30.** 633—37. Sept. 1957. Sapporo, Hokkaido Univ., Research Inst. of Appl. Electricity and Pharmaceut. Inst. [Orig.: engl.]) R. LACMANN. B 131

Herbert Glazer und **Howard Reiss,** *Erratum: Berechnung des Dipolmoments der Kohlenstoff—Wasserstoff-Bindung im Methan nach der Thomas-Fermi-Methode.* Berichtigung zu der C. **1956.** 1839 referierten Arbeit. (J. chem. Physics **24.** 174. Jan. 1956. Boston, Mass., Univ., Chem. Dep.) L. FISCHER. B 132

W. A. Michailow, *Dielektrische Sättigung polarer Flüssigkeiten.* (Vgl. C. **1957.** 2122.) Für den Koeff. der dielektr. Sättigung (b) wird eine Gleichung abgeleitet: $b = [(\bar{\varepsilon} - 1)/8\,n_M\,\mu - (\pi\,\alpha_{def}/6\,\mu)\,(\bar{\varepsilon} + 2)]^2$; $\bar{\varepsilon}$ = DK.; n_M = Moll./Volumeneinheit; μ = Dipolmoment; α_{def} = Deformationspolarisierbarkeit = Summe aus Elektronen- u. Atompolarisierbarkeit. Die danach berechneten Werte für b stimmen mit den experimentellen besser überein als die nach anderen Gleichungen erhaltenen: *W.* b experimentell 1,08 (berechnet 0,96); *Nitrobenzol* 1,44 (1,35); *Glycerin* 1,3 (4,0; 2,9); *Methanol* 2,3 (1,4); *A.* 2,16 (1,45); *n-Propanol* 2,7 (2,1); *n-Butanol* 10 (2,1); *n-Pentanol* 6,8 (1,6); *Chlf.* 0,06 (0,07); *Ae.* 0,08 (0,09). (Журнал Физической Химии [J. physik. Chem.] **30.** 2602—06. Nov. 1956. Moskau, Chem.-technol. Mendelejew-Inst.) R. K. MÜLLER. B 132

Vera Nyrén und **Ernst Back,** *Die Ionisationskonstanten, Löslichkeitsprodukte und Löslichkeiten von Laurin- und Myristinsäure.* Die Ionisationskonstanten (K_s), Löslichkeitsprodd. (K_L) u. Löslichkeiten (L) von undissoziierter *Laurin-* (**I,** F. 42,4°) u. *Myristinsäure* (**II,** F. 52,5°) bei 20° werden mittels potentiometr. Titrationen ihrer in W. gelösten Na-Salze nach der Meth. von BACK u. STEENBERG (vgl. C. **1956.** 5236) gleichzeitig bestimmt, wobei sich der Anionenkonzentrationsbereich von unterhalb der Grenzkonz. der Ionenassoziation bis hinauf zur krit. Micellenbildungskonz. erstreckt. Die Ergebnisse bestätigen die Auffassung von EKWALL (vgl. C. **1959.** 746), nach der die Seifen-Anionen-

Assoziation bei einer bestimmten, gut definierten Konz. beginnt. Unterhalb dieser Grenzkonz. ergeben sich folgende Konstanten: I $pK_S = 5,3$; $pK_L = 10,0$ u. $L = 2,3 \cdot 10^{-5}$ Mol/Liter u. II $pK_S \leq 6,5$; $pK_L = 11,5$ u. $L \leq 0,6 \cdot 10^{-5}$ Mol/Liter. (Acta chem. scand. **12.** 1305—11. 1958. Stockholm, Sweden, Swedish Forest Prod. Res. Labor., Paper Techn. Dep.) W. NIEMITZ. B 139

Vera Nyrén und **Ernst Back,** *Ionisationskonstanten, Löslichkeitsprodukte und Löslichkeiten der Abietin- und Dehydroabietinsäure.* Die Ionisationskonstanten (K_S), Löslichkeitsprodd. (K_L) u. Löslichkeiten in W. (L) der *Abietinsäure* (**I,** $[\alpha]_D^{20} = -105,5^0$) u. der *Dehydroabietinsäure* (**II,** $[\alpha]_D^{20} = 63,0^0$) werden bei 20° mittels potentiometr. Titrationen ihrer in W. gelösten Salze gleichzeitig bestimmt, wobei sich der Konzentrationsbereich der Seifen von unterhalb der Grenzkonz. der Ionenassoziation bis oberhalb der krit. Micellenbildungskonz. erstreckt. Dabei ergeben sich für **I** bzw. **II** folgende Werte: pK_S 6,4 bzw. 5,7; pK_L 11,3 bzw. 10,5 u. L (für die nichtionisierten Verbb.) $(1,2$ bzw. $1,62) \cdot 10^{-5}$ Mol/Liter, L (gesamt) $(1,4$ bzw. $2,2) \cdot 10^{-5}$. Die Gesamtlöslichkeiten werden als Funktion des p_H dargestellt u. es wird gezeigt, daß die wahren Ionisationskonstanten nur unterhalb der Grenzkonz. der Ionenassoziation bestimmt werden können. Diese Grenzkonz. für **I** bzw. **II** werden aus den Ionisationsdaten zu 10^{-2} bzw. $6 \cdot 10^{-3}$ Mol/Liter berechnet. (Acta chem. scand. **12.** 1516—20. 1958. Stockholm, Sweden, Swed. Forest Prod. Res. Labor., Paper Techn. Dep.) W. NIEMITZ. B 139

Howard K. Zimmerman jr., *Untersuchungen über Glucosammoniumchlorid.* 2. Mitt. *Protolysenkonstanten und die Stabilität von Glucosamin in schwach alkalischer, wässeriger Lösung.* (1. vgl. C. **1959.** 9841.) Säuredissoziationskonstanten K_a von *Glucosamin* (**I**) bei verschied. Ionenstärke u. zwischen 15,5—51° wurden durch Messung der p_H-Werte bei Halbneutralisation potentiometr. bestimmt. Die pK_a-Werte nehmen linear mit zunehmender Ionenstärke ab. Die Temperaturabhängigkeit von K_a^0 wird durch folgende Gleichung wiedergegeben: $\log K_a^0 = 73,00 - 16089/T + 9,16 \log T - 0,1704\,T + 0,000016\,T^2$. Bei Neutralisation von **I** mit Alkali u. Zufügen eines sehr geringen Überschusses bleibt der p_H-Wert der Lsg. nicht konstant, sondern verringert sich im Lauf von mehreren Tagen. Dies spricht für die Bldg. saurer Prodd. in schwach alkal. Lsg., deren Mechanismus vom Alkaliabbau der Hydroxyzucker verschieden ist. (J. physic. Chem. **62.** 963—65. Aug. 1958. College Station, Texas, A. & M. Coll. of Texas, Dep. of Chem.) WALTER SCHÄFER. B 139

John Y. Yang, William E. McEwen und **Jacob Kleinberg,** *Anodische Reduktionen.* 4. Mitt. *Reduktion von Nitrobenzol, Nitrosobenzol, Azoxybenzol und Azobenzol.* (3. vgl. C. **1957.** 8750.) Bei der anod. Auflsg. von Mg in Pyridin-NaJ u. in Ggw. von *Nitrobenzol* (**II**) wurde ein abnorm niedriger V_i-Wert von 0,27 beobachtet, was auf eine nichtelektrolyt. Korrosion des Mg hinweist. Da gediegenes Mg von **II** ohne Elektrolyse jedoch nur äußerst langsam angegriffen wird, so muß der niedrige V_i-Wert auf ein Reduktionsprod., welches gediegenes Mg angreift, zurückzuführen sein. V_i-Werte < 2 wurden in Ggw. von *Nitrosobenzol* (**III**), *Azoxybenzol* (**V**), welches Mg langsam korridiert u. *Azobenzol* (**VI**) gefunden, während V_i in Ggw. von 0,5 Mol *Hydrazobenzol* (**IV,** F. 128°) im Anolyten > 2 war. Im Anolyt wurde dann *trans*-**VI** (0,35 g) gefunden, d. h. der Auflösung des Mg überlagert sich eine anod. Oxydation. Die Mengen der gebildeten anod. Reduktionsprodd. stimmen befriedigend mit der anod. gebildeten Mg^+-Menge überein. **VI** wird zu **IV** (gibt mit 6n HCl *Benzidin,* F. 122—126°, 81%) in 87%ig. Ausbeute red., **III** gibt ein Gemisch von **V** (13%) u. trans-**VI** (87%). **II** gibt 38% eines Gemischs mit **V** (17%) u. trans-**VI** (83%) u. aus *Phenylhydroxylamin* entsteht trans-**VI.** Während der Elektrolyse von Mg in Ggw. von **II** bildet sich ein Nd., der nach Zusatz von W. als $Mg(OH)_2$ erkannt wurde. Während der anod. Red. bildet sich also ein Oxydion. Bei der Red. von **V** geht ein Oxydion während der Hydrolyse verloren, freies **VI** entsteht während der Red. nicht. Für die Korrosion wird das Radikalion $C_6H_5\overset{\ominus}{N}-\dot{N}C_6H_5$ (**VII**) verantwortlich gemacht. Dieses korridiert Mg nach einem Radikalkettenmechanismus: **VII** + Mg → $(C_6H_5N)_2^{2-}$ + Mg^+; Mg^+ + **VI** = Mg^{2+} + **VII.** Für diesen Mechanismus spricht u. a., daß die Korrosion des Mg durch die Ggw. von Pyrrol, das freie Radikale abfangen kann, stark unterdrückt wird. (J. Amer. chem. Soc. **80.** 4300—03. 20/8. 1958. Lawrence, Kans., Univ., Chem. Labor.) H. NÖTH. B 141

W. H. Jura und **R. J. Gaul,** *Polarographisches Verhalten unsymmetrischer Polyhalogenverbindungen. Polychlorierte Propionitrile und Derivate.* Die polarograph. Red. halogenierter Propionitrile u. verwandter Verbb. wurde in Lsgg. verschied. Puffer in Ggw. von 10—30% A. untersucht. *2.2.3-Trichlorpropionitril* (**I**; Kp. 154—155°; n_D^{25} 1,4655) lieferte im Polarogramm drei diffusionsbedingte Stufen gleicher Höhe mit den Halbstufenpotentialen ca. −0,2, −1,5 u. −1,9 V (gegen gesätt. Kalomelelektrode). Da *2-Chloracrylonitril* (**II**; Kp. 88°; n_D^{20} 1,4270) zwei bei −1,5 u. −1,9 V u. *Acrylonitril*

(III) nur eine, bei —1,9 V gelegene Stufe liefert, ist anzuehmen, daß die Red. des **I** über **II** u. **III** zu Propionitril verläuft. Analog erfolgt die Red. von *2.2.3-Trichlorpropionamid* [**IV**; $C_3H_4Cl_3NO$, F. (alle FF. korr.) 56,5—57°, aus **I** u. reiner H_2SO_4 bei 100—110°] über *2-Chloracrylamid* (F. 91,5—93,5°, durch Verseifung von **II** mit H_2SO_4 bei 90°) u. *Acrylamid* sowie die des *2.2.3-Trichlorpropionsäure-tert.-butylesters* [$C_7H_{11}Cl_3O_2$, Kp.$_{1,5}$ 62—64°, n_D^{25} 1,4503, aus 2.2.3-Trichlorpropionsäure (**V**) u. Isobutylen in Ae. in Ggw. von H_2SO_4]. **V** (F. 62—64°, durch Hydrolyse von **I**) ergab nur eine p_H-abhängige Stufe, die der Red. (n = 2) zur 2-Chloracrylsäure entsprach. Auch bei der Red. von *2.3-Dichlorpropionsäureäthylester* ($C_5H_8Cl_2O_2$, Kp.$_{17-19}$ 81—83°, n_D^{25} 1,4454, durch Chlorierung von Acrylester) u. *2.3-Dichlorpropionitril* ($C_3H_3Cl_2N$, unreines Prod. mit Kp.$_{26-28}$ 78—79°, n_D^{25} 1,4636, durch Chlorierung von Acrylonitril) erfolgt in zwei irreversiblen Schritten Bldg. der ungesätt. Verb. durch vicinale Halogenabspaltung u. anschließende weitere Reduktion. Die Halbstufenpotentiale waren p_H-unabhängig u. lagen bei —0,88 u. —1,95 bzw. —1,07 u. —1,82 V. *2.3-Dichloracrylonitril* (**VI**; C_3HCl_2N, Kp. 130,5°, n_D^{25} 1,4838, durch 18std. Erhitzen von **I** u. Chinolin unter Rückfluß) erwies sich als Gemisch der cis–trans-Isomeren, ein Befund, der durch kryoskop. Analyse u. Kernresonanzspektren bestätigt wurde. Die Red. beider Isomeren führte stets zu **III** als gemeinsamen Zwischenprod., nahm jedoch verschied. Verlauf, wobei prim. Angriffspunkt in beiden Fällen die β-ständige C—Cl-Bindung war. Während beim trans-**VI** durch trans-Eliminierung das intermediär gebildete Carbeniation unter Chloridabspaltung in *Propiolsäurenitril* u. dieses sofort weiter in **III** überging, war die Cl-Abspaltung beim cis-**VI** aus ster. Gründen unmöglich. Hier lagerte das Carbeniation ein Proton des Lösungsm. unter Bldg. von **II** an, welches erst in einem weiteren Reduktionsschritt **III** lieferte. Da bis zur Bldg. von **III** beim trans-**VI** nur eine Stufe mit n = 4, beim cis-**VI** neben dieser (aber mit n = 2) eine weitere Stufe gleicher Höhe auftrat, ist dadurch die Möglichkeit zur quantitativen Unters. des Isomerengemisches gegeben. Die polarograph. Red. von *2.2.3.3-Tetrachlorpropionitril* (**VII**; C_3HCl_4N, Kp.$_{10}$ 62—65°, durch Chlorierung von 3-Chloracrylonitril) lieferte Stufen bei —0,4 (n = 2), —1,21 (n = 4) u. —1,95 V entsprechend der Reaktionsfolge **VII**–**VI**–**III**–Propionitril. Da die der Red. **VI**–**II** zugeordnete Stufe nicht auftrat, ist die erwartete ausschließliche Bldg. des trans-**VI** bei der Red. des **VII** erwiesen. (J. Amer. chem. Soc. **80**. 5402—09. 20/10. 1958. Stamford, Conn., American Cyanamid Co., Research Div.)
E. MOISAR. B 142

Henning Lund, *Elektroorganische Darstellungen. 5. Mitt. Über die polarographische Bestimmung von Phenolen nach Behandlung mit salpetriger Säure.* (4. vgl. C. **1959**. 65.) Viele p-substituierte Phenole sind polarograph. nicht reduzierbar; bei diesen Verbb. wird eine polarograph. Best. ermöglicht durch Behandlung mit salpetriger Säure. Die Unters. zeigte, daß bei dieser Rk. nicht die Nitrosoverbb., sondern die Nitroverbb. gebildet werden. *4-Hydroxy-3-nitrotoluol* (**I**) wird in einer 6 Elektronen verbrauchenden Rk. reduziert, im Gegensatz zu den Angaben von ASTLE u. CROPPER [1943], das prim. gebildete Phenylhydroxylamin wird wahrscheinlich zu einem Chinonimin umgewandelt, welches dann in einer weiteren 2-Elektronenstufe red. wird. Zur Red. von *4-Hydroxy-3-nitrosotoluol* (**III**, F. 56—58°), werden bei p_H 8 vier Elektronen verbraucht. Im sauren Medium beobachtet man jedoch zwei Stufen, die einer 3- bzw. 1-Elektronenred. entsprechen. Mit steigendem p_H-Wert wächst die zweite Stufe auf Kosten der ersten an. Das Halbstufenpotential liegt im gesamten p_H-Bereich um 0,25—0,3 V positiver als bei der Red. von **I**. Zur Red. von *3-Hydroxy-6-nitrotoluol* (**IV**) werden wiederum 6, zur Red. der entsprechenden Nitrosoverbb. 4 Elektronen in einem einzigen Reduktionsschritt aufgenommen. Das WIELANDsche *2-Nitrosomorpholin* (**II**) verhält sich bei der polarograph. Red. prakt. wie **I**. Die bei —0,85 V (gegen n. Kalomelelektrode) durchgeführte präparative Red. bei p_H 10 (HCO_3'/CO_3''-Puffer) ergab einen Verbrauch von ca. 6 Elektronen pro Mol. **II**. Das gebildete aromat. Amin wurde nach Diazotierung mit Naphthyläthylendiamin zu einem violetten Farbstoff gekuppelt u. so nachgewiesen. Die folgenden Halbstufenpotentiale wurden beobachtet: A) ohne Behandlung mit Nitrit: **II**: 0,84 [V] bei p_H 14, **III**: 0,56/14; 0,36/10; **I**: 0,81/14; 0,766/10; *4-Nitroöstron*: 0,645/10; *3-Hydroxy-6-nitrosotoluol* (**V**): 0,43/10; **IV**: 0,985 10; *2.4-Dinitrophenol*: 0,69 u. 0,97 bei p_H 10. B) nach Behandlung mit Nitrit: *Morphin*: 0,84/14; *p-Kresol*: 0,825/14; 0,76/10; **III**: 0,75/10; *4-Hydroxy-3-aminotoluol*: 0,54 u. 1,02/10; *Östron*: 0,65/10; *m-Kresol*: 0,44, 0,81 u. 1,00/10; **V**: 0,99/10. Die Reduktionsstufen bei p-Kresol entsprechen denen des **I**. Die vorgelagerten Stufen, die ca. 5% der Höhe der Hauptstufen besitzen, werden auf die Ggw. von kleinen Mengen Nitroso- oder Diazokörper zurückgeführt. Gleiches gilt für m-Kresol. Es wird gefolgert, daß bei der Rk. zwischen Nitrit u. dem Phenol als Hauptprod. stets das Nitroderiv. entsteht, doch ist die Bldg. von Nebenprodd. von der Art des Phenols abhängig, so daß für jedes Phenol eine eigene Meth. zur polarograph. Best. ausgearbeitet werden muß. (Acta chem. scand. **12**. 1444—50. 1958. Copenhagen, Leo Pharmac. Products.) H. NÖTH. B 142

Ida Woodward, *Wärmeausdehnung von Hexamethylbenzol.* Zur Best. des Wärmeausdehnungskoeff. von Hexamethylbenzol wurden von Einkristallen Aufnahmen zwischen 20 u. -70^0 angefertigt. Es wurden die folgenden Wärmeausdehnungskoeffizienten bestimmt: $\alpha_1 = 2{,}09 \cdot 10^{-4}$; $\alpha_2 = 0{,}48 \cdot 10^{-4}$ u. $\alpha_3 = 0{,}30 \cdot 10^{-4}$, wobei α_2 u. α_3 nahezu in der (0 0 1)-Ebene liegen. Bezeichnet man mit OX die Normale zu der (1 0 0)-Ebene, mit OZ eine Senkrechte zu OX in der [0 1 0]-Zone, während OY mit der ²b-Achse des Kristalls zusammenfällt, u. bezeichnet mit ψ, φ u. ω die Winkel der α mit den 3 obigen Geraden, dann ist für α_1 (ψ =) 60⁰; (φ =)70⁰; (ω =) 147⁰, für α_2 32⁰; 108⁰ u. 65⁰ u. für α_3 79⁰; 22⁰ u. 70½⁰. Die Zunahme in der Entfernung zwischen den Moll. liegt zwischen 3,3 u. $6{,}5 \cdot 10^{-4}$ Å · Grad⁻¹. (Acta crystallogr. [Copenhagen] **11.** 441—43. 10/6. 1958. Belfast, Queen's Univ., Chem. Dep.) C. GOTTFRIED. B 148

V. Tůmová, M. Přenosil und **J. Pinkava,** *Das Gleichgewicht Flüssigkeit–Dampf im System ε-Caprolactam–Wasser bei normalem und erniedrigtem Druck.* In einem modifiziertem OTLMER-App. wurde das Gleichgewicht Fl.–Dampf in einem Syst. *ε-Caprolactam* (**I**)–W. bei 760 mm Hg u. bei 50 mm Hg gemessen. Die Trennung wss. Lsgg. von **I** in Destillationssäulen verläuft besser im Vakuum als beim n. Druck. Bei Verwendung von Destillationssäulen sind die Monomerenverluste niedriger als bei Regeneration durch Verdampfung. (Chem. Průmysl **8** (**33**). 585—87. Nov. 1958. Praha, Vysoká škola chem.-technol.) J. SCHNEIDER. B 150

R. M. Gascoigne, *Entropieänderungen bei Isomerisierungen.* Zur Unters. der thermodynam. Stabilität verschied. Isomeren werden aus thermodynam. Daten für folgende Arten von Isomerisationen die Werte für die Enthalpie (ΔH), freie Energie (ΔG) u. Entropie (ΔS als TΔS) zusammengestellt: Umgruppierungen durch Kettenbruch [*n-Butan* → *Isobutan, n-Pentan* → *Neopentan, n-Hexan* → *2.3-Dimethylbutan, n-Heptan* (**I**) → *2.2.3-Trimethylbutan,* **I** → *3-Äthylpentan, n-Octan* (**II**) → *4-Methylheptan,* **II** → *3-Äthyl-2-methylpentan,* **II** → *2.2.3.3-Tetramethylbutan, n-Butanol-(1)* → *2-Methylpropanol-(2), n-Pentanol-(1)* → *2-Methylbutanol-(1)*], Ringbldg. u. -spaltung [*Cyclopropan* → *Propen, Cyclobutan* → *Buten-(1), Penten-(1)* → *Cyclopentan, Hexen-(1)* → *Cyclohexan, Hepten-(1)* (**IV**) → *Cycloheptan, Octen-(1)* (**III**) → *Cyclooctan,* **III** → *trans-1.2-Dimethylcyclohexan,* **III** → *Äthylcyclohexan,* **IV** → *Methylcyclohexan, Eikosen-(1)* → *n-Tetradecylcyclohexan, Pentadien-(1.4)* → *Cyclopenten, Hexadien-(1.5)* → *Cyclohexen, trans-Decadien-(1.5)* → *trans-Dekalin*], Ringvergrößerung u. -verkleinerung [*Methylcyclopentan* → *Cyclohexan, 1-Methylcyclopenten* → *Cyclohexen, 1.1-Dimethylcyclopentan* → *Methylcyclohexan* (**V**), *trans-1.2-* u. *trans-1.3-Dimethylcyclopentan* → **V**, *Äthylcyclopentan* → **V**, *Cycloheptan* → **V**, *Cyclooctan* → *Äthylcyclohexan*], cis–trans-Isomerisierung [*Dekalin, 3-* u. *4-Methylpenten-(2), Propenylbenzol, 1.2-Dichloräthylen, Malein-* → *Fumarsäure*], Mutarotation u. Epimerisierung [*β-* → *α-Glucose, β-* → *α-Mannose, α-* → *β-Xylose, α-* → *β-Lactose, β-* → *α-Glucosepentaacetat, Mannit* → *Dulcit, β-Maltose* → *α-Lactose*], Doppelbindungswanderung [*3-* → *1-Methylcyclopenten, 1.5-* → *1.2-Dimethylcyclopenten*], 1.2-Wanderung von Methylgruppen [*3-* → *2-Methylpentan, 2.3-* → *2.2-Dimethylbutan, 3-Äthyl-2-methyl-* → *3-Äthyl-3-methylpentan, cis-1.2-* → *1.1-Dimethylcyclohexan, trans-1.2-* u. *-1.4-* → *cis-1.3-Dimethylcyclohexan, cis-1.2-* → *1.1-Dimethylcyclopentan, cis-1.2-* → *cis-1.3-Dimethylcyclopentan*]; bei den letzten 4 Rkk. ist ΔS klein. Im allg. ist TΔS klein im Vgl. zu ΔH, so daß ΔG u. ΔH gleiches Vorzeichen haben. Eine Ausnahme bilden die Kettenumgruppierungen von höheren Paraffinen, wie Octan u. Heptan, u. die Keto–Enol-Isomerisierung von β-Ketoestern, bei denen die Isomerisierungsrichtung nicht durch ΔH allein bestimmt wird. Nach der Meth. von SOUDERS, MATTHEWS u. HURD werden für folgende Triterpene die thermodynam. Daten berechnet u. aus ihnen die Werte für die Bldg. aus *Squalen*: *Ambrein, Tetracyclosqualen, Onocerin, Lanosterin, Euphol, Dammaradienol, α-, β-Amyrin, Taraxerol, Glutinol, Friedelin, Lupeol* u. *Taraxasterol.* Es werden Betrachtungen über die Thermodynamik der Cyclisierungsumgruppierungen dieser Verbb. in der Biosynth. angestellt. (J. chem. Soc. [London] **1958.** 876—81. Febr. Sydney, N.S.W., Univ. of Technol.) R. LACMANN. B 156

L. M. Jackman und **D. I. Packham,** *Die experimentelle Resonanzenergie von Acridin.* Zur Ermittlung der Resonanzenergien (E_D) von —CH=N-Bindungen in aromat. Verbb. werden die Reaktionswärmen der Red. mit $LiAlH_4$ von sorgfältig durch Gaschromatographie gereinigten Aldiminen in Bis-2-äthoxyäthyläther calorimetr. bestimmt (Werte in kcal/Mol): *Äthyliden-N-n-propylamin* 27,2 ± 0,4, *Propyliden-N-äthyl-* 28,4 ± 0,04, *-N-n-propyl-* 25,0 ± 0,2, *-N-isopropylamin* 21,1 ± 0,04 u. *Isobutyliden-N-äthylamin* 25,1 ± 0,12. Ferner wurden die Lösungswärmen der entstandenen sek. Amine in dem $LiAlH_4$-Reagens bestimmt: *Äthylpropylamin* 6,03 ± 0,11, *Di-n-propylamin* 5,66 ± 0,13, *Propylisopropylamin* 0,40 ± 0,3 u. *Isobutyläthylamin* 4,00 ± 0,35. Aus den Differenzen der Wärmetönungen wird die Reduktionswärme für die —CH=N-Bindung zu durchschnittlich 21,0 ± 0,7 kcal/Mol errechnet. Analog wird die Reduktionswärme der Red. von *Acridin* (I) zu 9.10-Dihydroacridin (II) bei 40° mit 18 kcal/Mol ermittelt. Nach $E_R(I) = \Delta H(I) - \Delta H(-CH{=}N-) + E_R(II)$ ergibt sich für I ein E_R-Wert von 84,0 ± 3 kcal/Mol, der wesentlich niedriger ist als der von Albert u. Willis (Nature [London] **157.** [1946.] 341) aus den Verbrennungswärmen bestimmte. (Proc. chem. Soc. [London] **1957.** 349—50. Dez. London, Imp. Coll. of Sci. and Technol., Dep. of Chem.) H. Lehwald. B 156

Haruhiko Okuyama, *Über die Diffusion von oberflächenaktiven Stoffen.* Innerhalb eines ausgedehnten Konzentrationsbereiches werden die Diffusionskoeffizienten von *Natriumlaurylsulfat* (I) refraktometr. gemessen u. der Einfl. des Elektrolyten (NaCl), der Temp. u. der Konzentrationsunterschiede in der Diffusionszelle untersucht. Der Diffusionsmechanismus von I läßt sich danach mit der gleichen Theorie erklären, die vom Vf. (vgl. C. **1958.** 4741) bereits für den der Diffusion von z. T. wasserlösl. Alkoholen oder Estern in Trimethyldodecylammoniumchloridlsg. entwickelt wurde. Die Diffusion des I wird in Ggw. des Elektrolyten bei höheren Konzz. des oberflächenakt. Mittels hauptsächlich durch unassoziierte Ionen beeinflußt, während bei kleinen Konzz. die Diffusion in n. Weise verläuft. Die Aktivierungsenergien der Diffusion betragen in 0,05 mol. NaCl-Lsg. 1200—1400 cal/Mol (20—35°), in 0,10 mol. NaCl 1100 (25—35°) u. in Abwesenheit von NaCl 2000—2400 (20—35°). (Annu. Rep. sci. Works Fac. Sci., Osaka Univ. **5.** 51—64. 1957. [Orig.: engl.]) W. Niemitz. B 171

Thor A. Bak und **Knud Andersen,** *Die Viscosität binärer Mischungen.* Die Viscositäten der Gemische CCl_4-$CHCl_3$, C_6H_6-$CH_2(C_6H_5)_2$ u. C_7H_{16}-$C_{16}H_{34}$ wurden bestimmt, angegeben werden die Fluiditäten sowie deren Abweichungen vom linearen Verlauf. Diese Abweichung ist bei dem 1. Syst. positiv u. bei den beiden anderen Systemen negativ. Die Überschußfluidität des 1. Syst. wurde mit dem Theorem der korrespondierenden Zustände untersucht u. auf die Dipolwechselwrkg. zurückgeführt. (Acta chem. scand. **12.** 1367—72. 1958. Kopenhagen, Dänemark, Univ., Fysisk.-Kem. Inst.) S. v. Schieszl. B 172

M. Rösch, *Weitere Mitteilung zur Hydratbildung von Polyglykoläthermischungen anomaler Zähigkeit.* (Vgl. Kolloid-Z. **147.** [1956.] 78.) Die Viscosität der wss. Lsgg. eines mit 7 Moll. Äthylenoxyd (I) verätherten Dodecylalkohols (II) geht bei einem mol. Wassergeh. von 11,6 (= 70%ig. Lsg.) durch ein erstes u. von 36,1 (= 43%ig. Lsg.) durch ein zweites Maximum. Die entsprechenden Zahlen für einen mit 7 Moll. I verätherten *Tetradecylalkohol* lauten 13,7 bzw. 35,5. In beiden Fällen beträgt für das 1. Maximum die Zahl der H_2O-Moll. pro O-Atom des Polyäthers 1,5—1,7, für das 2. 4,4—4,5. Elektronenmkr. Aufnahmen an den II-Äthern zeigen, daß bei dem zweiten Maximum nadelförmige, beim ersten Maximum aber kompakte Teilchen vorliegen. (Kolloid-Z. **152.** 149 bis 115. Juni 1957. Krefeld, Chem. Fabrik Stockhausen & Cie., textilchem. Labor.) O. Fuchs. B 172

Malte Mattisson und **Olof Samuelson,** *Die Verteilung von Polyalkoholen zwischen organischen Ionenaustauschern und Wasser.* Untersucht wird die Verteilung von *Äthylenglykol* (I), *Glycerin* (II) u. *Sorbit* (III) zwischen wss. Lsgg. u. verschied. Typen von Ionenaustauschern. Danach ist die Konz. in der Austauscherphase niedriger als in der wss. Phase. Von wesentlichem Einfl. ist die Art der Gegenionen u. der Vernetzungsgrad des Austauschers. Die Anwendbarkeit der Gibbs-Donnan-Theorie wird diskutiert. Für alle untersuchten Austauscher nimmt der Verteilungskoeff. der Alkohole in der Reihenfolge **III < II < I** zu. (Acta chem. scand. **12.** 1386—94. 1958. Göteborg, Sweden, Chalmers Tekn. Högsk., Dep. of Engng. Chem.) S. v. Schieszl. B 177

G. W. Gray, Brynmor Jones und **F. Marson,** *Mesomorphie und chemische Konstitution.* 7. Mitt. *Der Einfluß der Halogensubstitution auf die Mesomorphie der trans-p-nAlkoxyzimtsäuren.* (6. vgl. C. **1958.** 7075.) In Fortführung der (vgl. J. chem. Soc. [London] **1954.** 1467) begonnenen Verss. werden eine Anzahl trans-4-n-Alkoxy-3-chlor-, -3-brom- u. -3-jodzimtsäuren mit Alkoxy = CH_3O- bis Octadecyloxygruppen dargestellt u. nach früher entwickelten Methoden auf ihre Umwandlungstempp. untersucht. In der Chlorreihe wird Mesomorphie zuerst beim Hexyläther festgestellt; smekt. u. nemat. Phasen sind monotrop. Im Heptyl- u. Octyläther ist die smekt. Phase monotrop, die nemat. enantiotrop. Mit steigender Stabilität der smekt. Phase im Nonyl-, Decyl- u. Dodecyläther treten beide Typen in enantiotropen Phasen auf, die Hexadecyl- u. die Octadecyläther zeigen dagegen nur smekt. Verhalten. Das Diagramm: FF. u. mesomorphe Umwandlungstempp., gegen die Anzahl der C-Atome der Seitenkette aufgetragen, zeigt eine Kurve mit positiver Steigerung von C_7—C_{12}; sie folgt dann der abfallenden Kurve der nemat. u. smekt.-isotropen Umwandlungspunkte der Verbb. mit geradzahliger Seitenkette. Die FF. der Verbb. fallen hyperbol. (zunächst steil) ab u. durchlaufen bei C_{12} ein Minimum. Diese Kurve schneidet die der Umwandlungspunkte smekt.-nemat. zwischen dem

Octyl- u. Nonyläther. In der 3-Bromserie zeigen nur der Dodecyl-, Hexadecyl- u. Oktadecyläther Mesophasen. Bei ersterem konnte nur ein isotrop.-nemat. Punkt betsimmt werden, die anderen beiden zeigen smekt.-monotrope Phasen. In den 4-n-Alkoxyzimtsäuren bewirkt die Einführung eines Cl-Atoms in $C_{(3)}$ eine Abnahme der mesomorphen Umwandlungstemp. um 30,7°. Diese Abnahme wird einmal durch den C—Cl-Dipol bedingt, der die Molpolarisation erhöht u. die therm. Stabilität erniedrigt, zum anderen die Molekülbreite vergrößert u. damit die zwischenmol. Kräfte vermindert die die Molorientierung in der Mesophase bewirken. Bei der Enführung eines Br-Atoms verstärkt sich dieser Effekt (Umwandlungstemperaturabnahme 36,7°), bei der Einführung eines J-Atoms wird die Mol.-Breite vergrößert, die permanente Polarisation ist kleiner als bei den entsprechenden Br- oder Cl-Verbb., 4-Alkoxy-3-jodzimtsäuren zeigen daher keine Mesomorphie. Die Ergebnisse werden mit den früher (l. c.) an 4-n-Alkoxybenzoesäuren erhaltenen verglichen: Der stärkere Einfl. von 3-Chlorsubstituenten bei den Benzoesäuren wird mit ster. Gründen erklärt. Allg. kann festgestellt werden, daß ein 3-Halogensubstituent die Stabilität der smekt. Phasen weniger herabsetzt, als die der nemat. Phasen. Die l. c. festgestellte Reihe abnehmender mesomorpher Stabilität (Naphthoesäure > Zimtsäure > Benzoesäure) ist auch für die 3-Halogenderivv. gültig.

Versuche (FF. korr.): *4-n-Alkyoxybenzaldehyde*, aus p-Hydroxybenzaldehyden (l. c.). 4-n-Alkoxy-3-chlorbenzaldehyde, durch 6std. Kochen von 0,1 Mol der entsprechenden vorst. Verb. u. Dichloramin T in Eisessig u. wenig konz. HCl, Rekristallisation aus 90%ig. A.; wachsartige Kristalle mit ungenauem F.: *4-Methoxy-*, $C_8H_7ClO_2$, F. 53°, Kp.$_5$ 128°. — *4-Äthoxy-*, $C_9H_9ClO_2$, F. 64,5°, Kp.$_5$ 123°. — *4-n-Propoxy-*, $C_{10}H_{11}ClO_2$, F. 42°, Kp.$_4$ 118°. — *4-n-Butoxy-*, $C_{11}H_{13}ClO_2$, F. 27°, Kp.$_3$ 140°. — *4-n-Pentoxy-*, $C_{12}H_{15}ClO_2$, F. 32°, Kp.$_9$ 177°. — *4-n-Hexoxy-*, $C_{13}H_{17}ClO_2$, F. 30°, Kp.$_4$ 152°. — *4-n-Heptoxy-*, $C_{14}H_{19}ClO_2$, F. 34°, Kp.$_4$ 160°. — *4-n-Octoxy-*, $C_{15}H_{21}$·ClO_2, F. 40°, Kp.$_2$ 151°. — *4-n-Nonoxy-*, $C_{16}H_{23}ClO_2$, F. 55°, Kp.$_6$ 189°. — *4-n-Decyloxy-*, $C_{17}H_{25}ClO_2$, F. 54°, Kp.$_2$ 180°. — *4-n-Dodecyloxy-*, $C_{19}H_{29}ClO_2$, F. 58,5°, Kp.$_4$ 189°. — *n-Hexadecyloxy-*, $C_{23}H_{37}ClO_2$, F. 67,5°, Kp.$_1$ 216°. — *n-Octadecyloxy-*, $C_{25}H_{41}ClO_2$, F. 71,5°, Kp.$_2$ 278°. — trans-4-n-Alkoxy-3-chlorzimtsäuren, durch 3std. Erhitzen von 0,01 Mol vorst. Verb. u. 0,02 Mol Malonsäure in Pyridin u. Piperidin auf 100°, Kristallisation aus Eisessig; 70—90% (Ausbeute): *4-Methoxy-*, $C_{10}H_9ClO_3$, Umwandlungstemp. zur isotropen Phase (UTi) 251°. — *4-Äthoxy-*, $C_{11}H_{11}ClO_3$, UTi 206°. — *4-n-Propoxy-*, $C_{12}H_{13}ClO_3$, UTi 183,5°. — *4-n-Butoxy-*, $C_{13}H_{15}ClO_3$, UTi 170°. — *4-n-Pentoxy-*, $C_{14}H_{17}ClO_3$, UTi 159,5°. — *4-n-Hexoxy-*, $C_{15}H_{19}ClO_3$, Umwandlungstemp. zur smekt. Phase (UTs) (< 140,5°), Umwandlungstemp. zur nemat. Phase (UTn) (144°), UTi 148°. — *4-n-Heptoxy-*, $C_{16}H_{21}ClO_3$, UTs (120°), UTn 136,5°, UTi 140,5°. — *4-n-Octoxy-*, $C_{17}H_{23}ClO_3$, UTs (127°), UTn 130,5°, UTi 140°. — *4-n-Nonoxy-*, $C_{18}H_{25}ClO_3$, UTs 125,5°, UTn 131°, UTi 138°. — *4-n-Decyloxy-*, $C_{19}H_{27}ClO_3$, UTs 122°, UTn 133°, UTi 137°. — *4-n-Dodecyloxy-*, $C_{21}H_{31}ClO_3$, UTs 116°, UTn 133,5°, UTi 134°. — *4-n-Hexadecyloxy-*, $C_{25}H_{39}ClO_3$, UTs 115,5°, UTi 129°. — *4-n-Octadecyloxy-*, $C_{27}H_{43}ClO_3$, UTs 118,5°, UTi 126,5°. — 4-n-Alkoxy-3-brombenzaldehyde, durch Kochen von 0,1 Mol des entsprechenden vorst. p-Alkoxybenzaldehyds mit 0,1 Mol Br_2 u. wenig J_2 in CCl_4; Rekristallisation aus A./PAe.; 50—70%: *4-Methoxy-*, $C_8H_7BrO_2$, F. 53°. — *4-Äthoxy-*, $C_9H_9BrO_2$, F. 60,5°. — *4-n-Hexoxy-*, $C_{13}H_{17}BrO_2$, F. 47°. — *4-n-Heptoxy-*, $C_{14}H_{19}BrO_2$, F. 51°. — *4-n-Octoxy-*, $C_{15}H_{21}BrO_2$, F. 55°. — *4-n-Nonoxy-*, $C_{16}H_{23}BrO_2$, F. 59,5°. — *4-n-Decyloxy-*, $C_{17}H_{23}BrO_2$, F. 59,5°. — *4-n-Dodecyloxy-*, $C_{19}H_{29}BrO_2$, F. 66,5°. — *4-n-Hexadecyloxy-*, $C_{23}H_{37}BrO_2$, F. 72°. — *4-n-Octadecyloxy-*, $C_{25}H_{41}BrO_2$, F. 82,5°. — trans-4-n-Alkoxy-3-bromzimtsäuren, analog vorst. Chlorderivv.; 75—85%: *4-Methoxy-*, $C_{10}H_9BrO_3$, UTi 250,5°. — *4-Äthoxy-*, $C_{11}H_{11}BrO_3$, UTi 214,5°. — *4-n-Hexoxy-*, $C_{15}H_{19}BrO_3$, UTi 160,5°. — *4-n-Heptoxy-*, $C_{16}H_{21}BrO_3$, UTi 149°. — *4-n-Octoxy-*, $C_{17}H_{23}BrO_3$, UTi 142°. — *4-n-Nonoxy-*, $C_{18}H_{25}BrO_3$, UTi 139,5°. — *4-n-Decyloxy-*, $C_{19}H_{27}BrO_3$, UTi 136,5°. *4-n-Dodecyloxy-*, $C_{21}H_{31}BrO_3$, UTs (< 127°), UTn (128°), UTi 129°. — *4-n-Hexadecyloxy-*, $C_{25}H_{39}BrO_3$, UTs (122,5°), UTi 126°. — *4-n-Octadecyloxy-*, $C_{27}H_{43}BrO_3$, UTs (121°), UTi 125°. — 4-n-Alkoxy-3-jodbenzaldehyde, durch 1/4std. Zutropfen von konz. H_2SO_4 zu einer Mischung aus 0,05 Mol des entsprechenden p-Alkoxybenzaldehyds, 0,063 Mol J_2 u. 0,07 Mol HgO in A., 12std. Rühren, Rekristallisation aus PAe.; *4-Methoxy-*, $C_8H_7JO_2$, F. 110,5°. — *4-n-Butoxy-*, $C_{11}H_{13}JO_2$, F. 22°. — *4-n-Hexoxy-*, $C_{13}H_{17}JO_2$, F. 34,5°. — *4-n-Heptoxy-*, $C_{14}H_{19}JO_2$, F. 37°. — *4-n-Octoxy-*, $C_{15}H_{21}JO_2$, F. 44°. — *4-n-Nonoxy-*, $C_{16}H_{23}JO_2$, F. 47,5°. — *4-n-Decyloxy-*, $C_{17}H_{25}JO_2$, F. 52°. — *4-n-Dodecyloxy-*, $C_{19}H_{29}JO_2$, F. 59,5°. — *4-n-Hexadecyloxy-*, $C_{23}H_{37}JO_2$, F. 75°. — *4-n-Octadecyloxy-*, $C_{25}H_{41}JO_2$, F. 76,5°. — trans-4-n-Alkoxy-3-jodzimtsäuren, analog den vorst. Halogenzimtsäuren: Rekristallisation aus Eisessig; 90—95%: *4-Methoxy-*, $C_{10}H_9JO_3$, F. 239,5°. — *4-n-Butoxy-*, $C_{13}H_{15}JO_3$, F. 193°. — *4-n-Hexoxy-*, $C_{15}H_{19}JO_3$, F. 181°. — *4-n-Heptoxy-*, $C_{16}H_{21}JO_3$,

F. 169°. — *4-n-Octoxy-*, $C_{17}H_{23}JO_3$, F. 158°. — *4-n-Nonoxy-*, $C_{18}H_{25}JO_3$, F. 157,5°. — *4-n-Decyloxy-*, $C_{19}H_{27}JO_3$, F. 156,5°. — *4-n-Dodecyloxy-*, $C_{21}H_{31}JO_3$, F. 150,5°. — *4-n-Hexadecyloxy-*, $C_{25}H_{39}JO_3$, F. 147,5°. — *4-n-Octadecyloxy-*, $C_{27}H_{43}JO_3$, F. 142°. (J. chem. Soc. [London] **1956.** 1417—23. Juni. Hull, Univ.) H. LEHWALD. B 186

R. Shiono, D. W. J. Cruickshank und **E. G. Cox,** *Verfeinerung der Kristallstruktur von Pentaerythrit.* (Acta crystallogr. [Copenhagen] **11.** 389—91. 10/6. 1958. Leeds, Univ., School of Chem. — C. **1959.** 427.) C. GOTTFRIED. B 195

D. B. Chesnut und **R. E. Marsh,** *Die Kristallstruktur von Cyclopropancarbohydrazid. Cyclopropancarbonsäurehydrazid* krist. in Nadeln parallel zur b-Achse mit nahezu quadrat. Querschnitt. WEISSENBERG-Aufnahmen ergaben monokline Symmetrie mit der Elementarzelle a = 9,813; b = 4,847; c = 11,660 Å; β = 97° 43′. Raumgruppe ist C_{2h}^5 — P 2_1/c; Z = 4. Die Struktur wurde mit Hilfe von PATTERSON-Projektionen u. dreidimensionalen FOURIER-Synthesen aufgeklärt. Die folgenden Parameter wurden festgelegt (Bezifferung vgl. nebenst. Figur):

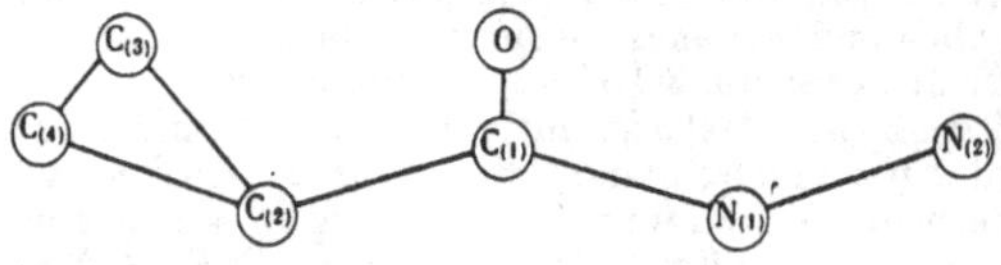

$C_{(1)}$ (x =) 0,1973; (y =) 0,7845; (z =) 0,4908; $C_{(2)}$: 0,3007; 0,6492; 0,5764; $C_{(3)}$: 0,3263; 0,7698; 0,6977; $C_{(4)}$: 0,4306; 0,8001; 0,6181; O: 0,1840; 0,0332; 0,4867; $N_{(1)}$: 0,1227; 0,6084; 0,4210; $N_{(2)}$: 0,0124; 0,7016; 0,3374; $H_{(1)}(C_{(2)})$: 0,301; 0,435; 0,568; $H_{(2)}(C_{(3)})$: 0,334; 0,647; 0,772; $H_{(3)}(C_{(3)})$: 0,265; 0,940; 0,721; $H_{(4)}(C_{(4)})$: 0,521; 0,691; 0,636; $H_{(5)}(C_{(4)})$: 0,453; 0,984; 0,585; $H_{(6)}(N_{(1)})$: 0,133; 0,409; 0,438; $H_{(7)}(N_{(2)})$: —0,067; 0,815; 0,367; $H_{(8)}(N_{(2)})$: 0,021; 0,877; 0,286. Die Gruppe $C_{(2)}C_{(1)}ON_{(1)}$ ist eben mit einer maximalen Abweichung von 0,002 Å u. liegt angenähert senkrecht zu dem Cyclopropanring. $N_{(2)}$ u. die Mitte der $C_{(3)}$—$C_{(4)}$-Bindung liegen 0,08 Å außerhalb dieser Ebene. Der Abstand $C_{(1)}$—$C_{(2)}$ mit 1,478 Å ist beträchtlich kürzer als der n. Einzelbindungsabstand von 1,54 Å. Es wird als wahrscheinlich angenommen, daß diese Verkürzung auf die Konjugationswrkg. des Cyclopropanringes zurückzuführen ist. Die Moll. bilden eine schichtähnliche Struktur mit einer Orientierung der Schichten parallel der (1 0 1)-Ebene. Die Moll. werden durch Ketten von NH···O—H-Bindungen, die parallel der b-Achse verlaufen, u. ein Netzwerk von schwachen NH···N-Bindungen entlang der zweizähligen Schraubenachse zusammengehalten. (Acta crystallogr. [Copenhagen] **11.** 413—19. 10/6. 1958. Pasadena, Calif., Inst. of Technol., Gates and Crellin Labor. of Chem.) C. GOTTFRIED. B 195

H. C. Watson und **A. Hargreaves,** *Die Kristallstruktur von β-Naphthol.* Die monokline Elementarzelle von *β-Naphthol* hat die Abmessungen a = 8,185 ± 0,015; b = 5,950 ± 0,003; c = 36,29 ± 0,01 Å; β = 119° 52′ ± 7′. Ein positiver pyroelektr. Effekt u. statist. Prüfungen der Röntgenintensitäten zeigten, daß die Kristalle nicht zentrosymm. sind. Raumgruppe ist daher nur Ia; Z = 8. Eine vorläufige Struktur wurde mit Hilfe opt. Transformationen erhalten, welche dann mittels 2dimensionaler FOURIER-Synthesen verfeinert wurde. Für die beiden nicht äquivalenten Moll. ($O_{(1)}$, $C_{(1)}$—$C_{(10)}$ für das eine Mol., $O_{(2)}$, $C_{(11)}$—$C_{(20)}$ für das zweite Mol.) wurden die folgenden Parameter (in Å) bestimmt: $O_{(1)}$ (x =) 3,10; (y =) 1,26; (z =) 8,65; $O_{(2)}$: 1,07; 0,78; 9,76; $C_{(1)}$: 1,38; 1,52; 1,66; $C_{(2)}$: 2,07; 0,32; 2,14; $C_{(3)}$: 2,52; 0,01; 3,71; $C_{(4)}$: 2,28; 0,87; 4,66; $C_{(5)}$: 2,88; 0,58; 6,21; $C_{(6)}$: 2,58; 1,47; 7,08; $C_{(7)}$: 1,89; 2,70; 6,49; $C_{(8)}$: 1,36; 2,94; 5,06; $C_{(9)}$: 1,64; 2,12; 4,09; $C_{(10)}$: 1,07; 2,40; 2,49; $C_{(11)}$: 1,53; 1,26; 11,23; $C_{(12)}$: 1,23; 0,48; 12,21; $C_{(13)}$: 1,78; 0,87; 13,69; $C_{(14)}$: 1,47; 0,06; 14,78; $C_{(15)}$: 2,03; 0,43; 16,22; $C_{(16)}$: 2,80; 1,75; 16,78; $C_{(17)}$: 3,22; 2,56, 15,88; $C_{(18)}$: 2,61, 2,14, 14,27 $C_{(19)}$: 2,92; 2,86, 13,28; $C_{(20)}$: 2,38; 2,49; 11,76. In dem Gitter bilden die Moll. Schichten, die parallel zu der (0 0 1)-Ebene liegen. Alle Moll. in einer gegebenen Schicht sind zueinander u. zu Moll. in abwechselnden Schichten äquivalent. Jedes Mol. in einer gegebenen Schicht ist durch eine H-Bindung an ein benachbartes Mol. in der gleichen Schicht gebunden, von Moll. in der anderen benachbarten Schicht durch die üblichen VAN DER WAALSschen Abstände getrennt. Der kürzeste Abstand zwischen C-Atomen in verschied. Moll. beträgt 3,5 Å. Durch die H-Bindungen in dem Kristall werden Ketten gebildet, die parallel der a-Achse der Zelle verlaufen. (Acta crystallogr. [Copenhagen] **11.** 556—62. 10/8. 1958. Manchester, Coll. of Sci. and Technol., Phys. Dep.) C. GOTTFRIED. B 195

James Trotter, *Die Kristallstruktur einiger Anthracenderivate.* 1. Mitt. *Kristalldaten.* Von den folgenden Verbb. wurden die Elementarzellen u. die Raumgruppen bestimmt: *9.10-Dibromanthracen* (**I**), *9.10-Dichloranthracen* (**II**), *9.10-Dinitroanthracen* (**III**) u. *9-Nitroanthracen* (**IV**). Ergebnisse: **I** triklin, a = 4,06; b = 8,88; c = 16,15 Å; α = 98° 50 ; β = 97° 05 ; γ = 100° 21 ; D. 1,981; Raumgruppe C_i — P $\bar{1}$; Z = 2; **II**:

monoklin; a = 7,04; b = 17,93; c = 8,63 Å; β = 102° 56′; D. 1,525; Raumgruppe C_{2h}^5 — P 2_1/a, Z = 4, **III**: triklin, a = 3,95, b = 8,68, c = 9,87 Å. α = 106° 46′; β = 98° 59′; γ = 98° 01′; D. 1,591; Raumgruppe C_i — P $\bar{1}$; Z = 1 u. **IV**: monoklin; a = 7,49; b = 13,77; c = 11,44 Å; β = 115° 11 ; D. 1,375; Raumgruppe C_{2h}^5 — P 2_1/a; Z = 4. (Acta crystallogr. [Copenhagen] **11.** 564. 10/8. 1958. Ottawa, Canada, Nat. Res. Council, Div. of Pure Phys.) C. Gottfried. B 195

James Trotter, *Die Kristallstruktur von 1.14-Benz-bis-anthren. 1.14-Benz-bis-anthren*, $C_{30}H_{14}$, krist. in nach (0 1 0) gestreckten tiefvioletten Platten mit kleinen (1 0 0)- u. (0 0 1)-Flächen u. guter Spaltbarkeit parallel der (1 0 0)-Fläche. Dreh- u. Schwenkaufnahmen ergaben monokline Symmetrie mit der Elementarzelle a = 36,13 ± 0,10; b = 10,26 ± 0,04; c = 4,68 ± 0,01 Å; β = 90,0 ± 0,5°. Auf Grund der Strukturbest. wurde als Raumgruppe C^2 — P a festgestellt, woraus folgt, daß in der symm. Einheit 2 Moll. vorhanden sind; Z = 4. Mit Hilfe einer (h k 0)-Patterson-Synth. u. einer Elektronendichteprojektion auf (0 0 1) wurden die x- u. y-Parameter der beiden Moll. in der asymm. Einheit festgelegt. Die gefundenen Parameter sind (wegen der Bezifferung vgl. die nebenst. Figur): C-Atom 1: (x =) 0,0268; (y =) 0,1988; 2: 0,0252; 0,3339; 3: 0,0536; —0,0275; 4: 0,0523; 0,1158; 5: 0,0503; 0,3770, 6: 0,0520; 0,5173; 7: 0,0806; —0,0971; 8: 0,0786; 0,1632; 9: 0,0782; 0,3031; 10: 0,0758; 0,5659; 11: 0,1082; —0,0589; 12: 0,1055; 0,0780; 13: 0,1046, 0,3452; 14: 0,1051; 0,4864; 15: 0,1331; —0,1388; 16: 0,1341, 0,1197, 17: 0,1307; 0,2616; 18: 0,1303; 0,5314; 19: 0,1590; —0,0957; 20: 0,1584; 0,0400; 21: 0,1565; 0,3051, 22: 0,1556; 0,4421; 23: 0,1850; —0,1811; 24: 0,1833; 0,0856; 25: 0,1851; 0,2287; 26: 0,1817; 0,4897; 27: 0,2090; —0,1281; 28: 0,2099; 0,0117; 29: 0,2096; 0,2795; 30: 0,2088; 0,4189; 1′: —0,0263; —0,0530; 2′: —0,0260; —0,1879; 3′: —0,0542; 0,1672; 4′: —0,0533; 0,0253;

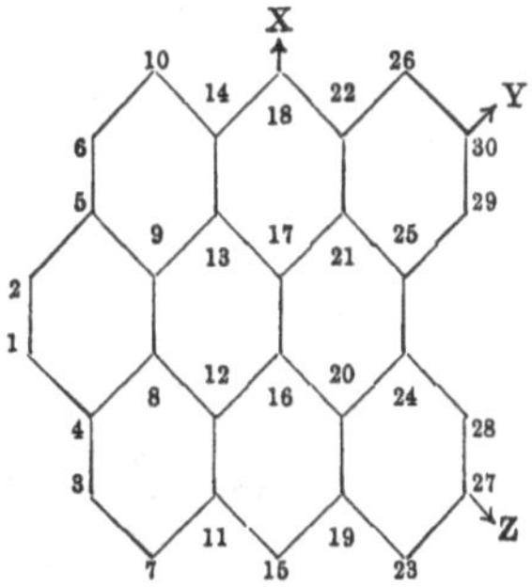

5′: —0,0505; —0,2409; 6′: —0,0502; —0,3811; 7′: —0,0799; 0,2458; 8′: —0,0788; —0,0181; 9′: —0,0744; —0,1571; 10′: —0,0753; —0,4214; 11′: —0,1078; 0,2037 12′: —0,1056; 0,0653; 13′: —0,1031, —0,2025; 14′: —0,1035; —0,3421; 15′: —0,1334; 0,2846; 16′: —0,1316; 0,0209; 17′: —0,1229; —0,1214; 18′: —0,1287; —0,3840; 19′: —0,1591; 0,2407; 20′: —0,1581; 0,1016; 21′: —0,1555; —0,1645; 22′: —0,1549; —0,3041; 23′: —0,1863; 0,3214; 24′: —0,1852; 0,0591; 25′: —0,1845; —0,0860; 26′: —0,1813; —0,3503; 27′: —0,2110; 0,2745; 28′: —0,2106; 0,1355; 29′: —0,2090; —0,1341; 30′: —0,2077; —0,2715. Die C-Atome des Mol. liegen annähernd in einer Ebene, u. zwar mit einem mittleren C—C-Abstand von 1,415 Å. Die in der Ebene des Mol. liegenden Geraden **X**, **Y** u. **Z** (vgl. Figur) u. die Linien in dem zweiten Mol. der asymm. Einheit sind gegen die (0 0 1)-Ebene unter 6,6; 42,4 u. 25,3° geneigt. Aus dieser gleichen Neigung der beiden Moll. folgt, daß die Ebenen beider Moll. parallel zueinander liegen. (Acta crystallogr. [Copenhagen] **11.** 423—28. 10/6. 1958. Glasgow, Univ., Chem. Dep.) C. Gottfried. B 195

Alexander Rich und **David M. Blow**, *Die Bildung eines schraubenförmigen Steroidkomplexes.* Bei Pufferung einer wss. Na-Desoxycholat (**III**)-Lsg. mit Glycylglycin (**II**) oder Säurezusatz wird die Lsg. bei $p_H < 6,8$ stark viscos, u. weitere reichliche Säurezugabe bewirkt Fällung seiner „*unlösl. Desoxycholsäure*". Hohe Ionenstärke begünstigt den Lösungszustand dieses „*Komplexes*" (**I**). p_H-Steigerung macht die **I**-Bldg. sofort rückgängig. Aus den viscosen **I**-Lsgg. lassen sich lange, glasige, im trockenen Zustand klare, spröde Fasern (schwache Strömungsdoppelbrechung von —0,002) ziehen. Auf Grund röntgenograph. Unterss. (sehr gut ausgebildete Beugungsdiagramme) besitzt **I** eine schraubenförmige Struktur (Ganghöhe 6,6 Å, unabhängig von der **II**-Menge) u. hat makromol. Dimensionen. Der **I**-Durchmesser variiert mit der zugefügten **II**-Menge (a-Achse des Hexagonalgitters für Mol-Verhältnisse **II**/**III** 0:1 bis 3:1, 36,2—49,1 Å). Die **I**-Bldg. wird durch Protonen ausgelöst, die vielleicht nach Addition an die COO^--Gruppe über H-Brückenbindungen den Zusammenhalt von Steroidresten bewirken. Na-Cholat, -Glykocholat, -Taurocholat, -Lithocholat u. -Apocholat zeigten keine Komplexbildung. Die Beziehung zwischen **I**- u. „Choleinsäure"-Bldg. wird besprochen. (Nature [London] **182.** 423—26. 16/8. 1958. Bethesda, Md., Nat. Inst. of Mental Health, Sect. on Physic. Chem.) K. Maier. B 223

G. R. Rowley und **W. W. Wainio**, *Die Bindung von Natriumdesoxycholat durch Cytochrom c.* Die Bindung von Na-Desoxycholat (**I**) an das bas. Protein Cytochrom c(**II**) wurde mittels Elektrophorese, Gleichgewichtsdialyse u. Spektralanalyse untersucht. Die elektrophoret. Beweglichkeit μ von **II**, das anfänglich als Kation (bei p_H 8,55) wandert, nimmt mit wachsender **I**-Konz. ab u. ist bei 0,0069 mol. **I**-Konz. (Mol-Verhältnis **II**/Gesamtanion 1:17) Null. Bei weiterer Steigerung der **I**-Konz. steigt μ, mit entgegengesetzter Wanderungsrichtung, wieder an (**II**–Anion-Komplex). Auf Grund der Elektrodialyse läßt sich die Bindung durch die Gleichung $1/R = 1/n - (K/n)(1/A)$, wobei 1/R bzw. 1/A Mol Gesamtprotein/Mol gebundenes Anion bzw. der reziproke Wert der Mole freies Anion, n Maximalzahl der pro Eiweißmol. gebundenen Anionen (= 12) bedeuten, wiedergegeben. Dieser Wert für n stimmt gut mit der bei p_H 8,55 am **II**-Mol. befindlichen berechneten Zahl positiver Überschußladungen (+ 13) überein. Bei p_H 11,9 war die Bindung zu vernachlässigen. Das Ferro-**II**-Absorptionsspektr. weist in Abwesenheit von $Na_2S_2O_4$ ein Maximum bei 315 mμ auf. (J. Amer. chem. Soc. **80**. 4384—86. 20/8. 1958. New Brunswick, N. J., Rutgers Univ., Bur. of Biol. Res.)

K. Maier. B 223

Ja. M. Warschawski, M. G. Loshkina und **A. I. Schatenstein,** *Untersuchung des Wasserstoffaustausches mit flüssigem Fluordeuterid.* Untersucht wurden die Löslichkeit von organ. Verbb. in HF, der Einfl. von BF_3 auf diese Löslichkeit u. die Färbung der Lsgg., der Verteilungskoeff. α des Deuteriums zwischen C–H-Bindungen aromat. Verbb. u. HF u. der H–D-Austausch zwischen fl. DF u. aromat. KW-stoffen. Bei 20° ergab sich ein α-Wert von 1,16. Es wurde ein H–D–Austausch auch bei einigen gesätt. KW-stoffen, wie *Methylcyclopentan, Methylcyclohexan* u. *Dekalin,* festgestellt. BF_3 katalysiert den Isotopenaustausch. Eine Zunahme der DK. u. der Polarität des Lösungsm. beschleunigte den Isotopenaustausch. Eine Umwandlung der Substanz in ein positiv geladenes Ion erschwerte denH–D-Austausch mit der Säure, die Ggw. eines tert. C-Atoms u. eine Oxydation des Methin-H im Mol des gesätt. KW-stoffs sind keine unbedingte Voraussetzung. Angegeben werden Ergebnisse von Verss. mit *Bzl., Anthracen, Toluol, Mesitylen, Hexamethylbenzol, Benzoesäure, Nitrobenzol, 3-Äthylpentan, 4-Methylheptan, Cyclopentan* u. *-hexan, n-Hexan, n-Heptan* u. *n-Octan.* (Журнал Физической Химии [J. physik. Chem.] **31**. 1377—86. Juni 1957. Moskau, Physikal.-Chem. Karpow-Inst.)

O. Lebtag. B 224

J. D. Fitzpatrick und **Milton Orchin,** *Der Verbleib des Selens bei der Ölsäureisomerisierung.* Bei der mit konstanter, von der ursprünglichen Menge des schwarzen Se unabhängiger Geschwindigkeit verlaufenden *Ölsäure*-Isomerisierung geht das Se allmählich in Lösung. Vff. stellen fest, daß beim Abkühlen der Lsg. ein Teil des bei 200° gelösten Se als rotes Se ausfällt, u. zwar so lange in konstanter Menge (ca. 30% des gesamten Se), wie noch schwarzes Se vorhanden ist, dann fällt die Menge rasch ab; die des gelösten Se nimmt also ständig zu. Vff. halten die in konstanter Menge vorliegende Se-Form, die beim Abkühlen rotes Se liefert, für den akt. Katalysator, während das ungelöste u. das gelöst bleibende Se inakt. sind. Diese Befunde stützen den von Vff. (C. **1959**. 1069) vorgeschlagenen Mechanismus der Ölsäureisomerisierung. (J. org. Chemistry **23**. 918—19. 20/6. 1958. Cincinnati, Ohio, Univ., Appl. Sci. Dep.) W. Lecke. B 225

J. H. C. Nayler, *Die Darstellung und Umlagerung von Benzoaten und substituierten Benzoaten der Dibrompropanole.* Durch Erhitzen von 2.3-Dibrompropanol-(1) (**III**) bzw. 1.3-Dibrompropanol-(2) (**IV**) mit Benzoylchlorid (**VII**) auf 100° oder durch Rk. bei 0° in Ggw. von Pyridin konnten in guter Ausbeute *2.3-Dibrompropyl-(1)-*(**I**) u. *1.3-Dibrompropyl-(2)-benzoat* (**II**) erhalten werden. Beim Erhitzen von **I** bzw. **II** auf Tempp. über 100° erfolgt jeweils partielle Umlagerung unter Bldg. eines fl. Gemischs von **I** u. **II**. Das Gemisch ist wegen der ähnlichen Löslichkeiten von **II** u. **III** nur schwierig trennbar. Daneben wurde eine Anzahl substituierter Benzoate von **III** u. **IV** dargestellt. Sämtliche **III**-Ester setzen beim Erwärmen mit NaJ in Aceton (im Gegensatz zu den **IV**-Derivv.) J_2 frei. Die therm. Umlagerung wurde an den p-Anisoaten, p-Chlorbenzoaten u. 3.5-Dinitrobenzoaten wegen ihrer günstigen Löslichkeitseigg. untersucht. Beim Kochen von 2.3-Dibrompropyl-(1)-p-anisoat oder der analogen 1.3-Dibrompropyl-(2)-verb. in Toluol (**V**; 24 Std.) tritt geringe Isomerisierung auf, die Prodd. können durch fraktionierte Kristallisation aus Methanol getrennt werden. In Xylol (**VI**) entsteht ein Gleichgewichtsgemisch aus etwa gleichen Mengen beider Isomeren. Da die Ggw. von $CaCO_3$ keinen Einfl. auf die Umlagerung hat, handelt es sich bei der Rk. offenbar um eine therm. Isomerisierung. Die p-Chlorbenzoate werden in sd. **V** nicht verändert, wohl aber entsteht nach 72 std. Kochen in **VI** ein Gleichgewichtsgemisch der Isomeren. Auch in sd. Essigsäure erfolgt die Umlagerung, doch treten in diesem Medium Neben-Rkk. auf. Die beiden 3.5-Dinitrobenzoate lagern sich in sd. **VI** oder Anisol nicht um, in sd. p-Cymol oder Nitrobenzol tritt erhebliche Zers. auf. Aus Literaturdaten wird geschlossen, daß die aliphat. Ester von **III** u. **IV** die Isomerisierung weniger leicht eingehen als die Benzoate. Die anscheinend langsam ablaufende Rk. von 2.3-Dibrom-propyl-(1)-acetat in Ggw. von HCl ist eher eine säurenkatalysierte Umlagerung. Wegen der abnehmenden Leichtigkeit der Rk. in der Folge p-Anisoate > p-Chlorbenzoate ≫ 3.5-Dinitrobenzoate wird vermutet, daß in unpolaren Medien u. in Abwesenheit von Säure das nebenst. hypothet. Ionenpaar **A** als Zwischenstufe auftritt, dieses bildet sich leichter, wenn R = Aryl an Stelle von R = Alkyl ist, da es durch Resonanzstrukturen stabilisiert wird. Wie früher (vgl. Chem. and Ind. **1958.** 863) bereits gefunden wurde, erfolgt die Bldg. der **III**-Ester durch Addition von Br_2 an die entsprechenden Allylester, z. T. durch eine komplexe Rk., es entstehen Gemische der Ester von **III** u. **IV**, vermutlich auch aus Allylbenzoat u. -p-toluat. Die Tendenz zur Bldg. solcher Gemische ist charakterist. für Derivv. schwacher aromat. Säuren.

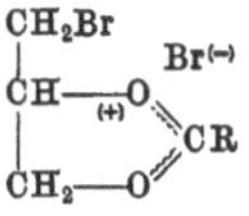

A

Versuche: *2.3-Dibrompropyl-(1)-benzoat* (**I**), $C_{10}H_{10}Br_2O_2$, F. 33—34° (Methanol), a) durch 3std. Erhitzen von **VII** u. **III** auf 100°; 81% (Ausbeute); b) durch Zugabe von **VII** in Chlf. zu **III** in eiskaltem Chlf. + Pyridin, 1std. Rühren bei 0° u. Stehen bei n. Temp.; 76%. — *1.3-Dibrompropyl-(2)-benzoat* (*2-Brom-1-brommethyläthylbenzoat*) (**II**), $C_{10}H_{10}Br_2O_2$, F. 32—33° (Methanol), analog vorst. Verb. a) 9std. Erhitzen; 75% bzw. b) 62%. — *Allyl-p-toluat*, $C_{11}H_{12}O_2$, $Kp._{11}$ 117°, durch 4std. Kochen von Allylalkohol u. p-Toluylchlorid; n_D^{20} 1,5135; 59%. Analog: *Allyl-p-anisoat*, $C_{11}H_{12}O_3$, $Kp._{0,03}$ 78—80°, n_D^{20} 1,5354; 89%. *Allyl-p-chlorbenzoat*, $C_{10}H_9ClO_2$, $Kp._{14}$ 129—130°, n_D^{20} 1,5360; 74%. *Allyl-2.4-dichlorbenzoat* (**XIV**), $C_{10}H_8Cl_2O_2$, $Kp._{14}$ 143—144°, n_D^{19} 1,5533; 86%. — Analog **I** b) wurden dargestellt: *2.3-Dibrompropyl-(1)-p-toluat*, $C_{11}H_{12}Br_2O_2$, F. 29—30°; 81%; *-p-anisat* (**IX**), $C_{11}H_{12}Br_2O_3$, F. 38—39°; 78%; *-o-chlorbenzoat*, $C_{10}H_9Br_2ClO_2$, F. 32—33°; 79%; *-p-chlorbenzoat* (**X**), $C_{10}H_9Br_2ClO_2$, F. 30—31°; 71%; *-2.4-dichlorbenzoat* (**XI**), $C_{10}H_8Br_2Cl_2O_2$, F. 39—40°; 67%; *-p-cyanbenzoat*, $C_{11}H_9 \cdot Br_2NO_2$, F. 78—79°; 64%; *-p-nitrobenzoat*, $C_{10}H_9Br_2NO_4$, F. 53—54°; 57%; *-3.5-dinitrobenzoat*, $C_{10}H_8Br_2N_2O_6$, F. 84—85°; 70%. *1.3-Dibrompropyl-(2)-p-toluat*, $C_{11}H_{12}Br_2O_2$, F. 41—42°; 59%; *-p-anisoat* (**XII**), $C_{11}H_{12}Br_2O_3$, F. 95—96°; 66%; *-o-chlorbenzoat*, $C_{10}H_9Br_2ClO_2$, F. 39—40°; 60%; *-p-chlorbenzoat* (**XIII**), $C_{10}H_9Br_2ClO_2$, F. 107—108°; 83%; *-2.4-dichlorbenzoat*, $C_{10}H_8Br_2Cl_2O_2$, F. 73—75°; 68%; *-p-cyanbenzoat*, $C_{11}H_9Br_2 \cdot NO_2$, F. 80—81°; 53%; *-p-nitrobenzoat*, $C_{10}H_9Br_2NO_4$, F. 78—79°; 54%; *-3.5-dinitrobenzoat*, $C_{10}H_8Br_2N_2O_6$, F. 139°; 67%. — **IX** u. **XII**, **X** u. **XIII** entstanden auch nebeneinander bei der Einw. von Br_2 in Chlf. auf die Allylester in Chlf. u. Trennung mit Methanol; aus **XIV** bildete sich entsprechend nur **XI**. (J. chem. Soc. [London] **1959.** 189—95. Jan. Batchworth, Surrey, Beechams Res. Labors. Ltd.) B. Gnauck. B 225

John G. Burr, *Einige Bemerkungen über die „Wanderungsfähigkeit" von Arylgruppen.* Bei der Wanderung von Arylgruppen in Verbb., in denen 2 wanderungsfähige Arylgruppen vorhanden sind, wurden bisher das Ausbeuteverhältnis (Z) für die in Konkurrenz erfolgten Wanderungen beider Gruppen mit den unterschiedlichen erforderlichen Aktivierungsenergien der beiden Gruppen erklärt. Dies wird vom Vf. aus folgenden Gründen für unzutreffend erachtet: Bei der Rk. (p) $CH_3C_6H_5(C_6H_5)CHCH_2OH \rightarrow$ (p)$CH_3C_6H_5CH{=}CHC_6H_5 + H_2O$ wandern beide Arylgruppen. Es besteht ein Unterschied in den Aktivierungsenergien von 506 cal/Mol. Demzufolge sollte Z bei 90° 2,12, bei 200° auf 1,71 sinken. Tatsächlich wurde aber bei beiden Tempp. der annähernd gleiche Wert gefunden (2,12 u. 2,02; vgl. Burr u. Ciereszko, C. **1954.** 3900). Z ist also fast temperaturunabhängig u. kann daher auch nicht mit den Unterschieden in den Aktivierungsenergien allein erklärt werden. — Die bisher (vgl. u. a. Dewar, Discuss. Faraday Soc. Nr. **2.** [1947.] 50, 54) für Berechnungen dieser Energien benutzten Modelle der Übergangszustände, die zur Voraussetzung hatten, daß die Symmetrieebene der wandernden Arylgruppe senkrecht zur Achse der beiden Äthyl-C-Atome steht, erscheint Vf. unrichtig. Günstiger ist die Annahme eines völlig ebenen Übergangszustandes. Aus diesem Modell folgt ein Gewinn an Konjugationsenergie beim Übergang von der Ausgangsverb. in den Übergangszustand von 50—80 kcal/Mol, dieser dürfte die treibende Kraft für die Wanderung sein u. reicht annähernd aus, die σ-Elektronenbindung der Arylgruppe zum ursprünglichen C-Atom, an dem sie haftete, zu spalten. (Chem. and Ind. **1956.** 798. 4/8. Oak Ridge, Tenn., Nat. Labor.) H. Lehwald. B 225

P. S. Raman, *Stereospezifischer Einfluß von Feuchtigkeit bei Oxydationen mit Silberacetat–Jod.* Vf. untersucht die Oxydation von *Erucasäure* mit Silberacetat-J_2. Bei Verwendung von absol. trockenen Lsgg. entsteht vorwiegend die niedrigschm. *13.14-Dihydroxybehensäure* (**I**), während sich bei Verwendung von feuchten Lsgg. die höherschm. **I** (erythro-Form, F. 128—129°) bildet. (Current Sci. **26.** 52—53. Febr. 1957. Madras, Univ., Dep. of Organ. Chem.) H.-G. Moslé. B 225

V. M. Clark, G. W. Kirby und **Alexander Todd**, *Oxydative Phosphorylierung: Eine chemische Modellreaktion mit Hilfe von Chinolphosphaten.* Wenn Verbb. des Typs

$(RO)_2P(O)X$, wie Chlorphosphorsäureester, Pyrophosphorsäureester, Amidophosphorsäureester, als Phosphorylierungsmittel wirken, kann die erforderliche Spaltung der P–X-Bindung durch Entzug von Elektronen aus X, d. h. durch Oxydation, erfolgen, die im Falle der *Chinolmonophosphate* nach Schema **A** formulierbar ist. Das intermediär gebildete monomere Metaphosphat (**I**) phosphoryliert rasch geeignete Substrate.

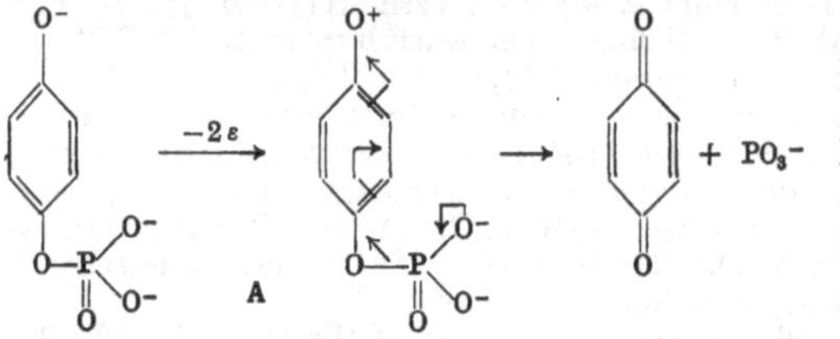

A

1-Hydroxy-2-methylnaphthyl-(4)-phosphat wird in wss. Lsg., p_H 6,8, in Ggw. von Luft unter Abspaltung anorgan. Phosphats langsam hydrolysiert, während in luftfreier Lsg. keine merkliche Zers. eintritt. *Synkavit* (**VI**), das entsprechende Diphosphat, das gegen Hydrolyse sehr beständig ist (6 Std., 80°, p_H 5, ca. 20% Hydrolyse), wird in wss. Lsg. durch verschied. Oxydantien (**III**), wie Cerisulfat, in 3n H_2SO_4 (sofort quantitative Oxydation zum Chinon) oder 1 Mol Br_2 in wss. Lsg. (keine Kernbromierung!) rasch angegriffen. Bei der Oxydation mit Br_2 wird **I** zu Orthophosphat (**II**) solvatisiert, in Ggw. von **II** wird ein Teil desselben zu Pyrophosphat phosphoryliert. Eine biol. Parallele hierzu ist die Phosphorylierung, die bei der Oxydation von *Dihydrovitamin K_3* (**IV**) durch Mitochondrien auftritt. Analoge Oxydationen von Chinoldiphosphaten zu Chinonen wurden mit Derivv. von *Naphthohydrochinon-(1.4)*, *2.3-Dimethylnaphthohydrochinon-(1.4)*, *2.3.5-Trimethyl-*, *2.3.5.6-Tetramethylhydrochinon* u. *Hydrochinon* selbst unter Verwendung von wss. Br_2-Lsgg. durchgeführt. Es besteht zwischen Redoxpotential u. Wirksamkeit der **III** eine qualitative Beziehung. Einige andere **IV**-Acylderivv. werden ebenfalls zu Chinonen oxydiert: das *Disulfat* gibt mit Cerisulfat → Vitamin K_3 (?); das 1-Acetat-4-phosphat (**V**) u. das Monoacetat geben mit Br_2 → 3-Brom-2-methylnaphthochinon-(1.4). Vff. geben ein Schema der oxydativen **V**-Bromierung an, wobei eine Phosphorylierung durch PO_3^- u. eine Acetylierung, z. B. durch CH_3CO, angenommen wird. Im Falle von **VI** sind 2 Phosphorylierungen annehmbar, wobei das entstandene Chinon selbst als Oxydans dienen kann, so daß sich eine Reaktionskette ausbildet, die, von der anfänglichen Übertragung zweier Elektronen ausgehend, zahlreiche Phosphorylierungen ermöglicht. (Nature [London] **181.** 1650—52. 14/6. 1958. Cambridge, Univ., Chem. Labor.) K. Maier. B 225

Otakar Červinka, *Der stereochemische Verlauf von Substitutionsreaktionen.* Übersicht an Hand zahlreicher Beispiele. — 108 Literaturangaben. (Über den Verlauf von Additions- u. Eliminierungs-Rkk. vgl. C. **1959.** 1402.) (Chemie [Praha] **9.** 807—44. Dez. 1957. Praha, Vys. škola chem.-techn., kat. organ. chemie.) H. Wejnar. B 225

W. Strauss, *Nucleophile Substitutionsreaktionen bei hohem Druck.* Vff. untersuchen die neutrale Solvolyse von *Methylbromid* (**I**) u. *Äthylbromid* (**II**) sowie die neutrale u. alkal. Solvolyse von **I** u. *Isopropylbromid* (**III**) bei Drucken bis zu 3000 at in wss. Äthanol. Hierbei wurde eine Änderung der Geschwindigkeitskonstanten bei der neutralen Solvolyse von **I, II** u. **III** auf das 4—4,6fache gegenüber dem k-Wert ($1,2 \cdot 10^{-6}$ bei **I**, $1,0 \cdot 10^{-5}$ bei **II** u. $2,22 \cdot 10^{-6}$ sec^{-1} bei **III**) unter Normaldruck beobachtet, bei der alkal. Solvolyse von **I** ($5,7\ 10^{-5}$ $Mol^{-1} \cdot$ Liter bei 1 at) dagegen nur ein Anstieg auf das 2,25fache. Dies steht in Übereinstimmung mit der Theorie, daß ein Druckanstieg die Rkk. stärker beschleunigt, bei denen im geschwindigkeitsbestimmenden Schritt ion. Zwischenprodd. entstehen. Bei obengenannten Rkk. entstehen beim geschwindigkeitsbestimmenden Schritt jeweils 2 Ionen aus **I** u. **II** in einer S_N2-Rk. u. für **III** in einer S_N1-Rk., während für die alkal. Solvolyse von **I** keine zusätzlichen Ionen in der Rk. gebildet werden (ebenfalls S_N2-Rk.). Für den Reaktionsmechanismus für die alkal. Solvolyse von **III** muß eine gemischte Rk. nach S_N1, S_N2 u. E 2 angenommen werden. Hier wird beobachtet, daß der prozentuale Anteil der S_N1-Rk. von 29,5 auf 38,9% ansteigt, wenn man den Druck auf 3000 at steigert. (Austral. J. Chem. **10.** 381—85. Nov. 1957. Sydney, Univ., C.S.I.R.O., Div. of Ind. Chem., Hochdrucklabor.) J. Kleinwächter. B 225

A. S. Dunn, *Die Harnstoff-Formaldehyd-Polykondensation.* 2. Mitt. *Die alkalische Hydrolyse von Alkoxymethylharnstoff.* (1. vgl. C. **1958.** 6502.) Die Hydrolysengeschwindigkeit verschied. Alkoxymethylharnstoffe wurde analog l. c. bei 25° u. einer Ionenstärke von 1,0 bestimmt, die Katalysenkonstante k_{OH^-} beträgt beim *Äthylderiv.* (**I**) $1,23 \cdot 10^{-4}$, beim *n-Butylderiv.* $1,22 \cdot 10^{-4}$ u. *Isobutylderiv.* $2,0 \cdot 10^{-4}$ [Liter $\cdot$ $Mol^{-1} \cdot sec^{-1}$]. In 0,5n NaOH nimmt die Hydrolysengeschwindigkeit von **I** mit der Ionenstärke (bis zu 2,5) linear ab, bei niedrigerer NaOH-Konz. ist die Abnahme geringer. Die Temperaturabhängigkeit von k_{OH^-} wird durch die Gleichung $k_{OH^-} = 2,34 \cdot 10^9$ exp·

(−18100/RT) wiedergegeben. (J. chem. Soc. [London] **1957**. 4687. Nov. Manchester, British Rayon Res. Assoc., Heald Green Labors.) KLAUS MÜLLER. B 225

E. L. Mackor, P. J. Smit und **J. H. van der Waals,** *Die Dedeuterierung von alkylsubstituierten Benzolen in saurer Lösung.* Vff. bestimmen die Geschwindigkeit des H–D-Austauschs bei *Deuterobenzol, o-, m-* u. *p-D-Toluol, p-D-Äthylbenzol, p-D-tert.-Butylbenzol, D-p-Xylol, 4-D-m-Xylol* u. *D-Mesitylen* bei der Rk. mit HF in CF_3COOH–H_2SO_4-Gemischen als Lösungsm. bei 5, 15 u. 25°. Es zeigt sich, daß die Logarithmen der Geschwindigkeitskonstanten 1. Ordnung linear von der HAMMETTschen Säurefunktion abhängig sind. Die Neigung der Geraden ist gleich 1. Eine lineare Abhängigkeit existiert ferner zwischen den Logarithmen der in wasserfreiem HF gemessenen Basizitätskonstanten u. den Geschwindigkeitskonstanten der Dedeuterierung. Eine Beziehung zwischen den scheinbaren Aktivierungsenergien u. den Bildungswärmen der konjugierten Säuren scheint nicht zu bestehen. (Trans. Faraday Soc. **53.** 1309–16. Okt. 1957. Amsterdam, Koninklijke/Shell Labor.) K. FRENKLER. B 225

R. L. Heppolette und **Joseph Miller,** *Der S_N-Mechanismus bei aromatischen Verbindungen.* 21. Mitt. (20. vgl. C. **1958.** 12062.) Vff. untersuchen bei 4-substituierten 1-Chlor-2-nitrobenzolen die aktivierende Wrkg. einer Reihe von SO_2X-Gruppen bei einer aromat., nucleophilen Austauschreaktion. Folgende Verbb. wurden verwendet: *o-Chlornitrobenzol, 4-Chlor-3-nitrobenzolsulfonamid, K-4-Chlor-3-nitrobenzolsulfonat, 4-Chlor-3-nitrobenzolsulfonylpiperidid, 4-Chlor-N.N-dimethyl-3-nitrobenzolsulfonamid, 4-Chlor-3-nitro-N-methyl-N-phenylbenzolsulfonamid, Methyl-[4-chlor-3-nitrophenyl]-sulfon* u. *Phenyl-[4-chlor-3-nitrophenyl]-sulfon.* Bei diesen Verbb. wurden die Geschwindigkeiten des Cl-Austauschs mit OMe^- in absol. Methanol gemessen. Die aktivierende Wrkg. der p-SO_2X-Substituenten nimmt in folgender Reihenfolge zu: $X = H < SO_2NH^-$, $SO_3^- < SO_2NC_5H_{10}$, $SO_2N(CH_3)_2$, $SO_2N(CH_3)(C_6H_5) < SO_2CH_3 < SO_2C_6H_5$. Weitere Vergleiche werden mit −J- u. (−J, −T)-Gruppen u. bes. mit entsprechenden COX-Gruppen durchgeführt. Folgende Reihen ergaben sich: $N_2^+ > NO_2 > SO_2CH_3 > N(CH_3)_{3+} > COCH_3 > H$; $SO_2X > COX > H$. Für die SO_2X-Gruppe wird das Formelbild $-\overset{+}{S}(=O)(O^-)X$ als das wahrscheinlichste angenommen.

Versuche: *K-4-Chlor-3-nitrobenzolsulfonat,* durch Sulfonieren von Chlorbenzol mit 10%ig. Oleum bei 40° u. Nitrieren durch Zusatz von KNO_3, 24 Std. bei 35°. — *4-Chlor-3-nitrobenzolsulfonylchlorid,* F. 62° (PAe.), aus vorst. Verb. mit $POCl_3$ u. PCl_5. — *4-Chlor-3-nitrobenzolsulfonamid,* F. 175,5°, gelbe Nadeln aus Methanol, aus vorst. Verb. in Aceton mit NH_3 bei Raumtemperatur. — *-piperidid,* $C_{11}H_{13}ClN_2O_4S$, F. 132°, gelbe Nadeln aus Methanol, aus dem Sulfonylchlorid in Aceton mit Piperidin, 1 Std.; 70% (Ausbeute). — *4-Chlor-N.N-dimethyl-3-nitrobenzolsulfonamid,* $C_8H_9ClN_2O_4S$, F. 103,5°, gelbe Nadeln aus Methanol, analog. — *4-Chlor-3-nitro-N-methyl-N-phenylbenzolsulfonamid,* F. 103°, gelbe Nadeln aus Methanol, analog, jedoch 2std. Reaktion. — *Phenyl-[4-chlor-3-nitrophenyl]-sulfon,* F. 127° (Bzl.-Methanol), durch FRIEDEL-CRAFTS-Rk.; 15%. — *4-Hydroxy-3-nitrobenzolsulfonsäure, Trihydrat,* F. 49°. — *4-Methoxy-3-nitrobenzolsulfonamid,* F. 147°. — *4-Methoxy-3-nitrobenzolsulfonpiperidid,* $C_{12}H_{16}N_2O_5S$, F. 122,5° (Methanol). — *4-Methoxy-3-nitro-N.N-dimethylbenzolsulfonamid,* $C_9H_{12}N_2O_5S$, F. 110,5° (Methanol). — *4-Methoxy-3-nitro-N-methyl-N-phenylbenzolsulfonamid,* $C_{14}H_{14}\cdot N_2O_5S$, F. 121° (Methanol), schwach gelb. — *Methyl-[4-methoxy-3-nitrophenyl]-sulfon,* $C_8H_9NO_5S$, F. 145,5°. — *Phenyl-[4-methoxy-3-nitrophenyl]-sulfon,* $C_{13}H_{11}NO_5S$, F. 92° (Methanol). (J. chem. Soc. [London] **1956.** 2329–34. Juli. Nedlands, W. A., Australia, Univ. of Western Australia.) J. MATTNER. B 225

Robert A. Benkeser, Richard A. Hickner, Donald I. Hoke und **Owen H. Thomas,** *Die Additivität elektrischer Effekte bei aromatischen elektrophilen Substitutionsreaktionen, bestimmt bei Desilierungsreaktionen.* Folgende Verbb. wurden hergestellt u. die Geschwindigkeit ihrer Desilierung durch Säuren bestimmt: *o-* (Kp. 196–197°; n_D^{20} 1,5034; Ausbeute 67%; Relativgeschwindigkeit der Desilierung R 15,7), *m-* (Kp. 189–189,5°; n_D^{20} 1,4922; 31%; 2,19) u. *p-Tolyltrimethylsilan* (Kp. 192°; n_D^{20} 1,4915; 53%; 14,3), *Phenyltrimethylsilan* (Kp. 169–169,5°; n_D^{20} 1,4901; —; 1,0), *m-Brom-* (R 0,0189), *m-Methoxy-* (0,633), *3.5-Dimethoxy-* (0,348), *3.5-Dimethyl-* (n_D^{20} 1,4946; 4,04), *3,5-Diäthyl-* (4,77), *3.5-Diisopropyl-* (5,13), *3.5-Di-tert.-butyl-* (7,60) u. *3.5-Dibromphenyltrimethylsilan* (—). Die letzte Verb. konnte wegen ihrer Schwerlöslichkeit nicht kinet. untersucht werden. Es werden weiterhin die R-Werte von in früheren Arbeiten hergestellten Verbb. genannt: *2-Trimethylsilyl-p-xylol* (R 34,8), *4-*(2,77) u. *2-Trimethylsilyl-m-xylol* (3380), *4-* (33,6) u. *3-Trimethylsilyl-o-xylol* (94), *m-Äthyl-* (2,22), *m-Isopropyl-* (2,36) u. *m-tert.-Butylphenyltrimethylsilan* (2,81). Das Reaktionsmedium war

Eisessig mit wechselnden Anteilen von W. u. HCl bzw. p-Toluolsulfonsäure. Bei allen zur Trimethylsilylgruppe disubstituierten Verbb. stehen die beobachteten u. unter Annahme von Additivität aus den m-Verbb. berechneten Reaktionsgeschwindigkeiten in guter Übereinstimmung. Demnach ist bei m-Derivv. kein ster. Einfl. wirksam, u. die Zunahme der R-Werte beim Übergang vom m-Methyl- zu m-tert.-Butylsubstituenten ist auf den induktiven Effekt der Gruppen zurückzuführen. Die R-Werte der Methoxy- u. Br-Verbb. entsprechen ebenfalls den I-Effekten. Die Desilierung ist demnach eine S_E-Rk. mit additiven elektr. Effekten, solange keine ster. Faktoren (Substituenten in o-Stellung) wirksam werden. Diese bewirken eine Beschleunigung der Rk., da die ster. Spannung im Übergangszustand herabgesetzt wird.

V e r s u c h e: *2.4-Dimethoxybrombenzol*, $Kp._{14}$ 141—142°, durch Dibromierung von m-Dimethoxybenzol (96%ig. Ausbeute) u. Behandeln des Prod. (F. 137—138°; 83%) mit Li-Phenyl; 76%. — *3.5-Dimethoxyanilin*, $Kp._3$ 137°, durch Zutropfen vorst. Verb. in eine Lsg. von $NaNH_2$ in fl. NH_3 während 45 Min., 3std. Rühren u. Hydrolyse mit NH_4Cl; 59%. *Hydrochlorid*, F. 209° (Zers.). *Acetylderiv.*, F. 155—156°. — *3.5-Dimethoxyjodbenzol*, $C_8H_9JO_2$, F. 74—75° (wss. A.), durch Diazotierung vorst. Verb., Umsetzen mit KJ u. Wasserdampfdest.; 7%. — *3.5-Dimethoxybrombenzol*, F. 63—65°, nach DEAN u. WHALLEY (J. chem. Soc. [London] **1954**. 4639); 50%. — *3.5-Dimethoxyphenyltrimethylsilan*, $C_{11}H_{18}O_2Si$, $Kp._{12}$ 129,5—130°, durch Zutropfen einer Lsg. vorst. Verb. in Ae. zu einer n-Butyl-Li (I)-Lsg. bei 0°, 15 Min. Rühren u. Zugabe einer Lsg. von Trimethylchlorsilan (II) in Ae. bei 0°; 27%. — *3.5-Dibromjodbenzol*, F. 122—123,5°, a) durch Desaminierung von 2.6-Dibrom-4-jodanilin (F. 145—146°; 40—70%); 40%; b) durch Desaminierung von 3.5-Dibromanthranilsäure zu 3.5-Dibrombenzoesäure [F. 212—214° (wss. A.); 66%], die mit rauchender H_2SO_4 in Chlf. u. NaN_3 bei 40—45° unter Rühren umgesetzt wird zu 3.5-Dibromanilin (F. 55—56°; 50%); dieses wird in konz. H_2SO_4 gelöst u. bei —5° mit Nitrosylschwefelsäure versetzt u. nach Zusatz von H_3PO_4 ½ Std. gerührt, danach auf Eis gegeben, mit KJ-Lsg. versetzt u. über Nacht stehengelassen; 46%. — *3.5-Dibromphenyltrimethylsilan*, $C_9H_{12}Br_2Si$, F. 40—41° (wss. A.), vorst. Verb. wird zu einer I-Lsg. in trocknem Ae. bei —30° gegeben, 15 Min. gerührt, danach wird bei —25° II zugegeben; 33%. — *Trimethyl-m-bromphenylsilan*, $Kp._1$ 75°, durch Herst. der GRIGNARD-Verb. von 50 g m-Dibrombenzol (aus 2.4-Dibromanilin durch Desaminierung mit H_3PO_2; 51%), deren Rk. mit II, 10 Std. am Rückfluß; n_D^{20} 1,5282; $D.^{20}_4$ 1,219; 5 g. — *Trimethyl-m-anisylsilan*, Kp. 218—218,5°, durch Zugabe einer Lsg. von m-Chloranisol u. II in Ae. zu einer Suspension von Na in Ae., 10 Std. am Rückfluß u. weiteres 20std. Stehen bei Zimmertemp.; n_D^{20} 1,5015; 50%. — T r i m e t h y l t o l y l s i l a n e, aus den entsprechenden Aryl-Li-Verbb. u. II. — *2.6-Diäthyl-4-bromanilin*, $Kp._3$ 130—134°, durch Bromierung von 2.6-Diäthylanilin in Methanol/Eisessig bei 10—15°; 53%. *Acetylderiv.*, $C_{12}H_{16}BrNO$, F. 181—182°. — *1.3-Diäthyl-5-brombenzol*, $Kp._3$ 76—78°, durch Desaminierung vorst. Verb. mit H_3PO_2; n_D^{20} 1,5380; 60%. — *3.5-Diäthylphenyltrimethylsilan*, $C_{13}H_{22}Si$, $Kp._7$ 97°, durch Rk. vorst. Verb., II u. Na; n_D^{20} 1,4936; $D.^{20}_4$ 0,8620; 77%. — *o-* u. *p-Nitrocumol* in 60%ig. Ausbeute durch Nitrieren von Cumol. — *3.5-Dibromcumol*, $C_9H_{10}Br_2$, $Kp._2$ 90—91°, die isomeren Nitrocumole werden zu einer Mischung von o- u. p-Cumidin red. ($Kp._4$ 83—87°; 88%), diese in Methanol/Eisessig bei 10—15° 2 Std. bromiert, danach wird diazotiert u. mit 50%ig. H_3PO_2 durch 16std. Stehen bei 0° u. 24std. Stehen bei Raumtemp. red.; n_D^{20} 1,5762; $D.^{20}_4$ 1,6399; 56%. — *3.5-Diisopropylbrombenzol*, $C_{12}H_{17}Br$, $Kp._4$ 109—110°, aus vorst. Verb. u. Mg in Ae., Zugabe von Aceton, 1std. Sieden, Hydrolyse zum Carbinol, dies wird mit $KHSO_4$ u. Hydrochinon bei 25 mm dest., das entstandene Olefin ($Kp._5$ 112 bis 114°; n_D^{20} 1,5566; 51%) wird mit PtO_2 in A. hydriert; n_D^{20} 1,5290; 70%. — *3.5-Diisopropyltrimethylsilan*, $C_{15}H_{26}Si$, $Kp._3$ 94—95°, analog der Diäthylverb.; n_D^{20} 1,4894; $D.^{20}_4$ 1,8605. — *3.5-Di-tert.-butyltoluol*, $Kp._5$ 94,5—95°; 46%. — *3.5-Di-tert.-butylbenzoesäure*, F. 170—171,5°, durch Oxydation vorst. Verb.; 64%. — *3.5-Di-tert.-butylanilin*, F. 52,5—54°, durch SCHMIDT-Rk. vorst. Verb.; 88%. — *3.5-Di-tert.-butyljodbenzol*, F. 66—67°, nach BURGERS u. Mitarbeitern (C. **1957**. 12146); 33%. — *3.5-Di-tert.-butylphenyltrimethylsilan*, $C_{17}H_{30}Si$, $Kp._1$ 82—83°, durch Zugabe vorst. Verb. zu einer I-Lsg. bei 0—10°, bei 0° 15 Min. u. Zutropfen von II in Ae., 3 Std. bei Zimmertemp. u. 4 Std. am Rückfluß; n_D^{20} 1,4854; $D.^{20}_4$ 0,8573. (J. Amer. chem. Soc. **80**. 5289—94. 5/10. 1958. Lafayette, Ind., Purdue Univ., Chem. Labor.) W. SCHRAMM. B 225

Robert A. Benkeser, Donald I. Hoke und **Richard A. Hickner**, *Eine neue Methode zur Bestimmung der Reaktivität einer bestimmten Ringstellung in einem aromatischen System.* (Vgl. vorst. Ref.) Die Substitution der $(CH_3)_3Si$-Gruppe durch den $HgOCOCH_3$-Rest in den isomeren Tolyl- u. Xylyltrimethylsilanen bei der Rk. mit Hg(II)-Acetat (I) wurde kinet. verfolgt, u. die Relativgeschwindigkeiten (R) der Rkk. werden unter Berücksichtigung der ster. u. elektron. Effekte diskutiert. Folgende T r i m e t h y l -

arylsilane (T) wurden aus der entsprechenden Aryl-Li-Verb. durch Rk. mit Trimethylchlorsilan dargestellt u. ihre Rkk. mit I bei 25° untersucht: Aryl = *Phenyl-* (Kp. 167°; n_D^{20} 1,4907; 67% Ausbeute; Geschwindigkeitskonstante $k \cdot 10^3 min^{-1}$ = 0,616 ± 0,002 bei [Silan] = 0,40 u. [I] = 0,040; R 1,0). — *o-Tolyl-* (Kp. 196—197°; n_D^{20} 1,5034; 67%; 11,3). — *m-Tolyl-* (Kp. 189°; n_D^{20} 1,4922; 55%; 2,59). — *p-Tolyl-* (Kp. 192°; n_D^{20} 1,4915; 53%; 10,7). — *p-Xylyl-(2)-* (Kp. 215—216°; n_D^{20} 1,5050; 55%; 24,3). — *m-Xylyl-(2)-* ($Kp._5$ 85—86°; n_D^{20} 1,5090; 72%; zu schnelle Rk. zur Best. von R). — *m-Xylyl-(4)-* (Kp. 218°; n_D^{20} 1,5050; 69%; ca. 160). — *m-Xylyl-(5)-* ($Kp._4$ 73—74°; n_D^{20} 1,4940; 36%; 3,55). — *o-Xylyl-(3)-* (Kp. 217—218°; n_D^{20} 1,5110; 55%; 43,0). — *o-Xylyl-(4)-* ($Kp._{30}$ 113°; n_D^{20} 1,5007; 65%; 27,2). Mit dem Tolylderiv. konnten auch pseudomonomol. Rkk. in Anwesenheit einer 10fachen Menge von I durchgeführt werden, bei den Xylylverbb. verliefen sie zur Messung zu schnell. Wie bei der sauren Desilierungs-Rk. (vgl. vorst. Ref.) wird auch hier die starke Reaktionsbeschleunigung aus ster. Gründen an den Verbb. mit Substituenten in o-Stellung zur $(CH_3)_3Si$-Gruppe deutlich. p-Substituenten wirken durch ihren E-Effekt, die m-substituierten Verbb. zeigen mit ihrem geringen R-Wert nur die Wrkg. des I-Effektes. Die R-Werte der sauren u. der Desilierung durch I sind proportional. Die Gleichung von BROWN u. MCGARY (vgl. C. **1955**. 10231) wird bei Benutzung der Werte aus den pseudomonomol. Rkk. erfüllt. Die Desilierung mit I ist ein neuer Weg zur Herst. aromat. Hg-Verbb., die hier zur besseren kinet. Best. als *Tolyl-* bzw. *Xylylquecksilberchloride* isoliert wurden.

Versuche: *2.4.6-Trinitro-m-xylol*, F. 180—181°, durch Nitrieren von m-Xylol (**II**). — *2.4-Dimethylphenylquecksilberacetat*, F. 129,8—130,8° (wss. A.), durch Zugabe von I u. 3 ml 70%ig. $HClO_4$ zu einer Lsg. von 15 g **II** in Eisessig. — Arylquecksilberchloride, durch Rk. von I mit den Aryltrimethylsilanen durch Stehen bei Zimmertemp. u. anschließende Zugabe zu einer NaCl-Lsg. (im Überschuß): *Phenyl-*, F. 249,5 bis 250,5°; 92% (Ausbeute). — *p-Tolyl-*, F. 235—236°, u. *o-Tolylquecksilberchlorid*, F. 141°. — *3-*, C_8H_9ClHg, F. 160,5—161,0°, u. *4-Chlorquecksilber-o-xylol*, F. 194,5 bis 195,5°. — *2-Chlorquecksilber-p-xylol*, F. 182,5—183,0°. — *2-*, F. 157—158°, *4-*, F. 159,5 bis 160,0°, u. *5-Chlorquecksilber-m-xylol*, F. 198,0—198,5°. (J. Amer. chem. Soc. **80**. 5294—97. 5/10. 1958.) W. SCHRAMM. B 225

Zdeněk J. Allan und **Jiří Podstata**, *Aromatische Diazo- und Azoverbindungen. 26. Mitt. Hydrolyse und Ammonolyse der Aminogruppe von Aminoazofarbstoffen, Einfluß des Bisulfits.* (25. vgl. C. **1959**. 10556.) Vff. bestimmten colorimetr. die Hydrolysengeschwindigkeit von *4-[2'.5'-Disulfophenylazo]-1-naphthylamin-7-sulfonsäure* (**I**) zu 4-[2'.5'-Disulfophenylazo]-1-naphthol-7-sulfonsäure im p_H-Bereich 0,7—10,4 bei 20°. Am schnellsten hydrolysiert **I** bei p_H 2,9 (Halbwertszeit 2,93 Tage). Durch Veränderung sowohl der einen (akt.) als auch der anderen (passiven) Kupplungskomponente von **I** wurden zwei Reihen von Farbstoffen synthetisiert u. ebenfalls die Hydrolysengeschwindigkeit ihrer Aminogruppen colorimetr. oder papierchromatograph. (Einzelheiten vgl. Original) gemessen. In der ersten Farbstoffreihe wurden *4-Nitranilin-2-sulfonsäure* (**II**), *Anilin-2.5-disulfonsäure* (**III**), *Anilin-2-, -3-* u. *-4-sulfonsäure, 1-Naphthylamin-4-sulfonsäure* (**IV**), *4-Aminoanisol-2-sulfonsäure* (**V**) u. **I** als akt. Komponenten u. *1-Naphthylamin-7-sulfonsäure* (**VI**) als passive Komponente verwendet. Von diesen Farbstoffen hydrolysiert am schnellsten der Farbstoff **II** → **VI** (relative Geschwindigkeit 5, bezogen auf **I**, dessen Hydrolysengeschwindigkeit gleich 1 gesetzt ist), unverändert bleibt **V** → **VI**. In der zweiten Farbstoffreihe wurden **III** als akt. Komponente u. *N-Phenyl-1-naphthylamin-8-sulfonsäure* (**VII**), *1-Naphthylamin-8-, -6-* u. *-7-sulfonsäure, α-Naphthylamin* (**XIII**), *7-Amino-1-naphthol-3-sulfonsäure* (**VIII**; Kupplung in saurer Lsg.) u. *1-Naphthylamin-5-sulfonsäure* (**IX**; Kupplung in 2-Stellung) als passive Komponenten gewählt. Aus dieser Reihe hydrolysiert am schnellsten der Farbstoff **III** → **VII** (Halbwertszeit 1,2 Tage), unverändert bleibt der Farbstoff **III** → **VIII**. Bei der Herst. von **III** → **2-IX** entsteht zu ca. 40% auch **III** → **4-IX**. Das 2-Isomere hydrolysiert bei p_H 2,5 bzw. 0,5 gleich schnell, das 4-Isomere bei p_H 2,5 ziemlich langsam, hingegen bei p_H 0,5 bes. schnell. Ähnlich verhält sich auch **III** → **IV**. Aus den beiden Farbstoffreihen wurden diejenigen Komponenten herausgegriffen, die die Hydrolyse der Farbstoffe am meisten beschleunigen (**II** u. **VII**), aus ihnen wurde der Farbstoff **II** → **VII** hergestellt. Dieser hydrolysiert in 44%ig. A. bei 20° zu 4-[2'-Sulfo-4'-nitrophenylazo]-1-naphthol-8-sulfonsäure (**X**) ca. 230mal so schnell wie **I** (Halbwertszeit 25 Min.). **II** → **VII**, mit einem Gemisch aus 3% NH_4OH, 5% NH_4Cl, 12% W. u. 80% A. behandelt, geht bei 22° innerhalb 5 Std. in 4-[2'-Sulfo-4'-nitrophenylazo]-1-naphthylamin-8-sulfonsäure (**XI**) über. In Abwesenheit von A. entsteht als Nebenprod. **X**. Umgekehrt liefert **XI**, 15 Min. bei 20° mit einer 8%ig. alkoh. *Anilin* (**XII**)-Lsg. behandelt, wiederum **II** → **VII**. Die Austausch-Rk. von **II** → **VII** verläuft außer mit NH_4OH ebenso glatt mit CH_3NH_2, *Äthylendiamin* oder *Hydrazin*, nicht aber mit $(CH_3)_2NH$. Ähnlich wie mit **XII** reagiert **XI** auch mit *o-* u. *p-Anisidin, p-Chloranilin, m-* u. *p-Phenylendiamin* u. *Benzidin*.

Diese Ergebnisse wurden auf papierchromatograph. Wege ermittelt. Alle erwähnten Phenylamino-, Amino- u. Hydroxyazofarbstoffe lagern unter Bldg. gelber, wasserlösl. Verbb. glatt $NaHSO_3$ an. Zwecks einfacherer Isolierung wurde die Anlagerung an einem Modell ohne Sulfogruppen durchgeführt. 1,43 g **XIII** wurden in 0,02 g Hautleim, 0,03 g Nekal BX u. 7 cm^3 W. fein dispergiert, bei 0^0 zu einer schwach sauren Lsg. von 0,01 Mol diazotiertem p-Nitranilin (**XIV**) zugegeben u. *4-[4'-Nitrophenylazo]-1-naphthylamin* (**XV**) nach ½ Std. durch Alkalisieren gegen Brillantgelb gefällt. 1 g **XV** wurde bei 40^0 1 Std. in 30 cm^3 Pyridin u. 2 g $NaHSO_3$ eingerührt, mit 1 Liter W. verd., nach 1 Std. von unverändertem **XV** abgesaugt u. aus dem Filtrat mit 60 g NH_4Cl *NH_4-N-[4'-Nitrophenylamino]-2.3-dihydronaphthochinon-(1.4)-imin-(4)-sulfonsäure-(3)* (**XVI**, $C_{16}H_{17}N_4O_6S \cdot ½H_2O$; gelbe Kristalle aus 50%ig. A. u. etwas Essigsäure bei 50^0; 1,23 g) gefällt. Die Konst. von **XVI** wird bestätigt durch seine Bldg. durch Anlagerung von $NaHSO_3$ an 4-[4'-Nitrophenylazo]-1-naphthol (**XVII**). **XVI** ist nur in schwach essigsaurer Lsg. beständig; in salzsaurer oder neutraler Lsg. in der Wärme oder in alkal. Lsg. in der Kälte wandelt es sich unter SO_2-Abspaltung in **XVII** um. **XVII**, mit NH_3 in Pyridin behandelt, bleibt unverändert. Dagegen liefert **XVI**, 10 Min. mit NH_3 in kochendem Pyridin behandelt, **XV**. Analog wird $NaHSO_3$ auch an die Farbstoffe **XIV** → *α-Naphthol* (**XVIII**), *2.5-Dichloranilin* → **XVIII**, **XII** → **XVIII**, **XIV** → *β-Naphthol*, **XIV** → *Phenol* (**XIX**) u. **XII** → **XIX** angelagert. Die Rk. von $NaHSO_3$ mit Aminoazofarbstoffen u. anschließende SO_2-Abspaltung wurde zur Synth. zweier techn. brauchbarer Farbstoffe verwendet. Der durch Kupplung von diazotierter Anthranilsäure (**XX**) mit **VIII** bei 20^0 in einer kongoneutralen Lsg. erhaltene *Farbstoff* wurde in Sodalsg. gelöst, die gegen Brillantgelb alkalisierte Lsg. 1½ Std. mit $NaHSO_3$ gekocht u. *1-[2'-Carboxyphenylazo]-2.8-dihydroxynaphthalin-6-sulfonsäure* (74%, bezogen auf **XX**) durch Gießen der 40^0 warmen Reaktionslsg. in 32%ig. HCl isoliert. Analog wurde auch *1-[2'-Carboxyphenylazo]-2.5-dihydroxynaphthalin-7-sulfonsäure* aus **XX** u. 6-Amino-1-naphthol-3-sulfonsäure dargestellt. Die erhaltenen Ergebnisse werden ausführlich diskutiert. (Chem. Listy **52**. 290—301. Febr. 1958 [Orig.: tschech.]; Collect. czechoslov. chem. Commun. **23**. 1913—26. Okt. 1958 [Orig.: deutsch]. Pardubice-Rybitví, Výzk. Ústav organ. synthes.) A. Emr/Prag. B 225

Donald S. Noyce und **Lloyd R. Snyder**, *Carbonylreaktionen*. 4. Mitt. *Die Kinetik der säurekatalysierten Reaktion von Anisaldehyd mit Methyläthylketon*. (3. vgl. C. **1959**. 2754.) Die Kinetik der durch H_2SO_4 katalysierten Kondensation von *Methyläthylketon* (**I**, Kp. 79,2—79,6°) mit *p-Anisaldehyd* (**II**, $Kp._{11}$ 117°) bei 25° in ca. 1% W. enthaltender Essigsäure (**V**) wurde UV-spektroskop. verfolgt. Bei Anwendung geringer Konzz. an **I** u. **II** verläuft die Rk. nach einer einfachen Kinetik 2. Ordnung (je 1. Ordnung bzgl. **I** u. **II**). Bei hohem Überschuß an **I** (> 0,3 mol.) verläuft die Rk. nach der 1. Ordnung bzgl. **II**, u. es tritt eine Induktionsperiode auf. Außerdem bleiben die k'-Werte (pseudoerster Ordnung) hinter den theoret. zu erwartenden Werten zurück. Als Ursache hierfür kommt die Bldg. eines relativ stabilen Zwischenprod. in Betracht, das sowohl in die Ausgangsverbb. zerfallen als auch das Prod. liefern kann. Ferner tritt bei höheren Konzz. an **I** eine Abnahme des Aktivitätskoeff. von **I** auf. Nach 71 std. Reaktionszeit konnte die Bldg. von 96 ± 1% *3-Methyl-4-p-anisylbuten-(3)-on-(2)* (**III**) spektroskop. nachgewiesen werden, von *1-p-Anisylpenten-(1)-on-(3)* bilden sich dagegen weniger als 2%. Es gelang, das Zwischenprod. der Rk., *3-Methyl-4-p-anisyl-4-acetoxybutanon-(2)* (**IV**) zu isolieren. Die Zers. von **IV** in **II** (u. **I**) u. in **III** konnte bei 290 u. 330 mμ unter obigen Kondensationsbedingungen verfolgt werden. **III** u. **II** bilden sich dabei stets im gleichen Verhältnis von 1,27. Vff. nehmen folgenden Reaktionsmechanismus an: 1. **I** $\rightleftharpoons$ $CH_3CH{=}C(OH)CH_3$, 2. **II** + H^+ $\rightleftharpoons$ $RCH{=}O^+H$, 3. $RCH{=}O^+H + CH_3CH{=}C(OH){-}CH_3 \underset{k_2}{\overset{k_1}{\rightleftharpoons}} RCHOHCH(CH_3)C({=}O^+H)CH_3$, 4. $RCHOHCH(CH_3)C({=}O^+H)CH_3 \rightleftharpoons RCHOHCH(CH_3)C({=}O){\cdot}CH_3 + H^+$, 5. $RCHOHCH(CH_3)COCH_3 + CH_3COOH \rightleftharpoons RCH(OCOCH_3)CH(CH_3){\cdot}COCH_3 + H_2O$, 6. $RCH(OCOCH_3)CH(CH_3)COCH_3 + H^+ \xrightarrow{k_3}$ **III** + $CH_3COOH + H^+$. Die Gleichgewichte 4 u. 5 stellen sich schnell ein, wodurch ein konstantes Verhältnis zwischen Aldol u. Aldolester aufrechterhalten bleibt, solange sich die Aktivitäten von W. u. **V** im Verlauf der Rk. nicht erheblich ändern. In Ggw. von 0,4 mol. H_2SO_4 wurden für die Rk. in **V** mit 0,96% W. folgende k-Werte bestimmt: wahre bimol. Geschwindigkeitskonstante $k_1^0 = 14{,}2 \pm 0{,}2 \cdot 10^{-5}$ Liter/Mol·sec, $k_2 = 7{,}77 \pm 0{,}1 \cdot 10^{-5}\ sec^{-1}$, $k_3 = 11{,}17 \pm 0{,}15 \cdot 10^{-5}\ sec^{-1}$. Vff. gelang ferner die Isolierung des Aldols, *1-p-Anisyl-2-methyl-3-ketobutanol-(1)*. Im Kondensationsmedium verhält sich diese Verb. genau wie **IV**, entsprechend der Annahme einer schnellen Einstellung der Gleichgewichte 4 u. 5. — *1-p-Anisylpenten-(1)-on-(3)*, F. 61,3—61,9°, nach Iwamoto [1927]. — *3-Methyl-4-p-anisylbuten-(3)-on-(2)* (**III**), F. 28,0°, nach Woodruff u. Conger (J. Amer. chem. Soc. **60**. [1938.] 465). — *3-Methyl-4-p-anisyl-4-acetoxybutanon-(2)* (**IV**), $C_{14}H_{18}O_4$, F. 84,1—85,1°

(Pentan), durch 2 std. Einw. von 0,280 mol. H_2SO_4 in wasserhaltiger **V** auf **I** u. **II** bei 25°; 10% (Ausbeute). — *1-p-Anisyl-2-methyl-3-ketobutanol-(1)*, Öl, durch Lösen von **IV** in 95% ig. A. u. Zugabe von 30% ig. wss. H_2SO_4 (35 Min. bei n. Temp.); 77%. (J. Amer. chem. Soc. **80**. 4033—37. 5/8. 1958. Berkeley, Calif., Univ. of California, Dep. of Chem.)
B. GNAUCK. B 225

Donald S. Noyce und **Lloyd R. Snyder,** *Carbonylreaktionen. 5. Mitt. Acidität und Temperaturabhängigkeit bei der Kondensation von Anisaldehyd und Methyläthylketon.* (4. vgl. vorst. Ref.) Wie l. c. wurde die Kinetik der Bldg. von 4-[p-Anisyl]-3-methyl-buten-(3)-on-(2) (**I**) aus *4-[p-Anisyl]-3-methylbutanol-(4)-on-(2)* (**II**) in Essigsäure u. 0,2—1,0 mol. H_2SO_4 bei 25° verfolgt. Gefunden wurde, daß $\log k_3 + H_0 = -6{,}02 \pm 0{,}04$ ist. k_3 ist also nur eine Funktion der Acidität u. unabhängig von der Konz. an H_2O. Ebenso untersucht wurde die Kondensation von *Anisaldehyd* (**III**) mit *Methyläthylketon* (**IV**) unter gleichen Bedingungen. In Ggw. von 0,4—0,6 mol. H_2SO_4 (nicht aber 1,0 mol. H_2SO_4) u. 0,96% W. wurde die Beziehung $\log k_1^0 + H_0 = 5{,}89 \pm 0{,}02$ gefunden. Daß k_1 von der Aktivität des W. (a_w) unabhängig ist, wird als Stütze für die Annahme gewertet, daß die Kondensation zwischen dem Enol (**IVa**) von **IV** u. **III**·H^+ erfolgt. Vff. zeigen, daß die Aldolrückspaltung von **II** gemäß $ArCHOHCH(CH_3)C\cdot(=OH^+)CH_3 \rightarrow ArCH(=OH^+) +$ **IVa** abläuft (Ar: p-Anisyl) u. daß die Geschwindigkeit der Kondensation, die zwischen zwei ungeladenen Partikeln erfolgt, von H_0 abhängt. Untersucht wurde außer der Dehydratation von **II** auch die Eliminierungs-Rk. des Acetats (**V**) von **II**, das l. c. als Zwischenstufe der Rk. nachgewiesen wurde. Es ergibt sich, daß die Eliminierungsgeschwindigkeiten in wss. H_2SO_4 u. die in H_2SO_4–Essigsäure in gleicher Weise von H_0 bestimmt werden. Daher wird folgender direkter Eliminierungsmechanismus angenommen: **II** $\rightleftharpoons ArCH(OH_2^+)CH(CH_3)COCH_3 \rightarrow ArC^+HCH(CH_3)\cdot COCH_3 \xrightarrow{\text{schnell}}$ **I** $+ H^+$. Unter bestimmten Umständen kann aber auch die Enolisation als geschwindigkeitsbestimmender Schritt auftreten. Folgende Werte wurden berechnet: für die Eliminierungs-Rk. von **V** in Eisessig + 0,2 mol. H_2SO_4 zwischen 25,15 u. 54,28° $\Delta H^{\neq}$ 20,2 kcal/Mol, $\Delta S^{\neq}$ —11 cal/Grad·Mol; für die Aldolspaltung von **V** in Essigsäure + 0,96% W. + 0,4 mol. H_2SO_4 $\Delta H^{\neq}$ 19,5, $\Delta S^{\neq}$ —39 bzw. für die Eliminierungs-Rk. 21,4, —8; für die Aldolspaltung von **V** in 33,5 % ig. wss. H_2SO_4 $\Delta H^{\neq}$ 21,6, $\Delta S^{\neq}$ —7 bzw. für die Eliminierungs-Rk. $\Delta H^{\neq}$ 21,0, $\Delta S^{\neq}$ —9. (J. Amer. chem. Soc. **80**. 4324—27. 20/8. 1958.)
B. GNAUCK. B 225

D. S. Brackman und **P. H. Plesch,** *Die kationische Oligomerisation der Stilbene.* (Vgl. C. **1959**. 7099.) Wird zu einer Lsg. von *trans-Stilben* (**I**) in einer Mischung aus Bzl. u. n-Hexan (**II**) eine Mischung aus $TiCl_4$ (Katalysator) u. CCl_3COOH (Cokatalysator) gegeben, so entstehen bei 25° nach einem Kationenmechanismus *1-Benzyl-2.3-diphenylindan* (**III** = Dimeres von **I**) u. *1.2-Diphenyl-3-[1.2.3-triphenyl-n-propyl]-indan* (= Trimeres von **I**). In Toluol (**IV**) als Lösungsm. werden zu etwa gleichen Teilen **III** u. *1.2-Diphenyl-1-p-tolyläthan* (**V**) gebildet; aus *cis-Stilben* (**VI**) entsteht in **IV** nur **V**. In **II** werden aus **VI** bei 0° Di-, Tri- u. Pentamere von **VI** erhalten. Die Rk. ist bei **I** in Bzl. + **II** hinsichtlich der **I**-Konz. von 1. Ordnung, während hinsichtlich der Konz. der Katalysatormischung eine kompliziertere Ordnung vorliegt. Die Rk. wird durch die Bldg. eines Gleichgewichtskomplexes aus Katalysator u. Cokatalysator eingeleitet. Die verschied. Möglichkeiten des Reaktionsmechanismus werden diskutiert, doch ist eine exakte Auswertung der Meßdaten zur Best. der Geschwindigkeitskonstanten u. der Aktivierungsenergien nicht möglich. (J. chem. Soc. [London] **1958**. 3563—73. Okt. Keele, Manchester Univ., Univ. Coll. of North Staffordshire.)
O. FUCHS. B 225

Edwin K. Jones, *Die gebräuchliche Alkylierung von Paraffinen und Aromaten.* Überblick über die in der Technik eingeführten Alkylierungs-Rkk. von Alkanen u. Aromaten mit Olefinen in Ggw. von H_2SO_4, BF_3, HF. — 9 Literaturangaben. (Advances Catalysis related Subjects **10**. 165—95. 1958. Des Plaines, Ill., Universal Oil Prod. Co.)
WOLFGANG MÜLLER. B 225

Robert A. Benkeser und **Richard A. Hickner,** *Die Stereochemie der Addition von Silicochloroform an Acetylene.* Die Stereochemie der Addition von *Silicochloroform* an *Pentin-(1)*, *Hexin-(1)*, *Heptin-(1)* u. *Phenylacetylen* (**I**) wird untersucht. Bei Katalyse durch Benzoylperoxyd (**II**) werden in stereospezif. Rk. die *cis-1-Trichlorsilyl-1-alkene* (**I** reagiert nicht) u. mit Pt-Tierkohle die *trans-Verbb.* (auch von **I**) gebildet. Die Prodd. werden durch Methyl-Li oder Methylmagnesiumhalogenid in die *cis-* bzw. *trans-1-Trimethylsilylolefine* (**A**) übergeführt. Die Stereospezifität der Additions-Rk. wird durch Vgl. der IR-Spektren der Prodd. mit auf bekanntem Wege synthetisierten *cis*-**A** u. für die *trans-Verbb.* durch Synth. u. Vgl. mit *trans-β-Triphenylsylylstyrol* bewiesen. Die Stabilität der Verbb. unter den Reaktionsbedingungen wird durch Verss. gesichert.

Versuche: *Pentin-(1)* (III), Kp. 40°; n_D^{20} 1,3850; 65% (Ausbeute). — *Hexin-(1)*, Kp. 71°; n_D^{20} 1,3987; 71%. — *Heptin-(1)*, Kp. 99°; n_D^{20} 1,4090; 51%. — *Phenylacetylen*; n_D^{20} 1,5494; 62—67%. — *1-Trimethylsilylpentin-(1)*, $C_8H_{16}Si$, Kp. 135°, durch Zutropfen von III zu eisgekühltem n-Butyl-Li (bzw. n-Propyl-Li), 30 Min. Rühren u. Zugabe von Trimethylchlorsilan, 3 Std. bei Zimmertemp.; n_D^{20} 1,4270; 24% (bzw. 58%). — *1-Trimethylsilylhexin-(1)*, $C_9H_{18}Si$, Kp. 155°, analog; n_D^{20} 1,4318; 66%. — *1-Trimethylsilylheptin-(1)*, $C_{10}H_{20}Si$, Kp. 176°; n_D^{20} 1,4344; 56%. — *Phenyläthinyltrimethylsilan*, $Kp._5$ 67°; n_D^{20} 1,5284; 64%. — Trimethylsilylalkene, a) cis-Verbb., durch katalyt. Red. vorst. Verbb. an Raney-Ni u. b) durch 24std. Kochen der cis- oder trans-Trichlorsilylalkene mit CH_3MgBr oder CH_3MgJ in Ae.: *-penten-(1)*, $C_8H_{18}Si$, Kp. 135°; n_D^{20} 1,4220; nach b) 65%. — *-hexen-(1)*, $C_9H_{20}Si$, $Kp._{20}$ 60°; n_D^{20} 1,4269; nach b) 82%. — *-hepten-(1)*, $C_{10}H_{22}Si$, $Kp._{70}$ 104°; n_D^{20} 1,4310; nach b) 48%. — *β-Trimethylsilylstyrol*, $Kp._5$ 81°, $Kp._7$ 85°; n_D^{20} 1,5260 (*trans-Form*), 1,5096 (*cis*); nach b) 68%. — Die isomeren Alkene unterscheiden sich im Brechungsindex nur um $\pm 0{,}0010$. — Trichlorsilylalkene, a) trans-Verbb. durch Zugabe des Alkins während 15 Min. zu einer am Rückfluß sd. Suspension von Pt/Kohle in Trichlorsilan unter heftigem Rühren, 3 Std. Sieden; b) cis-Verbb. durch Erhitzen des Alkins u. Trichlorsilans in Ggw. von II in Cyclohexan bei 60—70° während 20 Std.: *-penten-(1)*, a) $Kp._{35}$ 77 bis 79°; 86%; b) $Kp._{45}$ 81—84°; 38%. — *-hepten-(1)*, a) $Kp._{25}$ 104—106°; 73%; b) $Kp._{24}$ 102 bis 104°; 47%. — *-hexen-(1)*, a) $Kp._{16}$ 79—80°; 93%; b) $Kp._{27}$ 93—95°; 36%. — *cis-β-Trichlorsilylstyrol*, $Kp._4$ 89—90°; 82%. — *trans-β-Triphenylsilylstyrol*, a) F. 148—148,5° (A./Aceton), a) durch Erhitzen des Meerwein-Addukts aus p-Bromdiazoniumchlorid u. Triphenylsilyläthylen in 4-Picolin während 24 Std. am Rückfluß; danach wird das Picolin entfernt, in Ae. gelöst u. schnell zu n-Butyl-Li bei 0° gegeben u. 15 Min. gerührt; 25%; b) durch Umsetzen des Pt-Kohleaddukts mit Phenyl-Li; 80%. — Der Vers. zur Darst. von *trans-Trimethylsilylstyrol* aus *β*-Styryl-Li u. Trimethylchlorsilan ergab ein Prod., das mit Phenyläthinyltrimethylsilan verunreinigt war. (J. Amer. chem. Soc. **80.** 5298—5300. 5/10. 1958. Lafayette, Ind., Purdue Univ., Chem. Labor.)

W. Schramm. B 225

F. William Cagle jr., *Untersuchung der thermischen Zersetzung von Methan.* Vf. diskutiert den Mechanismus der Pyrolyse von *Methan* an Hand der bisher vorliegenden experimentellen Arbeiten. Obwohl die experimentell gefundenen Aktivierungsenergien von 79 bzw. 77 kcal mit dem nach Rice-Dorley [1934] errechneten Wert von 78 kcal gut übereinstimmen, zeigen andere Unterss., daß im Gegensatz zu diesen Annahmen eine Rk. erster Ordnung vorliegt. Vf. gibt die Berechnung unter der Annahme an, daß der Reaktionsschritt $H\cdot + CH_3\cdot \xrightarrow{k_4} CH_4 \sim 0$ kcal unter Mitwrkg. eines dritten Körpers M verläuft: $H\cdot + CH_3\cdot + M \xrightarrow{k_4} CH_4 + M \sim 0$ kcal. Vorliegende Unterss. der Pyrolyse in Ggw. von N_2 bzw. H_2O werden zur Bestätigung dieser Annahme herangezogen. (J. chem. Physics **25.** 1300—01. Dez. 1956. Salt Lake City, Utah, Univ. of Utah, Dep. of Chem.)

U. Winkler. B 225

Jiřina Kopoldová, Jaroslav Kloušek, Arnošt Babický und **Jindřich Liebster,** *Zerfall von DL-Methionin durch Bestrahlung.* Unters. der quantitativen Beziehungen zwischen Strahlungsmenge (X- u. γ-Strahlen), der Menge an frei werdendem NH_3 u. der Abnahme an *DL-Methionin* (I). Die Desaminierung ist in bezug auf die Strahlungsmenge eine lineare Funktion, die Abnahme des I-Geh. dagegen eine Exponentialfunktion. Bei der Bestrahlung von I entstehen als Zerfallsprodd.: Methioninsulfoxyd (II), Methioninsulfon (III), Homocysteinsäure (V), α-Aminobuttersäure, Allothreonin, Alanin, Asparaginsäure (IV) u. Serin (VI). Zwischen I u. II besteht ein reversibles Gleichgewicht, so daß die Zersetzungsprodd. dieselben sind, ihr quantitatives Verhältnis jedoch unterschiedlich ist. III erleidet einen oxydativen Zerfall; es entstehen bei Bestrahlung nur IV, V u. VI. Bei der Rk. von ^{35}S-I wurden 6 ninhydrinpositive u. radioakt., 5 nur ninhydrinpositive u. 22 nur radioakt. Substanzen gefunden. Die radioakt. Stoffe wurden durch eine Kombination von Elektrophorese mit Chromatographie u. Autoradiographie festgestellt. (Nature [London] **182.** 1074—76. 18/10. 1958. Prague, Czechoslov. Acad. of Sci., Biol. Inst.)

W. Schramm. B 226

K. L. Wierzchowski und **D. Shugar,** *Photochemie der Cytosinnucleoside und -nucleotide.* Es wurde der Einfl. von UV-Bestrahlung auf wss. Lsgg. von *Cytosin* (I), *1-Methylcytosin* (II), *Cytidin, Desoxycytidin, Cytidylsäure, Desoxycytidylsäure* u. *Pyranosylcytosin* bei verschied. p_H-Werten untersucht, sowie die Quantenausbeute gemessen. Bei der UV-Bestrahlung bildeten sich aus allen untersuchten Verbb. neue instabile Verbb., diese Rkk. waren reversibel. Aus den Quantenausbeuten der verschied. Verbb. wurde geschlossen, daß bei der Photo-Rk. eine starke H-Brücke zwischen dem 5′-Hydroxyl des Kohlenhydrats u. der Carbonylgruppe des Pyrimidins eine Rolle spielt.

Die H-Bindung würde eine nucleophile Anlagerung von H_2O an Stellung 5—6 des **I** erleichtern. (Biochim. biophysica Acta [Amsterdam] **25.** 355—64. Aug. 1957. Warsaw, Polen, Acad. of Sci., Inst. of Biochem. and Biophys.) H. G. SCHWEIGER. B 226

G. C. A. Schuit und **L. L. van Reijen,** *Die Struktur und Aktivität von Metallkatalysatoren auf Siliciumdioxyd.* Übersicht über Struktur, Gefüge u. Aktivität von Metall–SiO_2-Trägerkontakten u. über die Best. der Geschwindigkeitsparameter bei Rkk. an solchen Kontakten (H_2–D_2-Austausch, Hydrierung von C_2H_4 u. Bzl.). — 71 Literaturhinweise. (Advances Catalysis related Subjects **10.** 242—317. 1958. Amsterdam, Niederlande, Koninklijke/Shell-Labor.) WOLFGANG MÜLLER. B 227

W. A. Tulupow, *Kinetik der Hydrierung von Cyclopenten mit dem Mn^{2+}-Ion als Katalysator.* Vf. beschreibt eine App., die eine Messung der Hydrierungskinetik von *Cyclopenten* (Kp. 43,5—44°; n_D^{20} 1,4240) in Ggw. von Mn^{2+}-Ionen gestattet. Die Aktivierungsenergie E dieser Hydrierung im homogenen Medium liegt größenordnungsmäßig im Bereich katalyt. Hydrierungen anderer Systeme, E wie auch die Reaktionsgeschwindigkeit sind abhängig von der Konz. der katalyt. wirkenden Mn^{2+}-Ionen; für $c_{Mn^{2+}} = 8{,}18 \cdot 10^{-5}$ g-Mol ist $E_1 = 4800 \pm 500$ [cal/Mol], für $c_{Mn^{2+}} = 5{,}46 \cdot 10^{-5}$ g-Mol $E_2 = 5800 \pm 500$. (Журнал Физической Химии [J. physik. Chem.] **32.** 727—29. März 1958. Moskau, Allunions Kontumazial-Maschinenbauinst.) WOLFGANG MÜLLER. B 227

R. H. Price und **D. B. Schiewetz,** *Katalytische Hydrierung in flüssiger Phase.* Die Hydrierung von *Cyclohexen* (I, $Kp._{744}$ 82,0°) zu Cyclohexan ($Kp._{744}$ 79,6°) an 5% Pt auf pulverisierter, aktivierter Tonerde im Strömungssyst. wurde kinet. verfolgt. Die Rk. ist nullter Ordnung bzgl. **I**, die Geschwindigkeit v ist linear vom H_2-Druck p abhängig, aber bei p = 0 von Null verschieden. Innerhalb eines begrenzten Bereichs ist v direkt proportional der Katalysatorkonz. u. der Rührgeschwindigkeit; die Ursachen dafür werden diskutiert. Die scheinbare Aktivierungsenergie beträgt bei Rührgeschwindigkeiten u von 2500 bzw. 1300 U/Min. 12800 bzw. 4800 cal/Mol; bei niedrigem u ist der geschwindigkeitsbestimmende Schritt die Diffusion des H_2 an die Katalysatoroberfläche, bei höherem u dagegen eine chem. Reaktion. (Ind. Engng. Chem. **49.** 807—12. Mai 1957. Cincinnati, Ohio, Univ.) H. EKHARD. B 227

A. A. Balandin, *Die Natur der aktiven Zentren und die Kinetik der katalytischen Dehydrierung.* Die geometr. u. energet. Aspekte der Multiplett-Theorie werden zur Erklärung der Kinetik der katalyt. Dehydrierung u. zur Aufklärung der Natur der akt. Zentren herangezogen. Auf die Möglichkeit der experimentellen Best. von Änderungen der freien Energie, Enthalpie u. Entropie hinsichtlich Adsorption an akt. Zentren u. der Bindungsenergien zwischen den reagierenden Atomen der Moll. u. den Atomen der akt. Zentren des Katalysators wird hingewiesen. — 88 Literaturstellen. (Advances Catalysis related Subjects **10.** 96—129. 1958. Moscow, USSR, Univ., Zelinsky-Inst. of Org. Chem., Acad. of Sci. USSR.) WOLFGANG MÜLLER. B 227

A. A. Balandin und **Ss. L. Kiperman,** *Über die Kinetik der Dehydrierung von Alkoholen.* (Vgl. C. **1959.** 5429.) Ausgehend von einem Schema, nach dem ein Alkohol mit Oberflächenatomen eines quasihomogenen Katalysators (K) eine Verb. $C_nH_{2n}O$[K] bildet u. diese in $C_nH_{2n}O$ u. [K] dissoziiert, leiten Vff. Gleichungen für die Kinetik der Dehydrierung ab u. behandeln 2 Grenzfälle (Dehydrierungsgeschwindigkeit $\ll$ Desorptionsgeschwindigkeit u. umgekehrt) unter dem Gesichtspunkt des stufenweisen Verlaufs. Man kann annehmen, daß die BRØNSTEDsche Beziehung zwischen Aktivierungsenergie u. Wärmetönung der Einzelstufen für Rkk. der gleichen homologen Reihe an der Oberfläche eines bestimmten Katalysators mit etwa gleichen Konstanten gilt. Bei der fördernden Wrkg. kleiner Mengen W. gegenüber der Dehydrierung von Alkoholen an Cu-Katalysatoren wird eine Rk. des W. mit dem Katalysator unter Bldg. von [K]O angenommen, das mit dem Alkohol rascher reagiert als [K]; durch Rk. von [K]O mit dem Aldehyd ist auch die Bldg. kleiner Mengen Essigsäure bei der Dehydrierung von A. zu erklären. (Журнал Физической Химии [J. physik. Chem.] **31.** 139—49. Jan. 1957. Moskau, Zelinsky-Inst. für organ. Chem. der Akad. der Wiss. der UdSSR.) R. K. MÜLLER. B 227

Zoltán Csürös, István Géczy und **Jenö Morgós,** *Untersuchung an Katalysatoren.* 14. Mitt. *Katalytische Oxydation von p-Cymol bei Raumtemperatur.* (Magyar tudományos Akad. kémiai Tudományok Osztályának Közleményei **7.** 199—211. 1956. — C. **1958.** 5339.) J. PLANK. B 227

I. L. Kotljarewski und **A. Ss. Sanina,** *Über ungesättigte Kohlenwasserstoffe.* 4. Mitt. *Synthese von Toluol.* (3. vgl. C. **1959.** 5758.) Beim Erhitzen von 2-Methylhexadien-(1.5)-in-(3) (**I**), das durch Dehydratisierung von 2-Methylhexen-(5)-in-(3)-ol-(2) (**II**) mit H_2SO_4 erhalten wird, in Ggw. von Cr_2O_3/Al_2O_3 (20 : 80) auf 400° oder in Ggw. von $MgO/Cr_2O_3/Al_2O_3$ (2 : 18 : 80) auf 450° entsteht in 28,2- bzw. 11%ig. Ausbeute *Toluol.* Hydriert man **I** vor der Aromatisierung bei 20—30 at in Ggw. von Skelett-

Ni, so entstehen bei der Einw. von 1 Mol H_2 auf I *2-Methylhexatrien-(1.3.5)* u. *2-Methylhexen-(1)-in-(3)*, bei der Einw. von 2 Mol H_2 *2-Methylhexadien-(1.3)* u. *2-Methylhexen-(1)-in-(3)* u. bei der Einw. von 3 Mol H_2 *2-Methylhexen-(1)*. Bei der Aromatisierung der Hydrierungsprodd. an $MgO/Cr_2O_3/Al_2O_3$ erhält man 38,2 bzw. 43 bzw. 51,5% *Toluol* (bei 450 bzw. 500 bzw. 550°).

Versuche: *2-Methylhexadien-(1.5)-in-(3)* (I), Kp.$_{12}$ 30°; durch 4std. Erhitzen von II mit 50%ig. H_2SO_4 auf 40—60°; 80% Ausbeute. Zur Darst. von Cr_2O_3/Al_2O_3 bzw. $MgO/Cr_2O_3/Al_2O_3$ tränkt man techn. Al_2O_3 mit der berechneten Menge CrO_3 in W. oder wss. $MgCrO_4$, trocknet bei 105° u. glüht den Katalysator im Luftstrom bei 300—500°. Vor der Aromatisierung leitet man über den Katalysator H_2 u. N_2 u. dann erst I im Gemisch mit N_2 oder H_2. Die Versuchsergebnisse sind tabellar. zusammengestellt. (Журнал Прикладной Химии [J. angew. Chem.] **30.** 1719—22. Nov. 1957.)

W. Kurtzmann. B 227

Ju. A. Gorin und **L. P. Bogdanowa,** *Untersuchung auf dem Gebiet der katalytischen Dampfphasenhydratation von Acetylen und seinen Derivaten.* 1. Mitt. *Hydratation von Vinylacetylen zu Methylvinylketon.* Vff. untersuchen die Hydratation von Vinylacetylen (I) an $CdWO_4$ (325—400°), Cd-Ca-Phosphat (350—400°), WO_3 (350—400°) u. ZnO (375—425°). Hauptprod. ist *Methylvinylketon* (II), daneben bilden sich wenig *2-Acetyl-6-methyl-2.3-dihydropyran* u. *trimeres* I. Die Ausbeuten an II sind in der genannten Reihenfolge der Katalysatoren maximal bei 325, 350, 350, 375° (bezogen auf umgesetztes I). — Hydratation von I: Man leitet durch ein mit dem Katalysator gefülltes Quarzrohr bei der angegebenen Temp. I (ca. 100 Liter/Liter Katalysator u. Std.) u. Wasserdampf. Durch Dest. des Katalysats erhält man: *Methylvinylketon* (II), C_4H_6O, Kp. 79—80°; D.$^{20}_{20}$ 0,8532; n_D^{20} 1,4110. *Semicarbazon*, F. 138—140°. — *2-Acetyl-6-methyl-2.3-dihydropyran*, $C_8H_{12}O_2$, Kp.$_{13}$ 65—72°. *Semicarbazon*, F. 174—176°. — *Trimeres Vinylacetylen*, $C_{12}H_{12}$, Kp.$_9$ 106°; n_D^{20} 1,5386. (Журнал Общей Химии [J. allg. Chem.] **28** **(90).** 657—61. März 1958. Wiss. Unions-Forsch.-Inst. für synthet. Kautschuk.)

Helmut Schäfer. B 227

Ju. A. Gorin und **L. P. Bogdanowa,** *Untersuchung auf dem Gebiet der katalytischen Dampfphasenhydratation von Acetylen und seinen Derivaten.* 2. Mitt. *Hydratation von Phenylacetylen, tert.-Butylacetylen, Dimethylacetylen, Methyläthylacetylen und Äthylvinylacetylen.* (1. vgl. vorst. Ref.) Die Hydratation von Phenylacetylen, Acetylen, tert.-Butylacetylen, Vinylacetylen, Dimethylacetylen, Methyläthylacetylen u. Vinyläthylacetylen bei 375° am Cd-Ca-Phosphatkontakt liefert entsprechend *Acetophenon, Acetaldehyd, Pinakolin, Methylvinylketon, Methyläthylketon,* ein Gemisch aus *Methyl-n-propylketon* u. *Diäthylketon* u. schließlich *Äthylpropenylketon.* Der Umwandlungsgrad in der genannten Reihe der Acetylene beträgt in %: 76,0, 71,0, 64,0, 36,5, 38,5, 34,3, 21,8. Der wesentlich niedrigere Umwandlungsgrad der disubstituierten Acetylene ist wahrscheinlich durch ster. Hinderungen bedingt.

Versuche: Die Katalyse wurde in einem Quarzrohr ausgeführt, durch das KW-stoff u. Wasserdampf im Verhältnis 1 : 10 bei 375° mit einer Volumengeschwindigkeit von 100 Liter/Liter Katalysator · Std. geleitet wurden. Das Katalysat wurde in einer mit Eis oder Eis–Kochsalz gekühlten Vorlage kondensiert u. durch Dest. aufgearbeitet. — *Acetophenon*, C_8H_8O, Kp.$_{12}$ 83—85°, aus Phenylacetylen; D.$^{25}_4$ 1,0229; n_D^{20} 1,5339; 64,0% (Ausbeute, bezogen auf umgesetzten KW-stoff). *Semicarbazon*, F. 196—197°. — *tert.-Butylacetylen*, Kp. 39,5°, aus 2.2-Dichlor-3-methylbutan mit alkoh. Lauge; D.$^{15}_4$ 0,6732; n_D^{15} 1,3772. — *Pinakolin*, $C_6H_{12}O$, Kp. 102—104°, aus vorst. Verb.; D.$^{20}_4$ 0,8017; 75,0%. *Oxim*, F. 74,5—75°. — *Dimethylacetylen*, Kp. 27—27,2°, Methyläthylketon wurde mit PCl_5 chloriert u. aus dem erhaltenen 2.2-Dichlorbutan mit alkoh. Lauge HCl abgespalten; D.$^{20}_4$ 0,7128; n_D^{25} 1,3891. — *Methyläthylketon*, C_4H_8O, Kp. 80°, aus vorst. Verb.; D.$^{20}_4$ 0,8051; n_D^{20} 1,3782; 37,2%. *Semicarbazon*, $C_5H_{11}N_3O$, F. 139—140°. — *Methyläthylacetylen*, Kp. 56—56,5°, aus 3.3-Dichlorpentan; D.$^{17}_4$ 0,7121; n_D^{20} 1,4042. — Gemisch aus *Diäthylketon* u. *Methyl-n-propylketon*, $C_5H_{10}O$, Kp. 101,5—102°, aus vorst. Verb.; D.$^{20}_4$ 0,8106; n_D^{20} 1,3901; 35,0%. — *Vinyläthylacetylen*, Kp. 83,5—84°; D.$^{20}_4$ 0,7479; n_D^{20} 1,4522. — *Äthyl-n-propenylketon*, Kp.$_{10}$ 35—36°; aus vorst. Verb.; D.$^{20}_4$ 1,8543; n_D^{20} 1,4384; 40,4%. *Semicarbazon*, F. 157—160°. — *Acetaldehyd*, aus Acetylen; 67,0%. — *Methylvinylketon*, aus Vinylacetylen; 70,5%. (Журнал Общей Химии [J. allg. Chem.] **28** **(90).** 1144—50. Mai 1958.) Helmut Schäfer. B 227

F. Bergmann, *Die Struktur der aktiven Oberfläche von Cholinesterasen und der Mechanismus ihrer katalytischen Wirkung bei der Esterhydrolyse.* Die bisher bekannten Daten über Cholinesterasen werden zur Strukturaufklärung der akt. Oberfläche u. des Mechanismus der enzymat. Hydrolyse verwandt. — 74 Literaturstellen. (Advances Catalysis related Subjects **10.** 130—64. 1958. Jerusalem, Israel, Hebrew Univ., Hadassah Med. School, Dep. of Pharmacol.)

Wolfgang Müller. B 227

C. Präparative organische Chemie. Naturstoffe.

Horace S. Isbell, Nancy B. Holt und **Harriet L. Frush**, *Darstellung von $^{14}C_{(5)}$-D-Arabinose aus $^{14}C_{(6)}$-D-Glucose.* Ausgehend von $^{14}C_{(6)}$-D-Glucose (I) wurde durch eine Modifikation des Verf. von RUFF [1899/1900] $^{14}C_{(6)}$-*D-Arabinose* hergestellt.

Versuche: $^{14}C_{(5)}$-*D-Arabinose*, aus 180 mg I mit 230 μC in gesätt. wss. Ba-Benzoatlsg. durch Zugabe von Br_2, 1 std. Rühren u. 24 std. Stehen im Dunkeln im verschlossenen Gefäß, Eindampfen im Dunkeln mit einem trockenen Luftstrom, Aufnehmen in W., Behandeln mit Ag_2CO_3, $^1/_4$ std. Rühren, Filtrieren, Behandeln mit Amberlite IR-120, ½ std. Erhitzen mit überschüssigem $CaCO_3$ im Wasserbad, Filtrieren, Eindampfen unter einem Luftstrom, Auffüllen auf 5 ml, Zugabe von je 0,2 ml wss. Ba-Acetat (9 g/100 ml) u. wss. $FeSO_4$ (9,2 g/100 ml) sowie von 0,1 ml 30%ig. H_2O_2, 1½ std. Erhitzen auf 45°, Zugabe von 0,1 ml H_2O_2, Stehen über Nacht bei Raumtemp., Behandeln mit Kohle, Filtrieren, Behandeln mit Amberlite IR-120–Duolite A-4-Gemisch u. Eindampfen; 58% (Ausbeute; entspricht 135 μC); Kristallisation nach Lyophilisieren u. Zugabe von wenig Methanol–A. (1:1). (J. Res. nat. Bur. Standards **57**. 95. Aug. 1956. Washington.) W. BITTERLICH. 480

H. L. Frush und **H. S. Isbell**, *Synthese von ^{14}C-markierter L-Sorbose und L-Ascorbinsäure.* In Anlehnung an die techn. Darst. von *L-Ascorbinsäure* (I) wurde $^{14}C_{(6)}$-I, ausgehend von $^{14}C_{(1)}$-Ba-D-Gluconat (II), über *Sorbit* (III), *L-Sorbose* (IV) u. *K-Di-O-isopropyliden-2-keto-L-gulonat* (V) gewonnen. II wurde in das *δ-Lacton* übergeführt, das durch Red. mit $NaBH_4$ III liefert. Dieses kann auch durch Red. von $^{14}C_{(1)}$-Glucose mit $NaBH_4$ erhalten werden. Die bei der bakteriellen Oxydation von rohem ^{14}C-III erhaltene Ausbeute an ^{14}C-IV (69%) war geringer als die bei Vorverss. mit inakt., reinen III durch Reihenverss. ermittelte optimale Ausbeute (95%). Die optimalen Bedingungen zur Überführung von V in I wurden an 1 mMol-Proben V in Methylcellosolve (VI)-HCl bei 40° in Reihenverss. durch Variation von VI- u. HCl-Menge u. der Reaktionszeit ermittelt.

Versuche: $^{14}C_{(6)}$-*Sorbit* (III), nichtkrist., aus II (1756 μC) durch Aufnehmen in W., Entionisieren mit Amberlite IR-120 (H^+-Form), Eindampfen im Vakuum, Lactonisieren durch 8—10 maliges abwechselndes Zugeben von VI u. Eindampfen im Luftstrom innerhalb von 3 Wochen, Abkühlen in Eis, Zugabe von 0,05 mol. wss. Borsäure u. Amberlite IR-120, dann unter Rühren innerhalb 5 Min. von 0,3 mol. wss. $NaBH_4$-Lsg., ½ std. Rühren, nochmalige Zugabe von $NaBH_4$-Lsg. u. nach ½ Std. von n-NaOH, Stehen über Nacht bei ca. 5°, Behandeln mit Kationenaustauscher, Einengen im Vakuum, 5 maliges Zugeben von Methanol u. Eindampfen im Vakuum, Aufnehmen in W., Neutralisieren mit NaOH gegen Phenolphthalein, Entionisieren mit Hilfe eines Gemischs von Amberlite IR-120 u. Duolite A-4 u. Eindampfen im Vakuum; 89,2% (Ausbeute, bezogen auf die Radioaktivität); 1566 μC. — $^{14}C_{(6)}$-*L-Sorbose* (IV), aus rohem III in W. durch Zugabe von Hefeextrakt u. KH_2PO_4, $^1/_4$ std. Sterilisieren bei 15 lb., Incubation mit Acetobacter suboxydans, 72 std. Stehen, Zugabe von 20%ig. wss. $ZnSO_4$, dann $Ba(OH)_2$ bis zur Blaufärbung von Bromthymolblau, dann Filtercel, Filtrieren, Behandeln mit Ionenaustauschergemisch wie bei III, Eindampfen im Vakuum, Verdünnen mit Methanol, Zugabe von Isopropanol bis zur beginnenden Trübung, Animpfen mit IV u. mehrtägiges Stehen; 68,7% (1076 μC). — $^{14}C_{(6)}$-*Di-O-isopropyliden-L-sorbose*, durch Zutropfen von konz. H_2SO_4 zu absol. Aceton bei 0°, Zugeben zu IV (777 mC), 1—2 std. Schütteln, 18 std. Stehen im Kühlschrank bei 0°, dann 24 Std. bei —20°, Zugabe von 12%ig. K_2CO_3 in Eiswasser, dann von Aceton, Filtrieren, Eindampfen im Vakuum, Extrahieren mit Heptan im Wasserbad, Aufnehmen des Rückstands in Aceton, Eindampfen im Vakuum, Extrahieren mit Heptan, Eindampfen der Heptanextrakte im Vakuum u. Impfen; 84,9% (660 μC). — $^{14}C_{(6)}$-*K-Di-O-isopropyliden-2-keto-L-gulonat* (V), aus vorst. Verb. (128 μC) u. KOH in W. durch Kühlen auf 0°, Zutropfen von $KMnO_4$ in W. innerhalb ½ Std., 4 std. Schütteln, Erhitzen auf 50°, Zugabe von wenig A., Filtrieren, Sättigen mit CO_2 u. Gefriertrocknen; 94,5% (121 μC). — *L-Ascorbinsäure* (I), a) $^{14}C_{(6)}$-I, aus V (121 μC) durch Behandeln mit Kationenaustauscher, Eindampfen im Vakuum, Zugabe von wenig A., Dehydratisieren durch wiederholte Zugabe von A. u. Eindampfen, Zugabe von 20%ig. methanol. HCl u. Chlf., 3 wöchiges Stehen bei Raumtemp. im zugeschmolzenen Gefäß, Filtrieren, Unkristallisieren aus Eisessig durch Zugabe von Chlf. bis zur beginnenden Trübung; 75,2% (91 μC); b) inakt. I, aus 2 mMol V in W. durch Behandeln mit eiskaltem Kationenaustauscher, Einengen im Vakuum, Gefriertrocknen, Aufnehmen in konz. HCl-VI (1:7,5), Zugabe von VI, 1 wöchiges Stehen unter N_2 bei 40°, Eindampfen im Vakuum, Aufnehmen in VI, Eindampfen, Verdünnen mit Äthylenchlorid, 24 std. Stehen, Absaugen, Aufnehmen in VI, Einengen u. Zugabe von Äthylenchlorid; 84,5%. (J. Res. nat. Bur. Standards **59**. 289—92. Okt. 1957. Washington.)

W. BITTERLICH. 480

Robert Schaffer und **Horace S. Isbell**, *Synthese von $^{14}C_{(1)}$-β-Gentiobiose.* Ausgehend von inakt. Gentiobiose (I) wurde durch RUFFschen Abbau über Ca-Gentiobionat zu *5-O-β-D-Glucosyl-D-arabinose* u. nachfolgender Cyanhydrinsynth. unter Verwendung von $Na^{14}CN$ $^{14}C_{(1)}$-I hergestellt.

Versuche: *Gentiobionsäure, Ca-Salz*, aus I in eiskaltem W. durch 24std. Rühren in Ggw. von $CaCO_3$ u. Br_2 im Dunkeln, Austreiben des überschüssigen Br_2 durch Luft, Filtrieren, Zugabe von Oxalsäure, Filtrieren, Zugabe von Ag_2CO_3, Filtrieren, Kühlen auf 0°, Behandeln mit Amberlite IR-120 H bei 0°, Behandeln mit überschüssigem $CaCO_3$, Filtrieren u. Eindampfen. — *5-O-β-D-Glucosyl-D-arabinose*, aus vorst. Verb., Ba-Acetat-Monohydrat u. $FeSO_4 \cdot 7\,H_2O$ in W. durch Kochen, Filtrieren, Abkühlen auf 40°, Zugabe von 30%ig. H_2O_2, Abkühlen auf 40°, Zugabe von weiterem H_2O_2, Kühlen in Eis, Chromatographie an Amberlite IR-120 H u. Duolite A-4 (1:1) u. Elution mit W. bei 0°, Einengen im Vakuum, Adsorption an Darco G-60 u. Celite 535 (1:1), Elution mit W., 5%ig. A. u. 10%ig. A. u. Einengen der letzten Fraktion; Best. der Ausbeute durch Titration mit J_2. — *$^{14}C_{(1)}$-β-Gentiobiose* ($^{14}C_{(1)}$-I), aus eiskalter Lsg. von 4,43 mMol $Na^{14}CN$ (mit 5,6 mC) u. 4,8 mMol NaOH in W. u. einer 4,85 mMol vorst. Verb. u. 0,78 g $NaHCO_3$ enthaltenden eiskalten wss. Lsg. durch 8tägiges Stehen bei Raumtemp. im geschlossenen Gefäß, Zugabe von Na_2CO_3 in W., 4std. Erhitzen auf 90° unter einem Luftstrom, Aufnehmen in eiskaltem W., Filtrieren durch eine Amberlite IR-120 H-Säule, Nachwaschen mit W., Gefriertrocknen (Rückstand 5,11 mC), Aufteilen in 4 Teile, Lactonisieren durch 2wöchiges abwechselndes Aufnehmen in Methylcellosolve u. Eindampfen bei Raumtemp. unter einem Luftstrom, Kühlen im Eisbad, Zugabe von wss. saurem Na-Oxalat bei 0°, 2std. Rühren unter rascher Zugabe von 3,5 g 5,1%ig. Na-Amalgam als Kügelchen, Neutralisieren mit NaOH, 2maliges Aufnehmen in Methanol, Filtrieren u. Eindampfen im Vakuum, Zugabe von W., Filtrieren durch eine Säule mit Amberlite IR-120 H–Duolite A-4 (1:1) bei 0°, Nachwaschen mit W. von 0°, Gefriertrocknen der Eluate, Zugabe von wenig Methanol, Filtrieren, Vereinigen von je 2 der 4 Teile (A u. B), Zugabe von 1 g inakt. I u. wenig W. zu A, Erwärmen auf 55°, Zugabe von absol. A. bis zur beginnenden Trübung, Impfen mit inakt. I, Zugabe von weiterem absol. A. u. Filtrieren; Zugabe der so gewonnenen ^{14}C-I zu B u. Wiederholung des beschriebenen Kristallisationsverf.; 508 mg mit 1,16 mC; durch weiteres Austragen der Mutterlaugen mit inakt. I, insgesamt 1,36 mC, entsprechend 24,3% (bezogen auf $Na^{14}CN$). — Rückgewinnung unred. Säuren mit 1,8 mC aus den Austauschergemischen durch Behandeln derselben mit 10%ig. Essigsäure. (J. Res. nat. Bur. Standards **57.** 333—34. Dez. 1956. Washington, D. C.) W. BITTERLICH. 480

H. Normant und **P. Maitte**, *Untersuchungen über Vinylmagnesiumverbindungen.* 10. Mitt. *Synthese von α-ungesättigten Säuren.* (9. vgl. C. **1958.** 7438.) Vinyl-Mg-Verbb. verhalten sich n. u. werden durch Carbonisierung u. Hydrolyse in substituierte *Acrylsäuren* bzw. mit Phenylisocyanat (I) in die entsprechenden *Anilide* übergeführt. Aus Vinylbromid wird in Tetrahydrofuran über *Vinyl-MgBr* (IV) u. dessen Rk. mit I *Acrylsäureanilid* erhalten, aus Bromcamphen *Camphencarbonsäure*. Das aus 2.3-Dibrombutan zugängliche *trans-2-Brombuten-(2)* (trans-II; $Kp._{760}$ 85,5°) liefert *Angelicasäure* bzw. deren *Anilid* (F. 124°), frei von Stereoisomeren. Auch die Umsetzung der II mit Acetaldehyd (III) zu den *3-Methylpenten-(3)-olen-(2)* bzw. von cis- u. trans-1-Brompropen zu *Isocroton-* u. *Crotonsäure* erfolgt ster. einheitlich. Die Bldg. von Vinyl-Mg-Verbb. u. ihre Carbonisierung verläuft also unter Erhaltung der Konfiguration.

Versuche: Nachst. Verbb. durch Zutropfen der GRIGNARD-Verbb. zu CO_2-Schnee in absol. Ae. u. Zers. nach 24 Std. mit HCl: *Acrylsäure*, $Kp._{12}$ 41°, aus IV; $D.^{22}_{4}$ 1,0346, n_D^{22} 1,4198; 47% (Ausbeute). — *Methacrylsäure*, $Kp._{12}$ 61°, $D.^{21,5}_{4}$ 1,0082, $n_D^{21,5}$ 1,4311; 53%. — *α-Amylacrylsäure*, $Kp._{16}$ 129—131°; 50%. — *Atropasäure*, F. 106°; 66%. — *α-Benzylacrylsäure*, F. 70—71°; 40%. — *Äthylacrylat* u. *-methacrylat*, in schlechter Ausbeute beim Eintropfen in Diäthylcarbonat. — *Croton-* ($Kp._{13}$ 76—76,5°) u. *Isocrotonsäure* ($Kp._{13}$ 72—73°); Gesamtausbeute 63%; Trennung durch Dest. u. Kristallisation. — *Angelica-* ($Kp._{13}$ 85,7°) u. *Tiglinsäure* ($Kp._{13}$ 96°); 80%. — *β.β-Dimethacrylsäure*, F. 69° (W.–A.); 50%. — *β-Methylzimtsäure*, F. 97—98° (CS_2–PAe.); 55%. — *Camphencarbonsäure*, F. 125—125,5°; 22%; daneben ein *Isomeres* (?) vom F. 85°; 66% Gesamtausbeute. — *Trimethylacrylsäure*, F. 70°, $Kp._{13}$ 104°; 29%. — *cis-3-Methylpenten-(3)-ol-(2)*, $C_6H_{12}O$, $Kp._{758}$ 137—137,2°, aus Butenyl-(2)-MgBr u. III; $D.^{19}_{4}$ 0,861, n_D^{19} 1,4428; 80%. (Bull. Soc. chim. France [5] **1956.** 1439—41. Okt. Sorbonne, Labor. de Chim. Struct.) E. ROTTER. 520

Henri Normant und **Jacqueline Ficini**, *Untersuchungen über Vinylmagnesiumverbindungen.* 11. Mitt. *Darstellung und Untersuchung der Trichlormethylvinylcarbinole* $(R)\cdot(R')\cdot C{=}C(R'')\cdot CHOH\cdot CCl_3$. (10. vgl. vorst. Ref.) Durch Kondensation von aliphat.

substituierten Vinyl-Mg-Halogeniden mit Chloral (**I**) entstehen die entsprechenden *Vinyltrichlormethylcarbinole.* Mit den Mg-Verbb. von α-Brom- bzw. α-Methyl-β-bromstyrol gelingt die Kondensation nicht. Bei einem 75%ig. Überschuß der GRIGNARD-Verbb. werden 80—85%ig. Maximalausbeuten erzielt. *β.β-Dimethylvinyltrichlormethylcarbinol* wird krist. u. zufolge der IR-Absorption mit einheitlicher Konst. erhalten. In Ggw. von Pt sind die Alkohole leicht hydrierbar, während beim alkal. Abbau an Stelle des α.β-ungesätt. Aldehyds unter Spaltung der Doppelbindung die entsprechende Carbonylverb. u. der Restaldehyd entstehen. Die Addition von Mercaptanen an die ungesätt. Bindung gelang nicht. Es erfolgt auch keine Rk. zwischen der OH-Gruppe u. Dihydropyran.

Versuche: Durch 2std. Rühren von 0,2 Mol frisch über P_2O_5 dest. **I** in absol. Ae. mit 0,35 Mol der Vinyl-Mg-Halogenide bei 0° u. 3 Std. bei Raumtemp. nachst. Trichlormethylcarbinole: *Vinyl-* (**II**), $Kp._{17}$ 75°, $D.^{22}{}_4$ 1,4185, $n_D{}^{22}$ 1,4998; 84% (Ausbeute). — *Propenyl-*, $Kp._{13}$ 87°, $D.^{22}{}_4$ 1,3636, $n_D{}^{22,5}$ 1,5030; 87%. — *α-Methylvinyl-*, $Kp._{14}$ 84,5°, $D.^{19,5}_4$ 1,3635, $n_D{}^{19,5}$ 1,5020; 70%. — *β.β-Dimethylvinyl-*, F. 81°; 90%. — *α.β-Dimethylvinyl-*, $Kp._{0,3}$ 56°, $D.^{21}{}_4$ 1,3266, $n_D{}^{21}$ 1,5074; 73%. — *Trimethylvinyl-*, $Kp._{13}$ 108°, $D.^{21}{}_4$ 1,2576, $n_D{}^{21}$ 1,5114; 50%. — *Äthyl-*, $Kp._{12}$ 63—64°, durch Hydrierung von 17 g **II** in A. in Ggw. von PtO_2; $D.^{20}{}_4$ 1,3725, $n_D{}^{20}$ 1,4831; 16 g. — *Propionaldehyd,* durch Erhitzen von 12 g vorst. Verb. mit wss. Na_2CO_3-Lsg. auf 55—65°; 4 g. *2.4-Dinitrophenylhydrazon,* F. 153,5—154°. — *1.1.1-Trichlorisohexanol-(2),* $Kp._{13}$ 85—86°; 9 g aus 11 g. — *Isovaleraldehyd,* $Kp._{760}$ 92°, in 4 Std. aus 8 g vorst. Verb.; 3 g. *2.4-Dinitrophenylhydrazon,* F. 118,5—119°. (Bull. Soc. chim. France [5] **1956.** 1441—43. Okt.)

E. ROTTER. 520

Henri Normant und **Cornel Crisan,** *Untersuchungen über Vinylmagnesiumverbindungen. Darstellung von α-ungesättigten Epoxyden.* (Vgl. vorst. Ref.) Die durch Rk. von α-halogenierten Aldehyden mit Vinyl-Mg-Halogeniden gewonnenen rohen Chlorhydrine (**B**) liefern in Ae. oder Tetrahydrofuran mit pulverförmigem KOH oder einem leichten Überschuß von NH_2Na ohne Bldg. der isomeren Dihydrofurane nachst. Äthylenoxyde: *2-Äthyl-3-vinyl-*, $Kp._{735}$ 108°. $D.^{26}{}_4$ 0,853, $n_D{}^{26}$ 1,4198; 50% (Ausbeute). — *2-Äthyl-3-propenyl-*, $Kp._{15}$ 41°, $D.^{17}{}_4$ 0,861, $n_D{}^{17}$ 1,4398; 40%. — *2-Amyl-3-vinyl-*, $Kp._{17}$ 73°, $D.^{17}{}_4$ 0,846, $n_D{}^{17}$ 1,4373; 66%. — *2-Amyl-3-propenyl-*, $Kp._{16}$ 91°, $D.^{16}{}_4$ 0,853, $n_D{}^{16}$ 1,4474; 55%. — Mit 0,1n H_2SO_4 werden vorst. Verbb. in guten Ausbeuten ohne Allylumlagerung zu stereoisomeren Gemischen nachst. Äthylenglykole hydratisiert: *1-Äthyl-2-vinyl-*, $Kp._{15}$ 100°, $D.^{22}{}_4$ 0,982, $n_D{}^{22}$ 1,4579; 80%. — *1-Äthyl-2-propenyl-*, $Kp._{14}$ 112—114°, $D.^{21}{}_4$ 0,957, $n_D{}^{21}$ 1,4621; 70%. — *1-Amyl-2-vinyl-*, $Kp._{0,8}$ 95°, F. 17°, $D.^{22}{}_4$ 0,932, $n_D{}^{22}$ 1,4578; 63%. — *1-Amyl-2-propenyl-*, $Kp._{0,7}$ 108 bis 109°, $D.^{21}{}_4$ 0,921, $n_D{}^{21}$ 1,4620; 58%. — Bei der Einw. von $(C_2H_5)_2NH$ auf die Epoxyde entstehen Gemische der entsprechenden *α-Diäthylaminoallylcarbinole* u. *Vinyl-α-diäthylaminoalkylcarbinole* (**A**), deren Konstanten sich wenig von denen der reinen **A** unterscheiden, die aus den **B** bzw. aus den α-Diäthylaminoaldehyden mit Vinyl-Mg-Halogenide erhalten werden. (C. R. hebd. Séances Acad. Sci. **244.** 85—86. 2/1. 1957.)

E. ROTTER. 520

Viviane Lévy und **Henri Normant,** *Untersuchungen über Vinylmagnesiumverbindungen.* 14. Mitt. *Tertiär-sekundäre Allylumlagerung.* (Vgl. vorst. Ref.) Zur Unters. der Allylumlagerung werden durch Rk. eines Ketons mit Propenyl-MgBr nachst. Propenylcarbinole (**A**) dargestellt: *Dimethyl-*, $C_6H_{12}O$, $Kp._{760}$ 117—119°, $D.^{20}$ 0,8375, n^{19} 1,4373; 75% (Ausbeute). — *Methylphenyl-*, $C_{11}H_{14}O$, $Kp._2$ 86°, $D.^{18}$ 0,9947, n^{18} 1,5327; 80%. — *Methylamyl-*, $C_{10}H_{20}O$, $Kp._{18}$ 91°, $D.^{20}$ 0,8420, n^{20} 1,4473; 77%. — *Äthylbutyl-*, $C_{10}H_{20}O$, $Kp._{19}$ 90,5°, $D.^{22}$ 0,8448, n^{22} 1,4480; 83%. — Durch Kondensation von Acetaldehyd mit den entsprechenden Vinyl-Mg-Halogeniden entstehen die metameren Buten-(1)-ole-(3) (**B**): *1.1-Dimethyl-*, $C_6H_{12}O$, $Kp._{760}$ 138—139°, $D.^{20}$ 0,8417, n^{20} 1,4401; 81%. *p-Nitrobenzoat,* $C_{13}H_{15}NO_4$, F. 72° (95%ig. A.). — *1-Methyl-1-phenyl-*, $C_{11}H_{14}O$, F. 61,5° (A.), $Kp._{0,8}$ 100—101°; 85%. — *1-Methyl-1-amyl-*, $C_{10}H_{20}O$, $Kp._{18}$ 91°, $D.^{20}$ 0,8463, n^{20} 1,4499. — *1-Äthyl-1-butyl-*, $C_{10}H_{20}O$, $Kp._{13}$ 92°, $D.^{21}$ 0,8430, n^{21} 1,4508. — Die beiden letzteren entstehen nur durch Allylumlagerung. Die Umlagerung **A** → **B** erfolgt mit 0,01n HCl in 15—30%ig., mit n-H_2SO_4 in 50%ig. Ausbeute. Die IR- u. UV-Spektren der **A** u. **B** unterscheiden sich. Im Gegensatz zur Literatur geben die **A** mit Essigsäureanhydrid in 25—60%ig. Ausbeute die **B**-*Acetate,* die sich ohne Umlagerung zu den **B** verseifen lassen. (C. R. hebd. Séances Acad. Sci. **244.** 202—04. 7/1. 1957.)

E. ROTTER. 520

Henri Normant und **Gérard Martin,** *Untersuchungen über Vinylmagnesiumverbindungen.* 15. Mitt. *Herstellung von α-ungesättigten Ketonen.* (14. vgl. vorst. Ref.) Die aus Vinyläthyläther mit Br_2 bzw. aus Aldehyden mit A./HCl über die α-Chloralkyläthyläther u. deren Bromierung zugänglichen *α.β-Dibromäthyläther* liefern mit Vinyl-Mg-

Halogeniden in 60%ig. Ausbeute *4-Brom-3-äthoxyalkene-(1)*. Mit KOH in sd. Glykol werden daraus in 55—75%ig. bzw. in tert.-Butanol in 65—80%ig. Ausbeute unter HBr-Abspaltung die entsprechenden *2-Äthoxybutadiene-(1.3)* gewonnen, die mit H_2SO_4 in Ggw. von Hydrochinon unter N_2 in *α-ungesätt. Ketone* (**A**) übergeführt werden. Nach einer 2. Meth. werden die aus den Aniliden mit PCl_5 erhältlichen, sehr instabilen *α-Chloranile* durch Rk. mit Vinyl-Mg-Halogeniden über die *Ketimine* u. deren saure Hydrolyse in die **A** übergeführt.

Versuche: Durch Zutropfen der Halogenverbb. zu den Vinyl-Mg-Verbb. bei 0° in Ae., 2std. Kochen u. Hydrolyse mit NH_4Cl-Lsg. bei 0° nachst. Verbb.: *1-Chlor-2-äthoxybuten-(3)*, $C_6H_{11}ClO$, Kp.$_{760}$ 136°, D.$^{20}_4$ 0,9792, n_D^{20} 1,4360, aus Vinyl-MgBr u. α.β-Dichloräthyläthyläther; 65% (Ausbeute). — *1-Brom-2-äthoxybuten-(3)*, $C_6H_{11}BrO$, Kp.$_{15}$ 50°, D.$^{20}_4$ 1,256, n_D^{20} 1,4565, aus α.β-Dibromäthyläthyläther; 58%. — *4-Brom-3-äthoxypenten-(1)*, $C_7H_{13}BrO$, Kp.$_{15}$ 57°, D.$^{20}_4$ 1,2225, n_D^{20} 1,4579, aus α.β-Dibrompropyläthyläther; 55%. — *4-Brom-3-äthoxyhexen-(1)*, $C_8H_{15}BrO$, Kp.$_{15}$ 68°, D.$^{20}_4$ 1,205, n_D^{20} 1,4591, aus α.β-Dibrombutyläthyläther; 60%. — *4-Brom-3-äthoxynonen-(1)*, $C_{11}H_{21}$·BrO, Kp.$_{0,3}$ 70°, D.$^{20}_4$ 1,100, n_D^{20} 1,4638, aus α.β-Dibrom-n-heptyläthyläther; 60%. — *1-Chlor-2-äthoxy-3-methylbuten-(3)*, $C_7H_{13}ClO$, Kp.$_{18}$ 60°, D.$^{20}_4$ 0,980, n_D^{20} 1,4425, aus Propenyl-(2)-MgBr; 50%. — *1-Brom-2-äthoxy-3-methylbuten-(3)*, $C_7H_{13}BrO$, Kp.$_{15}$ 63°, D.$^{20}_4$ 1,216, n_D^{20} 1,4616; 70%. — *4-Brom-3-äthoxy-2-methylhexen-(1)*, $C_9H_{17}BrO$, Kp.$_{15}$ 80°, D.$^{20}_4$ 1,152, n_D^{20} 1,4601; 52%. — *1-Chlor-2-äthoxypenten-(3)*, $C_7H_{13}ClO$, Kp.$_{15}$ 59°, D.$^{20}_4$ 1,006, n_D^{20} 1,442, aus Propenyl-MgBr (I); 70%. — *1-Brom-2-äthoxypenten-(3)*, $C_7H_{13}BrO$, Kp.$_{15}$ 66°, D.$^{20}_4$ 1,2315, n_D^{20} 1,4619; 70%. — *2-Brom-3-äthoxyhexen-(4)*, $C_8H_{15}BrO$, Kp.$_{15}$ 79°, D.$^{20}_4$ 1,205, n_D^{20} 1,4665; 65%. — *5-Brom-4-äthoxyhepten-(2)*, $C_9H_{17}BrO$, Kp.$_{15}$ 83°, D.$^{20}_4$ 1,160, n_D^{20} 1,4691; 55%. — *5-Brom-4-äthoxydecen-(2)*, $C_{12}H_{23}BrO$, Kp.$_3$ 102°, D.$^{20}_4$ 1,121, n_D^{20} 1,4700; 55%. — *1-Chlor-2-äthoxy-4-methylpenten-(3)*, $C_8H_{15}ClO$, Kp.$_{15}$ 66°, D.$^{20}_4$ 0,992, n_D^{20} 1,4535, aus β.β-Dimethylvinyl-MgBr; 75%. — *5-Brom-4-äthoxy-2-methylhexen-(2)*, $C_9H_{17}BrO$, Kp.$_{15}$ 84°, D.$^{20}_4$ 1,163, n_D^{20} 1,4641; 67%. — *5-Brom-4-äthoxy-2-methylhepten-(2)*, $C_{10}H_{19}BrO$, Kp.$_{15}$ 89°, D.$^{20}_4$ 1,154, n_D^{20} 1,4724; 50%. — *5-Brom-4-äthoxy-2-methyldecen-(2)*, $C_{13}H_{25}BrO$, Kp.$_1$ 95°, D.$^{20}_4$ 1,110, n_D^{20} 1,4780; 45%. — *1-Chlor-2-äthoxy-4-phenylpenten-(3)*, $C_{13}H_{17}ClO$, Kp.$_{15}$ 82°, D.$^{20}_4$ 1,079, n_D^{20} 1,4995, aus β-Methyl-β-phenylvinyl-MgBr; 70%. — *1-Brom-2-äthoxy-4-phenylpenten-(3)*, $C_{13}H_{17}BrO$, Kp.$_{15}$ 91°, D.$^{20}_4$ 1,230, n_D^{20} 1,5253; 70%. — *5-Brom-4-äthoxy-2-phenylhepten-(2)*, $C_{15}H_{21}BrO$, Kp.$_{15}$ 93°, D.$^{20}_4$ 1,125, n_D^{20} 1,4999; 56%. — *5-Brom-4-äthoxy-2-phenyldecen-(2)*, $C_{18}H_{27}BrO$, Kp.$_{0,05}$ 70°, D.$^{20}_4$ 1,082, n_D^{20} 1,4925; 40%. — Durch 30minütiges Erhitzen des entsprechenden Anilids mit PCl_5 auf 100°, 2std. Kochen u. Einengen nachst. Aniline: *N-α-Chloräthyliden-*, C_8H_8ClN, Kp.$_{12}$ 92°, aus Acetanilid; 65%. — *N-α-Chlorpropyliden-*, $C_9H_{10}ClN$, Kp.$_{10}$ 102°, aus Propionsäureanilid; 60%. — *N-α-Chlorisobutyliden-*, $C_{10}H_{12}ClN$, Kp.$_{11}$ 100°, aus Isobuttersäureanilid; 70%. — *N-α-Chlorbenzyliden-*, $C_{13}H_{10}ClN$, Kp.$_{12}$ 189°, aus Benzanilid; 65%. — Durch Zutropfen der 4-Brom-3-äthoxyalkene-(1) zu einer Lsg. von KOH in tert.-Butanol oder Glykol, 4std. Kochen, Abdest. des Äthoxydiens u. Hydrolyse mit Ae. u. 0,1n H_2SO_4 (Meth. **B**) oder durch Zutropfen der äther. Lsg. des Iminochlorids zu **I**, Stehen über Nacht u. Hydrolyse mit 30%ig. H_2SO_4 bei 0° unter N_2 (Meth. **C**) nachst. Ketone (**A**): *Vinylmethyl-*, C_4H_6O, Kp.$_{760}$ 79°, nach **B**; D.$^{20}_4$ 0,865, n_D^{20} 1,4220; 36%. *Semicarbazon*, F. 139°. — *Propenylmethyl-*, C_5H_8O, Kp.$_{760}$ 121°, nach **B** bzw. **C**; D.$^{20}_4$ 0,858, n_D^{20} 1,4348; 63% bzw. 50%. *2.4-Dinitrophenylhydrazon*, F. 158°. — *β-Phenylpropenylmethyl-*, $C_{11}H_{12}O$, Kp.$_8$ 124°, nach **B**; D.$^{20}_4$ 1,000, n_D^{20} 1,5492; 60%. *2.4-Dinitrophenylhydrazon*, F. 175°. — *Propenyläthyl-*, $C_6H_{10}O$, Kp.$_{760}$ 138°, nach **B** bzw. **C**; D.$^{20}_4$ 0,8773, n_D^{20} 1,4525; 50% bzw. 45%. *2.4-Dinitrophenylhydrazon*, F. 121°. — *β-Methylpropenyläthyl-*, $C_7H_{12}O$, Kp.$_{20}$ 60°, nach **B**; D.$^{20}_4$ 0,895, n_D^{20} 1,4568; 46%. *2.4-Dinitrophenylhydrazon*, F. 80°. — *Propenylpropyl-*, $C_7H_{12}O$, Kp.$_{22}$ 66°, nach **B**; D.$^{20}_4$ 0,842, n_D^{20} 1,448; 40%. *2.4-Dinitrophenylhydrazon*, F. 132°. — *β-Methylpropenylpropyl-*, $C_8H_{14}O$, Kp.$_{45}$ 91°, nach **B**; D.$^{20}_4$ 0,928, n_D^{20} 1,461; 48%. *2.4-Dinitrophenylhydrazon*, F. 112°. — *Propenylhexyl-*, $C_{10}H_{18}O$, Kp.$_{12}$ 109°, nach **B**; D.$^{20}_4$ 0,838, n_D^{20} 1,4879; 48%. *2.4-Dinitrophenylhydrazon*, F. 62°. — *Propenylisopropyl-*, $C_7H_{12}O$, Kp.$_{15}$ 48°, nach **C**; D.$^{20}_4$ 0,850, n_D^{20} 1,440; 50%. *2.4-Dinitrophenylhydrazon*, F. 140°. — *Propenylphenyl-*, $C_{10}H_{10}O$, Kp.$_{25}$ 141°, nach **C**; D.$^{20}_4$ 0,984, n_D^{20} 1,5285; 45%. *2.4-Dinitrophenylhydrazon*, F. 239°. (Bull. Soc. chim. France [5] **1957**. 429—32. März.) E. ROTTER. 520

Malcolm Crawford und **W. T. Little**, *Aliphatische Aldehyde bei der Perkin-Reaktion*. Eine Reihe von Aldehyden wurde mit Acetanhydrid u./oder Na-Acetat auf 180° erhitzt. Heptanal (**I**) ergab mit Acetanhydrid 21% *1.1-Diacetoxyheptan* (Kp.$_{10}$ 110 bis 115°) u. 20% *1-Acetoxyhepten-(1)* (Kp.$_{10}$ 80—90°) Propanal ergab durch sehr kurzes Erhitzen mit Na-Acetat 50% *3-Hydroxy-2-methylpentanal* (Kp.$_{10}$ 85—95°; *Semicarbazon*, F. 198°; *2.4-Dinitrophenylhydrazon*, F. 154°). Unter den n. Bedingungen der

PERKIN-Rk. mit Acetanhydrid u. Na-Acetat ergaben die folgenden Aldehyde die *Enolacetate* u. die *Diacetate* in den angegebenen Ausbeuten: Butanal (**II**) 41% [*1-Acetoxybuten-(1)*, Kp. 118–120°]; 19% (*1.1-Diacetoxybutan*, $C_8H_{14}O_4$; Kp.$_6$ 80–82°); 2.2-Dimethylpropanol (**III**) 0%; 0%; 2-Äthylbutanol 55%; 25%; Formylcyclohexan (**IV**) 46%; 10%; **I** 48%; 25%; Octanal 42%; 23%; Acrolein 0%; 32%; Crotonaldehyd (**V**) 22%; 12%; Citral (**VI**) 35%; 12%. Säure wurde aus keinem dieser Aldehyde gebildet. Zimtaldehyd (**VII**) ergab unter analogen Bedingungen 42% der *Säure*, ohne daß Enolacetat oder Diacetat entstanden; analog lieferte Benzaldehyd neben 50% *Säure* 6% des *Diacetates* (**IX**, F. 44,5°). Die aus **V** erhaltene Diacetatfraktion enthielt viel *Dihydro-o-tolualdehyd* (*Semicarbazon*, $C_9H_{13}N_3O$, F. 198°); wahrscheinlich reagiert das entstehende *1-Acetoxybutadien-(1.3)* mit **V** nach DIELS-ALDER zu einem Addukt, das unter Abspaltung von Essigsäure in obigen Aldehyd übergeht. Das neben *Zimtsäure* aus Benzaldehyd erhaltene **IX** ist kein Zwischenprod., da es unter den Bedingungen der PERKIN-Synth. nicht verändert wird. Aliphat. gesätt. Aldehyde ergaben auch durch PERKIN-OGLIALORO-Rk. mit Phenylacetanhydrid bzw. dem gemischten Anhydrid von Phenylessigsäure u. Essigsäure keine Säure; es entstanden *Enolacetate* u. hochsd. Prodd., vielleicht Diacetate, Diphenylacetate u. Enolphenylacetate. Die aromat. Aldehyde reagierten dagegen sehr leicht. **II** lieferte 31% des Enolacetates, **IV** 24%, **I** 26%. **III** reagierte überhaupt nicht. **V** ergab 26% Enolacetat neben 5% *α-Phenylsorbinsäure* ($C_{12}H_{12}O_2$, F. 144°), **VI** 30% Enolacetat u. 7% *5.9-Dimethyl-2-phenyldecatrien-(2.4.8 oder 9)-säure* [$C_{18}H_{22}O_2$, F. 116° (A.)]; **VII** reagierte nur zur Säure, u. zwar in 61%ig. Ausbeute. Weiter wurde die Rk. von Aldehyden mit Na-p-Nitrophenylacetat (**VIII**) u. Acetanhydrid bei 35–55° nach HÖFFCKE u. BECKER (C. **1952.** 3146) untersucht. **II** ergab 35% *2-p-Nitrophenylhexen-(2)-säure* ($C_{12}H_{13}NO_4$, F. 144°), während **II**-Enolacetat nicht reagierte. Pentanal lieferte in 1%ig. Ausbeute die Säure, **I** nur Spuren. Durch Rk. von Brenztraubensäure wurde in 18%ig. Ausbeute *p-Nitrophenylcitraconsäureanhydrid* ($C_{11}H_7NO_5$, F. 124°), durch Rk. von Brenztraubensäureäthylester in 24%ig. Ausbeute *α-p-Nitrobenzylmilchsäureäthylester* ($C_{12}H_{15}NO_5$, F. 63°) erhalten. Acroleindiacetat, **II**-Enolacetat, Aceton u. Cyclohexanon reagierten unter obigen Bedingungen nicht; **V** ergab 56% *α-p-Nitrophenylsorbinsäure* ($C_{12}H_{11}NO_4$, F. 229°), **VI** 20% *5.9-Dimethyl-2-p-nitrophenyldecatrien-(2.4.8 oder 9)-säure* ($C_{18}H_{21}NO_4$, F. 138°). Es wird angenommen, daß die höheren aliphat. Aldehyde nicht reagieren, weil durch die lange Kette, die eine Annäherung des Kettenendes an das Carbonyl-O-Atom ermöglicht, eine Hinderung eintritt. Ein Gemisch von α- u. β-**VI** wurde mit Acetanhydrid u. **VIII** umgesetzt; das zurückgewonnene **VI** wurde erneut umgesetzt. Nach zweimaliger Umsetzung trat keine Rk. mehr ein. Da das zurückgewonnene **VI** als β-**VI** (*Semicarbazon*, F. 170°) identifiziert wurde, reagiert also nur die α-Form, bei der keine Annäherung des Kettenendes an die Formylgruppe möglich ist. Durch Umsetzung von jeweils zwei Aldehyden mit einem Unterschuß an p-Nitrophenylacetanhydrid bei 35° u. Analyse des Reaktionsgemisches wurden relative Reaktionsfähigkeiten festgelegt, die sich auf p-Anisaldehyd (100) beziehen: o-Nitro- (13000), m-Nitro- (6000), p-Nitro- (6000), o-Chlor- (3300), p-Chlor- (870), p-Isopropyl- (100; *α-p-Nitrophenyl-4-isopropylzimtsäure*, $C_{18}H_{17}NO_4$, F. 233°, aus wss. A. blaßgelbe Prismen), p-Methyl- (100) u. p-Äthylbenzaldehyd (80), Benzaldehyd (390), Furfurol (950; *β-[Furyl-(2)]-α-p-nitrophenylacrylsäure*, $C_{13}H_9NO_5$, F. 241° [Zers.], gelbe Nadeln), α-Naphthaldehyd (850), **VII** (930), Acrolein (280), α-Methylzimtaldehyd (140), **V** (130), Acetaldehyd (69), Methacrolein (68; *4-Methyl-2-p-nitrophenylpentadien-(2.4)-säure*, $C_{12}H_{11}\cdot NO_4$, F. 164°), Propanol (27), **II** (15), **I** (0). Bei den aromat. Aldehyden scheint die Addition an die Carbonylgruppe der geschwindigkeitsbestimmende Schritt zu sein, bei den aliphat. Aldehyden jedoch die Abspaltung von Wasser. (J. chem. Soc. [London] **1959.** 722–28. Febr. Belfast, Coll. of Technol.; Kampala, Uganda, Makerere Coll.)

H. BERTSCH. 670

György Oláh, István Kuhn und **István Beke,** *Darstellung und Untersuchung organischer Fluorverbindungen.* 20. Mitt. *Darstellung von Säurefluoriden.* (Magyar tudományos Akad., kémiai Tudományok Osztályának Közleményei **7.** 233–39. 1956. — C. **1957.** 2174.)

J. PLANK. 810

Jon Munch-Petersen, *Konjugierte Additionen von Grignard-Reagentien an α.β-ungesättigte Ester.* 2. Mitt. *Die Darstellung von 3-Methyl- und 2.3-Dimethylalkansäuren.* (1. vgl. C. **1958.** 13749.) Der l. c. beschriebene Einfl. von CuCl auf die Ausbeute an 3-Methylheptansäure-sek.-butylester u. analogen Verbb. erwies sich bei erneuter Unters. als gegenteilig. Vf. beschreibt eine modifizierte Meth., nach der aus Tiglinsäure-sek.-butylester (**I**) durch GRIGNARD-Rk. nachst. s e k. - B u t y l e s t e r dargestellt werden: *2.3.4-Trimethylvaleriansäure-*, $C_{12}H_{24}O_2$, Kp.$_{12}$ 90°, n_D^{20} 1,4262; 68% (Ausbeute). — *2.3-Dimethyloctansäure-*, $C_{14}H_{28}O_2$, Kp.$_{1,5}$ 87°, n_D^{20} 1,4307; 47%. — *2-Methyl-3-phenylbuttersäure-*, $C_{15}H_{22}O_2$, Kp.$_1$ 94–95°, n_D^{20} 1,4838; 53%. — *2.3-Dimethylheptansäure-*,

$C_{13}H_{26}O_2$, Kp.$_{13}$ 109°, n_D^{25} 1,4257; 71%; *freie Säure*, $C_9H_{18}O_2$, Kp.$_1$ 89°, n_D^{20} 1,4356; 80%. — *2.3-Dimethylhendecansäure-* (verunreinigt), Kp.$_1$ 109—110°; 55%; *freie Säure*, $C_{13}H_{26}O_2$, Kp.$_1$ 131°, n_D^{20} 1,4461; 40%. — Die Ausbeute an I (Kp.$_{16}$ 75°, n_D^{25} 1,4339) ließ sich auf 75% steigern, analog wurden dargestellt: *Acrylsäure-sek.-butylester*, Kp.$_{18}$ 29°, n_D^{20} 1,4268. — *β.β-Dimethylacrylsäure-sek.-butylester*, Kp.$_{13}$ 68—70°, n_D^{20} 1,4379. (Acta chem. scand. **12.** 967—70. 1958. Copenhagen, Polytek. Læreanst., Organ.-kem. Labor.) K. DOMMAIN. 810

A. H. Milburn und **E. V. Truter**, *Bestandteile des Wollwachses.* 2. Mitt. *Synthese von Säuren und Alkoholen der Iso- und der Anteisoreihe.* (1. vgl. C. **1955.** 8057.) Nach einem Überblick über Herstellungsverff. für Wollwachssäuren wird die anod. Synth. von 12 Säuren der Isoreihe (mit endständiger Isopropylgruppe) bis C_{28} u. 13 der opt.-akt. (+)-Anteisoreihe (mit endständiger $CH(CH_3)C_2H_5$-Gruppe) bis C_{31} beschrieben. Die Meth. zeichnet sich durch relativ hohe Ausbeuten (ca. 30%) u. leichte Abtrennbarkeit von Nebenprodd. aus. Die FF. der Säuren, der daraus durch Red. erhaltenen Alkohole sowie der Derivv. beider werden mit den Literaturangaben verglichen.

V e r s u c h e (FF. korr.): Beschreibung der elektrolyt. Zelle u. ihrer Arbeitsweise [Elektrolyt: Methanol (**XXII**) mit 1—2% $NaOCH_3$; 1—2,5 A]. Elektrolysate mit Isosäuren bis C_{18} u. mit Anteisosäuren bis C_{15} wurden nach a), solche mit höherer C-Zahl nach b) aufgearbeitet: a) aus dem mit Essigsäure neutralisiertem Reaktionsgemisch wurde **XXII** abdest., die Ae.-Lsg. des Rückstands mit W. u. Sodalsg. gewaschen u. nach dem Trocknen fraktioniert; b) nach Abdest. von **XXII** wurden die niedrigsd. KW-stoffe im Vakuum abgetrennt; aus dem mit alkoh. KOH hydrolysierten Rückstand wurden die Säuren mit verd. HCl gefällt, die einbas. mit PAe. (Kp. 60—80°) kalt herausgelöst u. von anhaftenden KW-stoffen durch abwechselnde Kristallisation aus Methylformiat u. PAe. getrennt. Die Alkohole wurden durch Red. mit $LiAlH_4$ erhalten. — *4-Methylpentansäure* (**I**), Kp.$_{13}$ 102—104°, aus 102 g Isoamylbromid durch 16std. Kochen mit alkoh. KCN-Lsg., Verseifung des Nitrils, Dest. des Lösungsm. u. Ausfällen des Hauptteils von **I**; der Rest wird mit Ae. extrahiert; 56 g (Ausbeute). — *4-Methylpentanol* (**II**), Kp. 152°, durch Red. von 144 g **I**-Äthylester in sd. A. mit Na; 74,5 g. — *1-Brom-4-methylpentan* (**III**), Kp. 144—146°, aus **II** durch 3std. Kochen mit HBr u. H_2SO_4; 104 g. — *6-Methylheptansäure* (**IV**), Kp.$_{15}$ 128—129°, aus 220 g **III** u. 246 g Na-Malonester durch Kochen mit A., Abdest. des A., Verseifen des Rückstands mit wss. KOH, Kochen des von A. befreiten Prod. mit verd. H_2SO_4 u. Isolierung von **IV** durch Schichtentrennung u. Ae.-Extraktion; 144 g. *Amid*, F. 114,3—114,6°. *p-Bromphenacylester*, $C_{16}H_{21}BrO_3$, F. 67,7°. — *6-Methylheptanol*, Kp.$_{760}$ 187°; n_D^{20} 1 4268. *3.5-Dinitrobenzoat*, $C_{15}H_{20}N_2O_6$, F. 57,2—57,4°. *Phenylurethan*, $C_{15}H_{23}NO_2$, F. 80,7—81,0°. — *8-Methylnonansäure* (**V**), F. 19,0°, durch Elektrolyse von **I** u. Adipinsäuremonomethylester; 28%. *p-Bromphenacylester*, $C_{18}H_{25}BrO_3$, F. 67,4—68,0°. *Benzimidazolderiv.*, $C_{16}H_{24}N_2$, F. 155,8—156,3°. *Amid*, F. 103,0°. *Anilid*, $C_{16}H_{25}NO$, F. 88,9—90,3°. — *8-Methylnonanol*, Kp.$_{11,5}$ 110 bis 111°; n_D^{20} 1,4352. *Phenylurethan*, $C_{17}H_{27}NO_2$, F. 51,9—52,1°. *3.5-Dinitrobenzoat*, $C_{17}H_{24}N_2O_6$, F. 59,6°. — *10-Methylundecansäure* (**VI**), F. 41,0°, aus 3-Methylbuttersäure u. Azelainsäuremonomethylester; 26%. *Amid*, $C_{12}H_{25}NO$, F. 105,7°. *Anilid*, $C_{18}H_{29}NO$, F. 64,5—64,8°. *p-Bromphenacylester*, $C_{20}H_{29}BrO_3$, F. 69,7—70,3°. — *10-Methylundecanol*, $C_{12}H_{26}O$, Kp.$_{18}$ 147—149°; n_D^{20} 1,4412. *Dinitrobenzoat*, $C_{19}H_{28}N_2O_6$, F. 57,5—57,8°, *Phenylurethan*, $C_{19}H_{31}NO_2$, F. 71,2—72,0°. — *12-Methyltridecansäure* (**VII**), $C_{14}H_{28}O_2$, F. 51,5—52,0°, aus **I** u. Sebacinsäuremonomethylester (**VIII**); 28,5%. *Amid*, $C_{14}H_{29}NO$, F. 108,0—108,5°. *Anilid*, $C_{20}H_{33}NO$, F. 75,1°. *p-Bromphenacylester*, $C_{22}H_{33}BrO_3$, F. 71,5 bis 72,0°. — *12-Methyltridecanol*, $C_{14}H_{30}O$, Kp.$_{11}$ 161—163°; n_D^{20} 1,4464. *3.5-Dinitrobenzoat*, $C_{21}H_{32}N_2O_6$, F. 62,2—63,0°. *Phenylurethan*, $C_{21}H_{35}NO_2$, F. 66,5—67,0°. — *14-Methylpentadecansäure* (**IX**), $C_{16}H_{32}O_2$, F. 61,4—62,0°, aus **IV** u. **VIII**; 29%. *Benzimidazolderiv.*, $C_{22}H_{36}N_2$, F. 101,0—101,5°. *Amid*, $C_{16}H_{33}NO$, F. 102,8°. *Anilid*, $C_{22}H_{37}NO$, F. 82,0—82,2°. *p-Bromphenacylester*, F. 76,6—77,1°. — *14-Methylpentadecanol*, $C_{16}H_{34}O$, F. 30,0°. *3.5-Dinitrobenzoat*, $C_{23}H_{36}N_2O_6$, F. 67,0—67,3°. *Phenylurethan*, $C_{23}H_{39}NO_2$, F. 73,3—73,8°. — *16-Methylheptadecansäure* (**X**), F. 67,5—68,0°, aus **V** u. **VIII**; 2[illegible]%. *Benzimidazolderiv.*, F. 98—98,5°. *Amid*, F. 106,4—106,5°. *Anilid*, $C_{24}H_{41}NO$, F. 87,0 bis 87,3°. *p-Bromphenacylester*, $C_{26}H_{41}BrO_3$, F. 79,7—80,0°. — *16-Methylheptadecanol*, $C_{18}H_{38}O$, F. 41,8—42,0°. *3.5-Dinitrobenzoat*, $C_{25}H_{40}N_2O_6$, F. 64,5—65,0°. *Phenylurethan*, $C_{25}H_{43}NO_2$, F. 79,7°. — *18-Methylnonadecansäure*, F. 74,6—75,1°, aus **VI** u. **VIII**; 6[illegible]%. *Amid*, $C_{20}H_{41}NO$, F. 103,0°. *Anilid*, $C_{26}H_{45}NO$, F. 88,4—88,6°. *p-Bromphenacylester*, $C_{28}H_{45}BrO_3$, F. 80,5—80,9°. — *18-Methylnonadecanol*, $C_{20}H_{42}O$, F. 49,8°. *3.5-Dinitrobenzoat*, F. 70,0—70,5°. *Phenylurethan*, $C_{27}H_{47}NO_2$, F. 83,7—84,1°. — *20-Methylheneikosansäure*, F. 79,1—79,5°, aus **VII** u. **VIII**; 28%. *Benzimidazolderiv.*, $C_{28}H_{48}N_2$, F. 90,9 bis 91,5°. *Amid*, $C_{22}H_{45}NO$, F. 108,0—108,5°. *p-Bromphenacylester*, $C_{30}H_{49}BrO_3$, F. 83,7 bis 84,2°. — *20-Methylheneikosanol*, $C_{22}H_{46}O$, F. 56,8—57,2°. *3.5-Dinitrobenzoat*, $C_{29}H_{48}$·

N_2O_6, F. 74,4—74,8°. *Phenylurethan*, $C_{29}H_{51}NO_2$, F. 86,3—86,7°. — *22-Methyltrikosansäure*, F. 82,7—83,2°, aus **IX** u. **VIII**. *Amid*, F. 110,5—110,8°. *Anilid*, $C_{30}H_{53}NO$, F. 90,9 bis 91,4°. *p-Bromphenacylester*, F 84,5—85,2°. — *22-Methyltrikosanol*, F. 62,0—62,4°. *3.5-Dinitrobenzoat*, $C_{31}H_{52}N_2O_6$, F. 76,2—76,5°. *Phenylurethan*, $C_{31}H_{55}NO_2$, F. 88,9 bis 89,2°. — *24-Methylpentakosansäure*, F. 86,8—87,2°, aus **X** u. **VIII**; 10%. *Amid*, F. 112,3 bis 112,5°. *Anilid*, F. 89,4—89,6°. *p-Bromphenacylester*, F. 81,1—81,6°. — *24-Methylpentakosanol*, F. 67,0—67,2°. *Phenylurethan*, $C_{33}H_{59}NO_2$, F. 89,7—90,2°. — *26-Methylheptakosansäure*, F .88,8—89,0°, durch 150std. Elektrolyse von **VI** u. Hexadecan-1.16-dicarbonsäuremonomethylester (**XI**), Abdest. von **XXII** u. KW-stoff, Hydrolyse des Rückstands u. Extraktion der freien Säuren, die, genau neutralisiert, mit der zur Fällung nur der Monocarbonsäure nötigen Menge 0,1n HCl behandelt werden; diese wird mit Ae. extrahiert u. aus Essigester umkristallisiert. *p-Bromphenacylester*, F. 83,3—83,6°. — *26-Methylheptakosanol*, F. 72,0—72,4°. *Phenylurethan*, F. 90,5—90,8°. — (—)-*2-Methylbutanol* (**XII**); durch wiederholte Dest. von Fuselöl (mit 15—20% opt.-akt. Amylalkohol) in einer Trennkolonne; $[\alpha]_D$ —4,75° (99%ig.). — (+)-*1-Brom-2-methylbutan* (**XIII**), Kp. 119—121°, aus 184 g **XII** u. PBr_3 in Pyridin bei 0° durch Vakuumdest. des Rohprod.; n_D^{22} 1,4450, $[\alpha]_D$ +4,75°; 202 g. — (+)-*3-Methylpentansäure* (**XIV**), $Kp._{12,5}$ 100 bis 103°, aus 75,5 g **XIII** durch 20std. Kochen mit einer alkoh. KCN-Lsg., Verseifen des Nitrils mit sd. wss. KOH-Lsg. u. Aufarbeitung wie bei **I**; 40,5 g. — (+)-*4-Methylhexansäure* (**XV**), $C_7H_{14}O_2$, Kp. 104—107°, durch 2std. Zugabe von 202 g **XIII** zu Na-Äthylmalonester in heißem A., 2std. Erhitzen, Dest. des Lösungsm. u. 4std. Kochen des Rückstands mit wss. KOH; nach Abtrennung von A. u. Verseifen mit heißer H_2SO_4 wird **XV** mit Ae. extrahiert u. gereinigt; n_D^{20} 1,4248, $[\alpha]_D^{20}$ +10,65° (10%; Chlf.); 128 g. *p-Bromphenacylester*, F. 49,6—49,8°. — (+)-*4-Methylhexanol*, $C_7H_{16}O$, Kp. 172°; n_D^{20} 1,4256. — (+)-*6-Methyloctansäure* (**XVI**), $Kp._{10}$ 136—138°, aus **XV** u. Bernsteinsäuremonomethylester; $[\alpha]_D^{20}$ +9,08° (10%; Chlf.); 20%. *Amid*, 89,7—90,1°. *p-Bromphenacylester*, $C_{17}H_{23}BrO_3$, F. 59,0—59,3°. — *6-Methyloctanol*, $C_9H_{20}O$, Kp. 204—208°, n_D^{20} 1,4360, $[\alpha]_D^{20}$ +9,80° (10%; Chlf.). *Phenylurethan*, $C_{16}H_{25}NO_2$, F. 52,5—53,0°. — (+)-*8-Methyldecansäure* (**XVII**), $Kp._{10}$ 154—156°, aus **XV** u. Adipinsäuremonomethylester; $[\alpha]_D^{20}$ +7,00° (10%; Chlf.); 25%. *Amid*, F. 86,9°. *Anilid*, $C_{17}H_{27}NO$, F. 76,6 bis 77,1°. *p-Bromphenacylester*, $C_{19}H_{27}BrO_3$, F. 49,6—50,1°. — *8-Methyldecanol*, $C_{11}H_{24}O$, Kp.,, 234—238°, n_D^{20} 1,4402, $[\alpha]_D^{20}$ +8,64° (10%; Chlf.). *Phenylurethan*, $C_{18}H_{29}NO_2$, F. 46,5—46,8°. — (+)-*10-Methyldodecansäure* (**XVIII**), $Kp._{10}$ 172—176°, F. 5,8°, aus **XIV** u. Azelainsäuremonomethylester, $[\alpha]_D^{20}$ +5,88° (10%; Chlf.); 34%. *Benzimidazolderiv.*, F. 99,5—99,8°. *Amid*, $C_{13}H_{27}NO$, F. 89,5—90,0°. *p-Bromphenacylester*, $C_{21}H_{31}BrO_3$, F. 55,5—56,0°. — (+)-*10-Methyldodecanol*, $C_{13}H_{28}O$, $Kp._{15}$ 145—150°, n_D^{20} 1,4450, $[\alpha]_D^{20}$ +7,29°. *Phenylurethan*, $C_{20}H_{33}NO_2$, F. 53,0—53,5°. — (+)-*12-Methyltetradecansäure* (**XIX**) F. 22,8°, aus **XV** u. **VIII**, $[\alpha]_D$ +5,04° (10%; Chlf.); 24%. *Benzimidazolderiv.*, F. 119,5 bis 120,0°. *Amid*, F. 86,6°. *Anilid*, $C_{21}H_{35}NO$, F. 58,0—58,3°. *p-Bromphenacylester*, $C_{23}H_{35}BrO_3$, F. 58,7—59,3°. — (+)-*12-Methyltetradecanol*, $C_{15}H_{32}O$, $Kp._{15}$ 170—175°, n_D^{20} 1,4493, $[\alpha]_D^{20}$ +6,50° (10%; Chlf.). *3.5-Dinitrobenzoat*, $C_{22}H_{34}N_2O_6$, F. 43,3—43,7°. *Phenylurethan*, $C_{22}H_{37}NO_2$, F. 60,0—60,3°. — (+)-*14-Methylhexadecansäure*, F. 36,0°, aus 20 g **XVI** u. **VIII**; $[\alpha]_D^{20}$ +4,38° (10%; Chlf.); 45 g. *Benzimidazolderiv.*, F. 95,9 bis 96,4°. *Amid*, F. 90,9—91,1°. *Anilid*, $C_{23}H_{39}NO$, F. 61,3—61,6°. *p-Bromphenacylester*, $C_{25}H_{39}BrO_3$, F. 63,7—64,2°. — (+)-*14-Methylhexadecanol*, $C_{17}H_{36}O$, F. 18,5—19,0°, n_D^{20} 1,4530, $[\alpha]_D^{20}$ +5,25° (10%; Chlf.). *3.5-Dinitrobenzoat*, $C_{24}H_{38}N_2O_6$, F. 52,3—52,6°. *Phenylurethan*, $C_{24}H_{41}NO_2$, F. 66,2—66,5°. — (+)-*16-Methyloctadecansäure* (**XX**), $C_{19}H_{38}O_2$, F. 48,1—48,5°, aus **XVII** u. **VIII**; $[\alpha]_D^{20}$ +3,90 (10%; Chlf.); 29%. *Amid*, F. 93,6°. *Anilid*, $C_{25}H_{43}NO$, F. 68,0—68,3°. *p-Bromphenacylester*, $C_{27}H_{43}BrO_3$, F. 71,0 bis 71,2°. — *16-Methyloctadecanol*, $C_{19}H_{40}O$, F. 30,4—30,7°, $[\alpha]_D^{20}$ +4,70° (10%; Chlf.). *3.5-Dinitrobenzoat*, $C_{26}H_{42}N_2O_6$, F. 60,2—60,5°. *Phenylurethan*, $C_{26}H_{45}NO_2$, F. 73,4 bis 73,7°. — (+)-*18-Methyleikosansäure*, F. 55,1—55,3°, aus **XVIII** u. **VIII**, $[\alpha]_D^{20}$ +3,50° (10%; Chlf.). *Amid*, F. 94,4—94,6°. *Anilid*, F. 73,8—74,1°. *p-Bromphenacylester*, $C_{29}H_{47}\cdot BrO_3$, F. 75,4—75,6°. — *18-Methyleikosanol*, F. 39,8—40,2°, $[\alpha]_D^{20}$ 4,30° (10%; Chlf.). *3.5-Dinitrobenzoat*, F. 64,1—64,3°. *Phenylurethan*, $C_{28}H_{49}NO_2$, F. 78,2—78,5°. — (+)-*20-Methyldokosansäure* (**XXI**), F. 61,0—61,5°, aus **XIX** u. **VIII**; $[\alpha]_D^{20}$ +3,47°. *Amid*, F. 99,0°. *Anilid*, $C_{29}H_{51}NO$, F. 79,2—79,4°. *p-Bromphenacylester*, $C_{31}H_{51}BrO_3$, F. 79,7 bis 80,0°. — (+)-*20-Methyldokosanol*, $C_{23}H_{48}O$, F. 48,5—48,7°, $[\alpha]_D^{20}$ +3,53° (10%; Chlf.). *3.5-Dinitrobenzoat*, F. 67,3—67,5°. *Phenylurethan*, $C_{30}H_{53}NO_2$, F. 83,2—83,7°. — (+)-*22-Methyltetrakosansäure*, $C_{25}H_{50}O_2$, F. 67,5—67,8°, aus **XVI** u. **XI** analog der Säure C_{28}. *p-Bromphenacylester*, F. 82,2—82,6°. — *22-Methyltetrakosanol*, F. 54,0—54,5°. — (+)-*24-Methylhexakosansäure*, F. 72,1°, $[\alpha]_D^{20}$ +2,64° (10%; Chlf.). *Amid*, F. 104,7 bis 104,9°. *p-Bromphenacylester*, $C_{35}H_{59}BrO_3$, F. 86,4—86,7°. — *24-Methylhexakosanol*, F. 60,8°; $[\alpha]_D^{20}$ +3,40° (10%; Chlf.). *Phenylurethan*, $C_{34}H_{61}NO_2$, F. 87,0—87,4°. —

(+)-*26-Methyloktakosansäure*, $C_{29}H_{58}O_2$, F. 76,2—76,5°, aus **XXI** u. Korksäuremonomethylester. — *26-Methyloctakosanol*, F. 65,0—65,3°. — (+)-*28-Methyltriakontansäure*, F. 79,8—80,3°, aus **XXI** u. **VIII**; $[\alpha]_D^{20}$ +2,43° (10%; Chlf.); 10%. *Amid*, F. 107,0 bis 107,3°. *Anilid*, F. 92,2—92,6°. *p-Bromphenacylester*, F. 85,9—86,4°. — (+)-*28-Methyltriakontanol*, $C_{31}H_{64}O$, F. 69,0—69,3°; $[\alpha]_D^{20}$ +3,06° (10%; Chlf.). *3.5-Dinitrobenzoat*, F. 81,2—81,5°. *Phenylurethan*, $C_{38}H_{69}NO_2$, F. 90,9—91,4°. (J. chem. Soc. [London] **1954**. 3344—51. Okt. Leeds, Univ., Dep. of Textile Ind.) W. SCHULENBURG. 810

Daniel H. Deutsch und **Robert E. Phillips**, *Darstellung von Tricarbonsäuren.* Übersicht: Darst. von dl-Isocitronensäure, Oxalobernsteinsäure, cis-Aconitsäure u. -anhydrid. — 8 Literaturangaben. (Methods Enzymol. **3**. 421—25. 1957. Los Angeles, Calif., Found. for Biochem. Res.) K. MAIER. 830

I. Ss. Berdinski, *Hydrazide substituierter Hydroxycarbonsäuren.* 2. Mitt. *Synthese der Arylhydrazide von Dialkylglykolsäuren.* (1. vgl. C. **1957**. 5838.) Bei der Rk. von Oxalsäureäthylester-β-phenylhydrazid (I) mit Äthyl-MgBr wird *Diäthylglykolsäure-β-phenylhydrazid* erhalten. Analog werden durch Rk. von **I** mit anderen Alkylmagnesiumhalogeniden *Dialkylglykolsäure-β-phenylhydrazide* dargestellt.

Versuche: Glykolsäure-β-phenylhydrazide: *Diäthyl-*, $C_{12}H_{18}N_2O_2$, F. 121—122,5° (Toluol); zu Äthyl-MgBr (19,7 g C_2H_5Br, 4,4 g Mg) in Ae. gibt man 6,2 g **I**, erhitzt ½ Std. auf dem Wasserbad u. zers. mit HCl; Nadeln; 6,3 g (Ausbeute). — *Di-n-propyl-*, $C_{14}H_{22}N_2O_2$, F. 122,5—123,5° (Bzn.); Nadeln; 95,3%. — *Diisopropyl-*, $C_{14}H_{22}N_2O_2$, F. 164—166° (CCl_4); Nadeln; 92%. — *Di-n-butyl-*, $C_{16}H_{26}N_2O_2$, F. 127 bis 128,5° (Toluol); Prismen; 87,9%. — *Diisoamyl-*, $C_{18}H_{30}N_2O_2$, F. 173—174° (Toluol); Nadeln; 91,2%. — *Di-n-octyl-*, $C_{24}H_{42}N_2O_2$, F. 101—102° (A.); Nadeln; 87,4%. — *Di-n-butylglykolsäure-β-[p-bromphenyl]-hydrazid*, $C_{16}H_{25}BrN_2O_2$, F. 135—136° (Toluol); aus Oxalsäureäthylester-β-[p-bromphenyl]-hydrazid u. n-Butyl-MgBr; Nadeln; 97,1%. — *Di-n-butylglykolsäure-β-[β-naphthyl]-hydrazid*, $C_{20}H_{28}N_2O_2$, F. 152—154° (Eisessig); Nadeln; 92%. (Журнал Общей Химии [J. allg. Chem.] **28** (**90**). 1263—65. Mai 1958. Perm, Pharmazeut. Inst.) O. POLLAK V. EMHOFEN. 850

Eugene E. van Tamelen und **Shirley Rosenberg Bach**, *Synthese von dl-Protolichesterinsäure.* (Vgl. C. **1958**. 5345.) Die Synth. von *dl-Protolichesterinsäure* (**I**) wird beschrieben. Ein Vers., durch Alkylierung des Enamins aus Myristoylessigsäuremethylester (**II**) u. Pyrrolidin mit α-Bromessigsäureäthylester (**III**), Hydrolyse des gebildeten *Iminiumsalzes*, Red. mit $NaBH_4$ u. alkal. Verseifung über *β-Carboxy-γ-[n-tridecyl]-γ-butyrolacton* (**IV**) zu **I** zu gelangen, mißlang. Obgleich γ-Butyrolacton glatt in das *α-Carbäthoxyderiv.* überführbar ist, führt die Carbäthoxylierung u. Formylierung von **IV**-*Methylester* nur zu *3-Carbomethoxyheptadecen-(3)-säure.* Einw. von Trifluorperoxyessigsäure auf *Hexadecen-(2)-säuremethylester* gab *trans-2.3-Epoxyhexadecansäuremethylester.* Dessen Umsetzung mit Na-Malonester u. anschließende Verseifung führte zum *Mono-K-Salz* (**V**) von *α.β-Dicarboxy-γ-[n-tridecyl]-γ-butyrolacton,* dessen Struktur durch säurekatalysierte Decarboxylierung zu **IV** bestätigt wurde. Einw. von Formaldehyd u. Diäthylamin (**VI**) auf **V** liefert aus dem chloroformunlösl. Anteil direkt **I**-*K*, aus dem chloroformlösl. nach Behandlung mit CH_3J u. $NaHCO_3$ weiteres **I**. Die Rk. verläuft vermutlich entweder über die Decarboxylierung u. Spaltung des intermediär gebildeten *α.β-Dicarboxy-α-diäthylaminomethyl-γ-[n-tridecyl]-γ-butyrolactons* oder über die Spaltung der MANNICH-Base *α-Diäthylaminomethyl-β-carboxy-γ-[n-tridecyl]-γ-butyrolacton* (**VII**). **VII** liegt vermutlich in dem chloroformlösl. Prod. vor. Bei Durchführung der vorst. MANNICH-Rk. mit **VI**·HCl konnte nach Behandlung mit CH_3J **VII**-*Methojodid* isoliert werden. Eine IR-spektroskop. angezeigte Verunreinigung von **I** durch *dl-Lichesterinsäure* (**VIII**) konnte durch Chromatographie an SiO_2 abgetrennt werden. Isomerisierung von **I** zu **VIII** u. katalyt.. Red. zu *dl-Dihydroprotolichesterinsäure* (**IX**) sichern die Struktur. Für **I**, **IX** u. ihre Diastereomeren werden versuchsweise folgende Konformationen vorgeschlagen: *Neodihydroprotolichesterinsäure* (*trans-trans-*), *Dihydroalloprotolichesterinsäure* (*cis-cis-*), (*cis–trans-*) u. *Neophromopsinsäure* (*trans–cis-α-Methyl-β-carboxy-γ-[n-tridecyl]-γ-butyrolacton*); **I** (*trans-*) u. *Alloprotolichesterinsäure* (*cis-α-Methylen-β-carboxy-γ-[n-tridecyl]-γ-butyrolacton*).

Versuche (FF. korr.): *Neodihydroprotolichesterinsäure*, $C_{19}H_{34}O_4$, F. 97—98° (Methanol), a) aus **IX**-Methylester mit Na-Methylat in sd. Methanol (1 Std.) u. Hydrolyse mit wss.-methanol. NaOH (5 Tage stehen); 32,5% (Ausbeute); b) aus dl-Isodihydroprotolichesterinsäure mit sd. methanol. Na-Methylat (5½ Std., nach Zusatz von W. weitere 6½ Std. kochen); 23,5%. *Methylester*, $C_{20}H_{36}O_4$, F. 38—39° (unkorr.). — *α.α-Bis-[carbäthoxymethyl]-α-myristoylessigsäuremethylester*, $C_{25}H_{44}O_7$, F. 42—43°, aus **II** mit NaJ u. Na-Methylat in absol. Methanol u. **III** unter Eiskühlung, dann 2 Tage stehen; 33,4%. — *β-Carboxy-γ-[n-tridecyl]-γ-butyrolacton* (**IV**), $C_{18}H_{32}O_4$, F. 80—83° (Bzl.), aus **II** u. Pyrrolidin in sd. Bzl. (9 Std. unter Wasserabscheidung), Rk. des entstandenen *3-Pyrrolidinohexadecen-(2)-säuremethylesters* [Öl, λ_{max} 287 mμ (ε = 30600); 97%] mit **III** in sd. Methanol (29 Std.), Verseifung des Prod. mit W. (über Nacht), Red. des gebildeten *3-Carbomethoxy-4-oxoheptadecansäureäthylesters* (Öl; 73%) mit $NaBH_4$ in absol. Methanol (3 Tage stehen) u. Verseifung mit methanol. KOH; 60% (bzw. 46% aus **II**). *Methylester*, $C_{19}H_{34}O_4$, F. 68—70° (Methanol), mit CH_2N_2; 98%. — *α-Carbäthoxy-γ-butyrolacton*, Kp.$_{0,5}$ 106—109°, durch Zutropfen von alkoh. $NaOC_2H_5$ zu einem sd. (125 mm Hg) Gemisch von γ-Butyrolacton u. Kohlensäurediäthylester; 26%. Gibt in A. mit fl. NH_3 *β-Hydroxyäthylmalonsäurediamid*, F. 152,5—153° (A.). — *3-Carboxyheptadecen-(3)-säure* (oder doppelbindungsisomere Verb.), $C_{18}H_{32}O_4$, F. 133—135° (Bzl.), aus vorvorst. Methylester analog vorst. Verb. u. Verseifung mit methanol. K-Methylat oder K-tert.-Butylat in tert.-Butanol; λ_{max} 220 mμ (ε = 10000). — *trans-Hexadecen-(2)-säure*, F. 47—49° (wss. A.), nach MYERS (C. **1954**. 5499); 45%. *Methylester*, $C_{17}H_{32}O_2$, mit Diazomethan. — *cis-2.3-Epoxyhexadecansäure*, $C_{16}H_{30}O_3$, F. 70,0—70,9° (PAe.), aus vorst. Säure mit Br_2 in CCl_4, Rk. des Prod. mit K-Acetat in sd. Acetanhydrid (3 Std.), dann mit sd. 8%ig. alkoh. KOH (30 Min.). *trans-Säure* (*trans-3-Tridecylglycidsäure*), $C_{16}H_{30}O_3$, F. 88,5—89,5°, a) Nebenprod. bei der Darst. der cis-Säure; b) aus dem Methylester mit 10%ig. wss. NaOH in sd. Dioxan unter N_2 (1½ Std.); Plättchen; 43,4%. *trans-Säuremethylester*, $C_{17}H_{32}O_3$, Kp.$_{0,4}$ 148—152°, aus vorst. Methylester u. Na_2HPO_4 in sd. CH_2Cl_2 mit 90%ig. H_2O_2 u. Trifluoracetanhydrid in CH_2Cl_2; 90%. — *α.β-Dicarboxy-γ-[n-tridecyl]-γ-butyrolacton, Dimethylester*, aus vorst. Methylester in Methanol u. Na-Malonsäuredimethylester in Methanol (4 Std. kochen) u. Chromatographie an SiO_2; 79%. *Mono-K-Salz* (**V**), $C_{19}H_{31}KO_6$, F. 124° (Zers.; Methanol), aus dem Dimethylester mit sd. methanol. KOH; 55%. *Freie Disäure*, λ_{max} 5,66, 10,04 u. 5,78—5,83 μ. **V** gibt mit sd. 5%ig. H_2SO_4 (30 Min.) 85% Gemisch der Diastereomeren von **IV** vom F. 87,5 bis 94,5° (Bzl.). — *dl-Protolichesterinsäure* (**I**), $C_{19}H_{32}O_4$, F. 100,5—101,5° (Essigsäure), a) aus **V** mit **VI** u. 30%ig. wss. CH_2O (1 Tag, nach Zusatz von weiterem CH_2O noch 1 Tag stehen), Eindampfen im Vakuum u. Behandlung mit Chlf.; aus dem chloroformunlösl. Anteil (33,4% **I**-K) mit Essigsäure 19,9% **I**; aus dem chloroformlösl. Anteil in Bzl. mit CH_3J (3 Tage stehen), dann mit 5%ig. wss. $NaHCO_3$ in CH_3OH (3 Tage stehen) weitere 6,5% **I**; Trennung von **VIII** durch Chromatographie an SiO_2; b) aus nachst. Verb. mit wss.-methanol. $NaHCO_3$ (3 Tage stehen); 21,6% (aus **V**). — *α-Diäthylaminomethyl-β-carboxy-γ-[n-tridecyl]-γ-butyrolactonmethojodid*, $C_{24}H_{46}JNO_4$, F. 165° (Zers.; Eisessig), aus **V** mit **VI**, **VI**-Hydrochlorid u. 30%ig. wss. CH_2O (2 Tage stehen) u. Rk. des Prod. in Bzl. mit CH_3J (3 Tage stehen); aus dem Nd. aus Eisessig Plättchen; 68,3%, daneben aus dem Rückstand der benzol. Lsg. mit wss. methanol. $NaHCO_3$ **IV**-Isomerengemisch vom F. 98—100°. — *dl-Lichesterinsäure* (**VIII**), $C_{19}H_{32}O_4$, F. 114—115° (Essigsäure), a) aus dem Rohprod. der Darst. von **I** nach a) durch Chromatographie an SiO ; 29% neben 42% **I**; b) aus **I**-K mit Acetanhydrid (1 Std. auf dem Dampfbad); 70%. — *dl-Dihydroprotolichesterinsäure* (**IX**), F. 114—116° (Essigsäure), durch Hydrieren von 20 mg **I**-K in Eisessig über 10%ig. Pd/Kohle bei Raumtemp. u. Atmosphärendruck; 9 mg. — Die IR- u. UV-Maxima der meisten Verbb. sind angegeben. (J. Amer. chem. Soc. **80**. 3079—86. 20/6. 1958. Madison, Wis., Univ., Dep. of Chem.) W. WIRTZ. 850

R. D. DeMoss, *Darstellung und Bestimmung von Gluconsäure, 2-Ketogluconsäure und 5-Ketogluconsäure*. Übersicht. Darst. u. Bestimmung. — 23 Literaturangaben. (Methods Enzymol. **3**. 232—38. 1957. Urbana, Ill., Univ.) K. MAIER. 870

N. N. Jarowenko und **Ss. P. Motorny**, *Darstellung von N-[Trifluormethyl]-thiolcarbaminsäureestern*. Trifluormethylisocyanat (**I**) reagiert mit den entsprechenden Mercaptanen unter Bldg. von *N-[Trifluormethyl]-thiolcarbaminsäuremethylester* u. *-phenylester*.

V e r s u c h e: *N-[Trifluormethyl]-thiolcarbaminsäuremethylester*, $C_3H_4F_3NOS$, zu 30 ml Methylmercaptan gibt man bei der Temp. von fl. N_2 3,6 g **I** u. erwärmt im geschlossenen Rohr auf Zimmertemp., wobei man die Rk. durch period. Kühlen reguliert; Kristalle; 63% (Ausbeute). — *N-[Trifluormethyl]-thiolcarbaminsäurephenylester*, $C_8H_6F_3$·NOS, F. 116°, durch 1 std. Stehenlassen von 1,7 g Thiophenol u. 1,8 g **I** im geschlossenem Rohr bei Zimmertemp., 1 std. Erwärmen auf 50° u. Reinigen durch Vakuumsublimation; 50%. (Журнал Общей Химии [J. allg. Chem.] **28** (**90**). 2504—05. Sept. 1958.) H. KÜHNE. 880

Murray Hauptschein, Milton Braid und **Francis E. Lawlor**, *Dimerisierung von Perfluor-2-azapropen*. Perfluor-2-azapropen (**I**) wurde durch UV-Lichtbestrahlung in Ggw. von Äthylenoxyd (das dabei in *1.4-Dioxan* überging) in 78%ig. Ausbeute dimerisiert. Da das *Dimerisationsprod.* [$C_4F_{10}N_2$, Kp. 39°, n_D^{22} 1,27] bei 5,66 μ eine starke Absorptionsbande besitzt, kommen für seine Struktur von den 6 möglichen Formen nur *1-[Bis-(trifluormethyl)-amino]-perfluor-2-azapropen-(1)* u. *Perfluor-2.5-diazahexen-(1)* in Frage. I wurde durch Modifizierung der Meth. von YOUNG (vgl. C. **1957.** 2704) dargestellt. (J. org. Chemistry **23.** 323—24. Febr. 1958. Philadelphia, Pa.) L. LAMZA. 910

M. Jaeger, S. Iskrić und **M. Wickerhauser,** *Enzymatische Spaltung von O-Methyl-N-acetyl-DL-serin. Aminosäuren.* 32. Mitt. 6. Mitt. *über Untersuchungen in der Chloramphenicolreihe.* (31. vgl. Arhiv Kem. [Arch. Chim.] **27.** [1956.] 207; 5. vgl. C. **1957.** 4415.) O-Methyl-N-acetylserin wird der enzymat. Spaltung mit Acylase I unterworfen, das erhaltene *O-Methyl-L-serin* (**II**) in *O-Methyl-N-phthaloyl-L-serin* übergeführt u. mit dem opt.-akt. N-Phthaloyl-O-methylserin (**I**) von FLEŠ u. BALENOVIĆ (C. **1957.** 4415) verglichen. Partielle Racemisierung bei der Phthaloylierungs-Rk. kann vernachlässigt werden, da zur Konfigurationsbest. nur das Vorzeichen der Drehung interessiert. (—)-O-Methyl-N-phthaloylserin besitzt L-Konfiguration. O-Äthyl-N-acetyl-DL-serin (**III**) wird ebenfalls der enzymat. Spaltung unterworfen.

Versuche: *O-Äthyl-N-acetyl-DL-serin* (**III**), $C_7H_{13}NO_4$, F. 133—135°, aus α-Brom-β-äthoxypropionsäure u. NH_3 u. nachfolgende Acetylierung mit Essigsäureanhydrid; aus Essigester/PAe. Nadeln; 80% (Ausbeute). — *O-Methyl-N-acetyl-D-serin*, $C_6H_{11}NO_4$, F. 70 bis 74° (Essigester/PAe.), durch 24std. Spaltung der DL-Form mit Acylase I bei 37° u. Trennung von **II** am Ionenaustauscher Dowex-50 (saure Form). — *O-Methyl-DL-serin*, $C_4H_9NO_3$, F. 228—230°, durch Elution von **II** mit 2,5n HCl, Aufarbeitung über **II**-*Methylester* u. dessen Verseifung mit W. unter Racemisierung; aus W.–A. Blättchen. — *O-Methyl-L-serin* (**II**), wie vorst., jedoch durch Eluieren mit 4%ig. NH_4OH u. Entfernen des Lösungsm.; $[\alpha]_D^{18}$ +16° (c = 1; n-HCl). — *O-Methyl-N-phthaloyl-L-serin*, $C_{12}H_{11}NO_5$, aus **II** u. Phthalsäureanhydrid durch ½std. Erhitzen auf 130° u. Reinigung durch Fällung aus CH_2Cl_2 mit PAe.; $[\alpha]_D^{18}$ —18° (c = 5; CH_3OH). — *O-Äthyl-N-acetyl-D-serin*, $C_7H_{13}NO_4$, F. 150—154°, durch enzymat. Spaltung von **III**; Nadeln; $[\alpha]_D^{18}$ —17° (c = 0,9; n-NaOH). (Croat. chem. Acta **28.** 5—8. 1956. Zagreb, Croatia, Yugoslavia Univ., Fac. of Sci., Chem. Inst.) E. GROSS. 950

Theodor Wieland und **Kurt Emil Euler,** *Über α-Aminothiosäuren.* 5. Mitt. *Synthesen aus N-Carbaminsäureanhydriden.* (4. vgl. C. **1957.** 91.) Läßt man die N-Carboxysäureanhydride von Glycin oder Alanin in Dimethylformamid (weniger geeignet sind andere organ. Lösungsmittel, die ein geringeres Lösungsvermögen für H_2S haben) in Ggw. von Triäthylamin mit viel H_2S reagieren, so entstehen die entsprechenden Aminothiosäuren, die durch Kristallisation aus Methanol/W. von den Ausgangsaminosäuren abgetrennt werden können. Im Fall des Valins u. Phenylalanins mißlingt die Trennung der Reaktionsprodd. infolge Mischkristallbildung.

Versuche: *Thioglycin* (**I**), C_2H_5NOS, F. > 160° (Methanol/W.), durch Zutropfen von N-Carboxyglycinanhydrid in Dimethylformamid zu bei 0° mit H_2S gesätt. Dimethylformamid in Ggw. von Triäthylamin, 2std. Einleiten von H_2S, mehrstd. Stehen bei 0° u. Zugeben von absol. Ae.; Prismen; 97% (Rohausbeute). — *DL-Thioalanin*, C_3H_7NOS, F. 190° (Zers.), analog **I**; schuppige Blättchen; 94%. — *DL-Thiovalin* (**II**; Gemisch aus 90% **II** u. 10% Valin), analog **I**, aber in Tetrahydrofuran; 98%. — *DL-Thiophenylalanin*, analog **II**, zersetzlich; 100%. (Chem. Ber. **91.** 2305—08. 15/11. 1958. Frankfurt/M., Univ., Inst. für Organ. Chem.) E. SCHRÖDER. 950

Evelyn L. Oginsky, *Isolierung und Bestimmung von Arginin und Citrullin.* Übersicht. Darst. u. Bestimmung. — 13 Literaturangaben. (Methods Enzymol. **3.** 639—43. 1957. Rahway, N. J., Merck Inst. of Therap. Res.) K. MAIER. 950

L. J. Stegerhoek und **P. E. Verkade,** *Phosphatidsäuren und Derivate.* 6. Mitt. *Vom Batylalkohol abgeleitete Phosphatidsäuren.* (5. vgl. Recueil Trav. chim. Pays-Bas **73.** [1954.] 496.) β-O-Palmitoylbatylalkohol (**I**) bzw. β-O-Stearoylbatylalkohol (**II**) geben mit Phosphorsäurediphenylesterchlorid (**III**) bei 40° in Ggw. einer tert. Base, z. B. Pyridin, *β-O-Palmitoyl-α'-O-octadecyl-α-glycerophosphorsäurediphenylester* (**IV**) bzw. *β-O-Stearoyl-α-O-octadecyl-α-glycerophosphorsäurediphenylester* (**V**). Analog lassen sich Batylalkohole mit den Acylresten in α-Stellung in *α-O-Palmitoyl-α'-O-octadecyl-β-glycerophosphorsäurediphenylester* (**VI**) bzw. *α-O-Stearoyl-α'-O-octadecyl-β-glycerophosphorsäurediphenylester* (**VII**) überführen. Ein unterschiedliches Reaktionsverh. der prim. u. sek. OH-Gruppe bei der Darst. von **IV** u. **V** bzw. **VI** u. **VII** kann nicht festgestellt werden. Die Phenylreste von **IV, V, VI** u. **VII** werden hydrogenolyt. in Ggw. von Pt/Kohle in trocknem Dioxan abgespalten. Die so dargestellten Verbb. zeigen scharfe FF., so daß Umlagerungen während der Phosphorylierung oder Hydrogenolyse nicht wahrscheinlich sind. Das Verf. läßt sich nicht auf Alkohole vom Typ des Batylalkohols übertragen die mit ungesätt. Fettsäuren verestert sind. Die entsprechenden Derivv. von Chimylalkohol (Glycerin-α-n-hexadecyläther) können dargestellt werden, nicht aber die von Selachylalkohol [Glycerin-α-cis-octadecen-(9)-yläther]. Es wird festgestellt, daß es sich bei dem von

KLENK u. DEBUCH (Hoppe-Seyler's Z. physiol. Chem. **296.** [1954.] 179) bei der Hydrolyse des Hydrierungsprod. der Colaminfraktion eines natürlichen Acetalphosphatids mit methanol. HCl nicht um ein Gemisch aus *Batylalkohol-α-phosphorsäure* (**VIII**) u. Chimylalkohol-α-phosphorsäure (**IX**) gehandelt haben kann. Aus **IV** u. **V** bzw. **VI** u. **VII** werden durch Verseifung nach ZEMPLÉN u. Mitarbeiter (Ber. dtsch. chem. Ges. **62.** [1929.] 1613 u. **69.** [1936.] 1827) **VIII** u. *Batylalkohol-β-phosphorsäure* (**X**) erhalten. Es wird versucht, **VIII** u. **X** aus β- bzw. α-O-Monotritylbatylalkohol zu synthetisieren. Die Trityloctadecylglycerophosphorsäurediphenylester lassen sich nicht in reinem Zustand isolieren u. sind sehr unbeständig; sie gehen sehr rasch in dunkelbraune Massen mit starkem Phenolgeruch über. Acylierte Batylalkoholphosphatidsäuren sind bei Ausschluß von Feuchtigkeit unbegrenzt haltbar, die acylfreien dagegen wahrscheinlich infolge der gleichzeitigen Anwesenheit der Hydroxyl- u. der Phosphorylgruppe nicht; sie gehen in gelbe Pulver über u. es läßt sich H_3PO_4 nachweisen.

Versuche: *β-O-Palmitoyl-α'-O-octadecyl-α-glycerophosphorsäurediphenylester* (**IV**), $C_{49}H_{83}O_7P$, F. 46—46,5° (PAe.), durch tropfenweise Zugabe von **III** zu **I** in absol. Pyridin u. absol. CCl_4, 2tägiges Erwärmen auf 45°, Versetzen mit CCl_4. Abdest. der Lösungsmittel im Vakuum, Aufnehmen in Aceton u. Abkühlen auf —5°; 84% (Ausbeute). — *β-O-Stearoyl-α'-O-octadecyl-α-glycerophosphorsäurediphenylester* (**V**), $C_{51}H_{87}O_7P$, F. 48—49° (PAe.), aus den entsprechenden Komponenten analog **IV**; 87%. — *α-O-Palmitoyl-α'-O-octadecyl-β-glycerophosphorsäurediphenylester* (**VI**), $C_{49}H_{83}O_7P$, F. 42,5—43° (PAe.), aus den entsprechenden Komponenten analog **IV**; 91%. — *α-O-Stearoyl-α'-O-octadecyl-β-glycerophosphorsäurediphenylester* (**VII**), $C_{51}H_{87}O_7P$, F. 45,5—46° (PAe.), aus den entsprechenden Komponenten analog **IV**; 89%. — *β-O-Palmitoylbatylalkohol-α-phosphorsäure* (**XI**), $C_{37}H_{75}O_7P$, F. 65—66° (PAe.), durch hydrogenolyt. Abspaltung der Phenylreste von **IV** in Ggw. von Pt/Kohle (vgl. UHLENBROEK u. VERKADE, Recueil Trav. chim. Pays-Bas **72.** [1953.] 395); 88%. — *β-O-Stearoyl-α'-octadecyl-α-glycerophosphorsäure* (**XII**), $C_{39}H_{79}O_7P$, F. 70—70,5° (PAe.), analog **XI**; 90%. — *α-Palmitoylbatylalkohol-β-phosphorsäure* (**XIII**), $C_{37}H_{75}O_7P$, F. 57,5—58° (Aceton), analog **XI**; 82%. — *α-Stearoyl-α'-octadecyl-β-glycerophosphorsäure* (**XIV**), $C_{39}H_{79}O_7P$, F. 62—62,5° (Aceton), analog **XI**; 83%. — *Batylalkohol-α-phosphorsäure* (**VIII**), $C_{21}H_{45}O_6P$, F. 78,5—79,5° (Aceton), durch Einw. von CH_3ONa auf **XI** bzw. **XII**, **VIII** wird zunächst als Di-Na-Salz isoliert, das mit 1%ig. methanol. HCl zers. wird; 74 bzw. 71%. — *Batylalkohol-β-phosphorsäure* (**X**), $C_{21}H_{45}O_6P$, F. 59 bis 60° (Aceton), Darst. analog **XI** u. **XII** aus **XIII** bzw. **XIV**; 79 bzw. 74%. (Recueil Trav. chim. Pays-Bas **75.** 467—74. Mai 1956. Delft, Netherlands, TU Labor. of Organ. Chem.) E. GROSS. 980

L. Spector, M. E. Jones und **F. Lipmann,** *Carbamylphosphat.* Darst., Bestimmung. — 3 Literaturangaben. (Methods Enzymol. **3.** 653—55. 1957. Boston, Mass., General Hospital.) K. MAIER. 980

N. N. Jarowenko und **A. Ss. Wassiljewa,** *Ein neues Verfahren zur Einführung der Trihalogenmethylgruppe in organische Verbindungen.* Bei der Einw. von Halogen auf Chlorthiokohlensäureester entstehen die entsprechenden Trihalogenmethyläther. So bildet Chlorthiokohlensäurephenylester mit Cl_2 über *Phenyloxydichlormethylsulfenylchlorid* (**I**) *Trichlormethylphenyläther* (**II**). Bei der Umsetzung von **II** mit SbF_3 entsteht *Difluorchlormethylphenyl-* u. mit SbF_3 in Ggw. von $SbCl_5$ *Trifluormethylphenyläther.*

Versuche: *Phenyloxydichlormethylsulfenylchlorid* (**I**), $C_7H_5Cl_3OS$, aus 20 g Chlorthiokohlensäurephenylester durch Sättigen mit Cl_2 unter Eiskühlung; man wäscht mit W. u. trocknet über $CaCl_2$; gelbe Fl., die sich beim Dest. zers.; lösl. in Ae. u. Chlf.; $D.^{19}_4$ 1,4306, n_D^{19} 1,5690; 74,5% (Ausbeute). — *Trichlormethylphenyläther* (**II**), $C_7H_5Cl_3O$, $Kp._{16}$ 108—110°, man sättigt 8,5 g **I** bei 40—45° mit Cl_2 u. dest.; $D.^{15}_4$ 1,406; n_D^{15} 1,5395; 95%. — *Difluorchlormethylphenyläther,* $C_7H_5ClF_2O$, $Kp._{58}$ 71°, man erhitzt das Gemisch aus 13 g **II** u. 11 g SbF_3 allmählich auf 75° u. dest. nach 10—15 Min. bei 90—100 mm; $D.^{18}_4$ 1,2748, n_D^{18} 1,4518; 52%. — *Trifluormethylphenyläther,* $C_7H_5F_3O$, Kp. 104°, $D.^{21}_4$ 1,2800, n_D^{21} 1,4073, a) durch Erhitzen von 3 g vorst. Verb. mit 5 g SbF_3 in Ggw. von 0,5 g $SbCl_5$; 71%; b) analog aus 80 g **II** u. 17 g SbF_3 in Ggw. von 2 g $SbCl_5$; 53%. (Журнал Общей Химии [J. allg. Chem.] **28** (**90**). 2502—04. Sept. 1958.) H. KÜHNE. 1060

N. K. Kotschetkow und **E. Je. Nifantjew,** *Substitutionsreaktionen an der Methylgruppe von β-Ketoacetalen.* Während bei der Bromierung von Acetylacetaldehyddimethylacetal (**I**) in W. in Ggw. von $BaCO_3$ unter Spaltung der Acetalgruppe *α-Brom-β-ketobutyraldehyd* entsteht, bleibt bei der Bromierung von Acylacetaldehydäthylenacetalen die Acetalgruppe erhalten. Bei Einw. von KOH auf α-Brombenzoylacetaldehydäthylenacetal in Bzl. entsteht unter HBr-Abspaltung *Benzoylketenäthylenacetal.* Die Einw. von Pb-Tetraacetat auf **I** ergibt *1.2-Diacetoxy-1-methoxy-3-ketobutan.* Benzoylacetaldehydäthylenacetal kondensiert mit Benzaldehyd in Ggw. von HCl unter Bldg. von *β-Chlor-β-phenylpropiophenon.* Die Aktivität der CH_2-Gruppe in β-Ketoacetalen entspricht der in β-Diketonen.

Versuche: *α-Brom-β-ketobutyraldehyd,* $C_4H_5BrO_2$, F. 109—110°, durch Zugabe von 2,9 ml Br_2 zu 7 g I u. 5,2 g $BaCO_3$ in 15 ml W. u. Erwärmen auf 55—60°; 51% (Ausbeute). — *α-Brom-β-ketobutyraldehydäthylenacetal,* $C_6H_9BrO_3$, Kp.$_6$ 104—104,5°, durch Bromierung von 26,2 g Acetylacetaldehydäthylenacetal in 70 ml Ae. in Ggw. von 40 g $BaCO_3$ mit 10,5 ml Br_2; D.$^{20}{}_4$ 1,5840; n_D^{20} 1,4938; 41%. — *α-Brombenzoylacetaldehydäthylenacetal,* $C_{11}H_{11}BrO_3$, F. 66—67° (Methanol), analog vorst. aus 15 g Acetal in 250 ml absol. Ae. mit 5 ml Br_2; 50%. — *Benzoylketenäthylenacetal,* $C_{11}H_{10}O_3$, F. 61—61,5°, man rührt 4 g vorst. Verb. mit 1,3 g KOH in 20 ml Bzl. 4 Std. bei 70—80°, filtriert, dest. Bzl. im Vakuum ab u. kühlt den Rückstand in wenig Ae. auf —70°; 27%. — *1.2-Diacetoxy-1-methoxy-3-ketobutan,* $C_9H_{14}O_6$, Kp.$_{15}$ 144—145°, durch Zugabe von 12 g I zu 41 g Pb-Tetraacetat in 30 ml Eisessig bei 60° während 20 Min. (exotherme Rk.), 6 Std. Rühren, Filtrieren, Ausäthern u. Fraktionieren; D.$^{20}{}_4$ 1,1460; n_D^{20} 1,4334; 35%. — *β-Chlor-β-phenylpropiophenon,* $C_{15}H_{13}ClO$, F. 114,5—115,5°, durch Einleiten von HCl in 3 g Benzoylacetaldehydäthylenacetal u. 5 g Benzaldehyd in 5 ml Methanol; ca. 100%. (Доклады Академии Наук СССР [Ber. Akad. Wiss. UdSSR] **121.** 462—65. 21/7. 1958. Moskau, Lomonossow-Univ.) H. Niedrich. 1180

A. M. Docken, G. D. Burt, R. D. Ellefson und **D. L. Ostercamp,** *Eine Umlagerung von p-Benzochinondioxim in p-Nitroanilin.* Das durch Erhitzen des Benzolsulfonylderiv. (II) von p-Benzochinonmonoxim (I) entstehende gelbe Prod. wurde als *p-Azoxyphenol* identifiziert. Durch Erhitzen von I oder II mit Polyphosphorsäure (PPS) entstanden nur harzige Produkte. p-Benzochinondioxim (III) wurde durch kurzes Erhitzen mit PPS auf 130° nicht verändert; durch 90 Min. Erhitzen von III mit PPS entstand *p-Nitroanilin* (**IV**); daneben wurde wenig **III** zurückgewonnen. **IV** wurde durch Überführung in *p-Nitroacetanilid* u. *p-Nitrobenzolsulfonanilid* identifiziert. Verss., die Umlagerung von III in IV in H_2SO_4 zu erreichen, schlugen fehl. In konz. H_2SO_4 oder in nichtwss. verd. Lsg. trat nur Zers. ein. Die Rk. von Benzolsulfonylchlorid mit III in Pyridin nach Beckmann u. Liesche [1923] ergab ein Prod., das durch fraktionierte Kristallisation in zwei Verbb. aufgetrennt werden konnte; es wird angenommen, daß es sich um die Derivv. der syn- u. anti-Form von III handelt. Durch Einw. von PPS auf ein Gemisch dieser beiden Verbb. wurde in geringer Ausbeute **IV** erhalten.

Versuche: *p-Benzochinonmonoxim* (I), F. 137° (Zers.), durch Ansäuern einer Lsg. von Na-p-Nitrosophenolat, Filtrieren, Trocknen des Nd., Lösen in Ae., Behandeln mit Kohle, Verdünnen mit PAe. u. Kühlen auf —20°. — *p-Benzochinondioxim* (III), Zers. bei 230—240°, nach C. **1949.** I. 1042. — *p-Nitroanilin* (IV), durch 90 Min. Erhitzen von III mit PPS auf 133—137° unter Rühren, Gießen in Eis, Filtrieren, Ae.-Extraktion u. Dest.; 42% (Ausbeute). — *p-Benzochinonmonoximbenzolsulfonat* (II), F. 132,5—133° (Ae.), durch Zugabe von Benzolsulfonylchlorid zu Nitrosophenol in Pyridin unterhalb 25°, 5 Min. Stehen, langsame Zugabe von W. unter Kühlen u. Filtrieren; 94%. — *p-Benzochinondioxim-bis-[benzolsulfonat],* $C_{18}H_{14}N_2O_6S_2$, a) F. 196—197° (Zers.; Aceton), b) F. 157—158° (Zers.; CCl_4), durch langsame Zugabe von Benzolsulfonylchlorid zu III in Pyridin unterhalb 55°, 5 Min. Schütteln, Verdünnen mit W., Filtrieren u. fraktionierte Kristallisation des erhaltenen Gemisches [F. 160—170° (Zers.); 95%] aus Aceton. (J. org. Chemistry **24.** 363—64. März 1959. Decorah, Io., Luther Coll., Dep. of Chem.) H. Bertsch. 1190

H. Davidge, Alwyn G. Davies, J. Kenyon und **R. F. Mason,** *Die Oxydation phenolischer Äther mit Peressigsäure.* Die Oxydation einer Anzahl (teils bisher unbekannter) alkyl-, halogen- oder nitrosubstituierter Alkylaryläther führt normalerweise unter Eliminierung eines H-Atoms u. einer OCH_3-Gruppe durch elektrophile 1.4-Dihydroxylierung zur Bldg. von *1.4-Chinonen.* Etwa durch 1.2-Dihydroxylierung gebildete 1.2-Chinone konnten nicht isoliert werden, sie wurden rasch unter Ringsprengung zu wasserlösl. Prodd. weiteroxydiert. Alkyl- u. Halogengruppen wurden bei der Chinonbldg. gewöhnlich nicht abgespalten. In 2 Fällen wurde jedoch neben der Chinonbldg. Bromübertragung beobachtet. Aus 1.3-Dimethoxybenzol wurde unter den gewählten Bedingungen unter gleichzeitiger Ringverknüpfung *2-Methoxy-5-[4-methoxybenzochinon-(2.5)-yl]-benzochinon-(1.4)* (**III**) erhalten. Der mögliche Reaktionsmechanismus in Anlehnung an die Friesssche Formulierung (vgl. C. **1956.** 971) wird diskutiert.

Versuche: *1-Methoxy-4-[p-nitrobenzyloxy]-benzol,* $C_{14}H_{13}NO_4$, F. 90,5—91,5°, durch 1 std. Erhitzen einer Lsg. von 2,5 g p-Methoxyphenol, 4,5 g p-Nitrobenzylbromid u. 2,5 g $NaHCO_3$ in W./A. unter Rückfluß; blaßgelbe Stäbchen aus A.; 3,4 g (Ausbeute). — *2(oder 4)-Brom-1.3-dimethoxy-5-methylbenzol,* $C_9H_{11}BrO_2$, F. 49—50°, Kp.$_{21}$ 112—120°, durch 10std. Erhitzen einer Lsg. von 25 g Orcindimethyläther u. 20 g N-Bromsuccinimid in CCl_4 auf dem Dampfbad; farnförmige Nadeln aus Methanol; 16 g. — *1-Chlor-2.4-dimethoxybenzol*, $C_8H_9ClO_2$, Kp. 238°, durch Schütteln von 1-Chlor-2.4-dihydroxybenzol in NaOH mit Dimethylsulfat. — *2.4-Dichlor-1.3.5-trimethoxybenzol*, $C_9H_{10}Cl_2O_3$, F. 155°, durch Einleiten des aus 6,3 g $KMnO_4$ u. HCl entwickelten Cl_2 in 8,4 g 1.3.5-Trimethoxybenzol in Essigsäure; glänzende Platten aus Butanol; 6 g. — Folgende Benzochinone-(1.4) wurden durch Zufügen von etwas mehr als der berechneten Menge (im allg. 90%ig., bisweilen, je nach der Heftigkeit der Rk. bis herab zu 30%ig.) H_2O_2 zu einer Lsg. des Äthers in Eisessig/H_2SO_4 unter Kühlung, mehrtägiges Stehen u. evtl. Verdünnen mit W. dargestellt (Ausbeuten 10—30%): *2.6-Dimethyl-* (**I**), F. 72°, aus 1-Methoxy-3.5-dimethylbenzol; goldgelbe Stäbchen. — *2-Methoxy-5-methyl-* (**II**), $C_8H_8O_3$, F. 175—176°, aus 1.2-Dimethoxy-4-methylbenzol; gelbe Stäbchen. — *2-Methoxy-5-[4-methoxybenzochinon-(2.5)-yl]-* (**III**), $C_{14}H_{10}O_6$, F. 231—232° (Zers.), aus 1.3-Dimethoxybenzol oder 2.4.2'.4'-Tetramethoxydiphenyl; gelbe Stäbchen; sublimiert im Vakuum bei 150°. — *2-Benzyloxy-5-[4-benzyloxybenzochinon-(2.5)-yl]-*, $C_{26}H_{18}O_6$, F. 258° (Zers.), aus 1.3-Dibenzyloxybenzol; orangefarbene Stäbchen. — *2-Methoxy-6-methyl-*, $C_8H_8O_3$, F. 149—150,5°, aus 1.3-Dimethoxy-5-methylbenzol; gelbe Platten. — *2-Äthyl-5-methoxy-* (**IV**), $C_9H_{10}O_3$, F. 154—155°, aus 2.4-Dimethoxy-1-äthylbenzol; gelbe Nadeln. — *2.5-Dimethoxy-* (**V**), $C_8H_8O_4$, F. 300° (Zers.), aus 1.4-Di-, 1.2.4-Tri- oder 1.2.4.5-Tetramethoxybenzol, bzw. neben *2-Brom-5-methoxy-* (F. 189—191°) aus 1-Brom-2.4.5-trimethoxybenzol; orangegelbe Stäbchen oder gelbe Platten. — *2.5-Dimethyl-*, F. 125—126°, aus 1.4-Dimethoxy-2.5-dimethylbenzol; goldgelbe Stäbchen. — *2-Methoxy-5-[p-nitrobenzyloxy]-*, $C_{14}H_{11}NO_6$, F. 252—255° (Zers.), aus 1-Methoxy-4-[p-nitrobenzyloxy]-benzol; gelbe Nadeln — *2.6-Dimethoxy-*, F. 252°, aus 1.2.3- oder 1.3.5-Trimethoxybenzol; orangegelbe Stäbchen. — *2-Brom-5-methoxy-* (**VI**), $C_7H_5BrO_3$, F. 190—191°, aus 1-Brom-2.4-dimethoxybenzol; gelbe Stäbchen, neben *1.5-Dibrom-2.4-dimethoxybenzol*, F. 142—143° (Nadeln aus A.). — *2-Chlor-5-methoxy-* (**VII**), $C_7H_5ClO_3$, F. 174°, aus 1-Chlor-2.4-dimethoxybenzol; gelbe Nadeln. — *3*(oder *5*)*-Brom-2-methoxy-6-methyl-* (**VIII**), $C_8H_7BrO_3$, F. 150 bis 151°, aus 2(oder 4)-Brom-1.3-dimethoxy-5-methylbenzol; gelbe Nadeln. — *2.6-Dibrom-3.5-dimethoxy-*, $C_8H_6Br_2O_4$, F. 176—177°, aus 2.4-Dibrom-1.3.5-trimethoxybenzol; orangegelbe Platten, neben *1.3.5-Tribrom-2.4.6-trimethoxybenzol*. — *3-Brom-2.6-dimethoxy-*, $C_8H_7BrO_4$, F. 148—149°, aus 2-Brom-1.3.5-trimethoxybenzol; gelbe Nadeln. — *2.6-Dichlor-3.5-dimethoxy-*, $C_8H_6Cl_2O_4$, F. 149—150°, aus 2.4-Dichlor-1.3.5-trimethoxybenzol; goldgelbe Stäbchen, neben *1.3.5-Trichlor-2.4.6-trimethoxybenzol*, F. 112°. — Ebenso folgende Naphthochinone-(1.4): *2.3-Dimethoxy-*, $C_{12}H_{10}O_4$, F. 116 bis 117°, aus 2.3-Dimethoxynaphthalin; gelbe Nadeln. — *2-Methoxy-* (**IX**), $C_{11}H_8O_3$, F. 183 bis 184°, aus 1.3-Dimethoxynaphthalin; gelbe Nadeln. — Die folgenden Chinone wurden durch Erhitzen mit Zn/Acetanhydrid in Ggw. von wenig Pyridin in die entsprechenden 1.4-Diacetoxybenzole übergeführt: *2.6-Dimethyl-*, $C_{12}H_{14}O_4$, F. 92—93°, aus **I**; glasartige Blättchen. — *2-Methoxy-5-methyl-*, $C_{12}H_{14}O_5$, F. 129—130°, aus **II**; prismat. Stäbchen. — *2-Äthyl-5-methoxy-*, $C_{13}H_{16}O_5$, F. 112—113°, aus **IV**; seidige Nadeln. — *2.5-Dimethoxy-*, $C_{12}H_{14}O_6$, F. 182,5—183,5°, aus **V**; glasartige Rhomben. — *2-Brom-5-methoxy-*, $C_{11}H_{11}BrO_5$, F. 136—137°, aus **VI**; prismat. Stäbchen. — *2-Chlor-5-methoxy-*, $C_{11}H_{11}ClO_5$, F. 127°, aus **VII**; Rhomben. — *3(5)-Brom-2-methoxy-6-methyl-*, $C_{12}H_{13}BrO_5$, F. 133—134°, aus **VIII**; glasartige Platten. — *4.4'-Dimethoxy-2.5.2'.5'-tetraacetoxydiphenyl*, $C_{22}H_{22}O_{10}$, F. 187—187,5°, aus **III**; längliche Rhomben. — *2-Methoxy-1.4-diacetoxynaphthalin*, F. 130—131,5°, aus **IX**; Platten. — 1.2-Dimethoxy-, 1-Methoxy-2- u. -4-methyl-, 1-Brom-4-methoxy-, 1-Methoxy-4-phenyl-, 1-Methoxy-3.5-dimethyl-, 1-Brom- u. 1-Chlor-3-methoxy-4-methyl-, 2-Chlor-5-methoxy-1.3-dimethyl-, 1-Chlor-2-methoxy-3-phenyl-, 2-Methoxy-1.3-dimethyl-, 1-Methoxy-4-phenoxy-, x-Brom-1.2-dimethoxy-4-methyl-, 2-Chlor-1.4-dimethoxy-, 1.4-Dimethoxy-2-methyl- u. -2-phenoxy-, 1.2-Dimethoxy-4-nitro-, 2.4-Dimethoxy-1-nitro-, 1.3-Dimethoxy-2-[p-nitrobenzyloxy]-, 1.4-Diphenoxy- u. 1.2.3-Tribrom-4.5.6-trimethoxybenzol sowie 1.4-Dimethoxynaphthalin u. 4.4'-Dimethoxydiphenyläther reagieren nicht mit H_2O_2 in Essigsäure; aus Methoxy-, 1-Methoxy-3-methyl-, 2-Methoxy-1.4-dimethyl-, 4-Methoxy-1.2-dimethyl-, 1-Methoxy-3- u. -4-hydroxy- u. 1.4-Dimethoxy-2-brombenzol sowie 2.7- u. 1.5-Dimethoxynaphthalin wurden nur wasserlösl. Prodd. erhalten. (J. chem. Soc. [London] **1958**. 4569—73. Dez. London, Battersea Coll. of Technol.; Brit. Oxygen Res. and Developm. Ltd.)

GERHARD MÜLLER. 1190

M. N. Bogdanow, *Chlormethylierung von ω-Phenylalkansäuren*. Bei der Chlormethylierung von Phenylessig-, β-Phenylpropion-, γ-Phenylbutter- u. δ-Phenylvaleriansäure durch Einleiten von HCl in Gemische der vorst. Verbb. u. $ZnCl_2$ in 40%ig. Formalin entstehen Gemische der *o-* u. *p-Chlormethylderivv.*, die durch Kristallisation getrennt werden.

V e r s u c h e: *p-Chlormethylphenylessigsäure*, $C_9H_9ClO_2$, F. 152—153° (Chlf.-CCl_4, 1:1), durch 8std. Einleiten von HCl in ein Gemisch von 16 g Phenylessigsäure, 5,9 g $ZnCl_2$ u. 5,5 g Formalin bei 75—80°, verd. mit 100 ml W. u. 100 ml Chlf., Abtrennen der Chloroformschicht, 24std. Stehenlassen in der Kälte u. Filtrieren; 24% (Ausbeute). — *β-[p-Chlormethylphenyl]-propionsäure*, $C_{10}H_{11}ClO_2$, F. 118—119°, analog aus β-Phenylpropionsäure u. Formalin durch 6½std. Einleiten von HCl bei 75—80° in Ggw. von $ZnCl_2$; 27%. — *γ-[p-Chlormethylphenyl]-buttersäure*, $C_{11}H_{13}ClO_2$, F. 121—122°, aus γ-Phenylbuttersäure (5½std. Einleiten von HCl); 33%. — *δ-[p-Chlormethylphenyl]-valeriansäure*, $C_{12}H_{15}ClO_2$, F. 76—77°, aus δ-Phenylvaleriansäure; 39%. (Журнал Общей Химии [J. allg. Chem.] **28** (**90**). 1621—23. Juni 1958. Allunions wiss. Forsch.-Inst. für Kunstfasern.) G. Tobien. 1210

A. D. Grebenjuk und **I. P. Zukerwanik**, *Kondensation von γ.γ.γ-Trichlorcrotonsäurenitril mit Benzol in Gegenwart von Aluminiumchlorid.* γ.γ.γ-Trichlorcrotonsäurenitril (**I**) reagiert mit Bzl. in Ggw. von $AlCl_3$ zu einem Gemisch von α- (**II**) u. *β-Phenyl-γ.γ-dichlorvinylacetonitril* (**III**). Die Ausbeute an **II** u. **III** hängt von der angewandten Menge $AlCl_3$ ab. — Die Struktur von **II** wurde bewiesen durch Verseifen mit HCl/Essigsäure u. nachfolgende Red. der Säure mit H_2 an Pd/$BaSO_4$ zu *α-Phenylbuttersäure*, die durch ihr Amid identifiziert wurde. **III** geht bei längerer Verseifung mit HCl/Essigsäure in *Phenylbernsteinsäure* über.

V e r s u c h e: Zur Durchführung der Rk. von **I** mit Bzl. in Ggw. von $AlCl_3$ vgl. C. **1956**. 8075. *α-Phenyl-γ.γ-dichlorvinylacetonitril* (**II**), $C_{10}H_7Cl_2N$, Kp.$_3$ 120°, Kp.$_8$ 140 bis 145°; $D.^{20}_4$ 1,2553; n_D^{20} 1,5585; 24—62% (Ausbeute; unter verschied. Bedingungen). — *α-Phenyl-γ.γ-dichlorvinylessigsäure*, F. 88—89° (PAe. oder Cyclohexan), durch Verseifen von 7,75 g **II** mit 9 ml konz. HCl, 16 ml Eisessig u. 4 ml W. (17 Std. Kochen, 48 Std. bei Zimmertemp.), Reinigung durch Chromatographie der Benzollsg. an Al_2O_3; 7,5 g (Rohprod.). — *α-Phenylbuttersäure*, Kp.$_6$ 160—170°, aus 2 g vorst. Verb. in 30 ml W. u. 1,4 g NaOH durch Hydrieren an Pd/$BaSO_4$ bei Zimmertemp.; 1,1 g. *Amid*, F. 83—84,5° (Bzl.). — *β-Phenyl-γ.γ-dichlorvinylacetonitril* (**III**), $C_{10}H_7Cl_2N$, F. 92—92,5° (Bzl.), aus I u. Bzl.; große, gut ausgebildete Kristalle von stechendem Geruch; unlösl. in PAe., mäßig lösl. in Ae.; 9,6—11,5% unter verschied. Bedingungen. — *Phenylbernsteinsäure*, F. 164 bis 165° (Bzl. + absol. A.), durch Verseifen von 1 g **III** mit 4 ml Eisessig, 2 ml konz. HCl u. 0,5 ml W. (19std. Kochen, 96 Std. Stehenlassen); 0,2 g. (Журнал Общей Химии [J. allg. Chem.] **28** (**90**). 2380—84. Sept. 1958. Mittelasiat. Univ.)

Wolfgang Müller. 1210

K. N. Ayad, **R. F. Garwood** und **W. J. Hickinbottom**, *Die Umlagerung des N-Chloracetanilids.* Bei Zugabe von etwas Benzoylperoxyd lagert sich N-Chloracetanilid (**I**) in sd. CCl_4 in Abwesenheit von Licht in *2-* u. *4-Chloracetanilid* um. Auch durch Bestrahlung ohne Hilfsstoff tritt die Umlagerung ein. Es handelt sich offenbar um eine homolyt. intermol. Chlorierung, denn bei der peroxydkatalysierten Umlagerung von **I** in CCl_4 in Ggw. von 2-Acetamidonaphthalin wurde *2-Acetamido-1-chlornaphthalin* zusammen mit *4-Chloracetanilid* u. *Acetanilid* erhalten. Bei Verwendung von 2.4.6-Trichlor-N-chloracetanilid anstatt **I** kann die Selbstchlorierung ganz ausgeschaltet werden, u. bei Verwendung von Mesitylen oder Acenaphten als Testsubstanzen tritt Kernchlorierung beider KW-stoffe in Essigsäure ein. In CCl_4 in Ggw. von Peroxyd ist die Seitenkettenchlorierung stark begünstigt. (Chem. and Ind. **1955**. 1122. 3/9. London, Univ., Queen Mary Coll., Dep. of Chem.) K. Nezel. 1310

William B. Wright jr., **Herbert J. Brabander** und **Robert A. Hardy jr.**, *N-[tert.-Aminoalkyl]-propionsäureanilide. Eine neue Reihe starker Analgetica.* Eine Reihe von *N-[tert.-Aminoalkyl]-propionsäureaniliden* wurde dargestellt; diese erwiesen sich im Tiervers. als starke Analgetica. Klin. Unterss. von *N-[2-(N-Methyl-N-phenäthylamino)-propyl]-propionanilidsulfat* (**I**; *Diampromid*) u. *N-[1-Methyl-2-piperidinoäthyl]-propionanilidhydrochlorid* (**II**; *Phenampromid*) zeigten, daß die Wrkg. von **I** zwischen der von Meperidin u. Morphin liegt, u. daß die Wrkg. von **II** etwa der von Meperidin entspricht.

V e r s u c h e: *2-[N-Methyl-N-phenäthylamino]-propionanilid*, F. 65—67°, durch Kochen von 2-Brompropionanilid mit Methylphenäthylamin in Bzl.; 81% (Ausbeute). — *N^2-Methyl-N^2-phenäthyl-N^1-phenylpropan-1.2-diamin*, Kp.$_{0,2}$ 138—144°, durch Red. vorst. Verb. mit $LiAlH_4$ in Tetrahydrofuran; n_D^{27} 1,564; 80%. — *N-[2-(N-Methyl-N-phenäthylamino)-propyl]-propionanilid*, Kp.$_{0,5}$ 174—178°, durch Acylierung vorst. Verb. mit Propionsäureanhydrid; n_D^{26} 1,546; 83%. *Sulfat* (**I**), $C_{21}H_{30}N_2O_5S$, F. 110—111° (A.-Ae.), 85%. — *1-[2-Anilinopropionyl]-piperidin*, F. 90—91°, durch Kochen von Anilin mit 1-[2-Brompropionyl]-piperidin in Bzl.; 81%. — *1-[2-Anilinopropyl]-piperidin*, Kp.$_{0,4}$ 108 bis 112°, durch Red. vorst. Verb. mit $LiAlH_4$ in Tetrahydrofuran; n_D^{29} 1,537; 86%. — *N-[1-Methyl-2-piperidinoäthyl]-propionsäureanilid*, Kp.$_{0,2}$ 124—128°, durch Acylierung vorst. Verb. mit Propionsäureanhydrid; n_D^{28} 1,518; 88%. *Hydrochlorid* (II), $C_{17}H_{27}ClN_2O$, F. 201—202°, durch Behandlung mit alkoh. HCl u. Ae.; 88%. (J. Amer. chem. Soc. **81**. 1518—19. 20/3. 1959. Pearl River, N. Y., Amer. Cyanamid Co., Lederle Labors. Div., Organ. Chem. Res. Sect.) H. BERTSCH. 1310

Arthur Furst und **Richard E. Moore**, *Reduktionen mit Hydrazinhydrat, katalysiert durch Raney-Nickel.* 2. Mitt. *Reduktion aromatischer Nitroverbindungen zu Zwischenprodukten.* (1. vgl. C. **1954**. 744.) Vff. untersuchen die Red. von Nitrobenzol, o- u. p-Nitrotoluol mit Hydrazinhydrat (I)/RANEY-Ni in Äthanol. Die Art u. Ausbeute der Reaktionsprodd. wird durch die I-Konz. bestimmt; mit niedrigen I-Konzz. werden ausschließlich *Amine* erhalten, bei erhöhter I-Konz. kann die Rk. entweder bei der *Azoxystufe* gestoppt oder bis zur *Hydrazostufe* geführt werden (unter diesen Reaktionsbedingungen werden Azoxy- u. Azobenzol langsam zu *Hydrazobenzol* red.). In keinem Falle konnte die Azostufe aus dem Reaktionsgemisch isoliert werden. Nitrosobenzol wird mit I allein rasch zu *Anilin* reduziert.

Versuche: *Hydrazobenzol*, F. 125—127° (A.), a) durch Red. von 0,81 Mol Nitrobenzol (II) mit 0,18 Mol I (100% ig.) in A. u. wenig RANEY-Ni $< 35°$ u. Zugabe von W.; 75% (Ausbeute); b) analog aus Azoxybenzol; 90%; c) aus Azobenzol in 10 Min.; 100%. — *Anilinhydrochlorid*, F. 196—198° (A.), wie vorst. aus Nitrosobenzol; 95%. — *Azoxybenzol*, F. 35—36° (A.), aus II wie oben; 65%. — *2.2'-Dimethylazoxybenzol*, F. 57,5 bis 58,5°, aus o-Nitrotoluol; 39%. — *4.4'-Dimethylazoxybenzol*, F. 70—71° (wss. A.), aus p-Nitrotoluol; 42%. (J. Amer. chem. Soc. **79**. 5492—93. 20/10. 1957. Stanford, Calif., Univ., Dep. of Pharmacol., Cancer Chemother. Labors.; San Francisco, Calif., Univ., Dep. of Chem.) G. WINKLER. 1310

Robert C. Elderfield, Irene S. Covey, Joyce B. Geiduschek, Walter L. Meyer, Alberta B. Ross und **Joseph H. Ross**, *Synthese von potentiellen Antikrebsmitteln.* 1. Mitt. *Vom p-[N.N-Bis-(2-chloräthyl)-amino]-benzaldehyd abgeleitete Stickstoffloste.* Da sich die Dialkylierung von 2-[4-Aminophenyl]-chinolin-4-carbonsäure mit Äthylenoxyd oder -chlorhydrin als schwierig erwies, wurde *2-{4-[N.N-Bis-(2-chloräthyl)-amino]-phenyl}-chinolin-4-carbonsäure* durch Rk. von N-Phenyldiäthanolamin (IV) mit $POCl_3$, Formylierung des *N.N-Bis-[2-chloräthyl]-anilins* mit Dimethylformamid/$POCl_3$ u. DOEBNER-Rk. des *p-[N.N-Bis-(2-chloräthyl)-amino]-benzaldehyds* (I) mit Brenztraubensäure (VI)/Anilin (V) dargestellt. Mit $AgNO_3$ entsteht ein Niederschlag. Die Kondensation von I mit 2.4-Dimethylchinolin (IX) in Ggw. von $ZnCl_2$ oder HCl führt zu teerigen Prodd., während in Ggw. von Acetanhydrid (II) *2-{4-[N.N-Bis-(2-chloräthyl)-amino]-styryl}-4-methylchinolinhydrochlorid* entsteht. Die Umsetzung von I mit 2-Methylbenzimidazol in Ggw. von II oder Piperidin (III) in HCl scheiterte. Dagegen gibt I mit 2.3-Dimethylbenzthiazoliumjodid (VII), 2.3-Dimethylbenzoxazoliumjodid u. 1.2.3-Trimethylbenzimidazoliumjodid in Ggw. von III leicht *2-{4-[N.N-Bis-(2-chloräthyl)-amino]-styryl}-3-methylbenzthiazoliumjodid, -3-methylbenzoxazoliumjodid* bzw. *-1.3-dimethylbenzimidazoliumjodid.* 1.2.4-Trimethylchinoliniumjodid (VIII) reagiert nicht mit I in Ggw. von III, während in sd. II *2-{4-[N.N-Bis-(2-chloräthyl)-amino]-styryl}-1.4-dimethylchinoliniumjodid* entsteht. Aus I u. Barbitursäure (XII) wird glatt *5-{4-[N.N-Bis-(2-chloräthyl)-amino]-benzyliden}-barbitursäure* erhalten. I liefert mit 2-Phenylchinolin-4-carbonsäurehydrazid (XI; Cinchophenhydrazid) das entsprechende *Benzylidenhydrazid.* Noch leichter reagieren p-Aminobenzoe- u. Isonicotinsäurehydrazid. Beim Kochen von I mit o-Phenylendiamin (X) in Nitrobenzol entsteht eine *Verb. vom F. 283°*, dagegen wird in Bzl. in Ggw. von Pd-Kohle im Luftstrom *2-{4-[N.N-Bis-(2-chloräthyl)-amino]-phenyl}-benzimidazol* erhalten.

Versuche: *N.N-Bis-[2-chloräthyl]-anilin*, F. 41—45° (absol. CH_3OH), durch Zugeben von IV zu $POCl_3$ bei 0°, 1std. Erhitzen auf dem Wasserbad, Aufnehmen in Bzl. u. Gießen auf Eis; 82% (Ausbeute). — *p-[N.N.-Bis-(2-chloräthyl)-amino]-benzaldehyd* (I), F. 85—88° (A.), durch 15 Min. Stehen vorst. Verb. mit $POCl_3$ u. Dimethylformamid bei 5°, 2std. Erwärmen auf 40°, Gießen auf Eiswasser u. Filtrieren; Nadeln; 73%. — *2-{4-[N.N-Bis-(2-chloräthyl)-amino]-phenyl}-chinolin-4-carbonsäure*, $C_{20}H_{18}Cl_2N_2O_2$, F. 200 bis 202° (Zers.; Dimethylformamid–CH_3OH), durch Zutropfen von V in A. zu einer sd. Lsg. von I u. VI in A. u. 2std. Kochen; orangefarben; 50%. — *2-{4-[N.N-Bis-(2-chloräthyl)-amino]-styryl}-3-methylbenzthiazoliumjodid*, $C_{20}H_{21}Cl_2JN_2S$, F. 205,5° (Zers.; CH_3OH oder Essigsäure), durch 2std. Kochen von I mit VII in absol. A. in Ggw. von III; 71%. — *2-{4-[N.N-Bis-(2-chloräthyl)-amino]-styryl}-3-methylbenzoxazoliumjodid*, $C_{20}H_{21}Cl_2JN_2O$, F. 202,5—203,5° (Zers.; A.–CH_3OH, 1:1); glänzende, magentafarbene Kristalle; 59%. — *2-{4-[N.N-Bis-(2-chloräthyl)-amino]-styryl}-1.3-dimethylbenzimidazoliumjodid*, $C_{21}H_{24}Cl_2JN_3$, F. 219° (Zers.), in 6 Std.; gelbe Kristalle; 54%. — *2-{4-[N.N-Bis-(2-chloräthyl)-amino]-styryl}-1.4-dimethylchinoliniumjodid*, $C_{23}H_{25}Cl_2JN_2$, F. 87—93° (Zers.), durch 1std. Kochen von VIII u. I in II u. Gießen in Ae.; 76%. — *2-{4-[N.N-Bis-(2-chloräthyl)-*

amino]-styryl}-4-methylchinolinhydrochlorid, $C_{22}H_{23}Cl_3N_2$, F. 220—222° (A.-Ae.), durch 4std. Erhitzen von **IX** u. **I** in **II** auf 135—140°, Aufnehmen in A. u. Behandeln mit Ae./HCl; rote Kristalle. — *2-{4-[N.N-Bis-(2-chloräthyl)-amino]-phenyl}-benzimidazol*, $C_{17}H_{17}Cl_2N_3$, F. 139—140° (CH_3OH), durch 18std. Kochen von **I** u. **X** in Bzl. in Ggw. von Pd-Kohle unter Durchleiten von Luft u. Heißfiltration; Nadeln; 73%. — *2-Phenylchinolin-4-carbonsäure-[4- bis-(2-chloräthyl)-aminobenzylidenhydrazid]*, $C_{27}H_{24}Cl_2N_4O$, F. 214,5 bis 215,5° (Zers.; Dimethylformamid-A.), durch 6std. Kochen von **XI** u. **I** in absol. A.; gelbe Nadelbüschel; 99%. — *4-Aminobenzoesäure-[4- bis-(2-chloräthyl)-aminobenzylidenhydrazid]*, $C_{18}H_{20}Cl_2N_4O$, F. 185,5° (Dimethylformamid-absol. A., 1:5), in 30 Min.; hellgelbe Nadeln. — *Pyridin-4-carbonsäure-[4-bis-(2-chloräthyl)-aminobenzylidenhydrazid]*, $C_{17}H_{18}Cl_2N_4O$, F. 203—205,5° (Zers.; Dimethylformamid-absol. A., 1:6), in 20 Minuten. — *5-{4-[N.N-Bis-(2-chloräthyl)-amino]-benzyliden}-barbitursäure*, $C_{15}H_{15}Cl_2N_3O_3$, F. 268° (Zers.), durch 2 Min. Erhitzen von **I** u. **XII** in A. auf dem Wasserbad; orangefarbene Kristalle; 94%. (J. org. Chemistry **23**. 1749—53. Nov. 1958. Ann Arbor, Mich., Univ., Dep. of Chem.) R. PASEDAG. 1330

Rudolf Lukeš, Jan Kovář, Jan Kloubek und **Karel Bláha,** *Konfiguration stickstoffhaltiger Verbindungen. 4. Mitt. Absolute Konfiguration der optisch aktiven β-Amino-β-phenylpropionsäure.* (3. vgl. C. **1959**. 10566.) Die absolute Konfiguration der opt.-akt. β-Amino-β-phenylpropionsäuren wurde durch die Beziehung zu α-Aminophenylessigsäuren bekannter Konfiguration ermittelt. Die Kettenverlängerung der opt.-akt. oder rac. α-Aminophenylessigsäure auf dem Wege der ARNDT-EISTERT-Rk. scheiterte an der Unmöglichkeit, aus dem entsprechenden N-Formyl- bzw. N-Tosylderiv. Diazoketone darzustellen. Auch die Umlagerung von α-Phthalimidophenylacetyldiazomethan lieferte nur harzige Produkte. Das durch Red. von D-(—)-α-Aminophenylessigsäureäthylester dargestellte *D-(—)-2-Amino-2-phenyläthanol* (*D*-**III**) lieferte durch Behandlung mit p-Toluolsulfochlorid (**II**) ein Gemisch aus *D-(—)-2-Tosylamino-2-phenyl-1-tosyloxyäthan* (*D*-**IV**) u. *D-(—)-2-Tosylamino-2-phenyl-1-chloräthan* (*D*-**I**), dessen Rk. mit KCN einheitliches *D-(—)-β-Tosylamino-β-phenylpropionsäurenitril* (*D*-**V**) ergab. Es gelang nicht, aus D-**V** die entsprechende Tosylaminosäure darzustellen. Das aus D-**V** hergestellte *D-(—)-Amid* (*D*-**VI**) ist mit dem aus *(—)-β-Tosylamino-β-phenylpropionsäureäthylester* (*D*-**VIII**) bereiteten *Amid* identisch. Die Mischprobe des analog der D-(—)-Reihe dargestellten *L-(+)-β-Tosylamino-β-phenylpropionsäureamids* (*L*-**VI**) mit D-**VI** hat den F. von *rac.* **VI**. Hieraus folgt, daß (—)-β-Amino-β-phenylpropionsäure in die D-Reihe gehört (vgl. dagegen ENGLISH u. BLISS, C. **1957**. 1922). Das aus (—)-β-Amino-β-phenylpropionsäureäthylester (D-**VII**) erhaltene *(+)-β-Benzoylamino-β-phenylpropionsäureamid* (*D*-**X**) wurde mit KOBr zu *(—)-4-Phenylimidazolidon-(2)* (**XI**) abgebaut. Die Hydrolyse von **XI** lieferte *(+)-Phenyläthylendiamindihydrochlorid* (**XIII**), das bereits früher (vgl. ARPESELLA u. Mitarbeiter, C. **1957**. 8773) durch Red. von (—)-α-Aminophenylessigsäureamid mit $LiAlH_4$ dargestellt worden war. Da dem (+)-**XIII** die D-Konfiguration zukommt, wurde dadurch die Zugehörigkeit von D-**VII** bzw. der freien Säure in die D-Reihe aufs neue bewiesen. Die dritte, durch den oxydativen Abbau von 1.3.3-Triphenyl-1-benzoylaminopropanol-(3) (**XIV**) zu α-Benzoylaminophenylessigsäure vorgesehene Beweisführung scheiterte an der Unbeständigkeit der letztgenannten Säure in wss. Chromschwefelsäure.

Versuche: *α-Phthalimidophenylacetylchlorid*, F. 143—144° (Bzl.), durch 1std. Kochen von 4 g α-Phthalimidophenylessigsäure mit 10 cm³ $SOCl_2$; 3,2 g (Ausbeute; rein). — *α-Phthalimidophenylacetyldiazomethan*, $C_{17}H_{11}N_3O_3$, F. 135,5—136,5° (Methanol oder Bzl.-PAe.), aus vorst. Verb. u. einer äther. Lsg. von Diazomethan; 88% (Ausbeute). Kochen mit Ag_2O in CH_3OH, mit $AgNO_3$ in Anilin, mit Kollidin in Benzylalkohol bzw. die UV-Bestrahlung der methanol. Lsg. lieferten neben unveränderter Ausgangsverb. nur harzige Produkte. — *2-Tosylamino-2-phenyl-1-chloräthan* (I), $C_{15}H_{16}ClNO_2S$, F. 167 bis 167,5° (A.), a) durch Zusetzen von 4,3 g **II** in 8 cm³ Pyridin zu 1,6 g 2-Amino-2-phenyläthanol (**III**) in 5 cm³ Pyridin unter Eiskühlung u. 1std. Erhitzen auf dem Wasserbad; 0,8 g; b) durch Zusetzen von 1,75 g **II** in 5 cm³ Pyridin zu 0,8 g **III** in 10 cm³ Pyridin unter Eis-Kochsalz-Kühlung, 2½std. Stehen im Kältebad, 2½std. Stehen bei Raumtemp., erneutes Abkühlen, Hinzufügen von 1,75 g **II** in 5 cm³ Pyridin, 3 std. Kühlen u. 20std. Stehen bei n. Temp. bildet sich ein Gemisch aus **I** u. *2-Tosylamino-2-phenyl-1-tosyloxyäthan* (**IV**), F. (des Gemisches) 88—90° (roh), F. 95—97° (nach Umlösen aus wss. A.); 2,5 g (roh). — *β-Tosylamino-β-phenylpropionitril* (**V**), $C_{16}H_{16}N_2O_2S$, F. 145—145,4°, durch 20 Min. langes Erhitzen von 2 g des in 10 cm³ Dioxan gelösten **I**/**IV**-Gemisches (F. 95—97°) mit 1 g frisch geschmolzenem KCN in Äthylenglykol auf dem Wasserbad; 1,36 g. — *β-Tosylamino-β-phenylpropionsäureamid* (**VI**), $C_{16}H_{18}N_2O_3S$, F. 214—215° (Aceton), durch 90 Min. langes Erhitzen von **V** in Dioxan u. A. mit einer 10%ig. alkal. H_2O_2-Lsg.; 82%. Bleibt durch Red. mit $LiAlH_4$ in kochendem Tetrahydrofuran unverändert; desgleichen beim Erhitzen mitKOBr. — *D-(—)-α-Amino-*

phenylessigsäure, $[\alpha]_D^{20}$ −148,5° (c = 0,944; 0,112n HCl), durch Spaltung des rac. Formylderiv. nach FISCHER u. WEICHHOLD (Ber. dtsch. chem. Ges. **41**. [1908.] 1287). *Formylderiv.*, $[\alpha]_D^{20}$ −254° (c = 2,86; A.). *Äthylesterhydrochlorid*, F. 197—197,5°, $[\alpha]_D^{20}$ −87,3° (c = 1,239; W.). — *L-(+)-α-Aminophenylessigsäure*, $[\alpha]_D^{20}$ +138,8° (c = 0,416; 0,0448n HCl), analog der D-(—)-Verbindung. *Formylderiv.*, $[\alpha]_D^{20}$ +258° (c = 2,26; A.). *Äthylesterhydrochlorid*, F. 190—191°, $[\alpha]_D^{20}$ +81,3° (c = 1,52; W.). — *D-(—)-2-Amino-2-phenyläthanol* (*L*-**III**), F. 74—76°, $[\alpha]_D^{18}$ −24,5° (c = 4,9; CH_3OH), nach WATSON u. YOUNGSON (C. **1954**. 10462) durch Red. von D-(—)-α-Aminophenylessigsäureäthylester mit $LiAlH_4$. — L-(+)-*2-Amino-2-phenyläthanol* (*L*-**III**), roh, analog D-**III** aus dem L-(+)-Äthylester. — (D-(—)-*β-Tosylamino-β-phenylpropionitril* *D*-**V**), $C_{16}H_{16}N_2O_2S$, F. 143 bis 144°, $[\alpha]_D^{18}$ −31,6° (c = 1,17; A.), das wie bei **I** unter b) aus D-**III** u. **II** hergestellte rohe Gemisch des *Ditosyl*- (*D*-**IV**) u. *Chlorderiv.* (*D*-**I**) [F. (des Gemisches) 85—101°, $[\alpha]_D^{16}$ −28,4°] wurde analog **V** mit KCN umgesetzt; 17%. — *D-(—)-β-Tosylamino-β-phenylpropionsäureamid* (*D*-**VI**), $C_{16}H_{18}N_2O_3S$, F. 238—240° (A.-Aceton, 1:5), $[\alpha]_D^{19}$ −62,3° (c = 1,47; Pyridin), aus D-**V** wie **VI**. — L-(+)-*Tosylamino-β-phenylpropionitril* (*L*-**V**), $C_{16}H_{16}N_2O_2S$, F. 143 bis 145° (Bzl.), $[\alpha]_D^{22}$ +29,9° (c = 1,77; A.), wie D-**V** aus rohem L-**III**; 27%. — *L-(+)-β-Tosylamino-β-phenylpropionsäureamid* (*L*-**VI**), $C_{16}H_{18}N_2O_3S$, F. 239—241° (Aceton), $[\alpha]_D^{20}$ +67,4° (c = 1,181; Pyridin), aus L-**V** analog **VI**. — *β-Amino-β-phenylpropionsäureäthylester* (**VII**), Kp.$_1$ 102—107°, Kp.$_{1,8}$ 109°, D.$^{20}_4$ 1,05684, n_D^{20} 1,5137, a) aus der Säure in kochendem A. unter HCl-Einleiten; 83%; b) durch Hydrieren von β-Aminozimtsäureäthylester in A. an 5%ig. Pd/Al_2O_3 oder ADAMS-Pt; 47,5%. *Hydrochlorid*, F. 121—123°. *Saures Tartrat*, $C_{15}H_{21}NO_8$, F. 158° (A.). *Saures Dibenzoyltartrat*, $C_{29}H_{29}NO_{10}$, F. 183° (A.). — *D-(—)-β-Formylamino-β-phenylpropionsäure*, F. 134—135° (W.), $[\alpha]_D^{22}$ −118,2° (c = 1,2; A.), durch Spaltung des Racemats nach FISCHER u. Mitarbeitern (Ber. dtsch. chem. Ges. **43**. [1910.] 2020). — D-(—)-*β-Amino-β-phenylpropionsäureäthylester* (D-**VII**), Kp.$_{1,8}$ 107°, $[\alpha]_D^{20}$ −13,2°, D.$^{18}_4$ 1,0659, n_D^{20} 1,5130, aus vorst. Säure wie **VII** unter a). — *β-Tosylamino-β-phenylpropionsäureäthylester* (**VIII**), $C_{18}H_{21}NO_4S$, F. 79° (PAe.-Bzl.), aus **VII** u. **II** in Pyridin, 1 Std. auf dem Wasserbad; 53%; liefert durch 15std. Erhitzen im geschlossenen Rohr mit 8n alkoh. NH_3 95% **VI**. — *D-(—)-β-Tosylamino-β-phenylpropionsäureäthylester* *D*(-**VIII**), ölig (chromatograph. einheitlich), $[\alpha]_D^{18}$ −30° (c = 3,5; A.), aus D-**VII** wie **VIII**. Gibt durch Behandlung mit alkoh. NH_3 wie **VIII** 71% D-**VI**. F. der Mischprobe des aus D-**VIII** hergestellten D-**VI** mit L-**VI** ist dem F. von **VI** gleich. — *β-Benzoylamino-β-phenylpropionsäureäthylester* (**IX**), F. 111—112° (50%ig. A.), aus **VII** u. Benzoylchlorid in Pyridin unter Kühlung, anschließend 1 Std. auf dem Wasserbad; 80%. — D-(+)-*β-Benzoylamino-β-phenylpropionsäureäthylester* (D-**IX**), $C_{18}H_{19}NO_3$, F. 119°, $[\alpha]_D^{19}$ +31,6° (c = 1,1; Chlf.), $[\alpha]_D^{21}$ −2,6° (c = 1,2; A.), aus D-**VII** wie **IX**. — *β-Benzoylamino-β-phenylpropionsäureamid* (**X**), F. 240° (A.), aus 0,87 g **IX** u. 60 cm³ 11n alkoh. NH_3, 32 Std. bei 50° im Druckgefäß; 65%. — *D-(+)-β-Benzoylamino-β-phenylpropionsäureamid* (D-**X**), $C_{16}H_{16}N_2O_2$, F. 260° (A.), $[\alpha]_D^{21}$ +26° (c = 0,17; A., d = 20 cm); in Pyridin keine Drehung. — *β-Benzoylamino-β-phenylpropionsäure*, F. 195°, aus **IX** u. wss. alkoh. NaOH, 2 Std. auf dem Wasserbad. — *D-(—)-4-Phenylimidazolidon-(2)* (**XI**), C_9H_{10}·N_2O, F. 200° (W.), $[\alpha]_D^{23}$ −35° (c = 0,4; W.), durch Schütteln von D-**X** mit KOBr-Lsg. bis zum Auflösen u. 10 Min. langes Erhitzen auf 80°; 31%. Wird das Reaktionsgemisch nach der Rk. mit KOBr eine kürzere Zeit auf niedrigere Temp. erhitzt, entsteht neben wenig **XI** auch *1-Phenyl-1-benzoylaminoäthylisocyanat* (**XII**), $C_{16}H_{14}N_2O_2$, F. 254° (A.), $[\alpha]_D^{21}$ −54 ± 3° (c = 0,175; Pyridin). — *D-(+)-Phenyläthylendiamindihydrochlorid* (**XIII**), $C_8H_{14}Cl_2N_2$, F. 286° (A.-Ae.), $[\alpha]_D^{21}$ +28,9° (c = 0,86; W.; vgl. dagegen ARPESELLA, l. c.), durch 2std. Erhitzen von **XI** mit 37%ig. HCl (45%) oder 4std. Erhitzen von **XII** mit 5,5n HCl auf dem Wasserbad. — *1.3.3-Triphenyl-1-benzoylaminopropanol-(3)* (**XIV**), $C_{28}H_{25}NO_2$, F. 206—207° (Aceton), aus **IX** in Bzl. u. einer äther. Lsg. von Phenyl-MgBr, 2½ Std. auf dem Wasserbad u. 2 Tage bei n. Temp.; 39%. Durch Oxydation mit CrO_3 in 65%ig. H_2SO_4 oder Eisessig bei 60° wurde keine α-Benzoylaminophenylessigsäure, sondern nur *Benzoesäure* (F. 120°), *Benzophenon* (*2.4-Dinitrophenylhydrazon*, F. 232°) u. unverändertes **XIV** isoliert. (Chem. Listy **51**. 1501—09. Aug. 1957 [Orig.: tschech.]; Collect. czechoslov. chem. Commun. **23**. 1367—76. Juli 1958 [Orig.: deutsch]. Praha, Českoslov. akad. věd.) A. EMR/Prag. 1350

V. H. Auerbach und **W. E. Knox**, *L-Kynurenin und N¹-Formyl-L-kynurenin*. Übersicht. Darst. u. Eigenschaften. — 7 Literaturangaben. (Methods Enzymol. **3**. 620—23. 1957. Bethesda, Md., Nat. Inst. of Health; Boston, Mass., Harvard Med. School.) K. MAIER. 1350

I. L. Knunjanz, O. W. Kildischewa und **Je. Ja. Perwowa**, *Umwandlungen von Mercaptoaminosäuren*. 10. Mitt. *Eine neue Methode zur Synthese von Polypeptiden*. (9. vgl. C. **1958**. 398.) Die bei der Dehydratisierung des N-Acetyl- oder N-Phenacetylderiv. von β.β-Dimethylcystein (I) entstehenden Thiolactone reagieren mit β.β-Dimethylcysteinmethylester (II) in Äthylacetat leicht zu [*N-Acetyl-* (III) bzw. [*N-Phenacetyl-β.β-dimethylcysteinyl*]-*β'.β'-dimethylcysteinmethylester* in 40—50% ig. Ausbeute. Wird das intermediär entstehende Thiolacton isoliert, so beträgt die Ausbeute 70—80%. Bei der Verseifung geben die Ester die entsprechenden *Dipeptide* in 60—70% ig. Ausbeute. In noch besserer Ausbeute (80—90%) lassen sich diese durch Acylierung von β.β-Dimethylcystein mit den entsprechenden Thiolactonen in wss. Alkali darstellen. Analog lassen sich Cystin, Valin u. Alanin zu *N.N'-Bis-[N-phenacetyl-β.β-dimethylcysteinyl]-cystin*, *N-Phenacetyl-β.β-dimethylcysteinylvalin* bzw. [*N-Formyl-β.β-dimethylcysteinyl*]-*alanin* acylieren. Bei der Einw. von Chlorkohlensäureisobutylester (IV) auf vorst. acylierte Dipeptide in Ggw. von Triäthylamin entstehen erneut Thiolactone: **III** liefert dabei *α-[N-Acetyl-S-carboisobutoxy-β.β-dimethylcysteinylamino]-β'.β'-dimethylthiolpropiolacton*, das durch wss. Alkali langsam hydrolysiert wird u. mit **II** das entsprechende *Tripeptid* gibt. α-[N-Phenacetylglycylamino]-β.β-dimethylthiolpropiolacton acyliert Valin in wss. Alkali zu [*N-Phenacetylglycyl-β.β-dimethylcysteinyl*]-*valin* (**V**) u. **II** zu dem *Methylester* (**VI**) von [*N-Phenacetylglycyl-β.β-dimethylcysteinyl*]-*β'.β'-dimethylcystein* (**VII**), der durch n-NaOH bei Zimmertemp. zu **VII** verseift wird, mit 2n NaOH bei 40—50° aber 2 Mol H_2S abspaltet u. in *α-[α-(N-Phenacetylglycylamino)-β.β-dimethylacrylamino]-β'.β'-dimethylacrylsäure* übergeht. Die gemischten Tripeptide **V** u. **VII** liefern ebenso leicht wie die Dipeptide Dehydratisierungsprodd. (Thiolactone). Das aus **V** erhaltene Thiolacton reagiert mit **II** zu [*N-Phenacetylglycyl-S-carboisobutoxy-β.β-dimethylcysteinyl*]-*valyl-β'.β'-dimethylcysteinmethylester.*

Versuche: [*N-Formyl-β.β-dimethylcysteinyl*]-*β'.β'-dimethylcystein*, $C_{11}H_{20}N_2O_4S_2$, F. 181—183°; zu 0,9 g N-Formyl-β.β-dimethylcystein in 10 ml Chlf. u. 1 g Triäthylamin gibt man bei —10° 0,65 g **IV** in Chlf., läßt bis zum Verschwinden der $FeCl_3$-Rk. stehen, gibt 0,75 g **I** in 7,5 ml n-NaOH zu, rührt 15 Min. bei —8° u. 1 Std. bei Zimmertemp.; 40% (Ausbeute). — [*N-Acetyl-β.β-dimethylcysteinyl*]-*β.'β'-dimethylcysteinmethylester*, $C_{13}H_{24}N_2O_4S_2$, F. 194—196° (Äthylacetat); man mischt 0,5 g α-Acetylamino-β.β-dimethylthiolpropiolacton u. 0,45 g **II** in Äthylacetat u. läßt 12 Std. bei Zimmertemp. stehen; 73,7%. — [*N-Acetyl-β.β-dimethylcysteinyl*]-*β'.β'-dimethylcystein* (**VIII**), $C_{12}H_{22}\cdot N_2O_4S_2$, F. 205—206°; a) aus vorst. Ester durch Verseifung mit NaOH bei 40°; 50%; b) durch Zugabe von 0,8 g **IV** zu 1,2 g N-Acetyl-β.β-dimethylcystein u. 1,2 g Triäthylamin in 20 ml Chlf. u. nach 10 Min. von 0,9 g **I** in 6 ml 1n NaOH bei —10°; 60%; c) aus 0,35 g **I** in wss. $NaHCO_3$ u. 0,4 g α-Acetylamino-β.β-dimethylthiolpropiolacton in 12 Std.; 91%. — [*N-Phenacetyl-β.β-dimethylcysteinyl*]-*β'.β'-cysteinmethylester*, $C_{19}H_{28}N_2O_4S_2$, F. 155—161° (absol. A.); aus 0,6 g α-Phenacetylamino-β.β-dimethylthiolpropiolacton (**IX**) u. 0,4 g **II** in Äthylacetat (12 Std. bei Zimmertemp.); 80%. — [*N-Phenacetyl-β.β-dimethylcysteinyl*]-*β'.β'-dimethylcystein*, $C_{18}H_{26}N_2O_4S_2$, F. 178—182° (Zers.; absol. A.); aus vorst. Ester durch Verseifung mit 2n NaOH bei 40—50°; 77%. — *N.N'-Bis-[N-phenacetyl-β.β-dimethylcysteinyl]-cystin*, $C_{32}H_{42}N_4O_8S_4$, F. 160° (Zers.; Methanol + absol. A.); aus 0,12 g Cystin in 1 ml n-NaOH u. 0,25 g **IX** in 12 Std.; 0,35 g. — [*N-Phenacetyl-β.β-dimethylcysteinyl*]-*valin*, $C_{18}H_{26}N_2O_4S$, Zers. bei 183° (absol. A.); aus 0,12 g Valin in wss. $NaHCO_3$ u. 0,25 g **IX** in 12 Std.; 0,3 g. — [*N-Formyl-β.β-dimethylcysteinyl*]-*alanin*, $C_9H_{16}N_2O_4S$, Zers. bei 163° (A.); aus 0,18 g Alanin in 2 ml n-NaOH u. 0,32 g α-Formylamino-β.β-dimethylthiolpropiolacton in 12 Std.; 0,45 g. — *α-[N-Acetyl-S-carboisobutoxy-β.β-dimethylcysteinylamino]-β.β-dimethylthiolpropiolacton*, $C_{17}H_{28}N_2O_5S_2$, F. 196—198° (absol. A.); zu 0,3 g **VIII** u. 0,3 g Triäthylamin in Chlf. gibt man bei —10° 0,14 g **IV** in Chlf., läßt bis zum Verschwinden der $FeCl_3$-Rk. stehen u. erwärmt auf Zimmertemp.; 0,1 g. *Anilid*, $C_{23}H_{35}N_3O_5S_2$, F. 226—229° (A.). — [*N-Acetyl-S-carboisobutoxy-β.β-dimethylcysteinyl*]-*β'.β'-dimethylcysteinyl-β''.β''-dimethylcysteinmethylester*, $C_{23}H_{41}N_3O_7S_3$, F. 236—238° (Zers.; absol. A.); aus 0,1 g vorst. Thiolacton u. 0,04 g **II** in Äthylacetat bei Zimmertemp. in 12 Std.; 0,1 g. — [*N-Phenacetylglycyl-β.β-dimethylcysteinyl*]-*β'.β'-dimethylcysteinmethylester* (**VI**), $C_{21}H_{31}N_3O_5S_2$, F. 192—200°; durch Erhitzen von 0,2 g α-[N-Phenacetylglycylamino]-β.β-dimethylthiolpropiolacton (**X**) u. 0,1 g **II** in 20 ml Methanol auf 30—40° u. 12std. Stehen bei Zimmertemp.; 0,21 g. — [*N-Phenacetylglycyl-β.β-dimethylcysteinyl*]-*β'.β'-dimethylcystein* (**VII**), $C_{20}H_{29}N_3O_5S_2$, F. 199—203° (Zers.; Äthylacetat + Methanol); aus **VI** durch Verseifung mit n-NaOH; 68%; oder aus 0,5 g **I** in wss. $NaHCO_3$ u. 1 g **X** in 12 Std. bei Zimmertemp.; 60%. — *α-[α-(N-Phenacetylglycylamino)-β.β-dimethylacrylamino]-β'.β'-dimethylacrylsäure*, $C_{20}H_{25}\cdot N_3O_5$, F. 193—196° (A.); durch 2std. Erwärmen von 0,46 g **VI** in 2n NaOH auf 50—60°; 65%. — [*N-Phenacetylglycyl-β.β-dimethylcysteinyl*]-*valin* (**V**), $C_{20}H_{29}N_3O_5S$, F. 178 bis 184° (Zers.; A.); durch Erhitzen von 0,15 g **X** in A. mit 0,66 g Valin-Na in W. auf 50°; 0,15 g; gibt (0,43 g) mit 0,2 g Triäthylamin u. 0,28 g **IV** in Chlf. bei —10° 0,25 g eines *Anhydrids der α-[N-Phenacetylglycyl-S-carboisobutoxy-β.β-dimethylcysteinylamino]-β.β-dimethylpropionsäure*, $C_{25}H_{35}N_3O_6S$, F. 155—158° (Zers.; Äthylacetat). — [*N-Phenacetylglycyl-*

S-carboisobutoxy-β.β-dimethylcysteinyl]-valyl-β'.β'-dimethylcysteinmethylester, $C_{31}H_{48}N_4 \cdot O_8S_2$, F. 145—178° (Zers.; Äthylacetat); aus 0,1 g vorst. Verb. u. 0,04 g **II** in Äthylacetat in 12 Stunden. — *α-[N-Phenacetylglycyl-S-carboisobutoxy-β.β-dimethylcysteinylamino]-β.β-dimethylthiolpropiolacton*, $C_{25}H_{35}N_3O_6S_2$, F. 164—166° (Zers.; Aceton + W.); durch Zugabe von 0,048 g **IV** in Chlf. zu 0,2 g **VII** u. 0,13 g Triäthylamin bei —10°, Stehenlassen bis zum Verschwinden der $FeCl_3$-Rk. u. Erwärmen auf Zimmertemp.; 0,14 g. (Известия Академии Наук СССР, Отделение Химических Наук [Nachr. Akad. Wiss. UdSSR, Abt. chem. Wiss.] **1955**. 696—704. Juli/Aug. Zelinsky-Inst. für organ. Chem. der Akad. der Wiss. der UdSSR.) W. Kurtzmann. 1350

O. W. Kildischewa, M. G. Linkowa, S. W. Benewolenskaja und **I. L. Knunjanz,** *Umwandlungen von Mercaptoaminosäuren*. 11. Mitt. *α.β-disubstituierte α-Acylaminocarbonsäuren*. (10. vgl. vorst. Ref.) α.β-Dibrom-α-phenacetylaminopropionsäure (**I**) liefert mit Methanol *β-Brom-α-methoxy-α-phenacetylaminopropionsäure*, mit C_2H_5SH *α.β-Bis-[äthylmercapto]-α-phenacetylaminopropionsäure*. α.β-Dichlor-α-benzoylaminopropionsäure (**II**) gibt mit Anilin *β-Chlor-α-anilino-α-benzoylaminopropionsäure* (**III**) bzw. deren *Anilinsalz*. **III**-*Methylester* u. **III**-*Anilid* werden aus *2-Phenyl-4-chlormethyl-4-acetoxyoxazolon* (**IV**) durch Behandeln mit Methanol bzw. Anilin erhalten. Mit Piperidin u. Methanol wird aus **IV** *β-Chlor-α-piperidino-α-benzoylaminopropionsäuremethylester* erhalten, dessen Struktur durch Hydrolyse zu *Benzoxybrenztraubensäure* (isoliert als 2.4-Dinitrophenylhydrazon) bewiesen wird. Aus **IV** u. β.β-Dimethylcysteinmethylester entsteht *6.6-Dimethyl-2-chlormethyl-2-benzoylamino-3-keto-5-carbomethoxy-1-thia-4-azacyclohexan*.

Versuche: *β-Brom-α-methoxy-α-phenacetylaminopropionsäure*, $C_{12}H_{14}BrNO_4$, F. 125—126° (Zers.), durch Mischen von **I** mit absol. Methanol. *Methylester*, $C_{13}H_{16}BrNO_4$, F. 104—106°. — *α.β-Bis-[äthylmercapto]-α-phenacetylaminopropionsäure*, $C_{15}H_{21}NO_3S_2$, F. 128—130° (Ae.), man läßt 0,365 g **I** u. überschüssiges C_2H_5SH bei Zimmertemp. 3—4 Std. stehen, bis sich alles gelöst hat; 0,2 g (Ausbeute). — *β-Chlor-α-anilino-α-benzoylaminopropionsäure* (**III**), $C_{16}H_{15}ClN_2O_3$, F. 90° (Ae.), aus **III**-Anilinsalz mit $NaHCO_3$; zers. sich schnell beim Aufbewahren. *Anilinsalz*, $C_{22}H_{22}ClN_3O_3$, F. 120—121° (Methanol u. Äthylacetat), 2,62 g **I** in 30 ml absol. Ae. versetzt man langsam mit 1,6 g Anilin in 5 ml Ae.; 2,1 g. *Methylester*, $C_{17}H_{17}ClN_2O_3$, F. 126—128°, a) aus **III**-Anilinsalz in Ae. mit CH_2N_2; b) aus 0,26 g **IV**, 2,5 ml Methanol u. 0,1 ml Anilin in Ggw. von wenig K_2CO_3; 0,15 g. *Anilid*, $C_{22}H_{20}ClN_3O_2$, F. 139—140°, zu 2,67 g **IV** in 25 ml Methanol gibt man 2 ml Anilin; 87%. Daneben 0,3 g **III**-*Methylester*. — *β-Chlor-α-piperidino-α-benzoylaminopropionsäuremethylester*, $C_{16}H_{21}ClN_2O_3$, F. 103—104° (Ae.), aus 0,53 g **IV** in 2 ml Methanol u. der doppelten Menge Piperidin in 2 ml Methanol. — *Benzoxybrenztraubensäure-2.4-dinitrophenylhydrazon*, F. 167°, man löst 52 mg vorst. Verb. in 2 ml 2n methanol. NaOH, dampft am nächsten Tag Methanol ab, gibt 2 ml W. zu, säuert mit 2n HCl an u. fällt mit 2.4-Dinitrophenylhydrazin. — *6.6-Dimethyl-2-chlormethyl-2-benzoylamino-3-keto-5-carbomethoxy-1-thia-4-azacyclohexan*, $C_{16}H_{19}ClN_2O_4S$, F. 152—153° (Zers.; Bzl.), man erhitzt 11,8 g **IV** in 60 ml Chlf. u. 7,2 g β.β-Dimethylcysteinmethylester 3 Std. auf 40—45°, wäscht mit n-HCl u. mit W., dest. Chlf. im Vakuum ab u. verreibt den Rückstand mit Ae.; 48%. (Известия Академии Наук СССР, Отделение Химических Наук [Nachr. Akad. Wiss. UdSSR, Abt. chem. Wiss.] **1956**. 834—41. Juli.) Helmut Schäfer. 1350

A. N. Nessmejanow und **N. A. Wolkenau,** *Synthese von Alkylferrocenen*. Durch Red. der entsprechenden Ferrocenalkyl- u. -dialkylketone mit Zn-Amalgam u. konz. HCl in Eisessig werden *Äthyl-* (**I**), *Diäthyl-* (**II**), *Di-n-propyl-* (**III**), *Di-n-butyl-* (**IV**) u. *Dibenzylferrocen* (**V**) dargestellt. *Dipropionyl-*, *Dibutyryl-* u. *Dibenzoylferrocen* wurden durch Erhitzen von Ferrocen mit den entsprechenden Säurechloriden in Ggw. von $AlCl_3$ in CS_2 erhalten. In den Dialkylferrocenen sind die Alkylgruppen vermutlich auf beide Cyclopentadienringe verteilt. **I**—**V** werden in Bzl. durch Chinon leicht zu *Alkylferriciniumionen* oxydiert, die mit HCl blaue Lsgg. von *Alkylferriciniumchloriden* liefern. Bei der Red. derselben mit $SnCl_2$ entstehen wieder Alkyl- bzw. Dialkylferrocene. **I** u. **II** werden schon bei längerem Stehen an der Luft oxydiert, **III** u. **IV** sind etwas beständiger, **V** wird durch Luftsauerstoff nicht oxydiert.

Versuche: Man erhitzt die Ferrocenalkyl- u. -dialkylketone 1 Std. in Eisessig mit dem 10fachen Überschuß an Zn-Amalgam u. konz. HCl, verd. mit W., extrahiert das Reaktionsgemisch mit Bzl., behandelt den Extrakt mit wss. Soda, dest. Bzl. ab u. dest. das Reaktionsprod. (außer **V**) mit Wasserdampf. Zur Reinigung wird an Al_2O_3 chromatographiert, mit PAe. eluiert u. im Vakuum unter N_2 dest.: *Äthylferrocen* (**I**), $C_{12}H_{14}Fe$, Kp.$_{5,5}$ 108—109°; durch Red. von Acetylferrocen; $D._4^{20,5}$ 1,2469; $n_D^{20,5}$ 1,6017; 67% (Ausbeute). — *Diäthylferrocen* (**II**), $C_{14}H_{18}Fe$, Kp.$_{5,5}$ 123—124°; a) durch Red. von Diacetylferrocen; $D.^{20}_4$ 1,1787; n_D^{20} 1,5803; 40—50%; b) auch durch 8std. Red.

von Diacetylferrocen in Ggw. von RANEY-Ni bei 200—260° (220 at); 48%. — *Di-n-propylferrocen* (**III**), $C_{16}H_{22}Fe$, Kp.$_5$ 137—138°; durch Red. von Dipropionylferrocen (**VI**; $C_{16}H_{18}FeO_2$, F. 53—54°; durch ½std. schwaches Erhitzen von 0,048 Mol Ferrocen u. 0,12 Mol Propionylchlorid in 50 ml CS_2 in Ggw. von 0,1 Mol $AlCl_3$; aus PAe. glänzende orangefarbene Kristalle; 40%; in konz. HCl unter dunkler Rotviolettfärbung lösl.); $D.^{20}_4$ 1,1244; n_D^{20} 1,5619; 70%. — *Di-n-butylferrocen* (**IV**), $C_{18}H_{26}Fe$, Kp.$_6$ 164—165°; durch Red. von Dibutyrylferrocen ($C_{18}H_{22}FeO_2$, F. 74—75°; analog **VI** aus Ferrocen u. Butyrylchlorid in Ggw. von $AlCl_3$; aus PAe. orangefarbene Kristalle; 40%); $D.^{20}_4$ 1,1086; n_D^{20} 1,5511; 60%. — *Dibenzylferrocen* (**V**), $C_{24}H_{22}Fe$, F. 101,5—102,5°; durch Red. von Dibenzoylferrocen [F. 101—102° (50%ig. A.); analog **VI** aus Ferrocen u. Benzoylchlorid in Ggw. von $AlCl_3$; 70%]; 60%. (Доклады Академии Наук СССР [Ber. Akad. Wiss. UdSSR] **107**. 262—64. 11/3. 1956. Inst. für metallorgan. Verbb. der Akad. der Wiss. der UdSSR.) W. KURTZMANN. 1810

Roland Mayer und **Hans-Joachim Schubert**, *Bromalkylcyclopentanone. 2. Mitt. Über die Einwirkung von Alkali auf Brommethyl- und Bromäthylcyclopentanon. Cyclopropancyclopentanon-(2)-spiran.* (1. vgl. C. **1958**. 4768.) Das durch Kondensation von Cyclopentanon-2-carbonsäureäthylester mit Methylenbromid gebildete 1-Brommethyl-1-carbäthoxycyclopentanon-(2) (**I**; vgl. l. c.) wird durch Kochen mit Alkali in *α-Methylenadipinsäure* übergeführt, 1-[β-Bromäthyl]-1-carbäthoxycyclopentanon-(2) (**II**) vermutlich in *α.α-Äthylenadipinsäure*. 1-[β-Bromäthyl]-cyclopentanon-(2) (**III**) liefert unter dem Einfl. von Alkali nicht das erwartete Bicyclo-[2.2.1]-heptanon-(7), sondern durch intramol. Kondensation am $C_{(1)}$-Atom *Cyclopropancyclopentanon-(2)-spiran*.

Versuche: *α-Methylenadipinsäure*, $C_7H_{10}O_4$, F. 127,5—128° (W.), durch 6std. Kochen von **I** mit 30%ig. KOH; 65% (Ausbeute). — *Cyclopropancyclopentanon-(2)-spiran*, $C_7H_{10}O$, Kp.$_{14}$ 54—55°, Kp.$_{760}$ 160°, a) durch ½std. Kochen von **III** mit 30%ig. KOH unter Rühren; $D.^{17,5}_{20}$ 0,9875; $n_D^{17,5}$ 1,4688; 89%; b) durch Umsetzung von α.α-Äthylenadipinsäure mit $PbCO_3$ zum *Pb-Salz* u. dessen 45 Min. lange Pyrolyse; 10%. *Oxim*, F. 60—60,5° (Methanol). *2.4-Dinitrophenylhydrazon*, $C_{13}H_{14}N_4O_4$, F. 160 bis 161° (Methanol), orangerote glänzende Nadeln. *Semicarbazon*, $C_8H_{13}N_3O$, F. 207 bis 208°. *Monobenzalverb.*, $C_{14}H_{14}O$, F. 70,0—70,5° (W./Methanol). — *α.α-Äthylenadipinsäure* (?), $C_8H_{12}O_4$, F. 129,5—130° (Bzl.), durch 5std. Kochen von **II** mit konz. KOH, Extraktion mit Ae., Ansäuern u. Extraktion mit Ae.; 96%. (Chem. Ber. **91**. 768—72. 30/4. 1958. Leipzig, Univ., Inst. für Organ. Chem.) L. LAMZA. 1960

Karel Bláha und **Jan Kovář**, *Konfiguration stickstoffhaltiger Verbindungen. 5. Mitt. Herstellung von substituierten 2-Aminocyclohexanolen.* (4. vgl. C. **1959**. 10542.) Die durch Einw. von Formaldehyd auf cis- bzw. trans-2-Alkylaminocyclohexanole entstehenden *3-Alkyl-4.5-tetramethylenoxazolidine* werden durch $LiAlH_4$ ohne Konfigurationsänderung der Ausgangsverbb. zu *cis-* bzw. *trans-N-methyl-2-alkylaminocyclohexanolen*, durch Phenyl-MgBr (**V**) zu *cis-* bzw. *trans-N-Benzyl-2-alkylaminocyclohexanolen* aufgespalten. Das aus trans-2-Aminocyclohexanol u. Formaldehyd erhaltene *Bis-[4.5-tetramethylenoxazolidinyl-(3)]-methan* (**VI**) wird durch $LiAlH_4$ nicht angegriffen. Die Rk. von GRIGNARD-Verbb. mit endocycl. α-Aminoäthern ermöglicht auch die Unterscheidung von cycl. Kondensationsprodd. von Aminoalkoholen mit Aldehyden von den isomeren Methylaminoketonen. So entsteht z. B. durch Einw. von **V** auf 1-Methyl-2-phenacylpiperidin *1-Methyl-2-[β-hydroxy-β.β-diphenyläthyl]-piperidin* (**VII**); hingegen bildet sich aus 3.4-Tetramethylen-6-phenyltetrahydro-1.3-oxazin (**VIII**) u. **V** *1-Benzyl-2-[β-hydroxy-β-phenyläthyl]-piperidin*.

Versuche: *trans-3-Methyl-4.5-tetramethylenoxazolidin* (trans-**I**), $C_8H_{15}NO$, Kp.$_{13}$ 80—85°, $D.^{20}_4$ 0,9965, n_D^{20} 1,4737, R_D 39,80, durch 2tägiges Schütteln von 1,5 g trans-2-Methylaminocyclohexanol mit 2 cm³ 37%ig. HCHO u. 2 g K_2CO_3 in 15 cm³ A.; 1,3 g (Ausbeute). — *trans-2-Dimethylaminocyclohexanol* (**II**), Kp.$_{13}$ 85—90°, a) durch 10std. Schütteln von 0,5 g trans-2-Chlorcyclohexanol (**III**) mit 4 cm³ 30%ig. wss. Dimethylamin; 60%; b) durch 4std. Kochen von 0,3 g trans-**I** mit 0,5 g $LiAlH_4$ in Ae.; 0,15 g. *Hydrochlorid*, F. 183—184° (A.-Ae.). *Hydrobromid*, $C_8H_{18}BrNO$, F. 169° (A.-Ae.). — *trans-3-Benzyl-4.5-tetramethylenoxazolidin* (trans-**IV**), $C_{14}H_{19}NO$, Kp.$_9$ 165—170°, wie trans-**I** aus 1 g trans-2-Benzylaminocyclohexanol; 0,9 g. — *trans-2-[N-Methylbenzylamino]-cyclohexanol*, $C_{14}H_{21}NO$, Kp.$_{12}$ 165—170°, Kp.$_2$ 130°, Kp.$_{0,6}$ 110°, a) durch 24std. Kochen von 0,5 g **III** mit 0,5 g N-Methylbenzylamin in 2 cm³ A.; 0,4 g neben etwas *N-Methylbenzylamin* (Kp.$_9$ 65°); b) aus trans-**IV** wie **II** unter b); 100%; c) aus **V** u. trans-**I** in Ae. über Nacht; 70%. *Hydrochlorid*, $C_{14}H_{22}ClNO$, F. 142—143° (Aceton). *Hydrobromid*, $C_{14}H_{22}BrNO$, F. 155° (Ae.-Aceton). *Pikrat*, $C_{20}H_{24}N_4O_8 \cdot H_2O$, F. 174,5 bis 175,5° (wss. A.). — *trans-2-Dibenzylaminocyclohexanol*, Kp.$_{0,6}$ 165—170°, F. 90° (PAe.), aus 0,35 g trans-**IV** u. **V** in Ae., 4 Std. unter Rückfluß; 0,45 g. *Hydrochlorid*,

$C_{20}H_{26}ClNO$, F. 195—196° (Aceton mit 10% Methanol). — *Bis-[4.5-tetramethylenoxazolidinyl-(3)]-methan* (**VI**), $C_{15}H_{26}N_2O_2$, F. 148—150° (PAe.), wie trans-**I** aus 0,6 g trans-2-Aminocyclohexanol; 0,55 g; bleibt durch Erhitzen mit $LiAlH_4$ in Ae. unverändert u. gibt mit wss. alkoh. HCl *HCHO* frei. — *cis-3-Methyl-4.5-tetramethylenoxazolidin* (cis-**I**), $C_8H_{15}NO$, Kp.$_{13}$ 69°, D.$^{20}_4$ 0,9978, n_D^{20} 1,4730, R_D 39,70, durch 5tägiges Stehen von cis-2-Methylaminocyclohexanolhydrochlorid mit K_2CO_3 u. 37%ig. HCHO; 63%. — *cis-2-Dimethylaminocyclohexanol*, F. 43—46°, a) durch 30std. Erhitzen von 0,157 g cis-2-Aminocyclohexanolhydrochlorid mit 0,5 cm³ 37%ig. HCHO u. 0,5 cm³ 95%ig. HCOOH auf 110—130°; 0,146 g; b) aus 0,14 g cis-**I** wie **II** unter b), 8 Std. unter Rückfluß; 0,136 g. *Hydrochlorid*, F. 179—180° (Aceton mit 4% Methanol). *Pikrat*, F. 165 bis 166°. — *cis-3-Benzyl-4.5-tetramethylenoxazolidin* (cis-**IV**), $C_{14}H_{19}NO$, Kp.$_{13}$ 160°, Kp.$_9$ 148—152°, wie cis-**I** aus cis-2-Benzylaminocyclohexanol in A.; 84%. — *cis-2-[N-Methylbenzylamino]-cyclohexanol*, $C_{14}H_{21}NO$, Kp.$_{1,5}$ 120°; a) aus cis-**I** in Ae. u. **V**; b) aus cis-**IV** wie **II** unter b). *Hydrochlorid*, $C_{14}H_{22}ClNO$, F. 175,5—177° (A.-Aceton-Ae.). *Pikrat*, $C_{20}H_{24}N_4O_8 \cdot H_2O$, F. 92—93° (wss. A.), wasserfrei F. 155,5—156,5°. — *cis-2-Dibenzylaminocyclohexanol*, $C_{20}H_{25}NO$, Kp.$_{1,5}$ 181°, F. 50—51° (PAe.), aus 0,7 g cis-**IV** u. **V** in Ae.; 0,8 g. *Hydrochlorid*, $C_{20}H_{26}ClNO$, F. 203—204° (A.-Aceton). — *1-Methyl-2-[β-hydroxy-β.β-diphenyläthyl]-piperidin* (**VII**), $C_{20}H_{25}NO$, F. 118—119° (PAe.), aus 1,1 g 1-Methyl-2-phenacylpiperidin bzw. seinem Hydrochlorid u. **V** in Ae., 12 Std. unter Rückfluß, dann bei n. Temp. über Nacht; 0,94 g. Liefert durch Oxydation mit CrO_3 in Essigsäure (11 Std. auf dem Wasserbad) *Benzophenon* (F. 48°. *2.4-Dinitrophenylhydrazon*, F. 234—235°). — *1-Benzyl-2-[β-hydroxy-β-phenyläthyl]-piperidin*, *α-Isomeres*, $C_{20}H_{25}NO$, Kp.$_1$ 165—167°, F. 62—63° (PAe.), aus **V** u. 0,4 g **VIII**; 0,53 g. *β-Isomeres*, $C_{20}H_{25}NO$, Kp.$_{0,6}$ 180°, aus 0,75 g Allo-**VIII** wie die α-Verb.; 0,36 g. Die analog **VII** durchgeführte Oxydation der Diastereomeren liefert nur wenig *Benzoesäure*. (Chem. Listy **52**. 77—82. Jan. 1958 [Orig.: tschech.]; Collect. czechoslov. chem. Commun. **24**. 152—58. Jan. 1959 [Orig.: engl.]. Praha, Českoslov. akademie věd, Laboratoř heterocycl. sloučenin.) A. EMR/Prag. 2120

Jan Kovář und **Karel Bláha**, *Konstitution stickstoffhaltiger Verbindungen*. 6. Mitt. *Konfiguration substituierter 2-Aminocyclohexanole*. (5. vgl. vorst. Ref.; vgl. hierzu auch LUKEŠ, BLÁHA u. KOVÁŘ, C. **1959**. 10566.) Es wurde die Solvolysengeschwindigkeit der aus cis- (**Ia**) bzw. trans-2-Aminocyclohexanol (**Ib**) u. 4-Nitrobenzaldehyd (**II**) dargestellten *cis-* (**IIIa**) bzw. *trans-2-[4'-Nitrophenyl]-4.5-tetramethylenoxazolidine* (**IIIb**) u. der aus cis- (**IVa**) oder trans-2-Methylamino- (**IVb**) oder -2-Benzylaminocyclohexanol (**Va** u. **Vb**) u. **II** hergestellten *cis-* (**VIa**) bzw. *trans-3-Methyl-* (**VIb**) bzw. *-3-Benzylamino-2-[4'-nitrophenyl]-4.5-tetramethylenoxazolidine* (**VIIa** u. **VIIb**) untersucht. Übereinstimmend mit dem ster. Bau der Oxazolidine verläuft die Solvolyse der cis-Verbb. größenordnungsmäßig langsamer als diejenige der trans-Verbindungen. Z. B. ist für **VIa** $k = 8{,}12 \cdot 10^{-4}$ u. für **VIb** $k = 8{,}0 \cdot 10^{-2}$ bei 24°. Da sich aus den **IV** bzw. **V** u. **II** keine SCHIFFschen Basen bilden können, enthalten auch die IR-Spektren von **VIa** u. **VIb** bzw. **VIIa** u. **VIIb** keine für die —C=N- bzw. OH-Gruppen charakterist. Absorptionsbanden. Im IR-Spektr. von **IIIa** u. **IIIb** sind dagegen neben den —O—C—N-Valenzschwingungen auch die Absorptionsbanden von —C=N- u. OH-Gruppen zu finden, so daß **IIIa** u. **IIIb** wahrscheinlich ein Gemisch des entsprechenden Oxazolidins u. der SCHIFFschen Base darstellen (vgl. auch BERGMAN, ZIMKIN u. PINCHAS, C. **1953**. 192).

V e r s u c h e: *cis-2-Acetamidocyclohexanol*, F. 143—144° (Aceton), durch Hydrieren von o-Acetamidophenol in A. an RANEY-Co bei 150—160° u. 100 at Anfangsdruck; 20% (Ausbeute) nach Einengen im Vakuum u. Verrühren mit Aceton. — *cis-2-Aminocyclohexanol* (**Ia**), F. 73—75°, durch 2std. Kochen der vorst. Verb. mit 2,33n HCl, Eindampfen im Vakuum, Lösen des *Hydrochlorids* (F. 186—186,5°) in W., Freisetzen der Base mit NaOH, Ausschütteln mit Chlf., Trocknen u. Abdestillieren des Chlf. unter CO_2-Ausschluß; 95% (Hydrochlorid); 89% (Base). — *cis-2-[4'-Nitrophenyl]-4.5-tetramethylenoxazolidin* (**IIIa**), $C_{13}H_{16}N_2O_3$, F. 73—73,5° (PAe. oder PAe.-Bzl.), durch Kochen von äquimol. Mengen **Ia** u. **II** in Chlorbenzol (50 cm³ auf 10 mMol) unter langsamem Abdestillieren des Lösungsm. mit dem Reaktionswasser u. Zusetzen von neuem Lösungsm.; 93%. — *trans-2-[4'-Nitrophenyl]-4.5-tetramethylenoxazolidin* (**IIIb**), $C_{13}H_{16}N_2O_3$, F. 127° (PAe. oder PAe.-Bzl.), wie **IIIa** aus **Ib** u. **II**; 65%. — *cis-2-Methylaminocyclohexanol* (**IVa**), Kp.$_8$ 100—110° (Badtemp.), F. 38—40°, aus trans-N-Benzoyl-2-methylaminocyclohexanol durch 2½std. Einw. von $SOCl_2$ bei 60°, Gießen in Ae. u. 5std. Kochen des Nd. mit 10%ig. HCl. *Hydrochlorid*, $C_7H_{16}ClNO$, F. 205—206° (A.-Aceton). *Pikrat*, $C_{13}H_{18} \cdot N_4O_8$, F. 141—142° (W.). — *trans-2-Methylaminocyclohexanol* (**IVb**), Kp.$_{21}$ 113°, durch 24std. Schütteln von trans-2-Chlorcyclohexanol mit wss. CH_3NH_2, Ansäuern mit n-HCl, Ausschütteln mit Ae., Freisetzen der Base aus der wss. Schicht u. wiederholtes Ausschütteln mit Chlf.-Ae. (4:1); 66%. *Hydrochlorid*, $C_7H_{16}ClNO$, F. 121° (Aceton mit 10% Methanol). — *cis-2-Benzylaminocyclohexanol* (**Va**), $C_{13}H_{19}NO$, F. 67° (PAe.), a) wie **IVa** aus trans-N-Benzoyl-2-benzylaminocyclohexanol; b) durch Red. der aus **Ia** u. Benzaldehyd in Bzl. hergestellten SCHIFFschen *Base* mit $LiAlH_4$ in Ae., 6 Std. unter Rückfluß; 70% des *Hydrochlorids*, $C_{13}H_{20}ClNO$, F. 248—250° (A.-Aceton, 1:1). *Pikrat*, $C_{19}H_{22}N_4O_8$, F. 157—158° (W.). — *trans-2-Benzylaminocyclohexanol* (**Vb**), Kp.$_{0,6}$ 125 bis 127°, F. 73°, aus 4 g trans-2-Chlorcyclohexanol u. 3,2 g Benzylamin in 7 cm³ A., 8 Std. im Rohr bei 145—155°; 2 g. *Pikrat*, $C_{19}H_{22}N_4O_8$, F. 134—135° (50%ig. A.). *Hydrochlorid*, $C_{13}H_{20}ClNO$, F. 204—205° (Aceton mit 10% A.). — *trans-N-Benzoyl-2-benzylaminocyclohexanol*, $C_{20}H_{23}NO_2$, F. 116,5—117,5° (Bzl.-PAe.), durch 6std. Schütteln einer wss. Suspension von **Vb** mit einer benzol. Lsg. von Benzoylchlorid in Ggw. von 1,21n NaOH; 77%. — *cis-3-Methyl-2-[4'-nitrophenyl]-4.5-tetramethylenoxazolidin* (**VIa**), $C_{14}H_{18}N_2O_3$, F. 68—69°, aus **II** u. **IVa** wie **IIIa**; 82%. — *trans-3-Methyl-2-[4'-nitrophenyl]-4.5-tetramethylenoxazolidin* (**VIb**), $C_{14}H_{18}N_2O_3$, F. 77—78°, aus **II** u. **IVb**; 78%. — *cis-3-Benzyl-2-[4'-nitrophenyl]-4.5-tetramethylenoxazolidin* (**VIIa**), $C_{20}H_{22}N_2O_3$, F. 59—61°, aus **II** u. **Va**; 94%. — *trans-3-Benzyl-2-[4'-nitrophenyl]-4.5-tetramethylenoxazolidin*, $C_{20}H_{22}N_2O_3$, F. 97,5—99°, aus **II** u. **Vb**; 50%; alle vorst. Oxazolidine aus PAe. oder PAe./Benzol. (Chem. Listy **52**. 283—89. Febr. 1958 [Orig.: tschech.]; Collect. czechoslov. chem. Commun. **24**. 797—803. März 1959 [Orig.: engl.].) A. EMR/Prag. 2120

Charles R. Hauser und **Thomas M. Harris**, *Dicarbanionen von Dibenzylketon, Dibenzylsulfon und α.β.β-Triphenylpropionitril.* Das durch Einw. von 2 Mol K-Amid auf Dibenzylketon in fl. NH_3 entstehende rote *Dicarbanion* (**I**) reagiert mit 1 Mol Benzylchlorid (**II**) unter Bldg. von *α-Benzyldibenzylketon* (F. 72—73,5°), mit 2 Mol **II** zu *α.α'-Dibenzyldibenzylketon* ($C_{29}H_{26}O$, F. 120,5—122°). **I** addiert Zimtsäureäthylester unter Bldg. von *1-Phenylacetyl-2-carbäthoxymethyl-1.2-diphenyläthan* ($C_{26}H_{26}O_3$, F. 149—149,5°), dessen Verseifung die *freie Säure* ($C_{24}H_{22}O_3$, F. 231,5—233,5°) liefert. Das analog **I** dargestellte (symm.) *Dibenzylsulfondicarbanion* reagiert mit 2 Mol **II** unter Bldg. von *α.α'-Dibenzyldibenzylsulfon* ($C_{28}H_{26}O_2S$, F. 187,5—188,5°), das aus dem α.β.β-Triphenylpropionitril (**III**) dargestellte *Dicarbanion* mit 1 Mol **II** unter Bldg. von *α.β.β-Triphenyl-β-benzylpropionitril* ($C_{28}H_{23}N$, F. 125,5—128,5°), durch Einw. von nur 1 Mol K-Amid auf **III** u. anschließende Benzylierung wird das isomere *α.β.β-Triphenyl-α-benzylpropionitril* ($C_{28}H_{23}N$, F. 185,5—187°) erhalten. (J. Amer. chem. Soc. **79**. 6342. 5/12. 1957. Durham, N. C., Duke Univ., Dep. of Chem.) L. LAMZA. 2360

M. N. Tilitschenko (unter Mitarbeit von **W. G. Chartschenko** und **A. A. Rassudowa**), *Di- und Polyketonkondensation von arylaliphatischen Ketonen mit Formaldehyd.* Vff. untersuchen die Kondensationsfähigkeit von arylaliphat. Ketonen [Acetophenon (**I**), Propiophenon, p-Bromacetophenon, Isobutyrophenon (**III**), Methylen-bis-propiophenon (**IV**), β-Propionaphthalin (**II**) u. α-Acetofuran] mit CH_2O (vgl. C. **1951**. II. 213) u. stellen fest, daß der Reaktionsverlauf sowohl von der Art des Ketons als auch von dem mol. Verhältnis Keton:CH_2O abhängt. Bei einem 3fachen Überschuß kondensieren Methylarylketone mit CH_2O zu Polyketonen der allg. Formel *$ArCOCH_2—[—CH_2—CH(COAr)—]_x—CH_2—CH_2COAr$*. Die erhaltenen Verbb. sind feste Stoffe, die zwischen 35 u. 110° schm. u. die mit Carbonylreagentien die entsprechenden Derivv. geben, wobei aber nur die beiden endständigen Ketogruppen reagieren. Bei einer Erhöhung des Überschusses an Keton erniedrigt sich der Kondensationsgrad. Bei einem 12fachen Überschuß reagiert **I** mit CH_2O zu *Methylendiacetophenon*. α-Methylenarylketone ($ArCO·CH_2R$) geben mit CH_2O nur *1.5-Diketone*, während α-Methinarylketone ($ArCOCHR_2$) mit CH_2O überhaupt keine Di- oder Polykondensation eingehen; sie bilden aber mit einem Überschuß an CH_2O *Diole*. Die Reaktionsmechanismen werden diskutiert.

V e r s u c h e: *Methylen-bis-acetophenon* (*1.3-Dibenzoylpropan*), F. 65—67° (A.), aus CH_2O mit dem 12fachen Überschuß an **I**; 60% (Ausbeute). *Dioxim*, F. 161°. *2.4-Dinitrophenylhydrazon*, F. 233° (Zers.). — *Methylen-bis-[β-propionaphthalin]* (*2.4-Bis-[naphthoyl-(2)]-pentan*), $C_{27}H_{24}O_2$, F. 100—103° (Bzn. vom Kp. 80—100°), aus 0,1 Mol **II** u. 0,05 Mol CH_2O; 18,5 g. *Dioxim*, $C_{27}H_{26}N_2O_2$, F. 196—198°. — *1-Phenyl-2.2-dimethylpropandiol-(1.3)*, $C_{11}H_{16}O_2$, F. 76—78°, aus 0,035 Mol **III** u. 0,52 Mol CH_2O; aus A. Rhomben; 41,4%. — Aus **IV** wird das entsprechende *Ketol* mit fast quantitativer Ausbeute erhalten. (Журнал Прикладной Химии [J. angew. Chem.] **29**. 274—82. Febr. 1956. Saratow, Tschernyschewski-Univ., Labor. für organ. Chem. des wiss. Forschungsinst. für Chem.) C. RICHTER. 2370

B. N. Daschkewitsch und **I. W. Smolanka**, *Synthese von fettaromatischen ungesättigten Alkoholen* (*Analoga des Triphenylcarbinols*). 2. Mitt. *Fettaromatische Analoga* *der Triphenylmethanfarbstoffe.* (1. vgl. C. **1959.** 1430.) p-Dimethylaminodibenzalaceton (I) gibt bei der Einw. von HCl *N.N-Dimethyl-C-[4-phenylbuten-(3)-on-(2)-yl-(1)]-chinonmethidimoniumchlorid* (II), bei der Einw. von $SOCl_2$ *N.N-Dimethyl-C-[4-phenyl-2-chlorbutadien-(1.3)-yl-(1)]-chinonmethidimoniumchlorid.* Beim Erhitzen

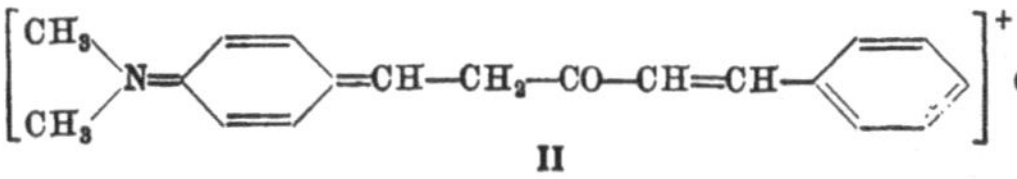

II

mit Dimethylanilin liefert I in Ggw. von $POCl_3$ *N.N-Dimethyl-C-[p-dimethylaminostyryl]-C-styrylchinonmethidimoniumchlorid*, das sich gegenüber Laugen u. konz. Säuren wie Kristallviolett verhält. Analog wird I mit Diphenylamin sowie 1-(p-Dimethylaminophenyl]-5-methylhexadien-(1.4)-on-(3) (III) mit Dimethylanilin u. Diphenylamin in Ggw. von $POCl_3$ kondensiert. Die erhaltenen Farbstoffe lassen sich auf mit Tannin gebeizte Baumwolle aufziehen.

V e r s u c h e : *p-Dimethylaminodibenzalaceton* (I), $C_{19}H_{19}NO$, F. 155° (A.), zu 10 g p-Dimethylaminobenzalaceton u. 5,6 g Benzaldehyd in 70 ml A. gibt man 6 Tropfen konz. NaOH u. erhitzt auf dem Wasserbad; hellrotes Kristallpulver; 12,5 g (Ausbeute). *Tetrabromid*, $C_{19}H_{19}Br_4NO$. — *N.N-Dimethyl-C-[4-phenylbuten-(3)-on-(2)-yl-(1)]-chinonmethidimoniumchlorid* (II), $C_{19}H_{20}ClNO$, durch Einleiten von trockenem HCl in eine Lsg. von I in Dichloräthan u. absol. Ae.; blaugrün; wird an der Luft unter Rückbldg. von I hydrolysiert. — *N.N-Dimethyl-C-[4-phenyl-2-chlorbutadien-(1.3)-yl-(1)]-chinonmethidimoniumchlorid*, $C_{19}H_{19}Cl_2N$, durch langsame Zugabe von 0,55 g $SOCl_2$ zu 2 g I in Dichloräthan u. Fällen mit absol. Ae.; 92%. — *1-[p-Dimethylaminophenyl]-5-methylhexadien-(1.4)-on-(3)* (III), $C_{15}H_{19}NO$, F. 152,5° (A.), durch Zugabe von wenig konz. NaOH zu 35 g p-Dimethylaminobenzaldehyd u. 21 g Mesityloxyd, 2std. Kochen u. 8std. Stehenlassen; rot; 50,6%. — *N.N-Dimethyl-C-[p-dimethylaminostyryl]-C-styrylchinonmethidimoniumchlorid*, $C_{27}H_{29}ClN_2$, F. 92,5°, durch 8std. Erhitzen von 10 g I u. 35 g Dimethylanilin mit 11,1 g $POCl_3$, Neutralisieren mit $CaCO_3$, Waschen mit Ae., Ausziehen mit Chlf. u. Fällen mit Ae.; blauviolettes Kristallpulver; 20,5%. — *N-Phenyl-C-[p-dimethylaminostyryl]-C-styrylchinonmethidimoniumchlorid*, $C_{31}H_{29}ClN_2$, aus 2,5 g I u. 1,7 g Diphenylamin in 40 ml Dichloräthan u. 1,5 g $POCl_3$ (1½ Std. bei 90°); dunkelviolett; 52,5%. — *N.N-Dimethyl-C-[2.4-diphenylbutadien-(1.3)-yl-(1)]-chinonmethidimoniumchlorid*, $C_{25}H_{24}ClN$, durch Zugabe von 10 g I u. 11,3 g Brombenzol in Bzl. u. Ae. zu 1,86 g Mg unter Ae., Zers. des Komplexes mit NH_4Cl, Einengen der äther. Schicht, Filtrieren u. Sättigen mit HCl; blau; 73,4%. — *N-Phenyl-C-[p-dimethylaminostyryl]-C-[β-methylpropenyl]-chinonmethidimoniumchlorid*, $C_{27}H_{29}ClN_2$, F. 105°, aus 2 g III u. 1,56 g Diphenylamin in Ggw. von 2,68 g $POCl_3$ (3 Std. bei 60—70°); blau; 1,1 g. — *N.N-Dimethyl-C-[p-dimethylaminostyryl]-C-[β-methylpropenyl]-chinonmethidimoniumchlorid*, $C_{23}H_{29}ClN_2$, F. 115°, aus 5 g III u. 21,1 g Dimethylanilin in Ggw. von 6,7 g $POCl_3$ (5 Std. bei 70—80°); rotes Kristallpulver; 16,7%. (Украинский Химический Журнал [Ukrain. chem. J.] **21.** 619—24. 1955. Ushgorod, Univ., Lehrst. für organ. Chem.) G. FROELICH. 2390

B. N. Daschkewitsch und **I. W. Smolanka,** *Synthese von fettaromatischen ungesättigten Alkoholen (Analoga des Triphenylcarbinols).* 3. Mitt. *Fettaromatische Analoga der Triphenylmethanfarbstoffe.* (2. vgl. vorst. Ref.) In Fortsetzung der vorst. referierten Arbeit stellen Vff. durch Rk. von 1-Phenyl-7-[p-dimethylaminophenyl]-heptatrien-(1.3.6)-on-(5) (I) mit Äthylanilin in Ggw. von $POCl_3$ *N-Äthyl-C-[p-dimethylaminostyryl]-C-[4-phenylbutadien-(1.3)-yl-(1)]-chinonmethidimoniumchlorid* dar. Analog werden durch Rk. ungesätt. Ketone mit Diphenylamin in Ggw. von $POCl_3$ oder durch Einleiten von HCl in die äther. Lsgg. α.β-ungesätt. aliphat.-aromat. tert. Carbinole die entsprechenden Farbstoffe als Chloride erhalten. Die Farbstoffe sind Analoge von Triphenylmethanfarbstoffen u. lassen sich auf Baumwolle aufziehen.

V e r s u c h e : *1-Phenyl-7-[p-dimethylaminophenyl]-heptatrien-(1.3.6)-on-(5)* (I), $C_{21}H_{19}NO$, F. 168° (A.), durch Zugabe von einigen Tropfen NaOH zu 3,5 g p-Dimethylaminobenzalaceton u. 2,5 g Zimtaldehyd in 25 ml A., ½std. Stehenlassen u. 10 Min. Erhitzen auf 80°; 50% (Ausbeute). — *N-Äthyl-C-[p-dimethylaminostyryl]-C-[4-phenylbutadien-(1.3)-yl-(1)]-chinonmethidimoniumchlorid*, $C_{29}H_{31}ClN_2$, F. 141—142° (Zers.), durch 2std. Erhitzen von 2 g I mit der berechneten Menge Äthylanilin in 25 ml Dichloräthan in Ggw. von 2 g $POCl_3$ auf 70—80°; rotbraun; 37,4%. *Pikrat*, $C_{35}H_{34}ClN_5O_7$. — *N-Phenyl-C.C-bis-[p-dimethylaminostyryl]-chinonmethidimoniumchlorid*, $C_{33}H_{34}ClN_3$, F. 185—186° (Zers.), aus 3 g p.p'-Tetramethyldiaminodibenzalaceton u. 1,2 g Diphenylamin in 50 ml Dichloräthan in Ggw. von 2,9 g $POCl_3$ (2 Std. bei 70—80°); blaues Pulver; 17%. — *N.N-Dimethyl-C-[4-phenyl-2-(p-methoxyphenyl)-butadien-(1.3)-yl-(1)]-chinon-*

methidimoniumchlorid, $C_{26}H_{28}ClNO_2$, zu 1 g Mg unter Ae. gibt man 7 g p-Jodanisol in Ae. u. während der Rk. p-Dimethylaminodibenzalaceton, kocht 3 Std., zers. mit NH_4Cl, Abtrennen der Ae.-Schicht, Filtrieren u. Einleiten von HCl. *Pikrat*, $C_{32}H_{31}ClN_4O_9$, F. 117—118°, hellgrün. — *N.N-Dimethyl-C-[2-allyl-4-phenylbutadien-(1.3)-yl-(1)]-chinonmethidimoniumchlorid*, $C_{22}H_{26}ClNO$, durch Rk. von Allyl-MgBr (4,3 g Allylbromid, 0,8 g Mg) mit 5 g p-Dimethylaminodibenzalaceton in Ae. u. Einleiten von HCl in die äther. Lsg. des erhaltenen Carbinols; 73,6%. *Pikrat*, $C_{28}H_{29}ClN_4O_8$, F. 130° (Zers.); grün. (Украинский Химический Журнал [Ukrain. chem. J.] **22**. 347—50. 1956.)
G. FROELICH. 2390

B. N. Daschkewitsch, *Synthese von fettaromatischen ungesättigten Alkoholen (Analoga des Triphenylcarbinols)*. 4. Mitt. *Synthese eines alicyclischen Analogen des Triphenylcarbinols.* (3. vgl. vorst. Ref.) *2.5-Dimethylcyclopenten-(3)-on-(1)* (**I**, erhalten durch Cyclisierung des Pyrolyseprod. des Ca-Salzes von Methacrylsäure), gibt mit Phenyl-MgBr *1-Phenyl-2.5-dimethylcyclopenten-(3)-ol-(1)* ($C_{13}H_{16}O$, Kp.$_5$ 94—96°; D.$^{20}{}_4$ 0,9676; $n_D{}^{20}$ 1,514), das bei der Einw. von konz. Mineralsäuren eine intensiv rote Färbung gibt. — Zu Phenyl-MgBr (14,2 g Brombenzol, 2,5 g Mg) in Ae. gibt man 10 g **I** in Ae. u. zers. mit Eis u. gesätt. NH_4Cl-Lsg.; 47% Ausbeute. (Украинский Химический Журнал [Ukrain. chem. J.] **22**. 493. 1956.)
G. FROELICH. 2390

B. N. Daschkewitsch und **I. W. Smolanka,** *Synthese von fettaromatischen ungesättigten Alkoholen (Analoga des Triphenylcarbinols)*. 5. Mitt. *Analoga von Phthaleinen mit Xanthenstruktur.* (4. vgl. vorst. Ref.) Beim Zusammenschmelzen von Maleinsäureanhydrid mit Phenol in Ggw. von $ZnCl_2$ wird ein leicht gefärbtes Prod. erhalten, dem Vff. aus Gründen der Analogie mit nachst. beschriebenen Verbb. die Struktur des *γ.γ-Bis-[p-hydroxyphenyl]-γ-hydroxycrotonsäurelacton* zuschreiben (vgl. dagegen BOGERT u. RITTER [1925]). Die Verb. ist in neutraler u. saurer Lsg. farblos, in alkal. Lsg. (ähnlich dem Phenolphthalein) rotviolett gefärbt. In reiner Form konnte sie nicht erhalten werden. Dagegen werden beim Zusammenschmelzen von Maleinsäureanhydrid mit Resorcin, Gallussäure, Hydrochinon oder Phloroglucin in Ggw. von $ZnCl_2$ die entsprechenden *Phthaleine* in reiner Form erhalten. Das verwendete $ZnCl_2$ soll nicht absol. wasserfrei, sondern etwas wasserhaltig sein.

V e r s u c h e : *β-[3.6.9-Trihydroxanthenyl-(9)]-acrylsäurelacton*, $C_{16}H_{10}O_5$, F. 255°, man erhitzt 0,5 g Maleinsäureanhydrid, 11 g Resorcin u. 3,5 g $ZnCl_2$ langsam auf 125 bis 130° u. dann einige Zeit auf 100°, löst die Schmelze in A., gibt W. u. K_2CO_3 hinzu, erhitzt bis zur Beendigung der CO_2-Entw. u. fällt mit verd. HCl (3:1); gibt mit Alkali himbeerrote Färbung mit grüner Fluorescenz; 2,8 g (Ausbeute). — *β-[3.4.5.6.9-Pentahydroxyxanthenyl-(9)]-acrylsäurelacton*, $C_{16}H_{10}O_7$, Zers. $>$315°, aus 13,2 g Gallussäure u. 23,5 g Maleinsäureanhydrid in Ggw. von 1,8 g $ZnCl_2$ (20 Min. bei 160°); braunes Pulver, in Säuren gelbe, in konz. Laugen dunkelblaue, in verd. Laugen kirschrote Färbung; 83%. — *β-[2.7.9-Trihydroxyxanthenyl-(9)]-acrylsäurelacton*, $C_{16}H_{10}O_5$, aus 25 g Hydrochinon u. 12 g Maleinsäureanhydrid in Ggw. von 7 g $ZnCl_2$ (10 Min. bei 175°, 30 Min. bei 150°); farbloses Pulver, gibt in Säuren gelbe, in Laugen grüne Färbung, die nach einigen Min. verschwindet; 1,8 g. — *β-[1.3.6.8.9-Pentahydroxyxanthenyl-(9)]-acrylsäurelacton*, $C_{16}H_{10}O_7$, F. 315° (Zers.), aus 1 g Maleinsäureanhydrid u. 2,5 g Phloroglucin in Ggw. von 1 g $ZnCl_2$ (1 Std. bei 125—135°); gelbes Pulver, in Säuren gelb, in Laugen rot gefärbt; 25,8%. (Украинский Химический Журнал [Ukrain. chem. J.] **22**. 494—97. 1956.)
G. FROELICH. 2390

Karl Kindler, Werner Hansen und **Jürgen Koebke,** *Studien über den Mechanismus chemischer Reaktionen.* 18. Mitt. *Katalytisch-spezifische Kondensationen mit Dihalogeniden.* 1. Mitt. *Über die Umwandlung von aliphatisch-aromatischen Dichloriden in lokalanästhesierende Amine.* (17. vgl. C. **1958**. 8297.) Aliphat.-aromat. Dichloride werden unter Austritt von 1 Mol HCl spezif. mit Aromaten kondensiert. In Ggw. von $FeCl_3$, $ZnCl_2$ oder $AlCl_3$ wird die katalyt. Kondensation so geleitet, daß nur eines der beiden Halogenatome mit einem H-Atom der aromat. Komponente reagiert. Die besten Ausbeuten werden mit minimalen Mengen Katalysator, oft $<{}^1/_{1000}$ Mol pro Mol Dichlorid erhalten. Spezif. Kondensationen gelingen mit Aromaten, Halogenbenzolen, Phenoläthern, ferner p-Kresylmethyläther, Dihydroanethol, Dihydrosafrol, Dihydroeugenolmethyläther sowie den Methlyäthern des Brenzcatechins, Resorcins, Pyrogallols u. von α-Methoxynaphthalin. Durch Umsetzung der so erhaltenen Monohalogenide $Cl-CH_2-CH_2-C_6H_4-CH_2-Ar$ u. $Cl-CH_2-CH_2-CH_2-C_6H_4-CH_2-Ar$ mit aliphat. Aminen werden Kondensationsprodd. erhalten, die sich durch starke lokalanästhesierende Eigg. auszeichnen.

V e r s u c h e : *4-[β-Chloräthyl]-benzylchlorid* (**I**), $C_9H_{10}Cl_2$, Kp.$_9$ 137—138°, F. 34 bis 35° (aus wss. Gemisch von Methanol/Propanol), aus β-Phenyläthylalkohol (8 Mol)

u. 8,4 Mol $SOCl_2$ bei 130° u. Chlormethylierung des erhaltenen *β-Phenyläthylchlorids* (5 Mol) mit 75 g Paraformaldehyd u. HCl-Gas in Ggw. von 75 g wasserfreiem $ZnCl_2$ bei 45°; 74% (Ausbeute, bezogen auf umgesetztes Ausgangsmaterial). Gibt mit Morpholin in Xylol (14 Std., 125°) ein *Dimorpholinderiv.* vom $Kp._{0,8}$ 184—186°. — *4-[γ-Chlorpropyl]-benzylchlorid* (II), $C_{10}H_{12}Cl_2$, $Kp._9$ 150—152°; n_D^{20} 1,5468, analog aus $SOCl_2$ u. γ-Phenylpropylalkohol u. Chlormethylierung des erhaltenen *γ-Phenylpropylchlorids* mit 2,5 Mol CH_2O, HCl-Gas u. 75 g $ZnCl_2$; 75%. — *β-[p-(2.4.6-Trimethylbenzyl)-phenyl]-äthylchlorid* (VI), $C_{18}H_{21}Cl$, $Kp._8$ 207—209°; n_D^{20} 1,5729, durch Erhitzen von 0,1 Mol I u. 0,6 Mol Mesitylen auf 115° (Badtemp.) u. folgende Einw. von 0,06 mg $FeCl_3$; 78%. — *γ-[p-(2.4.6-Trimethylbenzyl)-phenyl]-propylchlorid* (XIII), $C_{19}H_{23}Cl$, $Kp._{1,3}$ 196—199°; n_D^{20} 1,5668, analog; 79%. Mit 8000 mg $FeCl_3$ pro 0,1 Mol I erhält man kein Kondensationsprod. von entsprechendem Kp.; mit 8000 mg $FeCl_3$ pro 0,1 Mol II 25% Kondensationsprod., $Kp._{0,8}$ 187 bis 192°. — Auf ähnliche Weise wurden folgende Verbb. in Ggw. minimaler Mengen Katalysator dargestellt: *β-[p-Benzylphenyl]-äthylchlorid* (V), $Kp._8$ 185—187°, aus 0,2 Mol I mit 2 Mol Bzl. u. 90 mg $FeCl_3$ in 80 Min. bei 90°; 59%. — *β-[p-(4-Methoxybenzyl)-phenyl]-äthylchlorid* (VII), $Kp._{10}$ 212—215°, aus 0,1 Mol I mit 0,5 Mol Methylphenyläther u. 60 mg $FeCl_3$ in 60 Min. bei 110°; 84%. — *β-[p-(4-Methoxy-3-methylbenzyl)-phenyl]-äthylchlorid* (VIII), $Kp._{16}$ 229—233°, aus 0,1 Mol I mit 0,5 Mol Methyl-o-kresyläther u. 15 mg $FeCl_3$ in 15 Min. bei 115°; 76%. — *β-[p-(4-Methoxy-3-chlorbenzyl)-phenyl]-äthylchlorid* (IX), $Kp._{0,7}$ 215—217°, aus 0,2 Mol I mit 0,6 Mol Methyl-[o-chlorphenyl]-äther u. 30 mg $FeCl_3$ in 25 Min. bei 115°; 58%. — *γ-[p-(α-Naphthylmethyl)-phenyl]-propylchlorid* (X), $Kp._{1,5}$ 221—223°, aus 0,3 Mol II mit 0,9 Mol Naphthalin u. 67 mg $FeCl_3$ in 25 Min. bei 100°; 59%. — *γ-[p-(4-Methyl-α-naphthylmethyl)-phenyl]-propylchlorid* (XI), $Kp._{1,1}$ 232—234°, aus 0,2 Mol II mit 0,6 Mol 1-Methylnaphthalin u. 81 mg $FeCl_3$ in 20 Min. bei 100°; 68%. — *γ-[p-(5.6.7.8-Tetrahydro-β-naphthylmethyl)-phenyl]-propylchlorid* (XII), $Kp._{1,4}$ 214—216°, aus 0,4 Mol II mit 1,2 Mol Tetralin u. 50 mg $FeCl_3$ in 100 Min. bei 120°; 58%. — *γ-[p-(2.4.6-Trimethylbenzyl)-phenyl]-propylchlorid* (XIII), $Kp._{1,3}$ 196—199°, aus 0,1 Mol II mit 0,6 Mol Mesitylen u. 0,17 mg $FeCl_3$ in 25 Min. bei 115°; 79%. — *γ-[p-(4-Methylbenzyl)-phenyl]-propylchlorid* (XIV), $Kp._{10}$ 205 bis 208° aus 0,1 Mol II mit 0,6 Mol Toluol u. 30 mg $FeCl_3$ in 30 Min. bei 100°; 60%. — *γ-[p-(4-Äthylbenzyl)-phenyl]-propylchlorid* (XV), $Kp._{10}$ 214—217°, aus 0,1 Mol II mit 0,6 Mol Äthylbenzol u. 30 mg $FeCl_3$ in 40 Min. bei 110°; 73%. — *γ-[p-(4-Propylbenzyl)-phenyl]-propylchlorid* (XVI), $Kp._{0,8}$ 180—181°, aus 0,15 Mol II mit 0,9 Mol Propylbenzol u. 15 mg $FeCl_3$ in 60 Min. bei 115°; 66%. — *γ-[p-(2.5-Dimethylbenzyl)-phenyl]-propylchlorid* (XVII), $Kp._{10}$ 214—218°, aus 0,1 Mol II mit 0,6 Mol p-Xylol u. 30 mg $FeCl_3$ in 20 Min. bei 110°; 70%. — *γ-[p-(3.4-Dimethylbenzyl)-phenyl]-propylchlorid* (XVIII), $Kp._{10}$ 220—223°, aus 0,1 Mol II mit 0,6 Mol o-Xylol u. 90 mg $FeCl_3$ in 90 Min. bei 110°; 73%. — *γ-[p-(2-Methyl-5-isopropylbenzyl)-phenyl]-propylchlorid* (XIX), $Kp._{0,8}$ 186 bis 190°, aus 0,1 Mol II u. 0,6 Mol p-Cymol u. 45 mg $FeCl_3$ in 70 Min. bei 155—160°; 70%. — *γ-[p-(4-Chlorbenzyl)-phenyl]-propylchlorid* (XX), $Kp._{0,8}$ 174—177°, aus 0,2 Mol II mit 1,5 Mol Chlorbenzol u. 30 mg $FeCl_3$ in 35 Min. bei 115°; 22%. — *γ-[p-(2-Hydroxy-5-chlorbenzyl)-phenyl]-propylchlorid* (XXI), $Kp._{1,2}$ 226—230°, aus 0,4 Mol II mit 1,2 Mol p-Chlorphenol u. 15 mg $FeCl_3$ in 85 Min. bei 100°; 57% *γ-[p-(4-Hydroxy-3-chlorbenzyl)-phenyl]-propylchlorid* (XXII), $Kp._{1,1}$ 232—236°, aus 0,3 Mol II mit 1,2 Mol o-Chlorphenol u. 15 mg $FeCl_3$ in 90 Min. bei 100°; 63%. — *γ-[p-(4-Methoxybenzyl)-phenyl]-propylchlorid* (XXIII), $Kp._{1,5}$ 185°, aus 0,2 Mol II mit 0,6 Mol Methylphenyläther u. 22 mg $FeCl_3$ in 35 Min. bei 100°; 68%. — *γ-[p-(4-Äthoxybenzyl)-phenyl]-propylchlorid* (XXIV), $Kp._{2,4}$ 208 bis 210°, aus 0,2 Mol II mit 0,6 Mol Äthylphenyläther u. 47 mg $FeCl_3$ in 30 Min. bei 100°; 65%. — *γ-[p-(4-Propoxybenzyl)-phenyl]-propylchlorid* (XXV), $Kp._{2,2}$ 214—218°, aus 0,2 Mol II mit 0,6 Mol n-Propylphenyläther u. 51 mg $FeCl_3$ in 65 Min. bei 100°; 69%. — *γ-[p-(4-Butoxybenzyl)-phenyl]-propylchlorid* (XXVI), $Kp._{1,2}$ 207—210°, aus 0,2 Mol II mit 0,6 Mol n-Butylphenyläther u. 20 mg $FeCl_3$ in 25 Min. bei 100°; 59%. — *γ-[p-(4-Methoxy-3-chlorbenzyl)-phenyl]-propylchlorid* (XXVII), $Kp._{1,3}$ 213°, aus 0,2 Mol II mit 0,6 Mol Methyl-o-chlorphenyläther u. 12 mg $FeCl_3$ in 20 Min. bei 100°; 73%. — *γ-[p-(4-Äthoxy-3-chlorbenzyl)-phenyl]-propylchlorid* (XXVIII), $Kp._{2,0}$ 225—227°, aus 0,2 Mol II mit 0,6 Mol Äthyl-o-chlorphenyläther u. 14 mg $FeCl_3$ in 40 Min. bei 100°; 66%. — *γ-[p-(4-Propoxy-3-chlorbenzyl)-phenyl]-propylchlorid* (XXIX), $Kp._{0,8}$ 219—221°, aus 0,2 Mol II mit 0,6 Mol n-Propyl-o-chlorphenyläther u. 36 mg $FeCl_3$ in 25 Min. bei 130°; 66%. — *γ-[p-(4-Isopropoxy-3-chlorbenzyl)-phenyl]-propylchlorid* (XXX), $Kp._{0,9}$ 204—206°, aus 0,2 Mol II mit 0,6 Mol Isopropyl-o-chlorphenyläther u. 33 mg $FeCl_3$ in 30 Min. bei 130°; 52%. — *γ-[p-(4-Butoxy-3-chlorphenyl)-phenyl]-propylchlorid* (XXXI), $Kp._{1,3}$ 238—240°, aus 0,2 Mol II mit 0,6 Mol n-Butyl-o-chlorphenyläther u. 35 mg $FeCl_3$ in 15 Min. bei 125°; 64%. — *γ-[p-(4-Methoxy-3-methylbenzyl)-phenyl]-propylchlorid* (XXXII), $Kp._{1,5}$ 200 bis 203°, aus 0,5 Mol II mit 1,5 Mol Methyl-o-kresyläther u. 30 mg $FeCl_3$ in 120 Min.

bei 100°; 72%. — *γ-[p-(2-Methoxy-5-methylbenzyl)-phenyl]-propylchlorid* (**XXXIII**), Kp.$_{2,6}$ 204—206°, aus 0,2 Mol **II** mit 0,6 Mol Methyl-p-kresyläther u. 45 mg $FeCl_3$ in 130 Min. bei 110°; 62%. — *γ-[p-(4-Äthoxy-3-methylbenzyl)-phenyl]-propylchlorid* (**XXXIV**), Kp.$_{0,9}$ 201—203°, aus 0,1 Mol **II** mit 0,6 Mol Äthyl-o-kresyläther u. 15 mg $FeCl_3$ in 30 Min. bei 100°; 75%. — *γ-[p-(4-Propoxy-3-methylbenzyl)-phenyl]-propylchlorid* (**XXXV**), Kp.$_{1,3}$ 207—209°, aus 0,1 Mol **II** mit 0,6 Mol n-Propyl-o-kresyläther u. 32 mg $FeCl_3$ in 30 Min. bei 125°; 66%. — *γ-[p-(4-Butoxy-3-methylbenzyl)-phenyl]-propylchlorid* (**XXXVI**), Kp.$_{1,6}$ 217—219°, aus 0,3 Mol **II** mit 0,9 Mol n-Butyl-o-kresyläther u. 83 mg $FeCl_3$ in 65 Min. bei 145°; 63%. — *γ-[p-(4-Äthoxyäthoxy-3-methylbenzyl)-phenyl]-propylchlorid* (**XXXVII**), Kp.$_{1,5}$ 225—232°, aus 0,2 Mol **II** mit 1 Mol Äthoxyäthyl-o-kresyläther u. 132 mg $FeCl_3$ in 170 Min. bei 120°; 78%. — *γ-[p-(4-Phenoxybenzyl)-phenyl]-propylchlorid* (**XXXVIII**), Kp.$_{0,7}$ 225—227°, aus 0,2 Mol **II** mit 0,6 Mol Diphenyläther u. 24 mg $FeCl_3$ in 140 Min. bei 105°; 65%. — *γ-[p-(3.4-Dimethoxybenzyl)-phenyl]-propylchlorid* (**XXXIX**), Kp.$_{1,0}$ 212—214°, aus 0,2 Mol **II** mit 0,6 Mol Brenzcatechindimethyläther u. 50 mg $FeCl_3$ in 25 Min. bei 120°; 62%. — *γ-[p-(2.4-Dimethoxybenzyl)-phenyl]-propylchlorid* (**XL**), Kp.$_4$ 235—237°, aus 0,2 Mol **II** mit 0,8 Mol Resorcindimethyläther u. 22 mg $FeCl_3$ in 215 Min. bei 110°; 74%. — *γ-[p-(2.3.4-Trimethoxybenzyl)-phenyl]-propylchlorid* (**XLI**), Kp.$_{1,5}$ 229—231°, aus 0,2 Mol **II** mit 0,6 Mol Pyrogalloltrimethyläther u. 36 mg $FeCl_3$ in 15 Min. bei 130°; 69%. — *γ-[p-(4-Methoxy-α-naphthylmethyl)-phenyl]-propylchlorid* (**XLII**), Kp.$_{1,3}$ 243—246°, aus 0,2 Mol **II** mit 0,6 Mol α-Naphthylmethyläther u. 17 mg $FeCl_3$ in 23 Min. bei 100°; 68%. — *γ-[p-(3.4-Methylendioxy-6-propylbenzyl)-phenyl]-propylchlorid* (**XLIII**), Kp.$_{0,8}$ 214—219°, aus 0,1 Mol **II** mit 0,3 Mol Dihydrosafrol u. 30 mg $FeCl_3$ in 50 Min. bei 100°; 62%. — *γ-[p-(3.4-Dimethoxy-6-propylbenzyl)-phenyl]-propylchlorid* (**XLIV**), Kp.$_{0,4}$ 205—208°, aus 0,1 Mol **II** mit 0,3 Mol Dihydroeugenolmethyläther u. 30 mg $FeCl_3$ in 65 Min. bei 110°; 69%. — *γ-[p-(2-Methoxy-5-propylbenzyl)-phenyl]-propylchlorid* (**III**), Kp.$_{0,6}$ 191—194°, aus 0,1 Mol **II** mit 0,3 Mol Dihydroanethol u. 30 mg $FeCl_3$ in 35 Min. bei 110°; 61%. — Aus **II** mit $AlCl_3$ bzw. $ZnCl_2$ als Katalysator wurden folgende Verbb. dargestellt: *γ-[p-Benzylphenyl]-propylchlorid*, Kp.$_6$ 191—192°, aus 0,15 Mol **II** mit 1,2 Mol Bzl. u. 105 mg $AlCl_3$ in 120 Min. bei 90°; 42%. — *γ-[p-(4-Fluorbenzyl)-phenyl]-propylchlorid* (**IV**), Kp.$_3$ 180 bis 183°, aus 0,15 Mol **II** mit 0,75 Mol Fluorbenzol u. 193mg $AlCl_3$ in 200 Min. bei 90°; 25%. — **XX**, Kp.$_{2,7}$ 203—204°, aus 0,15 Mol **II** mit 1,2 Mol Chlorbenzol u. 147 mg $AlCl_3$ in 60 Min. bei 105°; 20%. — *γ-[p-(4-Brombenzyl)-phenyl]-propylchlorid*, Kp.$_{3,5}$ 218—220°, aus 0,15 Mol **II** mit 1,2 Mol Brombenzol u. 118 mg $AlCl_3$ in 60 Min. bei 110°; 17%. — **XXXIII**, Kp.$_{2,6}$ 198—200°, aus 0,2 Mol **II** mit 1,0 Mol Methyl-p-kresyläther u. 42 mg $AlCl_3$ in 90 Min. bei 110°; 83%. — **XXXVIII**, Kp.$_{2,0}$ 247—249°, aus 0,2 Mol **II** mit 0,6 Mol Diphenyläther u. 9 mg $AlCl_3$ in 80 Min. bei 105°; 63%. — **XXIII**, Kp.$_{2,6}$ 209 bis 211°, aus 0,2 Mol **II** mit 0,6 Mol Methylphenyläther u. 12 mg $ZnCl_2$ in 70 Min. bei 100°; 70%. —**XXXIII**, Kp.$_{2,6}$ 198—200°, aus 0,2 Mol **II** mit 0,5 Mol Methyl-p-kresyläther u. 32 mg $ZnCl_2$ in 35 Min. bei 110°; 74%. — Durch Umsetzung der Monochloride mit einem Überschuß eines prim. oder sek. Amins in Xylol oder Triäthylamin als Lösungsm. bei ca. 125° wurden erhalten: *N-[β-(p-Benzylphenyl)-äthyl]-methylamin*, $C_{16}H_{19}N$, Kp.$_{1,0}$ 149—151°, aus **V** u. Methylamin in Triäthylamin, 20 Std. im Rohr bei 125°; 79%. *Hydrochlorid*, $C_{16}H_{20}ClN$, F. 191—192°. *Pikrat*, $C_{22}H_{22}N_4O_7$, F. 95—96° (A.). — *N-{β-[p-(2.4.6-Trimethylbenzyl)-phenyl]-äthyl}-morpholin*, $C_{22}H_{29}NO$, Kp.$_{1,4}$ 220—222°; n_D^{20} 1,5634, analog aus **VI** u. Morpholin in Xylol; 89%. — *N-{β-[p-(4-Methoxybenzyl)-phenyl]-äthyl}-morpholin*, $C_{20}H_{25}NO_2$, Kp.$_{1,0}$ 218—220°, aus **VII** u. Morpholin; 92%. — *N-{β-[p-(4-Methoxy-3-methylbenzyl)-phenyl]-äthyl}-diäthylamin*, $C_{21}H_{29}NO$, Kp.$_{0,3}$ 175 bis 178°; n_D^{20} 1,5458, aus **VIII** u. Diäthylamin in Xylol im Rohr bei 150°; 63%. — *N-{β-[p-(4-Methoxy-3-chlorbenzyl)-phenyl]-äthyl}-morpholin*, $C_{20}H_{24}ClNO_2$, Kp.$_{0,2}$ 242 bis 246°, aus **IX** u. Morpholin; 76%. — *N-{γ-[p-(α-Naphthylmethyl)-phenyl]-propyl}-morpholin*, $C_{24}H_{27}NO$, Kp.$_{1,8}$ 252—254°, aus **X**; 89%. — *N-{γ-[p-(4-Methyl-α-naphthylmethyl)-phenyl]-propyl}-morpholin*, $C_{25}H_{29}NO$, Kp.$_{0,8}$ 260—262°, aus **XI**; 92%. — *N-{γ-[p-(5.6.7.8-Tetrahydro-β-naphthylmethyl)-phenyl]-propyl}-morpholin*, $C_{24}H_{31}NO$, Kp.$_{1,6}$ 243—246°, aus **XII**; 94%. — *N-{γ-[p-(5.6.7.8-Tetrahydro-β-naphthylmethyl)-phenyl]-propyl}-diäthylamin*, $C_{24}H_{33}N$, Kp.$_{0,6}$ 208—211°; 77%. — *N-{γ-[p-(2.4.6-Trimethylbenzyl)-phenyl]-propyl}-morpholin*, $C_{23}H_{31}NO$, Kp.$_{1,7}$ 233—235°, aus **XIII**; 92%. — *N-{γ-[p-(4-Methylbenzyl)-phenyl]-propyl}-morpholin*, $C_{21}H_{27}NO$, Kp.$_{0,4}$ 193—195°; n_D^{20} 1,5582, aus **XIV**; 82%. — *N-{γ-[p-(4-Methylbenzyl)-phenyl]-propyl}-diäthylamin*, $C_{21}H_{29}N$, Kp.$_{0,6}$ 173—175°; n_D^{20} 1,5401; 73%. — *N-{γ-[p-(4-Äthylbenzyl)-phenyl]-propyl}-morpholin*, $C_{22}H_{29}NO$, Kp.$_{0,5}$ 203—206°; n_D^{20} 1,5548, aus **XV**; 83%. — *-diäthylamin*, $C_{22}H_{31}N$, Kp.$_{0,5}$ 175—178°; n_D^{20} 1,5381; 72%. — *N-{γ-[p-(4-Propylbenzyl)-phenyl]-propyl}-morpholin*, $C_{23}H_{31}NO$, Kp.$_{0,9}$ 216—219°; n_D^{20} 1,5504, aus **XVI**; 72%. — *-diäthylamin*, $C_{23}H_{33}N$, Kp.$_{0,9}$ 194—197°; n_D^{20} 1,5338; 65%. — *N-{γ-[p-(2.5-Dimethylbenzyl)-*

phenyl]-propyl}-morpholin, $C_{22}H_{29}NO$, Kp.$_{0,5}$ 208—211°, aus **XVII**; 88%. — *-diäthylamin*, $C_{22}H_{31}N$, Kp.$_{0,5}$ 174—177°; n_D^{20} 1,5407; 71%. — *N-{γ-[p-(3.4-Dimethylbenzyl)-phenyl]-propyl}-morpholin*, $C_{22}H_{29}NO$, Kp.$_{0,4}$ 204—207°; n_D^{20} 1,5589, aus **XVIII**; 84%. — *-diäthylamin*, $C_{22}H_{31}N$, Kp.$_{0,6}$ 181—184°; n_D^{20} 1,5417; 67%. — *N-{γ-[p-(2-Methyl-5-isopropylbenzyl)-phenyl]-propyl}-morpholin*, $C_{24}H_{33}NO$, Kp.$_{1,7}$ 243—245°, aus **XIX**; 83%. — *N-{γ-[p-(4-Chlorbenzyl)-phenyl]-propyl}-diäthylamin*, $C_{20}H_{26}ClN$, Kp.$_{0,6}$ 190—192°; n_D^{20} 1,5493, aus **XX**; 84%. — *N-{γ-[p-(2-Hydroxy-5-chlorbenzyl)-phenyl]-propyl}-morpholin*, $C_{20}H_{24}ClNO_2$, Kp.$_{2,5}$ 270—271°, aus **XXI**; 85%. — *N-{γ-[p-(4-Hydroxy-3-chlorbenzyl)-phenyl]-propyl}-morpholin*, $C_{20}H_{24}ClNO_2$, Kp.$_{0,7}$ 260—264°, aus **XXII**; 81%. — *N-{γ-[p-(4-Methoxybenzyl)-phenyl]-propyl}-morpholin*, $C_{21}H_{27}NO_2$, Kp.$_{3,0}$ 239—240°, aus **XXIII**; 92%. — *-N-cyclohexylmethylamin*, $C_{24}H_{33}NO$, Kp.$_{2,0}$ 242—244°; 78%. — *-dipropylamin*, $C_{23}H_{33}NO$, Kp.$_{1,3}$ 213—215°; 60%. — *-diallylamin*, $C_{23}H_{29}NO$, Kp.$_{0,5}$ 232°; 78%. — *-pyrrolidin*, $C_{21}H_{27}NO$, Kp.$_{1,0}$ 206—208°; 93%. — *N-{γ-[p-(4-Äthoxybenzyl)-phenyl]-propyl}-morpholin*, $C_{22}H_{29}NO_2$, Kp.$_{1,2}$ 232—234°, aus **XXIV**; 89%. — *N-{γ-[p-(4-Propoxybenzyl)-phenyl]-propyl}-morpholin*, $C_{23}H_{31}NO_2$, Kp.$_{1,0}$ 235—237°, aus **XXV**; 87%. — *N-{γ-[p-(4-Butoxybenzyl)-phenyl]-propyl}-morpholin*, $C_{24}H_{33}NO_2$, Kp.$_{1,7}$ 254—256°, aus **XXVI**; 88%. — *N-{γ-[p-(4-Methoxy-3-chlorbenzyl)-phenyl]-propyl}-morpholin*, $C_{21}H_{26}\cdot ClNO_2$, Kp.$_{1,2}$ 242°, aus **XXVII**; 86%. — *-N-methylbutylamin*, $C_{22}H_{30}ClNO$, Kp.$_{1,0}$ 226 bis 228°; 50%. — *N-{γ-[p-(4-Äthoxy-3-chlorbenzyl)-phenyl]-propyl}-morpholin*, $C_{22}H_{28}\cdot ClNO_2$, Kp.$_{1,0}$ 238—240°, aus **XXVIII**; 90%. — *N-{γ-[p-(4-Propoxy-3-chlorbenzyl)-phenyl]-propyl}-morpholin*, $C_{23}H_{30}ClNO_2$, Kp.$_{1,1}$ 250—252°, aus **XXIX**; 87%. — *N-{γ-[p-(4-Isopropoxy-3-chlorbenzyl)-phenyl]-propyl}-morpholin*, $C_{23}H_{30}ClNO_2$, Kp.$_{1,4}$ 249—251°, aus **XXX**; 54%. — *N-{γ-[p-(4-Butoxy-3-chlorbenzyl)-phenyl]-propyl}-morpholin*, $C_{24}H_{32}\cdot ClNO_2$, Kp.$_{1,0}$ 246—248°, aus **XXXI**; 87%. — *N-{γ-[p-(4-Methoxy-3-methylbenzyl)-phenyl]-propyl}-morpholin*, $C_{22}H_{29}NO_2$, Kp.$_{1,0}$ 226—228°, aus **XXXII**; 89%. — *-diäthylamin*, $C_{22}H_{31}NO$, Kp.$_{0,4}$ 208°; 68%. — *-N-äthylbutylamin*, $C_{24}H_{35}NO$, Kp.$_{0,5}$ 206—209°; 76%. — *-dibutylamin*, $C_{26}H_{39}NO$, Kp.$_{0,7}$ 244—247°; 57%. — *-diallylamin*, $C_{24}H_{31}NO$, Kp.$_{0,6}$ 230—232°; 80%. — *-2-methylpiperidin*, $C_{24}H_{33}NO$, Kp.$_{1,0}$ 229—232°; 83%. — *-2.5-dimethylpiperazin*, $C_{24}H_{34}N_2O$, Kp.$_{1,0}$ 239—242°; 41%. — *N-{γ-[p-(2-Methoxy-5-methylbenzyl)-phenyl]-propyl}-morpholin*, $C_{22}H_{29}NO_2$, Kp.$_{1,1}$ 234—237°, aus **XXXIII**; 85%. — *N-{γ-[p-(4-Äthoxy-3-methylbenzyl)-phenyl]-propyl}-morpholin*, $C_{23}H_{31}NO_2$, Kp.$_{0,7}$ 221—223°, aus **XXXIV**; 91%. — *-diäthylamin*, $C_{23}H_{33}NO$, Kp.$_{0,6}$ 193—197°; n_D^{20} 1,5362; 84%. — *N-{γ-[p-(4-Propoxy-3-methylbenzyl)-phenyl]-propyl}-morpholin*, $C_{24}H_{33}NO_2$, Kp.$_{1,3}$ 247—249°, aus **XXXV**; 86%. — *-diäthylamin*, $C_{24}H_{35}NO$, Kp.$_{0,3}$ 195—198°; n_D^{20} 1,5323; 67%. — *N-{γ-[p-(4-Butoxy-3-methylbenzyl)-phenyl]-propyl}-morpholin*, $C_{25}H_{35}NO_2$, Kp.$_{1,5}$ 244—246°, aus **XXXVI**; 93%. — *N-{γ-[p-(4-Äthoxyäthoxy-3-methylbenzyl)-phenyl]-propyl}-morpholin*, $C_{25}H_{35}NO_3$, Kp.$_{1,2}$ 253—257°, aus **XXXVII**; 75%. — *N-{γ-[p-(4-Phenoxybenzyl)-phenyl]-propyl}-morpholin*, $C_{26}H_{29}NO_2$, Kp.$_{1,1}$ 263—265°, aus **XXXVIII**; 87%. — *N-{γ-[p-(3.4-Dimethoxybenzyl)-phenyl]-propyl}-morpholin*, $C_{22}H_{29}\cdot NO_3$, Kp.$_{0,6}$ 232—234°, aus **XXXIX**; 88%. — *N-{γ-[p-(2.4-Dimethoxybenzyl)-phenyl]-propyl}-morpholin*, $C_{22}H_{29}NO_3$, Kp.$_{0,8}$ 232—233°, aus **XL**; 89%. — *N-{γ-[p-(2.3.4-Trimethoxybenzyl)-phenyl]-propyl}-morpholin*, $C_{23}H_{31}NO_4$, Kp.$_{1,5}$ 246—247 , aus **XLI**; 87%. — *N-{γ-[p-(4-Methoxy-α-naphthylmethyl)-phenyl]-propyl}-morpholin*, $C_{25}H_{29}NO_2$, Kp.$_{0,8}$ 268—270°, aus **XLII**; 85%. — *N-{γ-[p-(3.4-Methylendioxy-6-propylbenzyl)-phenyl]-propyl}-morpholin*, $C_{24}H_{31}NO_3$, Kp.$_{0,6}$ 242—246°; n_D^{20} 1,5601, aus **XLIII**; 61%. — *-diäthylamin*, $C_{24}H_{33}NO_2$, Kp.$_{0,5}$ 206—209°; n_D^{20} 1,5451; 62%. — *N-{γ-[p-(3.4-Dimethoxy-6-propylbenzyl)-phenyl]-propyl}-morpholin*, $C_{25}H_{35}NO_3$, Kp.$_{0,7}$ 245—247°; n_D^{20} 1,5538, aus **XLIV**; 86%. — *-diäthylamin*, $C_{25}H_{37}NO_2$, Kp.$_{0,6}$ 209—212°; n_D^{20} 1,5382; 78%. — *N-{γ-[p-(2-Methoxy-5-propylbenzyl)-phenyl]-propyl}-morpholin*, $C_{24}H_{33}NO_2$, Kp.$_{0,6}$ 230 bis 232°; n_D^{20} 1,5510, aus **III**; 87%. — *-diäthylamin*, $C_{24}H_{35}NO$, Kp.$_{0,4}$ 190—192°; n_D^{20} 1,5357; 71%. — *N-{γ-[p-(4-Methoxy-3-methylbenzyl)-phenyl]-propyl}-3-methoxypropylamin*, $C_{22}H_{31}NO_2$, Kp.$_{0,7}$ 219—222°; n_D^{20} 1,5450, aus **XXXII**; 84%. — Durch 15std. Erhitzen einer Lsg. eines Na-Aminoalkoholats in Xylol mit einem Monochlorid auf 150° wurden erhalten: *{γ-[p-(α-Naphthylmethyl)-phenyl]-propyl}-[β-morpholinoäthyl]-äther*, $C_{26}H_{31}NO_2$, Kp.$_{1,0}$ 272°, aus **X**; 72%. — *{γ-[p-(5.6.7.8-Tetrahydro-β-naphthylmethyl)-phenyl]-propyl}-[β-morpholinoäthyl]-äther*, $C_{26}H_{35}NO_2$, Kp.$_{0,6}$ 256—259°, aus **XII**; 77%. — *{γ-[p-(4-Fluorbenzyl)-phenyl]-propyl}-[β-morpholinoäthyl]-äther*, $C_{22}H_{28}\cdot FNO_2$, Kp.$_{1,8}$ 236—239°, aus **IV**; 81%. — *{γ-[p-(4-Methoxybenzyl)-phenyl]-propyl}-[β-morpholinoäthyl]-äther*, $C_{23}H_{31}NO_3$, Kp.$_{0,8}$ 242—244°, aus **XXIII**; 82%. — *-β-piperidinoäthyläther*, $C_{24}H_{33}NO_2$, Kp.$_{0,7}$ 227—229°; 75%. — *{γ-[p-(4-Propoxy-3-chlorbenzyl)-phenyl]-propyl}-[β-morpholinoäthyl]-äther*, $C_{25}H_{34}ClNO_3$, Kp.$_{2,0}$ 284—286°, aus **XXIX**; 79%. — *{γ-[p-(4-Butoxy-3-chlorbenzyl)-phenyl]-propyl}-[β-morpholinoäthyl]-äther*, $C_{26}\cdot H_{36}ClNO_3$, Kp.$_{1-1,3}$ 276, 282°, aus **XXXI**; 77%. — *{γ-[p-(4-Methoxy-3-methylbenzyl)-phenyl]-propyl}-[β-morpholinoäthyl]-äther*, $C_{24}H_{33}NO_3$, Kp.$_{1,5}$ 258—260°, aus **XXXII**;

85%. — *-β-dibutylaminoäthyläther*, $C_{28}H_{43}NO_2$, Kp.$_{1,1}$ 279—282°; 53%. — *{γ-[p-(2-Methoxy-5-methylbenzyl)-phenyl]-propyl}-[2-morpholinocyclohexyl]-äther*, $C_{28}H_{39}NO_3$, Kp.$_{1,3}$ 276 bis 279°, aus **XXXIII**; 40%. — *{γ-[p-(4-Äthoxy-3-methylbenzyl)-phenyl]-propyl}-[β-morpholinoäthyl]-äther*, $C_{25}H_{35}NO_3$, Kp.$_{0,9}$ 253—256°, aus **XXXIV**; 70%. — *{γ-[p-(4-Propoxy-3-methylbenzyl)-phenyl]-propyl}-[β-morpholinoäthyl]-äther*, $C_{26}H_{37}NO_3$, Kp.$_{1,5}$ 262 bis 264°, aus **XXXV**; 67%. — *{γ-[p-(4-Äthoxyäthoxy-3-methylbenzyl)-phenyl]-propyl}-[β-morpholinoäthyl]-äther*, $C_{27}H_{39}NO_4$, Kp.$_{1,5}$ 274—277°, aus **XXXVII**; 61%. — *{γ-[p-(4-Phenoxybenzyl)-phenyl]-propyl}-[β-morpholinoäthyl]-äther*, $C_{28}H_{33}NO_3$, Kp.$_{0,7}$ 297 bis 299°, aus **XXXVIII**; 72%. — *{γ-[p-(2.4-Dimethoxybenzyl)-phenyl]-propyl}-[β-morpholinoäthyl]-äther*, $C_{24}H_{33}NO_4$, Kp.$_{1,0}$ 262—264°, aus **XL**; 60%. — *N-{γ-[p-(4-Methoxy-3-aminobenzyl)-phenyl]-propyl}-morpholin*, $C_{21}H_{28}N_2O_2$, Kp.$_{0,7}$ 250—253°, F. 67—68°, aus 0,6 Mol o-Nitroanisol u. 0,2 Mol **II** mit 90 mg $FeCl_3$ bei 115° u. Umsetzung des erhaltenen Prod. mit Morpholin in Xylol; 53%. — *N-{δ-[p-(2-Methoxy-5-methylbenzyl)-phenyl]-butyl}-amin*, $C_{19}H_{25}NO$, Kp.$_{0,8}$ 194—197°, aus von 0,2 Mol **XXXIII** mit 0,24 Mol NaJ in Propanol bei Siedehitze u. Umsetzung des erhaltenen *Jodids* (Kp.$_{12}$ 212—228°) mit 18,2 g KCN in Propanol zu *γ-[p-(2-Methoxy-3-methylbenzyl)-phenyl]-buttersäurenitril* (Kp.$_{1,5}$ 202 bis 209°) u. Hydrierung in mit NH_3 gesätt. Methanol in Ggw. von RANEY-Ni; 53%. — *N-{γ-[p-(4-Methoxy-3-methylbenzyl)-phenyl]-butyl}-amin*, $C_{19}H_{25}NO$, Kp.$_{1,0}$ 208 bis 211°, analog aus **XXXII**; 56%. *Morpholinderiv.*, $C_{23}H_{31}NO_2$, Kp.$_{1,5}$ 242—245°, aus dem intermediär entstehendem Nitril bei der Hydrierung in Ggw. von Morpholin; 35%. *Pikrolonat*, F. 120°. — Bei der Kondensation mit wechselnden Mengen Katalysator erhält man aus 0,1 Mol Benzylchlorid u. 0,6 Mol Anisol bei 100° mit 3,6 mg $FeCl_3$ 80%, mit 1000 mg $FeCl_3$ 64% u. mit 8000 mg $FeCl_3$ 47%. — o-Kresylmethyläther u. Benzylchlorid gibt mit 18 mg $AlCl_3$ 79%, mit 14 mg $ZnCl_2$ 89%, mit 2,2 mg $FeCl_3$ 87% u. mit 8000 mg $FeCl_3$ ca. 55%. Mesitylen u. p-Methoxybenzylchlorid gibt mit 0,012 mg $FeCl_3$ 82%, mit 1000 mg $FeCl_3$ ca. 25% u. mit 8000 mg $FeCl_3$ ca. 0%. — Katalyt. Kondensationen von Benzylchlorid mit Anisol unter Zusatz von Hemmstoffen: Gegenüber 1 mg $FeCl_3$ für die Rk. von 0,1 Mol Benzylchlorid mit 0,3 Mol Anisol bei 115° werden bei Zusatz von $^1/_{2000}$ Mol Hemmstoff folgende $FeCl_3$-Mengen benötigt. Thiobenzamid 69 mg, N-Methylthiobenzamid 76 mg, N-Phenylthiobenzamid 70 mg, N-Thiobenzoylpiperidin 81 mg, Benzamid 33 mg, 4-Nitrobenzamid 5 mg, N.N-Diäthylbenzamid 67 mg, Tetraäthylharnstoff 81 mg, Diäthylacetylharnstoff 16 mg, Phenyläthylacetylharnstoff 26 mg, Diäthylbarbitursäure ca. 1 mg, Phenyläthylbarbitursäure ca. 1 mg, N.N-Dimethyldodecylamin 85 mg. Auch $ZnCl_2$ u. $AlCl_3$ werden durch diese Hemmstoffe blockiert. Xanthon wirkt schwächer (23 mg), p-Thiokresylmethyläther benötigt 60 mg. — Stabilisierungsverss. bei Arylmethylchloriden: HCl-Abspaltung u. Verharzung bei der Rk. von Benzylchlorid u. 60 mg $FeCl_3$ in Nitrobenzol wird durch 0,5 g Capronsäure- oder Stearinsäurediäthylamid auch bei mehrstd. Erhitzen auf 150° prakt. vollständig vermieden. (Liebigs Ann. Chem. **617.** 25—54. 30/10. 1958. Erratum: Liebigs Ann. Chem. **621.** 221. 23/4. 1959. Hamburg, Univ., Inst. für pharmazeut. Chem.) S. PREISS 2510

Wilson Baker und **H. L. Williams**, *Einige Bis-1.1'-spiroindane.* Das aus Diveratrylidenaceton (I) durch Hydrierung erhaltene *Bis-[3.4-dimethoxyphenäthyl]-keton* gibt mit $POCl_3$ in sd. Bzl. *5.6.5'.6'-Tetramethoxy-bis-1.1'-spiroindan* (**II**). Die Dehydratisierung von **I** verläuft wahrscheinlich über das isomere *3-[3.4-Dimethoxyphenäthyl]-5.6-dimethoxyinden*, das als Nebenprod. bzw. bei kürzerer Reaktionsdauer als Hauptprod. erhalten u. mit $POCl_3$ in sd. Bzl. oder mit $SnCl_2$ in Chlf. in **II** verwandelt wird. **II** gibt mit $KMnO_4$ das *Spiroanhydrid von 4.5.4'.5'-Tetramethoxybenzophenon-2.2'-dicarbonsäure* u. mit CrO_3 **II**-*3.3'-Dion*, das ein *Dibenzylidenderiv.* liefert u. nach CLEMMENSEN wieder zu **II** red. wird. **II** läßt sich zur *Tetrahydroxyverb.* entmethylieren. Das Verh. von **II** wird mit dem anderer Spiroindane (vgl. BAKER u. Mitarbeiter, J. chem. Soc. [London] **1939.** 1421 u. früher) verglichen.

Versuche (UV-Maxima in A.): *Bis-[3.4-dimethoxyphenäthyl]-keton*, F. 85°, aus **I** (F. 84°, hellgelbe Nadeln, oder F. 122—123°, hellgelbe Tafeln, aus Veratrumaldehyd u. Aceton) in Äthylacetat unter 4 at H_2 über RANEY-Ni bei Zimmertemp.; Nadeln; 95% (Ausbeute). *Oxim*, F. 128,5°. *Semicarbazon*, F. 189°. — *5.6.5'.6'-Tetramethoxy-bis-1.1'-spiroindan* (**II**), $C_{21}H_{24}O_4$, F. 80—81°, a) aus vorst. Verb. mit $POCl_3$ in sd. Bzl. (4 Std.); aus CH_3OH strahlenförmige Kristallaggregate; 91%; b) analog, aber 2½ statt 4 Std.; 46%, daneben 1,5% nachst. Verb.; c) aus nachst. Verb. wie unter a); 60%; d) aus nachst. Verb. in Chlf. mit $SnCl_2$ (50 Std. bei 20°); 60%. — *3-[3.4-Dimethoxyphenäthyl]-5.6-dimethoxyinden*, $C_{21}H_{24}O_4$, F. 135°, aus vorvorst. Verb. mit Polyphosphorsäure (84% P_4O_{10}) bei 60° (1 Std.); aus CH_3OH Nadeln; 24%, daneben 5% **II**. — *5.6.5'.6'-Tetrahydroxy-1.1'-spiroindan*, F. 290° (CH_3OH–Essigsäure), aus **II** mit sd. Eisessig u. wss. HBr (D. 1,5; 5 Std.). *Tetraacetat*, $C_{25}H_{24}O_8$, F. 200°, aus CH_3OH Tafeln. — *4.5.4'.5'-Tetramethoxybenzophenon-2.2'-dicarbonsäure*, $C_{19}H_{18}O_9$, F. 295° (nach Umwandlung in das Anhydrid), aus dem Spiroanhydrid mit warmem 10%ig. alkoh. KOH über das K-Salz (Nadeln). *Spiroanhydrid*, $C_{19}H_{16}O_8$, F. 296°, a) aus 3,6 g **II** mit wss. $KMnO_4$ auf dem sd. Wasserbad; aus 50%ig. Essigsäure oder Chlf.–CH_3OH Nadeln; 0,77 g (roh); b) analog aus 2.2'-Dimethyl-4.5.4'.5'-tetramethoxydiphenylmethan (vgl. OLIVERIO u. BOUMIS, C. **1954**. 1002); 50%. — *5.6.5'.6'-Tetramethoxy-bis-1.1'-spiro-indandion-(3.3')*, $C_{21}H_{20}O_6$, F. 265°, aus **II** mit CrO_3 in wss. Essigsäure (26 Std.); aus Essigsäure–CH_3OH Prismen; 50%. *Dibenzylidenderiv.*, $C_{35}H_{28}O_6$, F. 216°, aus CH_3OH gelbe Nadeln. Gibt mit amalgamiertem Zn in sd. wss. HCl u. Essigsäure 60% **II**. (J. chem. Soc. [London] **1959**. 1295—99. März. Bristol, Univ.; Coll. of Technol.)

H.-J. KOCH/Berlin. 2650

Ss. W. Bogdanow, *Reduktion der Bisulfitverbindung von α-Naphthol.* 1. Mitt. *1.2-Dihydronaphthalin-2-sulfonsäure.* Die Red. der α-Naphtholbisulfitverb. (I) mit Zn liefert ein Gemisch von Verbb., aus dem *1.2-Dihydronaphthalin-2-sulfonsäure* (**II**) in Form ihres Na-Salzes isoliert werden konnte. **II** entsteht vermutlich durch Dehydratisierung von intermediär gebildeter *1-Hydroxy-1.2.3.4-tetrahydronaphthalin-3-sulfonsäure,* die das erste Reduktionsprod. von **I** darstellt; dessen Struktur als *Na-1-Oxo-1.2.3.4-tetrahydronaphthalin-3-sulfonat* wird damit bestätigt. **II**-Na-Salz verhält sich beim Erwärmen mit NaOH wie eine „Bisulfitverb. des Naphthalins" u. wird zu *Naphthalin* (**III**) u. *SO_2* zersetzt. Im Unterschied zu **I** reagiert **II**-Na-Salz mit Br_2, was eine quantitative Best. ermöglicht. Bei der Rk. mit Br_2 entsteht *4-Hydroxy-3-brom-1.2.3.4-tetrahydronaphthalin-2-sulfonsäure* (**IV**). Diese geht bei der Einw. von verd. H_2SO_4 in *2-Bromnaphthalin* u. **III**, mit NaOH in *Naphthalin-2-sulfonsäure* über. Neben **I** entstehen aus α-Naphthol u. $NaHSO_3$ auch *1-Naphthol-2-* u. *-4-sulfonsäure.*

Versuche: *1.2-Dihydronaphthalin-2-sulfonsäure* (**II**), *Na-Salz,* $C_{10}H_9NaO_3S$, durch Eintragen von Zn-Spänen zu **I** u. $CuSO_4$ in verd. Essigsäure bei 50° u. 4std. Rühren bei 90—92°; aus wss. A. viereckige Blättchen; 55% (Ausbeute). — *Naphthalin* (**III**), F. 80°, durch 6std. Kochen von **II**-Na-Salz in 9,7%ig. NaOH; 93,4%; daneben SO_2. — *4-Hydroxy-3-brom-1.2.3.4-tetrahydronaphthalin-2-sulfonsäure* (**IV**), *Na-Salz-dihydrat,* $C_{10}H_{10}BrNaO_4S \cdot 2H_2O$, Zers. bei 100—110°, durch Zutropfen von gesätt. Bromwasser zu 24,54 g **II**-Na-Salz in W. bei 6° u. Aussalzen mit Na-Acetat; 32,4 g. — *2-Bromnaphthalin,* F. 54—55°, durch 2std. Kochen von **IV**-Na-Salz in 40%ig. H_2SO_4 u. Wasserdampfdest.; aus A. Blättchen; daneben **III**. — *Naphthalin-2-sulfonsäure, Na-Salz,* $C_{10}H_7NaO_3S$, durch Zugeben von **IV**-Na-Salz zu 10%ig. NaOH bei 95°, 2std. Kochen, Ansäuern mit HCl u. Einengen; aus wss. A. Blättchen. *Chlorid,* F. 75,5—76,5°, aus Essigsäure Blättchen. *Amid,* F. 215,5—216,5°, aus A. Blättchen. (Журнал Общей Химии [J. allg. Chem.] **28** (**90**). 1324—27. Mai 1958. Wiss. Forschungsinst. für org. Zwischenprodd. u. Farbstoffe.)

H.-E. TOUSSAINT. 2700

Ss. W. Bogdanow, *Reduktion der Bisulfitverbindung von α-Naphthol und ihres Oxims.* 2. Mitt. (1. vgl. vorst. Ref.) Bei der Red. der α-Naphtholbisulfitverb. (**I**) mit Zn in Essigsäure in Ggw. von $CuSO_4$ entstehen neben 1.2-Dihydronaphthalin-2-sulfonsäure (**II**) in geringer Menge *1.2.3.4-Tetrahydronaphthalin-2-sulfonsäure* (**III**) u. *1-Hydroxy-1.2.3.4.3'.4'-hexahydro-1.1'-dinaphthyl-3.3'-disulfonsäure* (**IV**). Letztere wird vermutlich über das entsprechende *Pinakon* gebildet; sie entsteht auch bei der Red. von **I** in HCl. Bei der Einw. von NaOH geht **IV** in *1-Hydroxy-1.2.3.4-tetrahydro-1.1'-dinaphthyl-3-sulfonsäure* u. weiter in *1.1'-Dinaphthyl* über. Die Red. von **I**-Oxim mit Zn in Essigsäure ergibt *1-Amino-1.2.3.4-tetrahydronaphthalin-3-sulfonsäure* neben wenig **I** u. **II**. Nach den Ergebnissen verläuft die Red. von **I** u. **I**-Oxim analog jener von 1-Oxo-1.2.3.4-tetrahydronaphthalin u. seinem Oxim, womit für **I** die Struktur des *Na-Salzes* der *1-Oxo-1.2.3.4-tetrahydronaphthalin-3-sulfonsäure* bestätigt ist.

Versuche: *1.2.3.4-Tetrahydronaphthalin-2-sulfonsäure* (**III**), *Na-Salz,* $C_{10}H_{11} \cdot NaO_3S$. *Na-Salzhydrat,* $C_{10}H_{11}NaO_3S \cdot H_2O$, durch 7½std. Kochen des nach einer ersten Kristallisation von **II**-Na-Salz (erhalten nach vorst. Ref.) durch Eindampfen der Mutterlauge erhaltenen Salzgemisches in 9,6%ig. NaOH; aus W. Blättchen. *Chlorid,* $C_{10}H_{11} \cdot ClO_2S$, F. 72—73°. *Amid,* $C_{10}H_{13}NO_2S$, F. 142—143°, aus A. Blättchen. — *Naphthalin-2-sulfonsäure, Na-Salz,* durch Erhitzen von **III**-Na-Salz mit S auf 250° bis zum Aufhören der H_2S-Entwicklung. *Amid,* F. 215,5—216,5°, aus A. Blättchen. — *1-Hydroxy-1.2.3.4.3'.4'-hexahydro-1.1'-dinaphthyl-3.3'-disulfonsäure* (**IV**), *Di-Na-Salz,* $C_{20}H_{18}Na_2 \cdot O_7S_2$. *Di-Na-Salzhydrat,* $C_{20}H_{18}Na_2O_7S_2 \cdot 1{,}5H_2O$, a) neben **III**-Na-Salz; b) durch Zugeben von Zn-Spänen zu **I** in verd. HCl bei 20—35°, 4std. Erwärmen auf 50°, Fällen des Zn mit Soda u. Ansäuern; aus W. Prismen; 7,7% (Ausbeute). — *1-Hydroxy-1.2.3.4-tetrahydro-1.1'-dinaphthyl-3-sulfonsäure, Na-Salz,* $C_{20}H_{17}NaO_4S$. *Na-Salzhydrat,* $C_{20}H_{17} \cdot NaO_4S \cdot 2{,}5H_2O$, durch 2std. Kochen von 5 g **IV**-Di-Na-Salz in 9,8%ig. NaOH u. Ansäuern; aus W. Blättchen; 3,34 g. — *1.1'-Dinaphthyl,* $C_{20}H_{14}$, F. 159,5—160°, aus A. Prismen, a) neben vorst. Salz 0,3 g; b) durch 15std. Kochen von 1 g vorst. Salzes in

9,8%ig. NaOH; 0,45 g; c) durch 3std. Kochen von 2 g **IV**-Di-Na-Salz in 40%ig. H_2SO_4; 0,9 g. — *1-Amino-1.2.3.4-tetrahydronaphthalin-3-sulfonsäure,* $C_{10}H_{13}NO_3S$, durch Zugeben von Zn-Spänen zu I-Oxim u. $CuSO_4$ in verd. Essigsäure bei 20—50°, 2std. Erwärmen auf 90°, 2std. Kühlen auf 5°, Ausziehen des Nd. mit sd. Sodalsg. u. Ansäuern mit HCl; 55%. *Benzoylderiv., Na-Salz,* $C_{17}H_{16}NNaO_4S$ (*Dihydrat,* $C_{17}H_{16}NNaO_4S \cdot 2H_2O$). (Журнал Общей Химии [J. allg. Chem.] **28** (**90**). 1328—32. Mai 1958.)

H.-E. Toussaint. 2700

Gaetano Di Modica und **Sergio Tira,** *Über 2-Äthyl-6-methylnaphthochinon-(1.4).* 2. Mitt. *über Methyläthylnaphthochinone.* (1. vgl. C. **1958.** 98.) 6-Methylnaphthol-(1) wurde mit Eisessig u. $ZnCl_2$ zu *2-Acetyl-6-methylnaphthol-(1)* acetyliert u. dieses red. zu *2-Äthyl-6-methylnaphthol-(1).* Dessen Oxydation mit CrO_3 führte zu *2-Äthyl-6-methylnaphthochinon-(1.4).*

Versuche: *6-Methylnaphthol-(1),* F. 83° (PAe.), aus 6-Methyltetralon u. 6%ig. Pd/Kohle, 1 Std. bei 300—320°. — *2-Acetyl-6-methylnaphthol-(1),* $C_{13}H_{12}O_2$, F. 63° (CH_3OH), aus vorst. Verb. u. Eisessig in Ggw. von $ZnCl_2$, 25 Min. unter Rückfluß; gelbe Rhomben. *2.4-Dinitrophenylhydrazon,* F. 315° (Zers.), rote Nadeln. — *2-Äthyl-6-methylnaphthol-(1),* $C_{13}H_{14}O$, F. 95°, aus vorst. Verb. u. Zn-Amalgam in Eisessig in Ggw. von konz. HCl, 4 Std. unter Rückfluß; Nadeln. — *2-Äthyl-6-methylnaphthochinon-(1.4),* $C_{13}H_{12}O_2$, F. 66°, aus vorst. Verb. u. CrO_3 in Eisessig, 50 Min. bei 50°, Chromatographie in PAe. an Al_2O_3 u. Sublimation. (Ann. Chimica **46.** 838—41. Okt. 1956. Torino, Univ., Ist. di Chim. Gen.)

Walter Simon. 2700

Zdeněk J. Allan und **Jiří Podstata,** *Aromatische Diazo- und Azoverbindungen.* 25. Mitt. *Herstellung von Polyazodirektblau.* (24. vgl. C. **1958.** 3580.) Untersucht wurden die optimalen Bedingungen der Herst. von *Siriuslichtblau G* [**I**; *Tetra-Na-2.5-disulfobenzol-⟨1-azo-4⟩-7-sulfonaphthalin-⟨1-azo-4⟩-naphthalin-⟨1-azo-2⟩-6-phenylaminonaphthol-(1)-sulfonat-(3)*], aus Anilin-2.5-disulfonsäure (**II**), Naphthylamin-(1)-sulfonsäure-(7) (**III**), α-Naphthylamin (**IV**) u. 2-Phenylaminonaphthol-(5)-sulfonsäure-(7) (**V**) (vgl. Bios 1440/1122/C. [1945.] 37). Die 1. Kupplung erfolgt durch Zusetzen einer Lsg. von **III** zu diazotierter **II** in Ggw. von Na-Acetat. Die Ausbeuten sind von der Dauer des Zusetzens (sofort oder innerhalb 15 Min.), von der Acetatmenge (0,3 bis 1,5 Äquivalent) u. von der endlichen Acidität des Kupplungsmediums (schwach sauer oder neutral gegen Kongorot) fast unabhängig. Der *Azofarbstoff* **II** + **III** [*Tri-Na-4-[2.5-disulfobenzolazo]-naphthylamin-(1)-sulfonat-(7)*] ist einheitlich, wird aber schon bei 20° durch verd. HCl oder Essigsäure ziemlich rasch zu *4-[2'.5'-Disulfobenzolazo]-naphthol-(1)-sulfonsäure-(7)* hydrolysiert. Gegenüber den Bios-Angaben (l. c.) ist es vorteilhafter, bei der 2. Kupplung an Stelle einer warmen Lsg. des **IV**-Hydrochlorids eine kalte, mit Leim u. Nekal hergestellte, acetathaltige Suspension von **IV** zu der Diazoniumsalzlsg. aus **II** + **III** zuzusetzen. Der ausgesalzene *Disazofarbstoff* **II** + **III** + **IV** [*Tri-Na-Salz* des *2.5-Disulfobenzol-⟨1-azo-4⟩-7-sulfonaphthalin-⟨1-azo-4⟩-naphthylamins-(1)*] ist bis auf die aus **III** + **IV** bestehende Verunreinigung einheitlich, unbeständig u. zers. sich beim Trocknen bei 80° in **II, III** u. *α-Naphthol.* Die höchsten Ausbeuten an **I** (61%) erhält man, wenn die 3. Kupplung von **II** + **III** + **IV** mit **V** in ammoniakal. Medium bei 3° vorgenommen wird. — Tabellar. zusammengefaßte Ergebnisse der 1. u. 3., unter verschied. Bedingungen durchgeführten Kupplung; tabellar. Übersicht über den störenden bzw. begünstigenden Einfl. von verschied. Metallsalzen u. organ. Verbb. auf die Ausbeute von **I** u. über die chromatograph. ermittelte Zus. des Reaktionsgemisches nach der 3. Kupplung; Angaben über die Verunreinigungen des Endprod. u. über die durch den Zerfall von diazotiertem **II** + **III** + **IV** entstandenen Farbstoffe; genaue Versuchsangaben zur Herst. von **I** in Form einer Laboratoriumsvorschrift sowie Angaben über die Reinigung von **I** über das Mg-Salz. (Chem. Listy **51.** 1142—48. Juni 1957 [Orig.: tschech.]; Collect. czechoslov. chem. Commun. **23.** 725—33. April 1958 [Orig.: deutsch]. Pardubice-Rybitví, Výzk. ústav organ. synthes.)

A. Emr/Prag. 2700

Zdeněk J. Allan und **Ferdinand Mužík,** *Aromatische Diazo- und Azoverbindungen.* 27. Mitt. *Kupplung von Resorcin- und m-Phenylendiaminderivaten. Chinoide Fixierung von Doppelbindungen im aromatischen System.* (26. vgl. C. **1959.** 10521; 25. vgl. vorst. Ref.) Bei der Kupplung von 4-Nitroresorcin (**I**) mit äquimol. Mengen Benzoldiazoniumchlorid (**II**) bildet sich neben *2.6-Bis-benzolazo-* u. *2-Benzolazo-* (**III**) in geringem Ausmaß auch *6-Benzolazo-4-nitroresorcin* (**IV**). Hingegen entstehen aus 4-Nitrosoresorcin bzw. 4-Nitrophenylendiamin-(1.3) (**V**) u. äquimol. Mengen **II** nur *2-Benzolazo-4-nitrosoresorcin* (**VI**) bzw. *-4-nitrophenylendiamin-(1.3)* (**VII**). Die Kupplung von Phenylendiamin-1.3-sulfonsäure-(4) (**VIII**) mit äquimol. Mengen **II** liefert sowohl den *2.6-Bisazo-* als auch den *6-Monoazofarbstoff.* Die obigen Ergebnisse werden von Vff. auf die Wechselwrkg. zwischen den beiden Elektronendonatoren (OH- bzw. NH_2-Gruppe) u. der Aktivität des Elektronenacceptors (NO-, NO_2- bzw. SO_3H-Gruppe) der passiven Farbstoffkomponente zurückgeführt. Sowohl in der p-chinoiden als auch in der o-chinoiden mesomeren Grenzform, die durch die elektronenentziehende Wrkg. des in 4-Stellung vorhandenen Substituenten fixiert wird, dirigiert die zweite OH- bzw. NH_2-Gruppe die Azokomponente vorzugsweise in 2-Stellung. Wird dagegen die chinoide Form durch den Substituenten in 4-Stellung nicht fixiert, macht sich bei der Kupplung mehr der benzoide Zustand geltend, es bildet sich neben dem *2-* bzw. *6-Monoazofarbstoff* auch der *2.6-Disazofarbstoff*. Bei der besprochenen Fixierung der Doppelbindungen scheint sich die Grenzpolarisierbarkeit aller drei Substituenten in weit größerem Ausmaß geltend zu machen als bei der einfachen Substitution des Benzolkernes. Aus diesem Grunde ist (wie aus dem Verh. von **I** u. **V** hervorgeht) die NH_2-Gruppe wirksamer als die OH-Gruppe, u. die NO-Gruppe tritt als stärkster Elektronenacceptor auf. Auf Grund dieser u. einiger früheren Arbeiten wird für die fixierende Aktivität der Substituenten folgende Reihe aufgestellt: NO $>$ NO_2 $>$ $C_6H_5N{=}N{-}$, substituiert mit einem Elektronenacceptor $>$ $C_6H_5N{=}N{-}$ mit einem Elektronendonator $>$ SO_3H. Ferner werden die Kupplungs-Rkk. einiger sulfonierter u. am Kern methylierter Derivv. des m-Phenylendiamins beschrieben. In einer mit Na-Acetat gepufferten Lsg. bilden sich aus äquimol. Mengen 2.4-Diaminotoluol-5-sulfonsäure u. p-Benzoldiazoniumsulfonat (**X**) der *3-Monoazofarbstoff* u. unter Verdrängung der Sulfogruppe zugleich auch der *3.5-Disazofarbstoff*, mit 2 Mol **X** ausschließlich der *3.5-Disazofarbstoff*, aus 2.6-Diaminotoluol-3-sulfonsäure u. 2 Mol **X** nur der *5-Monoazofarbstoff*, aus 2.6-Diaminotoluol-4-sulfonsäure u. 2 Mol **X** nur der *3-Monoazofarbstoff*, aus 2.4-Diaminotoluol-6-sulfonsäure u. 2 Mol **X** nur der *3.5-Disazofarbstoff* u. aus äquimol. Mengen 2.4-Diaminotoluol-3.5-disulfonsäure u. **II** unter Verdrängung einer Sulfogruppe der *5-Monoazofarbstoff*. Die Kupplungsprodd. der obigen Sulfonsäuren wurden nicht isoliert, sondern papierchromatograph. identifiziert.

Versuche (FF. im KOFLER-Block): *6-Benzolazo-4-nitroresorcin* (**IV**), $C_{12}H_9N_3O_4$, F. 165° (aus A.–PAe. gelbe, haarfeine Nadeln), das in sodaalkal. oder natronalkal. Lsg. aus **I** u. äquimol. Mengen **II** erhaltene Farbstoffgemisch (1 g) wurde in 10 cm³ Chlorbenzol heiß gelöst; aus der noch warmen Lsg. reines *2.6-Bis-[benzolazo]-4-nitroresorcin*; nach Abkühlen des Filtrats ein *Gemisch* (0,64 g) aus diesem u. *2-Benzolazo-4-nitroresorcin* (**III**); aus der Mutterlauge innerhalb einer Woche reines **III**; aus dem Abdampfrückstand des Filtrats in Chlf. u. Chromatographie an mit Sodalsg. getränktem Silicagel **IV**; 0,03 g (Ausbeute). Gibt durch Red. mit Zn u. HCl in Dioxan *4.6-Diaminoresorcin*. — *2-Benzolazo-4-nitrosoresorcin* (**VI**), durch Lösen von 0,02 Mol 4-Nitrosoresorcinmonohydrat in 50 cm³ W. u. 16 cm³ 2,5n NaOH, Versetzen mit 2,4 g Essigsäure u. 2,5 g Na-Acetat in 100 cm³ W., Kupplung mit 0,02 Mol einer neutralisierten (Kongorot) **II**-Lsg. bei 15° u. Ansäuern; 5 g gelber Farbstoff; desgleichen durch Kupplung in stark alkal. Lsg. unter teilweiser Zers. u. N_2-Entw.; chromatograph. gereinigtes **VI** liefert wie **IV** durch Red. *2.4-Diaminoresorcin*. — *2-Benzolazo-4-nitrophenylendiamin-(1.3)* (**VII**), $C_{12}H_{11}N_5O_2$, F. 193,5°, durch Zufügen von 0,04 Mol **II** zu 0,04 Mol **V** in Aceton, Neutralisieren mit Na-Acetat (Kongorot), 70std. Rühren unter Neutralisieren der gebildeten Säure mit Soda, Reinigung durch Umlösen aus A. unter Zugabe von Tierkohle u. Al_2O_3 u. Versetzen des heißen Filtrates mit dem gleichen Vol. W.; haarfeine Nadeln; 6,41 g. Durch 2std. Kochen mit 50%ig. NaOH unter Zugabe von Na-1.3-Xylol-4-sulfonat → **III** u. wahrscheinlich *2-Benzolazo-4-nitro-3-aminophenol*. — *Phenylendiamin-(1.3)-sulfonsäure-(4)* (**VIII**), $C_6H_8N_2O_3S$, aus 300 g des durch Sulfonierung von m-Phenylendiamin erhaltenen techn. Prod. durch Lösen in 500 cm³ W. u. 135 g 50%ig. NaOH, Alkalisieren (Brillantgelb) mit Soda, Ansäuern mit Essigsäure u. Abkühlen auf 5°; 67,7 g; aus dem Filtrat durch Ansäuern mit 116 cm³ 32%ig. HCl 179 g *Phenylendiamin-(1.3)-disulfonsäure-(4.6)*, verunreinigt mit ca. 5% **VIII**. — *2.4-Diaminotoluol-5-sulfonsäure*, $C_7H_{10}N_2O_3S$, a) durch Erhitzen von 0,02 Mol 2.4-Diaminotoluol (**IX**) mit 0,02 Mol H_2SO_4 (4 Std. auf 135° u. 1 Std. auf 180°/9—10 mm Hg); aus W. Kristalle; b) durch Erhitzen von **IX** in H_2SO_4 mit 63%ig. Oleum auf 100—105°, Gießen auf Eis u. Neutralisieren mit NaOH (Kongorot). Aus dem Filtrat nach Ansäuern *2.4-Diaminotoluol-3.5-disulfonsäure*, *Ba-Salz*, $C_{14}H_{18}BaN_4O_{12}S_4 \cdot 3H_2O$, aus W. Kristalle. — *2.6-Diaminotoluol-3-sulfonsäure*, $C_7H_{10}N_2O_3S$, durch Verreiben von 1,5 g 2.6-Diaminotoluol mit 1,23 g 98%ig. H_2SO_4, 1½std. Erhitzen auf 140°, 1 Std. auf 180° u. schließlich auf 210°/6 mm Hg, Verreiben mit Soda, Lösen in W., Ausziehen mit Bzl. u. Ansäuern (p_H 3); aus W. Kristalle. — *NH_4-2.6-Bis-[benzolazo]-phenylendiamin-(1.3)-sulfonsäure-(4)*, durch Kupplung von 0,02 Mol **VIII** mit 0,02 Mol **II** in natronalkal., mit Na-Acetat gepufferter Lsg., Ansäuern, Lösen des erhaltenen Farbstoffgemisches (5,59 g) in warmem 10%ig. NH_4OH u. Abkühlen auf 40°; aus dem Filtrat durch Zufügen einer konz. NH_4Cl-Lsg., Erhitzen, Lösen des Nd. in W. u. Ansäuern mit Essigsäure in der Siedehitze *6-Benzolazophenylendiamin-*

(*1.3*)-*sulfonsäure*-(*4*), $C_{12}H_{12}N_4O_3S\cdot 0{,}75H_2O$, dunkelrote, lange Nadeln. (Chem. Listy **52.** 474—85. März 1958 [Orig.: tschech.]; Collect. czechoslov. chem. Commun. **23.** 1927—40. Okt. 1958 [Orig.: deutsch].) A. Emr/Prag. 2700

Ferdinand Mužík und **Zdeněk J. Allan,** *Aromatische Diazo- und Azoverbindungen.* 28. Mitt. *Kupplungen mit N.N'-Bis-benzolsulfonyl-m-phenylendiamin. Disemichinone, ein neuer Typ von Verbindungen.* (27. vgl. vorst. Ref.; vgl. hierzu auch C. **1956.** 5259; C. **1955.** 7193.) Die Kupplung von N.N'-Bis-benzolsulfonyl- (**I**) bzw. N.N'-Bis-[p-toluolsulfonyl]-m-phenylendiamin (**III**) mit 2 Mol Benzoldiazoniumchlorid (**V**) liefert *4.6-Bis-benzolazo-1.3-bis-*[*benzolsulfonylamino*]*-benzol* (**IV**) bzw. *-1.3-bis-*[*p-toluolsulfonylamino*]*-benzol* (**VI**). Ähnlich bildet sich aus **III** u. p-Benzoldiazoniumsulfonat (**VII**) *Di-Na-4.6-bis-benzolazo-1.3-bis-*[*p-toluolsulfonylamino*]*-benzol-4'.4''-disulfonat* (**VIII**). Aus 2.4-Bis-[p-toluolsulfonylamino]-toluol u. überschüssigem **VII** bildet sich *Na-5-Benzolazo-2.4-diaminotoluol-4'-sulfonat.* Das durch Red. von **IV** mit $Na_2S_2O_4$ erhaltene *1.5-Bis-*[*benzolsulfonylamino*]*-2.4-diaminobenzol* kondensiert sich mit HNO_2 zu *lin.-Bis-*[*1-benzolsulfonyltriazolo*]*-benzol* (**X**) (lin. = linear). Die Oxydation des aus **X** hergestellten *lin.-Bis-triazolobenzols* liefert *Bis-triazolo-p-benzochinon.* Bei der Red. des letzteren mit $Na_2S_2O_4$ bildet sich unter vorübergehender Blaufärbung gelbes *Bis-triazolo-p-hydrochinon* (**XI**). — Die an der Luft geschüttelte natronalkal. Lsg. von **XI** schlägt von Gelb über Blau nach Farblos, auf Zusatz von $Na_2S_2O_4$ über Blau nach Gelb um. Das blaue Reduktionsstadium wird dem entsprechenden Semichinonradikal zugesprochen. Die Oxydation von **VI** bzw. **VIII** liefert *Bis-*[*2-phenyltriazolo*]*-p-benzochinon* (**XII**) bzw. die *4'.4''-Disulfonsäure* (**XIII**). **XII** u. **XIII** werden in natronalkal. Lsg. mit $Na_2S_2O_4$ unter intensiver blaugrünlicher Färbung reduziert. Durch Schütteln an der Luft tritt Entfärbung ein, auf Zusatz von $Na_2S_2O_4$ kehrt die ursprüngliche Farbe wieder. Da die **XII** bzw. **XIII** analogen, jedoch sauerstofffreien Verbb. bei Einw. von $Na_2S_2O_4$ unverändert bleiben, sind Vff. der Ansicht, daß die Red. an den Chinonsauerstoffatomen erfolgt u. fassen hinsichtlich der fixierten Doppelbindungen der beiden 2-Phenyltriazolkerne die Reduktionsprodd. von **XII** u. **XIII** als Disemichinone auf. Ihre Struktur wird entweder mit Hilfe einer formalen diagonalen Valenz zwischen den beiden O-Atomen oder durch die obenst. Grenzform **IX** zum Ausdruck gebracht.

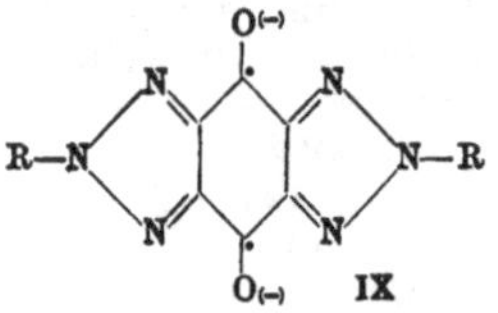

IX

R = C_6H_5 bzw. p-$C_6H_4SO_3H$

V e r s u c h e (FF. im Kofler-Block): *N.N'-Bis-benzolsulfonyl-m-phenylendiamin* (**I**), F. 199,5° (A.), aus m-Phenylendiamindihydrochlorid (**II**) u. Benzolsulfochlorid in wss. Na_2CO_3-Lsg. bei 60—75°; 100% (Ausbeute). — *N.N'-Bis-*[*p-toluolsulfonyl*]*-m-phenylendiamin* (**III**), F. 172° (A.), wie **I** aus **II** u. p-Toluolsulfochlorid; *Di-Na-Salz,* 20,83 g rohes **III** in 100 cm³ W. u. 44 cm³ 2,5n NaOH bei 60° lösen, mit 50 cm³ 10%ig. NaCl versetzen, bei 25° Absaugen u. mit NaCl u. A.–PAe. (1 : 1) nachwaschen; 23,8 g eines 84%ig. Produktes. — *4.6-Bis-benzolazo-1.3-bis-*[*benzolsulfonylamino*]*-benzol* (**IV**), $C_{30}H_{24}N_6O_4S_2$, F. 264—266° (teilweise Zers.), 3,89 g **I** in 20 cm³ n-NaOH, 20 cm³ 2,5n Na_2CO_3 u. 55 cm³ Pyridin lösen, bei 0—5° mit 0,022 Mol **V** in 32 cm³ Lsg. versetzen u. nach 1 Std. mit 50 cm³ W. verdünnen; Reinigung: aus Chlorbenzol umlösen, in Pyridin lösen u. mit dem gleichen Vol. warmem A. versetzen; rötlichgelbe Kristalle; 5,5 g (roh). — *4.6-Bis-benzolazo-1.3-bis-*[*p-toluolsulfonylamino*]*-benzol* (**VI**), $C_{32}H_{28}N_6O_4S_2$, F. 241—244°, wie **IV** aus 0,01 Mol **III**-Di-Na-Salz u. 0,022 Mol **V**; Reinigung: 5 g in 30 cm³ heißem Pyridin lösen u. mit 9 cm³ W. versetzen; aus A.–Toluol (1 : 1) orangebraune Plättchen; 5,9 g. — *Di-Na-4.6-bis-benzolazo-1.3-bis-*[*p-toluolsulfonylamino*]*-benzol-4'.4''-disulfonat* (**VIII**), 0,01 Mol **III**-Di-Na-Salz in 100 cm³ W. mit einer neutralen Suspension von 0,021 Mol **VII** versetzen, mit Na_2CO_3 neutralisieren (Kongorot), 8 cm³ 2,5n Na_2CO_3 zufügen, 45 Min. rühren, mit 45 cm³ 5n Essigsäure versetzen u. auf 80° erhitzen; gelborangefarbene Nadeln; 8,3 g. *Ba-Salz,* $C_{32}H_{26}BaN_6O_{10}S_4\cdot 3H_2O$, aus wss. A. orangefarbene Nadeln. — *Na-5-Benzolazo-2.4-diaminotoluol-4'-sulfonat,* wie **VIII** aus 5 mMol 2.4-Bis-[p-toluolsulfonylamino]-toluol u. 15 mMol **VII**, über Nacht rühren, durch Ansäuern mit H_2SO_4 (Kongorot) fällen u. mit NaCl versetzen. — *1.5-Bis-benzolsulfonylamino-2.4-diaminobenzol,* $C_{18}H_{18}N_4O_4S_2$, F. 229—231° (teilweise Zers.), durch Red. von **IV** mit überschüssigem $Na_2S_2O_4$ in 94%ig. A. in Ggw. von etwas NaOH bei 80—90°; aus 94%ig. A. Nadeln. — *lin.-Bis-*[*1-benzolsulfonyltriazolo*]*-benzol* (**X**), $C_{18}H_{12}N_6O_4S_2$, F. 199—201° (A.–Chlorbenzol), durch Lösen von 1 g vorst. Verb. in 94%ig. A. u. Versetzen mit einigen Tropfen 63%ig. H_2SO_4 u. 2,5n $NaNO_2$; 0,9 g. — *lin.-Bis-triazolobenzol,* $C_6H_4N_6$, F. 315° (Zers.; in einer Capillare), F. 350° (Zers. im Kofler-Block), durch 3—5 Min. langes Kochen von 0,85 g **X** mit 10 cm³ 2,5n NaOH in 10 cm³ A., Ansäuern mit Essigsäure u. Einengen; 0,15 g; oder aus **X** durch saure (konz. H_2SO_4) Hydrolyse; aus W. bräunliche Nadeln. — *Bis-triazolo-p-benzochinon,* $C_6H_2N_6O_2$ (verpufft beim Erhitzen), durch Lösen der rohen vorst. Verb. in 10 cm³ W. u. 2 cm³ 2,5n NaOH (Ausscheidung des Na-Salzes), Ansäuern mit 10 cm³ 63% ig. H_2SO_4, Erhitzen zum Sieden u. Versetzen mit 3,5 g $K_2Cr_2O_7$ in 10 cm³ W.; durch Reinigung über das *Na-Salz* gelbe Plättchen; 0,62 g; oder durch Oxydation vorst. Verb. mit PbO_2 in verd. H_2SO_4 oder HNO_3. — *Bis-triazolo-p-hydrochinon* (**XI**), $C_6H_4N_6O_2$, durch Red. vorst. Verb. in natronalkal. Lsg. mit $Na_2S_2O_4$ (die Lsg. färbt sich während der Red. zunächst blau, dann rotgelb); nach Ansäuern mit 5n Essigsäure gelber, amorpher Nd.; durch Lösen in heißer 50% ig. H_2SO_4 kristallines *Sulfat*, das sich auf Zusatz von W. hydrolysiert. — *Bis-[2-phenyltriazolo]-p-benzochinon* (**XII**), $C_{18}H_{10}N_6O_2$, F. >350°, durch Kochen von 1,5 g fein verriebenem **VI** mit 3 g $Na_2Cr_2O_7$ in 150 cm³ 98% ig. Essigsäure unter Zutropfen von 1,5 cm³ 63% ig. H_2SO_4 u. Verdünnen mit 100 cm³ W.; gelbe Plättchen aus Nitrobenzol; 0,6 g; aus dem Filtrat durch weiteres Verdünnen mit W. *Verb.* $C_{20}H_{14}N_6O_3 \cdot \frac{1}{2}H_2O$, F. 218° (z. T.), nach Erstarren F. >340°, die als *2.3;5.6-Bis-[2-phenyltriazolo]-1-acetoxycyclohexanon-(4)* angesehen wird; gelbe Nadeln aus A.-Chlorbenzol. — *Bis-[2-phenyltriazolo]-p-benzochinon-4'.4''-disulfonsäure* (**XIII**), wie **XII** aus **VIII** in W. oder Essigsäure. *Ba-Salz*, $C_{18}H_8BaN_6O_8S_2 \cdot 1\frac{1}{2}H_2O$, Nadeln. (Chem. Listy **52**. 486—93. März 1958. [Orig.: tschech.]; Collect. czechoslov. chem. Commun. **24**. 474—83. Febr. 1959. [Orig.: deutsch].) A. EMR/Prag. 2700

Vladimír Chmátal, Zdeněk J. Allan und **Ferdinand Mužík**, *Aromatische Diazo- und Azoverbindungen.* 29. Mitt. *Herstellung von Tritriazolobenzol und seinen Derivaten.* (28. vgl. vorst. Ref.) Die durch Kupplung von 1.3.5-Triaminobenzol (**I**) mit verschied. Diazoniumsalzen u. durch anschließende Oxydation der entstandenen *2.4.6-Trisazofarbstoffe* hergestellten *2.5.8-Triaryl-* bzw. *2.5.8-Tris-[tetrazolyl-(5')]-tritriazolobenzole* sind wegen ihrer schwachen Fluorescenz als opt. Aufhellungsmittel nicht brauchbar. Die Muttersubstanz der vorst. Verbb., das *Tritriazolobenzol* (**VI**), wurde durch Oxydation des aus p-Amino-o-sulfooxanilsäure u. **I** hergestellten *Tri-Na-Salzes* (**VII**) der *N.N'.N''-[1.3.5-Tris-(3'-sulfobenzolazo)-2.4.6-triaminobenzol]-tris-4'-oxamidsäure* u. Decarboxylierung der hierbei entstandenen *Tritriazolobenzol-2.5.8-tricarbonsäure* erhalten. Vff. gelang es nicht, **VI** aus *N¹.N³.N⁵-Tri-p-tosylhexaaminobenzol* (**VIII**) u. HNO_2 darzustellen. Sowohl **VIII** als auch *N¹.N³.N⁵-Tri-p-tosylpentaaminobenzol* gehen die Rk. mit HNO_2 nicht ein. **I** bzw. 2.4.6-Triaminotoluol kondensieren unter NH_3-Austritt bes. leicht mit aromat. Aminen.

Versuche (FF. im KOFLER-Block): *1.3.5-Triaminobenzol* (**I**), durch Red. von 5 g 1.3.5-Trinitrobenzol (**II**) in 100 cm³ 36 % ig. HCl mit 2,5 g krist. $SnCl_2$ bei 40°, dann mit 17—20 g Fe-Pulver unter Kühlung (Temp. <60°) u. Zugabe von 100 cm³ 36% ig. HCl; 4,5—5 g (Ausbeute) mit einem Geh. von ca. 10% *3.5-Diaminophenol*; chromatograph. reines **I** durch Red. von 2 g **II** in 100 cm³ Äthylacetat mit 40 g krist. $SnCl_2$ in 50 cm³ 36% ig. HCl; 2 g (*Trihydrochlorid*). — *Tri-Na-2.5.8-triphenyltritriazolobenzol-tris-4'-sulfonat*, $C_{24}H_{12}N_9Na_3O_9S_3 \cdot 2H_2O$ (W.), aus 6,92 g diazotierter Sulfanilsäure u. 2,33 g **I** · 3 HCl in 50 cm³ W. bei 0°, Fällen des *Tri-Na-1.3.5-tris-benzolazo-2.4.6-triaminobenzoltris-4'-sulfonats* (6,2 g braune Nadeln) mit NaCl u. Umlösen aus W., Oxydation von 20 g dieses Farbstoffs in 150 cm³ W. u. 50 cm³ 23% ig. NH_4OH mit 50 g krist. $CuSO_4$ unter 1 std. Kochen, Versetzen des Filtrats mit HCl u. NaCl, Entkupfern des Nd. in natronalkal. Lsg. mit 0,4 g $Na_2S_2O_4$ u. Versetzen des Filtrats mit HCl/NaCl; Nadeln; 16 g. — *2.5.8-Tris-[o-methoxyphenyl]-tritriazolobenzol* (**IV**), $C_{27}H_{21}N_9O_3$, F. 257° (Chlorbenzol–Nitrobenzol, 4 : 1), durch Zugeben von Eis u. 250 cm³ Aceton zu 6,15 g diazotiertem o-Anisidin, Zutropfen von 2,33 g **I** · 3 HCl in 100 cm³ W. bei 0° u. gleichzeitig von Na-Acetatlsg., Fällen von *1.3.5-Tris-[o-methoxyphenylazo]-2.4.6-triaminobenzol* (4,8 g; rote Nadeln) durch Verdünnen mit W., Oxydation von 3 g des Farbstoffs in 150 cm³ Pyridin mit 10 g krist. $CuSO_4$ in 50 cm³ W. unter 1½ std. Kochen u. Fällen mit W.; schwach violette Nadeln. — *2.5.8-Tris-[p-methoxyphenyl]-tritriazolobenzol*, $C_{27}H_{21}N_9O_3$, F. 329°, aus **I** · 3 HCl u. p-Anisidin wie **IV**; rosa gefärbte Nadeln; 2 g. — *Tri-K-2.5.8-tris-[4'-aminophenyl]-tritriazolobenzoltris-3'-sulfonsäure*, $C_{24}H_{15}K_3N_{12}O_9S_3 \cdot \frac{1}{2}H_2O$ (28% ig. A.), aus **I** · 3 HCl u. diazotierter p-Amino-o-sulfooxanilsäure in Ggw. von Soda, Oxydation von 5 g des *Tri-Na-Salzes der N.N'.N''-[1.3.5-Tris-(3'-sulfobenzolazo)-2.4.6-triaminobenzol]-tris-4'-oxamidsäure* (**VII**; 90%) in 100 cm³ W., 50 cm³ 23% ig. NH_4OH u. 10 cm³ 2,5n NaOH mit 15 g krist. $CuSO_4$ unter ½ std. Kochen, Ansäuern, ½ std. Kochen des Nd. in 2,5n KOH u. Verdünnen mit dem gleichen Vol. A.; gelbliche Nadeln; 5 g; kuppelt in natronalkal. Lsg. mit 2-Acetamidonaphthol-(5)-sulfonsäure-(7) bzw. 1-Aminonaphthol-(8)-disulfonsäure-(3.6) zu einem roten bzw. violetten, auf Baumwolle direkt ziehenden, ziemlich wasserechten *Farbstoff*. — *2.5.8-Tris-[tetrazolyl-(5')]-tritriazolobenzol*, $C_9H_3N_{21}$, aus 2,5 g diazotiertem 5-Aminotetrazol (250 cm³) u. 2,3 g **I** · 3 HCl in 20 cm³ W. u. 100 cm³ Pyridin u. Oxydation von 1 g des Farbstoffs (*1.3.5-Tris-[tetrazolyl-(5)-azo]-2.4.6-triaminobenzol*) in 5 cm³ 2,5n NaOH mit NaOCl bei 70°; 0,8 g *Tri-Na-Salz. Säure* in Nadeln; zers. sich beim Erhitzen explosionsartig. — *Tritriazolobenzol-2.5.8-tricarbonsäure*, $C_9H_3N_9O_6$, aus 50 g **VII** u. 150 g $KMnO_4$ in W. innerhalb 4 Std., zunächst unter Eiskühlung, später bei 100°; aus W. Prismen; 13,5 g. An Stelle von **VII** kann auch der *Farbstoff* aus o-Aminophenol-p-sulfonsäure u. **I** verwendet werden. — *Tritriazolobenzolmonohydrat* (**VI**), $C_6H_3N_9 \cdot H_2O$, aus 2 g vorst. Verb. durch 4std. Erhitzen mit 6 g NaOH auf 350—360°; 0,9 g; verliert W. bei 180°. *Ammoniumsalz*, $C_6H_2N_9 \cdot NH_4$, explodiert oberhalb 300°. — *1.3.5-Tris-[p-tosylamino]-benzol* (**III**), $C_{27}H_{27}N_3O_6S_3$, F. 271° (Chlorbenzol), aus **I**·3 HCl u. p-Toluolsulfochlorid in Pyridin; 71%. — *2.4.6-Tris-[p-tosylamino]-toluol*, $C_{28}H_{29}N_3O_6S_3$, F. 130° (A.), aus 2.4.6-Triaminotoluoltrihydrochlorid (**V**). — *2.4-Bis-benzolazo-1.3.5-tris-[p-tosylamino]-benzol*, $C_{39}H_{35}N_7O_6S_3$, F. 143° (Chlorbenzol), aus **III** u. Benzoldiazoniumchlorid in Ggw. von Soda; 88%. — *$N^1.N^3.N^5$-Tri-p-tosylpentaaminobenzol*, $C_{27}H_{29}N_5O_6S_3$, F. 238—239° (wss. A.), aus vorst. Verb. durch Red. mit $Na_2S_2O_4$ in natronalkal. wss.-alkoh. Lsg. bei 70—80°; 50%; keine Rk. mit HNO_2. — *2.4.6-Trinitro-1.3.5-tris-[p-tosylamino]-benzol*, $C_{27}H_{24}N_6O_{12}S_3$, F. 230° (40%ig. A.), aus 5 g **III** u. 10 cm³ 68%ig. HNO_3 in 60 cm³ Eisessig, 5 Std. bei 100°; 4 g. — *$N^1.N^3.N^5$-Tri-p-tosylhexaaminobenzol* (**VIII**), $C_{27}H_{30}N_6O_6S_3$, aus 2 g vorst. Verb. in 20 cm³ A. u. 5 cm³ Eisessig mit Zn-Staub, 15 Min. in der Siedehitze, Verdünnen mit W. u. Umfällen mit W. aus Pyridin; 0,5 g gelber, amorpher Stoff; keine Rk. mit HNO_2. — *2.4.6-Trianilinotoluol*, $C_{25}H_{23}N_3$, F. 130° (A.), durch 8std. Erhitzen von 2 g **V** mit 10 cm³ Anilin (Temp. nicht angegeben) u. 3std. Rühren mit 50 cm³ 2,5n HCl u. 50 cm³ W.; 2 g. — *1.3.5-Trianilinobenzol*, F. 197°, durch 2std. Erhitzen von **I**·3 HCl mit Anilin. — *1.3.5-Tris-[p-tolylamino]-benzol*, F. 188°, aus **I**·3 HCl u. p-Aminotoluol wie vorst. Verbindung. (Chem. Listy **52**. 948—56. Mai 1958. [Orig.: tschech.]; Collect. czechoslov. chem. Commun. **24**. 484—93. Febr. 1959. [Orig.: deutsch.]) A. EMR/Prag. 2700

Vladimír Chmátal, Jaroslav Poskočil und **Zdeněk J. Allan**, *Aromatische Diazo- und Azoverbindungen*. 30. Mitt. *Ultraviolettspektren und Coplanarität von 2-Phenylnaphtho-[1.2:d]-triazolderivaten*. (29. vgl. vorst. Ref.) Die durch Kupplung von diazotiertem Anilin bzw. seinen o- oder p-substituierten Derivv. mit β-Naphthylamin hergestellten *Azofarbstoffe* wurden mit pyridinhaltiger $CuSO_4$-Lsg. oxydiert u. die UV-Spektren der entstandenen *2-Phenylnaphtho-[1.2:d]-triazolderivv.* **A** verglichen. Die UV-Spektren sämtlicher *p-substituierter* **A** u. das des *m-Chlorderiv.* sind, abgesehen von der bathochromen Verschiebung, vom UV-Spektr. des 2-Phenylnaphtho-[1.2:d]-triazols (**I**) nicht verschieden. Durch o-Substitution im Phenylrest von **I** wird die Coplanarität des Mol. u. mithin auch die Konjugation gestört, so daß in spektraler Hinsicht die beiden Teile des Mol. (d. h. die Phenyl- u. Naphthotriazolgruppe) als voneinander unabhängig auftreten. Die UV-Spektren der Verbb. u. das von **I** (0,002%ig. Lsgg. in Cyclohexan) sowie Angaben über die Fluorescenz vgl. Original.

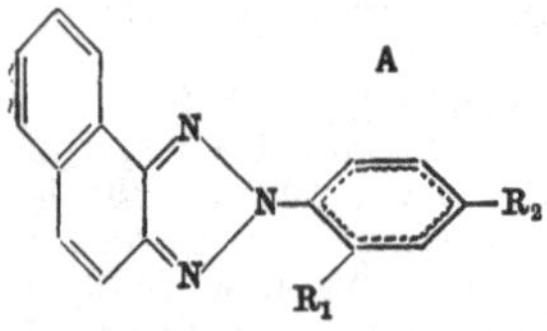

A

Versuche (FF. korr.; im KOFLER-Block): Naphtho-[1.2:d]-triazole (**A**): *2-[o-Chlorphenyl]-*, $C_{16}H_{10}ClN_3$, F. 137—138° (A./Bzl., 3:1), aus diazotiertem o-Chloranilin u. β-Naphthylaminhydrochlorid (**II**) in wss. Lsg. bei 10° innerhalb 6 Std. unter Abstumpfen der gebildeten Säure, Oxydation des erhaltenen *1-[o-Chlorphenylazo]-β-naphthylamins* [rote Nadeln aus A.; 74% (Ausbeute)], mit krist. $CuSO_4$ in W.–Pyridin (1:1) durch 2std. Kochen u. Verdünnen mit W.; 90%. — *2-[m-Chlorphenyl]-*, $C_{16}H_{10}$·ClN_3, F. 159° (A./Bzl., 3:1), analog vorst. Verb. aus m-Chloranilin u. **II**. — Analog: *2-[o-Tolyl]-*, F. 96° (A.). — *2-[p-Tolyl]-*, F. 148° (A.). — *2-[o-Methoxyphenyl]-*, F. 112 bis 113° (A./Bzl., 3:1). — *2-[p-Methoxyphenyl]-*, F. 125° (A./Bzl., 3:1). — *2-[o-Xenyl]-*, $C_{22}H_{15}N_3$, F. 104° (PAe.). — *2-[p-Xenyl]-*, $C_{22}H_{15}N_3$, F. 151° (Bzn.). — *2-[o-Fluorphenyl]-*, $C_{16}H_{10}FN_3$, F. 106—107° (PAe.). — *2-[p-Fluorphenyl]-*, $C_{16}H_{10}FN_3$, F. 148—149° (A./Bzl., 1:1). — *2-[p-Chlorphenyl-* (**III**), F. 187—188° (A./Bzl., 1:1). *Trinitrobenzolat*, F. 127°. — *2-[o-Bromphenyl]-*, $C_{16}H_{10}BrN_3$, F. 148—149° (70%ig. Essigsäure). — *2-[o-Jodphenyl]-*, $C_{16}H_{10}JN_3$, F. 123—124° (Bzl.). — *2-[p-Jodphenyl]-*, F. 223° (90%ig. Essigsäure). — *1-[2'-Sulfophenylazo]-β-naphthylamin* (**IV**), F. 215°, durch Diazotieren von 8,6 g Anilin-o-sulfonsäure, Kupplung mit 7,2 g **II** in salzsaurer Lsg. bei 10° u. Rühren über Nacht; 15,2 g; aus W. orangefarbene Nadeln. — *2-Phenylnaphtho-[1.2:d]-triazol-2'-sulfonsäure* (**V**), F. 100—119° (Zers.; je nach dem Erhitzen), aus 5 g **IV** in W. u. ammoniakal. $CuSO_4$ (18 g), 30 Min. bei 95—100°; aus W. glänzende Schuppen; 2 g. — *2-Phenylnaphtho-[1.2:d]-triazol-4'-sulfonsäure*, aus Sulfanilsäure u. **II** wie **IV** u. **V**. — *2-[4'-Amino-5'-sulfophenyl]-6-amino-5-methylbenztriazol*, $C_{13}H_{13}N_5O_3S \cdot 0,25\,H_2O$, durch Kupplung von diazotierter p-Amino-o-sulfooxanilsäure mit 2.4-Diaminotoluol, Oxydation des Farbstoffs analog **V** u. Verseifen durch Kochen mit n-NaOH; Reinigung

über das NH_4-*Salz*; 89% (bezogen auf die Säure). — 1-[p-Chlorphenylazo]-β-naphthylamin gibt durch Oxydation mit $CuSO_4$ in Salzsäure (1:1) kein **III**; aus dem Farbstoff bildet sich durch Hydrolyse das *Diazoniumsalz*, das durch die Sandmeyersche Rk. *p-Dichlorbenzol* (F. 54°) liefert. (Chem. Listy **52.** 1156—62. Juni 1958. [Orig.: tschech.]; Collect. czechoslov. chem. Commun. **24.** 494—502. Febr. 1959 [Orig.: deutsch].)
A. Emr/Prag. 2700

W. L. Mosby und **W. L. Berry,** *Die Darstellung von Nitroanthrachinonen durch Peressigsäureoxydation von Aminoanthrachinonen.* Durch Oxydation von Aminoanthrachinonen mit Peressigsäure in sd. Eisessig werden in guter Ausbeute die entsprechenden *Nitroanthrachinone* erhalten, wobei bes. die Ggw. von benachbarten Halogenatomen günstig ist.

Versuche: Anthrachinone: *1-Chlor-2-nitro-*, F. 264,4—266,3°, aus 1-Chlor-2-aminoanthrachinon u. sd. 40%ig. Peressigsäure ($^1/_4$—$^1/_2$ Std.); aus Essigsäure gelbe unregelmäßige Plättchen; 82% (Ausbeute). — Analog: *1-Nitro-2-chlor-*, F. 282 bis 284°, aus Essigsäure ockerfarbene Nadeln; 75%. — *1-Chlor-4-nitro-*, F. 257,0 bis 258,5°, aus Essigsäure orangefarbene Nadeln; 73%. — *2-Brom-3-nitro-*, F. 281,5—283,1°, aus Chlorbenzol gelbe Plättchen; 61%. — *1.5-Dichlor-2.6-dinitro-*, F. 346—347,5°, aus 1.5-Dichlor-2.6-diaminoanthrachinon; aus Essigsäure gelbe Plättchen; 52%. — *1.5-Dinitro-*, F. >360°, aus 1-Amino-5-nitroanthrachinon; aus Glykoldiacetat lohfarbene Mikrokristalle; 62%. — *1.8-Dinitro-*, F. 315—322°, aus 1-Amino-8-nitroanthrachinon; aus Chlorbenzol goldfarbene Prismen; 38%. — *2.3-Dinitro-*, F. 276—277°, aus 2-Amino-3-nitroanthrachinon; aus Glykoldiacetat goldbraune Plättchen; 36%. — *1-Amino-2.3-dichlor-4-nitro-*, F. 328,4—330,5°; aus Glykoldiacetat braune Mikronadeln; 35%. (Tetrahedron [London] **5.** 93—95. Jan. 1959. Bound Brook, N. J., American Cyanamid Co., Res. Div.)
F. Heller. 2800

N. Ss. Dokunichin und **T. N. Kurdjumowa,** *Untersuchungen in der Reihe polycyclischer Chinone.* 3. Mitt. *Reaktion von 1-Halogenanthrachinon mit sekundären aliphatisch-aromatischen Aminen.* (2. vgl. C. **1958.** 12094.) Die Rk. von 1-Chloranthrachinon (**I**) mit Methylanilin (**II**) bei 170° führt in Ggw. von K-Acetat, Cu-Acetat u. metall. Cu hauptsächlich zu *1-Methylphenylaminoanthrachinon* (**III**) neben *1-Anilinoanthrachinon* (**IV**) u. *Anthrachinon* (**V**); aus **I** u. Äthylanilin (**VI**) bilden sich bes. **V** u. **IV**, während *1-Äthylphenylaminoanthrachinon* (**VII**) nur in sehr geringer Menge anfällt. In Ggw. von K_2CO_3 verläuft die Rk. zwischen **I** u. **II** langsamer; neben **III** u. **IV** wird *1.1'-Dianthrachinonyl* isoliert. Aus 1-Bromanthrachinon (**VIII**) u. Dicyclohexylamin wird unter gleichen Bedingungen nur **V**, kein Dicyclohexylaminoanthrachinon erhalten. Ebenso bildet **V** das Hauptprod. der Rk. von **VIII** mit **II**. **IV** entsteht während der Rk. nicht durch Desalkylierung von **III**, da dieses unter den Bedingungen der Rk. nahezu nicht verändert wird. Vermutlich tritt eine Disproportionierung der Alkylaniline zu Anilin u. Dialkylanilinen ein. Damit steht in Übereinstimmung, daß bei der Rk. von **I** mit **VI** in Ggw. von überschüssigem Diäthylanilin die Ausbeute an **IV** sehr gering ist. **III** u. **VII** besitzen gegenüber **IV** eine tiefere, purpurne Färbung. Die UV-spektroskop. Daten der Verbb. u. von *1-Diphenylaminoanthrachinon* sind wiedergegeben; die Substitution des H in **IV** führt zu einer bathochromen Verschiebung des Hauptmaximums um 30—35 mμ.

Versuche: Anthrachinone: *1-Methylphenylamino-* (**III**), $C_{21}H_{15}NO_2$, F. 130—131° (A.), durch 7std. Kochen von **I** mit **II** in Ggw. von K-Acetat, Cu-Acetat u. Cu-Pulver, Lösen des Nd. in konz. H_2SO_4, anteilweises Verdünnen mit W. u. Chromatographieren sowie Lösen des fl. Anteils der Reaktionsmischung in Methanol, Zutropfen von HCl u. Chromatographieren des Nd an Al_2O_3; 49,8% (Ausbeute); daneben *1-Anilinoanthrachinon* (**IV**), F. 139—141°; 11%; u. *Anthrachinon* (**V**), F. 278—280°; 28,8%. — *1-Äthylphenylamino-* (**VII**), $C_{22}H_{17}NO_2$, F. 140—143° (A.), analog **III** aus **I** u. **VI** bei 170—175°; 0,6% neben 30,8% **IV** u. 54,5% **V**. — *1-Diphenylamino-*, $C_{26}H_{17}NO_2$, F. 181—183°, durch 17std. Rühren von 5,74 g **VIII** mit 5,1 g Diphenylamin in α-Chlornaphthalin in Ggw. von K_2CO_3 u. Cu-Pulver bei 220°; aus A. braunrote Prismen; 2,48 g; daneben 1,33 g *1.1'-Dianthrachinonyl*, F. >410°. (Журнал Общей Химии [J. allg. Chem.] **28** (**90**). 1979—84. Juli 1958. Wiss. Forschungsinst. für organ. Zwischenprodd. u. Farbstoffe.)
H.-E. Toussaint. 2800

Arthur G. Anderson jr. und **Robert G. Anderson,** *Untersuchungen über Pyracen. Eine verbesserte Synthese.* Die zur Darst. eines zweiten 5gliedrigen peri-Ringes am Naphthalin unternommenen Cyclisierungsverss. mit dem aus Acenaphthen über verschied. Zwischenstufen gewonnenen *5.6-Bis-[brommethyl]-acenaphthen* liefern infolge einer beträchtlichen Ringspannung (vgl. Kitaigorodski, C. **1950.** II. 633) nur polymere Produkte. Bei der Acyloinkondensation von Acenaphthen-5.6-dicarbonsäuredimethylester erhält man das Ausgangsmaterial zurück. Eine verbesserte Synth. des *Pyracens* (vgl. C. **1953.** 1476) führt vom Tetralin über *1.4-Dibromtetralin*, das durch Umsetzung mit Na-Malonsäurediäthylester, Hydrolyse u. Decarboxylierung *1.2.3.4-Tetrahydronaphthalin-1.4-diessigsäure* (**I**) liefert. Mit Polyphosphorsäure oder über das Säurechlorid nach FRIEDEL-CRAFTS gelingt die Cyclisierung von **I** zu *1-Keto-2a.3.4.5-tetrahydroacenaphthenyl-(5)-essigsäure* (**II**), die sich weder mit konz. H_2SO_4 noch mit Polyphosphorsäure weiter cyclisieren läßt. Die durch Red. nach WOLFF-KISHNER aus **II** erhaltene *2a.3.4.5-Tetrahydroacenaphthenyl-(5)-essigsäure* läßt sich leichter mit Polyphosphorsäure als über das Säurechlorid cyclisieren, u. nach der WOLFF-KISHNER-Red. der Ketogruppe entsteht durch katalyt. Dehydrierung des *Tetrahydropyracens Pyracen.*

Versuche: *5.6-Diacetylacenaphthen*, F. 149° (A.), durch Hinzufügen von $AlCl_3$ zu einer Lsg. von Acenaphthen u. Acetylchlorid in CS_2 bei 42° während 2 Std. u. 6std. Erwärmen auf 42°; 59% (Ausbeute). *Dioxim*, F. 196—197° (Toluol). — *Acenaphthen-5.6-dicarbonsäure*, F. 290—296°, aus vorst. Verb. u. wss. KOCl-Lsg. in Dioxan bei 55° während 45 Min. u. 6std. Erwärmen auf 60—70°; 81%. — *Acenaphthen-5.6-dicarbonsäuredimethylester*, $C_{16}H_{14}O_4$, F. 140—141° (Methanol), aus vorst. Säure u. Diazomethan in Dichlormethan; 59%. — *5.6-Bis-[hydroxymethyl]-acenaphthen*, $C_{14}H_{14}O_2$, F. 141 bis 142° (Essigester), aus vorst. Ester u. $LiAlH_4$ bei 0° in Tetrahydrofuran; 72%. — *5.6-Bis-[brommethyl]-acenaphthen*, $C_{14}H_{12}Br_2$, F. 160—162° (Hexan), aus vorst. Verb. u. PBr_3 in Ggw. von Pyridin in Bzl. bei 0°; 80%. — *1.4-Dibromtetralin*, $C_{10}H_{10}Br_2$, F. 94—95°, aus Tetralin u. N-Bromsuccinimid in Ggw. von Benzoylperoxyd in sd. CCl_4 u. ½std. Kochen nach Beendigung der Rk.; 54%. — *1.2.3.4-Tetrahydronaphthalin-1.4-diessigsäure* (**I**), $C_{14}H_{16}O_4$, F. 166—169°, durch Zugabe von Na-Malonester in Xylol zu vorst. Verb. in Xylol während 1 Std. unter Kochen u. weiteres 1std. Kochen; 71%. — *1-Keto-2a.3.4.5-tetrahydroacenaphthenyl-(5)-essigsäure* (**II**), $C_{14}H_{14}O_3$, F. 140—156° (A.; mehrere Stereoisomere), a) aus **I** u. Polyphosphorsäure bei 70—80° während 40 Min.; 72%; b) durch Zugabe des aus **I** mit $SOCl_2$ erhaltenen *Säurechlorids* in Nitrobenzol zu einer auf 0° gekühlten Lsg. von $AlCl_3$ in Nitrobenzol während 2 Std.; 61%. — *2a.3.4.5-Tetrahydroacenaphthenyl-(5)-essigsäure*, F. 99—101° (PAe.), durch eine modifizierte WOLFF-KISHNER-Red. aus **II** mit Hydrazinhydrat, Diäthylenglykol u. KOH in A. (vgl. C. **1953.** 1476); 90%. — *2a.3.4.4a-Tetrahydropyracenon-(1)*, F. 96—100° (Ligroin), aus vorst. Verb. u. Polyphosphorsäure analog **II**; 61%. — *Pyracen*, F. 215—216° (Bzl.), durch 18std. Erhitzen des aus vorst. Keton gewonnenen *2a.3.4.4a-Tetrahydropyracens* in Bzl. in Ggw. von 5%ig. Rh-Tonerde im Einschlußrohr in einem mit Bzl. beschickten Autoklaven auf 290°; 81%. (J. org. Chemistry **22.** 1197—1200. Okt. 1957. Seattle, Wash., Univ., Dep. of Chem.) M. BURMEISTER. 2950

Hermann Stetter, Otto-Erich Bänder und **Wolfram Neumann,** *Über Verbindungen mit Urotropinstruktur.* 8. Mitt. *Neue Wege der Adamantansynthese.* (7. vgl. Chem. Ber. **88.** [1955.] 1535; 9. vgl. C. **1959.** 10232.) Ein neuer Weg zur Darst. von *Bicyclo-[1.3.3]-nonandion-(2.6)-dicarbonsäure-(3.7)-diäthylester* (**V**) aus *Glutaconsäurediäthylester* (**II**) wird beschrieben. Eine von 2.6-Dichloradamantantetracarbonsäure-(1.3.5.7) (**VII**) ausgehende *Adamantan*-Synth. verläuft über die Stufe der *Adamantantetracarbonsäure-(1.3.5.7)* (**VI**), die durch Ag-Salzabbau in *1.3.5.7-Tetrabromadamantan* (**VIII**) übergeführt wird. Die Deshalogenierung von **VIII** gibt *Adamantan.* Dieses Verf. gibt eine wesentlich höhere Ausbeute als die bisher bekannten.

Versuche: *β-Hydroxyglutarsäurediäthylester* (**I**), $Kp._{12}$ 145—147°, durch 4std. Hydrieren von Acetondicarbonsäurediäthylester in A. in Ggw. von RANEY-Ni u. wenig Triäthylamin; fast 100% (Ausbeute). — *Glutaconsäurediäthylester* (**II**), $Kp._{14}$ 126—129°, aus **I** u. p-Toluolsulfochlorid in Pyridin u. therm. Zers. des entstehenden Öls; 65—75%. — *Heptadien-(1.6)-tetracarbonsäure-(1.3.5.7)-tetraäthylester* (**III**), $C_{19}H_{28}O_8$, $Kp._2$ 204—208°, aus **II** u. 40%ig. Formalin in A. in Ggw. von Diäthylamin durch 1—2tägiges Stehen bei Zimmertemp.; 46,9%. — *Heptantetracarbonsäure-(1.3.5.7)-tetraäthylester* (**IV**), $C_{19}H_{32}O_8$, $Kp._1$ 187—190°. Durch Hydrieren von **III** in 99%ig. A. u. HCl (p_H 4—5) in Ggw. von PtO_2 bei 40—50°; fast 100%. — *Bicyclo-[1.3.3]-nonandion-(2.6)-dicarbonsäure-(3.7), Diäthylester* (**V**), $C_{15}H_{20}O_6$, F. 90—91° (A.), aus **IV** u. K in A./Ae. u. Behandeln des braunen, gepulverten Rückstands mit verd. H_2SO_4; 50%. *Dimethylester*, F. 136°, durch Umestern des Diäthylesters mit einer 0,3%ig. Lsg. von Na in Methanol. — *2.6-Dichloradamantantetracarbonsäure-(1.3.5.7)* (**VII**), durch 5std. Erhitzen von 2.6-Dihydroxyadamantantetracarbonsäure-(1.3.5.7) mit PCl_5 auf 120—130°, Versetzen mit absol. CH_3OH u. Verseifen des *Tetramethylesters* (F. 197—199°); 83%. — *Adamantantetracarbonsäure-(1.3.5.7)* (**VI**), $C_{14}H_{16}O_8$, Zers. >390°, durch Hydrieren von **VII** in 0,7n NaOH in Ggw. von RANEY-Ni; 95%. *Tetramethylester*, $C_{18}H_{24}O_8$, F. 167—168° (CH_3OH), durch Einw. von Diazomethan in Ae.; 96,5%. — *1.3.5.7-Tetrabromadamantan* (**VIII**), $C_{10}H_{12}Br_4$, F. 246—247°, durch

Überführen von **VI** in das Ag-Salz u. Behandeln mit Br_2 in CCl_4; 70%. — *Adamantan*, F. 265—266°, aus **VIII** in einer Lsg. von Na in absol. A. u. Hydrieren in Ggw. von Raney-Ni; 42%. (Chem. Ber. **89**. 1922—26. 2/8. 1956. München, Univ., Inst. für organ. Chem.; Bonn, Univ., Chem. Inst.) H. Braasch. 2950

W. Gauss und **S. Petersen**, *Weitere Untersuchungen an Äthyleniminochinonen.* (Vgl. C. **1959**. 1105.) Vff. zeigen, daß bei intensiver Einw. von Äthylenimin (**II**) sich die 2.6-Dialkoxy-3.5-bis-äthylenimino- u. Tetraalkoxy-p-benzochinone über die entsprechenden *2-Alkoxy-3.5.6-tri-[äthylenimino]-* bzw. *2.5-Dialkoxy-3.6-bis-[äthylenimino]-p-benzochinone* in *Tetrakis-[äthylenimino]-p-benzochinon* (**I**) überführen lassen. Durch Red. von **I** mit Phenylhydrazin in sd. A. wird *Tetrakis-[äthylenimino]-hydrochinon* erhalten. Der beim Übergang von Tetraalkoxy-p-benzochinon in **I** beobachtete Austausch von jeweils zwei benachbarten Alkoxygruppen gelingt auch bei anderen Chinonsystemen. So konnten aus 2.3-Dimethoxynaphthochinon-(1.4) u. 6.7-Dimethoxychinolinchinon-(5.8) *2.3-Bis-[äthylenimino]-naphthochinon-(1.4)* (F. 158—160°, rotbraune Nadeln) u. *6.7-Bis-[äthylenimino]-chinolinchinon-(5.8)* [F. 200—201° (Zers.), rotbraune Nadeln] dargestellt werden.

V e r s u c h e: *Tetrakis-[äthylenimino]-p-benzochinon* (**I**), $C_{14}H_{16}N_4O_2$, F. 247 bis 248° (Zers.; tiefblauviolette quadrat. Blättchen aus Dimethylformamid), durch 8std. Kochen von 30,6 g 2.5-Di-n-propoxy-3.6-bis-[äthylenimino]-benzochinon-(1.4) („Bayer E 39“) mit 208 cm^3 **II** unter Rühren; 17,5 g Ausbeute. (Angew. Chem. **70**. 703. 26/11. 1958. Leverkusen, Farbenfabriken Bayer AG, Wiss. Hauptlabor.) K. Frenkler. 3030

S. Swaminathan und **S. Ranganathan**, *Eine einfache Methode zur Darstellung von Indol-3-aldehyd.* Eine Lsg. von 1,17 g Indol in 3,3 ml Eisessig wird mit 5 ml W. verd. u. 1,4 g Hexamethylentetramin zugefügt, diese Lsg. innerhalb 1 Std. in eine sd. Lsg. von 1,4 g Hexamethylentetramin in 5 ml 66%ig. Essigsäure gegeben u. in 150 ml W. gegossen. Es wurden 0,7 g *Indol-3-aldehyd*, F. 189—192°, erhalten. Gleiche Ausbeuten wurden in 66%ig. Propion- oder Buttersäure erzielt. Analog wurde 2-Phenylindol in *2-Phenylindol-3-aldehyd*, F. 245—255°, in 99%ig. Ausbeute übergeführt. (Chem. and Ind. **1955**. 1774. 31/12. Madras, Univ., Dep. of Org. Chem.) K. Nezel. 3081

John Koo, Souren Avakian und **Gustav J. Martin**, *Synthesen in der 5-Hydroxyindolreihe. N-Acetyl-5-hydroxytryptophan und verwandte Verbindungen.* Durch Kondensation von 5-Benzyloxygramin (**XI**) mit Acetamidomalonsäurediäthylester wurde *α-Acetamido-α-carbäthoxy-β-[5-benzyloxyindolyl-(3)]-propionsäureäthylester* (**I**) erhalten. Die katalyt. Debenzylierung von **I** ergab *α-Acetamido-α-carbäthoxy-β-[5-hydroxyindolyl-(3)]-propionsäureäthylester* (**II**). Durch milde Hydrolyse von **I** zu *α-Acetamido-α-carboxy-β-[5-benzyloxyindolyl-(3)]-propionsäure* (**III**) u. Decarboxylierung unter gleichzeitiger Entacetylierung wurde *5-Benzyloxytryptophan* (**V**) erhalten. Durch Acylierung von **V** konnten das *N-Acetyl-* (**VI**) u. das *N-[3.4.5-Trimethoxybenzoyl]-deriv.* dargestellt werden. Katalyt. Debenzylierung von **VI** in A. ergab *N-Acetyl-5-hydroxytryptophan* (**VII**). Durch Decarboxylierung von **III** in sd. W. konnte ohne Entacetylierung **VI** erhalten werden, das wie oben in **VII** übergeführt wurde. Durch Debenzylierung von **III** zu *α-Acetamido-α-carboxy-β-[5-hydroxyindolyl-(3)]-propionsäure* (**IV**) u. rasche Decarboxylierung in heißem Äthylacetat konnte ebenfalls **VII** dargestellt werden. Die Unlöslichkeit von **V** in vielen Lösungsmitteln erschwert seine katalyt. Debenzylierung zu *5-Hydroxytryptophan* (**VIII**). Durch Hydrogenolyse von **V** in verd. alkal. Lsg. konnte jedoch **VIII** rasch erhalten werden. **VIII** wurde in den *Äthylester* u. weiter durch Rk. mit 3.4.5-Trimethoxybenzoylchlorid in Chlf. in Ggw. von K_2CO_3-Lsg. in *α-[3.4.5-Trimethoxybenzoylamino]-β-[5-hydroxyindolyl-(3)]-propionsäureäthylester* (**IX**) übergeführt. Verss., **IX** mit den verschiedensten Mitteln zu einem Harman-Analogen zu cyclisieren, schlugen fehl; in keinem Fall konnte ein reines Prod. isoliert werden. Durch Kochen von **XI** mit NaCN in wss. A. wurden nebeneinander *5-Benzyloxyindol-3-essigsäure* (**X**) u. *-acetamid* erhalten. Durch Debenzylierung wurden daraus *5-Hydroxyindolyl-(3)-acetamid* u. *-essigsäure* dargestellt. **X** konnte durch $LiAlH_4$-Red. in *5-Benzyloxytryptophol* übergeführt werden, das durch Hydrogenolyse das sehr instabile *5-Hydroxytryptophol* ergab. Analog wurde aus **V** *β-Amino-α-[5-benzyloxyindolyl-(3)]-propanol* dargestellt. Die Rk. von **XI** mit Piperazin lieferte *N.N'-Bis-[5-benzyloxyskatyl]-piperazin.* 5-Benzyloxyindol-2-carbonsäureäthylester konnte leicht durch Behandlung mit N-Methylformanilid u. $POCl_3$ in *5-Benzyloxy-2-carbäthoxyindol-3-aldehyd* übergeführt werden. Durch Kondensation des Aldehyds mit Malonsäure in Ggw. einer Base wurde *β-[2-Carbäthoxy-5-benzyloxyindolyl-(3)]-acrylsäure* dargestellt.

V e r s u c h e: *5-Benzyloxygramin* (**XI**)*-Methojodid*, $C_{19}H_{23}JN_2O$, F. 173—175° (Zers.), durch Zugabe von CH_3J zu **XI** in Äthylacetat, 5std. Stehen, Dekantieren, Behandeln des Rückstands mit Aceton u. Filtrieren; 88% (Ausbeute). — *α-Acetamido-α-carbäthoxy-β-[5-benzyloxyindolyl-(3)]-propionsäureäthylester* (I), $C_{25}H_{28}N_2O_6$, F. 166 bis 168° (wss. A.), durch Zugabe von NaOH zu XI u. Acetamidomalonsäurediäthylester in sd. Toluol unter Rühren u. N_2, 11 std. Kochen, Heißfiltration, Stehen des Filtrats bei 5° über Nacht u. Filtrieren; 78,5%. — *α-Acetamido-α-carbäthoxy-β-[5-hydroxyindolyl-(3)]-propionsäureäthylester* (II), $C_{18}H_{22}N_2O_6$, F. 234—235°, durch 2 std. Hydrieren von I in A. in Ggw. von Pd-Kohle bei 40 lbs./sq.in., Filtrieren u. Einengen; 93%. — *α-Acetamido-α-carboxy-β-[5-benzyloxyindolyl-(3)]-propionsäure* (III), $C_{21}H_{20}N_2O_6$, F. 162—163° (A.), durch 6 std. Kochen von I mit 10%ig. NaOH, Behandeln mit Kohle, Filtrieren, Zugabe von Eis, Ansäuern mit HCl u. Filtrieren; 90%. — *5-Benzyloxytryptophan* (V), $C_{18}H_{18}N_2O_3$, F. 275—276° (Zers.; 30%ig. Essigsäure), durch 4½ std. Kochen von III in W., Zugabe von 30%ig. NaOH, 24 std. Kochen, Behandeln mit Kohle, Ansäuern mit Essigsäure u. Filtrieren; 90%. — *N-Acetyl-5-benzyloxytryptophan* (VI), $C_{20}H_{20}N_2O_4$, F. 166—167° (wss. A.), a) durch portionsweise Zugabe von Acetanhydrid zu V in 20%ig. NaOH unter Schütteln u. Kühlen u. Ansäuern mit Essigsäure; 97%; b) durch 3½ std. Kochen von III mit W. unter Rühren u. Kühlen; 82%. — *N-[3.4.5-Trimethoxybenzoyl]-5-benzyloxytryptophan*, $C_{28}H_{28}N_2O_7$, F. 202—204° (80%ig. A.), durch 45 Min. Erwärmen von V mit 3.4.5-Trimethoxybenzoylchlorid in Pyridin auf dem Wasserbad, Gießen in Eiswasser unter Rühren, Dekantieren, Ansäuern mit HCl u. Filtrieren; 19%. — *N-Acetyl-5-hydroxytryptophan* (VII), $C_{13}H_{14}N_2O_4$, F. 207—209° (absol. A.-Ae.), a) durch 3½ std. Hydrieren von VI an Pd-Kohle in absol. A. bei 40 lbs./sq.in., Filtrieren, Eindampfen im Vakuum unterhalb 40°, Behandeln des Rückstandes mit Äthylacetat u. Ae. u. Filtrieren; 64%; b) durch 20—30 Min. Kochen von IV in Äthylacetat, Zugabe von PAe. u. Kühlen; 90%. — *α-Acetamido-α-carboxy-β-[5-hydroxyindolyl-(3)]-propionsäure* (IV), F. 200—205° (nach Schmelzen bei 156—157° unter Zers. u. Wiedererstarren; Äthylacetat–Ae.), durch 3 std. Hydrieren von II an Pd-Kohle in absol. A. bei 40 lbs./sq.in., Filtrieren u. Eindampfen im Vakuum bei 30°; instabil. — *5-Hydroxytryptophan* (VIII), $C_{11}H_{12}N_2O_3$, F. 297—298° (Zers.; W.), durch Zugabe von Pd-Kohle zu V in 5%ig. NaOH, 3 std. Hydrieren bei 40—50 lbs./sq.in., Filtrieren, Neutralisieren der wss. Phase mit HCl, Ansäuern mit verd. Essigsäure u. Filtrieren; 91%. — *α-Amino-β-[5-hydroxyindolyl-(3)]-propionsäureäthylester, Hydrochlorid*, $C_{13}H_{17}ClN_2O_3$, F. 234—235° (Zers.), durch Sättigen einer Suspension von VIII in absol. A. mit HCl, 2 tägiges Stehen, Einengen im Vakuum bei niedriger Temp. u. Zugabe von Ae.; 85%. — *α-[3.4.5-Trimethoxybenzoylamino]-β-[5-hydroxyindolyl-(3)]-propionsäureäthylester* (IX), $C_{23}H_{26}N_2O_7$, F. 170—172° (Äthylacetat–PAe.), durch Zugabe von 20%ig. Na_2CO_3-Lsg. zu vorst. Verb. in W. unter Rühren, Zugabe von Chlf. u. 3.4.5-Trimethoxybenzoylchlorid in Chlf., Abtrennen der organ. Phase u. Einengen; 78%. — *5-Benzyloxyindolyl-(3)-acetamid*, $C_{17}H_{16}N_2O_2$, F. 156—157° (absol. A.), durch 81 std. Kochen von XI mit NaCN in wss. A., Kühlen, Zugabe von W. u. Filtrieren; 40,5%. — *5-Benzyloxyindolyl-(3)-essigsäure* (X), $C_{17}H_{15}NO_3$, F. 147—149° (50%ig. A.), durch Einengen des Filtrates vorst. Verb. im Vakuum, Zugabe von Eis, Ansäuern u. Filtrieren; 42%. — *5-Hydroxyindolyl-(3)-acetamid*, $C_{10}H_{10}N_2O_2$, F. 164—165° durch 4 std. Hydrieren vorvorst. Verb. an Pd-Kohle in A. bei 40 lbs./sq.in., Filtrieren, Eindampfen im Vakuum, Lösen in Ae., Filtrieren u. Einengen; 74%. — *5-Hydroxyindolyl-(3)-essigsäure*, $C_{10}H_9NO_3$, F. 163—164°, analog vorst. Verb. aus X; 59%. — *5-Benzyloxytryptophol*, $C_{17}H_{17}NO_2$, F. 98—100° (Bzl.-PAe.), durch portionsweise Zugabe von X zu $LiAlH_4$ in Ae. innerhalb 1 Std. unter Rühren, 6 std. Kochen, Zers. mit Äthylacetat, Zugabe von 10%ig. NaOH unter Rühren u. Eindampfen der Ae.-Phase im Vakuum; 71%. — *5-Hydroxytryptophol*, $C_{10}H_{11}O_2$, F. 111—113° (rosafarbene Nadeln), durch 2 std. Hydrieren vorst. Verb. in A. in Ggw. von Pd-Kohle bei niedrigem Druck, Filtrieren, Eindampfen im Vakuum bei Raumtemp., Lösen in Äthylacetat-PAe. u. mehrwöchiges Stehen im Kühlschrank; zersetzlich; 55%. — *α-Amino-β-[5-benzyloxyindolyl-(3)]-propanol*, $C_{18}H_{20}N_2O_2$, F. 108—109° (Bzl.), durch portionsweise Zugabe von V zu $LiAlH_4$ in sd. Ae. innerhalb 2 Std. unter Rühren, 3 std. Kochen unter Rühren, Zers. mit Äthylacetal, langsame Zugabe 20%ig. wss. Seignettesalzlsg. unter Rühren u. Eindampfen der Ae.-Phase; 61%. — *N.N'-Bis-[5-benzyloxyskatyl]-piperazin*, $C_{36}H_{36}N_4O_2$, F. 229—230°, durch 24 std. Kochen von XI u. Piperazin in Toluol unter Rühren u. N_2 u. Heißfiltration; 80%. — *5-Benzyloxy-2-carbäthoxyindol-3-aldehyd*, $C_{19}H_{17}NO_4$, F. 244 bis 245° (hellgelbe Nadeln aus Äthylendichlorid), durch 15 Min. Rühren von N-Methylformanilid mit $POCl_3$, Zugabe von Äthylendichlorid, Zugabe von 5-Benzyloxyindol-2-carbonsäureäthylester, 1 std. Kochen unter Rühren, Gießen in eiskalte Na-Acetatlsg. unter Rühren, zweimaliges Behandeln mit W. u. Behandeln mit Ae.; 96%. *Oxim*, $C_{19}H_{18}N_2O_4$, F. 220—221° (wss. A.), durch 2 std. Erwärmen des Aldehyds mit Hydroxylaminhydrochlorid, Pyridin u. absol. A. auf dem Wasserbad, Eindampfen u. Behandeln mit W.; 83%. *2.4-Dinitrophenylhydrazon*, $C_{25}H_{21}N_5O_7$, F. 278—280° (rote Kristalle aus

Äthylacetat–A.); ca. 100%. — *β-[2-Carbäthoxy-5-benzyloxyindolyl-(3)]-acrylsäure*, $C_{21}H_{19}NO_5$, F. 230° (Zers.; blaßgelbe Nadeln aus 90%ig. A.), durch Zugabe von wenig Piperidin zu obigem Aldehyd u. Malonsäure in Pyridin, 80std. Erwärmen auf 50—70°, Gießen in Eiswasser, Ansäuern mit verd. HCl, Filtrieren, Behandeln des Nd. mit 10%ig. NaOH, Filtrieren, Ansäuern u. Filtrieren; 31%. (J. org. Chemistry **24.** 179—83. Febr. 1959. Philadelphia, Pa., Nat. Drug Co., Res. Labors.) H. BERTSCH. 3081

W. G. Pessin, A. M. Chaletzki und **Tschshou Zin,** *Untersuchungen auf dem Gebiet der Chemie des 2.1.3-Thiodiazols.* 8. Mitt. *Oxydation von Benz-2.1.3-thiodiazol und seinen Derivaten.* (7. vgl. C. **1959.** 6133.) Bei der Oxydation von Benz-2.1.3-thiadiazol (**I**) u. seinen Substitutionsprodd. mit Peressigsäure tritt weitgehende Zerstörung des Mol. ein; neben $(NH_4)_2SO_4$ ließen sich teilweise Abbauprodd. mit Aldehydstruktur nachweisen. Durch Perbenzoesäure wird **I** in Chlf. bei 0° dagegen nicht angegriffen. Die $KMnO_4$-Oxydation von **I** führt zu *2.1.3-Thiadiazol-4.5-dicarbonsäure-2-dioxyd* u. einer salzartigen *Verb.*, der die Struktur $KO_3S-N=CH-CH=N-OK$ zugeschrieben wird; vermutlich tritt bei der Oxydation zunächst eine Anlagerung von H_2O_2 an die Doppelbindungen des aromat. Kernes ein. Analog verläuft die Oxydation von 5-Methylbenz-2.1.3-thiadiazol (**II**) u. Naphtho-[1′.2′:4.5]-2.1.3-thiadiazol (**III**). 4.7-Dichlorbenz-2.1.3-thiadiazol (**IV**) läßt sich nur schwer oxydieren. Mit O_3 gibt **I** ein *Ozonid*, bei dessen Zers. mit W. *2.1.3-Thiadiazol-4.5-dicarbonsäure, -4.5-dialdehyd, Glyoxal* u. $(NH_4)_2SO_4$ anfallen.

V e r s u c h e: *Verb.* (*2.4-Dinitrophenylhydrazon*) $C_8H_8N_4O_5$, F. 177,5—179,5° (A.–Essigester), durch 48std. Erhitzen von 1,5 g 5-Chlorbenz-2.1.3-thiadiazol mit 11%ig. Peressigsäure auf dem Wasserbad u. Umsetzen mit 2.4-Dinitrophenylhydrazin; 0,13 g (Ausbeute); daneben 0,17 g $(NH_4)_2SO_4$. — *2.1.3-Thiadiazol-4.5-dicarbonsäure-2-dioxyd*, $C_4H_2N_2O_6S$, F. 268—272° (Zers.), a) aus 4 g **I** u. 8%ig. wss. $KMnO_4$ bei 50°; 2,86 g (*Ag-Salz*, $C_4Ag_2N_2O_6S$); daneben *Verb.* $C_2H_2K_2O_4S$, 2,42 g (diese wird aus **IV** allein zu 70% erhalten); b) analog aus **II** oder **III**. — *Benz-2.1.3-thiadiazol* (**I**), *Ozonid*, F. 60° (Zers.; in geschlossener Capillare), aus **I** u. O_3 in Chlf. bei —15 bis —10°; gelblich; 73,2%. — *2.1.3-Thiadiazol-4.5-dicarbonsäure*, $C_4H_2N_2O_4S$, F. 172—178°, durch Zers. von **I**-Ozonid mit W., Neutralisieren mit $BaCO_3$ u. Behandeln des Ba-Salzes ($C_4BaN_2O_4S$) mit H_2SO_4; daneben *2.1.3-Thiadiazol-4.5-dialdehyd* [*Bis-semicarbazon*, $C_6H_8N_8O_2S$, F. 195,5—197° (wss. A.)] u. *Glyoxal* (*Bis-semicarbazon*, $C_4H_8N_6O_2$, F. > 270°). (Журнал Общей Химии [J. allg. Chem.] **28** (**90**). 2089—94. Aug. 1958. Leningrad, Chem.-pharmaz. Inst.)
H.-E. TOUSSAINT. 3173

W. G. Pessin, A. M. Chaletzki und **Tschshou Zin,** *Untersuchungen auf dem Gebiet der Chemie des 2.1.3-Thiodiazols.* 9. Mitt. *Über die Reaktion von o-Benzochinondioxim mit Schwefeldichlorid.* (8. vgl. vorst. Ref.) Es gelingt nicht, durch Einw. von P_2S_5 auf Benzfuroxan (**I**) O gegen S auszutauschen; aus **I** u. H_2S ließen sich keine definierten Prodd. erhalten. o-Benzochinondioxim (**II**) wird durch $SOCl_2$ oder Thionylanilin unter Dehydratisierung in *Benzfurazan* übergeführt. Aus **II** u. P_2S_5 ließ sich *Benz-2.1.3-thiadiazol* nicht darstellen, doch entsteht aus **II** u. SCl_2 ein *N-* oder *S-Oxyd* des Benz-2.1.3-thiadiazols.

V e r s u c h e: *Benzfuroxan* (**I**), F. 64—68°, durch Oxydation von o-Nitranilin mit NaOCl in methanol. NaOH; 97,7% (Ausbeute). — *o-Benzochinondioxim* (**II**), F. 144° (Zers.; A.), durch ½std. Erwärmen von **I** mit Hydroxylaminhydrochlorid in wss. Methanol auf 50°, Zutropfen von 30%ig. NaOH bis zum Aufhören der N_2-Entw., Verdünnen mit W. u. Ansäuern mit Essigsäure; 52,7%. — *Benzfurazan*, F. 41—44° (verd. A.), a) durch 1std. Rühren von **II** mit $SOCl_2$; b) durch 10 Min. langes Erhitzen von **II** mit Thionylanilin in absol. A. auf dem Wasserbad. — *Benz-2.1.3-thiadiazol-N(S)-oxyd*, $C_6H_4N_2OS$, F. 81—83° durch Zutropfen von SCl_2 zu **II** in Bzl.; 63,6%. (Журнал Общей Химии [J. allg. Chem.] **28** (**90**). 2094—96. Aug. 1958.) H.-E. TOUSSAINT. 3173

V. K. Ahluwalia, V. N. Gupta und **T. R. Seshadri,** *Synthese von Fraxidin.* Durch Abbau von 6.7-Dimethoxy-8-acetylcumarin (**I**) nach DAKIN wurde *Fraxidin* (**II**) dargestellt.

V e r s u c h e: *7-Methoxy-8-hydroxycumarin*, $C_{10}H_8O_4$, F. 172—173°, aus 7-Methoxy-8-acetylcumarin u. 4%ig. NaOH auf dem Wasserbad (¼ Std.), Zugeben von 30%ig. H_2O_2 bei 0°, 2std. Stehen bei 0° u. Ansäuern; aus Äthylacetat rechteckige Prismen u. Nadeln. — *7.8-Dimethoxycumarin*, F. 119—120°, aus vorst. Verb., $(CH_3)_2SO_4$ u. K_2CO_3 in Aceton. — *6.7-Dimethoxy-8-hydroxycumarin* (**II**; *Fraxidin*), $C_{11}H_{10}O_5$, F. 196—197°, wie vorvorst. aus 1 g **I**; aus CH_3OH derbe rechteckige Prismen; 0,8 g (Ausbeute). — *6.7.8-Trimethoxycumarin*, F. 104—105°, aus **II** oder 6-Hydroxy-7.8-dimethoxycumarin, $(CH_3)_2SO_4$ u. K_2CO_3 in Aceton. — *6.7-Dimethoxy-8-äthoxycumarin*, F. 108—109°, wie vorst.; aus CH_3OH feine Nadeln. (Tetrahedron [London] **5.** 90—91. Jan. 1959. Delhi, Univ., Chem. Dep.) F. HELLER. 3211

R. N. Goel und **T. R. Seshadri**, *Padmatin, ein neuer Bestandteil des Kernholzes von Prunus puddum.* Aus dem Kernholz von *Prunus puddum* („Padmakashta") wurde ein neues Dihydroflavonol, *Padmatin* (**I**) isoliert u. seine Konst. als *3.5.3'.4'-Tetrahydroxy-7-methoxyflavanon* durch Dehydrierung zu *Rhamnetin* u. Methylierung zu *Taxifolin-5.7.3'.4'-tetramethyläther* bewiesen. — IR-Spektr. vgl. Original.

Versuche: (+)-*Taxifolin* (**II**)- F. 230—232° (A.), durch Extraktion von 2 kg mit PAe. entfetteten Kernholzspänen mit sd. A., Einengen des Extraktes im Vakuum, Zugeben von Ae., Stehen im Kühlschrank, Abgießen der äther. Lsg. von den ausgeschiedenen Leukoanthocyanidinen, Einengen u. Extraktion mit 5%ig. Na_2CO_3-Lsg.; 6 g (Ausbeute); R_F 0,78 (Phenol–W.); $FeCl_3$-Rk. in A. braun, mit Mg u. HCl rot, mit Zn u. HCl rosa; gibt mit J_2 u. K-Acetat in Eisessig *Quercetin. Tetramethyläther*, F. 169—170°, aus **I**, $(CH_3)_2SO_4$ u. K_2CO_3 in sd. Aceton (15 Std.); aus A. Nadeln. — *Genkwanin*, F. 282 bis 283° (A.), durch Extraktion der äther. Lsg. nach Abtrennung von **II** mit 0,1%ig. NaOH; 0,4 g. *Acetylderiv.*, F. 194—195°. — *Sakuranetin* (**III**), F. 151—152°, a) aus der Mutterlauge der vorst. Verb. durch Eindampfen, Lösen des Rückstandes in Ae., Extraktion mit $Na_2B_4O_7$-Lsg. u. Eindampfen der äther. Lsg.; 0,2 g; b) durch Extraktion der äther. Lsg. nach Abtrennung von **II** mit 5%ig. NaOH, Ansäuern u. Extraktion des Nd. mit sd. Bzl.; 2,0 g; aus A. prismat. Nadeln. *Acetylderiv.*, F. 98—99°. — *Prunetin*, F. 236 bis 238°, durch Kristallisation des benzolunlösl. Nd. von **III** nach b); aus A. blaßgelbe Nadeln; 1 g. *Acetylderiv.*, F. 222—224°; Nadeln. — *Padmatin* (**I**), $C_{16}H_{14}O_7$, F. 170—171°, durch Ansäuern des $Na_2B_4O_7$-Extraktes von **III** nach a); aus Äthylacetat–PAe. Nadeln; 1g; $FeCl_3$-Rk. in A. tiefbraun, mit Mg u. HCl rot, mit Zn u. HCl rosa. — *Rhamnetin*, F. 290 bis 292°, durch Zugeben von J_2 zu **I** u. K-Acetat in sd. Eisessig u. weiteres 1 std. Kochen; aus A. gelbe Nadeln; R_F 0,80 (Phenol–W.), 0,88 (Butanol–Essigsäure–W.). *Tetraacetylderiv.*, F. 186—187°; Nadeln. (Tetrahedron [London] **5**. 91—93. Jan. 1959. Delhi, Univ., Chem. Dep.) F. HELLER. 3211

H. S. Desai, D. S. Rao und **B. D. Tilak**, *Die Synthese von Naphtho-[1'.8':b.c]-thiapyran.* Durch Dechlorierung von 9-Chlornaphtho-[1'.9'.8':b.c]-thiapyran mit Cu_2O in Pyridin–Acetanhydrid entstand *Naphtho-[1'.9'.8':b.c]-thiapyran* [**I**, $C_{12}H_8S$, F. 124° (A.) gelbe Nadeln; *Pikrat*, $C_{18}H_{11}N_3O_7S$, F. 214° (A.), schwarze Nadeln]. Die spektroskop. Unters. zeigte, daß das Cyclisierungsprod. von 2.2-Dimethoxyäthyl-α-naphthylsulfid (vgl. BANFIELD u. Mitarbeiter, C. **1957**. 1174) ein Gemisch von **I** u. *6.7-Benzothionaphthen* (8 : 92) ist, aus dem **I** über das Pikrat isoliert werden konnte. (Chem. and Ind. **1957**. 464—65. 13/4. Bombay, Univ., Dep. of Chem. Technol.) K. DOMMAIN. 3221

Tetsuzo Kato und **Fumiko Hamaguchi**, *Synthese von Methylpyridinderivaten.* 9. Mitt. *Reduktion von 4-Nitro-2.6-lutidin-1-oxyd und 4-Nitro-β-picolin-1-oxyd.* (8. vgl. Annu. Rep. Tokyo Coll. Pharmacy **1956**. 18.) Inhaltlich ident. mit der C. **1957**. 3807 referierten Arbeit. (Annu. Rep. Tokyo Coll. Pharmacy **1956**. 22—26. Dez. [Orig.: engl.]) M. BURMEISTER. 3231

Tetsuzo Kato, Fumiko Hamaguchi und **Teruko Oiwa**, *Synthese von Methylpyridinderivaten.* 10. Mitt. *Die Skraupsche Reaktion von 4-Aminomethylpyridin-1-oxyd.* (9. vgl. vorst. Ref.) Inhaltlich ident. mit der C. **1957**. 3807 referierten Arbeit. (Annu. Rep. Tokyo Coll. Pharmacy **1956**. 27—31. Dez. [Orig.: engl.]) M. BURMEISTER. 3231

Rudolf Lukeš, Karel Bláha und **Jan Kovář**, *Konfiguration stickstoffhaltiger Verbindungen.* 3. Mitt. *Über die Konfiguration des Sedamins.* (2. vgl. C. **1957**. 4401; 4. vgl. C. **1959**. 10542; vorl. Mitt. vgl. C. **1958**. 2715.) Vff. bestimmten auf Grund der verschied. Bildungsgeschwindigkeiten der Tetrahydrooxazine, die aus substituierten Benzaldehyden u. stereoisomeren β-Aminoalkoholen entstehen, u. auf Grund der verschied. Stabilität der gebildeten Tetrahydrooxazinderivv. gegen Hydrolyse die absol. Konfiguration von *Norsedamin* (**I**) u. *Norallosedamin* (**II**). Durch Vgl. von **I** mit *Sedamin* (**III**) u. **II** mit *Allosedamin* (**IV**) wurde die absol. Konfiguration von **III** u. **IV** abgeleitet. Aus p-Nitrobenzaldehyd (**V**) u. **I** entsteht *2-p-Nitrophenyl-3.4-tetramethylen-6-phenyltetrahydro-1.3-oxazin* (**VI**) in ca. 80%ig. Ausbeute, aus **V** u. **II** entstehen nur 20% des stereoisomeren *2-p-Nitrophenyl-3.4-tetramethylen-6-phenyltetrahydroallo-1.3-oxazins* (**VII**). Aus äquimol. Gemisch aus **I** u. **II** u. ½ Äquivalent **V** entsteht nur **VI**. Bei der sauren Hydrolyse ist das Stereoisomere **VI** im Verhältnis 60 : 1 stabiler als **VII**. AnalogeTetrahydrooxazinderivv. entstehen aus **I** u. **II** mit Formaldehyd. Mit Piperonal bildet nur **I** das Tetrahydrooxazinderivat. Die **II**-Derivv. haben demnach einen größeren Energieinhalt als die analogen **I**-Derivate. Somit weisen **I**, F. 99°, u. **III** vom F 89° die *erythro*-, **II**, F. 112°, u. **IV**, F. 67—68° die *threo*-Konfiguration auf. Bei der Red. von 2-Phenacylpiperidin mit $LiAlH_4$ entstehen **I** u. **II** im Verhältnis 1 : 4, im Einklang mit der CRAMschen Regel (vgl. C. **1954**. 2788). Bei der gleichen Red. von 1-Methyl-2-phenacylpiperidin ist das Verhältnis umgekehrt.

Versuche: *2-[β-Phenyl-β-hydroxyäthyl]-piperidin Norsedamin*, I), F. 98—99°, u. *Norallosedamin* (II), F. 112—113°, a) durch Hydrierung von 2-Phenacylpyridinhydrochlorid an PtO_2 bei 20°/990 mm Druck u. mechan. Trennung der Basen nach Kristallisation aus Bzl.-PAe.; 89% (Gesamtausbeute), davon 30% I in derben rhomb. Kristallen u. 25% II in Nadeln. Durch Methylierung des Basengemisches mit Formaldehyd wurden in 72%ig. Ausbeute III u. IV im Verhältnis 5 : 4 erhalten; b) aus 2-Phenacylpiperidin u. $LiAlH_4$ in Ae. (66 Std.); 97% Basengemisch. Hieraus durch Methylierung u. chromatograph. Trennung III u. IV im Verhältnis 3 : 7; c) analog b) u. mechan. Trennung von I u. II; 26% mit 25% I u. 75% II; d) analog b) aus reinem 2-Phenacylpiperidin (aus dem krist. Hydrobromid). Hieraus durch Methylierung 42% III/IV im Verhältnis 1 : 5,5. — *Norsedaminhydrochlorid*, $C_{13}H_{20}ClNO$, F. 158—159° (Aceton-Methanol). *Reineckat*, F. 143 bis 144°. — *Norallosedaminhydrochlorid*, $C_{13}H_{20}ClNO$, F. 153—154° (Aceton). *Reineckat*, F. 140—142°. — *Sedamin* (III), F. 89—90° (PAe.), aus I, 37%ig. Formaldehyd u. 95%ig. Ameisensäure, 12 Std. bei 110°; 75%. — *Allosedamin* (IV), F. 67—68° (PAe.), analog aus II; 82%. — *2-Phenacylpiperidin*, $C_{13}H_{17}NO$, Kp.$_8$ 165°, a) aus II u. CrO_3 in Essigsäure, 50 Min. bei 50—60°, Alkalisieren u. Aufnehmen in Ae.; 34%; b) analog aus einem Gemisch aus I u. II; 70%. *Pikrat*, $C_{19}H_{20}N_4O_8$, F. 161—162° (W.), analog aus I u. CrO_3 u. Behandlung des *Hydrochlorids* mit Na-Pikrat; 92%. *Hydrobromid*, $C_{13}H_{17}NO \cdot HBr$, F. 182—182,5° (Aceton-Methanol). — *2-p-Nitrophenyl-3.4-tetramethylen-6-phenyltetrahydro-1.3-oxazin* (VI), $C_{20}H_{22}N_2O_3$, F. 118—119° (Ae.-PAe.), a) aus I u. V in Bzl. bei 90° (Badtemp.) u. azeotrop. Dest. des Bzl.; 85%; ebenso in Chlorbenzol bei 180° (Badtemp.); 78%; b) aus einem Gemisch von 250 mg I u. 250 mg II u. 190 mg V in Bzl.; 250 mg neben 180 mg II. In 0,5 m HCl werden aus 200 mg VI bei 20° nach 48 Std. 165 mg unverändert wiedergewonnen. *Pikrat*, $C_{26}H_{25}N_5O_{10}$, F. 208—209° (Aceton-W.). *Hydrochlorid*, $C_{20}H_{23} \cdot ClN_2O_3$, F. 212—213° (Aceton-Methanol). Wird bei 100° nach 1 Std. hydrolysiert; aus dem Hydrolysat 83% V u. 76% I. — *Allo-2-p-nitrophenyl-3.4-tetramethylen-6-phenyltetrahydro-1.3-oxazin* (VII), $C_{20}H_{22}N_2O_3$, F. 125—126° (Bzl.-PAe.), aus II u. V in Bzl. wie VI u. Chromatographie an neutralem Al_2O_3; 12,1%; in Chlorbenzol 14,5%, nach 6std. Erhitzen in Chlorbenzol bis 42,5%. *Pikrat*, F. 177,5—178,5°. *Hydrochlorid*, F. 85 bis 90°, unrein, sehr hygroskopisch. Wird im Gegensatz zum VI-Hydrochlorid schon bei Zimmertemp. in 3 Std. zu 90% in V u. II hydrolysiert. — *2-[3.4-Methylendioxyphenyl]-3.4-tetramethylen-6-phenyltetrahydro-1.3-oxazin*, $C_{21}H_{23}NO_3$, F. 117—118° (PAe.), aus I u. Piperonal in Chlorbenzol. *Pikrat*, $C_{27}H_{26}N_4O_{10}$, F. 209° (Aceton-Methanol). — *3.4-Tetramethylen-6-phenyltetrahydro-1.3-oxazin*, $C_{14}H_{19}NO$, Kp.$_{12}$ 175°, Kp.$_8$ 165°, F. 39—40°, aus I, wss. HCHO u. wenig K_2CO_3 in A., 10 Std. bei Zimmertemp.; 90%. Wird beim Kochen mit alkoh. HCl prakt. nicht hydrolysiert u. gibt durch 1½std. Erwärmen in Ae. mit $LiAlH_4$ 87% III. *Hydrochlorid*, $C_{14}H_{20}ClNO$, F. 184—186° (Aceton). *Pikrat*, $C_{20}H_{22} \cdot N_4O_8$, F. 140° (A.). — *Allo-3.4-tetramethylen-6-phenyltetrahydro-1.3-oxazin*, $C_{14}H_{19}NO$, Kp.$_8$ 160—165°, wie vorst. Verb. aus 0,5 g II u. Formaldehyd; 460 mg. Liefert durch Dest. von 130 mg mit 1 ml n-HCl in 10 ml A. neben Formaldehyd 95 mg II u. mit $LiAlH_4$ in Ae. 66% IV. *Pikrat*, $C_{20}H_{22}N_4O_8$, F. 155° (W.). Das hygroskop. *Hydrochlorid* konnte nicht rein erhalten werden. (Chem. Listy **51.** 927—36. Mai 1957 [Orig.: tschech.]; Collect. czechoslov. chem. Commun. **23.** 306—16. Febr. 1958 [Orig: deutsch]. Praha, Českoslov. akad. věd. Labor. heterocyckl. slouč.) J. PLEŠEK/Prag. 3231

N. W. Schorygina, *Untersuchungen auf dem Gebiet cyclischer Acetale.* 1. Mitt. *Kondensation von Styrol und seinen Homologen mit Aldehyden in Gegenwart von Salzsäure und Reaktionen von 4-Phenyl-1.3-dioxan mit $SOCl_2$, PCl_5 und Fettsäuren.* Styrol u. seine Alkylderivv. reagieren mit Aldehyden in Ggw. von HCl über die *γ-Chlor-γ-arylalkohole*, deren Struktur am Beispiel des *3-Chlor-3-phenylpropanols-(1)* durch Überführung in das entsprechende Keton bewiesen wird, zu *4-Aryl-1.3-dioxanen.* Die Bildungs-Rk. von Dioxanen aus Halogenhydrinen ist reversibel. Am leichtesten erfolgt die Ringspaltung in Ggw. von Halogenwasserstoffen, organ. oder anorgan. Säurechloriden. So liefert 4-Phenyl-1.3-dioxan (I) mit $SOCl_2$ *3-Phenyl-3-chlorpropanol,* in Ggw. von $ZnCl_2$ oder mit PCl_5 *1-Phenyl-1.3-dichlorpropan.* Mit Essigsäureanhydrid entsteht in Ggw. von HCl *1-Phenylpropandiol-(1.3)-diacetat,* das mit alkoh. NaOH zum *1-Phenylpropandiol-(1.3)* hydrolysiert werden kann, mit Buttersäure in Ggw. vom „Espatit-1"-Ionenaustauscher *1-Phenylpropandiol-(1.3)-dibutyrat.*

Versuche: *4-Phenyl-1.3-dioxan* (I), Kp.$_6$ 118—120°, a) 1 Mol Styrol u. 2,5 Mol Formalin in Ggw. von 10 ml konz. HCl durch 6—7std. Kochen u. Waschen der nichtwss. Schicht mit W. u. 5%ig. NH_4OH; $D.^{20}_{20}$ 1,1110; n_D^{20} 1,5331; 90—98% (Ausbeute); b) aus 85 g IV u. 50 ml 36%ig. Formalin in Ggw. von 5 ml HCl durch 1std. Kochen; 98%. — *4-Phenyl-2.6-dipropyl-1.3-dioxan* (II), Kp.$_{27}$ 175—176°, analog I) mit Butyraldehyd; $D.^{20}_{20}$ 1,0150; n_D^{20} 1,4680; 70—80%. — *4-[p-Tolyl]-1.3-dioxan* (III), $C_{11}H_{14}O_2$, Kp.$_6$ 145—147°, mit p-Methylstyrol analog I a); $D.^{20}_{20}$ 1,080; n_D^{20} 1,5231; 90—95%. —

3-Phenyl-3-chlorpropanol-(1) (IV), $C_9H_{11}ClO$, Kp.$_8$ 110—112°, a) aus 1 Mol I mit halbkonz. HCl durch 2—3std. Kochen, Aufnehmen in Bzl. u. Waschen mit W. u. 5%ig. Sodalsg.; 50—70%; b) durch Zutropfen von 100 g I zu 200 g $SOCl_2$ unter Rühren u. 1 std. Erwärmen auf 50°, Abdestillieren des $SOCl_2$ im Vakuum, Aufnehmen in Bzl. u. Waschen mit W. u. 5%ig. Sodalsg.; D.$^{20}_{20}$ 1,1479; n_D^{20} 1,5689. — *1-Phenyl-1-chlorhexanol-(3)*, $C_{12}H_{17}ClO$, Kp.$_3$ 128—135°, analog aus II; D.$^{20}_{20}$ 1,0452; n_D^{20} 1,5150. — *3-(p-Tolyl)-3-chlorpropanol-(1)*, $C_{10}H_{13}ClO$, aus III; D.$^{20}_{20}$ 1,0634; n_D^{20} 1,5540. — *1-Phenyl-1.3-dichlorpropan*, $C_9H_{10}Cl_2$, Kp.$_3$ 111—113°, a) aus I analog IV a) in Ggw. von 15 g $ZnCl_2$; 50%; b) durch Zutropfen von 40 g I zu 104 g PCl_5 u. 150 ml CCl_4 >50° u. Zusatz von W.; D.$^{20}_{20}$ 1,770; n_D^{20} 1,5465; 95%. — *1-Phenylpropanol-(3)-on-(1)*, aus 17 g IV mit 14 g Urotropin in A. durch Versetzen; 1 Std. Stehen bei 20°, dann bei 50—60°, Versetzen mit 40 ml W., Aufkochen u. Aufnehmen der rubinroten organ. Schicht in Benzol. *p-Nitrophenylhydrazon*, $C_{15}H_{15}N_3O_3$, F. 176—177°, goldorangefarbene Täfelchen aus Benzol. *Semicarbazon*, $C_{10}H_{13}N_3O_2$, F. 194—195°. — *1-Phenylpropandiol-(1.3)-diacetat*, Kp.$_{10}$ 154 bis 156°, aus 164 g I mit 255 g Essigsäureanhydrid u. 10 ml konz. HCl, durch 5 std. Stehen bei 80—85° u. Versetzen mit W.; D.^{20} 1,0467; n_D^{20} 1,4929; 80—85%. — *1-Phenylpropandiol-(1.3)*, Kp.$_8$ 156—158°, aus 236 g vorst. Verb. durch Hydrolyse mit 16%ig. alkoh. NaOH (4 Std. bei 75—80°); D.^{18} 1,1155; n_D^{18} 1,5417; 58—65%. — *1-Phenylpropandiol-(1.3)-dibutyrat*, Kp.$_3$ 175—180°, aus 164 g I mit 176 g Buttersäure in Xylol in Ggw. von p-Toluolsulfonsäure oder „Espatit-1"-Ionenaustauscher (12 Std. bei 140—150°); D.^{17} 1,0351; n_D^{17} 1,5042; 50 bzw. 70%. (Журнал Общей Химии [J. allg. Chem.] **26** (88). 1460—65. Mai 1956.) A. NOWAK. 3252

J. L. E. Erickson und **G. N. Grammer**, *Die spontane Polymerisation von Phenylacetaldehyd.* Vff. weisen nach, daß die spontane Polymerisation von Phenylacetaldehyd (I) zu einem krist. Trimeren führt, dem Sesquiacetal *2.4-Dibenzyl-5-phenyl-6-hydroxy-1.3-dioxan* (II). Diese Rk. wird bereits durch Spuren von Alkali stark katalyt. beschleunigt. Es wird angenommen, daß die Bldg. von II über *Diphenylacetaldol* (III) läuft. Während bei der Red. von I mit Zn/HCl *2.4-Dibenzyl-5-phenyl-1.3-dioxan* erhalten wird, entstehen durch katalyt. Hydrierung oder Red. mit $LiAlH_4$ *β-Phenyläthylalkohol* u. *2.4-Diphenylbutandiol-(1.3)* (IV). Umsetzung von I mit IWANOW-Reagens führt zu *β-Hydroxy-α.γ-diphenylbuttersäure*, die mit $LiAlH_4$ IV gibt. Die Red. von α.γ-Diphenylacetessigsäureäthylester (V) mit $LiAlH_4$ liefert eine *Verb. vom F. 134,5—135°*, die möglicherweise ein Diastreomeres von IV ist. Die therm. Zers. von II bei 5—20 μ gibt I u. III, bei 0,5 mm oder höheren Drucken entsteht neben I u. W. *α.γ-Diphenylcrotonaldehyd.*

Versuche (FF. korr.): *2.4-Dibenzyl-5-phenyl-6-hydroxy-1.3-dioxan* (II), $(C_8H_8O)_3$, F. 114,5—115° (Bzl./PAe. u. Methanol), a) durch 8—10monatiges Aufbewahren von I Kp.$_{12}$ 81—83°, n_D^{25} 1,5220) bei Zimmertemp. in diffusem Licht; 24% (Ausbeute); b) durch 24std. Erwärmen von I mit 10%ig. alkoh. KOH auf 55° u. 7tägiges Aufbewahren; 27,5%. *Acetat*, $C_{26}H_{26}O_4$, F. 125—125,5° (Bzl./PAe.). *Benzoat*, $C_{31}H_{28}O_4$, F. 158,5 bis 159° (Bzl./PAe.). 1 Std. Erhitzen von II auf 120° bei 10μ gibt 93% I. Dest. von II bei 25 mm gibt neben I *α.γ-Diphenylcrotonaldehyd*, $C_{16}H_{14}O$, F. 39,5—40°, n_D^{40} 1,5938. — *2.4-Dibenzyl-5-phenyl-1.3-dioxan*, $C_{24}H_{24}O_2$, F. 100—101° (Methanol), a) durch 1std. Einleiten von HCl in ein Gemisch von II u. amalgamiertem Zn-Staub in Eisessig bei 40—45° unter Rühren, $^3/_4$std. Rühren bei Zimmertemp. u. Ätherextraktion; 35%; b) durch $^1/_2$std. Kochen von 2,0 g II mit Zn in konz. HCl; 0,3 g; c) durch 6std. Kochen von 8,5 g II mit Zn u. konz. HCl in A.; 1,2 g; daneben 2,5 g IV; d) durch $^3/_4$std. Kochen von IV u. Phenylacetaldehyddimethylacetal [Kp. 220 bis 220,7°, n_D^{25} 1,5001] in Ggw. von Benzolsulfonsäure in absol. Bzl.; 89%. — *2.4-Diphenylbutandiol-(1.3)* (IV), $C_{16}H_{18}O_2$, F. 98,5—99° (Bzl./PAe.), a) aus II mit $LiAlH_4$ in absol. Ae.; 93%; daneben 60% *β-Phenyläthylalkohol* [Kp. 219—221°; *α-Napthylurethan*, F. 117,5°]; b) durch katalyt. Hydrierung von II in Eisessig/Isopropanol über RANEY-Ni bei 80° u. 3 at; 55%; c) durch 1std. Rühren nachst. Verb. in Dioxan mit $LiAlH_4$ in absol. Ae.; kleine Nadeln; 87%. *Dibenzoat*, $C_{30}H_{20}O_4$, F. 107—107,5° (Methanol). — *β-Hydroxy-α.γ-diphenylbuttersäure*, $C_{16}H_{16}O_3$, F. 207—207,5°, a) durch 1std. Kochen von Isopropyl-MgBr mit Na-Phenylacetat in absol. Ae., Zugabe von I u. 3std. Kochen; aus Methanol Nadeln; 49%; b) durch katalyt. Hydrierung von 3,5 g V [F. 78—78,5°, aus Phenylessigsäureäthylester; 71%] nach DAVIES u. MORRIS (vgl. J. chem. Soc. [London] **1947**. 1697) u. Hydrolyse; 1,4 g. — *Verb.* $C_{16}H_{18}O_2$, F. 134,5—135° (Bzl./PAe.), durch Red. von 13,0 g V mit $LiAlH_4$: 7,3 g. (J. Amer. chem. Soc. **80**. 5466—69. 20/10. 1958. Baton Rouge, La., State Univ., Coates Chem. Labor.) O. KRAMM. 3252

Leonard B. Spector und **Elizabeth B. Keller**, *Labile acetylierte Uracilderivate.* Beim Erhitzen von Uracil (I) u. Thymin (II) mit Acetanhydrid werden *1-Acetyluracil* (VI) u. *1-Acetylthymin* erhalten, die in wss. Lsg. kräftige Acetylierungsmittel sind (Acetylierung von Orthophosphat, Glutathion SH (III), Glycin (IV) u. NH_2OH) u. durch W. rasch hydrolysiert werden. Ebenso wurden *1-Acetyldihydrouracil* (**V**) u. *1-Acetyldihydrothymin* hergestellt, die mit **IV** u. NH_2OH, nicht aber mit Phosphat oder **III** reagieren. Sie sind gegen W. sehr beständig.

Versuche: *1-Acetyluracil* (**VI**), $C_6H_6N_2O_3$, F. 190—191° (Acetanhydrid), aus **I** mit sd. Acetanhydrid (4 Std.; λ_{max} 254 mμ (Chlf.), 259 mμ (Carbonatpuffer, p_H 7,2); 80% (Ausbeute). — *1-Acetyldihydrouracil* (**V**), $C_6H_8N_2O_3$, F. 193—195° (W.), a) aus Dihydrouracil mit Acetanhydrid; b) durch katalyt. Hydrierung von **VI** in Eisessig in Ggw. von PtO_2 bei Zimmertemp.; λ_{max} 214 mμ (A.). — *1-Acetylthymin*, $C_7H_8N_2O_3$, F. 193,5—195,5°, aus **II** mit sd. Acetanhydrid, λ_{max} 261 mμ (Chlf.); 80%. — *1-Acetyldihydrothymin*, $C_7H_{10}N_2O_3$, F. 114—115° (A.), aus Dihydrothymin; λ_{max} 215 mμ (W.). — *3-Methyldihydrouracil*, F. 126—129°, aus **V** mit CH_2N_2–Ae. u. Verseifen mit 2n HCl (40 Min., 100°). (J. biol. Chemistry **232**. 185—92. Mai 1958. Boston, Mass., Harvard Univ., Huntington Memorial Hospital, John Collins Warren Labors.; General Hospital.) K. Maier. 3272

David M. Sharefkin, *Synthese 2.6-disubstituierter Pyrazine und verwandter Derivate.* Durch Spaltung von *7-Methyllumazin* (**I**) mit Alkali entstehen *2-Amino-* (**II**) u. *2-Hydroxy-6-methylpyrazin-3-carbonsäure* (**III**). **I** konnte in krist. Form durch Kondensation von 5.6-Diaminouracil mit stabilisiertem Methylglyoxal in saurer Lsg. erhalten werden; diese Meth. ermöglicht den Nachw. kleinster Mengen von α-Dicarbonylverbindungen. 2-Acetamidopyrazin-6-carbonsäure (**V**) konnte durch Curtius-Schmidt-Rk. nicht in 2.6-Diaminopyrazin übergeführt werden. Obwohl **II** in Tetralin leicht decarboxyliert werden konnte, gelang die Decarboxylierung von 2-Amino-3-brompyrazin-6-carbonsäure nicht. Durch 20std. Erhitzen von **I** mit Alkali auf 170° entstand **II**, durch 40std. Rk. bei 190° jedoch auch **III**. **III** konnte in konz. H_2SO_4 bei 180° oder in Tetralin bei 205° zu *2-Hydroxy-6-methylpyrazin* (**IV**) decarboxyliert werden. **IV** konnte in Pyridin weder acetyliert, noch benzoyliert werden, da eine Keto–Enol-Tautomerie der 2-ständigen Hydroxylgruppe vorliegt. **IV** wurde mit diazotierten aromat. Aminen gekuppelt; Lsgg. der erhaltenen Farbstoffe in wss.-saurem Medium sind gelb bis orange, in alkal.-wss. Medium orange bis rot gefärbt. Durch energ. Red. eines dieser Farbstoffe mit $SnCl_2$ wurden unter Spaltung der Azobrüche das Ausgangsamin u. *5-Amino-6-methyl-2-hydroxypyrazin* erhalten, das als Hydrazon charakterisiert wurde. Die UV-Spektren der dargestellten Verbb. wurden untersucht.

Versuche: *7-Methyllumazin* (**I**), durch Zugabe von 30%ig. wss. Methylglyoxal-lsg. zu 5.6-Diamino-2.4-dihydroxypyrimidinsulfat in W., Zugabe von 10%ig. H_2SO_4 bis p_H 2,5, 2std. Kochen, Alkalisieren mit NaOH bis p_H 9,5, Kühlen auf 2°, 2std. Stehen im Eisbad, Filtrieren u. Waschen mit Eiswasser; hellgelbe Kristalle; 98% (Ausbeute). — *2-Amino-6-methylpyrazin*, F. 124—125° (gelbe Kristalle), durch 20std. Erhitzen von **I** mit Alkalilsg. auf 170° nach Weijlard u. Mitarbeitern (J. Amer. chem. Soc. **67**. [1945.] 802), 30 Min. Kochen der erhaltenen **II** in Tetralin, Kühlen, Extraktion mit 10%ig. HCl, Alkalisieren des Extrakts mit 20%ig. NaOH u. Ätherextraktion; 78%. *Acetylderiv.*, $C_7H_9N_3O$, F. 168—169° (absol. CH_3OH), durch Zugabe des Amins zu Acetanhydrid–Eisessig, 3std. Rühren auf dem Wasserbad, Kühlen, Fällen mit Ae., Filtrieren, Zugabe von wenig Acetylchlorid zum Filtrat u. Filtrieren; 64%. — *2-Acetamidopyrazin-6-carbonsäure* (**V**), $C_7H_7N_3O_3$, F. 173°, durch Lösen von 8 g vorst. Verb. in warmer wss. $MgSO_4$-Lsg. portionsweise Zugabe von $KMnO_4$ bei 75°, Erwärmen auf 85°, Heißfiltration, Einengen, Zugabe von verd. H_2SO_4 bis p_H 2,5, Kühlen im Eisbad u. Umkristallisieren des Nd. aus sd., mit H_2SO_4 auf p_H 2,5 gebrachtem W.; 5 g. — *2-Aminopyrazin-6-carbonsäure*, F. 120 bis 121° (gelbe Kristalle), durch 20 Min. Kochen von 0,5 g **V** mit 3n HCl, Behandeln mit Kohle, Zugabe von $NaHCO_3$ bis p_H 6,5, Ae.-Extraktion u. Einengen des Extrakts; 0,25 g. — **V**-*Methylester*, $C_8H_9N_3O_3$, F. 159°, durch 3std. Kochen von 3 g **V** mit Na_2SO_4 u. wenig konz. H_2SO_4 in absol. CH_3OH, Zugabe von Kohle, Heißfiltration, Einengen, Zugabe von 10%ig. NaOH bis p_H 2,5 u. Kühlen; 2,4 g. — **V**-*Amid*, $C_7H_8N_4O_2$, F. >300°, durch Zugabe von **V** in absol. CH_3OH zu konz. NH_4OH, Eindampfen u. Kühlen. — *2-Acetamido-3-brompyrazin-6-carbonsäure*, $C_7H_6BrN_3O_3$, F. 173° (absol. CH_3OH), durch Zugabe von Br_2 zu **V** in warmer Essigsäure innerhalb 30 Min., Gießen in Eis u. Filtration. — *2-Amino-3-brompyrazin-6-carbonsäure*, $C_5H_4BrN_3O_2$, F. 153—154° (A.), durch Zugabe von konz. HCl zu 3 g vorst. Verb. in heißem W., 15 Min. Kochen, Filtrieren, langsames Einengen u. Kühlen; 2,1 g. — *6-Methyl-2-hydroxypyrazin* (**IV**), $C_5H_6N_2O$, F. 240° (gelbe Kristalle aus Äthylacetat), durch 50std. Erhitzen von 37,4 g **I** mit wss. NaOH auf 180 bis 190° im Rohr, Kühlen, Filtrieren, Einengen, Zugabe von HCl bis p_H 2,5, Filtrieren, 10 Min. Erhitzen von 12,5 g des erhaltenen Gemisches von **II** u. **III** in 80%ig. H_2SO_4 auf 180°, Gießen auf Eis, Alkalisieren mit 50%ig. NaOH, Ae.-Extraktion, Zugabe von Säure bis p_H 6,8, Extraktion mit Äthylacetat, Einengen des Extrakts u. Kühlen; 4,4 g. — *6-Methyl-5-[p-sulfobenzolazo]-2-hydroxypyrazin, Di-Na-Salz*, $C_{11}H_8N_4Na_2O_4S$, F. >300° (gelbe Kristalle aus W.) durch Lösen von Sulfanilsäure in warmem W. unter Zugabe, von 6n NaOH, Zugabe von $NaNO_2$, Kühlen auf 20°, Gießen in wss. H_2SO_4 u. Eis, 30 Min. Stehen, Zugabe von 1,6 g **IV** in W. u. 20% ig. NaOH, 5 Min. Rühren, Zugabe von 10% ig. NaOH bis p_H 6, Zugabe von gesätt. NaCl-Lsg., 10 Min. Kühlen u. Filtrieren; 2 g. — *6-Methyl-5-[p-nitrobenzolazo]-2-hydroxypyrazin, Na-Salz,* $C_{11}H_8N_5NaO_3$, F. > 300° (95% ig. A.), durch Erwärmen von p-Nitroanilin in konz. HCl auf 80° bis zur Lsg., Kühlen auf 20°, Zugabe von Eis u. $NaNO_2$-Lsg., Zugabe von **IV** in wss. NaOH unter Rühren, 10 Min. Stehen, Zugabe von wss. Na-Acetatlsg., 15 Min. Stehen, Filtrieren, Trocknen, Digerieren mit Bzl. u. Filtrieren. — *5-Amino-6-methyl-2-hydroxypyrazin, Na-Salz,* $C_5H_6N_3NaO$, F. > 300° (blaßgelbe Kristalle aus absol. CH_3OH), durch Zugabe von $SnCl_2$ in konz. HCl zu vorvorst. Verb. in W. bei 85°, Erwärmen bis zum Verschwinden der Färbung, Kühlen mit Eis, Filtrieren, Zugabe von 20% ig. NaOH, Filtrieren, Eindampfen auf dem Wasserbad, Extraktion mit absol. CH_3OH, Einengen u. Kühlen auf 0°; 62%. — *5-Amino-6-methylpyrazinon-(2)-2.4-dinitrophenylhydrazon,* $C_{11}H_{11}N_7O_4$, F. 125° (orangegelbe Kristalle aus wss. CH_3OH), durch Zutropfen von 2.4-Dinitrophenylhydrazin in HCl–CH_3OH zu einer Lsg. von 1,5 g vorst. Verb. u. Filtrieren. (J. org. Chemistry **24.** 345—48. März 1959. Brooklyn, N. Y., Brooklyn Coll., Dep. of Chem.)

H. Bertsch. 3272

Raymond N. Castle und **William S. Seese,** *Imidazo-[4.5:d]-pyridazine.* 1. Mitt. *Synthese von 4.7-disubstituierten Derivaten.* Es werden 11 neue *Imidazo-[4.5:d]-pyridazine* dargestellt. Die 4.7-Dihydroxyverb. (**III**) wird mit $POCl_3$ in die *4.7-Dichlorverb.* mit der *4(7)-Chlor-7(4)-hydroxyverb.* als Nebenprod. bzw. mit P_2S_5/Pyridin in die *4.7-Dimercaptoverb.* (**I**) übergeführt. **I** läßt sich alkal. zur *4.7-Bis-[methylmercapto]-verb.* methylieren, u. diese gibt mit NH_3 *4.7-Diaminoimidazo-[4.5:d]-pyridazin.* Mit 1 Mol CH_3J liefert **I** die *4(7)-Methylmercapto-7(4)-mercaptoverb.,* die mit Raney-Ni zur *4-Methylmercaptoverb.* entschwefelt wird. Letztere gibt mit äthanol. NH_3 bei 200° die *4-Aminoverbindung.* Aus **I** wird mit 1 Mol C_2H_5J die *4(7)-Äthylmercapto-7(4)-mercaptoverb.,* mit überschüssigem C_2H_5J dagegen die *4.7-Bis-[äthylmercapto]-1-äthylverb.* über ihr *Hydrojodid* erhalten. Beim Erhitzen von Imidazol-4.5-bis-[carbonsäuremethylhydrazid] mit 10% ig. HCl entsteht nicht 5-Methyl-7-hydroxyimidazo-[4.5:d]-pyridazon-(4), sondern nur *Imidazol-4.5-dicarbonsäure* (**II**). Der Dimethylester von **II** kann in das *Methylesterphenylhydrazid* übergeführt werden, das aber mit HCl ebenfalls nicht cyclisiert, sondern zu **II** gespalten wird. Die $LiAlH_4$-Red. von **II**-Dimethylester in sd. Diäthylenglykoldimethyläther führt nicht zu 4.5-Bis-[hydroxymethyl]-imidazol, sondern zu *4.5-Dimethylimidazol.* Die Rk. von 4.5-Dichlorpyridazon-(3) mit überschüssigem äthanol. NH_3 führt nur zu einem Gemisch von *4-Chlor-5-amino-* u. *5-Chlor-4-aminopyridazon-(3).*

Versuche: *Imidazol-4.5-dicarbonsäure* (**II**), $C_5H_4N_2O_4$, F. 278—280°. *Dimethylester,* $C_7H_8N_2O_4$, F. 207° (W.). *Dihydrazid,* $C_5H_8N_6O_2$, F. >400° (W.), durch ½std. Kochen des Esters mit N_2H_4 in CH_3OH; 99% (Ausbeute). — Imidazo-[4.5:d]-pyridazine: *4.7-Dihydroxy-* (**III**), $C_5H_4N_4O_2$, F. >400° (NaOH–Eisessig); 91%. — *4.7-Dichlor-,* $C_5H_2Cl_2N_4$, F. 240,5—241,5° (absol. A.), durch 2½std. Kochen von **III** mit $POCl_3$/N.N-Dimethylanilin, Einengen, Gießen auf Eis, Alkalisieren mit NaOH, Filtrieren, Ansäuern u. Ausäthern; 17%. — *4(7)-Chlor-7(4)-hydroxy-,* $C_5H_3ClN_4O$, Zers. bei 358—360°, neben vorst. Verbindung. — *4.7-Dimercapto-* (**I**), $C_5H_4N_4S_2$, F. 309—311° (NaOH–Eisessig), durch 10std. Kochen von **III** mit P_2S_5 in Pyridin, Einengen, Zugaben von Eis, 8std. Erhitzen auf dem Wasserbad, Heißfiltration u. Ansäuern mit HCl; 79%. — *4.7-Bis-[methylmercapto]-,* $C_7H_8N_4S_2$, F. 243—245° (absol. A.), durch 1std. Erhitzen von 10 g **I** mit 24,9 g CH_3J in 1,25n KOH auf dem Wasserbad; 73%. — *4.7-Diamino-,* $C_5H_6N_6$, F. 340—342° (absol. A.), durch 26std. Erhitzen vorst. Verb. mit äthanol. NH_3 auf 195 bis 205° in der Bombe u. Heißfiltration über das *Monohydrat* ($C_5H_8N_6O$, F. 314—316° [A.]); 44%. — *4(7)-Methylmercapto-7(4)-mercapto-,* $C_6H_6N_4S_2$, F. 331—333° (absol. A.), durch Schütteln von 3 g **I** mit 2,4 g CH_3J in n-KOH u. Zugeben von Eisessig; 67%. — *4-Methylmercapto-,* $C_6H_6N_4S$, F. 230—232° (absol. A.), durch 5½std. Kochen vorst. Verb. mit Raney-Ni in absol. A.; 41%. — *4-Amino-, Monohydrat,* $C_5H_7N_5O$, Zers. bei 315° (A.), aus vorst. Verb. mit äthanol. NH_3 in der Bombe; 87%. — *4(7)-Äthylmercapto-7(4)-mercapto-,* $C_7H_8N_4S_2$, F. 279—282° (absol. A.), aus 4,3 g **I** u. 4,38 g C_2H_5J in n-KOH; 53%. — *4.7-Bis-[ähyltmercapto]-1-äthyl-,* $C_{11}H_{16}N_4S_2$, F. 122—124° (absol. A.; sublimiert bei 100°/0,15 mm), durch 4½std. Erhitzen von 9 g **I** mit 21,2 g C_2H_5J in 0,85n KOH auf dem Wasserbad über das *Hydrojodid* ($C_{11}H_{17}JN_4S_2$, F. 256—259° [absol. A.]; 42%) u. dessen Behandlung mit NaOH. — *4.5-Dimethylimidazol,* $C_5H_8N_2$, F. 118,5—119,5° (sublimiert bei Raumtemp./0,5 mm), durch 96std. Kochen von **II**-Dimethylester mit $LiAlH_4$ in Diglyme (Diäthylenglykoldimethyläther), Extrahieren mit W. u. Ausäthern; Nadeln; 29%. — **II**-*Bis-[methylhydrazid],* $C_7H_{12}N_6O_2$, F. 210—212° (W.), durch 3std. Kochen von **II**-Dimethylester mit Methylhydrazin in CH_3OH; Nadeln; 48%. — **II**-*Methylesterphenylhydrazid,* $C_{12}H_{12}N_4O_3$, F. 254—255° (CH_3OH), mit Phenylhydrazin; 37%. — *4.5-Dichlor-*

pyridazon-(3), F. 202—203°. — *4*(oder *5*)*-Amino-5*(oder *4*)*-chlorpyridazon-(3)*, $C_4H_4ClN_3O$, F. 350—354° (absol. A.), durch 60std. Erhitzen von 30 g vorst. Verb. mit äthanol. NH_3 auf 185° u. Einengen; 15,7 g. *Isomeres*, F. 292—294° (absol. A.), aus 49 g vorst. Verb. in 84 Std. bei 260°; 18,8 g. — Die UV-Spektren der Verbb. sind angegeben. (J. org. Chemistry **23**. 1534—38. Okt. 1958. Albuquerque, N. Mex., Univ., Dep. of Chem. u. Labor. of Pharmaceut. Chem.) R. PASEDAG. 3272

Wolfgang Pfleiderer und **Karl-Heinz Schündehütte**, *Untersuchungen in der Pyrimidinreihe.* 8. Mitt. *Über neue Synthesen von Pyrazolo-[3.4:d]- und 1.2.4-Triazino-[6.5:d]-pyrimidinen.* (7. vgl. C. **1958**. 9501.) Durch Acylierung von 1.3-Dimethyl-4-hydrazinouracil (**I**) u. anschließende Cyclisierung werden einige *4.6-Dioxotetrahydropyrazolo-[3.4:d]-pyrimidine* dargestellt; ihre UV-Spektren (zwischen 200 u. 300 mμ bei p_H 6—7,5 graph.) sind angegeben. Durch Nitrosierung von 4-Acetylhydrazino- (**II**) bzw. 4-Formylhydrazino-1.3-dimethyluracil (**VI**) u. Ringschluß werden *3.6.8-Trimethyl-* bzw. *6.8-Dimethyl-5.7-dioxotetrahydro-1.2.4-triazino-[6.5:d]-pyrimidin* erhalten.

Versuche: *1.3-Dimethyl-4-acetylhydrazinouracil* (**II**), $C_8H_{12}N_4O_3$, F. 261—263° (A.), durch Zugabe von Acetanhydrid zu 10 g **I** in A.; 8 g (Ausbeute). — *1.3-Dimethyl-4-formylhydrazinouracil* (**VI**), $C_7H_{10}N_4O_3$, F. 239—240° (A.), analog **II** aus 5 g **I** mit Essigsäureameisensäureanhydrid bei 40°; 4 g. — *1.3-Dimethyl-4-[N.N'-diacetylhydrazino]-5-acetyluracil* (**III**), $C_{12}H_{16}N_4O_5$, F. 154° (A.), durch 3std. Kochen von 10 g **I** in Acetanhydrid, Einengen, Zugabe von A. (→ Nd. von nachst. **IV**), Filtrieren, Einengen des Filtrats u. Behandeln mit A.–Ae.; 5 g. — 4.6-Dioxotetrahydropyrazolo-[3.4:d]-pyrimidine: *3.5.7-Trimethyl-1-acetyl-* (**IV**), $C_{10}H_{12}N_4O_3$, F. 219° (A.), neben **III**; 3 g. — *3.5.7-Trimethyl-* (**V**), $C_8H_{10}N_4O_2$, F. 288° (W.), a) durch 7std. Kochen von 3 g **III** in Acetanhydrid, Einengen, Versetzen mit W. u. mehrstd. Stehen; p_K 9,83 ± 0,05 (W.; 20°); 1,8 g; b) durch kurzes Kochen von 1 g **IV** in n-NaOH u. Ansäuern mit 5n HCl; 0,5 g. — *5.7-Dimethyl-* (**VII**), $C_7H_8N_4O_2$, F. 279° (W.), a) durch 8std. Erhitzen von 10 g **I** mit Essigsäureameisensäureanhydrid auf dem Wasserbad u. Einengen; p_K 9,26 ± 0,05; 6 g; b) durch 4std. Rk. von 10 g **I** in sd. Formamid; 6 g. — *2.3.5.7-Tetramethyl-*, C_9H_{12}·N_4O_2, F. 230° (W.), durch 1std. Rk. von 1 g **V** mit $(CH_3)_2SO_4$ in n-NaOH; 0,8 g. — *2.5.7-Trimethyl-*, $C_8H_{10}N_4O_2$, F. 205° (W.), analog vorst. Verb. aus 1 g **VII**; 0,5 g. — *1.3-Dimethyl-4-acetylhydrazino-5-nitrosouracil* (**VIII**), $C_8H_{11}N_5O_4$, F. 175° (A.), durch Zugabe von Amylnitrit–konz. HCl zu 2 g **II** in A. u. 1std. Stehen; gelb; 1,7 g. — *1.3-Dimethyl-4-formylhydrazino-5-nitrosouracil* (**IX**), $C_7H_9N_5O_4$, F. 183° (A.), analog **VIII** aus 1,8 g **VI** bei 40°; gelb; 1,2 g. — *1.3-Dimethyl-4-hydrazino-5-nitrosouracil*, $C_6H_9N_5O_3$, F. 168° (Zers.; Propanol), durch ¼std. Kochen von 1 mg **VIII** oder **IX** in 10—15%ig. methanol. HCl u. Zugabe von wss. CH_3COONa; orangerot; 0,5 g. — *6.8-Dimethyl-5.7-dioxotetrahydro-1.2.4-triazino-[6.5:d]-pyrimidin*, $C_7H_7N_5O_2$, F. 178—179° (W.), durch Zugabe kleiner Portionen $Na_2S_2O_4$ zu 10 g **IX** in $HCONH_2$/HCOOH bei 100°, ½std. Kochen, Gießen in W., Aufnehmen in Chlf. u. Eindampfen unter Luftdurchleiten; gelb; 5 g. — *3.6.8-Trimethyl-5.7-dioxotetrahydro-1.2.4-triazino-[6.5:d]-pyrimidin*, $C_8H_9N_5O_2$, F. 127° (A.), durch Hydrieren von 10 g **VIII** über RANEY-Ni bei 50° in A., Filtrieren, Einengen, 1std. Kochen in 20%ig. methanol. HCl, Eindampfen, Aufnehmen in wenig W., Behandeln mit $NaNO_2$ u. 12std. Stehen; gelb; 4 g. (Liebigs Ann. Chem. **615**. 42—47. 1958. Stuttgart, TH, Inst. für Organ. Chem. u. Organ.-Chem. Technol.) W. HOFFMANN. 3272

Wolfgang Pfleiderer und **Horst Ferch**, *Untersuchungen in der Pyrimidinreihe.* 9. Mitt. *Über die Synthese von Pyridazino-[3.4:d]-pyrimidinen.* (8. vgl. vorst. Ref.) Durch Rk. von 1.3-Dimethyl-4-hydrazinouracil (**I**) mit 1.2-Diketonen werden ohne Isolierung von Zwischenprodd. einige *5.7-Dioxotetrahydropyridazino-[3.4:d]-pyrimidine* dargestellt. Neben der *6.8-Dimethylverb.* entsteht *Glyoxal-bis-[1.3-dimethyluracilyl-(4)-hydrazon]*; die Konst. der *6.8-Dimethyl-3.4-diphenylverb.* (**II**) wird durch Abbau zu *6-Methylamino-3.4-diphenylpyridazincarbonsäure-(5)-methylamid* bewiesen. Mit Glyoxylsäureäthylesterhalbacetal (**III**) erhält man aus **I** über das entsprechende *Hydrazon 4-Hydroxy-6.8-dimethyl-* u. mit Mesoxalsäure (**IV**)-diäthylester *4-Hydroxy-3-carbäthoxy-6.8-dimethyl-5.7-dioxotetrahydropyridazino-[3.4:d]-pyrimidin.* Dagegen führen die Rkk. von **I** mit **IV**-Di-Na-Salz bzw. Brenztraubensäuremethylester (**V**) nur zu den *Hydrazonen.* Beim Vers., das *1.3-Dimethyluracilyl-(4)-hydrazon von* **V** mit $NaHCO_3$-Lsg. zu cyclisieren, bildet sich lediglich die entsprechende *freie Säure.* Die UV-Absorptionsmaxima der *5.7-Dioxotetrahydropyridazino-[3.4:d]-pyrimidine* sind angegeben.

Versuche: 5.7-Dioxotetrahydropyridazino-[3.4:d]-pyrimidine: *6.8-Dimethyl-3.4-diphenyl-* (**II**), $C_{20}H_{16}N_4O_2$, F. 208—209° (A.), durch 10std. Rk. von 4 g **I** mit Benzil in sd. absol. A.; gelblich; 4,9 g (Ausbeute). — *3.4.6.8-Tetramethyl-*, $C_{10}H_{12}N_4O_2$, F. 146—147°, durch Aufkochen von 4 g **I** mit Diacetyl in W.; aus viel W. Nadeln; 4,7 g. — *6.8-Dimethyl-*, $C_8H_8N_4O_2$, F. 139—140° (A.), durch Rk. von 4 g **I** mit der $NaHSO_3$-Verb. von Glyoxal in sd. W. (→ Nd. von *Glyoxal-bis-[1.3-dimethyl-*

uracilyl-(4)-hydrazon]-semihydrat, $C_{14}H_{18}N_8O_4 \cdot 1/2\ H_2O$, F. 315—320° [Zers.]; Reinigung durch Aufkochen in Dimethylformamid, Essigsäure, W., dann A.; 1,2 g), Filtrieren, Eindampfen im Vakuum u. 4std. Extrahieren mit absol. A. (Soxhlet-App.); 1,5 g. — *6.8-Dimethyl-4-hydroxy-, Dihydrat*, $C_8H_8N_4O_3 \cdot 2\ H_2O$, F. 229—232° (W.), durch Rk. von 2 g I mit III in W., Zugabe des entstandenen *Glyoxylsäureäthylester-[1.3-dimethyluracilyl-(4)-hydrazons]* ($C_{10}H_{14}N_4O_4$, F. 192—195°; aus W. Nadeln; 2,4 g) zu C_2H_5ONa in A., 1/2std. Kochen, Lösen des entstandenen Nd. in W., Ansäuern mit Essigsäure u. mehrstd. Stehen bei 0°; p_K 8,51 ± 0,05 (W.; 20°); 1,3g. — *6.8-Dimethyl-4-hydroxy-3-carbäthoxy-*, $C_{11}H_{12}N_4O_5$, F. 263—265° (A.), durch 1/2std. Rk. von 3 g I mit IV-Diäthylesterhydrat in sd. W.; gelblich; p_K 7,32 ± 0,05; 3 g. — *Mesoxalsäure-[1.3-dimethyluracilyl-(4)-hydrazon]*, $C_9H_{10}N_4O_6$, F. 204—205° (Zers.; W.), bei. 1/4std. Rk. von 3 g I mit IV-Di-Na-Salz in sd. W.-Essigsäure, Lösen von 3 g des erhaltenen *Mono-Na-Salzdihydrats* ($C_9H_9N_4O_6Na \cdot 2\ H_2O$, F. 250—251° [Zers.]; aus W. gelbliche Nadeln; 4,5 g) in W. u. Ansäuern; 2,1 g. — *Brenztraubensäure-[1.3-dimethyluracilyl-(4)-hydrazon]*, $C_9H_{12}N_4O_4$, F. 209—210° (Zers.; W.), beim Aufkochen von 4 g I mit V in W., 1/2std. Kochen von 4 g des entstandenen *Methylesters* ($C_{10}H_{14}N_4O_4$, F. 194—196° [W. oder A.]; 4,7 g) in n-$NaHCO_3$ u. Ansäuern mit 5n H_2SO_4; 3,1 g. — *6-Methylamino-3.4-diphenylpyridazincarbonsäure-(5)-methylamid*, $C_{19}H_{18}N_4O$, F. 193—194° (absol. A.), durch 3/4std. Kochen von 3 g II in A.-n-NaOH, Einengen u. 24std. Vakuumtrocknen des gebildeten *Dihydrats* (F. 182—183° [A.]; 2,9 g) über P_2O_5. (Liebigs Ann. Chem. **615**. 48—52. 1958.) W. Hoffmann. 3272

Wolfgang Pfleiderer und **Horst Ferch**, *Untersuchungen in der Pyrimidinreihe.* 10. Mitt. *Umsetzungen mit 1.3-Dimethyl- und 1.3.5-Trimethyl-4-chloruracil.* (9. vgl. vorst. Ref.) Durch Rk. von 1.3.5-Trimethyl-4-chloruracil (I) mit nucleophilen Reagentien werden *4-Methylamino-*, *4-[n-Butylamino]-*, *4-Methoxy-*, *4-Äthoxy-* u. *4-Hydrazino-1.3.5-trimethyluracil* dargestellt. Aus ster. Gründen verlaufen die Rkk. mit I weniger glatt als mit 1.3.Dimethyl-4-chloruracil (II); Anilin reagiert nicht mit I, während mit II fast quantitativ *1.3-Dimethyl-4-anilinouracil* entsteht. Verss., Hydroxylamin mit I umzusetzen, scheiterten, mit II werden dagegen nebeneinander *1.3-Dimethyl-4-hydroxylaminouracil* (III), *1.3-Dimethyluramil* u. *1.3.6.8-Tetramethyl-2.4.5.7-tetraoxooktahydropyrimido-[5.4:g]-pteridin* (IV) erhalten. Die UV-Absorptionsmaxima von III, seinem *O-Methyl-* u. *O-Acetylderiv.* sind angegeben.

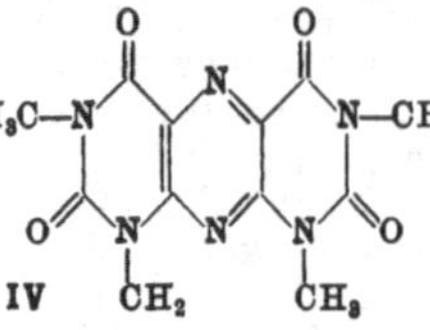

IV

Versuche: *1.3.5-Trimethylbarbitursäure*, F. 88°, durch Kochen (5 Min.) von 10 g 1.3.5-Trimethyl-4-aminouracil in wss. HCl u. Einengen; 8,5 g (Ausbeute). — 1.3.5-Trimethyluracile: *4-Chlor-* (I), $C_7H_9ClN_2O_2$, F. 134—135° (W.), durch Anfeuchten von 24 g vorst. Verb., 1std. Rk. in sd. $POCl_3$, Einengen, Gießen auf Eis u. Behandeln mit Chlf.; 19 g. — *4-Methylamino-*, $C_8H_{13}N_3O_2$, F. 162—163° (W.), durch Kochen (10 Min.) von 2 g I in 30%ig. Methylaminlsg.; 1,8 g. — *4-[n-Butylamino]-*, $C_{11}H_{19}N_3O_2$, F. 70—71° (Cyclohexan), durch 1std. Kochen von 5 g I in wss. n-Butylamin u. Eindampfen; 4,6 g. — *4-Methoxy-*, $C_8H_{12}N_2O_3 \cdot 3/4\ H_2O$, F. 107—108° (Methanol), durch 1/2std. Rk. von 4,1 g I mit CH_3ONa in sd. Methanol, Filtrieren u. Einengen; 3,1 g. — *4-Äthoxy-*, $C_9H_{14}N_2O_3$, F. 124—125° (A.), analog vorst. Verb. mit C_2H_5ONa in A.; 3,9 g. — *4-Hydrazino-*, $C_7H_{12}N_4O_2$, F. 162—163° (A.), durch Erwärmen von 3,5 g I mit 80%ig. Hydrazinhydrat u. Kühlen nach Einsetzen der Rk.; 2,1 g. — *4-Acetylhydrazino-*, $C_9H_{14}N_4O_3$, F. 255—257° (A.), durch Rk. von 2 g vorst. Verb. mit sd. Acetanhydrid u. Einengen; 0,9 g. — 1.3-Dimethyluracile: *4-Anilino-*, $C_{12}H_{13}N_3O_2$, F. 181—182°, durch 6std. Kochen von 30 g II in Anilin, Einengen, Aufkochen mit W. u. Behandeln des abgeschiedenen Öls mit heißem A.; Nadeln; 36 g; krist. aus W. als *Monohydrat.* — *4-Hydroxylamino-* (III), $C_6H_9N_3O_3 \cdot 1/4\ H_2O$, F. 146—148°, durch Versetzen einer Lsg. von $HONH_2 \cdot HCl$ in absol. A. mit äquimol. äthanol. C_2H_5ONa, Filtrieren, Zugabe von 6 g II, 2std. Kochen, Heißfiltrieren von gebildetem *1.3-Dimethyluramil* ($C_6H_9N_3O_3$; 0,4 g), Eindampfen, Aufnehmen in W., Filtrieren von unlösl. *1.3.6.8-Tetramethyl-2.4.5.7-tetraoxooktahydropyrimido-[5.4:g]-pteridin* (IV; $C_{12}H_{12}N_6O_4$, F. 390° [Essigsäure]; 0,75 g) u. Einengen; aus W. oder A. gelbliche Nadeln; p_K 9,58 ± 0,04 (W.; 20°); 4,2 g. — *4-[O-Acetylhydroxylamino]-*, $C_8H_{11}N_3O_4$, F. 126—128°, durch Erhitzen von 3 g III mit Acetanhydrid im Bad von 50°, mehrstd. Stehen u. Einengen; aus A. Nadeln; p_K 7,01 ± 0,05; 3,2 g. — *4-[O-Methylhydroxylamino]-*, $C_7H_{11}N_3O_3$, F. 212—214°, durch 24std. Rk von 3,4 g III mit äther. CH_2N_2 in A. u. Eindampfen; aus A. Nadeln; p_K 10,58 ± 0,04; 2,1 g. (Liebigs Ann. Chem. **615**. 52—56. 1958.) W. Hoffmann. 3272

Wolfgang Pfleiderer, Karl-Heinz Schündehütte und **Horst Ferch**, *Untersuchungen in der Pyrimidinreihe.* 11. Mitt. *Über neue Synthesen des 1.3.5.7-Tetramethyl-2.4.6.8-tetraoxooktahydropyrimido-[4.5:g]-pteridins* (10. vgl. vorst. Ref.). Durch 2std. Bestrahlung einer Lsg. von 2 g 1.3-Dimethyl-4-azidouracil in Methanol mit einer Quarzeintauchlampe wird *1.3.5.7-Tetramethyl-2.4.6.8-tetraoxooktahydropyrimido-[4.5:g]-pteridin* (I; $C_{12}H_{12}N_6O_4$, F. 358—360° [Eisessig oder viel A]; gelb; 0,6 g [Ausbeute]) erhalten; I entsteht auch durch Zutropfen von Br_2 zu 6 g 1.3-Dimethyl-4-hydroxylaminouracil in Eisessig–Pyridin u. Absaugen des Prod. nach 5 Std.; 2,1 g. Die Umsetzungen verlaufen spezif., entsprechende Reaktionsmechanismen (über hypothet. Zwischenprodd.) werden diskutiert. (Liebigs Ann. Chem. **615**. 57—59. 1958.)

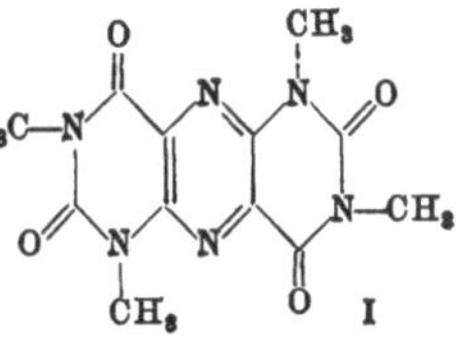

I

W. HOFFMANN. 3272

Ruth M. Scott und **Muriel Tomlinson,** *Einige Dichlor- und Dibromderivate von 1.2.3.4-Tetrahydrophenazin und cis-1.2.3.4.5.10.11.12-Oktahydrophenazin.* Durch Kondensation von 1.2-Diamino-4.5-dichlorbenzol u. 2-Hydroxycyclohexanon wurden *7.8-Dichlor-1.2.3.4-tetrahydrophenazin* (I) u. *7.8-Dichlor-1.2.3.4.5.10.11.12-oktahydrophenazin* (II) erhalten, während mit verschiedenen anderen Dihalogen-o-phenylendiaminen nur die entsprechenden *1.2.3.4-Tetrahydrophenazine* gebildet wurden. Diese konnten selektiv zu *1.2.3.4.5.10.11.12-Oktahydroverbb.* hydriert werden. Die Konst. der aus dem 5-Acetylderiv. des 1.2.3.4.5.10.11.12-Oktahydrophenazins (III) durch Halogenierung erhaltenen *6.8-Dibrom-* u. *-Dichlorderiv.* sowie der aus dem 5.10-Diacetylderiv. von III gebildeten *7.8-Dibromverb.* wurde durch die Identität mit authent. Verbb. bewiesen.

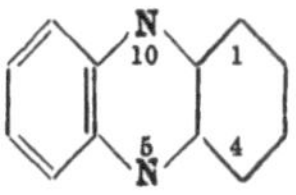

III

V e r s u c h e: *1.2-Diamino-3.5-dichlorbenzol,* F. 60—61°, aus 20 g 4.6-Dichlor-2-nitroanilin in Tetrahydrofuran u. 5 at H_2 an RANEY-Ni bei n. Temp.; aus A. Nadeln; 10 g (Ausbeute). — *1.2-Diamino-3.5-dibrombenzol,* F. 83°, wie vorst. aus 15 g 4.6-Dibrom-2-nitranilin; Nadeln; 12 g. — *1.2-Diamino-4.5-dibrombenzol,* $C_6H_6Br_2N_2$, F. 155°, aus 1.2-Dibrom-4.5-dinitrobenzol u. $SnCl_2$ in HCl bei 100°; aus A. Nadeln. — *7.8-Dichlor-1.2.3.4-tetrahydrophenazin* (I), $C_{12}H_{10}Cl_2N_2$, F. 183,5°, aus 6 g 1.2-Diamino-4.5-dichlorbenzol u. 2-Hydroxycyclohexanon bei 100°; aus A. Nadeln; 3,5 g. — *7.8-Dichlor-1.2.3.4.5-10.11.12-oktahydrophenazin* (II), $C_{12}H_{14}Cl_2N_2$, F. 152°, aus der Mutterlauge von I; aus A. Nadeln; 3 g. *5-Acetylderiv.* (IV), $C_{14}H_{16}Cl_2N_2O$, F. 216°, aus I in Essigsäure-Acetanhydrid u. H_2 an Pd-Kohle bei n. Temp. u. Druck; aus A. Nadeln. *5.10-Diacetylderiv.,* $C_{16}H_{18}$·$Cl_2N_2O_2$, F. 166—167°, aus IV oder dem 9-Acetylderiv. von II u. sd. Acetanhydrid (20 Min.); aus A. Nadeln. — *7.8-Dibrom-1.2.3.4-tetrahydrophenazin,* $C_{12}H_{10}Br_2N_2$, F. 188,5°, aus 10,3 g 1.2-Diamino-4.5-dibrombenzol wie I (110—130°; ½ Std.); aus PAe. Nadeln; 6,3 g. — *7.8-Dibrom-1.2.3.4.5.10.11.12-oktahydrophenazin, 5-Acetylderiv.,* C_{14}·$H_{16}Br_2N_2O$, F. 190—192°, aus vorst. Verb. wie IV; Prismen. *5.10-Diacetylderiv.,* F. 202 bis 204° (A.), wie vorst. Acetylderiv. u. Kochen (20 Min.). — *6.8-Dichlor-1.2.3.4-tetrahydrophenazin,* $C_{12}H_{10}Cl_2N_2$, F. 116—116,5° (A.), aus 1.2-Diamino-3.5-dichlorbenzol wie I. — *6.8-Dichlor-1.2.3.4.5.10.11.12-oktahydrophenazin, 5-Acetylderiv.,* $C_{14}H_{16}Cl_2N_2O$, F. 132 bis 133°, a) aus vorst. Verb. wie IV; b) durch Zugeben von Cl_2 in Essigsäure zu 6 g 5-Acetyl-1.2.3 4.5.10.11.12-oktahydrophenazin in Essigsäure; 3,3 g; aus A. Platten. *5.10-Diacetylderiv.,* $C_{16}H_{18}Cl_2N_2O_2$, F. 132,5—133,5°, aus vorst Acetylderiv. u. einer Spur H_2SO_4 in sd. Acetanhydrid; aus A. Platten. — *6.8-Dibrom-1.2.3.4-tetrahydrophenazin,* $C_{12}H_{10}Br_2N_2$. F. 105°, aus 30 g 1.2-Diamino-3.5-dibrombenzol wie I; aus A. Nadeln; 17,9 g. — *6.8-Dibrom-1.2.3.4.5.10.11.12-oktahydrophenazin, 5-Acetylderiv.,* F. 117—118°, aus vorst. Verb. wie IV. *5.10-Diacetylderiv.,* F. 164,5°, aus vorst. Acetylderiv. u. sd. Acetanhydrid. (J. chem. Soc. [London] **1959**. 417—20. Jan. Oxford, Univ., Dyson Perrins Labor.)

F. HELLER. 3272

Fred C. Schaefer, Ingenuin Hechenbleikner, Grace A. Peters und **V. P. Wystrach,** *Synthese des symm.-Triazinsystems.* 1. Mitt. *Trimerisation und Cotrimerisation von Amidinen.* Durch Zers. von Formamidinhydrochlorid (V) bei 250°/20 Torr wurde *symm.-Triazin* (I) gebildet, das aus dem Reaktionsgemisch absublimiert. Acetamidinhydrochlorid (VII) ergab unter analogen Bedingungen nur 13% *2.4.6-Trimethyl-symm.-triazin* (II) neben 82% *Acetonitril;* aus Propionamidinhydrochlorid entstand nur *Propionitril. Benzamidin-* (VIII) u. p-Chlorbenzamidinhydrochlorid (IX) lieferten durch Zers. bei 250° im Rohr Spuren *2.4.6-Triphenyl-* (III) bzw. *2.4.6-Tris-[p-chlorphenyl]-symm.-triazin* (IV); daneben trat als Haupt-Rk. Nitrilbldg. ein. Beim Erhitzen eines äquimol. Gemisches von V u. Tri-n-butylamin im Vakuum sublimierte I ab. Durch Behandlung von *N-[Trichloracetimidyl]-trichloracetamidin* (VI) mit heißer 90%ig. HCOOH trat Cyclisierung zu *2.4.6-Tris-[trichlormethyl]-symm.-triazin* ein; durch bloßes Erhitzen von VI auf 160° wurde fast reines *2-Amino-4.6-bis-[trichlormethyl]-symm.-triazin* erhalten. Trimerisation tritt nur bei Formamidin u. bei solchen Amidinen ein, die stark elektronegativ substituiert sind. VIII u. IX gaben durch 2—3 std. Erhitzen auf 250° im Rohr, durch Dest. des Amidins oder einer alkoh. Lsg. unter allmählich abnehmendem Druck Spuren III bzw. IV; Acetamidin u. 2-Isopropoxyacetamidin gaben unter analogen Bedingungen kein symm.-Triazin; in allen Fällen trat vollständig Nitrilbldg. ein. Lactamidin u. 2-Chlorpropionamidin verharzten unter obigen Bedingungen. HCl scheint die Trimerisation zu katalysieren; im Gegensatz zu obigen Verss. ergab ein Gemisch von Acetamidin u. **VII** (9 : 1) in 11%ig. Ausbeute **II**. **V** geht in Ggw. anderer Amidine eine Cotrimerisation ein; durch Schmelzen von 1 Mol **V** mit 1 Mol **VII**, Propionamidin oder **VIII** wurde ein Gemisch von *Alkyl- oder Arylsubstituierten symm.-Triazinen* erhalten; es entstanden vorwiegend *mono-* u. *disubstituierte symm.-Triazine* neben **I** u. wenig *trisubstituiertem symm.-Triazin.* Bei der Cotrimerisation von Propionamidinhydrochlorid mit **V** entstand *2.4.6-Triäthyl-symm.-triazin* als Nebenprod., das nach obigen Methoden nicht dargestellt werden konnte. Durch Freisetzen des Amidins aus 1 Mol **VII** in CH_3OH, Zugabe von $^1/_3$ Mol **V** bei Raumtemp. u. folgende Dest. wurden 21% *2.4-Dimethyl-symm.-triazin* neben wenig **II** u. 77% zurückgewonnenem **VII** erhalten. Durch Schmelzen von **VI** mit **VIII** wurde *2-Phenyl-4.6-bis-[trichlormethyl]-symm.-triazin* gebildet. Die Rk. von **VI** mit Benzamidin lieferte dagegen *2-Amino-4-phenyl-6-trichlormethyl-symm.-triazin.* Durch Rk. von **VI** mit Acetamidin wurde *2-Amino-4-methyl-6-trichlormethyl-symm.-triazin* erhalten. Ein Reaktionsmechanismus wird diskutiert.

Versuche: *symm.-Triazin* (**I**), F. 80—81°, a) durch langsames Erhitzen von **V** auf 250°/20 Torr als Destillat; 72% (Ausbeute); b) durch Erhitzen von 1 Mol **V** mit 1 Mol Tri-n-butylamin unter Rühren auf 110°/80—90 Torr innerhalb 1 Std. in einer Destillationsapp. u. 2std. Erhitzen auf 125°/80—90 Torr als Sublimat; 71%. *2.4.6-Trimethyl-symm.-triazin* (**II**), F. 59—60°, durch langsames Erhitzen von **VII** auf 300°/10 bis 20 Torr unter Abdest. der flüchtigen Anteile u. Kondensation mit Trockeneis–Aceton, Extraktion der abgeschiedenen Kristalle mit PAe., Vereinigen des Extraktes mit den fl. Anteilen u. Dest.; 13%, daneben 82% *Acetonitril* u. **VII**; b) durch Zugabe von **VII** zu Na-Methylat in CH_3OH, kurzes Stehen, Filtrieren, Eindampfen unterhalb 30°/40 Torr, langsames Erhitzen bei 20 Torr unter Abdest. u. 20 Min. Erhitzen auf 160—200° (Bad)/ 20 Torr; 11%, daneben *Acetamid* u. *Acetamidin*; c) durch langsames Erhitzen von 1 Mol **V** mit 1 Mol **VII** auf 250°/50—100 Torr unter Rühren u. Abdest. der flüchtigen Anteile; Spuren; d) durch Zugabe von 0,3 Mol **VII** zu Na-Methylat in CH_3OH, 30 Min. Stehen unter gelegentlichem Rühren, Filtrieren, Zugabe von 0,1 Mol **V**, 18std. Stehen u. Abdest. der bei 130—140° sd. Anteile; 13%. — *Propionitril,* durch Erhitzen von Propionamidinhydrochlorid auf 260°/15—25 Torr unter Abdest.; 64%; daneben 33% des Ausgangsmaterials durch Extraktion des Rückstandes mit Alkohol. — *2.4.6-Triphenyl-symm.-triazin* (**III**), F. 226—230°, durch 6std. Erhitzen von **VIII** auf 250° im Rohr; 3%, daneben 97% *Benzonitril.* — *2.4.6-Tris-[p-chlorphenyl]-symm.-triazin* (**IV**), F. 344° (Zers.), durch 3std. Erhitzen von **IX** auf 250° im Rohr; 1%; daneben *p-Chlorbenzonitril* (F. 89—91°); 95%. — *2-Amino-4.6-bis-[trichlormethyl]-symm.-triazin,* F. 164—166° (wss. A.), a) durch Zugabe von 0,23 Mol fl. NH_3 zu 0,12 Mol Trichloracetonitril u. Bzl. bei 10°, Stehen über Nacht bei Raumtemp., Eindampfen im Vakuum, 14tägiges Stehen des Rückstandes u. Extraktion mit PAe. als Rückstand; 64%; b) analog a) u. langsames Erhitzen des Eindampfrückstandes auf 200°; ca. 100%; c) durch Stehen von **VI** bei 25°; d) durch langsames Erhitzen von **VI** auf 250°; 94%. — *N-[Trichloracetimidyl]-trichloracetamidin* (**VI**), F. ca. 30—35°, durch Zutropfen von 0,2 Mol Trichloracetonitril zu wss. NH_4OH bei 7—10°, 1½std. Rühren bei 10° u. Filtrieren; 99%. — *2.4.6-Tris-[trichlormethyl]-symm.-triazin,* F. 93—95° (A.), a) durch Stehen von **VI** bei 25°; b) durch 20 Min. Erhitzen von **VI** auf 160—250°/20 Torr als Rückstand; 35%. — *2.4-Dimethyl-symm.-triazin,* F. 46 bis 48° (PAe.), a) durch langsames Erhitzen von 1 Mol **V** mit 1 Mol **VII** auf 250°/50—100 Torr unter Rühren u. unter Abdest. der flüchtigen Anteile, Verdünnen der oberhalb 60°/50 Torr sd. Anteile mit PAe. u. Filtrieren; 4 g; daneben **I**, *2-Methyl-symm.-triazin* u. **II**; b) neben **II** nach d); 21%. — *2.4-Diäthyl-symm.-triazin, 2.4.6-Triäthyl-symm.-triazin* u. *2-Äthyl-symm.-triazin,* als schwer trennbares Gemisch, durch Erhitzen von 1 Mol **V** mit 1 Mol Propionamidinhydrochlorid auf 185—245°/20—40 Torr unter Abdest. der flüchtigen Anteile u. Redest.; 66% (Summe). — *2-Phenyl-symm.-triazin,* $C_9H_7N_3$, F. 63—65° (CH_3OH), durch Erhitzen von 1 Mol **V** u. 1 Mol **VIII** auf 250°/10—20 Torr unter Abdest. der flüchtigen Anteile, Extraktion des Rückstandes mit W., Umkristallisieren des Rückstandes aus CH_3OH, Wasserdampfdest. der Mutterlauge u. des ursprünglichen Sublimates u. Stehen des Destillates; 20%. — *2.4-Diphenyl-symm.-triazin,* $C_{15}H_{11}N_3$, F. 87—88° (CH_3OH), neben vorst. Verb. als Methanolkristallisat u. als Rückstand der Wasserdampfdest.; 56%. — *2-Phenyl-4.6-bis-[trichlormethyl]-symm.-triazin,* $C_{11}H_5Cl_6N_3$, F. 96—98° (wss. A.), durch 15 Min. Erhitzen von 0,01 Mol **VIII** u. 0,01 Mol **VI** auf 120° u. Kühlen; 1,9 g. — *2-Amino-4-phenyl-6-trichlormethyl-symm.-triazin.* F. 172—174° (wss. A.), durch Rk. von Benzamidin mit Na-Methylat in A., 15 Min. Stehen, Filtrieren, Zugabe von **VI**, 1½std. Erwärmen auf 50—60°, Stehen bei Raumtemp., Filtrieren, Einengen u. Stehen; 23%. —

2-Amino-4-methyl-6-trichlormethyl-symm.-triazin, $C_5H_5Cl_3N_4$, F. 156—158° (A.), durch Rk. von 0,033 Mol **VII**, mit Na-Methylat in A., Stehen, Filtrieren, Zugabe von 10 g **VI**, Stehen über Nacht, Eindampfen im Vakuum, Erhitzen auf 180° innerhalb 1 Std. u. Extraktion mit heißem A.; 1,8 g. (J. Amer. chem. Soc. **81**. 1466—70. 20/3. 1959. Stamford, Conn., Amer. Cyanamid Co., Central Res. Div., Stamford Labors.) H. BERTSCH. 3313

Fred C. Schaefer und **Grace A. Peters**, *Synthese des symm.-Triazinsystems. 2. Mitt. Darstellung monosubstituierter symm.-Triazine durch Reaktion von symm.-Triazin mit Amidinen.* (1. vgl. vorst. Ref.) symm.-Triazin (I) reagiert mit Amidinen unter Bldg. *monosubstituierter symm.-Triazine* u. von *Formamidin*. Es wird angenommen, daß prim. ein nucleophiler Angriff des Amidinmol. auf eines der positivierten C-Atome von I erfolgt; dadurch entsteht als Übergangszustand ein Addukt, das infolge Tautomerie in Ring- oder in Kettenform reagieren kann; durch Recyclisierung kann unter Abspaltung von Formamidin ein monosubstituiertes symm.-Triazin entstehen. Obige Rk. gelingt mit freien Amidinen oder ihren Salzen. Die Rk. von I mit aromat. Amidinhydrochloriden verläuft sehr glatt. Durch Mischen äquimol. Mengen I mit den entsprechenden Amidinhydrochloriden in CH_3OH wurden so *2-m-Nitrophenyl-* bzw. *2-Phenyl-symm.-triazin* (II) erhalten. Analog wurde durch Rk. mit Terephthalamidindihydrochlorid in sd. CH_3OH *2.2'-p-Phenylendi-symm.-triazin* gebildet. Durch 1½std. Kochen von N-Methylbenzamidinhydrochlorid mit I in A. wurde **II** erhalten; die N-Substitution hindert die Rk. offensichtlich. Freie aromat. Amidine reagieren ebenfalls leicht mit **I**, aber nicht immer einheitlich. Die Rk. von Benzamidin (**III**) mit I in der Schmelze oder in sd. Acetonitril ergab **II** u. *2.4-Diphenyl-symm.-triazin*. **II** reagiert mit **III** in sd. A. nicht. Wurde eine verd. Lsg. von **III** in CH_3OH allmählich zu I in CH_3OH zugegeben, so entstand reines **II**. Durch Rk. von Acetamidin (**VI**)-Hydrochlorid mit I in CH_3OH bei 25°, in sd. A. u. in sd. Acetonitril wurden Gemische von *2-Methyl-symm.-triazin* (**IV**) u. *2.4-Dimethyl-symm.-triazin* (**V**) erhalten; in einigen Fällen entstand auch wenig *2.4.6-Trimethyl-symm.-triazin*; das in Acetonitril erhaltene Gemisch bestand aus **IV** u. **V** im Verhältnis 4:1; daneben wurden 20% des eingesetzten I zurückgewonnen. Durch langsame Zugabe einer verd. Lsg. von **VI** in CH_3OH zu I in CH_3OH u. folgende Dest. wurde **IV** neben wenig **V** u. I erhalten. **IV** wird durch Rk. mit **VI** in **V** übergeführt. Durch Rk. von I mit überschüssigem **VI** wurde **V** neben **IV** erhalten. I reagierte mit 2-Phenylacetamidinhydrochlorid in sd. Acetonitril unter Bldg. von 34% *2-Benzyl-symm.-triazin* u. 35% *2.4-Dibenzyl-symm.-triazin*. 2.2.2-Trichloracetamidinhydrochlorid ergab durch analoge Rk. mit I *2-Trichlormethyl-symm.-triazin*, während durch Rk. des freien Amidins *2-Amino-symm.-triazin* (**VII**) u. Chlf. entstanden. 2-Methylpseudothioharnstoffhydrojodid reagierte in Acetonitril bei Raumtemp. mit I unter Abscheidung von *Formamidinhydrojodid*; durch fraktionierte Dest. der Mutterlauge wurde *2-Methylmercapto-symm.-triazin* isoliert. Analog wurde *2-Methoxy-symm.-triazin* dargestellt. Guanidinhydrochlorid ergab **VII**, Phenylguanidincarbonat. *2-Anilino-symm.-triazin*. Dodecylguanidinacetat reagierte mit I in sd. A. nicht, die freie Base ergab jedoch *2-Dodecylamino-symm.-triazin*.

Versuche: Symm.-Triazine: *2-Phenyl-* (**II**), F. 63—65°, a) durch 18std. Stehen von 1 Mol I u. 1 Mol **III**-Hydrochlorid in CH_3OH, Verdünnen mit W. u. Filtrieren; 86,7% (Ausbeute); b) durch 1½std. Kochen äquimol. Mengen I u. N-Methylbenzamidinhydrochlorid in A.; 33%; c) durch Zugabe von 0,038 Mol Na-Methylat zu 0,038 Mol **III**-Hydrochlorid in CH_3OH, Filtrieren nach 15 Min., Zugabe des Filtrates zu 0,025 Mol I in CH_3OH innerhalb 1 Std. unter Rühren, 24std. Stehen u. Aufarbeitung; 94%; d) durch Kochen äquimol. Mengen I u. **III** in Acetonitril u. Trennung der Reaktionsprodd. durch Wasserdampfdest.; 20%; e) durch Erhitzen von 0,1 Mol **III** mit 0,033 Mol I auf 150°; 92%. — *2.4-Diphenyl-*, F. 87—88°, neben **II** a) nach d); 10%; b) nach e); 3%. — *2-m-Nitrophenyl-*, $C_9H_6N_4O_2$, F. 120—122° (wss. CH_3OH), aus m-Nitrobenzamidinhydrochlorid u. I analog **II** nach a); 77%. — *2.2'-p-Phenylendi-*, $C_{12}H_8N_6$, F. 298—299° (Bzl.), durch 2½std. Kochen von 0,017 Mol Terephthalamidindihydrochlorid u. 0,034 Mol I in CH_3OH, Verdünnen mit W. u. Filtrieren; 70%. — *2-Methyl-* (**IV**), Kp. 120—130°, a) durch 4std. Kochen von 0,25 Mol **VI**-Hydrochlorid mit 0,2 Mol I in Acetonitril, Kühlen u. Dest. der fl. Anteile; verunreinigt durch *2.4-Dimethyl-symm.-triazin* (**V**; 10%); 40%; b) durch Zugabe von **VI**-Hydrochlorid zu Na-Methylatlsg. Filtrieren, Zugabe zu I in CH_3OH innerhalb 40 Min. unter Rühren u. Dest., verunreinigt durch **V** u. I; 80%. — *2.4-Dimethyl-* (**V**), F. 36°, durch Rk. von 0,3 Mol **VI**-Hydrochlorid mit 0,3 Mol Na-Methylat in CH_3OH, Zugabe von 0,05 Mol I 18std. Stehen, Vakuumdest. u. Abtreiben des CH_3OH aus dem Destillat; verunreinigt durch **IV** (8%) u. *2.4.6-Trimethyl-symm.-triazin*; 84%. — *2-Benzyl-*, $C_{10}H_9N_3$, Kp.$_2$ 100—105°, durch 2std. Kochen äquimol. Mengen 2-Phenylacetamidinhydrochlorid u. I in Acetonitril, Kühlen, Dekantieren, Eindampfen u. Dest.; 34%. — *2.4-Dibenzyl-*, $C_{17}H_{15}N_3$, F. 80—82° (wss. CH_3OH), als Destillationsrückstand neben vorst. Verb.; 35%. — *2-Trichlormethyl-*, $C_4H_2Cl_3N_3$, Kp.$_{19}$ 109°, durch 30 Min. Kochen äquimol. Mengen Trichloracetamidinhydrochlorid (F. 217—220°, aus der Base u. HCl in Aceton) u. I in Acetonitril, Kühlen, Dekantieren u. Dest.; n_D^{25} 1,5392; 65%. — *2-Amino-* (**VII**), F. 220—222° (wss. A.), a) durch 18std. Stehen äquimol. Mengen 2.2.2-Trichloracetamidin u. I in Acetonitril; 53%; b) durch 3std. Kochen von 2-Methylpseudoharnstoff mit I in absol. A.; 10%; c) durch Kochen von I mit Guanidinhydrochlorid in A.; 50%. — *2-Methylmercapto-*, $C_4H_5N_3S$, F. 32,5°, durch 10 Min. Schütteln von 0,17 Mol 2-Methylpseudothioharnstoffhydrojodid mit 0,17 Mol I in Acetonitril, 20std. Stehen, Filtrieren u. Dest.; Kp.$_{19}$ 91°; 90%. Daneben *Formamidinhydrojodid*, F. 235—240° (Zers.); 66%. — *2-Methoxy-*, $C_4H_5N_3O$, Kp.$_{21}$ 71—73°, durch 3std. Kochen von 0,98 Mol 2-Methylpseudoharnstoffhydrochlorid mit 0,85 Mol I absol. A. u. Dest.; F. 11°, $n_D^{22,5}$ 1,4936; 78%. — *2-Anilino-*, $C_9H_8N_4$, F. 171—173° (A.), durch 1½std. Kochen von 0,25 Mol Phenylguanidincarbonat mit 0,34 Mol I in A., Kühlen u. Filtrieren; 74%. — *2-Dodecylamino-*, $C_{15}H_{28}N_4$, F. 83—84° (Äthylacetat), durch Rk. von 0,327 Mol Dodecylguanidinacetat mit 0,327 Mol Na-Methylat in A., Zugabe von 0,327 Mol I, 2std. Kochen, Kühlen, Filtrieren, Extraktion des Nd. mit heißem Äthylacetat u. Eindampfen des Extrakts; 46%. (J. Amer. chem. Soc. **81**. 1470—74. 20/3. 1959.) H. BERTSCH. 3313

J. A. Barltrop und **C. G. Richards**, *2.4-Dimethyl-3-oximino-1.5-benzodiazepin, ein Derivat von 3.6-Diaza-4.5-benzotropon.* Durch Oxydation von 2.4-Dimethyl-1.5-benzodiazepin entstand *2-Acetyl-3-methylchinoxalin* (**I**). Oximinoacetylaceton kondensierte sich in Bzl. mit o-Phenylendiamin zu *2.4-Dimethyl-3-oximino-1.5-benzodiazepin* [**II**, F. 215° (Zers.)], das mit verd. Mineralsäure in **I**-*Oxim* (**III**) übergeführt wird u. mit Alkali *2-Methylbenzimidazol* u. andere nichtidentifizierte Prodd. ergibt. Mit konz. Säure entsteht **I**, bes. in Ggw. von $FeCl_3$. **II** u. **III** unterscheiden sich deutlich im IR- u. UV-Spektrum. Mit Acetylaceton in Ggw. von verd. Mineralsäure gibt **II** das entsprechende instabile *Diazepinsalz*, das mit Diacetyl u. $FeCl_3$ *2.3-Dimethylchinoxalin* u. *2.3-Diaminophenazin* ergibt, mit Phenylhydrazin entsteht *3.5-Dimethyl-1-phenylpyrazol.* (Chem. and Ind. **1957**. 466—67. 13/4. Oxford, Univ., Dyson Perrins Labor.) K. DOMMAIN. 3370

A. W. Toptschijew, N. Ss. Nametkin und **L. Ss. Powarow**, *Synthese von Organosiliciumverbindungen vom Typ des Oktaalkyltetrasiladioxacyclooctans.* Zum Beweis der symm. Konst. von *Tetrachlordisilylmethan* (**I**; vgl. C. **1955**. 335) wurden aus **I** *Tetramethyldihydroxydisilylmethan* sowie einige *Oktaalkyltetrasiladioxacyclooctane* synthetisiert. — Versuche: *symm.-Tetramethyldisilylmethan* (*Bis-[dimethylsilyl]-methan*; **II**), $C_5H_{16}Si_2$, Kp.$_{752}$ 103°, aus 0,33 Mol I u. CH_3MgJ (aus 2,8 Mol CH_3J u. 2,8 Mol Mg), D^{20}_4 0,7373; n_D^{20} 1,4140; 82,5% (Ausbeute). — *symm.-Tetramethyldiäthoxydisilylmethan* (*Bis-[dimethyläthoxysilyl]-methan*; **III**), $C_9H_{24}O_2Si_2$, Kp.$_{21}$ 82—83°, aus **II** u. Natriumalkoholat; D^{20}_4 0,8603; n_D^{20} 1,4162; 51,2%. — *Bis-[tetramethyldisilylmethan]-cyclodioxyd* (*1.1.3.3.5.5.7.7-Oktamethyl-1.3.5.7-tetrasila-4.8-dioxacyclooctan*), $C_{10}H_{28}O_2Si_4$, F. 30° (PAe.), Kp.$_{760}$ 208—209°, aus **II** u. 5%ig. alkoh. Natronlauge; D^{20}_4 0,9048; n_D^{20} 1,4345. — *Tetramethyldihydroxydisilylmethan* (*Bis-[dimethylhydroxysilyl]-methan*), $C_5H_{16}O_2Si_2$, F. 86 bis 87°, aus **III** durch Hydrolyse mit W.; 71%. — *Tetraäthyldisilylmethan* (**IV**), $C_9H_{24}Si_2$, Kp.$_3$ 55°, aus I u. Äthyl-MgBr; D^{20}_4 0,7978; n_D^{20} 1,4473; 75,6%. — *Tetraäthyldihydroxydisilylmethan* (**V**), $C_9H_{24}O_2Si_2$, F. 17—18°, Kp.$_5$ 126—128°, aus **IV** u. 10%ig. alkoh. Natronlauge; D^{20}_4 0,9536; n_D^{20} 1,4639; 84%. — *Bis-[tetraäthyldisilylmethyl]-cyclodioxyd* (*1.1.3.3.5.5.7.7.-Oktaäthyl-1.3.5.7-tetrasila-4.8-dioxacyclooctan*), $C_{18}H_{44}O_2Si_4$, Kp.$_3$ 154—155°, aus **V** u. 40%ig. HBr; D^{20}_4 0,9361; n_D^{20} 1,4683; 74%. — *Tetrabutylhydroxydisilylmethan* (**VI**), $C_{17}H_{40}OSi_2$, Kp.$_4$ 158—159°, durch Erwärmen von Pentachlordisilylmethan u. Butylbromid in Ggw. von Mg u. Hydrolyse; D^{20}_4 0,8635; n_D^{20} 1,4623; 35,8%. — *Tetrabutyldihydroxydisilylmethan*, $C_{17}H_{40}O_2Si_2$, Kp.$_5$ 185—189°, aus **VI** u. 10%ig. alkoh. NaOH; D^{20}_4 0,9023; n_D^{20} 1,4624; 32,9%. — *Bis-[tetrabutyldisilylmethan]-cyclodioxyd* (*1.1.3.3.5.5.7.7-Oktabutyl-1.3.5.7-tetrasila-4.8-dioxacyclooctan*), $C_{34}H_{76}O_2Si_4$, Kp.$_1$ 214—216°; D^{20}_4 0,8907; n_D^{20} 1,4649; 63,5%. (Доклады Академии Наук СССР [Ber. Akad. Wiss. UdSSR] **109**. 332—35. 11/7. 1956. Erdölinst. der Akad. der Wiss. der UdSSR.) A. ZIABICKI. 3380

I. J. Goldstein und **F. Smith**, *Reduktion der Perjodatoxydationsprodukte von Kohlenhydraten.* 6. Mitt. *Methylierung des bei der katalytischen Reduktion von D'-Methoxy-D-hydroxymethyldiglykolaldehyd gebildeten Monoaldehyds.* (5. vgl. C. **1959**. 147.) Das durch katalyt. Hydrierung von D'-Methoxy-D-hydroxymethyldiglykolaldehyd (**I**) erhaltene Gemisch der tautomeren Monoaldehyde **II** u. **III** (vgl. C. **1958**. 1015) wird zu einem Gemisch (**a**) von *2(D').3(DL)-Di-O-methyl-6(D)-methoxymethyl-1.4-dioxan* (**IV**) u. *2(D').3(DL)-Di-O-methyl-6(L)-meth-*

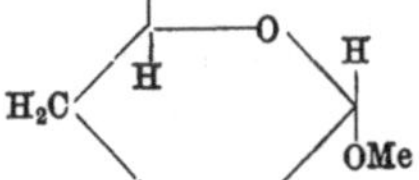
II

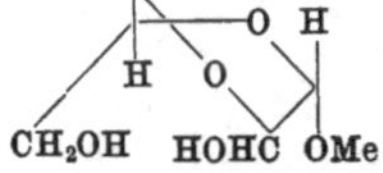
III

oxymethyl-1.4-dioxan (**V**) methyliert. **a** enthält außerdem etwas *Glycerinsäuremethylester* (**VI**), der aus dem als Verunreinigung vorhandenen **Ia** über den durch Oxydation u. Methylierung der freien Aldehydgruppe entstandenen *Methylester* entstanden sein dürfte. Die Strukturen von **IV** u. **V** werden auf Grund des der cycl. Form von **I** (**Ia**, $[\alpha]_D^{28}$ +125° in A.) ähnlichen opt. Drehwertes von **a**, wegen des Methoxylgehaltes, der Hydrolysebeständigkeit u. der Methanolyse zu rac. *1-O-Methylglycerin* (**VII**) (L-1-O-Methylglycerin wird unter den angewandten Bedingungen nicht racemisiert) u. *Glyoxaltetramethylacetal* angenommen. Danach werden für **II** u. **III** die angegebenen diastereomeren Formen vorgeschlagen.

Versuche: *Gemisch* (**a**) *aus 2(D').3(DL)-Di-O-methyl-6(D)-methoxymethyl-1.4-dioxan* (**IV**) u. *2(D').3(DL)-Di-O-methyl-6(L)-methoxymethyl-1.4-dioxan* (**V**), $C_8H_{16}O_5$, $Kp._3$ 98—103°, aus 4 g **II** + **III** in Methyljodid mit Ag_2O (10 Std. bei Raumtemp.) u. 3malige Wiederholung des Verf.; n_D^{26} 1,4338, $[\alpha]_D^{25}$ +132° (0,8% in A.); 1,25 g (Ausbeute), daneben ca. 0,05 g Fraktion vom $Kp._3$ 95°, n_D^{26} 1,4285, 0,603 g Fraktion vom $Kp._3$ 106—116°, n_D^{26} 1,4358, $[\alpha]_D^{25}$ +88,5 (1,1% in A.), u. 45 mg krist. *2(D).3(DL)-Dimethoxy-6(D)-carbomethoxy-1.4-dioxan*, $C_8H_{14}O_6$, F. 127° (A.), $[\alpha]_D^{25}$ +185° (c = 1; Chlf.). 0,3 g **a** geben mit sd. n-H_2SO_4 in 5%ig. A. (5 Tage, bis zur Konstanz von $[\alpha]_D$) 120 mg gelben Sirup, $[\alpha]_D^{25}$ +8° (4% in A.), der nach der papierchromatograph. Analyse (mit azeotrop. Butanon–W.) **VII** (R_F 0,52), *Glycerin* (R_F 0,16) u. *Glycerinsäuremethylester* (**VI**; R_F 0,60) enthält. 1,2 g **a** geben mit 10%ig. methanol. HCl (16 Std. bei 125°) 0,88 g hellgelben Sirup, $[\alpha]_D^{24}$ +4,3° (8,8% in A.) u. *Glyoxal-*(*Bis-2.4-dinitrophenylhydrazon*, F. 326°), aus dem Sirup durch Dest. u. Chromatographie einzelner Fraktionen an Cellulose–Hydrocellulose mit azeotrop. Butanol–W. *DL-1-O-Methylglycerin* (**VII**), R_F 0,50, n_D^{25} 1,4385 (*Di-p-nitrobenzoat*, F. 107°, gelbe Nadeln) **VI** u. *Glyoxaltetramethylacetal*. (J. Amer. chem. Soc. **80**. 4681—82. 5/9. 1958. St. Paul, Minn., Univ., Dep. of Agricult. Biochem.) G. LÜTZEL. 3400

Theodore Posternak, *Chemische Synthesen von Aldohexose-1-phosphaten.* Übersicht: Darst. von α-Acetohalogenaldosen, α-Aldose-1-phosphaten (Tri-Ag-Phosphat-, Ag-Diphenylphosphatmeth.); β-Aldohexose-1-phosphate: Darst. von *β-Glucose-* u. *β-Galaktose-1-phosphat*; Identifizierung u. Reinheitsgrad. — 15 Literaturangaben. (Methods Enzymol. **3**. 129—37. 1957. Geneva, Switzerland, Univ.) K. MAIER. 3400

Robert E. Schaub und **Martin J. Weiss**, *Darstellung der vier möglichen Methyl-3-amino-3-desoxy-D-xyloside. Neue Ringerweiterung eines Furanosides zu einem Pyranosid.* Aus Methyl-3.5-O-isopropyliden-β-D-xylofuranosid (**Ib**) wird durch Desacetonierung, Tritylierung u. Mesylierung zu *Methyl-2.3-di-O-mesyl-5-O-trityl-β-D-xylofuranosid* u. anschließende Behandlung mit sd. methanol. $NaOCH_3$ in 9—18%ig. Gesamtausbeute *Methyl-2.3-anhydro-5-O-trityl-β-D-ribofuranosid* (**II**) dargestellt. Besser wird **II** in 51%ig. Ausbeute aus **Ib** durch Überführung in das *2-O-Benzoat*, Desacetonierung, Tritylierung, → Mesylierung zum *Methyl-2-O-benzoyl-3-O-mesyl-5-O-trityl-β-D-xylofuranosid* (**IIIb**) u. dessen Behandlung mit methanol. $NaOCH_3$ dargestellt. **II** wird, wahrscheinlich infolge ster. Hinderung, von alkoh. NH_3 (2 Std. bei 100°) nicht angegriffen, bei erhöhter Temp. bzw. längeren Reaktionszeiten werden amorphe N-haltige Prodd. erhalten. **IIIb** gibt mit heißer Essigsäure ein Gemisch aus *Methyl-2-O-benzoyl-3-O-mesyl-β-D-xylofuranosid* u. dem entsprechenden *Pyranosid*, das durch Rk. mit methanol. $NaOCH_3$, dann mit alkoh. NH_3 in ein Gemisch von *Methyl-3-amino-3-desoxy-β-D-xylofuranosid* (**IVb**) u. dem entsprechenden *Pyranosid* (**Vb**) übergeführt wird. Die Struktur von **Vb** folgt aus dem Verbrauch von 2 Äquivalenten HJO_4, dem Vgl. seiner Derivv. mit denen des bekannten L-Stereoisomeren (vgl. BAKER u. SCHAUB, C. **1956**. 11729) u. aus der Überführung des *N-Acetyl-2.4-di-O-mesylderiv.* von **Vb** in *Methyl-3-acetamido-3-desoxy-2.4-di-O-acetyl-α-L-ribopyranosid* (vgl. l. c.) u. weiter in *3-Amino-3-desoxy-L-ribosehydrochlorid*. Das als klebrige M. anfallende **IVb** läßt sich über das *N-Phthaloylderiv.* (**VIb**) reinigen, es verbraucht 1,3 Äquivalente HJO_4 u. gibt bei der Hydrolyse ebenso wie **Vb** *3-Amino-3-desoxy-D-xylosehydrochlorid*. Die analogen Rkk. werden in der α-Reihe (im folgenden analoge röm. Bezifferung mit **a** statt **b**) auch mit dem aus **Ia** über **IIIa** erhaltenen **IVa** u. **Va** durchgeführt u. deren Struktur bewiesen. Der Mechanismus der Ringerweiterung von **III** unter Erhaltung der Konfiguration (doppelte WALDENsche Umkehrung) über ein Oxoniumion sowie der selektive Angriff von NH_3 am $C_{(3)}$ von 2.3-Anhydropentosiden werden diskutiert. Die β-Anomeren der Methylaminoxylopyranoside werden analog den Methylxylopyranosiden leichter als die α-Anomeren hydrolysiert. Ersatz der Hydroxy- oder Acetoxygruppe an $C_{(3)}$ von Xylopyranosiden durch Amino- oder Acetaminogruppen bewirkt keine wesentliche Änderung des spezif. opt. Drehvermögens.

Versuche: *Methyl-β-D-xylofuranosid*, $C_6H_{12}O_5$, Sirup, aus **Ib** mit 70%ig. Essigsäure (2 Std. bei 50°); $[\alpha]_D^{24}$ −15° (2% in Chlf.); 99% (Ausbeute). — *Methyl-5-O-trityl-β-D-xylofuranosid*, Sirup, aus vorst. Verb. u. Triphenylmethylchlorid in Pyridin (72 Std. bei 50°); 108% (unrein), enthält Triphenylcarbinol). — *Methyl-2.3-di-O-mesyl-5-O-trityl-β-D-xylofuranosid*, $C_{27}H_{30}O_9S_2$, F. 139—140° (A.), aus vorst. Prod. mit Methansulfonylchlorid in Pyridin (5 Tage bei Raumtemp.); $[\alpha]_D^{25}$ —18,8° (2% in Chlf.); 49%. — *Methyl-2.3-anhydro-5-O-trityl-β-D-ribofuranosid* (II), $C_{25}H_{24}O_4$, F. 127° (Ae.), a) aus vorst. Verb. mit $NaOCH_3$ in sd. absol. Methanol (2 Std.); $[\alpha]_D^{24}$ —59° (1% in Chlf.); 36%; b) aus **IIIb** mit $NaOCH_3$ in absol. Methanol (72 Std. bei 3°); 88%. — *Methyl-2-O-benzoyl-3.5-O-isopropyliden-β-D-xylofuranosid*, $C_{16}H_{20}O_6$, aus **Ib** mit Benzoylchlorid in Pyridin (24 Std.); glasige M.; 99%. *α-Anomeres*, $C_{16}H_{20}O_6$, F. 92—93° (PAe.), aus **Ia**; $[\alpha]_D^{25}$ +127° (2% in Chlf.); 70%. — *Methyl-2-O-benzoyl-β-D-xylofuranosid*, $C_{13}H_{16}O_6$, aus vorst. Verb. mit 70%ig. Essigsäure (2 Std. bei 50°); Sirup; 100%. *α-Anomeres*, $C_{13}H_{16}O_6$, F. 89—90° (Äthylacetat–Heptan), $[\alpha]_D^{25}$ +142° (2% in Chlf.); 98%. — *Methyl-2-O-benzoyl-5-O-trityl-β-D-xylofuranosid*, $C_{32}H_{30}O_6$, aus vorst. Verb. u. Triphenylmethylchlorid in Pyridin (96 Std. bei 50°); Sirup; 100%. *α-Anomeres*, $C_{32}H_{30}O_6$, Sirup; 100%. — *Methyl-2-O-benzoyl-3-O-mesyl-5-O-trityl-β-D-xylofuranosid* (**IIIb**), $C_{33}H_{32}O_8S$, F. 135—136° (absol. Methanol), aus vorst. Verb. mit Mesylchlorid in Pyridin; $[\alpha]_D^{25}$ —9,1° (2% in Chlf.); 98% bzw. 60% aus **Ib**. *α-Anomeres* (**IIIa**), $C_{33}H_{32}O_8S$, F. 151—153° (absol. A.), $[\alpha]_D^{26}$ +102° (2% in Chlf.); 79% bzw. 52% aus **Ia**. — *Gemisch von Methyl-2-O-benzoyl-3-O-mesyl-β-D-xylofuranosid* u. (wahrscheinlich) *Methyl-2-O-benzoyl-3-O-mesyl-β-D-xylopyranosid*, $C_{14}H_{18}O_8S$, aus **IIIb** mit 80%ig. Essigsäure (25 Min. auf dem Wasserbad); Sirup; 98%, neben 100% *Triphenylcarbinol*, F. 160—163°. *α-Anomerengemisch*, $C_{14}H_{18}O_8S$, analog aus **IIIa**; glasartige M.; 98%. — *Gemisch von Methyl-2.3-anhydro-β-D-ribofuranosid* u. (wahrscheinlich) *Methyl-2.3-anhydro-β-D-ribopyranosid* u. oder *Methyl-3.4-anhydro-β-D-ribopyranosid*, $C_6H_{10}O_4$, Kp.$_{0,1}$ 70°, aus vorst. Prod. mit $NaOCH_3$ in absol. Methanol (4 Tage bei 0—3°); $[\alpha]_D^{24}$ —129° (2% in Chlf.); 61%. *α-Anomerengemisch*, $C_6H_{10}O_4$, Kp.$_{0,1}$ 98—101°, $[\alpha]_D^{25}$ +77,4° (2% in Chlf.); 32%. *Methyl-3-amino-3-desoxy-β-D-xylofuranosid* (**IVb**), $C_6H_{13}NO_4$, a) aus **VIb** mit Butylamin in sd. CH_3OH (18 Std.); 76%, neben 80% *N.N-Dibutylphthalamid*, F. 118—119°; b) aus vorst. Prod. mit konz. wss. NH_4OH (18 Std. bei 100° im Autoklaven); Harz, $[\alpha]_D^{25}$ —92° (2% in Chlf.); 86%, daneben 13% *Methyl-3-amino-3-desoxy-β-D-xylopyranosid* (**Vb**), F. 196 bis 197° (A.), $[\alpha]_D^{26}$ —62° (2% in H_2O). — *α-Anomeres* **IVa**, $C_6H_{13}NO_4$, F. 122—123° (absol. A.–Hexan), $[\alpha]_D^{25}$ + 236° (0,4% in Chlf.); 10%, bzw. 65% als Sirup, daneben 18% *α-Anomeres* **Va**, F. 195—196° (A.), $[\alpha]_D^{26}$ +155° (1% in Pyridin). — *3-Amino-3-desoxy-D-xylosehydrochlorid*, $C_5H_{11}NO_4 \cdot HCl$, F. 169° (wss. Essigsäure), aus **Vb** (in 18 Std.), **IVb** (in 18 Std.), **Va** (in 36 Std.) oder **IVa** (in 3 Std. u. 40 Min.) mit sd. verd. HCl; $[\alpha]_D^{25}$ +29° (2% in H_2O); 72 (in 3 Std. 13%) bzw. 65 (in 3 Std. 56%) bzw. 44 (in 18 Std. 35%) bzw. 76%. — *Methyl-3-phthalimido-3-desoxy-β-D-xylopyranosid*, $C_{14}H_{15}NO_6$, F. 237 bis 238° (Äthylacetat), aus **Vb** mit Phthalsäureanhydrid in sd. Dimethylformamid (90 Min.); $[\alpha]_D^{25}$ —27°; 85%. *α-Anomeres*, $C_{14}H_{15}NO_6$, F. 185—186° (Äthylacetat–Heptan), $[\alpha]_D^{25}$ +98,5° (2% in A.); 81%. — *Methyl-3-acetamido-3-desoxy-2.4-di-O-acetyl-β-D-xylopyranosid*, $C_{12}H_{19}NO_7$, F. 175—176°, aus **Vb** mit Acetanhydrid in Pyridin (18 Std. stehen); Nadeln aus Äthylacetat–Heptan; $[\alpha]_D^{25}$ —61° (2% in Chlf.); 82%. — *Methyl-3-acetamido-3-desoxy-α-D-xylopyranosid*, $C_8H_{15}NO_5$, F. 205—206°, aus **Va** in W. mit Acetanhydrid (6 Min. schütteln); Nadeln aus Äthylacetat, $[\alpha]_D$+121° (0,9% in H_2O); 72%. *β-Anomeres*, $C_8H_{15}NO_5$, F. 201—202° (Äthylacetat–absol. A.), $[\alpha]_D^{25}$ —66,2° (2% in H_2O), 96%. — *Methyl-3-acetamido-3-desoxy-2.4-di-O-mesyl-β-D-xylopyranosid*, $C_{10}H_{19}NO_9S_2$ F. 155—156° (A.), aus vorst. Verb. mit Methansulfonylchlorid in Pyridin; $[\alpha]_D$—45° (2% in Pyridin); 67%. *α-Anomeres*, $C_{10}H_{19}NO_9S_2$, F. 164—166° (absol. A.), $[\alpha]_D^{25}$ +135° (0,3% in Pyridin); 79%. — *Methyl-3-acetamido-3-desoxy-2.4-di-O-acetyl-α-L-ribopyranosid*, $C_{12}H_{19}NO_7$, F. 119—120°, (Äthylacetat–Heptan), aus vorst. β-Anomeren in sd. 2-Methoxyäthanol in Ggw. von Na-Acetat (24 Std.) u. Acetylierung; $[\alpha]_D^{25}$ —92,5° (2% in Chlf.); 66%. *β-Anomeres*, $C_{12}H_{19}NO_7$, F. 148—150° (Äthylacetat–Heptan), aus vorst. α-Anomeren; $[\alpha]_D^{25}$ +116° (0,8% in Chlf.); 72%. — *3-Amino-3-desoxy-L-ribosehydrochlorid*, $C_5H_{11}NO_4 \cdot HCl$, F. 169° (wss. Essigsäure), aus vorst. α- oder β-Anomeren mit sd. verd. HCl (22 Std.); $[\alpha]_D^{25}$ +18,6° (2% in H_2O); 62%. — *Methyl-3-phthalimido-3-desoxy-β-D-xylofuranosid* (**VIb**), $C_{14}H_{15}NO_6$, F. 140—142° (Äthylacetat–Heptan), aus rohem **IVb** mit Pthalsäureanhydrid in sd. Dimethylformamid (3 Std.); $[\alpha]_D^{25}$ +90° (2% in Chlf.); 43%. *α-Anomeres* **VIa**, $C_{14}H_{15}NO_6$, F. 128—129° (Äthylacetat–Heptan), $[\alpha]_D^{25}$ +231° (0,4% in Chlf.); 27%. — *Methyl-3-acetamido-3-desoxy-β-D-xylofuranosid*, $C_8H_{15}NO_5$, F. 109 bis 110° (Äthylacetat–absol. A.), aus **IVb** in W. mit Acetanhydrid (7 Min. schütteln); $[\alpha]_D^{25}$ —30,7° (2% in H_2O); 45%. — Die IR-Absorptionsmaxima der meisten Verbb. sind angegeben. (J. Amer. chem. Soc. **80**. 4683—92. 5/9. 1958. Pearl River, N. Y., Amer. Cyanamid Co., Pearl River Labors., Organ. Chem. Res. Sect.) G. LÜTZEL. 3400

Robert E. Schaub, Martin J. Weiss und B. R. Baker, *Synthese von 9-[3-Amino-3-desoxy-β-D-xylofuranosyl]-6-dimethylaminopurin, ein Analogon des aus Puromycin* *erhaltenen Aminonucleosids.* (Vgl. vorst. Ref.) Aus 6-Dimethylamino-2-methylmercapto-9-[β-D-xylofuranosyl]-purin (**I**; vgl. BAKER u. SCHAUB, C. **1958.** 7481) wird das *5′-O-Tritylderiv.* u. daraus das *2′.3′-Di-O-mesyl-5′-O-tritylderiv.* (**II**) dargestellt, das mit methanol. $NaOCH_3$ das *5′-O-Tritylderiv.* (**III**) von *9-[2.3-Anhydro-β-D-ribofuranosyl]-6-dimethylamino-2-methylmercaptopurin* (**IV**) liefert. **III** reagiert ebenso wie **IV** bei Aminierungsverss. gar nicht oder unter Bldg. von Harzen. **IV** wird in 17%ig. Ausbeute aus **II** durch Enttritylierung u. Rk. mit $NaOCH_3$ oder in 20%ig. Ausbeute aus **I** gewonnen durch Überführung in das 3′.5′-O-Isopropylidenderiv. (**Ia**; vgl. SCHAUB u. BAKER, l. c.), dessen *2′-O-Benzoat* zu **I**-*2′-O-Benzoat* desacetoniert wird; dieses wird in das *2′-O-Benzoyl-5′-O-tritylderiv.* u. weiter in das *2′-O-Benzoyl-5′-O-trityl-3′-O-mesylderiv.* (**V**) übergeführt, das bei der Enttritylierung u. anschließenden Rk. des *2′-O-Benzoyl-3′-O-mesylderiv.* (**VI**) mit methanol. $NaOCH_3$ **IV** liefert. **V** gibt mit $NaOCH_3$ **III**. Dagegen läßt sich aus Methyl-3-phthalimido-3-desoxy-β-D-xylofuranosid (**VII**; vgl. vorst. Ref.) *2.5-Di-O-benzoyl-3-phthalimido-3-desoxy-D-xylofuranosylchlorid* darstellen, dessen Kondensation mit 6-Chlorpurinyl–HgCl *9-[2.5-Di-O-benzoyl-3-phthalimido-3-desoxy-β-D-xylofuranosyl]-6-chlorpurin* liefert. Dessen Rk. mit Dimethylamin, dann mit methanol. Butylamin gibt das gewünschte *9-[3-Amino-3-desoxy-β-D-xylofuranosyl]-6-dimethylaminopurin,* dessen Furanosidstruktur auf Grund des Verlaufs der Titration mit HJO_4 angenommen wird.

Versuche: *6-Dimethylamino-2-methylmercapto-9-[5-O-trityl-β-D-xylofuranosyl]-purin,* $C_{32}H_{33}N_5O_4S$, aus **I** mit Triphenylmethylchlorid in Pyridin (72 Std. bei 51°) glasige M.; 100% (Ausbeute). — *6-Dimethylamino-9-[2.3-di-O-mesyl-5-O-trityl-β-D-xylofuranosyl]-2-methylmercaptopurin* (**II**), aus vorst. Verb. mit Methansulfonylchlorid in Pyridin (72 Std. bei Raumtemp.); glasige M.; 95%. — *9-[2.3-Anhydro-5-O-trityl-β-D-ribofuranosyl]-6-dimethylamino-2-methylmercaptopurin* (**III**), $C_{32}H_{31}N_5O_3S$, F. 215° (Zers.; Äthylacetat–Heptan), a) aus **II** mit $NaOCH_3$ in sd. absol. Methanol (2 Std.); $[\alpha]_D^{25}$ +68,7° (2,4% in Chlf.); 36%; b) aus **V** mit methanol. $NaOCH_3$ (24 Std. bei 3°); 71%; c) aus **IV** mit Triphenylmethylchlorid in Pyridin; 12%. — *6-Dimethylamino-9-[2.3-di-O-mesyl-β-D-xylofuranosyl]-2-methlymercaptopurin,* $C_{15}H_{23}N_5O_8S_3$, F. 182—184° (A.-2-Methoxyäthanol), aus **II** mit 80%ig. Essigsäure (25 Min.) auf dem Dampfbad); 56%. — *9-[2.3-Anhydro-β-ribofuranosyl]-6-dimethylamino-2-mehylmercaptopurin* (**IV**), $C_{13}H_{17}N_5O_3S$, F. 168° (Zers., Äthylacetat-Heptan), a) aus vorst. Verb. analog **III** nach a); 34%; b) aus **VI** mit methanol. $NaOCH_3$ (18 Std. bei 0—3°); 52%. — *9-[2-O-Benzoyl-3.5-O-isopropyliden-β-D-xylofuranosyl]-6-dimethylamino-2-methylmercaptopurin,* $C_{23}H_{27}N_5O_5S$, aus **Ia** mit Benzoylchlorid in Pyridin; glasige M.; 100%. — *9-[2-O-Benzoyl-β-D-xylofuranosyl]-6-dimethylamino-2-methylmercaptopurin,* $C_{20}H_{23}N_5O_5S \cdot H_2O$, F. 189—190° (absol. A.), aus vorst. Verb. mit 70%ig. wss. Essigsäure (2 Std. bei 50°); $[\alpha]_D^{25}$ —63,7° (1,2% in Chlf.); 49%. — *9-[2-O-Benzoyl-5-O-trityl-β-D-xylofuranosyl]-6-dimethylamino-2-methylmercaptopurin,* $C_{39}H_{37} \cdot N_5O_5S$, aus vorst. Verb. mit Tritylchlorid in Pyridin; glasige M.; 100%. — *9-[2-O-Benzoyl-3-O-mesyl-5-O-trityl-β-D-xylofuranosyl]-6-dimethylamino-2-methylmercaptopurin* (**V**), $C_{40}H_{39} \cdot N_2O_7S_2$, aus vorst. Verb. mit Mesylchlorid in Pyridin (72 Std. stehen); glasige M.; 99%. — *9-[2-O-Benzoyl-3-O-mesyl-β-D-xylofuranosyl]-6-dimethylamino-2-methylmercaptopurin* (**VI**) aus vorst. Verb. mit 80%ig. wss. Essigsäure (55 Min. auf dem Dampfbad); glasige M.; 88%. — *Methyl-2.5-di-O-benzoyl-3-phthalimido-3-desoxy-β-D-xylofuranosid,* $C_{28}H_{23}NO_8$, aus **VII** durch Benzoylierung; glasige M., $[\alpha]_D^{25}$ +36,7° (2% in Chlf.). — *1-O-Acetyl-2.5-di-O-benzoyl-3-phthalimido-3-desoxy-D-xylofuranosid,* $C_{29}H_{23}NO_9$, F. 117—118° (A.), aus vorst. Verb. in Essigsäure mit Acetanhydrid u. konz. H_2SO_4 (24 Std. stehen), $[\alpha]_D^{25}$ +79° (2% in Chlf.); 72%. — *2.5-Di-O-benzoyl-3-phthalimido-3-desoxy-D-xylofuranosylchlorid,* $C_{27}H_{20}ClNO_7$, aus vorst. Verb. in Acetylchlorid mit äther. HCl bei 0° (4 Tage bei —3); glasige M.; 100%. — *9-[2.5-Di-O-benzoyl-3-phthalimido-3-desoxy-β-D-xylofuranosyl]-6-chlorpurin,* $C_{32}H_{22}ClN_5O_7$, F. 199—201° (Äthylacetat–absol. A.), aus 6-Chlorpurinyl–HgCl (vgl. BROWN u. WELIKY, J. biol. Chemistry **204.** [1953.] 1019) u. vorst. Verb. in sd. Xylol (3 Std.); $[\alpha]_D^{25}$ +0,0° (1,4% in Chlf.); 47%. — *9-[3-Amino-3-desoxy-β-D-xylofuranosyl]-6-dimethylaminopurin,* $C_{12}H_{18}N_6O_3$, F. 147—149° (absol. A.–Äthylacetat), aus vorst. Verb. mit Dimethylamin in absol. Methanol (2 Std. bei 100°), nach Zusatz von n-Butylamin nach 18 Std. Kochen; $[\alpha]_D^{25}$ —32,7 (2% in H_2O); 62%. *N-Vanillylidenderiv.,* $C_{20}H_{24}N_6O_5$, F. 195—196° (wss. A.), $[\alpha]_D^{25}$ +90° (0,7% in Methanol). — *3-Amino-3-desoxy-D-xylosehydrochlorid,* $C_5H_{11}NO_4 \cdot HCl$, F. 169° (Zers.; wss. Essigsäure), aus vorst. Verb. mit sd. verd. HCl (3 Std.); 66%; daneben *6-Dimethylaminopurin* (*Pikrat,* F. 247°). — Die IR-Absorptionsmaxima der meisten Verbb. sind angegeben. (J. Amer. chem. Soc. **80.** 4692—97. 5/9. 1958.) G. LÜTZEL. 3400

S. A. Barker, E. J. Bourne, D. M. O'Mant und **M. Stacey,** *Untersuchungen an Aspergillus niger.* 6. Mitt. *Die Trennung und Strukturen von Oligosacchariden aus Nigeran.* (5. vgl. J. chem. Soc. [London] **1957.** 2064.) Nach der partiellen Hydrolyse des durch

Aspergillus niger „152" produzierten Polysaccharids Nigeran (**VI**, vgl. C. **1950/54.** 963 S) wurden *Maltose* (**VII**), *Nigerose* (**I**), *O-α-D-Glucopyranosyl-⟨1 → 3⟩-O-α-D-glucopyranosyl-⟨1 → 4⟩-D-glucose* (**II**) u. *O-α-D-Glucopyranosyl-⟨1 → 4⟩-O-α-O-glucopyranosyl-⟨1 → 3⟩-D-glucose* (**III**) isoliert u. identifiziert. **III** u. **III** lassen sich durch Papierelektrophorese in Boratpuffer trennen, (**II** langsamer wandernd als **III**), sie sind aber (bes. **III**) bei p_H 10 nur auf dem Papier u. nicht in freier Lsg. beständig. Eine Elution mit verd. HCl, bei der Lsgg. von p_H ca. 5 entstanden, war jedoch ohne Zers. möglich. Zur präparativen Gewinnung wurden die Di- u. Trisaccharide bei Zimmertemp. mit methanol. HCl behandelt. Dabei blieb **VII** unverändert u. konnte vom Anomerengemisch des **I**-*Methylfuranosids* (**IV**) chromatograph. getrennt werden. Bei der Perjodatoxydation gab **IV** ein Oxydationsprod., das nach Red. mit $NaBH_4$ u. Hydrolyse *D-Xylose* lieferte. Demnach sind in **IV** $C_{(5)}$ u. $C_{(6)}$ nicht blockiert u. $C_{(2)}$ oder $C_{(3)}$ blockiert. Nach Methylierung von **IV**, Hydrolyse u. Fraktionierung wurde eine *Tetra-* u. eine *Trimethylglucose* (**V**) erhalten. Red. von **V** lieferte *2.5.6-Tri-[O-methyl]-sorbit.* Demnach ist **V** *2.5.6-Tri-[O-methyl]-D-glucose,* was die Struktur von **I** als *3-O-α-D-Glucopyranosyl-D-glucose* beweist. Bei entsprechender Behandlung von **II** u. **III** mit methanol. HCl bei Zimmertemp. blieb **II** unverändert, u. **III** bildete seine anomeren *Methylfuranoside* (**A**), die an Holzkohle u. -vorteilhafter an Cellulose abgetrennt wurden. **II** bildete bei partieller Hydrolyse **VII** u. **I**. **A** lieferte bei der Hydrolyse **III** u. dann **VII**, **I** sowie *D-Glucose* (**VIII**). Bei der Oxydation von **A** mit Pb-Tetraacetat wurde das erste Mol (durch die OH-Gruppen am $C_{(5)}$ u. $C_{(6)}$) schneller verbraucht als die weiteren Mengen, was auf die trans-Stellung der anderen OH-Gruppen hinweist. Red. des alkaliempfindlichen **III** in neutralem Medium u. Hydrolyse lieferte als einzige reduzierende Saccharide **VII** u. **VIII**, was beweist, daß die α-1.4-Bindung am nichtreduzierenden Ende sitzt. Die angegebenen Strukturen von **II** u. **III** stehen in Übereinstimmung mit der angenommenen Konst. von **VI** als eines Polysaccharids, in dem die **VIII**-Reste alternierend α-1.3- u. α-1.4-artig verknüpft sind.

Versuche: *α-Methyl-3-O-α.D-glucopyranosyl-D-glucofuranosid* (α-**IV**), durch 3,1 std. Erhitzen von 97 g **VI** mit verd. H_2SO_4 auf 85°, Chromatographie über Holzkohle [daneben **VIII**, Trisaccharidgemisch (**B**; 9,9 g) u. Tetrasaccharidgemisch (5,8 g)], 74 Min. Behandlung mit 4%ig. methanol. HCl bei Zimmertemp. u. Chromatographie an Holzkohle; $[\alpha]_D^{17}$ +128° (c = 0,49; W.); 0,703 g (Ausbeute); daneben 0,576 g *β-Methyl-3-O-α-D-glucopyranosyl-D-glucofuranosid* (β-**IV**), $[\alpha]_D^{17}$ +40° (c = 0,48; W.) u. 1,783 g *Maltose* (**VII**). — *Nigerose* (**I**) durch 50 std. Erwärmen von α- u. β-**IV** mit 0,01 n HCl auf 45—55°; $[\alpha]_D$ +137° (c = 0,17; W.). — *β-Tetra-[O-acetyl]-D-xylose,* F. 124—125°, durch 36 std. Oxydation von 259 mg β-**IV** mit $NaJO_4$ im Dunkeln bei Zimmertemp., Zugabe von Äthylenglykol, Einengen, Red. mit $NaBH_4$, Fraktionierung an Cellulose (Entwicklung mit Butanol/A./W./NH_3 40:16:20:1) u. Umsetzung mit Acetanhydrid/Na-Acetat; 7 mg. — *2.3.4.6-Tetra-[O-methyl]-D-glucose,* durch Rk. von 550 mg Anomerengemisch **IV** in Dioxan mit Dimethylsulfat u. NaOH bei 40°, 3 tägiges Rühren bei Zimmertemp., Chloroformextraktion, 4 std. Kochen mit 4% ig. methanol. HCl, 4 std. Hydrolyse mit 0,5 n HCl bei 100° u. Papierchromatographie; 120 mg; daneben 38 mg *2.5.6-Tri-[O-methyl]-D-glucose* (**V**), $[\alpha]_D$ +48° (c = 0,68; Chlf.). — *2.5.6-Tri-[O-methyl]-sorbit,* durch 18 std. Red. von **V** mit wss. $NaBH_4$ bei Zimmertemperatur. — *O-α-D-Glucopyranosyl-⟨1 → 3⟩-O-α-D-glucopyranosyl-⟨1 → 4⟩-D-glucose* (**II**) durch 81 Min. Behandlung von 6,701 g **B** mit 4%ig. methanol. HCl bei Zimmertemp. u. Chromatographie an Holzkohle $[\alpha]_D$ +169,5° (c = 1,25 W.); 1,646 g. Partielle Hydrolyse von 1 g **II** mit 0,3 n H_2SO_4 (45 Min. bei 85—90°) u. Chromatographie an Holzkohle gibt neben **VIII** 93 mg *Disaccharide*; Methylfuranosidbldg. u. Trennung an Cellulose lieferten 35 mg **VII** [*β-Oktaacetat,* F. 159—160°; 12 mg] u. nach Hydrolyse von **IV** 43 mg **I** (*Osazon,* F. 204—206°; 23 mg). — *O-α-D-Glucopyranosyl-⟨1 → 3⟩-O-α-D-glucopyranosyl-⟨1 → 4⟩-sorbit,* durch 3 std. Red. von 100 mg **II** mit $NaBH_4$ bei Zimmertemp.; 65 mg. Gibt durch 45 Min. Behandlung mit 0,3 n H_2SO_4 bei 90° **VIII**, **I** j. eine Spur **II**. — *O-α-D-Glucopyranosyl-(1 → 4)-O-α-D-glucopyranosyl-(1 → 3)-D-glucose* (**III**), aus dem bei der Chromatographie von **II** als Nebenprod. anfallenden Gemisch der anomeren Methylfuranoside durch Chromatographie an Cellulose (Butanol/A./W./NN_3 40:16:20:1) u. 5 tägigem Erhitzen mit 0,01 n H_2SO_4 auf 50°. 5 std. Erhitzen mit 1,5 n H_2SO_4 auf 100° gibt **VIII**. — *O-α-D-Glucopyranosyl-⟨1 → 4⟩-O-α-D-glucopyranosyl-⟨1 → 3⟩-sorbit,* durch 3 std. Red. von 150 mg **III** in W. mit RANEY-Ni unter 100—135 at H_2 bei 140°; 136 mg. Partielle Hydrolyse (45 Min. mit 0,3 n H_2SO_4 bei 90°) lieferte **VII** u. **VIII**. (J. chem. Soc. [London] **1957**. 2448—54. Juni. Birmingham, Univ., Chem. Dep.)

W. WILLENBERG. 3400

Nathan O. Kaplan, *Die Herstellung entaminierter Adeninderivate.* Übersicht: Inosintriphosphat, Desaminodiphosphopyridinnucleotid, Inosinsäuren: Darst., Eigenschaften. — 14 Literaturangaben. (Methods Enzymol. **3**. 873—76. 1957. Baltimore, Md., Johns Hopkins Univ.)

K. MAIER. 3450

Philip Newmark und **Irving Goodman**, *Sauerstoffglykoside bei der Hilbert-Johnsonschen Synthese der Pyrimidinnucleoside.* Vff. versuchten, durch Kondensation von verschied. Pyrimidinderivv. mit Tetra-O-acetyl-α-D-glucopyranosylbromid (**I**) nach der Meth. von HILBERT u. JOHNSON (vgl. J. Amer. chem. Soc. **52**. [1930.] 4489) Nucleoside von biol. Interesse darzustellen, die keine natürlichen Bestandteile der Nucleinsäuren sind. Mit 6-Methyluracil, 6-Methyl-2-thiouracil (**II**) u. deren Äthoxyderivv. wurden bei dieser Rk. die α- u. *β-Glucoside* u. als Nebenprod. *4-Äthoxy-6-methylpyrimidon-(2)* isoliert, während mit 2-Thiouracil (**III**), Barbitursäure u. deren Äthoxyderivv. keine Rk. eintrat. Nucleoside wurden in keinem Fall erhalten. Auch Verwendung von Tetraacetylchlorglucose führte zu keinem andern Ergebnis. Die isolierten Kondensationsprodd. wurden durch UV-Absorptionsspektren u. ihr Verh. gegen Säuren u. Alkalien identifiziert.

V e r s u c h e (FF. korr.; $[\alpha] = [\alpha]_D^{30}$ in Chlf.): *2-Äthylmercapto-6-methylpyrimidon-(4)* (**IV**), aus **II** mit C_2H_5J. — *2-Äthylmercaptopyrimidon-(4)*, aus **III** mit C_2H_5J. — *2.4.6-Triäthoxypyrimidin*, $C_{10}H_{16}N_2O_3$, F. 8—9°, durch Einw. von Na-Äthylat auf 2.4.6-Trichlorpyrimidin; n_D^{20} 1,4863; 95% (Ausbeute). — *2-[Tetra-O-acetyl-α-D-glucopyranosyloxy]-4-äthoxy-6-methylpyrimidin* (**V**), $C_{21}H_{28}N_2O_{11}$, F. 166—167° (A.), durch 70std. Erhitzen von 15 g 2.4-Diäthoxy-6-methylpyrimidin u. **I** auf 80°; [α] +122,5° (c = 0,5); 6,6 g. Daneben 0,5 g *β-Form*, $C_{21}H_{28}N_2O_{11}$, F. 120—121° (A.), [α] —4,2° (c = 0,5). — *1-Äthyl-6-methylpyrimidindion-(2.4)*, $C_7H_{10}N_2O_2$, F. 197—198° (A.), durch 3tägige Einw. von methanol. HCl auf den durch Einengen der Muterlaugen vorst. Verbb. erhaltenen sirupösen Rückstand bei Raumtemp.; 0,7 g; daneben 4 g *6-Methyluracil*. — *4-Äthoxy-6-methylpyrimidon-(2)*, $C_7H_{10}N_2O_2$, F. 196° (bei 190° Sinterung), durch 19std. Einw. von äthanol. 0,3n NaOH auf 1 g **V**; 0,23 g. — *4-[Tetra-O-acetyl-α-D-glucopyranosyloxy]-2-äthylmercapto-6-methylpyrimidin*, $C_{21}H_{28}N_2O_{10}S$, F. 125—126° (A.), durch 26std. Erhitzen von 15 g **IV** mit **I** auf 80°; [α] +102,3° (c = 0,5); 4 g. *β-Form*, $C_{21}H_{28}N_2O_{10}S$, F. 176—177°, aus dem Filtrat der α-Form durch 2tägiges Erhitzen auf 80°; [α] —3,0° (c = 0,5); 0,4 g. (J. Amer. chem. Soc. **79**. 6446—50. 20/12. 1957. Lawrence, Kans., Univ., Dep. of Biochem.; Wellcome Res. Labor.) R. ZIEGENSPECK. 3450

S. A. Schabarowa und **M. A. Prokofjew**, *Aminoacylderivate von Nucleosiden. Synthese von N⁶-Aminoacylderivaten von 3-β-d-Glucopyranosylcytosin.* Durch Einw. von Acetanhydrid auf 3-β-d-Glucopyranosylcytosinhydrochlorid (**I**) bei 50° in Ggw. von H_3PO_4 erhält man über *Tetraacetyl-3-β-d-glucopyranosyl-6-acetylcytosin* als Zwischenprod. beim Erhitzen mit 96%ig. A. in Ggw. von HCl *Tetraacetyl-3-β-d-glucopyranosylcytosinhydrochlorid* (**II**), dessen reaktionsfähige NH_2-Gruppe mit Phthalylglycylchlorid (**III**) zu *N^6-[Phthalylglycyl]-tetraacetyl-3-β-d-glucopyranosylcytosin* (**IV**) reagiert. Mit gemischten Aminosäureanhydriden (z. B. aus Chlorkohlensäureäthylester (**V**) u. Phthalylglycin (**IX**)] bildet **I** mit guten Ausbeuten *Pentaphthalylglycyl-3-β-d-glucopyranosylcytosin.* Analog werden aus **II** u. gemischten Anhydriden von **V** u. Carbobenzoxyphenylalanin (**VI**) oder Carbobenzoxyphenylalanylglycylglycin (**VII**) *N^6-(Carbobenzoxyphenylalanyl)-* bzw. *N^6-(Carbobenzoxyphenylalanylglycylglycyl)-tetraacetyl-3-β-d-glucopyranosylcytosin* dargestellt. Die UV-Maxima der meisten Verbb. sind angegeben.

V e r s u c h e: *Pentaacetyl-3-β-d-glucopyranosylcytosin*, F. 225° (aus 85%ig. A.), durch 4std. Erhitzen von 1 g **I** mit 4 ml Acetanhydrid in Ggw. von H_3PO_4 auf 50° u. Gießen auf Eis; 1,4 g (Ausbeute). — *Tetraacetyl-3-β-d-glucopyranosylcytosin, Hydrochlorid* (**II**), $C_{18}H_{24}ClN_3O_{10}\cdot 2H_2O$, F. 201°, durch ½std. Erhitzen von 1 g vorst. Verb. in 20 ml 96%ig. A. in Ggw. von 0,3 g konz. HCl; 0,7 g. — *N^6-(Phthalylglycyl)-tetraacetyl-3-β-d-glucopyranosylcytosin* (**IV**), $C_{28}H_{28}N_4O_{13}$, Zers. bei 152—153°, a) 0,2 g **II** in 10 ml Dioxan u. 0,1 ml Tributylamin (**VIII**) werden mit 0,1 g **III** 4 Std. auf 50° erhitzt, die Lsg. auf ⅓ des Vol. im Vakuum eingedampft u. auf Eis gegossen; 0,12 g; b) durch Zugabe von 0,04 ml **V** zu 0,08 g **IX** in 4 ml Chlf. u. 0,1 ml **VIII** bei 0°; nach 15 Min. gibt man zum Gemisch 0,2 g **II** in 4 ml Dioxan u. 0,1 ml **VIII**, läßt das Reaktionsgemisch 30 Min. unter Vakuum u 24 Std. unter Kühlung stehen u. fügt nach dem Eindampfen im Vakuum 5 g Eis hinzu; 0,15 g. — *Penta-(phthalylglycyl)-3-β-d-glucopyranosylcytosin*, $C_{60}H_{40}N_8O_{21}$, F. 239—240°, zu 0,34 g **IX** in 5 ml Chlf. u. 0,4 ml **VIII** gibt man bei 0° 0,016 ml **V**, läßt ½ Std. bei 0° stehen, gibt danach 0,1 g **I** u. 0,013 g NaOH in 0,5 ml W. hinzu, läßt die M. 10 Min. unter Vakuum u. weitere 3 Std. kalt stehen u. gibt nach dem Eindampfen im Vakuum 10 g Eis dazu; 0,15 g. — *N^6-(Carbobenzoxyphenylalanyl)-tetraacetyl-3-β-d-glucopyranosylcytosin*, $C_{35}H_{38}N_4O_{13}$, Zers. bei 143—145° (aus Bzl.-PAe.), analog **IV** aus **V** u. **VI** mit **II** in Dioxan; 55%. — *N^6-(Carbobenzoxyphenylalanylglycylglycyl)-tetraacetyl-3-β-d-glucopyranosylcytosin*, $C_{39}H_{44}N_6O_{15}\cdot H_2O$, F. 139—140°, zu 0,12 g **VII** in 5 ml Dioxan u. 0,11 ml **VIII** gibt man bei 10° 0,03 ml **V** u. nach 30 Min. bei gleicher Temp. 0,15 g **IV** u. 0,012 g NaOH in 0,5 ml W.; das Gemisch läßt man 30 Min. unter Vakuum u. 24 Std. bei 10° stehen, dampft im Vakuum ein, behandelt den Rest mehrmals mit Ae.

u. gießt die M. auf Eis; 42%. (Доклады Академии Наук СССР [Ber. Akad. Wiss. UdSSR] **109.** 340—43. 11/7. 1956. Moskau, Lomonossow-Univ.) W. KURTZMANN. 3450

D. Dvornik und **O. E. Edwards,** *Ajaconin: Eine intramolekulare Reaktion vom Cannizzaro-Typ und die Stellung des unbekannten Sauerstoffs.* Zwecks genauer Best. der Lage des OH am $C_{(9)}$ im atisinähnlichen Delphiniumalkaloid Ajaconin wird der C_{19}-Alkohol **I** über das entsprechende *Keton* in, das *N-Methylcarbinolamin* [$C_{20}H_{33}NO_2$, *Hydrojodid* pK_a' 11,7, IR-Bande 1705 (Keton), 1688 cm^{-1} ($> C{=}^{+}N{=}$)], dieses mit heißem methanol. Alkali in ein Gemisch des *Isocarbinolamins* [*Hydrojodid*, pKa 9,7, IR-Bande 1702 cm^{-1}] u. eines *Hydroxylactams* [**II**, F. 244°, $[\alpha]_D$ —40° (absol. A.), IR-Bande 3380, 1054 (OH), 1620 cm^{-1}] übergeführt, wobei letzteres durch eine Rk. vom CANNIZZARO-Typ entsteht. Das durch $NaBH_4$-Red. des Methojodids von **I**, anschließende Acetylierung, Oxydation u. Hydrolyse entstehende *Hydroxylactam* [$C_{20}H_{31}NO_2$, F. 216°, $[\alpha]_D$ —56° (absol. A.), IR-Bande 3323, 1090, 1081 (OH), 1618 cm^{-1}] mit der Lactamcarbonylgruppe am $C_{(16)}$ ist verschieden von **II** u. dem durch Oxydation von **II** mit $Na_2Cr_2O_7$ u. darauffolgende $NaBH_4$-Red. erhaltenen *epi-Hydroxylactam* [$C_{20}H_{31}NO_2$, F. 203°, $[\alpha]_D$ —41° (absol. A.), IR-Bande 3405, 1082, 1077 (OH) 1620 cm^{-1}), was beweist, daß die CANNIZZAROsche Rk. am $C_{(17)}$ stattfindet. $NaBH_4$-Red. von **I**, dann Acetylierung, Teilhydrolyse u. Oxydation mit $Na_2Cr_2O_7$ ergibt ein *Keton* [IR-Bande 1707 (Keton), 1654 cm^{-1} (Amid), λ_{max} 290 mμ (ε = 55 in A.)], dieses bei Bromierung ein *Monobromketon* [**III**, IR-Bande 1702, 1656 cm^{-1}, λ_{max} 318 mμ (ε = 171 in A.)], letzteres bei Dehydrobromierung zu 70% ein *10.11-ungesätt. Keton* [F. 206—209°, $[\alpha]_D$ 45° (absol. A.), IR-Bande 1664, 1644 cm^{-1} (Amid), λ_{max} 250 (ε = 9300 in A.) u. 328 mμ (ε = 96)]. Dem IR-Spektr. nach ist in **III** das Br-Atom am $C_{(10)}$ axial, Ring B besitzt Wannenform, das H-Atom am $C_{(11)}$ ist daher cis-ständig zum Br. Die Ergebnisse beweisen, daß das OH in **II** in trans-Stellung, die ursprüngliche OH-Gruppe in **I** am $C_{(9)}$ äquatorial u. cis-ständig zur heterocycl. Brücke steht. (Proc. chem. Soc. [London] **1958.** 280—81. Okt. Ottawa, Nat. Res. Council of Canada, Div. of Pure Chem.) ANTJE SCHMIDT. 3500

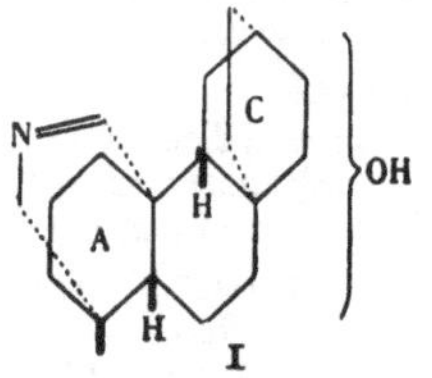

I

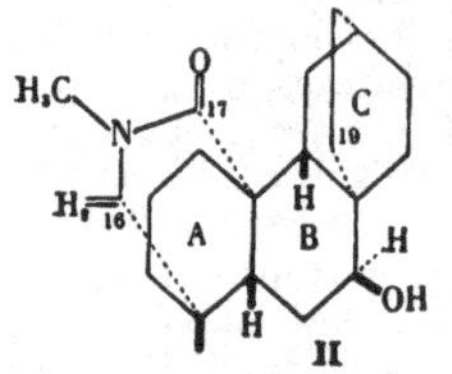

II

A. Ebnöther, *Über die Mutarotation des Lobelins. cis–trans-Isomere in der Reihe der Lobeliaalkaloide.* 9. Mitt. *über Alkaloidsynthesen.* (8. vgl. C. **1957.** 11027.) Die in hydrophilen Lösungsmitteln rascher als in hydrophoben verlaufende u. durch OH^--Ionen stark beschleunigte Mutarotation von natürlichem (—)-*Lobelin* (*cis*-**I**; vgl. WIELAND u. Mitarbeiter, Liebigs Ann. Chem. **473.** [1929.] 118 u. früher) verläuft unter Racemisierung am $C_{(\alpha)}$, das die Phenacylgruppe trägt unter Bldg. von *trans*-**I**, in Analogie zur Umlagerung analog gebauter Alkaloide (vgl. GALINOVSKY u. Mitarbeiter, C. **1950/54.** 3920 S.; C. **1955.** 8865). Das als nicht ganz reines Öl isolierbare trans-**I** lagert sich beim Stehen wieder in cis-**I** um. cis-**I** gibt bei der Red. mit $LiAlH_4$ ein Gemisch von *Lobelanidin* (**II**) u. (—)-*cis-8.10-Diphenyllobelidiol* [(—)-*cis*-**III**], die beide mit H_3PO_4 opt.-inakt. *cis-N-Methyl-α.α'-distyrylpiperidin* (*cis*-**IV**) liefern. Analog entsteht aus trans-**I** über (—)-*trans*-**III**-*I* das (—)-*trans*-**IV**. Natürliches Lobelanin (cis-**V**, F. 99—100°) gibt ebenso wie trans-**V** (trans-8.10-Diphenyllobelidion) beim Erwärmen in A., besser in Essigester oder Bzl. ein Gemisch, aus dem ca. 60% cis-**V** u. 22% trans-**V** isoliert werden können. trans-**V** gibt mit $LiAlH_4$ *rac.-trans*-**III**-*I*, dieses mit H_3PO_4 *rac.-trans*-**IV**; entsprechend aus cis-**V** mit $LiAlH_4$ **II** u. *rac.-cis*-**III**. Bei der Kondensation von Benzoylessigsäure (**VI**), Glutardialdehyd (**VII**) u. NH_3 unter physiol. Bedingungen u. anschließenden Aufarbeitung ohne Erwärmen wird als Hauptprod. nicht *Norlobelanin* (*cis*-**VIII**), sondern *trans*-**VIII** erhalten, das sich schon beim Umkristallisieren zu cis-**VIII** umlagert. Ähnliche Verhältnisse werden bei der Synth. von *N-Äthyl-8.10-diphenylnorlobelidion* (**IX**) aus **VI**, **VII** u. Äthylamin beobachtet.

V e r s u c h e: (—)-*Lobelin* (*cis*-**I**), F. 130°, $[\alpha]_D^{20}$ ca. —20° → —40,4° (5 Std.; c = 1,974 in A.), $[\alpha]_D^{19}$ —88,5° → —64,7° (27 Tage; c = 2,072 in Bzl.), $[\alpha]_D^{21}$ —38,2° → —37,9° (3 Std.; c = 1,986 in A.-freiem Chlf.). *trans*-**I**, aus cis-**I** in A. (18 Std. stehen), Herauslösen mit Ae. u. Fällung von cis-**I** aus Ae. mit PAe.; gelbliches viscoses Öl, $[\alpha]_D^{21}$ —56,7° (c = 2,018 in Chlf.), $[\alpha]_D^{21}$ ca. —52° → —37,7° (5 Std.; c = 2,084 in 95%ig. A.); enthält nach 20std. Stehen wieder krist. cis-**I**. — (+)-*cis-1-Methyl-2-phenacyl-6-styrylpiperidin*, $C_{22}H_{25}NO$, F. 84—85° (Hexan), aus 3 g cis-**I** mit H_3PO_4 (D. 1,7; 20 Std. bei 50°); $[\alpha]_D^{21}$ +29,8° (Anfangsdrehung; c = 1,897 in Chlf.), $[\alpha]_D^{21}$ +28,4° → +53,5° (8 Tage; c = 1,851 in 95%ig. A.); 1,97 g (Ausbeute). — (—)-*cis-8.10-Diphenyllobelidiol* [(—)-*cis*-**III**], $C_{22}H_{29}NO_2$, F. 115—116° (Essigester–PAe. u. Ae.–PAe.), aus 5 g cis-**I** in Bzl.–Ae. bei 0° mit $LiAlH_4$ in Ae. (1 Std. bei Zimmertemp.); aus Ae.–PAe. Platten, $[\alpha]_D^{20}$ —51,5

$\pm$ 1° (c = 1,454 in absol. A.) bzw. —70,7 $\pm$ 1° (c = 1,126 in Chlf.), keine Mutarotation in A. oder alkoh. $NaOC_2H_5$; 930 mg, neben 3,40 g *Lobelanidin* (**II**), F. 150—151°. (—)-*trans*-**III**-*I*, Kp.$_{0,04}$ 180—190°, aus dem Hydronitrat; glasartige M., $[\alpha]_D^{20}$ —68,4 $\pm$ 1° (c = 1,54 in Chlf.); *Hydronitrat*, $C_{22}H_{29}NO_2 \cdot HNO_3$, F. 176—178° (Zers.; CH_3OH–Ae.), aus dem aus 10 g cis-**I** gewonnenen rohen trans-**I** analog (—)-cis-**III**, Abtrennung von 410 mg **II** (aus cis-**I**) u. Rk. mit HNO_3; Prismen, $[\alpha]_D^{20}$ —89,7 $\pm$ 1° (c = 1,133 in CH_3OH). *rac.-cis*-**III**, $C_{22}H_{29}NO_2$, F. 110—111° (Essigester–PAe. u. Ae.–PAe.), aus 50 g cis-**V** analog (—)-cis-**III**; aus Ae.–PAe. Platten; 15,4 g (neben 17,9 g rohem **II**); *Hydronitrat*, F. 122—124° (Zers.; Aceton–Ae.). *rac.-trans*-**III**-*I*, $C_{22}H_{29}NO_2$, F. 144—145° (Aceton), aus 6,2 g trans-**V** analog (—)-cis-**III**; aus Ae.–PAe. fast quadrat. Platten; 1,93 g, aus den Mutterlaugen nach Behandeln mit H_3PO_4 56% trans-**IV**. — (—)-*trans-N-Methyl-α.α'-distyrylpiperidin* [(—)-*trans*-**IV**], $C_{22}H_{25}N$, F. 96—97°, aus 1,2 g (—)-trans-**III**-*I* mit H_3PO_4 (D. 1,7; 1½ Std. auf dem Wasserbad); nach Dest. bei 150—170°/ 0,03 Torr aus Hexan–Pentan Prismen, $[\alpha]_D^{20}$ —246 $\pm$ 2° (c = 1,75 in Chlf.); 940 mg. *rac.-trans*-**IV**, $C_{22}H_{25}N$, F. 113—115°, analog aus 1 g rac.-trans-**III**-*I*; aus Aceton–PAe. oder A. Prismen; 750 mg. *cis*-**IV**, $C_{22}H_{25}N$, F. 149—150°, a) analog aus 500 mg (—)-cis-**III**; aus Aceton Prismen; 260 mg; b) analog aus **II** oder rac.-cis-**III**. — *trans-8.10-Diphenyllobelidion* (*trans-Lobelanin, trans*-**V**), $C_{22}H_{25}NO_2$, F. 78—81° (unscharf; Essigester–PAe., Isopropyläther u. Hexan), a) aus 10 g cis-**V** mit sd. A. (2 Std.); 2,9 g daneben 1,82 g cis-**V** zurück; b) aus 5 g cis-**V** mit sd. Essigester (3 Std.); 1,1 g. *Hydrochlorid*, $C_{22}H_{25}NO_2 \cdot HCl$, F. 175 bis 178° (Zers.), aus A.–Ae. Prismen. *Hydronitrat*, F. 129—132° (Zers.), aus Aceton–W. oder Aceton–Ae. Prismen. trans-**V** gibt mit sd. Essigester (3 Std.) 61% cis-**V** u. 22% trans-**V**. — *trans-Norlobelanin* (*trans*-**VIII**), $C_{21}H_{23}NO_2$, F. 88—91°, aus **VII** (aus 26 g 2-Äthoxy-3.4-dihydropyran (**VIIa**) mit sd. wss. Essigsäure] in wss. Essigsäure mit NH_4Cl u. 90 g **VI** in verd. KOH bei p_H 3,8 (4 Tage); aus Essigester–Ae. Prismen; 35 g. *Hydrochlorid*, F. 163—168° (A.–Ae.). — *cis-Norlobelanin* (*cis*-**VIII**), F. 118—119° (Essigester), a) aus den Mutterlaugen von trans-**VIII**; b) aus 5 g trans-**VIII** in sd. Essigester (45 Min.); 4,65 g. — *trans-8.10-Diphenylnorlobelidiol, Öl. Hydrochlorid*, $C_{21}H_{27}NO_2 \cdot HCl$, F. 217—219°, durch Hydrierung von 1 g trans-**VIII** in Methanol über PtO_2 u. Behandlung mit verd. HCl; aus A.–Ae. rhomb. Platten; 0,5 g. — *N-Äthyl-8.10-diphenylnorlobelidion-I* (**IX**-*I*), $C_{23}H_{27}NO_2$, F. 87—88°, aus **VII** (aus 56 g **VII** a) in wss. Essigsäure mit 40 g Äthylaminhydrochlorid u. **VI**-Na bei p_H 3,7 (2 Tage); aus Ae. Prismen; 22 g, daneben 20,4 g **IX**-*II*. **IX**-*I-Hydrochlorid*, $C_{23}H_{27}NO_2 \cdot HCl$, F. 140—150° (Zers.), aus Aceton Prismen. **IX**-*II*, $C_{23}H_{27}NO_2$, F. 73—76°, a) aus den Mutterlaugen von **IX**-*I* über das Perchlorat (aus Aceton–Ae. Prismen u. Rhomben; 67,5 g); aus Hexan–Ae. Rhomben; (b) aus 2 g **IX**-*I* in Methanol (8 Std. bei Zimmertemp.); 670 mg. 10 g **IX**-*II* geben in Essigester (2 Std. bei 80°) 610 mg **IX**-*I* u. 6,45 g **IX**-*II*. **IX**-*II-Hydrochlorid*, F. 156 bis 158° (Zers.), aus Aceton Nadeln. — *N-Äthyl-8.10-diphenylnorlobelidiol-I* (**X**-*I*), $C_{23}H_{31}NO_2$, F. 146—147°, aus 5 g **IX**-*I* mit $LiAlH_4$ in Bzl.–Ae.; aus Essigester–Ae. u. Aceton–Ae. Prismen; 3,35 g (**X**-*I-Hydrochlorid*, $C_{23}H_{31}NO_2 \cdot HCl$, F. 184—188° [Zers.], aus A.–Ae. Prismen), daneben aus den Mutterlaugen durch Chromatographie an Al_2O_3 315 mg **X**-*II*, $C_{23}H_{31}NO_2$, F. 134—135°, Gemische von **X**-*I* u. **X**-*II* u. weitere 255 mg **X**-*I*. (Helv. chim. Acta **41**. 386—96. 15/3. 1958. Basel, Sandoz, Pharmazeut.-chem. Labor.)

E. FRANCK. 3500

Albert E. Purcell, *Trennung von Carotinoiden durch Verteilung an Silicagel–Methanol-Säulen.* An Säulen aus CH_3OH–gesätt. Silicagel (1,3×105 cm) lassen sich in Petroleum (Skellysolve B) gelöste Carotinoide gemäß ihren relativen Löslichkeiten in Hexan u. CH_3OH in 3 Fraktionen trennen. Die 1. Fraktion, welche die Carotin-KW-stoffe (*β-Carotin, Lycopin*) enthält, wird mit Petroleum eluiert. Die 2. Fraktion, welche die Monohydroxycarotinoide enthält (*Kryptoxanthin, Kryptoflavin, Hydroxy-α-carotin*), wird mit Petroleum–Ae. (1 : 1) eluiert. Die 3. Fraktion, die mit CH_3OH eluiert wird, enthält die Polyhydroxycarotinoide (*Lutein, Violaxanthin*). (Analytic. Chem. **30**. 1049—51. Juni 1958. Weslaco, Texas, U. S. Dep. of Agric., U. S. Fruit and Veg. Prod. Labor.)

K. F. MÜLLER. 3550

Je. N. Nowikawa, *Die Inhibierung der Oxydation von Δ³-Caren.* Vf. untersucht den Einfl. von *p-Hydroxyphenyl-β-naphthylamin* (**I**), *p-Hydroxydiphenylamin* (**II**), *Phenyl-α-naphthylamin, β-Naphthol, Phenyl-β-naphthylamin, Diphenylamin, Brenzcatechin* (**III**), *Pyrogallol* (**IV**), *Resorcin* u. *Phloroglucin* auf die Oxydation von *Δ³-Caren* (**V**) durch O_2 bei 80° u. vergleicht die Oxydationsgeschwindigkeit von **V** mit der des α-Pinens. Es wird festgestellt, daß die gegenüber α-Pinen wesentlich größere Oxydationsgeschwindigkeit von **V** bes. stark durch **I, II, III** u. **IV** inhibiert wird. (Известия Академии Белорусской ССР, Серия Физико-Технических Наук [Nachr. Akad. Wiss. BelorussSSR, Ser. physik.-techn. Wiss.] **1956**. Nr. 2. 97—101.) W. KURTZMANN. 3600

A. L. Nussbaum, T. L. Popper, E. P. Oliveto, S. Friedman und **I. Wender,** *Hydroformylierung des Steroidkerns: Eine neue Methode zur Darstellung von 6α-Methylsteroiden.* Rk. von 3β.20β-Dihydroxy-Δ5-pregnen-(**I**)-diacetat (**Ia**) mit CO u. H_2 in Ggw. von $Co_2(CO)_8$ liefert *6α-Hydroxymethylallopregnan-3β.20β-diol-3β-20β-diacetat* (**IIb**). **IIb** läßt sich zu **IIa** verseifen u. zum entsprechenden Triacetat acetylieren. **IIb**-*Tosylat* gibt bei der Red. mit $LiAlH_4$ das entsprechende *6α-Methyldiol* (**III**), das zu dem auch aus 6α-Methylprogesteron (**IV**) mit Li in fl. NH_3 erhältlichen *6α-Methyldion* (**V**) oxydiert wird. Die 5α-Konfiguration von **IIb** folgt aus dem COTTON-Effekt der Dispersion der opt. Drehung u. der Geschwindigkeit der quantitativen ZIMMERMANN-Rk. des aus **V**-*3-Monoäthylenketal* durch Red. mit $NaBH_4$ u. anschließende Entketalisierung erhaltenen *6α-Methyl-20β-hydroxyallopregnan-3-ons* (**VI**), das mit $NaBH_4$ **III** liefert. Die analoge Oxo-Rk. von **I** gibt direkt **IIa**, bei erniedrigter Temp. im Gemisch mit **I** u. **IIa** den unbeständigen entsprechenden *Aldehyd*, der in Form seines *Semicarbazons* chromatograph. isoliert wird. Letztes liefert bei WOLFF-KISHNER-Red. **III**.

Versuche (FF. auf dem KOFLER-Block; opt. Drehungen in ca. 1%ig. Lsg. in Chlf.): *6α-Hydroxymethylallopregnan-3β.20β-diol* (**IIa**), $C_{22}H_{38}O_3$, F. 241—243° (CH_3OH), a) aus 25 g **I** in Toluol unter 3500 lbs./sq.in. Synthesegas in Ggw. von $Co_2(CO)_8$ bei 200° (4 Std.); $[\alpha]_D^{25}$ +16,1° (Dioxan), λ_{max} 3,10 μ (Nujol); 7,8 g (Ausbeute); b) aus 348 mg **IIb** mit sd. 5%ig. methanol. KOH (3 Std.); 191 mg. *3.20-Diacetat* (**IIb**), $C_{26}H_{42}O_5$, F. 172 bis 174° (Aceton–Hexan), aus 44 g **Ia** analog **IIa**; $[\alpha]_D^{26}$ +23,2°, λ_{max} 2,92, 5,78 u. 8,08 (CS_2); 26 g. *Triacetat*, $C_{28}H_{44}O_6$, F. 128—129° (Pentan), aus **IIa** oder **IIb**; $[\alpha]_D^{25}$ +33,9°, λ_{max} 5,78 u. 8,10 μ (Nujol). *6α-Tosylat-3.20-diacetat*, $C_{33}H_{48}O_7S$, F. 169° (Umwandlungspunkte bei 121 u. 154°; Hexan), aus 3,9 g **IIb** mit p-Toluolsulfonylchlorid in Pyridin (über Nacht stehen); $[\alpha]_D^{25}$ +23,9°, λ_{max} 225 mμ (ε = 12000 in CH_3OH) bzw. 5,78, 6,25, 6,70 u. 8,05 μ (Nujol); 3,16 g. — *6α-Methylallopregnan-3β.20-diol* (**III**), $C_{22}H_{38}O_2$, F. 202—203° (Isopropyläther), a) aus 3,16 g vorst. Tosylat mit $LiAlH_4$ in Tetrahydrofuran (18 Std. kochen); $[\alpha]_D^{26}$ +8,9°, λ_{max} 3,10 μ (Nujol); 1,23 g; b) aus 65 mg **VI** in CH_3OH bei 0° mit $NaBH_4$ (1 Std.); 37,9 mg; c) aus 25 g **I** analog **IIa** nach a), aber bei 125—135°, Rk. des Prod. mit Semicarbazid in sd. CH_3OH in Ggw. von Pyridinhydrochlorid (1½ Std.), Chromatographie an Florisil, Elution mit Bzl.–PAe. (3 : 1; 2,4 g **I**) u. mit CH_2Cl_2–CH_3OH (9 : 1), Rk. des erhaltenen Gemisches von *6α-Formylallopregnan-3β.20-diolsemicarbazon* u. **IIa** bei 200—250° mit KOH in Diäthylenglykol (1½ Std.) u. Chromatographie an Al_2O_3; 378 mg. — *6α-Methylallopregnan-3.20-dion* (**V**), $C_{22}H_{34}O_2$, F. 152—153° (Aceton–Hexan), a) aus 1,05 g **III** durch Titration mit KILIANI-Säure (CrO_3 in wss. H_2SO_4); $[\alpha]_D^{25}$ +111,7°, λ_{max} 5,85 μ (Nujol); 761 mg; b) aus 275 mg **III** in Ae. bei —80° mit Li in fl. NH_3 (5 Min.) u. Chromatographie an Al_2O_3; 42,9 mg. *3-Äthylenketal*, $C_{24}H_{38}O_3$, F. 190 bis 191° (Hexan), aus 2,8 g **V** in CH_2Cl_2 mit Äthylenglykol u. SeO_2 in Ggw. von p-Toluolsulfonsäuremonohydrat (96 Std. rühren); $[\alpha]_D^{26}$ +87,5°, λ_{max} 5,92 μ (Chlf.); 2,4 g. — *6α-Methyl-20β-hydroxyallopregnan-3-on* (**VI**), $C_{22}H_{36}O_2$, F. 178—180° (CH_2Cl_2–A.), aus 200 mg Ketal in sd. wss. methanol. H_2SO_4 (40 Min.); $[\alpha]^{26}_D$ +24°, $[\alpha]_{700}$ +17, $[\alpha]_{589}$ +21°, $[\alpha]_{310}$ +656°, $[\alpha]_{290}$ —390°, $[\alpha]_{287,5}$ —114,9°, λ_{max} 2,92 u. 5,94 (Nujol); 96 mg. *Acetat*, $C_{24}H_{38}O_3$, F. 170—171° (CH_2Cl_2–Hexan), $[\alpha]_D^{26}$ +53°, $[\alpha]_{589}$ 52,4°, $[\alpha]_{650}$ +41°, $[\alpha]_{589}$ +52°, $[\alpha]_{315}$ +810°, $[\alpha]_{280}$ —200°, $[\alpha]_{275}$ —100°, λ_{max} 5,80, 5,86 u. 8,05 μ (Nujol). *3-Äthylenketal*, $C_{24}H_{40}O_3 \cdot H_2O$, F. 169—172° (A.), aus 517 mg vorst. Ketal in CH_3OH–Tetrahydrofuran bei 0° mit $NaBH_4$ (1 Std.) u. Chromatographie an Florisil; λ_{max} 2,92, 6,10 u. 9,18 μ; 335 mg. (J. Amer. chem. Soc. **81**. 1228—31. 5/3. 1959. Bloomfield, N. J., Schering Corp., Chem. Res. Div.; Pittsburgh, Pa., Bur. of Mines, Central Exp. Stat.)

H.-J. KOCH/Berlin. 3700

David Gould, Elliot L. Shapiro, Lawrence E. Finckenor, Fred Gruen und **E. B. Hershberg,** *Steroidamine.* 3. Mitt. *16α-Amino-substituierte Pregnane.* (2. vgl. C. **1958.** 129.) Δ5.16-Pregnadien-3β-ol-20-on (**I**) u. seine Acetylverb. werden mit ster. geeigneten prim. u. sek. Aminen in Ggw. bas. Katalysatoren behandelt. Dabei entstehen *substituierte 16α-AminoΔ5-pregnen-3β-ol-20-one* (**II**). Einige **II** werden zu den entsprechenden *Δ5-Pregnen-3β.20-diolen* u. *Allopregnadiolen* reduziert. Auf die α-Konfiguration der Aminosubstituenten an C_{16} wird in Analogie zur Addition von Alkoholen an **I** (vgl. FUKUSHIMA u. GALLAGHER, C. **1954.** 7424) u. mit Hilfe der Meth. der mol. Rotationsdifferenzen geschlossen. Die Derivv. ähneln trotz konfigurativer Unterschiede sehr steroiden Alkaloiden wie Jervin, Rubijervin u. Veratramin u. besitzen deren pharmakol. Eigenschaften.

Versuche (FF. korr.; [α] für Aminoderivv. in Dioxan, für Salze in 95%ig. A.): 16α-substituierte Δ5-Pregnen-3β-ol-20-one (**II**), aus **I** bzw. dessen Acetylderiv. u. den entsprechenden Amin (1 : 4 bis 1 : 10) gegebenenfalls unter Zusatz von Dioxan, Tetrahydrofuran, Pyridin oder tert.-Butanol durch Zusatz von 25—50%ig. KOH bzw. Benzyltrimethylammoniumhydroxyd in W. oder CH_3OH, Cholin in W. oder Anionenaustauscher (OH-Form), ca. 2std. Rühren bei 100°, 12std. bis mehrtägiges

Rühren bei Zimmertemp. u. Fällen mit W.: *Methylamino-*, $C_{22}H_{35}NO_2$, F. 166,5—167,5° (Aceton), $[\alpha]_D^{25}$ —22,6°. — *Äthylamino-*, *Komplex mit Aceton*, $C_{23}H_{37}NO_2 \cdot (CH_3)_2CO$, F. 113,4—115,4° (Aceton), $[\alpha]_D^{25}$ —23,2°. — *n-Propylamino-*, $C_{24}H_{39}NO_2$, F. 85—88° (Bzl.–Hexan), $[\alpha]_D^{25}$ 21,8°, *Komplex mit Bzl.*, $C_{24}H_{39}NO_2 \cdot C_6H_6$, F. 84—87,5° (Bzl.), $[\alpha]_D^{25}$ —19,9°. — *Isopropylamino-*, $C_{24}H_{39}NO_2$, F. 133—135° (Aceton–Hexan), $[\alpha]_D^{25}$ —26,4°. — Allylamino-. *Hydrochlorid*, $C_{24}H_{39}NO_2 \cdot HCl$, F. 247—248,5° (Zers.; CH_3OH–Aceton), $[\alpha]_D^{25}$ +10,5°. — *n-Butylamino-*, $C_{25}H_{41}NO_2$, F. 106—108° (Bzl.), $[\alpha]_D^{25}$ —25,0°. — *Isobutylamino-*, $C_{25}H_{41}NO_2$, F. 108—110° (Bzl.), $[\alpha]_D^{25}$ —27,6°. — *sek.-Butylamino-*, $C_{25}H_{41}NO_2$, F. 120—122° (Bzl.–Hexan), $[\alpha]_D^{25}$ —32,2°. — *n-Amylamino-*, $C_{26}H_{43}NO_2$, F. 124,5—126,0° (Bzl.–Hexan), $[\alpha]_D^{25}$ —20,6°. — *Isoamylamino-*, $C_{26}H_{43}NO_2$, F. 130 bis 133° (Bzl.–Hexan), $[\alpha]_D^{25}$ —23,6°. — *n-Hexylamino-*, $C_{27}H_{45}NO_2$, F. 111,4—112,6° (Aceton), $[\alpha]_D^{25}$ —23,3°. — *Isohexylamino-*, $C_{27}H_{45}NO_2$, F. 124—126° (Aceton), $[\alpha]_D^{25}$ —18,1°. *Hydrochlorid*, $C_{27}H_{45}NO_2 \cdot HCl$, F. 251—252° (Zers.; CH_3OH–Aceton), $[\alpha]_D^{25}$ +9,3°. — *2'-Äthylhexylamino-*, $C_{29}H_{49}NO_2$, F. 102,5—105° (Bzl.–Hexan), $[\alpha]_D^{25}$ —20,6°. — *Benzylamino-* (**IV**), $C_{28}H_{39}NO_2$, F. 148—150° (Bzl.–Aceton), $[\alpha]_D^{25}$ —38,8°. — *Dimethylamino-*, $C_{23}H_{37}NO_2$, F. 204—205,5° (Bzl.), $[\alpha]_D^{25}$ —19,0°. — *Pyrrolidino-*, $C_{25}H_{39} \cdot NO_2$, F. 145—147° (Bzl.–Essigester), $[\alpha]_D^{25}$ —17,6°. — *Morpholino-*, $C_{25}H_{39}NO_3$, F. 180 bis 181° (Bzl.), $[\alpha]_D^{25}$ —11,8°. — *4'-Methylpiperidino-*, $C_{27}H_{43}NO_2$, F. 168—170° (Bzl.), $[\alpha]_D^{25}$ —23,8°. — *3'-Methylpiperidino-*, $C_{27}H_{43}NO_2$, F. 172—175° (Bzl.–Hexan), $[\alpha]_D^{25}$ —23,2°. *Hydrochlorid*, $C_{27}H_{43}NO_2 \cdot HCl$, F. 215—217,5° (Zers.; CH_3OH–Aceton), $[\alpha]_D^{25}$ +16,7°; *isomere Form*, $C_{27}H_{43}NO_2 \cdot HCl$, F. 222—226,5° (Zers.; CH_3OH–Aceton), $[\alpha]_D^{25}$ +8,8°. — *Piperidino-* (**III**), $C_{26}H_{41}NO_2$, F. 160—162° (Bzl.), $[\alpha]_D^{25}$ —24,7°; *2. Modifikation*, $C_{26}H_{41}NO_2$, F. 149—151° (CH_3OH, Bzl.), $[\alpha]_D^{25}$ —23,5°. *Hydrochlorid*, $C_{26}H_{41}NO_2 \cdot HCl$, F. 240—242° (Zers.; CH_3OH–Aceton), $[\alpha]_D^{25}$ +8,7°. *3-Acetylderiv.*, $C_{28}H_{43}NO_3$, F. 176—178° (A.), $[\alpha]_D^{25}$ —22,0° [*Hydrochlorid*, $C_{28}H_{43}NO_3 \cdot HCl$, F. 228—230° (Zers.; Bzl.), $[\alpha]_D^{25}$ +5,2°]. *3-Isobutyrylderiv.*, $C_{30}H_{47}NO_3$, F. 140—141° (A.), $[\alpha]_D^{25}$ —12,6° [*Hydrochlorid*, $C_{30}H_{47}NO_3 \cdot HCl$, F. 238° (Zers.; Bzl.), $[\alpha]_D^{25}$ +0°]. *3-Veratroylderiv.*, $C_{35}H_{49}NO_5$, F. 154—155,5° (A.), $[\alpha]_D^{25}$ +18,6° [*Hydrochlorid*, $C_{35}H_{49}NO_5 \cdot HCl$, F. 243,5—244,5° (Zers.; Bzl.), $[\alpha]_D^{25}$ +24,6°]. *Saures Maleat*, $C_{30}H_{45}NO_6$, F. 203—205° (Zers.; CH_3OH), $[\alpha]_D^{25}$ +8,4°. *Bitartrat*, $C_{30}H_{47}NO_8$, F. 166° (A.), $[\alpha]_D^{25}$ +17,1°; *2. Modifikation*, F. 203 bis 205° (Zers.; A.), $[\alpha]_D^{25}$ +15,4°. — *$\Delta^{5.16}$-Pregnadien-3β-ol-20-on* (**I**), *Acetylderiv.*, F. 176,2—177,2° (Isopropylalkohol), durch 2½std. Kochen von **III** in Essigsäureanhydrid. *Isobutyrylderiv.*, $C_{25}H_{36}O_3$, F. 164—165° (CH_3OH), $[\alpha]_D^{25}$ —39,1°, aus 5 g **III** u. 3 g Isobutyrylchlorid in Pyridin durch 12std. Kochen; 4,5 g (Ausbeute). — *16α-[N.N'-Dimethylbenzylammonio]-Δ^5-pregnen-3β-ol-20-onjodid*, $C_{30}H_{44}JNO_2$, F. 228—230° (Zers.; Methanol), $[\alpha]_D^{25}$ ±0°, aus **IV** u. CH_3J. — *16α-[N-Methylpiperidinio]-Δ^5-pregnen-3β-ol-20-onjodid*, $C_{27}H_{44}JNO_2$, F. 271,5—272,5° (Zers.; CH_3OH-Bzl.), $[\alpha]_D^{25}$ +18,4° (A.), aus **III** u. CH_3J. — *16α-Piperidinoallopregnan-3β-ol-20-on*, $C_{26}H_{43}NO_2$, F. 169,5—170,5° (A.), $[\alpha]_D^{25}$ +49,6° (A.), aus **III** durch Hydrierung in Eisessig in Ggw. von 10% ig. Pd/Kohle. — *16α-Piperidino-Δ^5-pregnen-3β.20-diol*, $C_{26}H_{43}NO_2$, F. 145—175° (CH_3OH, A.), $[\alpha]_D^{25}$ —97,6°, aus 4 g **III** durch Red. mit 4 g $NaBH_4$ in wss. CH_3OH; 3,3 g. *Methojodid*, $C_{27}H_{46}JNO_2$, F. 299—300° (Zers.; CH_3OH). *20β-Epimeres* (?), F. 184—186°, $[\alpha]_D^{25}$ —97,6° [*Hydrochlorid*, $C_{26}H_{43}NO_2 \cdot HCl$, F. 292,5—293° (Zers.), $[\alpha]_D^{25}$ —43,7°]. — *16α-Piperidinoallopregnan-3β.20-diol*, $C_{26}H_{45}NO_2$, 1. Form (wahrscheinlich *20β-*), F. 178—180° (Bzl.; Aceton), $[\alpha]_D^{25}$ —55,2°, 2. Form (wahrscheinlich *20α-*), F. 185—190° (Aceton), $[\alpha]_D^{25}$ —57,0°, aus 24 g vorst. Verb. durch 1std. Hydrierung in Eisessig in Ggw. von PtO_2; 18,5 g. *Methojodid*, $C_{27}H_{48}JNO_2$, F. 286—288° (Zers.; CH_3OH). (J. Amer. chem. Soc. **78**. 3158 bis 3163. 5/7. 1956. Bloomfield, N. J., Schering Corp., Chem. Res. and Developm. Div.)

R. KOCH. 3700

C. A. Grob und **E. Schumacher**, *Die Isomerisierung von 5-Methyl-19-norkoprosten-Derivaten. 2. Mitt. 3.11-Diketo-5-methyl-6β-hydroxy-19-nor-Δ^9-koprosten.* (1. vgl. C. **1959**. 5148.) Die Synth. von *Δ^9-3.6-Diacetoxy-5-methyl-11-keto-19-norkoprosten* (**II**) u. *Δ^9-3.11-Diketo-5-methyl-6β-hydroxy-19-norkoprosten* (**VI**) wird beschrieben. Diese neuen Verbb. zeigen eine anomale UV-Absorption. Bei der Behandlung von **VI** mit Säure entsteht unter Wanderung der Doppelbindung das entsprechende *Δ^1-Isomere* (**VIII**).

Versuche (FF. korr., λ_{max} in A., $[\alpha] = [\alpha]_D$ in Chlf.): *3.6-Diacetoxy-5-methyl-9.10-oxido-11-keto-19-norkoprostan* (**I**), F. 158—160° (CH_3OH/W.), aus Δ^9-3.6-Diacetoxy-5-methyl-11-hydroxy-19-norkoprosten (**III**) u. CrO_3 in Eisessig in Ggw. von Bzl., 1 Std. bei 0°, 5 Std. bei 20°; Nadeln; 27% (Ausbeute). — *Δ^9-3.6-Diacetoxy-5-methyl-11-keto-19-norkoprosten* (**II**), $C_{31}H_{48}O_5$, F. 156—158° (PAe./Bzl.), a) aus **III** u. CrO_3/Pyridin, 7 Std. bei 20°, u. Al_2O_3-Chromatographie; Nadeln, $[\alpha]^{25}$ +58° (c = 1,608), λ_{max} 250 u. 311 mμ (log ε 3,80 u. 2,02); 11%; b) durch Red. von **I** oder 3.6-Dihydroxy-5-methyl-9.10-oxido-11-keto-19-norkoprostan (**IV**) mit $CrCl_2$ in Eisessig, 45 Min. bei 80° unter CO_2;

65 bzw. 50%. — *3.11-Diketo-5-methyl-6β-hydroxy-9ξ.10ξ-oxido-19-norkoprostan* (**V**), $C_{27}H_{42}O_4$, F. 209—211° (CH_3OH/W.), aus **IV** u. Al-tert.-Butylat in Cyclohexanon u. Toluol, 30 Min. bei 150—160°; Nadeln, $[\alpha]^{23}$ 135,2° (c = 1,058); 90%. *Semicarbazon*, $C_{28}H_{45}N_3O_4$, F. 247° (CH_3OH). *6β-Acetylderiv.*, $C_{29}H_{44}O_5$, F. 119—120° (CH_3OH), Nadeln, $[\alpha]^{23}$ 90,5° (c = 0,731); 85%. — *3.11-Diketo-5-methyl-6β-hydroxy-19-nor-Δ⁹-koprosten* (**VI**), $C_{27}H_{42}O_3$, F. 146—147° (Ae./PAe.), aus **V** durch Red. mit $CrCl_2$ in Eisessig, 1 Std. bei 80° unter CO_2; Nadeln, $[\alpha]^{25}$ +53,0° (c = 1,317), λ_{max} 252 u. 310 mμ (log ε 4,07 u. 2,14), IR-Spektr.; 81%. Liefert bei der Epoxylierung mit H_2O_2 in CH_3OH in Ggw. von NaOH, 14 Std. bei 20°, **V** zurück. *Monosemicarbazon*, $C_{28}H_{45}N_3O_3$, F. 172° (CH_3OH/Ae.). *6β-Acetylderiv.*, $C_{29}H_{44}O_4$, F. 154—155,5° (Ae./PAe.), $[\alpha]^{25}$ +41,3° (c = 1,264), Nadeln, λ_{max} 248 mμ (log ε 3,92) u. 305 mμ (log ε 1,86). — *3.11-Diketo-5-methyl-6β-acetoxy-9ξ.10ξ-19-nor-Δ¹-koprosten* (**VII**), $C_{29}H_{44}O_4$, F. 147—148° (PAe.), aus **VI** u. HBr in Eisessig, 6 Min. bei 90° im geschlossenen Rohr oder 24 Std. bei 20°; Nadeln, $[\alpha]_D^{26}$ +153,0° (c = 1,439), λ_{max} 229 u. 300 mμ (log ε 4,06 u. 2,00); 70 bzw. 50%. *Monosemicarbazon*, $C_{30}H_{47}N_3O_4$, F. 230—231° (Zers.; CH_3OH), Stäbchen λ_{max} 236 u. 278 mμ (log ε 4,0 u. 4,23). — *3.11-Diketo-5-methyl-6β-hydroxy-9ξ.10ξ-19-nor-Δ¹-koprosten* (**VIII**), $C_{27}H_{42}O_3$, F. 185—186° (Ae./PAe.), aus **VII** u. alkoh. KOH, 1 Std. bei 20° unter N_2, u. Al_2O_3-Chromatographie; $[\alpha]^{26}$ +199° (c = 1,309), λ_{max} 230 u. 300 mμ (log ε 3,98 u. 1,90), IR-Spektr.; 50%. — *3.6.11-Triketo-5-methyl-9ξ.10ξ-19-nor--Δ¹-koprosten*, $C_{27}H_{40}O_3$, F. 158—159° (CH_3OH), aus **VIII** u. CrO_3/Pyridin, 14 Std. bei 20°, Al_2O_3-Chromatographie; Nadeln, $[\alpha]^{26}$ 75° (c = 1,220), λ_{max} 229 u. 296 mμ (log ε 3,97 u. 2,06); 60%. — *3.11-Diketo-5-methyl-6β-acetoxy-9ξ.10ξ-19-norkoprostan*, $C_{29}H_{46}O_4$, F. 167—168° (CH_3OH), aus **VII** durch Red. über Pd/Kohle in A.; Nadeln, $[\alpha]^{25}$ +90,4° (c = 1,492). — *3.11-Diketo-5-methyl-6β-hydroxy-9ξ.10ξ-19-norkoprostan*, $C_{27}H_{44}O_3$, F. 181—182°, a) aus **VIII** analog vorst. Verb.; Tafeln, $[\alpha]^{27}$ +118,9° (c = 1,425); 86%; b) aus vorst. Verb. durch Verseifung. — *3.6.11-Triketo-5-methyl-9ξ.10ξ-19-norkoprostan*, $C_{27}H_{42}O_3$, F. 180—181° (Ae./PAe.), a) aus vorst. Verb. u. CrO_3 in Eisessig, 12 Std. bei 20°, u. Al_2O_3-Chromatographie; 85%; b) aus **VI** u. Li in fl. NH_3, 2 Std. bei —45°, u. Al_2O_3-Chromatographie; Nadeln, $[\alpha]^{27}$ +9,6° (c = 0,856). (Helv. chim. Acta **41.** 924—32. 16/6. 1958. Basel, Univ., Organ.-chem. Anst.) Walter Simon. 3700

Jean-Pierre Ruckstuhl und **Kuno Meyer**, *Abbauversuche am Cinobufagin.* 1. Mitt. *Über Krötengifte.* 15. Mitt. (14. vgl. C. **1959.** 3830.) Für das Hauptbufagenin der chines. Krötengiftdroge Ch'an Su, *Cinobufagin* (**I**), wurde entsprechend der von Crowfoot (vgl. Chem. and Ind. **54.** [1935.] 568 u. J. Amer. chem. Soc. **58.** [1936.] 2018) postulierten Bruttoformel $C_{26}H_{34}O_6$ von Tschesche u. Offe (vgl. Ber. dtsch. chem. Ges. **69.** [1936.] 2361) die Teilformel **C** vorgeschlagen. Kotake u. Kuwada (vgl. C. **1939.** II. 1681) vermuteten, daß sich die Acetoxygruppe am $C_{(12)}$ befindet u. die Doppelbindung zwischen $C_{(8)}$ u. $C_{(9)}$ liegt. Da bei der Behandlung von Acetylcinobufagin (**II**) mit $SOCl_2$ in Pyridin keine Anhydroverb. erhalten wird, kann im Ringsyst. von **I** nicht die von Kotake (l. c.) vorgeschlagene $\Delta^{8,9}$-14-OH-Anordnung enthalten sein. Hiermit steht in Übereinstimmung, daß die IR-Spektren von **II**, seinem durch Oxydation mit $KMnO_4$ erhaltenen *Abbauester* (**III**) u. Cinobufagin (**IV**) keine HO-Bande aufweisen. Auch die Doppelbindung konnte bisher nicht nachgewiesen werden. An Stelle einer Doppelbindung u. der Hydroxylgruppe könnte im **I**-Gerüst eine Keto- oder Aldehydgruppe oder eine Sauerstoffbrücke vorliegen. Da bei der Oxydation von **I** mit CrO_3 in Eisessig keine Säure erhalten wird, kann die Anwesenheit einer Aldehydgruppe ausgeschlossen werden. Aus dem rohen Neutralprod. dieser Oxydation kann **IV** isoliert werden. **II** ist CrO_3 in Eisessig gegenüber völlig indifferent. **III**, der vermutlich dasselbe Ringsyst. wie **I** besitzt, zeigt im UV nicht die Absorptionsbande einer Ketogruppe, so daß diese auch für **I** ausgeschlossen werden kann. Vermutlich liegt also in **I** eine Oxidogruppe vor, wofür auch das IR-Absorptionsspektr. von **II** spricht, in dem die CH-Schwingung einer tert.-sek. Epoxygruppe erkennbar ist. Es wird angenommen, daß sich die Sauerstoffbrücke am $C_{(14)}$ u. $C_{(15)}$ befindet, was jedoch noch nicht zuverlässig bewiesen ist. Zur Konstitutionsaufklärung von **I** wurde **II** mit $KMnO_4$ in Aceton abgebaut u. das anfallende MnO_2 mit Hilfe von SO_2 reduziert. Aus den rohen, neutralen Anteilen wurde eine einheitliche *Substanz* (**V**) isoliert, die im UV keine für das 21 → 14-Lacton (**VI**) einer 14-Hydroxy-20-keto-14β-pregnan-21-säure charakterist. Absorption zeigt. **VI**

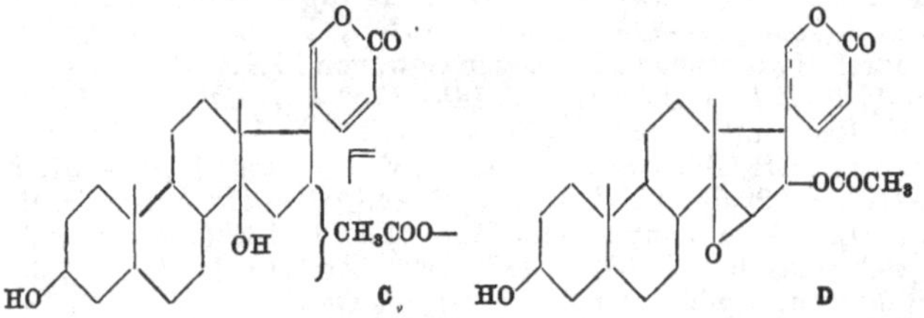

wurde bisher immer aus den neutralen Anteilen der $KMnO_4$-Oxydation von Acetylbufogeninen, die mit Sicherheit ein 14β-ständiges Hydroxyl besitzen, isoliert, ein weiterer Beweis dafür, daß **I** nicht die von KOTAKE (l. c.) am $C_{(14)}$ angenommene Hydroxylgruppe besitzt. **V** läßt im IR-Spektr. die Banden eines gesätt. Fünfringlactons oder Enolacetats, eines Fünfringketons u. einer Acetatgruppe erkennen. Die Oxydation von **V** mit H_2O_2 in schwach alkal. Lsg. führt nur zu wenig *Säure*, deren *Methylester* nicht krist. erhalten werden konnte. Aus den sauren Anteilen des $KMnO_4$-Abbaus von **II** konnte die reine *Diacetoxy-17-carbonsäure* (**VII**) isoliert werden, die mit äther. Diazomethan den krist. *Methylester* (**III**) liefert. Daneben wurden nicht weiter untersuchte, amorphe Prodd. isoliert. **III** gibt mit Tetranitromethan keine Gelbfärbung u. bleibt bei der Einw. von $POCl_3$ oder $SOCl_2$ in Pyridin unverändert. Die Bruttoformel $C_{25}H_{36}O_7$ für **III** als Deriv. des *Ätiansäuremethylesters* steht in Übereinstimmung mit dem CROWFOOTschen Formelvorschlag für **I**. Die Hydrierung von **III** bei einem H_2-Druck von 80 atü u. erhöhter Temp. über PtO_2 in Eisessig führt mindestens zu den zwei Substanzen **A** u. **B**, denen beiden die Bruttoformel $C_{25}H_{38}O_6$ zukommt. Vermutlich wird durch Hydrierung des Oxidoringes in **III** H_2O abgespalten u. die dabei gebildete Doppelbindung hydriert. Durch einige Tage langes Stehen von **III** in wss.-methanol. $KHCO_3$-Lsg. bei Zimmertemp. wird unter Bldg. des *3-Acetoxyhydroxy-17-carbonsäuremethylesters* (**VIII**) eine Acetoxygruppe verseift. Diese leichte Verseifung spricht dafür, daß sich die Acetoxygruppe, bei der es sich um die ursprünglich in **I** enthaltene Estergruppe handelt, am $C_{(16)}$ befindet. Die Acetylierung von **VIII** liefert wieder **III**. Die Verseifung von **VII** mit KOH in wss. Methanol führt zu der krist. *Dihydroxysäure* (**IX**), deren *Methylester* durch Acetylierung in **III** übergeführt werden kann. Während der alkal. Verseifung von **VII** erfolgt also keine Umlagerung. Dagegen entsteht bei der Verseifung von **III** mit KOH in wss. Methanol ein Gemisch zweier *Dihydroxysäuren*, von denen sich die in Chlf. leichtlösl. Säure als ident. mit **IX** erwies. Die in Chlf. schwerlösl. „*Isodihydroxysäure*" (**X**) kann in den *Methylester* übergeführt werden, der nach Acetylierung den *Isodiacetoxysäuremethylester* (**XI**) liefert, der sich sehr deutlich von **III** unterscheidet, aber die gleiche Bruttoformel $C_{25}H_{36}O_7$ besitzt. **XI** wird im Gegensatz zu **III** mit KOH lediglich zu **X** verseift. Vermutlich hat die Umkehrung bei der Verseifung von **III** am $C_{(17)}$ stattgefunden, d. h. die an diesem C-Atom fixierte Carbomethoxygruppe, die in **III** β-ständig orientiert ist, hat in **XI** α-Konfiguration. Es ist anzunehmen, daß die 14.15β-Oxidogruppe für diese Umkehrung verantwortlich ist, da ein ähnliches Verh. bei anderen Ätiansäureestern nie beobachtet worden ist. Gleichzeitig bewirkt die 14.15β-Oxidogruppe im Gegensatz zu der bisher beobachteten Regel eine starke Rechtsverschiebung der spezif. Drehung des 17α-Ätiansäuremethylesters **XI** gegenüber dem n. Ätiansäuremethylester **III**. Ein ganz analoges Verh. zeigt der Abbauester (**XII**) des Acetylresibufogenins (vgl. Experientia [Basel] **14**. [1958.] 238), dessen Konst. als die des 3β-Acetoxy-14.15β-oxidoätiansäuremethylesters erkannt werden konnte. Dem analog **XI** aus **XII** gebildeten *Isoester*, der ebenfalls stärker nach rechts dreht als **XII**, kommt die Konst. des 3β-Acetoxy-14.15β-oxido-17α-ätiansäuremethylesters zu. **I** besitzt nach den bisherigen Unterss. vermutlich die Konst. **D**.

Versuche (FF. korr.; KOFLER-Block): *Cinobufagon* (**IV**), $C_{26}H_{32}O_6$, F. 236 bis 240°, $[\alpha]_D^{19}$ $+9,25\pm2°$ (c = 1,516; Chlf.), durch Versetzen von **I** (F. 211—214°) in Eisessig innerhalb von 3 Std. mit 2%ig. CrO_3–Eisessig-Lsg., Zugabe von Methanol u. 15std. Stehen bei 20°; aus Aceton–Ae. lange dünne, zu Büscheln vereinigte Nadeln. — Die Umsetzung von **II** (F. 198—200°) in Eisessig mit CrO_3–Eisessig-Lsg. sowie die Behandlung von **II** in Pyridin mit $SOCl_2$–Pyridin (1:2) bei 0° liefern nur unverändertes Ausgangsmaterial. — *Neutrale Verb.* $C_{23}H_{30}O_6$ (**V**), F. 222—224° (Sintern ab 212°), $[\alpha]_D^{20}$ $+106,0\pm2°$ (c = 1,915; Chlf.), aus den durch Versetzen von **II** in Aceton mit feingepulvertem $KMnO_4$, mehrstd. Schütteln bei 20°, Verdampfen des Acetons im Vakuum u. Ansäuern des Rückstands mit verd. H_2SO_4 (kongosauer), Einleiten von reinem SO_2 in die auf ca. 0° abgekühlte Suspension u. Behandeln des Chlf.–Ae. (1:4)-Extrakts des Rückstands mit verd. Sodalsg. neben sauren Anteilen erhaltenen Neutralprodd.; aus Aceton–Ae. dünne, lange Nadeln; Färbung mit konz. H_2SO_4 hellgelb → dunkelgelb (10 Sek.) → orangegelb (1 Min.) → rotorange (4 Min.) → rostrot (10 Min.) → rostbraun (30 Min.) → dunkelbraun (2 Std.) → hellbraun (3 Std.) → hellbraun mit Grünstich (5 Std.); Versetzen einer Lsg. in tert.-Butanol mit $KHCO_3$ u. 30%ig. H_2O_2 in W., ca. 20std. Stehen bei 20° unter Gasentw. u. leichter Rosafärbung, Einengen im Vakuum, Ansäuern mit HCl u. Behandeln des Chlf.–Ae. (1:4)-Extrakts mit verd. Sodalsg. liefert saure Anteile, die nach der Methylierung mit äther. Diazomethan zu einem *öligen Prod.* führen, das nicht krist. erhalten werden kann. — *Diacetoxy-17-carbonsäure* (**VII**), F. 188 bis 196° (Zers.), aus den bei der Oxydation von **II** neben dem Neutralprod. **V** erhaltenen sauren Anteilen; aus Aceton–Ae. Nädelchen. *Methylester* (**III**), $C_{25}H_{36}O_7$, F. 169—171°,

$[\alpha]_D^{19}$ $+9{,}54 \pm 2^0$ (c = 2,1398; Chlf.), prismat. Nadeln; ca. 1 Min. langes Erwärmen mit $POCl_3$ in absol. Pyridin auf 60° u. 15std. Stehen bei 20° sowie die Behandlung mit Pyridin–$SOCl_2$ (4:1) in Pyridin bei -25^0, 2std. Stehen bei 0° u. 1std. Stehen bei 20° liefern nur unveränderten **III**. — *Verb. A*, $C_{25}H_{38}O_6$, F. 172—173° (Misch-F. mit **III** 150—167°), $[\alpha]_D^{20} + 8{,}4 \pm 3^0$ (c = 0,9536; Chlf.), durch Hydrieren von **III** in Eisessig über $PtO_2 \cdot H_2O$ innerhalb von 24 Std. bei 70—80 at H_2-Druck u. 60—90° im Drehautoklaven; aus Ae.-PAe. dünne, lange Nadeln; daneben *Verb. B*, $C_{25}H_{38}O_6$, F. 188—190°, $[\alpha]_D^{16} + 16{,}1 \pm 2^0$ (c = 1,4578; Chlf); aus Ae.-PAe. prismat. Nadeln. — *3-Acetoxyhydroxy-17-carbonsäuremethylester* (**VIII**), $C_{23}H_{34}O_6$, F. 208—211° (Sintern ab 202°), $[\alpha]_D^{22}$ $-10{,}7 \pm 2^0$ (c = 1,267; Chlf.), a) aus **III** durch 5 Tage langes Stehen mit $KHCO_3$ u. W. in Methanol, Ansäuern mit verd. HCl, Verdampfen des Methanols im Vakuum u. Extrahieren des Rückstands mit Chlf.; b) bei dem Vers. der Hydrierung von **III** durch 24std. Schütteln mit vorhydriertem $PtO_2 \cdot H_2O$ in Eisessig unter H_2, Eindampfen des Eisessigs im Vakuum u. Aufnehmen des Rückstands in Bzl.; aus Aceton–Ae. kurze, dicke Prismen; Acetylierung liefert wieder **III**. — *Dihydroxysäure* (**IX**), F. 193—196° (unter Gasentw.), durch 3std. Kochen von **VII** mit KOH in 80%ig. Methanol auf dem Wasserbad, Eindampfen des Methanols im Vakuum u. Behandeln des *K-Salzes* mit verd. HCl; aus Aceton dünne, lange Prismen. *Methylester*, $C_{21}H_{32}O_5$, F. 158—161°, $[\alpha]_D^{18}$ $-17{,}7 \pm 4^0$ (c = 0,811; Chlf.); Tetraeder; Acetylierung liefert wieder **III**. — *Isodihydroxysäure* (**X**), F. 225—230° (Zers. unter Gelbfärbung), durch 3std. Kochen von **III** in Methanol mit 50%ig. KOH auf dem Wasserbad, Eindampfen des Methanols im Vakuum, Ansäuern mit HCl, Extrahieren mit Chlf. u. Absaugen der wss. Suspension; aus Aceton prismat. Platten. *Methylester*, $C_{21}H_{32}O_5$, F. 225—229°, $[\alpha]_D^{21}$ $+29 \pm 3^0$ (c = 0,9846; Chlf.); aus Aceton beiderseits stumpf zugespitzte Platten. Neben **X** aus dem Chloroformextrakt **IX**. — *Isodiacetoxysäuremethylester* (**XI**), $C_{25}H_{36}O_7$, F. 186—187°, $[\alpha]_D^{19} + 73{,}81 \pm 2^0$ bzw. $+71 \pm 2^0$ (c = 1,2262 bzw. 1,485; Chlf.), aus vorst. Methylester; aus Ae.–Pentan feine, dünne Nadeln; 2std. Kochen in Methanol mit 50%ig. KOH auf dem Wasserbad, 38std. Stehen bei 20°, Eindampfen des Methanols im Vakuum, Zugabe von W. u. Ansäuern mit verd. HCl liefert **X**, die in den *Methylester* übergeführt wird. — Die IR-Absorptionsspektren von **III** in CH_2Cl_2, **IV** in CH_2Cl_2 u. **II** in KBr sind angegeben. (Helv. chim. Acta **41**. 2121—34. 1/12. 1958. Basel, Univ., Pharmazeut. Anstalt.)

U. KRÜGER. 3700

R. M. Dodson und **Robert C. Tweit**, *Addition von Alkanthiolsäuren an $\Delta^{1.4}$- und $\Delta^{4.6}$-3-Oxosteroide.* Äthanthiolsäure (**I**) u. Propanthiolsäure (**II**) werden an $\Delta^{1.4}$-3-Oxo- u. $\Delta^{4.6}$-3-Oxosteroide unter Bldg. der entsprechenden *Δ^4-1α-Acylmercapto-3-oxo-* bzw. *Δ^4-7α-Acylmercapto-3-oxosteroide* addiert. Die Rk. erfolgt durch 2std. Erhitzen der Komponenten auf dem Dampfbad u. Isolierung durch direkte Filtration (UV-Bestrahlung verbessert die Ausbeute nicht, Meth. **a**), oder durch 16std. Erhitzen, Abdampfen von **I** bzw. **II** im Vakuum u. Behandlung mit Ae. (Meth. **b**), oder durch 24std. Erhitzen unter UV-Bestrahlung u. Chromatographie an Silicagel (Meth. **c**). Die Konst. der Prodd. wird in Analogie zu ähnlichen Additions-Rkk. sowie auf Grund der mol. Drehungen u. von ster. Betrachtungen angenommen. Die *1-* u. *7-Acylmercaptosteroide* der *Androstan-* u. *Testosteronreihe* besitzen eine geringere anabol. u. Androgenwrkg. als die entsprechenden unsubstituierten Δ^4-3-Ketone. Dagegen zeigt *1α-Acetylmercapto-17a-oxa-D-homo-Δ^4-androsten-3.17-dion* ausgesprochene Antiandrogeneigenschaften. Die *1α-Acylmercaptocorticoide* zeigen ausgezeichnete entzündungshemmende Wrkg. im Iritistest, aber nicht so hohe Aktivitäten im Leberglykogen-, Baumwollgranulom- u. Fußödemtest. Das *1α-Acetylmercaptoderiv. von* REICHSTEINs *Verb. S* zeigt im Gegensatz zur Stammverb. sowohl im Iritis- als auch im Leberglykogentest Aktivität.

Versuche ($[\alpha] = [\alpha]_D^{25}$ in Chlf.; UV-Maxima in CH_3OH): *$\Delta^{4.6}$-Pregnadien-3.11.20-trion*, $C_{21}H_{26}O_3$, F. 152—154° (Aceton–PAe.), aus Δ^4-Pregnen-3.11.20-trion mit Chloranil in Ggw. von p-Toluolsulfonsäure in sd. Xylol (2 Std.) u. Chromatographie an Silicagel; $[\alpha]$ $+269{,}5^0$, λ_{max} 281 mμ (ε = 24300); 41% (Ausbeute). — *7α-Propionylmercapto-Δ^4-pregnen-3.11.20-trion* (*7α-Propionylmercapto-11-ketoprogesteron*), F. 153 bis 155° (Zers.), aus vorst. Verb. u. **II** nach **b**; $[\alpha]$ $+95{,}4^0$. — *17α-Propionoxy-$\Delta^{4.6}$-pregnadien-3.20-dion*, $C_{24}H_{32}O_4$, F. 168—171° (Aceton–Ae.), als 1,00 g 17α-Hydroxy-$\Delta^{4.6}$-pregnadien-3.20-dion (**III**) mit Propionsäureanhydrid u. p-Toluolsulfonsäure in Bzl. (2 Std. auf dem Dampfbad u. 2 Tage stehen); λ_{max} 284 mμ (ε = 27000); 0,48 g. — *7α-Acetylmercapto-17α-hydroxyprogesteron*, F. 227—229° (Zers.), aus **I** u. **III** nach **a**; $[\alpha]$ -38^0, λ_{max} 238,5 mμ (ε = 19200); 65%. *Propionat*, F. 209—211°, aus **I** u. vorst. Verb. nach **a**; $[\alpha]$ $-46{,}1^0$. — *Δ^4-Androsten-3.17-dion, 1α-Acetylmercaptoderiv.*, F. 197 bis 199° (Zers.), nach **a**; $[\alpha]$ $+196{,}1^0$. *7α-Acetylmercaptoderiv.*, glasartige M., nach **b**; $[\alpha]$ $+87{,}5^0$. — *Testosteron, 1α-Acetylmercaptoderiv.*, glasartige M., nach **b**; *Acetat*, F. 171—172° (Zers.), nach **c**; $[\alpha]$ $+102^0$, λ_{max} 240,5 mμ (ε = 16800); 22%. *7α-Acetyl-*

mercaptoderiv., 17-Benzoat, F. 185—186°, nach **b**; [α] +37°. *1α-Propionylmercaptoderiv., 17-Propionat,* F. 136,5—138°, nach **c**. *7α-Propionylmercaptoderiv.,* F. 234—236° (Zers.), nach **a**; $[\alpha]_D$ —65,7°; *17-Propionat,* glasartige M., nach **c**; [α] —2,4°. — *Progesteron, 1α-Acetylmercaptoderiv.,* F. 147,5—149°, nach **b**; [α] +212,5°. *7α-Propionylmercaptoderiv.,* F. 134—136° (Zers.), nach **a**; [α] +7,6°. — *21-Acetoxy-Δ^4-pregnen-3.20-dion (11-Desoxycorticosteronacetat), 1α-Acetylmercaptoderiv.,* F. 149—150° (Zers.), nach **c**; [α] +193°. *7α-Propionylmercaptoderiv.,* F. 92—96° (Zers.), nach **b**; [α] +27,6°. — *Δ^4-Pregnen-17α.21-diol-3.20-dion-21-acetat* (REICHSTEINs *Verb. S-Acetat*), *1α-Acetylmercaptoderiv.,* F. 202—204° (Zers.), nach **b**; $[\alpha]_D$ +149,5°. *7α-Acetylmercaptoderiv.,* F. 211—213° (Zers.), nach **b**; [α] +3°. — *17α.21-Dihydroxy-Δ^4-pregnen-3.11.20-trion (Cortison), 1α-Acetylmercaptoderiv., 21-Acetat,* F. 217—218° (Zers.), nach **a**; [α] +190°. *1α-Propionylmercaptoderiv., 21-Propionat,* F. 160—161° (Zers.), nach **c**. *7α-Acetylmercaptoderiv., 21-Acetat,* F. 238—239° (Zers.; CH_2Cl_2–CH_3OH), aus 21-Acetoxy-17α-hydroxy-$\Delta^{4,6}$-pregnadien-3.11.20-trion u. I nach **a**; [α] +102,5°, λ_{max} 235,5 mμ (ε = 17400); 56%. — *21-Acetoxy-11β.17α-dihydroxy-Δ^4-pregnen-3.20-dion (Hydrocortisonacetat), 1α-Acetylmercaptoderiv.,* F. 212—213° (Zers.), nach **c**; [α] +191°. *7α-Acetylmercaptoderiv.,* F. 181—182° (Zers.), nach **a**; [α] +50,5°. — *17a-Oxa-D-homo-Δ^4-androsten-3.17-dion, 1α-Acetylmercaptoderiv.,* F. 218—219° (Zers.); CH_2Cl_2–CH_3OH aus 17a-Oxa-D-homo-$\Delta^{1,4}$-androstadien-3.17-dion u. I nach **b**; $[\alpha]_D$ +53°, λ_{max} 239,5 mμ (ε = 17900); 81%. *1α-Propionylmercaptoderiv.,* F. 191,5—192°, nach **b**; [α] +47,8°. — *1α-Acetylmercapto-5α-androstan-3.17-dion,* F. 217—218° (Zers.), aus Δ^1-5α-Androsten-3.17-dion u. I nach **a**; [α] +137,8°, λ_{max} 232 mμ (ε = 4350); 67%. (J. Amer. chem. Soc. **81**. 1224—27. 5/3. 1959. Chicago, Ill., G. D. Searle & Co., Chem. Res. Div.) H.-J. KOCH/Berlin. 3750

John H. Fried, Glen E. Arth und **Lewis H. Sarett,** *Alkylierte Nebennierenhormone. Synthese von 6α-Methylcorticosteroiden.* Das 3-Dioxolan von 17α.20;20.21-Bis-methylendioxy-Δ^4-pregnen-3.20-dion (Cortison BMD) liefert bei der Oxydation mit Persäuren ein 4:3-Gemisch der entsprechenden α- u. *β-Epoxyde,* von denen das α-Epimere oder in gleicher Ausbeute das Gemisch beider bei der Rk. mit HCOOH, dann mit Alkali in *17α.20;20.21-Bis-[methylendioxy]-allopregnan-3.6.11-trion* verwandelt wird. Das daraus mit Butanondioxolan erhaltene *3-Monodioxolan* (I) wird zum Strukturbeweis durch Red. nach WOLFF-KISHNER, dann mit $LiAlH_4$ u. anschließender Abspaltung der Dioxolangruppierung in das bekannte *17α.20;20.21-Bis-[methylendioxy]-allopregnan-11β-ol-3-on* übergeführt u. liefert mit CH_3MgJ das entsprechende *6α-Methylcarbinol.* Dieses wird mit $SOCl_2$ u. Pyridin zu einem Gemisch der Δ^5- u. *Δ^6-Olefine* dehydratisiert, das zum Gemisch der entsprechenden *11β-Alkohole* red. wird. Von diesen gibt das *Δ^5-11β-Ol* bei der Spaltung des 3-Dioxolans *6α-Methylhydrocortison BMD* (II). Durch Hydrolyse u. Acetylierung wird aus I *6α-Methylhydrocortisonacetat* (III) erhalten. Behandlung von I mit SeO_2, Abspaltung der Bis-[methylendioxy]-funktion mit 60%ig. HCOOH u. Acetylierung liefert *Δ^1-6α-Methylhydrocortisonacetat* (IV). Durch Red. mit Li in fl. NH_3 wird II in das entsprechende gesätt. *Alloketon* übergeführt, das bei der Hydrolyse u. nachfolgenden Acetylierung *6α-Methylallodihydrocortisonacetat* gibt. **III** u. **IV** besitzen im Leberglykogentest bei oraler Zufuhr die 1—2- bzw. 1,4—3,3fache Aktivität von Hydrocortison. Die entzündungshemmende Aktivität von **IV** bzgl. der system. Granulomhemmung beträgt bei oraler Zufuhr das 3—4fache der von Prednisolonacetat. **III** u. **IV** verursachen bei der adrenalektomierten Ratte Na- u. Wasserdiurese.

Versuche (FF. korr.; [α] = $[\alpha]_D^{24}$ in Chlf.; c = 10 mg/ml): *17α.20;20.21-Bis-[methylendioxy]-Δ^4-pregnen-3.11-dion (Cortison BMD),* F. 249—253° (CH_2Cl_2–CH_3OH), aus Cortison in Chlf. mit konz. HCl u. 37%ig. Formalin (76 Std. bei Zimmertemp.); 64% (Ausbeute). — *17α.20;20.21-Bis-[methylendioxy]-3-äthylendioxy-Δ^5-pregnen-11-on (Cortison-BMD-dioxolan),* $C_{25}H_{34}O_7$, F. 210—212° (CH_3OH), aus vorst. Verb. in sd. Bzl. mit Äthylenglykol u. p-Toluolsulfonsäure (über Nacht) u. Chromatographie an Al_2O_3; [α] —87° (c = 0,5); 47%. — *17α.20;20.21-Bis-[methylendioxy]-3-äthylendioxy-5.6α-oxidoallopregnan-11-on,* $C_{25}H_{34}O_8$, F. 293—296° (Bzl.), aus vorst. Verb. in Bzl. mit Benzopersäure (45 Std. bei Zimmertemp. im Dunkeln); [α] —104°; 46%; daneben 33% *5.6β-Oxidoverb.,* $C_{25}H_{34}O_8$, F. 220—224° (Bzl.), [α] —73°. Aus 16,5 g vorst. Verb. werden analog 18,8 g Epimerengemisch erhalten. — *17α.20;20.21-Bis-[methylendioxy]-allopregnan-3.6.11-trion,* $C_{23}H_{30}O_7$, F. 265—268° (CH_3OH), aus vorst. Epimerengemisch mit 98—100%ig. HCOOH (2½ Std. Stehen) u. Hydrolyse mit sd. wss.-methanol. KOH (½ Std. unter N_2); [α] —87°; 57%. — *17α.20;20.21-Bis-[methylendioxy]-allopregnan-5.6β-diol-3.11-dion-6-formiat,* $C_{24}H_{32}O_9$, F. 254—256° (CH_3OH), aus vorvorst. 5.6α-Epoxyd mit HCOOH; 73%. Gibt bei alkal. Behandlung 67% vorst. Verbindung. — *17α.20;-20.21-Bis-[methylendioxy]-3-äthylendioxyallopregnan-6.11-dion* (I), $C_{25}H_{34}O_8$, F. 263 bis 266° (Äthylacetat), aus vorvorst. Verb. mit sd. Butanondioxolan in Ggw. von p-Toluolsulfonsäure (9 Min.); [α] —66°; 54%. — *6α-Methyl-17α.20;20.21-bis-[methylendioxy]-3-äthylendioxyallopregnan-6-ol-11-on*, $C_{26}H_{38}O_8$, F. 182—185° (Ae.), aus vorst. Verb. in Bzl. mit CH_3MgJ in Ae.; [α] —55°; 79%. — Gemisch von *6-Methyl-17α.20;20.21-bis-[methylendioxy]-3-äthylendioxy-Δ⁵-* (hauptsächlich) u. *-Δ⁶-pregnen-11-on*, $C_{26}H_{36}O_7$, F. 223—228° (Bzl.), aus vorst. Verb. in Pyridin mit $SOCl_2$ in Pyridin bei ca. 40° (30 Min.) u. Chromatographie an Al_2O_3; [α] —61°; 92%. — *6-Methyl-17α.20;20.21-bis-[methylendioxy]-3-äthylendioxy-Δ⁵-pregnen-11β-ol*, $C_{26}H_{38}O_7$, F. 188—193° (Ae.), aus vorst. Gemisch in Bzl. mit $LiAlH_4$ in Ae. (4 Std. kochen) u. Chromatographie an Al_2O_3; [α] —105°; 61%; daneben 13% *Δ⁶-Isomeres*, $C_{26}H_{38}O_7$, F. 250—255° (Bzl.), [α] —80°. — *6α-Methyl-17α.20;20.21-bis-[methylendioxy]-Δ⁴-pregnen-11β-ol-3-on* (II; *6α-Methylhydrocortison BMD*), $C_{24}H_{34}O_6$, F. 275—279° (Bzl.), aus vorst. Verb. in Aceton mit p-Toluolsulfonsäuremonohydrat (über Nacht stehen) u. Chromatographie an Al_2O_3; [α] +1°, λ_{max} 242 mμ (ε = 13700); 63%. — *6α-Methylhydrocortisonacetat* (III), $C_{24}H_{34}O_6$, F. 208—211° (CH_3OH), aus I mit 50%ig. wss. Essigsäure unter N_2 (8 Std. auf dem Dampfbad u. über Nacht bei Zimmertemp.), Acetylierung u. Chromatographie an Al_2O_3; [α] +136°, λ_{max} 242 mμ (ε = 14800); 52%. — *6α-Methyl-17α.20;20.21-bis-[methylendioxy]-Δ¹·⁴-pregnadien-11β-ol-3-on* (*6α-Methylprednisolon BMD*), $C_{24}H_{32}O_6$, F. 308—313° (Chlf.-Bzl.), aus I in tert.-Butanol in Ggw. von Essigsäure mit SeO_2 (87 Std. unter N_2), Rk. des Prod. in Bzl. mit Hg (über Nacht rühren) u. Chromatographie an Al_2O_3; [α] —33°, λ_{max} 244 mμ (ε = 13550) bzw. 6,01, 6,15 u. 6,20 μ (Nujol); 27%. — *6α-Methylprednisolon* (*Δ¹-6α-Methylhydrocortison*), $C_{22}H_{30}O_5$, F. 226—237° (Äthylacetat), aus vorst. Verb. mit 60%ig. HCOOH unter N_2 (10 Min. auf dem Dampfbad); $[\alpha]_D^{24}$ +94° (c = 0,5 in Dioxan), λ_{max} 244 mμ (ε = 14500) bzw. 5,83, 6,01, 1,19 u. 6,21 (Schulter) μ (Nujol); 55%. *Acetat* (**IV**), $C_{24}H_{32}O_6$, F. 205—208° (Äthylacetat), [α] +95°, λ_{max} 243 mμ (ε = 14685) bzw. 5,72, 5,79, 6,03 u. 6,18 μ (Nujol). — *6α-Methyl-17α.20;20.21-bis-[methylendioxy]-allopregnan-11β-ol-3-on* (*6α-Methylallodihydrocortison BMD*), $C_{24}H_{36}O_6$, F. 219—224° (CH_3OH), aus 420 mg **II** in Tetrahydrofuran u. fl. NH_3 mit Li, Zusatz von A. nach 10 Min. u. Chromatographie des Prod. an Al_2O_3; [α] —53°; 43%; daneben 65 mg *6α-Methyl-17α.20;20.21-bis-[methylendioxy]-allopregnan-3β.11β-diol*, $C_{24}H_{38}O_6$, F. 213—215° (Ae.-CH_3OH), [α] —54° (c = 0,3). — *6α-Methylallopregnan-11β.17α.21-triol-3.20-dion-21-acetat* (*6α-Methylallodihydrocortisonacetat*), $C_{24}H_{36}O_6$, F. 183—186° (Bzl.), aus 80 mg vorst. Verb. mit 60%ig. HCOOH (30 Min. auf dem Dampfbad), Behandlung des getrockneten Prod. mit methanol. $NaOCH_3$, Acetylierung u. Chromatographie an Al_2O_3; 46 mg (roh). — *17α.20;20.21-Bis-[methylendioxy]-3-äthylendioxyallopregnan-11-on*, $C_{25}H_{36}O_7$, F. 197 bis 201° (CH_3OH), aus 100 mg I in sd. Diäthylenglykol mit KOH u. 85%ig. Hydrazinhydrat (30 Min. bei 170°, nach Dest. der leichtflüchtigen Prodd. noch 2 Std. bei 210°) u. Chromatographie an Al_2O_3; [α] —37°; 40%. — *17α.20;20.21-Bis-[methylendioxy]-allopregnan-11β-ol-3-on*, F. 205—215° (Ae.), aus 30 mg vorst. Verb. in Bzl. mit $LiAlH_4$ in Tetrahydrofuran (4 Std. kochen), u. Behandlung des Prod. in Aceton mit p-Toluolsulfonsäure (über Nacht bei Zimmertemp.) u. Chromatographie an Al_2O_3; 16 mg. (J. Amer. chem. Soc. **81**. 1235—39. 5/3. 1959. Rahway, N. J., Merck, Sharp & Dohme, Res. Labors.) H.-J. KOCH/Berlin. 3750

Henry M. Kissman, Arlene M. Small und **Martin J. Weiss**, *Fluorierte Steroide*. 1. Mitt. *Synthese von 2α-Fluorhydrocortison*. Rk. des Na-Salzes von 20-Äthylendioxy-2-methoxalyl-11β.17α.21-trihydroxy-Δ⁴-pregnen-3-on in CH_3OH mit Perchlorylfluorid u. anschließende basenkatalysierte Abspaltung der Methoxalylgruppe liefert *20-Äthylendioxy-2α-fluor-11β.17α.21-trihydroxy-Δ⁴-pregnen-3-on*, F. 224—226°, $[\alpha]_D^{25}$ +132° (c = 0,63; Chlf.), λ_{max} 242 mμ (ε = 14000 in CH_3OH) bzw. 5,87 μ (KBr), das mit 8%ig. H_2SO_4 in CH_3OH zu *2α-Fluorhydrocortison* (I), F. 216—220°, $[\alpha]_D^{25}$ +190° (c = 0,76; CH_3OH), λ_{max} 241 mμ (ε = 14800 in CH_3OH) bzw. 5,90 μ (Chlf.), hydrolysiert wird. Die α-Konfiguration des F an $C_{(2)}$ wird auf Grund der spektroskop. Daten angenommen. I besitzt ca. $^1/_3$ der Aktivität von Hydrocortison im Leberglykogen-, Thymusinvolutions- u. Asbestgranulomhemmungstest bei adrenalektomierten Ratten. (J. Amer. chem. Soc. **81**. 1262. 5/3. 1959. Pearl River, N. Y., Amer. Cyanamid Co., Lederle Labors. Div., Organ. Chem. Res. Sect.) H.-J. KOCH/Berlin. 3750

J. A. Edwards, A. Zaffaroni, H. J. Ringold und **Carl Djerassi**, *6α-Fluor-16α-methylhydrocortison und verwandte Steroide*. 16α-Methyl-20-oxo-Δ⁵-pregnen-3α-ylacetat gibt mit Monoperphthalsäure das *5α.6α-Epoxyd*, das mit BF_3 in Ae.–Bzl. zu *6α-Fluor-16α-methyl-20-oxopregnan-3β.5α-diol-3-acetat* gespalten wird. Dieses liefert bei successiver Behandlung mit Acetylchlorid–Acetanhydrid, Benzopersäure u. Alkali *6β-Fluor-16α-methyl-20-oxopregnan-3β.5α.17α-triol-5-acetat*, das durch Bromierung an $C_{(21)}$, Rk. mit NaJ u. anschließende Acetolyse mit K-Acetat in sd. Aceton in die *21-Acetoxyverb.* übergeführt wird. Letztere wird mit CrO_3 in Aceton–H_2SO_4 zum entsprechenden *3-Keton* oxydiert, das bei Behandlung mit HCl in Essigsäure unter Verlust von Essigsäure u. Umkehrung an

$C_{(6)}$ in das *6α-Fluor-16α-methylderiv. von Verb.-S-Acetat*, F. 196—198°, $[\alpha]_D$ +76° (Chlf.), übergeht. Durch Hydrolyse zum *freien Alkohol* u. Bebrütung mit Rindernebennieren wird daraus in 30%ig. Ausbeute das gewünschte *6α-Fluor-16α-methylhydrocortison* [*Acetat*, FF. 225—228 u. 245—248°, $[\alpha]_D$ +115° (Chlf.)] erhalten. 5α.6β-Dichlor-16α-methyl-20-oxopregnan-3β-ylacetat wird nach KRITCHEVSKY u. GALLAGHER (C. **1952**. 1333) in das *3β.17β-Diol* übergeführt, in das die 21-Acetoxygruppe wie vorst. beschrieben eingeführt wird. Anschließende CrO_3-Oxydation u. Dechlorierung mit Zn in Essigsäure liefert direkt *16α-Methyl-3.20-dioxo-Δ⁴-pregnen-17α.21-diol-21-acetat*, F. 98—103°, $[\alpha]_D$ +91° (Chlf.), dessen *freier Alkohol*, F. 187—191°, $[\alpha]_D$ +90° (Chlf.), bei der Incubation mit Rindernebennierenhomogenaten *16α-Methylhydrocortison* gibt. (Proc. chem. Soc. [London] **1959**. 87. März. Mexico, D. F., Syntex, S. A., Res. Labor.)
H.-J. KOCH/Berlin. 3750

P. R. Enslin, F. J. Joubert und **S. Rehm,** *Die Bitterstoffe der Cucurbitaceen. 3. Mitt. Elaterase, ein aktives Enzym für die Hydrolyse von Bitterstoffglykosiden.* (2. vgl. C. **1950/54.** 1829 S.) *Elaterase*, die aus dem Fruchtsaft von *Ecballium elaterium, Cucumis myriocarpus* u. *Lagenaria siccraria* isoliert wurde, ist ein Enzym, das ziemlich spezif. auf die Hydrolyse der Bitterstoffe aus Cucurbitaceen wirkt. Es ist in dieser Familie sehr weit verbreitet. Durch umfangreiche Verss. wurden die Einfll. von p_H-Wert, Temp., Zeit u. Enzymkonz. auf die Hydrolyse des *Elaterinids*, des Monoglucosids des Elaterins, untersucht. Außerdem wurde der Einfl. von Elaterase auf andere Glykoside studiert.

Versuche: *Elaterinid*, $C_{34}H_{50}O_{12}$, aus dem rohen Prod. durch Lösen in 96%ig. A., Filtrieren über Kohle, Verdünnen mit W., Extraktion mit Chlf., Verdampfen des Chlf., Aufnehmen in Aceton u. Fällung mit Pentan; Reinigung durch Papierchromatographie; amorphes Pulver, $[\alpha]_D^{19}$ −70° (c = 0,574; Chlf.). Gibt bei der Hydrolyse in W. in Ggw. von A. u. Elaterase nach 16 Std. bei 30° *Elaterin* [$C_{28}H_{40}O_7$, F. 234,5° (Chlf./A.); $[\alpha]_D^{19}$ −62,2° (c = 0,572; Chlf.)] u. *D-Glucose*, F. 143—144°. — *Elaterase*, aus dem autolysierten u. filtrierten Saft unreifer Früchte von Cucumis myriocarpus durch Zugabe von A. bei 0° u. Zentrifugieren der Niederschläge. — UV-Spektren s. Original. (J. Sci. Food Agric. **7**. 646—55. Okt. 1956. Pretoria, South-Afric. Council for Sci. and Ind. Res., Horticultural Res. Station.) WALTER SIMON. 3850

P. R. Enslin und **D. E. A. Rivett,** *Die Bitterstoffe der Cucurbitaceen. 4. Mitt. Dehydrierung von Cucurbitacin A.* (3. vgl. vorst. Ref.) Unterwirft man Cucurbitacin A erst der Red. mit $LiAlH_4$ u. dann der Dehydrierung mit Se, so erhält man neben anderen Prodd. *1.2.8-Trimethylphenanthren*; dies weist auf eine strukturelle Verwandtschaft mit den Diterpenen oder cycl. Triterpenen hin.

Versuche (FF. korr.): *1.2.8-Trimethylphenanthren*, F. 143—144° (CH_3OH), aus Cucurbitacin A durch Red. mit $LiAlH_4$ in Ae., 5 Std. unter Rückfluß u. 60std. Erhitzen des Prod. mit Se auf 330° im Autoklaven, chromatograph. Trennung in eine benzoide, eine naphthoide u. eine phenanthroide Fraktion u. weitere chromatograph. Trennung der letzteren. *1.3.5-Trinitrobenzolat*, $C_{23}H_{19}N_3O_6$, F. 189—190° (A.). Aus der phenanthroiden Fraktion isoliert man durch Verteilungschromatographie ein *Tetrasubstituiertes Phenanthren*, F. 115—118° (CH_3OH), $Kp._{10^{-2}}$ 100—110°. *1.3.5-Trinitrobenzolat*, F. 196—198°. — UV-Spektren s. Original. (J. chem. Soc. [London] **1956**. 3682 bis 3683. Sept.) WALTER SIMON. 3850

G. C. Cheeseman und **N. J. Berridge,** *Beobachtungen über das Molekulargewicht und die chemische Zusammensetzung von Nisin A. Nisin A* (**I**) wurde durch Gegenstromverteilung in einem Syst., bestehend aus 5 (Voll.) W., 3,75 Butanol-(1) u. 1,24 Essigsäure, dessen wss. Phase durch konz. NH_4OH auf p_H 2,8—3,0 eingestellt war, gereinigt u. nach Hydrolyse papierchromatograph. auf den Geh. an Aminosäuren untersucht. Der Diffusionskoeff. D von **I** wurde zu $1{,}63\cdot10^{-6}$ cm²/sec bestimmt. Aus D sowie aus der Aminosäurezus. errechnet sich ein Mol.-Gew. von ca. 7000; die Mol.-Form in Lsg. ist annähernd sphärisch. Nach der SANGERschen Dinitrofluorbenzolmeth. sowie nach der Carboxypeptidasemeth. ließen sich keine endständigen Gruppen nachweisen. Aus Partialhydrolysaten konnten die Peptide: Gly·(Asp, Val); Gly·ala; Ala·(Gly, Asp); (Gly, Ala, Lys); Gly·(Lys,Asp,Ala,Leu); β-Lan·gly; (Lys,Asp,Ala); Ala·gly·ileu·meth; Asp·meth; β-Lan·(Asp, Gly); Meth·ala·leu oder ileu; Meth·gly; Val·gly; Leu·(Gly, Meth)·ala (?); (Gly, Ser, Lan, His, Val) (Ser, Ileu)·his·val; Asp·ala u. (Asp, Lys)·gly identifiziert werden. Aus den Ergebnissen werden einige mögliche Aminosäurefolgen abgeleitet. (Biochem. J. **71**. 185—94. Jan. 1959. Shinfield, Berks., Univ. of Reading, Nat Inst. for Res. in Dairying.)
E. SCHWERDTFEGER. 3900

J. R. D. McCormick, Philip A. Miller, John A. Growich, Newell O. Sjolander und **Albert P. Doerschuk,** *Zwei neue mit Tetracyclin verwandte Verbindungen: 7-Chlor-5a.11a-dehydrotetracyclin und 5a-Epitetracyclin. Ein neuer Weg zu Tetracyclin.* Aus Kulturen der *Streptomyces aureofaciens*-Mutante S-1308 wurde eine neue, mit Tetracyclin (III) verwandte Verb. isoliert: *7-Chlor-$\Delta^{5a,11a}$-dehydrotetracyclin* (I), *Hydrochlorid*, $C_{22}H_{22}\cdot Cl_2N_2O_8$, $[\alpha]_D^{25}$ +15,5° (0,65%, 0,03nHCl), λ_{max} 221, 251, 375 mμ, R_F 0,49 (0,3 mol Na-Phosphat [p_H 3,0]-n-Butanol). I gibt bei der katalyt. Hydrierung (Pd-Kohle) 2 Cl-freie Verbb., III u. ein III-Isomeres, *5a-Epitetracyclin* (II), *Hydrochloridmonohydrat*, $C_{22}H_{25}\cdot ClN_2O_8\cdot H_2O$, $[\alpha]_D^{25}$ +147° (0,50%, 0,1n H_2SO_4), λ_{max} 220, 265, 336 mμ, R_F 0,65. II

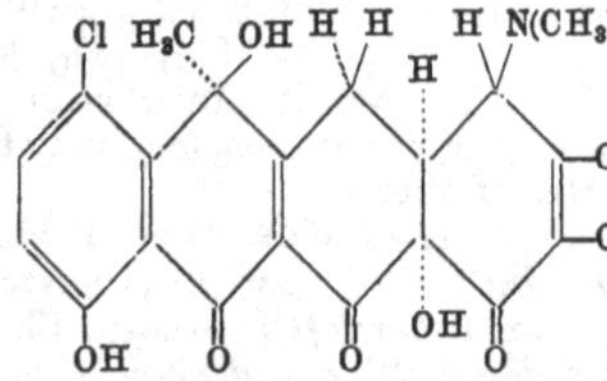
I

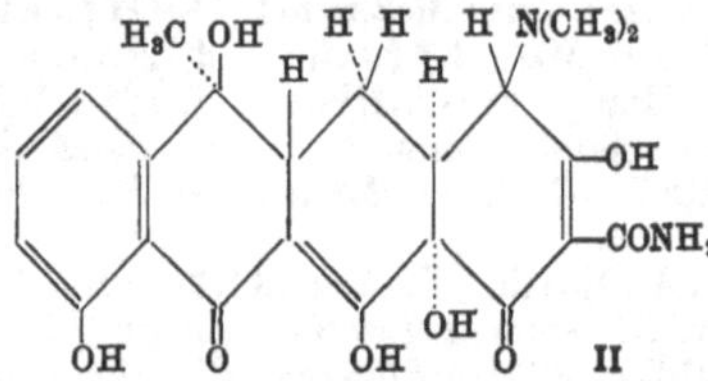
II

liefert unter den bekannten Dehydratisierungsbedingungen prakt. quantitativ *Anhydrotetracyclin*. Die Dehydratisierungsgeschwindigkeiten (halbe Reaktionsdauer) sind für III bzw. II < 1 Min. bzw. 67 Minuten. Dies steht mit der 5a(α) H, 6(β) OH (*trans*)- bzw. 5a(β) H, 6(β) OH(*cis*)-Struktur für III bzw. II in Einklang. Weder I noch II besitzen in vitro gegenüber *S. aureus* > 0,5% der *7-Chlortetracyclin*-Wirksamkeit. —Vgl. C. **1959.** 7146. (J. Amer. chem. Soc. **80.** 5572—73. 20/10. 1958. Pearl River, N. Y., Amer. Cyanamid Co., Lederle Labors.) K. MAIER. 3900

Rokuro Takeda, *Die Konstitution eines neuen Antibioticums, Pyoluteorin.* Aus *Pseudomonas aeruginosa* (Stamm T 359 u. IFO 3455 (wurde ein in vitro stark wirksames Antibioticum, *Pyoluteorin* (I), isoliert; $C_{11}H_7Cl_2NO_3$, F. 174—175° (Zers.), λ_{max} 255, 310 mμ (A.), 3,02, 6,14 μ (Nujol), frei von C—CH_3, N—CH_3. *O.O'-Diacetat* (II), F. 208°, λ_{max} 3,09, 5,68, 5,77, 6,10 (Nujol). I-*Trimethylderiv.* (III), F. 135—136°, aus I mit CH_2N_2 oder Dimethylsulfat, λ_{max} 6,09 μ (Nujol). II-*Deschlorverb.* (IV), F. 110°, aus II durch katalyt. Red. über Pd-Kohle, λ_{max} 3,07, 5,70, 6,28 μ (Nujol). *Deschlorpyoluteorin* (V), F. 142—143°, aus IV durch Hydrolyse mit $KHCO_3$, λ_{max} 2,95, 3,18, 6,28 μ (Nujol). *O.O'-Dimethylderiv.*, F. 187—188°, mit CH_2N_2, λ_{max} 3,18, 6,18 μ (Nujol). *Trimethyldeschlorpyoluteorin* (VI), F. 137°, aus III durch Hydrierung über Pd-Kohle, λ_{max} 6,14 μ (Nujol). Aus VI durch KOH-Schmelze *1.3-Dimethylbenzol*, $Kp._{23}$ 105°, u. *N-Methylpyrrolcarbonsäure-(2)*, F. 135°. Durch $LiAlH_4$-Red. von VI *2.6-Dimethoxyphenyl-[N-methylpyrryl-(2)]-methanol*, λ_{max} 241, 271 mμ (A.), 2,83 μ (Nujol). Durch CrO_3-Oxydation von VI oder III in Essigsäure *N-Methyl-2.6-dimethoxybenzoylformamid* (VII), F. 143°, λ_{max} 3,07, 5,87, 5,93, 5,99, 6,56 μ. Aus VII durch Hydrolyse mit wss. KOH die entsprechende *Ketosäure*, durch H_2O_2-Oxydation hieraus *2.6-Dimethoxybenzoesäure*, F. 187°. Danach ergibt sich für I die angegebene Konst. (Stellung von 2 Cl ungeklärt). (J. Amer. chem. Soc. **80.** 4749—50. 5/9. 1958. Osaka, Takeda Pharmaceut. Ind. Ltd., Inst. for Fermentation.) K. MAIER. 3900

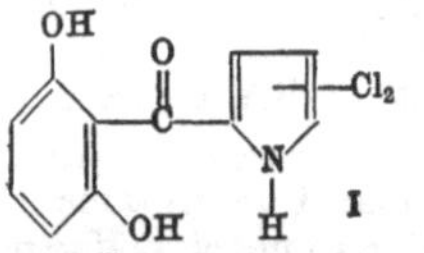

Edward Walton, John O. Rodin, Charles H. Stammer, Frederick W. Holly und **Karl Folkers,** *Novobiocin.* 8. Mitt. *Die Konfiguration von Noviose.* (7. vgl. C. **1959.** 8176; vgl. auch C. **1957.** 6154.) Die auf Grund empir. Regeln der opt. Drehung der Aldosehälfte von Novobiocin, *3-O-Carbamylnoviose*, zuerteilte L-Lyxosekonfiguration wurde durch Synth. der aus Noviono-δ-lacton (VII) erhältlichen *2.3-Isopropyliden-5-O-methylnovionsäure* (II) aus Methyl-2.3-isopropyliden-L-rhamnofuranosid (III) bestätigt. Aus Methyl-2.3-isopropyliden-D-ribofuranosid (IV) wurde *5.5-Dimethyl-4.5-di-O-methyl-2.3-isopropyliden-D-ribonsäure* (V) dargestellt, deren IR-Spektr. die gleichen funktionellen Banden wie II besitzt, sich jedoch in der Absorption des 8- bis 10 μ-Gebiets unterscheidet.

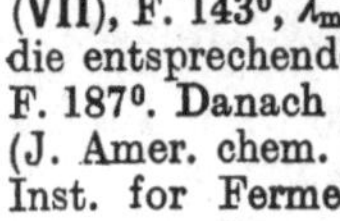
V

Versuche: *Noviose-N-benzyl-p-methoxyphenylhydrazon*, $C_{22}H_{30}N_2O_5$, F. 107 bis 108°, aus 750 mg Methylnoviopyranosid (I) durch 1 std. Kochen mit 0,1n HCl u. anschließend 1½ std. Erhitzen mit N-Benzyl-p-methoxyphenylhydrazinhydrochlorid u. Na-Acetat in Ggw. von A.; $[\alpha]_D^{25}$ —41° (c = 1; CH_3OH); 344 mg (Ausbeute). — *Noviono-δ-lacton* (VII), $C_8H_{14}O_5$, F. 111—113° (Ae.), aus 6,6 g I durch 1 std. Kochen mit 0,1nHCl, Br_2-Oxydation in Ggw. von $NaHCO_3$ in der Kälte u. 16 std. Stehenlassen bei p_H 2; $[\alpha]_D^{25}$ —35° (c = 1; 0,1nHCl), +14° (c = 1; 0,1nNaOH), γ_{max} 2,98, 3,02 μ (Nujol); 48%. — *Methyl-2.3-isopropylidennoviopyranosid*, $C_{12}H_{22}O_5$, $Kp._{0,025}$ 65°, aus I, $CuSO_4$ u. wenig konz. H_2SO_4 in absol. Aceton (16 Std., Raumtemp.); Öl, $[\alpha]_D^{25}$ —13° (c = 1,36; CH_3OH), n_D^{25} 1,4438; 100%. — *Methyl-2.3-isopropyliden-5-keto-L-rhamnofuranosid*,

$C_{10}H_{16}O_5$, aus **III** u. CrO_3-Pyridin-Komplexlsg. in absol. Pyridin; $[\alpha]_D^{25}$ -25^0 (c = 2; CH_3OH), n_D^{25} 1,4464, λ_{max} 5,80 (Chlf.); 73%. — *Methyl-5.5-dimethyl-2.3-isopropyliden-L-lyxofuranosid* (**VI**), $C_{11}H_{20}O_5$, Kp.$_{0,5}$ 60^0, aus 2 g vorst. Verb. u. CH_3MgJ in absol. Ae.; $[\alpha]_D^{29}$ -90^0 (c = 2; CH_3OH), n_D^{24} 1,4467; 1,7 g. — *Methyl-5.5-dimethyl-L-lyxofuranosid*, Kp.$_{0,25}$ 130—135^0, aus 2,26 g **VI** durch 2 std. Kochen mit 0,1 n HCl u. 24 std. Stehenlassen des durch Lyophilisierung erhaltenen Rückstands mit HCl-CH_3OH; $[\alpha]_D^{26}$ bis 16^0 (c = 7,5; CH_3OH); 1,5 g. — *5.5-Dimethyl-L-lyxono-γ-lacton*, aus **VI** durch 1 std. Kochen mit 0,1 n HCl u. Br_2-Oxydation in Ggw. von $NaHCO_3$ bei 0^0, 2 Std. bei Raumtemp. u. p_H 12 u. lyophile Trocknung bei p_H 1; Öl, λ_{max} 5,65 μ (Chlf.); 87%. — *5.5-Dimethyl-2.3-isopropyliden-L-lyxono-γ-lacton*, $C_{10}H_{16}O_5$, F. 128—129^0, aus vorst. Verb. u. absol. Aceton in Ggw. von HCl-$CaCl_2$ (20 Std., Raumtemp.); $[\alpha]_D^{25}$ -52^0 (c = 1,33; Aceton); λ_{max} 5,62 μ (Chlf.); 35%. — *5.5-Dimethyl-4.5-di-O-methyl-2.3-isopropyliden-L-lyxonsäure* (**VIII**), $C_{12}H_{22}O_6$, Kp.$_{25}$ 90^0, aus vorst. Verb. durch Lösen in 0,1 n NaOH, lyophile Trocknung, Lösen in fl. NH_3 + Na, Kochen des Eindampfrückstands mit CH_3J; Öl; 60 mg. *Benzhydrylammoniumsalz*, F. 88—92^0 (Chlf.-PAe.), $[\alpha]_D^{25}$ $+23^0$ (c = 1.1; A.). — *2.3-Isopropylidennoviono-δ-lacton*, $C_{11}H_{18}O_5$, F. 104—105^0, aus **VII** mit HCl u. $CaCl_2$ in absol. Aceton (Raumtemp., über Nacht); $[\alpha]_D^{25}$ -41^0 (c = 1,8; Aceton); 64%. — *2.3-Isopropyliden-5-O-methylnovionsäure*, $C_{12}H_{22}O_6$, aus vorst. Verb. durch Lyophilisierung der Lsg. in 0,1 n NaOH, Lösen in fl. NH_3 + Na u. 8 std. Kochen des Eindampfrückstands mit CH_3J; Öl; daneben Kristalle vom F. 100—105^0. *Benzhydrylammoniumsalz*, $C_{25}H_{35}NO_6$, F. 89—92^0 (Chlf.-PAe.), $[\alpha]_D^{25}$ $+23^0$ (c = 0,75; A.). — *Methyl-2.3-isopropyliden-D-ribofuranosiduronsäure, K-Salz*, $C_9H_{13}KO_6$, F. 189—190^0, aus **IV** mit wss. alkal. $KMnO_4$-Lsg. bei Raumtemp., $[\alpha]_D^{26}$ -53^0 (c = 1,27; CH_3OH). *Freie Säure*, $C_9H_{14}O_6$, F. 134 bis 135^0, $[\alpha]_D^{25}$ -70^0 (c = 1,35; Chlf.), p_H ½ 3,7 (10%ig. Aceton-W.-Lsg.). *Methylester*, $C_{10}H_{16}O_6$, Kp.$_1$ 60—80^0, aus der Säure mit CH_2N_2; $[\alpha]_D^{25}$ -74^0 (c = 3,18; CH_3OH), n_D^{25} 1,4437. — *Methyl-5.5-dimethyl-2.3-isopropyliden-D-ribofuranosid*, $C_{11}H_{20}O_5$, F. 35 bis 36^0, Kp.$_{0,05}$ 55^0, aus vorst. Ester u. CH_3MgJ in Ae. durch 1 std. Kochen; $[\alpha]_D^{24}$ -63^0 (c = 3,27; CH_3OH), n_D^{24} 1,4442; 73%. — *5.5-Dimethyl-D-ribono-γ-lacton*, $C_7H_{12}O_5$, F. 132—133^0 (CH_3OH-Ae.), aus vorst. Verb. durch Kochen mit 0,1 n HCl, Oxydation mit Br_2 in Ggw. von $NaOHC_3$ in der Kälte u. 1 std. Stehenlassen bei p_H 13; $[\alpha]_D^{25}$ $+15^0$ (c = 0,4; Aceton); 60%. — *5.5-Dimethyl-2.3-isopropyliden-D-ribono-γ-lacton*, $C_{10}H_{16}O_5$, F. 90—92^0 (Bzl.-Hexan), aus 500 mg vorst. Verb. u. Aceton in Ggw. von HCl-$CaCl_2$ (16 Std., Raumtemp.); $[\alpha]_D^{25}$ -55^0 (c = 2; Aceton); 483 mg. — *5.5-Dimethyl-4.5-di-O-methyl-2.3-isopropyliden-D-ribonsäure* (**V**), $C_{12}H_{22}O_6$, aus Na-[5.5-dimethyl-2.3-isopropyliden-D-ribonat] (aus 400 mg vorst. Verb.) analog **VIII**; $[\alpha]_D^{25}$ -24^0 (c = 1,3; Chlf.); 91 mg. (J. Amer. chem. Soc. **80**. 5168—73. 5/10. 1958. Rahway, N. J., Merck Sharp & Dohme, Res. Labors.)

K. MAIER. 3900

Bengt O. Lindgren, *Die Lignin–Kohlenhydrat-Bindung*. Vf. untersucht die drei von BJÖRKMAN (vgl. C. **1957**. 13208) erhaltenen Ligninfraktionen mit elektrophoret. Methoden. Die Fraktion B („Lignin–Kohlenhydrat-Komplex") kann elektrophoret. an Glasfaserpapier in zwei Fraktionen aufgeteilt werden; die langsam wandernde Zone enthält nur *Kohlenhydrate*, die schneller wandernde Zone *Kohlenhydrate* u. *Lignin*. Nach saurer Hydrolyse der letzteren konnten *Glucose*, *Mannose* u. *Xylose* nachgewiesen werden. Durch Zonenelektrophorese in Phosphatpuffer bei p_H 7 werden zwei Banden erhalten. Die schneller wandernde Zone der Fraktion B wandert in NaOH-Lsg. an Glasfaserpapier langsamer als die kohlenhydratfreien Fraktionen A u. C. Glucomannan u. Xylan wandern ebenfalls langsamer als die beiden Fraktionen. Die Experimente stützen die Annahme von BJÖRKMAN, daß in der Fraktion B eine chem. Bindung zwischen Hemicellulosen u. Lignin vorliegt. (Acta chem. scand. **12**. 447—52. 1958. Stockholm, Wood Chem. Dep., Swed. Forest Prod. Res. Labor.) G. RAPP. 3950

D. Makromolekulare Chemie.

Frederick A. Bettelheim und **Richard S. Stein**, *Dichteänderung des Niederdruck-Polyäthylens bei der Dehnung*. Vff. führen den Dichteverlust von *Marlex-50-Polyäthylen*-Filmen bei der Dehnung auf eine teilweise Umwandlung des orthorhomb. in ein pseudomonoklines Kristallsyst. zurück. Die theoret. D. des orthorhomb. Kristalls ist 1,01, die des pseudomonoklinen 0,965. Aus den gemessenen Dichten bei verschied. Elongationen lassen sich die Anteile des pseudomonoklinen Kristallsyst. berechnen. (J. Polymer Sci. **31**. 523—25. Sept. 1958. Amherst, Mass., Univ., Dep. of Chem.) F. VOHWINKEL. 4010

A. Charlesby und **L. Callaghan**, *Kristallinitätsänderungen in bestrahlten Polyäthylenen*. Vff. berichten zuerst über Messungen des spezif. Vol. von verzweigten *Polyäthylenen* (**I**; *Alkathene 2*) bei Bestrahlung in einem Atommeiler. Aus den erhaltenen Kurven geht hervor, daß mit zunehmender Bestrahlung die maximale Schmelztemp., d. h. die tiefste Temp., bei der alle Kristalle geschmolzen sind, abnimmt. Oberhalb dieser Temp. geht nicht bestrahltes I in eine viscose Fl. über, da die VAN DER WAALSschen Kräfte nicht mehr ausreichen, um die polymeren Moll. in einer regulären Anordnung zu binden. In bestrahltem I andererseits hinterbleiben nach Verschwinden der Kristallinität strahlungsinduzierte Vernetzungen, die die Moll. zu binden vermögen. Die Zerstörung aller Kristalle bedingt eine kautschukähnliche amorphe Struktur, deren Eigg. prim. von der D. der Vernetzungen abhängig sind. Die progressive Abnahme des maximalen kristallinen F. wird der bevorzugten Zerstörung der größeren Kristalle durch die Bestrahlung zugeschrieben. Bei Tempp. oberhalb des kristallinen F. nimmt, wenn keine Kristalle zurückbleiben, das spezif. Vol. gleichförmig mit der Temp. zu, obwohl für bestrahltes I der Wärmeausdehnungskoeff. niedriger ist als für nicht bestrahltes I. Bei einer gegebenen Temp. ist die Red. des spezif. Vol. infolge Bestrahlung prim. auf die Ggw. von Vernetzungen zurückzuführen, die die Moll. dichter binden. Verlust von H infolge Bestrahlung hat den entgegengesetzten Effekt auf das spezif. Volumen. Elektronenbestrahlung ist bei gleicher Energieabsorption weniger wirkungsvoll als die Bestrahlung im Atommeiler, möglicherweise wegen der Wechselwrkg. der schnellen Neutronen des Atommeilers mit H-Atomen. Eine Extrapolation der (spezif. Vol.–Temp.)-Kurve auf 0°K gibt für das spezif. Vol. einen nahezu konstanten Wert v_0, gleichgültig, ob das Material amorph, wenig oder stark vernetzt oder kristallin ist. Das spezif. Vol. v bei irgendeiner Temp. T läßt sich wiedergeben durch den Ausdruck $(v-v_0)(P + P_0 + P_r r) = RT/M$, wobei P den äußeren Druck, P_0 den inneren Druck, $P_r r$ das Äquivalent eines inneren Drucks bedeutet, das von den durch eine Bestrahlungsdosis r erzeugten Vernetzungen herrührt, R die Gaskonstante u. M das Grundmol (28 für C_2H_4 in I) ist. (Physics Chem. Solids **4.** 306—14. 1958. Shrivenham, Royal Military College of Sci.; Cambridge, Tube Investment Res. Labor.) C. GOTTFRIED. 4010

W. F. Busse und **G. H. Bowers**, *G-Werte für die Vernetzung bei der Bestrahlung von Polyäthylen geringer Dichte.* Bei der energiereichen Bestrahlung von *Polyäthylen* entwickelt sich H_2, ungesätt. Bindungen u. Vernetzungen treten auf. Vff. führen an, daß die in der Literatur angegebenen G-Werte (Strahlungsausbeuten in Mol/100 eV) für die Vernetzung mit 1,5 bis 7,5 um den Faktor 10—20 zu hoch sind. Exaktere G-Werte für die Vernetzung erhält man durch Messung der Strahlungsdosis P am Gelierungspunkt der Polymeren aus ihren Lösungen. Aus der Beziehung $\overline{M}_w = 806000/P$ ($\overline{M}_w$ = mittleres Mol.-Gew.) ergibt sich G = 0,5. Obige Beziehung gilt nur für nichtlineare Polyäthylene (Dichten 0,914—0,925). Für Mol.-Geww. unterhalb 350000 betragen die Abweichungen weniger als 10%, darüber hinaus ca. 25%. (J. Polymer Sci. **31.** 252—53. Aug. 1958. Wilmington, Del., E. I. du Pont de Nemours & Co., Inc. Polychem. Dep., Experimental Station.) F. VOHWINKEL. 4010

Josef Čech, *Polyäthylen und Polypropylen.* Übersicht über Herst., Eigg. u. Verwendung. (Chemie [Praha] **9.** 897—905. Dez. 1957. Ústí n. L., Průmyslová škola chemická). H. WEJNAR. 4010

Z. Menčík, *Auswertung der Wirksamkeit von Lösungsmittel–Fällungsmittelsystemen zur Fraktionierung von Polyvinylchloriden auf der Grundlage ihrer Molekulargewichte.* (Vorl. Mitt. vgl. C. **1956.** 12574.) Bei der Best. der Verteilungskurve von *Polyvinylchlorid*-Handelsproben tauchten Schwierigkeiten auf, welche die Fraktionierung auf der Basis der Molekulargewichtsunterschiede verhindern. Eingehende Unterss. wurden durchgeführt, um den Grund dieser Erscheinung an einigen Systemen, welche die Fraktionierung nicht gestatten, festzustellen. Es wurden Anomalien gefunden, denen wahrscheinlich Assoziation zugrunde liegt. (Collect. czechoslov. chem. Commun. **20.** 940—47. 1955. Gottwaldov, Sect. Brno, Res. Inst. for Plastics.) O. KNESSL/Prag. 4010

A. Ciferri, M. Kryszewski und **G. Weill**, *Untersuchung der Lichtzerstreuung und der Viscosität von gelöstem Polyvinylbromid. Polyvinylbromid* (I), das durch photochem. Polymerisation erhalten worden war, wurde unter Verwendung von Tetrahydrofuran (II) als Lösungsm. u. von Methanol als Fällmittel fraktioniert. Von den Fraktionen wurden bei 20° in II die Mol.-Geww. M mittels der Lichtzerstreuungsmeth. u. die Intrinsicviscosität [η] in II bzw. Cyclohexanon (III) gemessen. Der M-Bereich erstreckt sich von 6000 bis 270000; die integralen u. differentiellen Verteilungskurven werden angegeben. Es gelten folgende Beziehungen: $[\eta] = 1{,}59 \cdot 10^{-2} M^{0{,}64}$ in II bzw. $3{,}28 \cdot 10^{-2} M^{0{,}55}$ in III ([η] in cm^3/g); $10^4 \log B = 1{,}75 - 0{,}26 \cdot \log M$ in II (B = 2. Virialkoeff. der Lichtzerstreuungsmessung). Die Berechnung des mittleren Kettenendenabstandes zeigt, daß sich I wie ein n. geknäueltes Makromol. verhält. M_w/M_n des Ausgangs-I ergibt sich zu 1,8. — Eine Meth. zur Beseitigung des störenden Einfl. des Fluorescenzlichtes bei der M-Messung für beliebige Werte des Polarisationsgrades u. der Anisotropie der Makromoll. wird angegeben. (J. Polymer Sci. **27.** 167—76. Jan. 1958. Strasbourg, Centre Recherches sur les Macromol.) O. FUCHS. 4010

Marian Kryszewski, *Photopolymerisation von Vinylbromid. 2. Mitt. Photopolymerisation von in Cyclohexanon gelöstem Vinylbromid unter dem Einfluß kontinuierlicher Ultraviolettbelichtung.* (1. vgl. C. **1957.** 142.) Die Polymerisation von *Vinylbromid* (**I**) in Cyclohexanon wurde im Dilatometer mit Quarzfenster unter konstanter UV-Belichtung der Wellenlänge 3100 Å verfolgt. Die Polymerisationsgeschwindigkeit ist der **I**-Konz. u. der Quadratwurzel der absol. Lichtintensität direkt proportional. Die Länge der Polymerkette ist von der Rekombination zweier wachsender Radikalketten abhängig. Bei höheren **I**-Konzz. u. höheren Tempp. gewinnt die Kettenübertragung auf das Monomere unter Bldg. mesomer stabilisierter Radikale an Bedeutung. Das Verhältnis der Konstante K_{42} der Übertragungs-Rk. zur Konstante K_{32} der Kettenabbruch-Rk. infolge Rekombination beträgt trotzdem nur $7,14 \cdot 10^{-5}$. Das Verhältnis der Konstante K_{22} der Kettenwachstums-Rk. zu K_{32} beträgt 0,054 u. $K_{22}/K_{42} = 1,4 \cdot 10^{-3}$. Eine Nachpolymerisation beim Abschalten der Belichtung wird nicht beobachtet. (Roczniki Chem. [Ann. Soc. chim. Polonorum] **31.** 147—64. 1957.) F. URBAN. 4010

F. W. Peaker und **J. C. Robb**, *Eine neue Methode der Fraktionierung Hochpoylmerer.* Die Meth. des Zonenschmelzens wird zur Fraktionierung einer Probe von *Polystyrol* in Naphthalin angewandt. Der Erfolg der Zerlegung des Polymeren in Fraktionen verschied. Durchschnittspolymerisationsgrades wird durch Fällungstitration belegt. (Nature [London] **182.** 1591. 6/12. 1958.) K. M. BUCERIUS. 4010

M. Rösch, *Ein Versuch zu einer valenztheoretischen Begründung des feinstrukturellen Verhaltens von Polyglykoläthern.* In bezug auf eine frühere Arbeit (vgl. Kolloid-Z. **147.** [1956.] 78) über Kettenkontraktion monosubstituierter *Polyglykoläther* diskutiert Vf. die Ursachen des Wechsels der Polyäthylenoxydketten (**I**) von der Zickzack- in die Mäanderform. Die Berechnung der intramol. COULOMBschen Anziehungs- u. Abstoßungskräfte bei Auffassung der **I** als Aufreihung äquidistanter permanenter Dipole zeigt, daß ein Umklappen der Zickzack- in die Mäanderform bei Polymerisationsgraden über 11 möglich ist. In wss. Lsg. könnte dieser Effekt schon eher auftreten wegen stärkerer Polarisierung durch Bldg. von Oniumkomplexen. Vf. betont, daß der Einfl. an den Kettenenden befindlicher Substituenten sowie intermol. Wechsel-Wrkgg. nicht berücksichtigt wurden. (Kolloid-Z. **150.** 153—56. Febr. 1957. Krefeld, Chem. Fabrik Stockhausen u. Cie., Textilchem. Labor.) H. LAMP. 4010

David S. Breslow und **Abraham Kutner**, *Reaktivitätsfaktoren von Natriumäthylensulfonat.* Die zuerst mitgeteilten Werte (vgl. J. Polymer Sci. **27.** [1958.] 295) Q = 0,19 u. e = + 1,51 werden auf Grund neuerer Berechnungen aus Copolymerisationsdaten zu Q = 0,048, e = + 0,51 u. Q = 0,036, e = + 0,06 berichtigt. (J. Polymer Sci. **31.** 253—54. Aug. 1958. Wilmington, Del., Hercules Powder Co., Res. Center.) F. VOHWINKEL. 4010

T. Ferington und **A. V. Tobolsky**, *Organische Disulfide als Polymerisationsinitiatoren.* 2. Mitt. (1. vgl. C. **1956.** 12288.) Es wurde die Polymerisationsgeschwindigkeit von *Methylmethacrylat* (**I**) bei 60 u. 80° unter dem Einfl. von *Tetramethylthiuramdisulfid* (**II**) bei verschied. Konzz. ($0,0806 \cdot 10^{-3}$ bis $13,5 \cdot 10^{-3}$ Mol/Liter) untersucht. Es ergab sich $R_i'/[I] = 1,4 \cdot 10^{-6}$ bei 60° u. $26,2 \cdot 10^{-6}$ bei 80° (vgl. l. c.), die Aktivierungsenergie E = — 31,6 kcal u. der Häufigkeitsfaktor H = $4,80 \cdot 10^{14}$. **II** hat bei 30° einen verzögernden Einfl. auf die durch Azo-bis-isobutyronitril ausgelöste Polymerisation (Pol) von **I**. **II** wird durch sichtbares Licht zersetzt. Zusätze von polaren Reagentien (Essigsäure, Pyridin, rhomb. S, ZnO) haben nur schwachen Einfluß. Ein Vgl. mit Vulkanisationsergebnissen für **II** zeigte ähnliche Primärschnitte bei Vulkanisation u. Pol durch **II**. *Tetramethylthiurammonosulfid* (**III**) wurde wie **II** untersucht: $R_i'/[III] = 1,91 \cdot 10^{-8}\ sec^{-1}$ bei 70°, $7,85 \cdot 10^{-8}$ bei 80° u. $21,0 \cdot 10^{-8}$ bei 90°; E = — 29,4 kcal, H = $9,0 \cdot 10^{10}$. Eine Verzögerung durch **III** wurde nicht festgestellt, die Photoaktivität ist größer als die von **II**. Das hellgelbe *Dipentamethylenthiuramtetrasulfid* (F. 115°; Chlf.) hemmt die therm. u. die durch **II** ausgelöste Polymerisation. Bei der Pol von **I** mittels *Diphenyldisulfid* bei 100° zeigte sich Photoaktivität, Auslösung der Pol bei niedrigen Konzz. u. Hemmung bei höheren. — Der Reaktionsmechanismus wird besprochen. Verzögerung wird durch die Radikale $RS_x\cdot$ mit x > 1 u. Auslösung der Pol durch RS· verursacht. Die Thiuramverbb. zersetzen sich zu $(CH_3)_2N\cdot$ u. CS_2. Der Mechanismus stimmt mit den meisten Ergebnissen der Thiuramvulkanisation überein. (J. Amer. chem. Soc. **80.** 3215—22. 5/7. 1958. Princeton, N. J., Univ., Frick Chem. Labor.) G. CLEVE. 4010

Pavel Čefelín, Jiří Trekoval und **Zdeněk Drbálek**, *Bestimmung des spezifischen Gewichts der Polymerisate von ε-Caprolactam.* (Vgl. C. **1958.** 12256.) Die Abhängigkeit des spezif. Gew. der Polymerisatschmelze vom Umsatz der Polymerisation bei verschiedenen Tempp. wurde untersucht. Die spez. Geww. des Polymerisats mit einem Monomerengeh. von 9,7% — was dem Polymerisationsgleichgewicht bei 220° entspricht — wurden im Temperaturbereich von 5—260° bestimmt. Für die Berechnung des spezif.

Gew. d des Polymerisats aus dessen Grundmol C u. der Temp. t wurde für Tempp. >210° die Gleichung $d = 1{,}0917 - 8{,}66 \cdot 10^{-4} t + (3{,}00 \cdot 10^{-4} t + 3{,}31 \cdot 10^{-2}) \cdot C$ abgeleitet. Bei konstantem Monomerengeh. ist das spezif. Gew. eine lineare Temperaturfunktion u. vom Polymerisationsgrad unabhängig. Im Bereiche des Schmelzens u. Erstarrens (135—220°) hängt das spezif. Gew. von der Geschwindigkeit der Phasenübergänge ab u. die experimentell ermittelten Werte für gleich schnelle Phasenübergänge weisen eine ausgeprägte Hysteresis auf. Die angewandte dilatometr. Methode wird eingehend beschrieben u. ihre möglichen Meßfehler werden diskutiert. Da in dem Temperaturbereich von 5 bis 135° keine plötzlichen Veränderungen des spezif. Gew. auftreten, kann geschlossen werden, daß der Übergangspunkt T_t unter 5° liegt. (Chem. Listy **52.** 1243—48. Juli 1958. Praha, Katedra technol. plast. hmot, Vysoká škola chem. technol.) L. Matoušek/Prag. 4010

Guido Noto la Diega, *Papierchromatographie von Cellulosehydrolysaten.* Um reichere Ausbeuten an Zwischenprodd. bei der Hydrolyse von *Cellulose* (hydrophile Watte, I) durch H_2SO_4 zu erhalten, wurden Konzz. von 51, 65 u. 72% verwendet. Das optimale Verhältnis von Säure: I ist 87:1. Die Hydrolysate wurden nach Neutralisation mit $BaCO_3$ von unlösl. Polymeren getrennt u. auf Whatman-Papier Nr. 1 absteigend (*n-Butanol: Pyridin:W.* = 6:4:3) oder aufsteigend u. absteigend (*Phenol:W* = 400:1000) chromatographiert. Entwicklung mit Benzidin (0,5 g in 80 ml A.; Eisessig bis zu 100 ml). Während *Glucose* (**II**) mit 7—10% Fehler u. *Cellobiose* (**III**) mit 10—15% Fehler zu bestimmen ist, wobei die Größe der Farbflecke dem Logarithmus der Konz. proportional ist, lassen sich höhere Zucker nur qualitativ nachweisen. Es werden Standardkurven für die Beziehungen zwischen p_H-Wert, Fleckgröße u. Konz. mitgeteilt sowie eine Darst. der über 20 Tage verfolgten Depolymerisation. Der nach 1 Tag bei 10% liegende Hydrolysenwert steigt bis zum 20. Tag auf 90%. Am Ende ist nur **II** nachweisbar, während noch bis zum 16. Tag ca. 20% der Prodd. als **III** gefunden werden. (Ann. Chimica **46.** 1208—16. Dez. 1956. Palermo, Univ., Ist. di Chim. applicata.) E. Speyer. 4050

George De Stevens, *Herstellung und Eigenschaften von Cellulose, Hemicellulose und Cellobiose.* Übersicht. Cellulose, Hemicellulose, Cellobiose: Herst., chem. u. physikal. Eigenschaften. — 8 Literaturangaben. (Methods Enzymol. **3.** 31—34. 1957. Summit, N. J., Ciba Pharmaceutical Prods., Inc.) K. Maier. 4050

J. K. N. Jones, E. Merler und **Louis E. Wise,** *Die Hemicellulosen im Espenholz* (*Populus tremuloides*). 3. Mitt. *Die Konstitution der Pentosan- und Hexosanfraktionen.* (2. vgl. C. **1955.** 9581.) Die mit Bzl./A. perkolierte Espenholzpflanzenfaser wird mit W. (Polysaccharidfraktion) u. anschließend mit 1, 10 u. 20%ig. Alkalilsg. u. schließlich mit alkal. Boratlsg. extrahiert. Die sich dabei ergebenden *Hemicellulose*-Fraktionen werden noch weiter in solche, die mit Fehlingscher Lsg. wasserlösliche Cu-Komplexe bilden oder nicht, zerlegt. Alle untersuchten Fraktionen zerfallen bei der Hydroyse in dieselben Pentosen u. Uronsäuren u. enthalten mindestens eine Hexose. Die mit 10%ig. NaOH erhaltene Fraktion X umfaßt 19% des Gewichtes des Ausgangsmaterials u. zerfällt durch Hydrolyse (n-H_2SO_4, 12 Std., Wasserbad) in *Xylose, Arabinose, Rhamnose, Hexosen* u. *Uronsäuren* im Verhältnis 67:2:3:2:9. Die Hydrolyse des vollständig methylierten X ($[\alpha]_D^{23}$ $-58°$; c = 1,5; Chlf.) ergibt *2.3.5-Tri-O-methyl-L-arabinose,* $C_8H_{16}O_5$ (*2.3.5-Tri-O-methyl-L-arabonsäureamid,* F. 135—137°), *2.3.4-Tri-O-methyl-D-xylose* [$C_8H_{16}O_5$, F. 90—92°, $[\alpha]_D^{25}$ +60° → 20° (c = 0,50; W.)], *2.3-Di-O-methyl-D-xylose* [$C_7H_{14}O_5$, F. 79—80°, $[\alpha]_D^{25}$ +60° → +23° (c = 1,10; W.)], *2-* u. *3-Mono-O-methyl-D-xylose* (chromatograph. Nachw.), *Uronsäurefragmente* u. nicht identifizierte Tri-O-methylhexosen (1:1:210 zu 3:20:3). Bei der enzymat. Hydrolyse werden 80% von X hydrolysiert, während 20% eines enzymwiderstandsfähigen Polysaccharids (X_1) zurückbleiben, das bei der Säurehydrolyse die obengenannten Zucker im Verhältnis 74:6:2:2:4 ergibt. Bei der Hydrolyse des methylierten X_1 entstehen außer den obengenannten methylierten Zuckern (1:1:270:4:33) noch Spuren von *2.3.4.6-Tetra-O-methyl-D-mannose* (*Anilid,* F. 147—148°) u. *2.3.4-Tri-O-methyl-L-arabinose.* — Die bei der Extraktion mit 20%ig. NaOH oder mit alkal. Boratlsg. vor u. nach der Delignifizierung erhaltenen Fraktionen sind alle relativ reich an Hexoseeinheiten (hauptsächlich Mannose). Eine Fraktion (M) aus dem Alkaliboratextrakt ergibt durch Neutralisieren, Zentrifugieren des Nd., Eindampfen der überstehenden Fl., Aufnehmen des Rückstandes in A., Ausfällen mit HCl u. Herst. des Cu-Komplexes (2% des Ausgangsprod.) sowie Säurehydrolyse *D-Mannose, D-Glucose* u. *D-Xylose* im Verhältnis 18:9:1; durch Methylierung des Hydrolysenprod. werden *2.3.4.6-Tetra-O-methyl-D-mannose* (*Anilid,* F. 144—146°), *2.3.6-Tri-O-methyl-D-mannose* u. *2.3.6-Tri-O-methyl-D-glucose* (2:24:12) gewonnen, außerdem in kleinen Mengen *3.4.6-Tri-O-methyl-D-mannose, 2.3-Di-O-methyl-D-xylose* u. *2.6-Dimethylglucose.* — Die aus diesen Verss. ableitbaren Strukturen der *Xylane* u. *Glucomannane* aus Espenholz werden diskutiert. Es ist nicht gelungen, nach Abtrennung der Hemicellulosen eine Cellulose aus Espenholz zu gewin-

nen, die durch Hydrolyse ausschließlich in Glucose zerfällt; Spuren von Xylose u. Mannose konnten nicht ausgeschaltet werden. (Canad. J. Chem. **35.** 634—45. Juli 1957. Kingston, Ontario, Queens Univ., Dep. of Chem.; Appleton, Wis., Inst. of Paper Chem.)
H. Rossow. 4050

Thomas John Schoch, *Die Herstellung von Stärke und Stärkefraktionen.* Vorschrift. Best. der Herst. von *Stärke* (**I**; Kartoffel, Weizen, Mais; Entfettung), Fraktionierung (Trennung der linearen u. verzweigten Fraktion, Kristallisation der ersteren), Herst. reiner verzweigter **I**, Phytoglykogen aus Süßmais, Best. der Jodaffinität, Best. der Grenzviscosität. — 4 Literaturangaben. (Methods Enzymol. **3.** 5—17. 1957. Argo, Ill., Corn Products, Inc.)
K. Maier. 4050

Shozo Kaichi, *Hydrolyse von Kohlenhydraten in Gegenwart von Salzsäure oder sauren Ionenaustauschharzen.* Vf. untersucht die Hydrolyse von *Amylose* [**I**; aus heißer wss. *Kartoffelstärke*-Lsg. durch Fällung mit Butanol, Lösen des Nd. in W. (60°) u. erneute Ausfällung mit A.; Mol.-Gew. 3,2 ($\pm$0,2)$\cdot 10^4$; Polymerisationsgrad (DP) 175 $\pm$ 10; Absorptionsmaximum des **I**-Jodkomplexes 625 mμ] u. *Saccharose* (**II**; 20%ig. wss. Lsg.) mit Hilfe von stark saurem Ionenaustauschharz, Amberlite IR-120 (a), bzw. n-HCl (b) durch Best. des DP, der Hydrolysengeschwindigkeitskonstante k sowie der Absorptionsmaxima der **I**-Jodkomplexe. **I** wird durch b bei 65° rasch abgebaut, wobei der DP parallel mit der Abnahme der Wellenlänge des Absorptionsmaximums nach 35 Min. Reaktionszeit auf 17,5 absinkt. Die Ergebnisse zeigen, daß die Hydrolyse sich umgekehrt wie die **I**-Synth. verhält u. k mit dem Fortschreiten der Rk. bis auf 6,6$\cdot 10^4$ (min^{-1}) ansteigt. a läßt auch nach 94 Min. bei 65° keine Einw. auf **I** erkennen, während **II** bei 50° nach einer Rk. 1. Ordnung hydrolysiert wird. Die Reaktionsgeschwindigkeit ist jedoch nicht nur von der Korngröße bzw. Oberfläche der a-Partikel, sondern auch von der Diffusionsgeschwindigkeit der **II** in das Harz abhängig. Beim **II**-Abbau mit b ist k direkt proportional der Säurekonz.; die Proportionalitätskonstante beträgt bei 50° 0,104 Liter/Mol·Min. u. ist erheblich höher als die für a. In jedem Falle ist die Hydrolysengeschwindigkeit in Ggw. von a geringer als bei Einw. von Mineralsäuren. (Bull. chem. Soc. Japan **30.** 844—47. Nov. 1957. Oiwake, Hamamatsu, Shizuoka Univ., Fac. of Engng., Dep. of Ind. Chem. [Orig.: engl.])
P. Fahrnlaender. 4050

M. Samec (unter Mitarbeit von **I. Kosovinc** und **H. Reuschl**), *Einfluß verschiedener Strahlen auf Stärke.* Vff. untersuchen die Veränderungen reinster *Kartoffelstärke* (**I**) unter dem Einfl. von Ultraschall (a), UV-Strahlung (b), Röntgen-(c) u. ^{60}Co-γ-Strahlung (d) im Hinblick auf die diastat. Abbaugrenze, Alkalilabilität, prozentuale Jodaufnahme, den osmot. Druck, das Verh. bei elektrolyt. Desintegration u. den P-Gehalt. Es wird festgestellt, daß a (14,3 KHz, 15 u. 45 Min.) eine Zertrümmerung der **I**-Makromoll. verursacht. Die Viscosität 2%ig. **I**-Kleister-Lsgg. geht innerhalb von 15 Min. auf ca. $^1/_{30}$ des Anfangswertes unter gleichzeitigem Anstieg der Alkalilabilität, der diastat. Abbaugrenze u. des Reduktionsvermögens zurück. Elektrodialyt. Unterss. zeigen, daß durch a-Einw. beträchtliche Anteile der *Amylopektin* (**II**)-Fraktion gespalten werden u. 33% nicht mehr fällbar sind. Auch die Jodbindung, die bei unbehandeltem **I**-Sol 19,0% beträgt, sinkt auf 13,3% ab. Die Art der a-Desintegration wirkt sich auch auf den P-Geh. des **II**-Anteils aus, der in **II** aus nicht bestrahltem Kleister 0,19—0,20% P_2O_5 beträgt u. nach a-Behandlung auf 0,15—0,17% zurückgeht. P wird aber nicht als anorgan. Phosphat, sondern in Form von P-haltigen Polysacchariden von der **II**-Mol.-Größe abgespalten. a bewirkt also einen Abbau **I** (u. bes. von **II**) in chem. labilere u. weniger verzweigte Bruchstücke, wobei P in organ. Bindung verbleibt. — Die Veränderungen von **I** durch b (Bach-Quarzlampe, 0,55 KW, 11—24 Std.) sind mit denen von a vergleichbar. Neben weitgehender Peptisation, Rückgang des Mol.-Gew. auf 106000 (nach 11 Std.) bzw. 50000 (24 Std.) u. der Viscosität (auf $^1/_4$ des Anfangswertes nach 11 Std. b) sowie einem Anstieg des Reduktionsvermögens treten auch hydrolyt. u. oxydative Vorgänge auf, die sich äußerlich durch Gelbfärbung von **I** (nach 24std. b-Einw.) bemerkbar machen. Größere konstitutive Veränderungen werden nicht beobachtet u. auch hier bleibt P der **II**-Fraktion in organ. Bindung. Im Gegensatz zu a u. b wird durch d (230 mC, 1,3$\cdot 10^6$ eV) u. c (50000—150000 V, 8 u. 12 mA) zuerst die P-Bindung in **II** unter Abspaltung von Phosphat angegriffen, während die organ. Moll. intakt bleiben; Viscosität, Alkalizahl u. diastat. Abbaugrenze werden daher nur wenig verändert. Die Ergebnisse sind für ein Verständnis der durch Nuclearstrahlung ausgelösten Schädigungen komplizierter organ. Verbb., die veresterte Phosphorsäure enthalten, von Bedeutung u. es ist anzunehmen, daß auch aus diesen Substanzen anorgan. Phosphat abgespalten wird, bevor eine andere erfaßbare Veränderung festzustellen ist. (J. Polymer Sci. **30.** 545—50. Juli 1958. Ljubljana, Jugosl., Werk „Litostroj", Chem. Labor.; Chem. Inst. „Boris Kidrič", Sloven. Akad. d. Wiss.)
P. Fahrnlaender. 4050

Eugenio Mariani und **Alberto Ciferri,** *Die Viscosität von Dextranlösungen.* (Vgl. C. **1956.** 14050.) An 14 *Dextran*-Proben wurden die 1 → 6-Verkettungen, die 1 → 4-Vernetzungen u. die Mol.-Geww. photometr. bestimmt. Die Werte liegen zwischen $6{,}2 \cdot 10^3$ u. $> 10^6$. An 0,01—1%ig. Lsgg. in W. u. Methanol-W.-Gemischen (30 u. 40,5%) wurden bei 25 u. 50° Viscositätsmessungen ausgeführt. Die Viscosität nimmt in W. mit steigender Temp. u. Vernetzung ab, während sie in Methanol-W.-Gemischen ansteigt. Der Verlauf ist den veränderten Faktoren stets proportional, wenn geeignete Lösungsmittel verwendet werden u. die Mol.-Geww. nicht zu groß sind. (Ann. Chimica **46.** 1001—15. Nov. 1956. Rom, Univ., Ist. di Chim. appl. ed ind.) E. Speyer. 4050

Alberto Ciferri, Giovanni Schippa, Giorgio Torraca und **Renato Turriziani,** *Charakterisierung der Dextrane.* Die aus Bakterien der *Leuconostoc*-Gruppe durch Hydrolyse gewonnenen u. als Blutplasmaersatz verwendeten *Dextrane* stellen fraktionierte Gemische mit Mol-Geww. von 50000—100000 dar, die aus Glucoseketten mit 1 → 6-Bindungen u. seitlicher 1 → 3- oder 1 → 4-Vernetzung bestehen. An 8 verschied. Proben wurden Strukturanalysen durch Oxydation mit Na-Perjodat ausgeführt u. die Mol.-Geww. mit Hilfe des osmot. Druckes, viscosimetr. u. photometr. bestimmt. Die Röntgenspektren beweisen einen amorphen Charakter mit Übergängen zur krist. Struktur. Bei therm. Differenzialanalyse zeigen alle Proben bis 550° einheitliches Verhalten. Endotherme Rkk. treten bei 150—160°, 250° (schwach) u. bei 310—330° auf, exotherme Rkk. nur teilweise bei 280—300°. (Ann. Chimica **46.** 988—1000. Nov. 1956. Rom, Univ., Ist. di Chim. appl. ed ind.) E. Speyer. 4050

Z. I. Kertesz, *Herstellung und Bestimmung von Pektinsubstanzen.* Vorschrift. Herst. von gereinigtem *Pektin* (*Pektinsäure*) u. *Pektininsäure,* Eigg., Bestimmung. — 10 Literaturangaben. (Methods Enzymol. **3.** 27—30. 1957. Geneva, N. Y., Cornell Univ., New York State Agric. Exp. Stat.) K. Maier. 4050

K. Weil, *Die Viscosität der Hyaluronsäure.* Vf. weist die Abhängigkeit der Viscosität von *Hyaluronsäure* (**I**; $[\alpha]_D$ —70°, Mol.-Gew. ca. $5{,}2 \cdot 10^5$) in Acetatpufferlsg. (mit 0,3mol. NaCl; p_H 6; **I**-Konzz. 0,0278—0,695 g/100 cm³) vom Strömungsgefälle mit Hilfe des Viscosimeters von Ubbelohde nach. Die Beziehung zwischen spezif. Viscosität/Konz. (η_{spez}/C) u. Druck (P) (Strömungsgefälle) am Viscosimeter ist streng linear, u. es wird für η_{spez}/C für C = 0 u. G (maximales Strömungsgefälle) = 0 der Wert 5,2 erhalten. Lineare Zusammenhänge bestehen auch zwischen η_{spez} u. dem Geschwindigkeitsgefälle sowie zwischen scheinbarer Fluidität u. maximaler Schubspannung. Die Fadenmoll. von **I** zeigen also eine Strukturviscosität, die sich durch die Beziehungen von Fox u. Flory (C. **1952.** 6381) ausdrücken läßt. Im Gegensatz zu **I** zeigt das *Na-Salz* der *Chondroitinschwefelsäure* ($C_{14}H_{21}NNa_2O_4S$, $[\alpha]_D$ —30°, Mol.-Gew. des monomeren Restes 505,378) unter den gleichen Bedingungen keine Abhängigkeit der Viscosität vom Strömungsgefälle, so daß diese Säure ein relativ starres kugeliges Gebilde oder ein Fadenmol. mit großer innerer Viscosität darstellt. (Chimia [Schweiz] **11.** 161—63. 15/6. 1957. Basel, Univ., Pharmazeut. Anst.) P. Fahrnlaender. 4050

Frederick A. Bettelheim, *Kristallines Natriumhyaluronat.* Unter üblichen Methoden eingehend gereinigtes *Na-Hyaluronat* ergab bei einem Mol.-Gew. von nur mehr 70000 (Ultrazentrifuge; 10% zu wenig $N_{Kjeldahl}$ u. N-Acetylglucosamin) nach Fällung aus A. u. Anfeuchtung des Trockenpulvers auf 10% W. ein hochkristallines Pulverdiagramm im Gegensatz zu noch restlichen 3% Protein enthaltenden, nur amorphe Bilder liefernden Proben. (Nature [London] **182.** 1301—02. 8/11. 1958. Garden City, N. Y., Adelphi College, Dep. of Chem.) H. Gibian. 4050

A. Zinke, K. Holzer und **G. Schmerlaib,** *Über Inhaltsstoffe der Zichorie.* 4. kurze Mitt. *Die Hydrolyse von Inulin und Rohrzucker mit Frankonit KL.* (2. vgl. C. **1954.** 11447.) Die saure Bleicherde Frankonit KL der Pfirschinger Mineralwerke wirkt als saurer Ionenaustauscher u. hydrolysiert in der Wärme furanoside Fructosidbindungen, wie z. B. die in *Inulin* (**I**) u. *Rohrzucker.* Maltose, wasserlösl. Stärke u. gewöhnliche Stärke werden nicht angegriffen. Bei der Hydrolyse einer 20%ig. **I**-Lsg. bei 80° wird das Polysaccharid bei 50% Frankonit in $2^3/_4$ Std., bei 20% in $3^1/_2$—4 Std. u. bei 5—10% in >4 Std. vollständig gespalten. (Mh. Chem. **87.** 794—98. 15/12. 1956. Graz, Univ., Inst. für Organ. u. Pharmazeut. Chem.) K. H. Wolf. 4050

San-ichiro Mizushima und **Takehiko Shimanouchi,** *Die Konfiguration einer Polypeptidkette und die innere Rotation um Einfachbindungen.* Vff. diskutieren die innere Rotation in der Peptidkette um die 3 Arten von Einfachbindungen —CONH— (**I**), —CHR—CO— (**II**) u. —NH—CHR— (**III**). Unterss. über Raman-Effekt, IR-Spektr., UV-Spektr. u. Dipolmoment an einfachen Modellverbb. ergaben, daß stabile Konstellationen vorliegen, wenn die azimuthalen Winkel Θ_I 180° u. $\Theta_{II} = \Theta_{III} = 180 \pm 60°$ sind, was mit theoret. Überlegungen übereinstimmt. Mit Hilfe dieser Winkel lassen sich die Koordinaten einer Peptidschraube berechnen. Vff. kommen so zu 9 Konfigurationen der Polypeptidkette, von denen 5 stabile Anordnungen darstellen u. z. T. den von anderen Vff. abgeleiteten Strukturen entsprechen. Vff. diskutieren die unterschiedliche Stabilität der verschied. Formen auf Grund des Potentials der inneren Rotation u. der möglichen Atomabstände u. unter Berücksichtigung der Ausbldg. von H-Brückenstrukturen. Vff. nehmen an, daß in natürlichen Proteinen verschied. Kettenkonstellationen nebeneinander auftreten u. daß diese vielleicht sogar für die Spezifität der Proteine mitverantwortlich sind. (Monogr. Ser. Res. Inst. appl. Electricity [Sapporo] **1955**. 1—8. Tokyo, Univ., Fac. of Sci., Chem. Labor.) E. Dehmlow. 4070

Ephraim Katchalski und **Arieh Berger,** *Verfahren zur Herstellung von Peptidpolymeren.* Vorschrift. *Poly-L-lysin* (**I**): Benzylchlorformiat (Carbobenzoxychlorid), N.N′-Dicarbobenzoxy-L-lysin, N^{ε}-Carbobenzoxy-N^{α}-carboxy-L-lysinanhydrid, Poly-N^{ε}-carbobenzoxy-L-lysin, **I**·HBr, **I**·HCl; *Poly-L-glutaminsäure*: γ-Benzyl-L-glutamat, γ-Benzyl-N-carboxy-L-glutamatanhydrid, Poly-γ-benzyl-L-glutamat; *Poly-L-asparaginsäure*: N-Carbobenzoxy-L-asparaginsäure, Dibenzyl-N-carbobenzoxy-L-asparagat, β-Benzyl-N-carbobenzoxy-L-asparagat, β-Benzyl-N-carboxy-L-asparagatanhydrid, Poly-β-benzyl-L-asparagat; andere wasserlösl. Poly-α-aminosäuren. — 23 Literaturangaben. (Methods Enzymol. **3**. 540—54. 1957. Rehovoth, Israel, Weizmann Inst. of Sci.) K. Maier. 4070

W. Pohlit und **H. Schittko,** *Zur Papierelektrophorese in feuchter Kammer.* Die elektrophoret. Wanderung von Eiweißkörpern auf Papier in einer feuchten Kammer wird mathemat. behandelt. Der von den Partikeln zurückgelegte Weg läßt sich durch eine Exponentialfunktion in Abhängigkeit von der Laufzeit darstellen, wobei außer bekannten geometr. u. elektr. Versuchsgrößen zwei von der Feldstärke unabhängige Konstanten auftreten, die experimentell ermittelt werden können. Es ist möglich, die für die jeweilige Versuchsdauer optimalen Bedingungen für größtmögliche Aufspaltung der Fraktionen zu ermitteln u. in Ggw. eines Stoffes mit bekannter Beweglichkeit diese für einen unbekannten Stoff zu berechnen. (Kolloid-Z. **156**. 71—73. Jan. 1958. Frankfurt/M., MPI für Biophysik.) E. Moisar. 4070

W. Pohlit und **H. Schittko,** *Eine Methode zur Messung der Beweglichkeit von Eiweißmolekülen bei der Papierelektrophorese.* Es wird gezeigt, daß eine genaue Best. der elektrophoret. Beweglichkeit nach der vorst. beschriebenen Meth. möglich ist. Die Wanderung der Eiweißmoll. wird durch die Fasern des Trägerpapieres nicht wesentlich beeinflußt u. erfolgt frei durch die elektrophoret. bedingte Elektrolytströmung. (Kolloid-Z. **156**. 73—76. Jan. 1958. Frankfurt/M., MPI für Biophysik.) E. Moisar. 4070

Donald B. Wetlaufer, John T. Edsall und **Barbara R. Hollingworth,** *Ultraviolettdifferenzspektren von Tyrosingruppen in Proteinen und Aminosäuren.* Unterss. an L-Tyrosin u. verschied. Derivv. (O-Methyl-L-tyrosin, Chloracetyl-L-tyrosin, Glycyl-O-methyl-L-tyrosin) zeigen, daß Verschiebungen der UV-Absorptionsspektren durch Ionisation von Gruppen erfolgen können, die dem Benzolring benachbart sind, ohne daß die phenol. OH-Gruppe ebenfalls ionisiert wird. Auch die Ggw. von hohen Konzz. an Harnstoff oder Acetationen führt zu ähnlichen Verschiebungen. Das Differenzspektr., das erhalten wird, wenn die Differenz der Extinktionen gegen die Wellenlänge aufgetragen wird, weist 2 charakterist. Gipfel bei 2850—2870 u. bei 2770—2800 Å auf. Während für die p_H-bedingten Änderungen des Differenzspektr. inter- bzw. intramol. H-Brücken ausgeschlossen sind, dürfte nach Ansicht der Vff. der Einfl. von Harnstoff bzw. Na-Acetat auf einer Dipol–Dipol- bzw. Ion–Dipol-Wrkg. beruhen. Das Differenzspektr. von Glycyl-O-methyltyrosin deutet darauf hin, daß die ionisierenden Gruppen nur wenige Å Abstand von einem Tyrosylrest haben dürfen, um das Spektr. zu beeinflussen. (J. biol. Chemistry **233**. 1421—28. Dez. 1958. Cambridge, Mass., Harvard Univ., Biol. Labors.) E. Schwerdtfeger. 4070

Koichiro Aoki, *Wechselwirkung zwischen oberflächenaktiven Substanzen und Proteinen.* 2. Mitt. *Elektrophoretische Untersuchung des Systems Natriumdodecylsulfat und Eialbumin.* (1. vgl. Bull. chem. Soc. Japan **29**. [1956.] 104.) Die Wechselwrkg. zwischen *Natriumdodecylsulfat* (**I**) u. *Eialbumin* (**II**) wurde im p_H-Bereich 5,4—10,8 untersucht. Die elektrophoret. Modelle des Syst. **I**/**II** lassen sich in 3 Gruppen einteilen. Die erste Gruppe umfaßt solche mit einem Verhältnis **I**/**II** zwischen 100/0 u. 80/20 u. der Komplex AD_n (n = 40, A = **II** u. D = **I**) u. **II** bestehen nebeneinander; die zweite ist dad. gek., daß ein Verhältnis **I**/**II** zwischen 80/30 u. 35/65 vorliegt u. in diesem Bereich die Zus. von AD_n nach AD_{8n} sich kontinuierlich ändert; die dritte weist ein Verhältnis **I**/**II** zwischen 35/60 u. 0/100 auf u. AD_{8n} u. **I** sind nebeneinander beständig. Diese Mischungsverhältnisse ergeben sich bei p_H 6,8 u. ändern sich etwas als Funktion des p_H-Wertes.

Unterhalb p_H 7 entspricht n von AD_n der Anzahl positiver Ladungen an einem Mol. **II**, bei $p_H > 7$ ändert sich das Verhältnis. Bei der Rk. zwischen **II** u. **I** reagiert **I** nicht allein in micellarer Form, sondern auch als Einzelion. (Bull. chem. Soc. Japan **29**. 369—72. April 1956. Nagoya, Japan, Nagoya City Univ., Chem. Labor.) H. LIESE. 4070

Rapier H. McMenamy und **J. L. Oncley**, *Die spezifische Bindung von L-Tryptophan an Serumalbumin.* Von den Plasmaproteinen bindet nur das *Serumalbumin* (**I**) wesentliche Mengen an Tryptophan (**II**), wobei die L-Form ca. 100fach stärker als die D-Form gebunden wird. Verss. mit modifiziertem **I** (acetyliert; guanidiert) sowie die p_H-Abhängigkeit der **II**-Bindung deuten darauf hin, daß die N-endständige Gruppe von **I** die bei der Bindung beteiligte ionisierbare Gruppe darstellt. Unterss. am N-Acetylderiv. von L-**II**, L-**II**-Äthylester, L-**II**-Methylester, D-**II**-Methylester u. Tryptamin zeigen, daß die Carboxylgruppe von **II** für die Bindung erforderlich ist. Die Ergebnisse mit **II**-Analogen [5-Hydroxytryptamin, Indolyl-(3)-essigsäure, 5-Hydroxyindolyl-(3)-essigsäure, α-Methyl-(**III**), 6-Methyl-, 5-Methyl-DL-tryptophan, DL-Tryptazan, guanidiertes **II**] bestätigen die Bedeutung eines Teils des Indolringes für die Bindung. Da **III** nicht gebunden wird, scheint außerdem eine dichte Lagerung von Protein u. α-H-Atom von **II** erforderlich zu sein. (J. biol. Chemistry **233**. 1436—47. Dez. 1958. Jamaica Plain, Mass., Protein Found. Inc.; Boston, Mass., Harvard Med. School, Dep. of Biol. Chem.) E. SCHWERDTFEGER. 4070

J. B. Speakman, *Die Chemie keratinartiger Strukturen.* Überblick über die folgenden Bereiche der Chemie der *Wolle*: Platizitätsmessungen, Quellungsunterss., Messungen von Adsorptionsisothermen nach HAILWOOD u. HOROBIN (Trans. Faraday Soc. Sect. B **42**. [1946.] 84), Best. des Verhältnisses kristalliner u. amorpher Bereiche, Abhängigkeit der Reaktivität funktioneller Gruppen des *Keratins* von den Reaktionsbedingungen, Vernetzungs-Rkk., Rkk. an den Disulfidbrücken. (Symposia Soc. exp. Biol. Nr. **9**. 169—81. 1955. Leeds, Univ., Dep. of Textile Ind., Textile Chem. Labor.) W. WALTER. 4070

H. Ende, G. Meyerhoff und **G. V. Schulz**, *Das Fibrinogenmolekül und sein Verhalten.* 1. Mitt. *Bestimmung des Molekulargewichts, des Achsenverhältnisses und der osmotischen Virialkoeffizienten durch Messung der Sedimentation und Diffusion.* Es wird eine Meth. zur Gewinnung von *Fibrinogen* (**I**) aus Rinderblut beschrieben, die auf einer A.-Fraktionierung des Plasmas beruht u. nahezu 100%ig. reines **I** liefert. Das erhaltene **I** wurde durch Elektrophorese, Sedimentation u. Diffusion auf seine Einheitlichkeit geprüft. Es wurde die Sedimentationskonstante S u. die Diffusionskonstante D von **I** in Abhängigkeit von der Konz. bei 3 p_H-Werten (5,57; 6,66; 7,66) bestimmt. Hieraus errechnet sich ein Mol.-Gew. von 390000 ± 10000. Das Reibungsverhältnis f/f* beträgt 2,38. Unter Vernachlässigung der Hydratation errechnet sich das Achsenverhältnis zu 31 ± 1, was einer Moleküllänge von 1040 ± 50 Å u. einer Dicke von $33,5 \pm 1,5$ Å entspricht. Der aus der Konzentrationsabhängigkeit von S u. D berechnete 2. Virialkoeff. ist so klein, daß die **I**-Lsgg. ideal erscheinen. Da dies jedoch im Widerspruch zur langgestreckten Form des **I**-Mol. steht, nehmen Vff. an, daß **I**-Lsgg. pseudoideal sind. (Z. Naturforsch. **13b**. 713—21. Nov. 1958. Mainz, Univ., Inst. für physikal. Chem.) E. SCHWERDTFEGER. 4070

A. Kočent, *Über den Einfluß von Formaldehyd auf die polarographische Brdička-Reaktion.* Eine Nachprüfung der Mucoproteinhypothese zur Erklärung der polarograph. BRDIČKA-Rk. (**A**) ergab, daß die Korrelation der Stufenhöhe der **A** mit dem Hexosamingeh. mäßig ist (r = 0,66). Bei Fortlassung der Alkalidenaturierung erhöht sich die Korrelation auf r = 0,87. Der auf die Denaturierung zurückzuführende Effekt des Alkalis bei der **A** ist unabhängig von der Mucoproteinkonzentration. Durch Behandlung des der **A** unterunterworfenen Serums mit 0,05% Formaldehyd (**II**) kann dieses so verändert werden, daß nach Alkalieinw. eine deutliche Erniedrigung der polarograph. Stufe statt der n. Erhöhung eintritt. Nach Vf. beruht die Wrkg. des **II** auf der Blockierung von Gruppen (wahrscheinlich SH), die sonst bei der Alkalidenaturierung frei gemacht werden. Die übrigen Gruppen reagieren bei der Alkalieinw. ähnlich wie Mucoproteine. (Naturwissenschaften **45**. 628. 2. Dez.-H. 1958. Brünn, Krebsinst., Biochem. Abt.) W. WALTER. 4070

F. Sanger, *Die Chemie einfacher Proteine.* Es werden die wichtigsten Methoden zur Best. der aminoendständigen u. carboxylendständigen Aminosäuren diskutiert u. ihre bisherige Anwendung zur Endgruppenbest. an Proteinen tabellar. dargestellt. Übersicht über die Ergebnisse der Bestimmungen der Aminosäuresequenz in Teilbezirken verschied. Proteine sowie die Strukturformeln von *Oxytocin, Vasopressin* u. *Insulin*. Erörterung der Einblicke, die mit Hilfe dieser Verff. in den Wirkungsmechanismus einiger Enzyme erhalten werden konnten. (Symposia Soc. exp. Biol. Nr. **9**. 10—31. 1955. Cambridge, Univ., Dep. of Biochem.) W. WALTER. 4070

Masaji Kubo, *Sauerstoffgleichgewicht und magnetische Susceptibilität von Hämerythrin.* Das Sauerstoffgleichgewicht von *Hämerythrin* (I) aus der Coelom-Fl. von *Phascolosoma* wurde bei 20° nach der Meth. von ALLEN, GUTHE u. WYMAN (C. **1951.** II. 1914) untersucht. Die Abhängigkeit der prozentualen Sättigung Y von log p ($p = p_{O_2}$) kann mit Hilfe der empir. Formel $Y = \frac{1}{2} + \frac{1}{2} \cdot Ag(2{,}303 \cdot n/2 \cdot \log p/p_{1/2})$ ausgedrückt werden, die der HILLschen Gleichung entspricht. Dabei ergibt sich $n = 1{,}37 \pm 0{,}05$ u. $\log p_{1/2} = 0{,}46 \pm 0{,}02$ (entsprechend einem O_2-Partialdruck von 2,9 mm in 50% O_2-gesätt. I-Lsg.). Das Sauerstoffgleichgewicht ist innerhalb des stabilen Lösungsbereiches vom p_H unabhängig. Vf. schließt aus dem Wert für n, daß die O_2-Bindungszentren nicht völlig voneinander unabhängig sind, daß die stabilisierende Einw. der Zentren aufeinander jedoch schwach ist. — Die magnet. Susceptibilitäten von I u. *Oxyhämerythrin* (II) wurden bei 25° mit einer GOUY-Waage gemessen. Die Susceptibilität von I ist höher als die von II, was auf einen paramagnet. Anteil der Fe-Atome in I weist. Unter der Annahme, daß die 4 O_2-bindenden Zentren gleichwertig u. magnetostat. unabhängig voneinander sind, wurde die Zahl der ungepaarten Elektronen für I zu 12 u. für II zu 0 berechnet. In I sind danach die Bindungen an den Fe-Atomen ion., in II kovalent. Vf. nimmt an, daß die 3 Fe-Atome jedes der 4 Zentren miteinander über einen mehrkernigen Komplex gekoppelt sind, so daß die Änderung des Elektronenzustandes durch O_2-Bindung auf alle Fe-Atome des Zentrums übertragen werden kann. (Monogr. Ser. Res. Inst. appl. Electricity [Sapporo] **1955.** 37—52. Nagoya, Univ., Fac. of Sci., Chem. Labor.) E. DEHMLOW. 4070

W. Kreutz und **O. Kratky,** *Gestaltsbestimmung des Hämoglobinmoleküls mittels der Röntgen-Kleinwinkelstreuung.* Kurze Mitt. Vff. gingen bei der Auswertung ihrer Kleinwinkelstreukurven von der Vermutung aus, daß die Struktur des *Hämoglobin*-Mol. einem Hohlzylinder nahekommen müsse. Es wurde eine Schar entsprechender Streukurven berechnet u. mit den experimentellen Daten verglichen. Im Bereich des Hauptmaximums besteht nun in einem bestimmten Variationsbereich der Hohlzylinder gute Übereinstimmung mit dem Experiment. Bezeichnet man die Radien der Hohlzylinder mit v_1 u. v_2, die Höhe mit h so geben die beiden folgenden Daten die Übereinstimmung mit den experimentellen Daten: 1. $v_1 = 25$ Å; $v_2 = 15$ Å; $h = 64$ Å u. 2. $v_1 = 27$ Å; $v_2 = 15$ Å; $h = 54$ Å. Die Ringdicke von ca. 10—12 Å stimmt mit dem Durchmesser der α-Schraube überein. Aus dem stark verbreiterten 1,5 Å Reflex muß angenommen werden, daß die Schraubenachsen schief zur Zylinderachse verlaufen. Die Hämgruppen sind dann aller Voraussicht nach in den Hohlraum gerichtet. Da die Hämgruppen eine Ausdehnung von ca. 10 Å haben, ergibt sich ein freier Hohlraum von ca. 10 Å, der mit dem FOURIER-Diagramm genügend genau übereinstimmt. (Mh. Chem. **89.** 169—72. 21/3. 1958. Graz, Univ., Inst. für Physikal. Chem.) C. GOTTFRIED. 4070

Paul Doty und **Geoffrey Zubay,** *Darstellung und Eigenschaften von vollständig dispergiertem Thymus-Nucleoprotein.* Es werden die Darst. von *Nucleoprotein-Teilchen* (I) u. einige physikal. Eigg. beschrieben. Letztere zeigen, daß die Teilchen aus einem Mol. *Desoxyribonucleinsäure* (II) u. einem Proteinkomplement von annähernd gleichem Gewicht bestehen. Ihre Form kann als ein irregulär gestaltetes Ellipsoid von geringerer Ausdehnung (4200 Å) als II (7100 Å) gedeutet werden. Das Mol.-Gew. der I-Partikel (nach der Lichtzerstreuungsmeth. bestimmt) beträgt im Vgl. zu II $19(\pm 4) \cdot 10^6$ $[8(\pm 2) \cdot 10^6]$, der Radius 1700 ± 200 Å (2900 ± 300), die Intrinsicviscosität 35 ± 2 (70 ± 10) u. $S_{w,20}$ 50 ± 5 (22 ± 2). — Frische gefrorene Thymusdrüsen werden zerkleinert u. mit 200 ml einer Salz-Versen-Lsg. (0,075 mol. NaCl u. 0,024 mol. Versen, p_H 8) homogenisiert. Das Homogenat wird abgepreßt, das Filtrat 10 Min. mit 2000 U/Min. zentrifugiert. Das Sediment wird erneut homogenisiert, zentrifugiert u. das Überstehende dekantiert. Dieser Waschprozeß wird mehrmals wiederholt. Das endgültige Sediment wird durch schnelles Mischen mit W. gelöst u. gegen einen 0,007 mol. Kaliumphosphatpuffer (p_H 6,8) dialysiert. Diese Lsg. wurde für die physikal. Messungen verwendet. (J. Amer. chem. Soc. **78.** 6207—08. 5/12. 1956. Cambridge, Mass., Harvard Univ., Dep. of Chem.)
H. NÜRNBERGER. 4090

E. Biologische Chemie. Physiologie. Medizin.

E₁. Allgemeine Biologie und Biochemie.

F. H. Mattson und **E. S. Lutton,** *Die spezifische Verteilung von Fettsäuren in den Glyceriden von tierischen und pflanzlichen Fetten.* Unter Auswertung des Schrifttums über die bisherigen Vorstellungen hinsichtlich der Verteilung der Fettsäuren auf die einzelnen Glyceride natürlicher Fette wird die Meth. der spezif. Glyceridhydrolyse mittels pankreat. Lipase herangezogen, wobei die Esterbindungen am C-Atom Nr. 1 u. 3 des Glycerins gelöst werden, während die Hydrolyse am C-Atom Nr. 2 nur partiell verläuft

u. weniger als 10% ausmacht; die in Freiheit gesetzten Fettsäuren entstammen also den vorherigen Bindungen an den beiden prim. C-Atomen. Die Durchführung der Verss.: Verdauung der Fette mit Pankreaslipase, Isolierung der gebildeten Monoglyceride u. Charakterisierung der darin enthaltenen Fettsäuren, Ermittlung der Fettsäuren der Gesamtglyceride sowie die Auswertung der Befunde erfolgen in der früher beschriebenen Weise. Nach diesem Verf. werden 12 pflanzliche u. 7 tier. Fette untersucht. In krit. Auswertung der tabellar. mitgeteilten Befunde wird festgestellt, daß die natürlich vorkommenden Triglyceride einen hohen Grad der spezif. Verteilung der Fettsäuren aufweisen, so daß weder für pflanzliche noch für tier. Fette eine zufällige Verteilung in Betracht zu ziehen ist. Bei den vegetabilen Fetten sind die gesätt. Fettsäuren bevorzugt an die beiden prim. C-Atome des Glycerins gebunden. Bei den animal. Fetten ist ein allg. gültiges Verteilungsschema nicht erkennbar; dies gilt vor allem für die Verteilung der Öl- u. der Linolsäure. Schweineschmalz stellt einen besonderen Fall insofern dar, als die gesätt. Fettsäuren vorwiegend am sek. C-Atom des Glycerins gebunden vorliegen. (J. biol. Chemistry **233**. 868—71. Okt. 1958. Cincinnati, Ohio, Procter and Gamble Comp., Miami Valley Labor.) K. TÄUFEL. 4100

E. Lippert, *Funktionelle und morphologische Zustandsänderungen unter der Einwirkung physikalisch-chemischer Systeme.* Übersicht. Theoret. Überlegungen aus Ergebnissen der experimentellen Medizin u. physikal.-chem. Grundlagenforschung sollen wahrscheinlich machen, daß bestimmte physiol. Gesetzmäßigkeiten bes. auch für die Einw. physikal. u. chem. Reize gelten. Als Receptionssysteme können definierte Receptoren oder Bestandteile, bes. die Gesamtheit der ektodermalen Bildungen u. umschriebene Regulationsfunktionen angegeben werden. Die Art des Reizes ist hinsichtlich seiner Effektivität nicht unterschiedlich; die Reize selbst unterscheiden sich lediglich in ihrer Konstanz oder Inkonstanz bzw. ihren biol. Grenzwerten. Die bewirkten Rkk. sind nicht reizspezif., sondern entsprechen der jeweiligen organ. Regulationsmöglichkeit. — Ca. 450 Literaturangaben. (Angew. Meteorologie **3**. 97—115. Juni 1958. Wien XV.) H. KOCKERT. 4100

M. Errera und **F. Vanderhaeghe,** *Wirkungen von Ultraviolettstrahlen auf Acetabularia mediterranea.* Es wurde festgestellt, daß UV-Bestrahlung (8., 13., 24., $53 \cdot 10^3$ erg/mm^2) bei der Alge Acetabularia mediterranea folgende Effekte bewirkt: das Cytoplasma zeigt größere Empfindlichkeit als der Zellkern, wie sich aus einer Abnahme der Überlebensfähigkeit u. der Regeneration nucleusfreier Zellfragmente im Vgl. zu zellkernhaltigen ergibt. Ausschließliche Bestrahlung des Cytoplasmas der Gesamtzelle hat die gleiche Wrkg. wie eine Bestrahlung der Gesamtzelle. Wird nur das nucleushaltige Rhizoid bestrahlt, so werden geringfügigere Störungen beobachtet, als wenn die Gesamtzelle oder nur das Cytoplasma bestrahlt werden. Cytolog. Unterss. ergaben, daß der Zellkern durch UV-Bestrahlung unmittelbar geschädigt wird, u. zwar auch dann, wenn er nicht direkt in der bestrahlten Zone liegt. (Exp. Cell Res. **13**. 1—10. Aug. 1957. Bruxelles, Belgien, Univ., Labor. de Morphol. animale.) H. KOCKERT. 4102

Calvin F. Konzak, *Der Einfluß des Sauerstoffs auf die mutagenen Wirkungen von Röntgenstrahlen bei loci des Mais-Endospermiums.* Beim Mais wurde der Einfl. von Anoxen auf die mutagene Wrkg. von Röntgenstrahlen an das Endosperm gebundener Faktoren untersucht. In Luft oder reinem Sauerstoff war die Zahl der Mutanten höher als in N_2-Atmosphäre. Weiter wurde gefunden, daß spezif. chromosomale Regionen abhängig von der Atmosphäre bei der Bestrahlung verschieden reagierten. (Radiation Res. **6**. 1—10. Jan. 1957. Upton, N. Y., Brookhaven National Labor.) H. STRUCK. 4130

H. Fernández-Morán und **A. Engström,** *Elektronenmikroskopie und Röntgenstrahlenbrechung im Knochen.* Aus entwässerten, in Methacrylat eingebetteten Knochen von Fisch, Huhn, Ratte u. Mensch werden mit dem Diamantmesser des Moran-Ultramikrotoms Schnitte von durchschnittlich 100—200 Å hergestellt u. im Elektronenmikroskop (RCA EMU-3 B) untersucht. Vff. finden fadenähnliche Gebilde, die aus 40·200 Å großen nadel- oder stäbchenförmigen Apatitkristalliten bestehen u. den Kollagenfasern entsprechen. (Biochim. biophysica Acta [Amsterdam] **23**. 260—64. Febr. 1957. Caracas, Inst. Venezolano de Neurol. e Investig. Cerebrales, Ultrastructure Dep.; Stockholm, Karolinska Inst., Dep. of Med. Physics.) R. LENSCHAU. 4150

Marvin M. Nachlas, Theodore P. Goldstein, David H. Rosenblatt, Marvin Kirsch und **Arnold M. Seligman,** *Der Einfluß der chemischen Struktur auf die Geschwindigkeit der Azokupplung und ihre Bedeutung in der histochemischen Methodik.* Die Geschwindigkeit, mit der die Kupplung verschied. aromat. Amine mit verschied. Naphtholen abläuft, wurde ermittelt. Substitution der Amine mit elektronegativen Gruppen erhöht die Reaktionsgeschwindigkeit, elektropositive Gruppen erniedrigen diese. Umgekehrt erhöhen elektropositive Gruppen in den Naphtholen die Kupplungsgeschwindigkeit, während die Anwesenheit elektronegativer Gruppen in den Naphtholen die Geschwindigkeit der Umsetzung verringert. Vff. folgern aus theoret. Überlegungen, daß beim Nachw. Esterbindungen spaltender Enzyme die Reaktionsgeschwindigkeit sowohl durch Variierung des diazotierten Amins als auch der Kupplungskomponente erhöht werden kann. Der Nachw. Amidbindungen spaltender Fermente kann dagegen nur durch Abwandlung der Kupplungskomponente verbessert werden. (J. Histochem. Cytochem. **7**. 50—65. Jan. 1959. Baltimore, Md., Sinai Hosp., Dep. of Surgery.) S. DITTMANN-MITZSCHERLICH. 4150

Sally B. Fand, Herbert J. Levine und **Howard L. Erwin,** *Eine Nachprüfung der histochemischen Methode für Carboanhydratase.* Vff. bearbeiten die Meth. von KURATA (C. **1956**. 751) zur Best. der Aktivität der *Carboanhydratase* (I) in Geweben experimentell. Die Meth. gibt auch dann eine Färbung, wenn I durch spezif. oder allg. Fermenthemmstoffe blockiert ist. Das bei der Bestimmungsmeth. am Ende entstehende CoS wird schon durch hohe Konzz. zweiwertiger Kationen in den Geweben gebildet, die Meth. ist also unspezifisch. (J. Histochem. Cytochem. **7**. 27—33. Jan. 1959. Bethesda, Md., National Cancer Inst., Endocrinol. Branch.) S. DITTMANN-MITZSCHERLICH. 4150

M. Neves e Castro, *Der Einfluß von Formaldehyd auf die Primärfluorescenz von Geweben. Histospektrographische Untersuchung.* Bei der Fixierung von Geweben mit *Formaldehyd* tritt ein fluorescierendes Reaktionsprod. auf, dessen Spektr. ein Maximum bei 578 mμ zeigt. (C. R. Séances Soc. Biol. Filiales **151**. 1473—76. 1957, herausgeg. 11/3. 1958. Paris, Inst. d'Optique.) F. KRUSEN. 4150

Samuel Baron und **Richard J. Low,** *Ein neues Erhaltungsmedium für die Zellkultur.* Den Medien Nr. 199 u. „EAGLE" wird an Stelle von Serum Magermilch, aus Trockenpulver bereitet, zugesetzt. Verschied. Zellstämme konnten bei Konzz. von 10 bis 40 Vol.-% aufrechterhalten werden. Die Wirksamkeit der Milch geht auch bei Kochen (5 Min.), Autoklavieren, Dialysieren bzw. Zentrifugieren (1 Std. bei 78000·*g*) nicht verloren. (Science [Washington] **128**. 89—90. 11/7. 1958. Bethesda, Md., National Institutes of Health, Div. of Biologics Standards.) J. DITTMANN. 4150

René Truhaut und **Guy Deysson,** *Beitrag zum Studium der mitoklasischen Aktivität in der Colchicinreihe.* 1. Mitt. *Aminocolchicidderivate* (*Colchaminone oder Colchicamide*). Lsgg. von *Colchicin* (I) u. seinen Derivv. *Methylaminocolchicid* (**II**), *Äthylaminocolchicid* (**III**) u. *Äthanolaminocolchicid* (**IV**) wurden an Lauchwurzelknollen nach DEYSSON auf ihre mitosehemmende, Polyploidie-erzeugende Wrkg. getestet. Für verschied. Konzz. (0,004—0,4%) wurden nach verschied. Incubationszeiten (3 Std. bis 5 Tage) die mitot. Indices in der Pro-, Meta-, Ana- u. Telophase bestimmt. Danach nimmt die mitostat. Wirksamkeit in der Reihenfolge **II, III, I, IV** ab u. mit steigender Konz. zu. Die Toxizität von **II** u. **III** ist ca. 20mal schwächer als die von **I**. Die mitodepressive Grenzkonz. ist für: **II** $2{,}0\cdot 10^{-7}$ mol.; **I** $2{,}5\cdot 10^{-7}$ molar. (Ann. pharmac. franç. **14**. 241—49. April 1956. Paris, Inst. de Cancer Gustave-Roussy; Faculté de Pharmacie, Labor. de Botan. et de Toxicol.) H. BÜTTNER. 4150

Guy Deysson und **René Truhaut,** *Beitrag zum Studium der mitoklasischen Aktivität in der Colchicinreihe.* 2. Mitt. *Desacetylcolchicin und Aminoderivate.* (1. vgl. vorst. Ref.) Analog vorst. Verss. wurden auch *Desacetylcolchicid* (**I**), *Methylaminodesacetylcolchicid* (**II**) u. *Äthylaminodesacetylcolchicid* (**III**) auf ihre mitostat., Wrkg. getestet. Diese läßt sich durch Auszählung der n. u. mehrkernigen Zellen mkr. bestimmen u. an der Verkrüppelung der Wurzelzellen makroskop. beobachten. N. Mitose läßt sich durch Incubieren in KNOOPscher Lsg. wiederherstellen. **I** u. **II** wirkt 5mal schwächer mitostat., jedoch weniger tox. als Colchicin. **III** wirkt ähnlich **I**, ist jedoch für den pflanzlichen Zellkern stark tox. (DL_{100}: $2{,}5\cdot 10^{-6}$ mol.; 6 Tage). Gegen tier. Zellen (Maus) ist DL_{50} von **I**—**III** 300—400mal höher als von **I**. Dadurch sind die Verbb. **I**—**III** für therapeut. Zwecke interessant. (Ann. pharmac. franç. **14**. 250—62. April 1956.) H. BÜTTNER. 4150

J. E. Amoore und **W. Bartley,** *Die Permeabilität isolierter Mitochondrien aus Rattenleber gegenüber Natrium- und Kaliumchlorid bei 0°.* Durch Zentrifugieren u. Analysieren der abgesetzten kugelförmigen Körper wurde die Verteilung gelöster Substanzen zwischen isolierten Mitochondrien (I) aus Rattenleber u. dem Dispersionsmedium ermittelt. In den **I** betrug die Konz. der aufgenommenen *Saccharose* (**II**) zwischen 34 u. 74% derjenigen des Medium, daneben fand man etwas K, u. zwar ergab sich umgekehrte Proportionalität zwischen Aufnahmevermögen für **II** u. K-Gehalt. In der Regel waren die **I** zunächst für **II**, Na^+, K^+ u. Cl^- ziemlich gleich durchlässig, wobei Cl^- allerdings etwas schwächer eindrang. Waren die **I** bei 0° längere Zeit in 0,25 mol. **II** oder 0,125 mol. NaCl-Lsgg. aufbewahrt, so trat dabei schrittweise Verlust an endogenem K u. Phosphat ein, während die gelösten Substanzen aus dem Medium stärker eindringen konnten. Bei den ^{42}K-enthaltenden Suspensionen in 0,125 mol. KCl-Lsg. fand ein langsamer Austausch

des K im Medium mit dem endogenen der suspensierten I statt. Durch hyperton. Medien konnte der Wassergeh. der I herabgesetzt werden. Aus dem Ausmaß der Schrumpfung war zu ersehen, daß ca. $^3/_4$ des Wasservol. in den I osmot. toter Raum ist. Man vermutet, daß die I-Präpp. Gemische aus 2 verschied. Teilchenarten sind, von denen die eine wasserarm u. ziemlich reich an K u. Phosphat, aber nahezu undurchlässig für II ist, während bei der anderen ein beträchtlicher Wassergeh. vorliegt, u. diese außerdem permeabel für die gelösten Substanzen ist. Aus einem Vgl. mit elektronenmkr. Aufnahmen ist zu vermuten, daß es sich bei den ersten Teilchen um prakt. unversehrte I handelt, während die letzten die Form gefüllter Blasen haben. (Biochem. J. **69.** 223—36. Juni 1958. Oxford, Univ., Dep. of Biochem., Medical Res. Council Unit for Res. in Cell Metabolism.)
E. ÜHLEIN. 4150

R. Duncan Dallam, *Enzymatischer und morphologischer Vergleich normaler mit Salz extrahierter Rattenlebermitochondrien.* Durch mkr. u. elektronenmkr. Vgl. n. mit NaCl extrahierter Rattenlebermitochondrien wird festgestellt, daß die inneren u. äußeren Membranen der Mitochondrien physikal. heterogen sind. — Die Aktivitäten von *α-Ketoglutarsäure-, Bernsteinsäure-* u. *Äpfelsäuredehydrogenase, Fumarase* u. *Cytochromoxydase* sind in extrahierten u. nicht extrahierten Mitochondrien gleich. (Arch. Biochem. Biophysics **77.** 395—402. Okt. 1958. Louisville, Ky., Univ. of Louisville, School of Med., Dep. of Biochem.) J. DITTMANN. 4150

K. Felix, A. Goppold-Krekels und **H. Lehmann,** *Die Bildung der Nucleoprotamine während der Spermiogenese.* Vff. untersuchen die Testes von Bachsaiblingen in verschied. Reifestadien. Die Analyse ergab, daß das *Nucleoprotamin* (I) ca. 40 Tage vor der Laichzeit zum ersten Male auftritt u. schon zu dieser Zeit so zusammengesetzt ist wie in den reifen Spermatozoen. Das I dieser Stadien enthält neben den Aminosäuren des isolierten Protamins *Fontinin* (vgl. FELIX u. Mitarbeiter, C. **1958. 14339**) noch *Asparagin-* u. *Glutaminsäure* sowie *Isoleucin.* Neben dem I kommt in sämtlichen Stadien ein *Nucleohiston* vor. Es enthält in allen Stadien die gleichen Aminosäuren: 12,9% *Arginin,* 9,6% *Lysin* u. 2,2% *Histidin,* daneben *Glykokoll, Alanin, Serin, Cystin, Threonin, Asparaginsäure, Glutaminsäure, Valin, Prolin, Leucin, Isoleucin, Phenylalanin* u. *Tyrosin,* aber kein Tryptophan. Der Stickstoff- u. Phosphorgeh. der Spermatidenkerne stieg zum Zeitpunkt des ersten Auftretens des I sprunghaft an. Dies spricht für eine plötzliche Entstehung des I. (Hoppe-Seyler's Z. physiol. Chem. **312.** 57—67. 30/9. 1958. Frankfurt/M., Univ., Inst. für Vegetative Physiol.)
H. NÜRNBERGER. 4150

Norio Fujiki, *Über die Funktion und den Stoffwechsel der Mucosamembran im Verdauungstrakt. Untersuchung des Phosphorstoffwechsels mit Hilfe des Isotops* ^{32}P. Es wird der Stoffwechsel der *Nucleinsäuren* u. des säurelösl. Phosphats an Leber, Magen- u. Darmmucosa von n. Kaninchen mit Hilfe von ^{32}P untersucht u. die Umsatzgeschwindigkeit der Nucleinsäuren u. der säurelösl. Phosphatfraktionen bestimmt. Die Aktivität des anorgan. Phosphats fällt während der ersten 4 Std., nach der ^{32}P-Injektion stark ab, um dann kontinuierlich weiter abzusinken, bei allen anderen Fraktionen ist nach 4 Std. ein Maximum erreicht, um dann ebenfalls wieder abzufallen. In der Darmmucosa werden die höchsten *Desoxyribonucleinsäure*-Werte verzeichnet, Leber u. Darmmucosa zeigen weiter höhere *Ribonucleinsäure*-Werte als die Magenmucosa. Die Umsatzgeschwindigkeit des säurelösl. Phosphats ist in der gastrointestinalen Mucosa ebenso hoch wie in der Leber, was auf eine bedeutende Rolle der Mucosa im Energiestoffwechsel hindeutet. Sicher sind diese Befunde im Verein mit der hohen Umsatzgeschwindigkeit von Coenzymen in der Mucosa von Bedeutung für die Sekretion, Verdauung u. Resorption. (J. Kyoto prefect. med. Univ. **62.** 755—87. Nov. 1957. Kyoto, Univ., Dep. of Med. [Orig.: japan.; Auszug: engl. S. XLIX—LI.]) H. STRUCK. 4150

Norio Fujiki und **Kazumi Myajima,** *Über die Funktion und den Stoffwechsel der Mucosamembran im Verdauungstrakt. Untersuchung des Phosphorstoffwechsels mit Hilfe histochemischer Beobachtungen.* Mit Hilfe der FEULGEN-Rk., der Pyronin-Methylgrün-Färbung u. der Perjodsäure-SCHIFF-Rk. werden in Leber u. Mucosa des Verdauungstraktes Vergleiche zu Unterss. mit radioakt. Phosphor angestellt. *Desoxyribonucleinsäure* zeigt sich bes. stark in den Zellkernen der Darmmucosa, *Ribonucleinsäure* dagegen im Cytoplasma der LIEBERKÜHNschen Drüsen. Weiterhin zeigt die Mucosa eine bemerkenswerte Perjodsäure-SCHIFF-Reaktion. Die *alkal. Phosphatase* ist ebenfalls in den Mucosazellen des Verdauungstraktes in reichlicher Menge vorhanden. (J. Kyoto prefect. med. Univ. **62.** 791—98. Nov. 1957. Kyoto, Univ., Dep. of Med. [Orig.: japan.; Auszug: engl. S. LII.]) H. STRUCK. 4150

Philip S. Woods und **Maria U. Schairer,** *Verteilung von neu synthetisierter Desoxyribonucleinsäure in aufspaltenden Chromosomen.* Zur Entscheidung der Frage, ob

Colchicin (I) während der Zellteilung zu einer ungleichmäßigen Verteilung der Desoxyribonucleinsäure in den Tochterchromosomen führt, wurden *Vicia-faba*-Bohnen mit einer *T-Thymidin*-haltigen Nährlsg. incubiert. Diese wurde nach 8 Std. durch eine Lsg. ersetzt, die unmarkiertes Thymidin u. Colchicin enthielt. Nach weiteren 6 Std. wurden von den nach FEULGEN gefärbten Wurzeln Autoradiogramme angefertigt. — Im Kontrollvers. wurde 12 Std. lang nur in T-Thymidin- u. I-haltiger Lsg. behandelt. — Die vergleichende Auswertung zeigte keine Unterschiede, weswegen I keinen Einfl. auf die Thymidinverteilung haben kann. (Nature [London] **183**. 303—05. 31/1. 1959. Upton, N. Y., Biol. Dep. of the Brookhaven Nat. Labor.) H. BÜTTNER. 4150

Liselotte I. Hecht, Paul C. Zamecnik, Mary L. Stephenson und **Jesse F. Scott,** *Nucleosidtriphosphate als Vorläufer von Ribonucleinsäureendgruppen in einem Säugetiersystem.* EHRLICH-Mäuseascitestumorzellen wurden gewaschen, homogenisiert u. extrahiert. Es wurde so *Ribonucleinsäure* (I) als p_H 5-Fraktion gewonnen. Vorher wurden die Zellen in einer Pufferlsg. mit verschied. ^{14}C-Nucleotiden incubiert. Der Einbau von ^{14}C-*Cytidintriphosphat* in I ist unabhängig von der Ggw. anderer Nucleotide. Hingegen wird der Einbau von $^{14}C_{(8)}$-*Adenosintriphosphat* z. B. durch *Cytidintriphosphat* stark erhöht, während *Uridintriphosphat* ohne Einfl. ist. Der Einbau von $^{14}C_{(6)}$-*Uridintriphosphat* in I ist an sich schon gering u. fällt in Ggw. von *Cytidintriphosphat* noch weiter ab. $^{14}C_{(8)}$-*Guanosintriphosphat* wird nicht eingebaut. Vff. stellen so zahlreiche Reaktionsformeln für den Einbau u. Verdrängung usw. der Nucleotide in I auf. Sie stellen fest, daß der Einbau nur endständig an I erfolgt. In jedem Fall wird der Einbau durch anorgan. Pyrophosphat oder durch ATPase gehemmt, durch Nucleotidtriphosphat-regenerierende Enzyme erhöht. So hat $^{14}C_{(8)}$-*Adenosindiphosphat* die gleiche Einbaurate in I wie *Adenosintriphosphat,* wenn ein phosphorylierendes Enzym zugegen ist. Danach ist der Einbau generell wie nachst. zu formulieren: Nucleosidtriphosphat + I $\rightleftharpoons$ Nucleosidmonophosphat-I + Pyrophosphat. Die Bindung erfolgt zum 2'- oder 3'-Hydroxyl des endständigen Nucleosides von I. Die beobachteten Erhöhungen oder Erniedrigungen der Einbauraten der Nucleotide werden gedeutet. Die Umkehrbarkeit der obigen enzymat. Rk. wurde nachgewiesen. (J. biol. Chemistry **233**. 954—63. Okt. 1958. Boston, Mass., Harvard Univ., Collis P. Huntington Memorial Hosp., John Collins Warren Labor.) L. TRÄGER. 4150

L. S. Dietrich, Ira M. Friedland und **Leatrice A. Kaplan,** *Pyridinnucleotidstoffwechsel: Wirkungsmechanismus des Nicotinsäureantagonisten, 6-Aminonicotinsäureamid.* Mäusen wird eine wss. Lsg. von *6-Aminonicotinsäureamid* (I) injiziert. Nach frühestens 18 Std. werden die Tiere getötet u. verschied. Gewebeproben auf ihren Geh. an I-analogem *Diphosphopyridinnucleotid* (II) (6-Amino-II) bzw. *Triphosphopyridinnucleotid* (III) (6-Amino-III) sowie an Adeninnucleotiden aufgearbeitet u. chromatograph. gereinigt. Außerdem wurden I-analoges II bzw. III auch in vitro synthetisiert. Durch Incubation von I im Phosphatpuffer mit Diphosphopyridinnucleotidase aus Schweinehirn u. II erhielten Vff. I-analoges II. Durch Einw. von II-Kinase aus Taubenleber auf I-analoges II in Ggw. von *Adenosintriphosphat* im Phosphatpuffer erhielten Vff. I-analoges III. Die Unfähigkeit der I-analogen Verbb., Additions-Rkk. einzugehen, wird chem. u. biochem. nachgewiesen. So vermögen I-analoges II oder III keine Additionsprodd. mit Cyanid zu bilden u. können nicht mehr als Elektronen- u. Wasserstoffüberträger fungieren. II-abhängige Enzymsysteme (Dehydrogenasen u. Phosphorylasen) werden demnach durch I-analoges II stark gehemmt. Daher finden Vff. in Ggw. von I-analogem II einen erniedrigten Geh. an *Adenosintriphosphat* u. *Adenosindiphosphat,* während der Geh. an *Adenosinmonophosphat* um das 3fache zugenommen hat. (J. biol. Chemistry **233**. 964—68. Okt. 1958. New York, N. Y., Columbia Univ., Coll. of Physicians and Surgeons, Dep. of Biochem. and Surgery.) L. TRÄGER. 4150

J. Tani, *Biochemische Untersuchungen der Granula in Mycobakterien. Über die Heterogenität der Granula.* Glycerin–Bouillon-Kulturen von *Mycobacterium arium* Takeo wurden durch fraktioniertes Ultrazentrifugieren in lösl. Enzyme enthaltende S- u. unlösl. Enzyme enthaltende R-Fraktionen (S aus dem Überstand, R aus dem Bodensatz) zerlegt. Große Granulabestandteile enthalten die Fraktionen, die *Äpfel-* u. *Bernsteinsäure* dehydrogenieren (R_{16}, R_{23}, R_{38}), kleine solche, in denen *Ribonucleinsäure-P* u. *Desoxyribonucleinsäure-P* vorkommen (S_{11}, S_{16}, S_{23}, S_{38}). S_{38} sowie R_{16}, R_{23} u. R_{38} enthalten auch Granula mit reichlich säureunlösl. Polyphosphaten. — Bei der großen Granula dürfte es sich um fraktionelle Einheiten handeln, die den Mitochondrien der Tier- u. Pflanzenzellen entsprechen, bei der kleinen Granula um solche, die den Mikrosomen entsprechen. (Seikagaku [Biochemistry] **30**. 733—39. 25/12. 1958. Kokuritsu Ryōyōsho, Toneyama-Byōin. [Orig.: japan.]) F. MOSSNER. 4150

Angela Meneghetti-Gennaro, *Beobachtungen über den relativen Gehalt der Nuclei von Karpfen- und Schleierythrocyten an Desoxyribonucleinsäure.* In einzelnen Nuclei von

Karpfen (*Cyprinus carpio*)- u. Schlei (*Tinca vulgaris*)-Erythrocyten wurde der relative Desoxyribonucleinsäure (DNS)-Geh. mikrochem. in willkürlich gewählten Einheiten zu 182 (1,77 ± 0,15) bzw. 100 (0,97 ± 0,12) bestimmt. — Diese statist. ermittelten Werte sind unvereinbar mit der Hypothese einer Verdoppelung der DNS-Werte durch Polyploidie. (Rend. Ist. lombardo Sci. Lettere, Cl. Sci. mat. natur. **90**. 172—76. 1956. Pavia, Univ., Ist. di Anat. comparata.) H. KOCKERT. 4150

Carolina Casati, *Morphometrische Kennzeichen von Karpfen- und Schleierythrocyten in bezug auf ihre Desoxyribonucleinsäuregehalte.* (Vgl. vorst. Ref.) Vf. bestimmte die wahren Nucleus (NV)- u. Zellvoll. (ZV) von frischen Karpfen (a)- u. Schlei (b)-Erythrocyten sowie die Quotienten. Nucleusvol./Zellvol. (N/Z) bzw. Nucleusvol./Cytoplasmavol. (N/C) u. setzte diese Werte zum Desoxyribonucleinsäure (**I**)-Geh. der Nuclei in Beziehung. — Die NV beider Tierspecies sind prakt. gleich groß, die ZV sind wenig, jedoch signifikant voneinander verschieden: die ZV von a liegen um ca. 10% höher als die von b. N/Z bzw. N/C sind bei b größer als bei a. — Die vorst. genannten Werte u. der **I**-Geh. der Nuclei (l. c.) scheinen voneinander unabhängige Größen zu sein. (Rend. Ist. lombardo Sci. Lettere, Cl. Sci. mat. natur. **90**. 177—79. 1956. Pavia, Univ., Ist. di Anat. comparata.) H. KOCKERT. 4150

Syozo Osawa, Kenzo Takata und **Yasuo Hotta**, *Die Ribonucleinsäuren des Kerns und des Cytoplasma von Kalbsthymus.* Aus den Kernen von Kalbsthymus ließ sich mit 0,1 mol. Kaliumphosphatpuffer p_H 7,1 eine Ribonucleinsäure (**I**) extrahieren, die die gleiche Basenzus. wie die cytoplasmat. **I** aufweist. Aus der p_H 7,1-Fraktion ließ sich ein elektrophoret. homogenes *Ribonucleoprotein* (**II**) gewinnen, das die gleiche Wanderungsgeschwindigkeit sowie **I**-Geh. besitzt wie ein auf die entsprechende Weise gewonnenes **II** aus den Mikrosomen. Aus Einbauverss. mit ^{32}*P-Phosphat* läßt sich entnehmen, daß zumindest ein Teil der cytoplasmat. **I** nicht aus dem Kern stammt. (Biochim. biophysica Acta [Amsterdam] **28**. 271—77. Mai 1958. Chikusa-Ku, Nagoya, Japan, Nagoya Univ., Fac. of Sci., Biol. Inst.) H. G. SCHWEIGER. 4150

A. R. Todd, *Einige neue Entwicklungen in der Chemie der Nucleinsäuren.* (Успехи Химии [Fortschr. Chem.] **26**. 263—72. Febr. 1957. — C. **1956**. 14054.) G. FROELICH. 4150

Ralph M. Johnson und **S. Albert**, *Einbau von ^{14}C-Acetat in Gewebelipide bei der Zellteilung.* (Vgl. C. **1950/54**. 4680 S.; **1956**. 3323.) Der Einbau von ^{14}C-Acetat ist an n., teilweise hepatektomierten u. an Ratten mit Adenocarcinomen durch die Best. der Radioaktivität in Leber- u. Tumorgewebe bestimmt worden, da in regenerierter Rattenleber u. im transplantierten Tumor erhöhte mitot. Aktivität vorliegt. Es erfolgte rasche Zunahme der Aktivität von Phospholipiden, Triglyceriden u. vom Cholesterin. (J. biol. Chemistry **234**. 22—26. Jan. 1959. Detroit, Mich., Inst. of Cancer Research, Radiobiolog. Labor.) U. GERHARDT. 4160

Harry Eagle, Stanley Barban, Mina Levy und **Henry O. Schulze**, *Die Verwertung von Kohlenhydraten durch Kulturen menschlicher Zellen.* Die Prüfverbb. wurden dem EAGLE-Medium zugesetzt. Als Testobjekte dienten Kulturen von n. menschlichem Gewebe [Bindegewebe („B") u. Leber („Le")]; embryonalem menschlichem Gewebe [Darm („D") u. Herz („H")]; menschlichem Krebsgewebe („HeLa" u. „KB") sowie von Mäusefibroblasten („L"). — Folgende Verbb., an Stelle von *Glucose* (**I**) dem Medium zugesetzt, unterstützten das Zellwachstum nicht: *Lactose, Saccharose, d-Allose, d-Altrose, d-Galaktose* (bei Stamm L), *d-Galakturonsäure, d-Gluconsäure, Methyl-α-D-glucosid, Methyl-β-D-glucosid, d-Glucuronsäure, d-Gulose, d-Mannit, l-Rhamnose, l-Sorbose, l-Arabinose, d-Arabinose, d-Lyxose, d-Ribose* (**V**) (getestet bei B, L, H u. Le), *Xylit, d-Erythrose, Acetat, Citrat, Fumarat, Glycerin, Lactat, Malat, Phosphoglycerat, Pyruvat* (**II**) u. *Succinat.* — Schwächeres Wachstum als bei entsprechender **I**-Konz. wurde beobachtet bei: *Cellobiose, Melibiose, Sorbit, d-Talose, d-Xylose, d-Ribose* (D, HeLa, KB) u. *Ribose-5-phosphat.* — Bei gleicher Konz. wirkten folgende Verbb. etwa so stark wie **I** auf die Vermehrungsrate ein: *Trehalose* (B, D, HeLa, KB, H, Le), *Turanose* (B, D, HeLa, KB, H, Le), *d-Galaktose* (**IV**) (B, D, HeLa, KB, H, Le), *d-Fructose* (**III**) u. *d-Mannose* (**VI**) (alle Stämme), *d-Glucose-1-PO_4* u. *d-Glucose-6-PO_4* (HeLa, KB, H). **III** mußte allerdings in stärkerer Konz. als **I** zugesetzt werden. Die Ergebnisse bei **IV** schwankten stark. Zugabe von **II** gab besser reproduzierbare Werte u. erhöhte, wie auch bei **V**, die Wrkg. etwas. Bei **I, III, IV** u. **VI** wurden Zellproteinsynth., Hexoseabbau, Milchsäure-α-Ketoglutarat- u. **II**-Bldg. in Abhängigkeit von der Hexosekonz. bestimmt. Der Abbau stand in keiner direkten Beziehung zum Wachstum der Zellen. Er stieg mit steigender Zuckerkonzentration. Die aerobe Glykolyse entsprach bei der Le-Kultur, grob genähert, bei **I, III** u. **VI** der Hälfte des Zuckerverlustes aus dem Substrat. Bei **IV** blieb die Milchsäurebldg. trotz steigenden Zuckerabbaues etwa konstant. Allg. sank der Wirkungsgrad des Zuckerabbaues, gemessen an der Proteinsynth. der Zellen, mit steigender Zuckerkonzentration. — Die Hexokinaseaktivität zeigte bei Le, B u. HeLa folgende Abhängigkeit von der Art des Substrates: $I \approx VI > III > IV$. (J. biol. Chemistry **233.** 551—58. Sept. 1958. Bethesda, Md., National Inst. of Allergy and Infectious Diseases, Labor. of Infect. Dis.) I. DITTMANN. 4150

G. Werth, *Die Erzeugung von Störungen im Erbgefüge und von Tumoren durch experimentelle Gewebeanoxie.* Durch Verfütterung von *Malachitgrün* an Ratten traten Erbschäden (Mißwüchse) u. verschied. Tumoren auf. Bei gleichzeitiger intravenöser *Cytochrom-c*-Eingabe blieben diese Folgen aus. (Arzneimittel-Forsch. **8.** 735—44. Dez. 1958. Hamburg; Univ. des Saarlandes, Physiol.-Chem. Inst.) J. DITTMANN. 4160

Heinz Breuer, *Wirkung von Steroidhormonen auf den Stoffwechsel menschlicher Prostataadenome.* Die anaerobe Glykolyse u. in schwächerem Maß die Atmung von Prostataadenomschnitten wird durch Zusatz von 10—100 γ/cm^3 *Testosteron* (**I**) oder *β-Östradiol* gehemmt. Der Abbau von **I** bei Incubation mit Adenomschnitten, gemessen mittels der UV-Absorption bei 238 mμ, erfolgt unter aeroben Bedingungen 2—3mal schneller als unter anaeroben. (Acta endocrinol. [Copenhagen] **26.** 322—30. Nov. 1957. Bonn/Rh., Univ., Chirurg. Klinik u. Poliklinik.) K. BOHLE. 4160

H. Osswald, *Zur Wirkung aliphatischer Dinitritester auf das Ehrlich-Carcinom.* EHRLICH-Ascitestumorzellen wurden ♂ weißen Mäusen intramuskulär in den Hinterlauf gespritzt u. 24 Std. nach der Transplantation die Behandlung mit *1.4-Butylendinitrit* (**I**), *1.5-Pentamethylendinitrit* (**II**), *Diglykoldinitrit* (**III**), *Äthylurethan* (**IV**) u. *Trichlortriäthylenamin* (**V**) über 10 Tage lang begonnen. Die Substanzen wurden subcutan in die Nackenregion injiziert. **I** besitzt die größte Hemmwrkg., dann folgen **II** u. **III**. **I** u. **II** waren wirksamer als **IV**, **V** wirkt stärker hemmend auf das Tumorwachstum als **I**, **II** u. **III**. (Klin. Wschr. **35.** 763—65. 1/8. 1957. Bonn/Rh., Friedrich-Wilhelm-Univ., Pharmakol. Inst.)
K. BÖHM. 4160

P. E. K. Donaldson and others, Electronic apparatus for biological research. New York: Academic Press. 1959. (730 S. m. Abb. u. Diagr.) 8°. \$ 20.—.

Felix Haurowitz, Progress in biochemistry. A report on biochemical problems and on biochemical research since 1949. Basel, New York: Karger. 1959. (XII + 359 S. m. Abb.) 8°. sfr 36,—.

Dorothy Price, ed., Dynamics of proliferating tissues. Proceedings of a conference held September 5—8, 1956, at Brookhaven National Laboratory, Upton, Long Island. Chicago: Univ. of Chic. Press. 1959. (110 S. m. Abb. u. Diagr.) 8°. \$ 3,25.

L. Zechmeister, Bibliography of papers in the fields of chemistry and biochemistry. 1913—1958. Wien: Springer-Verlag. 1958. (20 S.) Keine Preisangabe.

E_2. Enzymologie. Gärung.

J. A. Christiansen, *Über die Möglichkeit periodischer Transformationen von Enzymen während ihrer Aktion als Katalysatoren.* Ein Reaktionsmechanismus unter Beteiligung von Enzymkatalyse zur Deutung period. chem. Veränderungen, wie sie in der Natur tatsächlich vorliegen müssen, führt zu einem Syst. von Differentialgleichungen, das sich experimentell nicht nachprüfen läßt u. deshalb physikal. unrealist. ist. Vf. weist darauf hin, daß die aperiod. u. die oscillator. Behandlung des kinet. Problems zwar einander gegenseitig ausschließen, jedoch getrennt jede von beiden möglich erscheint. (Acta chem. scand. **12.** 352—53. 1958. Copenhagen, Københavns Univ., Fysisk-Kemiske Inst.) E. ÜHLEIN. 4200

Alexander Gero und **Curtis L. Withrow,** *Das chemische Modell einer biologischen Reaktion.* Die Betrachtung exakter Atommodelle zeigt, daß die ε-NH_4-Gruppe des *Lysins* (**I**) ster. zur Bldg. einer H-Brückenbindung mit der COOH-Gruppe des gleichen Mol. imstande u. die gebildete Gruppierung, $-COO^- \ldots H_3N^+-$, einer Ester (**II**)-Gruppe derart angepaßt ist, daß eine bifunktionelle Katalyse der **II**-Hydrolyse stattfinden kann: Wrkg. eines NH_4-Protons als saurer Katalysator am Carbonyl-O des **II** u. des Carboxyl-O von **I** als bas. Katalysator am Carbonyl-C von **II**. Maximale Katalysatorwrkg. ist bei p_H 8—9 zu erwarten, wo die H-Atome der NH_4-Gruppe relativ locker gebunden u. daher am leichtesten für eine H-Bindung verfügbar sind. Dieser p_H-Wert stimmt mit dem Wirkungsmaximum der meisten *Lipasen* (**III**) überein. Ähnliche Überlegungen zeigen, daß auch *Histidin* (**IV**) als Katalysator der **II**-Hydrolyse wirken muß, wenn auch schwächer als **I**. Das Optimum liegt hier bei p_H 6—7, dem p_H-Optimum einzelner. Die Prüfung 1%ig. **I**- u. **IV**-Lsgg. auf **III**-Aktivität gegenüber Tributyrin ergab, übereinstimmend mit den theoret. Überlegungen, maximale Wirksamkeit bei den genannten p_H-Werten, wobei **I** überlegen war. Möglicherweise sind **I** u. **IV** auch im Polypeptidverband von **III** für die lipolyt. Aktivität verantwortlich, wobei das restliche Proteinmol. die optimale Anlagerung des spezif.

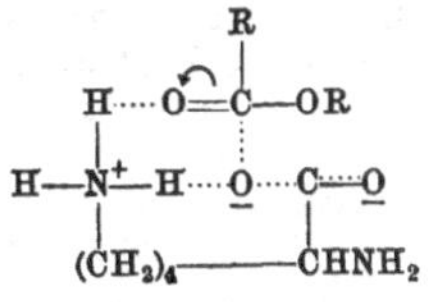

Substrats an III herbeiführen könnte. (Nature [London] **180.** 1354—55. 14/12. 1957. Philadelphia, Pa., Hahnemann Med. Coll.) K. MAIER. 4200

B. Matkovics, Gy. Sipos und **I. Cseh,** *Experimentelle Studien über den Wirkungsmechanismus der Peroxydase.* 1. Mitt. *Die Wirkung der Peroxydase auf das Cystein.* Bei Einw. von *Peroxydase* (I) aus Meerrettich auf *L*(—)-*Cystein* (II; in verd. NH_4OH, p_H 10 bis 11 gelöst) + 2,99%ig. H_2O_2 setzt nach kurzer Zeit intensives Schäumen ein. Nach 24 Std. läßt sich eine Substanz mit F. 240—250^0 gewinnen, die als ident. mit *Cystin* (III) angesehen wird. Durch die Wrkg. des I-H_2O_2-Syst. wird also II in III umgewandelt. Diese Beobachtung weist darauf hin, daß an der Umwandlung von SH-Systemen der Proteine u. des Blutes auch I beteiligt sein kann. (Naturwissenschaften **45.** 364—65. 1. Aug.-H. 1958. Szeged, Univ., Organ.-chem. Inst.) A. HESSE. 4210

Hans Lück, *Peroxydasehemmung durch organische Säuren.* Vf. untersuchte den Einfl. verschied. organ. Säuren, von denen einige als Konservierungsmittel Verwendung finden, auf die Peroxydase (I)-Aktivität. Keine oder nur geringe Hemmwrkg. zeigen bei p_H 3,5 in 0,1 mol. Lsg. *Essig-, Propion-* u. *Buttersäure, Äthylendiamintetraessigsäure, Bernsteinsäure, Milchsäure, Citronensäure, Malonsäure, Brenztraubensäure, Sorbinsäure* u. *Acrylsäure.* Merkliche Hemmwrkg. besitzen bei p_H 3,5 in 0,1 mol. Lsg. *Fumarsäure* < *Monochlor-* u. *Monobromessigsäure* < *Ameisensäure* < *Oxalsäure.* In 0,01 mol. Lsg. hemmen *Benzoesäure* < *p-Hydroxybenzoesäureäthylester* (II) < *Salicylsäure* u. < *Ameisensäure.* Die relative Hemmung nimmt bei den angegebenen Konzz. mit steigendem p_H-Wert ab. Bei p_H 6 hemmt außer II keine der genannten Säuren die I-Aktivität merklich. Daraus ergibt sich, daß die nichtdissoziierten Säuren für die Hemmung verantwortlich sind. Die Gleichgewichtskonstanten der I-Säurekomplexe wurden bestimmt. Die Hemmung der I durch organ. Säuren ist unter gleichen Bedingungen bedeutend geringer als die der *Katalase.* (Acta Biocatalytica [Den Haag]. Enzymologia [Den Haag] **19.** 227—36. 31/5. 1958. München, Deutsche Forsch.-Anst. für Lebensmittelchemie.) W. SCHÜTZE. 4210

Jane Harting Park und **D. E. Koshland jr.,** *Die hydrolytische Wirksamkeit der Glycerinaldehyd-3-phosphatdehydrogenase.* Im Anschluß an RACKER u. KRIMSKY (C. **1953.** 715. 5157) wird die Hydrolyse von *Acetylphosphat* (I) durch *Glycerinaldehyd-3-phosphatdehydrogenase* (II) untersucht. Es wird gesichert, daß die I-Spaltung tatsächlich eine Wrkg. der II ist u. nicht auf Wrkg. einer etwaigen Verunreinigung beruht; auch bei 8maligem Umkristallisieren wird die II-Wrkg. gegenüber I nicht vermindert gefunden. Kennzeichnend ist ferner die Abhängigkeit dieser Spaltung von Diphosphopyridinnucleotid. II unterscheidet sich von *Acetylphosphatase* (III) dadurch, daß sie schon von 0,001 mol. KCN [u. nicht erst durch 0,1mol. KCN wie andere Phosphatasen (IV)] gehemmt wird. II ist weniger hitzestabil als III. Aus Unterss. mit ^{18}O ergibt sich, daß II (im Gegensatz zu IV) die Hydrolyse von C–O-Bindung in I katalysiert. — Die nichtenzymat. Hydrolyse führt bei neutralem p_H überwiegend zur Spaltung der O–P-Bindung, geht aber bei 3,0 Molarität an HCl bzw. 3,0 Molarität an KOH zur Spaltung der C–O-Bindung über. Durch *Pyridin* wird die Spaltung der O–P-Bindung katalysiert. — Vermutlich wird die hydrolyt. Wrkg. der II durch eine Änderung an den akt. Flächen der II bewirkt, wodurch die Bldg. des n. Acyl-II-Zwischenprod. ermöglicht, aber der Verlauf der nachfolgenden Rkk. geändert wird. (J. biol. Chemistry **233.** 986—90. Okt. 1958. Nashville, Tenn., Vanderbilt Univ., School of Med., Dep. of Physiol.; Upton, N. Y., Brookhaven Nat. Labor.) A. HESSE. 4210

A. M. Mayer, *Eine reduzierte Diphosphopyridinnucleotidoxydase in Lattichsamen.* Extrakte aus Lattichsamen enthalten ein *Enzym,* das *red. Diphosphopyridinnucleotid* (I) ohne Zusatz eines H-Acceptors rasch oxydiert. Die Enzymaktivität läßt sich spektrophotometr. bei 340 mμ verfolgen. Die Oxydation von I wird nicht verstärkt durch Zusatz von Cytochrom c, red. oder oxydiertem Glutathion, Benzochinon, Dihydroxyphenylalanin oder Dehydroascorbinsäure; geringe Mengen von Ascorbinsäure hemmen die Enzymaktivität vollständig. Aktive Extrakte besitzen hohe *Dihydroxyphenylalaninoxydase* (II)-Aktivität (spektrophotometr. Nachw. bei 500 mμ). Sowohl I als auch II werden durch Thioharnstoff u. Diäthyldithiocarbamat gehemmt; die Hemmung beider Systeme ist ähnlich, aber nicht identisch. Dies zeigt, daß I ein *Cu* enthaltendes Enzym ist; daß es sich nicht um Ascorbinsäureoxydase (III) handelt, konnte durch verschied. Empfindlichkeit gegen Thioharnstoff gezeigt werden. Die III-Aktivität steigt mit dem Fortschreiten der Samenkeimung, dabei fallen die I- u. II-Aktivitäten ab. Nach Acetonfraktionierung erscheinen I u. II in derselben Fraktion; die II-Aktivität vermindert sich jedoch bei Fraktionierung (partielle Inaktivierung oder spezieller Cofaktorbedarf). Die Ergebnisse zeigen, daß dasselbe Enzym wahrscheinlich sowohl red. Diphosphopyridinnucleotid als auch Dihydroxyphenylalanin zu oxydieren vermag. Es scheint, daß das beschriebene

Enzym nicht ident. ist mit bislang beschriebenen *lösl. red. Diphosphopyridinnucleotidoxydasen.* (Nature [London] **182.** 317—18. 2/8. 1958. Jerusalem, Hebrew Univ., Bot. Dep.)
H. GOEBEL. 4210

A. R. P. Paterson und **S. H. Zbarsky,** *Purinsynthese in Suspensionen von Rattendünndarmschleimhaut.* (Vgl. C. **1958.** 4522.) Vff. wiesen nach, daß in Suspensionen von Rattendünndarmschleimhaut eine Synth. von *Purinen* (I) aus *Formiat* (II) u. *Glycin* (III) stattfindet. Die mit ^{14}C-II u. ^{14}C-III durchgeführten Unterss. zeigten, daß zur Bldg. von einem I-Ring zwei Moll. II u. ein Mol. III verwendet werden. Der Hauptanteil der aus II u. III gebildeten I entfiel auf die säurelösl. Fraktion, nur wenig auf die Nucleinsäurefraktion. Innerhalb der Fraktionen waren die spezif. Aktivitäten des *Adenins* wesentlich höher als die des *Guanins.* Die I-Synth. aus II u. III steigt in frischen Präpp. im Verlauf von 4 Std. an u. nimmt dann wegen Rückgang der biol. Aktivität der Präpp. wieder ab. Bekannte Inhibitoren der biol. I-Synth., wie *Glycinamid, Glutamin* u. *4-Amino-5-imidazolcarboxamidin,* hemmen die I-Synth. durch die Dünndarmschleimhaut nicht. In Homogenaten der Schleimhaut wurde eine nur geringe I-Synth. beobachtet, vermutlich weil in derartigen Homogenaten die Atmung der Zellen bald zum Erliegen kommt. Auch in vivo wurde eine I-Synth. aus II in der Intestinalmucosa festgestellt. (Canad. J. Biochem. Physiol. **36.** 755—70. Juli 1958. Vancouver, B. C., Univ. of British Columbia, Dep. of Biochem.)
F. KRUSEN. 4210

Masami Hara und **Takushi Hiramatsu,** *Nucleodepolymerase von Sojabohnensprossen.* Nach der Isolierung u. Reinigung von *Nucleodepolymerase* (I) u. *Ribonucleinsäuredepolymerase* (II) von Phaseolus radiatus, var. typicus, PRAIN wurden mit den Prodd. [Standardenzyme durch 60—80%ig. gesätt. $(NH_4)_2SO_4$-Fällung] Enzymverss. mit folgendem Ergebnis unternommen: Die relative Aktivität stieg bei I auf das 21fache der Standardenzyme, bei II auf das 9fache. — Bei einer Temp. von 70° ist Optimum-p_H für I 4,7, für II 5,0. (Später wurden die Verss. bei 37 u. 40° durchgeführt.) Optimum der Ionenstärke ist für I 0,01, für II 0,05. — Mg^{2+}, Ca^{2+}, Co^{2+} hemmen die Aktivität von I u. II, Mn^{2+} nur die von II. I wird durch Cu^{2+}, Zn^{2+} u. Cystein aktiviert, während II durch sie gar nicht beeinflußt bzw. gehemmt wird. — *Äthylendiamintetraessigsäure* u. *Na-Citrat* hemmen I, aber nicht II; *p-Chlormercuribenzoesäure* u. *monojodsaures Na* haben keinen Einfluß. — Die papierchromatograph. Unters. der durch I abgebauten Prodd. ergab zunächst *Desoxyadenylsäure* u. dann *Desoxyguanylsäure,* bei den II-Abbauprodd. zunächst *3'-Guanylsäure* u. dann *3'-Adenylsäure.* (Seikagaku [Biochemistry]. **30.** 532—39. 25/10. 1958. Osaka Shiritsu-Daigaku, Igaku-Bu, Saikingaku-Kyoshitsu. [Orig.: japan.])
F. MOSSNER. 4210

Maria Assunta Mor, *ATPase-Aktivität des Meerschweinchenherzmuskels.* Es wurde der Einfl. der Ca^{2+}- u. Mg^{2+}-Ionenkonz. auf die Adenosintriphosphatase (I)-Aktivität von Vorhof- u. Kammerhomogenisaten des Meerschweinchenherzens untersucht. Ohne Zusatz aktivierender Kationen ist die I-Wirksamkeit bei p_H 9,2 > bei 6,8. Ca^{2+} beeinflußt bei beiden p_H-Werten die I-Aktivität der Vorhöfe u. Ventrikel in verschied. Weise, Mg^{2+} diejenige von linkem Vorhof u. linker Kammer anders als jene des rechten Herzteils. Herz-I ist hitzeempfindlich u. wird bei 60° in 20 Min. vollkommen zerstört. Nach diesen Befunden kommt die I-Aktivität des Meerschweinchenherzens wahrscheinlich mindestens 2 verschied. Enzymen zu. (Experientia [Basel] **12.** 224—26. 15/6. 1956. Genoa, Inst. of General Pathol.)
K. MAIER. 4210

P. Kertai, T. Gáti, I. Fehér, Gy. Harmos und **F. Kocsis,** *Die Wirkung der Adrenalektomie auf die Adenosintriphosphataseaktivität in Organen der Ratte.* Vff. untersuchen an Albinoratten nach bilateraler Adrenalektomie die Aktivität der *Adenosintriphosphatase* (I) im Muskel, in der Darmmucosa, der Niere u. der Leber. 7 Tage nach der Operation ist die Aktivität von I bei unbehandelten Tieren in den genannten Organen um 35 bis 50% vermindert. Durch tägliche Gaben von 2 mg *Cortison* läßt sich die Aktivitätsabnahme im Muskel u. in der Leber verhindern. (Acta physiol. Acad. Sci. hung. **9.** 285 bis 286. 1956. Budapest, Univ., Med. School, Inst. of Pathophysiol.)
H. SCHIMASSEK. 4210

Kazunaga Fukawa, *Neue Methode zur Bestimmung von anorganischem Phosphat und säurelöslichem Phosphor in der Großhirnrinde.* Nach Hemmung des Stoffwechsels von Rattengroßhirnschnitten durch 10^{-3} mol. *Phenylmercuriacetat* wird *Kreatinphosphat* (I) bei 37° 20 Min. lang stabil gehalten, dann erfolgt Hydrolysierung. Für die Extraktion des säurelösl. P wird CCl_3COOH oder alkoh. *$HClO_4$*-Lsg. benutzt (Temp. unter 0°). Bei der Extraktion von *Phosphormolybdänsäure* (II) mit *Isobutanol* wird die Rk. durch ein Gemisch von 1n H_2SO_4 (1,0 cm^3), 20%ig. $(NH_4)_2SO_4$ (0,5 cm^3) u. W. (3,0) unterbrochen. — Die Absorptionskurve für II ist eingipflig; der Meßbereich der Extinktion erstreckt sich über den Wellenbereich 310—430 mμ. Mit dieser Meth. wurde experimentell zugesetzter P (anorgan.,

I u. Adenosintriphosphat) zu 97—103% wiedergewonnen. (Seikagaku [Biochemistry] **30.** 497—502. 25/10. 1958. Nihon Daigaku, Igaku-Bu, Yakurigaku-Kyōshitsu. [Orig.: japan.])] F. MOSSNER. 4210

M. S. Burstone, *Histochemischer Nachweis der Aktivität saurer Phosphatase in Osteoklasten.* Osteoklasten verschied. Knochen haben hohe Aktivität *saurer Phosphatase*; Osteoblasten haben dagegen *alkal. Phosphatase* mit hoher Aktivität. (J. Histochem. Cytochem. **7.** 39—41. Jan. 1959. Bethesda, Md., National Inst. of Dental Res.) S. DITTMANN-MITZSCHERLICH. 4210

Reinhard L. Friede, *Histochemischer Nachweis von Phosphorylase in Hirngewebe: Beziehung zwischen postmortalen Veränderungen des Neurons und der Phosphorylaseaktivität.* Aus histochem. Bestimmungen sollen nur mit Vorsicht Schlüsse auf die *n. Phosphorylase* (I)-Aktivität gezogen werden; denn während der Aufarbeitung der Gehirnmasse treten morpholog. Veränderungen des Neurons auf, die andere I-Werte finden lassen u. somit ein falsches Bild von der I-Verteilung in der grauen Substanz geben. (J. Histochem. Cytochem. **7.** 34—38. Jan. 1959. Dayton, Ohio, Wright Air Developm. Center.) S. DITTMANN-MITZSCHERLICH. 4210

H. Yoshihama, *Über Phosphorsäurediesterase.* 3. Mitt. *Über Oligophosphodiesterase.* (2. vgl. C. **1959.** 6840.) *Dinatrium-O.O'-p-phenylen-bis-[phenylphosphat]* (I) ist eine aromat. Phosphorsäureverb. mit 2 Diesterbindungen, die enzymat. (Extrakt aus Schweinelungen [II]) zu Monophenylphosphat u. Hydrochinonmonophenylphosphat hydrolysiert werden kann. Dieses Enzym wurde „*Oligophosphodiesterase*" genannt. Wird II, ein Phosphatasegemisch, bei p_H 7 10 Min. auf 100° erhitzt, so wird die Monoesterase unwirksam. Läßt man die erhitzte II-Lsg. auf I einwirken, dann entsteht eine indophenolartige Substanz, aber keine anorgan. Phosphorsäure. Wird nicht erhitzte II-Lsg. bei p_H 8,6 der Zonenelektrophorese unterworfen, dann wandert die *Monophosphodiesterase* nach der Seite des negativen Pols, die Oligophosphodiesterase nach der des positiven Pols, wobei die Wanderungsgeschwindigkeit der Monoesterase schneller ist als die von *Ribonuclease* (III). Pankreas-III hydrolysiert I nicht. (Seikagaku [Biochemistry] **30.** 713—19. 25/12. 1958. Chiba Daigaku, Igaku-Bu, Ikagaku-Kyoshitsu. [Orig.: japan.]) F. MOSSNER. 4210

F. Rossi, A. Bonsignore, E. Reale, E. Vivori und **L. Luzzatto,** *Quantitative Auswertung der Aktivität der alkalischen Glycerophosphatase der Leber während der Entwicklung und des für ihre in vitro-Kultur benutzten Mediums.* Die Aktivität der *alkal. Glycerophosphatase* der Leber embryonaler, junger u. ausgewachsener Hühner wurde mit u. ohne Zugabe von Mg^{2+} bestimmt u. tabellar. angegeben. Sie wurde außerdem in dem Medium bestimmt, das für die in vitro-Kultur von Teilen der Leber benutzt wird. Sie ist dort höher als die Summe der Aktivitäten der Bestandteile von Medium, Plasma u. Embryonalextrakt in TYRODE-Lösung. (J. Histochem. Cytochem. **7.** 17—22. Jan. 1959. Genua, Univ., Inst. of Human Anat., Histol. and Gen. Embryol.) S. DITTMANN-MITZSCHERLICH. 4210

E. G. Brown, *Die Beziehungen des Tricarbonsäurecyclus zur Synthese von α-Aminolävulinsäure in Vogelerythrocytenpräparaten.* In einer Präparation von hämolysierten Hühnererythrocyten wird die Synth. der *α-Aminolävulinsäure* aus *Glycin* durch die folgenden Intermediärprodd. des KREBS-Cyclus in abnehmender Reihenfolge gefördert: *Isocitrat, Citrat, α-Oxoglutarat, Succinat, Oxalylacetat, Malat* u. *Fumarat. Coenzym A* u. *Pyridoxal-5'-phosphat* aktivieren die Synth. aus den genannten Substraten. *ATP* aktiviert die Synth. aus Succinat, hemmt aber schwach die aus Citrat, Isocitrat u. α-Oxoglutarat. Aus den Verss. mit *Fluorcitrat* u. *Parapyruvat* (*γ-Hydroxy-γ-methyl-α-ketoglutarsäure*) sowie aus den Wechselwirkungen zwischen den einzelnen Substraten geht hervor, daß ein intakter KREBS-Cyclus für die Synth. notwendig ist. (Biochem. J. **70.** 313—21. Okt. 1958. London, Univ., Coll. Hosp., Med. School.) H. MATTHIES. 4210

Britton Chance und **Bertram Sacktor,** *Der Atmungsstoffwechsel des Insektenflugmuskels.* 2. Mitt. *Die Kinetik der Atmungsenzyme in Flugmuskelsarkosomen.* (1. vgl. C. **1959.** 835.) Die spektroskop. Unters. isolierter Flugmuskelsarkosomen der Fliege, *M. domestica,* deutet auf eine Zus. der Atmungskette hin, die in vieler Hinsicht derjenigen von Rattenherzmuskelsarkosomen gleicht. In beiden Fällen liegen annähernd gleiche Konzz. der Cytochrom (I)-Komponenten vor. Die Flugmuskelsarkosomen enthalten relativ weniger Flavoprotein (III) als das Säugermaterial. Pyridinnucleotid war spektroskop. nicht nachweisbar. Von zahlreichen geprüften Substraten ergab *α-Glycerinphosphat* (II) die höchste Atmungsgeschwindigkeit (Umsatzzahl von I ca. 20 sec^{-1}, 25°). Ein Vgl. der relativen Aktivität von Substraten zeigte, daß II 10fach wirksamer als *Succinat* (IV), die aktivste der KREBS-Cycluszwischenstufen, war. II dürfte hiernach das Hauptsubstrat für die Aktivierung der Atmungskette beim Flug darstellen. Dem

KREBS-Cyclus kommt vermutlich keine entscheidende Funktion als Substratquelle für die Atmungskette bei Flugstoffwechsel zu. Infolge der relativen Unempfindlichkeit der II-Oxydaseaktivität gegen Amytal dürfte diese Dehydrogenase nicht DPN-gekoppelt sein. Mit **II** als Substrat werden **III** sowie **I***b* u. *c* stufenweise (Dehydrogenase· · · Oxydase) reduziert. Das Ausmaß der Red. mit **II** ist weit größer als das der mit **IV** erzielten. Die Atmungsaktivität der Sarkosomen ausgewachsener Fliegen wird durch Dinitrophenol nicht gesteigert, während etwa 1 mmol. *Dibromphenol* (**V**) die Atmung 2—4fach erhöht. **V**-Zusatz bewirkt spektroskop. nachweisbare Effekte, z. B. Oxydation von **III**, **I***b* u. *c* bei der Fließgleichgewichtskonzentration. Diese Oxydation ähnelt der durch Zusatz von Entkopplungsreagentien zur Atmungskette von Säugermitochondrien u. -sarkosomen hervorgerufenen u. erlaubt die Annahme, daß der Phosphorylierungsmechanismus der Flugmuskelsarkosomen auf der Wrkg. eines Elektronentransportinhibitors, wie er für das Säugersyst. angenommen worden ist, beruht. Adenosindiphosphat beschleunigt weder die Atmungsgeschwindigkeit noch verändert es das Fließgleichgewicht der Atmungsenzyme der Sarkosomen. Möglicherweise erfolgt beim fliegenden Insekt die Atmungskontrolle nicht nur durch die Phosphatacceptor-, sondern auch durch die Substratkonzentration. (Arch. Biochem. Biophysics **76**. 509—31. Aug. 1958. Philadelphia, Pa., Univ., Johnson Foundat. for Med. Phys.; Army Chem. Center, Md., Directorate of Med. Res.) K. MAIER. 4210

Ronald W. Estabrook und **Bertram Sacktor,** *Der Atmungsstoffwechsel des Insektenflugmuskels.* 3. Mitt. *Tieftemperaturspektren der Cytochrome der Flugmuskelsarkosomen.* (2. vgl. vorst. Ref.) Die Unters. der spektralen Eigg. der Farbstoffe aus *Musca domestica*-Flugmuskel isolierter Sarkosomen in fl. N_2 ergab Unterschiede im Cytochrom (**I**)-Geh. gegenüber dem von Herzmuskel- oder Lebermitochondrienpräparaten. Fliegensarkosomen oder aus diesen hergestellte, NaCl-gewaschene (**I***c*-Mangel-) Partikel enthalten kein enzymat. reduzierbares **I**c_1, wie es in Säugermitochondrien durch die Absorptionsbande λ_{max} 554 mμ charakterisiert ist. In Präpp. von NaCl-gewaschenen Partikeln tritt eine von **I***c* verschied. Bande von 551 mμ auf. Werden die Farbstoffe enzymat. in Ggw. von Antimycin A oder durch $Na_2S_2O_4$ red., dann ist ein Pigment mit einer α-Bande λ_{max} 555 mμ beobachtbar. Das Tieftemperaturspektr. aus Fliegenflugmuskel isoliertem u. gereinigtem, mit α-Glycerinphosphat red. **I***c* wird angegeben (λ_{max} 598, 561, 548, 545 mμ) u. die Ähnlichkeit mit demjenigen von gereinigten red. **I***c* aus Herzmuskel gezeigt. (Arch. Biochem. Biophysics **76**. 532—45. Aug. 1958. Philadelphia, Pa., Univ., Johnson Foundat. for Med. Phys.) K. MAIER. 4210

M. Frunder und **I. Miteff,** *Beobachtungen über den Ablauf von Glykolyse und Tricarbonsäurecyclus im Lebergewebe in Abhängigkeit von der Zerstörung der Zellstruktur.* Vff. untersuchen den Geh. an *Glykogen* (**I**), *Pyruvat* (**II**), *Lactat* (**III**) u. *α-Ketoglutarat* (**IV**) in Frischlebern von Mäusen, in Leberhomogenaten u. Homogenaten nach 15 bzw. 60 Min. Incubation im WARBURG-Apparat. Die Frischlebern wurden den Tieren im Zeitraum von 8—10 Sek. entnommen u. in 6%ig. Perchlorsäure im Glashomogenisator nach POTTER-ELVEHJEM homogenisiert. Die im Überstand gemessenen Substratkonzz. betrugen (μMol/g): **I**: 238 $\pm$ 116; **II**: 0,154; **III**: 2,04; **IV**: 0,16. Gegenüber diesen Messungen sind die Konzz. von **II** u. **IV** nach Homogenisieren des Lebergewebes in K u. PO_4^{-3}-reicher RINGER-Lsg. (0°) um 50% u. mehr vermindert. Wird das Homogenat mit Glucose im WARBURG incubiert (O_2-Atmosphäre, 40°), so sinken alle Substratwerte im Zeitraum von 15 u. 60 Min. ab. Die erhaltenen Werte von **III** sind bedeutend niedriger als es der Abnahme von **I** entsprechen würde. Wird das Homogenat mit **II** incubiert, so sind die Werte von **IV** gegenüber den „in vivo"-Verss. bedeutend höher. Bei einer Endkonz. von 0,01 mol. von **II** betragen sie nach 60 Min. das 40—70fache der Ausgangswerte. Die Werte von **III** ändern sich nur wenig. Vff. glauben, daß durch das Homogenisieren des Lebergewebes die Glykolysekette an einer noch nicht näher definierten Stelle gestört wird, der Weg vom Pyruvat zum α-Ketoglutarat dagegen intakt bleibt. (Acta physiol. Acad. Sci. hung. **9**. 53—59. 1956. Leipzig, Karl-Marx-Univ., Physiol.-chem. Inst.; Plowdiw, Höh. med. Inst. „Iwan Petrowitsch Pawlow", Biochem. Abt.)
H. SCHIMASSEK. 4210

Alessandro A. Castellani und **Laura Bianco,** *Vergleichende Untersuchungen über die Succindehydrogenaseaktivität des Metaphysen- und Rippenknorpels junger Kaninchen.* Vff. stellten fest, daß die Succindehydrogenase (**I**)-Aktivität im Metaphysenknorpel (a; Frischgewebe) weit höher lag als im Rippenknorpel (b; Frischgewebe) junger Kaninchen; als Maß der **I**-Aktivität wurde die Menge an durch enzymat. Red. von Triphenyltetrazoliumchlorid gebildetem Formazan (**II**) angesehen: In 30 Min. werden bei 38° von jeweils 1 g Frischgewebe 186 (a) bzw. 33 (b) μg **II** gebildet. (Rend. Ist. lombardo Sci. Lettere, Cl. Sci. mat. natur. **90**. 302—04. 1956. Pavia, Univ., Ist. di Chim. biol.)
H. KOCKERT. 4210

Ernst-Erich Bruchmann, *Die Hemmung einer Aconitase aus Aspergillus niger durch Vitamin D_2.* Nachdem DE LUCA u. STEENBOCK (Science [Washington] **126.** [1957.] 258) bei Nierenzellenmitochondrien von Vitamin-D-arm ernährten Ratten eine Hemmung der Oxydation von *Citrat* (**I**) durch *Vitamin D_2* (**II**) gefunden haben, untersucht Vf. dieselbe Frage an *Aspergillus niger* (NRRL 567). Wss. Lsgg. der *Aconitase* (**III**), die aus Gefriermycel durch Auftauen u. Extraktion bei 5° mit Phosphatpuffer p_H 7,4 erhalten wurden, erfahren durch **II** 87% Hemmung der Wrkg. gegen **I**; nach Reinigung durch mehrfaches Fraktionieren mit $(NH_4)_2SO_4$ wird die Wrkg. der **III** durch **II** (500 γ oder 20000 I.E., Konz. $^1/_{2780}$mol.) nur zu 52% gehemmt. (Naturwissenschaften **45.** 367. 1. Aug.-H. 1958. Berlin, Inst. für Gärungsgewerbe.) A. HESSE. 4210

Yale J. Topper, Alan H. Mehler und **Ben Bloom,** *Spektrophotometrischer Nachweis der Bildung eines Dihydroxyacetonphosphat-Aldolase-Komplexes. Dihydroxyacetonphosphat* (**I**) + Muskelaldolase (**II**) zeigen, gelöst in 0,002mol. Phosphatpuffer, p_H 7,0, zwischen 250 u. 233 mμ starke Absorption, die mit wachsenden **I**- u. **II**-Konzz. zunimmt u. anscheinend auf Bldg. eines **I**–**II**-Komplexes beruht. In den Systemen **I**–Albumin, Glucose-6-phosphat–**II** u. Dihydroxyaceton–**II** ist keine Absorption feststellbar, d. h. es reagieren spezif. **I** u. **II**. DL-Glycerinaldehyd (**III**) zeigt in Ggw. von **II** keine Absorption bei 280 bis 225 mμ. Für die Bldg. eines **I**–**II**-Komplexes spricht die Aufhebung der Absorption bei Zusatz von **III**, der die Katalyse der Hexose-1-phosphatsynth. ermöglicht, so daß sehr wenig **I** für die Komplexbldg. verbleibt. (Science [Washington] **126.** 1287. 20/12. 1957. Bethesda, Md., Nat. Inst. of Arthrit. and Metabolic Diseases.) K. MAIER. 4210

J. J. Zeehuisen, *Über die Glucosebildung in Tier- und Pflanzenzellen aus CO_2, HCOOH, H_2N-CH_2COOH und $H_3C-COOH$.* Die Unterss. von ARONOFF, BARKER u. CALVIN einerseits u. von GIBBS andererseits über die $^{14}CO_2$-Assimilation in Gerstenkeimlingen führten zu entgegengesetzten Vorstellungen über ^{14}C-Verteilung in der bei der Assimilation gebildeten Glucose (**I**). Eine Deutung der Differenzen ist unter der Annahme möglich, daß *Glykolaldehyd* (**III**) u. $^{14}CO_2$ nicht direkt $^{14}C_{(COOH)}$-*Glycerinsäure* geben, sondern zunächst $^{14}C_{(COOH)}$-*Tartronsäuresemialdehyd* (**II**) entsteht. Dessen Red. zu Glycerinaldehyd u. Acyloinkondensation der Triose führen zu $^{14}C_{(3.4)}$-Glucose. Acyloinkondensation von **II** u. Hydrierung der entstandenen Ketozuckersäure führen jedoch zu $^{14}C_{(1.6)}$-Glucose. Wenn **I** im „Assimilationsweg" in Tetrose u. **III** (CO_2-Acceptor) gespalten wird, dann kann mittels der Ribose (**IV**)-bildenden Enzyme sofort eine **IV**-Synth. erfolgen. Bildet sich aus Tetrose u. Triose Heptulose, dann entsteht aus dieser durch Spaltung **IV** u. **III**. Die stufenweise Erweiterung der **I**-Markierung während der Assimilation deutet auf gleichzeitigen **I**-Abbau auf dem „Glucuronsäureweg" hin. Bei der **I**-Bldg. aus $H_3CCOONa$, H_2NCH_2COOH u. HCOOH im tier. Organismus ist **II** vermutlich ebenfalls als Zwischenstufe beteiligt. (Hemera Zoa **64.** 371—89. 1957. Sep. Pusat Balai Peternakau; Bogor, Indonesia.) K. MAIER. 4210

P. J. Randle und **G. Howard Smith,** *Die Regulierung der Glucoseaufnahme durch isoliertes Rattenzwerchfell.* Hemidiaphragmen von weißen Wistarratten, die 18—24 Std. gefastet hatten, werden in geeigneter Salzlsg. mit Bicarbonatpuffer mit 95% O_2 + 5% CO_2 oder mit 95% N_2 + 5% CO_2 begast. *Glucose* (**I**)-Aufnahme u. K-Abgabe des Gewebes werden aus der Best. des **I**- u. K-Geh. der Lsg. berechnet. In der anaeroben Versuchsreihe sind **I**-Aufnahme u. K-Abgabe größer als unter aeroben Bedingungen. In Ggw. von $5 \cdot 10^{-5}$- oder $2{,}5 \cdot 10^{-4}$mol. 2.4-Dinitrophenol, 10^{-3}mol. Na-Arsenit, 10^{-3}mol. NaCN oder Insulin sind **I**-Aufnahme u. K-Abgabe im aeroben Fall erheblich höher. Wahrscheinlich ist die **I**-Aufnahme durch den Muskel direkt oder indirekt von einer oxydativen Phosphorylierung abhängig. (Biochim. biophysica Acta [Amsterdam] **25.** 442—43. Aug. 1957. Cambridge, Univ., Dep. of Biochem.) R. LENSCHAU. 4210

I. Okudera, *Vergleichende biochemische Untersuchungen des Hirnstoffwechsels.* 1. Mitt. *Der Atmungsstoffwechsel des Welsgehirns.* Die Aktivität der inneren Atmung von Gewebeschnitten von Welsgehirn ist ungewöhnlich hoch (Q_{O_2} 4,8 bei 30°), die von Hirnhomogenat niedriger (Q_{O_2} 3,2 bei 30°). Von den benutzten Substraten *Glucose, Brenztraubensäure, Milchsäure, Essigsäure, Citronensäure* (**I**), *α-Ketoglutarsäure* (**II**), *Glutaminsäure, Fumarsäure, Äpfelsäure* (**III**), *Oxalessigsäure* u. *Bernsteinsäure* (**IV**) wirkten atmungsfördernd **IV** > **II** > **I** > **III**. — Welsgehirn hat auch einen hohen Zuckergeh. (60 μMol/g Frischgewicht); der Zucker besteht aus *Glykogen* u. *Glucose,* die bei der endogenen Atmung als Substrat dienen. Die Fähigkeit von Gewebeschnitten von Welsgehirn zur aeroben Glykolyse wird in Ggw. von **IV** erhöht. (Seikagaku [Biochemistry] **30.** 687—93. 25/12. 1958. Gumma Daigaku, Igaku-Bu, Seikagaku-Kyōshitsu. [Orig.: japan.]) F. MOSSNER. 4210

S. Shirayori, *Vergleichende biochemische Untersuchungen des Hirnstoffwechsels.* 2. Mitt. *Über das glykolytische System der Gehirnmitochondrien.* (1. vgl. vorst. Ref.) Ein

Vgl. von Mitochondrien aus den Gehirnen von Ratten (aM) u. Welsen (bM) auf ihre Fähigkeit zur Glykolyse hatte folgendes Ergebnis: Die Atmung von bM ist unter dem Einfl. der benutzten Substrate (*Citronensäure, Brenztraubensäure, Bernsteinsäure* u. *Glutaminsäure* [I]) nach I schwächer als bei aM. Beide Mitochondrienarten haben die Fähigkeit, *Glucose* zu oxydieren. Gewaschene bM zeigen hierbei einen höheren MEYERHOF-Koeff. (3,4 gegenüber 3,0 bei aM). — bM bilden weniger *Milchsäure* (II) als aM, wenn an Stelle von Glucose 30 μmol. *Hexosediphosphat* als Substrat verwendet wird. Während hierbei die Ggw. von 10^{-5} mol. *Triphosphopyridinnucleotid* die II-Bldg. durch aM erhöht, schwächt sie die durch bM ab. — Die intracelluläre Verteilung des glykolyt. Fermentes beträgt bei bM 59% des gesamten Homogenats, bei aM 25%. — Das *Adenosintriphosphatase-Hexokinase*-Verhältnis ist bei bM $<$ aM. Die Hexokinase der bM ist verhältnismäßig stabil. (Seikagaku [Biochemistry] **30.** 694—701. 25/12. 1958. [Orig.: japan.])
F. MOSSNER. 4210

June Findlay, G. A. Levvy und **C. A. Marsh,** *Hemmung von Glykosidasen durch Aldonolactone entsprechender Konfiguration.* 2. Mitt. *Inhibitoren von β.N-Acetylglucosaminidase.* (1. vgl. C. **1957.** 8544.) Die Darst. von *2-Acetamido-2-desoxygluconolacton* (I, *N-Acetylglucosaminolacton*) wird beschrieben. I u. *2-Acetamido-2-desoxygalaktonolacton* (II, *N-Acetylgalaktosaminolacton*) sind sehr starke kompetitive Inhibitoren von *β.N-Acetylglucosaminidase* (III) aus Rattenepididymis. III aus der Schnecke Patella vulgata wird durch I u. II ebenfalls, aber weniger stark, gehemmt. In hoher Konz. wirkt I, aber nicht II, auch hemmend auf *α.N-Acetylglucosaminidase.* Die durch Alkalibehandlung von I u. II erhaltenen freien Säuren hemmen III nicht. II ist in wss. Lsg. oder in Puffer bei physiol. p_H beständiger als I. Die Lactone u. ihre freien Säuren erleiden in wss. Lsg. Umwandlungen; aus II entstand dabei ein stärkerer, aber weniger stabiler Inhibitor, wahrscheinlich das *1.5-Lacton.*

Versuche: *β-Glucosaminpentaacetat,* F. 185—186°; durch Zugabe von 20 g feingepulvertem Glucosaminhydrochlorid in 30 Min. zu 16,6 g wasserfreiem $ZnCl_2$ in 106 ml Acetanhydrid (Schütteln, Temp. bei 45—55° halten), nach weiteren 15 Min. Lsg. in 140 ml W. von 0° unter Rühren eingießen, 64 g NaOH in 200 ml W. innerhalb von 30 Min. zusetzen (Temp. 40—50°) u. bei 0° stehenlassen; $[\alpha]_D^{22}$ +1,5° in Chlf. (c = 4); 10 g (Ausbeute). — *p-Nitrophenyl-N-acetyl-β-glucosaminidtetraacetat,* F. 233°; aus 20,6 g vorst. Verb., 24,6 g p-Nitrophenol u. 0,14 g p-Toluolsulfosäure durch 2 std. Schmelzen bei 120°, dann Chlf. zusetzen, bei 0° mit W., dann 0,1n NaOH waschen, bis die wss. Phase von Gelb in Dunkelbraun umschlägt, dann nochmals mit W. waschen, über $CaCl_2$ trocknen u. einengen; aus A./Chlf. 1 : 1 umlösen; $[\alpha]_D^{20}$ —40° (c = 0,5; Aceton); 8,8 g. — *p-Nitrophenyl-N-acetyl-β-glucosaminid,* F. 210°; aus 13,2 g vorst. Verb. in CH_3OH/Chlf. 1 : 1 mit 7,3 ml 0,1n $NaOCH_3$ in CH_3OH (aufkochen, dann 12 std. Stehen bei 0°); $[\alpha]_D^{22}$ —18° (c = 1; Aceton/W. 1 : 1); 8,9 g. — *2-Acetamido-2-desoxygluconolacton,* $C_8H_{13}NO_6$, aus 3,1 g Glucosaminsäure in 26 ml 10%ig. NaOH mit 8 ml Acetanhydrid, nach 15 Min. mit verd. H_2SO_4 auf p_H 2—3 stellen, zur Trockne eindampfen, harzige M. 1 Std. auf 100° im Vakuum halten, dann mit A. extrahieren; nicht krist. Pulver; in wss. Lsg. unbeständig; 3,3 g. Oder aus 1 g N-Acetylglucosamin (IV) in W. mit 0,2 g Pt-Katalysator beim Durchleiten von O_2 bei 40—45°; 0,14 g. Oder aus 3 g IV mit frisch hergestelltem HgO in W. bei 100°; 1,8 g. — *Galaktosaminsäure,* aus 1,22 g Galaktosaminhydrochlorid in W. mit HgO auf dem Dampfbad; 276 mg. — *2-Acetamido-2-desoxygalaktonolacton,* $C_8H_{13}NO_6$, F. 168—169° (Zers.); aus 314 mg vorst. Verb. in NaOH mit Acetanhydrid, dann mit verd. H_2SO_4 auf p_H 2,5 stellen, eindampfen u. mit A. extrahieren; aus A. umlösen, glasiger Nd.; $[\alpha]_D^{22}$ —24° (c = 1; W.); 39%. (Biochem. J. **69.** 467—76. Juli 1958. Bucksburn, Aberdeenshire, Rowett Res. Inst.) H. GOEBEL. 4210

Winifred M. Watkins, *Enzyme von Trichomonas foetus. Die Wirkung von zellfreien Extrakten auf Blutgruppensubstanzen und Glykoside mit niedrigem Molekulargewicht.* Zellfreie Extrakte aus *Trichomonas foetus* (einer auf Glucoseserum 48 Std. bei 37° gezüchteten Flagellate) enthalten Enzyme (I), welche die serolog. Eigg. von menschlichen, in W. lösl. A-, B-, H- u. Le^a-Blutgruppensubstanzen oftmals bei p_H 6—7 zerstören. Dialyse führt zum Verlust dieser Wrkg., die jedoch durch Zusatz von Salzen wiederhergestellt werden kann. Die auf A, B u. H wirkenden I sind gegen Erwärmen auf 55° (30 Min.) stabil, während das auf Le^a wirkende I dabei stark inaktiviert wird. — Incubation (18 Std., 37°) der vier Blutgruppensubstanzen mit T. foetus-Extrakten führt zu 20% reduzierenden Zuckern, unter Freisetzen von *Fucose, Galaktose* u. *N-Acetylglucosamin.* — Die Ggw. von *α-* u. *β-Galaktosidasen-* (Optima: p_H 5,7—6,6 bzw. 6,3—6,6) *N-acetylglucos-*(bzw. *galaktos*)*-aminidasen* (Optima: p_H 7,0—7,2 bzw. 6,0), *Fucosidasen* (welche nur die Oligosaccharide der Milch, nicht aber synthet. Fucoside spalten), *Glucosidasen* (welche Maltose, Cellobiose, Methylglucoside, nicht aber Arabino-

side, spalten) wurden nachgewiesen. *Rhamnoside* werden gespalten, nicht aber Mannoside. (Biochem. J. **71.** 261—74. Febr. 1959. London, Lister Inst. of Preventive Med.)
A. HESSE. 4210

Marvin D. Siperstein und **Violet M. Fagan,** *Die Bedeutung der Glykolyse für die Synthese von Fettsäuren und Cholesterin bei normalen und diabetischen Ratten.* Vff. incubieren zellfreie Leberhomogenate von n. u. alloxandiabet. Ratten in 0,1 mol. K_2HPO_4-Puffer unter aeroben Bedingungen (95% O_2, 5% CO_2) in Ggw. von *Glucose-6-phosphat* (18·10^{-3}mol.) mit Cofaktoren {*Diphosphopyridinnucleotid* [I, 0,7·10^{-3}], *Triphosphopyridinnucleotid* [II, 0,7·10^{-3}] sowie *Isocitrat* [III, 18·10^{-3}]} bzw. $^{14}C_{(1)}$-*Acetat* (IV, 1,9·10^{-3}) u. ermitteln die gebildeten Mengen Fettsäure (V) u. Cholesterin (VI) durch Best. des eingebauten ^{14}C. Es wird festgestellt, daß Homogenate n. Ratten selbst bei Abwesenheit von Cofaktoren **V** in merklichen Anteilen synthetisieren. Stimulierung der EMBDEN-MEYERHOF-Glykolyse (G) durch **I** erhöht die **V**-Bldg. um das 2—3fache, während Anregung der Hexosemonophosphatoxydation (O) durch **II** eine 30—100fache Steigerung der **V**-Synth. hervorruft. Wird nur O stimuliert, so wird die **VI**-Bldg. um das 40—100fache erhöht. Dagegen wird im Gegensatz zur **V**-Synth. die **VI**-Synth. durch gleichzeitige Stimulierung von O u. G unterdrückt. Die Ergebnisse zeigen, daß bei G die nach O abgebaute *Glucose* (**VII**) für die Wrkgg. der Glykolyse auf die Steigerung der **V**- u. **VI**-Synth. in der Leber verantwortlich ist. Diese Befunde werden durch die Annahme erklärt, daß das nur bei O gebildete *red.* **II** (**IIa**) für die **V**-Bldg. beim Übergang von *Crotonyl*-Co-A- in *Butyrol*-Co-A-Ferment benötigt wird. **IIa** wird auch bei der **VI**-Biogenese verbraucht, da das **IIa** bildende Syst. **III** + **II** die **V**- u. **VI**-Synth. stimuliert. Bei alloxandiabet. Ratten beruht die Hemmung der **V**-Bldg. auf einem Fehlen der **VII**-Oxydation nach O. Stimulierung des O-Schemas führt auch hier zu n. **V**-Werten; die **VI**-Synth., die auch in diesem Falle durch O-Anregung gesteigert wird, zeigt kein Absinken bei gleichzeitiger Ggw. von G. Die erniedrigte Lipogenese wird bei solchen Ratten auf einen **IIa**-Mangel zurückgeführt, der sich durch das **III** + **II**-Syst. beheben läßt. Aus den Versuchsergebnissen wird geschlossen, daß die diabet. Acidose durch eine Accumulation von Ketonkörpern (*β-Oxybutter-* u. *Acetoessigsäure*) charakterisiert ist, die als **V**-Vorstufen der blockierten, **IIa** verbrauchenden Co-A-Ferment-Rk. vorangehen. (Science [Washington] **126.** 1012—13. 15/11. 1957. Dallas, Texas, Univ. of Texas, Southwestern Med. School, Dep. of Int. Med.)
P. FAHRNLAENDER. 4210

John H. Pazur, Jean M. Marsh und **Carl L. Tipton,** *Cosubstratspezifität der Transgalaktosylase von Saccharomyces fragilis.* Es wird gezeigt, daß ein Enzympräp. aus Saccharomyces fragilis (C. **1959.** 7424) den Galaktosylrest von ^{14}*C-Lactose* (**I**) auf andere Zucker übertragen kann, so daß neue *Oligosaccharide* (**II**) gebildet werden. Nach 4std. Bebrütung des Enzyms bei 30° mit **I** u. den Cosubstraten *Saccharose* (**III**), *Planteose* (**IV**), *Raffinose* oder *Glucosamin* (**V**) konnten papierchromatograph. **II** nachgewiesen u. nach Säurehydrolyse teilweise identifiziert werden. Aus **III** wurde ein Trisaccharid erhalten, das **IV** isomer ist u. aus **V** ein *Aminozuckeroligosaccharid. D-Sorbit, Lactobionsäure, Glucuronsäure* u. *Gluconsäure* erwiesen sich als kompetitive Inhibitoren des Enzyms. (J. biol. Chemistry **233.** 277—79. Aug. 1958. Lincoln, Nebr., Univ. of Nebraska, Dep. of Biochem. and Nutrit.)
F. RADLER. 4210

W. Brock Neely, *Untersuchungen über das Enzym Dextransaccharase.* 1. Mitt. *Die Wirkung des* p_H *auf die Enzymaktivität.* Die unter der Einw. von Dextransaccharase (I; aus *Leuconostoc mesenteroides,* NRRL B 512 F) verschied. Konzz. neben *Dextran* (**II**) aus *Saccharose* (**III**) bei 30° in 1 Std. gebildete *Fructose* (**IV**) wurde bestimmt. Es zeigte sich, daß die als Maß der Aktivität von **I** anzusehende anfängliche Bildungsgeschwindigkeit (BG) der **IV** von der Konz. von **I** linear abhängig ist, sofern kein Aktivator u. Inhibitor für **I** vorhanden ist, u. daß die Gerade den Koordinatennullpunkt schneidet. Bei Verss. bei verschied. p_H-Werten (Maleinatpuffer) lag das p_H-Optimum für die **I**-Wrkg. bei 5,2—5,5. Nach Berechnung der MICHAELIS-Konstanten K_M zwischen p_H 4,5 u. 8,2 ergab sich das Optimum bei K_M zu 30 mM. Weiter ließen sich aus der p_H-Abhängigkeit von BG bzw. K_M die Dissoziationskonstanten für das Enzym u. sein **III**-Addukt berechnen. Für die Gleichgewichts-Rk. $I \cdot H_2 \rightleftharpoons I \cdot H + III$ ergab sich p_{KaE} zu 5,1; für $I \cdot H_2 \cdot III \rightleftharpoons I \cdot H \cdot III$ war $p_{KaES} = 4{,}9$. Diese Werte gehören offensichtlich zu einer COOH-Gruppe. Für das Gleichgewicht $I \cdot H + III \rightleftharpoons I$ war $p_{KbE} = 5{,}5$; für $I \cdot H \cdot III \rightleftharpoons I \cdot III$ war $p_{KbES} = 5{,}7$. In Analogie zu Unterss. von GUTFREUND (vgl. C. **1957.** 7971) ist anzunehmen, daß diese Konstanten einer Imidazolgruppe zuzuschreiben sind. Diese beiden bei der enzymat. Wrkg. von **I** beteiligten funktionellen Gruppen dürften zueinander so gelagert sein, daß ein Angriff auf die glucosid. Bindung von **III** möglich ist. (J. Amer. chem. Soc. **80.** 2010—13. 20/4. 1958. Midland, Mich., Dow Chemical Co., Biochem. Labor.)
W. WILLENBERG. 4210

W. Brock Neely, *Inhibierung von Dextransaccharase durch überschüssiges Substrat.* (Vgl. vorst. Ref.) An Saccharose-Lsgg. von 20—1000 mMol/Liter wurde die Anfangsgeschwindigkeit der Bldg. von *Dextran* mittels Dextransaccharase bei 30° u. p_H 5,0 (0,1 mol. Acetatpuffer) bei ½ std. Reaktionszeit durch Best. der entstandenen *Fructose* gemessen. Die dabei gefundenen Werte zeigten gute Übereinstimmung mit der theoret. Kurve, die sich aus der Gleichung $S/v = K_m/V + S/V + S^2/VK_{ss}$ ergab (v = Anfangsgeschwindigkeit, V = maximale Anfangsgeschwindigkeit = 0,35 mg Fructose/0,2 ml Enzym/½ Std., K_m = MICHAELIS-Konstante = 35 mMol, K_{ss} = Gleichgewichtskonstante = 3900 mMol). Durch die Unterss. wird die schon früher geäußerte Annahme bekräftigt, daß das überschüssige Substrat die enzymat. Rk. hemmt. (Nature [London] **182.** 1007—08. 11/10. 1958. Midland, Mich., Dow Chemical Co., Biochem. Res. Labors.)
W. WILLENBERG. 4210

E. L. Rosenfeld und **I. S. Lukomskaya,** *Die Spaltung von Dextran und Isomaltose durch tierische Gewebe.* Zerkleinerte Rindermilz wurde 2—3 Std. mit dem gleichen Gewicht 0,2n Acetatpuffer (p_H 4,8) extrahiert, das Zentrifugat zur Spaltung der Leberpolysaccharide der Autolyse überlassen, dialysiert u. aus der Lsg. der bei 30—50%ig. Sättigung mit $(NH_4)_2SO_4$ abscheidbare Anteil abgetrennt u. durch Dialyse u. Fällung mit $(NH_4)_2SO_4$ weiter gereinigt. Die so — auch aus der Milz von Kaninchen, Ratten u. Hunden — gewonnene *Dextran-1.6-glucosidase* (**I**) besitzt ein p_H-Optimum von 4,8, bei dem sie in der Kälte monatelang haltbar ist. Verss. mit den *Dextran* (**II**)-Präpp. *Intradex, Macrodex* u. *Polyglucin* zeigten, daß **I II** zu nur 25—30% in 4 Tagen zu spalten vermochte. Offenbar kann **I** die 1.4- u. 1.3-Bindungen im **II** nicht angreifen. Es wurden durch bis zu 3malige Behandlung mit **I** nicht weiter spaltbare „Grenzdextrane" erhalten, deren verschied. Abbaugrad von der Struktur der Ausgangssubstanz abhängen dürfte. Von den verschied. **I**-Präpp. waren die aus Milz u. Leber am aktivsten, etwas weniger die aus Lunge u. Niere u. am wenigsten die aus Muskelgewebe. Aus Blut ließ sich kein **I** erhalten. Im Gegensatz zu Milz-**I** war Leber-**I** bei p_H 7 noch akt., doch nicht lange haltbar. Gehirn-**I** war auch bei p_H 4,8 sehr unbeständig. NaCl, Mg^{2+} bzw. NaF wirkten weder aktivierend noch inaktivierend auf **I**. Die **I**-Wrkg. geht nicht über eine Phosphorolyse vor sich. Als einziges niedermol. Spaltprod. erscheint *Glucose.* — *Isomaltase* (**III**) wurde analog **I** gewonnen, doch wurde dabei die aus Leber, Niere, Muskeln u. Milz von Kaninchen gewonnene Gewebe-Fl. auf p_H 6,5—7 eingestellt u. das gefällte Enzym bei p_H 7 u. 0° aufbewahrt. Unter diesen Bedingungen büßte **III** seine dextranspaltende Eig. binnen 6 Tagen ein, ohne die Fähigkeit, Isomaltose in Glucose zu spalten, einzubüßen. Bei den Verss. mit **III** wurde Isomaltose bei p_H 7 u. 35° behandelt. **III** konnte durch Fraktionierung mit $(NH_4)_2SO_4$ von Maltase getrennt werden. (Clin. chim. Acta [Amsterdam] **2.** 105—14. April 1957. Moskau, Labor. für physiol. Chem. der Akad. der Wiss. der UdSSR.)
W. WILLENBERG. 4210

Clement L. Markert und **Robert L. Hunter,** *Die Verteilung von Esterasen in Geweben der Maus.* Mit Hilfe der Zonenelektrophorese in Stärkegel wurden aus verschied. Geweben der Maus mindestens 10 verschied. *Esterasen* abgetrennt u. durch ihre Substrat- u. Hemmungsspezifitäten teilweise charakterisiert. (J. Histochem. Cytochem. **7.** 42—49. Jan. 1959. Univ. of Michigan, Med. School, Dep. of Biol.)
S. DITTMANN-MITZSCHERLICH. 4210

Jack A. Pritchard und **Russell Weisman jr.,** *Cholinesteraseaktivität der Erythrocyten während der normalen Schwangerschaft und während megaloblastischen und anderen Schwangerschafts- und Wochenbettanämien.* Während der Schwangerschaft kommt es zum Anstieg der *Erythrocytencholinesterase*-Aktivität (**I**). Zwischen Reticulocytenanstieg nach antianäm. Behandlung u. **I** besteht keine Korrelation. Die Messung von **I** erlaubt deshalb keinen Rückschluß auf die Funktion des Knochenmarks. (J. Lab. clin. Med. **47.** 98—107. Jan. 1956. Cleveland, Ohio, Univ. Hosp.)
H. MATTHIES. 4210

G. de Sandre und **G. Ghiotto,** *Über die Bedeutung der Acetylcholinesterase der Erythrocyten.* Vff. weisen in ihren Unterss. das Vorhandensein einer akt. *Acetylcholinesterase* in der Membran der Erythrocyten nach. Sie nehmen an, daß die Aktivität u. die Verbreitung des Enzyms mit der Erythrocytenoberfläche u. dem Phospholipoidgeh. des Stromas in Beziehung steht. Es spielt hier für die Intensität der Enzymaktivität auch die Geschwindigkeit der Erneuerung dieser Stromaphospholipoide eine Rolle. (Helv. med. Acta **25.** 235—41. Juni 1958. Padua, Univ., Pathol.-medizin. Inst.)
G. MAYR. 4210

A. F. Baradi und **G. H. Bourne,** *Histochemische Lokalisierung von Cholinesterase im Geschmacks- und Geruchsepithel. Cholinesterase* wird an verschied. Stellen des Geschmacks- u. Geruchsepithels des Kaninchens histochem. nachgewiesen. — 18 Abbildungen. (J. Histochem. Cytochem. **7.** 2—7. Jan. 1959. Atlanta, Geo., Emory Univ., Dep. of Anat.)
S. DITTMANN-MITZSCHERLICH. 4210

D. Vincent und **G. Segonzac**, *Einfluß der Elektrophorese auf die Hemmung der Serumcholinesterase durch Eserin. Cholinesterase* (**I**; bestimmt nach eigener Meth. durch Einw. von Hydroxylamin + $FeCl_3$ auf Acetylcholin bei 38° u. Best. der gebildeten Rosafärbung) wird durch *Eserin* (**II**) gehemmt. Der **I**-**II**-Komplex läßt sich durch Papierelektrophorese oder Elektrophorese im App. „Elphor V" nach Grassmann u. Hanning trennen. Dabei erlangt **I** aus menschlichem Serum, die durch **II** total gehemmt ist, ihre Aktivität zurück; die **I**-Aktivität findet sich in einer zwischen α- u. β-Globulin gelegenen Zone, ebenso wie das bei **I** ohne vorherige **II**-Behandlung der Fall ist. **II**, das zum Serum zugefügt wurde, wandert im entgegengesetzten Sinne in Richtung zum negativen Pol. — Die **I**—**II**-Bindung scheint demnach eine leicht dissoziierbare Anion/Kation-Bindung zu sein. (C. R. Séances Soc. Biol. Filiales **151**. 787—90. 31/10. 1957. Toulouse, Fac. de Méd. et Pharm., Labor. de Matière médicale.) A. Hesse. 4210

A. A. Castellani, R. Cortinovis und **V. Pedrini**, *Vorkommen von Hexosaminsynthetase im Knochencallus.* Vff. stellten fest, daß im Knochencallus (Tibia- u. Femurfraktur) von Kaninchen Hexosaminsynthetase (**I**)-Aktivität in merklicher Höhe (Bldg. von 400 γ Hexosamin in 1 g Callus innerhalb von 3 Tagen) vorkommt. Wie Vergleichsunterss. ergaben, lag im Metaphysenknorpel von weniger als 4 Wochen alten Tieren eine ca. 2fach höhere **I**-Aktivität vor. — Aus diesen Ergebnissen glauben Vff. ableiten zu können, daß das Enzym an Bldg. u. Regeneration von Knochengewebe teilhat. (Rend. Ist. lombardo Sci. Lettere, Cl. Sci. mat. natur. **90**. 169—71. 1956. Pavia, Univ., Istt. di Chim. biol. e di Patol. chirurg. e Propedeut. clin.) H. Kockert. 4210

Alessandro A. Castellani und **Pierfranco Schiatti**, *Über den möglichen Einbau von in vitro synthetisiertem Hexosamin in das Chondroitinsulfat des Metaphysenknorpels.* (Vgl. vorst. Ref.) Mit *Hexose-6-phosphat* u. *Glutamin* incubierte Metaphysenknorpelhomogenate junger Kaninchen sind in der Lage, Hexosamin zu synthetisieren u. in die im Knorpel vorkommenden komplexen Moll. (wahrscheinlich Chondroitinsulfat) einzubauen. (Rend. Ist. lombardo Sci. Lettere, Cl. Sci. mat. natur. **90**. 343—47. 1956. Pavia, Univ., Ist. di Chim. biol.) H. Kockert. 4210

Kō Tomobe, *Einfluß des Toxopyrimidins auf die Glutaminsäuredecarboxylase des Gehirns.* (Vgl. C. **1959**. 6843.) Zur Feststellung der antagonist. Wrkg. von *Toxopyrimidinphosphat* (**I**) u. *Pyridoxalphosphat* (**II**) diente als *Glutaminsäuredecarboxylase* (**III**) Hirnhomogenat von Mäusen mit *Pyridoxin* (**IV**)-Mangel (**IV**-Mangel bewirkt eine 40%ig. **III**-Aktivitätshemmung, die durch Zusatz von 10^{-6}mol. **II** bei gesunden Mäusen aufgehoben werden kann). Bei 30 Min. Präincubation des Homogenats nach Zusatz von 10^{-2}mol. **I** kommt es zu einer ca. 60%ig. **III**-Aktivitätshemmung, die ebenfalls durch 1 Teil **II** auf 1000 Teile **I** zu beseitigen ist. — Bei Benutzung von Hirn- oder Leberhomogenaten, bei denen **I** durch Präincubation mit *Adenosin-* oder *Inosintriphosphat* phosphoryliert wurde, kommt es zu keiner **III**-Hemmung. Dagegen tritt eine solche auf, wenn Leberhomogenat nur mit **I** incubiert wird. — Subcutane Injektion von 0,3 mg *2-Methyl-4-aminopyrimidin-5-aldehyd* senkte bei gesunden Mäusen die **III**-Aktivität nicht. (Seikagaku [Biochemistry] **30**. 511—15. 25/10. 1958. Tōkyō, Jikeikai-Ika-Daigaku, Ikagaku-Kyōshitsu. [Orig.: japan.]) F. Mossner. 4210

Stanley Reitman und **Sam Frankel**, *Eine colorimetrische Methode zur Bestimmung von Glutaminsäure–Oxalessigsäure-Transaminase und Glutaminsäure–Brenztraubensäure-Transaminase im Serum.* Es handelt sich um eine Vereinfachung der Meth. von Tonhazy, White u. Umbreit (C. **1951**. I. 2169). Bei dieser Meth. wird die im Syst. *l-Asparaginsäure* + *α-Ketoglutarsäure* (**I**) neben der *Glutaminsäure* (**II**) gebildete *Oxalessigsäure* (**III**) mittels Anilincitrat in *Brenztraubensäure* (**IV**) übergeführt, worauf dann **IV** in das 2.4-Dinitrophenylhydrazon übergeführt, das gefärbte Hydrazon mittels Toluol extrahiert u. colorimetr. bestimmt wird; die durch *Transaminase* aus **I** + Alanin neben **II** gebildete **IV** wird in gleicher Weise direkt bestimmt. Vff. beschreiben eine Arbeitsweise, bei der auf Ausfällen der Proteine, Umwandlung in **IV** sowie Extraktion der gefärbten Verb. verzichtet werden kann; es wird von den Unterschieden Gebrauch gemacht, welche in der Absorption der alkal. Lsgg. der 2.4-Dinitrophenylhydrazone von **I, II** u. **IV** bei 505 mμ bestehen. Hierzu wird nach der Incubation zu je 1 cm^3 Substrat–Enzym-Gemisch 1 cm^3 einer Lsg. von 2.4-Dinitrophenylhydrazin zugesetzt (wodurch die Rk. unterbrochen wird); nach mindestens 20 Min. Stehenlassen werden 10 cm^3 0,4n NaOH unter gutem Durchmischen zugesetzt u. nach genau 30 Min. (bei 20—30°) die opt. Dichte bei 505 mμ ermittelt. Zum Vgl. dient eine mit **IV** + **I** ermittelte Standardkurve. — Die mit dieser als Routinemeth. geeigneten Meth. erhaltenen Werte stimmen mit den nach Karmen u. Mitarbeitern (C. **1955**. 8180) erhaltenen Werten überein. (Amer. J. clin. Pathol. **28**. 56—63. Juli 1957. St. Louis, Mo., Jewish Hosp. of St. Louis, Res. Inst., Med. and Labor. Sect.) A. Hesse. 4210

Murray Chinsky, George L. Shmagranoff und **Sol Sherry,** *Serum-Transaminaseaktivität.* (Vgl. C. **1958.** 2465.) Best. der *Glutaminsäure-Oxalessigsäure-Transaminase*-Aktivität bei 400 Patienten mit verschied. Erkrankungen. Erhöhung wurde gefunden bei akutem Myocardinfarkt mit einem Maximum der Aktivität 24 Std. nach dem Auftreten der ersten Schmerzen, bei Hepatitis, Ikterus u. Pankreatitis sowie bei sehr schnellen Formen von Arrhythmien. (J. Lab. clin. Med. **47.** 108—18. Jan. 1956. St. Louis, Jewish Hosp., Div. of Med. Serv.) H. MATTHIES. 4210

Serge Lissitzky, Marie Roques und **Marie-Thérèse Bénévent,** *Chemische (System Ascorbat–Ferriion) und enzymatische (Polyphenoloxydase) Oxydation von Tyrosindipeptiden.* Polyphenoloxydase (**I**; aus *Psalliota campestris*; elektrophoret. u. im Sedimentationsverh. homogen) katalysiert die Oxydation von Gly-L-Tyr (**IV**), L-Leu-L-Tyr (**V**) u. deren Äthylester zu den entsprechenden Dihydroxyphenylalanin (**II**)-Analogen *Gly-3.4-***II** u. *Leu-3.4-***II** (bzw. deren Estern). Die Oxydierbarkeit dieser Substrate nimmt bei p_H 5,8 nach Tyrosin (**III**) $\gg$ **IV** $\gg$ **V** $>$ **IV**-Äthylester $>$ **V**-Äthylester ab. Blockierung der **III**-NH_2- u. -COOH-Gruppe setzt die enzymat. Oxydierbarkeit erheblich herab. Die **II**-Dipeptide sind auch durch Einw. des Syst. Ascorbat–Fe^{3+} auf **III**-Dipeptide oder deren Äthylester erhältlich (Ausbeute ca. 50%). Das gleiche Syst. wirkt auch auf Gly-Phe u. Ala-Phe u. führt zu den entsprechenden *2.3-* u. *3.4-***II** enthaltenden Dipeptiden. Trotz der Identität einiger chem. u. enzymat. gebildeter Prodd. sind die Wirkungsmechanismen beider Syst. verschieden, denn bei der enzymat. Oxydation werden die **II**-Dipeptide unter Bldg. eines rosafarbenen Farbstoffs verbraucht (Bldg. von trihydroxylierten Verbb.?). (C. R. Séances Soc. Biol. Filiales **151.** 352—55. 5/9.1957. Marseille, Fac. de Méd. et de Pharmacie, Labor. de Chim. biol.) K. MAIER. 4210

R. Bruce Martin und **Carl Niemann,** *Die Natur des bei kristallisiertem α-Chymotrypsin beobachteten Enzymleerwerts.* α-Chymotrypsin (**I**) bildet in wss. Lsgg. bei 25° u. p_H 7,90 in Abwesenheit eines Zusatzes von spezif. Substrat mit meßbarer Geschwindigkeit saure Reaktionsprodukte. Die Geschwindigkeit dieser „Leer-Rk." wird durch Zusatz kompetitiver **I**-Inhibitoren verringert. Die bei der „Leer-Rk." gebildeten sauren Reaktionsprodd. sind unbekannt. Sie werden durch Selbstspaltung von **I** oder wahrscheinlicher aus einem im **I**-Präp. enthaltenen Substrat gebildet. Die „Leer-Rk." wurde mit Hilfe kompetitiver **I**-Inhibitoren ohne Zusatz eines spezif. Substrats untersucht. Die Enzyminhibitorkonstanten K_F wurden für *Nicotinyl-D-tryptophanamid* u. *Indol* in 0,02 mol. NaCl-Lsg. zu $1{,}9 \pm 0{,}1$ bzw. $1{,}4 \pm 0{,}1 \cdot 10^{-3}$ mol. ermittelt; mit Zusatz spezif. Substrats ergab sich $1{,}6 \pm 0{,}3$ bzw. $0{,}8 \pm 0{,}2 \cdot 10^{-3}$ molar. (Biochim. biophysica Acta [Amsterdam] **26.** 634—35. Dez. 1957. Pasadena, Calif., Inst. of Technol., Gates and Crellin Labors. of Chem.) K. MAIER. 4210

Seymour W. Milstein und **Leonard H. Driscoll,** *Oxydation von albumingebundenem $^{14}C_{(1)}$-Palmitat durch das Fett- und Lebergewebe der Ratte.* In vitro-Verss. zeigen, daß die Oxydationsaktivität des Rattenfettgewebes $^1/_8$ vom Lebergewebe bei Anwendung von albumingebundener *$^{14}C_{(1)}$-Palmitinsäure* beträgt. Das frei werdende $^{14}CO_2$ wird als $BaCO_3$ bestimmt. Durch subcutane Injektion einer 10%ig. Alloxanmonohydratlsg. erzeugte Diabetes u. Hungern führten zur Erschöpfung des Fettdepots. Insulin hemmt Fettsäureoxydation in der Leber, läßt aber den Katabolismus im Fettgewebe unbeeinflußt. (J. biol. Chemistry **234.** 19—21. Jan. 1959. Fort Sam Houston, Texas, US Army Surg. Res. Unit, Brooke Army Med. Center.) U. GERHARDT. 4210

Guido Majno und **Manfred L. Karnovsky,** *Eine biochemische und morphologische Untersuchung der Myelinablagerung und des Myelinabbaus.* 1. Mitt. *Lipoidbiosynthese in vitro durch normales Nervengewebe.* Frisch präpariertes Nervengewebe (70—100 mg) von erwachsenen männlichen Ratten, wie die großen peripheren Nerven, graue Substanz aus dem Gehirn u. weiße Substanz aus dem Rückenmark, wurde in der WARBURG-App. in KREBS-RINGER-Phosphatlsg. + Glucose unter gesondertem Zusatz von *^{32}P-Phosphat* (**I**), *$^{14}C_{(1)}$-Acetat* (**II**), *^{14}C-Glycerin* (**III**), *^{14}C-Glucose* (**IV**) u. *$^{14}C_{(1,2)}$-Cholin* (**V**) 4 Std. bei 37° incubiert. Anschließend wurden die Lipoide aus dem homogenisierten Material mit Chlf.-Methanol extrahiert, gewogen u. auf die Radioaktivität untersucht. Die graue Substanz zeigte mit einem Lipoidgeh. von 3,7% die stärkste O_2-Aufnahme mit 218 μl O_2/100 mg/Std. u. ausgiebigste Verwertung der im Substrat angebotenen markierten Verbb. in der Reihenfolge **I, III, V, IV, II**. Die weiße Substanz mit einem Lipoidgeh. von 13,6% u. einer O_2-Aufnahme von 86 μl zeigte entsprechend geringere Verwertung der markierten Verbb. in der Reihenfolge **I, III, II, V, IV**. Die periphere Nervensubstanz wies bei einem Lipoidgeh. von 9,0% eine O_2-Aufnahme von 32,5 μl auf. Hier war die Verwertung der markierten Verbb. mit Vorrang von **II** wieder erhöht. Am Nervus sciaticus fiel die Atmung u. Acetataufnahme vom proximalen zum distalen Ende ab. Bei jungen Tieren erreichte die Respiration u. die lipogene Tätigkeit (Acetataufnahme) mit 20 Tagen die höchsten Werte. Ähnlich waren die Ergebnisse bei der grauen Substanz. Während das Gewicht der peripheren Nerven entsprechend demKörpergewicht zunahm, zeigte das Gehirn in den ersten 40 Tagen bes. starkes Wachstum. Aus den histolog. Befunden ergab sich, daß die Myelinbldg. (Färbung mit Osmiumsäure) in den peripheren Nerven mit dem 3. Lebenstag beginnt u. bei gleichzeitiger Minderung der Respiration gegen den 150. Tag beendigt ist. Im Gehirn dagegen ist die Myelinbldg. mit 60 Tagen im wesentlichen abgeschlossen, die Atmung erreicht bei vollem Erwachen der oxydativen Prozesse erst mit 100 Tagen das Maximum, um auch nachher nur geringfügig abzunehmen. (J. exp. Medicine **107.** 475—96. 1/4. 1958. Boston, Mass., Harvard Med. School, Dep. of Pathol., Dep. of Biol. Chem. and Biophys. Labor.)

K. ZOPFF. 4210

S. Krishnamurthy, P. Seshadri Sastry und **J. Ganguly,** *Untersuchungen über Vitamin-A-Esterase.* 3. Mitt. *Die intracelluläre Verteilung von Vitamin-A-Esterase und Cholesterinesterase in Hühnerleber.* (2. vgl. C. **1958.** 3638.) In 0,25mol. Saccharose hergestellte Hühnerleberhomogenisate wurden durch Zentrifugieren in eine Kern-, Mitochondrien-, Mikrosomen- u. Überstandfraktion (A—D) zerlegt. Leber von Rattenmännchen wurde ident. behandelt u. die entsprechenden Zellfraktionen als Vergleichspräpp. benutzt. Bei beiden Species war *saure Phosphatase* vorwiegend in B, *Glucose-6-phosphatase* in C u. *alkal. Phosphatase* in D. In der Rattenleber fanden sich *Vitamin-A* (I)-*Esterase-, Cholesterin* (II)-*Esterase-* u. *Esteraseaktivität* nur in C, während diese in Hühnerleber auf A u. C verteilt waren. Die Art der Verteilung von freiem u. verestertem II sowie der Proteine in den einzelnen Fraktionen war in der Leber beider Species nahezu ident., d. h. verestertes II fand sich in C u. D, freies II vorwiegend in C. Die Verteilung von I-Ester u. I-Alkohol war in beiden Species gleich (Ester gänzlich in D, Alkohol vorwiegend in D). In Hühnerleber fanden sich die Carotinoide gleichmäßig auf B, C u. D verteilt. (Arch. Biochem. Biophysics **75.** 6—14. Mai 1958. Bangalore, Indian Inst. of Sci., Dep. of Biochem.) K. MAIER. 4210

V. Bonavita und **V. Scardi,** *Spektrophotometrische Bestimmung von Pyridoxal-5-phosphat.* Zur Best. von *Pyridoxal-5-phosphat* (I) wird die Lsg. auf p_H 7,4 gebracht u. mit 0,03mol. KCN in 0,2mol. Na-Phosphatpuffer (p_H 7,4) 45 Min. bei 50° incubiert. Anschließend wird die opt. Dichte bei 385 mμ mit einer Probe ohne KCN-Zusatz verglichen. Der Nachw. beruht auf dem Verschwinden der Absorptionsbande bei 385 mμ auf Grund der Cyanhydrinreaktion. Im Bereich 0—25 γ liegt eine lineare Eichkurve vor. Ggw. von Pyridoxal, Pyridoxin, Pyridoxamin, Pyridoxaläthylacetal stört die Best. nicht. Allerdings zeigt das Spektr. des Pyridoxalcyanhydrins eine Zunahme der opt. Dichte bei 330—380 mμ (Maximum bei 360 mμ), jedoch wird die I-Best. bei 385 mμ nur sehr schwach beeinträchtigt. (Analytica chim. Acta [Amsterdam] **20.** 47—50. 1959. Naples, Italy, Univ., Inst. of Human Physiol.) E. DEHMLOW. 4210

Martti Koivusalo und **Tapani Luukkainen,** *Deacetylierung von p-Acetylaminobenzoesäure in vitro durch verschiedene Präparationen des Rattengewebes.* Während Gewebeschnitte aus Rattenleber oder -niere beständig *p-Aminobenzoesäure* in acetylierte Verbb. umwandeln, bleibt die Acetylierung durch Leberhomogenat aus. Da andererseits durch Leberhomogenat u. Leber- oder Nierenschnitte keine Deacetylierung von *p-Acetylaminobenzoesäure* festgestellt werden konnte, schließen Vff., daß die ausbleibende Acetylierung durch Homogenat der Rattenleber nicht auf einer vermehrten Aktivierung der Deacetylierungs-Enzymsysteme beruhen kann. (Ann. Med. exp. Biol. fenn. **37.** 89—92. 1959. Helsinki, Univ., Dep. of Med. Chem.) H. RICHTER. 4210

V. S. Butt und **Mary Hallaway,** *Die Aktivität der Ascorbinsäureoxydase in Extrakten aus höheren Pflanzen. Ascorbat* wird in Gewebeextrakten höherer Pflanzen leicht oxydiert, wobei als Katalysatoren nicht nur die Ascorbinsäureoxydase, sondern auch Cytochromoxydase, Cu-Ionen u. Cu-Eiweiß-Komplexe wirken können. Eine Unterscheidung der durch Cu-Ionen katalysierten mit der durch gereinigtes Enzym ablaufenden Rkk. für Homogenate bei p_H 6,0 ist durch folgende Rk. möglich: 1. der schnelle Cu-Umsatz, 2. gleiche Umsatzmengen bei 4 mmol. u. 40 mmol. *Ascorbat,* 3. Unempfindlichkeit gegen 2 mmol. EDTA, 4. vollständige Inhibition durch 0,1 mmol. *Natriumdiäthyldithiocarbamat* u. 1 mmol. *8-Hydroxychinolin,* 5. Unfähigkeit der Oxydation von 4 mmol. *Brenzcatechin* u. 4 mmol. Hydrochinon. In den meisten untersuchten Extrakten wurde Enzymaktivität festgestellt mit Ausnahme von Kartoffel-, Kohlblätttter- u. Gerstenextrakten. (Biochem. J. **69.** 20P. Juni 1958. Oxford, Univ., Dep. of Botany.)

W. FELDHEIM. 4210

I. B. Chatterjee, J. J. Ghosh, N. C. Ghosh und **B. C. Guha,** *Die Wirkung von Cyanid auf die Biosynthese der Ascorbinsäure durch ein Enzympräparat aus Ziegenlebergewebe.* (Vgl. C. **1959.** 2196.) Die Biosynth. der *Ascorbinsäure* (I) verläuft nach folgendem

Reaktionsschema: *D-Glucose* → *D-Glucuronolacton* (II) → *L-Gulonolacton* (III) → *L-Ascorbinsäure*. Bei Verwendung eines *Enzympräp.* (EP) aus Ziegenleberhomogenat (aus Mikrosomen u. lösl. Überstand) erfolgt die I-Synth. bei Incubierung mit II nur in Ggw. von *KCN*. Die Umwandlung von III in I erfolgt dagegen durch das EP ohne KCN. Vff. schließen daraus, daß CN^- die Red. von II zu III aktiviert. Da p-Chlormercuribenzoat die I-Synth. hemmt, reduziertes Glutathion diese Hemmwrkg. wieder aufhebt, ist anzunehmen, daß SH-Gruppen bei der Red. beteiligt sind, die durch CN^- wahrscheinlich geschützt werden. (Biochem. J. **70**. 509—15. Nov. 1958. Calcutta, Calcutta Univ., Dep. of Appl. Chem.) W. FELDHEIM. 4210

James T. Barrett, *Agglutination und Lysis von Erythrocyten durch Lysozym.* Durch *Lysozym* kann eine Hämolyse von Erythrocyten bewirkt werden. Wird das Lysozym durch Kochen denaturiert, läßt sich eine Agglutination der roten Blutzellen herbeiführen. (Proc. Soc. exp. Biol. Med. **97**. 794—95. April 1958. Little Rock, Ark., Univ. of Arkansas, School of Med., Dep. of Microbiol.) H. MATTHIES. 4210

V. E. Chester, *Endogener Stoffwechsel frisch geernteter Zellen einer Brauereihefe.* Der Kohlenhydratgeh. frisch geernteter Hefezellen (*Saccharomyces cerevisiae*) sinkt bei aerober wie bei anaerober Incubation in den ersten 5 Std. nach dem Ernten um ca. 50%. — Anaerob beträgt der Kohlenhydratverlust der Zellen 85—100% der Menge, die aus der abgegebenen CO_2-Menge unter der Annahme berechnet wurde, daß das CO_2 nur durch Gärung entstand. Die A.-Menge im Substrat beträgt ca. 70% derjenigen, die unter der gleichen Annahme aus der CO_2-Bldg. berechnet wurde. Q_{CO_2} ist anfangs 16—20 u. sinkt dann allmählich. — Aerob ist Q_{O_2} anfangs 12—14, steigt in ca. 4½ Std. auf ca. 28 u. fällt dann steil ab. Q_{CO_2} beträgt anfangs 28—32, sinkt dann 2½ Std. lang u. hat dann genau den gleichen Verlauf wie Q_{O_2}. Daraus ergibt sich ein anfänglicher Atmungskoeff. von ca. 2,3. Er sinkt nach 3 Std. auf 0,6 u. bleibt dann konstant bei 1,03. (Nature [London] **183**. 902—03. 28/3. 1959. London; Arthur Guinness Park Royal Brewery Labor.) S. DITTMANN-MITZSCHERLICH. 4270

José Burger, Pesquisas enzimológicas. Vol. I. Minas Gerais (Brasilien): Belo Horizonte. 1958. (39 S. m. Abb.) Keine Preisangabe.

E₃. Mikrobiologie. Bakteriologie. Immunologie.

Edward J. Herbst, Robert H. Weaver und **Donald L. Keister**, *Gram-Reaktion und Zellzusammensetzung: Diamine und Polyamine.* Gramnegative Mikroorganismen speichern u. sezernieren unterschiedliche Mengen *Putrescin* (I), einen mikrobiellen Wuchsfaktor. Einige wenige grampositive Organismen speichern Aminwuchsstoffe (hauptsächlich *Spermidin* u. I) in ähnlicher Konz. wie sie der niedrigsten, bei gramnegativen beobachteten I-Konz. entspricht. Die Mehrzahl grampositiver Bakterien speichern u. sezernieren kein I, das anscheinend ein physiol. Charakteristicum der gramnegativen ist. Die Aminzus. wurde in sauren Hydrolysaten papierchromatograph. u. -elektrophoret. bestimmt. (Arch. Biochem. Biophysics **75**. 171—77. Mai 1958. Baltimore, Md., Univ., School of Med., Dep. of Biochem.) K. MAIER. 4300

Brooks D. Church und **Harlyn Halvorson**, *Die Abhängigkeit der Hitzeresistenz bakterieller Endosporen von ihrem Dipicolinsäuregehalt.* Die Beziehung zwischen dem *Dipicolinsäure* (I)-Geh., der Lebensfähigkeit u. Hitzeresistenz freier, reifer Sporen von *Bacillus cereus* var. *terminalis* wurde untersucht. Bei Verringerung des Hefeextraktgeh. (200, 20, 2, 0,2 mg/100 ml Nährlsg.) im Sporulationsmedium sank der I-Geh. der Sporen von 74,1, 49,2, 5,4 auf weniger als 0,2 μg/mg Sporen. Zusätze von Vitaminen (Pantothensäure, Thiamin, Folsäure, Riboflavin, Biotin) erhöhten den I-Geh., während er durch DL- oder L-Phenylalanin (II) stark erniedrigt wurde, was sich auch durch Erhöhung des Hefeextraktgeh. nicht wieder aufheben ließ. DL-Alanin, DL-Valin, DL-Lysin u. DL-Glutaminsäure beeinflußten den I-Geh. relativ wenig. Der durch geringen Hefeextraktgeh. (mit Ausnahme von 0,2 mg) oder II hervorgerufene niedrige I-Geh. in den Sporen veränderte ihr äußeres Erscheinungsbild nicht. In allen Fällen waren die Sporen lichtbrechend u. impermeabel für Methylenblau. Sporen mit geringem I-Geh. in ein n. Nährmedium gebracht, keimten u. bildeten Sporen mit n. I-Gehalt. Bei einem I-Geh. von über 1,2% in den Sporen war ihre Lebensfähigkeit unabhängig vom I-Gehalt. Unter 1,2% stieg der Anteil der nicht lebensfähigen Sporen. Bei 80° waren Sporen mit hohem I-Geh. hitzeresistenter als solche mit geringem I-Gehalt. Die physiol. Funktion von I in diesem Zusammenhang ist nicht bekannt. (Nature [London] **183**. 124—25. 10/1. 1959. Morris Plains, N. J., Warner-Lambert Pharmaceutical Co.; Madison, Wis., Univ. of Wisconsin, Dep. of Bacteriol.) W. KREIPE. 4310

A. R. Gilby, A. V. Few und **Kenneth McQuillen**, *Die chemische Zusammensetzung der Protoplastenmembran von Micrococcus lysodeikticus.* Protoplastenmembranen von

M. lysodeikticus wurden durch Behandlung des Bakteriums mit Lysozym u. anschließende Ultrazentrifugation erhalten. Durch Lösungsmittel wurden die Membranen in 28% Lipide u. 72% Nichtlipide getrennt. Die Lipide bestehen zu 80% aus einer komplexen Phosphatidsäure, Spuren von Carotinoiden u. anderen, nicht identifizierten Substanzen. Die Nichtlipidfraktion enthält 70% Protein u. 25% Kohlenhydrate, hauptsächlich *Mannose*, daneben *Hexosamin* u. andere Zucker. Im Hydrolysat der Nichtlipidfraktion wurden folgende Aminosäuren in den angegebenen Molarproportionen gefunden: *Alanin* 1,00, *Asparaginsäure* 0,24, *Glutaminsäure* 0,55, *Serin* + *Glycin* 0,69, *Threonin* 0,17, *Tyrosin* 0,05, *Lysin* 0,37, *Arginin* 0,21, *Prolin* 0,16, *Valin* + *Methionin* 0,30, *Phenylalanin* + *Leucin* + *Isoleucin* 0,60 u. *Methioninsulfoxyd* 0,02. — 48 Literaturangaben. (Biochim. biophysica Acta [Amsterdam] **29.** 21—29. Juli 1958. Cambridge, Univ., Deps. of Colloid Sci. and of Biochem.) F. KRUSEN. 4315

A. D. Brown, *Ein Trocknungseffekt der isolierten Zellwände von Streptococcus faecalis und einer Pseudomonasart.* Isolierte Zellwände der Bakterien wurden nach trypt. Abbau u. Gefriertrocknung teils mit Trichloressigsäure, teils mit W. extrahiert u. Extrakte u. Wände hydrolysiert. Die Monosaccharide, Aminosäuren u. Aminozucker wurden papierchromatograph. getrennt. In S. faecalis (N.C.T.C. Nr. 6782) wurden nachgewiesen: *Glucose, Galaktose* (**I**), *Rhamnose, Hexosamin, Muraminsäure, Alanin* (**III**), *Glutaminsäure* (**IV**), *Lysin* (**II**), Spuren anderer Aminosäuren. **III** war N-terminal. In der Pseudomonasart (vgl. J. Gen. Microbiol. **17.** [1957.] 640) fehlten **I** u. **II**, dagegen war außerdem *α.ε-Diaminopimelinsäure* (jedoch nicht extrahierbar) vorhanden, desgleichen N-terminal *Asparaginsäure* u. *Glycin* neben **III** u. **IV**. (Biochim. biophysica Acta [Amsterdam] **28.** 445—47. Mai 1958. Manchester, England, Univ., Dep. of Bacteriol.) W. WERGIN. 4315

Guy T. Barry, *Colominsäure, ein Polymeres von N-Acetylneuraminsäure.* Aus Kulturen von *Escherichia coli* (Stamm K_{235} L_+O), die 18 Std. in 15 Liter eines Gemisches von dialysierter Difco-Nährlsg. + Phosphat + Glucose + dialysiertem Difco-Hefeextrakt bei p_H 7,0 unter Belüftung gewachsen waren, ließ sich ein neues, *Colominsäure* (**I**) benanntes stickstoffhaltiges Polysaccharid gewinnen. Die Isolierung erfolgte durch Plasmolyse mit $CHCl_3$, Zentrifugieren, Einengen der wss. Lsg., Dialysieren, weiteres Einengen, 2fache Fällung mit A. bei 0 u. -20^0 (p_H 4), Wiederaufnehmen in W., Dialysieren, Fällung von beigemischtem O-Antigen mit $(NH_4)_2SO_4$ bei 90%ig. Sättigung, 2maliges Umfällen des in der Restlsg. befindlichen **I** mit HCl u. Dialyse; Ausbeute 1,0 g. Weitere Anteile aus der O-Antigenfällung u. der Lsg. der HCl-Fällung. Gereinigtes **I** (1%ig. Lsg.) zeigte in 0,1 mol. Boratpuffer (p_H 9,2) eine Beweglichkeit von $-11,1 \cdot 10^{-5}$ $cm^2/V \cdot sec$. Wss. Lsgg. wiesen saure Rk. (p_H 3,7) auf. Beim Erhitzen mit 0,1 n Alkali trat Absorption bei 260 mμ auf, mit Säure Bldg. von Huminstoffen. Die Kohlenhydrat-Rkk. von **I** waren schwach oder negativ. Die mit EHRLICHs u. BIALs Reagens entstehenden Rotfärbungen besaßen Absorptionsmaxima bei 530 u. 540 mμ. Die Summenformel einer Monomeren-Einh. von **I** dürfte $C_{12}H_{19}NO_9$ entsprechen; auf diese Gruppierung entfällt 1 Carboxylrest; $[\alpha]_D^{20}$ $-50,5^0$. Gegen Erhitzen in gepufferter Lsg. (p_H 6) war **I** beständig, in W. (100^0) erfolgte innerhalb 3 Std. 63%ig. Freisetzung der reduzierenden Gruppen (Ferricyanid). 812 mg **I**, die in 20 cm^3 W. $1\frac{1}{2}$ Std. auf dem Wasserbad hydrolysiert wurden, lieferten nach Dialyse u. Chromatographie (Dowex mit Ameisensäure vorbehandelt, Elution mit verd. Ameisensäure) NH_3 u. 170 mg *N-Acetylneuraminsäure* (**II**), $C_{11}H_{19}NO_9$, Nadeln, F. 182—186° (Zers.; verd. A.–Ae. u. Ae.–PAe.), $[\alpha]_D^{24}$ $-35,0^0$, R_F 0,65 (sek.-Butanol-W.-Eisessig; 4:5:1). Daneben in geringer Menge eine der Sialsäure verwandte Verbindung. — Aus dem in homologem Antiserum agglutinierenden Stamm K_{235} L_-O war bei der Aufarbeitung keine Antigenfraktion zu fällen, weiterhin betrug die Ausbeute an **I** nur $^1/_{40}$. Aus dem Stamm K_{235} L_+O wurde dagegen **I** bereits beim Erhitzen in isoton. Salzlsg. frei. An sensibilisierten Kaninchen ergab gereinigtes **I** keine immunbiol. Reaktionen. — 27 Literaturangaben. (J. exp. Medicine **107.** 507—21. 1/4. 1958. Rockefeller Inst. for Med. Res.) K. ZOPFF. 4315

R. P. Wagner, Arloa Bergquist und **H. S. Forrest,** *Die Akkumulation von Acetylmethylcarbinol und Acetyläthylcarbinol durch eine Mutante von Neurospora crassa und ihre Bedeutung bei der Biosynthese von Isoleucin und Valin.* Die Verss. wurden mit einer *Isoleucin* (**I**)- u. *Valin* (**II**)-erfordernden Mutante (T 304) von Neurospora crassa durchgeführt, die durch UV-Bestrahlung des Wildstamms Emerson 5256 A erhalten wurde. Bei Fehlen von **I** u. **II** sammelt sich im Medium *Acetylmethylcarbinol* [*3-Hydroxybutanon-(2)*; **III**] u. Acetyläthylcarbinol (*3-Hydroxypentanon-(2)*; **IV**) an. **III** u. **IV** wurden durch Rk. mit 2.4.5-Triamino-6-hydroxypyrimidindihydrochlorid in die entsprechenden Pteridine (*6.7-Dimethyl-2-amino-4-hydroxypteridin, 6-Äthyl-7-methyl-2-amino-4-hydroxypteridin*) umgewandelt, die papierchromatograph. u. auf Grund von IR- u. Röntgen-

strahlenanalysen durch Vgl. mit authent. Verbb. identifiziert wurden. Es konnte wahrscheinlich gemacht werden, daß **III** u. **IV** durch Decarboxylierung aus α-Acetomilchsäure bzw. α-Aceto-α-hydroxybuttersäure gebildet werden. (J. biol. Chemistry **234**. 99—104. Jan. 1959. Austin, Texas, Univ., Dep. of Zool., Genetics Labor.)
E. SCHWERDTFEGER. 4320

Robert D. McFee und **Robert T. Nieset,** *Untersuchungen des Aminosäurestoffwechsels bei Escherichia coli mit* ^{15}N. Die Stoffwechselbeziehungen zwischen exogenen u. endogenen Aminosäuren (I) bei *E. coli* wurden durch die Isotopenkonkurrenzmeth. unter Verwendung von $^{15}NH_4Cl$ u. ^{14}N-Glutaminsäure, -Asparaginsäure bzw. -Alanin untersucht. Exogene **I** können *E. coli* als Ersatz für **I** der gleichen Art dienen, die normalerweise endogen aus NH_4-Salzen u. einem geeigneten Kohlenhydrat (**II**), wie Glucose, gebildet werden. Der Umfang der Ersetzbarkeit in **II**-Ggw. hängt von der Fähigkeit der Bakterien ab, die Aminosäure als konkurrierende *N*-Quelle verwerten zu können. Die Ergebnisse der Verss. bestätigen die angenommenen oder bekannten allg. Stoffwechselschemata bzgl. **I**-Synth. u. lassen erkennen, welche Wege unter speziellen Wachstumsbedingungen *E. coli* (Stamm B) benutzt. Jede der zugeführten **I** liefert erhebliche Mengen *N* für alle übrigen u. nicht nur für die eigene Gruppe, wie für *C* der Fall ist. (Biochim. biophysica Acta [Amsterdam] **31**. 365—71. Febr. 1959. New Orleans, La., Tulane Univ., Biophys. Labor.)
K. MAIER. 4320

Dorothy A. Miller und **Sofia Simmonds,** *Der Phenylalanin- und Tyrosinstoffwechsel in E. coli Stamm K 12.* DL-Phenylserin (**I**) hemmt das Wachstum von Escherichia coli Stamm K 12 u. zwei seiner Mutanten, einer *L-Phenylalanin* (**II**)-auxotrophen u. *L-Tyrosin* (**III**)-auxotrophen. Sowohl **II** als auch **III** wirken bei bestimmten Bedingungen als kompetitive Antagonisten von **I**. Es schien, daß **I** die Verwertung von **II**, nicht aber die von **III** spezif. hemmte, u. daß **III** im Außenmedium als Vorläufer des benötigten **II** die Hemmung überwinden half (vgl. SIMMONDS, DOWLING, STONE, C. **1955**. 1072). Diese Hypothese wurde in vorliegender Arbeit durch Kultur des Stammes K 12 in Ggw. von **I** u. gleichmäßig ^{14}C-markiertem **III** bei 25std. starker Belüftung u. 35^0 geprüft. Die Aktivität fand sich vollständig im **III** des Zellproteinhydrolysats wieder, während **II** nahezu inakt. war. Also scheidet **III** als Vorläufer von **II** aus. Nach DAVIS (Harvey Lectures **50**. [1956.] 530) dient *Prephensäure* (**IV**) als gemeinsame Vorstufe von **II** u. **III**. Die Fähigkeit von exogenem **III**, die Hemmung relativ geringer Konzz. von **I** (5,5 mmol.) zu überwinden, wird auf seine **IV**-sparende Wrkg. zurückgeführt. Es besteht somit ein kompetitiver Antagonismus zwischen **III** u. **I**, wobei **I** die Aufnahme von **III** nicht behindert. (Science [Washington] **126**. 445—46. 6/9. 1957. New Haven, Conn., Yale Univ., Dep. of Biochem.)
G. JAGNOW. 4320

James B. Ragland und **James L. Liverman,** *S-Methyl-L-cystein als natürlich vorkommender Metabolit bei Neurospora crassa.* Von den untersuchten 11 Stämmen von Neurospora crassa wuchsen nur 5 (5297, Wildform; UT 27, Methionin-frei; 80702, Thiosulfat-frei; 85518, Sulfit-frei; 38706, Methionin-frei) in einem Medium mit *S-Methyl-L-cystein* (**I**) als einziger S-Quelle. UT 27 u. 38706 verwerten außerdem Methionin, Methioninmethylsulfonium u. α-Hydroxy-γ-methylthiolbuttersäure als einzige S-Quelle, jedoch nicht Cystein, Cystathionin, Homocystein, S-Äthyl-L-cystein oder Äthionin. Die möglichen Wege der S-Verwertung werden diskutiert. Wuchsen die N. crassa-Stämme auf einem S-Mangelmedium in Ggw. von Methionin u. $^{35}SO_4^{2-}$, so konnte bei den Stämmen 5297 u. H-98 im alkoh. Extrakt des Mycels durch Papierchromatographie u. Autoradiographie ^{35}S-**I** nachgewiesen werden. (Arch. Biochem. Biophysics **65**. 574—76. Dez. 1956. Texas, Coll. Stat., Agric. Exp. Stat., Dep. of Biochem. and Nutrit.)
E. SCHWERDTFEGER. 4320

Yutaka Shinnaka, *Elektrophoretische Untersuchungen über Tuberkulinprotein.* 1. Mitt. *Über die Seibert-Fraktionen.* Die aus menschlichen Tuberkelbakterien (AOYAMA-B-Stamm u. H 37 Rv) u. BCG-Kultur-Lsgg. nach SEIBERT gewonnenen 5 Fraktionen (*Proteine* A, B, C u. die *Polysaccharidkörper* I u. II) wurden mit der ANTWEILER-App. auf ihre elektrophoret. Eigg. geprüft. Die Hauptkomponenten hatten Beweglichkeiten für Protein A zwischen $-3{,}9$ u. $4{,}3 \cdot 10^{-5}$ [cm²/Volt·sec] (Polysaccharide $-0{,}5$ bis $0{,}8 \cdot 10^{-5}$); für Protein B zwischen $-3{,}9$ u. $4{,}9 \cdot 10^{-5}$; für Protein C zwischen $-7{,}6$ u. $7{,}9 \cdot 10^{-5}$; für Polysaccharidkörper I bis $-1 \cdot 10^{-5}$; für Polysaccharidkörper II zwischen $-1{,}3$ u. $-1{,}5 \cdot 10^{-5}$. Hierbei gibt es Unterschiede abhängig davon, ob die Bakterienfiltrate erhitzt wurden oder nicht. (Jap. J. Bacteriol. **13**. 757—61. Aug. 1958. Kyūshū Daigaku, Igaku-Bu, Saikingaku-Kyōshitsu.)
F. MOSSNER. 4320

Yutaka Shinnaka, *Elektrophoretische Untersuchungen des Tuberkulinproteins.* 2. Mitt. *Über Veränderungen durch Erhitzung von Protein A und C.* (1. vgl. vorst. Ref.) Eine elektrophoret. Unters. über die durch Erhitzung (30 Min. 100^0, 60 Min. 100^0) von

Tuberkulinprotein bewirkten Veränderungen ergab folgendes Resultat: Erhitzung von *Protein A* ändert nichts an seiner Beweglichkeit. Auch die Erhitzung von *Protein C* ändert kaum etwas an seiner Beweglichkeit. Tritt jedoch Hitzepolymerisation ein, dann kann die elektr. Ladung der Mol.-Oberfläche bis zu ca. 82% abnehmen. (Jap. J. Bacteriol. **13.** 803—08. 25/9. 1958. Kyūshū Daigaku, Igaku-Bu, Saikingaku-Kyōshitsu. [Orig.: japan.]) F. MOSSNER. 4320

David M. Bellis, *Stoffwechsel von Cumarin und verwandten Verbindungen in Kulturen von Penicilliumarten.* Durch aus Boden isolierte Penicillium jenensi u. nigricans wird *Cumarin* (I) als einzige C-Quelle verwertet, wobei keine anderen I-Derivv. auftreten, u. das Wachstum gering ist. Bei Zusatz von Saccharose ist das Wachstum stark u. etwas Umbelliferon tritt auf. In Ggw. von o-Cumarinsäure als einziger C-Quelle ist reichlich 4-Hydroxycumarin nachweisbar u. eine geringe Menge Dicumarol (3.3'-Methylen-bis-[4-hydroxycumarin]) mittels Papierchromatographie. Dieser Vorgang erklärt die hämorrhag. Wrkg. von verdorbenem Kleeheu u. von nach I-Zusatz fermentiertem Luzerneheu. (Nature [London] **182.** 806—07. 20/9. 1958. Manchester, Univ., Dep. of Pharmacy.) J. SCHWAIBOLD. 4320

Edwin M. Lansford jr., Charles G. Skinner und **William Shive,** *Verstärkte Hemmung des Wachstums von pteridingehemmtem Lactobacillus arabinosus durch Kinetin und verwandte Verbindungen.* Es wird die Anwendung der C. **1959.** 10291 beschriebenen mikrobiol. Bestimmungsmeth. für *Thymidin* (I) zum Nachw. von Kinetin (II), gewissen *6-substituierten Aminopurinen* u. anderen verwandten Verbb. auf Grund deren verstärkter Hemmwrkg. auf das pteridingehemmte *L. arabinosus*-Wachstum in Abwesenheit von I mitgeteilt. Die Meth. eignet sich zum bioautograph. Nachw. derartiger Hemm-Wrkgg. auf Papierchromatogrammen. Es waren einige γ II oder II-ähnliche Verbb. in Pflanzenextrakten usw. nachweisbar. Eine in Mais-Steep-liquor derart aufgefundene Hemmsubstanz wurde als *freies Adenin* erkannt. (Arch. Biochem. Biophysics **73.** 191—97. Jan. 1958. Austin, Texas, Clayton Foundation for Res., Biochem. Inst., and Dep. of Chem.) K. MAIER. 4330

Y. Ericsson und **H. Lundbeck,** *Antimikrobielle Wirkung der Ascorbinsäureoxydation in vitro. 2. Mitt. Der Einfluß verschiedener chemischer und physikalischer Faktoren.* (1. vgl. C. **1958.** 12432.) Die Beobachtungen der 1. Mitt. werden unter abgeänderten Versuchsbedingungen an E. coli vervollständigt. Untersucht werden die durch Variation der Reaktionszeit, des p_H-Wertes, der Ascorbinsäure- u. Oxydationsmittelkonzz. auftretenden Veränderungen. Außerdem wurde die Wrkg. von Körper-Fl. (Serum, Urin, Ascites- u. Spinal-Fl.), z. T. unter Zusatz von *Kreatinin, Cystein, Katalase, Harn-* u. *Hippursäure* sowie *Harnstoff* geprüft. (Acta pathol. microbiol. scand. **37.** 507—27. 1955. Stockholm, Stat. Bact. Labor. and State Dental School.) W. FELDHEIM. 4340

U. Bachrach, N. Grossowicz und **J. Gurevitch,** *Empfindlichkeit von Staphylococcus aureus gegenüber Penicillin in verschiedenen Nährböden.* Es wurden die Einfll. verschied., den Nährböden zugesetzter *Kohlenhydrate* (I) auf die *Penicillin* (II)-Empfindlichkeit von *Staphylococcus aureus* untersucht. Als Grundnährboden diente ein vitaminfreies Caseinhydrolysat (III)-Substrat, dem Tryptophan, Cystin, Thiamin, Nicotinsäure u. Salze zugesetzt waren. Die II-Teste liefen nach der Reihenverdünnungsmethode. Die Hemmwerte im II-freien I-Medium lagen nach 24 Std. bei 0,1 Einheit II/ml, nach 48 Std. bei 0,2 E. II/ml. Eine Verbesserung des Hemmwertes auf 0,02—0,04 E. II/ml u. dessen Aufrechterhaltung über 3—4 Tage ließen sich in zunehmendem Maß durch 1% *Milchsäure, Essigsäure, Glucose* (IV) u. *Brenztraubensäure* (V) erreichen. Die Wirksamkeitssteigerung durch V tritt auch in Difco-Nährlsg. ein. IV stört die Haltbarkeit von II-Lösungen. (Proc. Soc. exp. Biol. Med. **93.** 116—19. Okt. 1956. Jerusalem, Hebrew Univ., Med. School, Dep. of Bact.) E. SPEYER. 4340

P. Chabrier, G. Maillard und **A. Quevauviller,** *Neue Untersuchungen über die Beziehungen zwischen chemischer Konstitution, antibakterieller sowie antifungieller Aktivität und Toxizität in der Reihe der Ester der N-disubstituierten Dithiocarbamidsäure.* (Vgl. Ann. pharmac. franç. **9.** [1951.] 638.) Es wurde die Hemmwrkg. N-disubstituierter *Dithiocarbaminsäure* (I)-*Na-Salze* u. -ester gegenüber den Bakterien *S. aureus* (S), *E. coli* (E), *B. mesentericus* (B) u. *P. aeruginosa* (Ps) u. den Pilzen *F. graminearum, P. glaucum* (Pe) u. *T. gypseum* (T), sowie die akute Toxizität der Verbb. bei der Maus bestimmt. Die Ester sind allg. weniger wirksam als die Na-Salze, jedoch auch weniger toxisch. Einführung einer Ketofunktion (*Oxime, Thiosemicarbazone*) der Alkoholkomponente bewirkt eine Aktivitätserhöhung ohne Steigerung der Toxizität. Morpholylderivv. sind giftiger als die Piperidylverbindungen. Von den I-Estern sind nur die Oximderivv. den Na-Salzen hinsichtlich Aktivität überlegen. Geprüfte Verbb.: *N.N-Dimethyldithiocarbaminsäure* (II), *Na-Salz,* Hemmwrkg. (g/Liter), S 0,035, C 0,06, B 0,02, Ps 0,5, F 0,1, Pe 0,1, T 0,06, mittlere tödliche Dosis (g/kg) 2,5, maximale verträgliche Dosis 1; *-morpholin-* (III), *Na-Salz*, 0,12, 0,2, 0,02, > 1, > 1, > 1, 1, 3, 15; *-piperidin-* (IV), *Na-Salz*, 0,025, 0,05, 0,015, > 1, > 1, > 1, 1, 1,25, 0,25; II-*Acetolester* (IIa), 1,5, 0,5, > 5, > 1, >1, < 1, 3, 1; III-(IIIa) 1, > 5, 0,5, > 5, > 1, > 1, < 1, 4, 1,5; IV-(IVa), 1, > 5, 0,25, > 5, >1, >1, < 1, 5, 2,5; IIa-*Oxim*, 0,05, 0,05, 0,05, 0, 1, 0, 1, 0,06, 0,05, 3, 1; IIIa-, 0,1 0,1, 0,05, 0,5, 0,06, 0,02, 0,02, 3, 1; IVa- 0,05, 0,05, 0,04, 0,07, 0,1, 0,12, 0,03, 5, 3; IIa-*Thiosemicarbazon*, 0,2, 0,3, 0,1, > 1, > 1, 1, 0,5, 1,5, 0,25; IIIa-, > 0,2, > 0,2, 0,2, > 1, > 1, > 1,05, 1, 0,2; IVa-, 0,2, 0,2, 0,1, > 1, > 1, > 1, 0,5, 2, 0,5; II-*Cyanmethylester*, > 1, > 1, > 1, > 1, > 1, > 1, < 1, –, –, III-, > 1, > 1, > 1, > 1, > 1, > 1, > 1, < 1, 2, 0,25; IV-, > 1, >1, > 1, > 1, > 1, > 1, < 1, 3, 0,25; II-*β'-Oxamidinyläthylester*, 0,1, 0,5, 0,1, > 1, 1, 1, 1, –, –; III-, 0,25, 0,3, 0,25, > 1, 0,5, > 1, > 1, 2, 0,25; IV- 0,05, 0,2 0,05, > 1, 0,5, 0,1, 0,5, 2, 0,5. (Ann. pharmac. franç. **14.** 720—28. Nov. 1956. Paris, Fac. de Méd., Labor. de Pharmacol., Serv. de Chim., et Fac. de Pharmacie, Labors. de Microbiol. et de Pharmacodynamie.) K. MAIER. 4340

Minoru Kawashima, Akira Miyake, Teruji Hemmi und **Shizuko Fujii**, *Biochemische Untersuchungen über Acidomycin.* 3. Mitt. *Antibiotinaktivität von Acidomycin und damit verwandten Verbindungen.* (2. vgl. Pharmac. Bull. [Tokyo] **1.** [1953.] 94.) Vff. untersuchten die Beziehungen zwischen chem. Struktur, Antituberkelaktivität u. Antibiotinaktivität von mit *Acidomycin* verwandten Verbb. an Mycobacterium tuberculosis typus avium. Getestet wurden: *2-Phenyl-*, *2.3-Diphenyl-*, *2-Phenyl-3-benzylthiazolidon-(4)*, *Pimelinsäuredihydrazid* (VII), *2-Hydroxyhexylthiazolidon-(4)* (VIII), sowie **I—VI**. Verbb. **I—VIII** wirken in Konzz. von 0,32—1,6 γ/cm³ hemmend, die übrigen zeigen nur geringe Aktivität. Alle Verbb. wirken antagonist. zu *Biotin.* (Pharmac. Bull. [Tokyo] **4.** 53—55. Febr. 1956. Iuso-Nishinocho, Osaka, Takeda Pharm. Ind. Ltd., Res. Labor. [Orig.: engl.]) H. GOEBEL. 4340

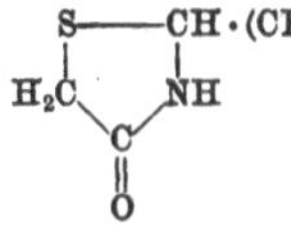

I R = OCH_3
II R = OC_2H_5
III R = $NHNH_2$
IV R = $NHN{=}C(CH_3)_2$
V R = $NHN{=}C_6H_{12}O_6$
VI R = NH_2

Minoru Kawashima, Akira Miyake, Teruji Hemmi und **Shizuko Fujii**, *Biochemische Untersuchungen über Acidomycin.* 4. Mitt. *Die Fähigkeit von Acidomycin und damit verwandten Verbindungen zur Komplexbildung mit Avidin.* (3. vgl. vorst. Ref.) Vff. untersuchten in vitro die Wrkg. von *Acidomycin* (*Na-Salz, Hydrazid, Methyl-* u. *Äthylester*) u. seinen Analogen [*2-Phenyl-3-benzylthiazolidon, 2-Phenylthiazolidon-(4), 2.3-Diphenylthiazolidon*] auf *Avidin* während der Bldg. eines *Avidin–Biotin-Komplexes* (ABK). Die angeführten Verbb. sind, unabhängig davon, ob sie Antituberkulosewrkg. besitzen oder nicht; unfähig aus ABK *Biotin* freizumachen. ABK eignet sich nicht als Modell zur Unters. für die gesteigerte Biotinausscheidung im Harn von mit Acidomycin behandelten Kaninchen. (Pharmac. Bull. [Tokyo] **4.** 56—59. Febr. 1956. [Orig.: engl.]) H. GOEBEL. 4340

Mamoru Arai, Keiko Karasawa, Shōshirō Nakamura, Hiroshi Yonehara und **Hamao Umezawa**, *Untersuchungen über Mikamycin.* 1. Mitt. In einer Tabelle wird eine genaue Charakterisierung von *Streptomyces mitakaensis*, der das Antibioticum *Mikamycin* (I) bildet, gegeben. Bei der Gewinnung von I aus der Kultur-Fl. schlagen Vff. vor der Gegenstromverteilung noch eine Behandlung durch eine mit HNO_3 behandelte Al-Säule in CCl_4 vor. I ist eine neutrale, gelblichweiße Substanz. I enthält kein Halogen, kein S, Mol.-Gew. 617 nach BARGER-AKIJA-Methode. I ist sehr gut lösl. in Chlf., Methanol, A. u. Aceton; lösl. in CH_3Cl, Äthylenchlorid, Bzl. u. Äthylacetat; schlechtlösl. in Ae. u. W. sowie unlösl. in PAe., CCl_4 u. Hexan. UV-Absorptionsspektr. in Methanol zeigt Maximum bei 226 mμ ($E^{1\%}_{1\,cm}$ = 624) u. eine Flexion über 270 mμ ($E^{1\%}_{1\,cm}$ = 200). Angaben der charakterist. IR-Banden u. der R_F-Werte in verschied. Systemen. Die antimikrobielle Aktivität von I ist in saurer Lsg. ziemlich stabil, dagegen in alkal. sehr labil. Die größte Stabilität konnte bei p_H 4,0 erzielt werden. I besitzt starke Aktivität gegen grampositive Bakterien u. eine schwächere gegen Mycobakterien. (J. Antibiotics [Tokyo], Ser. A **11.** 14—20. Jan. 1958.) H. DÖLLE. 4340

Mamoru Arai, Kōichi Okabe, Hiroshi Yonehara und **Hamao Umezawa**, *Untersuchungen über Mikamycin.* 2. Mitt. *Vergleichende Untersuchungen von Mikamycin mit Streptogramin und dem Antibioticum Nr. 899.* (1. vgl. vorst. Ref.) *Mikamycin* (I), *Streptogramin* (II) u. *Antibioticum Nr. 899* (III) werden einer näheren Unters. unterzogen. Mittels der Papierchromatographie mit 3%ig. NH_4Cl zeigten I R_F 0,59; III R_F 0,61 u. 0,41; II R_F 0,60, 0,39, u. 0. An Hand der Gegenstromverteilung mit dem Syst. Methanol/Bzl./Chlf./W. (27 : 28 : 12 : 8) u. erneuter Papierchromatographie der gegen *Sarcina lutea* akt. Fraktionen konnten Vff. feststellen, daß die Flecken bei R_F 0,59—0,60 in

I–III dieselben Substanzen darstellen müssen. Die Identität von I mit der akt. Hauptsubstanz von II u. III konnte beim Vgl. der UV- u. IR-Absorptionsspektren bewiesen werden. (J. Antibiotics [Tokyo], Ser. A **11.** 21–25. Jan. 1958.) H. DÖLLE. 4340

A. J. Salle und **B. R. Amesur,** *Auswertung der keimtötenden Wirksamkeit einer Reihe von Antibioticis, getestet mit der Gewebekulturtechnik.* Es wurden für verschied. Antibiotica (I) die Indices bestimmt, die sich aus dem Quotienten der maximalen Verdünnung, bei der 0,5–1,0 mm^3 große Herzgewebestücke des 12 Tage alten Hühnerembryos über 10 Min. am Leben bleiben, zu jenem Verdünnungsgrad zusammensetzen, bei dem *Staphylococcus aureus* innerhalb von 10 Min. abgetötet wird. Gewebestücke u. Bakterien wurden der I-Einw. gemeinsam ausgesetzt. Durch anschließende Bebrütung bei 37^0 über 120 Std. in CARREL-Flaschen ließen sich die Grenzkonzz. für Gewebewachstum u. Keimtötung bestimmen. Im einzelnen ergaben sich folgende Werte: *Jod* 1 : 2000 (Verdünnung, bei der Herzgewebe abgetötet wird); 1 : 20000 (Verdünnung, bei der St. aur. abgetötet wird); 0,10 (Toxizitätsindex). — *Penicillin G* (*K-Salz*) 1 : 12; 1 : 5000; 0,0024. — *Streptomycinsulfat* $<$ 1 : 20; 1 : 1000; $<$ 0,02. — *Polymyxin-B-sulfat* $<$ 1 : 50; 1 : 80, $<$ 0,63. — *Terramycin* 1 : 6000; 1 : 900; 0,67. — *Bacitracin* $<$ 1 : 10; $<$ 1 : 10; —. — *Chloramphenicol* $<$ 1 : 100; $<$ 1 : 100; —. Die I sind um so verträglicher u. wirksamer, je kleiner ihre Indices sind. Bakteriostat. wirkende oder schwerlösl. I sind nach der Meth. nicht zu beurteilen. (Proc. Soc. exp. Biol. Med. **93.** 67–69. Okt. 1956. Los Angeles, Calif., Univ. of California, Dep. of Bact.) E. SPEYER. 4340

Stanley Falkow, *Eine Unterscheidungsmethode für Darmorganismen unter Verwendung eines Eisenchloridtestes.* Zur Unterscheidung der Proteus-Providence-Gruppe von anderen Darmbakterien dient Überimpfen der Kulturen in eine Lsg. von *l*-Tryptophan (in physiol. NaCl-Lsg.), 60 Min. Schütteln, Zusatz von 1 Tropfen konz. HCl u. 1–2 Tropfen 10%ig. wss. Lsg. von $FeCl_3$: eine nach 1 Min. eintretende tiefrote Färbung wird als positive Rk., Gelbfärbung als negative Rk. angesehen. Dieser Test ist zur raschen Unterscheidung besser geeignet als die Ureasemeth. von RUSTIGAN u. STUART (Proc. Soc. exp. Biol. Med. **47.** [1941.] 108). (Amer. J. clin. Pathol. **28.** 99–102. Juli 1957. Newport, R. I., Newport Hosp., Dep. of Bacteriol.) A. HESSE. 4350

D. J. D. Nicholas, *Mikrobiologische Methoden zur Bestimmung von Magnesium, Eisen, Kupfer, Zink, Mangan und Molybdän.* Übersicht. Prinzip (Testorganismus *Aspergillus niger,* M.-Stamm), Methoden. — 9 Literaturangaben. (Methods Enzymol. **3.** 1035–41. 1957. Bristol, England, Univ., Long Ashton Res. Stat.) K. MAIER. 4360

Fukuichi Hasegawa, *Über die Sulfhydrylgruppen von gekühltem Hämagglutinin und Isoagglutinin.* Mittels *äthylmercurithiosalicylsaurem Na*; *Dinatrium-2.7-dibrom-4-hydroxymercurifluorescin*; *$HgSO_4$* (I); *p-Chlormercuribenzoesäure*; *$HgCl_2$*; *Monojodsäure* (II); *$FeSO_4$*; *Milchsäure, Fe-Salz* u. *$Fe_2(SO_4)_3$* wurde die Hemmung von *Hämagglutinin* (III; Versuchsbedingungen 2–4^0) u. *Isoagglutinin* mit folgendem Ergebnis geprüft. Hg^{2+} hemmen in den Konzz. 10^{-3} bis 10^{-4} molar. Bei Zusatz von 0,3–3 mMol I gehen Abnahme der Sulfhydrylgruppen mit der III-Hemmung parallel. Durch I inaktiviertes III ist durch Zusatz der 4fachen Menge *Cystein* zu reaktivieren. — Bei Verwendung von Fe^{2+} u. II in Konzz. über 10^{-2} mol. hinaus ist keine vollständige Hemmung zu erreichen. (Seikagaku [Biochemistry] **30.** 559–64. 25/10. 1958. Tōkyō Daigaku, Igaku-Bu, Seikagaku-Kyōshitsu. [Orig.: japan.]) F. MOSSNER. 4370

H. Lippelt und **H. Rodewald,** *Zur Frage der Inaktivierung des Influenzavirus durch Formaldehyd–Lactose. Formamint* (Formaldehyd–Lactose)-Tabletten wurden in ihrer inaktivierenden Wrkg. auf 1 Influenza-A-Stamm, 4 Influenza-B-Stämme u. 1 Mumpsstamm getestet. Bei einer Formaldehyd (I)-Konz. von 0,02% tritt, je nach dem Stamm, in 5–60 Min. völlige Inaktivierung der Influenzastämme auf, ungeachtet, ob die Stämme alt oder frisch sind. — Bei 0,02% I sind zur Inaktivierung des Mumpsstammes mindestens 140 Min. nötig (stets Zimmertemp.). (Arzneimittel-Forsch. **8.** 599–602. Sept. 1958. Hamburg, Bernhard-Nocht-Inst. für Schiffs- u. Tropenkrankheiten.) J. DITTMANN. 4374

Max E. Rafelson jr. und **Harold Arnoff,** *Untersuchungen über den Stoffwechsel virusinfizierter Gewebe.* 1. Mitt. *Der Stoffwechsel freier Aminosäuren in influenzavirusinfizierten Hühnerchorioallantoishäuten.* Die Ausbreitung des Influenza-A-Virus in isolierten Hühnerchorioallantoismembranen ist mit einem verstärkten Stoffwechsel der freien Aminosäuren (I) des Wirtsgewebes verbunden. Virusinfiziertes Gewebe zeigte eine vermehrte Umwandlung von ^{14}C-Glucose (IV) in Glutaminsäure, Asparaginsäure, Serin, Alanin (II) u. Glycin (III). In mit ^{14}C-II oder -III vormarkierten Geweben steigerte Viruszusatz die Geschwindigkeit des Radioaktivitätsverlusts aus freiem II oder III, war aber auf denjenigen der entsprechenden eiweißgebundenen I ohne Einfluß. Die Virusvermehrung beeinflußte die Geschwindigkeit des Einbaus mehrerer ^{14}C-I in die Proteine der Chorioallantoishäute nicht. Die Befunde hinsichtlich freier **I** lassen sich am besten durch Annahme einer erhöhten Umwandlung von **IV** u. deren Metabolite in **II** u. **III** im infizierten Gewebe deuten. (Arch. Biochem. Biophysics **75.** 163—70. Mai 1958. Chicago, Ill., Univ., Coll. of Med., Dep. of Biol. Chem.) K. MAIER. 4374

E_4. Pflanzenchemie. Pflanzenphysiologie. Pflanzenpathologie.

Martin H. Zimmermann, *Translokation organischer Substanzen in Bäumen.* 1. Mitt. *Natur der Zucker in der Siebröhrenflüssigkeit von Bäumen.* Die Siebröhren-Fl. von 16 Baumarten aus 11 Familien wurde auf den Zucker(**I**)-Geh. untersucht. Hierbei ließen sich nur *nichtreduzierende Oligosaccharide* (**II**) der *Raffinose* (**III**)-Familie nachweisen. Obwohl *Saccharose* die Haupttransportform der **I** darstellen, liegt sie in der Siebröhren-Fl. mancher Bäume zum größten Teil (Weißesche) oder z. T. (Ulme, Linde) in Form von höheren **II, III** u. *Stachyose* vor. (Plant Physiol. **32.** 288—91. Juli 1957. Petersham, Mass., Univ., Cabot Foundation.) M. EBERT. 4420

N. E. Tolbert, C. W. Nystrom und **P. C. Kerr,** *Sedoheptulose in Coleus.* Die von verschied. *Coleus*-Arten untersuchten Blätter enthielten pro g Frischgewicht 1—6 mg freie *Sedoheptulose* (**I**). Diese nahm in älteren Blättern an Menge zu, bei höheren Lichtintensitäten ab. Außerdem zeigte das **I**-Reservoir bei bestimmten Arten eine tägliche Schwankung in Menge u. Anteil der Synth. aus $^{14}CO_2$. Diese Werte stiegen während des 1. Teils des Tages an u. sanken auf einen kleinen Anteil bei Nacht ab. Die Markierung des *Sedoheptulosephosphats* unterlag diesen Schwankungen nicht. (Plant Physiol. **32.** 269—74. Juli 1957. Oak Ridge, Tenn., Nat. Labor., Biol. Div.) M. EBERT. 4420

Rosmarie Urban, *Physiologische Untersuchungen über einige Flavonoide und Hydroxyzimtsäuren.* 1. Mitt. *Auswahl und Identifizierung der bearbeiteten Stoffkomponenten.* Die Blätter verschied. Pflanzen wurden unter Berücksichtigung von Alter, Lichtintensität u. genet. Bedingungen auf das Vork. von Flavonoiden u. verwandten Phenylpropanderivv. untersucht. Im methanol. Extrakt der Blätter von vegetativem Hedera helix wurde als Hauptflavonoid *Rutin* [**I**; R_E 0,45—0,50 (absteigend an SCHLEICHER & SCHÜLL 2043b MGL; Butanol–Essigsäure–W.; 6 : 1 : 2; 20°); gelb; im UV dunkelbraun; mit methanol. $AlCl_3$ gelb, im UV gelb; mit NH_3 gelb, im UV gelb; mit BENEDICTs Reagens tiefgelb, im UV] u. daneben *2 Flavonoide vom R_F 0,25* u. *R_F 0,17* sowie *Scopolin* [**II**; R_F 0,55—0,57; —, blau; —, blau; —, blau; —, grüngelb (Sprühmittel u. Licht wie bei **I**)], *Chlorogensäure* (**III**; R_F 0,60—0,64; —, fahlblau; —, blau; —, grün; —, braun) u. *Kaffeesäure* (**IV**; R_F 0,75—0,79; —, blau; —, blau; —, blau; —, braun) nachgewiesen. Bei Blättern von Sträuchern im reproduktiven Stadium wurde außerdem *Kämpferol-3-rhamnoglucosid* (R_F 0,58—0,60; —, braun; fahlgelb, gelb; gelb, gelb; gelb, —) gefunden u. durch Hydrolyse zu *Kämpferol* [R_F 0,60 (FORRESTAL-Gemisch); im UV gelb] identifiziert. Analog wurden aus **I** *Quercetin* [R_F 0,42 (FORRESTAL-Gemisch); im UV gelb] u. aus **II** *Scopoletin* [R_F 0,82 (FORRESTAL-Gemisch); im UV blau] erhalten. Bei der Isolierung von **II** aus Scopolia lurida u. S. carniolica wurde ein *Scopoletindiglykosid* (R_F 0,30—0,35) erhalten, das durch verd. HCl schwer, durch Emulsin nicht hydrolysiert wurde. Im methanol. Extrakt von Samen u. Keimlingen von Helianthus amuus wurden **II, II** u. **IV** gefunden, während in Laubblättern kein Quercimeritrin, sondern neben *2 Flavonoiden vom R_F 0.45—50* u. *R_F 0,25* ein *Flavonoid H_1* (R_F 0,55 bis 0,60; —, braun; —, gelb; —, braun; —, —) nachgewiesen wurde, das ein *Aglykon vom R_F 0.93* (FORRESTAL-Gemisch; im UV tiefgelb) lieferte. Aus den Hypocotylen u. Wurzeln der Keimlinge von Zea mays (Österr. Pettender) wurde eine rotbraune Verb. vom R_F 0,80—0,86 (fluoresciert mit NH_3 im UV intensiv rot) isoliert. In den Blättern junger Pflanzen konnte kein Isoquercitrin gefunden werden; nachgewiesen wurden eine *o-Dihydroxyzimtsäure Bl* [R_F 0,22; —, fahlblau; —, blau; —, grün; —, grün; gibt ein *Aglykon vom R_F 0.89* (FORRESTAL-Gemisch); im UV blau], eine *Säure W* (R_F 0,20; —, grau; —, gelb; —, —; —, braun), ein *Apigeninglykosid N* (R_F 0,40; gelb, dunkelbraun; tiefgelb, gelb; gelb, braun; gelb, braun) u. ein *Tricinglykosid H* (R_F 0,60; Farb-Rkk. wie vorst.). In Keimlingen u. jungen Pflanzen von Triticum vulgare (Sorten Heine VII u. Hanter II) wurden **II** u. in den Wurzeln daneben eine fahlblau fluorescierende *Verb. vom R_F 0,86—0,90* (*Ferulasäure?*) beobachtet. Die Blätter enthielten vorwiegend ein *Tricinglykosid* (R_F 0,30—0,32, —, dunkelbraun; tiefgelb, gelb; gelb, braun; gelb, braun) u. in geringerer Menge zwei *Apigeninglykoside, N_1* (R_F 0,42; Farb-Rkk. wie vorst.) u. N_2, aus denen durch Hydrolyse *Tricin* [R_F 0,69 (FORRESTAL-Gemisch)] bzw. *Apigenin* [R_F 0,71 (FORRESTAL-Gemisch)] erhalten wurden. (Planta **52.** 47—64. 1958. Heidelberg, Univ., Botan. Inst.) F. HELLER. 4420

Rosmarie Urban, *Über Flavonoide und Hydroxyzimtsäuren in Betarüben.* (Vgl. vorst. Ref.) Durch absteigende Papierchromatographie in Butanol–Eisessig–W. (6 : 1 : 2) sowie durch aufsteigende Chromatographie der nach Hydrolyse mit heißer 2n HCl erhaltenen Aglykone in Eisessig–W.-konz. HCl (30 : 10 : 3) u. Unters. der Fluorescenz u. der UV-Spektren wurden in den Blättern von Zuckerrüben, Futterrüben u. Roten Beten 6 Flavonoide u. 5 Hydroxyzimtsäuren nachgewiesen. Die gleichen Verbb. wurden in Blättern der Wildrübe (*Beta maritima*) nachgewiesen; Befall der Pflanzen mit Mosaik- u. Vergilbungsvirus oder mit Cercospora bewirkte nur unwesentliche Änderungen in der Pigmentzusammensetzung. In der Schale des Rübenkörpers sind Flavonoide nur in Spuren, Hydroxyzimtsäuren dagegen in höherer Konz. als in den Blättern vorhanden. Unter den nachgewiesenen Verbb. wurde das Vork. folgender Substanzen wahrscheinlich gemacht: *Chlorogensäure*, R_F 0,58—0,60 (Butanol–Eisessig–W.); *Kaffeesäure*, 0,76—0,80; *Quercetinglykosid*, 0,25; *Aglykon*, 0,40 (Eisessig–W.-konz. HCl); *Kämpferolglykosid* Fl_3, 0,31—0,34; *Kämpferolglykosid* Fl_4, 0,38—0,39; *Aglykon*, 0,56. (Naturwissenschaften **45**. 291—92. 2. Juni-H. 1958. Ladenburg bei Heidelberg, Max-Planck-Inst. für Züchtungsforschung, Zweigstelle Rosenhof.) F. HELLER. 4420

Chr. van Sumere, H. Hilderson und **L. Massart**, *Cumarine und Phenolsäuren in Gersten- und Malzhülsen.* Durch Extraktion der Hülsen von Wintergerste u. Malz mit CH_3OH, Ausschütteln des Extraktes mit PAe. zur Entfernung der Lipoide, Einengen der methanol. Schicht, Lösen in W., Extraktion mit Ae. u. Chromatographie des Rückstandes der äther. Lsg. an WHATMAN Nr. 1 wurden *Cumarin* (**I**), *Umbelliferon, Herniarin* (**II**), *p-Hydroxybenzoesäure, o-* u. *p-Hydroxyzimtsäure, Vanillin-, Ferula-* u. *Syringasäure*, in Gerstenhülsenextrakt auch noch *Äsculetin* (**III**) nachgewiesen. Die Hülsen lieferten dann mit sd. W. einen zweiten Extrakt, der nur einen Teil der im 1. Extrakt nachgewiesenen Verbb. enthielt; nach saurer Hydrolyse konnten im wss. Extrakt der Gersten- u. Malzhülsen die im Methanolextrakt nachgewiesenen Substanzen, außerdem aber noch *Chlorogensäure* (**IV**), *Scopoletin* (**V**) u. *Sinapinsäure* (**VI**) festgestellt werden. In den Hülsen der Champagne-Gerste fehlten **V** u. **VI**; **I** u. **II** waren nur im CH_3OH-Extrakt, **III** u. **IV** nur im Hydrolysat nachzuweisen. Eine Anzahl weiterer Verbb. konnte nicht identifiziert werden. (Naturwissenschaften **45**. 292. 2. Juni-H. 1958. Gent, Rijksuniv., Labor. voor Biochem.) F. HELLER. 4420

C. Hasegawa, *Untersuchungen über den charakteristischen Geschmack von Bambussprossen.* Eine Prüfung des Geschmacks von Substanzen des *Tyrosin*-Stoffwechsels u. verwandter Stoffe ließ neben *2.5-Dihydroxyphenylbrenztraubensäure, Indolylessigsäure, Indolaldehyd* u. *Catechin* mit besonderer Stärke die *Homogentisinsäure* (**I**) als dem Geschmack von Bambussprossen ähnlich erscheinen. Auch in Ae.-Extrakten von Bambussprossen konnte **I** papierchromatograph. (Entwickler: Butanol/Essigsäure/W. 4 : 1 : 5, R_F 0,07) nachgewiesen u. aus dem Preßsaft von Bambus nach Behandlung mit Trichloressigsäure, Ae.-Extraktion, Bleiacetatfällung u. Zusatz von Norit in krist. Form isoliert werden. (Seikagaku [Biochemistry] **30**. 706—08. 25/12. 1958. Nara Joshi Daigaku, Kaseigaku-Bu. [Orig.: japan.]) F. MOSSNER. 4420

Želimír Procházka, *Indolderivate in ascorbigenhaltigen Pflanzen.* 3. Mitt. *Nachweis von Indol-3-carbonsäure in Blumenkohl und Wirsingkohl.* (2. vgl. Chem. Listy **52**. [1958.] 537.) Vf. versuchte die Ggw. von freier *Indol-3-carbonsäure* (**I**) in den untersuchten Pflanzen eindeutig nachzuweisen u. die Voraussetzung von FAWCETT u. Mitarbeitern (vgl. C. **1957**. 7403), daß **I** durch α-Oxydation von *Indolyl-(3)-acetonitril* (**II**) in vivo entsteht, zu korrigieren. **I** entsteht nicht als Abbauprod. des in Brassicapflanzen vorhandenen Ascorbigens (**III**), das bei dem Isolierungsverf. als Artefact entsteht, sondern **I** muß als n. Inhaltsstoff von Blumenkohl angesehen werden. Bei der Isolierung von **I** aus dem frisch hergestellten Pflanzensaft, zu dem eine bekannte Menge von **III** hinzugefügt wurde, war kein Anstieg des **I**-Geh. im Vgl. mit der Parallelprobe ohne beigefügtes **III** zu bemerken. Auf Grund der semiquantitativen Auswertung der Papierchromatographie von äther. Pflanzensaftextrakten wurde festgestellt, daß folgende Mengen (in mg%) von nachst. Verbb. in der Rose bzw. in den Blättern gefunden wurden: **II** 0,015—0,030, 0,015—0,030, **I** 0,150—0,200, 0,040—0,050. Einzelne Pflanzenteile wurden mit PAe., 2mal mit Ae., mit Äthylacetat (**V**) u. n-Butanol (**IV**) nacheinander extrahiert. Die Extrakte wurden papierchromatograph. getrennt u. mit Formaldehyd entwickelt. Der Geh. an **III** wurde in den vereinigten Ae.-**IV**-**V**-Extrakten titrimetr. festgestellt. — Neben **I** u. **II** kamen noch auf den Chromatogrammen einige weitere, bisher noch nicht identifizierte Verbb. vor. Der nach einigen Tagen aus dem restlichen, extrahierten Blättersaft entstandene Nd. wurde als Gemisch von Ca-Salzen der Citronensäure u. in kleinerer Menge der Weinsäure papierchromatograph. identifiziert. — Im Wirsingkohl wurde gleichfalls die Ggw. von **I** nachgewiesen. (Chem. Listy **52**. 1364—66. Juli 1958 [Orig.: tschech.]; Collect. czechoslov. chem. Commun. **24**. 1368—71. 1959 [Orig.: engl.]. Praha, Českoslov. akad. věd. Chem. ústav, Odd. přírodních látek.) J. VANĚČEK/Prag. 4420

Philip H. Plaisted, *Die Reinigung von Lösungen freier Aminosäuren in Pflanzenextrakten für die Papierchromatographie.* Die A.-Extrakte aus verschied. Pflanzen wurden über eine Dowex-X8-Säule, 200—400 mesh, H^+, mit 80% A. gegeben. Die sauren u. neutralen *Aminosäuren* (I) u. die *Amide* werden dabei mit 0,4n alkoh. NH_4OH-Lsg. ausgewaschen u. die Säule dann mit A. u. W. nachgespült. Die bas. I erhält man quantitativ, wenn man mit 4n wss. NH_4OH-Lsg. durchwäscht. — Ausführungsbeispiel an Ahornblättern. (Contr. Boyce Thompson Inst. **19.** 231—44. Jan./März 1958.) H. FRANK. 4420

Philip H. Plaisted, *Einige biochemische Veränderungen während der Entwicklung und Alterung der Blätter von Acer platanoides L.* Proteingeh. u. A.-lösl. N folgen dem bekannten Schema bei der Blattalterung. Beide steigen steil zu einem gemeinsamen Maximum an, fallen dann langsam ab, um zu Beginn des letzten Fünftels der Lebensdauer rapid abzusinken. Der lösl. N steigt in den letzten Tagen vor dem Abfallen der Blätter nochmals etwas an, was Vf. auf die Bldg. von „Transportaminosäuren" zurückführt. Die einzelnen freien Aminosäuren verhalten sich während der Alterung uneinheitlich in ihrer mengenmäßigen Verteilung. *Glykokoll, Serin* u. *γ-Aminobuttersäure* folgen etwa dem Proteingehalt. *Alanin, Glutaminsäure* u. *Asparagin* sinken kontinuierlich mit der Zeit ab. *Glutamin, Phenylalanin, Threonin, Leucin* u. *Valin* steigen mit dem Alter an. *Zucker* u. *Stärke* fallen kontinuierlich. (Contr. Boyce Thompson Inst. **19.** 245—54. Jan./März 1958.) H. FRANK. 4420

L. Fridvalszky, *Über die mikroskopische Untersuchung der ätherischen Öle in der Wurzel von Valeriana officinalis L.* Unterss. bei *Valeriana officinalis* L. ergaben, daß äther. Öle außer in der Exodermis der Wurzel auch in Zellen der prim. Rinde vorkommen. Die beiden Öle sind nicht ident.; im Gegensatz zu Öltropfen der prim. Rinde fluorescieren äther. Öltropfen der Exodermis unter Einw. von UV-Licht hellblau. Es zeigte sich ein klarer Zusammenhang zwischen Zus. des äther. Öls u. der Beschaffenheit der Wand der Ölzellen (in der Exodermis verkorkt). Ob die Heilwrkg. von *Valeriana* ausschließlich auf Wirkstoffen des äther. Öls der Exodermis beruht oder ob daran auch Öle der prim. Rinde beteiligt sind, konnte noch nicht geklärt werden. (Acta biol. Acad. Sci. hung. **8.** 81—89. 1957. Budapest, Univ., Inst. für Angew. Bot. u. Histogenetik.) M. EBERT. 4420

Hermann Fink, Elisabeth Herold und **Harry Lundin,** *Über den Vitamin-B_{12}-Gehalt und den Vitamin-E-Gehalt der einzelligen Grünalge Scenedesmus obliquus.* Fütterungsverss. der Albinoratte mit der getrockneten, einzelligen Grünalge *Scenedesmus obliquus* zeigten den hohen Diätwert der Zuchtalge. Dieser Diätwert beruht auf dem hohen Geh. (50%) an gut verdaulichem Protein sowie auf dem Geh. von *Vitamin B_{12}* (0,02—1,7 γ/g Trockensubstanz) sowie *Vitamin E* (111—183 γ/g Trockensubstanz). Der Geh. der beiden Vitamine in verschied. Algen u. anderen Prodd. wird angegeben. Ursprung u. Anreicherung von *Vitamin B_{12}* in der Grünalge werden diskutiert. (Z. Naturforsch. **13b.** 605—10. Sept. 1958. Köln, Univ., Inst. für Gärungswiss. u. Enzymchem.; Stockholm, TH, Roy. Inst. of Technol.) L. TRÄGER. 4425

A. O. Dahl, J. R. Rowley, O. L. Stein und **L. Wegstedt,** *Die intracellulare Massenverteilung während der Ontogenesis der Pollen von Tradescantia L.* Es wird die intracellulare Massenverteilung während der Entw. reifer Pollensamen von *Tradescantia paludosa* E. Anders u. R. E. Woodson (Klon 6—50) nach der mikroradiograph. Meth. von ENGSTRÖM (Acta radiologica [Stockholm], Suppl. **63.** [1946.]) untersucht. Ausführliche Darlegung der Ergebnisse an Hand von 29 Mikroradiogrammen. (Exp. Cell Res. **13.** 31—46. Aug. 1957. Minneapolis, Minn., Univ. of Minnesota, Dep. of Bot.; Stockholm, Schweden, Karolinska Inst., Dep. for Med. Phys.) H. KOCKERT. 4450

I. Szalai, L. Ferenczy, Magdalena Varga und **Márta Dévay,** *Einige charakteristische Veränderungen im Stoffwechsel in den mit „Rindite" behandelten jungen keimenden Kartoffelknollen.* Aufnahme u. Wrkg. des Stimulators „*Rindite*" (I; 7 : 3 : 1-Gemisch von Äthylenchlorhydrin, Äthylendichlorid u. Tetrachlorkohlenstoff) war bei den untersuchten Kartoffelsorten sortenspezifisch. Junge Knollen von Sorten, die mit I leicht zur Keimung gebracht werden konnten, zeigten nach I-Behandlung eine qualitative Stoffwechselveränderung, die durch die Synth. sprungartig ablösender Zerfallsprozesse gek. werden kann. Eiweißstoffe spalteten sich bis zu Aminosäuren, wobei die *Glutathion*-Konz. auffallend schnell anstieg, der *Ascorbinsäure*-Geh. dagegen sank. Im Gegensatz zu Kontrollknollen verschwanden bei Versuchsknollen nach Behandlung mit I-Dämpfen wachstumshemmende Stoffe schnell; hierbei zeigten behandelte Knollen am 5. Tag ein Maximum an *Indolylessigsäure* (II), danach ein rasches Absinken. II-Vorstufen waren in nur unbedeutender Menge vorhanden. Das abweichende Verh. von leicht u. schwer zur Keimung zu bringenden Sorten wurde auf die Verschiedenheit im Stoffwechseltypus u.

im Tempo der Stoffumbldg. zurückgeführt, was auch aus der Relation N : C zu erkennen war. (Acta biol. Acad. Sci. hung. **8.** 11—19. 1957. Szeged, Univ., Inst. for Plant Physiol.)
M. EBERT. 4455

L. Ferenczy, *Untersuchung der ätherextrahierbaren keimungshemmenden Stoffe von Fleischfrüchten durch papierchromatographische Trennung.* (Vgl. vorst. Ref.) Mit Ae. aus Fleischfrüchten 12 verschied. Pflanzen extrahierbare keimungshemmende Stoffe wurden papierchromatograph. in Isopropanol/W./NH_3 (10 : 1 : 1) getrennt u. mit Mohnsamen auf Hemmwrkg. untersucht. Fast alle Chromatogramme, ausgenommen die von Extrakten aus Früchten mit geringem Säuregeh., enthielten bei R_F-Wert 0,1 u. 0,2 schwache Hemmstoffe, die nach VARGA kurzkettige organ. Säuren sind. Das 3. Zentrum von Hemmstoffen lag bei R_F 0,7; wahrscheinlich handelt es sich hier um aromat. Säuren, die sehr akt. u. für die keimungshemmende Wrkg. der Fruchtsäfte verantwortlich sind. Ein 4., nicht allg. verbreiteter Hemmstoff wurde hinter der Frontlinie nachgewiesen. Isolierung u. Identifizierung der beiden zuletzt genannten Hemmstoffe wird versucht. (Acta biol. Acad. Sci. hung. **8.** 31—37. 1957. Szeged, Univ., Inst. for Plant Physiol.)
M. EBERT. 4455

Kenneth V. Thimann und **Gordon M. Loos,** *Proteinsynthese während der Wasseraufnahme durch Knollengewebe.* An Scheibchen von Kartoffelknollen u. Artischocken wurden *Protein* (**I**)-Synth. u. Wasseraufnahme untersucht. Bei der Kartoffel erreichte die **I**-Synth. während der 1. 2 Versuchstage ihr Maximum, in welchen das Wachstum kaum begonnen hatte u. die Wasseraufnahme gering war; diese stieg in den nächsten 2 Tagen erheblich an. Artischocken verhielten sich ähnlich, nur erfolgte nach dem 2. Versuchstag **I**-Abbau, obwohl das Wachstum unverändert weiterging. Bei beiden Geweben förderte während der ersten 2 Tage *Naphthylessigsäure* die **I**-Synth. merklich. (Plant Physiol. **32.** 274—79. Juli 1957. Cambridge, Univ., Biol. Labor.) M. EBERT. 4460

Hubert Bradford Vickery und **James K. Palmer,** *Der Stoffwechsel der organischen Säuren.* 12. Mitt. *Effekt einer Kultur von ausgeschnittenen Blättern in Malonatlösungen bei* p_H *4—7.* (11. vgl. C. **1957.** 9424.) In Tabakblättern (*Nicotiana tabacum,* Abart Connecticut Schattenwuchs) wurde die Ggw. einer *Bernsteinsäuredehydrogenase* nachgewiesen. Blätter in Kaliummalonat eingeweicht (24°, 50% relative Luftfeuchtigkeit) nehmen bei p_H 4—7 *Malonsäure* (**I**) auf. Es wird vermutet, daß der Abbau von Äpfelsäure nicht, jedoch *Citronensäure* (**II**) merklich gehemmt wird, wobei die Hemmung bei p_H 4—5 am stärksten, bei p_H 7 am schwächsten war. Die erwartete Atmungshemmung wird durch Bldg. von *Bernsteinsäure* kompensiert. Bei einer maximalen Aufnahme von **I** hörte die **II**-Bldg. auf. **I** wird jedoch abgebaut. Über den Mechanismus ist nichts bekannt. (J. biol. Chemistry **225.** 629—40. April 1957. New Haven, Conn., Connecticut Agric. Exp. Stat. Biochem. Labor.)
J. MILLER. 4460

Hans J. Trurnit und **Germille Colmano,** *Chloroplastenstudien.* 1. Mitt. *Die Absorptionsspektren von monomolekularen Chlorophyllschichten an flüssigen Zwischenflächen.* Die submkr. Struktur der Chloroplasten erscheint als stark geordnetes Syst. mol. Lamellen. Die Chloroplastenfunktion bei der Photosynth. steht wahrscheinlich mit dieser Struktur in engem Zusammenhang. Die Unters. der Absorptionsspektren von monomol. *Chlorophyll* (**I**) *a*- u. *b*-Filmen im Bereich von 7200—3000 Å unter bekannten thermodynam. Bedingungen an W.-Luft- u. W.-Öl-Zwischenflächen u. der Vgl. mit den **I**-Spektren in organ. Lösungsmitteln sprechen für die Annahme, daß in lebenden Chloroplasten **I** in monomol. Schicht vorliegt. Die qualitativen Unterschiede zwischen Lösungs- u. Filmspektren, wie Bandenverbreiterung, Maximaverschiebung u. Änderung des Maximaverhältnisses, sind allg. für den Übergang neutraler Moll. von einem stark verd. in einen kondensierten Zustand typisch. (Biochim. biophysica Acta [Amsterdam] **31.** 434—47. Febr. 1959. Baltimore, Md., Res. Inst. for Advanced Study, Photosynthet. Group.)
K. MAIER. 4460

David W. Krogmann und **André T. Jagendorf,** *Eine spektrophotometrische Probe der Hill-Reaktion mit Ferricyanid.* Vff. beschreiben eine Meth. zur spektrophotometr. Best. der Red. von *Ferricyanid* (**I**) durch die HILL-Reaktion. Nach Bestrahlung einer Chloroplastenpräparation in Ggw. von **I** wurde *Ferrichlorid* u. *o-Phenanthrolin* zugegeben u. die resultierende Farbe bei 510 mμ gemessen. Die **I**-Red. durch belichtete Chloroplasten war proportional der Chlorophyllkonz. u. Belichtungsdauer u. war ungefähr äquivalent der Farbreaktion. (Plant Physiol. **32.** 373—74. Juli 1957. Baltimore, Md., Univ., McCollum-Pratt-Inst. and Biol. Dep.)
M. EBERT. 4460

A. R. Krall und **N. E. Tolbert,** *Ein Vergleich des lichtabhängigen Stoffwechsels von Kohlenmonoxyd durch Gerstenblätter mit dem von Formaldehyd, Formiat und Kohlendioxyd.* Unterss. über die ^{14}*CO*-Fixierung durch Gerstenblätter zeigten die Lichtabhängigkeit dieses Vorgangs. ^{14}CO wurde hauptsächlich in *Serin* (**I**), sek. in Verbb. des photo-

synthet. C-Cyclus eingebaut. Hemmung durch 2.4-Dinitrophenol verschob die Aufnahme ähnlich der von CO_2. *^{14}C-Formaldehyd* (**II**) wurde im Dunkeln langsam aufgenommen, im Licht aber schnell umgewandelt. **II** u. *Formiat* (**III**) wurden bei Licht u. Dunkelheit in **I**, *Cholin* u. *Phosphorylcholin* eingebaut. Im Licht wurden **II** u. **III** auch rasch in Verbb. ähnlich solchen, wie sie bei $^{14}CO_2$-Einbau gefunden wurden, fixiert, wogegen ^{14}CO sehr viel langsamer in diese umgewandelt wurde. Die Aufnahme von **III** erfolgte schneller als die von **II** oder CO. Der mögliche Stoffwechsel der einzelnen Verbb. wird diskutiert. (Plant Physiol. **32.** 321—26. Juli 1957. Oak Ridge, Tenn., Nat. Labor., Biol. Div.)
M. EBERT. 4460

R. H. Biggs und **A. C. Leopold,** *Die Zweiphasenwirkung von Auxin auf den Blattabfall.* Die Wrkg. von Auxin (**I**) auf den Blattabfall bei 4 Typen von Abschnitten von *Phaseolus vulgaris* wurde untersucht. **I** wirkt direkt auf die Trennungszone. Niedrige Konzz. beschleunigen den Blattabfall, hohe hemmen ihn. Unterschiede im Verh. bei verschied. Entfernung der Auxineinw. vom Trennungsgewebe werden durch die veränderten Transportverhältnisse erklärt. (Amer. J. Bot. **45.** 547—51. Juli 1958. Lafayette, Ind., Purdue Univ., Horticult. Dep.)
H. BREUER. 4485

R. E. Frans, E. F. Lind und **W. E. Loomis,** *Kinetik der Wachstumshemmung durch Herbicide.* Um Wachstumshemmungen genau charakterisieren zu können, wurden Herbicide u. Wuchsstoffe einzeln u. in verschied. Kombinationen bei Sojabohnensämlingen u. Hefekulturen angewandt. Die durch *2.4-Dichlorphenoxyessigsäure* (**I**), *2.2-Dichlorpropionsäure, 2.4.5-Trichlorphenoxyessigsäure* (**II**), *Trichloressigsäure, 3-Amino-1.2.4-triazol, Indolyl-(3)-essigsäure* (**III**) u. *Maleinhydrazid* bei Sojabohnen erzielten Hemm-Wrkgg. stützen die Hypothese, daß die errechneten K_m-Werte für die Best. relativer Verwandtschaften dieser Verbb. bzgl. ihres Wirkungsmechanismus innerhalb der Pflanze von Nutzen seien. Durch einzelne Anwendung von **I** u. **III** bei Hefekulturen wurde eine ausreichende Übereinstimmung zwischen errechnetem u. experimentellem Hemmungsgrad erreicht. Die Wachstumshemmung von Sojabohnensämlingen durch niedrige **I**-Konzz. wurde durch **II** kompetitiv gehemmt. Diese Wrkg. blieb in Ggw. höherer **I**-Konzz. aus. *2.3.5-Trijodbenzoesäure* erhöhte die Hemmung durch **I** bei Sojabohnen zusätzlich u. synergist. bei Hefekulturen. (Plant Physiol. **32.** 301—07. Juli 1957. Ames, Iowa, Coll., Dep. of Bot.)
M. EBERT. 4485

A. J. Vlitos und **Thomas S. Hitchcock,** *Wachstumsregulation durch Indolyl-(3)-methansulfonsäure bei Pflanzen.* Die Aktivitäten von *Indolyl-(3)-essigsäure* (**I**) u. *Indolyl-(3)-methansulfonsäure* (**II**) wurden an verschied. Pflanzen miteinander verglichen. **II** verursachte bei Tomaten u. Bohnen schon nach 1 Tag Stengelverkrümmungen, nach 8 Tagen Blattveränderungen u. nach 14 Tagen Verdickungen des Stengels. An Internodienstücken von Hafersämlingen brachte **II** (10^{-3} bis 10^{-4} mol.) in vitro bessere Zuwachsgeschwindigkeiten gegenüber unbehandelten Kontrollen als **I**. Als Unkrautbekämpfungsmittel vor der Keimung angewendet war **II** in Mengen von 0,6—1,2 g/m^2 wirksam, u. zwar ohne Schädigung bei Rettich u. mit schwacher Beeinflussung von Senf u. Weißkraut. Nach dem Austrieb angewendet vernichtete **II** (4,6—9,2 g/m^2) monokotyle u. dikotyle Unkräuter; Hafer wurde dabei nicht geschädigt, Roggen jedoch etwas u. Sojabohnen erheblich. (Contr. Boyce Thompson Inst. **19.** 255—65. Jan./März 1958.) H. FRANK. 4485

Iaroslav Sossountzov, *Wirkung von drei synthetischen Auxinen auf die Entwicklung von Farnkeimen in vitro.* Durch *Indolyl-(3)-essigsäure* u. *Naphthyl-(1)-essigsäure* in Konzz. von 10^{-10} bis 10^{-7} g/ml wird die Entw. der Prothallien von *Gymnogramme calomelanos* var. *chrysophylla* (a) bzw. var. *argentea* u. von *Alsophila australis* kaum beeinflußt. *Indolyl-(3)-acetonitril* ruft bei a eine Vergrößerung der Zellen in den Rhizoiden hervor, bei den beiden anderen Arten dagegen eine Verkürzung. Im allg. sind die Rhizoide empfindlicher gegenüber den Auxinen als die Prothallien selbst. Bei höheren Konzz. (über 10^{-6}) hemmen die untersuchten Verbb. die Entw. der Archegonien u. Antheridien. (C.R. Séances Soc. Biol. Filiales **151.** 531—36. 15/10. 1957. Sorbonne, Labor. de Biol. Végétale.)
G. KLESSE. 4485

Magdalena Varga, *Die papierchromatographische Untersuchung der das Wachstum hemmenden Stoffe bei Fleischfrüchten.* 1. Mitt. *Resultate des biologischen Tests des Chromatogramms aus den ätherischen Extrakten der Früchte.* Mit Hilfe des Weizen-Koleoptil-Testes wurden in Isopropanol/W./NH_3 (10 : 1 : 1) entwickelte Chromatogramme von äther. Extrakten aus verschied. Fleischfrüchten auf Wuchsstoffe untersucht. Außer geringen Konzz. *Indolyl-(3)-essigsäure* (R_F 0,40) bei einzelnen Früchten konnten keine weiteren Wuchsstoffe festgestellt werden. Starke Hemmung zeigten die Zonen zwischen R_F 0,55 bis 0,80, der Schwerpunkt lag bei R_F 0,65—0,70. Diese thermostabilen Hemmstoffe sind wahrscheinlich mit bereits bekannten identisch. Bei vielen der untersuchten Extrakte wurden bei R_F-Wert 0,95—1 Hemmstoffzonen beobachtet, die äther. Art sind u. deren

Wrkg. durch Wärmebehandlung verschwand. Hemmzonen nahe der Startlinie wurden auf kurzkettige organ. Säuren u. Gerbsäuren zurückgeführt. (Acta biol. Acad. Sci. hung. **8.** 39—47. 1957. Szeged, Univ., Inst. for Plant Physiol.) M. EBERT. 4485

D. A. Recaldin und **O. V. S. Heath,** *Chelation oder Komplexbildung durch Indolylessigsäure in vitro.* Für *Indolyl-(3)-essigsäure* u. *Kupfernitrat* in 50%ig. A. wird logK zu 3,0 bestimmt. Die Absorptionskurve zeigt bei 360 mμ eine Diskontinuität beim Verhältnis 1 : 2 von Salz u. Säure. Mit *Ferrichlorid* ($4 \cdot 10^{-3}$mol.) u. Indolyl-(3)-essigsäure (10^{-1}mol.) setzt zeitabhängige starke Farbentw. ein (zwischen 450 u. 600 mμ). Es wird eine Decarboxylierung der Säure unter Sauerstoffaufnahme nachgewiesen. (Nature [London] **182.** 539—40. 23/8. 1958. London, Imp. Coll., Dep. of Plant Physiol.; Univ. of Reading, Dep. of Horticult.) K. L. WOLF. 4485

Victor A. Greulach und **John G. Haesloop,** *Der Einfluß von Gibberellsäure auf Zellteilung und Zellverlängerung in Phaseolus vulgaris.* Vff. kommen zu dem Ergebnis, daß die an Bohnenpflanzen 4 Wochen nach der Behandlung mit *Gibberellsäure* beobachtete Wachstumsförderung auf vermehrter Zellteilung beruht u. daß frühere Befunde, nach denen hauptsächlich Zellverlängerung für die Wachstumsförderung verantwortlich sein soll, einer Überprüfung bedürfen. (Amer. J. Bot. **45.** 566—70. Juli 1958. North Carolina, Univ., Dep. of Bot.) H. BREUER. 4485

James R. Feucht und **Donald P. Watson,** *Die Wirkung von Gibberellinen auf Internodalgewebe von Phaseolus vulgaris L.* Für die durch *Gibberelline* nach 2—3 Tagen hervorgerufene Verlängerung der Internodien bei Sämlingen von *Phaseolus vulgaris L.* ist hauptsächlich die Verlängerung, weniger die Vermehrung der Zellen verantwortlich. (Amer. J. Bot. **45.** 520—22. Juli 1958. Michigan, Univ., Dep. of Horticult.)
H. BREUER. 4485

Wm. W. Fletcher, J. W. S. Alcorn und **J. C. Raymond,** *Einfluß der Gibberellsäure auf die Nodulation des Weißen Klees (Trifolium repens L.).* Der Einfl. von *Gibberellsäure* (I) auf die Nodulation (Knötchenbldg.) von Trifolium repens L. wurde untersucht u. dabei keine Hemmung in Ggw. von I festgestellt. Die Pflanzen wurden in Agar oder in mit Rhizobium trifolii (Stamm 157) (RH) geimpften Bodenkulturen gezüchtet. Auch auf Kulturen von RH in Weizenextrakt oder Sauerkraut wirkte **I** nicht nachteilig ein. (Nature [London] **182.** 1319—20. 8/11. 1958. Glasgow, West of Scotland Agric. Coll.)
O. DOLD. 4485

Lela V. Barton und **Jean MacNab Fine,** *Verträglichkeit der Wirkung von Gibberellsäure mit der von Fungiciden.* Tomatenpflanzen wurden mit *Gibberellsäure* (**I**), *N-Trichlormethylmercapto-Δ^4-cyclohexen-1.2-dicarboximid* (*Captan*) u. *Manganäthylen-bis-dithiocarbamat* (*Maneb*) einzeln u. in Kombination der Mittel behandelt, ohne daß eine Schädigung der Pflanzen oder eine Abschwächung der Pilzschutzwrkg. beobachtet wurde. *Agrimycin* brachte an infizierten Bohnen gleiche Resultate (Halo-blight-Krankheit u. Bohnenrost). Im Plattentest gegen *Alternaria oleracea* u. *Monilia fructicola* schien die Hemmung durch zusätzliche Gabe von **I** (1—200 p.p.m.) eher verstärkt als vermindert. Vff. schließen daraus, daß **I** ohne Bedenken mit Fungiciden u. Baktericiden kombiniert werden kann. (Contr. Boyce Thompson Inst. **19.** 291—94. Jan./März 1958.)
H. FRANK. 4485

Ikuzō Uritani und **Gyō Akazawa,** *Schwarzfleckenfäule der Süßkartoffeln.* (Vgl. C. **1956.** 10981.) Übersicht über die durch Ceratostomella fimbriata verursachte Pflanzenkrankheit, deren Wrkg. auf Atmung, Enzymaktivität, Stoffwechsel usw. beruht. (Kagaku [Science] **25.** 614—20. 1955. Nagoya Univ. [Orig.: japan.]) L. SCHULER. 4490

E. W. Buxton, *Änderung einer pathogenen Rasse von Fusarium oxysporum F. pisi unter dem Einfluß von Wurzelexsudat eines resistenten Wirts.* Vf. zeigt, daß die Sporenkeimung von *Fusarium oxysporum f. pisi* Rasse 1 durch Wurzelexsudat der gegenüber Rasse 1 resistenten Erbsenvarietät *Alaska* gehemmt, durch das der Rasse 2 jedoch stimuliert wird. Werden Sporen der Rasse 1 14 Tage lang in Wurzelexsudat der Varietät *Alaska* aufbewahrt, so verhalten sie sich wie Sporen der Rasse 2, sind also für die *Alaska*-Varietät pathogen. Aufbewahrung in sterilem W. ergab diesen Effekt nicht. Die Rasse-1-Sporen verloren bei der Behandlung mit *Alaska*-Wurzelexsudat außerdem teilweise die Fähigkeit, die *Onward*-Varietät zu infizieren. Die erlangte Pathogenität bleibt über längere Zeit unverändert, sie ist nicht auf gesteigerte Keimfähigkeit der Sporen zurückzuführen u. kann nur durch Mutationen erklärt werden, die durch das Exsudat ausgelöst werden, etwa in der Weise, daß adaptive Fermente Hemmstoffe des Exsudats entgiften oder die Verwertung vorher nicht nutzbarer Nährstoffe ermöglichen. (Nature [London] **181.** 1222—24. 26/4. 1958. Harpenden, Herts., Rothamsted exp. Stat.)
HANS THIELE. 4490

Hana Vintiková und **Jaroslav Vintika,** *Über den Einfluß der Antibiotica auf Rhizobien.* 2. Mitt. *Einfluß weiterer Antibiotica und von anderen antibakteriellen Stoffen.* (1. vgl. C. **1959.** 6519.) Vff. untersuchten den Einfl. von Antibioticis, Sulfonamiden, PAS u. INH auf das Wachstum von Rhizobien (*Rh. japonicum, Rh. trifolii, Rh. meliloti, Rh. leguminosarum, Rh. simplex*) unter Anwendung der Scheibenmethode. Als Kontrollstamm diente *Staphylococcus pyogenes aureus.* Die stärkste Wrkg. auf Rhizobien zeigten *Terramycin, Tetracyclin* u. *Aureomycin* (5—10 γ). Schwächer wirkten *Erythromycin, Viomycin, Streptomycin* u. *Neomycin. Polymyxin, Chloromycetin, Oleandomycin, Magnamycin* u. *Neobiocin* zeigten keine oder nur schwache Wirksamkeit, desgleichen Penicillin (I) u. *Bacitracin* (II). I u. II wirkten bei einzelnen Stämmen sogar wachstumsfördernd. Sulfonamidpräpp. (*Elkosin, Gantrisin, Sulfadiazin, Sulfamerazin, Sulfathiazol*) u. *Thiosulfit* unterdrückten in Mengen von 150 γ bei einigen Rhizobienstämmen das Wachstum. Die Bldg. resistenter Kolonien wurde beobachtet. PAS u. INH (10 γ) zeigten keinen hemmenden Einfl. auf die Rhizobienstämme. Bei *Furadantin* wurde die Bldg. resistenter Kolonien festgestellt. Die Verss. ergaben, daß Rhizobien im allg. gegen Antibiotica resistenter sind als Staph. aureus u. sich an neue Medien leichter anpassen können. (Sborník českoslov. Akad. zemědělskych věd, rostlinná výroba **4** (**31**). 883—92. Aug. 1958. Ruzyně, Výzkumný ústav rostlinné výroby ČSAZV; Praha, Výzkumný ústav kvasného průmyslu.) B. GÖRLICH. 4495

E₅. Tierchemie. Tierphysiologie. Tierpathologie.

P. A. Anastassiadis und **R. H. Common,** *Die Freisetzung von Hexosamin, Hexuronsäure und Hydroxyprolin aus tierischen Geweben durch Hydrolyse mit Austauschharzen.* (Vgl. C. **1958.** 10749.) Vff. untersuchen die Bedingungen der Abtrennung von *Hexosamin* (**I**) u. *Hydroxyprolin* (**II**) aus *Hexuronsäuren* (**III**) u. Zuckern mit Hilfe von sulfonierten *Polystyrolharzen* (a; Dowex-50) in Ggw. von verd. HCl. In der 1. Versuchsreihe werden *Glucosaminhydrochlorid* (**Ia**), **II** u. tier. Gewebe (Oviduct) mit a-Suspension in 0,1n HCl (1 : 4) in der Wärme hydrolysiert (24 Std.), u. in den mit verd. HCl aus dem Harz eluierten Fraktionen wird der **I**-Geh. auf colorimetr. Wege bestimmt. Es zeigt sich, daß die stärkste Färbung sofort nach der Entw. (Messung der Absorption nach 3 Min. statt 1 Std.) auftritt. Innerhalb von 1 Std. ist die Abnahme der Absorption zwar gering, aber die Messung nach 3 Min. besitzt den Vorteil einer größeren Empfindlichkeit, u. eine Störung durch **II** wird vermieden. Die acetylierte Lsg. ist nach Kühlung 1 bis 2 Std. beständig. Mit Hilfe dieser Meth. lassen sich 10 μg **I** genau bestimmen. Aus den Verss. geht ferner hervor, daß **II** langsamer als **I** herausgelöst wird, so daß eine differentielle Eluierung aus einer Säule mit genügender Länge möglich ist. Die Störung durch **II** bei der colorimetr. **I**-Best. wird durch eine hohe *Acetylaceton*-Konz. in der Acetylierungs-Fl. oder durch das Ablesen der Absorption kurz nach Versetzen mit *p-Dimethylaminobenzaldehyd* vermindert. Der durch **II** hervorgerufene Fehler ist zu vernachlässigen, wenn das **II**/**I**-Verhältnis 12,5 beträgt u. die Entw. der Farb-Rk. innerhalb von 3 Min. stattfindet. Durch Hydrolyse von Hühneroviduct mit a bei 107° mit 4n HCl (4 Std.) werden zwar reproduzierbare **I**-Werte erhalten, doch findet selbst bei Verwendung von 0,25n HCl eine teilweise Zers. von **II** statt, obwohl vorst. HCl-Konz. auch die **I**-Abgabe aus dem Gewebe beschleunigt. **III** ist dagegen beim Erhitzen mit HCl sehr unbeständig. Daher wird eine maximale HCl-Konz. von 0,05n zur gleichzeitigen **III**-Best. im Hydrolysat als ausreichend angesehen. Die Bedingungen der Hydrolyse mit a lassen sich durch anhaltendes maschinelles Schütteln, Senken der Reaktionstemp. auf 100° u. Verdoppelung der a-Menge (Verhältnis a : 0,05n HCl = 1 : 2) wesentlich verbessern. Dabei werden auch Störungen durch Huminstoffe u. Zucker eliminiert. Der **III**-Geh. von Sekreten aus der Prostata, den Samengefäßen der Ratte, dem koll. Material aus der Thyreoidea des Rindes u. α-, β-, γ-Casein ist durch Hydrolyse mit a in 0,05n HCl (24—30 std. Erhitzen) genauer bestimmbar, als durch Abbau mit 4n HCl (4 Std.); die Unterschiede zwischen beiden Methoden betragen bis zu +30%. Auch bei der **III**-Best. in *Chondroitinsulfat* u. *Heparin* lassen sich durch Hydrolyse mit a in 0,05n HCl (Verhältnis 1 : 2) bei 100° (12-, 18—36 std. Erhitzen) reproduzierbare Werte erhalten. Die im Harz adsorbierten Oligosaccharide werden mit W., die Aminosäuren mit 2n HCl ausgewaschen. Das wss. Eluat wird erneut durch eine a-Säule gegeben u. **I** u. **II** mit n-HCl eluiert. **III** wird im wss. Extrakt mit Hilfe der Naphthoresorcin- oder Carbazol-Rk., **I** u. **II** werden im HCl-Eluat ermittelt. (Canad. J. Chem. **36.** 413—24. April 1958. Quebec, McGill Univ., Fac. of Agricult., Dep. of Chem.) P. FAHRNLAENDER. 4500

A. A. Leach, *Die Lipide von Ochsenknochen.* Es werden gepulverte Oberschenkelknochen bzw. Pulver von Knochengemischen vom Ochsen mit verschied. Lösungsmitteln (Aceton, CCl_4/A., Ae.) extrahiert u. die anfallenden Extrakte in üblicher Weise auf ihre

Konstituenten geprüft. Nachgewiesen werden Triglyceride, Cholesterin u. -ester, Phospholipide u. wahrscheinlich β-Carotin. Es zeigt sich, daß der Geh. an freiem Cholesterin der Großknochen höher ist als derjenige vom Knochenkollagen, das aus entmineralisierten Knochen gewonnen worden ist. Ausführungen darüber, daß in einigen der isolierten Lipide Protein enthalten ist, was auf die Art der Extraktion zurückgeführt wird. Trockne Oberschenkelknochen enthalten im Acetonextrakt 0,0673% Lipide, andere Knochen 0,0629%; darin sind 13,3 bzw. 10,9%, d. h. total 0,0089 bzw. 0,0069% freies Cholesterin zu finden. Vgl. der Resultate mit den Schrifttumsangaben. (Biochem. J. **69**. 429—32. Juli 1958. London, British Gelatine and Glue Res. Assoc.) K. TÄUFEL. 4520

Shôji Ijiri und **Takayo Fujiwara**, *Organische Bestandteile der fossilen Zähne in der Ordnung Proboscidea.* Vff. untersuchten zuerst elektronenmkr. Querschnitte des *Dentins* von Elephas indicus (rezent) u. Palaeoloxodon namadicus nanmanni (fossil) (A). Aus einem Vgl. der beiden Mikrophotographien muß geschlossen werden, daß es sich auch bei A wie bei den heutigen Elefanten um wirkliche Dentinfasern handelt u. nicht um Versteinerungsprodd., die durch anorgan. Substanzen ersetzt sind. Sollte dies der Fall sein, dann sollten auch in den fossilen Zähnen noch organ. Fasern als nicht versteinerte Substanzen erhalten geblieben sein. Um dies zu untersuchen, wurden Zähne von A, Mammuthus primigenius (B), Parastegodon akashiensis (C) u. Bunolophodon (= Serridentinus) annectens nach der Meth. von KIRINO u. Mitarbeitern (vgl. Acta Anatomica Nipponica **30**. [1955.] Nr. 1) entkalkt (Ersatz von Ca-Phosphat durch Ca-Lactat), in Celloidin eingebettet u. Dünnschnitte mit Hämatoxylinlsg. angefärbt. Hierbei wurde festgestellt, daß sich diese fossilen Dünnschnitte genau so verhielten, wie solche von rezenten Zähnen, d. h., daß die fossilen Zähne noch organ. Substanzen enthalten. Zu diesem Zweck wurden solche organ. Substanzen protein. Ursprungs papierchromatograph. in den fossilen Zähnen untersucht. In dem Email von C u. dem Dentin von B konnten auf diese Weise die folgenden Aminosäuren identifiziert werden: *Glycin, Alanin, Valin, Leucin, Phenylalanin, Prolin, Arginin, Lysin, Asparaginsäure* u. *Glutaminsäure.* (Proc. Japan Acad. **34**. 280—83. Mai 1958. Res. Inst. for Natural Resources. [Orig.: engl.]) C. GOTTFRIED. 4520

W. Schrade, E. Böhle, R. Biegler und **H. Bruch**, *Über den Lipid- und Kohlenhydratgehalt des Bence-Jonesschen Eiweißkörpers.* Vff. untersuchten papierelektrophoret. den Urin von 8 verschied. Myelom-Patienten mit Ausscheidung von BENCE-JONES, Protein (B.J.P.). Bei kombinierter Färbung zeigte sich, daß das B.J.P. regelmäßig Lipide u. Kohlenhydrate enthält, unabhängig davon, ob es sich um B.J.P. mit der elektrophoret. Wanderungsgeschwindigkeit von β- oder γ-Globulin handelt. Die chem.-quantitative Analyse der ausgefällten B.J.P. ergab einen Geh. an Gesamtlipiden von 0,5—2,2% u. an Polysacchariden von 2,9—5,4%. In den Lipidextrakten der B.J.P. konnten Cholesterin, Phosphor, verschiedenartige Fettsäuren, darunter auch Polyensäuren, nachgewiesen werden. Die Zus. aus Eiweiß, Lipiden u. Kohlenhydraten ist offenbar für Paraproteine charakteristisch. (Klin. Wschr. **35**. 767—71. 1/8. 1957. Frankfurt/M., Univ., I. Med. Klinik.) K. BÖHM. 4520

C. H. Tonge und **E. H. Boult**, *Kollagen in menschlichem Cementum im Elektronenmikroskop.* Menschliche Backenzähne wurden nach Fixierung in Formalin in der mesodistalen Ebene halbiert u. die polierte innere Oberfläche mit n/100 HCl angeätzt. Die elektronenmkr. Aufnahmen zeigen Fibrillen mit der für *Kollagen* charakterist. 640 Å-Periode. Die Breite von Fibrillenbündeln lag zwischen 1000 u. 1500 Å. Sich durch die ganze Clementum-Matrix ziehende verflochtene Fibrillen hatten eine Breite von 300 bis 850 Å. (Nature [London] **182**. 459—60. 16/8. 1958. Newcastle-upon-Tyne, King's College, Dep. of Chem.) W. KÖNIGSDORF. 4520

Jerome Gross und **David Kirk**, *Die Hitzefällung von Kollagen aus neutralen Salzlösungen. Einige geschwindigkeitsregulierende Faktoren.* Vff. untersuchen die Wrkg. einer Gruppe von Elektrolyten u. Nichtelektrolyten mit niedrigem Mol.-Gew. auf die Geschwindigkeit der Fibrillenbldg. in neutralen *Kollagen* (**I**)-Lsgg., die bei Erwärmung einsetzt. Ausgangslsgg. sind Essigsäure-Extrakte aus frischer, gereinigter Kalbshaut mit einer **I**-Konz. von 0,1—0,37%, die zur Entfernung der Essigsäure gegen eine Lsg. der zu untersuchenden Substanz dialysiert wurden. Arginin (**II**), Ornithin, Citrullin, Asparaginsäure, Glutaminsäure, Ascorbinsäure, Harnstoff (**III**), Guanidin, Glutamin, Asparagin, Acetamid, Histamin u. Kreatin verzögern die Fibrillenbldg. proportional zu ihren Konzz.; noch bei 0,0005mol. **II** war die Verzögerung meßbar. **II** u. **III** waren am wirksamsten bei höherer ionaler Konz. im p_H-Bereich 6,5—7,5. Hydroxyprolin u. Prolin sind sehr schwache Inhibitoren. Nur unmerklich war die Beeinflussung bei Thioharnstoff, Glykokoll, Chondroitinsulfat, Hyaluronsäure u. Serum-α_1-Glykoprotein, sowohl in hyperton. wie isoton. neutraler Lösung. Beschleuniger der Fibrillenbldg. sind in nachst. Reihen-

folge ihrer Wirksamkeit, gemessen durch ihr relatives Vermögen, die Inhibitorwrkg. von III umzukehren, SCN^-, HCO_3^-, J^-, Br^-, F^- u. Cl^-. Ebenfalls sind Lysin u. Li^+ starke Beschleuniger der Fibrillenbildung. (J. biol. Chemistry **233**. 355—60. Aug. 1958. Harvard, Med. School and Med. Serv. of Massachusetts Gen. Hosp., Dep. of Med.)
W. KÖNIGSDORF. 4520

W. G. Crewther und **L. M. Dowling**, *Thermisches Schrumpfen von Kollagen in Elektrolytlösungen.* In 0,1n Pufferlsg. von 50—60° war die Schrumpfungsgeschwindigkeit für *Kollagen* (**I**) aus Sehnen des Kängeruhschwanzes am geringsten bei p_H 9. Bei p_H-Werten oberhalb 5 ließ sich eine Geschwindigkeitszunahme durch Zusatz von Salzen (untersucht mit LiCl, LiBr, LiJ, NaCl, NaBr, NaJ, KJ, RbCl, $BeCl_2$, CaJ_2) zu den Pufferlsgg. erreichen, deren Wrkg. sich nach der Stellung ihrer Ionen in der lyotropen Reihe richtete. Bei niedrigeren p_H-Werten wurde durch diese Fremdsalze in der Regel die Schrumpfungsgeschwindigkeit herabgesetzt. Bei p_H 2 sank diese zunächst mit zunehmender Salzkonz. ab, um nach Durchlaufen eines Maximums der Thermostabilität (NaCl $>$ KBr $>$ NaBr $>$ LiBr $>$ NaJ $>$ KJ $>$ LiJ $>$ $CaCl_2$) wieder anzusteigen. Bei solchen p_H-Werten, die hoch genug liegen, daß die **I**-Schrumpfung in Pufferlsgg. wieder vergleichbar schnell wie bei p_H 2 verläuft, tritt im gesamten Konzentrationsbereich eine Geschwindigkeitssteigerung mit zunehmender Salzkonz. ein. Die Salzeffekte auf die Schrumpfung des **I** führt man auf bevorzugte Adsorption des Salzanions an der Grenzfläche zwischen Protein u. Lsg. zurück. Die Kinetik der Sehnenschrumpfung läßt sich durch die Annahme erklären, daß die Struktureinheiten von **I** in willkürlicher Weise nach einer Rk. 1. Ordnung in ihre denaturierten Formen übergeführt werden, deren vollständige Kontraktion aber durch die Steifheit des restlichen nativen **I** verhindert wird. (J. physic. Chem. **62**. 678—84. Juni 1958. Victoria, Australien, C.S.I.R.O., Wool Textile Res. Labor., Biochem. Unit.)
E. ÜHLEIN. 4520

Kenneth Bailey, *Das kristalline Stäbchen von Pinna nobilis.* Das in einer Magentasche der zweischaligen Muscheln liegende „kristalline" Stäbchen wurde aus verschied. Tieren isoliert u. nach Auflösen bei p_H 8 fraktioniert. Dabei wird durch Fällung bei p_H 5 die Fraktion A, durch Fällung mit Aceton aus der Mutterlauge die Fraktion B gewonnen. Beide Fraktionen erwiesen sich als *Protein–Kohlenhydratkomplexe* mit analyt. ähnlicher Zusammensetzung. In A wurden bestimmt: 12,4% *Hexosamin*, 11,5% *Hexose* u. 6,5% *Methylpentose*. (Biochem. J. **69**. 45 P. Aug. 1958. Cambridge, Univ. Dep. of Biochem. and Naples, Stat. Zool.)
W. KÖNIGSDORF. 4520

A. Schöberl und **W. Bisping**, *Über den Cystingehalt tierischer Haare.* Der Geh. an *Cystin* (**I**) der Haare von Pferden, Rindern, Schweinen, Hunden u. Katzen wurde colorimetr. bestimmt. Erhebliche Schwankungen treten auf zwischen den einzelnen Tierarten, den Rassen, den einzelnen Individuen u. sogar verschied. Körperstellen eine Tieres. Dafür werden ernährungsphysiol. Faktoren sowie äußere Einfll. auf das Fell verantwortlich gemacht. Hundehaare hatten den höchsten, Rinderhaare den niedrigsten Geh. an **I**. (Dtsch. tierärztl. Wschr. **65**. 599—601. 1/11. 1958. Hannover, Tierärztl. Hochschule, Chem. Inst.)
H. ECKSTÄDT. 4520

G. E. Rogers, *Einige Beobachtungen über die Proteine der inneren Wurzelscheidenzellen von Haarfollikeln.* Papierchromatograph. Unterss. von Hydrolysaten der inneren Wurzelscheiden von Haarfollikeln zeigten, daß deren Proteine von wesentlich anderer Aminosäurezus. als die des Haares sind. Sie enthalten weniger *Cystin*, aber mehr *Methionin* als Haar, u. einen hohen Geh. an bas. u. sauren Aminosäuren. Auffallend ist das Vork. von *Citrullin* in den Haarfollikelproteinen, das damit zum erstenmal in einem Protein nachgewiesen wurde. (Biochim. biophysica Acta [Amsterdam] **29**. 33—43. Juli 1958. Parkville, Victoria, Australien, C.S.I.R.O., Wool Textile Res. Labor., Biochem. Unit.)
F. KRUSEN. 4520

David M. Kipnis, **Ernst Helmreich** und **Carl F. Cori**, *Untersuchungen über die Gewebepermeabilität.* 4. Mitt. *Die Verteilung der Glucose zwischen Plasma und Muskulatur.* (3. vgl. C. **1957**. 9697.) Außer der Permeabilität der Zellmembran bestimmen noch andere Faktoren die *Glucose* (**I**)-Ausnutzung in der Muskulatur. *Adrenalin* (**II**) bewirkt in vivo u. in vitro eine Steigerung des intracellulären **I**-Geh. der Zwerchfell- oder Gastrocnemiusmuskulatur der Ratte mit gleichzeitigem Anstieg der Glucose-6-phosphat-Konz. der Muskulatur, ein Effekt, der durch *Insulin* (**III**) nicht beeinflußt werden kann. Nach Adrenalektomie führt Injektion von **III** oder Muskelreizung zur Verarmung der extracellulären Räume an **I**; Steigerung des Plasma-**I**-Spiegels bis 400 mg% bewirkt dabei keine intracelluläre **I**-Akkumulation, welche sich erst durch Abkühlung des stimulierten Muskels auf 25° erzielen läßt. Die unter n. Bedingungen durch **I** oder **I** + **III** zu erzielende intracelluläre **I**-Anhäufung kann durch Fasten verstärkt werden. Die sonst bei Diabetes trotz hohem Plasma-**I**-Geh. fehlende Verteilung auch innerhalb der Muskelzelle kann entweder durch Zufuhr von **II** oder **I** bzw. Muskelreizung hervorgerufen werden. (J. biol. Chemistry **234.** 165—70. Jan. 1959. St. Louis, Miss., Washington Univ., School of Med., Dep. of Biol. Chem.) U. TAUSENDFREUND. 4550

David M. Kipnis und **Carl F. Cori,** *Untersuchungen über die Gewebepermeabilität. 5. Mitt. Penetrationsvermögen und Phosphorylierung von 2-Desoxyglucose im Rattenzwerchfell.* (4. vgl. vorst. Ref.) Das Penetrationsvermögen von *2-Desoxyglucose* (**I**) u. die Phosphorylierung von **I** zum *6-Phosphat* (**II**) kann durch einen Anstieg der externen **I**-Konz. von 0,01 auf 0,08mol. oder die Zugabe von *Insulin* (**III**) gesteigert werden; da jedoch nie freie **I** in der Zelle nachzuweisen ist, muß die maximale Kapazität des Muskels zur Phosphorylierung von **I** größer als deren Penetrationsgeschwindigkeit sein. Die Phosphorylierung nimmt mit der Akkumulation von **II** ab; bei Anstieg der internen **II**-Konz. auf 0,02mol. (bei Abwesenheit von **III**) bzw. auf 0,05mol. (bei Anwesenheit von **III**, ohne daß diese **III**-Wrkg. völlig geklärt werden konnte) kommen Phosphorylierung u. Penetration völlig zum Erliegen, unabhängig von der externen **I**-Konzentration. Wenn auch die **I**-Penetration durch diese **II**-Akkumulation gehemmt wird, so bleibt das Penetrationsvermögen von *D-Xylose* u. *2-Desoxygalaktose* doch erhalten. Durch Zufügung von **II** oder *Glucose-6-phosphat* zum äußeren Medium wird die **I**-Penetration nicht gehemmt. dagegen durch Zufügung von *Glucose* (**IV**) oder *Mannose* (**V**; nicht jedoch von *Galaktose* oder *Fructose*); **IV** u. **V** hemmen außer der Penetration auch die Phosphorylierung von **I** u. führen zu deren intracellulärer Akkumulation; ebenso wirkt Adrenalin, ohne jedoch die Penetration zu beeinflussen. (J. biol. Chemistry **234.** 171—77. Jan. 1959. St. Louis, Miss., Washington Univ., School of Med., Dep. of Biol. Chem.)
U. TAUSENDFREUND. 4550

V. Pantesco, J. Viaud, R. Fontaine und **P. Mandel,** *Über den Abbau von Glucose in der Aorta von Rindern.* Vff. bestimmen O_2-Verbrauch u. *Milchsäure*-Bldg. durch Aortengewebe junger (a) u. ausgewachsener (b) Rinder. Die Höhe des glykolyt. Abbaus (Glucoseabbau) beträgt bei a 85,6 $\pm$ 5,9, bei b 82,0 $\pm$ 5,7%, die des aeroben Abbaus ca. 14,4 bzw. 18%. Die schlechte Energieausbeute bei der *Glykolyse* durch Rinder-Aortengewebe deutet darauf hin, daß die Tiere an einer frühzeitig einsetzenden Arterienverkalkung erkrankt sind. (C. R. Séances Soc. Biol. Filiales **151.** 1584—87. 1957; herausgeg. 15/4. 1958.) K. HEYNS. 4550

R. B. Pennell, F. Rothstein, D. M. Surgenor, A. Eyquem und **E. W. Todd,** *Isolierung von Properdin aus menschlichem Plasma.* Vff. berichten über die Herst. von *Properdin* (**I**) aus mit Ionenaustauschern (IRC 50 oder Dowex-50) behandeltem Plasma oder Citrat–Dextrose-Blut nach der Zymosanmeth. von PILLEMER u. Mitarbeiter (C. **1957.** 13095). Vorläufige Verss. zeigen die Möglichkeit einer Isolierung von **I** aus COHN-Fraktion I ohne Verwendung von Zymosan. Tabelle der Fraktionierung u. genaue Beschreibung. (Proc. Soc. exp. Biol. Med. **96.** 273—77. Nov. 1957. Cleveland, Ohio, Western Res. Univ., Inst. of Pathol.; Boston, Mass., Protein Found.) H. GOEBEL. 4551

C. Hirayama, M. Nagamine, S. Migita und **A. Nakashima,** *Untersuchungen über hepatogenes Serumprotein. 5. Mitt. Die Fähigkeit von Leberschnitten von Menschen und von Albinoratten zur Bildung von Albumin und γ-Globulin.* (4. vgl. C. **1959.** 6867.) In 24-Std.-Kulturen von Lebergewebeschnitten von Menschen (a) u. Albinoratten (b) wurde der Geh. an *Albumin* (**I**) u. *γ-Globulin* (**II**) bestimmt. Bei a wird im Durchschnitt 0,17 mg **I** u. 0,07 mg **II** pro g Leber u. Std. gebildet; für b lauten die entsprechenden Zahlen 0,64 u. 0,16. — Aus dem Blut von a u. b sind **I** u. **II** zonenelektrophoret. zu isolieren. — Anti-a-**I**- u. Anti-a-**II**-Serum reagieren nicht mit b-Serum, ebensowenig Anti-b-**I**- u. Anti-b-**II**-Serum mit a-Serum. Dagegen wirken Anti-**I**- u. Anti-**II**-Sera von b entsprechend dem Geh. ihrer Proteinfraktionen aufeinander ein. (Seikagaku [Biochemistry] **30.** 709—13. 25/12. 1958. Kyūshū Daigaku, Igaku-Bu, Naisan Naika-Kyōshitsu. [Orig.: japan.]) F. MOSSNER. 4551

Naoichi Ohta und **Tasuku Ueno,** *Untersuchung über anorganische Bestandteile in biologischen Materialien. 5. Mitt. Über den Natrium- und Kaliumgehalt menschlicher Steinbildungen.* (4. vgl. J. chem. Soc. Japan, pure Chem. Sect. [Nippon Kagaku Zassi] **76.** [1955.] 590.) Durch Flammenphotometrie werden *Na* u. *K* in 22 Gallensteinen, 14 Blasensteinen, in der Galle u. im Harn bestimmt. Dabei zeigen sich im Mittel 0,78 mg Na/g u. 0,17 mg K/g in Gallensteinen, 4,32 Na u. 2,03 K in Blasensteinen u. 4,4 mg Na/ml u. 1,6 mg/K/ml in n. Galle sowie 3,78 Na u. 0,91 K in n. Harn. In den Steinen zeigt sich keine Anreicherung von Na u. K. (J. chem. Soc. Japan, pure Chem. Sect. [Nippon Kagaku Zassi] **76.** 1235—37. Nov. 1955. Tokyo, Metrop. Univ. [Orig.: japan.])
L. SCHULER. 4552

Naoichi Ohta und **Tasuku Ueno,** *Untersuchung über anorganische Bestandteile in biologischen Materialien. 6. Mitt. Über Natrium und Kalium in menschlichen Organen.*

(5. vgl. vorst. Ref.) Durch Flammenphotometrie wird der *Na*- u. *K*-Geh. von 302 Proben menschlicher Organe bestimmt. Die Na/K-Werte sind für Knochen 2,73, Blut 1,56 u. Fett 1,48, Niere 0,56, Schilddrüse 0,75, alle übrigen Organe zeigen im Mittel je ca. 0,4. (J. chem. Soc. Japan, pure Chem. Sect. [Nippon Kagaku Zassi] **76.** 1237—41. Nov. 1955. [Orig.: japan.]) L. SCHULER. 4552

Karl Meyer, Melvin M. Grumbach, Alfred Linker und **Philip Hoffman,** *Die Ausscheidung von sulfatierten Mucopolysacchariden bei Gargolysmus (Syndrom von Hurler).* Vff. isolieren aus dem Harn von an Gargolysmus erkrankten Personen durch Versetzen mit 5%ig. wss. *Cetyltrimethylammoniumbromid*-Lsg. (p_H 6,0), Extraktion des erhaltenen Nd. mit A., Lösen der in A. unlösl. Fraktion in 10%ig. Na-Acetatlsg. (p_H 9,0), Extraktion des Rückstandes mit W., Ansäuern der überstehenden Fl. u. Fällung mit A. eine *Mucopolysaccharid* (**I**)-Fraktion. Sie wird nach Reinigung (Umfällen mit A., Extraktion mit W. u. Zentrifugieren) u. nach Versetzen mit Ca-Acetat u. Essigsäure (5% bzw. 0,5n) mit A. fraktioniert gefällt. Die **I**-Präpp. besitzen eine negative opt. Drehung (—38 bis —55°), ein niedriges Carbazol-Orcin-Verhältnis (0,38—0,81) u. sind gegen den Abbau durch testiculäre *Hyaluronidase* (**II**) beständig. Sie werden als *Chondroitinsulfat B* identifiziert. Die *Heparitinsulfat* (oder *Heparinmonosulfat*; **III**)-Komponente, die durch höhere A.-Konzz. abgeschieden wird, zeigt $[\alpha]_D$-Werte zwischen +27 u. +69°, enthält *Glucosamin* statt *Galaktosamin*, besitzt ein hohes Carbazol-Orcin-Verhältnis (1,14—2,68) u. wird ebenfalls von **II** nicht angegriffen, außer von einem Enzym, das aus einem an *Heparin* adaptierten Mikroorganismus erhalten werden kann. Im Harn von 4 an Gargolysmus erkrankten Personen kommt **I** in höheren Konzz. als **III** vor, während in der Harnprobe eines anderen Patienten u. in der Leber eines weiteren nur **III** gefunden wird. Die Menge u. Art des ausgeschiedenen Polysaccharids steht in keiner eindeutigen Beziehung zur Schwere oder Entstehungsursache der Krankheit. Es wird angenommen, daß bei Gargolysmus eine Überproduktion an gewissen **I** stattfindet, die durch einen genet. bestimmten Fehler in der Differenzierung der Fibroblasten bedingt wird. Die Krankheit läßt sich auch einerseits als Störung der Bindegewebefunktionen u. andrerseits als solche der Speicherung ansehen. (Proc. Soc. exp. Biol. Med. **97.** 275—79. Febr. 1958. New York, N. Y., Columbia Univ., Coll. of Physic. and Surg., Dep. of Med. and Pediatrics and Edwards Daniels Faulkner Arthritis Clin. of Presbyt. Hosp., and Babies Hosp.) P. FAHRNLAENDER. 4552

E. Schilling und **B. Senft,** *Der Anteil der Eiweißhülle des Fettkügelchens am Gesamteiweiß der Milch.* Vff. bestimmten nach einer neuen Meth. auf direktem Wege den Eiweißanteil der Hüllensubstanz um die Fettkügelchen mit 2,97% vom Kügelchenfett u. mit 3,75% vom Gesamteiweiß der Milch. Das Hülleneiweiß wirkt sich auf die korrelativen Beziehungen zwischen Fett- u. Eiweißgeh. der Milch prakt. nicht aus. (Züchtungskunde **30.** 218—22. Juni 1958. Mariensee/Trenthorst, Max-Planck-Inst. für Tierzucht u. Tierernährung.) G. MAYR. 4555

Ralph Heimer und **Karl Meyer,** *Sialidolactose aus Rindercolostrum.* Vff. behandeln entfettetes Rindercolostrum mit Dowex-50 (H^+) u. Dowex-1 ($HCOO^-$) u. erhalten durch Auswaschen der Dowex-1-Säule mit steigenden Konzz. HCOOH bei 0,06n eine Fraktion (a), die *Sialsäure* (I) enthält. Sie wird durch Lösen in Methanol u. Fällen mit Aceton bzw. Ae. sowie auf chromatograph. Wege (n-Butanol–Essigsäure–W. = 50 : 12 : 25) gereinigt. Durch Hydrolyse von a mit 0,5n H_2SO_4 (100°, 5 u. 30 Min.) werden I (43,2%) u. *Lactose* (II; 48,2%) erhalten. a besitzt daher die Zus. einer Sialidolactose (**III**; $[\alpha]_D^{26}$ +21° [H_2O], Reduktionswert: 27,1). **III** enthält 2,1% N u. 6,4% Acetylreste u. zeigt im UV-Spektr. ein schwaches Maximum bei 270 mμ. Beim Erhitzen mit 0,05n NaOH (100°, 30 Min.) wird ein kräftiges Maximum bei 261 mμ erhalten. Bei Einw. von *$NaBH_4$* verschwindet die freie reduzierende Endgruppe des **III**-Mol.; daraus geht hervor, daß die Glucosehälfte von **II** die reduzierende Gruppe trägt. Da **I** durch $NaBH_4$ nicht red. wird, muß angenommen werden, daß die reduzierende Gruppe des **I**-Molekülrestes O-glycosid. mit **II** verknüpft ist. Durch H_2SO_4 (80—90 Min.; p_H 1) hydrolysierte **III** liefert bei Einw. von absol. Methanol u. konz. H_2SO_4 *Sialinsäuremethylester* (**IV**; $C_{12}H_{21}NO_9$, F. 171—174°; $[\alpha]_D^{26}$ —38°; 250 mg Ausbeute), das mit dem aus der Submaxillardrüse des Rindes isolierten **IV** ident. ist. **IV** wird durch 0,5n Na_2CO_3 (1 Std.; Zimmertemp.) verseift u. liefert bei Behandlung mit Dowex-50 (H^+) freie **I** (F. 151—160° [Zers.]; $[\alpha]_D^{25}$ —32°). Durch Incubation von **IV** mit lyophilisierten Filtraten aus *Cholerae vibrio*-Kulturen wird der **I**-Rest des **IV**-Mol. in *N-Acetylhexosamin* u. *Brenztraubensäure* gespalten. Das gleiche Verh. zeigt **IV** aus der Submaxillardrüse des Rindes. (Biochim. biophysica Acta [Amsterdam] **27.** 490—94. März 1958. New York, N. Y., Presbyterian Hosp., Edward Daniels Faulkner Arthritis Clinic and Columbia Univ., Coll. of Physicians and Surgeons, Dep. of Med.) P. FAHRNLAENDER. 4555

G. Biozzi, B. N. Halpern, D. Bilbey, C. Stiffel, B. Benacerraf und **D. Mouton,** *Die Wirkung von Östrogenen auf die phagocytäre Funktion des reticuloendothelialen Systems. Östradiolbenzoat* u. *Diäthylstilböstrolpropionat* üben bei der Maus eine starke stimulierende Wrkg. auf die phagocytäre Aktivität des reticuloendothelialen Syst. aus. Geringeren Einfl. hat *α.α-Dimethyl-β-äthylallenolsäure.* Die phagocytäre Wrkg. ist unabhängig von der östrogenen Aktivität der untersuchten Substanzen. (C. R. Séances Soc. Biol. Filiales **151.** 1326—31. 1957; herausgeg. 11/3. 1958. Clin. Méd. Propédeut. de l'Hôp. Broussais et Centre Nat. de la Rech. Sci. et Centre de Rech. Allerg. de l'Assoc. Claude-Bernard.) B. RÄSSLER. 4559

N. Hosoya und **N. Kawada,** *Einflüsse von Sexualhormonen auf den Sauerstoffverbrauch von menschlichem Placentarzottengewebe.* Eine Unters. des O_2-Verbrauchs von menschlichem Placentarzottengewebe (Homogenisat u. Schnitte) unter dem Einfl. verschied. Substrate, Inhibitoren u. Sexualhormone hatte folgendes Ergebnis: Zur O_2-Aufnahme kommt es erst nach Zusatz von Adenosintriphosphat, Diphosphopyridindinucleotid oder Cytochrom c. Unter den Substraten (Glucose, Brenztraubensäure, Essigsäure, Citronensäure [**I**], α-Ketoglutarsäure [**II**], Bernsteinsäure [**III**], Äpfelsäure [**IV**] u. Oxalsäure) erfolgt Steigerung der O_2-Aufnahme in der Reihe **III** > **IV** > **II** > **I**. — Monojodessigsäure, KCN u. p-Chlormercuribenzoesäure senken die O_2-Aufnahme, Malonsäure steigert sie. — Zusatz von *Östradiol* (**V**; $2 \cdot 10^{-6}$ mol.) steigert den O_2-Verbrauch von Schnitten u. Homogenisaten um ca. 20%. Zusatz von $4 \cdot 10^{-6}$ mol. **V** steigert den O_2-Verbrauch der Placenta um ca. 10%. — Mit **I** als Substrat steigert **V**-Zusatz die **I**-Aufnahme u. die **II**-Bldg., mit **II** als Substrat steigert **V**-Zusatz die **II**-Aufnahme. (Seikagaku [Biochemistry] **30.** 740—44. 25/12. 1958. [Orig.: japan.]) F. MOSSNER. 4559

Gentaro Nishihara, *Der Einfluß weiblicher Sexualhormone auf die experimentelle Teratogenese.* Bei parenteraler Verabreichung von *Östron* u. *Östradiolbenzoat* an trächtige Mäuse in Mengen von 0,2 mg/Tag zwischen 11. u. 16. Tag nach der Konzeption wird ein starker Anstieg der Gaumenspaltenhäufigkeit bei den Foeten beobachtet. Die teratogene Wrkg. der Östrogene auf Mäuseembryos veranlaßt Vf. zu dem Hinweis auf die Rolle der sekretor. Schwankungen bei der Pathogenese menschlicher Gaumenspalten. (Proc. Soc. exp. biol. Med. **97.** 809—12. April 1958. New York City, N. Y., Columbia Univ., Coll. of Physicians and Surgeons, Dep. of Surgery, u. Surgical Serv. of Presbyterian Hosp.) B. RÄSSLER. 4559

Harold Papkoff und **Choh Hao Li,** *Isolierung und Charakterisierung von Wachstumshormon aus Schafhypophysen.* Das *Wachstumshormon* (**I**; *Somatotropin*) wurde aus Schafhypophysen durch Extraktion mit $Ca(OH)_2$-Lsg., Fraktionierung mit $(NH_4)_2SO_4$, Chromatographie an Kationaustauscherharz u. abschließende Reinigung durch Fällung bei bestimmten p_H-Werten rein erhalten u. seine Homogenität durch Elektrophorese, Ultrazentrifugation, Chromatographie u. Endgruppenanalyse bewiesen. Der isoelektr. Punkt von **I** liegt bei p_H 6,80, die Sedimentationskonstante ist 2,76 S. Aus den Diffusions- u. Sedimentationskoeffizienten wird mit der SVEDBERG-Gleichung das Mol.-Gew. von **I** zu 47400 errechnet. Spektrophotometr. Unterss. ergaben, daß **I** 4,75% *Tyrosin* u. 1,30% *Tryptophan* enthält. Als N-terminale Aminosäuren wurden *Phenylalanin* u. *Alanin* ermittelt. Im biol. Test (Tibia-Wachstum von hypophysektomierten Ratten) erwies sich Schafs-**I** von gleicher Aktivität wie Rinder-**I**. (Biochim. biophysica Acta [Amsterdam] **29.** 145—51. Juli 1958. Berkeley, Calif., Univ., Dep. of Biochem. and Hormone Res. Labor.) F. KRUSEN. 4560

Frank Heijkenskjöld und **Carl A. Gemzell,** *Elektrophoretisches Verhalten von Wachstumshormon aus Rinderhypophysen in menschlichem Serum.* Gereinigtes Wachstumshormon aus Ochsenhypophysen wird nach der H_2O_2-Meth. von MCFARLANE (C. **1956.** 10991) mit ^{131}J markiert. Das ^{131}J-haltige Hormon verhält sich nach isoelektr. Eigg., elektrophoret. Wanderung u. biol. Wirksamkeit wie unbehandeltes Hormon. Werden 50—200 γ dieses Hormons, das 10 μC pro mg enthält, mit 0,02 cm^3 n. menschlichem Serum in *Veronal*-Puffer der Elektrophorese unterworfen u. anschließend autoradiographiert, so findet sich die Radioaktivität scharf lokalisiert in der Region der α_2-Globuline. (Acta endocrinol. [Copenhagen] **26.** 299—302. Nov. 1957. Stockholm, Karolinska Sjukhuset u. Konung Gustav V:s Forskninginst.) K. BOHLE. 4560

H. H. Cole, Christian Hamburger und **A. Neimann-Sørensen,** *Untersuchungen über Antigonadotropine unter besonderer Berücksichtigung ihrer Bildung beim Rind.* Injektion von täglich 1430 I.E. *Gonadotropin* (**I**) aus Stutenserum führt bei Rindern nach einigen Wochen zur Bldg. von *Antihormonen* (**II**). Wird **I** in wöchentlicher Dosis von 10000 I.E. gegeben, so ist die **II**-Bldg. deutlich geringer. Injektion von 1500 I.E. wöchentlich oder 3000 I.E. alle 3 Wochen ruft nur geringe **II**-Bldg. hervor. Wird die **I**-Behandlung nach einer Pause von 2 Monaten wiederholt, so ist die **II**-Bldg. viel stärker als beim erstenmal. Pracipitierende Antikörper konnten auch in Rinderserum, das sehr II-reich war, im Ringtest nicht festgestellt werden, während sie im Serum von mit I behandelten Kaninchen gefunden werden. Das Serum der behandelten Rinder zeigt progonadotrope Aktivität gegenüber Gonadotropin-Extrakten aus Schafhypophysen, nicht aber gegenüber Stutenserum. Möglicherweise beruht der progonadotrope Effekt darauf, daß die Ausscheidung der Hypophysengonadotropine verzögert wird. (Acta endocrinol. [Copenhagen] **26.** 286—98. Nov. 1957. Copenhagen, Royal Veterin. and Agricult. Coll. u. Statens Seruminst.) K. BOHLE. 4560

A. G. Ginetzinsky, *Die Rolle der Hyaluronidase bei der Rückresorption von Wasser in den Nierentubuli: Der Wirkungsmechanismus des antidiuretischen Hormons.* Auf Grund von *Hyaluronidase*-Aktivitätsmessungen im Harn u. des histochem. nachweisbaren *Mucopolysaccharid*-Abbaues in den Basalmembranen der Nierentubuli (Ratten) bei Anwendung *antidiuret. Hormins* wird dessen Wirkungsmechanismus (erleichterte Wasserrückresorption?) diskutiert. (Nature [London] **182.** 1218—19. 1/11. 1958. Leningrad, Akad. der Wiss. der UdSSR, Inst. für Entwicklungsphysiol.) H. GIBIAN. 4560

Heinrich Rodeck, *Das antidiuretische Hormon und seine Bedeutung für die Regulation des Wasserhaushaltes.* Teil IIa. *Angriffspunkt und Wirkungsweise des ADH.* (**1.** vgl. C. **1958.** 6872.) Das *antidiuret. Hormon* (ADH; Adiuretin) wirkt auf die Niere auf humoralem Wege ein. Normalerweise unterliegt die Niere durch das ADH einer dauernden Diuresehemmung; man kann sogar von einer Art „physiol. Diabetes insipidus" sprechen. Die Harnauscheidung der sehr jungen Niere ist etwa der Wasserdiurese des Erwachsenen gleichzusetzen. Der Diabetes insipidus stellt eine permanente Wasserdiurese dar. Der Mechanismus der Wassereinsparung durch ADH setzt nach der Geburt erst langsam ein. Das Neugeborene ist darauf angewiesen, einem Wasserverlust durch Einschränkung der Glomerulusfiltration vorzubeugen. Die Entw. des neurosekretor. hormonproduzierenden Syst. (Hypophyse) wird bei Ratten, Meerschweinchen, Hunden u. Menschen aller Altersstufen untersucht. (Ärztl. Wschr. **13.** 52—57. 17/1. 1958. Düsseldorf, Med. Akad. Kinderklinik.) G. KIMMERLE. 4560

Heinrich Rodek, *Das antidiuretische Hormon und seine Bedeutung für die Regulation des Wasserhaushaltes.* Teil IIb. *Angriffspunkt und Wirkungsweise des ADH.* (Teil IIa vgl. vorst. Ref.) Nachdem ausführlich über die Nierenphysiologie gesprochen wurde, wird dargelegt, daß das antidiuret. Hormon (ADH) in erster Linie auf die tubuläre Rückresorption von W. einwirkt. *Vasopressin* beeinflußt also den NaCl-Stoffwechsel in erster Linie im Dienste der Osmoregulation, nämlich auf dem Wege über die Wasserausscheidung. NaCl wirkt als wichtigster osmot. Faktor im Plasma lediglich als adäquater Reiz auf das hypothalamo-neurohypophysäre System. ADH hat auch einen gewissen Einfl. auf den K-Haushalt. *Oxytocin* hat nur einen sehr geringen antidiuret. Effekt. (Ärztl. Wschr. **13.** 75—82. 24/1. 1958. Düsseldorf, Med. Akad., Kinderklinik.)
G. KIMMERLE. 4560

Heinrich Rodek, *Das antidiuretische Hormon und seine Bedeutung für die Regulation des Wasserhaushaltes.* Teil IIIa. *Die Wirkung psychischer und sonstiger Reize auf die ADH-Abgabe. Inaktivierung und Ausscheidung des ADH.* (Teil IIb vgl. vorst. Ref.) Es wird festgestellt, daß unter gewissen Voraussetzungen durch psychische Effekte die Sekretion des *antidiuret. Hormons* (ADH) gehemmt werden u. so eine Diurese entstehen kann. Auf die Bedeutung des Schlaf–Wach-Cyclus bei der Enuresis nocturna wird hingewiesen u. ebenso auf den Einfl. der Körpertemp. auf die Diurese. Als auslösende psychische Effekte können antidiuret. wirksam sein: Schmerzen, Erregung, Unwohlsein, Elektroschock, Stillen. Das Ausmaß der ADH-Freisetzung kann also auch durch corticale Zentren (Seh-, Höhr-, Riechzentren, motor. Zentren, psychische Zentren) beeinflußt werden. (Ärztl. Wschr. **13.** 123—28. 7/2. 1958. Düsseldorf, Med. Akad., Kinderklinik.)
G. KIMMERLE. 4560

Heinrich Rodeck, *Das antidiuretische Hormon und seine Bedeutung für die Regulation des Wasserhaushaltes.* Teil IIIb. *Die Wirkung psychischer und sonstiger Reize auf die ADH-Abgabe. Inaktivierung und Ausscheidung des ADH.* (Teil IIIa vgl. vorst. Ref.) Stoffe, die auf die Diurese durch direkte Beeinflussung des hypothalam.-neurohypophysaren Syst. einwirken, sind: Herabsetzung der Diurese: Cholinergica (Cholin, Acetylcholin, Eserin), Nicotin, Morphin u. Derivv.; Vermehrung der Diurese: A., Atosil, Megaphen. Schlaf u. Narkose verhalten sich in ihren Auswirkungen auf die hypothalamo-neurohypophysäre Steuerung des Wasserhaushaltes grundsätzlich verschieden. Nach Injektion von Hypophysenhinterlappenextrakten werden im Harn antidiuret. Substanzen nachweisbar. Das *antidiuret. Hormon* (ADH) wird dabei im Körper inaktiviert. Bei Leberkrankheiten ist der Verlust der Fähigkeit zur schnellen Wasserausscheidung z. T. auf eine verminderte Tätigkeit der Inaktivierung der Hinterlappenhormone zurückzuführen. Die Leber kann auch ein eigenes antidiuret. wirksames Prinzip abgeben, das *Ferritin* (hepatic vasodepressor material, VDM). Diese Substanz erscheint n. nicht oder kaum in der Blutbahn. Bei Krankheiten mit Ödemen u. verminderter Wasserausscheidung ist sie jedoch vermehrt nachzuweisen. Sie wirkt auf dem Umweg über die Neurohypophyse antidiuretisch. Die durch Ferritin freigesetzten Vasopressinmengen lassen sich während der Oligurie im Harn nachweisen. Als Ursache der Ödementstehung bei Leber- bzw. Nierenleiden ist an einen verzögerten Abbau bzw. an eine herabgesetzte Ausscheidung von Aldosteron, das wirksamste Steroid der Nebennierenrinde in bezug auf die Na-Retention, zu denken. Die Niere scheint injiziertes *Vasopressin* nicht nur auszuscheiden, sondern auch, wie in der Leber, in den Zellen zu binden u. gegebenenfalls zerstören zu können. (Ärztl. Wschr. **13.** 152—57. 14/2. 1958. Düsseldorf, Med. Akad., Kinderklinik.) G. KIMMERLE. 4560

Michel Delsol und **Janine Flatin,** *Der Einfluß der Temperatur auf die Aktivität des thyreotropen Hormons bei zwei niederen Vertebraten: Rana esculenta L. und Carassius auratus L.* Unter n. Temperaturbedingungen reagiert die Schilddrüse der beiden untersuchten Vertebraten nur langsam u. unter Verwendung großer Dosen auf das *thyreotrope Hormon;* bei erhöhter Temp. ist die Rk. empfindlicher u. schneller. Bei biol. Bestimmungen des thyreotropen Hormons, welche auf einem Tiertest mit niederen Vertebraten beruhen, ist deshalb die Temp. zu beachten. (C. R. Séances Soc. Biol. Filiales **150.** 938—40. 26/9. 1956. Lyon, Fac. catholiques.) K. F. MÜLLER. 4560

N. W. Nowell und **I. Chester Jones,** *Einige Untersuchungen über die Speicherung und Sekretion des Corticotropin und der Gonadotropine.* Die Menge an *Corticotropin* (**I**) u. *Gonadotropinen* (**II**), die im Hypophysenvorderlappen gespeichert oder von ihm ausgeschüttet werden, werden an Ratten unter Bedingungen untersucht, die die gesteigerte Bldg. eines oder beider Hormone begünstigen. Verwendet werden männliche u. weibliche n., kastrierte, adrenalenucleierte u. kastriert-adrenalenucleierte Tiere. Ein Teil der Tiere aller 8 Gruppen wird einem Kältestress unterworfen. Bei weiblichen Tieren ist die Speicherung von **I** vermindert, wenn die an **II** vermehrt ist, ohne daß die Sekretion von **I** vermindert zu sein braucht. Bei gesteigerter **I**-Produktion ist die Speicherung u. Sekretion von **II** in einigen Gruppen herabgesetzt. Die Sekretion von **II** ist auf die von **I** ohne direkten Einfl., kann sie aber indirekt, gegebenenfalls über die *Steroidhormone,* beeinflussen. Kältestress führt zu Ausschüttung von gespeichertem **I** u. bei weiblichen, nicht bei männlichen Tieren, auch zu vermehrter **II**-Sekretion. (Acta endocrinol. [Copenhagen] **26.** 273—85. Nov. 1957. Hull u. Liverpool, Univ., Dep. of Zool.) K. BOHLE. 4560

A. Ghilain und **J. Schwers,** *Die Wirkung von ACTH auf die foetale menschliche Nebenniere in vitro.* Vff. beschreiben eine Meth. zur Unters. der Reaktionsfähigkeit foetaler menschlicher Nebennieren in verschied. Entwicklungsstadien auf ACTH in vitro. Die Nebennieren werden zerkleinert u. in CO_2-gesätt. RINGER-Lsg. unter mechan. Schütteln im WARBURG-App. bei 38° incubiert. Nach 1 Std. wird das Incubationsmedium erneuert u. unter Zusatz von ACTH (5, 20 u. 50 γ) nochmals 2 Std. incubiert. Die Incubations-Fl. wird mit Methylenchlorid extrahiert u. die Absorption des Extraktes im Spektrophotometer zwischen 2300 u. 2700 Å gemessen. — Das Ergebnis eines Vers. mit Nebennieren eines 4 Monate alten ♂ Föten zeigt, daß die Meth. eine Abschätzung der Reaktionsfähigkeit der Nebenniere gestattet, wenn auch zwischen erzieltem Effekt u. ACTH-Dosis keine Proportionalität besteht. (C. R. Séances Soc. Biol. Filiales **151.** 1443—45. 1957; herausgeg. 11/3. 1958. Brüssel, Hôp. univ. St.-Pierre, Labor. de Gynéc. exp. et Serv. de Gynéc. et Obstétr.) B. RÄSSLER. 4560

H. Sobel, *Antagonistische Wirkungen von Cortison und Wachstumshormon auf die Entwicklung des Kükenembryos.* Einmalige Injektion von 1 mg Cortison (**I**)/Ei in das Chorion allantois befruchteter Leghorneier hat ein starkes Ansteigen der Mortalität der Hühnerembryos zur Folge. Bei den überlebenden Embryos werden Wachstumshemmung u. Entwicklungsstörungen sowie Änderungen im Elektrolyt- u. Zuckerstoffwechsel beobachtet. Durch tägliche Injektion von 250 γ Wachstumshormon (**II**) in TYRODE-Lsg. werden die Wrkgg. von **I** weitgehend aufgehoben. Verabreichung von TYRODE-Lsg. allein verursacht schon eine Herabsetzung der Mortalitätsrate, die Vf. durch eine kompensator. Wrkg. auf den Elektrolyt- u. Kohlenhydrathaushalt erklärt. Die Ergebnisse lassen die Annahme eines Antagonismus zwischen **I** u. **II** zu. (Proc. Soc. exp. Biol. Med. **97.** 495—98. März 1958. Chicago, Ill., Univ., Dep. of Anatomy.) B. RÄSSLER. 4561

Ardis J. Lostroh, *Die synergistische Wirkung von Somatotropin mit α-Corticotropin auf die Nebenniere hypophysektomierter Ratten.* Bei hypophysektomierten Ratten bewirken 0,025 mg *α-ACTH* (**I**) einen Wiederanstieg des Nebennierengewichtes auf den bei intakten Kontrolltieren üblichen Wert; höhere Dosen verursachen Nebennierenhypertrophie in Abhängigkeit von der Höhe der Dosis u. Normalisierung der histolog. nachweisbaren Lipoidverteilung in der Zona glomerulosa, fascicularis u. reticularis. Bei

Verabreichung von Somatotropin (II) wird ebenfalls Nebennierengewichtszunahme beobachtet, die jedoch unabhängig von der Dosierung ist. Änderungen in der Lipoidverteilung werden durch II nicht bewirkt. Bei kombinierter Verabreichung von I u. II wird ein synergist. Effekt nachgewiesen, dessen Ausmaß von der Höhe der I-Dosierung abhängig ist. Thyroxin hat keinen Einfl. auf das Nebennierengewicht u. verursacht auch keine Änderung der I-Wirkung. (Proc. Soc. exp. Biol. Med. **97.** 828—32. April 1958. Berkeley, Calif., Univ. of California, Hormone Res. Labor.) B. RÄSSLER. 4561

J. Varangot, A. Seeman und **C. Guiguet,** *Der Einfluß des Stillens auf die Plasmakonzentration an freien und gebundenen 17.21-Dihydroxy-20-ketosteroiden.* (Vgl. C. **1957.** 11065.) Ein Vgl. der Plasmakonz. an freien 17.21-Dihydroxy-20-ketosteroiden (I) bei stillenden u. nichtstillenden Wöchnerinnen zeigt einen statist. signifikanten Unterschied in den ersten Tagen nach der Entbindung auf. Mit einem Mittelwert von 34,83 γ/100 ml liegt die I-Konz. bei der stillenden Frau erheblich höher als bei der nichtstillenden mit 26,62 4/100 ml (gegenüber einem Normalwert bei der nichtschwangeren jungen Frau von 16,4 γ/100 ml). Die Konz. an konjugierten, säurehydrolysierbaren I von 25,85 γ/100 ml bei der Stillenden u. 21,92 γ/100 ml bei der Nichtstillenden (Normalwert 13,68 γ) weist keinen derartig signifikanten Unterschied auf. (C. R. Séances Soc. Biol. Filiales **151.** 1351—53. 1957; herausgeg. 11/3. 1958.) B. RÄSSLER. 4561

Randall H. Travis und **George Sayers,** *Der Stoffwechsel von $^{14}C_{(4)}$-Cortisol beim Herz-Lungen-Präparat vom Hund.* Nach KNOWLTON u. STARLING (Amer. J. Physiol. **44.** [1912.] 206) wurden Herz-Lungen-Präpp. (a) von 2 Hunden hergestellt u. von Spenderhunden (b) her durchblutet. In die venöse Kammer von a wurde *$^{14}C_{(4)}$-Cortisol* tropfenweise gegeben, ebenso bei b ins Blut. In den am Ende des Vers. zerkleinerten a fand sich 68% der radioakt. Substanz wieder. Papierchromatograph. Unters. ergab, daß Radioaktivität sich auch in den Steroiden *11β-, 17α-, 20β-* u. *21-Tetrahydroxy-Δ^4-pregnen-3-on* (Fraktion 1) fanden. Die tabellar. Wiedergabe der Resultate für Herz, Lungen u. Blut der a zeigt, daß Fraktion 1 10% u. Cortisol (Fraktion 2) 59,8% radioakt. Substanzen bei dem ersten a u. beim zweiten 10,5 bzw. 55,4% enthielten. (Endocrinology **62.** 816—21. Juni 1958. Cleveland, Ohio, Western Reserve Univ., School of Med., Dep. of Physiol.) HEINRICH HERMANN. 4561

O. Bergsmann, F. Karlhuber und **V. Kesztele,** *Die unterstützende Anwendung von Cortison und Prednisolon während der tuberkulostatischen Therapie der Lungentuberkulose.* Durch umfangreiche klin. Unterss. (ausführliche Kasuistik) ergaben sich neben der üblichen Therapie mit Tuberkulostaticis (I) für die unterstützende Behandlung der Lungentuberkulose mit Nebennierenrindenhormonen (II) folgende Gesichtspunkte: Cortison, *Cortril* (**III**; *Hydrocortison*; PFIZER) u. *Deltacortril* (**IV**; *Prednisolon*; PFIZER) zeigen bei Verabreichung adäquater Dosen eine gleichwertige Wrkg. auf den tuberkulösen Prozeß; IV wird von Vff. wegen seiner geringen Stoffwechselwrkg. bevorzugt verabfolgt. Die II dürfen nur unter ausreichendem Schutz durch I gegeben werden. Bei Behandlung einer Pleuritis exsudativa erscheint eine lokale II-Applikation (3 malige Instillation von 50—100 mg III zusammen mit I) einer Allgemeintherapie überlegen zu sein. Die Ergebnisse einer II-Therapie (ob langfristig in hohen Dosen oder kurzfristig in niedrigen Dosen) sind bei nicht weit zurückliegendem Prozeßbeginn sehr günstig; der Heilungsverlauf nach I u. II ist beschleunigt, u. die Residuen sind wesentlich geringer als nach alleiniger Verabfolgung von I. (Wiener Z. inn. Med. Grenzgebiete **38.** 257—86. Juli 1957. Linz/Donau, Allg. öffentliches Krankenhaus, Tuberkuloseabt.) H. KOCKERT. 4561

A. C. Barger, R. D. Berlin und **J. F. Tulenko,** *Die Infusion von Aldosteron, 9α-Fluorhydrocortison und antidiuretischem Hormon in die Nierenarterie des normalen und nebennierenlosen, nicht narkotisierten Hundes: Die Wirkung auf die Ausscheidung der Elektrolyte und des Wassers.* Bei Hunden wurde ein Katheder in die Nierenarterien gelegt, u. die Harnblase eröffnet, Katheter wurden in jede Harnleitermündung eingelegt u. beideNebennieren entfernt. Die Tiere erhielten täglich 25 mg *Cortisonacetat* u. 1 mg *Desoxycorticosteron.* Im Vers. erhielten die standardernährten Tiere 500 ml physiol. NaCl-Lsg. u. im Anschluß daran eine Dauertropfinfusion dieser Lösung. In die Nierenarterien wurde *Aldosteron* (**I**), *9α-Fluorhydrocortison* (**II**) oder *antidiuret. Hormon* (**III**) gegeben. Während des Vers. wurden in Serum u. Urin Na u. K flammenphotometr. bestimmt u. Kreatinin- u. p-Aminohippurat-Clearence durchgeführt. Bei n. Tieren bewirkten I u. II einen unilateralen Anstieg der K-Ausscheidung, haben aber keinen Einfl. auf die Exkretion von W. oder Na. Bei nebennierenlosen Tieren bewirkt I einseitige Anti-Natriurese. Bei diesen Tieren verhält sich die K-Ausscheidung wie bei den Kontrollen. III hat bei allen Tieren einseitiges Nachlassen der Harnsekretion zur Folge. (Endocrinology **62.** 804—15. Juni 1958. Boston, Mass., Harvard Med. School, Dep. of Physiol.) HEINRICH HERMANN. 4561

Edith Chany und **Colette Aujard,** *Die Rolle der Nebennieren bei der Entwicklung und Rückbildung der Fettleber von Ratten bei eiweißarmer steatogener Ernährung.* Durch Adrenalektomie wird bei Ratten die Rückbldg. einer Steatose verursacht, die durch eiweißarme Kost frei von *Cholin* u. *Viatmin* B_{12} hervorgerufen wurde. Bei erwachsenen Ratten wird nach 8—15 Tagen der Normalzustand erreicht, jedoch wird die Wrkg. der Operation nach 20—24 Tagen durch die Bldg. accessor. Drüsen aufgehoben. (C. R. Séances Soc. Biol. Filiales **151.** 1362—63. 1957; herausgeg. 11/3. 1958. Inst. de Rech. sur le Cancer du C.N.R.S., Dép. de Physiol. et Biochim. Cellulair.) B. RASSLER. 4561

H. Weil-Malherbe und **A. D. Bone,** *Die Bindung von Adrenalin und Noradrenalin an Blutplättchen.* Fluorometr. Unterss. an plättchenreichem Plasma ergaben, daß die Blutplättchen 125mal mehr *Brenzcatechinamine* enthalten können als das Plasma. Während der Gerinnung werden sie nicht freigesetzt. Teilweise Freisetzung erfolgt durch Lysis der Plättchen durch Einfrieren u. Auftauen u. durch Behandlung mit oberflächenakt. Substanzen. Durch *Butanol* ist prakt. quantitative Extraktion möglich. (Biochem. J. **70.** 14—22. Sept. 1958. Wickford, Essex, Runwell Hosp., Res. Labor.) H. MATTHIES. 4561

F. Sandberg, A. Ingelman-Sundberg, L. Lindgren und **G. Rydén,** *In vitro-Untersuchungen über die Motilität des menschlichen Uterus.* 3. Mitt. *Die Wirkungen von Adrenalin, Noradrenalin und Acetylcholin auf die spontane Motilität in verschiedenen Teilen des schwangeren und nicht schwangeren Uterus.* Die Wrkgg. von *Adrenalin* (**I**), *Noradrenalin* (**II**) u. *Acetylcholin* (**III**) auf den schwangeren u. nicht schwangeren menschlichen Uterus wurden in in vitro-Verss. nach einer modifizierten MAGNUS-KEHRER-Technik untersucht. Corpus u. Isthmus reagieren in verschied. Weise auf das gleiche Mittel. Die Rk. ist verschieden während der Proliferations (a)- u. Sekretionsphase (b) u. in der Schwangerschaft. Die charakterist. allg. Wrkg. von **II** besteht in einem Anstieg des Tonus, der Frequenz u. des Amplitudenmaximums. Die Empfindlichkeit für **II** steigt während a u. gegen Ende der Schwangerschaft an. Der Isthmus ist empfindlicher als das Corpus uteri. **I** wirkt wie **II**, es besteht aber kein Unterschied zwischen a u. b. **III** steigert den Tonus u. die Frequenz u. senkt die Amplitude. Während b u. gegen Ende der Schwangerschaft ist die Empfindlichkeit des Uterus für **III** herabgesetzt. In a ist das Corpus uteri empfindlicher für **III** als für **II**, in der a ist der Isthmus empfindlicher für **II** als für **III**. (J. Obstetr. Gynaecol. Brit. Empire **65.** 965—72. Dez. 1958. Stockholm, Sabbatsbergs Sjukhus, Dep. of Gynaecol. and Royal Pharmaceut. Inst.) K. BÖHM. 4561

Jacques Faure und **Claude Friconneau,** *Über den Einfluß des Schilddrüsenhormones 3.5.3'-Trijodthyronin auf die subcorticalen Zentren und die Nebennierenrinde des Kaninchens.* Pharmakol. Studien über den Einfl. des 3.5.3'-Trijodthyronins auf bes. die verschied. Anteile des Hypothalamus. Die Unterss. ergaben, daß der vordere Hypothalamus an der neurohormonalen Regelung des Syst. Hypophyse–Thyreoidea wesentlichen Anteil hat. (J. de Physiol. **50.** 272—75. März 1958. Bordeaux, Fac. de Méd. et de Pharmacie, Labor. de Pathol. exp. de l'encéphale.) H. P. FIEDLER. 4562

H. Meyer und **P. Schmidt,** *Der Einfluß von Thyroxin auf den Magnesium- und Calciumstoffwechsel beim Kalb. Thyroxin*-Zufuhr verursacht eine gesteigerte Ausscheidung von *Mg* im Kot u. Harn. Außerdem kommt es zu einer vorübergehenden Senkung des Mg-Blutspiegels. Entsprechend verlaufen auch die Veränderungen im *Ca*-Stoffwechsel. Die Versuchsergebnisse werden hinsichtlich ihrer Bedeutung für die Pathogenese der Weidetetanie besprochen. (Dtsch. tierärztl. Wschr. **65.** 602—04. 1/11. 1958. Hannover, Tierärztl. Hochschule, Inst. für Tierzucht u. Vererbungsforschung.) H. ECKSTÄDT. 4562

H. T. Narahara und **R. H. Williams,** *Abbau von* ^{131}*J-Insulin durch einen Hypophysenvorderlappenextrakt.* Bebrütung von krist. Zn-^{131}J-Insulin (**I**; ABBOTT LABORS.; 0,5 μC) mit Hypophysenvorderlappenextrakt (**II** (2,5 g Rindergewebe/100 cm^3 Brutgemisch) bei 37^0 ergibt, daß die Menge an in 20%ig. Trichloressigsäure (**III**) lösl. radioakt. Substanz bis zu 80^0 ansteigt. Papierelektrophoret. Unterss. des **III**-lösl. Reaktionsprod. zeigen, daß es kein freies Jod enthält. Die Annahme, daß **II** ein zum Abbau des **I**-Mol. fähiges Syst. enthält, wird durch die Beobachtung gestützt, daß Zusatz nicht markierten Insulins zur Brutmischung (bis zu 30 μg) die Menge an abgebautem **I** verringert. Das Abbausyst. der Rinder-**II** ist nicht dialysierbar u. hitzeempfindlich. Der Abbau des Insulins durch **II** kann die Beobachtung anderer Forscher erklären helfen, wonach solche Extrakte Insulin in vitro inaktivieren können. (Amer. J. Physiol. **193.** 476—78. Juni 1958. Seattle, Wash., Univ. of Washington, School of Med., Dep. of Med.) ANTJE SCHMIDT. 4564

Gerald A. Wrenshall, *Die aus diabetischem Pankreas extrahierbare Insulinmenge.* Bei juvenilem Diabetes ist die extrahierbare *Insulin*-Menge aus Pankreas sehr gering, ebenso bei lang andauerndem Diabetes junger Männer. Bei lang andauerndem Diabetes junger Frauen zeigt sich dagegen der Insulingeh. des Pankreas relativ hoch. Weiter zeigt sich, daß die Sulfonylharnstoffpräpp. *BZ 55* u. *D 860* bei oraler Gabe nur bei einer gewissen Residualkapazität des Pankreas zur Insulinspeicherung wirksam sind. (Die Medizinische **1959.** 3—7. 3/1. Toronto, Ontario, Canada, Univ., Banting and Best. Dep. of Med. Res.) H. STRUCK. 4564

Arne N. Wick und **Douglas R. Drury,** *Die Wirkungen der Überlagerung mit nativem Insulin auf die Disposition von Jodinsulin im Körper.* Unterss. an ausgeweideten, nephrektomierten Kaninchen zeigen, daß der Abbau von ^{131}J-*Insulin* (I) durch gleichzeitige Verabreichung von mäßig hohen u. physiol. Dosen nativen Insulins (II) merklich verzögert wird. Gleichzeitig wird das scheinbare Verteilungsvol. reduziert. Bei Zusatz angemessener II-Mengen verteilt sich I in einem Vol., dessen Größe der des extracellulären Raumes entspricht. Vff. begründen die Verteilungsänderung durch die Annahme eines partiellen Abbaus von I durch einen Prozeß, der durch Zugabe von nativem II abgesätt. wird. (Proc. Soc. exp. Biol. Med. **97.** 514—16. März 1958. La Jolla, Scripps Clin. and Res. Foundat.; Los Angeles, Calif., Univ. of Southern California, School of Med., Dep. of Physiol.) B. RÄSSLER. 4564

W. Nienstedt und **K. Hartiala,** *Glucuronidausscheidung beim alloxandiabetischen Kaninchen.* Nach subcutanen Injektionen von *Phenolphthalein* (I)-*Diphosphat* schieden alloxandiabet. Kaninchen freies u. gebundenes (Glucuronid-) I im Harn entsprechend den Kontrolltieren aus. Demnach scheint die Glucuronidkonjugation im diabet. Organismus nicht gestört zu sein. (Ann. Med. expl. Biol. fenn. **37.** 110—14. 1959. Turku, Univ., Dep. of Physiol.) H. RICHTER. 4564

George A. Mourkides, Donald C. Hobbs und **Roger E. Koeppe,** $^{14}C_{(2)}$-*Acetonstoffwechsel in normalen Ratten.* Nach intraperitonaler Injektion von $^{14}C_{(2)}$-*Aceton* in n., im Hungerstadium befindliche u. in alloxandiabet. Ratten wurden Glutamin-, Asparaginsäure, Alanin, Glykogen u. $^{14}CO_2$ bestimmt. Die Fähigkeit zur O_2-Oxydation ist begrenzt. Die Ergebnisse bestätigen, daß beide Wege des Acetonmetabolismus vorhanden sind, wobei Acetatbldg. leicht vorherrschend ist. Hungerstadium u. Alloxandiabetes verändern die Werte nicht. (J. biol. Chemistry **234.** 27—30. Jan. 1959. Memphis, Tenn., Univ., Div. of Chem.) U. GERHARDT. 4564

Helmut Mehnert und **Axel Georgii,** *Zur Frage der Lebertoxizität oraler Antidiabetica. Klinische Erfahrungen und tierexperimentelle Untersuchungen.* Die Verträglichkeit der *Sulfonylharnstoffe* u. neuer *Guanidinpräpp.* bei oraler lang andauernder Therapie an n. Menschen u. solchen mit Diabetes mellitus wird auf Grund der Literatur der letzten Jahre diskutiert u. besprochen. (Die Medizinische **1959.** 44—47. 3/1. München, Univ., Pathol. Inst., Poliklin., Diabetiker-Ambulanz.) H. STRUCK. 4564

V. W. Adamkiewicz und **Y. L. Langlois,** *Insulin, Mastzellkomponenten und „anaphylaktoide" Entzündung.* Durch Behandlung mit *Antihistamin-* oder *Histamin* (I)-*freisetzenden Stoffen* läßt sich sowohl die anaphylaktoide Entzündung als auch der sensibilisierende Effekt von *Insulin* (II) gegenüber dieser Entzündung hemmen. Eine Aufhebung der Hemmung bzw. Wiederherst. der sensibilisierenden Wrkg. von II war durch Injektionen weder von I noch von *Serotonin* oder *Heparin* möglich. Ebenso konnte der sensibilisierende Effekt von II nicht nachgeahmt werden. (Canad. J. Biochem. Physiol. **36.** 483—89. Mai 1958. Montreal, Canada, Univ., Fac. de Méd., Dép. de Physiol.) U. TAUSENDFREUND. 4569

Maurice F. Murnaghan, *Der morphinisierte-eserinisierte Blutegelmuskel zum Nachweis von Acetylcholin.* Vf. berichtet über die Verwendung von mit *Eserin* (I)-, *Morphin* (II)-, RINGER-Lsg. behandelten Blutegelmuskeln zum Nachw. von Acetylcholin (III; Reizkonzentrationsschwelle 10^{-9} g/ml). Die Ergebnisse sind abhängig von der angewandten I- u. II-Konz.; bei RINGER-Lsgg. mit $7 \cdot 10^{-6}$ g I/ml u. $3 \cdot 10^{-5}$ g II/ml ist die Empfindlichkeit gegen III vermindert. Reproduzierbare Ergebnisse wurden erhalten bei Behandlung der Muskeln mit *Morphinsulfat* (4 oder $5 \cdot 10^{-5}$ g/ml), *Eserinsulfat* (10^{-5} g/ml) in RINGER-Lösung. (Nature [London] **182.** 317. 2/8. 1958. Ottawa, Ontario, Canada, Univ., Dep. of Pharmacol.) H. GOEBEL. 4569

T. Kōno, C. Yokomori, H. Enomoto und **S. Kusahana,** *Neue Verfahren zur Bestimmung von Histamin.* Es werden Verff. zur Best. von *Histamin* (I) in Meerschweinchenorganen (Lungen, Haut) u. von freiem I im Harn beschrieben. Das Untersuchungsmaterial wird zunächst auf einen p_H-Wert von 7,0 eingestellt u. an Amberlite IRC-50 adsorbiert. Nach Waschen mit 2n HCl Extraktion des Rückstands mit reinem A. oder (nach Lösen in 20%ig. HaOH-Lsg.) mit Butanol. Der neue Rückstand wird auf einen p_H-Wert von 5,6 eingestellt u. an Amberlite XE 64 adsorbiert. Danach Entw. mit Essigsäurepufferlsg. p_H 4,1; anschließend Colorimetrie u. Prüfung der Diazoreaktion. — Das freie I im Harn wird aus dem Rückstand der Extraktion mit reinem A. papierchromatograph. (NH_3 gesätt. n. Butanol) isoliert u. schließlich durch seine Wrkg. auf exstirpierten Meerschweinchendarm bestimmt. (Seikagaku [Biochemistry] **30.** 729—33. 25/12. Tōkyō Daigaku, Igaku-Bu, Naika Butsuriryōhōgaku-Kyoshitsu. [Orig.: japan.]) F. MOSSNER. 4569

Yasuo Kakimoto, *Untersuchungen über den Mechanismus der Adsorption und Freisetzung von Serotonin.* 1. Mitt. *Fehlen von gebundenem Serotonin in den Blutplättchen.* Bei der papierelektrophoret. Unters. von ca. 200 mg Kaninchenblutplättchen wurden 7—8 Eiweißfraktionen auf der Seite des positiven Pols gefunden, während *Serotonin* (**I**) in einem Abstand von 10 cm von der Grundlinie auf der Seite des negativen Pols anzutreffen war, was mit dem elektrophoret. Abstand für synthet. **I** übereinstimmt. — Bei Ultrafiltration des Blutplättchenhomogenisats (a) verringerte sich die **I**-Konz. durch Adsorption am Filter. — Bei der Dialyse von a hatte dieses im äußeren Dialysat eine höhere **I**-Konz. als im inneren; bei synthet. **I** waren keine Unterschiede in den beiden Dialyse-Lsgg. festzustellen. — Im UV-Spektr. bestanden keine Differenzen zwischen **I** u. **I** + a-Extrakt. (Seikagaku [Biochemistry] **30.** 548—51. 25/10. 1958. Ōsaka Daigaku, Igaku-Bu, Seishinshinkeigaku-Kyōshitsu. [Orig.: japan.]) F. MOSSNER. 4569

Yasuo Kakimoto, *Untersuchungen über den Mechanismus der Adsorption und Freisetzung von Serotonin.* 2. Mitt. *Der Mechanismus der Serotoninadsorption durch die Blutplättchen.* (1. vgl. vorst. Ref.) Während Kaninchenblutplättchen, in einer Salzlsg. (Na, K, Mg) suspendiert, *Serotonin* (**I**) nicht adsorbieren, wird **I** adsorbiert, wenn die Blutplättchen in Blutplasma suspendiert werden. — Zusatz von 5%ig. *Glucose* oder *Adenosintriphosphat* aktiviert die **I**-Adsorption der Blutplättchen, die durch Inhibitoren des Zuckerstoffwechsels u. der oxydativen Phosphorylierung (KCN, Na-Azid, 2.4-Dinitrophenol, Malonsäure) gehemmt wird. Werden die Verss. bei 4^0 durchgeführt, dann kommt es zu keiner Adsorption. (Seikagaku [Biochemistry] **30.** 551—55. 25/10. 1958. [Orig.: japan.]) F. MOSSNER. 4569

Yasuo Kakimoto, *Untersuchungen über den Mechanismus der Adsorption und Freisetzung von Serotonin.* 3. Mitt. *Der Mechanismus der Freisetzung von Serotonin aus den Blutplättchen durch Reserpin.* (2. vgl. vorst. Ref.) *Reserpin* (**I**) übt in der niedrigen Konz. von 0,3 μg/cm^3 eine starke Hemmung auf die durch *Glucose* u. *Adenosintriphosphat* aktivierte *Serotonin* (**II**)-Adsorption der Kaninchenblutplättchen aus. Bei 4^0 hat **I** diese Wrkg. nicht. *Polyäthylen* u. *Glykol,* die Lösungsmittel für **I**, setzen **II** nicht frei. (Seikagaku [Biochemistry] **30.** 556—58. 25/10. 1958. [Orig.: japan.]) F. MOSSNER. 4569

Richard A. MacDonald, Stanley L. Robbins und **G. Kenneth Mallory,** *Fibrose der Haut nach subcutanen Injektionen von Serotoninkreatinsulfat.* Fortlaufende 2mal täglich subcutane Injektion von 8 mg *Serotoninkreatininsulfat* verursacht bei Ratten, von etwa dem 30. Tage an, eine progressive Kollagen- u. fibröse Proliferation mit gesteigerter Vascularisierung im Hautgewebe u. eine Hyperplasie der Epidermis auf Grund von Zellproliferationen. Die Arteriolen der Haut zeigen Veränderungen, wie sie bei benigner Nephrosklerose zu sehen sind. Am Injektionsort kommt es zur Verminderung der Hautanhangsgebilde, die Talgdrüsen erfahren eine Vergrößerung. Es wird auf Grund dieser Ergebnisse für möglich gehalten, daß *Serotonin* an der Entstehung der Herzklappenfibrose im Verlaufe des Carcinoidsyndroms beteiligt ist. (Proc. Soc. exp. Biol. Med. **97.** 334—37. Febr. 1958. Boston, Mass., Boston City Hosp., Mallory Inst. of Pathol.; Boston Univ.; Tufts Univ.; Harvard Univ., Depp. of Pathol.) U. TAUSENDFREUND. 4569

A. Mitzutani, S. Gotō und **Y. Yoshihara,** *Über ein neues Verfahren zur Herstellung von Parotin aus Rinderparotis.* 10 g vom Rind gewonnenes Roh-*Parotin* (**I**; Fällung bei p_H 5,4) werden mit 190 cm^3 Eisessig versetzt u. nach 2std. Rühren bei ca. 60^0 mittels Glasfilter filtriert. Zum Filtrat werden gesätt. NaCl-Lsg. (im Verhältnis 0,2%) u. Ae. zugegeben. Der Nd. aus der 2mal wiederholten Operation wird in dest. W. gelöst, durch n. NaOH auf p_H 8,8 gebracht u. zentrifugiert. Der Überstand wird 12 Std. dialysiert u. filtriert. Trocknung des Filtrats ergibt 17,8 mg „Parotin A" (**II**). Intravenöse Injektion von 0,1 mg **II**/kg Kaninchen senkt den Serum-Ca-Spiegel innerhalb von 4—6 Std. um durchschnittlich 15,02%, während **I** ihn nur um durchschnittlich 10,23% senkt. 0,05 mg **II**/kg Kaninchen führen innerhalb von 2—6 Std. zu Leukocytose; zum gleichen Effekt gehören für **I** 1—5 mg/kg. (Seikagaku [Biochemistry] **30.** 702—05. 25/12. 1958. Nagoya Shiritsu Daigaku, Yakugaku-Bu. [Orig.: japan.]) F. MOSSNER. 4569

H. Holzer, *Nachtrag zur Arbeit „Bestimmung des Blutgehaltes von Leberproben zur Korrektur biochemischer Analysen".* (Vgl. C. **1958.** 1664.) Nachtrag zu der Veröffentlichung von HOLZER u. Mitarbeiter. Vf. modifiziert seine früher mitgeteilte Meth. zur Best. des Blutgeh. von Leberproben durch Homogenierung mit Periston (**I**; Polyvinylpyrrolidon BAYER). Mit **I** werden nach kurzem niedertourigem Zentrifugieren schon klare Überstände der Organhomogenate erzielt, ohne daß Hämolyse eintritt. Es muß deshalb noch Sapogenin zugesetzt werden. (Biochem. Z. **329.** 117—18. 17/7. 1957. Freiburg, Univ., Physiol. chem. Inst.) R. LENSCHAU. 4572

Kaichirō Kuroda und **Masami Sasaki,** *Eine handliche Mikromethode zur Bestimmung von Milchsäure im Blut mittels Glascapillaren.* 0,05—0,10 g Blut werden in einer zuschmelzbaren Glascapillare aufgenommen, die dann sofort 30 Min. auf 75° erhitzt wird, wodurch der *Milchsäure* (**I**)-Geh. bei Zimmertemp. wenigstens 7 Tage unverändert bleibt. Enteiweißung mittels 0,1n NaOH-Lsg. u. 0,45%ig. $ZnSO_4$-Lsg. oder $Ca(OH)_2$ bzw. Trichloressigsäure, Entfernung der Kohlenhydrate mittels 20%ig. $CuSO_4$-Lsg. u. $Ca(OH)_2$. Die **I**-Best. erfolgt mittels 1,5 g *p-Hydroxybiphenyl* in 0,5%ig. NaOH-Lsg. photometrisch. Der mit dieser Meth. an 19 Gesunden gefundene **I**-Geh. des Bluts betrug 10,64 mg% (Durchschnittswert). (Med. and Biol. [Tokyo] **50.** 75—78. 20/1. 1959. Tokushima Daigaku, Igaku-Bu, Seikagaku-Kyōshitsu. [Orig.: japan.]) F. MOSSNER. 4572

J. H. P. Jonxis und **T. H. J. Huisman,** *Nachweis und Bestimmung von foetalem Hämoglobin mittels Prüfung der Alkalidenaturierbarkeit.* Werden definierte Gemische von *n. Erwachsenen-* (**I**) u. *foetalem Hämoglobin* (**II**) hergestellt u. die Alkalidenaturierungsmethoden von BRINKMAN u. JONXIS (J. Physiology **85.** [1935.] 117; **88.** [1936.] 162) sowie von SINGER, CHERNOFF u. SINGER (Blood **6.** [1951.] 413) miteinander verglichen, so zeigt sich eine deutliche Differenz in Abhängigkeit vom Mischungsverhältnis. Die SINGERsche Meth. liefert dabei bei kleinen **II**/**I**-Verhältnissen zu hohe u. bei großen **II**/**I** Verhältnissen zu niedere Werte für **II**. Die Meth. von BRINKMAN u. JONXIS ist bei geringem **II**-Geh. im Blut unsicher. Weiter wurde der Einfl. von CO bei beiden Methoden untersucht. (Blood **11.** 1009—18. Nov. 1956. Groningen, Univ., Dep. of Pediatrics.) W. SCHELER. 4572

Koozoo Kaziro, Goro Kikuchi und **Masami Kawai,** *Die Verdohämoglobinbildung in vitro im Hinblick auf ihre quantitative Behandlung.* Vff. untersuchen die Änderung der Absorptionsspektren von *Myoglobin* in Ggw. von O_2/Ascorbinsäure. Die *Verdohäm* (**I**)-Bldg. wird durch Na-Benzoat u. Na-Salicylat beschleunigt. Der mol. Extinktionskoeff. für **I** (im Zustand des alkalidenaturierten Globinverdohämochromogens) beträgt $\varepsilon^{760} = 1{,}7 \cdot 10^4$. Die **I**- u. die *Biliverdin*-Bldg. gehen parallel. Pro Mol umgesetztes Häm werden 80 bis 100 Mol Ascorbinsäure verbraucht. Nach längerer Reaktionszeit treten Neben-Rkk. auf. Die *Choleglobin-b*-Bldg. steigt in Ggw. von Benzoat bzw. Salicylat an, die Ausbeute an *Biliverdin* nimmt ab. (J. Biochemistry [Tokyo] **43.** 161—74. März 1956. Tokyo, Nippon Med. School, Biochem. Labor. [Orig.: engl.]) W. HABERDITZL. 4572

Werner Kübler, *„Indirektes" Bilirubin im Harn des Neugeborenen.* Vf. beschäftigt sich mit der Ausscheidung des *Bilirubins* (**I**) im Harn. Die wasserlösl. Derivv. sind Glucuronsäureester von **I**. Das freie als „extrahepat." Farbstoff vorkommende Tetrapyrrol reagiert nur bei Anwesenheit eines Lösungsvermittlers, wie A. oder Coffeinlsg., prompt mit Diazobenzolsulfonsäure. Der physiol. Icterus neonatorum kann als Prototyp einer extrahepat. Bilirubinämie gelten. Hierbei wurden bis zu 3,6 mg **I** in 100 cm^3 Harn gefunden. Die schlechte Löslichkeit von **I** im Harn u. die ausschließlich indirekte VAN DEN BERGHsche Rk. im Serum der Kinder lassen vermuten, daß beim Icterus neonatorum freies **I** durch die Nieren ausgeschieden wird. Diese Annahme wird durch das Verh. der Diazo-Rk. im schwach angesäuerten Harn der Kinder unterstützt. Einen eindeutigen Nachw. von nicht konjugiertem **I** im Neugeborenenharn erbrachte Vf. papierchromatographisch. Die Wanderungsgeschwindigkeit des aus dem Harnsediment von Neugeborenen gewonnenen Azobilirubins war dieselbe, wie die von gleichartig aufgearbeitetem krist. **I** u. ließ sich klar von direkt reagierendem **I** aus Galle oder aus dem Harn Erwachsener mit Verschlußicterus abtrennen. Die Papierchromatographie erfolgte aufsteigend mit Methyläthylketon–Propionsäure–W. (75:25:30): direkt reagierender Farbstoff R_F 0,30—0,35, indirekt diazotierbares **I** R_F 0,45—0,50. (Klin. Wschr. **37.** 43—44. 1/1. 1959. Kiel, Univ.-Kinderklin.) G. BRATFISCH. 4572

M. Rabinovitz und **M. E. Olson,** *Beteiligung der Reticulocyten-Mikrosomen beim Eiseneinbau in Hämoglobin.* Mittels *Phenylhydrazin* erzeugte Kaninchenreticulocyten wurden mit dest. H_2O hämolysiert, das Hämolysat auf Isotonie zurückgeführt u. die Stromareste abzentrifugiert. Durch Zentrifugation bei $100000 \cdot g$ (30 Min.) wurden dann die Mikrosomen abgetrennt; sie enthielten ca. 40% Ribonucleinsäure u. waren 20—25 mμ im Durchmesser. In einem Incubationsmedium (ATP, K-Phosphoglycerat, $MgCl_2$, ^{59}Fe, Reticulocytenmikrosomen u. -extrakt) wurde bei 37,5° die *Hämoglobin* (**I**)-Bldg. durch den ^{59}Fe-Einbau verfolgt. ^{59}Fe wird zunächst in die Mikrosomen eingebaut, vermutlich in eine Vorstufe des **I**. Diese wird dann aus den Mikrosomen freigesetzt. Hierfür sind ATP u. Phosphoglycerat als energieliefernde Stoffe notwendig. Für die **I**-Synth. sind sowohl der partikelfreie Reticulocytenextrakt wie die Mikrosomen notwendig. Ihr Fehlen bzw. das Kochen der Mikrosomen führt zur weitgehenden Hemmung des ^{59}Fe-

Einbaus. (Nature [London] **181.** 1665—66. 14/6. 1958. Berkeley, Calif., Univ. of California, School of Med., Dep. of Physiol. Chem.) W. SCHELER. 4573

Masamichi Tachibana, *Der Phosphorsäurestoffwechsel der Erythrocyten. 6. Mitt. Der Mechanismus der Phosphorsäureaufnahme von menschlichen Erythrocyten. Aufnahme von radioaktiver Orthophosphorsäure während sehr kurzfristiger Bebrütung.* (5. vgl. C. **1959.** 6842.) Aus Chromatogrammen von Blutplasma 10, 20, 40 Sek. u. 30 Min. nach Bebrütung mit *^{32}P-Orthophosphorsäure* geht hervor, daß bereits nach 10 Sek. eine hohe Radioaktivität besteht. Diese bezieht sich aber weder auf *Adenosindiphosphat* (**I**) noch auf *Adenosintriphosphat* (**II**), die das Maximum der Radioaktivität erst nach 30 Min. erreichen, sondern auf mehrere unbekannte Verbb., die ^{32}P früher aufnehmen als **II**. Ein Vgl. der spezif. Radioaktivität von **I** u. **II** nach 40 Sek. Bebrütung ergibt höhere Werte für **II** als für **I**. (Seikagaku [Biochemistry] **30.** 667—71. 25/12. 1958. Tōkyō Daigaku, Igaku-Bu, Eiyōgaku-Kyōshitsu. [Orig.: japan.]) F. MOSSNER. 4573

J. B. Kahn jr., *Beziehungen zwischen Calcium und Kaliumtransport in menschlichen Erythrocyten.* Der *Kalium*-Einwärtstransport ist in künstlichem Puffersyst. geringer als in Plasma. Es wird angenommen, daß eine für den Transport notwendige Lipoidkomponente im Puffer von den Zellen abgelöst wird. *Ca* hemmt in Konzz., die über der n. Serumkonz. liegen, den K-Einwärtsstrom in Serum oder Puffer. *Sr* oder *Mg* haben keine Wirkung. *Ouabain* hat keinen Einfl. auf den Effekt. Die Ca-Wrkg. wird auf eine Blockade der für den K-Transport notwendigen Lipoidkomponente zurückgeführt. (J. Pharmacol. exp. Therapeut. **123.** 263—68. Aug. 1958. Cincinnati, Ohio, Univ. of Cincinnati, Coll. of Med., Dep. of Pharmacol.) H. MATTHIES. 4573

K. V. Giri, G. J. Sathyanarayana Rao und **S. Natarajan,** *Das Bild der Erythrocytenproteine bei Agarelektrophorese.* Bei Agarelektrophorese von Hämolysaten menschlicher Erythrocyten werden neben der *Hämoglobin* (**I**)-Fraktion 3 Fraktionen farbloser Proteine beobachtet (RP_1, RP_2 u. RP_3), die in dieser Reihenfolge langsamer wandern als **I** (p_H 8,6, 200 V, 8 mA, 10 Std.). Sie sind *keine* Serum-, sondern wahrscheinlich intracelluläre Proteine. Ähnliche farblose Proteine wurden auch in Hämolysaten von Erythrocyten bei der Ratte u. dem Schaf nachgewiesen. (Nature [London] **182.** 184—85. 19/7. 1958. Bangalore, Indian Inst. of Sci., Dep. of Biochem.) W. SCHELER. 4573

Henry Borsook, *Eine die Geschwindigkeit der Proteinsynthese bestimmende Reaktion.* Reticulocyten aus Kaninchen werden in einer Salzlsg. suspendiert, die Glucose, Eisen, ein Eisen komplexierendes Reagens, ein Gemisch verschied. Aminosäuren sowie wechselnde Konzz. von *^{14}C-Leucin* (**I**) enthält. Die Suspension wird 15 Min. bei 25° incubiert u. anschließend die Radioaktivität des gebildeten Proteins bestimmt. Der Einbau von radioakt. **I** erfolgt in erster Näherung nach $v/V = [A]/[A] + K$. Darin bedeuten: v beobachtete Einbaugeschwindigkeit, V maximale Einbaugeschwindigkeit, [A] Konz. von **I**, K eine Konstante, formal ident. mit der MICHAELIS-Konstante K_m. Vf. ermittelt für die Rk. den Wert $K = 1{,}25 \cdot 10^{-5}$ sowie die Minimalkonz. [A] für den Fall $v = V$ (maximale Geschwindigkeit) zu 10^{-3} molar. Ähnliche Werte werden bei Angebot von radioakt. markiertem *Histidin, Methionin* oder *Phenylalanin* statt **I** ermittelt, wobei jeweils die radioakt. Aminosäure im inakt. Aminosäurengemisch fehlt. (Nature [London] **182.** 1006—07. 11/10. 1958. Pasadena, Calif., California Inst. of Technol., Kerckhoff Biol. Labor.) L. TRÄGER. 4573

S. Mányai und **Zs. Várady,** *Elektiver Abbau der 2.3-Diphosphoglycerinsäure in roten Blutkörperchen.* Zusatz von $3 \cdot 10^{-2}$mol. *$NaHSO_3$* zu roten kernlosen Blutzellen führt zu einem vollständigen selektiven Abbau der *2.3-Diphosphoglycerinsäure.* Dabei ist die n. Glykolyse nicht gestört. Aus den Versuchsergebnissen wird geschlossen, daß die 2.3-Diphosphoglycerinsäure kein obligates Intermediärprod. der Erythrocytenglykolyse ist. (Acta physiol. Acad. Sci. hung. **14.** 103—14. 1958. Budapest, Univ., Med.-chem. Inst.) H. MATTHIES. 4573

G. W. Löhr und **H. D. Waller,** *Hämolytische Erythrocytopathie durch Fehlen von Glucose-6-phosphatdehydrogenase in roten Blutzellen als dominant vererbliche Krankheit.* Bei einer hereditären hämolyt. Erythrocytopathie konnte festgestellt werden, daß die patholog. roten Blutzellen durch das Fehlen der *Glucose-6-phosphatdehydrogenase* charakterisiert sind. (Klin. Wschr. **36.** 865—69. 15/9. 1958. Marburg/Lahn, Univ., Med. Klin.) H. MATTHIES. 4573

G. V. R. Born, G. I. C. Ingram und **R. S. Stacey,** *Die Beziehung zwischen 5-Hydroxytryptamin und Adenosintriphosphat in Blutplättchen.* Vff. bestimmen die Gehh. an 5-Hydroxytryptamin (**I**) u. Adenosintriphosphat (**II**) in Blutplättchen von n. Versuchspersonen (a) u. an Myeloidleukämie erkrankten Patienten (b) sowie in vitro vor u. nach Incubation der Plättchen mit **I** enthaltendem Plasma. Es wird eine lineare Beziehung zwischen **I**- u. **II**-Konz. bei a-Blutplättchen festgestellt, die sich auch nach Behandlung mit **I**-haltigem Plasma nicht verändert. Bei b wird ein geringerer **I**-Geh. ermittelt, während die **II**-Konz. unverändert bleibt. Nach Zufuhr von *Reserpin* (**III**; 0,75 mg/Tag per os bzw. Einzeldosis von 1 mg intramuskulär bei a) wird der **I**-Geh. der Blutplättchen u. deren Fähigkeit, **I** aus dem Plasma zu resorbieren, ebenfalls erniedrigt, wobei das **II**/**I**-Verhältnis stark erhöht ist. Es wird angenommen, daß **I** in den Blutplättchen an **II** gebunden wird oder sich in ihnen anhäuft. Bei b scheint die **I**-Resorption gehemmt zu werden, während **III** die **II**-Akkumulation verhindert. (Brit. J. Pharmacol. Chemotherapy **13**. 62—64. März 1958. London, St. Thomas's Hosp. Med. School, Dep. of Pathol. and Therapeut.; Oxford, Univ., Nuffield Inst. for Med. Res.) P. FAHRNLAENDER. 4573

Grace P. Kerby, *Die Verteilung der sauren Mucopolysaccharide in den Cohn-Fraktionen der menschlichen Plasmaproteine.* In den COHN-Fraktionen I, II, III, IV-1, IV-4 u. V konnten nur für III u. IV-1 *saure Mucopolysaccharide* nachgewiesen werden. Papierchromatograph. ließen sie sich in zwei Komponenten trennen, wovon die eine mit *Chondroitinsulfat* ident. war. Die zweite konnte nicht näher identifiziert werden. Lösungsm.: 48%ig. A. mit 1/15mol. Phosphatpuffer, p_H 7,25. (J. clin. Invest. **37**. 678—81. Mai 1958. Durham, N. C., Duke Univ., School of Med., Dep. of Med.) G. RENTSCH. 4574

Eero Hokkanen, *Der Mucoproteingehalt des Serums bei Anämie.* Der *Mucoprotein* (**I**)-Geh. des Serums stieg bei Kaninchen (je 5 Tiere) nach experimenteller akuter Blutungsanämie mit dem 4. Tag an, bei subakuter u. chron. Blutungsanämie blieb er dagegen unverändert. Im Vgl. zu 45 gesunden Personen war der **I**-Geh. bei 14 Kranken mit Blutungsanämie anfangs leicht u. nach einer Woche deutlich erhöht u. fiel nach Besserung der Anämie wieder ab. Bei Kranken mit Anaemia perniciosa (A.p.) diphyllobotrica (14 Fälle), A.p. cryptogenetica (11 Fälle) u. A. hypochromica essentialis (14 Fälle) war der **I**-Geh. gegenüber Gesunden nicht verändert. (Ann. Med. exp. Biol. fenn. **37**. 77—85. 1959. Helsinki, Wihuri Res. Inst.) H. RICHTER. 4574

Colin J. Schwartz und **Hugh R. Gilmore**, *Die Auswirkung der Atherosklerose und des Alters auf den Mucoprotein- und Hexosaminspiegel des Serums beim Menschen.* Bei Atherosklerosepatienten zeigte sich eine signifikante Hebung des *Mucoprotein* (**I**)- u. *Hexosamin* (**II**)-Serumspiegels. Eine Zunahme dieser Werte wurde mit zunehmendem Alter am Gesunden nicht beobachtet. **I** bei Atherosklerotikern von 40—72 Jahren ≈ 100—200 mg/100 ml Serum, **II** ≈ 100—130. **I** bei Gesunden von 19—71 Jahren ≈ 70—110 u. **II** ≈ 80—100. (Circulation [New York] **18**. 191—95. Aug. 1958. Adelaide, South Australia, Univ., Dep. of Human Physiol. and Pharmacol., Dep. od Med.) H. FRANK. 4574

J. M. Elder und **D. L. Wilhelm**, *Enzymartige Globuline aus Serum, welche die Gefäßerscheinungen der Entzündung hervorrufen.* 5. Mitt. *Aktivierbarer Permeabilitätsfaktor im menschlichen Serum.* (4. vgl. C. **1959**. 6513.) In Verdünnungen von menschlichem Serum in 0,85%ig. NaCl-Lsg. finden sich zwei *Faktoren* (**I**, **II**), welche die *Permeabilität* der kleinen Blutgefäße der Haut von Meerschweinchen beeinflussen. **I** findet sich schon im frischen, nativen Serum; **I** wird nicht gehemmt durch den *Trypsininhibitor* (**III**) der Sojabohnen, durch einen im Serum der Meerschweinchen vorkommenden Inhibitor (**IV**) oder durch *Mepyraminmaleat* (ein Antihistaminicum; **V**). — **II** liegt in inakt. Form vor u. wird erst nach Verdünnung 1:50 bzw. 1:1000 in 2—6 Std. bzw. in 1—4 Tagen nachweisbar. **II** wird gehemmt durch **III** u. **IV**, nicht aber durch **V**. (Brit. J. exp. Pathol. **39**. 335—42. Aug. 1958. London, Lister Inst. of Preventive Med.) A. HESSE. 4574

P. J. Mill, J. M. Elder, A. A. Miles und **D. L. Wilhelm**, *Enzymartige Globuline aus Serum, welche die Gefäßerscheinungen der Entzündung hervorrufen.* 6. Mitt. *Isolierung und Eigenschaften des Permeabilitätsfaktors und seines Inhibitors bei menschlichem Plasma.* (5. vgl. vorst. Ref.) Der in der 4. Mitt. (l. c.) beschriebene *Permeabilitätsfaktor* (**I**) wird durch Fraktionieren mit Ae. bzw. Ae. + A. als lipoidreiches β_1-Globulin dargestellt, das elektrophoret. homogen ist. Extraktion der Lipoide ändert die **I**-Wrkg. nicht. **I** verliert rasch 80% seiner Aktivität beim Erwärmen auf 60° oder bei Ansäuern auf $p_H < 5$; die restlichen 20% sind stabiler; es kann sich bei ihnen um *Plasmin* handeln. **I** wird durch *Trypsininhibitoren* aus Sojabohnen wie aus Pankreas gehemmt, nicht aber durch den spezif. Trypsininhibitor *Ovomucoid* oder durch *Mepyraminmaleat*; weiter erfolgt Hemmung durch die Antiphlogistica Na-Salicylat u. p-Aminophenol, was aber vermutlich auf einer allg. unspezif. Herabsetzung der Reaktionsfähigkeit der kleinen Blutgefäße beruht. — Bei der Fraktionierung mit Lösungsmitteln wird aus dem menschlichen Serum ein **I**-Inhibitor (**II**) erhalten, der nur gegen **I** der Menschen, nicht aber gegen **I** der Meerschweinchen wirkt (wogegen der Inhibitor aus Meerschweinchenserum gegen beide **I** wirkt). Durch **II** des menschlichen Serums wird auch die proteolyt. Wrkg. von

Trypsin u. *Plasmin* (Casein als Substrat) gehemmt. (Brit. J. exp. Pathol. **39.** 343—55. Aug. 1958.) A. HESSE. 4574

M. P. Tombs, Felicity Souter und **N. F. Maclagan,** *Die spektralphotometrische Bestimmung von Serumproteinen bei 210 mμ.* Serumverdünnungen (1:1000 bzw. 1:2000) in 0,9%ig. NaCl-Lsg. ergaben bei 210 mμ brauchbare Extinktionskoeffizienten. Die spezif. Absorption der Gesamtserumproteine n. u. patholog. Sera sowie von Schweinealbumin wurde zu $E_{1\,cm}^{0,1\%} = 20{,}1 \pm 0{,}17$ bestimmt. Prakt. ist es vorteilhaft, bei 2 verschied. Eiweißkonzz. zu messen. Die Absorption von Acetat, Carbonaten, Uraten usw. kann bei Messungen an Serum vernachlässigt werden. Nach Fällung der Globuline mit Na_2SO_4 bzw. $(NH_4)_2SO_4$ kann das Albumin im Filtrat analog gemessen werden. Da noch 3 μg Protein/ml bestimmt werden können, läßt sich die Meth. auch auf Eluate bei der Säulenchromatographie an Ionenaustauscher-Cellulose anwenden. (Biochem. J. **71.** 13P—14P. Febr. 1959. London, Westminster Hosp. Med. School, Dep. of Chem. Pathol.) E. SCHWERDTFEGER. 4574

D. J. Perkins, *Reaktionen von Zink-, Cadmium- und Quecksilberionen mit nativem und modifiziertem löslichem Protein.* Unterss. mit Gleichgewichtsdialyse an humanem *Serumalbumin* (I) zeigten, daß die maximale Bindungsfähigkeit von I für ^{65}*Zn* oder ^{115}*Cd* bei p_H 6,5 liegt. Hier werden von 1 Mol I 5,5 Atome *Zn* oder 2,5 Atome *Cd* gebunden. Chem. Modifikationen des I-Mol. durch Veresterung, Acetylierung, Desaminierung, Kupplung mit Glycin oder Jodierung haben keine Einfll. auf diese Bindungsfähigkeiten. Da bei diesen Rkk. die Imidazolreste des I-Mol. nicht verändert werden, nimmt Vf. an, daß diese mit den Metallen reagieren. Gleiche Unterss. mit ^{203}*Hg* ergaben, daß maximal bei p_H 4 von 1 Mol. I 21 Atome Hg gebunden werden, woraus geschlossen wird, daß Hg von den freien Carboxylgruppen des I gebunden wird. Durch Modifikation von I mit *Bromessigsäure* steigt die Bindungsfähigkeit je Mol. I auf 51 Atome *Zn*, 50 Atome *Cd* oder 125 Atome *Hg*. Da derartig modifiziertes I von den Nieren von Versuchstieren unverändert exkretiert wird, könnte es als Entgiftungsmittel bei Intoxikationen mit derartigen Metallen verwendet werden. (Biochem. J. **69.** 35P. Juli 1958. Edinburgh, St. George's Hosp. Med. School, Dep. of Chem. Pathol.) F. KRUSEN. 4574

Joseph Katz, Alvin L. Sellers und **Jessie Marmorston** (unter techn. Mitarbeit von **Shirley Rauch**), *Eine Schnellmethode zur Vorbereitung von Plasmaproteinen auf die Radioaktivitätsprüfung.* Eine einfache u. schnelle Meth. zur Vorbereitung von Plasmaeiweiß auf die β-Strahlenprüfung wird beschrieben. Die Plasmaproteine werden mit heißer CCl_3COOH geflockt u. auf Filtrierpapierscheiben geschichtet. Die Ergebnisse von mit ^{131}*J* u. ^{14}*C* markierten Plasmaproteinen werden beschrieben. (J. Lab. clin. Med. **50.** 489—93. Sept. 1957. Los Angeles, Calif., Inst. for Med. Res., Cedern of Libanon Hosp. u. Univ. of South. California, School of Med.) H. LIESE. 4574

Kiyohiro Kawai, *Chromatographische Isolierung und Bestimmung von Fettsäuren, die in Serumcholesterinestern enthalten sind.* 70% des *Gesamtcholesterins* im Serum besteht aus Cholesterinestern. Die Komponenten der Serumcholesterinester waren bisher noch nicht aufgeklärt. Mit Hilfe der Papierchromatographie mit vertauschten Phasen gelang es, die Fettsäuren als *Palmitin-, Stearin-* u. *Ölsäure* zu identifizieren. (J. Kyoto prefect. med. Univ. **62.** 879—81. Nov. 1957. Kyoto, Univ., Dep. of Biochem. [Orig.: japan.; Auszug engl. S. LVIII.]) H. STRUCK. 4574

Eberhard Perlick, *Blutgerinnung und Kreislauf.* 1. Mitt. Akute Verminderung der zirkulierenden Blutmenge mit Auslösung latenter u. manifester Kreislaufstörungen durch „unblutigen Aderlaß" (Stauung), Auslösung orthostat. Kreislauf-Rkk., Verabfolgung von Neuroplegica (Pendiomid, Arfonad), VALSALVAschen Preßdruckvers. oder durch Purinderivv. verursachte innerhalb weniger Min. deutliche Änderungen der Gerinnungstendenz. Sie werden als phas. Regulationsvorgänge zur Aufrechterhaltung der Beziehungen zwischen den einzelnen Kreislaufzuständen u. der intravasalen Gerinnung angesehen. (Dtsch. Arch. klin. Med. **205.** 118—30. 1958. Magdeburg, Med. Akad., Med. Klin.) H. CARLS. 4574

H. H. Shirley jr., C. G. Wolfram, K. Wasserman und **H. S. Mayerson,** *Capillarpermeabilität gegen Makromolekeln. Vorgang der Porenausweitung.* Nach Neueinstellung eines stationären Zustands zwischen Lymphe u. Plasma, nämlich 4—6 Std. nach Injektion von radioakt.-jodierten *Serumalbumin* (I)- u. *Dextran* (II)-Fraktionen mit durchschnittlichen Mol.-Geww. zwischen 51000 u. 255000, wurde das Plasmavol. von Hunden durch Einspritzen einer 5%ig. Serumalbuminlsg. (40 ml/kg) in 0,9%ig. NaCl-Lsg. erhöht, was sich in einer deutlichen Konzentrationssteigerung des I u. II in der Lymphe trotz erhöhten Lymphflusses auswirkte. Diese Beobachtung wird durch die Annahme erklärt, daß die Vergrößerung des Plasmavol. eine Verringerung der Capillarwandresistenz' also eine Vergrößerung der Poren dieser Membranen bewirkt ('stretched pore phenomenon'). (Amer. J. Physiol. **190.** 189—93. Aug. 1957. New Orleans, La., Tulane Univ., School of Med., Dep. of Physiol.) E. ÜHLEIN. 4576

Stanley M. Aronson, Abraham Saifer, Guta Perle und **Bruno W. Volk,** *Fermente der Cerebrospinalflüssigkeit bei Lipoidosen des Zentralnervensystems (mit besonderer Berücksichtigung der familiären amaurotischen Idiotie).* Mit Hilfe der Best. von *Glutaminsäure-Oxalessigsäure-Transaminase* (I), *Aldolase* (II) u. *Milchsäuredehydrogenase* (III) in Serum u. Liquor cerebrospinalis läßt sich eine biochem. Unterscheidung zwischen Zentralnervensystemnekrosen, vorkommend bei Lipoidosen, u. anderen Formen neurolog. Degenerationen treffen. Bei infantiler familiärer amaurot. Idiotie sind **I** u. **III** sowohl im Liquor als auch im Serum stets erhöht, **II** ist nur im Liquor erhöht. Beim Morbus NIEMANN-PICK ist **I** im Liquor u. Serum erhöht, **II** wiederum nur im Liquor. Bei anderen neurolog. Degenerationen kommt es zwar gelegentlich zu **I**-Anstiegen im Liquor, nie jedoch im Serum u. auch nicht zu Veränderungen der **II**- oder **III**-Werte. (Proc. Soc. exp. Biol. Med. **97.** 331—34. Febr. 1958. Brooklyn, N. Y., Isaac Albert Res. Inst.; Jewish Chronic Disease Hosp.) U. TAUSENDFREUND. 4578

J. Heller und **T. Chojnacki,** *Pyrophosphate im Wolfsmilchschwärmer, Cellerio euphorbiae.* 3. Mitt. *Traceruntersuchungen mit* ^{32}P. (2. vgl. C. **1959.** 2858.) Injektion von $^{32}P\text{-}PO_4^{3-}$ in den Fettkörper männlicher Tiere von *C. euphorbiae* innerhalb 6 Std. nach dem Ausschlüpfen hatte ^{32}P-Einbau in die *P*-Verbb. [Orthophosphat (**III**), Pyrophosphat (**I**), Verb. mit R_F von Adenosintriphosphat (**II**), Verbb. vom Nucleotidtyp] des Ductus ejaculatorius + Testis zur Folge. ^{32}P wird am raschesten in die Nucleotidverbb., dann in **I** eingebaut, wobei wahrscheinlich **II** als **I**-Vorstufe dient. Die **III**-Aktivität nimmt mit zunehmendem **III**-Einbau u. durch die Ausscheidung im Harn ab. Der Genitalapp. von *C. euphorbiae* enthält vermutlich das von HEPPEL u. HILMOE (vgl. J. biol. Chemistry **202.** [1953.] 217) in Stiersperma aufgefundene Enzym. (Bull. Acad. polon. Sci., Sér. Sci biol. **5.** 277—79. 1957. Warsaw, Polish Acad. of Sci., Inst. of Biochem. and Biophys., and School of Med., Dep. of Physiol. Chem.) K. MAIER. 4582

J. Heller, T. Chojnacki und **M. Piechowska,** *Pyrophosphate beim Wolfsmilchschwärmer Celerio euphorbiae.* 4. Mitt. *Die Übertragung von* ^{32}P*-markiertem Pyrophosphat während der Kopulation.* (3. vgl. vorst. Ref.) Die beim Kopulationsvorgang von *C. euphorbiae* erfolgende, mittels ^{32}P nachgewiesene Übertragung großer Mengen energiereichen Pyrophosphats (**I**) vom Ductus ejaculatorius in die Bursa copulatrix des Weibchens ist ohne Bedeutung für den Eistoffwechsel. Es findet auch keine **I**-Verteilung in andere Teile des weiblichen Organismus statt. (Bull. Acad. polon. Sci., Cl. II **6.** 7—10. 1958. Warsaw, Polish Acad. of Sci., Inst. of Biochem. and Biophys., and School of Med., Labor. of Physiol. Chem.) K. MAIER. 4582

S. Shimizu und **G. Shibamoto,** *Ein aus Caseinhydrolysat isoliertes Peptid und seine biologischen Wirkungen.* 1. Mitt. „*Caseopsin*" (**I**), $C_{38}H_{51}N_8O_{20}P$, $F._{(Zers.)}$ 235°, λ_{max} 270—290 mμ in 1/20 n Phosphorsäurepufferlsg., p_H 7,4, erhält man durch 24std. Einw. von *Trypsin* auf *Milchcasein* u. anschließendes Ausfällen mit Bleiacetat, $AgNO_3$, $(NH_4)_2SO_4$ u. Aceton. **I** enthält zu 45% *Glutaminsäure,* zu je 15% *Lysin, Tyrosin* u. *Histidin* sowie 10% *Phosphorsäure.* Wss. **I**-Lsgg. (subcutan, itraabdominal oder intravenös verabfolgt) sind für Mäuse, Ratten, Meerschweinchen u. Menschen kaum tox., wirken auch nicht anaphylaktisch. 0,5—1,0 cm³ 1%ig. **I**-Lsg. vor oder nach Röntgenbestrahlung verlängert die Lebensdauer von Mäusen, Ratten u. Kaninchen, ruft außerdem Leukocytose hervor; es macht die Versuchstiere ferner widerstandsfähiger gegen Infektionen, erleichtert Wundheilung u. regt die Reproduktion an. (Seikagaku [Biochemistry] **30.** 677—87. 25/12. 1958. Tōkyō Ika-Daigaku, Shōnikagaku-Kyōshitsu; Tokyō Ika-Daigaku, Seikagaku-Kyōshitsu. [Orig.: japan.]) F. MOSSNER. 4585

Heribert Wagner, Esther Seelig und **Karl Bernhard,** *Verteilung und Halbwertszeit der Erucasäure nach Rapsölgaben an Ratten.* Es werden an Ratten Fütterungsverss. (6 Monate) mit der im Organismus nicht aufbaubaren Erucasäure (**I**; Rapsöl) durchgeführt. Aus den den getöteten Tieren entnommenen Geweben u. Organen (Fettgewebe, Leber, Herz, Lunge, Nieren, Milz, Darm, Knochen, Körper ohne Kopf) werden die Gesamtlipide in üblicher Weise gewonnen u. an einer Polyäthylensäule in die 2 Fraktionen der Neutralfette u. der Phosphatide getrennt. Die daraus nach Verseifung hergestellten Gesamtfettsäuren werden papierchromatograph. quantitativ auf Eruca-, Behen-, Stearin-, Öl-, Palmitin-, Linol- u. Palmitoleinsäure geprüft. — Aus den tabellar. u. graph. mitgeteilten Befunden wird auswertend gefolgert, daß eine Anreicherung an **I** im Fett des Organismus prakt. nicht nachweisbar ist. Nach dem Aufhören der Rapsölzufuhr wird für die verschied. Organe u. Depots für die Abnahme an **I** eine biol. Halbwertszeit von 18—31 Tagen ermittelt. Daraus wird geschlossen, daß sich die **I** im Stoffwechsel wie eine körpervertraute Fettsäure verhält. (Hoppe-Seyler's Z. physiol. Chem. **312.** 104—10. 30/9. 1958. Basel, Univ., Physiol.-Chem. Inst.) K. TÄUFEL. 4585

Masaaki Fujino, *Enzymologische Untersuchungen über Ernährungsstörungen.* 6. Mitt. *Die Enzymaktivität bei experimentell ernährungsgestörten Albinoratten.* (5. vgl. C. **1959.** 6842.) Bei Albinoratten, deren tägliche Futterration bis zu 17 Tagen vermindert wurde, trat außer Gewichtsabnahme Hydrämie auf. *Serumesterase* u. *-amylase* zeigten Tendenz zur Abnahme. Die Aktivität des *Pepsins* in der Magenschleimhaut sowie die von *Lipase, Amylase, Trypsin* u. *Chymotrypsin* hatte erheblich nachgelassen. (J. Jap. biochem. Soc. **29.** 840—44. 25/2. 1958. [Orig.: japan.]) F. MOSSNER. 4585

J. W. Millen und **D. H. M. Woollam,** *Der Einfluß des Vitamin-B-Komplexes auf die teratogene Aktivität der A-Hypervitaminose.* Wurde *Vitamin-A-Acetat* vom 8. bis 13. Tag trächtigen Ratten (WISTAR-Stamm) per Schlundsonde in Dosen von 40000 I.E. pro Tag verabreicht, so wurden bei 7,4% der Jungen Schädelmißbildungen u. bei 31,4% Gaumenspalten beobachtet. Wurde gleichzeitig täglich ein *Vitamin-B*-Gemisch (25 mg *Aneurinhydrochlorid,* 16 mg *Nicotinamid,* 0,4 mg *Riboflavin,* 5 mg *Pyridoxinhydrochlorid* in 14 mg *Benzylalkohol*) verabfolgt, so wurden keine Schädelmißbildungen, Gaumenspalten nur in 1,5% der Fälle beobachtet. (Nature [London] **182.** 940. 4/10. 1958. Cambridge, Univ., Dep. of Anatomy.) U. LASCHET. 4587

Martti Koivusalo, Tapani Luukkainen, Tatu Miettinen und **Jaakko Pispa,** *Stoffwechselprodukte der p-Aminobenzoesäure im Harn beim Menschen. Wirkung von Benzoat.* Drei gesunde Männer (23—29 Jahre) erhielten oral 1 g *p-Aminobenzoesäure* (**I**) allein oder **I** zusammen mit 10 g *Na-Benzoat* (**II**). Innerhalb von 4 Std. wurden an Stoffwechselprodd. der **I** im Harn *p-Aminohippurat* [**III**; 50,8% einschließlich eines kleinen Anteils *p-Aminobenzoylglucuronid* (**IV**), das mit der Gegenstromverteilung nach CRAIG nicht sicher von **III** getrennt werden konnte], *p-Acetylaminohippurat* (**V**; 24,0%), *p-Acetylaminobenzoylglucuronid* (**VI**; 15,4%), *p-Acetylaminobenzoesäure* (**VII**; 8,3%) u. **I** (1,6%) gefunden. Nach **I** u. **II** wurden **VII** (47,7%), **VI** (38,8%), **IV** (9,9%) u. **I** (3,7%) gefunden. Da **III** u. **V** fehlten, ist eine kompetitive Hemmung zwischen Benzoat u. **I** in dem Hippursäuren bildenden Syst. sehr wahrscheinlich. (Ann. Med. exp. Biol. fenn. **37.** 93—99. 1959. Helsinki, Univ., Dep. of Med. Chem.) H. RICHTER. 4587

Masaya Tsutsumi, *Über das Vitamin-B_2-Enzymsystem des Gehirns von Mäusen mit Vitamin-B_6-Mangel.* Im Gehirn von Mäusen mit experimentell erzeugtem Vitamin-B_6-Mangel sinkt die Aktivität der *Asparaginsäure–Glutaminsäure-Transaminase* (**I**) um ca. 30%, die der *Alanin–Glutaminsäure-Transaminase* (**II**) um ca. 25%, die der *Glutaminsäuredecarboxylase* um ca. 40%, die der *DL-3.4-Dihydroxyphenylalanindecarboxylase* (**III**) um ca. 30% u. die der *Cholinesterase* (**IV**) um ca. 20%. Bei gesunden Mäusen senkt Injektion von 0,3 mg „*Toxopyrimidin*" (*5-Methyl-6-amino-5-hydroxymethylpyrimidin*)/g Körpergewicht die Aktivität von **I**, **II** u. **IV** um ca. 20%. Auf **IV** wirkte ebenso Injektion von 0,25 mg *2.4-Dimethyl-3-hydroxy-5-hydroxymethylpyrimidin*/g Körpergewicht (Seikagaku [Biochemistry] **30.** 540—44. 25/10. 1958. Tokyō Jikeikai-Ika-Daigaku, Ikagaku-Kyoshitsu. [Orig.: japan.]) F. MOSSNER. 4587

J. J. Will, J. F. Mueller, C. Brodine, C. E. Kiely, B. Friedman, V. R. Hawkins, J. Dutra und **R. W. Vilter,** *Folsäure und Vitamin B_{12} bei perniciöser Anämie. Untersuchungen bei Patienten nach Behandlung mit diesen Substanzen über eine Periode von 10 Jahren.* 36 Patienten mit perniciöser Anämie erhielten im Zeitraum von 3 Jahren 3mal wöchentlich therapeut. Dosen *Folsäure* (**I**) u. wurden in den folgenden 10 Jahren auf einen hämatolog. oder neurolog. Rückfall hin beobachtet. 33 Patienten hatten im Verlauf von 7 Jahren einen Rückfall, u. zwar bes. schnell diejenigen, die vor der **I**-Behandlung keine Leberextrakte oder *Vitamin B_{12}* (**II**) erhalten hatten. Wurde **I** u. **II** gleichzeitig gegeben, so wurde der Rückfall verhindert, ohne daß **I** vermehrt ausgeschieden wurde. Hingegen verdoppelte sich die ausgeschiedene Menge an *Folinsäure* (*5-Formyl-5.6.7.8-tetrahydropteroylglutaminsäure*; **III**). Die notwendige Menge **II** zur Erhaltungstherapie wurde nicht durch gleichzeitige Gabe von **I** gesenkt. Demnach beeinflußt **I** den Stoffwechsel von **II** oder das Bedürfnis an **II** nicht. Umgekehrt beeinflußt **II** den Stoffwechsel von **III**, indem **III** aus Gewebekonjugaten befreit oder die Bldg. von **III** aus **I** katalysiert bzw. die Bldg. von *N^{10}-Formyltetrahydrofolsäure* begünstigt wird. — Ausführliche Kasuistik. (J. Lab. clin. Med. **53.** 22—38. Jan. 1959. Cincinnati, Ohio, Univ. of Cincinnati, Coll. of Med., Gen. Hosp., Dep. of Med.) L. TRÄGER. 4587

Cs. Hadnagy und **E. Horváth,** *Die Rolle des Vitamins B_{12} im Kohlenhydratstoffwechsel.* Vff. führen bei 40 Patienten mit Erkrankungen verschied. Genese [Hyperemesis gravidarum (a), Nebenniereninsuffizienz, Morbus ADDISON (b), Hyperthyreose, Diabetes mellitus (c) usw.] *Glucose* (**I**)-Belastungsverss. (1 bzw. 1,5 g **I**/kg peroral bzw. 0,5 g **I**/kg intravenös) mit u. ohne vorherige subcutane Verabfolgung von Vitamin B_{12} (II) in verschieden hohen Dosen (ca. 100—1000 γ) durch. — In den Fällen mit protrahierter Blutzuckerkurve (a, b) wird die I-Speicherung durch Zufuhr von II beschleunigt. Die verzogene Blutzuckerkurve bei c wird durch II nicht normalisiert. — Vff. sind der Ansicht, daß die Normalisierung der Blutzuckerkurven als Hinweis für die Stimulierung der enzymat. Prozesse der *Phosphorylierung* durch II betrachtet werden kann. (Wiener Z. inn. Med. Grenzgebiete **38.** 293—96. Juli 1957. Marosvásárhely, Univ., 2. Med. Klin.) H. KOCKERT. 4587

F. J. Keuning, A. Arends, E. Mandema und **H. O. Nieweg,** *Beobachtungen über den Ort der Bildung von Castle's „intrinsic factor" in der Ratte.* Ratten wurden 5 mγ radioakt. *Vitamin B_{12}* (I) oral gegeben u. die Ausscheidung in den Faeces gemessen. Wurde der Vormagen der Tiere entfernt, so wurden 46% I ausgeschieden gegenüber 36% I bei n. Tieren. Wird zusätzlich der Fundus entfernt, so steigt die Ausscheidung auf 70% I an. Bei totaler Gastrektomie beträgt die Ausscheidung 77% I. Demnach wird im Antrum kein *„intrinsic factor"* (II) produziert, u. der Fundus erscheint als der einzige oder hauptsächliche Sitz der II-Bildung. Werden total gastrektomierten Ratten Extrakte des Fundus gleichzeitig mit I gegeben, so wird ebenfalls die I-Ausscheidung auf das n. Maß reduziert. Durch Autoradiographie von Magenwandschnitten wird der Ort der I-Resorption in den Hauptzellen der Fundusdrüsen fixiert; hier geht wahrscheinlich auch die Bldg. von II vonstatten. (J. Lab. clin. Med. **53.** 127—39. Jan. 1959. Groningen, Niederlande, Univ., Dep. of Histol., Pathol. and Med.) L. TRÄGER. 4587

R. N. Roy und **B. C. Guha,** *Unterschiede der Species bezüglich der Biosynthese der Ascorbinsäure.* Das *Ascorbinsäure* (I)-Synthesevermögen von Nieren u. Leberhomogenaten wurde in folgender Versuchsanordnung geprüft: 5 ml einer Lsg., die 0,07 mol. Phosphatpuffer (p_H 7,4), 0,025 mol. Substrat (D-Glucuronolacton), 250 mg Gewebehomogenat u. 0,05 mol. KCN enthielt, wurden 2 Std. bei 37,5° incubiert. Niedere Arten (Amphibien u. Reptilien) synthetisieren I in der Niere, bei Vögeln wurde ein I-Synthesevermögen in der Niere oder der Leber oder in beiden Organen gefunden. Eine Ausnahme bildete Pycnonotus cafer (LINN.), hier konnte keine I-Synthesefähigkeit nachgewiesen werden. Unter den Säugetieren zeigt Pteropus medius keine I-Synth. in Leber u. Niere. (Nature [London] **182.** 319—20. 2/8. 1958. Calcutta, India, Univ. Coll. of Sci. and Techn., Dep. of Appl. Chem.) W. FELDHEIM. 4587

Georg Oskar Harnapp, *Zur Wirkungsdauer des Vitamin-D-Stoßes.* Um einen anhaltenden Rachitisschutz mit dem *Vitamin-D*-Stoß gewährleisten zu können, wird empfohlen, beim Säugling die Vitamin-D-Stoßgabe nach 3 Monaten zu wiederholen. (Mschr. Kinderheilkunde **106.** 435—37. Okt. 1958. Dresden, Med. Akad., Kinderklin.) H. P. FIEDLER. 4587

W. A. McGillivray und **N. A. Worker,** *Der Einfluß von Tocopherol auf die Verwertung von intravenös verabreichtem Carotin.* Bei vorherigen, gleichzeitigen oder nachfolgenden Injektionen von 20 mg *α-Tocopherolacetat* (I) zu intravenös verabreichten wss. Dispersionen von 400 μg *β-Carotin* (II) in Tween 40 an Albinoratten konnte bei der vorherigen oder gleichzeitigen I-Injektion eine Verminderung der II-Verwertung festgestellt werden. Bei nachfolgenden I-Injektionen ließ deren inhibierender Einfl. auf die II-Verwertung u. -Umwandlung mit der Zeit nach. Bei einem Intervall von 15 Min. zwischen den Injektionen verlief die II-Umwandlung in Vitamin A bereits normal. Vff. vermuten, daß I lediglich die Bldg. eines Zwischengliedes bei der II-Umwandlung inhibiert. (New Zealand J. agric. Res. **1.** 273—80. April 1958.) H. D. BOCK. 4587

C. Martius, *Der Wirkungsmechanismus der K-Vitamine.* Die Übersicht behandelt die Bedeutung des *Vitamins K* für oxydative Phosphorylierungen, Zellatmung u. die Hemmung durch Dicumarol u. andere Antivitamine, sowie die Bedeutung der *Vitamin-K-Reduktase* u. die Unterschiede der einzelnen Vitaminformen. (Dtsch. med. Wschr. **83.** 1701—04. 26/9. 1958. Zürich, TH, Labor. für Biochem.) H. DOSSMANN. 4587

C. Martius und **H. O. Esser,** *Über die Konstitution des im Tierkörper aus Methylnaphthochinon gebildeten K-Vitamins. 2-Methyl-^{14}C-naphthochinon-(1.4)* (I) wurde Hühnern peroral u. intraperitoneal sowie Ratten intraperitoneal gegeben. In Leber, Niere, Herzsarkosomen u. Blut der Tiere konnte *2-Methyl-3-[geranylgeranyl]-^{14}C-naphthochinon-(1.4)* (II) nachgewiesen werden. Die ster. Anordnung der Seitenkette des im Organismus aus I gebildeten II konnte nicht aufgeklärt werden. Die Aufklärung der gebildeten Verb. erfolgte durch Vgl. des Verh. bei der CRAIG-Verteilung mit den Lösungsmitteln Methylglykol/Heptan bzw. 50% Dimethylformamid + 50% Methanol/Heptan. (Es wurden das isolierte II sowie das Bis-[diphenylurethan]- bzw. Bis-[p-brombenzoyl]- bzw. Bis-[α-Naphthoyl]-deriv. der Dihydroverb. mit entsprechenden Modellsubstanzen verglichen). — Die Synth. der Seitenkette von II scheint über *Mevalon-*

säure (III) zu gehen. Dies geht daraus hervor, daß sich II zwar in vitro in einem Leberhomogenat eines n. ernährten Huhnes mit Acetat als C-Quelle synthetisieren läßt, daß die Menge des gebildeten II bei Zusatz von III zum Incubationssubstrat jedoch stark ansteigt.

Versuche: *2-Methyl-3-phytyl-1.4-naphthohydrochinon-bis-[diphenylurethan]*; F. 120°; aus *2-Methyl-3-phytylnaphthochinon-(1.4)* (IV) durch katalyt. Red. u. Umsetzung mit Diphenylcarbaminsäurechlorid unter O_2-Ausschluß; UV-Maximum bei 234 mμ. — *-bis-[p-brombenzoat]* (V), F. 156, aus IV nach JOHN, DIETZL u. EMTE (Hoppe-Seyler's Z. physiol. Chem. **257**. [1939.] 184); UV-Maxima bei 230, 246, 276,5 u. 285 mμ; $E_{230m\mu}$ = 99300. — *2-Methyl-3-[$\Delta^{6,7}$-cis-$\Delta^{10,11}$-trans-geranylgeranyl]-1.4-naphthohydrochinon-bis-[p-brombenzoat]*, F. 148,5—149°; Darst. analog V. — *2-Methyl-3-[$\Delta^{6,7}$-trans-$\Delta^{10,11}$-cis-geranylgeranyl]-1.4-naphthohydrochinon-bis-[p-brombenzoat]*, F. 148°; Darst. analog V. — *2-Methyl-3-[all-trans-geranylgeranyl]-1.4-naphthohydrochinon-bis-[p-brombenzoat]*, F. 144,5 bis 145°; Darst. analog V. — *2-Methyl-3-farnesyl-1.4-naphthohydrochinon-bis-[p-brombenzoat]*, F. 154,5—155°; Darst. analog V. — *2-Methyl-3-[farnesylgeranyl]-1.4-naphthohydrochinon-bis-[p-brombenzoat]*, F. 140—141,5°; Darst. analog V. (Biochem. Z. **331**. 1—9. 16/1. 1959. Zürich, TH, Biochem. Labor.) S. DITTMANN-MITZSCHERLICH. 4587

A. F. Brodie, B. R. Davis und **L. F. Fieser**, *Ein neues biologisch aktives Naphthochinon.* Aus *Mycobacterium phlei* wurde ein *Naphthochinon* durch Rückflußkochen mit 2.2.4-Trimethylpentan/2-Propanol (3:1), Acetonextraktion u. Chromatographie als gelbes Öl (10 mg aus 450 g Frischgewicht) isoliert. Es hat antihämorrhag. Aktivität. Zugabe des Chinons zu belichteten Extrakten aus M.. ph. stellt deren Atmung u. Phosphorylierung stärker wieder her als *Vitamin K_1*. Andere Naphthochinone vom Vitamin-K_1-Typ sind noch schwächer wirksam, der Vitamin-K_2-Typ hat sehr schwache Aktivität. — Das Chinon wird wie folgt charakterisiert: maximales Mol.-Gew. 620; λ_{max} (Isooctan) bei 243, 249, 261, 270 u. 328 mμ. Die Verb. scheint mindestens 25 gesätt. C-Atome zu haben. Ihr IR-Spektr. ähnelt mehr dem des Vitamins K_1 als dem des Vitamins K_2. Papierchromatograph. verhält sie sich anders als alle bekannten Vitamin-K-Homologen. Sie wird durch Licht von 360 mμ zerstört u. gibt positive DAM-KARRER- u. ALMQUIST-KLOSE-Tests, jedoch negativen CRAVEN-Test. Auch UV- u. IR-Spektren des Hydrochinondiacetats unterscheiden sich von denen des Vitamins K_1. (J. Amer. chem. Soc. **80**. 6454. 5/12. 1958. Boston, Mass., Harvard Med. School, Dep. of Bacteriol. and Immunol., Leonard Wood Mem. Labor.) J. DITTMANN. 4587

A. J. Birch, R. I. Fryer und **Herchel Smith**, *Die Biosynthese von Aurantiogliocladin, Rubrogliocladin und Gliorosein: Eine mögliche Beziehung zur Biosynthese von Ubichinon (Coenzym Q).* Um den Mechanismus der Biosynth. der durch *Roseum gliocladium* (R.g.) produzierten Antibiotica *Aurantiogliocladin (2.3-Dimethyl-5.6-dimethoxybenzochinon;* I), *Rubriogliocladin (Chinhydron von* I) u. *Gliorosein (2.3-Dimethyl-5.6-dimethoxycyclohexendion)* aufzuklären, wurde R.g. in Medien mit *$^{14}C_{(COOH)}$-Essigsäure* u. *$^{14}C_{(COOH)}$-Ameisensänre* gezüchtet. Die vereinigten Stoffwechselprodd. wurden in 2.3-Dimethyl-5.6-dimethoxyhydrochinon (II) umgewandelt. Durch Abbau von II u. Best. der Radioaktivität der Abbauprodd. CH_3J, Essigsäure u. Dimethylmaleinsäureanhydrid konnte nachgewiesen werden, daß die Biosynth. der Verbb. aus Essig- u. Ameisensäure durch „Kopf–Schwanz-Verknüpfung" u. C-Methylierung über Verbb. vom Orsellinsäuretyp geht. — Bei Synth. von Terpenketten aus Essigsäure wäre auch die Biosynth. der *Ubichinone*, die sich vom I dadurch ableiten, daß in $C_{(3)}$ eine Terpenkette sitzt, nach dem gleichen Schema erklärbar. (Proc. chem. Soc. [London] **1958**. 343—44. Dez. Manchester, Univ.) J. DITTMANN. 4587

Wilhelm Heupke und **Josef Franzen**, *Ein Vergleich der Verdauungsvorgänge bei Menschen und Vögeln.* Die mkr. Unters. der Verdauungsvorgänge bei Mensch u. Vogel liefert im ganzen das gleiche Ergebnis. Eiweiß u. Fett werden gleich gut verdaut u., obwohl die mechan. Zerkleinerung im Muskelmagen des Vogels besser ist als im menschlichen Magen, werden Zellwände u. Rohfaser nicht gründlicher aufgeschlossen. (Arch. Tierernähr. **7**. 49—53. 15/2. 1957. Frankfurt/M., Hosp. zum Hl. Geist; Köppern/Ts.) I. WEINMANN. 4594

Esko Karvinen, *Bestimmung von Inhibitoren der Magensaftsekretion mit Carbamoylcholin.* Durch wiederholte subcutane Injektionen von *Carbamoylcholin* läßt sich bei Hunden am „kleinen Magen" (HEIDENHAIN) eine nahezu gleichmäßige Magensaftsekretion erzielen, so daß dieses Verf. zur quantitativen Best. von Inhibitoren der Magensaftsekretion benutzt werden kann. (Ann. Med. exp. Biol. fenn. **37**. 69—76. 1959. Helsinki, Inst. of Occupational Health.) H. RICHTER. 4594

T. Hastings Wilson und **Robert K. Crane**, *Die Spezifität des Zuckertransportes durch den Hamsterdarm.* In vitro-Unterss. mit Hamsterdarmpräpp. ergaben, daß folgende

Zucker u. verwandte Verbb. in den angegebenen Geschwindigkeiten (µmol./100 mg Frischgewicht/Std.) gegen ein Konzentrationsgefälle durch Hamsterdarm transportiert werden: *D-Glucose* 12,5, *3-Methyl-D-glucose* 7, *6-Desoxy-D-glucose* 2,9, *7-Desoxy-D-glucoheptose* 4,5, *D-Glucoheptulose* 0,7, *D-Galaktose* 12,3, *6-Desoxy-D-galaktose* 1,2, *D-Allose* 1,9 u. *1-Desoxy-D-glucose* 1,3. Die folgenden Verbb. wurden unter den gegebenen Versuchsbedingungen nicht durch Hamsterdarm transportiert: *D-Mannoheptulose, D-Fructose, L-Sorbose, D-Mannose, D-Glucosamin, N-Acetyl-D-glucosamin, 2-Desoxy-D-glucose, L-Galaktose, 6-Deoxy-L-mannose, 6-Desoxy-L-galaktose, D-Xylose, D-Ribose, L-Arabinose, D-Arabinose, 1-Desoxy-D-mannose, 1.4-Sorbitan, Mannit, Sorbit* u. *Glycerin*. (Biochim. biophysica Acta [Amsterdam] **29**. 30—32. Juli 1958. St. Louis, Mo., Washington Univ., School of Med., Dep. of Biol. Chem.) F. KRUSEN. 4594

M. W. Neil, *Die Resorption von Cystin und Cystein aus dem Dünndarm der Ratte.* Vf. untersuchte die Resorption der D- u. L-Isomeren von *Cystin* (I) u. *Cystein* (II) durch den Dünndarm der Ratte sowohl in situ als auch in vitro. Die Resorptionsgeschwindigkeiten von L-I u. L-II nehmen mit steigender Konz. fast linear zu, sie fallen in der Reihenfolge: Duodenum → Jejunum > Ileum. Die Unterschiede in der Resorptionsgeschwindigkeit zwischen L-I u. D-I deuten darauf hin, daß die Resorption von L-I, jedoch nicht die von D-I, einen akt. Prozeß darstellt. Die Resorption von L-II läuft nach Ansicht Vf. über einen ähnlichen Mechanismus wie die von L-I ab. Die Ergebnisse werden im Hinblick auf die Widersprüche mit den Resultaten von HESS (J. biol. Chemistry **181**. [1949.] 23) diskutiert. (Biochem. J. **71**. 118—24. Jan. 1959. London, London Hosp. Med. Coll., Dep. of Biochem.) E. SCHWERDTFEGER. 4594

Nicole Berthold-Godefroy und **René Wolff,** *Die Intestinalresorption von $^{14}C_{(4)}$-Cholesterin bei der Ratte und der Einfluß von Sitosterin hierauf.* ♀ Ratten erhielten $^{14}C_{(4)}$-Cholesterin (I) peroral. Sie wurden nach 48 Std. getötet u. aus ihren Faeces sowie dem Magen-Darm-Kanal u. seinem Inhalt I nach der Meth. von SPERRY u. WEBB (C. **1951**. II. 1185) extrahiert u. die Menge resorbierten u. nichtresorbierten I mit dem Zählrohr bestimmt. Die I-Intestinalresorption beträgt 70%. Wird ein Teil von I durch Sitosterin (Verhältnis I: Sitosterin wie 1:5) ersetzt, so sinkt die Menge I-Resorption auf 56% ab. (C. R. hebd. Séances Acad. Sci. **246**. 2825—28. 12/5. 1958. Nancy, Fac. de Méd., Labor. de Chim. biol.) HEINRICH HERMANN. 4594

H. Gericke, *Bestimmung von Amylase, Lipase, Trypsin im Darminhalt und in den Faeces von Kaninchen bei verschiedener Fütterung und über den Anteil aus Fermentstickstoff am Darmverluststickstoff.* Unterss. über das Ausmaß der Beteiligung von Fermenten am Darmverlust-*N* ergaben, daß *Lipase* unabhängig von Art des Futters u. individuellen Unterschieden in allen Faeces auftritt, *Amylase* u. *Trypsin* aber fehlen können. Nach Analyse des Inhalts von Dünndarm, Blind-, Grimm- u. Mastdarm kann man über die Sekretionsverhältnisse aussagen, daß ein N-freies, stärkereiches Futter die Amylasesekretion erhöht, daß große Eiweißmengen keine entsprechend deutliche Wrkg. zeigen, sondern hier die starke individuelle Verschiedenheit beim Einzeltier zum Ausdruck kommt. (Arch. Tierernähr. **7**. 1—48. 15/2. 1957. Berlin, Humboldt-Univ., Inst. für Tierernährungslehre.) I. WEINMANN. 4594

Albert E. Sobel, Joseph Samachson und **Sidney Nobel,** *Verkalkung.* 17. Mitt. *Hemmung der Bildung und des Wachstums von Kernen.* (18. vgl. C. **1959**. 1197; 15. vgl. Proc. Soc. exp. Biol. Med. **87**. [1954.] 13.) Durch Unters. der Knochenpräpp. mit den angegebenen Lsgg. wurde gefunden, daß durch Hungern von rachit. Ratten während 20 Std. u. in vitro durch vorausgehende Behandlung mit Verkalkungs-Fl. Kristallisationskerne gebildet werden. Die Ggw. dieser Kerne kann mittels *Jodacetat* nachgewiesen werden, da durch Vorbehandlung mit dieser Verb. selektive Hemmung eintritt. Auch wurde nachgewiesen, daß das weitere Wachstum der Kerne durch *Be* reversibel gehemmt wird. Die Natur der Kernbldg., des Kristallwachstums u. der Begrenzung der Kristallgröße wird erörtert. (Arch. Biochem. Biophysics **77**. 89—97. Sept. 1958. Brooklyn, N. Y., Jew. Hosp., Dep. of Biochem.) J. SCHWAIBOLD. 4596

Arne Shoden und **Phillip Sturgeon,** *Die Eisenspeicherung.* 1. Mitt. *Der Zeitfaktor bei der Wiederverteilung eines übermäßigen Eisenvorrats.* Junge Kaninchen erhielten intravenös in 6 Wochen 2000 mg *Eisensaccharat.* Wenn auch die Leber zunächst den größten Fe-Teil speichert, so wächst ihr Fe-Geh. noch im 3.—6. Monat, während dann der der Milz u. des Knochenmarks absinkt. Der Fe-Zuwachs in der Leber beruht auf einer relativen Zunahme des Hämosiderins, während die Ferritinkonz. abnimmt. (Amer. J. Pathol. **34**. 1139—47. Nov./Dez. 1958. Los Angeles, Calif., Univ. of Southern California, School of Med., Dep. of Pediatrics u. Children Hosp., Hematol. Res. Labor.) E. FISCHOEDER. 4596

S. Aonuma, T. Hama und **H. Honda,** *Untersuchungen von verschiedenen Faktoren in Bezug auf Eisen im lebenden Organismus.* 1. Mitt. *Einflüsse von Hormonen auf den Eisenstoffwechsel.* Kaninchen erhielten intravenös 1 mg *adrenocorticotropes Hormon* (**I**), 2,5 mg *thyreotropes Hormon* (**II**), 5 Kaninchen-E. *Gonadotropin* (**III**), je 2 I.E. *Hypophysenhinterlappenextrakt* (**IV**), *Oxytocin* (**V**), *Vasopressin* (**VI**), je 1 mg *Parotin* (**VII**), *S-Parotin* (**VIII**), *Speichelparotin* (**IX**), *Thyroxin* (**X**), *Ephedrin* (**XI**) u. *Cholsäure* (**XII**) sowie subcutan 2500 E. *Hexöstrol* (**XIII**), 500 E. *Östradiol* (**XIV**) u. je 1 mg *Testosteron* (**XV**) u. *Testosteronbutanoat* (**XVI**). Während **IV**, **V**, **X** u. **XII** den Serum-Fe-Geh. erhöhten, senkten ihn **I, II, III, VI, VII, VIII, IX, XI, XIII** u. **XIV**; ohne Einfl. blieben **XV** u. **XVI**. — Zur Prüfung des Geh. an Depoteisen wurden **X** u. **VII** 5 Tage hintereinander gegeben u. in Leber, Nieren, Milz u. Herz der Versuchstiere neben dem gesamten Depoteisen auch die *Hämosiderin* (**XVII**)- u. *Ferritin* (**XVIII**)-Anteile bestimmt. Das gesamte Depoteisen wurde durch **X** in Leber $>$ Nieren erhöht, in Milz $>$ Herz gesenkt. (Hierbei war **XVII** in der Reihe Milz $>$ Leber $>$ Herz $>$ Niere gesteigert, während **XVIII** nur in der Leber zugenommen hatte.) **VII** verminderte in allen Organen das gesamte Depoteisen. (Dabei hatte jedoch **XVII** in allen Organen zu-, **XVIII** in allen Organen abgenommen.) (Seikagaku [Biochemistry] **30.** 671—76. 25/12. 1958. Ōsaka Daigaku, Yakugaku-Bu. [Orig.: japan.]) F. MOSSNER. 4596

Thomas H. Bothwell, Walther F. Pribilla, Winston Mebust und **Clement A. Finch,** *Eisenstoffwechsel bei trächtigen Kaninchen. Eisentransport durch die Placenta.* Unterss. über den Fe-Stoffwechsel an trächtigen New Zealand-Kaninchen unter Verwendung von *^{59}Fe-Chlorid* ergeben, daß die vom mütterlichen Plasma zum Foetus transportierte Fe-Menge mit Alter u. Gewicht des Foetus fortlaufend ansteigt. Bei Schwangerschaftsende werden 90% des mütterlichen Plasma-Fe-Umsatzes in Richtung der Foeten verschoben. Veränderung des mütterlichen Stoffwechsels (durch Terpentinabscesse) erniedrigen den Gesamtumsatz an Plasma-Fe u. den Prozentsatz des zu den Foeten gehenden Fe. Der Hauptanteil des foetalen Fe (ca. 60%) liegt nicht als Hämoglobin-Fe vor. Der Fe-Transport vom mütterlichen Plasma durch die Placenta zu den Foeten vollzieht sich nur in dieser Richtung, ein Rückgang des einmal aufgenommenen Fe von den Foeten zum Muttertier wird nicht festgestellt. Unterss. über die relativen Plasma-Fe-Konzz. in Mutter u. Foeten ergeben, daß der Fe-Übergang vom mütterlichen Plasma zur Placenta eine Halbwertszeit von 15 Min., die Aufnahme des Fe durch den Foetus eine solche von 25 Min. besitzt. Die Aufnahme von Fe durch die Placenta ist ein vom Foetus unabhängiger Prozeß. (Amer. J. Physiol. **193.** 615—22. Juni 1958. Seattle, Wash., Univ. of Washington, School of Med., Dep. of Med.) ANTJE SCHMIDT. 4596

K. Lemone Yielding, Gordon M. Tomkins und **Joseph J. Bunim,** *Synthese von Hyaluronsäure durch menschliche Synovialgewebeschnitte.* Nach 1—3std. Incubation mit ^{14}C-Glucose konnte auf üblichem Wege radioakt. *Hyaluronsäure* isoliert werden, die durch Analyse, Papierchromatographie u. Hyaluronidaseempfindlichkeit identifiziert wurde. Ca. $^2/_3$ der Radioaktivität fanden sich in der Hexosaminfraktion. (Science [Washington] **125.** 1300. 28/6. 1957. Bethesda, Md., N.I.H., N.I.A.M.D.) H. GIBIAN. 4596

R. K. Gholson, L. M. Henderson, George A. Mourkides, Robert J. Hill und **Roger E. Koeppe,** *Der Stoffwechsel von $^{14}C_{(\alpha)}$-DL-Tryptophan bei der Ratte. $^{14}C_{(\alpha)}$-DL-Tryptophan* (**I**) wurde Ratten durch Magensonde bzw. intraperitoneale Injektion zugeführt, die Gewebe- u. Leberproteine wurden hydrolysiert u. aus den Hydrolysaten Serin, Alanin, Asparaginsäure u. Glutaminsäure isoliert. Die isolierten Aminosäuren wurden stufenweise abgebaut u. die jeweilige ^{14}C-Aktivität bestimmt. Aus der Position der ^{14}C-Markierung schließen Vff., daß die Seitenkette von **I** als $^{14}C_{(2)}$-Brenztraubensäure oder ein entsprechender Stoffwechseläquivalent abgespalten wird. Die Ergebnisse stehen somit im Einklang mit einem in vivo-Abbau von **I** über den Kynurenin-3-hydroxyanthranilsäureweg. (J. biol. Chemistry **234.** 96—98. Jan. 1959. Stillwater, Okla., State Univ., Agric. Exp. Stat., Dep. of Biochem.; Memphis, Tenn., Univ., Div. of Chem.) E. SCHWERDTFEGER. 4596

Y. Shibata, Y. Kuroda und **E. Tahata,** *Urochrom und Stoffwechselprodukte des Indols.* 1. Mitt. Zur Klärung der Frage, ob aus *Indol* (**I**) zum *Urochrom* (**II**) gehörende oder noch weitere Substanzen gebildet werden können, wurden frische Kaninchenlebern (60 g) 2 Std. mit 100 cm^3 einer Kaninchenblut (50 cm^3)-Indol (0,1 g **I**/50 cm^3 dest. W.)-Lsg. durchspült. Nach 30—120 Min. ließen sich papierchromatograph. (Entwickler: Methanol/W. 3:2), *Isatin* (**III**), *Anthranilsäure, Indican* u. **II** nachweisen. Der orangefarbene **III**-Fleck bei R_F 0,81 $\pm$ 0,01 verschwindet nach Zusatz von 0,5—1 mg *Flavinadenindinucleotid* (**IV**). Der gelbe **II**-Fleck bei R_F 0,74 $\pm$ 0,02 wird nach **IV**-Zusatz wesentlich größer. (Seikagaku [Biochemistry] **30.** 725—28. 25/12. 1958. Kyūshū Daigaku, Igaku-Bu, Daisan Naika-Kyōshitsu. [Orig.: japan.]) F. MOSSNER. 4596

J. C. Crawhall und **R. W. E. Watts,** *Acylierende Decarboxylierung von 2.4-Dinitrophenylglycin.* Bei Unterss. über Umwandlung von *Glykokoll* (I) in *Oxalat* (II) bei Patienten mit prim. Hyperoxalurie wurde $^{13}C_{(1)}$-I verabreicht u., soweit es unverbraucht blieb, als 2.4-Dinitrophenylderiv. (III) neben II isoliert. Um zur massenspektroskop. Unters. das $^{13}CO_2$ in genügend hoher Konz. zu erhalten, wurde III als Na-Salz unter Rückfluß während 30 Min. mit Essigsäureanhydrid erhitzt, CO_2 im N_2-Strom ausgetrieben u. unter Kühlung mit fl. O_2 gesammelt; Ausbeute 85%. Dabei ist die Anreicherung dieses CO_2 an Isotop um 6% geringer, als bei der Verbrennung des ursprünglichen I gefunden wird. Offenbar wird noch CO_2 durch die Reagentien gebildet. (Biochem. J. **71.** 8P—9P. Jan. 1959. London, St. Bartholomew's Hosp., Med. Unit.) A. HESSE. 4596

F. Gross und **P. Lichtlen,** *Pressorische Substanzen in Nieren von Ratten mit renaler Hypertonie mit und ohne Nebennieren.* Behinderung der Funktion einer Niere (durch Abklemmung der Nierenarterie oder Einkapselung der Niere), was meist zur Entstehung einer renalen Hypertonie führt, bewirkt in jedem Falle, also unabhängig vom Auftreten der Hypertension, einen Abfall an pressor. wirkenden Substanzen (Renin?) in der anderen, gesunden Niere, während die pressor. Aktivität in der behinderten Niere fast unverändert bleibt. Adrenalektomie der hyperton. gewordenen Ratten verursacht bei gleichzeitiger Zufuhr geringer Dosen von *Cortison* einen Blutdruckabfall u. eine Wiederherst. des Geh. an pressor. Substanzen in der n. Niere. Es wird vermutet, daß die Verminderung des Geh. an pressor. Substanzen in der n. Niere eine Folge der patholog., zur renalen Hypertension führenden Situation ist. (Proc. Soc. exp. Biol. Med. **98.** 341—45. Juni 1958. Basel, CIBA.) U. TAUSENDFREUND. 4597

Teru Hayashi, Raja Rosenbluth, Peter Satir und **Michael Vozick,** *Beteiligung von Actin an der Actomyosinkontraktion.* Hautfasern von Actin (I)-freiem *Myosin* (II) zeigten bei p_H 7,6 u. 9,0 keine Kontraktionsfähigkeit. Actomyosin (III)-Fasern ergaben bei einem bis zu ca. 27% zunehmendem I-Geh. starke u. steigende Kontraktionswrkg., die bei p_H 7,6 das Optimum erreichte u. bei p_H 9,0 vollkommen fehlte. Aus III oder II gebildete Fasern hydrolysierten *Adenosintriphosphat* (IV) enzymat., u. zwar III bei p_H 7,6 u. II bei p_H 6,4 u. 9,5. — In der Kälte (0—4°) gebildete u. isolierte II-Fasern zeigten im Gegensatz zu solchen III-Fasern bei Temperaturerhöhung in Ggw. von IV keine Kontraktionswirkung. — Die Ggw. von I wurde als spezif. Voraussetzung für Kontraktionen von Muskelproteinmodellen angesehen. Die vom I-Geh. abhängige Faserkontraktion ging mit der durch IV induzierten spezif. Viscositätsabnahme von III-Lsgg. parallel. Eine App. für isoton. Tensionsmessung wurde beschrieben. (Biochim. biophysica Acta [Amsterdam] **28.** 1—8. April 1958. New York, N. Y., Columbia Univ., Dep. of Zool.; Woods Hole, Mass., Marine Biol. Labor.) H. CARLS. 4597

Frederick Ware jr., A. L. Bennett und **A. R. McIntyre,** *Membranpotentiale im normalen, isolierten, durchströmten Froschherzen.* Unter Verwendung von Mikroelektroden mit Spitzendurchmessern von weniger als 1 μ wurden die Membranpotentiale von mit CLARKscher Lsg. (1,08 mmol. Ca^{2+} u. 1,88 mmol. K^+) durchströmten, isolierten n. Froschherzen bestimmt. Als Mittelwerte für das Ruhepotential fand man 84,5 mV, für das Arbeitspotential 103 mV, welche gegenüber den bisherigen Literaturwerten (60—65, bzw. 75—85 mV) erheblich abweichen. Als Mittelwert für die maximale Depolarisationsgeschwindigkeit wurden $33{,}9 \pm 10{,}9$ V/sec gefunden. Im allg. waren bei den Einzelmessungen hohe Werte für die Membranpotentiale mit großen Depolarisationsgeschwindigkeiten verknüpft. (Amer. J. Physiol. **190.** 194—200. Aug. 1957. Omaha, Nebr., Univ. of Nebraska, Coll. of Med., Dep. of Physiol. and Pharmacol.) E. ÜHLEIN. 4598

S. G. Waley, *Saure Peptide der Linse. 5. Mitt. S-Sulfoglutathion.* (4. vgl. C. **1959.** 6877.) Durch Chromatographie an Dowex-1 (Formiatform) unter Elution mit Pyridin-Ameisensäure-Puffern isolierte Vf. aus verschied. behandelten (Dialyse, Hitzefällung, Trichloressigsäurefällung) Kalbslinsenextrakten das Thiosulfat des Glutathions, S-Sulfoglutathion (I). I wurde durch Rk. von oxydiertem Glutathion mit Na_2SO_3 u. Autoxydation bei p_H 7 in Ggw. von $FeSO_4$ durch Luft-O_2 dargestellt u. in seinen Eigg. (Rk. mit J_2 unter Bldg. des Disulfids; Rk. mit Cystein unter Bldg. eines gemischten Disulfids) mit den isolierten Prodd. verglichen. Die I-Konz. beträgt nach orientierenden Unterss. ca. 10 μMol/100 g Linse. Linsenextrakte katalysieren die I-Synth. aus Glutaminsäure, dem Thiosulfat des Cysteins (S-Sulfocystein) u. Glycin. Die mögliche Stoffwechselrolle von I wird diskutiert.

Versuche: *Ba-Salz von S-Sulfoglutathion* (I), $C_{10}H_{15}BaN_3O_9S_2 \cdot 4\,H_2O$, $[\alpha]_D^{19}$ $+44°$ (c = 1,3; W.) durch Behandeln der autoxydierten Lsg. (s. oben) mit Amberlite

IR-120 (H^+) u. Entfernung von SO_2 durch Einleiten von N_2, Zusatz von Ba-Acetat, Entfernung von $BaSO_4$ u. Fällung des Ba-Salzes von I mit A.; 37% Ausbeute. (Biochem. J. **71**. 132—37. Jan. 1959. Oxford, Univ., Nuffield Labor. of Ophthalmol.)
E. SCHWERDTFEGER. 4598

Harvey M. Solomon und **Frank H. J. Figge,** *Vorkommen von Porphyrinen in peripheren Nerven.* In 100 g peripherem Nervengewebe des Schweins lassen sich durchschnittlich 94 μg *Koproporphyrin* u. 45 μg *Protoporphyrin* nachweisen. (Proc. Soc. exp. Biol. Med. **97**. 329—30. Febr. 1958. Baltimore, Md., Univ. of Maryland, School of Med., Dep. of Anatomy.) U. TAUSENDFREUND. 4598

J. Murray und **N. R. Jones,** *Postmortale Veränderungen an säurelöslichen Nucleotiden im Muskel des toten Kabeljaus (Gadus callarias) bei 0°.* Vff. untersuchten nach einer von HURLBERT u. Mitarbeitern (C. **1958**. 4815) ausgearbeiteten Meth. die Veränderungen der Konzz. der säurelösl. Nucleotide im Muskel von Gadus callarias post mortem. Der Geh. an *Diphosphopyridinnucleotid (DPN)* sank in den ersten 8 Tagen post mortem von 0,107 (μMol/g Gewebe) auf 0,016, der *Adenosintriphosphat (ATP)*-Geh. von 5,34 auf 0,04; der *Inosinmonophosphat (IMP)*-Geh. stieg von 1,26 auf 4,34 am 1. Tage an u. fiel danach unter Freisetzung von Inosin auf 0,590 am 8. Tage ab; *Adenosinmonophosphat (AMP)* fiel von 0,690 auf 0,109 am 1. Tage u. danach bis zum 8. Tage auf 0,04 ab. *Adenosindiphosphat* stieg zunächst von 0,576 auf 0,639 an u. fiel auf einen konstanten Wert von 0,22 ab. (Biochem. J. **68**. 9P. Jan. 1958. Aberdeen, Torry Res. Stat.) G. MAYR. 4599

E₆. Pharmakologie. Therapie. Toxikologie. Hygiene.

N. Kitamura, M. Asahina, T. Higashi, A. Mori und **H. Kobayashi,** *Der Einfluß von β-Strahlen auf die Atmung von Kaninchengeweben.* 1. Mitt. Unter Benutzung eines WARBURG-Manometers wurde die Wrkg. von β-Strahlen ($H_3{}^{32}PO_4$) auf die Gewebeatmung von Gehirn (a), Hoden (b), Knochenmark, Leber, Milz u. Muskeln von Kaninchen mit folgendem Ergebnis geprüft. In kleinen Dosen (100 μC ^{32}P) aktivieren die β-Strahlen die Gewebeatmung in sämtlichen gek. Organen außer der Leber. Bei allmählicher Vergrößerung der Strahlendosis erreicht die Aktivierung ein Maximum, um danach im Hemmung überzugehen. Die einzelnen Gewebe haben eine verschied. Empfindlichkeit für die β-Strahlen; a u. b werden durch 500 μC ^{32}P in ihrer Atmung gehemmt. (Seikagaku [Biochemistry] **30**. 527—29. 25/10. 1958. Okayama-Ken, Eisei-Kenkyûsho; Okayama Daigaku, Igaku-Bu, Daiichi Gekka-Kyôshitsu. [Orig.: japan.])
F. MOSSNER. 4601

B. L. Reid, M. M. Rahman, B. G. Creech und **J. R. Couch,** *Selen und Entwicklung von exsudativer Diathese bei Küken.* Bei Küken tritt bei Zufuhr eines Futters mit Torulahefe als Folge von *Vitamin-E* (I)-Mangel exsudative Diathese mit Verminderung des Serum-Albumin/Globulin-Verhältnisses, der Erythrocytenzahl, des gesamten Serumproteins u. des Hämoglobins auf. Diese Erscheinungen werden verhindert, wenn die Tiere zu dem Futter I oder 10% Brauereihefe oder 0,1 p.p.m. *Se* als Na_2SeO_4 erhalten. Höhere *Se*-Dosen, bis 10 p.p.m. *Se*, verhindern zwar auch das Auftreten der Symptome der exsudativen Diathese, haben jedoch mit der Dosis steigend abnehmenden Einfl. auf die Blutveränderungen, vermutlich als Folge der Toxizität von *Se*. (Proc. Soc. exp. Biol. Med. **97**. 590—93. März 1958. College Station, Texas Agric. Exp. Stat., Deps. of Poultry Sci. and Biochem. and Nutrit.) F. KRUSEN. 4606

Yoshiro Kameyama, *Die durch das radioaktive Isotop ^{32}P bei Embyronen zu erhaltenden Mißbildungen.* Schwangere Mäuse erhielten Injektionen von ^{32}P. Die Embryonen waren bei Gaben von 20 mC/g am 13. Tage der Gravidität alle abgestorben. Bei Gaben von 2—15 mC/g zeigten 10—20% der Foeten Mißbildungen, die hauptsächlich am Zentralnervensyst. auftraten. (C. R. Séances Soc. Biol. Filiales **151**. 1803—41. 1957, herausgeg. 20/5. 1958. Univ. de Nagoya.) HEINRICH HERMANN. 4606

T. Nicol, C. C. Ware und **D. L. J. Bilbey,** *Wirkung einiger polyphenylierter aliphatischer Kohlenwasserstoffe auf die phagocytotische Aktivität des reticuloendothelialen Systems. 3.3-Bis-[p-hydroxyphenyl]-n-pentan* (**I**), *3-[p-Hydroxyphenyl]-3-phenyl-n-pentan* (**II**), *p-Hydroxyphenyldiphenylmethan* (**III**), *1-[p-Hydroxyphenyl]-1-1-diphenylpropan* (**II**) u. *p-Hydroxyphenyltriphenylmethan* (**V**) wurden in ihrer Wrkg. auf die phagocytot. Aktivität des RES bei Mäusen nach einer 6tägigen subcutanen Verabreichung von jeweils 0,5 mg täglich geprüft. **I**, das von den 5 Stoffen am stärksten östrogen wirkt, steigert den Phagocytoseindex von 13 ± 2,4 (n.) auf 16 ± 2,2, **III** ändert ihn nicht, **II** u. **IV** wirken leicht depressor. (11 ± 1,1 bzw. 10 ± 0,6), während **V** den Index soweit absinken läßt (8 ± 1,6), wie es bisher nur bei *Cortison* beobachtet werden konnte. **V** ist damit das einzige

Nichtsteroid, welches die phagocytot. Aktivität des RES derart stark senkt. (Nature [London] **181**. 1804. 28/6. 1958. London, Kings Coll., Dep. of Anatomy.)
U. TAUSENDFREUND. 4607

R. L. Smith und **R. T. Williams**, *Der Stoffwechsel von substituierten Thioharnstoffen.* Nach Verabreichung von Arylthioharnstoffen (*Phenyl-*, *p-Chlorphenyl-* u. *p-Tolylthioharnstoff*) wurden im Harn folgende Hauptstoffwechselprodd. gefunden: Phenylharnstoff (ca. 35%), p-Hydroxyphenylharnstoff (ca. 16%) neben p-Hydroxyphenylthioharnstoff u. Phenylcyanamid. Die Toxizität dieser Verbb. scheint daher auf dem abgespaltenen H_2S zu beruhen. — Viel weniger tox. scheinen die Diarylthioharnstoffe (*Diphenylthioharnstoff*) zu sein. Hier sind die Ausscheidungsprodd. die *Glucuronide* von 4-Hydroxydiphenylthioharnstoff u. 4.4'-Dihydroxydiphenylthioharnstoff. — Verabfolgter 4.4'-Dichlordiphenylthioharnstoff wird nicht resorbiert u. wird unverändert mit den Faeces ausgeschieden. (Biochem. J. **71**. 2P. Jan. 1959. London, St. Mary's Hosp. Med. School, Dep. of Biochem.)
G. KIMMERLE. 4607

L. C. U. Junqueira, **Hanna A. Rothschild** und **I. Vugman**, *Die Wirkung von Atropin auf die Sekretion des Pankreas.* Vff. geben ätheranästhetisierten, mit *Acetyl-β-methylcholinbromid* (**I**; 30 mg/kg, subcutan) stimulierten WISTAR-Ratten eine 10%ig. Lsg. von *Atropinsulfat* (**II**; 100 mg/kg, subcutan) u. anschließend eine intravenöse Injektion von *$^{14}C_{(1)}$-Glycin* (**III**, 10 μC/100 g) u. bestimmen die gesamte u. an *Proteine* gebundene Radioaktivität in 8%ig. wss. Pankreashomogenaten. In einer weiteren Versuchsserie erhalten die Tiere nach **II**-Applikation eine intravenöse Injektion von *$^{14}C_{(3)}$-DL-Phenylalanin* (**IV**; 7 μC/100 g) bzw. **III** (5 μC/100 g). Aus den Ergebnissen geht hervor, daß **II** nicht auf die Sekretion der Pankreaszellen durch Senkung der **III**- u. **IV**-Resorption einwirkt, außerdem besitzt **II** keinen Einfl. auf den Einbau von **III** u. **IV** in das Pankreasgewebe oder die Proteine der Zymogenkörnchen. In stimulierten (Behandlung mit **I**) Drüsen wird auch der Anteil der *Amylase*-Resynth. durch **II** nicht verändert. Die Autoradiographien des Pankreas von mit **II** behandelten Ratten u. Kontrolltieren zeigen keine Unterschiede. Es wird angenommen, daß die Hauptwrkg. von **II** auf die exokrine Sekretion des Pankreas in der Blockierung der Abgabe von Zymogenkörnchen besteht; die letzte wird durch parasympathomimet. Stimulation (**I**-Zufuhr) hervorgerufen. (Brit. J. Pharmacol. Chemotherapy **13**. 71—73. März 1958. São Paulo, Brasil., Univ., Fac. de Med., Labor. for Cell Physiol.)
P. FAHRNLAENDER. 4607

Y. Bounameaux und **J. Lecomte**, *Die Wirkung der Phenole auf die durch Crotonöl hervorgerufene Purpura.* (Vgl. C. **1957**. 1488; C. **1958**. 3391.) Vff. haben Mäusen *Crotonöl* (a) subcutan injiziert u. versucht durch 15 Min. vorher erfolgende intraperitoneale Gaben von *Phenol* (**I**), *Thymol* (**II**), *Salicylnatrium* (**III**), *α-Naphthol* (**IV**), *Brenzcatechin*, *Resorcin*, *Hydrochinon*, *Adrenochrom*, *2-Methylnaphthohydrochinon-(1.4)*, *Vitamin K_1*, *Phloroglucin*, *Pyrogallol* (**V**) oder *Hydroxyhydrochinon* das Auftreten einer Purpura zu verhindern. **I**, **II**, **III** u. **IV** wirken nicht in diesem Sinne, während unter den Di- u. Triphenolen die in p-Stellung substituierten u. **V** das Auftreten der Purpura in ihrem Ausmaß erheblich vermindern. (C. R. Séances Soc. Biol. Filiales **151**. 1783—85. 1957, herausgeg. 20/5. 1958. Liège, Inst. de Clin. et de Pathol. Méd. de l'Univ.)
HEINRICH HERMANN. 4607

J. R. Parratt und **G. B. West**, *Die Hemmung der durch 5-Hydroxytryptamin, Histamin, Dextran, Eiweiß und Verbindung 48/80 an der Hinterpfote der Ratte hervorgerufenen Ödembildung durch verschiedene Substanzen.* Vff. geben ♀-Albinoratten nach intravenöser Injektion von Sulfanblau (2 mg) subcutane Infusionen von 5-Hydroxytryptamin (**I**; 5 μg/ml), Histamin (**II**; 1 mg/ml), Dextran (**III**; 60 μg/ml), Eiweiß (**IV**; 0,5%ig. wss. Lsg.) u. Verb. 48/80 (**V**; 10 μg/ml) in die Hinterpfoten u. untersuchen die durch vorst. Stoffe hervorgerufenen vasculären Veränderungen u. die Ödembldg. (Schwellungsgrad, Blaufärbung) bzw. ihre Inhibition durch folgende Substanzen, die intravenös injiziert werden: *2-Bromlysergsäurediäthylamid* (**VI**; *BOL 148*, 1, 2 u. 4 [mg/kg]) *Mepyraminmaleat* (4 u. 10), *Phenindamin* (4 u. 8); *Thenalidintartrat* (*1-Methyl-4-[N-thenyl-(2')]-anilinopiperidintartrat*; 5, 10, 15), *5-Methoxy-2-methyltryptamin* (**VII**; 4, 10); *1-Benzyl-5-methoxy-2-methyltryptamin* (4, 10); *Adrenalintartrat* (**VIII**; 1, 2, 4; subcutan), *Noradrenalintartrat* (**IX**, 10, subcutan), *Promethazinhydrochlorid* (*3277 RP*; 2, 4, 8); *Chlorpromazinhydrochlorid* (*4560 RP*; 0,5, 1, 2, 4); *Methylpromazin* (*4627 RP*; 0,5—4), *2-Chlor-10-(3-pyrrolidinyl-(1')-propyl)-phenothiazin* (*4670 RP*; 0,5, 1, 2); *Trimeprazin* (*6549 RP*; 0,25, 0,5, 1) u. *Methotrimeprazin* (**X**; *10-[3-Dimethylamino-2-methylpropyl]-2-methoxyphenothiazin*; *7044 RP*; 0,1, 0,25, 1). Von allen geprüften Verbb. besitzt **X** die stärksten inhibierenden Wrkgg. auf die durch **I**, **II**, **III**, **IV** u. **V** hervorgerufene Ödembldg., während die übrigen Wirkstoffe auf die durch **I**, **II** u. **V** erzeugte nur wenig u. die durch **III** u. **IV** hervorgerufene etwas stärker hemmend einwirken. Sämtliche Phenazinderivv. unterdrücken die **III**- u. **IV**-Ödeme fast vollständig. **VI** u. **VII** sind ohne Einfl. auf **II**-Ödeme.

Auf das isolierte Ileum des Meerschweinchens besitzt **X** Anti-**II**- u. Anti-**I**-Wrkgg. in Konzz. unterhalb 0,1 μg/ml. Auch die durch Injektion von 4 mg *Formaldehyd* erzeugte Ödembldg. wird durch **X** (1 mg/kg) unterbunden, während **VIII** u. **IX** nur temporär wirksam sind. (Brit. J. Pharmacol. Chemotherapy **13**. 65—70. März 1958. London, School of Pharm., Dep. of Pharmacol.) P. FAHRNLAENDER. 4607

Angel Ramos Escudero, *Über Cholinesterasehemmstoffe. Pharmakologische Untersuchung über einige als Kampfstoffe und Insekticide interessante Phosphorverbindungen.* Übersicht über die Ester der *Fluorphosphorsäure, Thiophosphorsäure* u. *Cyanphosphorsäure,* ihre Bedeutung als Insekticide u. ihre mögliche Verwendung als Kampfstoffe. Eigene Verss. über die Wirksamkeit von *Diazinon* gegenüber Fliegen, Wanzen, Schaben u. Fliegenlarven u. die Toxizität von *Tabun* für Meerschweinchen, Hunde, Katzen u. Kaninchen. (An. Real Acad. Farmac. **23**. 161—86. Juni 1957.) K. BOHLE. 4607

Chien Tung Hsü, *Über Panax shinseng Nies, Variation Notoginseng Burkill.* Vf. untersuchte ein Alkoholextrakt (**I**) von *Panax shinseng,* var. *Notoginseng* Burkill. Bei Mäusen betrug die DL_{50} von **I** bei subcutaner Injektion 50 mg. Intravenöse Injektion von 0,3 g **I** pro Kaninchen bewirkt Blutdruckabfall u. Atembeschleunigung. Perfusion der Blutgefäße der Hinterpfote vom Frosch u. vom Kaninchenohr verursacht bei Konzz. von 0,0005—0,005% geringe Erweiterung, bei Konzz. von 0,1—0,5% Kontraktion der Gefäße. Gegenüber Adrenalin u. Ergotamin wirken Lsgg. von **I** antagonistisch. Die wirksamen Inhaltsstoffe scheinen Saponin u. sein Sapogenin von der Formel $C_{27}H_{46}O_7$, $C_{32}H_{56}O_6$ oder $C_{31}H_{54}O_8$ zu sein. (Jap. J. Pharmacol. **6**. 18—28. Sept. 1956. Gifu, Gifu Prefect. Univ., Dep. of Pharmacol., Fac. of Med. [Orig.: engl.]) K. BÖHM. 4608

Makoto Kohanawa, *Pharmakologische Untersuchungen über Rhodotoxin, isoliert aus Rhododendron hymenanthes und Andromedotoxin, isoliert aus Andromeda japonica Thunberg.* Vf. untersuchte *Rhodotoxin* (**I**), F. 258—260°, isoliert aus *Rhododendron hymenanthes* u. *Andromedotoxin* (**II**), F. 119—120°, isoliert aus *Andromeda japonica* THUNBERG, die chem. gegenüber verschied. Reagentien gleich reagieren. Der R_F-Wert für **I** beträgt 0,96, für **II** 0,89 (n-Butanol gesätt. mit W.). DL_{50} bei subcutaner Injektion für Mäuse $3{,}473 \pm 0{,}132\,\gamma/g$ für **II** u. $0{,}148 \pm 0{,}01\,\gamma/g$ für **I**; für Rana nigromaculata beträgt die DL_{50} $5{,}074 \pm 0{,}66\,\gamma/g$ für **II** u. $3{,}899 \pm 0{,}125\,\gamma/g$ für **I**. Die mittlere DL für Katzen u. Kaninchen in Urethannarkose ist ungefähr 400 μg/kg für **I** u. **II**. Der Tod tritt infolge Atemlähmung ein. Die DE_{50} für die emet. Wrkg. bei Katzen beträgt für **I** subcutan $83{,}3 \pm 0{,}8\,\mu g/kg$, für **II** $123{,}3 \pm 15{,}2\,\mu g/kg$. Nach 20 μg **I**/kg fällt der Blutdruck bei anästhesierten Katzen auf 41,8%, nach 20 μg **II**/kg auf 78,2%; bei Kaninchen nach 20 μg **I**/kg auf 39,5% u. nach 20 μg **II**/kg auf 62,2% des Normaldruckes. Die Ergebnisse zeigen, daß **I** u. **II** verschied. Substanzen sind. (Jap. J. Pharmacol. **6**. 46—56. Sept. 1956. Sapporo, Hokkaido Univ., Dep. of Pharmacol., Fac. ot Med. [Orig.: engl.]) K. BÖHM. 4608

Kaname Kuriaki, Kugato Hiyoshi und **Yoshihisa Mochizuki,** *Wirkungen von Fugu-Gift auf Reflexe.* Vff. untersuchten die Wrkg. von *Tetrodotoxin* (**I**), dem Gift des in Japan lebenden Kugelfisches Fugu, auf Reflexe. **I** lag als ein Konzentrat vor, von dem 1 g ca. 3 mg krist. Gift in seiner Toxizität für Mäuse entsprach. **I** ist ein zentrales Lähmungsmittel, das Hypästhesien, Parästhesien, motor. Lähmung u. Atemstillstand verursacht. Bei Meerschweinchen werden der Spontannystagmus u. der Labyrinth beschleunigende Reflex zuerst u. viel leichter als der ton. Nackenreflex u. der ton. Labyrinthreflex unterdrückt. Bei Katzen ist die Aufsetz-Rk. resistenter gegenüber **I** als die Hüpfreaktion. Bei den Aufsetz-Rkk. wird der Adduktionsreflex zuerst beeinträchtigt, dann folgt das Kinnaufsetzen u. das Aufheben eines angestoßenen Beins. Das Kontaktaufsetzen ist am meisten resistent. Spinalreflexe haben bei der Katze ungefähr die gleiche Empfindlichkeit wie die Hüpf-Rk., das sympath. Cervicalganglion ist aber resistenter. (Jap. J. Pharmacol. **6**. 37—39. Sept. 1956. Tokyo, Nippon Med. School, Dep. of Pharmacol. [Orig.: engl.]) K. BÖHM. 4609

Akira Ohsaka, *Zonenelektrophoretische Untersuchungen von Habu (Crotalidae)-Gift.* Die Zonenelektrophorese des Rohgiftes von Trimeresurus flavoviridis an Stärke in Borax-NaOH-Puffer vom p_H 9,2 mit 2,4 mA/cm² für 12 Std. ergab das Vork. von mindestens zwei verschied. hämolyt. Aktivitäten, die elektrophoret. nicht mit der maximalen Toxizität, die beim Protein des Giftes lag, zusammenfielen. Als weitere Enzyme wurden *Phosphodiesterase* u. *5'-Nucleotidase* nachgewiesen, die ebenfalls nicht mit der tox. Fraktion zusammenfielen. (J. Biochemistry [Tokyo] **45**. 259—65. April 1958. Tokyo, Nat. Inst. of Health, Dep. of Biochem. [Orig.: engl.]) F. KRUSEN. 4609

J. L. Radomski und **W. B. Deichmann,** *Die Beziehung gewisser Enzyme im Gift der Kobra und Klapperschlange zum Wirkungsmechanismus dieser Gifte.* Geprüft wurden die Gifte von *Naja flava* (NF), *Crotalus t. terrificus* (CT) u. *C. adamanteus* (CA). Die wss.

Lsg. der Gifte wurde bei -5^0 durch Zugabe von 95%ig. A. in 80% lösl. Fraktion (I) u. 20% präcipitierende Fraktion (II) aufgeteilt u. I u. II durch Gefriertrocknung getrocknet. I von NF war 4mal so giftig wie II u. enthielt nach elektrophoret. Unterss. zwei stark bas. Proteine; II enthielt drei Proteinfraktionen (nur hier MOLISCH-Rk. auf Kohlenhydrate positiv). Die Arbeitshypothese, daß Toxizität u. Enzymgeh. proportional sein müßten, mußte aufgegeben werden, da das hochtox. I einen viel geringeren Geh. an *Lecithinase A, Adenosintriphosphatase, Diphosphopyridinnucleotidase* u. *Ribonuclease* aufwies als das $^1/_4$ so tox. II. Ähnliche Beobachtungen wurden bei den Giften von CT u. CA gemacht. (Biochem. J. **70.** 293—97. Okt. 1958. Miami, Fla., Univ., Dep. of Pharmacol.) C. O. LAUBSCHAT. 4609

John G. Georgatsos, Clara V. Hussey und **Armand J. Quick,** *Synergistische Wirkung von Russellvipergift und Gewebethromboplastinextrakten.* Unterss. mit Best. der Einstufenprothrombinzeit zeigten, daß die Thromboplastin-Aktivitäten von Extrakten einzelner Gewebe (Hirn, Placenta, Lunge, Leber) niedriger sind als die von Gemischen solcher Extrakte. Dieser synergist. Effekt ist noch größer zwischen Gewebeextrakten u. Russellvipergift, er bleibt jedoch aus, wenn dem zur Best. der Prothrombinzeit verwendeten Plasma *Prothrombin* oder der labile *Faktor V* fehlt. (Proc. Soc. exp. Biol. Med. **97.** 674—76. März 1958. Milwaukee, Wis., Marquette Univ., School of Med., Dep. of Biochem.) F. KRUSEN. 4609

E. Beveridge, L. G. Goodwin und **L. P. Walls,** *Eine neue Reihe von Leishmaniciden.* Vf. berichten über die Prüfung von mit *Pamaquin* (*Plasmochin*) verwandten Verbb. der Struktur I (X = gerade oder verzweigte Alkylkette; R = H oder Alkyl) an mit *Leishmania donovani* infizierten Hamstern. Akt. sind Verbb. mit *R = H, Alkyl* oder *Hydroxyalkyl*; bei Herabsetzung der Basizität des Piperazinrings durch N-Substitution mit $-COOC_2H_5$, $CON(C_2H_5)_2$ oder *Aryl* sind die Verbb. inaktiv. Substitution in 6-Stellung des Chinolinrings mit OH, C_2H_5O oder 5.6-Disubstitution mit CH_3O liefert akt., Substitution in 6-Stellung mit *Cl* oder *H* ergibt inakt. Verbindungen. Einige Verbb. der Struktur I sind hochakt. gegen Plasmodium gallinaceum beim Hühnchen. (Nature [London] **182.** 316—17. 2/8. 1958. London, Wellcome Labors. of Trop. Med.; Beckenham, Kent., Wellcome Res. Labors.) H. GOEBEL. 4610

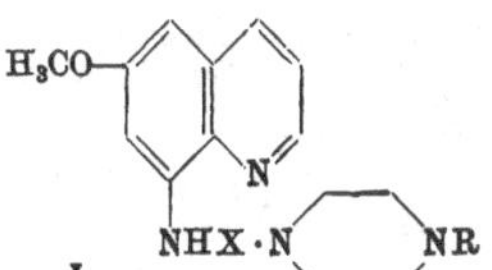

I

Yutaka G. Tanaka und **Yoshiyuki Asami,** *Untersuchungen über Penicillinderivate. 4. Mitt. Ein neues Penicillinderivat mit Depotcharakter.* (3. vgl. C. **1950/54.** 3945.) Ein neues Depotpenicillin, *N.N'-Difurfuryläthylendiamindipenicillin G* (I) zeigt gegenüber *Procain-* u. *N.N'-Dibenzyläthylendiaminpenicillin G* einige Vorzüge: DL_{50} (mg/kg Maus, intraabdominal), 1100 gegenüber 1500 u. 1200 (E./mg, 1336, 1009, 1307); lösl. 2890 E./cm³ gegenüber 9950 u. 250, wodurch die wirksame Blutkonz. länger erhalten bleibt. I wird in Erdnußöl + 2% Al-Monostearat intramuskulär injiziert. (J. Sci. Res. Inst. [Tokyo] **52.** Nr. 1476. 61—65. März 1958. [Orig.: engl.]) K. MAIER. 4611

Marco Giovannini und **Alfred Kraushaar,** *Die Ausscheidung verschiedener Penicilline mit dem Harn.* Die Ausscheidung harnlösl. *Penicillin* (I)-Verbb. wird in Abhängigkeit von der Löslichkeit nach intramuskulärer Verabreichung sowie von der Säurestabilität nach oraler Gabe bei gesunden Erwachsenen untersucht (*K-Penicillin G, K-Penicillin V, Procain–Penicillin G, DBED–Penicillin G, DBED–Penicillin V, Penicillin V–Säure*). Nach intramuskulärer Injektion hängt die renale Ausscheidung von der Löslichkeit in der Weise ab, daß schwerlösl. Penicillinsalze geringe Ausscheidungsquoten ergeben. Nach oraler Applikation hängt die Ausscheidung von der Säurestabilität der Substanzen ab. (Arzneimittel-Forsch. **8.** 86—88. Febr. 1958. Kundl/Tirol, Österreich, „Biochemie", G. m. b. H.) E. GÖRES. 4611

Hiroyuki Nasu, *Über freie Aminosäuren des Gehirns. 6. Mitt. Einflüsse von Chlorpromazin und Phenylmethylaminopropan auf die freien Aminosäuren und die ihnen verwandten Stoffe im Gehirn.* (2. vgl. C. **1959.** 6861.) Ratten erhielten intraabdominal 30—60 Tage lang täglich 1 mg *Chlorpromazin* (I) bzw. 36—60 Tage lang täglich 0,6 mg *Phenylmethylaminopropan* (*β-Phenylisopropylmethylamin*; II). Säulenchromatograph. (Dowex-50-X 4) wurde der Einfl. von I u. II auf *Glycerophosphoäthanolamin* (III), *Phosphoäthanolamin, Taurin* (IV), *N-Acetylasparaginsäure* (V), *Harnstoff, Asparaginsäure* (VI), *Threonin, Serin, Glutamin, Glutaminsäure* (VII), *Glycin, Alanin, Glutathion, γ-Aminobuttersäure* (VIII) u. die unbekannte Substanz X_2 geprüft. I bewirkte leichte Zunahme von VII, VI, VIII u. IV sowie Abnahme von III. Als Folge der II-Behandlung hatte auch V zugenommen. (Seikagaku [Biochemistry] **30.** 518—21. 25/10. 1958. Okayama Daigaku, Igaku-Bu, Shinkei-Seishin-Igaku-Kyōshitsu. [Orig.: japan.]) F. MOSSNER. 4620

Bernard N. Halpern, M. Briot, P. Liacopoulos, Th. Neveu und **A. Branellec**, *Histaminergische Eigenschaften bei einem substituierten Butylamin (1935 L) am Hund.* Vff. finden, daß das Präp. *1935 L*, Merichinone des *4-(4'-Hydroxyphenyl)-4-(3''-methyl-4''-hydroxyphenyl)-butylamin-(2)* u. des *4'.4'-Dehydro-4-(4'-hydroxyphenyl)-4-(3''-methyl-4''-hydroxyphenyl)-butylamin-(2)*, bei Hunden nach intravenöser Injektion eine außerordentlich starke Histaminausschüttung bewirkt. (C. R. Séances Soc. Biol. Filiales **150**. 1302—06. 1956.) R. LAFFERENZ. 4620

Aleš Sekera, Jaroslav Král und **Čeněk Vrba**, *Studien über Lokalanästhetica.* 8. Mitt. *Physikalisch-chemische Eigenschaften von Arzneimitteln.* 3. Mitt. *Beziehung zwischen Kolloidflockung und lokalanästhetischer Wirksamkeit von basischen Estern substituierter Carbaminsäuren.* (7. vgl. C. **1959**. 1540.) Die Unters. der Beziehung zwischen lokalanästhet. Wirksamkeit verschied. substituierter bas. Carbaminsäureester u. ihren physikal.-chem. Eigg. wurde auf ihre Fähigkeit, Kolloide auszuflocken, ausgedehnt. Die an Hand einer wss.-alkoh. u. Phosphatpuffer (p_H 7) enthaltenden koll. Mastixlsg. erhaltenen Ergebnisse werden in mol. Grenzflockungskonzz. ausgedrückt u. mit der bereits bekannten anästhet. Wirksamkeit verglichen. Die Grenzflockungskonz. der wirksamen Stoffe ist etwa um 4 Größenordnungen niedriger als die der unwirksamen bzw. wenig wirksamen Verbindungen. Es zeigte sich, daß die Meth. der Kolloidflockung die bestehenden Zusammenhänge zwischen den physikal.-chem. Eigg. u. der lokalanästhet. Wirksamkeit der untersuchten Ester viel besser u. deutlicher zum Ausdruck bringt als der früher durchgeführte Vgl. zwischen der anästhet. Wirksamkeit u. der Verdrängungsadsorption bzw. der Oberflächenspannung (vgl. hierzu die 6. u. 7. Mitt.). (Českoslov. Farmac. **6**. 197—201. April 1957. Brno, Ústav pro farmaceut. chemii Masarykovy univ.) A. EMR/Prag. 4627

R. Kopf und **I. Møller Nielsen**, *Pharmakologie und Toxikologie des Captodiamins (p-Butylmercaptobenzhydryl-β-dimethylaminoäthylsulfid).* Vff. untersuchen an Albinomäusen (a), Ratten (b) u. Katzen (c) den Einfl. von *Captodiamin* (**I**, *p-Butylmercaptobenzhydryl-β-dimethylaminoäthylsulfid*) auf Anästhetica (*Na-5-Isopropyl-5-β-bromallyl-N-methylbarbiturat* [**II**, *Narcodorm*], *Na-3-Methylthioäthyl-5-pentylthiobarbiturat* [**III**, *Thiogenal*] u. *Na-5-Äthyl-5-[1-methylbutyl]-2-thiobarbiturat* [**IV**, *Pentothal-Na*]), Analgetica [*Ketobemidon* (**V**), *Meperidinhydrochlorid* (**VI**), *1-Isomethadon* (**VII**) u. *Morphinhydrochlorid* (**VIII**)], *Strychnin* (**IX**) sowie auf die Körpertemp., sympathet. Ganglien, neuromuskuläre Übertragung, das b-Pfotenödem u. die endokrinen Drüsen. Ferner werden die akuten u. chron. Toxizitäten von **I** bestimmt. Es wird festgestellt, daß **I** in konstanten oder wechselnden Dosen (10 bzw. 3, 10 u. 20 mg/kg) bei a die Wrkgg. von intravenös applizierten Anästheticis (**II** [35, 50, 70 bzw. 70], **III** [50,70, 90 bzw. 70], **IV** [20, 35, 50 bzw. 35]) sowie die von Analgetica (**V**, 1—1,5; **VI**, 10,0; **VII**, 2,5; **VIII**, 7,5 subcutan) potenziert. Die durch Zufuhr von A. (2,4 g/kg intravenös) hervorgerufene Anästhesie wird nur dann verstärkt, wenn täglich 20 mg **I**/kg (innerhalb von 5 Tagen) nach A.-Injektion gegeben werden, wobei eine Potenzierung nur am 1. Tage beobachtet wird. Eine **I**-Anhäufung findet also nicht statt. **I** (10—20) schützt bei a gegen den Elektroschock, ist aber ohne Einfl. auf die durch **IX**-*Nitrat* (1,4) hervorgerufenen Krämpfe. Die Körpertemp. wird (bei b) durch **I** (50—100) um 1,2—2,2° gesenkt. Auf die sympathet. Ganglien u. die neuromuskuläre Übertragung besitzt **I** (10—20) keine Wrkgg. (Verss. an mit *Dial* [30] u. *Urethan* [60] anästhetisierten c). Die Entw. des b-Pfotenödems nach subcutaner Injektion von 0,1 ml 10%ig. Eialbuminlsg. wird durch **I** (25, 50 u. 100) zu 43, 81 u. 88% gehemmt. Auch die durch *Serotonin–Kreatininsulfat* hervorgerufenen Kontraktionen des b-Uterus werden durch **I** (1,0 μg/ml) zu 75% inhibiert. Schilddrüse, Nebennieren u. Ovarien von b zeigen nach **I**-Zufuhr keine patholog.-morpholog. Veränderungen. Subtox. **I**-Dosen (bis 200) verursachen eine Abnahme des *Ascorbinsäure*-Geh. in den Nebennieren bis zu 61%, die bei hypophysektomierten Tieren nach **I** nicht eintritt. Die akute DL_{50} beträgt für a 180 ± 12 mg/kg (intraperitoneal) bzw. 1630 ± 91 (peroral); für b: 343 ± 59 bzw. 3800 ± 74; durch letale **I**-Dosen werden Krämpfe u. letharg. Zustände hervorgerufen. Tägliche Gaben von 10 u. 100 mg **I**/kg per os innerhalb von 3 Monaten beeinflussen weder das Allgemeinbefinden noch Körpergewicht oder Blutbild von b u. c, auch histopatholog. Veränderungen werden nicht festgestellt. Hohe **I**-Dosen per os rufen beim Menschen Excitation, Nystagmus u. Erbrechen hervor, ohne daß Störungen an inneren Organen auftreten. Die Ergebnisse zeigen, daß **I** hauptsächlich auf das Zentralnervensyst. einwirkt. (Arzneimittel-Forsch. **8**. 154—59. März 1958. Kopenhagen, Pharmacol. and Biol. Res. Labors.) P. FAHRNLAENDER. 4627

M. H. Frick und **Pentti I. Halonen**, *Wirkung von Reserpin auf die Toxizität von Adrenalin und Noradrenalin sowie auf das durch diese Stoffe erzeugte Lungenödem.* 3 Std. nach intraperitonealer Injektion von 2 mg *Reserpin* (**I**)/kg wirkte *Noradrenalin* (**II**) bei

Mäusen, gemessen an der DL_{50} u. der Überlebenszeit, stärker tox., u. das durch **II** (30 mg/kg) erzeugte Lungenödem war schwerer als bei den Kontrolltieren. Dagegen wirkten **II** u. *Adrenalin* (**III**) 72 Std. nach **I** schwächer tox., u. das **II**-Lungenödem war leichter, während sich das durch **III** (5 mg/kg) erzeugte Lungenödem hinsichtlich seines Schweregrades von den Kontrolltieren nicht unterschied. (Ann. Med. exp. Biol. fenn. **37.** 63—68. 1959. Helsinki, Wihuri Res. Inst.) H. RICHTER. 4630

F. Hauschild und **R. Kiesewetter,** *Pharmakologische Untersuchungen von einigen neuen quartären Ammoniumderivaten.* Folgende quartäre Ammoniumbasen (VEB CHEMISCHE WERKE, Radebeul) wurden an Ratten, Fröschen u. Katzen auf Blutdruck, Ganglienblockade u. Vagusreizung geprüft: *N.N-Bis-[β-piperidinoäthyl]-N-methylamin-bis-methojodid* (**I**) u. *-tris-methojodid* (**II**), *N.N-Bis-[β-piperidinoäthyl]-N-[1.2.3.4-tetrahydronaphthyl-(2)]-amin-bis-methojodid* (**III**), *N.N-Bis-[β-diäthylaminoäthyl]-N-[1.2.3.4-tetrahydronaphthyl-(2)]-amin-bis-methojodid* (**IV**), *N-[1.2.3.4-Tetrahydronaphthyl-(2)]-N-[β-piperidinoäthyl]-methylamin-bis-methojodid* (**V**), *N-[β-Diäthylaminoäthyl]-N-[1.2.3.4-tetrahydronaphthyl-(2)]-dimethylammoniumjodidmethojodid* (**VI**) u. *N-Methyl-N-[β-dimethylaminoäthyl]-salicylamidmethojodid* (**VII**). Im Vgl. zu *Pendiomid* (**VIII**) zeigten die Präpp. **II—VII** neben einer ganglienblockierenden eine gewisse sympathicolyt. Wrkg., die dosismäßig schwächer als die von **VIII** ist. **I** besitzt optimale Struktur u. zeigt starke Blutdruck- u. ganglienblockierende Wrkgg., die über mehrere Std. anhalten. Eine schädigende Wrkg. auf das Froschherz wurde nur bei Verbb. mit Tetrahydronaphthylresten gefunden. (Acta biol. med. german. [Berlin] **1.** 444—49. 1958. Leipzig, Karl-Marx-Univ., Pharmakol. Inst.) H. WUNDERLICH. 4630

Timo Seppälä und **Aimo Kärkelä,** *Theophyllinspiegel des Plasmas nach oraler Gabe von Theophyllinnatriumglycinat.* Bei allen 13 gesunden Versuchspersonen, die einmalig oral 0,9 g *Theophyllinnatriumglycinat* (**I**; entsprechend 0,45 g *Theophyllin* [**II**]) erhalten hatten, wurde der therapeut. wirksame **II**-Plasmaspiegel (1 mg/100 ml) erreicht. Der höchste **II**-Spiegel wurde überwiegend nach 1—2 Std. (im Mittel $1{,}692 \pm 0{,}662$ u. $1{,}668 \pm 0{,}508$ mg/100 ml) gefunden. Bei 8 Personen lag der **II**-Spiegel auch nach 5 Std. noch über 1 mg/100 ml. Nebenwirkungen wurden nach **I** nicht beobachtet. (Ann. Med. exp. Biol. fenn. **37.** 59—62. 1959. Helsinki, Univ., 3. Med. Clin.; Kivelä Hosp., Centr. Labor.) H. RICHTER. 4630

R. Richterich, *Erfahrungen mit Chlotride, einem oralen, quecksilberfreien Diureticum, in der Therapie cardialer Ödeme. Chlotride* (**I**; *6-Chlor-7-aminosulfonyl-1.2.4-benzothiadiazin-1.1-dioxyd*) ist ein neues, orales, quecksilberähnlich wirkendes Diureticum, welches die Na- u. Cl-Ausscheidung fördert, die Bicarbonatsekretion aber unbeeinflußt läßt. Auch die Kaliurese wird gesteigert. Fehlende Resistenzentw. u. Nebenerscheinungen u. guter diuret. Effekt lassen **I** als gegenwärtig günstigstes Diureticum erscheinen, das sich für alle Indikationen der Ausschwemmungstherapie gleich gut eignet. (Schweiz. med. Wschr. **88.** 906—10. 13/9. 931—34. 20/9. 1958. Basel, Med. Univ.-Klinik.) H. JORDAN. 4634

D. H. D. Paine, E. S. Lower und **T. V. Cooper,** *Behandlung von Trichuriasis mit Dithiazanin.* (Vorl. Bericht.) 6 Patienten mit Trichuriasis werden mit *Dithiazanin* (*3.3'-Diäthylthiadicarbocyaninjodid*) behandelt. Es wird eine erhebliche Besserung beobachtet. Als Nebenerscheinungen werden Erbrechen u. vorübergehende Temperatur- u. Pulserhöhungen registriert. (Brit. med. J. **1959.** I. 93—95. 10/1. Dorset, Sherborne, Cold Harbour Hosp.) H. STRUCK. 4649

C. I. Chappel, M.-G. P. Stegen und **G. A. Grant,** *Pharmakologische Untersuchungen über neue synthetische Antitussica.* Die nach SEEMANN (A. P. 2 778 824) synthet. *Methyl-, Äthyl-* u. *Isopropylester* der *Phenothiazin-10-carbonsäure* beweisen bei der Katze eine hustenreizlindernde Wrkg. in etwa der gleichen Stärke wie *Codein.* Die DL_{50} beträgt für die 3 Derivv. 1500 ± 88, $290 \pm 8{,}13$ bzw. 175 ± 40 mg/kg gegenüber 615 ± 30 mg Codein/kg. Der ebenfalls stark hustenreizstillende u. nur schwach tox. u. schwach antispasmod. wirkende *Phenothiazin-10-carbonsäuredimethylaminoäthoxyäthylester* bewies bei Dauerverabreichung keine zentraldepressor. oder analget. Eigg.; er besitzt schwache lokalanästhet. Wirkungen. (Canad. J. Biochem. Physiol. **36.** 475—81. Mai 1958. Montreal.) U. TAUSENDFREUND. 4650

Toshio Ogino, *Untersuchungen über Laboratoriumsmethoden für den Allgemeinpraktiker.* 3. Mitt. *Methode zur Untersuchung von Alkylphosphatvergiftungen.* (2. vgl. Med. and Biol. [Tokyo] **47.** [1958.] 40.) Zur Feststellung von Vergiftungen mit organ. Phosphorpräpp. genügen die einfachen Verff. zur Best. der *Serumcholinesterase,* der *Kobalt-* u. *Cadmium*-Rkk. des *Blutserums* sowie der Rk. mit LUGOLscher Lsg. neben den üblichen Unterss. des Blutbilds u. des Harns. (Med. and Biol. [Tokyo] **47.** 131—34. 20/5. 1958. Hyōgo Ken, Hikami Gun, Sannan Chō Wada Mura 53. [Orig.: japan.]) F. MOSSNER. 4675

Charles Edward Seiverd, Chemistry for medical technologists. St. Louis, Mississippi: Mosby; London: Kimpton. 1958. (465 S. m. Abb., Taf., Tab. u. Diagr.) 90 s.

—, Nations Unies. Liste multilingue des stupéfiants placés sous contrôle international. Genève. 1958. (VIII + 112 S.) 8°. sfr 4,—.

—, Report of the United Nations Scientific Committee on the Effects of Atomic Radiation. New York: Sales and Circulation. 1958. (228 S. m. Abb.) Keine Preisang.

F. Pharmazeutische Chemie. Desinfektion.

Colin Melville, *Über die Britische Pharmakopoe 1958.* 1. Mitt. *Pharmakognosie.* Kurze Darst. der Veränderungen der B. P. 1958 bzgl. vegetabil. Drogen im Vgl. zur B. P. 1953. (Pharmac. J. **181** ([4] **127**). 97—98. 9/8. 1958. Manchester, Univ., Dep. of Pharm.) Heinz Walter. 4750

Frank Hartley, *Über die Britische Pharmakopoe 1958.* 2. Mitt. *Hormone und Vitamine* (1. vgl. vorst. Ref.) Überblick: Adrenalin u. Noradrenalin, Corticotrophin, Nebennierenrindenhormone, Choriongonadotropin, Andro-, Östro- u. Gestagene, Insuline, Thyroxin, Hypophysenvorderlappenhormon, Vitamin A, B-Gruppe, C, D-Gruppe, K. (Pharmac. J. **181** ([4] **127**). 113—14. 16/8. 1958. London, Brit. Drug Houses Ltd.) Heinz Walter. 4750

W. L. M. Perry, *Über die Britische Pharmakopoe 1958.* 3. Mitt. *Biologische Produkte.* (2. vgl. vorst. Ref.) Überblick: Nicht mehr in die B. P. 1958 bzw. neu aufgenommene Präpp.: organ. *As*-Präpp., Antibiotica, serolog. Präpp., Untersuchungsdaten. (Pharmac. J. **181** ([4] **127**). 131—32. 23/8. 1958. London, Mill Hill, Nat. Inst. for Med. Res., Dep. of Biol. Standards.) Heinz Walter. 4750

D. C. Garratt, *Über die Britische Pharmakopoe 1958.* 4. Mitt. *Analytische Chemie.* (3. vgl. vorst. Ref.) Überblick: Neue Untersuchungsverff. u. Reagentien (u. a. EDTA). (Pharmac. J. **181** ([4] **127**). 147—48. 30/8. 1958. London, Boots Pure Drug Co. Ltd.) Heinz Walter. 4750

C. Gunn, *Über die Britische Pharmakopoe 1958.* 5. Mitt. *Pharmaceutica.* (4. vgl. vorst. Ref.) Überblick: Veränderungen der B. P. 1958 im Vgl. zur B. P. 1953 bzgl. Galenicis u. deren Herst. sowie Bewertung. (Pharmac. J. **181** ([4] **127**). 159—60. 6/9. 1958.) Heinz Walter. 4750

Leon Kierzyński, *Über die Vereinheitlichung der Form rezeptierter Arzneimittel.* Mißstände in der Rezeptur in Polen als Folge der Gültigkeit verschied. Pharmakopöen aus der Teilungszeit, demonstriert am Beispiel Sol. hydrarg. bichlorat. (Farmacja polska **14.** 258—61. 31/8. 1958.) F. Urban. 4750

M. Vieux, *Verwendung von Plasten in der Pharmazie.* Überblick über die verschied. Plaste u. ihre Brauchbarkeit für pharmazeut. Verpackung u. chirurg. Material. (Produits pharmac. **13.** 509—11. Okt. 1958.) Heinz Walter. 4750

I. C. Chopra, K. L. Handa und **B. K. Abrol,** *Indischer Kalmus. Seine Stellung unter den neuzeitlichen Arzneimitteln.* Die Rhizome der in Indien wachsenden Pflanze *Acorus calamus* L. weisen eine andere Zus. auf als die der in Europa wachsenden Pflanzen; dies gilt bes. für das aus den Rhizomen isolierte äther. Öl, von dem die ind. Calamusrhizome ca. 3% enthalten. Kennzahlen: D^{15}. 1,076; $[\alpha]_D$ $-1^0\,30'$; n_D^{30} 1,5461; SZ. 2,4; VZ. 4,1; VZ. nach Acetylierung 15,7. Das Öl enthält fast 90% *Asaron* u. wirkt als Nervenstimulans. Der ölfreie A.-Extrakt zeigt deutliche sedative u. analget. Eigenschaften. Auf Mycobacterium tuberculosis var. hominis zeigt das Öl eine antituberkuläre Wrkg., auf andere gramnegative (nicht auf grampositive) Keime wirkt es bakteriostatisch. Das Öl, der A.- u. auch der Petroleumextrakt wirken insekticid u. insektenabwehrend. (J. sci. ind. Res. [New Delhi], Sect. A **17.** 8—11. Jan. 1958. Jammu, Drug. Res. Labor.) H. P. Fiedler. 4782

D. Gröger, *Über den Nachweis freier Aminosäuren im Honigtau des Mutterkorns.* Nach Abtrennen der frei im Honigtau des Mutterkorns vorkommenden Aminosäuren mittels einem Ionenaustauscher (Dowex-50) können in den aufgearbeiteten Eluaten in hohen Konzz. *Valin, Glutaminsäure, Leucin, Alanin* u. *γ-Aminobuttersäure,* in mittleren Konzz. *Serin, Glycin, Glutamin, Threonin, Lysin, Asparaginsäure* u. *Prolin* u. in geringer Konz. *Histidin, Arginin, Tyrosin, Asparagin, Phenylalanin, Pipecolinsäure* u. *Tryptophan* nachgewiesen werden. Der Honigtau verschied. Mutterkornreinstämme zeigt qualitativ keine Unterschiede u. quantitativ nur geringe Differenzen hinsichtlich der Zus. der aus insgesamt 19 Aminosäuren bestehenden Fraktion. (Arch. Pharmaz. Ber. dtsch. pharmaz. Ges. **291/63.** 106—09. Febr. 1958. Gatersleben, Inst. für Kulturpflanzenforsch.) H. P. Fiedler. 4782

Tito Pavolini und **Francesco Gambarin,** *Wars und Flemingin.* Die Herkunft der Droge „Wars" wurde untersucht u. als Warspflanze Flemingia rhodocarpa Baker festgestellt. Durch Extraktion der Warsdroge mit PAe. wurde wenig *Wachs*, dann mit Ae. ein braunes Harz abgetrennt, aus dem *Flemingin* (**I**), *amorphes Flemingin* (**II**) u. *Homoflemingin* (**III**) isoliert wurden. Die Zus. von **I**, **II** u. **III** als $C_{12}H_{12}O_3$ u. die Konst. von **I** als Enolform des *2-Hydroxycinnamoylacetons* wurde in Übereinstimmung mit PERKIN [1898] bestätigt. Die physikal. Eigg. machen es wahrscheinlich, daß **I** die trans.trans-Form darstellt, während **II** u. **III** als cis-Isomere anzusehen sind. — UV-Spektren vgl. Original.

Versuche: *Flemingin* (**I**), $C_{12}H_{12}O_3$, F. 172°, durch Extraktion von 96 g trockner Warsdroge mit PAe. [Rückstand des Extraktes: gelblichweißes Wachs, krist. in Mikronadeln vom F. 81—83°; 0,3 g (Ausbeute)], dann mit Ae., Lösen des braunen, harzartigen Extraktrückstandes (54 g) in Chlf., Filtration nach 2 Tagen, mehrtägiges Stehen des Filtrates, Abtrennen des Nd. (11 g), Waschen mit Chlf., Lösen in A. u. Zugeben von W.; kleine, sternartig angeordnete, prismat. Nadeln; 2 g; Lsg. in A.-Ae. rot mit grüner Fluorescenz, mit konz. HCl → purpurfarben; Lsg. in verd. Alkali rot, in konz. H_2SO_4 orangerot; $FeCl_3$-Rk. in A. schwarzbraun; Rkk. nach LÉGAL u. nach THIELE-STIMMIG negativ; Rk. nach EHRLICH-HERTER mit Na-1.2-Naphthochinon-4-sulfonat u. Borsäuretest nach VOGEL-SCHLUMBERGER positiv; gibt mit $NH_2OH \cdot HCl$ ein *Isoxazolderiv.*, mit $KMnO_4$ in Alkali *Salicylaldehyd*. *Methyläther*, $C_{13}H_{14}O_3$, F. 83—85°, aus **I** u. CH_3J in alkoh. KOH; aus A. gelbes, krist. Pulver. — *Amorphes Flemingin* (**II**), $C_{12}H_{12}O_3$, F. 162—167°, aus der Mutterlauge von **I**; aus Toluol ziegelrotes Pulver, Farb-Rkk. wie **I**. — *Homoflemingin* (**III**), F. 165—166°, aus dem Waschchloroform des rohen **I**; aus Toluol glänzende, blaßgelbe Nadeln; 0,1 g. — *Harz B.P.*, F. ca. 100°, aus der Chloroformlsg. nach Abtrennung des rohen **I** durch Eindampfen, Lösen in verd. Alkali, Entfernen von Wachs durch Extraktion mit Ae., Ansäuern der alkal. Lsg. u. Extraktion mit Ae.; spröde, orangebraune, glasartige M.; gibt bei der Alkalischmelze *Essig-* u. *Salicylsäure*; Borsäuretest positiv. (Agrochimica [Pisa] **2.** 88—106. Dez. 1957. Padova, Univ., Ist. di Chim. Agraria e Ind. Agrarie.) F. HELLER. 4782

Maria Henneberg-Łańczakowa, *Der Einfluß einiger Faktoren auf den Wert der Droge Fol. Menyanthidis sowie Normungsvorschläge.* Bitterkleeblätter sollen kurz vor der Blüte gesammelt u. bei n. Temp. oder im Luftstrom bei 70° getrocknet werden. Zusatz von maximal 6% Blattstielen verschlechtert nicht den Bitterwert der Droge. (Biul. Inst. Roślin leczniczych **4.** 136—44. Juni 1958. Poznań.) F. URBAN. 4782

H. Czetsch-Lindenwald, *Versuche zur Herstellung haltbarer Lösungen des Methylesters der p-Hydroxybenzoesäure.* Bisher werden die Ester der p-Hydroxybenzoesäure [z. B. der *p-Hydroxybenzoesäuremethylester* (**I**)], die als Konservierungsmittel Zubereitungen, bes. Cremes, zugesetzt werden, durch längeres Kochen der z. B. **I** enthaltenden wss. Phase in Lsg. gebracht. Vf. schlägt vor, **I** im Verhältnis 1 : 5 mit Tween 20 oder Tween 80, gegebenenfalls zusammen mit A. oder Solketal zu mischen, wobei eine mit W. leicht verdünnbare Lsg. entsteht, die der zu konservierenden Zubereitung in der Endphase der Herst. zugesetzt werden kann. (Scientia pharmac. **25.** 44—48. 31/3. 1957. Wien, Braumapharm.) H. P. FIEDLER. 4786

Peter W. A. Cox, *Polyvinylalkoholgallerten.* Unterss. über die Eigg. u. Eignung verschied. Chargen von *Polyviol* (Polyvinylalkoholpräp.; WACKER-CHEMIE, München) zur Herst. von pharmazeut. Präpp. für äußerliche Anwendung. Für die Chargen Polyviol M 05/20, M 05/140, W 28/20, W 25/140 u. W 48/20 werden Verh. in 4%ig. wss. Lsg., VZ., Hydrolysegrad, p_H usw. mitgeteilt. (Pharmac. J. **181.** (4/127). 115—16. 16/8. 1958. Worksop, Victoria Hospital, Pharmacy.) HEINZ WALTER. 4786

W. G. Chatzkewitsch, K. P. Gemp, M. Ss. Kirejewa und **W. Ss. Grjuner,** *Eine neue Agarart aus Furcellaria fastigiata (Huds) Lamour.* Furcellaria fastigiata kommt in großen Mengen, bes. im Weißen u. Balt. Meer vor. Je 1 km Küste u. Monat werden 1500 bis 2500 t gewonnen. Die mittlere Ausbeute an Agar beträgt 35,6% der Trockenmasse; F. 50—62°, Gallertbldg. 31—32°. Nach dem Sortieren, Wiegen u. Waschen wird der Rohstoff 2—3 Std. mit W. im Verhältnis 1:10 bis 1:15 unter Zugabe von 10% NH_4Cl oder 5% KCl oder 30% $CaCl_2$ oder 10% KOH gekocht. Nach dem Abgießen wird das Auskochen wiederholt u. der 3. Sud nochmals für frisches Material verwendet. Die Gallerte wird nach dem Erstarren in fließendem W. gewaschen, nach dem Schmelzen mit Aktivkohle gereinigt u. sprüh- oder walzengetrocknet. Durch die Zusätze zum Kochwasser werden die Festigkeit, F. u. Temp. der Gallertebldg. erhöht: durch 10% NH_4Cl von 227 bis 372 auf 951 g, 73 u. 44°. (Рыбное Хозяйство [Fischerei-Wirtsch.] **33.** Nr. 5. 47—50. Mai 1957. Moskau, Inst. für Volkswirtsch., Werk Udarniza.) W. SCHMELZ. 4786

F. Modrzejewski, S. Cepelewicz, M. Gałczyńska, K. Komorowska, M. Kwiatkowska und **T. Kuczyński,** *Aufgüsse und Absude.* 1. Mitt. Das Verreiben oder Einweichen der pflanzlichen Drogen mit kaltem W. vor der Extraktion bringt keine Vorteile. Die maximale Ausbeute an akt. Substanzen wird durch Herst. eines Absuds bei 90° erhalten. Alkaloide werden mit angesäuerten Lösungsmitteln gewonnen. Glykoside lassen sich am besten durch Aufgüsse isolieren, wobei der Rohstoff sofort mit sd. W. übergossen werden soll, um enzymat. Hydrolyse zu verhindern. Kalte Maceration ist bei Mutterkorn angezeigt. Die Herst. von Konzentraten ist höchstens bei Radix Ipecacuanhae u. Secale cornutum vorteilhaft. (Farmacja polska **14.** 295—97. 30/9. 1958. Łódź, Akad. Med., Zakł. Farmac. stosow.) F. Urban. 4790

H. Czetsch-Lindenwald, *Über aromatische Wässer.* Die bisher üblichen Methoden der Herst. aromat. Wässer sind nach Ansicht des Vf. wenig geeignet, um qualitativ gleichwertige Präpp. entstehen zu lassen. Vf. schlägt vor, aromat. Wässer unter gleichzeitiger Verwendung von A. u. Tween 80 oder unter Verwendung von A., Tween 80 u. Solketal herzustellen. Für verschied. aromat. Wässer werden entsprechende Rezepte, die in die österreich. Pharmakopoe aufgenommen werden sollten, vorgeschlagen. (Scientia pharmac. **25.** 16—25. 31/3. 1957. Wien, Braumapharm.) H. P. Fiedler. 4790

Fritz Neuwald, Klaus Soehring und **Olaf Klingmüller,** *Galenische und pharmakologische Untersuchungen über die Zusammensetzung wässeriger Augenarzneimittel.* 1. Mitt. *Über die Haltbarkeit einiger am Auge gebräuchlicher Arzneistoffe.* (2. vgl. nachst. Ref.) Eignungsprüfungen für Puffer als Medium bei Augentropfen. Die Haltbarkeit verschied. Wirkstoffe (Atropinsulfat, Homatropinhydrobromid, Pilocarpin- u. Cocainhydrochlorid, Pantocain, Cornecain u. Naphazolin nitrat) wird in gepufferter u. pufferfreier Lsg. durch photometr. Best. der Basenreineckate bis zu 3 Monaten nach Herst. ermittelt. Adrenalin- u. Antibioticazusätze werden u. a. behandelt. (Pharmaz. Ztg. verein. Apotheker-Ztg. **102.** 1351—54. 19/12. 1957. Schönberg/Holstein, Apotheke; Hamburg, Univ., Pharmakol. Inst.) Heinz Walter. 4790

Fritz Neuwald, Klaus Soehring und **Olaf Klingmüller,** *Galenische und pharmakologische Untersuchungen über die Zusammensetzung wässeriger Augenarzneien.* 2. Mitt. *Über einen allgemein verwendbaren Puffer.* (1. vgl. vorst. Ref.) Allg. Daten u. bes. Ausführungen über die Eigg. von Natriumacetat–Borsäure-Puffer. (Pharmaz. Ztg. verein. Apotheker-Ztg. **103.** 293—95. 20/3. 1958.) Heinz Walter. 4790

O. L. Brekke, H. G. Maister, G. C. Mustakas, L. van Ermen, M. C. Raether und **C. T. Langford,** *Morphingewinnung aus einem Butanol-(2)-Extrakt von Opiummohnmehl.* Zur Gewinnung von *Morphin* u. anderen *Opiumalkaloiden* aus einem Butanol-(2)-Extrakt von Opiummohnmehl wurden zwei Methoden (Ionenaustausch u. Dest.) im halbtechn. Maßstab entwickelt, wobei erstere zu besseren Ausbeuten führt. (Ind. Engng. Chem. **50.** 1733—36. Dez. 1958. Peoria, U. S. Dep. of Agric., Northern Utilization Res. and Developm. Div.) S. Sattler-Dornbacher. 4790

A. F. Leyden, E. Pomerantz und **E. F. Bouchard,** *Pharmazeutische Betrachtungen über Reserpin.* Es wird Herst. von Tabletten, Kapseln, Injektionen u. eines Reserpin (I)-Elixiers beschrieben. I erwies sich als verträglich mit Gummi arabicum, Gelatine, verschied. Zuckern, Ca-Phosphat, Carbowax 4000 u. 6000, Mg- u. Ca-Stearat, Talcum, Polyäthylenglykol 300, Propylenglykol u. Tween 80. I-Lsgg. sollen unter Lichtschutz aufbewahrt werden, um Wirkungsverluste zu vermeiden. Für die Stabilität der I-Zubereitungen erwies sich dessen Reinheit als ausschlaggebend. Die Verträglichkeit mit einer Reihe von Arzneistoffen in möglichen Kombinationen wurde nachgewiesen. (J. Amer. pharmac. Assoc., sci. Edit. **45.** 771—75. Dez. 1956. Brooklyn, Pfizer & Co.) H.-W. Gramm. 4790

Heinz Hoffmann, *Was ist „Oxobenzhydroxazin“?* Vergleichende Unterss. des aus *Ruhmal*-Tabletten (Amol-Werk, Hamburg) isolierten, als „*Oxobenzhydroxazin*“ angegebenen Stoffes mit dem nach Einhorn u. Mettler [1902] dargestellten „*Carbonylsalicylamid*“. Beide Verbb. sind ident., $C_8H_5NO_3$, F. 228°, u. gleich mit *2.4-Dioxo-3.4-dihydro-1.3-benzoxazin.* Zers. mit NaOH führt zum Salicylamid, F. 140°, u. zur Salicylsäure, F. 157°. (Pharmaz. Ztg. verein. Apotheker-Ztg. **103.** 914—15. 28/8. 1958. Bethel bei Bielefeld, von Bodelschwinghsche Anstalten, Sarepta-Apotheke.) Heinz Walter. 4806

Ch. Stumpf, *Moderne Beruhigungsmittel.* Übersicht (Vortrag) über Entw. u. Chemie der Tranquilizer, Relaxantien, Ataractica u. Antiphobica. (Österr. Apotheker-Ztg. **12.** 679—83. 13/12. 1958. Wien, Univ., Pharmakol. Inst.) H.-W. Gramm. 4806

O. Spühler, *Die synthetischen Antidiabetica.* Vortrag. — Übersicht über die wichtigsten synthet. Antidiabetica einschl. der heute bedeutungslosen Substanzen. Darst. ihrer jeweiligen Vorzüge u. Nachteile. (Schweiz. Apotheker-Ztg. **97.** 49—61. 24/1. 1959. Zürich, Stadtspital Waid.) F. O. W. Meyer. 4806

W. R. Butt und **Brenda P. Round,** *Die Verwendung von Ionenaustauschern bei der Gewinnung von Gonadotrophinen aus dem Urin.* Vff. beschreiben zwei neue Methoden zur Gewinnung von *Gonadotrophinen* aus Urin mit Hilfe von Ionenaustauschern u. vergleichen diese mit der bekannten Tricalciumphosphatmeth. nach LORAINE u. BROWN (Acta ednocr. [Copenhagen] **17.** [1954.] 250). Mit Amberlite IRA-400 (Boratform) konnte ein Präp. gewonnen werden, das biol. akt. u. qualitätsmäßig besser war, als es mit der alten Meth. gewonnen werden kann. Es konnte auch keine Toxizität in den Fraktionen festgestellt werden. Von Celluloseaustauschern konnten nur die Anionenformen ECT (0,4% N) u. DEAE (0,95% N) gebraucht werden, da die Kationenformen CP u. CM versagten. Eine völlige Adsorption erreichten Vff. mit DEAE, wobei ebenfalls mehr akt. Material gewonnen werden konnte als mit der alten Methode. Werden diese beiden neuen Methoden derart kombiniert, daß zunächst die Behandlung mit Amberlite IRA-400 (Boratform, p_H 6,0) erfolgte u. das nicht adsorbierte Material mit DEAE-Cellulose behandelt wurde, so konnte eine spezif. Aktivität erzielt werden, die nicht besser war als die der DEAE-Fraktionen. Bei beiden Methoden konnten Vff. Extrakte von geringer Toxizität, aber hoher spezif. Aktivität erhalten. Die Gewinnung der Aktivität aus den Kaolinextrakten ist quantitativ u. weitaus besser als mit der Tricalciumphosphatmethode. — Die Ergebnisse werden eingehend diskutiert. (J. Endocrinology **17.** 75—80. Mai 1958. Birmingham, Birmingham and Midland Hosp. for Women, Dep. of Clin. Endocrinol.)
H. DÖLLE. 4808

E. Soos, *Über die Bedeutung und Differenzierung verschiedener Insulinpräparate.* Übersicht über den derzeitigen Stand der *Insulin* (**I**)-Forschung u. -Therapie. Besprechung des Wirkungsmechanismus von **I** u. der verschied. **I**-Präpp. des Handels. — 17 Literaturzitate. (Scientia pharmac. **24.** 34—43. 31/3. 1956.) S. ERBE. 4808

G. Turowski und **B. Kusiak,** *Vereinfachtes Verfahren zur Gewinnung von Keuchhustenvaccine unter Anwendung von belüfteter Tiefenzüchtung.* Durch gleichmäßige Belüftung wird in Tiefenkulturen von H. pertussis eine Bakterienkonz. von $30 \cdot 10^9$/ml erhalten. Die Bakterien werden im 1. Entwicklungsstadium mit Phenol abgetötet. Die Suspension läßt sich mit physiol. NaCl-Lsg. auf $^1/_3$ der Konz. verdünnen u. enthält so nur wenig Ballaststoffe. (Farmacja polska **14.** 299—300. 30/9. 1958. Kraków, Wytwórnia Surowic i Szczepionek.) F. URBAN. 4812

John F. Wilkinson, G. G. Freeman, N. New und **R. B. Noad,** *Silicongummischläuche bei der Blutübertragung. Klinische Versuche.* Bei 296 Bluttransfusionen mit Gesamtblut, Zellen u. Serum mit 7 verschied. *Silicongummischläuchen* zeigten nur 1,01% der Fälle Rkk. bei den Patienten. Diese Schläuche sind wegen der Haltbarkeit (Sterilisation), ihrer langen Lebensdauer u. der Durchsichtigkeit n. Schläuchen überlegen. Beste Zus.: *Dimethylpolysiloxan,* gefüllt mit amorph gefälltem SiO_2. (Lancet **271.** 621—24. 22/9. 1956. Manchester, Univ., Dep. of Haematol. Ayrshire, Nobel Div., Res. Dep.)
H. STRUCK. 4828

I. M. Rimmer, S. A. Temkin und **N. Ss. Klimenko,** *Brauchbarkeitsdauer einiger steriler, in der Apotheke für die parenterale Verabreichung hergestellter Arzneiformen.* Entgegen der Auffassung, daß in Apotheken sterilisierte Lsgg., die 0,5% Novocain, 0,85% NaCl u. 5—40% Glucose enthalten, nur 7 Tage verwertbar bleiben, wird gezeigt, daß diese, unabhängig von ihrem Glucosegeh., bei einmaliger Sterilisation im Autoklaven (0,5 atü, 40 Min.) oder dreimaliger Sterilisation in strömendem Wasserdampf 14 Tage steril bleiben. (Аптечное Дело [Apothekenwesen] **7.** Nr. 5. 65—67. Sept./Okt. 1958. Petschenga, Bezirk Murmansk.) H.-W. GRAMM. 4832

K. Münzel und **W. Kägi,** *Die Prüfung der mechanischen Festigkeit von Tabletten.* Nach einer Übersicht über die bisher gebräuchlichen Methoden zur Prüfung der mechan. Festigkeit von Tabletten empfehlen Vff., als Kriterien die Best. des Rollverschleißes u. die Best. der Biegefestigkeit anzuwenden. Vff. geben Vorschriften für Konventionsmethoden, die auf Grund zahlreicher Verss. entwickelt wurden. Als App. zur Best. des Rollverschleißes (= Gewichtsverlust der Tabletten bei der Rollprobe in %) wurde die *Turbula* nach SCHATZ (Dornach/Schweiz) eingesetzt. Bei der Unters. der Biegefestigkeit wurde der *Dynstat* (Hersteller: L. SCHOPPER, Leipzig) verwendet. Bei letzterer Prüfung müssen die Tabletten als prismat. Körper eingesetzt werden, da nur „interne" Faktoren, nicht aber „externe" Faktoren (Form) untersucht werden sollten. Die vorgeschlagenen Methoden liefern reproduzierbare Ergebnisse. 9 verschied. Tablettensorten von 3 Firmen wurden geprüft. Der Rollverschleiß differierte für die gleichen Tabletten zweier Firmen sehr stark. Der Rollverschleiß soll nach der angegebenen Meth. nicht mehr als 10% betragen. (Pharmac. Acta Helvetiae **32.** 305—21. Aug. 1957. Beilage zu: Schweiz. Apotheker-Ztg. Zürich, ETH, Pharmazeut. Inst., Galen. Abt.) S. ERBE. 4880

J. H. Helou, *Modifikationen einiger Methoden der Brasilianischen Pharmakopoe zur Bestimmung einiger Drogen und entsprechender offizineller Präparate.* Vf. hat die zur Best. von Cola, Guaranà, Kakao, Opium, Chinin u. Lobelin in der Brasilian. Pharmakopoe angegebenen Methoden mit den in anderen Handbüchern angegebenen verglichen u. diese nebeneinandergestellt u. beschrieben. (An. Farmac. Quím. São Paulo **9.** 97—102. Mai/Juni 1958.) HEINRICH HERMANN. 4880

F. H. L. van Os, *Die Bestimmung des Mentholgehaltes von Oleum menthae piperitae im niederländischen Arzneibuch VI.* Zur Berechnung des Mentholgeh. wird eine Gleichung abgeleitet, die statt der im niederländ. Arzneibuch VI angegebenen angewandt werden soll. (Pharmac. Weekbl. **94.** 65—67. 7/2. 1959. Groningen, Rijksuniv., Labor. voor Farmacognosie en galen. Farmacie.) W. WESLY. 4880

G. Wagner, *Die papierionophoretische Analyse von Arzneimittelgemischen.* (Vgl. C. **1957.** 6831.) Übersicht: Apparaturen, Methodik, Anwendung zur Analyse von Sulfonamiden, organ. Säuren u. Derivv., Alkaloiden u. bas. Analgeticis, Lokalanästheticis u. Spaltprodd., Sympathicomimeticis, Aminophenolen, Phenothiazinen u. pharmazeut. wichtigen Naturstoffen. — 69 Literaturangaben. (Wiss. Z. Ernst Moritz Arndt-Univ. Greifswald, math.-naturwiss. R. **5.** 129—49. 1955/56. Greifswald, Univ., Pharmazeut.-Chem. Inst.) HEINZ WALTER. 4880

Antonin Berka und **Jaroslav Zýka,** *Neue volumetrische Methoden in der Analyse von organischen Verbindungen.* 5. Mitt. *Oxydation der Weinsäure mit Kaliumperjodat und mit Blei(IV)-Acetat.* (4. vgl. C. **1958.** 11606.) Verwendete App.: Potentiometer mit Elektronenvoltmeter Kratko, Pt- u. Hg_2Cl_2-Elektrode, Magnetrührer. Zur Best. der *Weinsäure* (**I**) oder Tartrate, zu 5 ml der gelösten Substanz, die 3 mg **I** enthält, 1 ml Eisessig, 2 ml 30%ig. KOH, 10 ml 0,01 mol KJO_4-Lsg. (**II**) fügen, umrühren, 4 Std. stehenlassen, dann 4 ml konz. H_2SO_4 zufügen u. mit 0,01 mol. $FeSO_4$-Lsg. potentiometr. titrieren. Blindtitration durchführen. Fehlergrenze 0,32%. 1 ml **II** = 0,5003 mg **I.** Im Vgl. ist Oxydation mit Pb(IV)-Acetat nicht von Vorteil. — 14 Literaturangaben. (Československ. Farmac. **7.** 141—43. April 1958. Praha, Karluniv., ústav. chem. analyt.) E. VEVERA. 4880

G. Machek, *Zur Colorimetrie des Isonicotinsäurehydrazides mittels p-Dimethylaminobenzaldehyd.* Unter den verschied. Methoden zur Gehaltsbest. von *INH* hat die colorimetr. Best. mittels Dimethylaminobenzaldehyd (**I**) die größte Bedeutung. Es wird gezeigt, daß bei der vorgenommenen Rk. die maximale Farbtiefe auch nach 1 std. Hydrolyse von INH in wss.-salzsaurem Milieu u. darauffolgende Zugabe von **I** noch nicht erreicht ist. Erst bei 3 std. Hydrolysieren bei gleichzeitiger Anwesenheit von **I** wurde maximale Farbtiefe erreicht, die über 15 Std. konstant blieb. Bei kürzerer Hydrolysezeit wird das Farbmaximum nicht erreicht, kann auch nur unbefriedigend mit Formalin stabilisiert werden. Bei Einhaltung der angegebenen Arbeitsvorschrift kann die unvollständige Farbausbldg. mit $NaNO_2$ bis zu 3 Std. stabilisiert werden. Die Auswertung der mit dem LANGE-Colorimeter erhaltenen Extinktionen erfolgt an Hand einer unter gleichen Bedingungen aufgenommenen Eichkurve. Eine Arbeitsvorschrift für die INH-Best. in Tabletten wird angegeben. (Scientia pharmac. **24.** 11—17. 31/3. 1956. Kundl/Tirol, Biochemie G. m. b. H.) S. ERBE. 4880

E. B. L. M. van Nispen tot Pannerden, *Die Bestimmung von Barbitursäurederivaten als solchen und in Lösungen mit Hilfe von Kationenaustauschern auf Harzgrundlage.* Man gibt die in 70%ig. A. gelösten Barbitursäurederivv. (**I**) auf einen stark sauren Kationenaustauscher, eluiert mit 4 mal 10 ml 70%ig. A., versetzt mit 25 ml W. u. titriert das Eluat mit 0,1 n NaOH-Lsg. u. Thymolphthalein als Indicator. 5.5-Diallyl- u. 5-Allyl-5-isopropylbarbitursäure werden bromometr. nach Verjagen des A. bestimmt. Das Eluat der mit Na_2CO_3 versetzten **I** wird zum Austreiben des in Freiheit gesetzten CO_2 erhitzt u. dann titriert. (Pharmac. Weekbl. **93.** 987—89. 1/11. 1958. Arnhem, St. Elisabeths Gasthuis, Apotheek.) W. WESLY. 4880

Farbenfabriken Bayer Akt.-Ges., Leverkusen (Erfinder: **Stefan Breiter, Werner Meiser, Wolfgang Wirth** und **Horst Kreiskott,** Wuppertal), *Aliphatische Dicarbamate*

R—CH(OCONH₂)—C(R₁)H—CH(OCONH₂)—R₂

I

der allg. Formel I, worin R, R_1 u. R_2 Alkylreste mit 1—5 C-Atomen bedeuten, werden nach üblichen Verff., z. B. durch Rk. der Diole $HOHC(R)-CH(R_1)-C(R_2)HOH$ mit Harnstoff oder mit Alkylurethanen (in Ggw. eines Umesterungskatalysators) hergestellt. — Beispiele: *Dicarbamate* des *3-Methylpentandiols-(2.4)*, F. 183°, u. des *3-Methylheptandiols-(2.4)*, F. 176°. — *„Tranquilizer"* von guter Verträglichkeit. (**D. A. S. 1 054 449** Kl. 12o vom 24/12. 1957, veröff. 9/4. 1959.) A. BRÖSAMLE. 4807

Karl-Heinz König, Jena, *Herstellung von 2.5-Bis-[bis-(β-halogenäthyl)-amino]-benzochinonen-(1.4) sowie ihrer entsprechenden Hydrochinone* der allg. Formel **I** u. **II** [X = F, Cl, Br, J; $R-R_3$ = H, aliphat., aromat., hydroaromat. oder heterocycl. Rest (gleich oder verschieden)], dad. gek., daß man auf Benzochinon-(1.4) (III) in Ggw. eines Lösungsmittels (CH_3OH, A., W.) u. eines Netzmittels oder Lösungsvermittlers bei 10 bis 50° Bis-[β-halogenäthyl]-amine einwirken läßt, u. zwar in Ggw. von Schwermetallsalzen u. Luft oder O_2 bei einem Verhältnis von **III**:Amin wie 1:2 u. wobei die Menge des zugesetzten Schwermetallsalzes [Cu(II)- oder Mn(II)-Acetat] mindestens 30% des eingesetzten **III** betragen soll; bei Rk. ohne Katalysator u. O_2 oder Luft soll das Mol-Verhältnis **III**:Amin mindestens 3:2 betragen. Die Aminochinone werden mit H_2 in Ggw. von Pd, Pt oder RANEY-Ni oder mit reduzierenden Mitteln ($SnCl_2$, Zn + HCl, Sn + Säure, Na-Dithionit) oder durch acylierende Red. (Zn + Eisessig) in die entsprechenden Aminohydrochinone oder deren Ester übergeführt. — *2.5-Bis-[bis-(β-chloräthyl)-amino]-benzochinon-(1.4)* (**IV**), F. 131°, aus 10,8 (g) **III** in A. durch Zugabe von 8 Cu-Acetat u. Rk. mit 29 Bis-[β-chloräthyl]-amin unter Einleiten von Luft; aus Aceton dunkelrote Kristalle; Ausbeute 85—95%. — *2.5-Bis-[bis-(β-bromäthyl)-amino]-benzochinon-(1.4)*, F. 103—104°, ähnlich aus Bis-[β-bromäthyl]-amin; aus Chlf. violettbraune bis dunkelrotbraune Kristalle. — Red. von **IV** in Eisessig durch portionsweise Zugabe von Zn-Staub unter N_2 bis zum Verschwinden der Farbe, Extraktion mit Chlf., Eindampfen u. Kristallisation aus Essigester → farblose Kristalle vom F. 125—125,5°. — *Pharmazeutica* mit krebshemmenden Eigenschaften. (**D. P. [DDR] 16 137** Kl. 12o vom 27/11. 1956, ausg. 30/12. 1958 [Wirtschaftspatent].) H.-J. NITZSCHKE. 4807

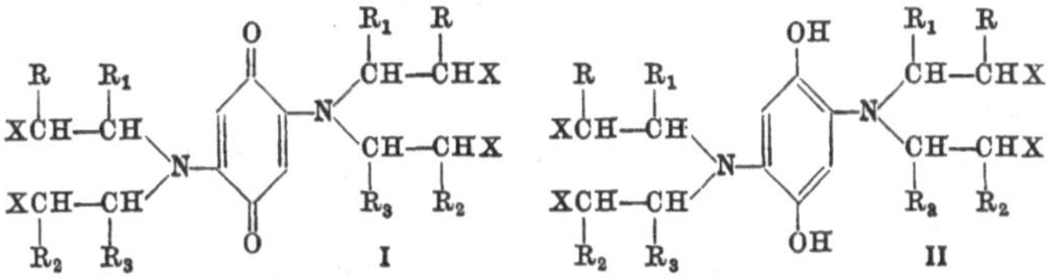

Kali-Chemie Akt.-Ges., Hannover, *Therapeutisch wirksame α-(1-Methylpropyl)-phenylacetonitrile* mit 2 asymm. C-Atomen der allg. Formel **I** (Am = Dialkylamino- oder cycl. Aminogruppe) erhält man durch Rk. von α-(β-Halogenäthyl)-α-(1-methylpropyl)-phenylacetonitril mit Dialkylaminen oder sek. heterocycl. N-Basen. — Aus 86,5 (g) α-(1-Methylpropyl)-phenylacetonitril, 25 Na·NH_2 in 200 cm³ Bzl. → Na-Verb. + Äthylenbromid → $CH_3CH_2CH(CH_3)C(C_6H_5)(CN)CH_2CH_2Br$ + Piperidin nach 3std. Erhitzen → *α-(1-Methylpropyl)-α-(β-piperidinoäthyl)-phenylacetonitril*, Kp.$_4$ 175—177°. *Hydrochlorid*, aus A.–Ae., F. 200—203°. — Dimethylamin → *α-(1-Methylpropyl)-α-(β-dimethylaminoäthyl)-phenylacetonitril*, Kp.$_2$ 127—132°. *Hydrochlorid* aus A.–Ae., F. 202—204°, leicht wasserlöslich. — Diäthylamin → *α-(1-Methylpropyl)-α-(β-diäthylaminoäthyl)-phenylacetonitril*, Kp.$_1$ 145—155°. *Hydrochlorid* aus A.–Ae., F. 126—129°, leicht wasserlöslich. — α-(Isopropyl)-phenylacetonitril + 3-N-Diäthylamino-2-propylchlorid → *α-(Isopropyl)-α-(2'-N-diäthylamino-1-methyläthyl)-phenylacetonitril*, Kp.$_3$ 148—151°. *Hydrochlorid*, F. 139 bis 143°. — 3-Piperidino-2-propylchlorid → *α-Isopropyl-α-(1-methyl-2-piperidinoäthyl)-phenylacetonitril*, Kp.$_3$ 160—167°; *Hydrochlorid*, F. 158—162°. — 3-N-Dimethylamino-2-propylchlorid → *α-Isopropyl-α-(1-methyl-2-N-dimethylaminoäthyl)-phenylacetonitril*, Kp.$_4$ 130—133°. *Tartrat*, aus Ae., F. 68—70°. *Spasmolyt. wirksame Analgetica.* — Vgl. E. P. 501 135; C. **1939.** II. 2446. D. B. PP. 960 462; C. **1958.** 2817, u. 964 499; C. **1958.** 6336. (**E. P. 765 510** vom 17/1. 1955, ausg. 6/1. 1957. D. Priorr. 9/2., 29/3. u. 9/4. 1954.) G. KRAUSS. 4807

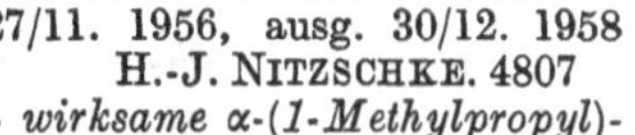

Friedrich Jung, Berlin-Buch, **Ernst Carstens** und **Joachim Donat**, Radebeul, und **Hans-Joachim Heidrich**, Dresden, *Herstellung von blutzuckersenkenden Thioharnstoffderivaten* der allg. Formel *R—SO₂—NH—CS—NH—R'* (R = Alkyl-, Aralkyl-, Aryl- oder heterocycl. Rest; R' = Alkylgruppe mit 4—6 C-Atomen), dad. gek., daß aliphat., aromat. oder heterocycl. Sulfonamide als Alkalisalze oder in Ggw. von Alkalihydroxyd bzw. Alkalisalzen schwacher Säuren mit aliphat. Isothiocyansäureestern mit 4—6 C-Atomen im aliphat. Rest bei etwas erhöhter Temp. umgesetzt werden. — N-[n-Butyl]-thioharnstoffe: *N'-Methansulfonyl-*, $C_6H_{14}N_2O_2S_2$, F. 93—95°, durch 12std. Kochen von 95 (g) Methansulfonamid in 2n NaOH mit 250 ml Aceton u. 115 Isothiocyansäure-n-butylester u. Fällen mit HCl; Nadeln aus verd. A.; 54% (Ausbeute). — *N'-[p-Acetylaminobenzolsulfonyl]-*, $C_{13}H_{19}N_3O_3S_2$, F. 165—167° (Zers.), aus Acetylsulfanilamid-Na in Triglykol; aus CH_3OH-W. (1:1) Nadeln; 83%. Daraus *N'-[p-Aminobenzolsulfonyl]-*, $C_{11}H_{17}N_3O_2S_2$, F. 116—117°, Nadeln aus wss. CH_3OH; 80—85%. —

N'-[p-Methylbenzolsulfonyl]-, $C_{12}H_{18}N_2O_2S_2$, F. 94—96°, Prismen aus wss. A., aus p-Toluolsulfamid; 60,5%. — *N'-Benzolsulfonyl-*, $C_{11}H_{16}N_2O_2S_2$, F. 117—119° (wss. A.); 82,5%. — *N-[p-Methylbenzolsulfonyl]-N'-isoamylthioharnstoff*, aus Isothiocyansäureisoamylester. (**D. P.** [**DDR**] **16 086** Kl. 12o vom 12/2. 1957, ausg. 20/12. 1958 [Wirtschaftspatent].) H.-J. Nitzschke. 4807

Farbenfabriken Bayer Akt.-Ges., Leverkusen (Erfinder: **Walter Gauss**, Köln, und **Gerhard Domagk**, Wuppertal), *Herstellung von Alkyleniminonaphthochinonen mit cytostatischer Wirksamkeit.* Naphthochinone-(1.4), die im Chinonkern ein- oder zweimal durch die Gruppe $-N(R)-SO_2 \cdot R'$ substituiert sind (R = Alkyl, Alkenyl oder Aryl u. R' = Alkyl oder Aryl), aber auch außerdem gegebenenfalls Halogenatome oder andere austauschbare Gruppen enthalten, tauschen diese Sulfongruppen gegen α.β-Alkylenimine, also zu tricycl. Verbb. des Typs $-N = (CH_2-CH_2)$ aus. Der Austausch der Halogene gegen die Imine ist bereits bekannt. — 15 g 2-Chlor-3-(N-methansulfonyl-N-methylamino)-naphthochinon-(1.4) in 100 ml Bzl. + 8,3 Triäthanolamin + 3,6 Äthylenimin in 10 Bzl. → 11 g *2-Äthylenimino-3-(N-methansulfonyl-N-methylamino)-naphthochinon-(1.4)*, F. 158—160°, gelbbraune Kristalle. — Analog wird aus einer 2.3-Bis-sulfonylverb. *2-Äthylenimino-3-(N-methansulfonyl-N-allylamino)-naphthochinon-(1.4)*, F. 119—120°, tiefgelbe Stäbchen, erhalten. — *Pharmazeutica.* (**D. A. S. 1 047 203** Kl. 12p vom 12/12. 1956, veröff. 24/12. 1958.) K. Gäbelein. 4807

Farbenfabriken Bayer Akt.-Ges. (Erfinder: **Siegfried Petersen**, Leverkusen, **Walter Gauss**, Köln, und **Gerhard Domagk**, Wuppertal), *Herstellung von Chinonderivaten mit cytostatischer Wirksamkeit*, dad. gek., daß halogenierte p-Chinone der allg. Formel **I**, in der R = H oder niederes Alkyl bedeutet, mit prim. oder sek. Aminen umgesetzt werden, wobei die Gruppierung **I** im Mol. ein- oder zweimal auftreten kann. — 5,2 ml Äthylenimin in 10 Bzl. + 13,3 g 2.5-Dichlor-3.6-diamino-1.4-benzochinon-N.N'-dicarbonsäurediäthylester in 100 Bzl. + 12,5 ml Triäthylamin (bei 25°) → 10,6 g *2.5-Bisäthylenimino-3.6-diamino-1.4-benzochinon-N.N'-dicarbonsäurediäthylester*, F. 250°, braune Kristalle. — Weitere *3-Amino-1.4-naphthochinon-N-carbonsäuremethylester*: *2-Äthylenimino-*, F. 174—175°; *2-Cyclohexylamino-*, F. 130°. — Weitere *3-Amino-1.4-naphthochinon-N-carbonsäureäthylester*: *2-Dimethylamino-*, F. 93°; *2-Äthylenimino-*, F. 174—175°; *2-(2'-Methyläthylenimino)-*, F. 138—140°; *2-Morpholino-*, F. 151—153°; *2-Piperidino-*, F. 138—139°; *2-Anilino-*, F. 176°. — Außerdem: *2-Äthylenimino-3-amino-1.4-naphthochinon-N.N-dicarbonsäurediäthylester*, F. 157—159°, sowie dessen *2-Morpholinoderiv.*, F. 138—139°. — *Pharmazeutica.* (**D. A. S. 1 047 204** Kl. 12p vom 5/4. 1957, veröff. 24/12. 1958.)

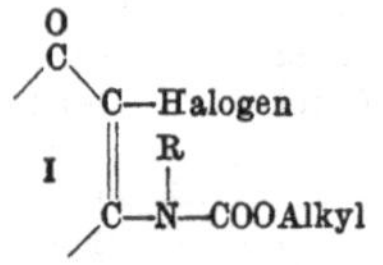

K. Gäbelein. 4807

J. R. Geigy Akt.-Ges., Basel, *Herstellung von 4-substituierten 1.2-Diaryl-3.5-dioxopyrazolidinen* (*Hydroxyalkylmalonsäurediarylhydraziden*) der allg. Formel **I** u. den entsprechenden *Lactonen* (*Hydroxyalkylmalonsäurelactondiarylhydraziden*) der allg. Formel **II** (Ar_1 u. Ar_2 = Phenylreste, die in gleicher oder verschied. Weise durch Halogen, Alkyl-, Alkoxy- oder Alkylmercaptogruppen substituiert sein können; n > 2; m = 0 oder 1; R_1, R_2, R_3 = H oder Alkylrest; R_3 darf bei m = 0 nicht H sein), dad. gek., daß man einen substituierten Malonsäurediester $RCH(COOX)_2$ (R = durch Hydrolyse u./oder Red. oder Hydrogenolyse in $HO-C_nH_{2n}-$ überführbarer Rest; X = leicht abspaltbarer Rest, z. B. niederer Alkylrest) oder ein substituiertes Malonsäurederiv. $R-CH(COY)_2$ (Y = Cl, Br oder Acyloxyrest) oder ein substituiertes Malonsäureesterderiv. $R-CH(CO \cdot Y)(COOX)$ oder einen Dialkylester oder das Lacton eines Monoalkylesters einer Hydroxyalkylmalonsäure der allg. Formel $HO-C_nH_{2n}-CH(COOH)_2$ auf Hydrazobenzol (**IV**) bzw. ein substituiertes, reaktionsfähiges Deriv. davon einwirken läßt, gegebenenfalls in Ggw. säurebindender Mittel bzw. von Kondensationsmitteln, u. im erhaltenen Pyrazolidin, falls es den Rest R enthält, diesen durch Hydrolyse u./oder Red. oder Hydrogenolyse in HOC_nH_{2n} überführt, wobei sich die erhaltenen 4-substituierten 1.2-Diaryl-3.5-dioxopyrazolidine der allg. Formel **I**, sofern sie der allg. Formel **III** entsprechen, bei Einw. verd. Säuren u./oder im Laufe der Umkristallisation in Lactone **II** umwandeln. — 1.2-Diphenyl-3.5-dioxopyrazolidine: *4-[3'.3'-Äthylendioxybutyl]-*, F. 165—167° (A.), aus 274 (Ge-

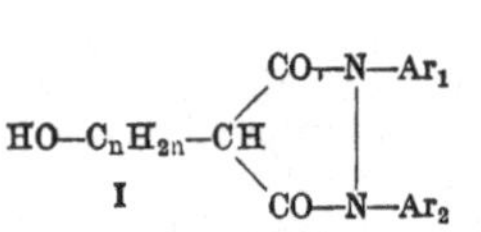

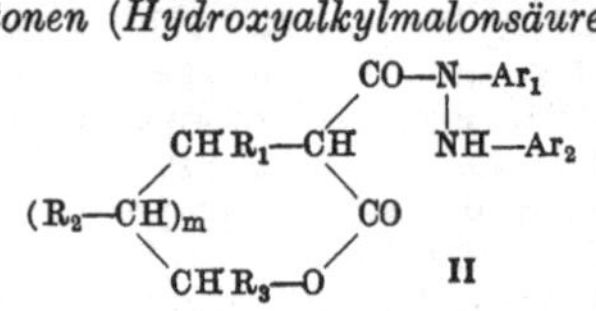

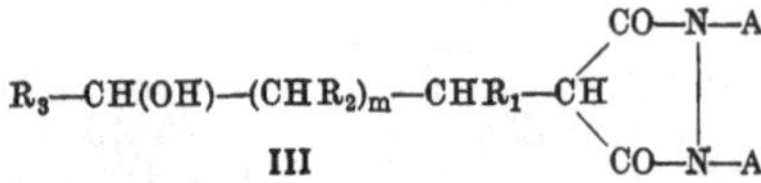

wichtsteilen) [3.3-Äthylendioxybutyl]-malonsäurediäthylester in absol. Bzl. durch 15std. Kochen mit 57 $NaOCH_3$ u. 184 **IV**, Gießen in W., Ausziehen der Benzollsg. mit 2n Sodalsg. u. Ansäuern; 72% (Ausbeute). — *4-[3'-Oxobutyl]-*, F. 115,5—116,5° (A.-W.), durch 18std. Kochen von 36,6 vorst. Verb. in Aceton mit 0,35 p-Toluolsulfonsäure u. Versetzen des Filtrats mit W.; manchmal wird eine bei 127,5—128,5° schm. Form erhalten; 81%. — *4-[3'-Hydroxybutyl]-* (**V**), F. 89—91°, durch 24std. Stehen von 50 vorst. Verb. in methanol. NaOH mit methanol. $NaBH_4$-Lsg. u. Zugabe von HCl zum Filtrat, wobei *δ-Caprolacton-α-carbonsäure-N.N'-diphenylhydrazid*, F. 163—164° (Aceton), erhalten wird, 60%, das in wss. Alkalien durch rasches Ausfällen **V** bildet, welches beim Kristallisieren wieder lactonisiert. Die Red. kann auch mit RANEY-Ni u. H_2 durchgeführt werden. — *4-[4'-Tetrahydropyranyl-(α)-oxybutyl]-*, F. 123—124° (A.), aus [4-(Tetrahydropyranyl-(α)-oxy)-butyl]-malonsäurediäthylester; 70%. — *4-[4'-Hydroxybutyl]-*, F. 104 bis 105°, dann 114—115° nach Wiedererstarren (A. durch Zusatz von W. bis zur Trübung), a) aus vorst. Verb. in A. durch Stehen mit 2n H_2SO_4; 67%; b) aus [4-Hydroxybutyl]-malonsäurediäthylester; 18%. — *Therapeutica* mit antipyret., analget. u. antiphlogist. Wirkung. — Vgl. E. P. 781 439; C. **1958**. 12773. (**Oe. P. 195 919** vom 9/9. 1955, ausg. 25/2. 1958. Schwz. Prior. 10/9. 1954.) H.-J. NITZSCHKE. 4807

Geigy Chemical Corp., New York, N. Y., übert. von: **Franz Häfliger** und **Rudolf Pfister**, Basel, Schweiz, *1.2-Diaryl-3.5-dioxopyrazolidine* der allg. Formel **I**, in der Ar_1 u. Ar_2 = Phenylreste, die durch niedere Alkyl-, Alkoxy- oder Alkylmercaptogruppen substituiert sein können u. R = aliphat. KW-stoffe bedeuten, die mindestens 12 C-Atome aufweisen, lassen sich so darstellen, daß 1. Malonester der allg. Formel $R-CH(COOX)_2$ (X = niederes Alkyl) mit Hydrazobenzolen der allg. Formel $Ar_1-N(Z)-NH-Ar_2$ in Ggw. von Alkalimetallen oder deren Alkoholaten, Amiden, Hydroxyden oder Hydriden bei 80—160°; 2. entsprechende Malonsäureacylverbb. der allg. Formel $R-CH(COY)_2$ (Y = Cl, Br oder Acyloxy) mit Hydrazobenzolen $Ar_1-NH-NH-Ar_2$ in Ggw. von säurebindenden Mitteln, wie tert. organ. Basen, in Ggw. oder Abwesenheit von Diäthyl- oder Diisopropyläther oder Chlf. bei Tempp. um 0°; 3. Malonhalbesteracylverbb. der allg. Formel R—CH(COOX)(COY) mit entsprechenden Hydrazobenzolen erst in der Kälte mit säurebindenden Mitteln, dann in der Wärme mit alkal. Kondensationsmitteln, kondensiert werden. Andererseits gelingt aber auch ihre Darst. durch Kondensation von in 4-Stellung nichtsubstituierten Pyrazolonen mit aliphat. Oxoverbb. der allg. Formel R' = O (R' = R minus 1 H), wobei durch Edelmetallkatalysatoren oder RANEY-Ni eine Aktivierung erfolgen soll. — 164 g n-Dodecylmalonsäurediäthylester, $Kp._{0,5}$ 149 bis 153°, + 11,5 Na in 230 A. + 92 Hydrazobenzol → *1.2-Diphenyl-3.5-dioxo-4-(n-dodecyl)-pyrazolidin*, F. 74—75°. Folgende *1.2-Diphenyl-3.5-dioxopyrazolidine* werden noch dargestellt: *4-(n-Octadeca-9'-enyl)*, F. 65—66°, aus (n-Octadeca-9-enyl)-malonsäurediäthylester, $Kp._{0,4}$ 195—197°; *4-n-Octadecyl*, F. 72—74°, aus n-Octadecylmalonsäurediäthylester, $Kp._{0,12}$ 193—194°; *4-n-Pentadecyl*, F. 76—77°, aus n-Pentadecylmalonsäurediäthylester, $Kp._{0,15}$ 161—162°. — Die Verbb. zeigen stärkere antipyret. Wrkg. als die entsprechenden Derivv. mit 3—5 C-Atomen in 4-Stellung. — *Antipyret., antiphlogist.* u. *analget. wirksame Pharmazeutica.* (**A. P. 2 831 865** vom 1/8. 1955, ausg. 22/4. 1958. Schwz. Prior. 6/8. 1954.) K. GÄBELEIN. 4807

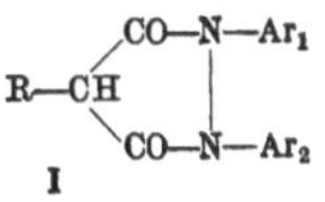

I

F. Weiner G. m. b. H., Chem. Fabrik (Erfinder: **Erich Jansen**), Oberpleis, *Ester von 4-Thiazolidincarbonsäuren* der allg. Formel **I** (R, R_1, R_2 u. R_3 = H, Alkylreste mit 1—5 C oder Phenyl- oder Benzylreste; X = Alkylenrest mit 1—3 C; R_4 u. R_5 = Alkylreste mit 1—5 C, die auch mit dem N-Atom zum heterocycl. Ring geschlossen sein können; R_6 = H, Alkylrest mit 1—5 C oder Benzylrest;

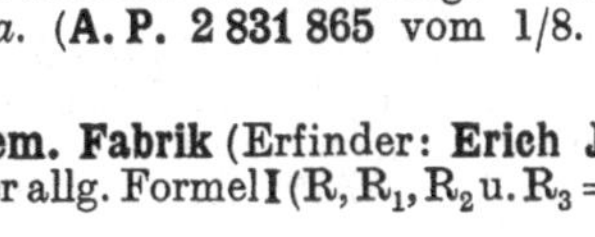

I

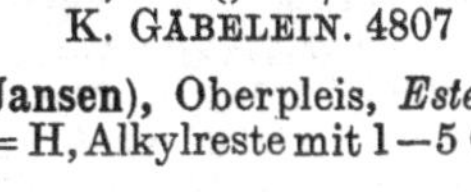

II

Y_1 = salzbindender Rest) werden erhalten, indem man Ester der allg. Formel **I**, bei welchen das N-Atom lediglich die Reste R_4 u. R_5 trägt, mit einer Säure in ein Salz oder mit einem Alkyl- oder Benzylester in eine quartäre Verb. überführt oder eine Verb. der allg. Formel **II** (R, R_1, R_2, R_3 u. X = wie vorst.; Y_2 = Säurerest) mit einem Amin der allg. Formel $N(R_4R_5R_6)$ oder ein Salz einer durch die Reste R, R_1, R_2 u. R_3 substituierten 4-Thiazolidincarbonsäure mit einer Verb. der allg. Formel $Y_3-X-N(R_4R_5)(R_6)(Y_1)$ (R_4, R_5, R_6, X u. Y_1 = wie vorst.; Y_3 = Säurerest) umsetzt oder einen Alkylester einer durch die Reste R, R_1, R_2 u. R_3 substituierten 4-Thiazolidincarbonsäure mit einer Verb. der allg. Formel $HO-X-N(R_4R_5)(R_6)(Y_1)$ (R_4, R_5, R_6, X u. Y_1 = wie vorst.) umestert. — Beispiel: Zu einer Lsg. von 6,6 (g) 4-Thiazolidincarbonsäure in 300 cm^3 warmen Aceton fügt man eine Lsg. von 2,8 KOH in wenig CH_3OH u. dampft im Vakuum zur Trockne. Zum Rückstand gibt man 150 cm³ Dimethylformamid u. 12,35 Cholindibromid u. erwärmt 20 Min. unter Umschütteln auf dem Dampfbad. Dann wird das Gemisch filtriert u. das Filtrat in 300 cm³ Aceton eingegossen. Nach längerem Stehen im Eisschrank scheidet sich das Reaktionsprod. ab → *4-Thiazolidincarbonsäuredimethylaminoäthylestermethobromid*, F. 170 bis 172° (Zers.). — Ferner werden folgende Verbb. hergestellt: (4-Thiazolidincarbonsäure = III) *2.2-Dimethyl*-III-*dimethylaminoäthylestermethobromid*, 57%, F. 142° (Zers.). — III-*diäthylaminoäthylesterdihydrochlorid*, hygroskop., *-methojodid*, hygroskop., *-äthobromid*, hygroskopisch. — *2.2-Dimethyl*-III-*diäthylaminoäthylesterdihydrochlorid*, aus A./Ae., F. 90—92° (Zers.). — *2.2.5.5-Tetramethyl*-III-*diäthylaminoäthylesterdihydrochlorid*, aus A./Ae., F. 184° (Zers.). — *Heilmittel* mit *anaesthet.* Wirkung. (**D. A. S. 1 037 462** Kl. 12p vom 1/12. 1955, veröff. 28/8. 1958.) H. Bräucker. 4807

J. R. Geigy Akt.-Ges. (Erfinder: **Erich Ziegler,** Graz, und **Udo Roßmann,** Wels, Österreich, und **Franz Litvan**), Basel, Schweiz, *Herstellung von Derivaten des 4-Hydroxycumarins* (I) der allg. Formel II (X = O oder S; Y u. Z = H, Alkyl u./oder Cl oder Br; R = 1- oder 2wertiger, gegebenenfalls substituierter aromat. KW-stoffrest, in dem 2 aromat. Ringe auch über $—CH_2—$ verbunden sein können; R′ = H, aliphat. oder gegebenenfalls substituierter aromat. KW-stoffrest; n = 1 oder 2). Äquimol. Mengen I, seiner Substitutionsprodd. oder 1-Thiaanalogen der allg. Formel III u. eines gegebenenfalls substituierten Benzylalkohols der allg. Formel IV werden in der Wärme u. in Ggw. von HCl oder HBr oder eines anorgan. Säurechlorids oder -bromids oder eines entsprechenden Benzylchlorids oder -bromids miteinander umgesetzt. Ausgenommen bleibt jedoch die Kondensation von I oder seinen im Benzolkern substituierten Derivv. mit Benzhydrol oder dessen Kernsubstitutionsprodd. (vgl. D. A. S. 1 000 395; C. **1957.** 10881). — Z. B. ergeben 20,3 (Teile) I u. 17 2-Hydroxy-3-chlor-5-methylbenzylalkohol in 120 $CHCl_2—CHCl_2$ bei 50° unter Einleiten von HCl während 40 Min. durch anschließendes Erhitzen auf 135° *3-(2′-Hydroxy-3′-chlor-5′-methylbenzyl)*-I, F. 253—254°; Diacetat, F. 159°. Analog werden hergestellt: *3-(α.-3′-Dimethyl-2′-hydroxy-5′-chlorbenzyl)*-I, F. 239,5°; *3-(2′-Hydroxy-3′.5′-dichlorbenzyl)*-I, F. 252—253°; *Diacetat*, F. 167°; *3-(2′-Hydroxy-3′-methyl-5′-chlorbenzyl)*-I, F. 269°; *2.6-Bis-[4′-hydroxycumarinyl-(3′)-methyl]-4-chlorphenol*, F. 296°; *2.4-Bis-[4′-hydroxycumarinyl-(3′)-methyl]-6-methylphenol*; *Triacetat*, F. 226—227°; *2.6-Bis-[4′-hydroxycumarinyl-(3′)-methyl]-4-tert.-butylphenol*, F. 252—253°; *3.3′-Bis-[4″-hydroxycumarinyl-(3″)-methyl]-4.4′-dihydroxy-5.5′-dimethyldiphenylmethan*, F. 254—265°; *Tetraacetat*, F. 221—223°; *2.6-Bis-[4′-hydroxycumarinyl-(3′)-methyl]-4-methylphenol*, F. 264°; *3-Benzhydryl-4-hydroxy-1-thiacumarin*, F. 235—237°; *3-(α-Äthylbenzyl)-4-hydroxy-1-thiacumarin*, F. 145—146°; *3-(α-Äthylbenzyl)*-I, F. 176—178°; *3-(α-Äthyl-2′-hydroxy-3′-methyl-5′-chlorbenzyl)*-I, F. 223 bis 224°; *3-(α-Äthyl-2′-methoxy-3′-methyl-5′-chlorbenzyl)*-I, F. 178—179°; *3-(4′-Methoxybenzyl)*-I, F. 185—186°; *3-(2′-Methoxy-3′-methyl-5′-chlorbenzyl)*-I, F. 166,5°; *3-(2′-Hydroxy-3′.5′-dimethylbenzyl)*-I, F. 252,5—253°; *3-Benzylhydryl*-I, F. 183—184°; *3-Benzyl*-I, F. 205—207°; *3-(4′.4″-Dichlordiphenylmethyl)*-I. — Zum Teil bereits bekannte, *antikoagulierend wirkende Stoffe*. (**D. A. S. 1 047 788** Kl. 12q vom 19/1. 1957, veröff. 31/12. 1958. Schwz. Prior. 20/1. 1956.) K. Fabel. 4807

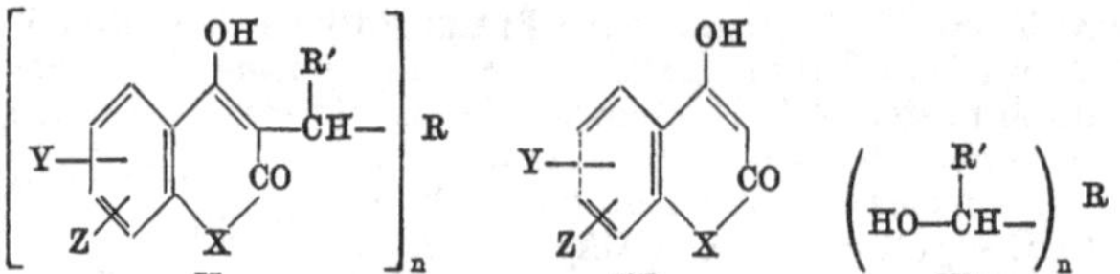

II III IV

Wisconsin Alumni Research Foundation, übert. von: **Alice Ota Robertson** und **Dale N. Robertson,** Madison, und **Karl Paul Link,** Middleton, Wis., V. St. A., *Herstellung von 4-Hydroxycumarinderivaten* der allg. Formel I (X = Halogen, niedriges Alkyl oder niedriges Hydroxalkyl; R = H oder CH_3; R′ = niedriges Alkyl oder R—N—R′ = heterocycl. Ring). Man gibt zu einer Lsg., die CH_2O u. das entsprechende Amin in A. enthält, das in 6-Stellung substituierte 4-Hydroxycumarin. — Z. B. erhält man aus CH_2O, $C_2H_5NH_2$ u. 4-Hydroxy-6-chlorcumarin → *3-Äthylaminomethyl-4-hydroxy-6-chlorcumarin*, F. 224—231° (Zers.). Analog werden hergestellt („-*methyl-4-hydroxycumarin*" = II): *6-Chlor-3-n-butylamino*-II, F. 198—222° (Zers.); *6-Chlor-3-sek.-butylamino*-II, F. 232—238° (Zers.); *6-Chlor-3-(α.α-dimethyläthanol)-amino*-II, F. 205—218° (Zers.); *6-Brom-3-dimethylamino*-II, F. 186—188° (Zers.); *6-Brom-3-isobutylamino*-II, F. 205—225° (Zers.); *6-Methyl-3-methylamino*-II, F. 223—231° (Zers.); *6-Methyl-3-benzylamino*-II, F. 125—126° (Zers.); *6-Methyl-3-piperidino*-II, F. 184—185° (Zers.); *6-Methyl-3-carbäthoxymethylamino*-II, F. 263—264° (Zers.); *6-Methyl-3-carbäthoxyäthylamino*-II, F. 282° (Zers.); *6-Methoxy-3-n-propylamino*-II, F. 163—164° (Zers.);

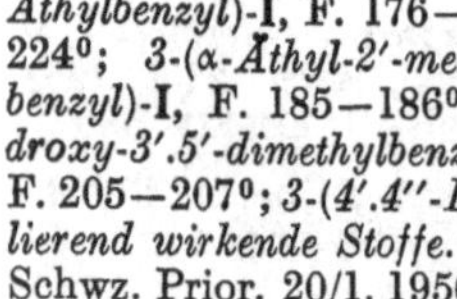

I

6-Methoxy-3-n-hexylamino-**II**, F. 132—136°; *6-Methoxy-3-phenyläthylamino*-**II**, F. 146 bis 147°; *6-Methoxy-3-(2'-hydroxypropyl)-amino*-**II**, F. 246° (Zers.); *6-Äthoxy-3-isopropylamino*-**II**, F. 140—143° (Zers.); *6-Äthoxy-3-cyclohexylamino*-**II**, F. 145—150° (Zers.); *6-Äthoxy-3-allylamino*-**II**, F. 228—234° (Zers.); *6-Chlor-3-dimethylamino*-**II**, F. 197° (Zers.) *6-Chlor-3-n-propylamino*-**II**, F. 215—220° (Zers.); *6-Chlor-3-isopropylamino*-**II**, F. 230 bis 240° (Zers.); *6-Chlor-3-n-hexylamino*-**II**, F. 159—160°; *6-Chlor-3-cyclohexylamino*-**II**, F. 202° (Zers.); *6-Chlor-3-phenyläthylamino*-**II**, F. 185—225° (Zers.); *6-Chlor-3-piperidino*-**II**, F. 184—185° (Zers.); *6-Chlor-3-allylamino*-**II**, F. 298—300° (Zers.); *6-Chlor-3-(2'-hydroxypropyl)-amino*-**II**, F. 190—209° (Zers.); *6-Brom-3-äthylamino*-**II**, F. 217—225° (Zers.); *6-Brom-3-n-propylamino*-**II**, F. 220—230° (Zers.); *6-Brom-3-isopropylamino*-**II**, F. 237 bis 242° (Zers.); *6-Brom-3-n-butylamino*-**II**, F. 218—229° (Zers.); *6-Brom-3-sek.-butylamino*-**II**, F. 240—248° (Zers.); *6-Brom-3-n-hexylamino*-**II**, F. 194° (Zers.); *6-Brom-3-cyclohexylamino*-**II**, F. 199—213° (Zers.); *6-Brom-3-phenyläthylamino*-**II**, F. 192—227° (Zers.); *6-Brom-3-allylamino*-**II**, F. 197—244° (Zers.); *6-Brom-3-(2'-hydroxypropyl)-amino*-**II**, F. 212° (Zers.); *6-Brom-3-(α.α-dimethyläthanol)-amino*-**II**, F. 224—230° (Zers.); *6-Methyl-3-dimethylamino*-**II**, F. 189° (Zers.); *6-Methyl-3-äthylamino*-**II**, F. 171—218° (Zers.); *6-Methyl-3-n-propylamino*-**II**, F. 148—150° (Zers.); *6-Methyl-3-isopropylamino*-**II**, F. 166° (Zers.); *6-Methyl-3-n-butylamino*-**II**, F. 128—132° (Zers.); *6-Methyl-3-isobutylamino*-**II**, F. 165° (Zers.); *6-Methyl-3-sek.-butylamino*-**II**, F. 142° (Zers.); *6-Methyl-3-n-hexylamino*-**II**, F. 138°; *6-Methyl-3-cyclohexylamino*-**II**, F. 186—187° (Zers.); *6-Methyl-3-phenyläthylamino*-**II**, F. 183—185°; *6-Methyl-3-allylamino*-**II**, F. 294—295° (Zers.); *6-Methyl-3-(2'-oxypropyl)-amino*-**II**, F. 197,5—201° (Zers.); *6-Methyl-3-(α.α-dimethyläthanol)-amino*-**II**, F. 181—184°; *6-Methoxy-3-methylamino*-**II**, F. 247—250° (Zers.); *6-Methoxy-3-dimethylamino*-**II**, F. 198° (Zers.); *6-Methoxy-3-äthylamino*-**II**, F. 168—188° (Zers.); *6-Methoxy-3-isopropylamino*-**II**, F. 164° (Zers.); *6-Methoxy-3-n-butylamino*-**II**, F. 163 bis 164° (Zers.); *6-Methoxy-3-isobutylamino*-**II**, F. 183—250° (Zers.); *6-Methoxy-3-cyclohexylamino*-**II**, F. 165—166° (Zers.); *6-Methoxy-3-benzylamino*-**II**, F. 126—128° (Zers.); *6-Methoxy-3-allylamino*-**II**, F. 249—252° (Zers.); *6-Methoxy-3-piperidino*-**II**, F. 178° (Zers.); *6-Äthoxy-3-dimethylamino*-**II**, F. 200° (Zers.); *6-Äthoxy-3-äthylamino*-**II**, F. 158 bis 160° (Zers.); *6-Äthoxy-3-n-propylamino*-**II**, F. 156—160° (Zers.); *6-Äthoxy-3-n-butylamino*-**II**, F. 160° (Zers.); *6-Äthoxy-3-sek.-butylamino*-**II**, F. 140—142° (Zers.); *6-Äthoxy-3-benzylamino*-**II**, F. 133—135°; *6-Äthoxy-3-phenyläthylamino*-**II**, F. 144—145° (Zers.); *6-Äthoxy-3-(2'-hydroxypropyl)-amino*-**II**, F. 178° (Zers.); *6-Äthoxy-3-piperidino*-**II**, F. 162° (Zers.); *6-Chlor-3-morpholino*-**II**, F. 171—172° (Zers.); *6-Brom-3-morpholino*-**II**, F. 177,5 bis 178,5° (Zers.); *6-Methyl-3-morpholino*-**II**, F. 143—144,5° (Zers.); *6-Methoxy-3-morpholino*-**II**, F. 120—122,5° (Zers.); *6-Äthoxy-3-morpholino*-**II**, F. 175—176° (Zers.). — *Antikoagulationsmittel.* (**A. P. 2 779 762** vom 9/10. 1953, ausg. 29/1. 1957.)

K. Fabel. 4807

Shionogi & Co. Ltd., Osaka, Japan (Erfinder: **Akira Takamizawa** und **Kenji Ikawa**, Amagasaki-shi), *2-Methyl-4-amino-5-acetaminomethylpyrimidin* (**I**) wird erhalten durch Rk. eines α.β-disubstituierten Propionitrils der allg. Formel $RO-CH_2-CH[CH(OR')(OR'')]-CN$ (R, R' u. R'' = Alkyl- oder Aralkylreste) mit Acetamidin oder Acetimidoäther u. NH_3 u. Hydrolyse des entstandenen Zwischenproduktes. — Beispiel: Zu einer aus 2,3 (g) Na u. 25 cm³ CH_3OH hergestellten Na-Methylatlsg. werden 11 Acetamidinhydrochlorid gegeben. Das Gemisch wird 1 Std. gerührt u. dann 10 α-Diäthoxymethyl-β-äthoxypropionitril (Kp.$_5$ 104°, erhalten aus α-Äthoxymethylen-β-äthoxypropionitril u. A. in Ggw. einer alkal. oder sauren Substanz oder aus α-Hydroxymethylen-β-äthoxypropionitril u. A. in Ggw. einer Mineralsäure) zugegeben u. die Lsg. 4 Std. bei 60° gerührt. Das nach Abkühlen abgeschiedene NaCl wird abfiltriert, aus dem Filtrat das Lösungsm. verjagt u. der Rückstand mit 20 W. 2 Std. auf dem Wasserbad erhitzt → I · ½ H_2O, F. 204—205°. — *Zwischenprod.* für die *Herst.* von *Heilmitteln.* (**D. A. S. 1 016 266** Kl. 12p vom 29/8. 1955, veröff. 26/9. 1957. Jap. Prior. 1/9. 1954.)

H. Bräucker. 4807

May & Baker Ltd., Dagenham, Essex, England (Erfinder: **Anthony Holland**), *Pyrimidin-2-carbonsäuren* der allg. Formel **I** (R = H oder niedermol. Alkylrest bis 6 C bes. 4 C) werden erhalten durch Dechlorierung von 4.6-Dichlor-2-methylpyrimidinverbb. zu 2-Methylpyrimidinderivv. (**II**), Kondensation von **II** mit Benzaldehyd in Ggw. von $ZnCl_2$ zu 2-Styrylpyrimidin (**III**) u. Oxydation von **III** nach an sich bekannten Verfahren. — Z. B. werden 20 (g) 4.6-Dichlor-2-methylpyrimidin durch Rk. mit H_2 in Ggw. von MgO u. Pd–$BaSO_4$ u. W. in 2-Methylpyrimidin übergeführt (63,5%). 20 dieser Verb. werden mit 60 Benzaldehyd (**IV**) u. 20 $ZnCl_2$ 2 Std. im Druckgefäß auf 165° erhitzt, dann nach Zugabe von 200 cm³ 2n HCl der Überschuß an **IV** durch Wasserdampfdest. entfernt, der Rückstand 4mal mit je 100 cm³ 2n HCl extrahiert

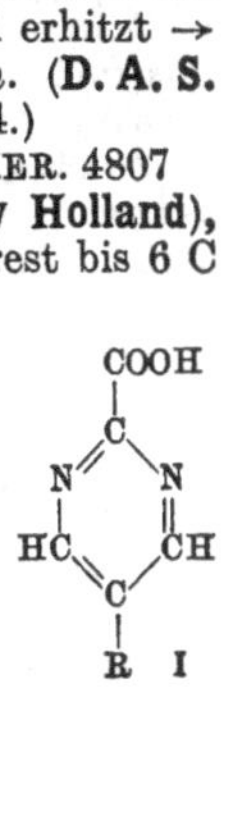

I

u. dieser Extrakt mit NH_3 alkalisiert → 2-Styrylpyrimidin (**V**), gelbes Pulver vom F. 71 bis 73°. 18,2 **V** werden in 2 Liter wss. Pyridin (50% ig) mit 27,35 $KMnO_4$ 4 Std. bei 0° u. 20 Std. bei Raumtemp. oxydiert. Nach Aufarbeitung des Oxydationsgemisches in üblicher Weise wird aus der letztlich vorliegenden wss. Lsg. bei p_H 3 die Benzolsäure mittels Ae. entfernt u. die heterocycl. Carbonsäure als Cu-Salz gefällt, das bei 40° wss. Suspension mit H_2S zerlegt wird → *Pyrimidin-2-carbonsäure*, aus W., F. 199°, *Methylester*, aus A., F. 104—105°. — Analog werden hergestellt: 2-Styryl-5-methylpyrimidin, F. 141 bis 142°, → *5-Methylpyrimidin-2-carbonsäure*, F. 146—147°, *Methylester*, F. 99—101°. — *Zwischenprodd.* für die *Herst.* von *Heilmitteln.* (**E. P. 777 465** vom 7/5. 1954, ausg. 26/6. 1957.) H. BRÄUCKER. 4807

Burroughs Wellcome & Co., Inc., Tuckahoe, N. Y., übert. von: **George H. Hitchings**, Tuckahoe, und **Gertrude B. Elion**, Bronxville, N. Y., V. St. A., bzw. **Wellcome Foundation Ltd.**, London, England, *6-Chlorpurinverbindungen* der allg. Formel **I**

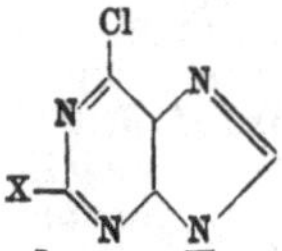

I

(X = H oder eine Amino-, Hydroxyl-, Alkyl- oder Arylgruppe) erhält man, indem man entsprechende 6-Mercaptopurine zweckmäßig in Ggw. eines geeigneten Lösungsm. bei Tempp. bis 35° mit Chlor behandelt. — 6-Mercaptopurinhydrat in absol. A. + Chlor $\xrightarrow{35^0}$ *6-Chlorpurin*, λ_{max} 265 mμ bei p_H 1 u. λ_{max} 275 mμ bei p_H 11. — *2-Amino-6-chlorpurin*, λ_{max} 295 mμ bei p_H 1 u. λ_{max} 292 mμ bei p_H 11. — *Heilmittel* u. *Zwischenprodd.* zur *Herst.* von *Heilmitteln.* (**A. P. 2 815 346** vom 25/5. 1955, ausg. 3/12. 1957. **E. P. 767 216** vom 27/5. 1954, ausg. 30/1. 1957.) H. BRÄUCKER. 4807

Monsanto Chemical Co., St. Louis, Mo., übert. von: **Frederick Comte**, Kirkwood, und **William J. Detroit**, St. Louis, Mo., V. St. A., *Xanthinhydrobromide*, die an der Luft u. im Licht beständig sind, werden erhalten durch Rk. von Xanthinen in wasserfreien, inerten Lösungsmitteln mit wasserfreiem HBr. — Es werden hergestellt die *Hydrobromide* des *Caffeins*, *Theobromins* u. *Theophyllins*. — *Heilmittel*. (**A. P. 2 798 872** vom 30/12. 1954, ausg. 9/7. 1957.) H. BRÄUCKER. 4807

J. R. Geigy Akt.-Ges. (Erfinder: **Willy Stoll** und **Erich Schmid**), Basel, Schweiz, *Xanthinverbindungen.* Zu Oe. P. 189 195; C. **1958.** 1653, ist nachzutragen: *1.3-Di-allyl-7-dimethylcarbaminylxanthin*, F. 104—105,5°. — *1.3-Diallyl-7-diäthylcarbaminyl-*, F. 62—64°. — *1.3-Di-n-propyl-7-dimethylcarbaminyl-*, F. 111,5—113°. — *1.3-Di-n-propyl-7-diäthylcarbaminyl-*, F. 53—56°. — *1.3-Di-n-propyl-7-äthylcarbaminyl-*, F. 100,5—102°. — *1.3-Diisobutyl-7-diäthylcarbaminyl-*, F. 106—108°. — *1.3-Di-n-butyl-7-dimethylcarbaminyl-*, F. 96 bis 98°. — *1.3-Di-n-butyl-7-äthylcarbaminyl-*, F. 105,5—106,5°. — *1.3-Di-n-butyl-7-diäthylcarbaminyl-*, F. 53,5—55°. — *1-Methyl-3-äthyl-7-dimethylcarbaminyl-*, F. 143—145,5°. — *1-Methyl-3-äthyl-7-diäthylcarbaminyl-*, F. 100—101,8°. — *1-Äthyl-3-n-propyl-7-dimethylcarbaminyl-*, F. 120,5—122°. — *1.3-Diäthyl-7-allylcarbaminyl-*, F. 101—102,2°. — *1.3-Diäthyl-7-(methyläthylcarbaminyl)-*, F. 99,5—101,5°. — *1.3-Di-n-butyl-7-morpholinocarbonyl-* F. 108,5—110,2°. — *1.3-Di-n-amyl-7-dimethylcarbaminyl-*, F. 90,5—92°. — *1.3-Di-n-heptyl-7-dimethylcarbaminyl-*, F. 54—56,5°. — *1.3-Diisobutyl-7-methylcarbaminyl-*, F. 128,5—130°. — *1.3-Diisobutyl-7-äthylcarbaminyl-*, F. 114,5—117°. — *1.3-Diisobutyl-7-(methyläthylcarbaminyl)-*, F. 118,5—120,5°. — *1.3-Diisobutyl-7-allylcarbaminyl-*, F. 135,5—137,5°. — *1.3-Diisobutyl-7-morpholinocarbonyl-*, F. 90,5—93,5°. — *1.3-Di-(β-äthylhexyl)-7-dimethylcarbaminyl-*, $Kp._{0,25}$ 224—227°. — *1.3-Dimethyl-8-äthyl-7-diäthylcarbaminyl-*, F. 89,5—91,5°. — *1.3-Dimethyl-8-n-propyl-7-dimethylcarbaminyl-*, F. 108—110,5°. — *1.3-Diäthyl-8-methyl-7-dimethylcarbaminyl-*, F. 147—149°. — *1.3-Diäthyl-8-äthyl-7-dimethylcarbaminyl-*, F. 93—95,5°. — *1.3-Diäthyl-8-n-propyl-7-dimethylcarbaminyl-*, F. 115,5—116,5°. — *1.3-Diäthyl-8-n-propyl-7-diäthylcarbaminyl-*, F. 69 bis 72°. — *1.3-Diisobutyl-8-methyl-7-äthylcarbaminyl-*, F. 121—122°. — *1.3-Di-isobutyl-8-methyl-7-dimethylcarbaminyl-*, F. 105—108°. — *1.3-Diisobutyl-8-methyl-7-morpholinocarbonyl-*, F. 132—134°. — *1.3-Diisobutyl-8-äthyl-7-diäthylcarbaminyl-*, F. 76,8—78,5°. — *Diuretica.* (**D. B. P. 951 365** Kl. 12p vom 27/1. 1955, ausg. 25/10. 1956. Anmeldung bekanntgemacht 3/5. 1956. **A. P. 2 729 643** vom 10/1. 1955, ausg. 3/1. 1956. **E. P. 766 754** vom 25/1. 1955, ausg. 23/1. 1957. Alle Schwz. Prior. 27/1. 1954.) H. BRÄUCKER. 4807

Helmut Weißenburger, Eschwege, *Theophyllin-7-essigsäure und deren Derivate* der allg. Formel **I** [R = OH oder OMe (Me = Äquivalent eines Metallatoms) oder eine, gegebenenfalls substituierte Amidgruppe] werden erhalten

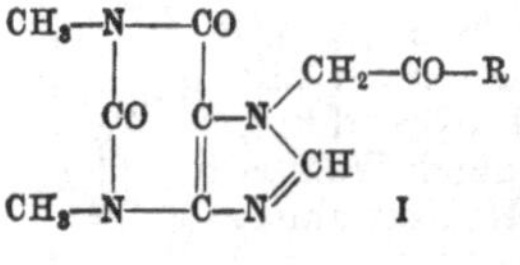

I

indem die an sich bekannte Rk. von Theophyllin (**II**) mit Verbb. der allg. Formel $R'—CH_2—CO—R$ (R′ = leicht austauschbarer Rest, z. B. Chlor- oder Bromatom; R = wie vorst.) in Ggw. eines bas. Kondensationsmittels (**III**) in der Weise durchgeführt wird, daß **III** allmählich unter guter

Durchmischung zu einer Lsg. oder Suspension von **II** zugesetzt wird u. daß das Essigsäurederiv. während der Zugabe von **III** bis gegen Ende der Rk. diesem gegenüber stets im Überschuß in der Reaktionsmischung anwesend ist. — Beispiel: Zu der Mischung von 19,8 (g) **II**-Hydrat u. 18,5 Chloressigsäuremorpholid ($Kp._{12}$ 155—157°) in 70 W. wird unter Rühren bei 60° innerhalb von 15 Min. eine Lsg. von 4,5 NaOH u. 0,05 KJ in 20 W. zugetropft, dann die Temp. des Gemisches langsam auf 85—90° gesteigert. Nach 2 std. Erhitzen bei dieser Temp. werden 60 W. abdest. u. der Rückstand 4 mal mit je 40 cm^3 Chlf. extrahiert u. das Chlf. verdampft → *Theophyllin-7-essigsäuremorpholid*, 89%, aus Bzl., F. 186°. — Analog werden **II**-Derivv. hergestellt: **II**-*7-essigsäurepiperidid*, 91,5%, aus Isopropanol, F. 182,5°. — **II**-*7-essigsäurediäthylamid*, 97,5%, aus Isopropanol, F. 186,5—187°. — **II**-*7-essigsäureamid*, 80,1%, aus W., F. 270,5—271°. — **II**-*7-essigsäureanilid*, 89,5%, aus A., F. 229°. — **II**-*7-essigsäurephenetidid*, 88,5%, aus CH_3OH, F. 268,5 bis 269°. — **II**-*essigsäure*, 91,85%, F. 270—270,5°. — *Heilmittel*. (**D. A. S. 1 000 382** Kl. 12p vom 2/5. 1955, veröff. 10/1. 1957.) H. BRÄUCKER. 4807

Soc. Financière de Placements (Soc. An.), Luxemburg, *Schnellösliche barbitur- und thiobarbitursaure Natriumsalze* erhält man, indem man die gefilterte Na-Salzlsg. bei 30—50° u. steigendem Vakuum, von ca. 140 mm beginnend, unter Vermeidung des Zusammenballens zu einem trockenen schaumartigen Pulver verarbeitet, das man entsprechend ampulliert. (**F. P. 1 167 504** vom 9/5. 1955, ausg. 26/11. 1958.) G. WELTZIEN. 4807

McNeil Laboratories, Inc., Philadelphia, Pa., übert. von: **Cornelius K. Cain**, Flourtown, Pa., V. St. A., *5-Alkyl- beziehungsweise 5-Alkenyl-5-(1'.3'-dimethyl-2'-butenyl)-barbitursäuren* (I) (Alkyl- bzw. Alkenylrest 2—3 C-Atome) werden erhalten durch Kondensation entsprechend substituierter Malonsäuredialkylester (oder deren funktionelle Derivv., wie Halogenide oder Nitrile) oder entsprechender Cyanessigsäurealkylester mit Harnstoff (**II**) u. gegebenenfalls Hydrolyse der erhaltenen Prodd. zu **I** oder durch Alkylierung bzw. Alkenylierung in 5-Stellung entsprechend substituierter Barbitursäuren. **I** können ferner hergestellt werden durch Rk. von entsprechend substituierten Malonsäurediamiden mit Kohlensäureestern. — Beispiel: Das Gemisch von 27 (g) Äthyl-(1.3-dimethyl-2-butenyl)-malonsäurediäthylester u. 18 **II** wird in einer Lsg. von 6,9 Na in 200 cm^3 absol. A. 30 Std. unter Rückfluß erhitzt, danach der A. im Vakuum verdampft, der Rückstand 1 Std. auf dem Wasserbad erwärmt u. dann auf Eis gegossen. Nach Entfernung der Neutralanteile mittels Ae. wird mit 6n H_2SO_4 angesäuert u. das Reaktionsprod. mit Ae. extrahiert (Temp. nicht über 5°) → *5-Äthyl-5-(1'.3'-dimethyl-2'-butenyl)-barbitursäure*, aus Bzl./Heptan, F. 134—135°. — Analog wird die *5-Allyl-5-(1'.3'-dimethyl-2'-butenyl)-barbitursäure* hergestellt. — *Heilmittel*. (**A. P. 2 786 841** vom 18/8. 1954, ausg. 26/3. 1957. **E. P. 782 317** vom 16/8. 1955, ausg. 4/9. 1957. A. Prior. 18/8. 1954.) H. BRÄUCKER. 4807

Dr. Karl Thomae G. m. b. H. (Erfinder: **Heinz Scheffler** und **August Kottler**), Biberach/Riß, *Barbitursäurederivate* der allg. Formel **I** (R_1 = 2.5-endomethylen-Δ^3-tetrahydrophenylhaltiger Rest der allg. Formel **II**, worin Y = H oder Alkylrest u. n eine ganze Zahl von 0—3; R_2 = R_1 oder H, Alkyl- oder Alkenylrest 1—5 C, Aryl- oder Aralkylrest; R_3 = H oder Alkyl-, Aryl-, Aralkyl- oder Acylrest; X = O oder S; die Reste R_1 u. R_2 können durch ein oder mehrere Halogenatome, bes. Br., substituiert sein) werden erhalten durch Kondensation von Estern der allg. Formel $(R_1R_2)C\cdot(COOR)_2$ oder $(R_1R_2)C(CN)COOR$ (R_1 u. R_2 = wie vorst.; R = Alkylreste) mit Verbb. der allg. Formel $H_2N(RHN)C{=}X$ bzw. Acyl-$HN(R_3HN)C{=}X$ oder $NC\cdot HN(R_3HN)C{=}NH$ (R_3 u. X = wie vorst.) in Ggw. eines alkal. Kondensationsmittels (Alkalialkoholate, -amide, -hydroxyde oder -hydride) u. eines geeigneten Lösungsm. (CH_3OH, A., Propanol, Butanol, Bzl., Toluol oder Xylol) bei erhöhten Tempp., bes. 80—140°. Bei Verwendung von Guanidin bzw. Dicyandiamid werden die entstehenden Imino- bzw. Cyaniminoverbb. hydrolysiert. Die Reste R_2 u. R_3 können auch nach erfolgter Kondensation in an sich bekannter Weise eingeführt werden. — Beispiel: 14,5 (g) Äthyl-2.5-endomethylen-Δ^3-tetrahydrophenylmethylmalonsäurediäthylester u. 3,6 Harnstoff werden in einer Lsg. 1,37 Na in 50 cm^3 absol. A. 10 Std. unter allmählichem Abdest. des A. auf 100—120° erhitzt. Der Rückstand wird in W. gelöst, die Lsg. über Kohle filtriert u. mit verd. HCl angesäuert → *5-Äthyl-5-(2'.5'-endomethylen-Δ^3-tetrahydrophenylmethyl)-barbitursäure*, 55—60%, aus verd. CH_3OH, F. 157—158°. — Analog wird erhalten: *5-(2'.5'-Endomethylen-Δ^3-tetrahydrophenyl)-barbitursäure*, 77%, aus W., F. 227°. — Ferner werden folgende Verbb. hergestellt: *5-(2'.5'-Endomethylen-Δ^3-tetrahydrophenylmethyl)-barbitursäure*: *5-Allyl-*, 70%, aus wss. A., F. 166°. — *5-Allyl-2-thio-*, 65%, aus A., F. 205° (Zers.). —

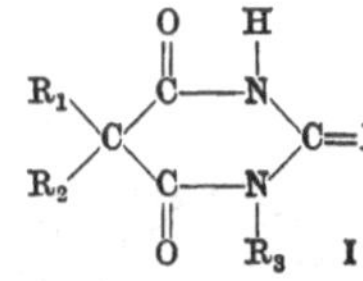

I

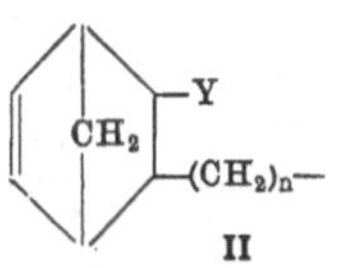

II

5-Butyl-, 60—70%, aus Bzl./PAe., F. 141—142°. — *5-Methyl-*, 66%, aus wss. CH_3OH, F. 271°. — *5-Isopropyl-*, 72%, aus Bzl./PAe., F. 160—161°. — *5-(2'.5'-Endomethylen-Δ^3-tetrahydrophenyl)-barbitursäuren*: *5-Äthyl-*, 70%, aus W., F. 196—197°. — *5-Allyl-*, 55%, aus W., F. 189—190°. — *5-Allyl-2-thio-*, aus Aceton/W., F. 176—177°. — *5-Methyl-1-methyl-*, aus wss. Aceton, F. 152—153°. — *5-Methyl-*, 75%, aus W., F. 210—212°. — *5-Butyl-*, 70%, F. 165—166°. — *5-Isoamyl-*, 75%, aus wss. CH_3OH (50% ig.), F. 210°. — *5-Äthyl-2-thio-*, 62%, aus Bzl./CH_3OH (50%ig), F. 206—208°. — *5-Äthyl-1-methyl-*, 66%, aus wss. CH_3OH, F. 161—163°. — *5-Allyl-1-methyl-*, 68%, aus CH_3OH, F. 143 bis 144°. — *5-Äthyl-1-methyl-2-thio-*, 53%, aus CH_3OH, F. 170—174°. — *Hypnotica*. (**D.A.S. 1 033 208** Kl. 12p vom 7/10. 1953, veröff. 3/7. 1958. **Schwz. P. 331 987** vom 5/10. 1954, ausg. 30/9. 1958. **E. P. 777 813** vom 7/10. 1954, ausg. 26/6. 1957. Beide D. Prior. 7/10. 1953.) H. BRÄUCKER. 4807

Allen & Hanburys Ltd. (Erfinder: **Mervyn Evan Peel**), London, England, *5-Isobutyl-5-äthyl-1-methylthiobarbitursäure* (**I**), $Kp._{0,7}$ 136—138°, n_D^{20} 1,5592, wird erhalten durch Kondensation von Isobutyläthylmalonsäuredialkylester mit N-Methylthioharnstoff (**II**) in einer Lsg. eines Alkalialkoholats, bes. eines Na-Alkoholats, in einem niedermol. aliphat. Alkohol oder durch Rk. eines niedermol. Alkylester von Isobutylcyanessigsäure mit **II** zur entsprechenden Iminothiobarbitursäure u. Hydrolyse zu **I**. Die Salze von **I**, z. B. das Na-Salz, F. 258°, werden in üblicher Weise hergestellt. — *Kurzanaestheticum*. (**D. A. S. 1 036 857** Kl. 12p vom 16/5. 1956, veröff. 21/8. 1958. E. Prior. 18/5. 1955.) H. BRÄUCKER. 4807

Donau-Pharmazie G. m. b. H., Linz, Österreich, *Herstellung von Estern von Strychnin- oder Brucinsäure-N-oxyd*. Man erhitzt das Na-Salz von Strychninsäure-N-oxyd (**I**) mit Diäthylaminoäthylchlorid in absol. A. auf dem Wasserbad, trennt vom abgeschiedenen NaCl u. fällt **I**-*diäthylaminoäthylesterhydrochlorid*, F. 250°, mit alkoh. HCl. — Analog: **I**-*dimethylaminoäthylesterhydrochlorid* u. *Brucinsäure-N-oxyddiäthylaminoäthylesterhydrochlorid*, Zers. ab 190°. — *Therapeutica*. (**Holl. P. 86 556** vom 12/7. 1954, ausg. 15/10. 1957. Oe. Prior. 21/7. 1953.) F. BÖHM. 4807

Merck & Co., Inc., Rahway (Erfinder: **Earl M. Chamberlin**, Westfield, und **John M. Chermerda**, Metuchen), N. J., V. St. A., *In 8- und 9(11)-Stellung ungesättigte 7-Ketosteroide der Ergostan- und Cholansäurereihe* erhält man durch Erhitzen von in 7.9(11)-Stellung ungesätt. Epoxy- oder Oxyergostanen oder -cholansäuren mit sauren Mitteln, W., Essigsäureanhydrid (**I**) oder A., gegebenenfalls in wss. Lsg. oder in Ggw. eines organ. Lösungsmittels. — Man erhitzt z. B. 3-Acetoxy-7.9(11)-choladiensäuremethylesterepoxyd, F. 142,6°, im Rohr mit **I** 4 Std. auf 150° → *3-Acetoxy-7-keto-9(11)-cholensäuremethylester*, F. 168—170° (roh); 185° (rein). — Ergosterin-D-acetatepoxyd (**II**) in Aceton + 2n H_2SO_4 bei n. Temp. 10 Min. → *9(11).22-Ergostadien-3-ol-7-on* (**III**), F. 153,5 bis 154,5°; $[\alpha]_D^{23}$ —53°; *3-Acetat*, F. 176—177°; $[\alpha]_D$ —43,5°; *2.4-Dinitrophenylhydrazon*, λ_{max} 375 mμ; $E_{1\,cm}^{1\%}$ 356. — **II** in Dioxan, W. + 2n H_2SO_4 → *Gemisch aus* **III** *u. 8.22-Ergostadien-3-ol-7-on* (**IV**), F. 148—157°; λ_{max} 245 mμ; E% 150—180; daraus reines **IV**, F. 179 bis 180°; $[\alpha]_D$ —43,1°; λ_{max} 246 mμ; $E_{1\,cm}^{1\%}$ 240 (Isooctan); λ_{max} 254 mμ; E_M 9970 (Alkohol); *3-Acetat*, F. 213—215°; $[\alpha]_D$ 58,6°. — 8.22-Ergostadien-3.7.11-triol-3-acetat, F. 238,5 bis 240,5°, in Dioxan + 2n H_2SO_4, 4 Std. unter Rückfluß → *Gemisch* aus **III** u. **IV**. — *Zwischenprodd.* für die Herst. von *Steroidhormonen*. (**D. A. S. 1 001 985** Kl. 12o vom 2/8. 1952, veröff. 7/2. 1957. A. Prior. 2/8. 1951. **E. PP. 768 645** u. **768 646** vom 1/8. 1952, ausg. 20/2. 1957. **Schwz. P. 319 933** vom 28/7. 1952, ausg. 30/4. 1957. Alle A. Priorr. 2/8. 1951 u. 17/5. 1952.) U. SIEVERS. 4809

Organon, Inc., Orange, N. J., V. St. A., übert. von: **Tadeus Reichstein**, Basel, Schweiz, *Verbindungen der Pregnanreihe*. Man ozonisiert z. B. Sarmentogenin (**Ia**), F. 265°, behandelt den erhaltenen Glyoxylsäureester mit alkoh. HCl, acetyliert u. hydriert das erhaltene Prod. mit H_2/PtO_2 u. oxydiert mit CrO_3 → *21-Acetoxypregnantrion-(3.11.20)* (**I**), F. 151—153°; daraus durch Rk. mit H_2/PtO_2 in Eisessig → Gemisch der isomeren *Trihydroxyverbb.*, die durch partielle Oxydation mit Al-Phenolat in *Pregnandiol-(11.21)-dion-(3.20)-21-acetat*, F. 155—157°, übergeführt werden. — **I** läßt sich auch durch Ozonisierung von **Ia**-Diacetat, Rk. mit methanol. $KHCO_3$, Überführung in das Triacetat, Dehydratisierung mit $POCl_3$ in Pyridin, katalyt. Hydrierung mit H_2/PtO_2 in Eisessig u. CrO_3-Oxydation herstellen. — Man kann auch Sarmentocymarin zu *Sarmentogenin*, F. 250—270°, hydrolysieren, acetylieren (*Acetat*, F. 145—165°), ozonisieren, das Ozonid reduzierend spalten u. den erhaltenen Glyoxylsäureester mit methanol. $KHCO_3$ spalten → *3β.11α.14.21-Tetrahydroxy-14-isopregnanon-(20)* (**II**); *-diacetat-(3.11)*; daraus durch Acetylierung u. Dehydratisierung → *3β.11α.21-Triacetoxy-$\Delta^{14,15}$-pregnen-20-on*, das durch katalyt. Hydrierung u. CrO_2-Oxydation in *3β.11α.21-Triacetoxypregnan-*

20-on, F. 178—181°, übergeführt wird. — Analog: *Sarmentogenindibenzoat*, F. 280 bis 285°, + O_3 u. darauf methanol $KHCO_3$ → II-*3.11-Dibenzoat* (III), F. 200—203°, $[\alpha]_D^{16}$ + 3,5°; III-*21-Acetat*, F. 142—150°, $[\alpha]_D^{18}$ + 12,4°; daraus durch Dehydratisierung, Hydrierung u. CrO_3-Oxydation → *3β.11α.21-Trihydroxypregnan-20-on-3.11-dibenzoat-21-acetat*, $[\alpha]_D^{18}$ + 34,6°. — *Zwischenprodd.* für die Herst. von *Steroidhormonen*. — Vgl. E. P. 653 480; C. **1952.** 4344, u. Schwz. P. 299 703; C. **1955.** 3441. (**A. P. 2 813 107** vom 8/12. 1954, ausg. 12/11. 1957. Holl. Prior. 13/9. 1947.) U. SIEVERS. 4809

Merck & Co., Inc., Rahway (Erfinder: **Lewis Hastings Sarett,** Princeton, **George Ireland Poos,** North Plainfield, N. J., und **William Frank Johns,** Madison, Wis.), V. St. A., *$\Delta^{4,16}$-Pregnadien-3.11.20-trion* (I) erhält man totalsynthet. durch Dehydrierung von 2.4b-Dimethyl-7-äthylendioxy-2-methallyl-1-(β-hydroxyäthyl)-1.2.3.4.4a.4b.5.6.7.8-10.10a-dodekahydrophenanthren-4-ol mit CrO_3 in Pyridin u. chromatograph. Aufarbeitung → *2.4b-Dimethyl-7-äthylendioxy-2-methallyl-1-acetaldehydo-1.2.3.4.4a.4b.5.6.7.8.10-10a-dodekahydrophenanthren-4-on* (II), F. 148—150°, neben *2.4b-Dimethyl-7-äthylendioxy-2-methallyl-1-(β-hydroxyäthyl)-1.2.3.4.4a.4b.5.6.7.8.10.10a-dodekahydrophenanthren-4-on*, F. 182—186°, u. *2.4b-Dimethyl-7-äthylendioxy-2-methallyl-1-carboxymethyl-1.2.3.4.4a.4b.5.-6.7-8.10.10a-dodekahydrophenanthren-4-on*, F. 215—216°. — II + OsO_4 in Tetrahydrofuran/C_6H_6 u. Hydrolyse des Osmiatesters → *2.4b-Dimethyl-7-äthylendioxy-2-(β.γ-dihydroxyisobutyl)-1-acetaldehydo-1.2.3.4.4a.4b.5.6.7.8.10.10a-dodekahydrophenanthren-4-on*, F. 174 bis 177°, welches mit HJO_4 in Tetrahydrofuran/Pyridin → *2.4b-Dimethyl-7-äthylendioxy-2-(β-ketopropyl)-1-acetaldehydo-1.2.3.4.4a.4b.5.6.7.8.10.10a-dodekahydrophenanthren-4-on*, F. 131—133°, oxydiert wird; daraus durch Cyclisierung mit 25%ig. KOH → *dl-$\Delta^{5,16}$-3-Äthylendioxypregnadien-11.20-dion*, F. 193—197°, aus welchem man durch saure Hydrolyse der Ketalgruppe I erhält. — Vgl. auch E. P. 792 410; C. **1959.** 4973. (**D. A. S. 1 038 040** Kl. 12o vom 3/9. 1954, veröff. 4/9. 1958. A. Prior. 9/9. 1953. **A. P. 2 837 516** vom 9/9. 1953, ausg. 3/6. 1958.) U. SIEVERS. 4809

Ulrich Schneidewind, Hrsg., Lehrbuch für Apothekenassistenten. Bd. 3. Berlin: Verl. Volk u. Gesundheit. 1959. (XV + 602 S. m. Abb. u. Taf.) 8°. DM 35,30.

—, Rezeptformeln, Hrsg. vom Staatl. Inst. f. Arzneimittelprüfg, Jena im Auftr. d. Ministeriums f. Gesundheitswesen d. DDR. Berlin: Verl. Volk u. Gesundheit. 1959. (175 S.) 8°. DM 5,30.

G. Analyse. Laboratorium.

Horst Peters und **Hans-Georg Wiedemann,** *Eine vielseitig verwendbare Thermowaage hoher Genauigkeit.* Es wird über eine Thermowaage (Abb.) berichtet, die in beliebiger nicht aggressiver Atmosphäre u. im Vakuum arbeitet u. Tempp. bis 1200° erreichen läßt. Ferner wird der Einfl. der Gasatmosphäre auf den Nullpunkt u. der temperaturabhängige Auftrieb von Substanz, Tiegel u. Tiegelträger untersucht. Unter Berücksichtigung dieser Faktoren ist im zugänglichen Temperaturbereich mit der beschriebenen Waage bei einer maximalen Belastbarkeit von ca. 10 g eine Wägegenauigkeit von ± 0,08 mg zu erreichen. (Z. anorg. allg. Chem. **298.** 202—11. 1959. Rostock, Univ., Inst. für Physikal. Chem.) L. SCHWIEGK. 5022

A. P. Gritzenko, *Methode zur Messung der Dichte einer Flüssigkeit und ihres Dampfes bei erhöhten Drucken und Temperaturen.* Es wird eine Meth. zu Dichtemessungen einer Fl. u. ihres Dampfes gegeben, die unabhängig von der Beobachtung der Meniskuslage ist u. prinzipiell für die Dichtebest. beliebiger Gaskondensatsysteme gilt. Die Idee zu dieser Meth. wurde der Praxis der Sorbtionsmessung entlehnt, bei der in einer Reihe von Fällen die „Sorptionswaage“ angewendet wird. Das Wesentliche der letzten besteht in einer hochempfindlichen Spiralfeder, die aus dünnen Quarzfäden, aus W- oder Mo-Drähten hergestellt ist. An eine solche Spiralfeder wird die Einwaage (das Sorbens) angehängt. Aus ihrer Dehnung werden bestimmte Schlüsse auf den Gang der Sorbtionsprozesse gezogen. (Заводская Лаборатория [Betriebs-Lab.] **24.** 188—89. 1958. Tschernowitz, Univ.) E. STEINBERG. 5042

A. I. Grigorjew, A. W. Nowosselowa und **K. N. Ssemenenko,** *Bestimmung des Molekulargewichtes gelöster Substanzen nach der Methode der Diffusion durch poröse Glasplättchen.* NORTHROP u. ANSON [1929] haben zur Mol.-Gew.-Best. gelöster Stoffe eine Meth. vorgeschlagen, die auf der Messung der Diffusionskoeffizienten dieser Stoffe in Lsg. durch eine poröse Glaswand beruht. Diese Idee wurde von Vff. zur Mol.-Gew.-Best. (der Größenordnung 400—500) von in $CHCl_3$ gelösten Stoffen aufgegriffen. Die Tauglichkeit dieser Meth. wurde durch die Best. bekannter Mol.-Geww. der Oxysalze des Be vom Typ $Be_4O(RCOO)_6$ bestätigt. Zur Messung wurden Be-Oxyacetat u. -Oxypropionat benutzt. Die Abweichung des auf diese Weise bestimmten Mol.-Gew. des Be-Oxypropionats von der berechneten Formel $Be_4O(C_2H_5COO)_6$ beträgt 0,5%. Ein Vorzug dieser Meth. zur

Best. des Mol.-Gew. gegenüber der durch Best. des osmot. Druckes, der Ebullioskopie u. Kryoskopie liegt in der Einfachheit u. in der Möglichkeit, die Mol.-Geww. gelöster Stoffe in Ggw. anderer Begleitstoffe zu bestimmen. (Заводская Лаборатория [Betriebs-Lab.] **24.** 190—92. 1958. Moskau, Lomonossow-Univ.) E. STEINBERG. 5044

Bohdan Smoleński, Teresa Lesińska und **Herman Jodko,** *Laboratoriumsuntersuchungen über die Imprägnierung von Kohle.* Es wird eine Laboratoriumsvorschrift zur Imprägnierung von Kohle mit Phenol–Formaldehyd–Harz-Lsg. unter abwechselnder Anwendung von Vakuum u. Druck gegeben. Kohleschichten bis 45 mm werden in 8 Arbeitscyclen homogen mit der maximalen Harzmenge imprägniert. (Przemysł chem. **37.** 542—44. Aug. 1958. Warszawa, Inst. Chem. ogóln.) F. URBAN. 5048

Klaus Doerffel, *Richtigkeitskontrolle von Serienanalysen.* Ableitung eines Rechenverf., das den Nachw. von Zufalls- u. systemat. Fehlern in Reihenunterss. gestattet, ohne daß die vorgegebenen Mengen, d. h. die wahren Werte, bekannt sein müßten. — Beispiele. (Chem. Techn. **10.** 151—52. März 1958. Leuna-Merseburg, TH für Chem., Inst. für analyt. Chem.) W. WESLY. 5050

M. K. Barsh, W. H. Andersen, K. W. Billis, G. Moe und **R. D. Schultz,** *Verbessertes Instrument für die Messung von linearen Pyrolysegeschwindigkeiten von festen Körpern.* Beschreibung des Instruments. Untersucht wurde mit dem App. die Kinetik der Zers. von NH_4Cl, NH_4Br, NH_4ClO_4, NH_4NO_3, NH_4F, NH_4N_3, *Hydraziniumazid, Eis, feste* CO_2, *Naphthalin, Paraldehyd, Polymethylmethacrylat, Polystyrol, Polyäthylen, Nylon* u. *fluorierte KW-stoffe.* (Rev. sci. Instruments [N. S.] **29.** 392—95. Mai 1958. Azusa, Calif., Aerojet-General Corp., Chem. Div.) C. GOTTFRIED. 5052

N. Joel und **I. D. Muir,** *Neue Techniken für den Universaldrehtisch.* 1. Mitt. *Eine Auslöschungskurvenmethode zur Bestimmung der optischen Indikatrix.* Beschreibung der Methode. (Mineralog. Mag. J. mineralog. Soc. **31.** 860—77. Juni 1958. Cambridge, Univ., Cavendish Labor., Crystallogr. Labor., Dep. of Mineral and Petrol.) C. GOTTFRIED. 5056

N. Joel und **I. D. Muir,** *Neue Techniken für den Universaldrehtisch.* 2. Mitt. *Die Bestimmung von 2 V, wenn nur eine optische Achse zugänglich ist.* (1. vgl. vorst. Ref.) Beschreibung der Methode. (Mineralog. Mag. J. mineralog. Soc. **31.** 878—82. Juni 1958.) C. GOTTFRIED. 5056

R. W. Armstrong und **R. A. Rapp,** *Einfacher Ätzschneider.* Beschreibung des einfachen App., mit dem Metalle verformungsfrei in orientierten Richtungen geschnitten werden können. (Rev. sci. Instruments [N. S.] **29.** 433. Mai 1958. Pittsburgh, Pa., Carnegie Inst. of Technol., Metals Res. Labor.) C. GOTTFRIED. 5060

Kōzō Kawata, *Analyse des elastoplastischen Verhaltens von Metallen mit Hilfe der photoelastischen Bedeckungsmethode.* Die vom Vf. entwickelte Meth. besteht darin, die Oberfläche des zu untersuchenden Metalls mit einem dünnen Film eines photoelast. Materials zu überziehen. Als ein geeignetes photoelast. Material erwies sich das *Copolymere Epoxypolysulfid* (*Epoxykautschuk*). Eine Reihe von Beispielen werden beschrieben. (J. sci. Res. Inst. [Tokyo] **52.** 17—40. März 1958. [Orig.: engl.]) C. GOTTFRIED. 5060

A. J. P. Martin, *Gas–Flüssigkeits-Chromatographie.* (Vgl. C. **1956.** 14130.) Vortrag über die Leistungsfähigkeit des Verf., die erreichbaren Trennungen, benutzten Geräte u. Erläuterung des Chemismus. — 17 Literaturangaben. (XVe Congr. int. Chim. pure appl., Lissabon **1956.** 21—32. Suppl. V zu „Experientia". Curdworth, Boreham Wood, Herts.) PH. FRESENIUS. 5062

L. S. Birks, E. J. Brooks und **G. W. Gourlay,** *Kompaktes Röntgenspektrometer mit gekrümmtem Kristall.* Beschreibung des Instruments. (Rev. sci. Instruments **29.** 425—26. Mai 1958. Washington, D. C., US Naval Res. Labor.) C. GOTTFRIED. 5063

Gotfred E. B. Barstad und **Ivar N. Refsdal,** *Empfindliches, quantitativ registrierendes Röntgenstrahlenspektrometer.* Beschreibung des Instrumentes. Als Spektrometerkristall wurde LiF verwendet. Der App. wurde für eine quantitative Mikrobest. einer Reihe von Elementen (*Cr, Ni, Fe, As, Se, Sr, Nb, Er, Tl, U, Zr, Dy, Ir* u. *Th*) kalibriert; eine absol. Empfindlichkeit von $2 \cdot 10^{-10}$ g wurde für die Elemente *Co–Zn* bestimmt. (Rev. sci. Instruments [N. S.] **29.** 343—48. Mai 1958. Kjeller, Norway, Defence Res. Establ.) C. GOTTFRIED. 5063

György Gergely und **János Ádám,** *Bau eines Spektroradiometers aus einem Monochromator.* Vff. beschreiben den sowjet. UM 2 u. den ZEISS-Spiegelmonochromator, ihren ergänzenden Umbau als Spektroradiometer, Kalibrierung u. Anwendungsgebiet. (Magyar fizikai Folyóirat [Ung. Z. Physik] **4.** 335—57. 1956. Budapest, Távközlési Kutató Intézet.) J. PLANK. 5063

Erich Kleimon, *3-Prismenspektrograph großer Lichtstärke.* Beschreibung eines Prismenspektrographen (Abb.) für den sichtbaren Spektralbereich, dad. gek., daß er neben großer Lichtstärke eine ungewöhnlich große Lineardispersion u. trotz großen Öffnungsverhältnisses eine gute Lichtdefinition hat. (Chem. Techn. **10.** 157—59. März 1958. Berlin.) W. WESLY. 5063

Frigyes Macher, *Hilfseinrichtung zur Elektrodeneinstellung des ISZP-22-Quarzspektrographen.* Beschreibung u. Abb. einer Hilfseinrichtung zur Einstellung der Elektroden beim Quarzspektrographen. (Magyar fizikai Folyóirat [Ung. Z. Physik] **6.** 247—50. 1958. Sopron, Földtan-teleptani tanszék.) G. HALMI. 5063

Frigyes Macher, *Einfacher Kohlenelektrodenfräser für die Spektralanalyse.* Mit einem Kronenfräser u. einem Spiralbohrer in einer Handbohrmaschine wird die Kohlenelektrode in die gebräuchliche Form gebracht. (Magyar fizikai Folyóirat [Ung. Z. Physik] **4.** 559—62. 1956. Sopron, Földtan-teleptani tanszék.) J. PLANK. 5063

Frigyes Macher, *Hilfsgerät zum Füllen von Spektralelektroden.* Beschreibung eines Gerätes zum Einfüllen der Proben in sehr kleine Bohrungen von Elektroden. (Magyar fizikai Folyóirat [Ung. Z. Physik] **5.** 449—50. 1957. Sopron, Földtan-teleptani tanszék.) J. PLANK. 5063

Nakaaki Oda, Nagaharu Morioka und **Sadayuki Tunoo,** *Herstellung von gepreßten Proben für die spektrochemische Analyse von Nichteisenmetallen.* Vff. beschreiben die Herst. von *Pb-* u. *Zn*-Preßlingen für eine spektrochem. Analyse. (Nippon Kinzoku Gakkai-Si [J. Japan Inst. Metals] **21.** 199—203. April 1957. [Orig.: japan.; Auszug: engl.]) C. GOTTFRIED. 5063

O. A. Ssongina, *Entwicklung der Methode der amperometrischen Titration.* Übersicht über die Anwendungsmöglichkeiten u. die Entw. der amperometr. Titration. — 93 Literaturangaben. (Заводская Лаборатория [Betriebs-Lab.] **24.** 160—66. 1958.) E. STEINBERG. 5066

Carla Bertoglio Riolo und **Teresa Soldi,** *Hochfrequenztitration.* 3. Mitt. *Fällungsreaktionen.* (2. vgl. C. **1958.** 11331.) Die Hochfrequenztitration wird auf Fällungs-Rkk. der Ionen Fe^{3+}, VO_2^{2+}, V^{5+}, Sn^{2+}, Sn^{4+}, ZrO^{2+} u. Ti^{4+} mit Cupferron angewendet. Es wird bei Konzz. von 0,001—0,0005n in einem p_H-Bereich zwischen 5 u. 1,8 gearbeitet, wodurch Zers. des Cupferrons vermieden wird. (Ann. Chimica **48.** 422—27. Juni/Juli 1958. Pavia, Univ., Ist. di chim. gen.) E. MIESSGANG. 5066

Jokūbas Žirnauskas, *Papierelektrometrie.* Beschreibung eines Verf. zur Ausführung von elektrometr. Messungen unter Verwendung von „Pufferpapier" (PP), das durch Tränken von Filterpapier mit Puffer-Lsgg. von bekanntem p_H hergestellt wird, so daß ein mit W. oder Chinhydronlsg. angefeuchteter Streifen dieses Papiers eine Pufferlsg. von bekanntem p_H ersetzt. Somit ergibt sich die bekannte Schaltung zur p_H-Best., wobei die Puffer-Lsgg. durch PP ersetzt werden: Mikroamperemeter–Pt-Elektrode I Untersuchungslsg. + Chinhydron–Agarbrücke-gesätt. KCl-Lsg.–Filterpapierbrücke + KCl-2 PP-Streifen–Pt-Elektrode II–Mikroamperemeter. Die p_H-Werte der beiden PP-Streifen unterscheiden sich um ca. 1 p_H-Einheit; man sondiert sie nacheinander mit der Pt-Elektrode II u. berechnet die gesuchten p_H-Werte aus den Mikroamperemeteranzeigen u. den p_H-Werten der PP-Streifen. Ähnlich berechnet man beliebige Elektrodenpotentiale, wobei das Potential aus dem erhaltenen p_H ermittelt wird. Notfalls kompensiert man einen Teil der zu messenden EMK durch eine entgegengerichtete Spannungsdifferenz. (Chem. Techn. **10.** 153—56. März 1958. Kaunas, Litauische Veterinärakad.) W. WESLY. 5066

G. D. Glebowa und **G. N. G. N. Koschelewa,** *Indikatorpapiere (Übersicht).* Zusammenfassende Übersicht. — 21 Literaturangaben. (Заводская Лаборатория [Betriebs-Lab.] **24.** 955—57. 1958. Allunionsinst. für chem. Reagentien.) E. KLEVER. 5068

Éva Csongor, *Wasserstoffreinigung mittels Diffusion durch Palladium.* Zum Füllen einer Glasröhre mit reinem H_2 wurde eine in ein H_2 enthaltendes Gefäß ragende Pd-Capillare eingeschmolzen u. diese mit elektr. Strom auf die nötige Temp. erwärmt. Es gelang, ein Vol. von 300 ml in 30 Min. auf 50—60 mm Hg mit reinem H_2 zu füllen. Pd erwies sich vorteilhafter als Ni. (Magyar fizikai Fólyirat [Ung. Z. Physik] **6.** 153—55. 1958. Debrecen, Inst. für Experimentalphys.) J. PLANK. 5072

a) Elemente und anorganische Verbindungen.

L. J. Csányi und **F. Solymosi,** *Bemerkungen zur Analyse der Peroxyverbindungen und zur Natur der dabei beteiligten Induktionsreaktionen.* (Vgl. C. **1958.** 12783 u. früher.) Beschreibung einiger einfacher Rkk., die eine Unterscheidung zwischen verschied.

Typen von Peroxyverbb. ermöglichen. Die Analysemöglichkeiten in dem Syst. H_2O_2–H_2SO_4 wurden eingehend untersucht; in diesem Zusammenhang wurden die wichtigsten Charakteristiken der in dem Syst. induzierten Rkk. aufgeklärt. (Analytica chim. Acta [Amsterdam] **15.** 501—05. Dez. 1956. Szeged, Tudományegyetem Szervetlen és Analit. Tanszéke.) G. HALMI. G 241

Judith Lange und **Harold Tarver,** *Die Bestimmung anorganischer Schwefelverbindungen.* Übersicht. Gesamt-S, freies Sulfat, Estersulfat. — 11 Literaturangaben. (Methods Enzymol. **3.** 995—1001. 1957. Berkeley, Calif., Univ.) K. MAIER. G 253

Toshiyasu Kiba, Ikuko Akaza und **Nobuyuki Sugishita,** *Schnelle Bestimmung von anorganischem Schwefel in verschiedenen Formen, insbesondere in sulfidischen Erzen, durch die Reduktionsmethode mit Zinn(II) in starker Phosphorsäure.* (Vgl. KIBA u. Mitarbeiter, C. **1959.** 8262.) Das l. c. beschriebene Reduktionsmittel für Sulfat-S, *Sn(II) in starker* H_3PO_4 (**I**), wird auch zur Best. von anderem anorgan. S verwendet. Zu seiner Herst. werden 400 g H_3PO_4 bei 300° dehydratisiert. Dann erwärmt man 50 g $SnCl_2 \cdot 2H_2O$ mit 250 g dieser H_3PO_4 1 Std. auf 300°. Zur Best. von $\leq$20 mg S in sulfid. Erzen, Sulfiden oder Sulfiten dampft man die S-haltige Lsg. oder Substanz mit 0,5 ml gesätt. $Ba(OH)_2$-Lsg. in einem mit Gaseinleitrohr versehenen Kolben zur Trockne, versetzt mit 10 ml I u. verbindet mit 2 Absorptionsgefäßen. Das 1. ist mit 40 ml 4—8%ig. Zn-Acetatlsg. u. das 2. mit 20 ml derselben Lsg. gefüllt. Man vertreibt die Luft mit sehr gut gereinigtem CO_2, hält dann einen Strom von 1 Blase/Sek. aufrecht, erwärmt das Reaktionsgefäß bis zum Auftreten weißer P_2O_5-Nebel u. leitet 5 Min. CO_2 hindurch. Die Absorptions-Fl. versetzt man mit 20 ml 0,02n J_2-Lsg. u. titriert den Überschuß gegen $Na_2S_2O_3$ wie üblich zurück. Zur Best. von SO_3^{2-}, $S_2O_3^{2-}$ u. SCN^- oxydiert man den S vor der Analyse mit 2—3 Tropfen Br_2-W. zu SO_4^{2-}. 1 ml 0,02n J_2-Lsg. entspricht 0,3206 mg S. Die Genauigkeit entspricht der gravimetr. Methoden. Die Werte liegen ein wenig höher, da hier keine Verluste durch SO_2 oder H_2S auftreten. (Bull. chem. Soc. Japan **30.** 972—75. Dez. 1957. Kanazawa, Kanazawa Univ., Fac. of Sci., Dep. of Chem.) H. PLUSKAL. G 253

Iwaji Iwasaki, Satori Utsumi, Ken Hagino, Toshikazu Tarutani und **Takejiro Ozawa,** *Spektrophotometrische Methode zur Bestimmung geringer Mengen Sulfationen.* Sulfat wird durch eine $BaCrO_4$-Suspension in saurer Lsg. (0,5 mol. Essigsäure, 0,01 mol. HCl) als $BaSO_4$ gefällt, der Überschuß an Ba^{2+} wird durch Ca^{2+} enthaltendes NH_3-W. u. A. abgeschieden, worauf im Filtrat der Betrag an CrO_4^{2-}, welcher entsprechend dem Sulfatanteil durch Austausch vorliegt, spektrophotometr. bestimmt wird. Bei Konzz. $<$20 (p.p.m.) SO_4^{2-} werden 1 ml Lsg. (von 1 g Diphenylcarbazid in der Mischung von 100 ml A. + 1 ml 1 mol. HCl) + 0,7 ml 6n HCl zum Filtrat gegeben u. nach 5 Min. das gebildete Cr(VI)-Diphenylcarbazid bei 545 mμ gemessen; bei Konzz. $>$20 SO_4^{2-} wird das CrO_4^{2-}-Ion durch seine eigene Absorption bei 370 mμ bestimmt. Die Meth. ist anwendbar bei SO_4^{2-}-Konzz. zwischen 0,3 u. 100 p.p.m. Der Einfl. anderer Ionen wird beschrieben. (Bull. chem. Soc. Japan **30.** 847—51. Nov, 1957. Tokyo, Tokyo Inst. of Technol., Labor. Analyt. Chem. and Peochem. [Orig.: engl.]) E. MIESSGANG. G 253

Claude L. Waring, Helen W. Worthing und **Katherine V. Hazel,** *Spektrochemische Methode zur Selenbestimmung.* Zur Se-Best. in Erzen wurde eine schnelle, mit den EASTMAN-Kurzwellenplatten arbeitende Meth. entwickelt, die erlaubt, auch andere Elemente in der gleichen Probe zu bestimmen. Die Meth. ist anwendbar im Bereich von 0,0015—2,0% Se. Da der O_2 der Luft teilweise die niederen Wellenlängen absorbiert, kann durch Zugabe von CuO die Intensität der Se-Linien 2039,85 u. 2062,78 Å verstärkt werden. Vff. schildern frühere Methoden verschied. Wissenschafter zur Se-Best., beschreiben die Vorbereitung der Proben u. machen auf Fehlerquellen aufmerksam. Relative Genauigkeit, auf die Konz. bezogen, ca. 7%. (Analytic. Chem. **30.** 1504—06. Sept. 1958. Washington, D. C., US Geol. Surv.) E.-M. KREBS. G 254

Donald D. DeFord und **Robert S. Braman,** *Untersuchung der Neutronenabsorptiometrie und ihre Anwendung auf die Bestimmung von Bor.* Eine systemat. Unters. der Möglichkeiten, die Neutronenabsorption oder -streuung zur analyt. Best. von Stoffen mit hohen σ_a- oder σ_s-Werten anzuwenden, ergibt als günstigste Anordnung die Einbettung der Quelle u. der zu untersuchenden Probe in den Moderator (Paraffin). In der Mitte dieser Anordnung befindet sich, vollständig von der Probe umgeben, der Detektor. Auf diese Weise werden sehr hohe Zählausbeuten erreicht, die die Anwendung kleiner Quellen (einige mC) ermöglichen. Vff. prüfen die Anwendbarkeit dieser Meth. zur quantitativen Best. von B in Form einer wss. Lsg. von Triäthanolborat. Bei Verwendung der günstigsten Geometrie — hierzu gehört auch die relative Moderatorhöhe, das Material für die Zellkonstruktion u. a. — ergibt sich eine einfache Beziehung zwischen Zählrate u. B-Konzentration. Aus dieser Beziehung lassen sich auch die möglichen Analysenfehler abschätzen. Die Erzielung hoher Genauigkeiten erfordert relativ große

Probenmengen (> 1 g). Vff. erläutern die Vorteile der Neutronenabsorptiometrie als Analysenmeth. u. ihre weiteren Anwendungsmöglichkeiten. (Analytic. Chem. **30.** 1765 bis 1772. Nov. 1958. Evanston, Ill., Northwestern Univ., Dep. of Chem.)
H.-U. WOELK. G 258

Luis Giménez Estelles und **Antonio Albert Bernal,** *Schnellbestimmung des Calciums und Magnesiums. Komplexometrisches Verfahren.* Es wird ein Überblick geboten über die analyt. verwendbaren Rkk. der verschied. Komplexone mit den Erdalkali- u. Schwermetallen in Ggw. der Indicatoren *Eriochromschwarz T* [**I**, Na-Salz der 2.2'-Dihydroxy-5-nitroazonaphthalinsulfonsäure-(4)] u. *Murexid* (**II**) u. ein zur Routinebest. von Ca u. Mg geeignetes Schnellverf. mitgeteilt. Reagentien: 1. *Komplexon III* (**III**, Di-Na-Äthylendiamintetraacetat)-Lsg.: 1 ml von 6,635 g **III**/Liter entspricht 1 mg CaO bzw. 0,719 g MgO. 2. 50 ml wss. Lsg. von 0,44 g krist. $ZnSO_4$ + 2 ml konz. NH_4OH + 1 g NH_4Cl + 1 Spatelspitze **I**-Indicator werden auf 100 ml aufgefüllt u. gegen **III**-Lsg. titriert. 50 ml dieser ammoniakal. Zn-Lsg. werden zu 54 g NH_4Cl + 350 ml konz. NH_4OH u. der äquivalenten Menge **III** gegeben u. zum Liter aufgefüllt. 3. 5%ig. NaOH, p_H 12. Trockne Indicatoren: 1. 1 g **I** wird gemischt mit 0,4 g Methylrot-Na + 280 g NaCl. 2. 1 g **II** + 200 g NaCl. Diese sind beliebig lange haltbar im Gegensatz zu ihren Lösungen. In Vorverss. wurde gezeigt, daß kleinere Gehh. der Probelsg. (10 ml) an Fe_2O_3 (1,158 mg) u. Al_2O_3 (1,08 mg) nicht die Ca–Mg-Best. beeinflussen. Bei höherem Geh. an Fe_2O_3 muß die **I**-Menge vergrößert werden, um den Umschlagspunkt bei der Best. von Ca + Mg deutlich zu machen. Bei der Herst. der 2. Reagenslsg. muß 25%ig. NH_3-Lsg. verwendet werden, da bei größerer Verdünnung des NH_4OH der **III**-Verbrauch höher sein würde. Versuche: Ackererde: 0,5433 g aus einem Orangengarten wurde nach alkal. Aufschluß u. Abscheiden der SiO_2 mit HCl auf 100 ml aufgefüllt, 10 ml davon wurden mit NaOH fast neutralisiert, mit 5 ml alkal. Pufferlsg. u. 1 Spatelspitze **II**-Indicator versetzt, auf 50 ml aufgefüllt u. gegen **III**-Lsg. bis zum Umschlag nach Tiefviolett titriert. Dieser ist gut sichtbar trotz > 22% Geh. an Fe_2O_3 + Al_2O_3. Gefunden: 1,2 mg CaO/10 ml oder 2,2% der Ackererde (2,15% permanganometr.). Weitere 10 ml Aufschlußlsg. werden mit NaOH neutralisiert u. 2 ml 2. Reagenslsg., dann 1 Spatelspitze **I**-Indicator zugefügt, auf 50 ml aufgefüllt u. gegen **III**-Lsg. titriert entsprechend der Summe CaO + MgO. Die Differenz gegen CaO ergab 9,2% MgO (8,7% gravimetr.) in der Ackererde. In gleicher Weise wurde Erde für keram. Zwecke analysiert u. hatte 2,52% (2,51% permanganometr.) CaO u. 1,19% (1,13%) gravimetr.) MgO. Die bessere Übereinstimmung dürfte dem geringeren Geh. an $Fe(Al)_2O_3$ (10,7%) zu danken sein. Dolomit gab nach Calcinieren u. Auflösen in HCl je 10 ml 14,7 (14,65) mg CaO u. 5,60 (5,51) mg MgO. Kesselspeisewasser aus einem Brunnen hatte je Liter 4,68 (4,65) g CaO u. 1,46 (1,41) g MgO. Dauer jeder Best. < 5 Minuten. (Inform. Quím. analít. **12.** 13–20. Jan./Febr. 1958. Valencia.) W. METZENER. G 283

Hiroshi Onishi, *Fluorometrische Bestimmung von Thallium mit Rhodamin B.* Zur Best. von Th-Spuren wird 1 g Probe nach Lösen mit H_2SO_4 + HF, Abrauchen u. Aufnehmen in W. mit Rhodamin B (1 ml 0,20%ig. Lsg.) u. 10 ml Bzl. extrahiert (vgl. ONISHI, Bull. chem. Soc. Japan **30.** [1957.] 567). Die Fluorescenzintensität des entstehenden Rhodamin-B-Chlorothallats in Bzl. wird gegen eine 0,0020%ig. Rhodamin-B-Lsg. bei 580 mμ gemessen. (Bull. chem. Soc. Japan **30.** 827–28. Nov. 1957. Nagoya, Kita-ku, Governm. Ind. Res. Inst. [Orig.: engl.]) E. MIESSGANG. G 297

Hiroshi Amano, *Untersuchungen über analytische Methoden für Spurenelemente in Metallen unter Verwendung radioaktiver Isotope.* 1. Mitt. *Bestimmung von Zirkonium in Stahl.* Vf. untersuchte die verschied. Methoden zur Best. von Zr in Stählen unter Verwendung des radioakt. Isotops ^{95}*Zr* als Spurenelement. Untersucht wurden die Phosphat-, Arsenat-, bas. Selenit- u. Mandelsäuremethode. Außerdem wurde die Abtrennung des Zr vom Fe durch Hg-Kathodenelektrolyse u. Ionenaustausch untersucht. Auf Grund der experimentellen Ergebnisse wird empfohlen, das Zr als Phosphat auszufällen nach Abtrennung von dem Fe mittels der Hg-Kathodenelektrolyse. (Nippon Kinzoku Gakkai-Si [J. Japan Inst. Metals] **21.** 260–63. April 1957. [Orig.: japan.; Auszug: engl.])
C. GOTTFRIED. G 322

Sachindra Kumar Datta, *Der Thoriumkomplex der 2.7-Dinitroso-1.8-dihydroxynaphthalin-3.6-disulfonsäure.* 3. Mitt. *Die komplexometrische Bestimmung von Thorium mit Äthylendiamintetraessigsäure.* (2. vgl. C. **1959.** 9342.) Th bildet mit *2.7-Dinitroso-1.8-dihydroxynaphthalin-3.6-disulfonsäure* (**I**, Dinitrosochromotropsäure) einen rosavioletten Komplex (l. c.), der als Indicator (Farbumschlag Rosaviolett → Rot) bei der volumetr. Best. von Th mit Äthylendiamintetraessigsäure (EDTA) benutzt werden kann. Man titriert bei Zimmertemp. u. p_H 2,2–3,5, zweckmäßig gegen einen Farbstandard. 3,1 mg Th in 50 ml Lsg. können auf diese Weise genau bestimmt werden. Ein schärferer Farbumschlag wird erzielt (etwa der Verwendung von Xylenolorange als Indicator entsprechend), wenn man die Probe mit überschüssigem EDTA versetzt u. mit $Th(NO_3)_4$ zurücktitriert. Es stören Fe(III), Ce, Zr, Pb, Mo, V, As (ferner Anionen, die mit Th riagieren, wie Phosphat, Fluorid, Citrat, Tartrat), nicht aber Fe(II), Co, Cr u. Zn. Von vielen störenden Ionen kann Th durch Fällung mit o-Anisilsäure bei p_H 3,6 abgetrennt werden; Fe(III) wird mit Ascorbinsäure reduziert. In Ggw. tieffarbiger Ionen (wie UO_2^{2+}) ist die Titration photometr. durchzuführen. (Analytica chim. Acta [Amsterdam] **16.** 115—20. Febr. 1957. Darjeeling, India, Darjeeling Governm. Coll.) R. GELIUS. G 324

F. Bermejo Martínez und **A. Prieto Bouza,** *Analytische Anwendungen der Komplexone. 7. Mitt. Molybdänbestimmung in Stählen.* (6. vgl. C. **1958.** 2828.) Die absorptiometr. Best. des *Mo* als Komplex von Mo^{5+} mit SCN^- wurde dadurch verbessert, daß man statt der organ. Lösungsmittel mit D. <1 eine Mischung von Amylalkohol (**I**) + CCl_4 (1 : 1) verwendet, welche D. ca. 1,19 hat u. das gleiche Absorptionsspektr. wie **I** gibt. Ausführung: a) Stähle ohne oder mit $<1\%$ W. 0,1 g Probe wird in 5 ml konz. HCl gelöst. Dazu wird ca. 0,05 g $KClO_3$ (**II**) gegeben; nach beendeter Rk. wird Cl_2 durch Erwärmen verjagt, die Reaktionsmasse in ein Pt-Gefäß übergeführt u. mit H_2SO_4, ohne zu kochen, erwärmt, um Si zu vertreiben; schließlich wird auch die H_2SO_4 verjagt. Der Rückstand wird in 5 ml konz. HCl aufgenommen u. auf 100 ml verdünnt. Hiervon werden 10 ml mit konz. NH_4OH neutralisiert, dann 10 ml 6,5n HCl zugegeben, verd. u. im Falle der Ggw. von Ti werden zur Maskierung 5 ml 5%ig. NaF-Lsg. u. die ausreichende Menge Komplexon III (**III**) zugesetzt, um alle Kationen komplex zu binden (0,19 g **III** je mVal Metall). Man kocht 10 Min., verd. nach Abkühlen in einem 100-ml-Scheidetrichter mit W. bis zu 45 ml. Man sättigt mit 3 ml **I**–CCl_4, schüttelt 2 Min. u. verwirft nach Phasentrennung den Überschuß des Lösungsm., gibt dann 1 ml 40%ig. $SnCl_2$-Lsg. [40 g $SnCl_2 \cdot 2H_2O$ + 20 ml 6,5n HCl, auf 100 ml aufgefüllt] zu oder bei höherem Fe-Geh. mehr, rührt um, setzt 5 ml **I**–CCl_4 zu u. schüttelt 2 Minuten. Trichterrohr u. Bohrung werden ausgewaschen u. getrocknet, der Inhalt wieder geschüttelt u. nach 15 Min. Rohr u. Bohrung auf Trockenheit geprüft, da der gefärbte Extrakt nicht durch Wasserspuren getrübt sein darf. Man mißt die Extinktion mit Blaufilter (465 mμ) unter Abzug eines Blindwertes u. vergleicht mit Eich-Lsgg., für die das BEERsche Gesetz von 0—100 γ Mo/ml gilt; b) Stähle mit $>1\%$ Wasser. Man löst 0,1 g Probe in 5 ml schwächerer HCl (D. 1,12), gibt dann 0,4 g Na_2HPO_4 zu u. erwärmt, nach beendeter Rk. setzt man 2,5 ml 5%ig. **II**-Lsg. zu, erwärmt 1—2 Min., um Carbide zu lösen, verd. mit 5 ml W., kocht einige Min. zur Austreibung des Cl_2 u. fährt fort wie unter a). (Inform Quím. analít. **11.** 138—42. Sept./Okt. 1957. Santiago de Compostela, Univ., Labor. Qíum. analít.) W. METZENER. G 336

John A. S. Adams, Jasper E. Richardson und **Charles C. Templeton,** *Bestimmungen von Thorium und Uran in sedimentären Gesteinen nach zwei unabhängigen Methoden.* Die α-Aktivität in Sedimenten wird durch Th u. U hervorgerufen, da ^{147}Sm normalerweise nicht vorhanden ist. Nach dieser Messung kann der U + Th-Geh. bestimmt werden. Die fluorometr. Meth. liefert den U-Geh., so daß der Th-Geh. aus der Differenz errechnet werden kann. Die Röntgenstrahlenspektralmeth. liefert die γ-Strahlung von ^{40}K, ^{238}U u. ^{232}Th, von denen die letzteren in den Sedimenten sehr schwach sind. Durch Eichproben können die Strahlungen der einzelnen Elemente getrennt werden. (Geochim. cosmochim. Acta [London] **13.** 270—79. 1958. Houston, Tex., Rice Inst. and Shell Developm. Co.) F. ENSSLIN. G 339

Gurupada Banerjee und **Arno A. Heyn,** *Trennung von Uran von Wismut durch Anionenaustauscherharze.* Im p_H-Bereich von 1—1,5 wird der U(IV)-Sulfatokomplex von Anionenaustauschern (*Dowex-1-X 10*) gebunden, während kation. *Bi* die Säule passiert. Auf dieser Grundlage haben Vff. eine Meth. zur Trennung von μg-Mengen U von Bi ausgearbeitet. Es wurde der Einfl. der H_2SO_4-Konz. auf die Bindung des U u. der $HClO_4$-Konz. auf die Eluierung untersucht. Um die Fällung bas. Bi-Salze auf dem Austauscher zu verhindern, darf einerseits das p_H der Lsg. 1,5 nicht überschreiten, andererseits das Vol. der Analysenprobe nicht zu groß sein. Quantitative Eluierung erfolgt mit verd. $HClO_4$ (1 : 10). Nach dieser Trennung kann das U nach den üblichen Methoden bestimmt werden. (Analytic. Chem. **30.** 1795—97. Nov. 1958. Boston, Mass., Univ., Dep. of Chem.) H.-U. WOELK. G 339

Harold H. Gill, R. F. Rolf und **G. W. Armstrong,** *Spektrophotometrische Bestimmung von Uran mit 1-(2-Pyridylazo)-2-naphthol.* Für die spektrophotometr. Best. von U eignet sich der mit 1-(2-Pyridylazo)-2-naphthol gebildete Komplex. Sein Absorptionsmaximum liegt bei 560 mμ. Vff. haben die Anwendbarkeit dieser Analysenmeth., bes. im Hinblick auf die Störung durch Fremdionen, den p_H-Wert u. verschied. Lösungsmittel untersucht. Die Bestimmungen können nach Extraktion des U in Tributylphosphat–Chlf. im Bereich von 40—400 γ U durchgeführt werden. Die Stabilität der

Färbung des U-Komplexes wird durch Pyridin verbessert. Die Genauigkeit der Analysenmeth. wird mit ±4% angegeben im Vgl. zu ±8% der fluorimetr. Methode. (Analytic. Chem. **30.** 1788—92. Nov. 1958. Midland, Mich., Dow Chemical Co.) H.-U. WOELK. G 339

Je. Ss. Dshaparidse und **D. A. Gorgischwili,** *Über die Analyse von Manganionen verschiedener Valenz enthaltenden Lösungen.* Zur Best. von Mn^{3+} in einer 2- u. 3wertiges Mn enthaltenden Lsg. wird eine bestimmte Menge (je nach Konz.) mit 20—25 ml 10% ig. Lsg. von $Na_4P_2O_7$ in 2n H_2SO_4-Lsg. versetzt u. die Lsg. mit 0,05n MOHRscher Salzlsg. bis Schwach rosa titriert, danach mit 1—2 Tropfen 1% ig. Diphenylaminlsg. versetzt u. die Titration bis zur hellgrünen Färbung fortgesetzt. Zur Best. von Mn^{2+} wird eine bestimmte Menge obiger Lsg. unter Umrühren in 100 ml 10% ig. wss. $Na_4P_2O_7$-Lsg. gegossen, danach die Lsg. mit 10% ig. NaOH (oder 10% ig. H_2SO_4) bis zu neutraler oder schwach alkal. Rk. (Lackmus) versetzt u. mit 0,02n $KMnO_4$-Lsg. potentiometr. titriert. Bei gleichzeitiger Ggw. von MnO_4^- u. MnO_4^{2-} wird eine bestimmte Menge der Lsg. mit W. auf 50 ml aufgefüllt, danach mit 10 ml 20% ig. KJ-Lsg. u. 10 ml 10% ig. H_2SO_4-Lsg. versetzt u. sofort mit 0,1n $Na_2S_2O_3$ titriert (Best. des gesamten Oxydationsvermögens). Eine gleiche Menge der Lsg. wird mit 10—20 ml W., 25—30 ml 10% ig. Lsg. von $Na_4P_2O_7$ in 2n H_2SO_4-Lsg. versetzt u. mit MOHRscher Salzlsg. bis zur Entfärbung titriert. Hierauf wird die zu Mn^{2+} red. Lsg. in neutraler $Na_4P_2O_7$-Lsg. potentiometr. mit 0,02n $KMnO_4$ titriert. Aus den erhaltenen Ergebnissen wird der Geh. an $KMnO_4$ u. K_2MnO_4 errechnet. Die Best. von Mn^{3+} u. Mn^{4+} bei gleichzeitiger Ggw. erfolgt nach obigen Verfahren. Die Abweichungen sind gering, Dauer 15—20 Minuten. (Сообщения Академии Наук Грузинской ССР [Mitt. Akad. Wiss. GrusinSSR] **19.** 407—14. Okt. 1957. Tbilissi, Inst. für Metalle u. Bergbau der Akad. der Wiss. der UdSSR.) OTTO MAIER. G 350

Yoshichika Ôto, Takanobu Hamaguchi, Chujo Matsumoto, Taira Yoshinaka und **Nobuhara Nakao,** *Untersuchungen über die Analyse mit Quantometer.* 3. Mitt. *Quantitative Analyse kleiner Gehalte von B, Sn und Al in Eisen und Stahl.* (2. vgl. C. **1959.** 9683; 4. vgl. C. **1959.** 4917.) Vff. verwandten zur spektrograph. Analyse kegelförmige Standardproben mit 0,0027—0,0091% *B* bzw. 0,005—0,036% *Sn* bzw. 0,013—0,110% *Al* bzw. 0,006—0,037% *Cr.* Die Störung der B- u. Sn-Linien durch die Fe-Linie wurde durch Verwendung von Linien des Spektr. 2. Ordnung u. durch bogenähnliche Entladung eliminiert. Die Standardabweichung lag innerhalb 2—10%. (Nippon Kinzoku Gakkai-Si [J. Japan Inst. Metals] **20.** 315—19. Juni 1956. [Orig.: japan.; Auszug: engl.]) EBERHARD MÜLLER. G 354

Eugenio Bertorelle und **Ernestina Paglia,** *Quantitative chromatographische Bestimmung von Kobalt in Elektrolyten der Zinkgewinnung.* Vff. beschreiben ein chromatograph. Verf. zur Best. von Co in Elektrolyten der Zn-Gewinnung, wobei zuvor das Co gemeinsam mit Mn mittels Natriumdithionit in ammoniakal. Lsg. u. bei Ggw. von NH_4Cl ausgefällt wird. (Chim. e Ind. [Milano] **38.** 384—89. Mai 1956. Milano, Univ. Statale, Ist. di Chim. Ind.) C. GOTTFRIED. G 355

b) Organische Verbindungen.

R. Fermín Gómez Vigide, *Betrachtungen über das Verfahren von Kjeldahl-Ronchèse zur Schnellbestimmung des organischen Stickstoffs.* (1. vgl. C. **1959.** 4261.) Wie theoret. vorauszusehen ist, führt die Meth. von RONCHÈSE (1907) der Best. des Gesamt-N durch Verbrennung mit H_2SO_4 u. durch Titration der gebildeten Basen mit CH_2O bei bestimmten Substanzen zu Minderwerten infolge der Bldg. von sek. u. tert. Basen. Dieser Fehler verschwindet, wenn man K_2SO_4 zugibt, Hg als Katalysator verwendet u. die Einw. derselben über die Zeit der Entfärbung hinaus verlängert. Durch Zugabe von überschüssigem NaBr schaltet man die Störung seitens Hg^{2+} durch Komplexbldg. zu hydrolysebeständigem $[HgBr_4]^{2-}$ aus. Ausführung im Mikromaßstab: Eine Probe mit 2—5 mg N wird in einem 250-ml-Rundkolben mit 2 g K_2SO_4, 0,2 g HgO u. 4 ml konz. H_2SO_4 erwärmt, so daß die Mischung gelinde u. stetig sd., bis zur Entfärbung u. noch 10 Min. länger. Nach Abkühlung nimmt man mit 20 ml W. auf u. fügt 4 ml 60% ig. NaBr-Lsg. u. 2 Tropfen Methylrotindicator zu. Dann stumpft man mit 40% ig. NaOH weitgehend ab. Die noch saure Lsg. wird 2 Min. lang gekocht, um CO_2 zu vertreiben. Nach Abkühlung gibt man weitere 2 Tropfen Methylrotlsg. zu, neutralisiert mit CO_2-freier n. NaOH, macht mit 0,1n HCl eben sauer u. mit 0,02n NaOH gerade alkal.; dann fügt man 8—10 ml 18% ig., gegen Phenolphthalein neutrale Formollsg. zu u. titriert die freigesetzte Säure gegen 0,02n NaOH. Der Alkaliverbrauch entspricht nach Abzug eines Blindwertes dem gebildeten NH_3 u. dieses sehr gut dem N-Geh. der Probe; Fehler zwischen —0,40% (Sparteinsulfat) u. +1,15% (Novocain). (Inform. Quím. analít. **12.** 8—12. Jan./Febr. 1958. Santiago, Fac. Farm.; Inst. Alonso Barba, „Patronato Juan de la Cierva", Secc. Quím. analít.) W. METZENER. 5352

E. P. Przybylowicz und **L. B. Rogers,** *Coulometrische Titrationen mit Quecksilber(I) und -(II). Bestimmung von sekundären Aminen und Mercaptanen.* (Vgl. C. **1958.** 11910.) Vff. beschreiben Unterss. zur Best. von sek. Aminen u. Mercaptanen durch coulometr. Titration mit elektrolyt. erzeugtem Hg(II) unter Verwendung von mit Hg überzogenen Au-Elektroden als Generator- u. Indicatorelektrode. Sek. Amine werden durch Rk. mit CS_2 (25%) in *Aceton* (75%) in die entsprechenden *Dithiocarbaminsäuren* übergeführt, die dann im gleichen Medium, das außerdem 0,5f an $NaClO_4$ ist, mit Hg(II) titriert werden. Tert. Amine stören nicht, während überschüssige $HClO_4$ oder NaOH sowie bereits sehr geringe Mengen NH_3 nicht anwesend sein dürfen. Die durch prim. Amine hervorgerufene Störung wird durch deren Überführung in SCHIFFsche Basen mit *Salicylaldehyd* beseitigt. Eine $3 \cdot 10^{-4}$f-Lsg. eines sek. Amins kann mit 1%, eine $3 \cdot 10^{-5}$f-Lsg. mit 2% Genauigkeit titriert werden. Die angewendete Stromstärke wird mit 20 mA, das Endpunktspotential mit −0,200 V (gegen eine gesätt. Kalomelelektrode) angegeben. Analoge Titrationen mit elektrolyt. erzeugtem Ag^+ geben keine quantitativen Resultate. Die coulometr. Best. von Substanzen mit *SH*-Gruppen (Disulfide u. Thioäther sind der Best. nicht zugänglich) geschieht im Boratpuffer vom p_H 9,2 mit befriedigender Genauigkeit, die bei 1,29 mg *Cystein* ($1{,}3 \cdot 10^{-4}$f-Lsg.) 1%, bei Mengen bis herab zu 0,26 mg ($2 \cdot 10^{-5}$f-Lsg.) ca. 3% beträgt. (Analytica chim. Acta [Amsterdam] **18.** 596—606. Juni 1958. Cambridge, Mass., MIT, Dep. of Chem. and Labor. for Nucl. Sci.) H.-J. OSTMANN. G 900

Joseph R. Spies, *Colorimetrische Methoden für Aminosäuren.* Übersicht. Phenolreagensmeth., Ninhydrinmeth., Cu-Salz-Meth. für Aminosäuren (I) u. Peptide (II) (620 mμ), Cu-Salz-Mikrometh. für **I** u. **II** (UV). — 14 Literaturangaben. (Methods Enzymol. **3.** 467—77. 1957. Washington, D. C., U. S. Dep. of Agric.) K. MAIER. G 950

M. Levy, *Titrimetrische Methoden für Aminosäuren (Formol-, Aceton- und Alkoholtitrationen).* Übersicht 8 Literaturangaben. (Methods Enzymol. **3.** 454—58. 1957. New York, N. Y., Univ.) K. MAIER. G 950

Edward L. Duggan, *Die Bestimmung von Aminosäuren durch Säulenchromatographie.* Übersicht. Ionenaustauschfraktionierung, Fraktionierungsverf., photometr. Fraktionsanalyse. — 21 Literaturangaben. (Methods Enzymol. **3.** 492—504. 1957. Berkeley, Calif., Univ.) K. MAIER. G 950

William Stepka, *Die Identifizierung von Aminosäuren durch Papierchromatographie.* Übersicht. Apparatives, Ausführung (Probenvorbereitung, Best. der optimalen Menge, Entw., Lösungsm., Lokalisierung der Verbb., Identifizierung, Schwierigkeiten). — 51 Literaturangaben. (Methods Enzymol. **3.** 504—28. 1957. Richmond, Va., Med. Coll.) K. MAIER. G 950

Charles R. Willms und **W. M. Harding,** *Der Einfluß der Papierbreite auf die R_F-Werte von Aminosäuren.* Die R_F-Werte von *DL-Lysin, L-Tyrosin, L-Glutaminsäure, DL-Threonin* u. *DL-Alanin* stiegen mit abnehmender Breite (50—2 mm) des Papierstreifens bei der aufsteigenden Papierchromatographie an. Als Lösungsm. wurden wassergesätt. Collidin oder Isobuttersäure verwandt. Ein gleicher Effekt trat auch auf, wenn die Probe nahe dem Rande eines breiten Papierstreifens aufgetragen wurde. (Mikrochim. Acta [Wien] **1958.** 411—14. 14/3. 1958. San Marcos, Texas, Southwest Texas State Teachers Coll.) E. MOISAR. G 950

N. A. Khan, B. E. Baker und **W. F. van Horn,** *Papierchromatographie bei der Routinebestimmung von Glutaminsäure während der Fabrikation.* Die Best. von Glutaminsäure (I) in Eiweißhydrolysaten erfolgt papierchromatograph. nach dem Prinzip des Verf. von MCFARREN (C. **1952.** 1545 u. C. **1953.** 3935) auf einem auf p_H 12 gepufferten Papier (WHATMAN 1) mit einem Laufmittel aus Phenol + 5% 2-Butanol (II), die beide mit p_H 12-Puffer gesätt. sind. Der Zusatz von **II** bewirkt eine gute Trennung der **I** von anderen Aminosäuren. Als Kontrollmeth. dient das Verf. von OLCOTT (J. biol. Chemistry **153.** [1944.] 71), jedoch wird statt nach der VAN SLYKE-Meth. mit der SØRENSEN-Titration gearbeitet. (J. agric. Food. Chem. **3.** 853—55. Okt. 1955. MacDonald Coll., P. Q., Canada; Stanbridge, P. Q., Canada, Champlain Chem. Co.) PH. FRESENIUS. G 950

F. Feigl und **C. Stark-Mayer,** *Tüpfeltest für p-Nitroanilin.* Es wird eine Meth. zur Identifizierung von *p-Nitroanilin* (I) neben seinen Isomeren beschrieben. Beim Eindampfen einer wss.-alkoh. Lsg. von Nitroanilin, p-Dimethylaminobenzaldehyd u. Ascorbinsäure zur Trockne entsteht nur beim Vorhandensein von **I** ein roter Rückstand. Die Rk. kann auf Filtrierpapier durchgeführt werden. Der Mechanismus der Rk. sowie Ausführung u. Grenzen der Meth. werden diskutiert. (Chemist-Analyst **46.** 37—38. Juni 1957. Rio de Janeiro, Labor. da Produção, Mineral, Ministerio da Agricult.) S. KÜHNRICH. G 1300

M. I. Bobrowa und **A. N. Matwejewa,** *Polarographische Bestimmung von 2.2'-Azo-bis-(isobutyronitril), aliphatischen und aromatischen Nitrilen.* 2.2'-Azo-bis-(isobutyronitril) wird in wss.-alkoh. Lsgg. von quartären NH_4-Salzen wie $(C_4H_9)_4NJ$, $(C_2H_5)_4NCl$ oder $(CH_3)_4NJ$ leicht polarograph. red.; das Halbwellenpotential $E_{1/2}$ (gegenüber der gesätt. Hg_2Cl_2-Elektrode) beträgt im Mittel −1,34 V. Polarograph. Red. wird ferner festgestellt bei Acrylonitril in wss.-alkoh. LiCl-Lsg. ($E_{1/2}$) −2,35 V, Methacrylonitril in wss. $(C_2H_5)_4NJ$-Lsg. −2,26 V, Fumarsäuredinitril −1,48 bis −1,84 V u. Phthalsäuredinitril in wss.-alkoh. Li-Citratlsg. −1,92 bis −2,04 V. Nicht red. werden aliphat. Nitrile ohne mit der CN-Gruppe konjugierte Doppelbindung (Aceto-, Adiponitril, Phenylacetonitril) u. einfache aromat. Nitrile mit oder ohne konjugierte Doppelbindung. Der Diffusionsstrom der der Red. zugänglichen Nitrile nimmt mit deren Konz. linear zu. (Журнал Общей Химии [J. allg. Chem.] **27** (**89**). 1137—42. Mai 1957. Leningrad, Ing.-ökonom. Inst.) R. K. MÜLLER. G 1300

B. Singh, S. S. Sahota und **S. Singh,** *Natriumhypochlorit als volumetrisches Reagens.* 1. Mitt. *Bestimmung von organischen Derivaten des Hydrazins. NaClO* wurde als Oxydationsmittel zur volumetr. Best. von N_2H_4-Derivv. [$NH_2CONH\cdot NH_2\cdot HCl$, $C_6H_5NH\cdot NH_2\cdot HCl$, $(C_6H_5CH{:}N)_2$, $C_6H_5CH{:}N\cdot NHCONH_2$, $Cl\cdot C_6H_4CH{:}N\cdot NHCONH_2$, $(CH_3)_2C{:}N\cdot NHCONH_2$, $NH{:}C(NH\cdot NH_2)_2\cdot HCl$, $NH_2CSNH\cdot NH_2$, $HO\cdot C_6H_4CH{:}N\cdot NHCONH_2$, $CH_2O_2C_6H_3CH{:}N\cdot NHCONH_2$, $CH_3O\cdot C_6H_4CH{:}N\cdot NHCONH_2$] verwendet. Man versetzt eine Lsg. von 10—100 mg Substanz in 50 ml W. mit 10 ml konz. HCl, 5 ml 0,02 mol. JCl-Lsg. u. 5 ml Chlf., kühlt auf Zimmertemp. u. titriert unter kräftigem Rühren mit 0,10n NaClO-Lsg., bis die durch J_2 gefärbte Lsg. schwach gelb u. die Chloroform-Schicht purpur erscheinen. Dann titriert man mit geringen Substanzmengen bis zur schwachen Violettfärbung der Chlf.-Schicht u. tropfenweise bis zur schwachen Gelbfärbung dieser Schicht durch Bildung von JCl. Jede NH_2-Gruppe wird zu N_2 oxydiert. (Z. analyt. Chem. **160.** 429—32. 1958. Hoshiarpur, India, Panjab Univ. Coll.) H. PLUSKAL. G 1300

Guy Nadeau, L. P. Joly und **G. Sobolewski,** *Einfluß von Metallionen auf die Reaktion von Äthylendiamin mit Adrenalin und Noradrenalin.* Vff. finden, daß Spuren von Metallionen, bes. Al^{3+}, Cu^{2+}, Fe^{3+}, die Farb-Rk. zwischen *Äthylendiamin* u. *Adrenalin* bzw. *Noradrenalin* stark beeinflussen. Bestimmungen der NH_2-substituierten Brenzcatechinderivv. in biol. Fll. nach der Meth. von WEIL-MALHERBE u. BONE unter Absorption an Aluminiumoxyd u. Eluierung mit verd. Essigsäure ergeben infolge Al^{3+}-Aufnahme der Lsg. eine um 30% stärkere Fluorescenz als bei Anwendung von Eisessig. Spektrograph. nachgewiesene Verunreinigungen in Al_2O_3-Präpp. wie Cu^{2+}, Fe^{3+}, Ga^{3+} u. Silicat scheinen ebenfalls einen merklichen Einfl. auf vorst. Bestimmungsmeth. zu haben. (Nature [London] **181.** 1061. 12/4. 1958. Quebec, Laval- Univ., Dep. of Chem.; Hospital St.-Michel Archange.) R. LAFFERENZ. G 1320

M. Clasper und **J. Haslam,** *Die analytische Bestimmung von Gemischen von Adipinsäure, Sebacinsäure und Phthalsäure.* Es wird eine chromatograph. Meth. zur Best. von Adipinsäure u. Sebacinsäure nebeneinander in Ggw. von Phthalsäure beschrieben. Das zu bestimmende Gemisch wird auf eine mit Citratpuffer auf p_H 4,3 gepufferte Säule von Kieselsäure gebracht. Beim Eluieren mit 2%ig. n-Butanol–Chlf.-Lsg. wird nur die Sebacinsäure eluiert, die im Eluat mit 0,05n alkoh. NaOH titriert wird. Anschließend wird die Säule mit 15%ig. n-Butanol–Chlf.-Lsg. eluiert u. das Eluat dann titriert. Phthalsäure bleibt auf der Säule. (J. appl. Chem. **7.** 328—32. Juni 1957. Welwyn Garden City, Imp. Chem. Ind. Ltd., Plastics Div.) S. KÜHNRICH. G 2020

Norbert Pfennig, *Zum qualitativen Nachweis von Purin- und Pyrimidinbasen auf Papierchromatogrammen.* Durch Zusatz von fluorescierenden Agentien zum Lösungsm. bei der papierchromatograph. Trennung von Pyrimidin- u. Purinbasen können die einzelnen Verbb. im UV-Licht als dunkle Flecke auf dem stark fluorescierenden Papier gut erkannt werden. Vor den anderen untersuchten Verbb. (*Berberin, Acridinorange, Acridingelb, Trypaflavin, Thiazolgrün*) hatte *Äsculin* den Vorzug, in Isopropanol-2n HCl ca. 1 cm weiter zu wandern, als die Verb. mit dem größten R_F-Wert Thymin. Bei Verwendung der Cd-Linie bei 275 mμ erscheint *Guanin* mit intensiv violetter Fluorescenz auf dem durch Äsculin himmelblau fluorescierenden Papier, während die anderen Basen als dunkle Flecken erkennbar sind. (Naturwissenschaften **44.** 537. 2. Okt.-H. 1957. Göttingen, Univ., Inst. für Mikrobiol.) E. HANSCHKE. G 3272

Gilbert Ashwell, *Die colorimetrische Analyse von Zuckern.* Übersicht. Allgemeines; Best.: Hexosen (I), Aldohexosen, Ketohexosen (Resorcinmeth. nach ROE Cystein (II)-Carbazol (**III**)-Rk., Diphenylamin (**V**)-Rk., Indol (**IV**)-Rk.], Gesamt-**I** (**III**-Rk., **II**-H_2SO_4-Rk. für **I**, für Mannose, Anthron-Rk., Arsenomolybdatmeth. von NELSON; Ferricyanidmeth von PARK u. JOHNSON); Pentosen (Orcin-Rk., **II**-H_2SO_4-Rk.); Tetrosen; Uronsäuren (Naphthoresorcinmeth., **III**-Rk.); Hexosamine (Meth. von ELSON-MORGAN, **IV**-

Rk.); Desoxyzucker, 2-Desoxypentose u. Desoxyribonucleinsäure (V-Rk., Tryptophan-$HClO_4$, IV–HCl-, III-Rk. für DNA), Methylpentosen (6-Desoxyhexosen; II–H_2SO_4-Rk.). — 103 Literaturangaben. (Methods Enzymol. **3.** 73—105. 1957. Bethesda, Md., Nat. Inst. of Health.) K. MAIER. G 3400

Edison W. Putman, *Die Säulenchromatographie von Zuckern.* Vorschrift. Kohle- u. Cellulosesäulenchromatographie. — 3 Literaturangaben. (Methods Enzymol. **3.** 57—62. 1957. Berkeley, Calif., Univ.) K. MAIER. G 3400

Edison W. Putman, *Die Papierchromatographie von Zuckern.* Übersicht. Hilfsmittel; qualitative Meth., Isolierung, Identifizierung; quantitative Meth., analyt. Verff., quantitative Analyse red. Oligosaccharide. — 18 Literaturangaben. (Methods Enzymol. **3.** 62—72. 1957. Berkeley, Calif., Univ.) K. MAIER. G 3400

R. T. Bottle und **G. A. Gilbert,** *Die Verwendung alkalischer Reagentien zur Bestimmung der reduzierenden Gruppen von Kohlehydraten.* 1. Mitt. *3.5-Dinitrosalicylat und die Störung durch Luft.* Vff. prüften die Best. von *Glucose* u. *Maltose* mit *3.5-Dinitrosalicylat* (I) nach SUMNER (J. biol. Chemistry **62.** [1925.] 287) unter Verwendung verschied. Alkalikonzz. in Ggw. oder Abwesenheit von Luft durch 5 Min. Erhitzen auf 100°. Es zeigte sich, daß in Abwesenheit von Luft (N_2-Durchleiten) fast lineare Eichkurven (opt. Dichte bei 520 mμ gegen Zuckerkonz.) auftraten u. daß die Empfindlichkeit der Meth. größer als in Ggw. von Luft war. — Größere Alkalikonzz. bei der Best. verringerten die Farbbldg.; Vff. schlagen 0,3 mol. alkal. Reaktionslsg. als am besten geeignet vor. — Die Ggw. von ROCHELLE-Salz verringerte die Störung der Meth. durch Luft, schloß sie aber nicht völlig aus. (Analyst **83.** 403—06. Juli 1958. Liverpool, City Coll. of Technol., Dep. of Chem. and Biol.) E. DEHMLOW. G 3400

B. L. Horecker, *Die Orcinreaktion für Gemische von Pentosen und Heptulose.* Vorschrift. (Methods Enzymol. **3.** 105—07. 1957. Bethesda, Md., Nat. Inst. of Health.) K. MAIER. G 3400

H. Zahnd und **S. Sandler,** *Verbesserte β-Naphthol- und Orcinmethode zur Unterscheidung von Pentosen und Hexosen.* Es werden 4 verbesserte Vorschriften für die β-Naphthol- u. Orcinmeth. zur Unterscheidung von Pentosen u. Hexosen gegeben. Die Farb-Rkk. mit verschied. Zuckern sind in einer Tabelle zusammengefaßt. (Chemist-Analyst **46.** **46.** 39—40. Juni 1957. Brooklyn, N. Y., Brooklyn Coll.) S. KÜHNRICH. G 3400

T. Nakada, *Über die Anthronreaktion der Monosaccharide.* Die Farb-Rk. von *Anthron* (I) mit *Monosacchariden* unterscheidet sich durch die Art der I-Zuführung zu *Pentosen* (II) einerseits u. zu *Hexosen* (III) u. *Disacchariden* (IV) andererseits. Wird das Reagens schnell zugegeben, dann tritt mit III u. IV sofort Grünfärbung auf, u. die Extinktionsmaxima liegen bei 625 mμ (*Glucose, Fructose, Saccharose, Lactose, Mannose*), während es mit II eine dunkelgrüne bzw. gelbliche Färbung ohne charakterist. Absorption gibt [*L-Arabinose* (V), *Xylose* (VI), *Ribose* (VII)]. Wird jedoch das Reagens nach u. nach zugeführt u. danach 3—5 Min. geschüttelt, so liegen die Extinktionsmaxima für V u. VII bei 620, für VI bei 600 mμ. (Tokyo Jikeikai med. J. **72.** 464—70. 1/3. 1957. Tokyo Jikeikai-Ika-Daigaku, Yakurigaku-Kyōshitsu. [Orig.: japan.]) F. MOSSNER. G 3400

T. Nakada, *Über die Anthronreaktion der Polysaccharide.* 2 cm^3 *Anthron,* F. 155° (0,2% in 95%ig. H_2SO_4) geben mit 1 cm^3 *Glykogen, Dextrin, Inulin* u. *Stärke* innerhalb von 30—60 Min. eine Färbung. Alle Substanzen haben das Extinktionsmaximum bei 625 mμ. Im Bereich von 10—40 μg der genannten Polysaccharide verläuft die Anthronfärbung linear. (Tokyo Jikeikai med. J. **72.** 460—63. 1/3. 1957. Tokyo Jikaikai-Ika-Daigaku-Kyōshitsu. [Orig.: japan.]) F. MOSSNER. G 3400

W. Z. Hassid und **S. Abraham,** *Chemische Analysenverfahren für Polysaccharide.* Übersicht. Best. von *Glykogen* (I) modifiziert nach PFLÜGER, mit Anthronreagens, in Geweben mit < 1% I, von ^{14}C-I, von Stärke, von Stärke- oder I-Endgruppen durch Methylierung u. Perjodatoxydation. — 35 Literaturangaben. (Methods Enzymol. **3.** 34—50. 1957. Berkeley, Calif., Univ.) K. MAIER. G 3400

c) Bestandteile von Pflanzen und Tieren.

Sh. A. Medwedew, *Die Anwendung von Blattabdrücken auf Filterpapier für eine schnelle Mikrobestimmung der Konzentration von Aminostickstoff in Pflanzen.* Frische Blätter werden zwischen Filtrierpapierstreifen in Stößen von einigen Dutzend einige Min. mit heißem Dampf behandelt (hierbei denaturieren u. koagulieren die Eiweißstoffe), danach auf neue Filtrierpapierstreifen so gelegt, daß zwischen den Pflanzenblättern einige Papierschichten liegen u. zwischen Stahlplatten gepreßt. Aus den frischen Blättern können die fl. Fraktionen leicht abgetrennt werden. Die Behandlung mit Dampf kann durch vorheriges Ausfrieren der Blätter bei —10 bis —12° ersetzt werden. Aus den gefrorenen Blättern werden die Säfte in das Papier gepreßt. Für die colorimetr. Bestimmungen können auch die durch Schlag erhaltenen grünen Abdrücke, die das gesamte Protoplasma enthalten, verwendet werden. Die Entfärbung dieser Abdrücke wird durch aufeinanderfolgende Extraktion mit Aceton u. Ae. erreicht. Die erhaltenen Abdrücke werden mit 0,2—0,5% ig. Ninhydrinlsg. in Aceton behandelt u. im Thermostat bei 60 bis 80° einige Min. getrocknet (Violettfärbung). Die Intensität der Färbung entspricht der Konz. von Amino-N. Zur quantitativen Bewertung der Amino-N-Konz. wird eine Eichskala hergestellt. Die Anwendung der Meth. ist nicht immer möglich. (Известия Тимирязевской Сельскохозяйственной Академии [Nachr. landwirtsch. Timirjasew-Akad.] **1958.** Nr. 4. 115—20.) Otto Maier. 5661

Katsumi Yamamoto, *Analyse von Pflanzenaschen nach dem polarographischen Verfahren.* 2. Mitt. (*Untersuchung über Analysenverfahren für Spurenelemente in biologischen Materialien.* 6. Mitt.). In verschied. japan. *Pflanzenaschen* wird der Geh. an *Cu*, *Mn* u. *Zn* polarograph. bestimmt; so enthält z. B. *Tomaten*-Asche (in p.p.m.) 315 Cu, 526 Zn u. 717 Mn. (J. chem. Soc. Japan. pure Chem. Sect. [Nippon Kagaku Zassi] **76.** 1202—05. Nov. 1955. Sendai, Tokoku, Univ. [Orig.: japan.]) L. Schuler. 5664

Richard J. Volk und **Robert L. Weintraub,** *Mikrobestimmug von Silicium in Pflanzen.* Die spektrophotometr. Molybdänblaumeth. von Mullin u. Riley (C. **1956.** 1698) für die *Si*-Best. wurde zur Ermittlung von γ-Mengen *Si* in Pflanzengewebe, z. B. in einzelnen Reisblättern, modifiziert. Bei einem *Si*-Geh. von 0,1—10% erfolgt die Best. mit 25 mg-Proben (Lösen durch Veraschen mit H_2SO_4, Na_2CO_3-Schmelze, Lösen der Schmelze in verd. HCl, Farbentw. in der neutralen Lsg. mit Molybdat u. Metollsg.; λ 810 mμ). *P* stört in den in pflanzlichen Gewebe vorkommenden Mengen nicht. (Analytic. Chem. **30.** 1011—14. Mai 1958. Fort Detrick, Frederick, Md., Chem. Corps. Biol. Worfare Labor.) K. Maier. 5664

H. Kick, *Die flammenphotometrische Strontiumbestimmung in Gegenwart von Ca, Ba, Mg und Y für agrikulturchemische Zwecke in Bodenauszügen und Pflanzenaschen.* Es werden einige Arbeitsverff. für die flammenphotometr. Best. von *Sr* in der Luft-C_2H_2-Flamme mit der Linie 4607,5 Å neben Ba, Ca, Mg u. Y, welche die Sr-Emission progressiv verstärken, beschrieben. Bei Ggw. von viel Ba wird Ba zweckmäßig nach Neutralisation mit NH_4OH mit 10 ml 40% ig. NH_4-Acetatlsg. u. 10 ml 0,1n $(NH_4)_2Cr_2O_7$-Lsg. bei p_H 4,5 gefällt. Liegt weniger Ba vor, so genügt zur Trennung die Ausfällung von Sr mit Ca als Oxalat, die zur Umgehung der Störungen durch Al, Fe u. PO_4^{3-} erforderlich ist (Fällung nach Zugabe von 5 ml 25% ig. NH_4Cl-Lsg., 10 ml 30% ig. Citronensäure; Neutralisation mit konz. NH_3 u. Ansäuern mit verd. Essigsäure mit gesätt. $(NH_4)_2$-Oxalatlsg. bei p_H 3,8—4,3). Der Nd. wird in 30 ml HCl 1:2 gelöst, die Ca-Emission bei 4221 Å, die Sr-Emission bei 4607,5 Å gemessen u. die Sr-Konz. aus einer bei Ggw. der entsprechenden Ca-Menge aufgenommenen Eichkurve entnommen (bei Ggw. von Oxalat ist die Sr-, Ca- u. Ba-Emission gedämpft, geringe Ba-Konzz. stören daher nicht; Y stört nur bei $Y_2O_3/SrO \geqq 5$). Bei der Sr-Best. in SO_4^{2-} u. SiO_2-haltigen Böden u. Pflanzenaschen müssen SO_4^{2-} u. SiO_2 vor der Oxalatfällung durch zweimaliges Abrauchen mit je 15 ml 45% ig. HJ u. HF entfernt werden. (Z. analyt. Chem. **163.** 252—62. 1958. Bonn, Univ., Agrikulturchem. Inst.) W. Karcher. 5664

Kazimierz Latawiec, *Elektrophotometrische Methode zur quantitativen Bestimmung und Fluorescenzmethode zur Auffindung der Alkaloide in den Weißlupinensamen.* Die Probe des gemahlenen Lupinensamens wird mit wenig 10% ig. NaOH verrieben u. nach 30 Min. mit gebranntem Alabastergips zu einem Pulver vermengt. Mit Chlf. u. Ae. (5:1) werden daraus die Rohalkaloide extrahiert. Viermaliges Ausschütteln des Extraktes mit 0,02n H_2SO_4 liefert ein gereinigtes Produkt. Aus der eingeengten H_2SO_4-Lsg. werden die Alkaloide mit 10% ig. Molybdatophosphorsäure gefällt u. der Nd. mit frisch bereiteter Stannitlsg. reduziert. Die Umrechnung der elektrophotometr. erhaltenen Extinktion E der Molybdänblaulsg. auf den Geh. an *dl-Lupanin* erfolgt nach der Gleichung $c = 5{,}4776 \cdot 10^{-3} \cdot E$. Die Meth. liefert Werte, die mit denen der photometr. nach Meyer [1942.] ermittelten übereinstimmen. Es besteht eine Beziehung zwischen dem Alkaloidgeh. des Samens der weißen Lupine u. seiner UV-Fluorescenz bei Anregung mit der Wellenlänge 3650 Å. Sichere Ergebnisse werden dabei nur bei Unters. aufgeschnittener Samen erzielt. Durch chromatograph. Analyse wird bewiesen, daß die Fluorescenz allerdings nicht den Alkaloiden zugeschrieben werden kann. Durch Extraktion des entfetteten Samens mit Methanol werden zwei fluorescierende Substanzen erhalten (R_F-Werte nach Entw. mit wss. n-Butanol 0,09 u. 0,55). Erstere wurde in kleinsten Mengen durch Säulenchromatographie an Cellulose krist. erhalten. (Roczniki Nauk rolniczych, Ser. A **79.** 43—101. 1958. Poznań, PAN Zakł. Hodolwi Roślin, IUNG, Zakł. Roślin pastewnych.) F. Urban. 5666

d) Medizinische und toxokologische Analyse.

Setsuko Komatsu, *Eine colorimetrische Methode zur Bestimmung von Na in Serum und Blut.* Zu 0,5 cm^3 enteiweißtem (4,5 cm^3 Trichloressigsäure) Blut oder Harn werden 4 cm^3 *Uranyl-Zinkacetat-Lsg.* zugesetzt; der sich bildende Nd. wird zentrifugiert u. mit A. gewaschen. Zur Colorimetrie (430 mμ, violett) wird der Nd. in 5 cm^3 20%ig. Na-Citratlsg. gelöst. Bei 25 Gesunden wurden im Blut minimal 213 mg Na/100 cm^3, maximal 347 mg Na/100 cm^3 gefunden. (Seikagaku, J. Jap. biochem. Soc. **30.** 608—11. 1958. Dōai Byōin. [Orig.: japan.]) F. Mossner. 5727

K. Schwandt, *Nachweis und Bestimmung von Harnporphyrinen im Apothekenlaboratorium.* Zum qualitativen Nachw. der ätherlösl. *Porphyrine* (**I**) schüttelt man nach dem Ansäuern den Harn mit Ae. aus, wäscht die vereinigten Ätherauszüge mit W., nimmt die **I** aus dem Ae. mit 5%ig. HCl auf u. prüft die Lsg. auf Rotfluorescenz unter der Quarzlampe. Die Fluorescenz ist p_H- u. temperaturabhängig. Ätherunlösl. *Porphyrine* (**II**) werden in dem von **I** befreiten Harn mittels Pb-Acetat gefällt, die Fällung mit 25%ig. HCl extrahiert u. die **II** mittels Fluorescenz im UV-Licht nachgewiesen. Analog verläuft die quantitative Bestimmung. Die Messung erfolgt mittels Photometers bei 400—405 mμ. Der mmol. Extinktionskoeff. beträgt für Koproporphyrin u. für Uroporphyrin 442. (Dtsch. Apotheker-Ztg. **98.** 1344—46. 25/12. 1958. Stuttgart, Katharinenhospital-Apotheke.) S. Erbe. 5732

Thomas E. Morgan und **Robert J. Roantree,** *Bewertung von Testen auf occultes Blut im Stuhl. Signifikanz der Guajak- und o-Tolidinteste nach Einnahme von Eisen.* Vff. untersuchten bei 30 jungen Probanden bei n. Kost, bei Zulage von Eisen (0,9 g Ferrosulfat 3 mal täglich 3 Tage lang) u. nach oralen Gaben von 8—10 ml Vollblut den Stuhl auf occultes Blut mit der Guajak- (**I**) u. der o-Tolidinprobe (**II**). Nach Eisenzulagen wurden mit **I** weniger positive Ergebnisse gefunden, auch mit **II** wurde keine Zunahme beobachtet. **I** war nach Vollblutgabe in 86% der Fälle positiv, **II** nur in 39%. Dabei war der einfache Filtrierpapiertest empfindlicher als die Reagensglasprobe. Positive Spuren-Rkk. kommen bei Normalpersonen so häufig vor, daß man sie besser als negativ wertet u. erst bei stärker positivem Ausfall weitere Unterss. anstellt. (J. Amer. med. Assoc. **164.** 1664—67. 10/8. 1957. Stanford, Calif., Univ., Med. School, Dep. of Med.) K. Böhm. 5734

Paul L. Kirk, A. Gibor und **Kenneth P. Parker,** *Die Bestimmung von Blutalkohol. Verbesserungen chemischer und enzymatischer Verfahren.* Zur Best. von Blut-A. durch Dichromatoxydation wird die Blutprobe auf ein mit NaH_2PO_4–$MgCl_2$-imprägniertes Filter gebracht, das bas. Bestandteile zurückhält. Durch schwaches Saugen, unter Erhitzen von außen, werden die flüchtigen Bestandteile, nach Abtrennung von Aldehyden, Ketonen u. organ. Säuren mittels alkal. $HgCl_2$-Lsg., in saure Dichromatlsg. geleitet u. das überschüssige Oxydans jodometr. oder spektrophotometr. ermittelt. Eine weitere, spezif. A.-Best. besteht in der enzymat. Oxydation von A. durch Leberalkoholdehydrogenase in Ggw. von Coenzym I (Messung der Absorption bei 340 mμ), wobei sich die Enzymlsg. in einem abgeschlossenen Gefäß befindet, die Blutprobe (10 mm^3) auf einen über der Lsg. hängenden Filterstreifen aufgebracht wird, u. A. in die Lsg. diffundiert (90 Min., Raumtemp.). Letztere Meth. eignet sich besonders für Reihenuntersuchungen. (Analytic. Chem. **30.** 1418—22. Aug. 1958. Berkeley, Calif., Univ., School of Criminol.) K. Maier. 5762

Erzsébet Császár und **O. Szücs,** *Papierchromatographie bei letaler Vergiftung mit Barbituraten und eine schnelle Methode zu ihrem Nachweis.* Vf. gibt eine Meth. an, wonach die Barbiturate aus dem Fettgewebe, das vorher im Wasserbad geschmolzen wurde, mit angesäuertem Chlf. extrahiert werden. Diese Lsg. wird auf ein mit 1%ig. $Co(NO_3)_2$ getränktes Filterpapier gebracht u. nach Entfernung des Chlf. mit der Marsdalischen Meth. in NH_3-Gas entwickelt. 10 g sind noch nachweisbar. (Acta morphol. Acad. Sci. hung. **7.** Suppl. 31. 1956. Budapest; Med. Univ., Dep. of Pharmacol., Dep. of Forensic Med.) H. Greiling. 5764

Ricardo Luis Elicabe, *Eine neue Technik zur elektrodialytischen Trennung von Veronal und ihre Anwendung in der Toxikologie.* Vf beschleunigt die Elektrodialyse von *Veronal* u. erzielt eine höhere Ausbeute als das mit den üblichen Geräten möglich ist, wenn er $Ba(OH)_2$-Lsg. der Fl. an der Anionenseite der Membran u. an der Kationenseite H_2SO_4 zufügt. Bei Verss. mit veronalhaltigen Organteilen erwies es sich als notwendig, die Dialyse über längere Zeit auszudehnen, weil sie zu große Mengen störender Elektrolyte enthalten. (Rev. Fac. Ci. quím., Univ. nac. La Plata **29.** 19—25. 1956. La Plata, Univ. Nacional, Fac. de Quím.) Heinrich Hermann. 5764

B. Scheunemann, *Eine Methode zum biologischen Nachweis des Orthotrikresylphosphates.* Vf. beschreibt eine Meth. zur biol. Unters. von Weichmachern in Bedarfs-

gegenständen aus Kunststoffen durch Verfüttern des Methanolextraktes in geeignet dosierter Zubereitung an weißen Mäusen u. Beobachten der Ausfallerscheinugen. Der mitunter schwierige chem.-physikal. Nachw. von *o-Trikresylphosphat* soll hierdurch ergänzt werden. (Pharmazie **12.** 160—61. März 1957. Leipzig, Univ. u. Bezirks-Hygiene-Inst.)
W. SCHULENBURG. 5764

Bopp & Reuther G. m. b. H. (Erfinder: **Friedrich Benner**), Mannheim, *Messung der Dichte von Flüssigkeiten* in offenen Behältern oder geschlossenen Rohrleitungen, dad. gek., daß einem mit einer Vergleichs-Fl. gefüllten, schwimmenden Aräometer bekannter Bauart durch ein an seinem offenen oberen Ende eingeführtes Rohr Druckluft zugeführt wird u. ein Feindruckmesser zur Anzeige der Differenzhöhe zwischen dem Spiegel der Aräometer-Fl. u. dem unteren Ende des Eintauchrohres vorgesehen ist. (**D. B. P. 957 795** Kl. 42 l vom 6/5. 1952, ausg. 7/2. 1957. Anmeldung bekanntgemacht 16/8. 1956.)
W. v. HUHN. 5043

Union Rheinische Braunkohlen Kraftstoff Akt.-Ges. (Erfinder: **Günther Velling**), Wesseling, *Schnellbestimmung des Wasserdampfgehaltes staubhaltiger Gase* vermittels der Mol.-Verminderung des eine Bürette füllenden heißen Gases durch Kondensation von Dampf bei der Abkühlung des Gases, dad. gek., daß eine Meßbürette, die einen einfachen u. einen Dreiwegehahn besitzt, in einem mit einem Thermometer ausgerüsteten Mantel angeordnet ist, durch den wahlweise Dampf oder Kühlwasser geleitet wird, wobei der Dreiwegehahn so angeordnet ist, daß er die Meßbürette wahlweise entweder mit der Gasentnahmestelle oder mit dem Niveaugefäß verbindet. (**D. B. P. 962 754** Kl. 42 l vom 23/7. 1952, ausg. 25/5. 1957. Anmeldung bekanntgemacht 31/10. 1956.) W. v. HUHN. 5087

Hartmann & Braun Akt.-Ges. (Erfinder: **Helmar Krupp**), Frankfurt/M., *Unterdrückung des Einfl. der Gaseigg.* außer der Susceptibilität auf die Anzeige bei der *thermomagnetischen Gasanalyse*, bei der ein vom Meßgas umgebener Heizkörper, dessen Temp. gemessen wird, in einem inhomogenen Magnetfeld angeordnet ist, dad. gek., daß die Wärmeableitung zum Kammeräußeren durch den Heizkörper selbst u. seine Halterung so groß gegenüber der Wärmeabgabe über das Gas infolge Wärmeleitung u. natürliche Konvektion ohne magnet. Wind gemacht wird, daß Änderungen dieser Wärmeabgabe durch Änderungen der Gaseigg. nicht störend in Erscheinung treten. — Wichtig für Messung des O_2-Geh. in Gasgemischen, bes. solchen, die auch H_2 enthalten. (**D. B. P. 964 353** Kl. 42 l vom 11/7. 1952, ausg. 23/5. 1957. Anmeldung bekanntgemacht 29/11. 1956.)
W. v. HUHN. 5087

Auergesellschaft Akt.-Ges., Berlin (Erfinder: **Heinz Eisenbarth**, Heidelberg), *Aufspüren von Gasen und Messung ihrer Konzentration* mittels Luftförderer u. Prüfröhrchen, dad. gek., daß zum Zweck der Vergrößerung des Meßbereiches mit dem Luftförderer eine Vorr. in Verbindung steht, die eine regelbare Verdünnung des zu prüfenden Gas–Luft-Stromes mit Reinluft erzeugt. Bes. geeignet bei hohen Konzz., wie sie bei plötzlichen Gasausbrüchen, Explosionen oder beim CO-Geh. von Feuerungsanlagen auftreten. (**D. B. P. 962 475** Kl. 42 l vom 10/3. 1955, ausg. 25/4. 1957. Anmeldung bekanntgemacht 31/10. 1956.) W. v. HUHN. 5087

Auergesellschaft Akt.-Ges. (Erfinder: **Walter Lemcke**), Berlin, *Nachweis von Quecksilber in der Luft* mittels eines Prüfröhrchens, das auf Kieselgel aufgetragenes Edelmetallchlorid enthält, dad. gek., daß SiO_2 oder Al_2O_3-Gel mit einer Lsg. von Pd- oder Ru-Chlorid getränkt ist u. die Anzeigemasse feucht in das Röhrchen verfüllt ist. — Beispiel: 20 g Kieselgel werden mit 12 g einer wss. 0,2%ig. $PdCl_2$-Lsg. durchgeschüttelt u. noch feucht in ein Glasröhrchen gefüllt. (**D. A. S. 1 007 082** Kl. 42 l vom 20/8. 1953, veröff. 25/4. 1957.) W. v. HUHN. 5089

Drägerwerk, Heinr. & Bernh. Dräger, Lübeck, *Anzeige von Lösungsmitteldämpfen in Gasen*, bes. in Luft, mit Hilfe von organ. Stoffen hoher mol. kryoskop. Konstante, dad. gek., daß solche Stoffe bzw. Stoffgemische eines F. unter ca. 100° verwendet werden. Bes. geeignet: Dicyclopentadienmonoxyd oder Dihydro-d-dicyclopentadienoxyd oder Mischkristalle aus Campher u. Phenanthren. (**D. A. S. 1 015 242** Kl. 42 l vom 20/12. 1955, veröff. 5/9. 1957.) W. v. HUHN. 5089

Drägerwerk, Heinr. & Bernh. Dräger, Lübeck, *Nachweis fremder Gase oder Schwebstoffe in Luft*, bei dem mittels einer Luftfördervorr. die Luft durch ein Reagensgefäß hindurchgesaugt wird, dad. gek., daß als Saugvorr. ein Blasebalg dient, der durch eine Feder in seine ausgedehnte Endlage gedrückt wird, wobei die durch die Federkraft bewirkte Ausdehnung zur Luftförderung benutzt wird. (**D. A. S. 1 007 523** Kl. 42 l vom 7/1. 1952, veröff. 2/5. 1957.) W. v. HUHN. 5089

Drägerwerk, Heinr. & Bernh. Dräger, Lübeck, *Nachweis von Diäthylthionophosphorsäureester des β-Oxäthylthioäthyläthers*, dad. gek., daß die zu untersuchenden

Gegenstände mit einem gasförmigen oder fl. Lösungsm. für den Ester behandelt werden u. das Lösungsm. bzw. das Trägergas durch ein mit Chloriden eines Edelmetalls oder von Hg oder Cu imprägniertes Kieselgel geleitet wird. (**D. A. S. 1 006 629** Kl. 42 l vom 12/1. 1953, veröff. 18/4. 1957.) W. v. HUHN. 5095

H. Angewandte Chemie.

I. Allgemeine chemische Technologie.

Helmuth Kühne, *Der mittlere Temperaturunterschied mehrgängiger Wärmeaustauscher.* Um bei Wärmeaustauschern im Gegen- u. Kreuzstrom schnell die Temperaturunterschiede der ein- u. ausfließenden warmen Fl. berechnen zu können, werden nach Literaturangaben für mehrgängige Wärmeaustauscher u. für solche mit Gegenstrom je eine Rechentafel aufgestellt u. an einem Beispiel erklärt. (Chemie-Ing.-Techn. **30.** 404–06. Juni 1958. Hann.-Kleefeld, Wärmetechn. App.-Ges. Müller & Co.) H. MIETHING. 5814

H. Kölbel, W. Siemes, R. Maas und **K. Müller,** *Wärmeübergang an Blasensäulen.* In einem Cu-Hohlzylinder läßt man mit verschied. Geschwindigkeit laminar u. turbulent Gasblasen durchperlen u. mißt mit Hilfe eines Cu-Konstantan-Thermoelements den Temperaturverlauf an den verschied. Stellen u. im Inneren des Zylinders. Aus den Messungen wird die Wärmeübergangszahl α nach der Formel $\alpha = Q/F \Delta T$ berechnet. Q = elektr. Heizenergie für den Zylinder, F = Fläche der Metallwand des Zylinders, ΔT = Temperaturdifferenz. Größe der lichten Weite des Zylinders u. Viscosität der Fl. wurden verändert. Resultate sind durch Kurven wiedergegeben. Der Wärmeübergang wird dimensionslos durch NUSSELT- u. REYNOLDS-Zahl ausgedrückt. (Chemie-Ing.-Techn. **30.** 400–04. Juni 1958. Berlin, TU, Inst. für techn. Chem.) H. MIETHING. 5816

Takeo Yamabe, *Ionenausschließung.* Übersicht über Ionenausschließung (ion. exclusion, vgl. JUDA u. Mitarbeiter, Annu. Rev. physic. Chem. **4** [1953.] 381.) — 19 Literaturangaben. (J. chem. Soc. Japan, ind. Chem. Sect. [Kōgyō Kagaku Zassi] **61.** 774–78. Juli 1958. Tiba, Univ. Tokyo, Seiken. [Orig.: japan.]) E. MAEKAWA. 5826

Aurél Bognár und **Imre Szebényi,** *Katalytische Reaktionen im Hochdruckautoklaven mit Glasauskleidung.* Auswahl der zur Glasauskleidung geeigneten Glassorte. Unters. der optimalen Form. Vergleichende Verss. zur Unters. der Anwendungsmöglichkeiten: Katalyt. Hydrierung eines S-haltigen (1,34%) Erdöls bei 420° u. 50 at in Ggw. von Fe-, Mn, Cr-Oxydkatalysatoren, katalyt. Hydrierung eines Gasöls bei 900° u. 50 at in Ggw. von RANEY-Ni, Hydrierung von Pflanzenöltriglyceriden zu Fettalkoholen. (Magyar Kémikusok Lapja [Z. Ver. ung. Chemiker] **13.** 321–23. Sept. 1958.) G. HALMI. 5834

Bengt Aurivillius, *Filter.* Übersicht über Filter zur Staubabscheidung aus der Luft. (Tekn. Tidskr. **89.** 97–99. 30/1. 1959. Sundbyberg, Schweden.) S. BECKMANN. 5850

J. R. Harnish und **N. E. Hopkins,** *Kühlanlage für hohe Kapazität und tiefe Temperatur.* Es wird eine Kühlanlage mit ungewöhnlich hoher Kapazität bei tiefen Tempp. u. einem großen Vorrat an Solen für größere Kälteleistungen beschrieben. Im einzelnen an Hand einer Skizze der Anlage wird der Einfl. des Druckes bei den verschied. Kältemitteln erläutert u. erklärt, welches Salz für welche Temperaturbereiche am günstigsten ist. Die tiefste Temp. −157° F (−105° C) wird mit $CClF_3$ erreicht. Bei Tempp. bis −130° F (90° C) wendet man CCl_2F_2 oder $CHClF_2$ an, die auch als Vorkühler für $CClF_3$ verwendet werden. Für große Temperaturschwankungen von −150 bis +200° F (−100 bis +130° C) u. für lang anhaltende Fabrikationen, z. B. übers Wochenende, wird CCl_3F verwendet. Druck wird mit inertem N_2 erzeugt. Material für die Gefäße, Rohre usw. der Anlage ist vorwiegend Ni-Stahl. (Chem. Engng. Progr. **54.** Nr. 4. 82–86. April 1958. York, Pa., York Div. of Borg Warner Corp.) H. MIETHING. 5858

A. Holm und **S. G. Terjesen,** *Einfluß eines oberflächenaktiven Mittels auf die Stoffübertragung in einem rührbaren Apparat für flüssig-flüssig-Extraktion.* Der Zusatz wachsender Mengen Na-Oleyl-p-anisidinsulfonat verursacht bei Extraktion einer wss. Jodlsg. mit CCl_4 (wss. Phase gerührt) zunächst eine Zunahme der Extraktionszeit bis zu 170% des Ausgangswertes bei $3 \cdot 10^{-5}$ g oberflächenakt. Substanz pro 100 ml wss. Lösung. Setzt man mehr zu, so nimmt die Extraktionszeit ab (gemessen bis $10 \cdot 10^{-4}$ g/100 ml, Extraktionszeit dort ca. 30% des Ausgangswertes). Bei ca. $3{,}7 \cdot 10^{-4}$ g/100 ml (je nach Rührgeschwindigkeit) tritt bei geringem Zusatz starke Verkürzung der Extraktionszeit auf. — Die Ergebnisse wurden gewonnen nach der Meth. von HIXON u. SMITH (Ind. Engng. Chem. **41.** [1949.] 973) u. die Zeiten für 90%ig. u. 68,4%ig. Extraktion graph. dargestellt. Für höhere Konzz. an oberflächenakt. Substanz sind die HIXON-Linien gekrümmt. (Chem. Engng. Sci. **4.** 265–68. Dez. 1955. Trondheim, Norwegen, TU of Norway, Chem. Engng. Labor.) R. JUNGE. 5862

H. Fuhrmann, *Über Einsatzmöglichkeiten automatischer Analysengeräte bei Hochdruckdampfkesseln und in der chemischen Industrie.* Vf. beschreibt automat. Analysengeräte (mit Schemata u. Eichkurven) zur Best. u. photoelektr. Auswertung von SiO_2- u. Phosphatgehh. im Speisewasser mittels der Molybdatkomplexe sowie zur Erfassung eines Hydrazinüberschusses bei der Entfernung gelösten Sauerstoffs mittels p-Dimethylaminobenzaldehyd. Ein neu entwickeltes Gerät (Chromoflux) dient zur photoelektr. Messung geringster Gasspuren nach Absorption in farbbildenden Reagentien. Die Best. von Cl_2, O_3, PH_3, H_2S, CS_2 u. C_2H_2 ist möglich. (Chem. Ind. [Solothurn] **7.** 56—60. 1958/1959. Hamburg.) F. VOHWINKEL. 5888

J. B. Wagstaff und **E. A. Nirmaier,** *Luftströmung in Betten gekörnter fester Körper.* Eine große Zahl von Forschern haben das Gebiet bearbeitet u. gefunden, daß sich nicht nur das Gas, sondern auch die Teilchen an der Bewegung beteiligen. Der Gasdruck, die Einführungsdüsen, der Umfang u. das Volumgewicht, die Oberflächenbeschaffenheit u. die Packung sind teilweise in besonderen Modellen geprüft worden. Es haben sich Formeln ergeben, die z. T. in Schaubildern wiedergegeben sind. Auf Grund derselben können die Verhältnisse weitgehend vorausgesagt werden, ohne sie im Einzelfall durch Analysen u. dgl. zu prüfen. (Ind. Engng. Chem. **47.** 1129—35. Juni 1955. Kearny, N. J., U. S. Steel Corp., Fundamental Res. Labor.) O. TREICHEL. 5906

VEB Farbenfabriken Wolfen, Wolfen, Kr. Bitterfeld (Erfinder: **Leonhard Spies,** Bitterfeld), *Herstellung körniger Ionenaustauscher aus Kunstharzgallerten.* Die noch feuchte Austauscherharzgallerte wird mit bis 98%ig. H_2SO_4 bei Tempp. bis 100° behandelt, die konz. Säure mit kälterer Säure abnehmender Konz. verdrängt, die Gallerte schließlich mit W. säurefrei gewaschen u. im Wasserstrom zerkleinert. (**D. P. [DDR] 15 922** Kl. 39b vom 10/8. 1956, ausg. 22/12. 1958 [Wirtschaftspatent].)
M. PANKOW. 5827

Erzbergbau Salzgitter Akt.-Ges., Salzgitter-Bad (Erfinder: **Arnold Goltz,** Goslar, **Kurt Neumann,** Salzgitter-Bad, und **Alfred Stieler,** Frankfurt/M.), *Trennung von paramagnetischen Gutsgemischen aus Sammelkonzentraten.* Man wendet hierfür das elektrostat. Trennverf. an. (**D. A. S. 1 038 492** Kl. 1b vom 20/3. 1957, veröff. 11/9. 1958.)
W. HAUSWALD. 5829

Fram Corp., Providence, R. I. (Erfinder: **Nicholas Monsarrat,** Seekonk, Mass.) V. St. A., *Filtereinsatz* aus einer Bahn aus porösem Werkstoff, dad. gek., daß eine in bekannter Weise gefaltete Filterwerkstoffbahn, z. B. aus in Falten gelegtem Papier, mit natürlichen oder synthet. Fasern unter Verwendung eines Klebmittels, wie Phenolformaldehyd, besetzt ist. — Abbildungen. — Vgl. E. P. 751 713; C. **1957.** 10029. (**D. A. S. 1 032 224** Kl. 12d vom 3/1. 1955, veröff. 19/6. 1958. A. Prior. 4/1. 1954.)
K. DEMMLER. 5831

Oscar Supino, Italien, *Ringförmige Füllkörper* nach Art der RASCHIG-Ringe für Absorptions- u. Waschtürme. Zur Erhöhung der Kontaktzeit der Gase mit der Waschbzw. Absorptions-Fl. erhalten die Gasteilchen beim Durchstreichen der Füllkörper, welche eine Oberfläche nach Art von Schraubenwindungen haben, eine kreisende Bewegung. — Zeichnung. (**F. P. 1 145 683** vom 21/11. 1955, ausg. 29/10. 1957.)
M. F. MÜLLER. 5845

Imperial Chemical Industries Ltd., London, England, *Herstellung einer stickstoffhaltigen Atmosphäre,* wie sie bei chem. oder metallurg. Verff. angewendet wird. In einem Zweistufenverf. wird unter Ausnutzung der Verbrennungswärme der 2. Kammer in der 1. Kammer in Ggw. eines Katalysators, wie Ni auf α-Al_2O_3-Träger, NH_3 u. O_2-haltiges Gas, z. B. Luft, im Verhältnis nicht unter 4 : 3 bei Tempp. von 800—1000° erhitzt, so daß das Gas freien H_2 enthält. In der 2. Kammer erfolgt eine weitere Rk. mit O_2-haltigem Gas. Das wärmewirtschaftlich vorteilhafte Verf. gestattet eine weitgehende Regelung der reduzierenden Wrkg. der Atmosphäre. — Vgl. Belg. P. 527 574; C. **1958.** 14443. (**Aust. P. 167 182** vom 19/3. 1954, ausg. 22/3. 1956. E. Prior. 26/3. 1953.)
G. FRIKELL. 5847

Union Carbide Corp., New York, N. Y., V. St. A. (Erfinder: **Richard Maling Barrer,** Bromley, Kent, und **John William Baynham,** Coupar, Fife, England), *Herstellung kristalliner zeolithischer Molekularsiebe* der Zus. 0,9—1,1 $M_{2/n}O : Al_2O_3 : 2{,}3$ bis 4,2 $SiO_2 : 2{,}6$—4,6 H_2O, worin M ein austauschbares Kation u. n dessen Valenz bedeuten, dad. gek., daß ein Gel der Zus. $K_2O : Al_2O_3 : 1$—6 SiO_2 in Ggw. von KOH bei $> 160°$ (bei 1—3 SiO_2) u. bei $> 150°$ (bei 3—6 SiO_2) hydrothermal in Ca-Zeolithkristalle umgewandelt wird, u. gegebenenfalls das K-Ion gegen ein M-Ion ausgetauscht wird. (**D. A. S. 1 041 020** Kl. 12i vom 27/2. 1957, veröff. 16/10. 1958. A. Prior. 29/2. 1956.) A. GRADL. 5849

Carl Freudenberg K.-G. a. A., Deutschland, *Gas- und Luftreinigungsfilter* zur Staubentfernung. Die Filterflächen bestehen aus einem lockeren elast. u. nicht gewebten Fasermaterial, in welchem die Fasern in sich kreuzender Richtung angeordnet sind. Die Fasern sind mit einem elast. Bindemittel imprägniert u. damit an den Berührungspunkten u. Kreuzungen in der Weise geleimt, daß noch hinreichend irreguläre u. labyrinthartige Zwischenräume mit guter Filterwrkg. vorhanden sind. (**F. P. 1 143 278** vom 17/12. 1955, ausg. 27/9. 1957. D. Prior. 31/12. 1954.) M. F. MÜLLER. 5851

Ruhrchemie Akt.-Ges., Oberhausen (Erfinder: **Franz Schaub** und **Hans Pecht**, Oberhausen), *Behandlung von kleinteiligen oder pulverförmigen Stoffen*, die spezif. leichter sind als die Fll., mit denen sie behandelt werden, dad. gek., daß die zu behandelnde Stoffmenge innerhalb eines am Boden mit einer Siebplatte oder Filterfläche versehenen kegelförmigen Behälters durch die einströmende Behandlungs-Fl. in kreisende Bewegung versetzt wird u. der Ablauf der Fl. durch die flüssigkeitsdurchlässige Fläche mit niedriger Geschwindigkeit erfolgt, wobei die Behandlungs-Fl. durch ein Strahlrohr am oberen Ende des Behandlungsbehälters abwärts eingeführt wird. Die Umwälzung kann durch eine injektorartige Leitvorr. unterstützt werden. Die Feststoffe können nach Entfernung des fl. Mediums durch in den kegelförmigen Behälter eingeblasene Gase nachbehandelt, getrocknet u./oder ausgetragen werden. — *Auswaschen* von Zellstoff u. Polymerisaten, Zellstoffbleiche, Extraktion von Ölsaat, Auflösen von Feststoffen. — Zeichnung. (**D. B. P. 971 250** Kl. 12g vom 2/12. 1954, ausg. 31/12. 1958. Anmeldung bekanntgemacht 23/8. 1956.) W. MATTHAES. 5853

Commonwealth Industrial Gases Ltd. (Erfinder: **Alfred Horace Cockett**), *Entfernung von Sauerstoffspuren aus diese enthaltenden Gasen oder Gasmischungen*, wie H_2, N_2, Ar, erfolgt durch Überleiten dieser Gase mit einer reziproken stündlichen Raumgeschwindigkeit von ca. 2000 über MnO (erhalten aus MnO_2 durch Red. mit H_2 bei 400°) bei -30 bis $+40°$. — Vorr., Zeichnung. (**Aust. P. 202 545** vom 5/1. 1955, ausg. 16/8. 1956. E. Prior. 7/1. 1954.) G. KRAUSS. 5855

Gesellschaft für Linde's Eismaschinen Akt.-Ges., Höllriegelskreuth (Erfinder: **Ernst Karwat**, Pullach), *Eindampfen von durch Rektifikation mit kohlenwasserstoffverunreinigter Luft in einer Rektifikationssäule gewonnenem, kohlenwasserstoffhaltigem, flüssigem Sauerstoff* in einem aus einem Bündel parallel geschalteter Rohre bestehenden Verdampfer durch Wärmeaustausch mit einem außen an dem Rohrbündel kondensierenden Gas, wobei dem Verdampfer mehr fl. O_2 zugeführt als verdampft wird, u. der entstehende gasförmige O_2 im Gleichstrom mit der verdampfenden Fl. von oben nach unten oder umgekehrt fließt, u. der nicht verdampfte Teil in das Bad von fl. O_2 am Fuß der Rektifikationssäule zurückgeführt wird, nach D. A. S. 1 033 689, dad. gek., daß im Gleichstromverdampfer so viel fl. O_2 verdampft wird, daß zusammen mit der zu erzeugenden, zum Wärmeaustauscher abgeführten auch die zur Rektifikation erforderliche Menge von O_2-Gas entsteht, die zur Rektifiziersäule zurückgeführt wird. — Vorr., Zeichnung. (**D. A. S. 1 039 079** Kl. 17g vom 26/3. 1957, veröff. 18/9. 1958. **Zusatz zu D. A. S. 1033689; C. 1959. 3932.**) H. JASS. 5857

Metallgesellschaft Akt.-Ges., Frankfurt (Erfinder: **Hans Gensecke**, Homburg v. d. H.), *Hochvakuumerzeugung bei der Destillation hochsiedender Flüssigkeiten*, dad. gek., daß die aus den Kondensatoren abziehenden unkondensierten Dämpfe mittels eines Strahlapp. auf einen höheren Druck gefördert werden, der mit einem wesentlich höher als W. sd. dampfförmigen Mittel betrieben wird, das sich nicht zers., u. daß aus dem Gemisch von Treibmitteldampf (I), Gasen u. Dämpfen I kondensiert u. die nichtkondensierten Dämpfe mittels eines Wasserdampfstrahlapp. auf Kondensatorvakuum gefördert werden. (**D. B. P. 966 892** Kl. 12a vom 18/7. 1952, ausg. 19/9. 1957. Anmeldung bekanntgemacht 17/5. 1956.) A. HEINSEN. 5865

Stichting Reactor Centrum Nederland, Den Haag, Holland, *Suspensionsreaktor*. Die pulverförmige Brennstoffmasse sinkt durch Schwerkraft nach abwärts durch den Reaktor u. wird unter Verwirbelung durch eine Kühlzone nach oben geführt u. dort durch Schwerkraftwrkg. separiert. Die D. der verwirbelten Brennstoffmasse ist um höchstens 20% niedriger als die der unverwirbelten Masse. (**E. P. 792 113** vom 16/7. 1956, ausg. 19/3. 1958. Holl. Prior. 18/7. 1955.) H. KESSEL. 5895

Horst Schall, Die chemische Industrie Deutschlands. Unter bes. Berücks. d. Standortfrage. Nürnberg: Wirtschaftsgeographisches Institut d. Hochschule f. Wirtschafts- u. Sozialwissenschaften. 1959. (155 S. m. Kt. Skizzen.) 8° = Nürnberger Wirtschafts- u. sozialgeographische Arbeiten. Bd. 2. DM 12,50.

Donald Pierce Campbell, Process dynamics: dynamic behavior of the production process. 1958. (XIX + 316 S. m. Diagr. u. Tab.) Keine Preisang.

—, Isotopes at work: a classified index of industrial uses. London: Institute of Directors. 1959. (19 S.) 2 s.

II. Betriebsschutz. Feuerschutz.

Kiichi Irie, *Sicherheit in der chemischen Industrie.* Übersicht. (Chem. and chem. Ind. [Kagaku to Kogyo] **11.** 443—49. Mai 1958. Yokohama, Hodogaya-Kagaku. [Orig.: japan.]) E. MAEKAWA. 5930

Akiyoshi Tamaki, *Automatisierung und Sicherheitsmaßnahmen in der chemischen Industrie.* Übersicht. (Chem. and chem. Ind. [Kagaku to Kogyo] **11.** 425—29. Mai 1958. Tokyo, Tiyoda-Kakô. [Orig.: japan.]) E. MAEKAWA. 5930

Clyde D. Watson, Arnold J. Hoiberg und George A. West, *Asphaltauskleidung von Erdbecken zur Lagerung radiochemischer Abfälle.* Seit 1947 wurden ca. 750000 m^2 Asphalt gegossen oder in Platten zum Dichten von mit Kies gefüllten Erdbecken eingebaut, die radioakt. wss. Abfälle für längere Zeit, bis zu mehreren hundert Jahren bis zur Erreichung biol. Unbedenklichkeit aufnehmen sollen. Über die Beständigkeit von Asphalt gegenüber den dabei auftretenden Beanspruchungen wird auf Grund von Verss. berichtet. Mit P_2O_5 katalyt. luftgeblasen bleibt er bis zu einer Bestrahlung mit 10^9 r brauchbar. Mit organ. u. mineral. Füllstoffen versetzt, wurde er bei 10^{10} r spröde, ebenso wie vorgefertigte Platten. Unter dem Einfl. der Bestrahlung dehnt er sich bis zu 30% aus unter Abspaltung von H_2 u. CO_2 u. Annahme einer honigwabenähnlichen Struktur. Zweckmäßig ist die Kombination von 2 Schichten, einer äußeren auf der Unterlage befindlichen von hoher Plastizität u. gegen Hitze u. Strahlung widerstandsfähigen u. einer inneren mit niedriger Viscosität, die leicht Gas entbindet; ein Zusammenfließen beider Schichten kann durch geeignete Zwischenschichten verhindert werden. Oxydierende Säuren greifen bei 65—110° stark an u. müssen auf $< 1\%$ neutralisiert werden, Salz- u. alkal. Lsgg. müssen auf Tempp. $< 95°$ beschränkt bleiben, die bei Erdbedeckung der Asphaltschicht erhöht werden können, wenn der ursprüngliche Erweichungspunkt $> 130°$ beträgt. Die Schichtdicke ist zweckmäßig 12,7 mm. — 4 Tabellen, 3 Abbildungen. (Ind. Engng. Chem. **50.** Nr. 8. 87A—91A. Aug. 1958. Oak Ridge Nat. Labor., Flintcote Co.) H. MÜHLMEISTER. 5932

Kôiti Toda, *Schutzmaßnahmen gegen Krankheiten, die in der chemischen Industrie durch Staub und flüchtige Substanzen verursacht werden.* Übersicht. — 8 Literaturangaben. (J. chem. Soc. Japan, ind. Chem. Sect. [Kōgyō Kagaku Zassi] **61.** 504—09. Mai 1958. Kawasaki, Nihon-Kôkan. [Orig.: japan.]) E. MAEKAWA. 5932

S. N. Kusnetzowa, *Eine Caseinemulsion zum Schutz der Hände bei Arbeiten mit Petroleum und Benzin.* Bei Arbeiten mit Petroleum u. Bzn. werden die Hände wie folgt geschützt: Auf trockene reine Hände bringt man morgens u. mittags eine dünne Schicht einer Emulsion aus 200 g Casein, 50 ml Glycerin u. 50 ml NH_4OH in 1 Liter W. auftragen u. läßt 3—5 Min. trocknen. (Медицинская Промышленность СССР [Med. Ind. UdSSR] **12.** Nr. 4. 52—53. April 1958.) OTTO MAIER. 5932

Rudolf Freitag, *Gefahren nitroser Gase.* Hinweise auf die Möglichkeiten des Auftretens nitroser Gase in den verschiedensten Fabrikationszweigen sowie auf deren Gefährlichkeit. Die Symptome der Vergiftung u. Ratschläge zur ersten Hilfe sind angegeben. (Prakt. Chemie [Wien] **9.** 327—30. Sept. 1958. Frankfurt/M.) F. O. W. MEYER. 5936

Yoshitaka Kobayashi, *Analytische Methoden zur Bestimmung der schädlichen Substanzen an Arbeitsplätzen.* Übersicht. — 13 Literaturangaben. (J. chem. Soc. Japan, ind. Chem. Sect. [Kōgyō Kagaku Zassi] **61.** 509—14. Mai 1958. Yokohama, Kokuritu-Daigaku. [Orig.: japan.]) E. MAEKAWA. 5940

Nobukazu Sôda, *Feuersbrünste und Explosionen in der chemischen Industrie.* Übersicht. — 22 Literaturangaben. (J. chem. Soc. Japan, ind. Chem. Sect. [Kōgyō Kagaku Zassi] **61.** 490—94. Mai 1958. Tokyo, Songaihokenryôritu-Santeikai. [Orig.: japan.]) E. MAEKAWA. 5944

—, Handbook of industrial loss prevention: recommended practices for the protection of property and processes against damage by fire, explosion, lighting, wind, earthquake. New York, London: McGraw-Hill. 1959. (864 S. m. Diagr. u. Tab.) 7 £. 15 s.

Ludwig Scheichl, *Brandlehre und chemischer Brandschutz.* Eine Einführung in die Grundlagen. Zweite ergänzte und erw. Aufl. Heidelberg: Dr. Alfred Hüthig Verlag G.m.b.H. 1958. (424 S. m. 47 Abb. u. 2 Taf.) DM 28,—.
Mit diesem Buch von Allgemeininteresse beginnen die Herausgeber ERNST BAUM, KURT MÖBIUS u. LUDWIG SCHEICHL die Bücherei der Brandschutzwissenschaft u. verwandte Gebiete. Hier werden in erster Linie die physikal.-chem. Grundlagen der Brandlehre u. des vorbeugenden u. abwehrenden Brandschutzes behandelt. Die Einteilung ist: Chemismus der Brände, die Thermodynamik der Brände, die Kinetik der Brände. An diese Brandlehre schließt sich der vorbeugende chem. Brandschutz an (unbrennbare u. schwer entflammbare Werkstoffe, Herabsetzung der Entflammbarkeit, Verhinderung der elektrostat. Aufladungen, Verhütung von Schlagwetterexplosionen u. Grubenbränden im Bergbau, Verhütung von Mineralöltankbränden) sowie der abwehrende chem. Brandschutz (Löschvorgang, Feuerlöschmittel). Zahlreiche Fußnoten vermitteln bis in die neueste Zeit Literatur. M. PFLÜCKE.

III. Elektrotechnik.

Tatsuo Matsukawa, *Herstellung von Metall-Graphitbürsten nach der Pulverüberzugsmethode.* 3. Mitt. (2. vgl. C. **1959.** 4590.) Nach der l. c. beschriebenen Meth. stellte Vf. Metallgraphitbürsten mit Graphitgehh. von 40—55% durch Pressen von mit Cu–Pb-Legierungen überzogenem Graphitpulver her. Nach Sintern in H_2 u. kurzem Erhitzen auf Tempp. von 400—500° wurde gefunden, daß mit steigendem Graphitgeh. die Bruchfestigkeit von 350 auf 220 kg/cm² fällt, der elektr. Widerstand von 22 auf 72 $\mu\Omega$cm ansteigt. Gemessen wurden noch die Abnutzung u. der Kontaktwiderstand bei einer stat. Belastung von 500 g/cm² u. Wechselströmen von 10, 20 u. 30 A/cm². Es wurde gefunden, daß die Höhe der Abnutzung mit steigendem Graphitgeh. der Bürsten abnahm. (Technol. Rep. Osaka. Univ. **7.** 127—31. März 1957. Dep. of Metallurgy. [Orig.: engl.]) C. GOTTFRIED. 5952

E. Gastinger, *Chemische Probleme in der Halbleitertechnik.* 2. Mitt. (1. vgl. C. **1958.** 11338.) Zusammenfassender Bericht über Herstellungs- u. Reinigungsmethoden von Ge u. Si, über quantitative Spurenbest. u. andere in der Halbleitertechnik auftretende chem. Probleme. — 84 Literaturstellen. (Österr. Chemiker-Ztg. **59.** 70—77. März 1958. Seelze/Hannover, Riedel-de Haën Akt.-Ges.) K. ZÜCKLER. 5952

L. P. Charette und **L. Girolami,** *Verbesserte Methode zur Bestimmung des Verkokungswertes von Bindern für Elektroden.* Nach Vff. ist die beste Meth. zur Best. des Verkokungswertes von Bindern die Erhitzung des Binders im Tiegel auf 550°. Wenn auch bei der Erprobung der Meth. in verschied. Labors. Unterschiede auftraten, so waren diese jedoch sehr gering. Die neue Meth. ist der bisherigen norweg. an Genauigkeit u. Einfachheit der Durchführung überlegen. (Fuel **37.** 382—92. Okt. 1958. Arvida, Canada Aluminium Labor. Ltd.) F. ROSENDAHL. 5952

H. Debroise, *Isoliermaterial aus natürlichen und künstlichen Faserstoffen.* Überblick unter Berücksichtigung der physikal., mechan. u. elektr. Eigg. sowie des Verwendungszwecks. (Pensez Plast. **1958.** Nr. 125. 9—12. Okt.) H. GUISCHARD. 5956

Wilhelm Anton Fischer und **Gert Lorenz,** *Untersuchungen zur Entwicklung eines oxydischen Thermoelementes.* An einem oxyd. Thermoelement $Pt/Cr_2O_3/Cr_2O_3 + 1$ *Mol-%* TiO_2/Pt wurden Messungen der Thermokraft u. Thermospannung in Luft u. in Ar zwischen 300 u. 1750° mit drei verschied. Meßverff. durchgeführt. Die Einzelthermokräfte des Cr(III)-oxyds u. des Cr(III)-Oxyds mit Ti(IV)-Oxydzusatz sowie die Thermokräfte des oxyd. Thermoelementes wurden in Abhängigkeit von der Temp. bis 1750° gemessen u. durch graph. Integration der Thermospannungen für eine angenommene Vergleichstemp. von 300 u. 1100° berechnet. Die Thermospannung wurde außerdem unmittelbar für eine Vergleichstemp. von 300° in Abhängigkeit von der Temp. bis 1460° gemessen, indem durch einen kleinen Heizofen die Grenzfläche zwischen dem Cr(III)-Oxyd u. der Cr(III)-Oxydmischung beheizt wurde. Die Thermokräfte u. Thermospannungen sind bis zu zwei Zehnerpotenzen größer als die der metall. Thermoelemente. Die Thermokräfte sind befriedigend wiederholbar u. umkehrbar. Sie bleiben selbst nach 24std. ununterbrochenem Erhitzen bei hohen Tempp. innerhalb der Fehlergrenze unverändert. Die Thermospannungen wurden von 10 zu 10° bis 1750° angegeben u. Extrapolationen bis 2100° durchgeführt. Die Wärmeleitfähigkeit des Cr(III)-Oxyds konnte zu 0,001 cal/cm·sec·°C abgeschätzt werden. (Arch. Eisenhüttenwes. **29.** 293 bis 300. Mai 1958. Düsseldorf, Max-Planck-Inst. für Eisenforschung.) H. HOCHSTEIN. 5970

I. M. Tschishenko und **A. Sch. Nemirowski,** *Ein neues Kompensations-Quecksilbergleichrichteraggregat für chemische Betriebe.* Durch Einfügung eines zusätzlichen einfachen Wandlergliedes wird erreicht, daß die Stromwandlung von einer Phase zur anderen mittels der EMK der Kondensatoren erfolgt, also auch in solchen Fällen, in denen die EMK der nächsten Phase kleiner als die der vorhergehenden ist. Es werden Schaltschemata u. Oscillogramme gegeben. (Химическая Промышленность [Chem. Ind.] **1958.** 49—51. Jan./Febr.) R. K. MÜLLER. 5976

A. Aharoni und **E. H. Frei,** *Bemerkungen zum Magnetowiderstandsverstärker.* Der Vorteil eines Magnetowiderstandsverstärkers, der die Änderung des Widerstandes im Magnetfeld für die Verstärkung ausnutzt, gegenüber den üblichen Röhren u. Transistoren, ist die niedrigere Rauschgrenze. Es wird ein solcher Verstärker beschrieben, dessen Verstärkerelement aus 10 μ dickem gewalztem Wismut besteht. Das vorgespannte Magnetfeld beträgt 20 mA × 350 Windungen. Die Eingangsspule besteht aus 420 Windungen. Der nichtinduktive Belastungswiderstand beträgt 11 Ω, der Wismutwiderstand bei fl. Luft unter dem vorgespannten Magnetfeld 13 Ω. Die Spannungsverstärkung des auf 50 Hz abgestimmten Kreises beträgt 2,5, die Stromverstärkung 2,3, so daß die Leistungsverstärkung 5,7 ist. (Bull. Res. Council Israel, Sect. A. **5A**. 240. Jan./April 1956. Rehovot, Weizmann Inst. of Sci.) W. KLEIN. 5978

Siemens-Schuckertwerke Akt.-Ges., Berlin und Erlangen (Erfinder: **Heinrich Welker** und **Rolf Gremmelmaier**, Erlangen), *Halbleiterkörper zur Erfassung von Neutronen* besteht aus einer halbleitenden Verb. vom Typ $A_{III}-B_V$ (d. h. aus einer Verb. eines Elementes der 3. mit einem der 5. Gruppe des Period. Syst.) mit einer B- oder N-Komponente. Benutzt wird die Änderung der elektr. Eigg., die durch die von den Neutronen ausgelösten, zur spontanen Emission geladener Teilchen führenden Kernprozessen bewirkt wird. Vorteilhaft sind Verbb. mit N, P, As oder Sb oder Verbb. von N mit Al, Ga oder In. (**D. A. S. 1 014 670** Kl. 21g vom 18/3. 1955, veröff. 29/8. 1957. **Oe. P. 196 521** vom 12/3. 1956, ausg. 25/3. 1958. **F. P. 1 144 729** vom 16/1. 1956, ausg. 17/10. 1957. Beide D. Prior. 18/3. 1955.) H. KESSEL. 5953

National Research Development Corp., England, *Durchsichtige elektrisch leitende Schichten*. Auf einem durchsichtigen isolierenden Träger wird Cd-, Pb-, Te-, Sb- oder Bi-Oxyd niedergeschlagen u. darüber durch Kathodenzerstäubung eine dünne Au-Schicht. (**F. P. 1 148 411** vom 3/4. 1953, ausg. 9/12. 1957.) H. KESSEL. 5953

Comp. Françaises Thomson-Houston, Seine, Frankreich, übert. von: **Edward Hackett Jackson**, *Lösungsmittelfestes Isoliermaterial für elektrische Leiter*, bes. für Spulen in Motoren für Kühlanlagen. Man verwendet eine Lsg. einer Mischung von 50 bis 95 (Gew.-%) Polyvinylalharz u. 50—5 Phenolharz in einem Lösungsm., das 85—100% Furfural enthält, entfernt das Lösungsm. u. härtet bei $> 150^0$. Man verwendet z. B. eine Mischung aus 42,7 (Teilen) Polyvinylformalharz, 21,3 Phenol-CH_2O-Harz (aus 750 Phenol, 643,3 Formalin u. 25,8 Triäthanolamin) u. 336 Furfural. (**F. P. 1 143 104** vom 27/10. 1955, ausg. 26/9. 1957. A. Prior. 29/10. 1954.) M. PANKOW. 5957

British Insulated Callender's Cables Ltd., England, *Elektrischer Isolierlack* für *Drähte und Kabel*, bestehend aus einer geringeren Menge eines in einem Lösungsm. gelösten linearen Polyamids u. einer größeren Menge eines Harzes, welches durch Rk. eines Polyesters, welcher 3 u. mehr freie OH-Gruppen enthält, mit einem stabilisierten Polyisocyanat erhalten wird. — 140 (Teile) eines Diisocyanat–Polyester-Lackes (enthaltend 100 Feststoffe) werden bei 70^0 mit 200 Äthylacetat u. 100 CH_3OH gemischt. Zu der warmen Lsg. wird eine warme Lsg. von 2 Teilen N-Methoxymethyl-Nylon in 30 W. u. 68 CH_3OH zugefügt u. gut gerührt. Der auf ein Kabel aufgetragene Lack wird bei 280^0 gehärtet. (**F. P. 1 143 361** vom 13/3. 1956, ausg. 30/9. 1957. E. Prior. 18/3. 1955.) M. F. MÜLLER. 5957

Neosid Pemetzrieder G. m. b. H., Halver/Westf., *Bremse für Gewindekernabgleichmagnete*. Zwischen dem Kern u. dem Muttergewinde liegt eine Kunstharzschwammschicht, z. B. aus Polystyrol, Polyvinylchlorid oder bes. Polyurethan, mit Graphit oder Talkum als Gleitmittel. — Vgl. D. A. S. 1 016 379; C. **1958**. 9028. (**E. P. 752 846** vom 20/5. 1954, ausg. 18/7. 1956. D. Priorr. 11/6., 19/8. 1953 u. 14 u. 22/1. 1954.) H. KESSEL. 5959

Westinghouse Electric Co., V. St. A. (Erfinder: **Albert J. Cornish**), *Magnetkörper*. Zur Herst. werden gleiche mol. Mengen von Bi- u. Mn-Pulver (Korngröße $< 10\,\mu$) in inerter Atmosphäre ca. 1 Std. bis unter den E. des Bi ($260-271^0$) erhitzt. (**F. P. 1 134 161** vom 26/7. 1955, ausg. 8/4. 1957. A. Prior. 30/7. 1954.) H. KESSEL. 5959

General Electric Co., New York, übert. von: **Gilbert Goodman**, Schenectady, N. Y., V. St. A., *Ferroelektrisches Material* besteht prakt. aus einer glasigen Verb. von PbO u. Nb_2O_5 bei einem mol. Verhältnis von Pb : Nb wie 0,25 : 1 bis 0,75 : 1. Als Flußmittel dient TiO_2 oder ZrO_2. (**A. P. 2 729 757** vom 9/6. 1951, ausg. 3/1. 1956.) H. KESSEL. 5961

Pertrix-Union G. m. b. H., Ellwangen/Jagst (Erfinder: **Richard Huber, Otto Zottmann**, Sao Paolo, Brasilien), *Primäre Trockenzelle* zur Verwendung in den Tropen mit negativer Lösungselektrode, die aus einem Preßkörper aus Depolarisatormischung besteht, der eine Elektrolytlsg. ohne Quellmittelzusatz enthält u. mit einem Kohlenstift zur Stromableitung versehen ist, u. einer zwischen negativer u. positiver Elektrode befindlichen Elektrolytpaste, gek. durch die Kombination, daß zur Verhinderung des Treibens der Elektrolytpaste das freie Porenvol. der positiven Elektrode dadurch möglichst hoch gehalten ist, daß das Gesamtporenvol. des Depolarisatorpreßlings mindestens 30% des Gesamtvol. dieses Preßlings ausmacht, daß der in den Poren dieses Preßlings befindliche Elektrolyt das Gesamtporenvol. höchstens zu 60% ausfüllt, daß das spezif. Gewicht des in der Depolarisatormasse enthaltenen Elektrolyten mindestens 1,20 g/cm^3 beträgt u. daß die Korngröße des Braunsteinanteils des Depolarisatorpreßlings zu 70 bis 90% zwischen 40 u. 120 μ liegt u. im wesentlichen keine Anteile unter 40 μ aufweist. (**D. A. S. 1 052 490** Kl. 21b vom 15/11. 1956, veröff. 12/3. 1959.) F. LAASS. 5971

Plessey Co. Ltd., Ilford, England, *Herstellen von elektrischen Kondensatoren*, deren Dielektrikum aus keram. Stoffen wie BaO, TiO_2 u. MgO im Mol-Verhältnis 2 : 2 : 0,1—0,5 besteht u. bei 1250—1450° hergestellt worden ist, dad. gek., daß auf eine Lage des Dielektrikums eine Schicht von feinverteiltem, unedlem Metall oder einer solchen Legierung aufgebracht wird, die aus Ni, Fe, Co, Mn oder Legierungen mit einem oder mehreren der Metalle Ta, Cr, Nb, V besteht, wobei das Metall oder die Legierung bei der Erhitzungstemp. der keram. M. sintert oder schm., aber nicht damit reagiert, wonach beide Schichten in inerter Atmosphäre erhitzt werden. — Beispiel: Legierung aus 70 (%) Ni u. 30 Ta. (**Holl. P. 85 939** vom 8/8. 1952, ausg. 15/8. 1957.) K. DEMMLER. 5983

Gmelin, Magnetische Werkstoffe. 2. Ergänzungsband zu Eisen, Teil D. Weinheim: Verlag Chemie. 1959. (XXXVIII + 580 S. m. 308 Abb.) DM 326,—.

Bernard Baruch Babani, International radio tube encyclopaedia. 3rd edn. London: Bernards. 1958. (767 S. m. Diagr. u. Tab.) 63 s.

R. L. Oldfield, The practical dictionary of electricity and electronics; includes handbook. Chicago: American Technical Society; London: Technical P. 1959. (VIII + 216 S. m. Abb., Diagr. u. Tab.) 52 s.

Henry G. Freeman, *Elektrotechnisches Englisch*. 5. Aufl. Essen: Verlag W. Girardet. 1956. (491 S.) DM 34,80.
In der neu bearbeiteten u. stark erweiterten 5. Auflage werden für alle in der Praxis vorkommenden deutschen elektrotechn. Begriffe im Rahmen ausführlicher Erläuterungen die engl. Ausdrücke angegeben. Fachgebiete, wie die Atomphysik, Elektronik, Hoch- u. Niederfrequenztechnik, Rundfunktechnik, Fernsprechtechnik, Radartechnik usw. werden eingehend berücksichtigt. Auch dem Chemiker wird, sobald er mit der Elektrotechnik in Berührung kommt, bei seinen literar. Arbeiten das Lexikon von Nutzen sein. M. PFLÜCKE.

IV. Wasser. Abwasser.

R. E. Larson und **S. L. Williams**, *Entfernung von Korrosionsprodukten aus hochtemperierten, hochreinen Wassersystemen durch ein axiales Schichtfilter*. Vff. beschreiben Aufbau u. Wirkungsweise eines neuen Magnetitfilters zur Entfernung akt. Korrosionsprodd. aus Reaktorkühlsystemen, das gegenüber bisher üblichen Kationen-Anionen-Harzaustauschern den Vorteil der Wirtschaftlichkeit u. Temperaturfestigkeit im Arbeitsbereich besitzt. (Corrosion [Houston] **14**. Nr. 9. 44—48. Sept. 1958. Schenectady, N. Y., Gen. Electric Comp. Knolls Atomic Power Labor.) WOLFGANG SIMON. 6016

Richard J. Clark und **A. Louis Medin**, *Korrosion und Reinheitskontrolle des Wassers im Army Package Power Reaktor*. Vff. beschreiben das Reinigungsverf. des Kühlwassers im Reaktor, bei dem jeweils nur ein Teil des zirkulierenden W. über ein Ionenaustauscher-Filter-Syst. geleitet wird. Kenndaten werden angegeben. Weiter werden die vorkrit. u. Operationsprüf- u. Kontrollverff. (Kontrolle von H_2, Cl_2, O_2-Hydrazinentfernung, p_H-Kontrolle) u. Verss. u. Daten über das Korrosionsverh. der Werkstoffe, hauptsächlich rostfreier Stahl Type 304, 304 SS u. Croloy 16-1, während des Reaktorbetriebes, angegeben. (Corrosion [Houston] **14**. Nr. 9. 39—43. Sept. 1958. Schenectady, N. Y., Alco Products Inc.) WOLFGANG SIMON. 6020

E. S. Johnson und **H. Kehmna**, *Einige Beziehungen zwischen Deckschichten und Korrosionsverunreinigungen in Aufbereitungssystemen von Dampfkraftanlagen*. Thermodynam. Behandlung möglicher Rkk. der im W. gelösten Ionen der Konstruktionsmetalle (Fe, Cu, Zn u. deren Hydroxyde) in Hinsicht auf Rkk. untereinander (Auszementierung von Cu durch Fe oder Fe^{2+}-Ionen) u. Wrkg. von drei Arten von Deckschichten auf die Korrosion der Systeme, die jedoch nicht näher untersucht wird. Bei Cu-Fe-Rkk. kommen Vff. zu dem Schluß, daß das Verhältnis der Cu/Fe-Ionen wichtiger ist, als die Einzelkonzz. der Cu- bzw. Fe-Ionen. — Diskussion. (Corrosion [Houston] **14**. Nr. 9. 49—54. Sept. 1958. San Francisco, Calif., Pacific Gas and Electric Comp.) WOLFGANG SIMON. 6030

F. Pankowa und **T. Minakowa**, *Die Abwässer der Geflügelzucht- und Verarbeitungsbetriebe*. Die Abwässer von Geflügelzuchtanstalten u. Verarbeitungsbetrieben sind reich an organ. Substanzen, sauer, undurchsichtig u. von unangenehmem Geruch. Die Trockenmasse kann bis zu 6631 mg/Liter betragen. Die Schwebstoffe setzen sich großenteils in 15—30 Min. ab. Der hohe Geh. an Chloriden (bis 831 mg/Liter) stammt vom Chlorkalk für die Desinfektion u. von der HCl bei der Harnsäureherstellung. (Мясная Индустрия СССР [Fleisch-Ind. UdSSR] **28**. Nr. 4. 34—35. 1957.) W. SCHMELZ. 6036

I. L. Mongait und **I. D. Rodsiller**, *Untersuchungsresultate der Nachreinigung von Erdöl enthaltenden Abwässern einer Versuchsanlage der Moskauer erdölverarbeitenden Fabrik*. Vff. beschreiben halbtechn. Verss. zur Reinigung von Abwässern der Erdölindustrie, die nach mechan. Reinigung in Ölfängern noch ca. 150 mg Ölprodd./Liter enthalten. Durch Anwendung von CaO in einer senkrechten Kläranlage oder einem Suspen-

sionsreiniger wird der Ölgeh. auf 2—8 mg/Liter herabgesetzt. $Al_2(SO_4)_3$ wirkt in der gleichen Anlage oder in einer Flotationsvorr. wesentlich schwächer. Filtration durch ein Quarzsandfilter von 1 m Durchmesser u. 1 m Höhe zeigt bei aufwärts strömender Fl. (Strömungsgeschwindigkeit $\leq$ 5 m/Std.) die besten Ergebnisse u. erlaubt eine Entfernung von mehr als 90% der enthaltenen Ölmenge. Ein Verf. zur Regenerierung des Filters wird angegeben. Die Versuchsergebnisse führen zum Vorschlag einer Anlage, in der das Abwasser zunächst der mechan. Reinigung durch Ölfänger, dann 12—24 Std. einer Teichklärung unterworfen u. schließlich durch Quarzsandfilter geleitet wird, wobei eine ausreichende Reinigung erzielt wird. Chem. Reinigungsverff. werden wegen der Notwendigkeit ständiger Kontrolle, genauer Dosierung der Reagentien u. der Aufarbeitung großer Niederschlagsmengen nicht empfohlen. (Водоснабжение и Санитарная Техника [Wasserversorg. sanitäre Techn.] **1957.** Nr. 7. 19—23. Juli.)
H.-J. OSTMANN. 6042

Ervin Bellack und **P. J. Schouboe,** *Schnelle photometrische Bestimmung von Fluorid in Wasser. Verwendung des Natrium-2-(p-sulfophenylazo)-1.8-dihydroxynaphthylin-3.6-disulfonat–Zirkonium-Lackes.* Eine 50 ml-Wasserprobe wird mit 5 ml Na-2-(p-Sulfophenylazo)-1.8-dihydroxynaphthalin-3.6-disulfonatlsg. (0,958 g/500 ml wss. Lsg.) u. 5 ml salzsaurer Zirkonylchloridlsg. (0,133 g + 350 ml konz. HCl auf 500 ml verd.) versetzt. Die Absorption wird mit einem Spektralphotometer bei 570 mμ oder einem Colorimeter mit Filter (540—590 mμ) bestimmt. Die Meth. ist geeignet zur Best. von 0,00—1,40 mg F/Liter bei einer Genauigkeit von 0,02 mg. Höherer F-Geh. erfordert entsprechend kleinere Wasserproben. In Ggw. von 3,0 mg Al/Liter wird der Endwert erst nach 2 Std., bei 30,0 mg Al/Liter nach 4 Std. erreicht. Cl_2 kann durch Zusatz von Arsenit entfernt werden. W. mit unbekannten Bestandteilen muß vorher dest. werden. (Analytic. Chem. **30.** 2032—34. Dez. 1958. Washington, D. C., U S Public Health Serv., Div. of Dental Public Health.) M. LASER. 6060

P. Kraus, *Ein handliches, hydromechanisches Probeentnahmegerät zur bakteriologischen Wasseruntersuchung.* Es wird ein handliches Gerät beschrieben, daß eine einwandfreie Probeentnahme für die bakteriolog. Wasserunters. aus beliebig tiefen Brunnen gestattet. Es können mit Stiftstöpsel versehene Flaschen verschied. Größe verwandt werden. Öffnen u. Schließen geschieht in der gewünschten Tiefe. (Zbl. Bakteriol., Parasitenkunde, Infektionskrankh. Hyg., 1. Abt., Orig. **172.** 458—62. Sept. 1958. Wien, Univ., Hygiene-Inst.) HANS THIELE. 6064

—, Beseitigung und Reinigung industrieller Abwässer. Berichtd. Vortragstagg. über industrielle u. gewerbl. Abwässer im Rahmen d. Internat. Fachausstellg. über Wasser- u. Abwasserreinigg. 1958 in Basel. München: Oldenbourg. 1959. [346 S. m. 167 Abb.) 8°. DM 38,—.

V. Anorganische Industrie.

Tadeusz Czarnota und **Jan Orłowski,** *Herstellung von Vanadinpentoxyd durch thermische Zersetzung von Ammoniummetavanadat nach dem Wirbelschichtverfahren.* Die im Laboratoriums- u. halbtechn. Maßstab durchgeführten Verss. zeigen eine starke Abhängigkeit der Zers. des NH_4VO_3 von der Temp. der Wirbelschicht. Die optimale Temp. liegt < 500°, die Luftgeschwindigkeit soll 10—20 cm/sec betragen. Eine schnelle Abtrennung der Reaktionsgase verhindert die Bldg. niederer V-Oxyde. Bei 450° u. 26,5 Min. Verweilzeit wird V_2O_5 mit nur 0,0046% N u. 0,1% V^{4+} erhalten. (Przemysł chem. **37.** 472—75. Juli 1958. Warszawa, Inst. Chem. ogóln., Zakł. Inż. chem.) F. URBAN. H 330

Godfrey L. Cabot, Inc. (Erfinder: **Randolph Antonsen),** Boston, Mass., V. St. A., *Herstellung feinteiliger Oxyde der Metalle und Metalloide* aus ihren bei erhöhter Temp. in Oxyde zerfallenden Salzen. Diese Salze werden in heißen, gegenüber den am Verf. beteiligten Stoffen indifferenten Gasen suspendiert. Diese Gas–Salz-Suspension wird kontinuierlich durch einen über die Zersetzungstemp. der Salze erhitzten Reaktionsraum geleitet. Die entstandenen Oxyde werden von den Traggasen bei einer Temp. oberhalb der Rückbildungstemp. abgetrennt u. die Traggase ganz oder teilweise zum Suspendieren neuer Salzmengen zurückgeführt. — Beispiele [Salz — (durchschnittliche untere Zersetzungstemp.) — gebildetes Oxyd]: $Al_2(SO_4)_3$ — (770°) — Al_2O_3; $Al(NO_3)_3 \cdot 9H_2O$ — (200°) — Al_2O_3; $Bi_2(SO_4)_3$ — (750°) — Bi_2O_3; $CdSO_4 \cdot 4H_2O$ — (900°) — CdO; $Co(NO_3)_2 \cdot 6H_2O$ — (150°) — CoO; $Cu(NO_3)_2 \cdot 6H_2O$ — (200°) — CuO; $FeSO_4 \cdot 7H_2O$ — (600°) — Fe_2O_3; $PbCO_3$ — (350°) — PbO; $Mn(NO_3)_2 \cdot 6H_2O$ — (200°) — MnO_2; $Ni(NO_3)_2 \cdot 6H_2O$ — (200°) — NiO; $SnSO_4$ — (400°) — SnO_2; $TiOSO_4$ — (650°) — TiO_2; $ZnCO_3$ — (350°) — ZnO. — Fabrikationsschema. — Vgl. A. P. 2 773 741; C. **1958.** 9320. (**D. A. S. 1 019 419** Kl. 22f vom 16/9. 1953, veröff. 14/11. 1957. A. Prior. 25/11. 1952.)
R. SCHREINER. 6077

Georg Bühler, Armin Funke und **Gerhard Kühdorf,** Greiz, *Herstellung von H_2O_2* durch Teiloxydation von Propan u. Butan mit Luft oder O_2 bei 400—500°, wobei vorteilhaft ein Gemisch von 25—35 Vol.-% Butan u. 60—70 Vol.-% Propan mit 5—15 Vol.% O_2 zur Rk. gebracht wird. (**D. P. [DDR] 16 101** Kl. 12i vom 17/4. 1956, ausg. 23/12. 1958 [Wirtschaftspatent].) W. WITTHOLZ. H 241

Olin Mathieson Chemical Corp., übert. von: **John F. Haller,** Niagara Falls, **Theodore M. Jenney** und **John W. Churchill,** Kenmore, N. Y., V. St. A., *Kontinuierliche Herstellung von Wasserstoffperoxyd* mittels Oxydation von Alkyl-, z. B. 2-Äthyl-, -anthrahydrochinon in einem organ. Lösungsm., etwa einem Gemisch von Tetrahydronaphthalin u. Methylcyclohexanol u. Red. des Alkylanthrachinons. Die oxydierte Lsg. wird mit Wasserdampf als Abstreifmittel bei 70—105° am Kopf der Kolonne unter vermindertem Druck von ca. 5—65 mm Hg so dest., daß das gesamte H_2O_2 u. W. verdampft werden u. die organ. Fl. in den Kreislauf zurückgeführt werden kann; das abgestreifte wss. H_2O_2 wird unter vermindertem Druck u. bei erhöhter Temp. einer 2. Dest. unterworfen, wobei der dabei über Kopf anfallende Wasserdampf in die 1. Dest. als Abstreifmittel zurückgeführt wird. — Verfahrensschema. — Vgl. E. P. 769 514; C. **1958.** 4596. (**A. P. 2 804 376** vom 12/7. 1952, ausg. 27/8. 1957.) K. DEMMLER. H 241

Texas Co., New York, übert. von: **Du Bois Eastman,** Whittier, Calif., und **Leon P. Gaucher,** Tuckahoe, N. Y., V. St. A., *Ammoniaksynthesegas* wird hergestellt durch katalyt. Umsetzung eines gasförmigen (auch ungesätt.) KW-stoffes mit Wasserdampf (**I**) bei $>$ 1200° F zu CO u. H_2 (**A**), Umsetzung eines KW-stoffes mit Luft in Abwesenheit von Katalysatoren bei $>$ 2250° F, gegebenenfalls unter 100 lbs./sq.in. Druck, zu einer Mischung von N_2, CO u. H_2 (**B**), Mischen von **A** u. **B** in solchem Verhältnis, daß das Gemisch (**II**) auf 3 (Vol.) CO + H_2 1 N_2 enthält, Konvertieren des CO im **II** mit **I** u. Entfernen von CO_2, überschüssigem **I** u. CO aus dem Konvertgas. — Zeichnungen. — Vgl. Belg. P. 517 777; C. **1958.** 9319. (**A. P. 2 789 094** vom 20/2. 1952, ausg. 16/4. 1957.) H. KOBS. H 243

Metallgesellschaft Akt.-Ges., Frankfurt/M., *Kreisprozeß zum Entfernen von SO_2 aus dieses enthaltenden Gasen* durch aromat. Basen (Toluidin) enthaltende wss. Alkali-Lsgg., aus denen das SO_2 durch Wärme wieder ausgetrieben wird. Mit der wss. Phase des regenerierten Absorptionsmittels werden die erschöpften (0,5—3,0 g aromat. Basen u. 0,3—5 g SO_2 im Nm^3 enthaltende) Gase zum Entfernen der aromat. Basen gewaschen. Diese Fl. wird dann zur weiteren SO_2-Absorption verwendet. (**Aust. P. 167 532** vom 20/4. 1954, ausg. 10/5. 1956. D. Prior. 23/4. 1953.) O. STEIL. H 253

N. V. de Bataafsche Petroleum Mij., Den Haag (Erfinder: **Hendrik Mondria** und **Willem Hendrik Logman,** Amsterdam), Holland, *Abtrennung von Ruß aus wässerigen Suspensionen.* Man mischt die Suspensionen mit einer Öl-in-W.-Emulsion, die 0,8 bis 10 (g) KW-stoff, wie Pentan, Bzl. oder Toluol, pro 1 in der Suspension enthaltenem Ruß enthält. Das Verhältnis KW-stoff : W. in der Emulsion soll 1 : 100 bis 100 : 100 betragen. Die Bldg. von durch Filtration oder dgl. abtrennbaren Ruß-KW-stoff-Agglomeraten erfolgt rascher als bei bekannten Verff. unter Verwendung nichtemulgierter KW-stoffe. (**Holl. P. 89 572** vom 14/8. 1956, ausg. 15/11. 1958.) F. BÖHM. H 260

Dr. C. Otto & Co. G. m. b. H. (Erfinder: **Erich-Heinz Becker-Boost,** Bochum, und **Hermann Kronacher,** Trostberg), *Gewinnung reiner Blausäure* durch Desorption einer mit HCN beladenen Aktivkohle, die mit H_3PO_4 imprägniert ist. Dabei werden die beladenen Aktivkohlen im Gleich- oder Gegenstrom von einem zur Desorption dienenden Trägergas durchströmt u. durch Aufrechterhalten eines Temperaturgefälles CO_2 im kälteren Teil des Desorptionsgefäßes, HCN u. Wasserdampf in den wärmeren Teilen desselben getrennt gewonnen. — Zeichnung. (**D. A. S. 1 046 595** Kl. 12k vom 6/7. 1955, veröff. 18/12. 1958.) H. NEBELSIEK. H 260

Texas Instruments, Inc., Dallas, Texas, V. St. A. (Erfinder: **Willis Alfred Adcock** und **Raymond Charles Sangster**), *Herstellung von reinem Silicium,* dad. gek., daß man $SiCl_4$ u. H_2 in einer Hochtemperaturzone (bei ca. 1100—1300°) reagieren läßt, wobei sich Si niederschlägt, worauf man das gasförmige Reaktionsgemisch (HCl) mit unverbrauchtem H_2 u. $SiCl_4$ abführt (bes. mit Zn-Dampf verdrängt), alsdann nach Abtrennung von HCl bzw. $ZnCl_2$ die Restgase nach Ergänzung mit neuem H_2 u. $SiCl_4$ wieder der Reaktions-Zone zugeführt werden. (**E. P. 799 876** vom 23/11. 1956, ausg. 13/8. 1958.) A. GRADL. H 261

Ernst Möbius, Eilenburg, *Herstellung von Kieselsäurepräparaten* oder *methylierten Kieselsäurepräparaten mit kleinem Schüttgewicht.* Wasserglas- oder/u. Natrium-methylsilanol-Lsgg. werden unter Zusatz von Schaummitteln, wie Nekal- oder Saponin-lsg., mittels eines kräftigen Rührwerkes oder durch Eindüsen von Gasen zu Schaum geschlagen, u. im schaumigen Zustand wird die Ausfällung mit verd. Mineralsäure, z. B.

HCl, vorgenommen. Nach dem Waschen u. Trocknen zeigt das Prod. ein unter 100 g/Liter liegendes Schüttgewicht. (**D. P. [DDR] 15 855** Kl. 12i vom 10/10. 1956, ausg. 29/11. 1958 [Wirtschaftspatent].) W. Wittholz. H 261

Monsanto Chemicals Ltd., London (Erfinder: **Thomas Knott Pallister,** Newport), England, *Herstellung von Siliciumtetrachlorid* aus Si u. Cl_2, dad. gek., daß Cl_2 durch ein Fließbett von heißem, feinverteiltem Si, vermischt mit einem feinverteilten, festen, inerten Streckmittel (bes. SiO_2) geblasen wird. (**D. A. S. 1 048 892** Kl. 12i vom 27/12. 1957, veröff. 22/1. 1959. E. Priorr. 28/12. 1956 u. 20/11. 1957.) A. Gradl. H 261

Monsanto Chemical Co., St. Louis, Mo. (Erfinder: **Ralph Francis Nickerson,** Marblehead, Mass.), V. St. A., *Herstellung von Kieselsäurefüllstoffen*, dad. gek., daß zu hydrophilem, amorphem, in W. unlösl., hydratisiertem SiO_2, das eine SZ. > 0,2 besitzt u. eine Vielzahl von Silanolgruppen enthält, ein organ. Silicat der Formel I gegeben wird u. das Reaktionsprod. zerkleinert wird; in der Formel bedeuten n eine ganze Zahl zwischen 1 u. 20, R einen Alkyl-, Aryl-, Aralkyl-, Alkaryl- oder Alkoxyrest. (**D. A. S. 1 048 889** Kl. 12i vom 6/5. 1955, veröff. 22/1. 1959. A. Prior. 6/5. 1954.) A. Gradl. H 261

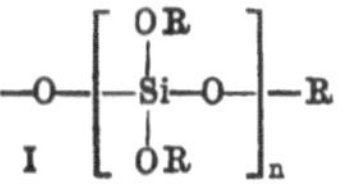

Metallgesellschaft Akt.-Ges., Frankfurt/M., *Herstellung von Alkalipolyphosphaten.* Man gewinnt auf feuchtem Wege aus Rohphosphat durch Behandlung mit H_2SO_4 phosphorsäurehaltige Lsgg., neutralisiert teilweise, jedoch nicht bis zur Biphosphatphase, filtriert u. red., gegebenenfalls nach weiterer Neutralisation, zu Polyphosphaten. Man kann auch in der ersten Stufe so weit neutralisieren, daß 66% des Phosphats als Biphosphat vorliegen. (**It. P. 491 255** vom 27/11. 1951. D. Prior. 21/2. 1951.) K. Koebke. H 264

Metallgesellschaft Akt.-Ges., Frankfurt/M. (Erfinder: **Herbert Wick,** Langelsheim), *Herstellung von Mononatriumphosphat,* wobei aus Rohphosphat mit H_2SO_4 Superphosphat hergestellt wird, das mit Na_2SO_4 umgesetzt wird, nach D. B. P. 935 244, dad. gek., daß der Rückstand bei der Rk. des Super- bzw. des Triplesuperphosphates in wss. Lsg. mit Na_2SO_4 nach Filtration von der NaH_2PO_3-Lsg. mit einem mit H_3PO_4 angesäuerten Waschwasser gewaschen wird. (**D. B. P. 971 182** Kl. 12i vom 21/2. 1950, ausg. 24/12. 1958. Anmeldung bekanntgemacht 15/3. 1951. **Zusatz zu D. B. P. 935 244; C. 1958. 12506.**) A. Gradl. H 264

Solvay & Cie. (Erfinder: **Charles Deprez,** Uccle, **René Crabbe,** Boitsfort, und **Jean Clement,** Ixelles), Brüssel, Belgien, *Zersetzung von Alkaliamalgamen* erfolgt in einem in einem Behälter angeordneten Stapel sich gegenseitig tragender, einen Block bildender, mit Rillen versehener Graphitträger, wobei die Oberseite der geneigten Trogböden Längsrillen für den Umlauf des zu zers. Amalgams, das mit der Zersetzungs-Fl. die Vorr. gleichzeitig durchläuft, aufweist. Zur besseren Zers. des Amalgams können in den Rillenboden amalgamierbare Metallstücke (Fe) so eingelassen sein, daß sie in Berührung mit dem Hg sind. — Vorrichtung. (**D. A. S. 1 010 516** Kl. 12 l vom 8/11. 1955, veröff. 19/6. 1957. Belg. Prior. 24/12. 1954.) K. Wolk. H 272

Solvay & Cie. (Erfinder: **Charles Deprez,** Uccle, **René Crabbe,** Boitsfort, und **Jean Clement,** Ixelles), Brüssel, Belgien, *Zersetzung von Alkaliamalgamen.* Zu D. A. S. 1 010 516 ist nachzutragen, daß die Zers. entsprechend der D. A. S. 1 002 298; C. **1958.** 2541 derart erfolgt, daß das in mehreren Teilströmen aufgeteilte, das zu zers. Amalgam enthaltende Hg gleichzeitig einem Zersetzer an längs des Laufs der sich bildenden Alkalilauge getrennten Stellen so zugeführt wird, daß sich das unzers. Amalgam nicht mit bereits z. T. oder vollständig zers. Amalgam vermischt. — Vorrichtung. (**D. A. S. 1 020 966** Kl. 12 l vom 8/11. 1955, veröff. 19/12. 1957. Belg. Prior. 8/4. 1955. **Zusatz zu D. A. S. 1 010 516; s. vorst. Ref.**) K. Wolk. H 272

Imperial Chemical Industries Ltd., London (Erfinder: **Charles Carter,** Widnes, Lancashire), England, *Chloralkalielektrolyse.* Die Elektrolyse wird in Zellen durchgeführt, bei denen entweder die durch den Deckel oder die Seitenwände der Zelle gehenden Anodenschäfte oder die Unterseite des mit den Anoden festverbundenen Zellendeckels aus Ti oder einem mit Ti-Überzug versehenen Metall bestehen, oder die Innenwände der Zelle, soweit sie mit Anoden verkleidet sind, mit Ti belegt sind. Durch die Verwendung von Ti werden an den Zellen sonst auftretende Korrosionen vermieden. Außerdem wird bei Ti-verkleideten Anodenschäften der Spannungsabfall herabgesetzt. (**D. A. S. 1 044 050** Kl. 12 l vom 25/6. 1957, veröff. 20/11. 1958. E. Priorr. 27/6. 1956 u. 14/6. 1957.) K. Wolk. H 272

VEB Farbenfabrik Wolfen, Wolfen, Kr. Bitterfeld (Erfinder: **Hans Niehuus,** Bitterfeld, **Rudolf Stephan,** Wolfen, **Friedrich Wolf,** Leipzig, und **Franz Tränkel,** Bobbau), *Entfernung von Alkalichloriden aus Alkalilaugen auf osmotischem Wege.* Als Dialysiermembranen werden gelförmige, in wss. bzw. alkal. Medien quellfähige, aber unlösl.

polare Gruppen enthaltende Kunstharze verwendet, z. B. ein Kondensationsprod. aus Phenol, Phenolsulfonsäure u. CH_2O. Um den Membranen mechan. Stabilität zu verleihen, können sie mit indifferenten Kunststoffen, z. B. Polyvinylchlorid, Asbest, Glas, Gewebe, verstärkt werden. (**D. P. [DDR] 15 546** Kl. 12 l vom 6/6. 1956, ausg. 3/10. 1958 [Wirtschaftspatent].) W. WITTHOLZ. H 272

Pechiney Comp. de Produits Chimiques et Électrométallurgiques, Paris (Erfinder: **Roland Gauguin,** Neuilly, und **Jaques Claus,** Aubervilliers, Seine), Frankreich, *Reine Lithiumsalze* aus mit anderen lösl. Salzen verunreinigten Lsgg. werden dadurch erhalten, daß das Li in Ggw. eines bes. 20%ig. Überschusses eines Na- oder K-Salzes einer mit den als Verunreinigung in der Lsg. vorhandenen Metallionen ein lösl. Komplexsalz bildenden, N-haltigen, aliphat. Carbonsäure, bes. der Äthylendiamintetraessigsäure oder der Nitrilotriessigsäure, als schwerlösl. Salz, bes. als Fluorid, Phosphat, Borat, Oxalat oder Carbonat, gefällt wird, wobei bei p_H 7—12 gearbeitet wird. Es kann kontinuierlich gearbeitet werden, wobei man die nach Abtrennen des Li-Salzes verbleibende Mutterlauge konz., durch Ansäuern die freien organ. Säuren gewinnt, diese in die Na- bzw. K-Salze überführt u. letztere in den Kreislauf zurückführt. (**D. A. S. 1 044 787** Kl. 12 l vom 26/11. 1956, veröff. 27/11. 1958. F. Prior. 26/11. 1955.) K. WOLK. H 273

Columbia-Southern Chemical Corp., Pittsburgh, Pa. (Erfinder: **Franklin Strain,** Baberton, Ohio), V. St. A., *Herstellung von Titantetrachlorid* erfolgt dadurch, daß man Ti-Oxyde enthaltendes Material in Ggw. von elementarem H_2 u./oder C auf mindestens 1200^0 erhitzt, den sich bildenden Wasserdampf bzw. das CO abtrennt u. den vorbehandelten Rückstand, gegebenenfalls nach Trennen von nichtumgesetztem C, wie bekannt, jedoch bei $650—1100^0$ mit gasförmigem HCl behandelt. Das Vorerhitzen wird bes. als Wirbelschichtverf. durchgeführt, wobei man durch die Ti-Oxyde enthaltende Schicht H_2 durchleitet, den Wasserdampf entfernt, den Rückstand dann mit HCl behandelt u. den dabei entstehenden H_2 zur reduzierenden Vorbehandlung verwendet. Durch das Vorbehandeln gelingt das Chlorieren mit HCl bereits unterhalb 1100^0, während ohne Vorbehandlung Tempp. über 1250^0 erforderlich sind. (**D. A. S. 1 045 382** Kl. 12i vom 14/2. 1957, veröff. 4/12. 1958. **E. P. 801 424** vom 8/2. 1957, ausg. 10/9. 1958. Beide A. Prior. 13/3. 1956.) K. WOLK. H 321

Siemens & Halske Akt.-Ges., Berlin und München (Erfinder: **Erhard Sirtl,** Karlsruhe), *Reinigen von mit Wasser gelbindenden Halogeniden, besonders des Si oder Ge oder anderer Halbleiter,* mittels teilweiser Hydrolyse des zu reinigenden Halogenids unter Zugabe kleinster Mengen W., dad. gek., daß die partielle Hydrolyse bei erhöhter Temp., bes. dicht unterhalb des Kp. des Halogenids, durchgeführt wird. Das Halogenid kann während oder zum Schluß des Hydrolysevorgangs dest. werden. (**D. A. S. 1 046 582** Kl. 12 g vom 28/2. 1956, veröff. 18/12. 1958. **Zusatz zu D. A. S. 1 028 543; C. 1959. 4598.**) W. MATTHAES. H 326

General Electric Co. Ltd. (Erfinder: **Cyril Simon Brown** und **Robert Christopher Kell**), Wembley, England, *Herstellung von Quarzkristallen* nach an sich bekannten Verff., dad. gek., daß als Nährmasse Quarzit mit so großer Reinheit verwendet wird, daß die zuvor erfolgte Röntgenbestrahlung einer Probe keine oder prakt. keine Schwärzung in den Quarzitteilchen ergibt. (**D. A. S. 1 045 380** Kl. 12i vom 23/6. 1955, veröff. 4/12. 1958. E. Prior. 23/6. 1554.) A. GRADL. 6151

VI. Silicatchemie. Baustoffe.

H. Guillon, *Ölvergasung nach dem OCCR-Verfahren.* Das Heizungsproblem wird als Problem der Flammen untersucht: Flammenform bedingt räumliche Wrkg., Flammenzus. bedingt chem. Wrkg. u. die Flammentemp. sowie Wärmeübertragung sind für die therm. Wrkg. bestimmend. Für eine optimale Gesamtwrkg. muß der Brennstoff gasförmig sein. Die Ölvergasung nach dem SIEMENS-Verf. wird beschrieben, der Wirkungsgrad berechnet u. der Einfl. des im Öl enthaltenen S untersucht. Die Anwendung des OCCR-Verf. wird in einem Glaswerk erprobt. Der Brennstoff wird hierbei als fl. Öl im Werk durch kleine Leitungen befördert u. erst am Ofen ohne Wärmeverlust, wie in einer Art Carburator, in Gas umgewandelt. Folgende techn. u. wirtschaftliche Vorteile werden angegeben: Energieersparnis 15%; 5fache Lebensdauer der Glashäfen, homogeneres Glas. (Ber. dtsch. keram. Ges. e. V. **35. 11.** 344—47. Nov. 1958. Paris, Directeur Technique de l'OCCR [Office Central de Chauffe Rationelle].) G. PRETZSCHNER. 6172

W. C. Levengood, *Einfluß von ursprünglichen Rißcharakteristiken auf die Glasfestigkeit.* Vf. berichtet über Bruchverss. an *Glas,* das zuvor mit Glasschneidern an der Luft angeritzt worden war. Hierbei wurde eine lineare Beziehung zwischen der Tiefe der großen sichtbaren Risse u. der reziproken Bruchspannung gefunden. Ist der Riß-

klein, dann ist die reziproke Bruchspannung eine lineare Funktion der Quadratwurzel der ursprünglichen Bruchtiefe (mirrored region). Eine deutliche Zunahme der Festigkeit wurde beobachtet, wenn das Glas unter verschied. Fll. (W., 2%ig. Gelatine, 10% $CuCl_2$-Lsg., Diäthylenglykol) angeritzt u. nach verschieden langer Alterung gebrochen wurde. Diese Zunahme begann ca. 1 Std. nach dem Anritzen u. wurde als eine Ausheilungserscheinung angesehen. In Luft angeritztes u. gealtertes Glas zeigte diese Festigkeitszunahme nicht. Cyclische Ermüdungsverss. wurden hierauf an schmalen Glasleisten durchgeführt. Hier wurde zunächst eine Abnahme u. hierauf eine Zunahme der Festigkeit beobachtet. (J. appl. Physics **29.** 820—26. Mai 1958. Muncie, Ind., Ball Brothers Res. Corp., Res. Dep.) C. GOTTFRIED. 6200

R. W. Ellis und **D. G. Osborne,** *Untersuchung über den Einfluß von Fluor und Tonerde auf die Produktionsausbeute von handgeblasenen Lampengläsern.* Zur Verbesserung von Opalgläsern sind zu einer bestimmten Glaszus. wechselnde Mengen F u. Al_2O_3 zugegeben. Die besten Ergebnisse wurden mit 5,3 Gew.-% F u. 4,8 Gew.-% Al_2O_3 erzielt. Bei zu hohen F-Gehh. wird das Glas zu spröde, bei zu niedrigen Al_2O_3-Gehh. ist die Viscosität zu gering, wodurch die trübenden Kristalle zu groß werden u. die Opazität absinkt. (J. Soc. Glass Technol. **42.** Trans. 261—70. Dez. 1958. Lemington, Osram Glass Works.) H. SAALFELD. 6200

W. J. Meid, *Charakteristiken moderner Öfen.* Es wird die Konstruktion moderner Öfen u. ihre Arbeitsweise geschildert. (Ind. céram. **1957.** 247—50. Sept. Chikago, Dép. des Fours Céramiques de la Lindberg Engineering Comp.) R. WALCKER. 6210

A. A. Appen, R. I. Bressker und **L. A. Kusnetzowa,** *Einfluß von Eisenoxyden auf die thermische Ausdehnung von Geschirrgrundemails.* (Vgl. C. **1954.** 3776.) Bei Best. des linearen Ausdehnungskoeff. α an verschied. Emailüberzügen zwischen 20 u. 350° werden Werte zwischen 97,7 ($\cdot 10^{-7}$) u. 134,2 gefunden. In Verss. mit verschied. Zusatz von Fe_2O_3 nimmt α von 0 auf 23,05% Fe_2O_3 ab, analog bei Zusatz von 0—20% FeO (als Fe-Oxalat eingeführt). Dies widerspricht den Ergebnissen von DIETZEL u. MEURES (C. **1934.** I. 437). (Журнал Прикладной Химии [J. angew. Chem.] **29.** 1753—55. Nov. 1956.) R. K. MÜLLER. 6212

H. Harkort, *Die Einwirkung von Soda auf Ton (nach Dal).* Die Neutralisations-Rk. zwischen Soda u. Ton hat technolog. Vorteile: Energieersparnis beim Verpressen des Tons, geringere Wasseraufnahme u. andere. Bei Reihenunterss. an amerikan. Tonen wurde gefunden, daß alle Tonsorten bzgl. ihres Verh. gegen Soda in 3 Gruppen eingestuft werden können. Für die Ermittlung der optimalen Sodamengen wird die potentiometr. Titration empfohlen. (Sprechsaal Keram., Glas, Email **91.** 511—15. 5/11. 1958.) N. PETERS. 6216

P. E. Rempes, B. C. Weber und **M. A. Schwartz,** *Gleitguß von Metallen, Keramiken und Cermets.* Vff. geben zunächst einen Überblick über die bisherige Entw. u. beschreiben die Prinzipien, Verff. u. Ergebnisse, die bei der Herst. von Keramikkörpern nach dem Gleitguß-Verf. gewonnen wurden. Die Formgebung der Keramik-Prodd. erfolgt dadurch, daß Aufschwemmungen von feinsten Oxyd- u. Metallteilchen, die auf einer Form sedimentieren, getrocknet u. anschließend gebrannt werden. Die nichtplast. Körper werden aus Keramiken, Metallen, Carbonaten, Cermets, Oxyden, Carbiden, Nitriden, Fluoriden u. Siliciden hergestellt. Die Unterss. ergaben, daß darüber hinaus auch noch viele andere Rohstoffe unter geeigneten Bedingungen in der Lage sind, nach diesem Verf. verarbeitet zu werden. Einen größeren Teil nimmt die theoret. Behandlung der Probleme ein, Einfl. von Korngröße, Fällungsmedium u. p_H-Wert, während im Hauptteil die prakt. Seite des Verf. erläutert wird. Eine ausführliche Zusammenstellung zeigt die verschied. Ausgangsmaterialien mit den chem. u. physikal. Eigenschaften. Als bes. geeignet werden folgende Rohstoffe beschrieben: MgF_2, CaF_2-Suspensionen in 0,5n HCl; SiC, TiC, Titannitrid u. Zirkonborid in einer kombinierten Lsg. aus Keltex u. Carbopol. Ferner Spinell ($MgAl_2O_4$), Si–Ti-Carbid (3 SiC·2 Ti_5Si_3), Ti–TiO_2, TiO_2–Zr, ZrO_2–CaF_2, Kentanium K 184 B [50 Gew.-% (TiC + andere Carbide)-50 Gew.-% (Ni + andere Metalle)]. Bei den letzten 4 Beispielen erfolgt die Fällung zweckmäßig in saurer Lösung. (Amer. ceram. Soc. Bull. **37.** 334—39. Juli 1958. Ohio, Aeronautical Res. Labor.) K. MEYER. 6216

L. Cussino, *Ein Beitrag zur Reaktion der Kieselsäure mit dem Kalk.* Es wird über Unterss. berichtet, welche mit dem Ziel der Klärung des Reaktionsvermögens von Kieselsäure verschied. Herkunft (Chalcedon, Quarzit, Opal, Steinmehl, Quarzglas) u. Feinheit mit Kalkstein bei den Tempp. 890, 950, 1050 u. 1100° (je 20 Min. nach der Tiegelprobe von HENDRICKX) durchgeführt werden. Dabei wird stets ein Mischungsverhältnis von 50% Dicalciumsilicat u. 50% Tricalciumsilicat angesetzt. Die Best. der Feinheit erfolgt durch Berechnung der spezif. Oberfläche nach BLAINE. Der Grad der Rk. wird durch naßchem.

Best. des säureunlösl. Rückstands der nach dem Abkühlen verbleibenden Schmelzprodd. ermittelt. Die in graph. Kurven veranschaulichten Untersuchungsergebnisse zeigen, daß in allen Fällen mit steigender spezif. Oberfläche ebenso wie bei erhöhten Tempp., die Reaktionsfähigkeit merklich zunimmt, wobei bes. bei den niedrigen Tempp., sich das Steinmehl am reaktionsfähigsten zeigt. Ab 1050° ist ihm das Quarzglas gleichwertig. In den untersuchten Fällen erwies sich der Chalcedon stets am reaktionsträgsten. (Cemento [Milano] **55.** Nr. 11. 19—21. Nov. 1958. Casale Monferrato. Lab. Centrale Ricerche e Controlli della S.p.A., Unione Cementi Marchino u. C.) W. ANIKA. 6222

F. Ferrari, *Über das Brennen von Silicatzementen.* Nach Hinweisen, welche Bedeutung der genauesten Behandlung der empfindlichen Silicatzemente (Portland u. Ferrozemente insbes.) beim Brennen zukommen muß, um ein in Güte u. Verarbeitbarkeit vollkommenes Endprod. bei maximaler Ausnutzung u. Wirtschaftlichkeit des Fertigungsprozesses zu erhalten, berichtet Vf. allg. über das Verh. der M. beim Brennen. Die sehr unterschiedliche Herkunft u. Zus. der Rohmassen bedingen beim Brennprozeß wie bei der Klinkerbldg. sehr verschiedenartiges Verh., was Vf. maßgeblich auf die Oberflächenbeschaffenheit (Absorptionsvermögen, Oberflächenaktivität) zurückführt, was durch Angaben der Oberflächenberechnung (nach HÜCKEL) u. Angabe der Zahlenwerte für verschied. Mergel u. Rohmehlkomponenten verdeutlicht wird (Angaben u. Beispiel aus der Praxis). Für das Erbrennen von Portland- u. Ferro-, bes. FERRARI-Zementen, ist es nach Ansicht des Vf., unerläßlich, zur Verbesserung der Qualität u. zu wirtschaftlicherem Arbeiten, orientierende Laboratoriumsverss. u. Unterss. durchzuführen. Es wird zur Begutachtung des Brennverh. die Tiegelprobe nach HENDRICKX vorgeschlagen. Betreffs der gewünschten Klinkerbldg. sollten Proben unterschiedlicher Tonerde- u. Silicatmodulen untersucht werden. (Cemento [Milano] **55.** Nr. 11. 23—29. Nov. 1958. Pisa, Ist di Chim., Industriale e Appl.-Fac. d'Ingegneria dell Univ. degli Studi.)
W. ANIKA. 6222

A. Cocco, *Über das Verhalten von Schamottefuttern in Zementdrehrohröfen.* Nach Besprechung eigener u. Arbeiten anderer Autoren berichtet. Vf. über Unterss. an 2 Schamotteofenfuttern (A u. B) in Zementdrehrohröfen, welche summar. fast gleiche chem. Zus. besitzen u. bei denen im Ofen sehr ähnliche Rohstoffe erbrannt werden. Während sich das Futter A außerordentlich gut bewährte, zeigte B nach geringer Betriebsdauer im Bereich der Klinkerzone beträchtliche Korrosionserscheinungen. Auf Grund mkr. u. röntgenograph. Unterss. wird ermittelt, daß es sich bei A um eine Tonerdeschamotte mit Bauxit als Bindemittel, bei B um eine Bauxitschamotte mit Tonmasse als Bindemittel handelt. Schliffe zeigen, daß bei A die Korrosion des Scherbens durch Bldg. einer Zwischenschicht (**I**), welche noch durch eine Klinkerkruste bedeckt wird, weitgehend vermindert ist, während bei B die Außenschicht in Rk. mit dem Klinker tritt. Sie ist zerklüftet u. durch Hohlräume aufgelockert. Nach dem Vf. sind für die erwünschte Bldg. von **I** folgende Voraussetzungen erforderlich. Durch geeignete Körnung des Ofenfutters, bes. der Oberfläche, soll bei guter Homogenität, das Haften der Klinkermasse erleichtert werden. Diese soll, bei Rk. mit dem Futter, nur einen geringen Anteil fl. Phase bilden, welche sich beim Drehen so verfestigt, daß sie durch den nachfolgenden Klinker nicht abgerieben wird. Die Struktur der Schutzschicht, welche durch die chem. u. granulometr. Zus. der Komponenten Futter: Klinker maßgeblich mitbestimmt wird, trägt wesentlich zur Bldg. von **I** bei. Es wird vorgeschlagen, daß die chem. Zus. des Futters so gewählt wird, daß die Verbindungslinie (im Syst. CaO–SiO_2–Al_2O_3) zwischen der Zus. des Futters u. der des Zements oberhalb oder dicht bei dem Eutektikum Anorthit–Gehlenit–Tonerde vorbeiführt. Die Ergebnisse sind durch anschauliches Bild-, Tabellen- u. Diagrammaterial ergänzt. (Cemento [Milano] **55.** Nr. 10. 15—24. Okt. 1958. Trieste, Univ., Ist. di Chim. Applicata.) W. ANIKA. 6222

Richard C. Mielenz, Vladimir E. Wolkodoff, James E. Backstrom und **Harry L. Flack,** *Ursprung, Entwicklung und Wirkungen des Luftporen-Systems in Beton.* 1. Mitt. *In ungehärtetem Beton eingeschlossene Luft.* Luft (**I**)-einschlüsse beeinflussen Beton (**II**) in doppelter Weise: 1. Verbesserung der Verarbeitbarkeit u. Verminderung der Entmischung von frisch gemischtem **II**. 2. Verbesserung der Widerstandsfähigkeit von **II** in bezug auf Frost u. Auftauen. — Die Wrkg. von Luftblasen in frisch gemischtem **II** hängt hauptsächlich von der Zahl, Größenverteilung u. von den Zwischenräumen zwischen den Blasen ab, die während des Mischens, Ordnens u. Ausbildens entstehen. — Von Bedeutung ist die Zus. u. das Verhältnis des angewandten Trägermittels der **I**, das W.–Zement-Verhältnis u. die Meth. u. Intensität der Zusammenlagerung. Diese Faktoren u. ihre Bedeutung wird in vorliegender Arbeit dargelegt. (J. Amer. Concrete Inst. **30.** Proc. 55. 95—121. Juli 1958.) R. WALKER. 6224

James E. Backstrom, Richard W. Burrows, Richard C. Mielenz und **Vladimir E. Wolkodoff,** *Ursprung, Entwicklung und Wirkungen des Luftporen-Systems in*

Beton. 2. Mitt. *Einfluß des Typs und der Menge des Luftporenbildners.* (1. vgl. vorst. Ref.) Luft (I) einführende Agentien verschied. chem. Zus. bewirken I-Blasenbldg. von verschied. Größe, Verteilung u. Rauminhalt. Die Menge u. Art des Agens hat ebenfalls Einfl. auf diese Parameter, indem sie im allg. die Größe der I-Blasen u. Zwischenräume, wenn sie in steigenden Beträgen angewandt werden, vermindert. — I, die durch ein wirksames Agens in der Menge, wie sie durch das ACI Committee 613 anempfohlen wird, entsteht, wird gewöhnlich ein befriedigendes Syst. von I-Einschlüssen u. eine befriedigende Widerstandsfähigkeit des Betons gegenüber Frost u. Auftauen ergeben. Im allgemeinen bewirken die Faktoren, die zu einer Verkleinerung der Zwischenräume führen, auch eine Zunahme der Widerstandsfähigkeit des Betons gegenüber Frost u. Auftauen. (J. Amer. Concret Inst. **30.** Proc. 55. 261—72. Aug. 1958.) R. WALKER. 6224

I. Kalnin, *Ein neues Verfahren zur Gewinnung von wärmeisolierenden Materialien.* Zur Gewinnung von wärmeisolierendem Material wird ein Gemisch aus zerkleinerter, gereinigter Baumrinde (Weide, Tanne, Fichte u. Espe sind am besten geeignet) u. wss. Harnstoff-Formaldehyd-Harz (5—10% vom Gewicht) bei 5—10 kg/cm² gepreßt, 1 Std. in der Presse belassen u. danach 24 Std. zur Härtung stehengelassen. Nach diesem Verf. können auch geformte wärmeisolierende Körper erhalten werden. Das Material kann bei Tempp. von +150 bis —80° angewandt werden. Zum Schutz gegen Mikroorganismen gibt man 0,5% NaF zu. Ein Zusatz von 0,01% Hexachloran erhöht die Resistenz gegen Insekten. Wird zur Verminderung der Brennbarkeit $(NH_4)_2SO_4$ zugesetzt, so nimmt der Wärmeleitfähigkeitskoeff. etwas ab. (Холодильная Техника [Kälte-Techn.] **35.** Nr. 6. 57—58. Nov./Dez. 1958.) OTTO MAIER. 6228

Klára Árkosi, Gábor Bidló und **István Ódor,** *Untersuchungen des Asbestgefüges.* Unterss. mit dem Polarisationsmikroskop, vergleichende Unterss. der Asbestarten mit dem Elektronenmikroskop (Herst. der Untersuchungspräpp., Best. der Stärke der Elementarfasern, Auswertung der Aufnahmen) Unterss. mit Röntgenstrahlung u. in UV-Licht. (Magyar Textiltechn. (Ung. Textiltechn.) **10.** 302—05. Okt. 1958. Árkosi, Müszaki Fizikai Kutató Intézet Miktromorfológiai. Osztaka, Epitäipari és Közlekedési Müszaki Egyetem Asvany-és Földtani Tanszék. Heveder-és Azbesztipari Vállalat.) G. HALMI. 6234

H. R. Shell, J. E. Comeforo und **W. Eitel,** *Untersuchungen über synthetischen Asbest. Synthese von Fluoramphibolen aus Schmelzen.* Die Kristallisationsbedingungen von F-Amphibolen u. ihre Stabilitätsbeziehungen werden untersucht. Es zeigt sich, daß sowohl die F-Konz. als auch der Kationenersatz die Stabilität bedingen. Folgende Kationen wurden geprüft: In der Alkalilage: Na, K, Li, Ca, Cd, Ni, Fe u. Zn; in der Ca-Lage: Ca, Fe, Mg, Ba, Cd, Co, Mn, Na u. Sr; in der Mg-Lage: Mg, Al, Se, Co, Cu, Fe, Ni, Mn, Ni u. Zn; in der Si-Lage: Si, Al, Be, B, Cr, Ge, P u. V. Die erhaltenen F-Amphibole waren nadelige Kristalle mit der Härte 6—7. Trotz relativer Länge bezogen auf den Querschnitt waren sie nicht faserig. Die Aussicht, faserige F-Amphibole aus der Schmelze zu erhalten, sind gering. (U. S. Dep. Interior, Bur. Mines, Rep. Invest. **1958.** Nr. 5417. 1—35. Norris, Tenn., Bureau of Mines und Toledo, Ohio, Univ., Inst. of Silicate Res.) J.-E. HILLER. 6234

G. Serwatzky, *Über die Bestimmung der Mineralkomponenten in Tonen.* Eine Gegenüberstellung der Untersuchungsmethoden zur Best. der Mineralkomponenten in Tonen zeigte, daß keine dieser Methoden allein anwendbar sein kann. An 3 Klardorfer Tonsorten werden verschied. Bestimmungsmethoden wie: Röntgenunters., Differentialthermoanalyse (DTA) u. elektronenopt. Best. untersucht u. diskutiert. (Sprechsaal Keram., Glas, Email **91.** 396—406. 5/9. 1958.) N. PETERS. 6248

H. Haas, F. Kahler und **K. Reischl,** *Die Bestimmung von reaktionsfähigem Magnesiumoxyd in kaustisch gebranntem Magnesit.* Die Best. von „reaktionsfähigem MgO" (rMgO) in „kaust. gebrannter Magnesia" erfolgt nach Suspension von 40,3 mg der Probe in 50 ml W. durch elektron. gesteuerte Zugabe von n/10 HCl u. p_H-Messung mit einer Glas–Hg_2Cl_2-Elektrode. Die Menge des zugegebenen H^+ ist so bemessen, daß man, solange rMgO anwesend ist u. die Titrationsgeschwindigkeit sich mit der Nachlieferung von OH^- [aus $MgO + H_2O = Mg(OH)_2$] die Waage hält, immer im alkal. Gebiet bleibt (p_H 9—10). Danach bleibt man bei niedrigeren p_H-Werten auch noch über p_H 7, schließlich führt die Säurezugabe zu p_H-Werten < 7. Diese erfolgt in regelmäßigen Zeitabständen von 60 Sek. zu je 0,2 ml. Die Rolle der Verunreinigungen des natürlichen Magnesits wird an Hand von Titrationsdiagrammen erörtert. Zur Best. dient ein Präzisionspotentiometer in Verbindung mit einem Magnetrührer (METROHM) u. einem Linienschreiber mit Schwingkreisverstärker (SIEMENS-HALSKE). Wichtig ist die zur Säurezugabe verwendete Kolbenbürette mit Impulsgeber (METROHM). (Radex-Rdsch. **1958.** 47—59. Jan. Radenthein.) PH. FRESENIUS. 6256

Dynamit Akt.-Ges. vormals Alfred Nobel & Co. (Erfinder: **Wolfgang Jensch**), Troisdorf (Bez. Köln), *Sicherheitsverbundglasfolien aus weichmacherhaltigem Polyvinylbutyral* (I) werden im Strangpreßverf. dadurch hergestellt, daß dem I in der Strangpresse bes. 3—15% Fll. (W., Äthylpropionat oder Isooctan) zugesetzt werden, deren Kp. niedriger ist als die Temp. der aus dem Mundstück austretenden I-Folie. Letztere wird hierdurch oberflächlich gerauht. (**D. A. S. 1 042 890** Kl. 39b vom 28/2. 1957, veröff. 6/11. 1958.) G. TEWES. 6201

Ministerul Industriei Materialelor de Construcţii, Rumänien (Erfinder: **Popescu D. Has** und **Lungu N. Stelian**), *Verglasbare Keramik* nach Art des RÉAUMUR-Porzellans. Eine M., bei der das Verhältnis von (SiO_2 + Al_2O_3):(MgO + CaO + BaO + ZnO + PbO + Na_2O + K_2O) zwischen 1,5 u. 4 u. von O:F zwischen 5 u. 15 liegt (F. 1300 bis 1500°), wird im Wannen- oder Hafenofen eingeschmolzen u. nach glastechn. Verf., wie Pressen oder Blasen, weiterverarbeitet. Die erhaltenen Gegenstände werden bei 600 bis 1000° geglüht, wodurch die glasartige M. in den krist. Zustand übergeführt wird. — Die M. besteht aus 70—85 (%) SiO_2 + Al_2O_3, 0—10 Na_2O + K_2O, 10—25 MgO + CaO + BaO usw. u. 3—8 F. (**F. P. 1 159 785** vom 10/9. 1956, ausg. 2/7. 1958.) O. KAYSER. 6215

Aktiebolaget Kanthal, Hallstahammar, Schweden, *Formkörper aus temperatur- und sauerstoffbeständigen Materialien*, wie elektr. Widerstände u. Flügel von Gasturbinen, aus auf pulvermetallurg. Wege verarbeiteten Siliciden. Die Sinterung erfolgt in zwei Stufen: 1. In einer Schutzgasatmosphäre u. 2. in Luft bei einer höheren Temp., wobei gleichzeitig noch vorhandene Poren ausgefüllt u. ein Oberflächenfilm, z. B. aus SiO_2 gebildet wird. — Beispiel 80 (Gew.-%) $MoSi_2$; 6,5 $TaSi_2$; 8,5 SiO_2; Rest Oxyde u. Silicide von V, Al, Fe, Nb. Temp. 1. 1420°, Temp. 2. 1700°. (**E. P. 791 324** vom 3/6. 1954, ausg. 26/2. 1958. Schwed. Prior. 8/2. 1954.) G. FRIKELL. 6219

Železnobrodské sklo, národní podnik, Želesný Brod, Tschechoslowakei, *Verfahren zum Verzieren von Erzeugnissen aus Silicaten und anderen anorganischen oder organischen Stoffen* (Glas, Keramik, emaillierte Metalle, Kunststoffe). Auf das Halbfabrikat wird im warmen Zustand gläsernes Textil, gegebenenfalls im Gemisch mit einem anderen organ. oder anorgan. Textil, aufgelegt, wobei das die einzelnen Fasern umgebende Schmälzmittel [1,9 (%) Kolophonium, 0,6 Weichmacher Ceranin HC 42, 97,5 Trichloräthylen] schm. u. die Fasern mit einer dünnen Schicht feiner Gasblasen umgibt, die das Muster des Glasmaterials in matten Linien wiedergeben. (**Oe. P. 200 060** vom 14/9. 1956, ausg. 10/10. 1958.) O. KAYSER. 6221

Mary I. Randall, Notre Dame, Ind., und **Edna G. Gethen**, Collingswood, N. J., übert. von: **Merwyn C. Randall**, Philadelphia, Pa., und **George S. Gethen**, Collingswood, N. J., V. St. A., *Isolierender Zementputz*, von weißer Farbe, der bei Temperaturschwankungen sich dehnt oder schwindet, schnell abbindet u. gegen Witterungseinfll., wie Regen u. Schnee, unempfindlich ist, für Innen- u. Außenverwendung. — Zus.: 20 bis 40 (Gew.-%) Mineralwolle, 10—35 weißer Portlandzement, 10—50 Puzzolane (bestehend aus nicht <5 Flugasche, Kaolin- u. Glimmerton), 5—30 Montmorillonit. — Beispiel: 21,6 (Gew.-%) weißer Portlandzement; 15,4 Kaolinton; 5,4 Diatomeenerde; 16,4 Flugasche; 13,9 Bentonit; 27,3 Mineralwolle. (**A. P. 2 815 293** vom 31/1. 1956, ausg. 3/12. 1957.) G. FRIKELL. 6223

Roland G. Benner, Summit, N. J., V. St. A., *Zementmischung* für fertige Haushaltspackungen zur Herst. von Mörtel, Beton, Stuck u. a., die beim Lagern weder klumpt, noch sich entmischt, wird hergestellt durch Aufbringen eines Films von Na_2SiO_3 oder K_2SiO_3 mittels einer Lsg. auf die Zuschlagstoffe (I) u. anschließendes Trocknen. Die vorbehandelten I werden mit Zement gepudert, der dann fest haftet. Verhältnis Zement: Na_2SiO_3 = 1:0,0015—0,30. — Beispiel: 31,8 (Teile) Sand, 3,6 einer 5—6%ig. wss. $Na_2 \cdot SiO_3$-Lsg., wobei Na_2O: SiO_2 wie 1:1,8 ist, 18,9 Portlaudzement. (**A. P. 2 835 602** vom 22/11. 1957, ausg. 20/5. 1958.) G. FRIKELL. 6223

FEB (Great Britain) Ltd., England, *Plastifizieren und Wasserdichtmachen von Beton* u. dgl. durch Zusatz von 5,4 cm^3/kg Zement eines in KW-stoffen unlösl., in A. lösl. Harzes. Fichtenharz wird mit Bzl. extrahiert. Aus dem Extrakt werden Bzl., Terpentinöl u. Fichtenöl durch Dest. entfernt u. der Destillationsrückstand mit Bzn. extrahiert. Man erhält das eigentliche Fichtenharz: SZ. 100; durch Alkali verseifbar; Flammpunkt 115—125°; 3—6% CH_3O-Gruppen enthaltend. (**F. P. 1 133 326** vom 4/2. 1955, ausg. 26/3. 1957.) O. KAYSER. 6225

Pierre Henri Charles Belverge, Aisne, Frankreich, *Teilweise, kontrollierte Entwässerung von Gips* u. anderen aus Steinbrüchen gewonnenen Stoffen. Rohgips wird zunächst im Schachtofen bei 250° gebrannt, wobei neben Doppelhydrat wenig lösl. Anhydrit u. totgebrannter Gips entsteht. Das Prod. wird gemahlen u. in einem Drehrohrofen bei 170° gebrannt, um sowohl das Doppelhydrat als auch den lösl. Anhydrit gleichzeitig in Halbhydrat zu überführen. (**F. P. 1 156 922** vom 10/7. 1956, ausg. 22/5. 1958.) O. KAYSER. 6227

Jean-André Renucci, Seine, Frankreich, *Aktivierter Kalk*. Als Abbindebeschleuniger werden dem Kalk 20 Vol.-% Zement oder Schlacke u. eine geringe Menge Rohgips u. $Ca(OH)_2$ zugesetzt. (**F. P. 1 157 602** vom 22/9. 1956, ausg. 2/6. 1958.) O. KAYSER. 6227

Élie Léon Martin, Seine, Frankreich, *Schutz von Denkmälern gegen Ausblühungen*. In der Überzugsschicht von Granitos wird der Zement durch Kunstharz (pigmentiertes Polyesterharz) ersetzt. In eine Form wird zunächst eine Schicht aus Marmor-, Granit- oder Glasgranalien, die mit Polyesterharz vermengt sind, eingespritzt u. diese mit Beton oder durch zement- bzw. öl- oder kunstharzgebundene Faserstoffe, Puzzolane, Kork oder Bimsstein hintergossen. (**F. P. 1 135 754** vom 15/2. 1955, ausg. 3/5. 1957.) O. KAYSER. 6229

VII. Agrikulturchemie. Schädlingsbekämpfung.

Witold Kowalski, *Entwicklungsrichtungen in der Produktion von Phosphordüngemitteln*. Übersicht. — 14 Literaturangaben. (Przemysł chem. **37**. 567—69. Sept. 1958. Gliwice, Politechn. Śląska.) F. URBAN. 6282

Alfonso Aramburu, *Dicalciumphosphat*. Beschreibung der Eigg., der Gewinnung u. der Anwendung in Düngemitteln (Vorteile gegenüber Superphosphat). (Agricultura [Madrid] **26**. 440—42. Aug. 1957.) R. K. MÜLLER. 6282

Josef Brda, *Die Bedeutung guter Komposte im Grasfeldsystem*. Vf. stellt fest, daß Schweinemist nach Zugabe von Mineralsalzen u. N-Stabilisatoren hochwertigen Dünger ergibt. (Sborník československ. Akad. zemědělských Věd, rostlinná Výroba **28**. 241—47. April 1955. Pohorelice, výzk. úst. trávopol. soust.) E. VEVERA. 6294

J. Chaussidon, *Auffrischung einiger thermodynamischer Begriffe in bezug auf die Ionenaktivität im Boden*. Nach kurzer Rekapitulierung der Hauptbegriffe der Thermodynamik werden die Gleichgewichtsbedingungen für ein Syst. Tonaufschlämmung–Lsg. untersucht. Hierbei zeigt sich, daß der Begriff von der Aktivität eines in Lsg. befindlichen Ions zur Charakterisierung eines solchen Syst. nicht ausreicht, vielmehr müssen gleichzeitig die Aktivität u. das elektr. Potential berücksichtigt werden, welchem Umstand durch Benutzung des Begriffs des elektrochem. Potentials genügt wird. (Ann. Inst. nat. Rech. agronom., Sér. A **9**. 5—22. Jan./Febr. 1958. Versailles, Stat. centrale d'Agronomic.) M. WINIKER. 6304

R. M. McKenzie, *Spurenelemente in einigen Terra rossa- und Rendzinaböden Südaustraliens*. 10 Terra rossa- u. 9 Rendzina-Profile (Oberboden u. Kalksteinuntergrund) wurden auf ihren Geh. an Co, Ni, V, Mo, Mn, Zn u. Zr untersucht. — Die Gehh. der beiden Bodentypen unterscheiden sich nur unwesentlich, im südöstl. Teil des Untersuchungsgebietes wiesen beide Böden jedoch niedrigere Spurenelementgehh. (bes. an Cu, Co u. Zn) auf, worauf der in diesen Gebieten häufige Co- u. Cu-Mangel zurückzuführen ist. Diese Unterschiede werden der verschiedenartigen geolog. Herkunft des Kalksteinuntergrundes zugeschrieben: stellt Kalkstein das bodenbildende Muttergestein dar, sind die Gehh. niedrig, bildet er bei einem anderen Muttergestein einen Sekundärhorizont, so liegen die Gehh. höher. Für die einzelnen Elemente werden folgende Schwankungsbreiten angegeben (p.p.m.): Co $< 2—30$, Zr 9—570, Ni $<2—50$, Cu 1—65, Mo $<2—18$, V 82—290, Mn 24—1400 u. Zn 4—90. (Austral. J. agric. Res. **10**. 52—57. Jan. 1959. Adelaide, C.S.I.R.O., Div. of Soils.) WILFRIED WERNER. 6304

V. Morani, *Forschungen und Versuche im Zusammenhang mit der Urbarmachung in Arborèa (Cagliari)*. Bei dem in Urbarmachung stehenden Gelände handelt es sich um größtenteils sandige u. tonige Böden, zum Teil aus Dünen enstanden. Organ. u. N-Düngung ist bes. für Getreide u. Lupine erforderlich, P für Luzerne, K für Citrus- u. andere Obstbäume. Bei den Sandböden muß die Acidität korrigiert werden. Auch Probleme der Unkrautbekämpfung u. der Sortenwahl werden erörtert. (Ann. Staz. chim.-agrar. sperim. Roma [3] **131**. 1—40. 1 Tafel. 1957.) R. K. MÜLLER. 6304

Valentino Morani, *Die Mineraldüngemittel als Hilfsmittel beim Urbarmachen von Böden*. Erörterung der unterschiedlichen Düngungsprobleme bei der Melioration entwässerter, an Salzen verarmter Böden, Podsolböden, organ. u. Wüstenböden. (Ann. Staz. chim.-agrar. sperim. Roma [3] **129**. 1—8. 1957.) R. K. MÜLLER. 6304

V. Morani und **G. Gattorta**, *Die Strukturfaktoren*. Aspekte der Bodenstruktur: Aggregationszustand, Porosität, Strukturstabilität; physikal. u. Kulturmittel: Verminderung des Humusgeh., Wrkg. der mechan. Bearbeitung, Kompression durch den Straßen-

verkehr; die organ. Substanz als Strukturfaktor; Grundsättigung des Bodens beim Strukturvergleich. (Ann. Staz. chim.- agrar. sperim. Roma [3] **130.** 1—13. 1957.)
R. K. MÜLLER. 6304

Zbyněk Facek, *Beziehungen zwischen Humusqualität und Festigkeit der Bodenstruktur und Einfluß einiger natürlicher organischer Stoffe auf diese Festigkeit.* Vf. stellt fest, daß zwischen Uronsäuren u. Bodenstruktur kein Zusammenhang besteht. Zugabe von einfachen organ. Stoffen kann die Wasserdurchlässigkeit des Bodens erhöhen. (Sborník českoslov. Akad. zemědělských Věd, rostlinná Výroba **28.** 247—49. April 1957. Praha, CSAZV, výzk. úst. rostl. výr. pudozn. odd.) E. VEVERA. 6304

Francis Clark, D. C. Nearpass und **A. W. Specht,** *Der Einfluß der Zufuhr organischer Substanz und Überflutung auf die Eisen- und Manganaufnahme durch Reis.* In Gewächshausverss. mit 2 podsolierten, tonigen Lehmböden (p_H 5,4 bzw. 6,5) als Substrat wirkte sich die Zufuhr steigender Mengen organ. Substanz (Reisstroh) bei Überflutung vor dem Auspflanzen nachteilig auf den Reisertrag aus. Der Fe-Geh. der Pflanzen war nach dieser Behandlung erhöht, der Mn-Geh. erniedrigt. In Kulturen ohne organ. Substanzzugabe wurde der Ertrag durch Überflutung deutlich gesteigert. Im Vgl. zu nicht überfluteten Kulturen war der Mn-Geh. der überfluteten Pflanzen auf das 10fache angestiegen. Die Zufuhr von Mn bzw. Mn + Fe wirkte sich auf nicht überfluteten Boden günstiger auf den Reisertrag aus als nach Überflutung. — Die Verss. zeigen, daß Reiß einen hohen Mn-Bedarf (bei gleichzeitig hoher Mn-Toleranz) hat, u. daß auf bestimmten Böden die Mn-Verfügbarkeit durch Überflutung gesteigert wird. (Agronomy J. **49.** 586—89. Nov. 1957. Beltsville, Md., Agric. Res. Stat., Soil and Water Conservation and Crop Res. Div.)
WILFRIED WERNER. 6304

R. S. Stauffer, *Wirkungen langjähriger Bodenbehandlungen auf den Gehalt einiger Böden in Illinois an organischem Kohlenstoff.* In einem 40jährigen Düngungsvers. mit den Varianten a) ungedüngt, b) Stallmist, Kalk, P u. c) Gründüngung, Kalk, P, K auf 8 verschied. Bodentypen wurden die Gehh. der Parzellen an organ. C nur relativ wenig durch die unterschiedliche Behandlung beeinflußt, obgleich die Erträge bei b) u. c) erheblich gesteigert wurden. Nur in 4 Fällen konnten signifikante Differenzen der C-Gehh. der Parzellen b) u. c) zur unbehandelten Parzelle festgestellt werden. (Agronomy J. **49.** 598—600. Nov. 1957. Urbana, Ill., Illinois Agric. Exp. Stat.) WILFRIED WERNER. 6304

P. H. Reid und **E. T. York jr.,** *Wirkungen des Bodenfruchtbarkeitszustandes bei intensiver Gewächshausbepflanzung mit Erdnüssen.* In Gefäßverss. wurde ein sandiger Lehmboden hintereinander 6 mal mit Erdnüssen, 1 mal mit Mais u. weitere 3 mal mit Erdnüssen bepflanzt. Die durch die Pflanzen entzogenen P- u. K-Mengen wurden nach jeder Ernte dem Boden wieder zugefügt: a) in Form einer mineral. Düngung, b) in Form der getrockneten Pflanzensubstanz, c) in Form der veraschten Pflanzensubstanz. — Im Falle von a) u. c) genügten die verabreichten Nährstoffe zur Aufrechterhaltung der Erträge, das Verf. c) war mit einem Absinken der Erträge verbunden. P allein beeinflußte die Erträge nur unwesentlich. — In den ungedüngten Vergleichsgefäßen wurde durch die ersten 6 Ernten das „austauschbare“ K (extrem mit n NH_4-Acetat) sehr stark reduziert u. blieb dann nahezu konstant. Ca. 90% des entzogenen K lag bei Beginn des Vers. nicht in „austauschbarer“ Form vor. (Agronomy J. **49.** 589—92. Nov. 1957. North Carolina State Coll. Exp. Stat., Dep. of Soils.) WILFRIED WERNER. 6304

H. Sturm, *Zehnjähriger Wiesendüngungsversuch auf oberbayerischem Niedermoor.* Die Ergebnisse von zwei exakten Wiesendüngungsverss. auf einem nährstoffarmen Niederungsmoorboden werden wiedergegeben. Die Beziehungen zwischen Düngung (9 verschied. Düngungskombinationen), botan. Zus. des Pflanzenbestandes, Mineralstoffgeh. im Heu u. Heuertrag werden eingehend diskutiert. (Bayer. landwirtsch. Jb. **35.** 530—42. 1958. München-Weihenstephan, Techn. Hochschule, Inst. für Acker- u. Pflanzenbau.) WILFRIED WERNER. 6304

F. Galensa, *Kalk und Phosphorsäure auf Dauergrünland in der Marsch.* Durch Düngung mit 100 kg/ha P_2O_5 in Form von *Thomasphosphat* u. 100 dz/ha 85%ig. *Kalkmergel* konnte in der Marsch mit ihren schwierigen Bodenverhältnissen bei ausreichender Regelung der Wasserfrage in 3 Jahren eine Normalisierung der Phosphorsäurewerte u. des Kalkzustandes (p_H) im Boden erreicht werden. Gleichzeitig stiegen der Grünlandertrag u. der Fettgeh. der Milch des auf so behandelten Koppeln gehaltenen Milchviehs. (Mitt. dtsch. Landwirtschafts-Ges. **73.** 590—91. 29/5. 1958. Infeld über Nordenham.)
W. KREIPE. 6304

J. Busch, *Untersuchungen über die Mineralstoffernährung von Kaffeebäumen der Sorte Robusta in Mittel- und West-Oubangui.* In umfassenden Düngungsverss. zu Kaffeebäumen der Sorte Robusta in Mittel- u. West-Oubangui konnten zwischen den Erträgen der Bäume u. den Gehh. der Blätter derselben an den Makronährstoffen *N*, *P*, *K*, *Ca* u. *Mg* keine Beziehungen festgestellt werden. (Agronom. tropicale **13.** 732—60. Nov./Dez. 1958.) M. WINIKER. 6304

S. Donadoni und **L. Tombesi,** *Sechs Jahre Düngungsversuche bei der Tabakfabrik von Città di Castello in Umbrien.* (Ann. Staz. chim.-agrar. sperim. Roma [3] **123.** 1—14. 1956. — C. **1958.** 4006.) R. K. MÜLLER. 6304

L. S. Robertson, J. R. Guttay und **C. M. Hansen,** *Zusätzliche Stickstoffgaben zu Hafer. Methode, Zeitpunkt und Dosierung.* Durch Kopfdüngung von auf Mais folgendem Hafer mit 20 lbs./acre N wurden die Erträge beträchtlich gesteigert, bes. dann, wenn reichlich K_2O u. P_2O_5 zur Verfügung stand. (Michigan State Univ. Agric. appl. Sci., agric. Exp. Stat., quart. Bull. **37.** 420—24. Febr. 1955.) F. RANG. 6304

W. W. Jones und **T. W. Embleton,** *Neues über die Stickstoffdüngung von Orangenbäumen.* Orangenbäume wurden in mehrjährigen Verss. mit 1—4 pounds N pro Baum gedüngt. Mit hohen N-Gaben behandelte Bäume trugen gegenüber denen mit geringen N-Gaben versorgten Bäumen mehr aber kleinere Früchte, die eine dickere Schale hatten u. grüner waren, sowie einen geringen Saftgeh. mit einem geringeren Vitamin C-Geh. aufwiesen. Auch der Zeitpunkt (Frühjahr u. Herbst) u. die Art (Bodendüngung oder Blattspritzung) der N-Düngung beeinflußten die Qualität der Früchte. Es wird eine jährliche Bodendüngung von 1—1½ pounds N pro Baum empfohlen, die maximale Erträge liefert u. Früchte von besserer Qualität gewährleistet als mit höherer N-Düngung. Saure Böden sind vor einer N-Düngung zu kalken. (Calif. Citrograph **43.** 231. 245—46. Mai 1958. Univ. of Calif., Dep. of Horticulture, Citrus Exp. Stat.) W. KREIPE. 6304

G. Demortier, M. Darcheville und **A. Riga,** *Staub von Zementwerken, eine für Pflanzen assimilierbare Kaliumquelle.* Bei Laboratoriumsunterss. u. Gefäßverss. wurde festgestellt, daß das im Staub von Zementwerken enthaltene K_2O bzw. CaO hinsichtlich seiner Düngerwrkg. dem K_2SO_4 u. KCl bzw. dem $CaCO_3$ weitgehend gleichwertig ist. (Bull. Inst. agronom. Stat. Rech. Gembloux **24.** 474—504. 1956.) I. KEINERT. 6304

Ed. Hofmann und **F. Matthes,** *Verschiedene Kalidüngung und ihre Auswirkung auf den Boden.* Bodenproben aus den verschied. Düngungsvarianten eines 43jährigen Felddüngungsvers. wurden im Hinblick auf die Einwirkungen der gebräuchlichen Kaliumdüngesalze auf einige Faktoren der Bodenfruchtbarkeit untersucht: Der p_H-Wert des Bodens wurde durch die verschied. K-Formen nicht verändert. Die Sorptionskapazität blieb gleich. Die K-Auswaschungsverluste waren bei Anwendung von hoch-%ig. Salzen (50%ig. Kaliumsalz, schwefelsaures Kalium) größer als bei Verwendung von 40%ig. Kaliumsalz oder Kainit. Der SO_4-Geh. wurde auch bei Düngung mit K_2SO_4 nicht erhöht, da eine sehr starke SO_4-Auswaschung erfolgte. Die biol. Aktivität des Bodens, gemessen am Enzym Saccharase, wurde durch die langjährige K-Düngung leicht positiv beeinflußt. Zusätzliche Stallmistgabe verstärkte die Saccharaseaktivität. Der Geh. an organ. Substanz wurde erhöht. Durch K_2SO_4 wurde ein höherer Humifizierungsgrad der organ. Substanz erzielt. Da Stallmistdüngung nur auf den Parzellen mit K_2SO_4 zu erhöhter Humifizierung führte, wird angenommen, daß Sulfat an der Humusbldg. funktionell beteiligt ist. (Bayer. landwirtschaft. Jb. **35.** 570—81. 1958. Weihenstephan, TH München, Agrikulturchem. Inst.) WILFRIED WERNER. 6304

Ed. Baudyš, *Die sogenannte Ermüdung des Bodens vom Gesichtspunkt des Phytopathologen.* Vf. stellt fest, daß die Ermüdung des Bodens auf Pflanzenkrankheitserreger zurückzuführen ist u. empfiehlt als Gegenmittel Düngung mit gebranntem Kalk. (Sborník českoslov. Akad. zemědělských Věd. rostlinná Výroba **28.** 298—300. April 1955. Brno, vys. škol. zem. ústav hosp. fytopat.) E. VEVERA. 6304

F. Schönbeck, *Strohdüngung und Bodenfruchtbarkeit.* Als Ursache für durch Strohdüngung bedingten Mindterertrag wurden N-Festlegung u. Hemmstoffe aus den Ernterückständen des Getreides u. dem Stroh festgestellt. Die Wurzelentw. von Weizenkeimlingen in wss. Lsgg. aus Boden, der nur 0,15 Gew.-% Stroh enthielt, war noch um fast 25% gegenüber der in Auszügen aus gleichen, aber strohfreien Böden vermindert. Im Herbst lag der Hemmstoffgeh. im Boden höher als im Frühjahr. Einen Teil der Hemmstoffe hat BÖRNER als phenol. Verbb. (p-Hydroxybenzoesäure u. p-Hydroxyzimtsäure) erkannt, die als chem. reine Substanzen das Wurzelwachstum des Weizens noch in Verdünnungen von 1:100000 hemmten. Durch Auswaschung u. vor allem durch mikrobielle Zers. im Boden, die sich durch eine Düngung wirksam beschleunigen ließ, wobei sich die verwendeten N-Dünger (Kalkstickstoff u. Ammoniumsulfat) in ihrer Wrkg. nicht unterschieden, konnte der Hemmstoffabbau bedeutend beschleunigt werden. Für die Praxis werden Hinweise gegeben. (Mitt. dtsch. Landwirtschafts-Ges. **73.** 615—20. 5/6. 1958. Köln-Merheim.) W. KREIPE. 6304

C. O. Rost, C. A. Evans und **H. W. Kramer,** *Schwefeldüngung von Hafer in Nord-Zentralminnesota.* Während durch Schwefeldüngung (Gips) auf zahlreichen Böden des Untersuchungsgebietes der Ertrag an Luzerne deutlich gesteigert werden konnte, erbrachte ein 5jähriger Düngungsvers. zu Hafer nur in wenigen Fällen günstige Ergebnisse. Die Korn- u. Stroherträge wurden durch S-Zufuhr kaum beeinflußt, dagegen wurde auf einem Drittel der Versuchsparzellen das Hektolitergewicht des Korns erhöht. Gleichzeitige Anwendung von N u. S resultierte in Maximalerträgen. Die chem. Zus. von Korn u. Stroh wurde durch die Gipsdüngung nur schwach verändert: Rohprotein- u. P-Geh. blieben gleich, der S-Geh. des Strohes wurde erhöht. (Univ. Minnesota, agric. Exp. Stat., Bull. Nr. **444.** 5—15. Mai 1958.) WILFRIED WERNER. 6304

M. Ss. Giljarow, *Bodenfauna und Bodenfruchtbarkeit.* Allg. Ausführungen. Probleme der Bodenfauna in Zusammenhang mit Fruchtbarkeit u. Ertragsfähigkeit des Ackerbodens. (Sborník českoslov. Akad. zemědělských Věd, rostlinná Výroba **28.** 174—84. April 1955.) E. VEVERA. 6304

E. Staňková-Opočenská, *Bakterisierung von Mais mit Azotobacter.* Vf. stellt fest, daß mit Azotobacterbakterien behandelte Maissamen auf die Wärme des Bodens reagieren u. am besten in brauner Erde gedeihen. Anwendung bei frühreifen Sorten ist nicht zu empfehlen. — 20 Literaturangaben. (Sborník českoslov. Akad. zemědělských Věd, rostlinná Výroba **28.** 263—65. April 1955. Praha-Ruzině, ČSAZV, výzk. ust. rostl. výr. mikrobiol. odd.) E. VEVERA. 6304

Jaroslav Žák, *Orientierende Versuche zur Bakterisierung von Hafer mit Azotobacter.* Vf. stellt fest, daß Azotobacterbakterien bei Haferpflanzen keine Wrkg. haben. (Sborník českoslov. Akad. zemědělských Věd, rostlinná Výroba **28.** 269—70. April 1955. Brno [Brünn], Vys. škol. zem. ústav zem. mikrobiol.) E. VEVERA. 6304

Maria Vágner, *Die Vertreter der physikalischen Hauptgruppen der Bakterien in der Rhizosphäre im Laufe der Pflanzenentwicklung.* (Vorl. Mitt.) Vf. untersucht die Bodenflora des Frühjahrsweizens u. der Kartoffel, u. stellt fest, daß bei der Blüte der Pflanzen Actinomyceten u. Pilze, bei der Reife der Pflanzen Azotobacterbakterien stark vermehrt anzutreffen sind. NH_3- u. NO_3-bildende Bakterien bleiben in ihrer Vermehrung unverändert. (Sborník českoslov. Akad. zemědělských Věd, rostlinná Výroba **28.** 198—201. April 1955. Brno, Vys. škola zem. mikrobiol. ústav.) E. VEVERA. 6306

J. Kozová, *Die Mikroflora in der Rhizosphäre von Winter- und Sommerweizen.* Übersicht. — 44 Literaturangaben. (Sborník českoslov. Akad. zemědělských Věd, rostlinná Výroba **28.** 202—05. April 1955. Praha-Ruzyně, ČSAZV, Výzk. ústav rost. výr. mikrobiol. odd.) E. VEVERA. 6306

V. Káš, *Der Anteil der Mikroben an der Bildung von fruchtbarem Boden und an der Pflanzenernährung.* Vf. weist auf die Wichtigkeit der Züchtung von nutzbringenden Mikroorganismen im Boden hin, die in Symbiose mit den Nutzpflanzen den Ernteertrag erhöhen. (Sborník českoslov. Akad. zemědělských Věd, rostlinná Výroba **28.** 184—92. April 1955. Brno [Brünn]. Výs. škola zem. mikrobiol. ústav.) E. VEVERA. 6306

Jitka Fialová, *Das Auftreten von organische Phosphorverbindungen zersetzenden Bakterien im Boden und der Rhizosphäre einiger wichtiger landwirtschaftlicher Kulturpflanzen.* Vf. stellt fest, daß die Gesamtmenge der organ. P-Verbb. zersetzenden Bakterien in der Rhizosphäre der Pflanzen direkt zu der Menge der Bakterien, Actinomyceten u. sporenbildenden Bakterien in Zusammenhang steht. — 12 Literaturangaben. (Sborník českoslov. Akad. zemědělských Věd, rostlinná Výroba **28.** 221—23. April 1955. Praha-Ruzyně, ČSAZV, výzk. úst. rostl. výr. mikrobiol. odd.) E. VEVERA. 6306

Zd. Ambrož, *Vorläufige Ergebnisse einer mikrobiologischen Verfolgung des Stickstoff- und Kohlenstoffkreislaufs bei verschiedenen Waldböden.* Gekürzte Wiedergabe der C. **1956.** 2291 referierten Arbeit. (Sborník českoslov. Akad. zemědělských Věd, rostlinná Výroba **28.** 331—32. April 1955.) E. VEVERA. 6306

Jozef Bernát, *Der Einfluß der Fichten- und Rotfichtenanpflanzung auf die mikrobiologischen Verhältnisse im Boden.* In Fichten- u. Rotfichtenanpflanzungen sind Penicillium spinulosum Thom u. Penicillium pinophyllum Hedgc. vorwiegend anzutreffen. NH_3 verwertende Bakterien sind hauptsächlich in Wiesenböden, nitrifizierende Bakterien in Fichtenwaldböden zu finden. (Sborník českoslov. Akad. zemědělských Věd, rostlinná Výroba **28.** 325—27. April 1955. Praha, Karluniv., biol. Fak. mikroniol. ústav.) E. VEVERA. 6306

Kazimierz Kuźniar, *Der Einfluß der Anwendung von verschiedener Streu in Gärten auf die Bodenmikroorganismen.* Die Wrkg. des organ. Düngers auf Mikroorganismen des Gartenbodens ist spezifisch. Pflanzenreste, Kompost u. Leguminosenanbau beeinflussen die Entw. von Bakterien, u. a. Azotobacter günstig. Torf, Sägespäne u. Papierabfälle wirken ungünstig. Wss. Extrakte der letztgenannten Stoffe haben tox. Wrkg. auf Agarkulturen grampositiver u. -negativer Bakterien. (Roczniki Nauk rolniczych, Ser. A **76.** 335—67. 1957. Górna Niwa, Inst. Sadownictwa.) F. Urban. 6306

H. Vintíková-Čapková, *Aluminiumsilicatbakterien.* Vff. stellen fest, daß Al-Silicatbakterien in O_2-freier Atmosphäre leben u. unlösl. Calciumphosphatverbb. zerlegen können. (Sborník českoslov. Akad. zemědělských Věd, rostlinná Výroba **28.** 224—28. April 1955. Praha-Ruzyně, Výzk. ústav. rostl. výr. mikrobiol. odd.) E. Vevera. 6306

V. Čeledová, H. Vorderwinklerová und **J. Halada,** *Die Mikrobiologie des Bodens vom hygienischen Gesichtspunkt.* Übersicht. — 17 Literaturangaben. (Sborník českoslov. Akad. zemědělských Věd, rostlinná Výroba **28.** 282—88. April 1955. Praha, ústřed. a kontr. ústav zem. a ústav hygien.) E. Vevera. 6306

Mihoslav Staněk und **Karel Rídký,** *Mikrobiologie eines mit einem Dinitro-o-kresol-Präparat desinfizierten Bodens.* DNC zers. sich leicht im Boden u. schädigt hauptsächlich die Pilzflora. Die entstehende Alkalität des Bodens ist dann auf die verstärkte Tätigkeit der NH_3 entwickelnden Bakterien zurückzuführen. (Sborník českoslov. Akad. zemědělských Věd, rostlinná Výroba **28.** 306—09. April 1955. Praha-Tuzyně, Výzk. ústav rostl. výr.) E. Vevera. 6312

Miloslav Staněk und **Jaroslav Zakopal,** *Über die gleichwertige Anwendung der Desinfektion mit einem Dinitro-o-kresol-Präparat und Bakterisierung von Kartoffeln mit Azotobacter.* Vff. stellen fest, daß DNC-Präpp. den Erreger des Kartoffelkrebses im Boden vollständig vernichten u. somit die Kartoffelernte erhöhen. (Sborník českoslov. Akad. zemědělských Věd, rostlinná Výroba **28.** 309—10. April 1955. Praha Ruzyně, výzk. ústav. rostl. výr.) E. Vevera. 6312

Ödön Szatala, *Chemische Unkrautvertilgung in Flachssaaten.* Bericht über bei der Unkrautvertilgung in Flachssaaten mit *DNOC-*, *DNBP-* u. *MCPA*-Mitteln gewonnenen Erfahrungen. (Magyar Textiltechn. [Ungar. Textiltechn.] **10.** 320—24. Okt. 1958.) G. Halmi. 6312

N. G. Marinos, *Die Bekämpfung von Oxalis pes-caprae mit Vapam.* Die Bekämpfung von Oxalis pes-caprae konnte mit *Vapam* (200 lbs./acre) erst einige Zeit nach dem Auflaufen erfolgreich durchgeführt werden, da vor u. während des Auflaufens keine Wrkg. eintrat. Da Vapam nicht selektiv wirksam ist, kann die Bekämpfung nur auf unbebauten Flächen (Verseuchung ca. 3 Wochen) vorgenommen werden. (J. Austral. Inst. agric. Sci. **24.** 259—61. Sept. 1958. Adelaide, Waite Agric. Res. Inst., Dep. of Plant Physiol.) W. Knöpke. 6312

E. D. Bergeson und **Ralph W. Lorenz,** *Jahreszeitliche Wirksamkeit von Stammbasisspritzungen mit 2.4.5-T hinsichtlich der Vernichtung von Ribes-Arten zur Bekämpfung von Cronartium ribicola an Kiefern in Illinois.* Spritzungen mit *2.4.5-T* in Heizöl waren in jeder Jahreszeit zur Vernichtung von Ribes-Arten, bes. R. missouriense, erfolgreich. (J. Forestry **55.** 17—19. Jan. 1957. Belvidere, Ill., Div. of Plant Ind. and Plant Insection, Dep. of Agric.; Urbana, Ill., Univ. of Illinois, Agric. Exp. Stat., Dep. of Forestry.) W. Knöpke. 6312

C. L. W. Swanson und **H. G. M. Jacobson,** *Die Wirkung ausreichender Nährstoffversorgung und unterschiedlicher Bodenbearbeitung, Unkrautbekämpfung und Wasserversorgung auf Bodenstruktur und Maiserträge.* 3jährige Feldverss. zu Mais erbrachten keine Ertragsunterschiede zwischen Parzellen, auf den eine chem. Unkrautbekämpfung mit *2.4-D* vorgenommen wurde, u. solchen mit mechan. Unkrautbekämpfung (Bodenbearbeitung), vorausgesetzt, daß Nährstoff- u. Wasserversorgung ausreichend waren u. die Bodenstruktur optimal gehalten wurde. (Agronomy J. **49.** 571—81. Nov. 1957. New Haven, Conn., Connecticut Agric. Exp. Stat.) Wilfried Werner. 6312

R. F. Carlson, *Grasbekämpfung bei roten Himbeeren.* Die Verunkrautung von Himbeerplantagen durch perennierende Gräser kann durch Spritzen mit 8 (lbs./acre) *CIPC* oder 5—8 *Dalapon* wirksam bekämpft werden. (Michigan State Univ. Agric. appl. Sci., agric. Exp. Stat., quart. Bull. **37.** 349—53. Febr. 1955.) F. Rang. 6312

G. Scurfield und **J. Arnold Bull,** *Die Wirkungen von Gibberellsäure auf das Winterwachstum von Phalaris tuberosa.* Spritzungen von Phalaris tuberosa mit *Gibberellsäure* (**I**) erbrachten beim ersten Schnitt eine Zunahme des Trockengewichtes, Anwendung von 50 g/ml von **I** ergab eine Steigerung um 50%. Beim zweiten Schnitt war kein Unterschied vorhanden, bei der dritten Ernte war der Ertrag zurückgegangen. Im ganzen gesehen ergab sich aber eine Steigerung. Teilweise waren stärkere Veränderungen im Habitus der Pflanzen durch **I** eingetreten. (J. Austral. Inst. agric. Sci. **24.** 257—58. Sept. 1958. Canberra, C.S.I.R.O., Div. of Plant Ind.) W. Knöpke. 6312

Walter M. Kulash, *Weitere Laboratoriumsversuche zur Drahtwurmbekämpfung.* (Vgl. C. **1950/54.** 2806 S.) Zur Bekämpfung von Melanotus communis Gyll. (**a**) an Mais bewährte sich am besten die Bodenbehandlung mit *Dieldrin* (I) + *Thiram* (II), gefolgt von *Endrin* (III), *Heptachlor* (IV) u. *Lindan* (V) + II. Zum Schutze des Saatgutes gegen a-Befall wirkten am besten I + II, *Chlordan* (VI), I u. IV. Bei Saatgutbehandlung erzielten die beste Abtötung die Citrusbreizubereitungen von *Aldrin*, IV u. VI u. schützten am besten gegen Befall außer III, *Pyrethrin* + *Piperonylbutoxyd* u. *2.4-Dinitrofluorbenzol*. (J. econ. Entomol. **49.** 65—67. Febr. 1956. Raleigh, N. C., North Carolina Agric. Exp. Stat.) FRITZ MÜLLER/Ludwigshafen/Rh. 6312

J. Franz und **G. Wellenstein,** *Lassen sich durch eine Frühbegiftung die natürlichen Feinde des Tannentriebwicklers (Choristoneura murinana [Hb.]) schonen?* Zwecks Schonung der natürlichen Feinde wurde bei einer Tannentriebwicklerbekämpfung erst *Dipterex* u. dann *DDT* (I)-Öl (1,7 kg/ha) bes. frühzeitig mit Hubschraubern ausgebracht, wodurch Fraßstärke u. Eibelag stark herabgesetzt wurde. Eine *Toxaphen* (II)-Bestäubung gegen alte Raupen u. Puppen hatte geringeren Erfolg. Im I- u. II-Gebiet wurde die Puppenparasitierung um $^4/_5$ herabgesetzt, sie zeigte aber bei der folgenden Raupengeneration keinen Rückgang. In der übrigen Lebensgemeinschaft traten Schäden vor allem durch II auf. — 15 Literaturangaben. (Z. Pflanzenkrankh. [Pflanzenpathol.] Pflanzenschutz **65.** 20—32. 1958. Darmstadt, Biol. Bundesanst. für Land- u. Forstwirtschaft, Inst. für Biol., Schädlingsbekämpfung; Wittental, Forstschutzstelle Südwest.) FRITZ MÜLLER/Ludwigshafen. 6312

A. L. Winfield und **H. C. Gough,** *Schädlinge an Senfkulturen.* Zur Bekämpfung von Meligethes u. Ceuthorhynchus assimilis Fayk an Trowsesenf bewährten sich in folgender Reihenfolge Sprühungen mit *Dieldrin, Parathion, γ-BHC* (I) u. *DDT* durch Erhöhung des Ernteertrages gegenüber unbehandelten. Den C. quadridens Panz.-Befall reduzierte Saatgutbehandlung mit I-Staub in höherer (125 g/kg) Gabe mehr, als in n. Gabe (47 g/kg). Die beste Anwendungszeit liegt vor der Blüte. (Agriculture [London] **65.** 554—58. Febr. 1959. Cambridge, Nat. Agric. Advisory Serv.) FRITZ MÜLLER/Ludwigshafen. 6312

K. Wilson-Jones, G. Davidson und **P. S. Hewlett,** *Dosierungs-Mortalitäts-Kurven für gegen DDT empfindliche und resistente Hausfliegen.* Unters. der Dosierungs-Mortalitätskurven für gegen *DDT* empfindliche u. resistente Hausfliegen u. Hybridenstämme. (Nature [London] **182.** 403—04. 9/8. 1958. London, Colonial Pesticides Res., Trop. Prod. Inst., u. School of Hygiene and trop. Med. and N; Slough, Pest Infestation Labor.) H. GOEBEL. 6312

C. J. H. Franssen und **P. Huisman,** *Biologie und Bekämpfung von Thrips angusticeps Uzel.* Beste Bekämpfungserfolge wurden mit *Parathion* erzielt. *Dieldrin* war weniger wirksam; *DDT* befriedigte nicht. (Versl. landbouwkund. Onderz. **1958.** Nr. 64. 10. 1—103. Wageningen, Inst. voor plantenziektenkundig onderzoek.) M. WINIKER. 6312

G. Zoebelein, *Zur Beeinflussung der Insektenfauna des Waldes durch chemische Großschädlingsbekämpfungen.* 2. Mitt. *Untersuchungen bei der Bekämpfung des Kiefernspanners (Bupalus piniarius L.) im oberbayrischen Forstamt Geisenfeld 1955.* (1. vgl. C. **1958.** 10481.) Die zweimalige Vernebelung eines Kiefernbestandes mit je 0,8 kg *DDT*/ha ergab ein Abtötungsverhältnis von nützlichen : indifferenten : schädlichen Formen = 8 : 11 : 81, Kiefernspanner, Kiefernnadelscheidengallmücke u. Psocopteren wurden annähernd 100%ig abgetötet, dagegen wurden Spannerparasiten, Syrphiden, Coccinelliden, Spinnen u. a. nur 14 Tage lang geschädigt. (Z. angew. Entomol. **43.** 432—38. Jan. 1959.) FRITZ MÜLLER/Ludwigshafen. 6312

A. Smith, *Dauerwirkung einer Besprühung von Hütten gegen Anophelesbefall im Gebiet der Pare Mountains.* Unterss. der Wrkgg. einer *Dieldrin*-Dauerbehandlung auf das Auftreten von Anopheles gambiae u. A. funestus in Hütten von geograph. bedingter verschied. Befallsdichte im Gebiet der Pare Mountains (Tanganyika) zeigten eine starke Verminderung des Befalls bei beiden Arten u. die Möglichkeit des Schutzes der Bewohner auch im ungünstigsten Gebiet. (Nature [London] **183.** 198—99. 17/1. 1959. Amani, Tanganyika, East Africa Inst. of Malaria and Vector Borne Diseases.) W. SCHULENBURG. 6312

K. R. S. Ascher, *Reduzierte Eiablage bei Aedes aegypti L. nach Tarsalkontakt mit organischen Fluorverbindungen.* Durch Tarsalkontakt während 30—40 Min. mit *Di-[p-chlorphenyl]-trifluormethylcarbinol*, 20—24 Std. vor einer Blutmahlzeit, konnte der %-Satz eierlegender *Gelbfiebermücken*-Weibchen gegenüber der Kontrolle um mehr als die Hälfte red. u. dadurch die Zahl der abgelegten Eier auf ca. 50% herabgesetzt werden. (Experientia [Basel] **14.** 8—9. 15/1. 1958. Roma, Ist. Super. di Sanità, Labor. di Parass.) H. GOEBEL. 6312

W. Rühm, *Zur mechanisch-chemischen und ökologischen Bekämpfung des Riesenbastkäfers (Dendroctonus micans KUG.). Eine zusammenfassende Darstellung.* Auf Grund der Ergebnisse eigener Verss. empfiehlt Vf. zur chem. Bekämpfung des Schädlings eine Begiftung mit *MobeT* (*HCH*-Mittel) „am stehenden Stamm". (Z. angew. Entomol. **43.** 286—325. Dez. 1958. Reinbek b. Hamburg.) M. WINIKER. 6312

S. Fortini, *Prüfung einer Methode zur Bestimmung des Phosphorgehalts in Mischdüngern.* Bei der Prüfung eines vom italien. Landwirtschaftsministeriums empfohlenen Verf. der P-Best. in Mischdüngern, das im wesentlichen auf der Meth. von FRESENIUS, NEUBAUER u. LUCK [1871] beruht, werden die einzelnen Arbeitsgänge systemat. abgewandelt. Die erhaltenen Werte zeigen starke Schwankungen. Die höchsten Werte erhält man bei Extraktion mit W., dann mit 2%ig. Citronensäurelsg., wenn man zur Bldg. u. zum Absitzen des Nd. von $MgNH_4PO_4$ mindestens 2mal bei 21° über Nacht (44 Std.) stehen läßt. Die Fällung in NH_4-Citratlsg. ist unter den angegebenen Bedingungen unvollständig. (Ann. Staz. chim.-agrar. sperim. Roma [3] **133.** 1—16. 1957.) R. K. MÜLLER. 6322

A. Baroccio, *Die Katalaseaktivität des Bodens als biopedologischer Fruchtbarkeitsindex.* Die jodometr. nach SUMNER u. SOMERS [1947] bestimmte Katalaseaktivität (KA) ist größtenteils an die in der organ. Substanz der Kulturpflanzen vorhandenen Katalasen bakterieller Natur gebunden. Der erheblich kleinere Anteil der koll. Bestandteile des Bodens an der KA hängt stark vom Geh. des Bodens an organ. Substanz ab. Zwischen der KA u. der physikal.-chem. Bodenfruchtbarkeit besteht eine enge Beziehung, die in einem „biopedolog. Fruchtbarkeitsindex" zur Beurteilung des landwirtschaftlichen Nutzens der Böden verwendet werden kann u. hierin dem Nitrifiziervermögen überlegen ist, da der Geh. an Nitrat-N auf verschied. Düngebehandlungen nicht anspricht. (Ann. Staz. chim.-agrar. sperim. Roma [3] **134.** 1—14. 1957.) R. K. MÜLLER. 6324

M. Górski und **St. Moskal,** *Versuch zur radiometrischen Bestimmung von Kalium im Boden.* Eine angenäherte ($\pm$1—5%) Best. von K in leichten Böden ohne gleichzeitige Best. von U u. Th ist durch Zählung der Impulse eines selbstlöschenden Zählrohres möglich, wenn das Rohr in einem Hohlzylinder aus gepreßtem Boden untergebracht wird. (Roczniki Nauk rolniczych, Ser. A **76.** 405—12. 1957.) F. URBAN. 6324

S. Byrdy, K. Górecki und **A. Kołodziejczyk,** *Quantitative Bestimmung von γ-Hexachlorcyclohexan mit einer biologischen Methode.* Die Wrkg. von γ-HCH-Präpp. wird durch Best. der Sterblichkeit von Kornkäfern (Calandra granaria), die in geschlossenen PETRI-Schalen dem Dampf eine bestimmte Zeit ausgesetzt werden, ermittelt. Vergleichskurven werden mit bekannten γ-HCH-Mengen aufgenommen. Es werden nur 15 Tage alte, gesunde u. unter gleichen Bedingungen gezüchtete Käfer verwendet. (Przemysł chem. **11** (**34**). 645—47. Nov. 1955. Pszczyna, Inst. Barw., Półprod., Stacja Dośw. Ochrony Roślin.) F. URBAN. 6328

Ruhrchemie Akt.-Ges. (Erfinder: **Franz Schaub**), Oberhausen, *Kontinuierliches Kühlen und Trocknen körniger Stoffe mit Gasen.* (**D. B. P. 952 241** Kl. 82a vom 13/10. 1949, ausg. 15/11. 1956. Anmeldung bekanntgemacht 10/6. 1954. **Zusatz zu D. B. P. 902 955 ; C. 1950/54. 2079. S.** — C. **1955.** 7748. [Schwz. P. 300 931.]) H. KARST. 6273

Ruhrchemie Akt.-Ges. (Erfinder: **Franz Schaub** und **Otto Landhäußer**), Oberhausen, *Einpuderung von körnigen Stoffen*, bes. von Kalkammonsalpeter oder anderen wasseranziehenden *Düngemitteln*, die sich innerhalb eines geschlossenen Behälters über mit Gasdurchgangsöffnungen versehene rostförmige u. trichterförmige Zwischenböden abwärts bewegen, wobei die von unten her eingeblasenen Behandlungsgase nacheinander durch die trichter- u. kegelförmigen Zwischenböden strömen, nach D. B. P. 952 241, dad. gek., daß die körnigen Stoffe nur in einer beschränkten Zone ihrer Abwärtswanderung mit einem pudermittelbeladenen Teilstrom der Behandlungsgase in Berührung gebracht werden. Gleichmäßige Einpuderung der Düngemittelkörner mit Kalkstaub oder dergleichen. — Vorrichtung. (**D. B. P. 960 821** Kl. 16 vom 10/7. 1953, ausg. 28/3. 1957. Anmeldung bekanntgemacht 3/2. 1955. **Zusatz zu D. B. P. 952 241; s. vorst. Ref.**) H. KARST. 6273

Chemische Werke Albert (Erfinder: **Rüdiger Lothar von Reppert**), Wiesbaden, *Granulierung von Mischdüngemitteln.* Roh- oder Superphosphate werden in geneigte, rotierende Tellergranulatoren eingefüllt u. dort mittels Düsen mit H_2SO_4, H_3PO_4, HNO_3 oder W. u. wss. NH_3 besprüht. Das aufgeschlossene bzw. vorgranulierte Prod. wird in der 2. Verfahrensstufe mit konz. wss. NH_3 u. Lsgg. von NH_4NO_3 in wss. NH_3 besprüht u. fertig granuliert. Durch die Reaktionswärme wird eine Verdampfung des eingeführten W. erzielt, wobei unmittelbar harte, trockene Mischdüngergranalien gewonnen werden. — Vorrichtung. — Vgl. D. B. P. 960 464; C. **1958.** 1409. (**E. P. 796 861** vom 18/5. 1955, ausg. 18/6. 1958.) H. KARST. 6291

E. I. du Pont de Nemours & Co., Wilmington, Del., übert. von: **Donald S. Acker,** Brookside Park, Del., V. St. A., *Purinderivate* der allg. Formel **I** (X = H oder Cl; Y = O

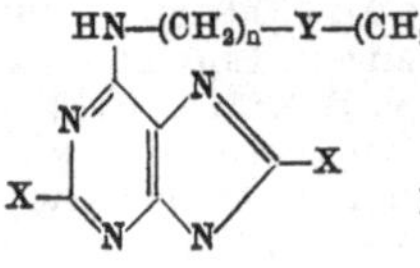

I

oder S; n = 2 oder 3 u. m = 0—4, bes. 1—4) werden erhalten durch Rk. von 6-Chlor- bzw. 6-Alkylmercaptopurin mit Alkanolaminen oder entsprechenden Thiolaminen oder deren Äthern. — Beispiel: Eine Lsg. von 10 (Teilen) 6-Methylmercaptopurin in 50 Äthanolamin wird 5 Std. unter Rückfluß erhitzt. Dann wird eingeengt, mit A. verd. u. der beim Kühlen entstehende Nd. abgetrennt → *6-(2'-Hydroxyäthylamino)-purin*, aus A., F. 251—253,5°. — Analog werden folgende *Purinverbb.* hergestellt: *2.8-Dichlor-6-(2'-methoxyäthylamino)-*, aus CH_3OH, F. 193—194°. — *6-(2'-Äthoxyäthylamino)-*, aus Essigsäureäthylester (II), F. 184—185°. — *6-(2'-n-Propoxyäthylamino)-*, aus II, F. 177—178°. — *6-(2'-n-Butoxyäthylamino)-*, aus II, F. 184—185°. — *6-(3'-Methoxypropylamino)-*, aus II, F. 182—183°. — *6-(2'-Methylthioäthylamino)-* aus Chlf., F. 195 bis 196°. — *2.8-Dichlor-6-(2'-methylthioäthylamino)-*, aus II, F. 214,5—217°. — *Pflanzenwuchsstoffe.* (**A. P. 2 844 577** vom 16/5. 1956, ausg. 22/7. 1958.) H. BRÄUCKER. 6297

Velsicol Chemical Corp., übert. von: **Hyman M. Molotsky** und **Edward G. Ballweber,** Chicago, Ill., V. St. A., *5.6-Epoxy-1.2.3.4.7.7-hexachlorbicyclo-[2.2.1]-2-hepten* erhält man durch Rk. von 1.2.3.4.7.7-Hexachlorbicyclo-[2.2.1]-2.5-heptadien mit O_2 bei 30—155° u. einem Druck bis zu 200 lbs./sq.in. Daneben erhält man *1.2.3.4.7.7-Hexachlor-5-keto-6-hydroxybicyclo-[2.2.1]-2-hepten* u. *3.4.5.6.8.8-Hexachlor-2-keto-3.6-methanooxacyclohepten-(4).* — Zwischenprodd., *Insekticide* u. *Herbicide.* (**A. P. 2 829 147** vom 8/1. 1957, ausg. 1/4. 1958.) J. MÜHLEISEN. 6313

E. I. du Pont de Nemours & Co., übert. von: **Maynard S. Raasch,** Wilmington, Del., V. St. A., *Herstellung von α.α-Difluortricarbonsäuren,* ihren Salzen u. Estern. Man gibt z. B. zu 830 (Teilen) Oxalsäurediäthylester u. 69 NaH unter N_2 innerhalb 3 Std. bei 75—80° 353 $F_2CH-COOC_2H_5$, erhitzt noch 5 Std., zerlegt mit verd. H_2SO_4 u. erhält 38% *α.α-Difluoroxalessigsäurediäthylester* (I), $C_8H_{10}F_2O_5$, Kp.$_1$ 63°, n_D^{25} 1,3972; *$HOOC-CF_2-CO-COOH \cdot H_2O$*, $C_4H_4F_2O_6$, F. 116—118° ($CF_3 \cdot COOH$). — 35 I in 53 Ae. wird in Ggw. von 0,5 Ru-Oxyd bei 75—80° u. 1000—2000 lbs./sq. in. oder mit Na-B-Hydrid bei 20—25° in Pyridin red. zu 74% *3.3-Difluoräpfelsäurediäthylester*, $C_8H_{12}F_2O_5$, Kp.$_{0,5}$ 69—70°; n_D^{25} 1,4078; *$HOOC-CF_2-CHOH-COOH$*, $C_4H_4F_2O_5$, F. 139—140°. — 112 I + 84 $CH_2 \cdot Br-COOC_2H_5$ in 217 Bzl. 1 Std. unter Rückfluß → 25% *2.2-Difluorcitronensäuretriäthylester*, $C_2H_5OOC-CH_2-C(OH)(COOC_2H_5)-CF_2-COOC_2H_5$, $C_{12}H_{18}F_2O_7$, Kp.$_1$ 125 bis 126,5°; n_D^{25} 1,4215; Erhitzen mit P_2O_5 → *4.4-Difluoraconitsäuretriäthylester* → *freie Säure.* $HOOC-CH=C(COOH)-CF_2-COOH$. — 3,2 Malonsäure + 7 Pyridin + 6,7 I → *2.2-Difluorcitronensäurediäthylester*, $HOOC-CH_2-C(OH)(COOC_2H_5)-CF_2-COOC_2 \cdot H_5$, $C_{10}H_{14}F_2O_7$, F. 113—114° (Ae.-Bzl.); *Monohydrat der freien Säure*, $C_6H_8F_2O_8$, F. 89—90° (Bzl.). — Vinylidenchlorid + Chlortrifluoräthylen (**II**) → 48% 1.1.2-Trichlor-2.3.3-trifluorcyclobutan ($C_4H_2Cl_3F_3$), Kp. 120—121°; n_D^{25} 1,4139). Red. mit Zn-Staub in absol. A. → 66% 1-Chlor-2.3.3-trifluorcyclobuten ($C_4H_2ClF_3$), Kp. 51,5—52°; n_D^{25} 1,3614), + $KMnO_4$ in wss. NaOH bei 15—20° → 79% *2.2-Difluorbernsteinsäure*, $HOOC-CH_2-CF_2-COOH$, $C_4H_4F_2O_4$, F. 144—145° (Aceton-Bzl.); *Diäthylester*, $C_8H_{12}F_2O_4$, Kp.$_1$ 53—54°; Kp.$_{749}$ 205—207°; n_D^{25} 1,3912. — $CH_2=CH-COOCH_3$ + **II** → 74% 2-Chlor-2.3.3-trifluorcyclobutansäuremethylester, $C_6H_6ClF_3O_2$ (Kp. 163—165°; n_D^{25} 1,3952), + $N(C_2H_5)_3$ (**III**) → 79% 2.3.3-Trifluor-1-cyclobuten-1-carbonsäuremethylester, $C_6H_5F_3O_2$, Kp. 128—129°, n_D 1,3850, + CH_3ONa (**IV**) → 64% 3.3-Difluor-2-methoxy-1-cyclobuten-1-carbonsäuremethylester, $C_7H_8F_2O_3$, Kp. 179,5—181°, n_D 1,4302, + O_3 → *4.4-Difluor-2-ketoglutarsäuredimethylester*, $CH_3OOC-CO-CH_2-CF_2-COOCH_3$, $C_7H_8F_2O_5$, Kp.$_3$ 89—91°; n_D 1,4064.— Muconsäuredimethylester + **II** → 21% 3-(4-Carbomethoxy-3-chlor-2.3.3-trifluorbutyl)-acrylsäuremethylester, $C_{10}H_{10}ClF_3O_4$, Kp. 93 bis 96°, n_D 1,4435, + $KMnO_4$ + CH_3COOH → 42% 3-Chlor-3.4.4-trifluorcyclobutan-1.2-dicarbonsäuredimethylester, $C_8H_8ClF_3O_4$, Kp.$_4$ 79—80°, n_D 1,4105, + **III** → 88% 1.4.4-Trifluorcyclobuten-2.3-dicarbonsäuredimethylester, $C_8H_7F_3O_4$, Kp.$_{15}$ 49—51°, n_D 1,4052, + **IV** → 77% 1-Methoxy-4.4-difluorcyclobuten-2.3-dicarbonsäuremethylester (**V**; $C_9H_{10} \cdot F_2O_5$), Kp.$_4$ 75—77°, n_D 1,4378, + O_3 → *α.α-Difluor-β-oxalbernsteinsäuretrimethylester* (**VI**), $CH_3COO-CO-CH(COOCH_3)-CF_2-COOCH_3$. **V**-Ozonid in CH_3OH oder Ae. bei 40—80° in Ggw. von RuO_2 oder Red. von **VI** → *α.α-Difluorisocitronensäuretrimethylester*, $CH_3OOC-CHOH-CH(COOCH_3)-CF_2-COOCH_3$. — *Fungicide, Insekticide, Miticide* von geringer Toxizität gegenüber Säugetieren. (**A. P. 2 824 888** vom 20/9. 1955, ausg. 25/2. 1958.) O. MÜLLER-MEININGEN. 6313

Farbenfabriken Bayer Akt.-Ges., Leverkusen, *Fungicides Mittel,* bestehend aus Gemischen aus Tetramethylthiuramdisulfid u. S_2 im Verhältnis 4:3 bis 4:4,5 in Verb. mit Netz-, Dispergiermitteln u. Trägerstoffen üblicher Art. — Durch das Zusammenwirken dieser beiden Stoffe wird eine bessere Wrkg. erzielt, als mit dem früher als Fungicid allein verwendeten Tetramethylthiuramdisulfid oder koll. Schwefel. (**E. P. 799 320** vom 20/5. 1957, ausg. 6/8. 1958. D. Prior. 18/5. 1956.) H. NEBELSIEK. 6313

Hans-Joachim Renner, Bitterfeld, **Gerhard Schneider,** Leipzig, und **Johannes Weißflog,** Zscherndorf b. Bitterfeld, *Insekticide Mittel,* enthaltend *Trithiokohlensäureester* der allg. Formel $R-S-CH_2-S-C(S)-S-CH_2-S-R_1$, worin R u. R_1 Methyl-, Äthyl-, Propyl-, Butyl- oder Arylreste sind, deren H-Atome ganz oder teilweise durch Substituenten ersetzt sein können, in Form von Lsgg., Emulsionen, Suspensionen oder zusammen mit festen inerten Streckmitteln, zum Spritzen, Gießen, Stäuben oder Vernebeln. — $(CH_3SCH_2S)_2CS$, F. 41°, aus Chlordimethylsulfid u. K-Trithiocarbonat in CH_3OH; 60—63% (Ausbeute). — $(CH_3CH_2SCH_2S)_2CS$, analog aus Chlormethyläthylsulfid; 64—66%. — $(p\text{-}ClC_6H_4SCH_2S)_2CS$, aus p-Chlorphenylchlormethylsulfid; 58—60%. (**D. P. [DDR] 15 431** Kl. 45 l vom 11/2. 1956, ausg. 1/10. 1958 [Wirtschaftspatent].) W. WITTHOLZ. 6313

Montecatini Soc. Gen. per l'Industria Mineraria e Chimica (Erfinder: **Cesare Augusto Peri**), Mailand, Italien, *Schädlingsbekämpfungsmittel,* enthaltend als wirksame Komponente Arsen-tris-alkylxanthogenate oder Mono- oder Dialkyl- bzw. Mono- oder Diarylarsenalkylxanthogenate der allg. Formeln **I** u. **II**, worin R einen n. oder verzweigten, gesätt. oder ungesätt. Alkyl- oder ein cycloaliphat. Rest bedeutet, R' einen gegebenenfalls substituierten Alkyl- oder Arylrest darstellt u. x = 1 oder 2 ist. — Man erhält die Wirkstoffe durch Rk. von Arsenhalogeniden oder aliphat. oder aromat. Halogenarsinen mit alkal. Alkylxanthogenaten (-xanthogenat = **III**). — Beispiele: Phenylarsen-bis-(äthyl-**III**), Phenylarsen-bis-(isopropyl-**III**), Phenylarsen-bis-(amyl-**III**), p-Chlorphenylarsen-bis-(äthyl-**III**), p-Nitrophenylarsen-bis-(äthyl-**III**), Diphenylarsenäthyl-**III**, Diphenylarsenisopropyl-**III**. Man verwendet **I** u. **II** wegen ihrer tox. Wrkg. als *Insekticide* u. *Fungicide.* (**D. A. S. 1 050 592** Kl. 45 l vom 11/7. 1956, veröff. 12/2. 1959. It. Prior. 13/7. 1955.) H. NEBELSIEK. 6313

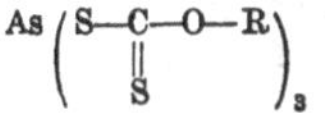
I

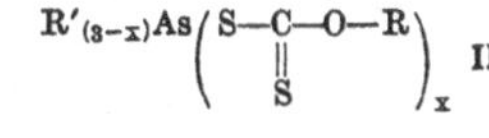
II

Rohm & Haas Co., übert. von: **Harold Frederick Wilson, Elwood Young Shropshire** und **W. E. Craig,** *Herstellung von Bis-(halogenphenyl)-trichloräthanolen.* Durch Erhitzen von 1.1-Bis-(p-chlorphenyl)-1.2.2.2-tetrachloräthan in wss. 70—80% ig. HCOOH bzw. CH_3COOH bei 100—125° erhält man *1.1-Bis-(p-chlorphenyl)-2.2.2-trichloräthanol.* Analog kann man *1.1-Bis-(bromphenyl)-* u. *1.1-Bis-(fluorphenyl)-2.2.2-trichloräthanole* darstellen. — *Pesticide.* — Vgl. D. A. S. 1 025 668; C. **1958.** 12808. (**Aust. P. 203 154** vom 9/3. 1955, ausg. 27/9. 1956. A. Prior. 20/4. 1954.) A. BRÖSAMLE. 6313

Dow Chemical Co., Midland, Mich., V. St. A. (Erfinder: **K. C. Kauer**), *Gewinnung von reinem γ-Hexachlorcyclohexan,* dad. gek., daß man ein Rohisomerengemisch (**I**) von Hexachlorcyclohexan mit der 0,5—2,0fachen Gewichtsmenge einer Lsg. aus 60—35% **I** (16—20% α-, 2—5% β-, 28—43% γ-, 20—40% γ- u. 2—5% ε-**I**) u. 40—65% Methanol oder A. bei wenigstens 60° extrahiert, so daß in der Extraktions-Fl. ca. 12—17 %γ- u. 8—18% δ-**I** enthalten sind, den „α-Kuchen" (α- u. β-**I**) bei 40—60° mit Methanol als Lösungsm., bzw. 10—15° höher mit A. als Lösungsm. abfiltriert, mit wenig Lösungsm. wäscht, das Filtrat unter Rühren auf 35—45° (Methanol) bzw. 50—55° (A.) weiter abkühlt, die gebildeten γ-**I**-Kristalle (94—99% ig. Reinheit) nach höchstens 30 Min. abfiltriert, einen Teil der Mutterlauge in die Extraktionsstufe zurückführt, den anderen Teil, der genausoviel δ-Isomeres enthält wie das feste, als Ausgangsmaterial verwendete **I**, auf —20° abkühlt, ein ca. 60% ig. γ-**I** abtrennt, dieses mit dem zur Extraktion verwendeten rohen **I** vermischt, die Mutterlauge eindampft, das abdest. Lösungsm. ganz oder teilweise zurückführt u. den δ-**I**-haltigen Rückstand verwirft. — Das γ-**I** wird in 85—92% ig. Ausbeute, 94—99% ig. Reinheit u. in freifließender Form erhalten. — Vgl. auch F. P. 1 106 727; C. **1958.** 4013. (**E. P. 755 890** vom 3/6. 1954, ausg. 29/8. 1956. **Belg. P. 529 110** vom 25/5. 1954, ausg. 10/5. 1957. A. Prior. 16/7. 1953.) R. LINK. 6313

Ciba Akt.-Ges. (Erfinder: **Richard Sallmann**), Basel, Schweiz, *Herstellung von organischen Phosphorverbindungen.* (**Schwz. P. 318 815** vom 24/4. 1953, ausg. 15/3. 1957. — C. **1958.** 4013 [F. P. 1 103 577].) J. MÜHLEISEN. 6313

Ciba Akt.-Ges. (Erfinder: **Richard Sallmann**), Basel, Schweiz, *Herstellung von Schädlingsbekämpfungsmitteln.* Man setzt bestimmte heterocycl. Verbb. mit $(C_2H_5O)_2 \cdot P(=S)Cl$ in inertem Lösungsm., bes. als Na-Salz oder in Ggw. von Cu, um. Beispiele für die Rk. von **I**, **II** u. β-Hydroxyäthylthio-

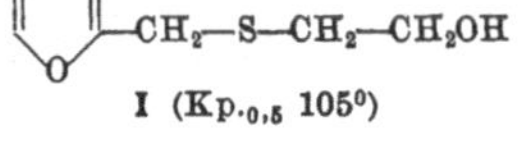
I (Kp.0,5 105°)

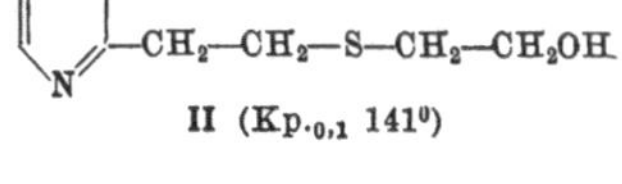
II (Kp.0,1 141°)

phensulfid ($Kp._{13}$ 153°). — Vgl. F. P. 1 103 577; C. **1958.** 4013. (**Schwz. P. 323 510** vom 24/4. 1953, ausg. 14/9. 1957. **Zusatz zu Schwz. P. 318 815; s. vorst. Ref.**)

K. FABEL. 6313

A. Th. Czaja, L. Genevois, C. Regel et **W. Schuphan, Eds.**, Qualitas plantarum et materiae vegetabiles. Hereditas, biochimia, physiologia, oecologia, cultura et praeparatio plantarum edulium et artibus utilium. Organ of the Confoederatio internationalis ad qualitates plantarum edulium perquirendas (CI Q) and of the international commission for plant raw materials. Vol. 5 No. 3. 's-Gravenhage: Dr. W. Junk. 1959. (124 S. m. Abb.) hfl. 48,—.

VIII. Metallurgie. Korrosion.

S. Rodoz, *Konzentration der Vererzung bei St. Sébastien-d'Aigrefeuille (Gard).* Das Roherz mit ca. 3,5% *Pb* enthält ca. 55% des Pb-Geh. als *Bleiglanz* u. 45% als *Cerussit* ($PbCO_3$). Daneben kommt *Pyrit* u. als Gangart *Quarz* vor. Beschreibung der Zerkleinerungs- u. Flotationsanlagen, in denen ein Bleiglanz- u. ein Bleicarbonatkonzentrat gewonnen wird. (Rev. Ind. minerale **40.** 289—92. April 1958.) F. ENSSLIN. 6360

R. Duval, *Die optimale Konzentration in einer Metallwäsche.* An Hand von Beispielen wird unter Bezugnahme auf eine frühere Arbeit (C. **1958.** 11062) gezeigt, daß es möglich ist, die optimale Konz. in einer Metallwäsche auf Grund statist. Verff. zu berechnen. (Annales Mines **1959.** 43—51. Jan.) F. VIER. 6360

Milton E. Wadsworth und **Ivan B. Cutler,** *Ausflockung von Mineralsuspensionen mit mitgefällten Polyelektrolyten.* Mitfällung von adsorbierten Polyanionen mit Polykationen bietet Vorteile gegenüber der Fällung von Polyanionen u. -kationen allein durch die stark wachsenden Sedimentationsgeschwindigkeiten der Mineralsuspensionen, wie durch Verss. mit *Kaolinit-* u. *Hämatit-*Suspensionen bestätigt wurde. (J. Metals **8.** Nr. 8. Sect. 1. Trans. AIME **206.** 1092—95. Aug. 1956. Salt Lake City, Ut., Univ. of Utah.)

F. VIER. 6362

W. F. Rochow und **C. A. Brashares,** *Hochschmelzende Werkstoffe für die Aluminium- und Kupferherstellung.* Überblick. (J. Metals **8.** Nr. 8. Sect. 1. Trans. AIME **206.** 1070—73. Aug. 1956. Pittsburgh, Pa., Harbison-Walker Refractories Co.) F. VIER. 6370

Léon Delvaux und **Robert J. Grace,** *Das Zerspratzen des Anthrazits unter der Einwirkung eines Wärmeschocks. Faktoren im Hinblick auf die Möglichkeit der Verwendung in der Metallurgie.* Es gibt drei deutlich voneinander unterschiedene Wärmezonen, bei denen ein Zerspratzen des Anthrazits eintritt: unterhalb 550°, zwischen 550 u. 850° u. oberhalb 850°. Bes. im Hinblick auf die Entw., die Zündung, die Geschwindigkeit der Erwärmung u. die Granulierung der flüchtigen Bestandteile ergeben sich wichtige Gesichtspunkte für die Anwendung des Anthrazits. Es muß ein bereits gut entwickelter Brennstoff gewählt werden, der durch eine geeignete Wärmebehandlung stabilisiert wird. Ein so behandelter Anthrazit hat einen höheren Geh. an C u. eine ausgeprägte kristalline Struktur. Sein thermodynam. Widerstand wird groß genug sein, um ihn in einen halbtechn. Schmelzofen einsetzen zu können. (Chim. et Ind. **79.** 579—88. Mai 1958. Lüttich, Univ.; Columbus, Ohio, Bit. Coal Res.) F. ROSENDAHL. 6370

L. F. Theys, *Fortschrittsbericht über das Rösten von Kupfer–Kobalt-Konzentraten.* Berichtet wird über das Fließbettrösten von Cu–Co-Konzz. in dem Werk bei Jadotville. Beschrieben wird der Reaktor u. die Bedingungen, unter denen er arbeitet. (J. Metals **10.** 476. Juli 1958. Jadotville, Belgisch-Kongo, Union Minière du Haut Katanga.)

F. VIER. 6378

Motoo Watanabe und **Akiichi Kigoshi,** *Die Röstung von Pyrit im Wirbelstrombett.* An einem Wirbelstrombettröstofen (Tagesleistung 5 kg Erz) mit *Cu, Co* u. *Zn* enthaltendem Pyrit ausgeführte Verss. zeigen, daß es sich empfiehlt, wasserlösl. Sulfate dieser Elemente zu erzeugen u. das Fe in unlösl. Oxyd zu verwandeln. Die theoret. Erwägungen über Gaszus. u. -verteilung im Ofen, Reaktionstemp. u. Verweilzeit der Verbb. im Ofen werden erörtert. (Bull. Res. Inst. Mineral Dressing Metallurgy, Tohoku Univ. **12.** Nr. 1. 57—70. Juni 1956. [Orig.: japan.; Auszug: engl.]) W. WESLY. 6378

J. M. Gaines und **D. C. Hilty,** *„Pre-Treating"-Turm für Metallschmelzen.* Beschrieben wird eine turmartige Einrichtung zur O_2-Behandlung von Metallschmelzen („Pre-Treatment") zum Entsilicieren u. Entkohlen. (J. Metals **10.** 452—55. Juli 1958. Union Carbide Corp.) F. VIER. 6380

Günther Ziegler, *Quantitative Berücksichtigung der Abdampfung beim tiegelfreien Zonenschmelzen.* Beim Auftreten eines merklichen Dampfdruckes der Beimengungen wird die Form der Konzentrationskurven beim Zonenschmelzen unter Hochvakuum grundsätzlich verändert. Am Beispiel der Verteilung von *P* in *Si* werden die Konzentrationsänderungen beim tiegelfreien Zonenschmelzen rechner. u. experimentell untersucht. (Z. Metallkunde **49.** 491—94. Sept. 1958. Karlsruhe, Siemens & Halske Akt.-Ges., Werkstoff-Hauptlabor.) F. VIER. 6380

J. J. Marais, *Gießereitone.* Übersicht über Eigg., Nachw. u. Anwendung von *Kaolinit, Illit* u. *Montmorillonit* in der Gießerei. — Aussprache. (Brit. Foundrymen **52.** 4—9. Jan. 1959. Johannesburg, G. and W. Ind. and Chem. Supplies Proprietary, Ltd.) W. WESLY. 6382

Pietro Rossignoli, *Über den thermischen Abbau einiger italienischer Bentonite.* Die bei wiederholtem Erhitzen natürlicher bzw. aktivierter Bentonitproben verschied. Ursprungs in Ggw. von 94% Formsand auf 300 u. 400° gefundene verschied. Gewichtsabnahmen führt Vf. auf Verluste an Konstitutionswasser u. nicht an absorbiertem W. zurück, was die Best. der nach dem Erhitzen neu absorbierten Menge W. bestätigte. Zu starke Wasserverluste bei 400° machen Bentonite für Gießereizwecke ungeeignet, da der Verlust an W. hier irreversibel ist u. ein therm. abgebauter Bentonit im Formsand eine unnütze u. schädliche Beimengung darstellen würde. (Fonderia ital. **7.** 213—27. Juni 1958.) A. SANDER. 6382

Otto Gerstmann, *Naßregenerierung von CO_2-Altsanden.* Überblick über Verss. u. Anlagen zur Naßregenerierung. Durch Naßaufbereitung können die störenden Fein- u. Alkalianteile bei der Regenerierung von CO_2-Gießereialtsanden weitgehend entfernt werden. — 17 Literaturangaben. (Freiberger Forschungsh., Reihe B, Heft Nr. 31. 241 bis 258. 1958.) F. VIER. 6382

D. Miller, *Vom Gravitationsspritzguß zur Schalenform.* Anwendung des Schalenformverf. zur raschen Massenherst. kleiner Gußstücke (650 Gußstücke in 9 Std. nach dem Spritzguß- u. in $1^1/_2$ Std. nach dem Schalenformverfahren). (Brit. Foundrymen **52.** 2—3. Jan. 1959. St. Albans, Die Casters Ltd.) W. WESLY. 6382

D. F. B. Tedds, *Präzisionsguß — Neue Erfahrungen und verbesserte Arbeitsweisen.* Übersicht über die beim Präzisionsguß (Investmentguß) auftretenden Schwierigkeiten u. ihre Verhütung (Beständigkeit der Wachsmodelle, Überwachung der Arbeitsbedingungen) u. die in den letzten Jahren eingeführten Neuerungen (Vakuumguß u. Formen aus feuerfesten Schalen). (Brit. Foundrymen **52.** 10—17. Jan. 1959. Bristol-Aero-Engines, Ltd.) W. WESLY. 6382

Nicholas J. Grant, *Neuere Entwicklungen in der Kunst des Präzisionsgusses.* Übersicht über die seit 1953 erzielten Fortschritte im Präzisionsguß. (Metal Progr. **70.** Nr. 3. 113—17. Sept. 1956. Cambridge, Mass., Massachussetts Inst. of Technol.) W. WESLY. 6382

Carlo Panseri, *Das Gießen von Kunstwerken nach dem Wachsausschmelzverfahren.* Kunsthistor.-technolog. Übersicht über den Werdegang eines gegossenen Kunstwerks vom Tonmodell des Künstlers bis zur mechan. Vollendung nach dem Wachsausschmelzverf. im Gießereibetrieb. Die einzelnen Zwischenstufen: Herst. des Negativabdruckes in Wachs mit Formkern; die erhaltene Wachsform, welche vielfach vom Künstler selbst modelliert u. retuschiert wird; Herst. des äußeren Formmantels; Ausschmelzen des Wachses; Ausführung des Bronzegusses usw., werden an Hand zahlreicher Werkaufnahmen veranschaulicht. Ausgehend von berühmten Kunstdenkmälern aller Zeiten behandelt Vf. die für den Kunstguß verwendeten Legierungen, von deren Zus. Schönheit u. Dauerhaftigkeit der Gußpatina abhängt u. streift abschließend Erfahrungen im modernen Kunstguß mit *Al-Legierungen,* bes. *Corrodal* im Vgl. zum klass. Bronzeguß. — 13 Abbildungen. (Fonderia ital. **7.** 205—12. Juni 1958. Milano, Ist. Sperim. dei Metalli Leggeri.) A. SANDER. 6382

F. W. Wood, S. L. Ausmus und **E. D. Calvert,** *Eine Gußtechnologie für reaktionsfähige Metalle.* Erfahrungen mit dem Verf. des Kaltform-Lichtbogengusses unter Verwendung von Abschmelzelektroden (Gießtempp. 3300—4500° F, elektr. Ausbeute 15 bis 60%, Metallausbeuten 30—75%) zeigen die Vorteile des Verf. u. nur eine geringe Verunreinigung der Gußstücke, wenn Formen aus handelsüblichem Graphit im Vgl. mit Stampfgraphit verwendet werden. (Brit. Foundrymen **52.** 17—26. Jan. 1959. Albany, Ore., U. S. Dep. of the Interior, Bur. of Mines.) W. WESLY. 6382

H. Wiegand, *Schwerwerkstoffe in der Luftfahrttechnik.* Übersicht über die 1957 erzielten Fortschritte in der Verwendung von Schwerwerkstoffen in der Luftfahrt (Werkstoffe für Zellenbau u. Triebwerke). — 19 Schrifttumshinweise. (VDI-Z. **100.** 464—65. 11/4. 1958. Darmstadt.) W. WESLY. 6388

—, *Entwicklung des Inco-Eisenerz-Wiedergewinnungsprozesses.* Beschrieben wird die Entw. des Verf. der International Nickel Co. of Canada Ltd. der Verarbeitung u. chem. Aufbereitung bes. der Erze Pentlandit, Chalcopyrit u. Ni-haltiger Magnetkies. Hierbei werden die Einfll. der Röst- u. Reduktionstemp., der Gaszus. u. der Zeit, bes. die Erzeugung von Magnetkies, das Rösten von Magnetkies, die Red. der Röstprodd., der Auslaugungskreislauf, die Entw. des Sulfatprozesses sowie die Agglomerierung von Eisenerzfein behandelt. Hierbei ergab sich u. a., daß die Ofenkapazität, der Brennstoffverbrauch u. die Kontinuität des Betriebes mit Magnetit besser als mit Hämatit waren. Ein Hauptgrund für die leichtere Erhärtung der Inco-Magnetit-Pellets war die bei der Oxydation von Magnetit u. Wüstit zu Hämatit entwickelte Wärme u. die gleichzeitig hiermit auftretende Kristallumwandlung. Die Möllertemp. u. der Gasdurchlauf waren schwer zu überwachen; beide Einfll. führten oft zu Betriebsschwierigkeit durch Zusammenkleben einer größeren Anzahl von Pellets. Synthet. Inco-Magnetit neigte weniger zum Zusammenbacken im Ofenschacht u. ließ sich leicht in großen Schachtöfen verarbeiten. Das Verf. von WENDEBORN zur Herst. gutgeformter Erzpellets, welche den Erhärtungsprozeß ohne Störung im Betrieb überstehen, wird beschrieben. Bes. eignet sich bei der Durchführung des Inco-Verf. die Verwendung des schon früher, bes. bei der Versuchsanlage der Reichswerke in Watenstedt, erprobte Wanderrost, dessen Vorzüge erörtert werden u. dessen Betrieb zur Erhärtung grüner Pellets im einzelnen beschrieben wird. — 17 Schrifttumsangaben. (Trans. Canad. Inst. Mining Metallurgy Mining Soc. Nova Scotia **59.** 201—07. 1956.) H. HOCHSTEIN. 6390

Alexander Děkanovský, *Desoxydation und Legieren von Stahl für sehr schwere Rohblöcke.* Vf. erörtert die bisherigen Erzeugungsverff. von sehr schweren Rohblöcken (150—250 t) u. ist der Ansicht, daß für die Erzeugung kippbare MARTIN-Öfen am vorteilhaftesten sind, obwohl SM-Öfen bis zu 220 t ebenfalls entsprechen. Die Desoxydation ist am besten in drei Stufen durchzuführen: Diffusionsdesoxydation, 3 kg Koks je t Stahl, 15 Min.; Vordesoxydation (MnSi mit niedrigem Si-Geh.), 15 Min.; u. Desoxydation u. Legieren mit geschmolzener Cr–Mn–Si–Al-Legierung, ca. 10 Min., im Ofen, gegebenenfalls in der Pfanne. — Die Vorlegierung wird in einem ölgefeuerten Ofen hergestellt. (Hutnické Listy **13.** 577—86. Juli 1958. Ostrava, Hutní projekt.) H. TŮMA. 6400

G. T. Brown und **R. T. Allsop,** *Umgekehrte Weißerstarrung in Grauguß.* Ermittelt wird die chem. Zus., auch auf spektrograph. Wege, u. das Makro- u. Mikrogefüge an einem Gußstück aus Grauguß mit Stellen umgekehrter Weißerstarrung. Aus dem Untersuchungsergebnis werden Folgerungen über die Ursachen dieses Erstarrungsverh. u. bes. über den Einfl. von Begleitelementen auf diese Erscheinung gezogen. Die Unters. zeigt, daß in der weißerstarrten Zone eine nadelförmige Carbidausbldg. sowie eine Art von unterkühltem Graphit vorliegen. Keine der bekannten Theorien über die umgekehrte Weißerstarrung von Grauguß kann die beobachteten Erscheinungen befriedigend erklären. Diese Umkehrung wird durch ein Zusammenwirken einer Anzahl von Faktoren hervorgerufen. Es wird im vorliegenden Falle das hohe S/Mn-Verhältnis als die Hauptursache für die Stabilisierung des weißerstarrten Gußeisens angesehen. — 15 Literaturangaben. (Brit. Foundryman **51.** 251—57. Mai; Iron and Steel **31.** 357—61. Juli 1958.) H. HOCHSTEIN. 6402

Zygmunt Falęcki, *Einfluß der Aufenthaltsdauer des flüssigen Gußeisens nach der Impfbehandlung auf die Festigkeitseigenschaften.* Innerhalb 2 Min. nach Zugabe des Modifikators steigt die Zug- u. Biegefestigkeit des Gußeisens (GE). Bis zur 10. Min. verschlechtern sich die Eigg. stärker, danach langsamer. Gleichzeitig nimmt die Graphitisierungsfähigkeit des GE ab. Das Grundgefüge ändert sich in dieser Zeit nicht, es entsteht aber immer mehr Graphit mit interdendrit. Orientierung. Das Gießen des GE soll deshalb innerhalb 2—5 Min. unter gleichzeitiger Probenahme erfolgen. (Przegląd Odlewnictwa **8.** 221—24. Aug. 1958.) F. URBAN. 6402

G. N. J. Gilbert, *Die Einwirkung der Probenform auf die Zugfestigkeit von Gußeisen.* An (gekerbten) Gußeisenstäben mit 3,13—3,44 (%) *C*, 1,38—2,28 *Si*, 0,51—0,57 *Mn*, 0,025—0,029 *S*, 0,033—0,037 *P*, 0—1,04 *Ni*, 0—0,43 *Mo* ausgeführte Unterss. zeigen, daß die Zugfestigkeit der Proben mit großem Kerbradius höher als die der Proben mit paralleler Meßlänge ist, was auf der 3achsigen Spannung an der Kerbe beruht. Scharfe Kerben vermindern die Zugfestigkeit. Bei einer parallelen Meßlänge von ca. 1″ bleibt die Zugfestigkeit von Proben für einen großen Radiusbereich konstant. Zur Unters. von Gußeisen empfiehlt sich die Verwendung von Stäben mit paralleler Meßlänge. (Brit. Foundrymen **52.** 28—42. Jan. 1959. Brit. Cast. Iron Res. Assoc.) W. WESLY. 6402

Leo F. Reinartz, *Stahlherstellung in USA.* 1. Mitt. Histor. Überblick. (J. Metals **11.** Nr. 4. 261—64. April 1959. Middletown, Ohio, Armco Steel Corp.) M. GEHLEN-KELLER. 6408

E. Houdremont, W. Wepner und **H.-J. Wiester,** *Alterungsneigung verschiedener Stähle mittels einfacher Brinellbestimmungen.* Inhaltlich ident. mit der C. **1956.** 3694 referierten Arbeit. (Rev. Métallurgie **53.** 750—76. Okt. 1956.) H. HOCHSTEIN. 6408

R. Haynes und **G. F. Bidmead,** *Ein Vergleich der Eigenschaften einer Zinnlegierung mit 5% Titan und 2,5% Aluminium im erholten und im rekristallisierten Zustand.* Zerreißfestigkeits- u. Schlagzähigkeitsprüfungen bei Raumtemp. werden an einer kaltgewalzten Sn-Legierung mit 5% Ti u. 2,5% Al nach einer Glühung zwischen 500 u.

950° ausgeführt. Aus den Ergebnissen, zusammen mit denen einer metallograph. u. Röntgenbeugungsprüfung werden Glühtempp. von 600 u. 850° ausgewählt, um die Legierung im erholten sowie im rekristallisierten Zustand zu erhalten. Die Eigg. der Legierung in diesen beiden Zuständen werden außerdem in Kurzzeit-, Zug- u. Kriechverss. bei 300 u. 400° sowie nach dem WÖHLER-Verf. auf Dauerwechselfestigkeit bei Raumtemp. sowohl mit ungekerbten, als auch mit gekerbten Proben mit einem Kerb von dem theoret. Spannungskonzentrationsfaktor = 3,3 geprüft. Aus den Untersuchungsergebnissen zeigt sich, daß eine Beschränkung der Gleichung auf den Erholungszustand die Eigg. der Sn-Legierung bei erhöhten Tempp. ohne nachteilige Beeinflussung der Eigg. bei Raumtemp.,wie Verformbarkeit, Schlagzähigkeit, Dauerwechselfestigkeit u. Kerbempfindlichkeit, verbessert u. daß ein solcher günstiger Einfl. auch bei allen α-Ti-Legierungen erwartet werden kann. (J. Inst. Metals **87.** 136—40. Jan. 1959. Birmingham, Imperial Chemical Industries, Ltd.) H. HOCHSTEIN. 6428

Pierre A. Jacquet, *Beobachtung von Spuren von Kupfersulfid in O.F.H.C.-Kupfer.* Die Ausscheidung von Kupfersulfid wird in einem langsam abgekühlten, zuvor hoch im Vakuum erhitzten O.F.H.C.-Kupfer metallograph. nachgewiesen. Der S-Geh. dieses Cu betrug neben sehr geringen Spuren an *Se* u. *Te* ca. 0,003%. Die z. T. fadenförmigen Sulfide laufen parallel zur Walzrichtung. Während einer Glühung bei 850° mit nachfolgender Wasserabschreckung werden sie gelöst u. in Form hochdisperser Teilchen während der Erhitzung im Vakuum mit nachfolgender langsamer Abkühlung wieder ausgeschieden. Die Sulfide können durch sehr leichtes Reiben der Oberfläche beseitigt werden. Spuren von Kupfersulfiden sind in einem im Vakuum erschmolzenen Elektrolytkupfer gefunden worden. (J. Inst. Metals **87.** Bull. 4. Nr. 17. 132—33. Jan. 1959. Saint-Mandé (Seine), Frankreich.) H. HOCHSTEIN. 6432

Joachim Müller und **Eva-Maria Pettinger,** *Beitrag zur Technologie des Schleudergusses von Cu-Legierungen.* Überblick über die beim Schleuderguß von Cu-Legierungen zu beachtenden Faktoren. Bei Verss. zur Isolierung der Kokille beim Schleudergießen von Cu-Legierungen zur Vermeidung von Oberflächenfehlern wurden die besten Ergebnisse mit einer Schlichte aus Schlämmkreide, Kaolin u. Wasserglas u. W. oder aus Talkum, Wasserglas u. W. erzielt. Ferner wurden durch Verss. die günstigsten Umdrehungsgeschwindigkeiten, Kokillen- u. Gießtempp. ermittelt. Wärmeströmungsverhältnisse. Kraterbildung. (Freiberger Forschungsh., Reihe B, Heft Nr. 31. 314—42. 2 farbige Tafeln. 1958.) F. VIER. 6432

G. R. Wilms und **T. W. Rea,** *Vorläufige Untersuchungen über die Eigenschaften von Chrom und seinen Legierungen bei erhöhten Temperaturen.* Die Eigg. von Cr u. Cr-Legierungen mit 10 (%) *W.* u. mit 5 *Cr* wurden durch Zug-Kriech-Prüfungen an Luft bei 950° untersucht. Die Ergebnisse lassen ein gutes Verh. sowohl hinsichtlich der Festigkeit wie der Oxydationsbeständigkeit erwarten. Strukturwechsel im Verlauf der Kriechverformung sind ähnlich den früher bei anderen Metallen beobachteten. Während des Kriechens auftretende interkristalline Hohlräume führen zu interkristallinen Brüchen. Gewisse Unterschiede zwischen den Hohlräumen in reinem Cr u. denen der Legierungen wurden beobachtet. (J. Inst. Metals **87.** 77—78. Nov. 1958. Melbourne, Australian Defence Scient. Serv.) F. VIER. 6440

John J. Stobie, *Das Schmelzen von Aluminium.* Übersicht über die für das Schmelzen von Al für Spritzgußstücke zu stellenden Anforderungen an Öfen, Schmelzmittel u. Bedienung. (Mod. Metals **14.** Nr. 10. 42. 45. 46. Nov. 1958. Chicago, Ill., Apex Smelting Co.) W. WESLY. 6446

Dietrich Altenpohl, *Neuere Untersuchungen über Subkörner in Aluminium.* (Vgl. C. **1959.** 6385.) Röntgenograph., licht- u. elektronenmkr. Unterss. der Subkörner in den verschied. Stadien der Al-Verarbeitung zeigen, daß in den Substrukturen Fremdatome, bes. *Fe* u. *H,* vielleicht auch *Cu,* angereichert sind. (Z. Metallkunde **49.** 331—43. Juni 1958. Jackson, Tenn., USA.) F. VIER. 6446

M. Paganelli, *Röntgenographische Bestimmung der Rekristallisationskurven der Legierung Reflectal 05.* Die Best. des Rekristallisationsintervalles (Anfangs- u. Endtemp. der Rekristallisation) nach 1 std. Glühen hat für die Legierung Reflectal 05 (0,5% *Mg*) ergeben, daß für jeden Wert des Kaltverformungsgrades die Endtemp. der Rekristallisation höher ist als jene von Raffinal. (Alluminio **27.** 263—66. Juni 1958. Ist. Sperim. Metalli leggeri, Mem. Rapp. [9] Nr. 205. [1958.] 3—6. Novara, Ist. Speriment. dei Metalli Leggeri, Div. Ric.) E. MIESSGANG. 6446

I. J. Polmear und **P. Scott-Young,** *Alterungscharakteristiken von zwei handelsüblichen Aluminium-Zink-Magnesium-Legierungen.* Untersucht wurden die Al-Legierungen 75 S mit 5,40 (%) *Zn,* 2,40 *Mg,* 1,35 *Cu,* 0,22 *Cr,* 0,16 *Mn,* 0,28 *Fe,* 0,16 *Si* u.

0,05 *Ti* u. D.T.D. 687 mit 5,70 *Zn*, 2,65 *Mg*, 1,28 *Cu*, 0,02 Cr, 0,41 Mn, 0,29 Fe, 0,14 S u. 0,01 Ti. Es wurden Härte/Alterungs-Zeitkurven bei 20—200° aufgenommen u. mit denen einer reinen tern. Al-Legierung mit ähnlichen Zn- u. Mg-Gehh. verglichen. Die Wrkg. der vorhergehenden Kaltbearbeitung wurde ebenfalls untersucht. Hauptzweck war, die Bedeutung der Cu-, Cr- u. Mn-Zusätze für das Altern festzustellen. Die Anzahl der Alterungsstufen wird durch die Zusätze nicht verändert, obwohl die 1. Stufe anscheinend durch die Ggw. von *Cu* modifiziert wird. *Cr* beschleunigt in der Legierung 75 S die Alterungsgeschwindigkeit bei erhöhten Temperaturen. Cr verändert nicht die Gitterstrukturen der ausgeschiedenen Phasen, wohl aber werden bei der Lösungsbehandlung sehr kleine Teilchen von Cr gebildet, um die sich die gelösten Atome zusammenballen, um so durch ihre Lage die Alterung bei den meisten Tempp. zu beschleunigen. *Mn* hat bei der Legierung D.T.D. 687 einen geringen Einfl. auf das Altern. Kaltbearbeiten erleichtert das Altern nicht. Deshalb wird angenommen, daß es unwahrscheinlich ist, daß der Alterungsvorgang durch den Zusatz von Spurenelementen angeregt wird. (J. Inst. Metals **87.** 65—70. Nov. 1958. Melbourne, Australian Defence Scientific Service u. John Lysaght Pty., Ltd.) F. VIER. 6446

J. Sandor, *Niob (Columbium). Seine Zukunftsaussichten.* Überblick über Vork., Eigg., Gewinnung u. Verwendung. — 28 Literaturangaben. (Metallurgia [Manchester] **59.** 185—94. April 1959. Warren Spring Labor.) M. GEHLEN-KELLER. 6448

Günther Hahn, *Der Einfluß der Gasatmosphäre, des Tiegelmaterials und der Überhitzungstemperatur auf die Unterkühlung des Antimons beim Erstarren.* Verss. zur Best. der Unterkühlungstemp. von Sb ergaben, daß diese von der Gasatmosphäre (Ar, H_2, N_2) u. dem Tiegelmaterial (Quarz, Supremax, Sinterkorund) abhängig ist. Die stärkste Unterkühlung erhält man in Ar mit Korundtiegeln mit 72,5°. Die geringste mit Quarz (bis 14°) u. nicht viel stärkere mit Supremax (bis 24°). Aus Quarz gelangen Keime in die Schmelze, wodurch rasch Kristallisation eintritt durch die polarisierenden Si(IV)-Ionen. (Bergakademie [Freiberg] **10.** 85—86. Febr. 1958. Freiberg/Sa.) F. ENSSLIN. 6448

Erich Gebhardt und **Hans-Dieter Seghezzi,** *Einflüsse gelöster Gase auf die Eigenschaften von Tantal.* Beschreibung einer App. zur Herst. von Ta mit definierten Mengen von gelöstem O_2 im Hochvakuum bei Tempp. bis 1300°. Durch gelösten O_2 wird die VICKERS-Härte von 50—600 kg/mm² erhöht, ebenso erfährt die Zugfestigkeit eine Erhöhung, während Dehnung u. Einschnürung stark abnehmen. Der elektr. Widerstand des Ta nimmt mit steigendem O-Geh. zu, u. zwar bei 0° um 44% des Ausgangswerts ($13{,}6 \cdot 10^{-6} \Omega \cdot cm$) je Atom-% O. Die Korrosionsbeständigkeit gegen 40% ig. HF bei 20° nimmt ebenfalls stark ab mit zunehmendem Geh. an gelöstem O_2 u. am stärksten in oberflächlich oxydierten Proben. (Bergakademie [Freiberg] **10.** 75—78. Febr. 1958. Stutgart, Max-Planck-Inst. für Metallforsch.) F. ENSSLIN. 6448

Haruo Kubota, *Pulvermetallurgie von Eisen und Stahl.* Übersicht über die Pulvermetallurgie von *Eisen* u. *Stahl* als Industrie, die Arbeitsgänge, die Eisensorten als Rohstoff u. deren Auswahl nach dem Verwendungszweck, die Eigg. der gesinterten Pulver, die Wärmebehandlungen u. die prakt. Anwendung. — 18 Literaturangaben. Tabellen u. Diagramme. (Tetsu to Hagane [J. Iron Steel Inst. Japan] **41.** 1119—30. Okt. 1955. [Orig.: japan.]) L. SCHULER. 6474

Samuel Storchheim, *Das Walzen von Metallpulver — ein neues Herstellungsverfahren.* Übersicht über die Herst. von Brennstoffelementen für Kernkraftwerke durch Sintern u. Walzen von Metallpulvern, bes. von rostfreiem *18-8-Stahl.* (Metal Progr. **70.** Nr. 3. 120—26. Sept. 1956. Baltimore, Md., Glenn L. Martin Co., Materials Sect.) W. WESLY. 6474

M. Roš und **A. Eichinger,** *Ermittlung der Zähigkeit von Stählen.* Beschrieben werden Prüfverf. u. Probeformen zur Ermittlung der Zähigkeit von Stählen bei stat. Belastung aus Bruch- u. Gleichmaßdehnung mit Angaben über deren rechner. Best. sowie bei schlagartiger Belastung von ungekerbten oder gekerbten Prüfkörpern. (Rev. Métallurgie **53.** 757—66. Okt. 1956.) H. HOCHSTEIN. 6480

Roger L. Saur, *Einfache Apparatur für die interferometrische Dickenmessung von elektrolytisch aufgebrachtem Chrom und anderen dünnen Filmen.* Beschreibung. (Plating **45.** 1232—33. Dez. 1958. Detroit, Mich., General Motors Corp.) F. VIER. 6480

Otto Eberspächer, *Zerstörungsfreie röntgenographische Dickenmessung von planparallelen Oberflächenbelägen.* Aus den im Zählrohrgoniometer gemessenen winkelabhängigen Schwächungen der Intensitäten von Röntgeninterferenzen eines polykristallinen Unterlagematerials kann die Schichtdicke des planparallelen Belags berechnet werden, wie am Beispiel von Dickenbest. von *Ag* auf *Cu*, *Rh* auf Cu u. *Ag* oder *Au* auf polykristalliner Keramik gezeigt wird. Die gemessenen Dicken lagen zwischen 0,08 u. 5 μm. — 19 Literaturangaben. (Z. Metallkunde **49.** 495—98. Sept. 1958. Karlsruhe, Siemens & Halske Akt.-Ges., Werkstoffhauptlabor.) F. VIER. 6484

Naoto Shirai, *Über das Einsatzhärten von Stählen durch ein abgeändertes O_2-haltiges Gas.* 2. Mitt. *Unter Benutzung von CO_2.* Proben von hoch- u. niedriggekohlten *Stählen* u. Schnellstahl werden in einem geschlossenen Gefäß in CO_2-Atmosphäre zusammen mit (optimal) 16 g $K_4Fe(CN)_6$/Liter CO_2 carbonitriert. Unter diesen Bedingungen ist die Konz. von C_2N_2O am höchsten. Je höher die Erhitzungstemp., desto tiefer ist die Einsatzhärtung u. desto geringer die Oberflächenhärte. Bei hohen Tempp. wird die höchste Härte etwas unterhalb der Oberflächenschicht beobachtet (Diagramm). Diese Erscheinung erklärt sich z. T. aus der Tatsache, daß direkt an der Oberfläche die Matrixphase zu reich an Cu·N ist, um noch härtbar zu sein. Weiter innen ist die Konz. der protoeutektoiden Bestandteile gering u. eine für die Härtbarkeit optimale Konz. von C u. N. — 9 Diagramme. (Tetsu to Hagane [J. Iron Steel Inst. Japan] **41.** 424—29. April 1955. Tokyo, TH. [Orig.: japan.; Auszug: engl.]) L. SCHULER. 6492

A. Moreau, *Lichtbogenschweißen unter Schutzgas.* (Rev. univ. Mines, Metallurg., Mécan., Trav. publ., Sci. Arts appl. Ind. [9] **14 (101).** 329—42. Okt. 1958. Paris.) F. VIER. 6506

F. G. Danhier, *Automatisches Schweißen unter Kohlensäure.* Überblick. (Rev. univ. Mines, Métallurg., Trav. publ., Sci. Arts appl. Ind. [9] **14 (101).** 343—49. Okt. 1958. Brüssel, S. A. Arcos.) F. VIER. 6506

Toby Delgiudice, *Beseitigung von Oxydhautschwierigkeiten bei Grumman.* Beschreibung von Beizverff. u. -anlagen. (Plating **45.** 1136—38. Nov. 1958. Bethpage Long Island, N. Y., Grumman Engng. Aircraft Corp.) F. VIER. 6512

Robert L. Garrett, *Praktische Vorrichtung zur Überwachung von elektrolytischen Blei-Zinn-Legierungsbädern.* Beschreibung der Methode. (Plating **45.** 1139—41. Nov. 1958. Parkville, Mo., TWA Overhaul Base.) F. VIER. 6514

Robert H. Pasley, *Galvanoplastische Herstellung von Gegenständen aus Kupfer auf Wachs- und Kunststoffmodellen.* Genaue Beschreibung der Herst. an einem Beispiel. (Plating **45.** 1228—31. Dez. 1958. Atlanta, Ga., Pasley's Plastic Products, Inc.) F. VIER. 6514

E. B. Saubestre, *Galvanoplastische Herstellung mit Hilfe von Elektrolysezellen.* Die Elektrolysezellen, wie die HULL-Zelle, die zur Best. der Bedingungen der Elektrolyse verwendet werden, sind auch zur Verwendung in der Galvanoplastik geeignet, wie an dem Beispiel der Herst. von abgestumpften Keilen gezeigt wird, für die eine WALTON-GILMONT-Zelle verwendet wird. (Metal Finishing **56.** Nr. 11. 62—67. Nov. 1958. Bayside, N. Y., Sylvania Electric Products, Inc.) F. VIER. 6514

I. Firoiu, *Über den Mechanismus der porösen Verchromung.* 1. Mitt. *Untersuchung der Porosität.* Die Porosität von elektrolyt. Cr-Überzügen nimmt bei steigender Stromdichte bis zu einem Minimum ab, das mit abnehmender Temp. schärfer wird. Bei einer bestimmten kathod. Stromdichte, die von Zus. u. Temp. des Bades abhängt, geht die kanalförmige Porosität in punktförmige über. Die Porosität nimmt bei steigender Temp. u. steigendem Verhältnis CrO_3/SO_4^{2-} ab. Cr^{3+} ist von geringem Einfl. auf die Porosität. Porosität u. Porentiefe sind der anod. Stromdichte u. der Dauer des anod. Angriffs proportional. Den stärksten Einfl. zeigen kathod. Stromdichte, Temp. u. CrO_3/SO_4^{2-}. — 19 Literaturangaben. (Rev. Chim. [Bucureşti] **8.** 471—79. Juli 1957.) R. K. MÜLLER. 6520

I. Firoiu, *Über den Mechanismus der porösen Verchromung.* 2. Mitt. *Untersuchung der inneren Spannungen.* (1. vgl. vorst. Ref.) Bei der porösen Verchromung treten innere Kontraktionsspannungen auf, die bei derselben Stromdichte, bei der ein Minimum der Porosität erreicht wird, ebenfalls ein Minimum zeigen u. mit steigender Temp. des Bades u. zunehmender H_2CrO_4-Konz. abnehmen. — 12 Literaturangaben. (Rev. Chim. [Bucureşti] **8.** 574—79. Sept. 1957.) R. K. MÜLLER. 6520

Robert J. Girard, *Anwendungsmöglichkeiten von stromlos aufgebrachten Nickelschichten.* Überblick über die Eigg. der stromlos aufgebrachten Ni-Schichten u. Vorr. u. Verf. zu ihrer Herstellung. (Plating **45.** 1234—38. Dez. 1958. Springfield, Mass., Springfield Armory.) F. VIER. 6520

Edward B. Saubestre, *Die Chemie der elektrolytischen Glanznickellösungen.* Die Glanznickelzusätze zu Ni-Bädern werden besprochen. Sie werden in 2 Kategorien eingeteilt. Die 2. gibt Spiegelglanz, aber brüchige u. unter Spannung stehende Überzüge u. ist sehr empfindlich gegen Verunreinigungen. Durch Zusatz von Glanzmitteln der 1. Kategorie können diese Mängel beseitigt werden. Die chem. Charakteristiken der Glanzmittel der beiden Kategorien u. die Rolle der Einebnungsmittel werden erörtert. — 40 Literaturangaben. (Plating **45.** 1219—27. Dez. 1958. New Haven, Conn., Enthone, Inc.) F. VIER. 6520

Armin Petzold, *Keramische Überzüge als Hochtemperaturkorrosionsschutz für Metalle.* Überblick. (Werkstoffe u. Korrosion **9.** 761—65. Dez. 1958. Freiberg.) F. VIER. 6528

C. Pieri, *Färbung anodisch oxydierten Aluminiums.* Die Färbung der anod. Schichten mit synthet. Farbstoffen (Alizarinorange R, Alizarinrot S, Naphthalingrün V, Heliaminrot 8 BL) stellt vor allem einen physikal. Absorptionsvorgang zwischen dem elektropositiven Aluminiumoxyd u. den elektronegativen Farbstoffen dar. In anderen Fällen (Al-Lacke mit phenol. Farbstoffen) traten chem. Rkk. ein. Die allg. Eigg. verschied. Farbstoffe werden besprochen. — Diskussion. (Alluminio **27.** 267—71. Juni 1958. Cesano Maderno, A.C.N.A.) E. MIESSGANG. 6534

A. Bukowiecki, *Über die durch hygroskopische feste Körper verursachten Metallkorrosionen.* Pulverisierte Salze u. andere wasserlösl. hygroskop. Stoffe (Elektrolyte, aber auch *Rohrzucker, Harnstoff* u. a.), die sich durch H_2O-Aufnahme aus der Luft in fl. Lsgg. verwandeln, können auf korrosionsanfälligen Metallen starke Angriffe verursachen, sofern die absol. Luftfeuchtigkeit höher liegt als die Wasserdampftension der gesätt. Lsg. der hygroskop. Stoffe. Die Ggw. von Inhibitoren in den Lsgg. vermindert oder verhindert die Korrosionsanfälligkeit. *Silicagel* u. ähnliche extrem poröse, wasserunlösl. Stoffe führen nur dann zu Korrosionsangriffen, wenn sie mit wasserlösl., nichtinhibierenden Stoffen verunreinigt sind. — 14 Literaturnachweise. (Schweiz. Arch. angew. Wiss. Techn. **23.** 97—104. April 1957. Zürich, Eidgen. Materialprüfungs- u. Versuchsanstalt.) H. ECKSTEIN. 6538

P. M. Aziz, *Eine Erklärung für das Auftreten von nadelstichartigem Lochfraß an Aluminiumkochgeräten, die schwachem Druck ausgesetzt sind.* Durch Stromstärkemessungen wurde festgestellt, daß der gelegentlich auftretende Lochfraß auf das Kochen u. Aufbewahren säurehaltiger Nahrungsmittel in den Al-Gefäßen zurückzuführen ist. (Corrosion [Houston] **13.** Nr. 8. 64—66. Aug. 1957. Kingston, Ontario, Aluminum Lab. Ltd.) H. ECKSTEIN. 6538

D. A. Lewis und **W. J. Copenhagen,** *Die Korrosion von in Beton eingebauten Stählen unter dem Einfluß von Seeluft.* Im Beton verhält sich das Armierungs-Fe im allg. passiv; wenn jedoch Salze, W. u. Luft Zutritt haben, kann sich Mikro- u. Makrozellenkorrosion ausbreiten. Gegenmaßnahmen: Herst. eines vollkommen undurchlässigen Betons, Verwendung von salzfreiem Beton, Aufbringen wasserundurchlässiger Schutzschichten, kathod. Metallschutz (nähere Beschreibung der Arbeitsbedingungen, Vor- u. Nachteile). Die Verwendung von Inhibitoren, wie lösl. Al-, Zn- oder Mg-Salze, Alkalien, Phosphate u. Chromate hat sich vorläufig noch nicht bewährt. — 19 Literaturangaben. (South African ind. Chemists **11.** 207—19. Okt. 1957. Johannesburg, Nat. Building Res. Inst. bzw. Labor.) H. ECKSTEIN. 6538

John Emergy, *Schwierigkeiten beim kathodischen Schutz von Gasverteilungsnetzen durch Druckkupplungen mit „Eisenkontakt".* Bei der Einführung des kathod. Schutzes an im Erdboden verlegten Gasleitungen ergaben sich Schwierigkeiten, da eingebaute Druckkupplungen, die die Beweglichkeit der Gasrohre bei Erdverschiebungen erhalten sollen, die metall. Verbindung der Rohre unterbrachen, wenn diese sich nicht innerhalb der Kupplungen zufällig gegenseitig oder die Kupplungswandung berührten. Wurden sogenannte „offene" Kupplungen durch Potentialmessungen Rohr–Erdreich festgestellt, wurde eine äußere metall. Verbindung hergestellt. „Gebundene" Kupplungen konnten im allg. erst nach Erdverschiebungen entdeckt werden, wenn sie „offen" waren. Vermehrtes Auftreten „offener" Kupplungen kann den Schutz des Systems ernstlich gefährden. (Amer. Gas J. **185.** Nr. 6. 23—24. Juni 1958. Brownsville, Texas, Rio Grande Valley Gas Comp.) WOLFGANG SIMON. 6538

Otanmäki Osakeyhtiö (Erfinder: **Veli Martti Edward Johannes Merenmies**), Otanmäki, Finnland, *Behandeln feinvermahlener Erze zur Gewinnung von Vanadin und dergleichen,* bes. von Fe- oder Fe–Ti-Erzen u. entsprechenden Schlichen, Magnetit- oder Ilmenitschlichen, zur Gewinnung des V durch Zumischen von Alkaliverbb. u. nachfolgendem Erhitzen, dad. gek., daß dem feinvermahlenen Rohgut eine schwerflüchtige Alkaliverb. zugemischt wird u. aus dieser Mischung Pellets hergestellt werden, die in einem oxydierenden Gas bis auf deren Sinterungstemp. erhitzt werden, wodurch das erhaltene Stückgut in an sich bekannter Weise ausgelaugt wird u. das hierdurch von V befreite stückige Gut zur Gewinnung des betreffenden Hauptmetalls, vor allem des *Fe,* in bekannter Weise verwendet wird. (**D. A. S. 1 033 908** Kl. 40a vom 10/5. 1954, veröff. 10/7. 1958.) G. APEL. 6361

Paul Ansiau, Belgien, *Herstellung von Metallen, insbesondere Kupfer, aus metallhaltigem Material* mittels eines Stromes aus chlorierenden u. anderen Gasen, wobei die Metalle in flüchtige *Metallchloride* übergeführt werden, dad. gek., daß das Material zuerst in einem Behälter auf die Chlorierungstemp. erhitzt u. dann ohne die Heizgase in einen anderen Behälter übergeführt wird, in dem es der Einw. eines Gasstromes, bestehend aus chlorierenden u. anderen Gasen (Trägergasen), zwecks Bldg. von Metallchloriden ausgesetzt wird. Die Menge des Trägergases wird derart bemessen, daß der Partialdruck des verdampften Metallchloridgemischs gleich oder nahezu gleich dem Sättigungsdruck des genannten Chloridgemischs bei der Chlorierungstemp. ist. Die Chlorierungsgase bestehen aus einer Mischung von HCl-Gas u. anderen Gasen, z. B. inerten Gasen. Den chlorierenden Gasen werden auch reaktionsfähige Gase, wie Wasserdampf, zugesetzt, um die Verdampfung eines oder mehrerer Metalle aus dem Ausgangsmaterial zu verhindern. Die Metallchloride werden mittels H_2 zu Metall u. HCl umgesetzt. Der $CuCl_2$-Druck soll 650 mm Hg, seine Kondensationstemp. 600° betragen. Bei der Red. des gasförmigen $CuCl_2$ mit H_2 werden die beiden Gase getrennt in nebeneinander- oder konzentr. zueinanderliegenden Düsen in einen Behälter eingeblasen, wobei sie in einer Flamme brennen. — Vgl. auch E. P. 769 458; C. **1958.** 2844. (**F. P. 1 137 543** vom 7/9. 1955, ausg. 29/5. 1957. E. Prior. 24/9. 1954.) M. NECKERMANN. 6381

Phoenix-Rheinrohr Akt.-Ges. Vereinigte Hütten- und Röhrenwerke, Düsseldorf (Erfinder: **Ewald Baerlecken,** Düsseldorf, und **Werner Scheurer,** Mülheim/Ruhr), *Verwendung von Thomas-Stahl*, der nach dem Fertigblasen mit Roheisen oder Spiegeleisen vordesoxydiert u. anschließend in der Reihenfolge *Mn*, *Si* u. *Al* fertig desoxydiert worden ist, wobei die Gehh. an *P*, *N*, *S* u. *Si* in üblicher Höhe liegen, der *Al*-Geh so bemessen ist, daß der Gesamt-Al-Geh. größer als 0,02% ist, wobei ferner der *C*-Geh. kleiner als 0,2%, bes. 0,08—0,15%, u. der Mn-Geh. kleiner als 0,8% ist u. bes. 0,35 bis 0,6% beträgt, als Werkstoff für die Herst. von feuergeschweißten leichten Stahlflaschen. (**D. B. P. 970 797** Kl. 18d vom 11/4. 1953, ausg. 30/10. 1958. Anmeldung bekanntgemacht 13/1. 1955.) H. HOCHSTEIN. 6409

Oesterreichisch-Alpine Montangesellschaft, Wien, Österreich, *Erhöhung der Verschleißfestigkeit von ohne weitere Wärmebehandlung zu verwendenden Gegenständen aus Stahl, besonders Eisenbahnschienen*, mit einer Mindestzugfestigkeit von ca. 85 kg/mm², vorzugsweise von 90 kg/mm² nach Oe. P. 191 449, dad. gek., daß bei der Abkühlung eines legierten, hochverschleißfesten perlit. Stahls, welchem bei der Erschmelzung oder beim Vergießen bes. harte, in der Grundmasse schwer lösl. Carbide bildende Legierungselemente, wie *V*, *Ta* u. dgl., vorzugsweise *Ti*, einzeln oder zu mehreren, in einer Menge bis zu 1%, bes. in einer Menge von 0,1—0,5%, zugesetzt wurden, die Umwandlung des γ-Mischkristalls in der Perlitstufe durch Einw. von Ultraschall begünstigt wird. (**Oe. P. 197 416** vom 28/1. 1952, ausg. 25/4. 1958. **Zusatz zu Oe. P. 191 449; C. 1959. 284.**) H. HOCHSTEIN. 6411

Phoenix-Rheinrohr Akt.-Ges. Vereinigte Hütten- und Röhrenwerke (Erfinder: **Ewald Baerlecken**), Düsseldorf, *Verwendung von nichtaustenitischen Stählen*, in denen C durch mindestens einen starken Carbidbildner, wie *Ti*, *Ta* oder *Nb*, abgebunden ist, als Werkstoff für Gegenstände, die mit austenit. Cr–Ni-Stählen plattiert u. alsdann Betriebstempp. oberhalb 400°, bes. im Temperaturbereich von 450—800°, ausgesetzt werden. Bes. ist in den Stählen der Ti-Geh. gleich mindestens dem 5fachen, der Nb-Geh. gleich mindestens dem 10fachen u. der Ta-Geh. gleich mindestens dem 16fachen des C-Gehalts. (**D. A. S. 1 035 183** Kl. 18d vom 28/2. 1953, veröff. 31/7. 1958.) H. HOCHSTEIN. 6411

Sharon Steel Corp., Sharon, Pa., übert. von: **Wallace B. Leffingwell,** Sharpsville, und **Carl W. Weesner,** Warren, V. St. A., *Herstellung von nichtrostendem Stahl mit guter Tiefziehqualität* ist dad. gek., daß ein nichtrostender Stahl mit bis 0,25 (%) *C*, bis 1 *Mn*, bis 1 *Si*, bis 0,50 *Ni*, 14—23 *Cr* mit den üblichen Verunreinigungen an *P*, *S* u. *Cu* u. möglichen geringen Beträgen an *Ti*, *N*, *Mo* oder dgl., Rest *Fe*, von 2300 auf 1600° F warmgewalzt, zwischen 1700 u. 2100° F, bes. bei 1950° F, zwecks Phasenausgleichs geglüht, auf Raumtemp. abgekühlt, in Kisten zwischen 1400 u. 1650° F geglüht, zwecks Entzunderung gebeizt, kaltgewalzt, kontinuierlich zwischen 1350 u. 1500° F geglüht, zur Entzunderung nochmals gebeizt sowie kalt nachgewalzt wird. (**A. P. 2 808 353** vom 22/9. 1953, ausg. 1/10. 1957.) H. HOCHSTEIN. 6411

Scrap Conservation Committee of the Steel Industry, New York, N. Y., übert. von: **Robert E. Treybal,** Hartsdale, **William H. Kapfer,** Tuckahoe, und **Laimonis Bajars,** New Rochelle, V. St. A., *Rückgewinn von Stahl mit 0,1—0,01% Sn aus verzinntem Stahlschrott* ist dad. gek., daß Stahlschrott mit wenigstens 0,5—1,4% Sn eingeschmolzen wird, der Schmelze wenigstens 50% u. bis zu 200% über den zur Verflüchtigung des Sn als Sulfid erforderlichen Betrag hinaus elementarer *S* u. *FeS* zugesetzt werden u. darauf der Schrott in geschmolzenem Zustand 30—60 Min. gehalten wird. (**A. P. 2 819 159** vom 8/11. 1954, ausg. 7/1. 1958.) H. HOCHSTEIN. 6411

Nyby Bruks Aktiebolag, übert. von: **Anton Robert Wagner,** Nybybruk, Schweden, *Warmfeste Eisen–Chrom–Nickel-Legierungen* bestehen aus 10—45 (%) *Mn* u. *Ni*, von Spuren bis 1 *V*, *Mo*, *W* einzeln oder zu mehreren, mindestens 20 *Fe* + *Co*, nicht mehr als 0,6 *C*, 13,7—30 *Cr*, Begleitelementen *Si*, *Ni*, *P* u. *S*, ferner *Ti* in Mengen, die in einer Kurve im Koordinatensyst. durch Punkte gek. sind, u. zwar: 20 Fe + Co u. 0,25 Ti; 30 Fe + Co u. 0,35 Ti; 40 Fe + Co u. 0,5 Ti; 50 Fe + Co u. 0,7 Ti; 60 Fe + Co u. 0,9 Ti; 70 Fe + Co u. 1,25 Ti; 75 Fe + Co u. 1,5 Ti. Die obere Grenze für Ti liegt unter 2, wenn der Si-Geh. mehr als 0,6 beträgt, u. wird bestimmt durch eine Kurve im Koordinatensyst. Ti–Si, die durch die Punkte 0,6 Si u. 2 Ti, 0,3 Si u. 2,3 Ti, 0,1 Si u. 2,6 Ti geht. Die Legierungen können außerdem noch bis 5 mindestens eines der Elemente *Ta*, *Nb*, *Al*, *Cu*, *Mg*, *Zr* u. geringe %-Sätze *Th*, *Ce*, *Be*, *B*, *U*, *P*, *As*, *Sb*, *S* u. *alkal. Erden* enthalten. Die Legierungen haben vorwiegend austenit. Struktur, sie erhalten ihre Festigkeit u. Härte auch wenn sie überhitzt u. dann wieder auf die Arbeitstemp. von mindestens 650° zurückgeführt werden. (**A. P. 2 793 948** vom 29/8. 1955, ausg. 28/5. 1957. Schwed. Prior. 27/8. 1954.) C. GÖTZE. 6419

Max Joseph August Birner und **Joseph I. Schedel,** Toledo, Ohio, V. St. A., *Extraktion von Nickel.* Man bereitet sich durch Vermischen von feingebrochenem Ni-haltigem Erz u. konz. Mineralsäure, z. B. H_2SO_4, eine Paste, erhitzt diese ca. 60 Min. auf 90—300°, so daß eine harte M. anfällt. Diese laugt man nacheinander mehrmals mit angesäuertem W. u. fällt bei p_H 2—2,5 in der 1. Stufe die *Fe-Salze.* In der 2. Stufe fallen bei p_H 2,5—5 (eingestellt durch Zusatz einer alkal. Lsg.) *Fe-*, *Co-* u. *Ni-Salze.* In der 3. Stufe fallen bei p_H bis 6,5 die restlichen *Co-* u. *Ni-Salze.* Steigert man den p_H-Wert auf 9, so fällt *Mg* als bas. Carbonat oder Hydroxyd aus. (**A. P. 2 831 751** vom 27/10. 1955, ausg. 22/4. 1958.) H. NEBELSIEK. 6435

Rem-Cru Titanium, Inc., Midland (Erfinder: **Robert Isaac Jaffee, Horace Russell Ogden, Bruce Winfred Gonser, Milton Bernard Vordahl, Daniel John Maykuth** und **Walter Leonard Finlay**), V. St. A., *Aluminiumlegierungen* bestehen aus 0,5 bis weniger als 40 (%) *Al*, Rest *Ti*. Außerdem können die Legierungen weniger als 0,4 *C*, bis 0,2 O_2, bis 0,025 N_2, 0,5—25 *W*, 0,5—7 *Fe*, 0,25—3 *Si* enthalten, wobei der Si-Geh. 1,5 übersteigt, wenn lediglich Al zugegen ist, 0,1—2 *Be*, 0,5—10 *Mn* u. 0,5—18 *Sb*, wobei der Sb-Geh. 5 übersteigt, wenn Al allein oder Al + C zugegen sind. Die Legierungen sind oxydationsfest, sie lassen sich kalt oder warm walzen, ziehen u. schmieden. (**E. P. 782 503** vom 18/12. 1953, ausg. 11/9. 1957.) C. GÖTZE. 6447

Kurt Schwabe, Dresden (Erfinder: **Kurt Schwabe**), *Herstellung von Titan durch Schmelzflußelektrolyse,* dad. gek., daß das Ti in einem Elektrolyten aus Alkali- bzw. Erdalkalichloriden u./oder Gemischen solcher Chloride mittels einer Anode aus Ti-Carbid hergestellt wird. Zur Herst. der Anode wird ein Formkörper aus TiO_2 u. Kohlepulver u./oder Graphit durch Erhitzen unter hohem Druck gebildet, anschließend im H_2-Strom red. u. durch eine therm. Nachbehandlung in einer $TiCl_4$-Atmosphäre u. Dämpfen C-reicher organ. Verbb., z. B. Benzoldämpfen, nachverdichtet. (**D. P. [DDR] 14 571** Kl. 40c vom 11/9. 1955, ausg. 3/4. 1958 [Wirtschaftspatent].) G. APEL. 6449

New Jersey Zinc Co., New York, N. Y., V. St. A., *Elektrolytische Herstellung von Titan,* wobei ein Chlorid von Ti mit einer niedrigeren Wertigkeit als 4 in einem Salzbad aus mindestens einem Halogenid eines Alkali- u. Erdalkalimetalls in einer Zelle zwischen einer Anode u. einer Kathode elektrolysiert wird, so daß an der Kathode Ti niedergeschlagen u. an der Anode Cl_2-Gas entwickelt wird, dad. gek., daß die Abscheidung des Ti unter Vermeidung einer physikal. Behinderung zwischen der Anode u. der Kathode im Elektrolyten durchgeführt wird: 1. Verstellen der Lage von Kathode u. Anode zueinander, so daß das entstehende Cl_2-Gas zwischen der Anode u. der nächsten Kathodenoberfläche im Elektrolyten aufsteigt, ohne in die unmittelbar an der Kathodenoberfläche anliegende Badzone einzudringen, wobei Kathode u. Anode dicht genug aneinander anzuordnen sind, daß die elektrolyt. Verarmung des Ti-Geh. des Bades schneller erfolgt als der Ti-Geh. durch Diffusion aus anderen Stellen des Bades ersetzt wird. 2. Aufrechterhalten der Elektrolytmenge zwischen der Anode u. der benachbarten Kathodenoberfläche mittels einer direkten Verbindung mit dem an der anderen Seite der Kathode anschließenden Teil des Bades, die klein genug ist, um eine Diffusion von Ti-Chlorid zu verzögern. 3. Durchführung der Elektrolyse bei einer Spannung, die groß genug ist, um dem Elektrolyten zwischen der Anode u. der benachbarten Kathodenoberfläche den Ti-Anteil zu entziehen u. zwischen Anode u. Kathode eine EMK. von mindestens 2,6 V zu entwickeln, die andererseits aber so niedrig ist, daß eine Zers. anderer Badbestandteile als Ti nicht erfolgt. 4. Zusatz von $TiCl_4$ zu dem an der freien Oberfläche der Kathode anliegenden Teil des Bades. — Zeichnungen. (**E. P. 777 892** vom 14/6. 1955, ausg. 26/6. 1957. A. Prior. 6/7. 1954.) G. APEL. 6449

Rem-Cru Titanium, Inc., Midland, Pa., übert. von: **Robert I. Jaffee**, Worthington, **Horace R. Ogden** und **Daniel J. Maykuth**, Columbus, Ohio, V. St. A., *Titanlegierungen* bestehen aus 1—23 (%) *Sn*, 0,25—8 *Al*, bis 1 *C*, bis 0,5 O_2, bis 0,4 N_2 u. 0,5—20 mindestens eines α-Bildners, wie *Sb*, *In*, *Ag*, *Bi*, *Pb*, *Cd*, *Zn* oder *Tl*, Rest *Ti*. An Stelle der α-Bildner oder zugleich mit ihnen können β-Bildner wie *Mo*, *V*, *Nb*, *Ta*, *Zr*, *Mn*, *Cr*, *Fe*, *W*, *Ni*, *Co* oder *Cu* treten. Die Legierungen sind duktil u. haben hohe Festigkeit bei erhöhten Temperaturen. (**A. P. 2 779 677** vom 28/12. 1953, ausg. 29/1. 1957.) C. GÖTZE. 6449

Rem-Cru Titanium, Inc., Midland, Pa., übert. von: **Robert I. Jaffee**, Worthington, **Horace R. Ogden** und **Daniel J. Maykuth**, Columbus, Ohio, V. St. A., *Titanlegierungen* bestehen aus 1—7,5 (%) *Al*, 1—5 *Fe* sowie einem oder mehreren Elementen: 1—6 *Mn*, 1—8 *Mo*, 1—12 *Cr* u. bis 0,3 *C*, Rest *Ti*. Die Legierungen haben hohe Festigkeit u. sind, genügend duktil, um sie walzen u. schmieden zu können. (**A. P. 2 798 806** vom 19/8. 1952, ausg. 9/7. 1957.) C. GÖTZE. 6449

Radio Corp. of America, Del., übert. von: **Don G. Burnside**, Patrick Air Force Base, Fla., V. St. A., *Indium-Gold-Amalgame* bestehen aus 60—65 (%) *In*, 10—20 *Hg* u. 15—30 *Au*. Sie dienen zu Überzügen auf Glas, Keramik u. bes. auf Halbleiter. (**A. P. 2 767 085** vom 1/7. 1955, ausg. 16/10. 1956.) C. GÖTZE. 6457

Süddeutsche Kalkstickstoff-Werke Akt.-Ges. (Erfinder: **Franz Kaess**, **Erwin Vogel** und **Erich Pfluger**), Trostberg/Obb., *Herstellung von Mangan-Calcium-Silicium*, dad. gek., daß dem Ca-Si-Bildungsgemisch Mn-Verbb., bes. Oxyde, wie z. B. Erze, zugesetzt werden u. die Gesamtmischung der Red. unterworfen wird. Zur Verwertung eines minderwertigem Mn-Erzes wird diesem durch gestufte Red. mit Ferrosilicium u./oder C oder Fe-Geh. ganz oder teilweise entzogen u. die entstandene Mn-Schlacke dem Ca-Si-Prozeß zugesetzt. Als Mn-Träger werden natürlich vorkommende Erze des Mn oder Konzentrate aus solchen, die möglichst frei von Verunreinigungen, bes. von Fe-Oxyden, sind, zur Rk. verwendet, z. B. Braunstein. Mn kann auch in Form von Mn-haltigen Schlacken oder von mit metall. Mn oder Ferromangan durchsetzten Abfällen zum Einsatz kommen. (**D. A. S. 1 038 766** Kl. 40c vom 27/7. 1956, veröff. 11/9. 1958.) G. APEL. 6471

Polvos Metalicos (Soc. An.) „Polmetasa", Spanien, *Herstellung von Metallpulver in Schuppen- oder Plättchenform* ist dad. gek., daß granuliertes metall. Ausgangspulver, z. B. aus *Al*, *Cu*, *Sn* u. dgl., mit einer beliebigen Kornform in einer Kugelmühle u. einer Mühle mit Schwingpendeln unter Zusatz eines akt. Mittels, wie Methyl-, Äthyl-, Propyl- u. bes. Isopropylalkohol oder Bzn., Bzl., Toluol, Tetrachlorkohlenstoff u. leichtflüchtige chlorierte Carbonsäureanhydride in einer Menge von bis 10 Gew.-% des Mahlgutes während einer Zeit bis zu 20 Std., bes. unter Beigabe von 0,5—5% Zusatzmittel u. einer Mahldauer von 10 Std., ohne wesentliche Veränderung der üblichen Siebanalyse, jedoch unter Zunahme des Füll- u. Rüttelvol. im Vgl. zum Ausgangspulver behandelt wird. — Abbildungen. (**F. P. 1 149 361** vom 9/5. 1956, ausg. 24/12. 1957. Span. Prior. 11/4. 1956.) H. HOCHSTEIN. 6475

Rensselaer Polytechnic Institute, Troy, N. Y., übert. von: **Fritz V. Lenel**, North Greenbush, N. Y., und **Richard L. Reddy**, Amesbury, Mass., V. St. A., *Bearbeitbare poröse Körper* werden hergestellt, indem ein Körper aus pulverförmigem Metall vorgeformt u. in nichtoxydierender Atmosphäre gesintert wird. Der poröse Körper wird darauf mit fl. Metall, z. B. mit *Pb* u./oder *Bi* oder Pb mit weniger als 1 *Ag* imprägniert, bearbeitet u. das imprägnierte Metall durch Destillation im Vakuum aus dem Körper entfernt. (**A. P. 2 765 524** vom 9/9. 1953, ausg. 9/10. 1956.) C. GÖTZE. 6475

Leon Nussbaum, London, England, *Herstellung harter Metallcarbide*. *TiC* allein oder im Gemisch mit *NbC*, *TaC*, *FeC*, *WC* einzeln oder zu mehreren wird in der Hitze rekrist. u. das erhaltene Prod. mit *Ni*-Pulver allein oder mit einem oder mehreren Bindemitteln, wie *Cr*, *Co*, *Mn* oder *Ferrotitan*, vermischt u. erhitzt. Die Menge der Bindemetalle u. die Temp. ist so zu wählen, daß eine Legierung der Bindemetalle miteinander u. ein fl. Eutektikum zwischen dem Bindemetall u. einem Teil der Carbide entsteht, während der übrige Teil der Carbide fest bleibt. Die Mischung wird darauf gepreßt u. gesintert. (**E. P. 774 817** vom 2/12. 1954, ausg. 15/5. 1957.) C. GÖTZE. 6477

Härtereigesellschaft m. b. H. (Erfinder: **Helmuth Reese**), Bochum, *Stahlausbau für Strecken, Streben oder dergleichen in Untertagebetrieben* ist dad. gek., daß die Stempel, Kappen, Bögen oder dgl. aus gewalztem oder gegossenem Verbundstahl bestehen, der eine Schicht aus weichem Stahl u. eine Schicht aus gehärtetem Stahl besitzt. Zweckmäßig besitzen die weichen u. harten Schichten des Verbundstahls unterschiedliche Wandstärken. — Abbildungen. (**D. A. S. 1 038 585** Kl. 18d vom 24/12. 1954, veröff. 11/9. 1958.) H. HOCHSTEIN. 6479

Paderwerk Gebr. Benteler, Neuhaus (Erfinder: **Helmut Benteler,** Bielefeld-Johannistal), *Entzunderung von warmgewalzten Profilstäben, Rohren oder dergleichen,* bei welcher das Walzgut unmittelbar nach Verlassen des Walzwerks durch eine reduzierende Gase enthaltende Kammer hindurchgeführt wird, in welcher die von der Warmverformung herrührende oxyd. Zunderschicht red. wird, ist dad. gek., daß zur Vorbereitung des Walzgutes für eine nachfolgende Kaltverarbeitung durch bes. mehrstufiges Kaltziehen die Zunderschicht während des kontinuierlichen Durchgangs durch die mindestens auf einem Teil ihrer Länge durch ein Kühlmittel gekühlte Reduktionskammer innerhalb eines Temperaturintervalls von ca. 800—300° in eine als Schmiermittelträger für den Ziehvorgang dienende poröse Metallschicht umgewandelt wird. — Abbildungen. (**D. A. S. 1 035 180** Kl. 18c vom 4/3. 1954, veröff. 31/7. 1958.) H. Hochstein. 6491

Rohr Aircraft Corp., Chula Vista, Calif., übert. von: **Thomas C. Burnham,** San Diego, Calif., V. St. A., *Glühbehandlung zur Erzielung einer glatten Oberfläche* von gleichmäßiger Textur u. natürlicher Farbe der Legierung auf einer Anzahl ähnlicher gleichartiger gebogener Gegenstände aus nichtrostendem Stahl mit von der Verarbeitung herrührenden inneren Spannungen ist dad. gek., daß die gesamten Gegenstände gleichzeitig mit einer wss. Lsg. eines die Oberflächenspannung erniedrigenden Mittels sowie mit einem Salz, wie $NaNO_3$, Na_2CO_3 oder Na_3PO_4 zur Bldg. eines Überzugs auf den Gegenständen benetzt werden. Darauf werden die so vorbehandelten Gegenstände in einem Ofen mit Abstand von einander aufgestellt u. gleichzeitig in einer reduzierenden Atmosphäre auf Glühtemp. erhitzt. Nach dem gleichzeitig durchgeführten Abkühlen werden sie in eine heiße wss. Lsg. von Ferrisulfat u. HF zur Zunderentfernung getaucht u. abschließend gewaschen. — Abbildungen. (**A. P. 2 748 037** vom 23/3. 1951, ausg. 29/5. 1956.) H. Hochstein. 6493

Paul Ferd. Peddinghaus, übert. von: **Hans Wilhelm Grönegress,** Gevelsberg, *Oberflächenhärtung von Zahnrädern* durch Anordnung einer Anzahl von Brennern am äußeren Umfang des Zahnrades zur Erhitzung des Zahnkranzes während seiner Rotation auf die gewünschte Härtetemp. ist dad. gek., daß wenigstens einer der Brenner gedrosselt wird, wenn die Zahnspitzen die Härtetemp. erreichen u. die Drosselung der anderen Brenner fortgesetzt wird, bis eine gleichmäßige Erhitzung der Zähne bis zu einer gewünschten Eindringtiefe eingetreten ist, jedoch die ursprüngliche Brennerleistung bei einem Abfall der Zahnspitzentemp. auf eine unterhalb der Härtetemp. des betreffenden Stahls liegende Temp. wiederhergestellt wird. — Abbildungen. (**A. P. 2 829 997** vom 16/3. 1955, ausg. 8/4. 1958.) H. Hochstein. 6493

Régie Nationale des Usines Renault, Frankreich, *Herstellung eines Gases zur Aufkohlung von Stahl oder zum Schutz von Stählen gegen Oxydation oder Entkohlung* bei der Wärmebehandlung in Öfen gemäß dem F. P. 1 116 055 ist dad. gek., daß in dem auf Behandlungstemp. der Stähle erhitzten Ofen ein Strom von techn. N, der organ. Dämpfe u. gegebenenfalls KW-stoffdämpfe besitzt, durch eine Rohrleitung auf eine Temp. von unter 120° gehalten wird u. in dem Ofen mit dieser Gasatmosphäre Wärmebehandlungen unterhalb oder oberhalb von 800°, z. B. Anlassen oder Glühen von Stahl, durchgeführt werden. (**F. P. 67 920** vom 10/6. 1955, ausg. 26/3. 1958. **Zusatz zu F. P. 1116055; C. 1959. 1265.**) H. Hochstein. 6493

Miquel Parera-Clave, Frankreich, *Thermochemische Behandlung von Gegenständen aus Stahl und Gußeisen zur Erzielung einer hohen Härte* ist dad. gek., daß die Gegenstände, z. B. Panzerplatten, Zylinder u. Kolben von Motoren, Pumpen u. Kompressoren, an der zu behandelnden Oberfläche gebeizt, darauf in einem Behälter aus warmfesten Werkstoff inmitten eines Pulvergemischs aus 2,5 (%) Na_2CO_3, 5 NaCl, 5 Na_2SO_4, 30 $Fe(CN)_2$, 30 KCN u. 27,5 Borax einer in Abhängigkeit von der gewünschten Härteeindringtiefe mehr oder weniger langen Ofenglühbehandlung unterworfen u. nach derselben aus diesen Einsatzbehältern entnommenen u. in W., Salzwasser oder in Öl abgeschreckt werden. (**F. P. 1 113 571** vom 18/11. 1954, ausg. 30/3. 1956.) H. Hochstein. 6493

Soc. An. l'Oxhydrique Internationale, Brüssel, Belgien, *Entzunderung von Eisen und Stahl unter Verwendung eines Flammenbrenners* ist dad. gek., daß die Flammen des Brenners von O_2-Strahlen begleitet bzw. daß den Flammen O_2-Strahlen nachfolgen, welche eine vollständige u. sofortige Verbrennung der durch die Flammen auf Weißglut gebrachten, auf der Oberfläche befindlichen C-Teilchen von Verunreinigungen hervorrufen. — Abbildungen. (**Belg. P. 530 559** vom 20/7. 1954, ausg. 27/9. 1957.) H. Hochstein. 6509

Othmar Ruthner, Wien, Österreich (Erfinder: **Othmar Ruthner**), *Elektrolytische Entfernung von Stahlsandresten sandbestrahlter Oberflächen von Metallbändern* erfolgt durch die Anwendung der bekannten elektrolyt. Verff. zum Reinigen von Metalloberflächen, wobei als Elektrolyt bes. verd. H_2SO_4 oder *alkal. Salzlsg.* Verwendung finden. — Abbildung. (**D. A. S. 1 043 008** Kl. 48a vom 22/5. 1956, veröff. 6/11. 1958. Oe. Prior. 1/7. 1955.) H. HÄNLE. 6515

Siemens & Halske G. m. b. H. (Erfinder: **Hans Hohn** und **Erich Fitzer**), Wien, Österreich, *Elektrolytische Aufarbeitung von schwefel- oder phosphorsauren Salzlösungen der Eisenmetalle,* bes. Beiz-Fll., unter Rückgewinnung des Säureanteils der gelösten Salze als freie Säure, mit unlösl. Anoden u. Hg-Kathoden in einer Zelle nach Ö. P. 189 475, gek. durch gleichlaufende Strömungsrichtungen des Elektrolyten u. der Hg-Kathode u. eine Strömungsgeschwindigkeit des Elektrolyten, die mindestens nahezu gleich groß, bes. jedoch größer ist als die der Hg-Kathode. (**Oe. P. 195 717** vom 14/7. 1953, ausg. 25/2. 1958. **Zusatz zu Oe. P. 189 475; C. 1958. 3161.**) H. HÄNLE. 6515

DEHYDAG Deutsche Hydrierwerke G. m. b. H., Düsseldorf (Erfinder: **Gregor Michael,** Bielefeld, und **Viktor Reuss,** Stuttgart-Rohr), *Herstellung von Kupferüberzügen auf unedlen Metallen.* Nach D. B. P. 969 005 werden die zu verkupfernden Metallgegenstände in einem sauren Beizbad unter Zusatz von *Sparbeizmitteln* hoher Inhibitorwrkg. vorbehandelt u. anschließend unmittelbar ohne Zwischenspülung in einem sauren Cu-Salzbad metallisiert. Nach der Erfindung sollen im Vorbeizbad an Stelle der Sparbeizmittel bekannte *oberflächenakt. Stoffe,* bes. *Netzmittel,* verwendet werden. (**D. B. P. 969 855** Kl. 48a vom 20/10. 1954, ausg. 24/7. 1958. Anmeldung bekanntgemacht 24/5. 1956. **Zusatz zu D. B. P. 969 005; C. 1959. 5626.**) H. HÄNLE. 6517

Power Jets (Research and Development) Ltd., London, England (Erfinder: **Eric Holmes, David Pugh** und **Trevor Broom**), *Überziehen von Titan oder Titanlegierungen mit Aluminium oder einer Aluminiumlegierung,* dad. gek., daß die Oberfläche des zu überziehenden Gegenstandes mit einem festhaftenden Film einer inerten verdampfbaren fl. C-Verb. mit hohem Kp. versehen, dann in geschmolzenes Al oder eine Al-Legierung so lange eingetaucht wird, bis das Ti bzw. die Ti-Legierung die Temp. der Schmelze angenommen hat u. schließlich aus dem Bad entfernt u. gekühlt wird. Die Badtemp. beträgt 750—850°. (**E. P. 785 324** vom 21/2. 1955, ausg. 23/10. 1957.) G. APEL. 6517

Dr.-Ing. Max Schlötter (Erfinder: **Joachim Korpium** und **Alfred Geldbach**), Geislingen (Steige), *Bad zum galvanischen Abscheiden von glänzenden Nickelüberzügen* unter Verwendung von *Estern* von *Sulfocarbonsäuren* mit 3fach ungesätt. Alkoholen als glanzbildende Zusätze nach D. A. S. 1 017 873, dad. gek., daß es außerdem noch *Aldehyde* enthält, bes. *Form-, Acetaldehyd, Polyoxymethylen, Glyoxal* oder *Aldehyde* mit *Sulfongruppen.* Das Bad kann auch gleichzeitig mehrere Aldehyde enthalten. (**D. A. S. 1 036 002** Kl. 48a vom 1/12. 1955, veröff. 7/8. 1958. **Zusatz zu D. A. S. 1 017 873; C. 1958. 11658.**) H. HÄNLE. 6521

American Can Comp., New York, N. Y., übert. von: **Thomas L. Canniff** und **Alfred E. Balocca,** Wheaton, Ill., V. St. A., *Überzugsmittel und Lacke für Metalle,* bes. *Eisen,* enthalten ein fl. synthet. trocknendes Öl, gewonnen aus 1.3-Butadien in Ggw. von BF_3 als Katalysator, u. 0,5—4% einer Phosphorsäure bzw. eines Salzes einer solchen. (**A. P. 2 836 508** vom 9/7. 1954, ausg. 27/5. 1958.) M. BÖTTCHER. 6529

Pechiney Comp. de Produits Chimiques et Électrométallurgiques, Lyon (Erfinder: **Jean Alfred Odier,** Chambéry, Savoie), Frankreich, *Elektrolytische Oxydation von raffiniertem Aluminium* durch Wechselstrom, dem ein Gleichstrom von solcher Intensität überlagert ist, daß die positive Welle des resultierenden Stroms größer ist als die negative dieses Stroms, dad. gek., daß die maximale positive Intensität in der Größenordnung des doppelten der minimalen negativen Intensität des resultierenden Stroms liegt, wobei die Intensität der Gleichstromkomponenten regelbar ist. — Abbildung. (**D. B. P. 970 159** Kl. 48a vom 27/7. 1950, ausg. 21/8. 1958. Anmeldung bekanntgemacht 19/4. 1951. F. Prior. 19/12. 1945.) H. HÄNLE. 6531

Maurice S. Baseman, Keith S. Johnson und **Sherwin E. Baseman,** Pittsburgh, Pa., V. St. A., *Wasserverdrängende, gegen Korrosion schützende Mittel,* bestehend aus der Lsg. von 75—99,8 (Gew.-%) eines öligen Bindemittels (KW-stofföl einer Viscosität unter 50 P bei 25°), von 10—0,1 eines hydrophilen Netzmittels u. 15—0,1 des Umsetzungsprod. von gleichmol. Mengen von *Dicyclohexylamin* u. *Octansäure. Phosphate, Chromate, organ. Inhibitoren, Verdickungsmittel* u. *Antioxydantien* können zugesetzt werden. Geeignete Netzmittel sind: *Petroleumsulfonate, Sorbitanmonolaurat, -oleat, -palmitat* oder dessen Polyoxyäthylenderivate. (**A. P. 2 784 104** vom 5/7. 1955, ausg. 5/3. 1957.) P. KRUG. 6539

Albert G. Guy, Elements of physical metallurgy. 2nd ed. Massachusetts: Addison-Wesley. 1959. (544 S. m. Abb. u. Diagr.) 8°. $ 9,50.

—, Methods for the analysis of iron and steel. Part 40. London: British Standards Institution. 1959. (7 S.) 3 s.

IX. Organische Industrie.

M. D. Curwen, *Metallseifen.* Übersicht über Metallseifen als industrielle Rohstoffe. Dabei werden Wesen u. Arten des ölunlösl. Typus (aus bestimmten gesätt. Säuren, wie Laurin-, Palmitin- u. Stearinsäure) sowie des öllösl. Typus (aus Olein-, Linol- u. Linolensäuregemischen, Naphthen- u. Octansäure), ferner Herst. u. Anwendung (als Schmiermittel, PVC-Stabilisatoren u. Katalysatoren) kurz gestreift. (Plastics **21.** 351—52. Dez. 1956.) E. ÜHLEIN. H 810

Phillips Petroleum Co., übert. von: **William N. Axe,** Bartlesville, Okla., V. St. A., *Abtrennen von geradkettigen Kohlenwasserstoffen aus ihren Mischungen mit verzweigtkettigen und/oder cyclischen Kohlenwasserstoffen.* Man leitet die zu trennende KW-stoffmischung durch eine Schicht aus Harnstoffkristallen, die vorher mit Alkoholen mit 1—5 C-Atomen aktiviert wurden, wobei die geradkettigen KW-stoffe eine feste Einschlußverb. bilden u. dann aus dieser durch Erhitzen gewonnen werden können. Feste KW-stoffmischungen werden vorher in einem inerten Lösungsm. gelöst. Die Trennung erfolgt zweckmäßig in einem Trommelfilter. Es können getrennt werden: Mischungen aus Hexan, Heptan, Octan, Nonan, Decan, Tetradecan, Heptadecan, Eikosan, Heneikosan, Dokosan, Pentakontan, Hexen, Heptenen, Nonenen, Undecenen, Tridecenen, Heptadecenen, Eikosenen, Dokosenen, Pentakontenen u. Methylpropan, Methylbutanen, Methyl-, Äthylpentanen; Di-, Tri-, Tetramethylhexanen; Methylbutenen, Äthylpentenen, Butylhexadecen, -dokosen, -pentakonten, Cyclopropan, Cyclobutan, Cyclopentan, Cyclohexan, -heptan, -octan, Cyclodotriakontan, Cyclotetratriakontan, Methylcyclobutan, Hexamethylcyclohexan, Äthylcyclobuten, Cycloocten, Propylmethylcyclohexen, Vinylcyclopropan, Cyclopentylpropin, Methylpropylidencyclohexan, Trimethylallylcyclohexen, Cyclopentadien, Cyclooctadien, Cycloheptatrien, Bicyclohexan, Bzl., Toluol, Äthylbenzol, Isopropylbenzol, Phenyldimethylhexan, Divinylbenzol, Vinylbutadien, Naphthalin, Methylnaphthalin, Diphenyl, Octadecylnaphthalin, Acenaphthen, Phenanthren, Picen. — Vorr., Zeichnung. (**A. P. 2 737 508** vom 10/4. 1950, ausg. 6/3. 1956.) G. KRAUSS. H 460

Phillips Petroleum Co., übert. von: **Carl S. Kelley,** Bartlesville, Okla., V. St. A., *Abtrennung geradkettiger organischer Verbindungen* mit 6—50 C-Atomen (gesätt. u. ungesätt. KW-stoffe, Alkohole, Amine, Mercaptane, Halogenide, Ketone, Ester) aus ihren Mischungen mit verzweigtkettigen Verbb. erfolgt durch Behandlung mit festem oder einer konz. Lsg. von Harnstoff (**I**) oder Thioharnstoff (**II**) bei 60—80° F. Die aus **I** oder **II** entstandenen Einschlußverbb. werden nach dem Abtrennen, z. B. in einer Filterpresse, z. B. mit n-Pentan, gewaschen u. dann in dem Waschmittel auf die Zersetzungstemp. erhitzt, wobei die abgetrennte Verb. aus dem Waschmittel gewonnen u. der feste **I** oder **II** in den Kreislauf zurückgeführt wird. — Vorr., Zeichnung. (**A. P. 2 739 144** vom 13/11. 1950, ausg. 20/3. 1956.) G. KRAUSS. H 460

Phillips Petroleum Co., übert. von: **John A. Weedman,** Bartlesville, Okla., V. St. A., *Trennung von Kohlenwasserstoffen.* Um ein Gemisch von organ. Verbb. in mindestens 2 Fraktionen zu trennen, wobei das Gemisch aus einem Gemisch von C_3—C_{50} geradkettigen organ. Verbb. u. einem Gemisch von C_5 bis C_{50} verzweigtkettigen organ. Verbb. besteht u. wobei mindestens 2 dieser Verbb. des Gemischs mit Harnstoff oder Thioharnstoff feste Addukte zu bilden vermögen, wird das Gemisch in eine mittels Schnecke von links nach rechts bewegte feste Harnstoffmasse eingebracht. Es bilden sich dabei feste Harnstoffaddukte. Am Auslaßende der Adduktbildungszone wird das wenig stabile Addukt zers. u. mittels eingeführtem Lösungsm., welches gegenüber Harnstoff inert ist u. sich von den Verbb. wieder leicht abtrennen läßt, werden die zersetzten Verbb. vom Harnstoff befreit u. gelöst. Das Lösungsm. wird nach dem Abtrennen vom festen Harnstoff wieder aus der fl. Phase durch Dest. zurückgewonnen. Der Harnstoff wird mit dem Lösungsm. gewaschen u. nachdem er so von anhaftenden Prodd. befreit worden ist, wird der Harnstoff wieder in die Adduktbildungszone zurückgeleitet. — Zeichnungen. (**A. P. 2 735 843** vom 21/8. 1951, ausg. 21/2. 1956.) E. KAHLES. H 500

Esso Research and Engineering Co., übert. von: **Walter H. Rupp,** Mountainside, N. J., V. St. A., *Alkylieren von Isoparaffinen mit Olefinen* in Ggw. eines fl. Säurekatalysators, um gesätt. KW-stoffe mit verzweigter Kette vom Kp.-Bereich des Leichtbenzins herzustellen, die prakt. frei von Polymerisationsprodd. sind. Das zur Rk. zu bringende Material wird in emulgierter Form in eine abgeschlossene Reaktionszone gebracht; ein Teil der nichtumgesetzten Isoparaffine wird verdampft u. kontinuierlich über der oberen Grenze der Emulsion aus der Reaktionszone abgezogen. Die Emulsion wird unten aus der Reaktionszone kontinuierlich abgezogen u. in eine schwerere, den Säurekatalysator enthaltende Schicht u. in eine leichtere, das Einsatzmaterial sowie die

Reaktionsprodd. enthaltende Schicht zerlegt, wobei letzteres prakt. frei von Säure ist. Die leichtere Schicht wird weiter in nichtumgesetzte Isoparaffine u. Reaktionsprodd. durch Fraktionierung getrennt. Die Isoparaffine werden zur Reaktionszone zurückgeleitet, in die gleichfalls die schwerere, den Säurekatalysator enthaltende Schicht zurückgeführt wird. Die aus der Reaktionszone dampfförmig entweichenden Isoparaffine werden kondensiert u. gleichfalls zur Reaktionszone zurückgeführt. Hierbei werden der Säurekatalysator u. die Isoparaffine vor dem Einleiten in die Reaktionszone miteinander emulgiert u. dann die gebildete Emulsion in die Reaktionszone zur darin befindlichen Emulsion zurückgeleitet. Die Olefine dagegen werden ohne vorherige Emulgierung in die Reaktionszone eingebracht. — Zeichnung. (**A. P. 2 775 636** vom 29/6. 1951, ausg. 25/12. 1956.) E. KAHLES. H 510

National Research Development Corp. (Erfinder: **Edward Morgan Hughes, Alfred H. Howland, Hugh Ford** und **Nolan Peter William Moore**), London, England, *Herstellung ungesättigter Kohlenwasserstoffe durch unvollständige Verbrennung gasförmiger gesättigter Kohlenwasserstoffe* mit Luft oder O_2, dad. gek., daß man ein von den stöchiometr. Verhältnissen stark abweichendes, KW-stoffe u. O_2 enthaltendes Gemisch, das vorgewärmt sein kann, mit großer Strömungsgeschwindigkeit durch eine Verbrennungskammer leitet, in der die unvollständige Verbrennung durch eine unabhängige, bes. scheibenförmige Flamme geregelt wird, die bes. durch Ausströmen der Flammengase auf eine in der Mitte der Verbrennungskammer angeordnete Prallwand erzeugt wird. Für die stabilisierende Flamme verwendet man den gleichen KW-stoff, wie er im zu zers. Gemisch vorhanden ist, u. mischt diesen erst in der Verbrennungskammer mit zugeführtem O_2. Die unvollständige Verbrennung erfolgt bes. unter Überdruck. Die heißen Verbrennungsgase werden auf mindestens 200°, bes. durch adiabat. Ausdehnung in einer Gasturbine, abgeschreckt. Die Durchströmungsgeschwindigkeit des Gemischs wird so eingestellt, daß eine period. Verbrennung erfolgt. — Aus einer Mischung aus 85 (%) Methan, 7,5 CO_2 u. 7,5 N_2 u. $O_2 \rightarrow$ *Acetylen*, Ausbeute 6%. — Vorr., 2 Zeichnungen. (**D. A. S. 1 038 034** Kl. 12o vom 2/9. 1955, veröff. 4/9. 1958. E. Prior. 3/9. 1954.) G. KRAUSS. H 530

Chemische Fabrik Düren G. m. b. H. (Erfinder: **Richard Huttenlocher, Heinz Praetorius, Theodor Voeste** und **Jörg-Albrecht Wagner**), Düren, *Herstellung von Fettalkoholen* durch katalyt. Hydrierung von Fettsäuren oder deren Derivv. bei 200—300° u. 200—700 at in Ggw. von feinverteiltem, bes. koll., Cu, das aus einem Acylat während der Hydrierung gebildet wird, dad. gek., daß man in Ggw. von Oxyden, Hydroxyden u./oder Alkoholaten 2- oder 3wertiger Metalle arbeitet, die unter den Verfahrensbedingungen nicht zu Metall red. werden. Der Cu-Zusatz liegt zwischen 0,3 u. 5%, bezogen auf die Fettsäure, u. der der 2- oder 3wertigen Metalle beträgt bis 1%. Bei kontinuierlichem Arbeiten ist es vorteilhaft, das Gemisch aus Fettsäure u. Oxyd, Hydroxyd oder Alkoholat, gegebenenfalls fettsaurem Cu-Salz mit W. oder Wasserdampf bei erhöhter Temp. vorzubehandeln. Es werden Talgfettsäure, Spermöl-, Cocosfettsäure zu Alkoholen hydriert. (**D. A. S. 1 044 053** Kl. 12o vom 21/2. 1957, veröff. 20/11. 1958.) G. KÖNIG. H 560

National Distillers Products Corp., New York, N. Y., V. St. A., *Herstellung von Mischungen ungesättigter Glykole* der allg. Formel $HO\cdot C(R_3, R_4)-[CH_2-C(R)=C(R_1)-CH_2]_{2-(n+m)}[-C(R_2, R_5)-CH_2]_m[CH_2-C(R_2, R_5)]_n-C(R_3, R_4)\cdot OH$, erhält man bei der Rk. eines konjugierten Diolefins mit in einem fl. Äther (**II**) suspendiertem, feinverteiltem Na oder K, vorzugsweise in Ggw. eines polycycl. aromat. KW-stoffs (**III**) u./oder eines festen, körnigen Stoffes (**IV**) unterhalb 0°, bes. zwischen —20 u. —50°, u. anschließende Behandlung mit Carbonylverbb. (Aldehyden oder Ketonen) unter 50°. Die Hydrolyse mit W. ergibt die ungesätt. Glykole. Durch Anlagerung von H_2 werden gesätt. Glykole erhalten. Als Diolefine kommen solche mit 4—8 C-Atomen in Betracht. Höhermol. Diolefine ergeben isomere Kondensationsprodd. in größerer Menge. Als **II** kommen aliphat. Mono- u. Polyäther, bes. die Methyläther, wie Dimethyl-, Methyläthyläther, Methylisopropyläther, Trimethylenglykoldimethyläther, in Betracht. **III** wird in Mengen von 0,1—10 Gew.-% angewandt. Als **IV** sind aufzuführen: anorgan. Verbb., welche gegenüber Na oder K inert sind, z. B. NaCl, KCl, Sand (SiO_2), Diatomeenerde, Graphit, Zirkon, Rutil; als Carbonylverbb. aliphat. oder aromat. u. heterocycl. Verbb., bes. CH_2O, Paraformaldehyd, Butyraldehyd, Vanillin, Acrolein, Aceton, Diäthylketon, Benzophenon, Furfurol. Die Carbonylverbb. sollen nicht mehr als 8 C-Atome enthalten. — 1 Mol Butadien in Dimethyläther versetzt man mit einer feinen Dispersion von Na in Terphenyl u. hält die Temp. auf —25°. Man erhält *Di-Na-octadien*, welches mit gasförmigen CH_2O bei —25° behandelt wird. Der Dimethyläther wird abdestilliert. Die Na-Derivv. der C_{10}-Glykole werden mit Methanol u. anschließend mit W. behandelt, wobei die freien ungesätt. Glykole erhalten werden. Man trennt durch Schichtung u. red.

die organ. ölige Schicht in äthylalkoh. Lsg. zu den gesätt. Glykolen. Die fraktionierte Dest. ergibt bei 131—139° *2.5-Diäthyl-1.6-hexandiol*, n_D^{25} 1,4619, $D.^{25}_4$ 0,935; bei 139 bis 150° *2-Äthyl-1.8-octandiol*, n_D^{25} 1,4604, $D.^{25}_4$ 0,913, $C_{10}H_{22}O_2$, Bis-[dinitrobenzoat], F. 97 bis 99°, $C_{24}H_{26}O_{12}N_4$ u. bei 151—172° *1.10-Dekamethylenglykol*, F. 70—72°. — Mit Acetaldehyd erhält man die isomeren Glykole: $CH_3CH(OH)\cdot[CH_2]_8\cdot CH(OH)\cdot CH_3$; $CH_3\cdot CH(OH)\cdot[CH_2]_5\cdot CH(C_2H_5)\cdot CH(OH)\cdot CH_3$ u. $CH_3CH(OH)CH(C_2H_5)\cdot CH_2\cdot CH_2\cdot CH\cdot(C_2H_5)\cdot CH(OH)\cdot CH_3$. — Zwischenprodd. für trocknende Öle, Herst. von Polyestern von gesätt. oder ungesätt. ein- u. zweibas. Carbonsäuren u. von Alkydharzen. (**E. P. 780 205** vom 8/12. 1954, ausg. 31/7. 1957. A. Prior. 16/12. 1953.) G. KÖNIG. H 570

Standard Oil Co., Chicago, übert. von: **Garbis H. Meguerian** und **William E. Stanley jr.**, Park Forest, Ill., V. St. A., *Oxydation von alkalischen Mercaptidlösungen* zu den entsprechenden *Disulfiden* erfolgt bei 50—250° mit freiem O_2 oder diesen enthaltenden Gasen in Ggw. von 10—100 Vol.-% eines fl. KW-stoffs mit Kp. $<700°$ F (Kerosin, Leuchtgasöl, gecracktes Öl), bezogen auf wss. Lösung. Die Ausgangs-Lsgg. werden beim Entschwefeln von KW-stoffen mit 5—50%ig., bes. 10—25%ig., wss. Alkalien erhalten. Die regenerierten Lsgg. können für weitere Extraktionen verwendet werden. — Diagramm. (**A. P. 2 740 749** vom 29/1. 1954, ausg. 3/4. 1956.) G. KRAUSS. H 600

Standard Oil Co., Chicago, übert. von: **William F. Wolff**, Park Forest, und **Gordon D. McLeod**, Lansing, Ill., V. St. A., *Sulfonthioäther* der allg. Formel **I** erhält man durch Rk. eines Thiolsulfonsäureesters (**II**; Thiasulfone, vgl. GILMAN, Organic Chemistry, Bd. **1.** 912) mit Olefinen (**III**) oder diese liefernden Stoffen bei —20 bis +170° u. 0 bis 1000 lbs./sq.in. in Ggw. eines sauren Kondensationskatalysators (60—98%ig. H_2SO_4, $ClSO_3H$ bzw. FSO_3H, Benzol-, Toluol-, Methan-, Äthansulfonsäure, HF, Phosphorsäuren, Trichlor- u. Trifluoressigsäure, auch in Mischung mit BF_3, Dihydroxyfluorborsäure, Ansolvosäuren, $ZnCl_2$) nach dem Reaktionsschema: $R-SO_2-S-R$ (**II**) + $R'-C(R')=C(R')_2$ (**III**) $\rightarrow$ $R-SO_2-C(R')_2-C(R')_2-S-R$ (**I**; R u. R' = Alkyl, Cycloalkyl, Cycloalkylalkyl, Arylcycloalkyl, Aryl, Alkaryl, Cycloalkylaryl, Aralkyl, R' auch H). — Aus Methyldisulfid u. konz. HNO_3 $\rightarrow$ Dimethylthiasulfon (**IV**), n_D^{20} 1,5123; daraus mit Äthylen in Ggw. einer Mischung aus Methyl-, Äthyl- u. Propylsulfonsäure bei 100—120° u. 800 lbs./sq.in. Äthylendruck $\rightarrow$ $CH_3-SO_2-CH_2CH_2-S-CH_3$, F. 130°. — 1-Hepten + **IV** $\rightarrow$ $CH_3(CH_2)_4CH(SCH_3)CH_2SO_2CH_3$, $Kp._1$ 142°; n_D^{20} 1,4962, u. Fraktion mit $Kp._1$ 63—64°; n_D^{20} 1,477. — 2-Buten + Äthansulfonsäure $\rightarrow$ sek.-Butyläthansulfonat + **IV** $\rightarrow$ $CH_3CH(SCH_3)CH(CH_3)SO_2CH_3$, $Kp._1$ 80°; n_D^{20} 1,54. — 1-Hepten + Methylphenylthiasulfon $\rightarrow$ *Sulfonthioäther*, S-Geh. 20%. — Diisobutylen + **IV** $\rightarrow$ *Sulfonthioäther*, $Kp._1$ 50—120°; S-Geh. 15%. — 1.3-Butadien + **IV** $\rightarrow$ *Sulfonthioäther*, Erweichungspunkt ca. 120°; S-Geh. 19,8%; lösl. in Methanol, unlösl. in Wasser. — Ferner können umgesetzt werden: *Diäthyl-, Di-n-propyl-, Diisopropyl-, Methyläthyl-, Methylpropyl-, Methylbutyl-, Dibutyl-, Dilauryl-, Dicetyl-, Dicyclohexyl-, Dikresyl-, Diphenyl-, Ditolyl-, Phenyltolyl-, Dixenylthiasulfon* mit *Isobutylen, Pentenen, Hexenen, Decenen, Cetenen, Styrol, α-Methylstyrol, α-* oder *β-Vinylnaphthalin, Diisobutylen, 2.4.4-Trimethyl-1-* u. *-2-pentene, Propylen-* oder *Isobutylentrimere* u. *-tetramere, Isopren, 2.3-Dimethyl-1.3-butadien, Cyclopentadien, Dicyclopentadien, 1.4-Pentadien, 1.5-Hexadien, Divinylbenzol, Cyclohexen, Methylcyclohexene, Cyclopenten, Methylcyclopentene, Terpene, 3-Vinylcyclohexen, 1.3-Cyclohexadien, p-Benzochinon, Dichlorstyrol, Trifluormethylvinylbenzole, Vinylthiophene, Vinylfurane, Vinylpyridine, Methylvinylketon, Vinylacetat, Croton-, Acryl-, Methacryl-* u. *Sorbinsäureester*. — Oxydations- u. Korrosionsverhinderungsmittel, Insekticide u. Farbstoffzwischenprodukte. — Vorr., Zeichnung. (**A. P. 2 744 937** vom 29/2. 1952, ausg. 8/5. 1956.) G. KRAUSS. H 600

Badische Anilin- & Soda-Fabrik, Ludwigshafen/Rh. (Erfinder: **Walter Reppe, Hans J. Pistor, Hugo Kröper** und **Nicolaus von Kutepow**), *Herstellung von Carbonsäuren und deren Estern* durch Umsetzung von CO bei erhöhtem Druck in Ggw. von Katalysatoren aus Metallen der Fe-Gruppe des Period. Syst., deren anorgan. oder organ. Salzen, Oxyden oder Carbonylen u. freiem oder gebundenem Halogen mit 1- oder 2wertigen Alkoholen, Aminoalkoholen, Hydroxycarbonsäuren oder deren Estern, cycloaliphat., heterocycl. oder araliphat. Alkoholen. (D. R. P. 763 693; C. **1954**. 4486). — Mischungen aus CH_3COOH u. CH_3COOCH_3 erhält man auch aus CO u. einem Ansatz aus CH_3OH, W., Co-Acetat u. CH_3J, Isopropyljodid, tert.-Butyljodid oder Benzyljodid. — CO u. Mischung aus Ni-Pulver, HJ, BiJ_3 u. 1.2-Propylenglykol gibt eine 36% *β-Hydroxybuttersäurelacton* enthaltende Mischung. — CO u. Mischung aus Furfurylalkohol, W., Ni-Pulver, BiJ_3 u. HJ gibt *Tetrahydrofurfurylcarbonsäure*. — CO + Mischung aus ω-Hydroxycapronsäuremethylester, W., Ni-Pulver, Bi u. HJ gibt *Pimelinsäure*. — CO + Mischung aus Dichlorhexanol, W., Ni-Acetat u. HJ gibt *Dichlorhexancarbonsäure*. (**Jap. A. S. 1217/1958** vom 24/12. 1954, veröff. 25/2. 1958. D. Priorr. 15/3. u. 18/10. 1941.) M. PANKOW. H 800

Badische Anilin- & Soda-Fabrik Akt.-Ges. (Erfinder: **Hans Lautenschlager,** Ludwigshafen/Rh., und **Herbert Friederich,** Worms), *Herstellung von Acrylsäureverbindungen* durch Rk. von Acetylenen mit CO u. einer Verb. mit einem reaktionsfähigen H-Atom in saurem Medium u. in Ggw. von Ni-Carbonyl, dad. gek., daß man die Rk. bei n. Druck bis zu 10 at u. 0—100°, bes. 40—80°, in Ggw. von katalyt. Mengen an freiem Ni-Carbonyl u. geringen Mengen von organ. Verbb., die mit Ni-Salzen Komplexverbb. bilden (prim., sek. u. tert. Amine, tert. Phosphine u. ihre Oniumverbb., substituierte offenkettige oder cycl. Carbonsäureamide, Hydroxysäuren, Hydroxyaldehyde, Hydroxyketone, Oxime, Hydrazone, Mercaptane, Thioäther, Disulfide, Selenide, Nitrile, Isonitrile, Phenylhydrazone, Semicarbazone u. SCHIFFsche Basen) durchführt. — Aus Acetylen u. CO im Verhältnis 1 : 1 u. A. in Ggw. von $Ni(CO)_4$, Triphenylbutylphosphoniumbromid u. Acrylsäureäthylester → *Acrylsäureäthylester*; Ausbeute 89,6%. — Butanol → *Acrylsäurebutylester*. Es ist herstellbar der Acrylsäureester von: *Methanol, Propanol, Amylalkohol, sek.-Butanol, tert.-Butanol, Cyclohexanol, Methylcyclohexanol, Allyl-, Methallyl-, Crotyl-, Propargylalkohol, Benzylalkohol, Phenolen, Enolen, Aminen, Äthylenglykol, Propylenglykol, Glycerin, Pentaerythrit, Mannit,* wobei nur eine oder mehrere OH-Gruppen umgesetzt werden können. Die Alkohole können Halogen, Äther-, Nitro- oder Ketogruppen enthalten oder durch W. ersetzt werden. (**D. A. S. 1 046 030** Kl. 12o vom 18/4. 1956, veröff. 11/12. 1958.) G. KRAUSS. H 810

E. I. du Pont de Nemours & Co., Wilmington, Del., V. St. A., *3-Alkylsubstituierte Dicarbonsäuren* erhält man durch partielle Luftoxydation von alkylsubstituierten cycloaliphat. KW-stoffen (I) bei 75—200° u. 50—500 lbs./sq.in., Entfernung des nicht umgesetzten **I** aus dem Reaktionsgemisch, anschließende Behandlung mit HNO_3 in fl. Phase in Ggw. von 0,1—1 Gew.-% eines cycloaliphat. Ketons bei 50—100° u. 50 bis 500 lbs./sq.in., wobei als Zwischenprodd. Ketale u. dgl. entstehen, die man durch Hydrolyse in saurer Lsg. zu Carbonylverbb. hydrolysiert. — Beispiele für die Oxydation von Methylcyclohexan in Ggw. von Cyclohexanon zu einem Gemisch aus 7,2 (%) Adipin-, 16 Glutar-, 12,2 Bernstein-, 3,6 Oxal- u. 21,8 *3-Methyladipinsäure*, F. 97—98°, NZ. 77 (80 berechnet). (**E. P. 799 754** vom 16/6. 1955, ausg. 13/8. 1958. A. Prior. 15/7. 1954.) O. MÜLLER-MEININGEN. H 820

Joh. A. Benckiser G. m. b. H., Chemische Fabrik, Ludwigshafen/Rh. (Erfinder: **Borys Korotkyj,** Neustadt/Weinstraße), *Herstellung von Ca-Salzen von Polyhydroxymonocarbonsäuren* durch Oxydation von reduzierend wirkenden Monosacchariden oder eine reduzierend wirkende Komponente enthaltenden Oligosacchariden in wss. Lsg. unter Verwendung von Kalkmilch (I), mit oder ohne Katalysator (**II**) mit O_2 oder einem O_2-haltigen Gas, dad. gek., daß man der zu oxydierenden wss. Zuckerlsg. bis zur beginnenden O_2-Aufnahme portionsweise die I in feinst verteilter Form unter intensiver Durchmischung bei 20° zusetzt, wobei man nach jeder Zugabe eine der Induktionsdauer bis zum Eintreten der Oxydation entsprechende Zeitspanne verstreichen läßt. Ohne **II** arbeitet man bei p_H 5—12, bes. 10—11,5, mit **II** bei p_H 4—8, bes. 5,5—7,5. Als **II** verwendet man Edelmetalle, bes. der Pt-Gruppe, mit oder ohne Träger, welcher bes. aus A-Kohle bestehen kann. — Beispiele: Glucose, Fructose, Saccharose, Mannose → 68 bis 73 (%) *d-Ca-Arabonat.* — Glucose u. Invertzucker → 86 bzw. 84 (%) *Ca-Gluconat.* (**D. A. S. 1 044 793** Kl. 12o vom 31/5. 1957, veröff. 27/11. 1958.) O. MÜLLER-MEININGEN. H 850

E. I. du Pont de Nemours & Co., Wilmington, Del., übert. von: **John G. Wallace,** Lewiston, N. Y., V. St. A., *Peressigsäure* (I) erhält man durch Rk. von Acetaldehydhemiperacetat, $CH_3—CHOH—OO—OCCH_3$ mit 0,01—10 Gew.-% einer starken Säure (Dissoziationskonstante mindestens $1,0 \cdot 10^{-4}$) unter gleichzeitigem Abdest. des gebildeten CH_3CHO u. in Ggw. eines Acceptors für I, z. B. einer Olefinverb., wie Ölsäure, bei —5 bis 30°. Es findet also gleichzeitig eine *Epoxydierung* statt. (**A. P. 2 833 813** vom 18/12. 1952, ausg. 6/5. 1958.) O. MÜLLER-MEININGEN. H 850

E. I. du Pont de Nemours & Co. (Erfinder: **Edith Graef McGeer,** Wilmington, und **Theodore Le Sueur Cairns,** Newark, Del.), V. St. A., *Tetracyanäthylen* (**I**), F. 195—200°, sublimiert beim Tropfen auf Schmelzblock bei 120—150°, lösl. in A. u. Aceton, etwas lösl. in W., Ae. u. Chlf., unlösl. in PAe. (Kp. 30—60°); erhält man durch Rk. von Malonsäuredinitril mit S_2Cl_2, bes. in Ggw. eines Verdünnungsmittels (Chlf., CCl_4, Tetrachloräthylen, Bzl., Toluol, Xylol) u. bes. im Verhältnis 1 : 1 bei ca. 50—125° nach dem Reaktionsschema: $2NCCH_2CN + 2S_2Cl_2 \rightarrow (NC)_2C{=}C(CN)_2 + 4HCl + 4S$. I wird durch Sublimieren gereinigt; wird bis zu 200° von O_2 nicht angegriffen; lagert kein Br_2 an; bildet mit Bzl., Toluol, o-, m-, p-Xylol, Anisol, Fluoren u. Pyren 1 : 1-π-Komplexverbb. (vgl. Nature [London] **156.** [1945.] 784) mit hellgelber bis tiefblauer Farbe; gibt mit wss. NH_3 oder 10%ig. wss. NaOH ein viscoses Polymeres; polymerisiert in fl. NH_3 zu einem in Bzl. u. Dimethylformamid teilweise lösl. Polymeren mit F. > 250°; läßt sich mit Äthylen in Ggw. von Di-(tert.-butyl)-peroxyd in Bzl. unter Ausschluß von Luft bei 135° u. 950 at Äthylendruck mischpolymerisieren. — *Zwischenprodukt.* (D A. S. **1 038 551** Kl. 12o vom 7/9. 1954, veröff. 11/9. 1958. **E. P. 757 773** vom 13/9. 1954, ausg. 26/9. 1956.) G. KRAUSS. H 890

Farbwerke Hoechst Akt.-Ges., vormals Meister Lucius & Brüning (Erfinder: **Martin Reuter, Erhard Wolf, Ludwig Orthner,** Frankfurt/M., und **Franz Jakob,** Bad Soden), *Herstellung von quaternären organischen Phosphorverbindungen,* dad. gek., daß man Trihydroxymethylphosphin (I) mit aliphat. α.β-ungesätt. Carbonsäuren, -estern oder -amiden, gegebenenfalls in Ggw. von W. u./oder wassermischbaren organ. Lösungsm. u./oder von Säuren, umsetzt. — 0,1 (Mol) I werden mit 0,14 Acrylsäure bei 30—40° umgesetzt u. das erhaltene Öl aus absol. A. umkrist., wobei man farblose Kristalle von β-(*Trihydroxymethylphosphino*)-*propionsäurebetain,* F. 147—148°, erhält, die in W. leicht lösl. sind. Die Beispiele zeigen weitere Rkk. mit Acrylamid, Crotonsäure, Triacrylamidformal (hergestellt aus Acrylnitril u. Formaldehyd) u. Maleinsäure. — Schädlingsbekämpfungs- u. Flammschutzmittel für Textilien u. Holz. (**D. A. S. 1 045 401** Kl. 12o vom 7/6. 1957, veröff. 4/12. 1958.) J. MÜHLEISEN. H 980

National Lead Co., New York, N. Y., V. St. A., *Komplexe organische Titanate* erhält man aus Titanaten u. komplexe Verbb. bildenden Aminen der allg. Formel I bei

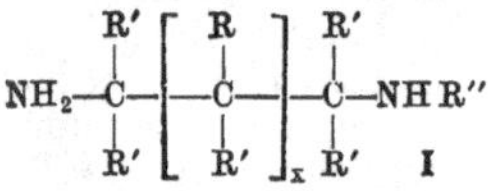

I

n. Temp., bes. in wasserfreiem Medium, wobei vorteilhaft 2—8 Aminogruppen auf 1 Ti angewendet werden, wobei R für H, OH oder einen Alkylrest mit mehr als 2 C, R′ für H oder ein Alkyl mit mehr als 2 C, R″ wie oben oder einen Amino- oder OH-substituierten Alkylrest mit mehr als 6 C u. x für Null oder 1 stehen. — Textilbehandlungsmittel, Modifikatoren für Lacke auf Ölharzbasis, Farbträger. (**E. P. 765 603** vom 18/11. 1954, ausg. 9/1. 1957. A. Prior. 25/11. 1953.) G. KÖNIG. 980

Esso Research and Engineering Co., Elizabeth, N. J., übert. von: **Raymond A. Speed** und **Rufus B. Bennett,** Baytown, Texas, V. St. A., *Gewinnung von reinstem p-Xylol.* Aus einem Gemisch, welches 12—25% p-Xylol u. mindestens ein anderes Xylolisomeres enthält, wird ein p-Xylol kristallin bei einer Temp. abgeschieden, die oberhalb des eutekt. Punktes von p-Xylol u. dem nächsten leicht kristallisierbaren Bestandteil des Gemisches liegt. Die Kristalle des p-Xylols werden von der Mutterlauge durch Filtration abgetrennt. Der Filterkuchen wird mit einer 30—60% p-Xylol enthaltenden Wasch-Fl. gewaschen, um den größten Teil der Mutterlauge vom Filterkuchen abzutrennen. Der Filterkuchen wird geschmolzen. Aus dieser Schmelze wird ein 2. p-Xylolschlamm gebildet. In einer 2. Trennzone wird das krist. p-Xylol von der 2. Mutterlauge abfiltriert u. der Filterkuchen mit einer 60—90% p-Xylol enthaltenden Wasch-Fl. gewaschen. Das gewaschene p-Xylol zeichnet sich durch hohe Reinheit aus. — Zeichnung. (**A. P. 2 766 309** vom 23/5. 1952, ausg. 9/10. 1956.) E. KAHLES. H 1010

Union Oil Co. of California, Los Angeles, übert. von: **Art C. McKinnis,** Long Beach, Calif., V. St. A., *Abtrennung von C-9-Alkarylkohlenwasserstoffen durch azeotrope Destillation.* Zur Gewinnung einer aromat. KW-stofffraktion (hauptsächlich bestehend aus Pseudocumol u. Mesitylen) *aus katalyt. reformiertem Bzn.* fraktioniert man dieses u. erhält eine vorwiegend aromat. Harzfraktion (Kp. 165—170°) die man mit Nitromethan azeotrop. destilliert. Man entfernt überkopf ein azeotropes Gemisch aus Nitromethan u. Nichtaromaten u. gewinnt als Bodenprodd. eine paraffinfreie, naphthenfreie aromat. KW-stofffraktion, die vorwiegend aus *Pseudocumol* u. *Mesitylen* besteht. — Zeichnung. (**A. P. 2 844 527** vom 16/11. 1953, ausg. 22/7. 1958.) P. UNGER. H 1010

Leichhold Chemicals, Inc., V. St. A., *Herstellung chlorierter Phenole,* wie *Pentachlorphenol,* E. 174°, neben *Monochlorphenol,* dad. gek., daß man im Gegenstrom in 2 Phasen chloriert. In der 1. Phase wird < 130° bis zur Aufnahme von 2,3 Atomen Cl chloriert, dann setzt man 0,004—0,0085 Mol $AlCl_3$ zu u. chloriert < 200° weiter. *HCl* wird durch Waschen mit Phenol, Mono-, Di- oder Trichlorphenol als Nebenprod. gewonnen. — Schema der Anlage; Diagramme. (**F. P. 1 158 270** vom 5/10. 1956, ausg. 12/6. 1958.) S. BÖTTCHER. H 1060

American Cyanamid Co., übert. von: **Benedict F. Melucci,** Yonkers, N. Y., V. St. A., *Trennung von o- und p-Alkalinitrophenolaten* erfolgt dadurch, daß man der wss. Mischung dieser Salze 7—12 (%), bes. 10,5, NaOH u. 7—12, bes. 9,5 NaCl, zusetzt, die Lsg. auf 30—55, bes. 50°, erwärmt, wodurch das unlösl. p-Isomere ausfällt, das dann abfiltriert wird. — Zwischenprodd. zur Herst. von O.O-Dialkyl-O-p-nitrophenylthiophosphorsäureestern. (**A. P. 2 743 301** vom 4/9. 1953, ausg. 24/4. 1956.) G. KRAUSS. H 1060

Distillers Co. Ltd., Edinburgh (Erfinder: **David James Hadley** und **Harry Davies Hollingworth**), England, *Di-(2-hydroxyäthyl)-terephthalat* erhält man in 96%ig. Ausbeute durch Erhitzen von 1 (Teil) Diammoniumterephthalat mit 7—15 Äthylenglykol auf 150—250° in Abwesenheit von O_2 u. in Ggw. eines alkal. Katalysators (Alkali- oder Erdalkalioxyd, -hydroxyd, -carbonat, -bicarbonat, -alkoholat oder Salze dieser Metalle mit schwachen anorgan. oder organ. Säuren oder Na-Methoxyd). Der Ester krist. aus der Reaktionslösung. (**E. P. 799 059** vom 8/6. 1956, ausg. 30/7. 1958.) L. STADELMANN. H 1220

Allied Chemical & Dye Corp., New York, N. Y., übert. von: **Adalbert Farkas**, Media, und **Rudolph Rosenthal**, East Lansdowne, Pa., V. St. A., *Herstellung von Phthalonitrilen.* Die gasförmige Mischung von 1 Mol o-, m- oder p-Xylol, 2—3,5 Mol NH_3 u. 3—30 Mol O_2 wird bei 300—550° durch ein fl. Katalysatorgemisch, wie es bei der Oxydation von Naphthalin zu Phthalsäureanhydrid benutzt wird (vor allem die Kombination der Oxyde von V, Mo u. P), geleitet, Kontaktzeit 0,1—10 Sekunden. Ausbeute 70%. (**A. P. 2 833 807** vom 26/6. 1956, ausg. 6/5. 1958.) L. STADELMMNN. H 1220

Farbenfabriken Bayer Akt.-Ges., Leverkusen (Erfinder: **Wilhelm Bongard** und **Hans Holtschmidt**, Köln), *Herstellung von Pentachloranilinen*, dad. gek., daß man Hexachlorbenzol (I) bei erhöhter Temp. mit NH_3 oder prim. oder sek. Aminen in Abwesenheit von Katalysatoren, gegebenenfalls in Ggw. eines Lösungsm. umsetzt. Es werden hergestellt aus I u. fl. NH_3 bei 250° → *Pentachloranilin*, F. 232°; aus I u. Diäthylamin → *N.N-Diäthylpentachloranilin*, $Kp._{0,15}$ 138—142°; analog *N.N-Dibutylpentachloranilin*, $Kp._{0,2}$ 182°; aus I u. Äthanolamin bzw. Benzylamin, Allylamin, Hexahydroanilin, das entsprechende *N-(β-Hydroxyäthyl)-* (F. 60—62°), *N-Benzyl-* (F. 60—61°), *N-Allyl-* (F. 49°) u. *N-Cyclohexylpentachloranilin* (F. 56—57°) sowie *N-Pentachlorphenylmorpholin* (F. 125°) u. *2.3.4.5.6-Pentachlordiphenylamin*, hochviscoses Öl, aus I u. Morpholin bzw. Anilin. — Zwischenprodd. für die Herst. von Kunststoffen, Schädlingsbekämpfungsmitteln u. pharmazeut. Präparaten. (**D. A. S. 1 041 053** Kl. 12q vom 18/9. 1956, veröff. 16/10. 1958.) W. HEYER. H 1310

Comp. Française Thomson-Houston, Frankreich (Erfinder: **Donald Mohler** und **Jesse Earl Selters**), *Herstellung von Organohalogensilanen*, dad. gek., daß man Halogensilane bei 300—600° mit aromat. Halogeniden umsetzt. — Beschrieben wird die Herst. von: *Phenyltrichlorsilan* aus Trichlorsilan (I) u. Chlorbenzol. — *Chlorphenyltrichlorsilan* aus I u. Dichlorbenzol, $Kp._{30}$ 132—140°, $D.^{26}$ 1,448. — *Dichlorphenylchlorsilane* aus I u. Trichlorbenzol. — *Tolyltrichlorsilan* aus Chlortoluol. — *Dichlorphenylmethyldichlorsilan*, $Kp._{33}$ 156—166°, aus 1.2.4-Trichlorbenzol u. Methyldichlorsilan (II). — *Chlorphenylmethyldichlor-* u. *Chlorphenyltrichlorsilane* aus II u. o-Dichlorbenzol. — *Dichlorphenyltrichlorsilan*, $Kp._{27}$ 155°, $D.^{26}$ 1,537, aus I u. 1.2.4-Trichlorbenzol. — *Thienyltrichlorsilan*, $Kp._{45}$ 108°, aus Thienylchlorid. — *Thienylmethyldichlorsilan*, $Kp._{34}$ 101°. — Vgl. A. P. 2 598 436; C. **1953.** 7935. (**F. P. 67 120** vom 20/9. 1950, ausg. 22/11. 1957. A. Prior. 21/9. 1949. **Zusatz zu F. P. 1 089 907; C. 1957. 14214.**) S. BÖTTCHER. H 1380

Badische Anilin- & Soda-Fabrik Akt.-Ges. (Erfinder: **Horst Pommer**), Ludwigshafen/Rh., *Herstellung konjugiert-ungesättigter Aldehyde oder Ketone beziehungsweise ihrer cyclischen Acetale oder Ketale* durch Rk. von Vinyläthern mit Acetalen bzw. Ketalen in Ggw. saurer Katalysatoren, dad. gek., daß man als Ausgangsstoffe für die Rk. mit Vinyläthern die aus gesätt. oder ungesätt. Aldehyden oder Ketonen u. 1.2-Glykolen erhältlichen Äthylenacetale bzw. -ketale verwendet u. die zunächst entstandenen Anlagerungsprodd. mit W. in Ggw. saurer Mittel in die Äthylenacetale bzw. -ketale der vinylenhomologen Aldehyde bzw. Ketone oder unmittelbar in die freien Aldehyde bzw. Ketone umwandelt. — Aus Benzaldehyd u. Äthylenglykol → Benzaldehydäthylenacetal; daraus mit Vinyläther in absol. Bzl. in Ggw. von BF_3-Ätherat bei 40—50°, dann nach Neutralisation mit K_2CO_3, Zusatz von p-Toluolsulfonsäure, 5—6 std. Erhitzen u. unter Entfernen des W. → *Zimtaldehydäthylenacetal*, $Kp._{10}$ 135—140°, daraus m t 85%ig. H_3PO_4 unter Wasserdampfdest. → *Zimtaldehyd.* — Zimtaldehydäthylenacetal + Vinyläthyläther → *Cinnamylidenacetaldehydäthylenacetal*, $Kp._{0,05}$ 92—95°. — β-Jonon + Äthylenglykol → β-Jononäthylenketal, $Kp._{0,01}$ 67—69°, + Vinyläthyläther → *β-Jonylidenacetaldehydäthylenacetal*, $Kp._{0,05}$ 105°, → *β-Jonylidenacetaldehyd*, $Kp._{0,02}$ 112 bis 113°. — 2-Methylbuten-(2)-al-(1)-säure-(4)-äthylester + Äthylenglykol → 2-Methylbuten-(2)-al-(1)-säure-(4)-äthylesteräthylenacetal (I), $Kp._{0,5}$ 81—83°, + Vinyläthyläther → *4-Methylhexadien-(2.4)-al-(1)-säure-(6)-äthylesteräthylenacetal*(**IV**), $Kp._{0,01}$ 83—86°; daraus mit Oxalsäure + Wasserdampf → *4-Methylhexadien-(2.4)-al-(1)-säure-(6)-äthylester* (**II**), aus Cyclohexan, F. 56—57°. — **IV** + Propenyläthyläther → *2.6-Dimethyloctatrien-(2.4.6)-al-(1)-säure-(8)-äthylesteräthylenacetal*, $Kp._{0,01}$ 127—130°, → *2.6-Dimethyloctatrien-(2.4.6)-al-(1)-säure-(8)-äthylester*, aus Cyclohexan

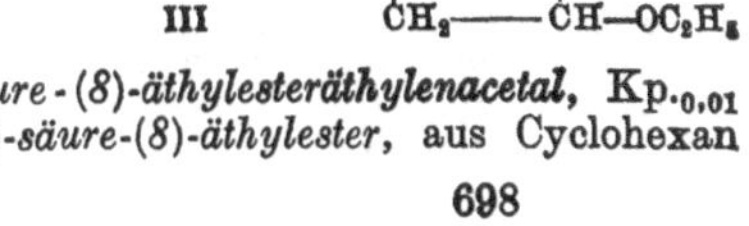

III

gelbliche Nadeln, F. 78°. I + Vinyläthyläther → III, Kp.$_{0,03}$ 130—135°, → II. — Zwischenprodukte. (**D. A. S. 1 031 301** Kl. 12o vom 31/12. 1956, veröff. 4/6. 1958.)
G. Krauss. H 1520

Esso Research and Engineering Co., übert. von: **Frederick Neil Baumgartner**, Plainfield, N. J., V. St. A., *Naphthenhydroperoxyde* erhält man durch Oxydation von Cyclopropan, Cyclobutan, Cyclopentan, Cyclohexan, Cycloheptan u. Cyclooctan, die wenigstens ein an den Ring gebundenes tert. C-Atom u. außerdem noch ein oder mehrere Alkyl, Cycloalkyl, Phenyl, Naphthyl, Kresyl, Tolyl oder Aralkyl enthalten, mit O_2-haltigen Gasen bei ca. 110—150°, bes. 120—130°, in fl. Zustand in Ggw. einer 0,1—2%ig. wss. Lsg. eines Na-, K-, NH_4- oder Ca-Pyrophosphats, bis wenigstens 8% des Ausgangsstoffs oxydiert sind. — Aus 99%ig. Methylcyclopentan → *Methylcyclopentanhydroperoxyd*; daraus entsteht beim Behandeln mit SO_2, H_2SO_4 oder $FeSO_4$ *Methyl-n-butylketon*. Ferner können oxydiert werden: Phenylcyclohexan, Cyclopentylcyclopentan, Dikresylcyclohexan, Naphthylcyclohexan, Tetralin, Dekalin u. Methyldekalin. — Zwischenprodukte. (**A. P. 2 798 096** vom 17/2. 1954, ausg. 2/7. 1957.)
G. Krauss. H 1850

California Research Corp., San Francisco, übert. von: **Maurice R. Barusch** und **Eddie G. Lindstrom**, Richmond, Calif., V. St. A., *Bis-cyclopentadienyleisen* (I) u. dessen Substitutionsprodd. erhält man durch Rk. der Alkalimetallsalze von Cyclopentadien u. dessen Substitutionsprodd. mit wasserfreien 2- oder 3wertigen Fe-Salzen, bes. $FeCl_2$, in Ggw. von wasserfreien fl. Medien, wie aliphat. u. aromat. KW-stoffe, Alkohole, Äther, Amine u. NH_3, bei —80 bis +100°. I, gelbe Kristalle, F. 172,5—173°. (**A. P. 2 834 796** vom 2/3. 1953, ausg. 13/5. 1958.) J. Mühleisen. H 2180

National Research Corp., Cambridge, Mass., V. St. A., *Olefinoxyde*, bes. *Propylenoxyd*, erhält man bei der katalyt. Oxydation von Olefinen mit 3 u. mehr C-Atomen in einem fl. Medium bei 130—300° u. >300 lbs./sq.in., in Ggw. eines Oxydationskatalysators u. unter Durchleiten eines O_2 enthaltenden Gasstromes, bes. Luft, wobei Olefinoxyde, W. u. Carbonsäuren abgeleitet werden. Dem Ausgangsgasstrom kann man Polymerisationsinhibitoren (Nitrobenzol) zusetzen. Als fl. Medium kommen mit W. nicht mischbare organ. Fll., die gegenüber O_2 bei den Reaktionsbedingungen inert sind, z. B. Bzl., in Betracht. Mn-Propionat ist als Katalysator bes. geeignet. (**E. P. 786 301** vom 4/7. 1955, ausg. 13/11. 1957. A. Prior. 13/7. 1954 u. 28/2. 1955.)
G. König. H 3040

Ciba Akt.-Ges., Basel, Schweiz, *Herstellung von Diimidazolderivaten* der allg. Formel I, worin A einen gegebenenfalls durch Halogenatome, Alkyl- oder Alkoxygruppen substituierten aromat. Kern darstellt, in welchem 2 benachbarte C-Atome mit den beiden Imidazolstickstoffatomen verknüpft sind, z. B. einen Naphthylen- oder Phenylenrest; R u. R_1 sind gleich oder verschieden u. bedeuten H oder Alkyl-, Hydroxyalkyl-, Aryl- oder Aralkylgruppen. — Es werden aromat. o-Diamine oder ihre Salze mit Äpfelsäure oder deren funktionellen Derivv. umgesetzt, u. gegebenenfalls werden Alkylierungs-, Hydroxalkylierungs- oder Aralkylierungsmittel auf die erhaltenen Diimidazole einwirken gelassen. Geeignete o-Diamine sind z. B. o-Phenylendiamin, 1.2-Naphthylendiamin, Isopropyl-o-phenylendiamin, 1-Methoxy-3.4-diaminobenzol, 1-Amino-2-monomethylaminobenzol, 1-Chlor-3.4-diaminobenzol. — 432 (Gewichtsteile) o-Phenylendiamin u. 268 dl-Äpfelsäure (**III**) werden in 2000 40%ig. H_2SO_4 bei erhöhten Tempp. unter Ausschluß von Luft kondensiert. Das Reaktionsprod. **II** ist in alkoh. NaOH klar löslich. —

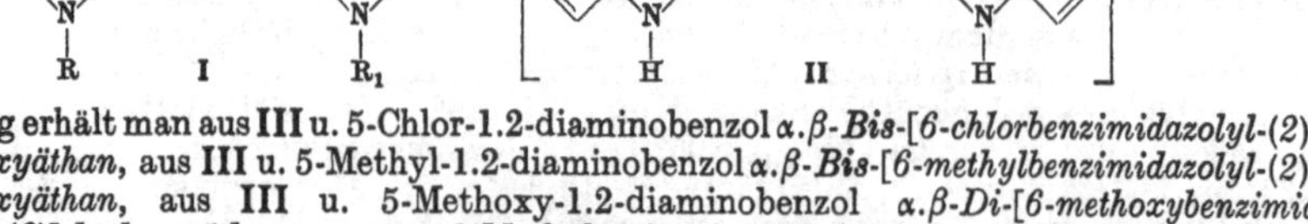

Analog erhält man aus **III** u. 5-Chlor-1.2-diaminobenzol *α.β-**Bis**-[6-chlorbenzimidazolyl-(2)]-hydroxyäthan*, aus **III** u. 5-Methyl-1.2-diaminobenzol *α.β-**Bis**-[6-methylbenzimidazolyl-(2)]-hydroxyäthan*, aus **III** u. 5-Methoxy-1.2-diaminobenzol *α.β-Di-[6-methoxybenzimidazolyl-(2)]-hydroxyäthan* u. aus 1-Methylamino-2-aminobenzol *α.β-**Bis**-[N-methylbenzimidazolyl-(2)]-hydroxyäthan*, F. 205—206° (A.), welches auch aus **II** u. Dimethylsulfat in alkoh. Alkali entsteht. — *α.β-**Bis**-[N-benzylbenzimidazolyl-(2)]-hydroxyäthan*, F. 192 bis 193°, aus **II** u. Benzylchlorid. — *α-[Benzimidazolyl-(2)]-β-[N-hydroxyäthylbenzimidazolyl-(2)]-hydroxyäthan*, aus **II** u. Äthylenchlorhydrin. — *Zwischenprodd.* für Textilhilfsmittel, bes. für opt. Aufhellungsmittel u. Farbstoffe. — Vgl. F. PP. 1 140 365; C. **1959.** 2620 u. 1 140 366; C. **1958.** 4662. (**Oe. P. 192 913** vom 23/8. 1955, ausg. 11/11. 1957. Schwz. Prior. 27/8. 1954.) M. F. Müller. H 3122

Farbenfabriken Bayer Akt.-Ges. (Erfinder: **Helmut Freytag**, Köln, und **Friedrich Lober**, Leverkusen), *Herstellung von Aminsulfenhalogeniden* der allg. Formel RN—S—Hlg, worin R einen gegebenenfalls durch ein O- oder S-Atom unterbrochenen Alkylenrest u. Hlg ein Halogenatom bedeuten. Man setzt halogenliefernde Verbb., wie Sulfurylchlorid, Phosphorpentachlorid oder Chlorschwefel mit den entsprechenden heterocycl. Amindisulfiden bei Tempp. bis zu 100° um. — Beispiele: *Piperidinosulfenchlorid*, $Kp._{0,4-0,5}$ 46—48°; *Piperidinosulfenchlorid*, $Kp._{0,09}$ 37—39°; *Morpholinosulfenchlorid*. (**D. B. P. 969 813** Kl. 12p vom 27/1. 1955, ausg. 24/7. 1958. Anmeldung bekanntgemacht 20/9. 1956. **Zusatz zu D. B. P. 965 968. C. 1958. 5807.**)
H. Nebelsiek. H 3231

Rohm & Haas Co., übert. von: **Lawrence E. Conlon**, Levittown, und **Warren H. Watanabe**, Philadelphia, Pa., V. St. A., *Herstellung von 2-Methyloxazolidinen und Tetrahydro-1.3-oxazinen* der allg. Formel **I**, in der A = Alkylen (C_{2-4}), wobei 2 bis 3 C-Atome zwischen O u. N zu liegen kommen sollen, R_0 = H, Alkyl (C_{1-12}), Vinyloxyäthyl, Hydroxyäthyl, Aminoäthyl, Benzyl oder Cyclohexyl, bedeuten, dad. gek., daß Aminoalkohole der allg. Formel R_0—NH—A—OH mit Acetylen gemischt u. durch Erhitzen auf 100—200° bei 20—40 at zur Rk. gebracht werden. — 175 g Äthanolamin + 60 Bzl. werden durch Dest. entwässert, im Autoklaven unter N_2 auf 145° erhitzt u. Acetylen bis 500 lbs./sq.in. aufgepreßt u. 2½ Std. bis 150° erhitzt. Es konnten 26 g *2-Methyloxazolidin*, $Kp._{100}$ 62—65°, sowie 21 g Rückstand isoliert werden. — Aus 2-Hydroxypropylamin wurde *2.5-Dimethyloxazolidin* u. aus 3-Hydroxypropylamin *2-Methyltetrahydro-1.3-oxazin*, $Kp._{100}$ 68—70°, erhalten. Außerdem wurden dargestellt: *2-Methyl-3-(2-aminoäthyl)-oxazolidin*, F. 59,5—60,5°; *2-Methyl-4-äthyloxazolidin*, $Kp._{100}$ 84°; n_D^{25} 1,4302; $D.^{53}_4$ 0,9119; *2-Methyl-3-hydroxyäthyloxazolidin*, $Kp._{4,5}$ 69°; n_D^{25} 1,4663; *2-Methyl-3-vinyloxyäthyloxazolidin*, $Kp._9$ 76—78°; n_D^{25} 1,4552; $D.^{25}_4$ 0,977; *2.3-Dimethyloxazolidin*, $Kp._{60}$ 42°. — Lösungsm., Zusätze zu Kunststoffen, als Weichmacher, Säurebinder, Insekticide u. bei Seitenketten mit C_{4-12} als Fungicide. (**A. P. 2 817 663** vom 5/10. 1955, ausg. 24/12. 1957.)
K. Gäbelein. H 3282

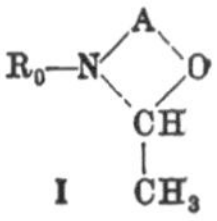

Montecatini Soc. Gen. per l'Industria Mineraria e Chimica (Erfinder: **Robert Hügel** und **Adolfo Pasetti**), Mailand, Italien, *Trichlorisocyanursäure* (**I**). Man sättigt eine Suspension von $NaHCO_3$ in einer gesätt. wss. Lsg. dieses Salzes bei 0° bis Raumtemp. mit Cl_2 u. setzt das Einleiten von Cl_2 bis zu einem p_H-Wert von 3,3 fort, während man eine wss. Lsg. von Na-Cyanurat in diese Suspension bei 0° eintropfen läßt, bis das Reaktionsgemisch einen p_H-Wert von 4,6 aufweist. Dann trennt man den gebildeten Nd. von **I** (Ausbeute ca. 95%) ab. (**D. A. S. 1 050 341** Kl. 12p vom 3/2. 1958, veröff. 12/2. 1959. It. Prior. 5/2. 1957.)
A. Brösamle. H 3313

Usines Chimiques des Laboratoires Français (U.C.L.A.F.) (Erfinder: **Léon Velluz, Gaston Amiard**, Noisy-le-Sec, und **Bernard Goffinet**), Paris, Frankreich, *Tachysterin* (**I**) erhält man durch Bestrahlung von Präcalciferol (**II**) mit UV-Licht bei —5 bis +2° über 7½ Std.; sodann wird die Bestrahlungslsg. mit Citraconsäureanhydrid (**III**) umgesetzt; I-*Acetat*-**III**-*Verb.*, F. 161—162°; $[\alpha]_D^{20}$ +75°. Sowohl in der Mutterlauge der **I-III**-Verb. vorhandenes **II** als auch Calciferol können wiedergewonnen werden. (**D. A. S. 1 039 062** Kl. 12o vom 25/4. 1956, veröff. 18/9. 1958. F. Prior. 13/5. 1955.)
U. Sievers. H 3700

Ciba Ltd., Basel, Schweiz, *Herstellung von Steroidverbindungen*, wie 11.12β-Oxydoverbb. aus 11-Halogen-12-oxosteroiden mit komplexen Hydriden amphoterer Metalle unter Bldg. von 11.12-Halogenhydrinen u. Abspaltung von Halogenwasserstoff. — Beispiel: 1,051 (Gewichtsteile) 3α-Acetoxy-11α-brom-12-oxocholansäuremethylester werden mit der 10mol. Menge $LiBH_4$ in wasserfreiem Tetrahydrofuran zu 3α-Acetoxy-11α-brom-12β-hydroxycholansäuremethylester umgesetzt. Nach Rk. dieser Verb. mit Ag_2O + $(CH_3CO)_2O$ in Pyridin entsteht der *3α-Acetoxy-11β.12β-oxidocholansäuremethylester*, der chromatograph. gereinigt u. umkrist. einen F. von 150—152° aufweist. (**Aust. P. 167 255** vom 19/11. 1953, ausg. 29/3. 1956. E. Prior. 25/11. 1952.)
G. Frikell. H 3700

X. Färberei. Organische Farbstoffe.

L. Wetternik, *Chemisch beständige Stähle für Bleicherei und Färberei.* (Vgl. C. **1958**. 9607.) Es wird an einer Reihe von Stählen die Beständigkeit gegen HCl- u. H_2SO_4-Lsgg. in Form von Temp./Konz.-Diagrammen angeführt. Es hat sich erwiesen, daß der Säureangriff in Ggw. von Farbstoffen weit geringer ist als ohne diese. Es wird vermutet, daß die Farbstoffe nach Art einer Sparbeize wirken u. je mehr Farbstoff auf die Wolle gezogen ist, desto stärker ist auch der Angriff der Säure am Stahl. Es werden

Fe-Legierungen mit Zusätzen an C, Cr, Ni, Mo, Ti, Nb, Cu angeführt. (Melliand Textilber. **39.** 1152–56. Okt. 1958.) W. BERNARD. 7000

G. Prati, S. Pacetti und **P. Moruzzi**, *Die Theorie der Cellulosefärbung mit Direktfarbstoffen.* Die Fassung einer für das Färben von Cellulosefasern mit Direktfarbstoffen gültigen einheitlichen thermodynam. Theorie bietet bes.. große Schwierigkeiten, da für den Phasenübergang der ionisierten Substanzen als feste Phase nur ein Teil der Cellulosefaser in Betracht kommt. Vff. führten unter Absorptionsbedingungen des ion. Gleichgewichts mit 20 starken, 6 cm^2 großen Cellophanproben, von denen die eine Hälfte 15 Std. bei 105^0 getrocknet war, Färbeverss. mit Chryophenin G durch, dessen thermodynam. Werte bzgl. Affinität u. Färbungswärme bekannt sind. Mit Hilfe der Statistik ließ sich die Verminderung der „*Zugänglichkeit*" (I) des Farbstoffs ausgedrückt in Liter/kg Cellophan, als Folge des Trocknungsvorgangs bestimmen. Den Ausdruck I, der ein spezif. Vol. (Liter/kg) bzw. die Absorptionsfähigkeit der Faser für Farbstoffe angibt, wählten Vff. hier für den bisher in der Literatur als „*surface volume V*" verwendeten, weniger klaren Term V. Für beide Versuchsreihen fanden Vff. eine deutliche Wechselbeziehung zwischen I u. der Temp. des Färbebades. — 3 Kurventafeln, 3 Tabellen. (Tinctoria [Milano] **55.** 433–37. Nov. 1958. Milano, Staz. Sperim. per la Cellulosa, Carta e Fibre Tessili Vegetali ed Artificali; Centro di Studio per l'ind. Tessile del C. N. R.) A. SANDER. 7002

—, *Farbstoffe und Textilhilfsmittel.* CIBA AG., Basel: *Cibacetfarbstoffe mikrodispers,* deren Dispersion den hohen Ansprüchen der Apparate- u. Foulardfärberei voll entspricht. Bes. zum Färben von Flocke, Kammzug u. Garnen auf App., zum Färben schwerer, dichtgeschlagener Gewebe u. Gewirke, bes. auf Jigger, zum Foulardfärben von Geweben aus synthet. Faserstoffen u. zum Textildruck werden diese Farbstoffe eingesetzt. Folgende Cibacet-Marken in *mikrodisperser Form* stehen zur Verfügung:, *Cibacetbrillantgelb 4 G, Cibacetgelb 5 GN, -gelb 2 GC, -gelb GWL, -rot 3 B, -brillantrosa FG, -brillantrosa 4 BN, -violett 2 R, -blau BR, -blau F 3 GN, -blau F 3 R, -blau GF, -blau RF, -blau 2 R, -saphirblau G, -saphirblau 4 G, -türkisblau G, -dunkelblau RB, -grün 5 G, -grau NH, -diazoschwarz GWS* u. *-schwarz GD.* — *Cibacetbraun 3 R* färbt u. druckt Polyester-, Acetat- u. Triacetatkunstseide. Sehr gute Sublimierbeständigkeit, hohe Lichtechtheit u. auf Acetat- u. Triacetatkunstseide weiß ätzbar. — *Cibacetscharlach B* weist gleiche Echtheitseigg. auf, ist auch zum Färben u. für den Direktdruck einsetzbar von Polyester-, Polyacrylnitril-, Acetat- u. Triacetatfaserstoffen. — *Cibacronbrillantblau BR* ist ein Reaktivfarbstoff für Cellulosefaserstoffe u. Wolle. Das Prod. weist sehr gute Waschechtheit auf. — *Cibacronviolett 2 R* ist leicht lösl., besitzt gute Gesamtechtheiten u. eignet sich für Kunstharzausrüstungen. — *Cibacrolanblau 8 G und Cibacrolangrün VM* dienen der Echtfärbung von Wolle in allen Verarbeitungsstadien. Sehr hohe Brillanz, gute Lichtechtheit, sehr gute Naß- u. Reibechtheiten. — *Cibanogenbraun FBL* druckt satte, gut deckende Brauntöne auf natürliche u. regenerierte Cellulosefaser. Die Drucke lassen sich durch kurzes, saures Dämpfen oder nach dem Naßentwicklungsverf. entwickeln. — J. R. GEIGY AG., Basel: *Solophenylgrün A 2 GL* (Zirk.-Nr. 1304) ist ein Heißfärber mit sehr guten färber. Eigg. u. einer bes. für Foulardfärbungen wünschbaren hohen Löslichkeit. Sehr gute Licht- u. Naßechtheiten. Der Farbstoff eignet sich auch für Kunstharzappreturen, er reserviert Acetatseide, deckt tote Baumwolle u. läßt sich mit Anthrachinonätze weißätzen. — Die Druckkarte „*Küpenfarbstoffe im Textildruck*" illustriert die wichtigsten Tina- u. Tinonfarbstoffe für Wasch-, Dekorations- u. Allwetterartikel. — SANDOZ AG., Basel: *Brillantalizarinwalkblau F 2 GL* (Zirk.-Nr. 1328) färbt Wolle, Seide u. synthet. Polyamidfasern in allen Verarbeitungsstadien. Das Prod. weist gutes Egalisiervermögen, sehr gute Licht-, Wasch-, Walk-, Chlor-, Dekatur- u. Carbonisierechtheit auf. Auch im Druck eingesetzt, weist das Prod. sehr gute Allgemeinechtheiten auf. Die brillante, grünstichige Nuance kommt bes. auf Nylon zur Geltung. — *Sandogenbraun F-BL* (Zirk.-Nr. 1399) wird durch saures Dämpfen oder durch Behandlung im heißen Säurebad fixiert. Die Drucke zeigen sehr gute Lichtechtheit. — *Foronbrillantorange GL ultradispers* färbt Polyesterfasern in leicht gelbstichigen Orangetönen. Der sehr gute licht- u. naßechte Farbstoff eignet sich für die Carriermeth., das Hochtemperaturverf. u. den Druck. — ROHNER AG., Pratteln: *Ronagenmarineblau IB* ergibt grünstichige u. bes. lichtechte Marineblautöne. Die Drucke eignen sich bes. für Waschartikel. Auf Baumwoll- u. Viscosegeweben ergibt Ronagenmarineblau IB nach dem Säuredampf- u. dem Entwickler-N-Verf. eine volle Entwicklung. — CHEMISCHE FABRJK THEODOR ROTTA, Mannheim-Industriehafen: *Reactant-Kunstharztypen*: *Preska Reactant* liefert permanente Hochveredlungseffekte u. eignet sich für Hoch- u. Tiefprägung. Die Waschbeständigkeit ist vorzüglich. — *Preska Universal* rüstet Gewebe aus nativer u. regenerierter Cellulose permanent naß- u. knitterfest aus. Die Effekte sind koch- u. chlorbeständig. — Preska Reactant u. Preska Universal sind wasserlösl. u. formalinarm bei der Lieferung

u. Verarbeitung. — MEYPRO AG., Kreuzlingen: *Meypro-Gum CRX* ist eine Spezialverdickung für nachkupferbare Farbstoffe. Die Verdickung findet immer mehr Verwendung beim Drucken von Reaktivfarbstoffen auf Baumwolle u. Zellwolle. — *Meypro-Gum CR* erweist sich als sehr vorteilhaft beim Drucken von Küpenfarbstoffen in Verbindung mit Stärke. Die Verdickungen weisen sehr gute Auswaschbarkeit auf u. sind sehr zügig. — IMPERIAL CHEMICAL INDUSTRIES LTD., Manchester: *Duranoldirektschwarz T* dient speziell für das Färben von Terylene u. anderen Polyesterfasern allein oder in Mischungen mit Wolle, Baumwolle, Viscose oder Leinen. Die tiefen, neutralen Schwarztöne sind von sehr guter Lichtechtheit. Die Färbungen weisen gute Beständigkeit bei Hitzebehandlungen, wie Plissieren, auf. Das Prod. besitzt auf Viscoseacetat gute Temperatureigg. u. kann daher sowohl auf offener Kufe als auch auf dem Jigger u. Haspel angewandt werden. — CASSELLA FARBWERKE MAINKUR: *Immedialechtkatechu RL „Hydrosol"*. Der rotbraune Farbstoff ist wasserlösl. u. hat aus wss. Lsg. prakt. keine Affinität zur Cellulosefaser. Auf Grund dieser Eigg. eignet sich der Farbstoff vor allem für jegliche Arten von Klotzfärbeverfahren. — *Indanthrenbraun GCW Pulver fein für Färbung, Indanthrenbraun GCW „Stabilosol"* färben Sand-, Beige- u. Brauntöne, die auch in hellsten Tönen vorzügliche Lichtechtheit aufweisen. In tieferen Tönen dient das Prod. für Allwetterartikel. Für Pigmentierzwecke wird der Farbstoff in höchster Feinverteilung als „Stabilisol" geliefert. — *Indanthrenrot FRC Suprafix Teig* findet nach dem Rongalit-, Pottasche- u. Colloresinverf. Anwendung. Die sehr guten Gesamtechtheiten machen das Prod. bes. für den Druck von Vorhang- u. Dekorationsstoffen u. für ausgesprochene Waschartikel geeignet. Bes. im Dekorationsartikel lassen sich mit dem Farbstoff Rosa-, Fraise- u. satte Rottöne herstellen. — *Indocarbon CLN Suprafix Teig*, die jetzt auch in Teigform gelieferte Marke ist im Colloresinverf. druckbar u. weist gute drucktechn. u. Fixierungseigg. auf. Das satte Tiefschwarz eignet sich für den Direktdruck auf Cellulosefasern, Acetat, Naturseide u. Polyamidfasern. — *Kunstseidenschwarz GSE* liefert grünstichige, gedeckte Schwarzfärbungen, die nicht säureempfindlich sind u. darum bes. für die Knitterfestausrüstung dienen. — *Humectol AL* ist ein Netzmittel, bes. für alkal. Bäder. Es begünstigt das Eindringen der Färbeflotte in das Material, fördert die Durchfärbung u. egalisiert gut. Das Prod. ist schaumarm u. vermindert das Schwimmen des Materials. — *Solidegal CM* ist ein Hilfsmittel für die Küpenfärberei. Beim Zwischentrocknen wird das Wandern der Farbstoffe verhindert. (SVF Fachorgan Textilveredlung **14.** 104—09. Febr. 1959.) P. ECKERT. 7018

Helmut Waibel, *Das Kontinuefärben mit Küpenfarbstoffen.* Nach einer allg. Übersicht über die techn.-wirtschaftlichen Vorteile des neuen Kontinuefärbens (I) im Vgl. zu den bisherigen diskontinuierlichen Färbeverff. auf dem Jigger beschreibt Vf. zunächst die verschied. Verff. der I mit red. Küpenfarbstoffen (II) in alkal. sowie in sauren Bädern, vorzugsweise mit Rongalit an Stelle von Hydrosulfit. Eine Weiterentw. dieser Verff. bilden die „Pad-Steam"-Meth., bei der die Ware zunächst mit II in Pigmentform imprägniert, in einem zweiten Foulard mit stark alkal., kalter Reduktionslsg. behandelt u. anschließend im Dämpfapp. entwickelt u. oxydiert wird, während bei der Standardmeth. „Williams-Unit" die Red. in der Heißluftkammer (hot flue) stattfindet. Öl- oder Woodmetallbäder dienen bei der Hochtemperaturfärbung während der Red. als Wärmeüberträger. So beim „Standfast"-Verf., das sich für leichte Gewebe eignet. Abschließend beschreibt Vf. das apparative einfachere Indanthren-Naßdampfverf., dessen Vorteile im Vgl. zu den anderen I hervorgehoben werden. Gestreift werden verschied. neue apparative Konstruktionen für Sonderzwecke. — 6 Abb.; ausführliche Literaturhinweise. (Tinctoria [Milano] **55.** 490—98. Dez. 1958. Ludwigshafen/Rh., Bad. Anilin- & Soda-Fabrik Akt.-Ges.) A. SANDER. 7020

J. A. Fowler, *Die Anwendung der Caledon-Küpenfarben nach den Methoden: Pigmentfärbung/Entwicklung auf dem Jigger; Färbung nach dem „Pad-steam"-Verfahren; Färbung nach dem „Standfast"-Verfahren im Metallschmelzbad.* Übersicht über die letzte Entw. des Baumwollfärbens bzgl. App., Wirtschaftlichkeit des Färbens u. Güteeigg. der Färbung. Vf. beschreibt Apparate, Ausführung u. Rezepturen der einzelnen Arbeitsgänge eines Pigmentfärbeverf. u. von 2 neuen Kontinueverff. mit „Caledon"-Küpenfarbstoffen an Hand von Fließblatt- u. Apparatebildern. — 6 Abb. u. Diagramme. (Tinctoria [Milano] **56.** 10—15. Jan. 1959. Imperial Chemical Industries Ltd.) A. SANDER. 7020

Zdeněk Petrů und **Zdeněk K. Jelínek,** *Die Diffusion von Dispersionsfarbstoffen in Polyäthylenterephthalat.* Es wurden die Verhältnisse zwischen der Größe der Diffusionskoeffizienten von einigen Dispersionsfarbstoffen (Cellitonechtgelb G, -gelb GR, -orange GR, -echtrot 2 B, Setacylrosa 3 B supra, Cellitonechtrosa BN, -rotviolett RN, -violett B, -blau B, -blau FR u. Cellitonbrillantgrün 3 G) bei 100° in Polyäthylenterephthalat u.

ihre chem. Struktur u. ihre Mol.-Geww. untersucht. Die Derivv. von 1-Aminoanthrachinon diffundieren schneller in die Faser als die Derivv. von 1.4-Diaminoanthrachinon. Beim Färben mit einem Gemisch von Farbstoffen ist es notwendig, daß alle einzelnen Farbstoffe dieselben Diffusionskoeffizienten haben. Die Überträger, die gleichzeitig Lösungsm. für Fasern sind, ermöglichen eine bedeutend größere Diffusion als solche Überträger, die die Faser nicht lösen. (Chem. Průmysl **8** (**33**). 606—08. Nov. 1958. Pardubice-Rybitví, Výzkumný ústav organických synthes.) J. Schneider. 7020

Josef Nüsslein, *Färben und Ausrüsten von Textilien aus synthetischen Fasern.* Es werden die gesamten Gebiete der Herst., Verwendung u. Veredlung aller bisher auf dem Markt erschienenen synthet. Fasern gestreift, besondere Verff. jedoch nicht angegeben. (Z. ges. Textilind. **61.** 55—61. Jan. 1959. Farbwerke Hoechst.) W. Bernard. 7020

H. Stern und **H. U. Schmidlin,** *Das Färben von Acrilan.* Zum Färben von Acrilan u. seinen Mischungen mit Wolle u. Cellulosefasern werden bestimmte Typen aus verschied. Farbstoffklassen u. Färbeverff. angeführt. Cibacet- u. Cibacetdiazo-Marken geben bei Kochtemp. tiefe Farbtöne. Saure Wollfarbstoffe verlangen einen größeren Zusatz starker Säuren. Bes. geeignet sind hier Benzylecht-, Alizarinecht- u. Kitonfarbstoffe. Neolanfarbstoffe färben mittlere bis tiefe, gedeckte Töne. Cibalan- u. Chromfarbstoffe werden besser mit Carrieranwendung gefärbt. Zum Färben von Acrilanteppichen eignen sich Cibantinfarbstoffe. Für die Färbung von Acrilan–Wolle-Mischungen werden Färbeverff. angegeben u. besondere färber. Schwierigkeiten aufgezeigt. Weitere Färbemethoden für Mischungen von Acrilan mit Cellulose-, Acetat- u. Polyamidfaserstoffen sowie tabellar. Zusammenstellungen der mit diesen Farbstoffklassen erzielbaren Echtheiten werden angegeben. (SVF Fachorgan Textilveredlung **13.** 110—33. März 1958. Basel, Schweiz, Ciba Akt.-Ges.) G. Lange. 7020

Werner A. Schoeneberg, George C. Ward und **Joseph S. Warner,** *Die Bearbeitung von Arnel–Baumwoll-Gemischen nach Baumwollfärbeverfahren.* Es werden die geringen Abwandlungen besprochen, die nötig sind, um ein Gewebe aus Arnel-Triacetat u. Baumwolle nach dem Baumwollfärbeverf. zu färben. (Amer. Dyestuff Reporter **47.** P655—P661. 22/9. 1958. Charlotte, N. C., Celanes Corp. of America.) R. Junge. 7020

A. Franken, *Über das Trocknen in der Filmdruckerei.* Es wird die Zerstörung des Rongalits durch die bes. feuchte Atmosphäre in den Filmdrucksälen mit 20—25% angegeben. Zur Trocknung der Gewebe auf den Filmdrucktischen wird Aufblasen von erwärmter Luft empfohlen. Um diese Trockenluft vorzubereiten, wird die Verwendung von Silicagel empfohlen, welches durch seine große Capillaroberfläche (450 m^2/g) in der Lage ist, die Trockenluft so weit zu entwässern (Adsorptionstrocknung), daß deren Verwendung den Rongalitverbrauch auf ein erträgliches Maß verringert. (Reyon, Zellwolle andere Chemiefasern **8.** 733—35. Okt. 1958.) W. Bernard. 7022

Henryk Lisik, *Entwicklung des technischen Fortschritts auf dem Gebiet des Färbens von Handschuhledern.* Übersicht über die Anwendung von Chromier-, Schwefel- u. Reaktionsfarbstoffen zum Färben von Weißleder u. neue Methoden der Egalisierung der Färbung. (Przegląd Skórzany **13.** 35—38. Febr. 1958.) F. Urban. 7024

Albrecht Würz, *Über die thermische Beständigkeit von Färbungen auf synthetischen Fasern.* Dem Oberbegriff „Therm. Beständigkeit“ werden die Begriffe Kontakthitze-, Heißluft- u. Dämpfbeständigkeit untergeordnet. An einer speziell entwickelten Präzisionslaboratoriumsbügelpresse wurde die Kontakthitzebeständigkeit von „Palanil“-Farbstoffen auf Polyesterfasern bei verschied. Tempp. (170—220°), verschied. Einwirkungszeiten (15 u. 30 Sek.), verschied. Farbtiefen (1/12, 1/6, 1/3, 1/1 Hilfstyptiefe) u. verschied. Färbeweisen (Hochtemperaturfärbung u. Färbung bei 100° mit u. ohne Carrierzusatz) gemessen. Ferner wurde die Kontakthitzebeständigkeit von „Ortolan“- u. „Vialonecht“-Farbstoffen auf „Perlon“, von „Perliton“-Farbstoffen auf „Perlon“ u. Nylon u. von „Celliton“-, „Cellitonecht“- u. „Basacryl“-Farbstoffen auf „Dralon“ untersucht. Die Heißluftbeständigkeit der „Palanil“-Farbstoffe auf Polyesterfasern wurde im Fixierrahmen gemessen. Bei allen Messungen wurde besonderer Wert auf das Anbluten von Polyester, Woll- u. Baumwollbegleitmaterial gelegt. — Die Tabellen verdeutlichen die unterschiedliche Sublimationsfähigkeit der einzelnen Farbstoffe u. gestatten dadurch eine zweckentsprechende Auswahl. (Z. ges. Textilind. **60.** 1017—24. Dez. 1958. Ludwigshafen/Rh., Bad. Anilin- & Soda-Fabrik Akt.-Ges., Aweta/Textil.) R. Junge. 7028

R. E. Bedford, *Untersuchungen über die spektrale Anhängigkeit beim Ausbleichen gefärbter Textilien.* Mercerisierte Baumwollgewebe wurden mit verschied. roten u. blauen Direktfarbstoffen (Chlorantinlichtblau 4 GL, Riganhimmelblau G, Durazolrot 2 B, Chlorantinechtbordeaux 2 B, Direktrot 100, Fastusolgelb 5 G) in rot, blau u. grün eingefärbt u. hinter Farbfilter dem Sonnenlicht ausgesetzt. Hierbei wurde gefunden, daß bei allen

3 Ausfärbungen im UV-Bereich die stärksten Farbtonveränderungen hervorgerufen werden. Die Ergebnisse selbst werden ausführlich diskutiert. — 4 Tabellen, 5 Figuren. (J. Soc. Dyers Colourists **75.** 37—44. Jan. 1959.) H.-G. Fröhlich. 7028

Celanese Corp. of America, New York, N. Y., V. St. A., *Farbstoffe der Nitrodiarylaminreihe* der allg. Zus. I (R u. R' = monocycl. Arylreste, R'' = Hydroxyalkylrest mit bis zu 4 C-Atomen), gelbe Dispersionsfarbstoffe für Acetatkunstseide oder andere organ. Cellulosederivv., erhält man entweder durch Rk. eines 4-Chlor- oder 4-Brom-3-nitrobenzolsulfonylhalogenids (II) mit einem eine alkoh. Hydroxylgruppe enthaltenden aromat. Amin u. Rk. der erhaltenen Verb. mit einem aromat. Amin in Ggw. säurebindender Mittel oder durch Rk. von **II** mit einem keine alkoh. Hydroxylgruppen enthaltenden aromat. Amin u. Rk. der erhaltenen Verb. mit einem alkoh. Hydroxylgruppen enthaltenden aromat. Amin. — 25 (Gewichtsteile) N-Phenyl-N-β-hydroxyäthylamin fügt man tropfenweise bei 32° nicht übersteigenden Tempp. unter Rühren zu einer Lsg. von 21 4-Chlor-3-nitrobenzolsulfonylchlorid in 317 Aceton, rührt weitere 3 Std. bei 25—30°, verd. mit 2000 mit HCl angesäuertem W., filtriert das Reaktionsprod., wäscht mit W. u. trocknet. Man erhält 26,8 4-Chlor-3-nitrobenzolsulfon-(N-β-hydroxyäthyl)-anilid (**III**), F. 100°. Ein Gemisch von 7 **III**, 5 Anilin (**IV**), 2 Na_2CO_3 u. 100 W. erhitzt man 20 Std. unter Rühren u. Rückfluß, kühlt, verd. mit 500 HCl enthaltendem W., wäscht mit W. u. trocknet. Man erhält 2-Nitrodiphenylamin-4-sulfon-(N-β-hydroxyäthyl)-anilid, Kristalle aus A., F. 135—136°. Ersetzt man **IV** durch p-Phenetidin, so wird ein orangegelber Farbstoff, F. 120—123°, erhalten. — Färbebeispiele. (**E. P. 794 178** vom 16/5. 1955, ausg. 30/4. 1958. A. Prior. 17/5. 1954.) O. Roick. 7051

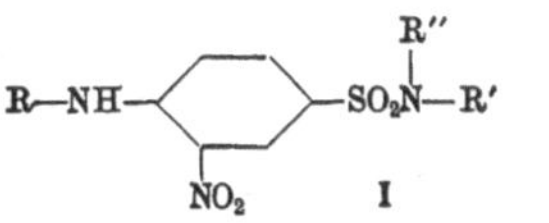

I

Farbenfabriken Bayer Akt.-Ges. (Erfinder: **Alfons Dorlas**), **Leverkusen,** ***Herstellung von Monoazofarbstoffen und deren Metallkomplexverbindungen. 2-Amino-1-hydroxy-4.6-bis-acetylaminobenzol*** (**I**) wird diazotiert u. mit in o-Stellung zur phenol. bzw. enol. OH-Gruppe kuppelnden Verbb. der Oxynaphthalin-, Pyrazolon- bzw. Acylessigsäurearylamidreihe vereinigt, die frei von COOH- u. SO_3H-Gruppen sind. Die erhaltenen Farbstoffe können auf der Faser oder in Substanz, hier auch im Gemisch mit anderen metallisierbaren Monoazofarbstoffen, metallisiert werden. — **I** → ***2-Hydroxynaphthalin*** (**V**) färbt Wolle (**II**) nach dem Einbadchromierverf. (**III**) in dunkelblauen Tönen von vorzüglicher Licht- u. guter Naßechtheit. **I** → ***1-Acetylamino-7-hydroxynaphthalin*** (**VI**) färbt **II** nach **III** grünstichiggrau; ebenso färbt die Cr-Komplexverb. (**IV**); die Co-Komplexverb. färbt **II** blaugrau. — **I** → ***1-Benzoylamino-7-hydroxynaphthalin,*** **IV** färbt **II** grünstichiggrau. — **I** → ***2'-Chlorbenzoylamino-7-hydroxynaphthalin,*** **IV** färbt **II** grünstichiggrau. — **I** → ***2'.4'-Dichlorbenzoylamino-7-hydroxynaphthalin,*** **IV** färbt **II** grünstichiggrau. — **I** → ***1-Phenyl-3-methyl-5-pyrazolon,*** **IV** färbt **II** rotbraun. Ein Gemisch aus **V** u. ***2-Amino-1-hydroxybenzol-4-sulfonsäureamid*** → **VI, IV** färbt **II** rotstichigblau. **I** kann an Stelle der Acetylgruppe auch die Formyl-, Chloracetyl-, Propionyl- oder Methansulfonylgruppe enthalten. (**D. A. S. 1 003 375** Kl. 22a vom 25/3. 1954, veröff. 28/2. 1957.) F. Rath. 7053

Ciba Akt.-Ges., Basel, Schweiz, *Metallhaltige Azofarbstoffe.* 2-Amino-1-hydroxybenzol-4-sulfonsäureamid (I) → 1-n-Octyl-3-methyl-5-pyrazolon; Wolle, kobaltiert, braungelb. — 5-Nitro-2-amino-1-hydroxybenzol → 1-n-Butyl-3-methyl-5-pyrazolon (**II**) + **I** → **II**; Wolle, chromiert, rot. (**Schwz. PP. 309 784** u. **309 785** vom 21/8. 1951, beide ausg. 16/11. 1955. **Zusätze zu Schwz. P. 302 154; C. 1950/54. 3583. S.**) U. Sievers. 7055

American Cyanamid Co., New York, N. Y., übert. von: **Robert Sidney Long,** Bound Brook, und **Mario Scalera,** Somerville, N. J., V. St. A., *Cumarinderivate* der allg. Formel I (R' u. R'' = niedriges Alkyl, R = gegebenenfalls substituiertes Aryl). Man setzt die entsprechenden, in 3-Stellung unsubstituierten Cumarinderivv. mit Aryldiazoniumverbb. um. — Z. B. ergibt *4-Methyl-7-diäthylaminocumarin* (**II**) in Aceton mit CH_3COONa + $CuCl_2$ durch Zusatz von diazotiertem Anilin in HCl bei 50° 3-Phenyl-**II**. Analog erhält man: *3-(2'.5'-Dichlorphenyl)*-**II**; **I** ($R' = R'' = CH_3$, $R = C_6H_5$); *3-(p-Methoxyphenyl)*-**II**; *3-(α-Naphthyl)*-**II**; *3-(o-Carboxyphenyl)*-**II**; *3-(o-Methylphenyl)*-**II**; *3-(p-Chlorphenyl)*-**II**; *3-(p-Sulfonsäurephenyl)*-**II**; **I** ($R' = R'' = CH_3$, $R = p\text{-}Cl\text{—}C_6H_4$); *3-(p-Methylphenyl)*-**II**; *3-(m-Chlorphenyl)*-**II**; *3-(p-Nitrophenyl)*-**II**; *3-p-Biphenylyl*-**II**. — *Farbstoffe* für Wolle, Seide, Nylon, Celluloseacetat, bes. in Verbindung mit opt. Bleichmitteln. (**A. P. 2 844 594** vom 21/9. 1955, ausg. 22/7. 1958.) K. Fabel. 7057

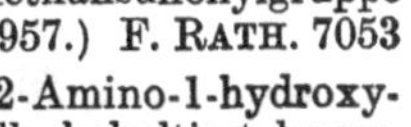

I

General Aniline & Film Corp., New York, N. Y. (Erfinder: **Paul Nawiasky** und **Guido R. Genta**), V. St. A., *Küpenfarbstoffe.* Halogenierte *Dibenzanthrone* oder

Dibenzanthronyle, wie man sie durch Halogenierung in H_2SO_4 oder Chlorsulfonsäure in Ggw. einer kleinen Menge $AlCl_3$ erhält, werden in einem inerten organ. Lösungsm. in Ggw. eines säurebindenden Alkalisalzes u. einer Cu-Verb. erwärmt u. mit einem *Aminoanthrachinon* durch Schmelzen zur Rk. gebracht. — Z. B. werden 56 (g) Dibromdibenzanthron in 800 cm^3 Nitrobenzol gelöst, mit 44,5 1-Aminoanthrachinon, 33 Na_2CO_3, 3 $CuCO_3$, 3 CuO versetzt u. zum Sieden erhitzt, bis eine Probe $<1\%$ Brom enthält. Das Lösungsm. wird mit Wasserdampf abgetrieben, dann wird angesäuert u. filtriert. 45 des Reaktionsprod. (bromfreies *Dianthrachinonylaminodibenzanthron*) werden in die auf 130—135° erhitzte Mischung von 100 A. u. 300 KOH gegeben u. 1 Std. bei 1,4 bis 1,8 at auf 150—155° erhitzt. Nach dem Abkühlen wird mit W. verd. u. Luft eingeleitet. (**It. P. 485 439** vom 13/9. 1951. A. Prior. 28/9. 1950.) K. KOEBKE. 7059

XIa. Farben. Anstriche. Lacke. Naturharze.

Frederick E. Tropp, *Neuentwicklung auf dem Gebiet hitzehärtender Harze.* Vf. berichtet ausführlich über eine neue Klasse von Duroplasten (*Cyzac* der AMERICAN CYANAMID CO.) für Einbrennlacke, deren besondere Eigg. bzgl. Glanz, Härte, chem. Widerstandsfähigkeit u. anderes. (Off. Digest Federat. Paint Varnish Product Clubs **30.** 746—69. Juli 1958. Bridgeville, Pa., American Cyanamid Co.) L. KEMPF. 7096

Douglas J. Kelly, Kenneth C. Smith und **Irvan D. Roche,** *Chlorsulfoniertes Polyäthylen: Ein neues Anstrichbindemittel.* Vff. behandeln den chem. Aufbau von chlorsulfoniertem Polyäthylen (*Hypalon* der E. I. DU PONT DE NEMOURS & CO.), ferner die Herst. von Anstrichfarben auf dieser Basis nebst Pigmentierung, Härtung, Filmeigg., Verträglichkeit mit sonstigen Anstrichharzen u. Anwendungsgebieten. (Off. Digest Federat. Paint Varnish Product Clubs **30.** 684—706. Juli 1958. Wilmington, Del., E. I. du Pont de Nemours & Co.) L. KEMPF. 7096

G. Schiemann, H. Düring und **S. Khatschaturian,** *Zur Kenntnis styrolisierter Öle und Lacke.* Vff. berichten über ihre Unterss. der Eigenschaftsänderungen von trocknenden Ölen bzw. daraus hergestellten Öllacken durch Zusatz von 10—15% monomerem Styrol zu Leinöl. (Fette Seifen einschl. Anstrichmittel **60.** 545—47. Juli 1958. Hannover, TH.) L. KEMPF. 7096

Victor H. Boden und **Thomas J. Hall,** *Glykole und Hexantriol.* Verwendung von Äthylen- u. Propylenglykol sowie von Hexantriol in Alkydharzen. (Paint Varnish Product. **48.** Nr. 11. 68—69. 162. Okt. 1958. Union Carbide Chemicals Co., Div. of Union Carbide Corp.) B. SCHEIFELE. 7096

E. Eberius, *Untersuchungen auf dem Gebiet der Zinkstaubfarben.* Vf. behandelt die Ursachen der Schutzwrkg. hochpigmentierter Zn-Staubfarben u. schließt aus seinen Unterss., daß die Wrkg. nur anfänglich u. umweltbedingt auf elektrochem. Vorgängen beruht, dann aber durch Binden des angreifenden Agens u. durch Selbstabdichten des Anstrichs zustande kommt. (Fette, Seifen, Anstrichmittel **60.** 555—60. Juli 1958. Duisburg-Hamborn, AG. für Zinkind. vorm. W. Grillo.) L. KEMPF. 7106

Wolfram A. Riese, *Über den Aufbau von Dispersionsfarben.* Vf. diskutiert Polyvinylacetat- u. -acrylatdispersionen sowie Latices auf Basis Butadien–Styrol bzgl. Herst. u. Eigg., Pigmentierung, Pigment–Vol.-Konz., Filmbldg., Schaumverhütung u. andere. (Farbe u. Lack **64.** 489—94. Sept. 1958. Zürich.) L. KEMPF. 7106

Walter Berger, *Die Abdichtungsfähigkeit von Chlorkautschukanstrichen.* Vf. berichtet über seine Unterss. betreffs Porigkeit u. Strukturporosität bei verschied. Korrosionsschutzsystemen u. diskutiert die Ergebnisse, wobei festgestellt wird, daß allg. bei mehreren Anstrichschichten mit einer Gesamtschichtdicke bis zu 80 μ immer mit Poren gerechnet werden muß u. erst ab 100 μ in keinem Fall Poren auftraten u. sich Chlorkautschuksysteme nicht schlechter als andere verhielten. Bzgl. Strukturporosität, gemessen an der Wasserdampfdurchlässigkeit, wurde das bes. günstige Verh. von Chlorkautschukanstrichen erwiesen. (Farbe u. Lack **64.** 592—94. Nov. 1958. Leverkusen, Bayer-Farbenfabriken.) L. KEMPF. 7106

William F. Scheufele, *Prüfung der Haftfestigkeit von Polyvinylacetatfarben auf kreidenden Flächen.* Für die Prüfung der Adhäsion von Polyvinylacetatdispersionsfarben (I) auf kreidenden Flächen wurden als Grundmaterial siliconisierte Asbestzementplatten, die mit Portlandzementfarbe überzogen waren, gewählt. Die geprüften I wurden in 4 Serien gegen eine Normalfarbe (Everflex 11278 G) geprüft, wobei Mol.-Gew. des Polyvinylacetats, Emulgator, Netzmittel, Verfilmungsmittel u. Grundiermittel (Butadien–Styrol-Latex, Holzöl primer, Polyvinylacetat-Lsgg.) variiert wurden. Resultate: Entgegen der bisherigen Annahme kann die Haftung von I auf kreidendem Untergrund durch hochdisperse Acrylharz-, Styrol–Butadien- u. Polyvinylacetat–Mischpolymeren-Latices nicht merklich verbessert werden. Hingegen ergab sich, daß Mol.-Gew. u. Wassergeh. der Dispersion für die Haftung maßgebend sind. Auch die Art des Netzmittels ist von stärkerem Einfluß. Stärker wirkende Verfilmungsmittel heben die Atmungsfähigkeit bzw. Wasserdampfdurchlässigkeit der Filme auf. Als geeignetes Grundiermittel erwies sich eine 17%ig. Lsg. von Polyvinylacetat in Methanol. Alle anderen Grundiermittel bewirkten keine Bindung des kreidenden Untergrundes. Holzöl primer ergab zwar eine Abbindung, eignet sich aber mehr für nichtkreidende Untergründe. (Western Paint Rev. **44.** Nr. 10. 19A—22A. Okt. 1958. Dewey & Almy Chemical Co., Organ. Chemicals Div.) B. SCHEIFELE. 7106

D. E. Winkler, *Neue und abgewandelte Stabilisatoren auf Basis von Epoxyverbindungen.* Als Stabilisatoren für chlorhaltige Harz-Lsgg., mit denen Fe-Bleche überzogen worden waren, gelangten 3 Epoxyharze der SHELL CHEM. CORP., fettsaures Sr u. Cd sowie Dibutylzinndilaurat zur Anwendung. Obzwar Fe als Zersetzungskatalysator für Chlorverbb. bekannt ist, verfärbten sich die epoxydhaltigen Anstriche nur gering, während alle anderen versagten. Analoge Ergebnisse wurden mit Vinylite VYHH u. Saran F-120 erhalten. Anstriche auf Al-Blechen verhielten sich bei Außenbewitterung ebenfalls günstig. Daneben wurde hochmol. Polyvinylchlorid, ferner ein Vinylchlorid–Vinylacetat-Copolymer von hohem Vinylchloridgeh. mit 50% Weichmacher u. 2—5% Epoxystabilisator versetzt, zu dünnen Folien ausgewalzt u. der Alterung an der Luft bei 160°, im Bogenlicht u. der Außenbewitterung ausgesetzt. Epoxystabilisatoren zeigen im Verein mit Cd- u. Sr-Verbb. teils synergist. Effekte, teils schneiden sie ohne weitere Zusätze besser ab als andere vergleichsweise herangezogene Stabilisatoren. (Ind. Engng. Chem. **50.** 863—64. Juni 1958. Emeryville, Calif., Shell Developm. Co.) A. BRING. 7106

Richard C. Burck, *Struktur, Eigenschaften und Verwendung von Urethananstrichen.* Der chem. Aufbau von im Handel eingeführten Tolylendiisocyanaten (Typen: Mondur) wird an Hand ihrer Strukturformeln erläutert u. die Bldg. von Urethanbindungen bei ihrer Rk. mit Polyesterharzen, die endständige OH-Gruppen enthalten, aufgezeigt. Die Beziehungen zwischen der chem. Konst. der Urethane u. ihren chem. u. physikal. Eigg. werden besprochen. Der durch Urethananstriche gewährte Korrosionsschutz für bes. stark beanspruchte Anstrichträger wird an Beispielen aus der Praxis belegt u. anwendungstechn. Maßnahmen zur Verhütung des Glanzverlustes von Urethananstrichen angegeben. (Corrosion [Houston] **13.** Nr. 12. 130—32. Dez. 1957. St. Louis, Mo., Mobay Chem. Co.) H. SONTAG. 7106

A. Kraus, *Über die neueste Entwicklung der Nitrocelluloselacke.* Vf. gibt einen Überblick über die Entw. bis zum neuesten Stand auf dem Gebiet der Nitrocelluloselacke mit Hinblick auf die verschied. Verwendungszwecke u. Einsatzgebiete. (Farbe u. Lack **64.** 595—600. Nov. 1958. Mühldorf, Obb.) L. KEMPF. 7106

P. Ss. Mikitenko, *Über die Zubereitung eines Überzugsgemisches für Fischfässer.* Für Fischfässer wird ein Überzugsgemisch, bestehend aus 66% Paraffin u. 34% Kolophonium, verwendet. Durch Best. der Temp. u. D. des Überzugsgemisches bei 90—135° läßt sich, wie aus einer Tabelle hervorgeht, der Geh. beider Komponenten bestimmen u. notfalls durch Zugabe eines der Bestandteile regulieren. (Рыбное Хозяйство [Fischerei-Wirtsch.] **34.** Nr. 3. 65—66. März 1958.) M. KYBER. 7106

B. W. Jerafejew, Ss. F. Naumawa und **M. W. Saretzki,** *Untersuchung der Natur der amorphen Abietinsäure.* Es wird die amorphe Struktur der *Abietinsäure* (**I**) verschied. Amorphisierungsgrade mit Hilfe röntgenograph. u. spektrophotometr. Methoden untersucht. Vff. stellen fest, daß die amorphe **I** Beimengungen von Decarboxylierungs- u. durch **I**-Umlagerung entstandenen Prodd. enthält, die bei der Amorphisierung mit der krist. **I** feste Lsgg. bilden können. (Известия Академии Наук Белорусской ССР, Серия Физико-Технических Наук [Nachr. Akad. Wiss. BelorussSSR, Ser. physik.-techn. Wiss.] **1956.** Nr. 2. 103—09.) W. KURTZMANN. 7140

F. Hempel, *Zur Rheologie in der Lack-, Imprägnier- und Kunststofftechnik.* Vf. beschreibt eine Meßtechnik, die speziell für die Erfassung der rheolog. Eigg. von Grundstoffen der Lack- u. Anstrichtechnik mit thermoplast. Charakter geeignet ist. (Fette, Seifen, Anstrichmittel **60.** 564—70. Juli 1958. Berlin.) L. KEMPF. 7154

J.-P. Wolff, *Anwendung der Ultraviolettspektrophotometrie auf Harze und Terpentine.* Die Kenntnis der UV-Absorptionsspektren der verschied. Harzsäuren gestattet eine quantitative Analyse der Kolophoniumsorten auf Grund ihrer UV-Spektren. Spektrophotometr. lassen sich ferner Benzol-KW-stoffe in Terpentinöl nachweisen. (Peintures, Pigments, Vernis **34.** 346—55. Aug. 1958. École supérieure des Corps gras.) B. SCHEIFELE. 7160

Godfrey L. Cabot, Inc. (Erfinder: **Laurent Philippe Michel** und **Thomas Harper Goodgame**), Boston, Mass., V. St. A., *Herstellung von feinverteiltem Eisenoxyd.* Man stellt sich durch Rk. von verd. HCl mit metall. Fe eine wss. $FeCl_2$-Lsg. her u. versprüht diese in entgegengeführte heiße Gase, so daß man kleine, feste $FeCl_2$-Teilchen erhält. Diese behandelt man nach dem Fließbettverf. mit Cl_2 bei $>300^0$ u. hydrolysiert die entweichenden $FeCl_3$-Dämpfe mit wenigstens 500⁰ heißem Wasserdampf zu Fe_2O_3 u. gasförmigem HCl. Man trennt die beiden u. wäscht das Gas mit W., um die gebildete wss. HCl in den Prozeß zurückzuführen. — Verwendung des feinverteilten Fe_2O_3 als *Pigment.* (**E. P. 796 037** vom 17/7. 1956, ausg. 4/6. 1958.) H. NEBELSIEK. 7093

Sylvania Electric Products, Inc., Salem, Mass., übert. von: **Francis N. Shaffer** und **Alden B. Davis**, Towanda, Pa., V. St. A., *Stannoaktivierter Zinkphosphatleuchtstoff,* in dem Zn z. T. durch Ba oder Sr ersetzt ist u. der auf 2 (Mol) P_2O_5 0,03—0,20 Sn(II) u. 2,9—2,2 Zn + (Ba oder Sr) enthält, wobei die Mol.-Menge des Zn das 0,04—3fache der Mol.-Menge des Ba oder Sr beträgt. Durch den partiellen Ersatz des Zn durch Ba oder Sr wird in der bei UV-Bestrahlung sonst weißen bis orangefarbenen Emission der Rotanteil stark vermindert u. der Blauanteil beträchtlich erhöht. (**A. P. 2 723 958** vom 10/4. 1951, ausg. 15/11. 1955.) R. SCHREINER. 7093

Robert Charles Switzer, Shaker Heights, und **Joseph Lyman Switzer,** Gates Mills, Ohio, V. St. A. (Erfinder: **Thomas Norman Gaunt**), *Herstellen von Pigmenten,* indem ein Amid vom Harnstofftyp u. Formaldehyd unter sauren Bedingungen zu einem nichtharzartigen Kondensationsprod. in Ggw. von 0,01—20% eines Farbstoffs, z. B. Rodamin oder Brillant Sulfoflavin usw., kondensiert werden. (**E. P. 748 484** vom 20/4. 1952, ausg. 2/5. 1956.) K. DEMMLER. 7093

Adrian Honig's Kunsthars Industries N. V., Zaandam, Holland, *Herstellung von Kunstharzlacken,* durch Erhitzen von Sojabohnenöl oder ähnlichen Ölen mit Harzen, die aus Mischestern des Pentaerythrits oder eines Polypentaerythrits mit einer $\alpha.\beta$-ungesätt. Polycarbonsäure (**I**) (Maleinsäure) u. Kolophoniumsäuren (**II**) bestehen, wobei auf 1 Mol **II** je 0,46—0,86 Mol **I** kommen. (**It. P. 490 426** vom 10/9. 1951. A. Prior. 9/9. 1950.) K. KOEBKE. 7097

Minnesota Mining & Mfg. Co., St. Paul, Minn., übert. von: **Herbert J. Passino,** Englewood, und **John M. Wrighton,** North Bergen, N. J., V. St. A., *Polytrifluorchloräthylen enthaltende Überzugsmittel.* Das plast. Polymerisat wird in einer Konz. von 1 bis 10 Gew.-% in einem Perfluorchlor-KW-stoff mit wenigstens 2 C-Atomen bei Tempp. über 110⁰ gelöst. Die Lsg. enthält zusätzlich als Weichmacher ölige oder wachsartige Polymerisate des Polytrifluorchloräthylens. Die Mittel dienen zum Überziehen von Metallen, Geweben, Papier, Leder, Glas, Holz sowie Drähten u. Kabeln. (**A. P. 2 844 555** vom 29/12. 1949, ausg. 22/7. 1958.) P. KRUG. 7107

Arthur D. Little, Inc., Cambridge, übert. von: **Derek E. Till,** Concord, Mass., V. St. A., *Überzugsmittel auf der Grundlage von Polymerisaten.* Den 5—15 (Gew.-%) Polymerisate (Polyvinylacetat, -alkohol, -acetale bzw. entsprechende Mischungen) in einem inerten Lösungsm. enthaltenden Mitteln werden 0,1—2 der Umsetzungsprodd. von organ. Aminen (prim., sek., tert. u. Polyamine) mit Kieselfluorwasserstoff zugesetzt. Die Mittel dienen zum *Überziehen von Glas bzw. Glasfasern.* (**A. P. 2 847 390** vom 28/8. 1956, ausg. 12/8. 1958.) P. KRUG. 7107

Lewis Berger & Sons Ltd. (Erfinder: **Frank Armitage** und **Leslie George Trace**), London, England, *Herstellung eines wasserdispergierbaren Polyäthylenglykolmodifizierten Alkydharzes.* Man verestert ein Gemisch aus Polyäthylenglykol, einer mehrbas. Carbonsäure, einem mehrwertigen Alkohol u. einem trocknenden Öl bzw. dessen Fettsäuren. — 496 (Gewichtsteile) Phthalsäureanhydrid, 292 Pentaerythrit, 180 Polyäthylenglykol (Mol.-Gew. 600) u. 642 Leinölfettsäuren werden unter N_2 $1^1/_4$ Std. auf 221⁰ erhitzt, 450 Leinöl zugegeben, die Temp. wird in 15 Min. auf 238⁰ erhöht u. $4^1/_2$ Std. gehalten. 72 dieses klaren, viscosen Harzes werden mit 1,44 Co-Linoleat (mit 4% Co) gemischt u. zu einer Dispersion einer Pigmentpaste aus 80 einer Weißpigmentpaste, 44 W. u. 2,5 NH_4OH (D. 0,88) bei 50⁰ zugesetzt. Man erhält eine Dispersion, die nach Aufstreichen in 6—8 Std. trocknet. Die Weißpigmentpaste besteht aus 240 TiO_2, 10 20%ig. wss. Na-Alkylsulfonatlsg. u. 150 Wasser. (**Oe. P. 198 519** vom 16/7. 1956, ausg. 10/7. 1958. E. Prior. 15/7. 1955.) M. PANKOW. 7107

Shell Development Co., New York, N. Y., übert. von: **Edward C. Shokal,** Walnut Creek, Calif., V. St. A., *Herstellung von harzartigen Produkten* durch Behandeln von Polyepoxyalkylpolyäthern eines mehrwertigen Phenols mit H_2 in Ggw. eines Katalysators, wie Ni oder eines Metalls der Gruppe VIII des Period. Syst., deren Oxyde oder Legierungen, bei 30—300⁰ u. gegebenenfalls erhöhtem Druck. — In den Mengenbeispielen wird auf Al_2O_3 niedergeschlagenes Rh verwendet. Die Herst. der Glycidylpolyäther mehrwertiger Phenole erfolgt durch Erhitzen einer Bis-phenol enthaltenden wss. NaOH-Lsg. auf ca. 70°. Nach Abkühlen auf 46° wird Epichlorhydrin zugegeben. Durch wechselnde Mengen der Reaktionskomponenten entstehen Polyäther mit verschied. Mol.-Gewichten. Die hydrierten Polyäther können noch mit Harnstoff–CH_2O-Harzen, Sojabohnenölsäure, dehydriertem Ricinusöl oder Tetrahydrophthalsäureanhydrid modifiziert werden. — *Überzugsmittel* u. *Lacke* für Außenanstriche. — Mengenbeispiele. (**A. P. 2 809 177** vom 27/2. 1956, ausg. 8/10. 1957.) H. SCHINDLER. 7107

Chemische Werke Hüls Akt.-Ges. (Erfinder: **Richard Hilpert** und **Klaus Kothe,** Marl), *Zur Herstellung von Lackierungen durch Aufschmelzen beziehungsweise Einbrennen geeignete Plastisole,* gek. durch den Geh. geringer Mengen von ca. 0,1—0,5% eines schaumverhütenden Siliconöls. Die Gemische können gegebenenfalls bei Raumtemp. oder leicht erhöhten Tempp. entlüftet sein. Es läßt sich so die Bläschenbldg. beim Einbrennen vermeiden. (**D. A. S. 1 052 021** Kl. 22g vom 13/4. 1957, veröff. 5/3. 1959.) P. KRUG. 7107

H. A. Montgomery Co., Michigan, übert. von: **Wesley J. Wojtowicz,** Detroit, Mich., V. St. A., *Überzugsmasse für Metalle bei der Kaltverformung.* Zum Ziehen u. Rollen von Metallen werden diese mit einem Film von 0,00002—0,000150 in. einer hitzehärtenden M. bestehend aus 10—18 (%) entwachstem Schellack (I), 5—25 Glykol, bezogen auf I, flüchtigem Alkali zur Neutralisation der Acidität von I, Rest W., überzogen. — Beispiel: M. aus 13 I (z. B. Naturharz Amberol 750), 2,6 Hexylenglykol, 2,7 Morpholin, 2 Aerosol OT (Netzmittel), 79,7 Wasser. (**A. P. 2 763 054** vom 5/3. 1952, ausg. 18/9. 1956.) E. DREWS. 7107

„Samica", Soc. des Applications du Mica, Paris, Frankreich, *Dichte Schutzüberzüge* werden erhalten durch Aufbringen von angefeuchteten, feinverteilten Stoffen (Glimmer). Zur Haftverbesserung setzt man geringe Mengen H_3PO_4 zu. (**Schwz. P. 311 333** vom 11/6. 1953, ausg. 31/1. 1956.) P. KRUG. 7107

William Henry Furness, Haddonfield, N. J., V. St. A., *Kupferhaltige Farbe gegen Schiffsbodenbewuchs,* die in 1 Gallone wenigstens 1 lb. $Cu(OH)_2$ enthält. — Beispiele: In 1 Gallone Farbe sind enthalten: 2,8 (lbs.) Harz, 1,2 Fischöl, 0,2 Zn-Stearat, 1,0 $Cu(OH)_2$, 1,6 ZnO, 0,6 $MgSiO_3$ u. 2,4 Solventnaphtha; oder 2,1 ZnO, 0,8 Ind. Rot, 0,8 $MgSiO_3$, 1,0 $Cu(OH)_2$, 0,2 HgO, 2,7 Harz, 0,4 Kiefernöl, 0,8 Kohlenteer (80% nicht flüchtig), 1,4 Naphtha mit hohem Flammpunkt u. 1,4 Benzin. (**E. P. 747 424** vom 11/8. 1953, ausg. 4/4. 1956. A. Prior. 20/8. 1952.) W. GRÄGER. 7107

Gerhard Mitschke, Dresden, *Auf Lösungsmittelgrundlage hergestellte Abbeizmittelkonzentrate.* Die Mittel werden unter Verwendung des Na-Salzes der Amylopektinglykolsäure hergestellt. Dieses Salz wird von den organ. Lösungsmitteln nicht gelöst, quillt jedoch in W. auf; durch die Aufquellung in W. bildet sich bei Wasserzusatz eine verdickte Abbeizsalbe. Als Gefrierschutz kann man noch Äthylenglykol zugeben. (**D. A. S. 1 052 609** Kl. 22g vom 25/8. 1956, veröff. 12/3. 1959.) P. KRUG. 7119

XIb. Plaste (Kunstharze. Plastische Massen).

A. Kennaway, *Moderne Richtungen auf dem Gebiet der plastischen Formung.* Erörterung der Lage auf dem Gebiet der Verarbeitung von Spritzguß-, Preß- u. Strangpreßmassen vom wirtschaftlichen Standpunkt: Es werden folgende, in jüngster Zeit entwickelten Verbesserungen zur Beschleunigung der Arbeitsvorgänge bei der plast. Formung von Kunststoffen beschrieben u. ihre Bedeutung krit. erörtert: Maschinelle Zusatzvorrichtungen an Spritzgußmaschinen (Anbringen einer Schraubenpresse zum Vorplastifizieren des Füllgutes, Verwendung mehrerer Spritzgußformen pro Arbeitsgang), Verwendung zuckerfein geriebenen Pulvers an Stelle von Granulaten als Füllgut u. Herst. von Folien aus Formabfällen in Extrudern. (Rubber Plastics Age **39.** 945—46. Nov. 1958. Borehamwood, Herts., Metal Box Co., Techn. Engng. Div.) H. SONTAG. 7170

Nell L. Catton, *Neue Stoffe als Feuchtigkeitsschutz im Baugewerbe.* Ergebnisse der Unterss. über den Einsatz von Kunststoffen als Feuchtigkeitsschutz im Baugewerbe. Es werden die Verwendungsmöglichkeiten von Polyäthylenfilmen zur Feuchtigkeitsisolierung aufgeführt. Die Abdichtung von Verglasungen mit Hilfe folgender wärmeverformbarer u. -härtbarer Kunststoffe wird ausführlich unter Erörterung der techn. u. wirtschaftlichen Vor- u. Nachteile u. der jeweils speziellen Einsatzgebiete beschrieben: Urethane, Acrylsäureverbb., Polybuten- u. Polysulfidelastomere, Neopre, PVC, Polyamylidenchlorid, Polyvinylalkohol u. Nylon. 4 techn. Neuentwicklungen von Dichtungstypen (als Material: Neopre) werden an Hand schemat. Darstellungen erläutert. Ferner wird auf die Verwendung von Neopre u. Hypalon bei der Bedachung von Bauten, zum Ausfüllen von Dachfugen u. Überziehen von Holzschindeln eingegangen u. bisher in der Praxis auf diesem Gebiet gewonnene Erfahrungen zusammengestellt. (Rubber Plastics Age **39.** 964—68. Nov. 1958. Wilmington, Del., E. I. du Pont de Nemours & Co.) H. SONTAG. 7170

Saul M. Cohen, Robert E. Kass und **Edward Lavin,** *Chemische Wechselwirkungen im System Polyvinylformal–Phenolharz.* Vff. ließen auf handelsübliches Polyvinylformal **I** mit restlichen Acetat- sowie OH-Gruppen, ferner auf Polyvinylacetat, Polyvinylacetat-vinylalkohol sowie reacetyliertes **I** unter kontrollierten Bedingungen bei verschied. Tempp. 2.6-Di-tert.-butyl-p-kresol, 2.2'-Methylen-bis-[4-methyl-6-tert.-butylphenol] u. 2.6-Dimethylol-p-tert.-amylphenol einwirken. Die Reaktionsprodd. wurden in Äthylenchlorid aufgenommen u. die Viscosität der Lsgg. bestimmt. Aus dem Vgl. der Meßergebnisse folgt: 1. Die phenol. Hydroxylgruppe reagiert mit **I** weder im neutralen noch sauren Medium. 2. Unter dem Einfl. saurer Katalysatoren (Phosphorsäure) unterliegt **I** schon bei 175° der Autokondensation, indem restliche OH-Gruppen in **I** W. abspalten u. Ätherbrücken bilden. 3. Unter dem Einfl. von Phosphorsäure reagieren schon ab 150° OH-Gruppen von **I** mit Methylolgruppen des Phenolharzes, wobei Querbindungen entstehen, die das Syst. vernetzen. 4. Es scheint, daß Hitze u. saurer Katalysator benötigt werden, um die Reaktivität der OH-Gruppen von **I** auszulösen. 5. Kondensationen von **I** sowie von **I** mit methylolhaltigem Phenolharz spalten W. ab, das offenbar im gewissen Umfang Hydrolyse der Acetatgruppen in **I** verursacht. (Ind. Engng. Chem. **50.** 229—32. Febr. 1958. Springfield, Mass., Shawinigan Resins Corp.) A. BRING. 7176

H. K. Frensdorff, *Polyurethanschäume — Stabilität, Zusammenbrechen und Schrumpfung.* Die physikal. Faktoren, die die Verschäumung bei Polyurethanschäumen beeinflussen, wurden an nichtpolymerisierenden Modellsystemen auf Basis von Polytetramethylenätherglykol (Mol.-Gew. 3000) untersucht. Der Einfl. von Siliconbeimischungen auf die Oberflächenspannung, die Schaumbldg., das Zusammenbrechen des Schaumes u. die Blasengröße u. -zahl wurden ermittelt. Die Blasengröße nimmt während des Schäumens zu, während die Blasenzahl infolge Blasenvereinigung fortlaufend abnimmt. Der Schaum bricht durch den Verlust einer verhältnismäßig geringen Zahl sehr großer Blasen zusammen. Silicone verzögern das Zusammenbrechen infolge Reduzierung der anfänglichen Blasengröße u. infolge Verzögerung des Platzens von sehr großen Blasen. Die schaumstabilisierende Wrkg. von Siliconen ist bei sehr geringen Konzz. am größten. Polyurethane sind für CO_2 viel durchlässiger als für Luft. Infolge der schnellen CO_2-Diffusion aus einem frisch hergestellten Urethanschaum u. der geringeren Rückdiffusion von Luft entsteht eine Druckdifferenz, die eine Schrumpfung des noch nicht ausgehärteten Schaumes zur Folge hat. Keine Schrumpfung tritt aber ein, wenn die Vernetzungs-Rk. im Vgl. zur Gasdiffusion schneller verläuft oder wenn die Schaumstruktur aufbricht, bevor sich eine genügende Druckdifferenz ausgebildet hat. (Rubber Age [New York] **83.** 812—18. Aug. 1958. Wilmington, Del., E. I. du Pont de Nemours & Co., Elastomer Chem. and Organ. Chem. Dep.) R. SCHÄFF. 7180

Wilhelm Späth, *Weitere Versuche an Kunststoffen mit einem neuen Schlagwerk.* (Vgl. C. **1958.** 9918.) Vf. zeigt, daß bei gleichzeitiger Messung von Schlagarbeit u. Höchstlast Ersatzstoßdiagramme erhalten werden können, die ein anschauliches Bild vom jeweiligen Stoßverh. des betreffenden Kunststoffs geben. (Gummi u. Asbest **9.** 249—51. 1/5. 1956.) M. WINIKER. 7210

H. Kalpers, *Dauerkontrolle mit verbesserter Ringmethode.* Kurze Beschreibung eines Geräts zur Messung von Grenzflächen- u. Oberflächenspannungen (*Interfacial-Tensiometer*) nebst Hinweisen auf seine Einsatzmöglichkeiten in der Kunststoffindustrie. — Abbildung. (Plastverarbeiter **9.** 452. Dez. 1958.) M. WINIKER. 7210

Metal & Thermit Corp., Rahway, N. J., V. St. A., *Dibutyl-S.S'-bis-(2-äthylhexylmercaptoacetat) und Dibutyl-S.S'-bis-(isooctylmercaptoacetat)* erhält man durch Rk. von Dibutylzinnoxyd mit Äthylhexylmercaptoacetat bzw. Isooctylmercaptoacetat in Toluol unter Rückfluß. — *Stabilisatoren* für *halogenhaltige Kunstharze.* (**E. P. 797 113** vom 31/1. 1956, ausg. 25/6. 1958. **Zusatz zu E. P. 719 733; C. 1955. 11734.**) J. MÜHLEISEN. 7171

National Lead Co., New York, N. Y., V. St. A., *Einbasische organische Cd-Salze* der allg. Zus. $CdO—Cd(Ac)_2$ erhält man durch Rk. von 2 (Mol) CdO oder einem Cd-Salz, bes. $CdSO_4$, in Ggw. von Alkali in wss. Lsg. mit 1 einer aliphat. oder aromat. Carbonsäure der allg. Zus. R(COOH)n (n = 1 oder 2, R = aliphat. KW-stoffrest $C_1—C_{17}$ oder aromat. Rest $C_6—C_{11}$). Der Reaktionslsg. setzt man bes. geringe Mengen eines wasserlösl. Alkohols oder Glykoläthers, z. B. sek.-Butanol, Isobutanol, Äthylenglykolmonobutyläther, zu u. arbeitet in einer Kugelmühle. Beschrieben wird die Herst. der bas. Cd-Salze folgender

Säuren: Laurin-, Myristin-, Capron-, Capryl-, Undecylen-, Malein-, Benzoe-, Salicyl-, Naphthoe-, Phthal-, Adipinsäure. — Farblose *Stabilisatoren für Kunstharze.* (**E. P. 799 568** vom 31/1. 1956, ausg. 13/8. 1958. A. Prior. 25/3. 1955.) O. MÜLLER-MEININGEN. 7171

Willy Krohnstad, Moss, Norwegen, *Weichmacher für Kunstharze und Lacke* der Formel I, worin R = Esterrest eines einwertigen A. mit 4 oder mehreren C-Atomen, z. B. Octylalkohol, $Kp._{18}$ 140°, bedeutet. (**N. P. 86 928** vom 2/7. 1954, ausg. 20/2. 1956.) K. H. KÄHLER. 7171

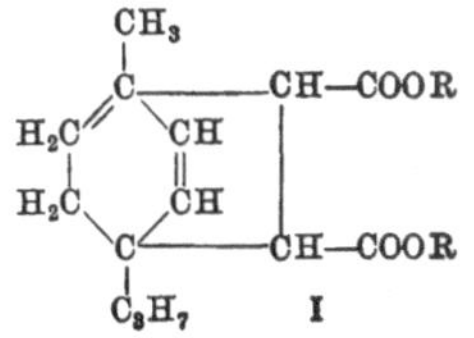

I

Robert Smith-Johannsen, Niskayuna, N. Y., V. St. A., *Mikroporöse Filme aus hochmolekularen Stoffen* (I), bes. Kunstharzen, werden hergestellt durch Dispergieren feinteiliger Partikel der thermoplast. I in einem hiermit unverträglichen, hochviscosen (50000—500000 cP) Medium (II), Schmelzen der I u. Extrahieren des II nach dem Erstarren der I durch Lösungsm. (III). Z. B. dienen bei Polymethacrylat, Polyvinylacetat u. Polyvinylchlorid als II Polyisobutylen oder Polysiloxane u. als III aliphat. KW-stoffe, wie Hexan. Als I werden noch genannt Casein, Polyvinylidenchlorid, Celluloseester, Polyvinylacetale, Polyamide, Naturharze, Polystyrol, Styrol-Butadien-Mischpolymerisate, chlorierter Kautschuk, Polyäthylen, Polytetrafluoräthylen u. Polytrifluorchloräthylen. Die Herst. kann z. B. auf Gewebebahnen kontinuierlich erfolgen; z. B. von Material für *Membranen* u. *Batterietrennwände.* — Abbildungen. (**E. P. 789 882** vom 1/7. 1954, ausg. 29/1. 1958. A. Prior. 3/7. 1953.) G. TEWES. 7171

Montecatini Soc. Gen. per l'Industria Mineraria e Chimica, Italien (Erfinder: **Ettore Bua** und **Roberto Magri**), *Olefinpolymerisation.* Olefine der Formel $CH_2:CHR$ (R = H, Alkyl oder Aryl) werden mit Katalysatoren aus organ. Sn-Verbb. u. Verbb. von Metallen der Übergangsgruppen IV—VIII des Period. Syst. (Ti, V, Mo) polymerisiert. — 2,4 g $Sn(C_2H_5)_4$, in 120 cm^3 paraffin. Kerosin (I) gelöst, u. 1,9 g $TiCl_4$ in 120 cm^3 I werden nach Evakuierung des 400-cm^3-Reaktionsgefäßes mit Äthylen von 20 at versetzt, die Temp. wird bei 120° u. der Druck mit neuem Äthylen 40 Std. bei 30 at gehalten. Stark kristallines Polymeres. (**F. P. 1 157 667** vom 27/9. 1956, ausg. 2/6. 1958. It. Prior. 28/9. 1955.) M. PANKOW. 7173

Ruhrchemie Akt.-Ges., Oberhausen-Holten, *Polymerisation von Olefinen* bei $<$100 at u. Tempp. bis 100° mit Katalysatoren aus Gemischen metallorgan. Verbb. u. Verbb. der Metalle der 4.—6. Nebengruppe des Period. Syst. unter Zugabe von 1 bis 10 Mol eines Alkohols (pro 1 kg Katalysator) zu der Reaktionsmischung oder dem Katalysator vor dessen Zusatz. Außer dem Alkohol kann man noch O_2 einführen, wobei man die O_2-Menge erhöht, wenn die Alkoholmenge erniedrigt wird u. umgekehrt. — Man füllt in ein mit Äthylen ausgespültes 5-Liter-Gefäß 2 Liter KW-stofffraktion von der CO-Hydrierung vom Kp. 90—180°, nachdem sie vorher durch Hydrierung bei 250°, H_2SO_4-Raffination u. Trocknen gereinigt war, heizt das Reaktionsgefäß auf 50°, leitet Äthylen ein, gibt 0,3 cm^3 Butanol zu u. Katalysatorlsg., die durch Mischen von 50 cm^3 der genannten KW-stofffraktion mit 0,73 g $(C_2H_5)_2AlCl$ u. 0,77 g $TiCl_4$ hergestellt war, u. hält 10 Std. bei 75°. — Bei der kontinuierlichen Polymerisation setzt man den Alkohol jeweils bei der Katalysatorzugabe in zeitlichen Abständen zu u. erhält Prodd. mit konstantem Mol.-Gewicht. (**Oe. P. 200 798** vom 21/11. 1957, ausg. 25/11. 1958. D. Prior. 22/12. 1956.) M. PANKOW. 7173

Montecatini Soc. Gen. per l'Industria Mineraria e Chimica, Italien, und **Karl Ziegler,** Deutschland (Erfinder: **Heinz Martin,** Mühlheim/Ruhr, Deutschland, **Giulio Natta, Giorgio Mazzanti** und **Pero Pino,** Mailand, Italien), *Polymerisieren von Olefinen* mit wenigstens 3 C-Atomen der Formel $RCH:CH_2$ (R = Alkyl, Cycloalkyl oder Aryl), wie Propylen, n-Buten-(1), n-Hexen-(1) oder Styrol, deren Mischungen, auch mit Äthylen, in Ggw. von Reaktionsprodd. von Verbb. der Metalle der Untergruppen der 4.—6. Gruppe des Period. Syst. einschließlich U u. Th, mit Metallen, Legierungen, Hydriden oder organ. Verbb. der 1.—3. Gruppe des Period. Syst. als Katalysatoren; man setzt z. B. $TiCl_4$ mit Al-Triäthyl oder $AlCl(C_2H_5)_2$ im Mol-Verhältnis 1 : 1 bis 1 : 12 um. Die Polymerisation erfolgt bei 20—150°, bes. 50—80°, bei einem Druck bis zu 30 at. Die Polymeren werden mit verschied. Lösungsmitteln extrahiert. So extrahiert man aus Polypropylen mit sd. Ae. die Prodd. mit Mol.-Gew. 2000—45000; sie sind viscos elast., wie nichtvulkanisierte Elastomere, u. wenig oder nicht kristallin. Mit sd. Heptan erhält man Prodd. mit Mol.-Gew. 45000—100000, teilweise kristallin. Das Prod. mit Mol.-Gew. 45000—55000 hat F. ca. 150° u. erscheint größtenteils kristallin. Der Extraktionsrückstand ist hochkristallin u. hat F. $>$160°. Die Prodd. sind bei $>$150° durch

Pressen, Spritzen, Spritzguß u. Verspinnen verformbar. Folien u. Fäden daraus sind kalt verstreckbar. Vielfach erfolgt die Extraktion erst nach der Verformung, da die Niedermolekularen zunächst als Plastiziermittel dienen. Das Polybuten-(1) läßt sich leicht verspinnen, die Fäden sind kalt verstreckbar, es verliert seine Kristallinität bei niedrigeren Tempp. als das Polypropylen. Polyhexen wirkt wie unvulkanisiertes Elastomeres mit erhöhter Elastizität. Polystyrol ist kristallin. — Verwendung der Polymeren zur Herst. *elektr. Kabel, elektr. Isoliermaterials*, von schwimmenden Tauwerk. — In eine Lsg. von 5,7 g $Al(C_2H_5)_3$ in 25 cm^3 FISCHER-TROPSCH-Dieselöl rührt man unter N_2 4,75 g $TiCl_4$ u. rührt 1 Std. weiter. Die Suspension kommt unter N_2 zu 1 Liter Dieselöl im 5-Liter-Autoklaven; man drückt 600 g reines Propylen (luftfrei) ein u. rührt bei 70° 72 Std., wobei der Druck von 21 auf 11 at fällt. Man entfernt Propylen, wäscht das Dieselöl mit Aceton aus, gibt CH_3OH–HCl zu u. erhält festes, körniges Propylen, das bei 140° zu biegsamen, transparenten Folien verpreßt werden kann. (**F. P. 1 138 290** vom 6/6. 1955, ausg. 12/6. 1957. It. Priorr. 8/6. u. 27/7. 1954; D. Prior. 3/8. 1954. **D. P. [DDR] 15 757** Kl. 39c vom 25/5. 1955, ausg. 17/11. 1958 [Ausschließungspatent].) M. PANKOW. 7173

Montecatini Soc. Gen. per l'Industria Mineraria e Chimica, Italien, und **Karl Ziegler,** Deutschland, *Olefinpolymerisation.* Olefine der Formel RCH:CH_2 (R = Alkyl, Cycloalkyl, Aryl) werden mit Katalysatoren polymerisiert, die man durch Rk. von Fe-Verbb. mit organ. Verbb. von Metallen der 2. u. 3. Gruppe des Period. Syst. der Formel R_nMeX (R = KW-stoffrest, X = Halogen oder KW-stoffrest, Me = Metall der 2. oder 3. Gruppe des Period. Syst., n = Zahl, die um 1 tiefer als die Wertigkeit des Metalles ist) erhält. — In ein Gefäß mit N_2 u. 400 cm^3 Bzl. (wasserfrei) gibt man bei 60° 290 g Propylen u. sofort unter N_2-Druck eine Lsg. von 11,4 g $Al(C_2H_5)_3$ in 90 cm^3 Bzl. (wasserfrei) u. 10 g $FeCl_3$ u. hält 20 Std. bei 72—92°, fällt dann mit CH_3OH, behandelt mit heißem Toluol u. HCl u. fällt wieder mit CH_3OH. Das erhaltene Polypropylen kann zu ca. 63% mit Ae. extrahiert werden; amorphes Prod. vom Mol.-Gew. 36000. Mit Heptan kann man 36% extrahieren; Mol.-Gew. 50000, zu 50% krist.; die restlichen 1% sind krist. Polypropylen. (**F. P. 68 594** vom 12/12. 1955, ausg. 2/5. 1958. It. Prior. 16/12. 1954. **Zusatz zu F. P. 1 138 290; s. vorst. Ref.**) M. PANKOW. 7173

Montecatini Soc. Gen. per l'Industria Mineraria e Chimica, Mailand, Italien, und **Karl Ziegler,** Mühlheim/Ruhr (Erfinder: **Giolio Natta** und **Giorgio Mazzanti,** Mailand, Italien), *Polymerisation von Olefinen zu linearen, hochmolekularen Polymeren.* Olefine mit mindestens 3 C-Atomen im Mol., bes. Propylen, werden mit Katalysatoren polymerisiert, die durch Rk. von Fe-Verbb. mit organ. Verbb. der Metalle (Me) der 2.—3. Gruppe des Period. Syst. der Formel R_nMeX entstehen (R = KW-stoffrest; X = R oder Halogen; n = Zahl, die um 1 niedriger als die Wertigkeit von Me ist). — 10 g wasserfreies $FeCl_3$, 400 cm^3 wasserfreies Bzl. u. 11,4 g $(C_2H_5)_3Al$ in 90 cm^3 wasserfreiem Bzl. werden unter N_2 mit 290 g reinem fl. Propylen bei 60° im Autoklaven gemischt u. 20 Std. bei 72—92° gerührt, dann wird CH_3OH zugesetzt, das feste Polymere mit Toluol u. HCl behandelt. 15 g weißes Polymeres; aus den Wasch-Fll. 21 g Öl. Das feste Polymere wird nacheinander mit Aceton, Ae. u. n-Heptan extrahiert. Ae.-Extrakt ist amorph, hat Mol.-Gew. 30000 u. Erweichungspunkt 100°. Heptanextrakt hat Mol.-Gew. 50000, Erweichungspunkt 115° u. ist zu 50% kristallin. Rückstand hat Erweichungspunkt 160° u. ist kristallin. (**D. P. [DDR] 15 948** Kl. 39c vom 2/12. 1955, ausg. 4/12. 1958 [Ausschließungspatent]. **Zusatz zu D. P. [DDR] 15757; s. vorvorst. Ref.**) M. PANKOW. 7173

Montecatini Soc. Gen. per l'Industria Mineraria e Chimica, Italien, und **Karl Ziegler,** Deutschland (Erfinder: **Ettore Bua** und **Luciano Luciani**), *Herstellung kristalliner α-Olefinpolymerer* der Formel CH_2:CHR (R = Alkyl oder Aryl) durch Polymerisation des α-Olefins in Ggw. von H_2 u. einem Katalysator aus einem Metallalkyl u. einer festen Verb. eines Übergangsmetalls, in der das Metall in einer Wertigkeit unter seiner Maximalwertigkeit vorliegt. Das Polymere [etwa des Propylens, Butens-(1), Styrols] hat bei gleicher Kristallinität ein niedrigeres Mol.-Gew. als ein in Abwesenheit von H_2 hergestelltes. — 750 (g) Buten [60% Buten-(1)], 22,8 $Al(C_2H_5)_3$ u. 750 cm^3 Bzl. werden mit 15 $TiCl_3$ 12 Std. auf 70° erhitzt. Das Polymere hat eine Intrinsic-Viscosität von 1,49 in Tetralin von 135°. Führt man vor dem Erhitzen bis zu 10 at H_2 ein, erhält man ein Polymeres der Intrinsic-Viscosität 0,93. (**F. P. 1 161 557** vom 18/10. 1956, ausg. 2/9. 1958. It. Prior. 19/10. 1955.) M. PANKOW. 7173

Ruhrchemie Akt.-Ges., Deutschland, *Polymerisieren von Äthylen.* Als Polymerisationskatalysator verwendet man Mischungen von Al-Alkylen u./oder Al-Alkylhalogeniden, $TiCl_3$ u. gegebenenfalls $TiCl_4$, u. zwar im Verhältnis von wenigstens 0,01, bes. 0,3—1 Mol $TiCl_3$ pro Mol Al-Verb. u. $< 0,1$ bes. $<0,05$ Mol $TiCl_4$ pro Mol Al-Verbindung. Bes. hochmol. Polmere entstehen mit einem Katalysator aus Al-Trialkyl u.

$TiCl_3$, niedriger mol. Polymere erhält man aus Mischungen von $TiCl_3$ mit Al-Alkylen u./oder Alkyl-Al-Halogenid u. $> 0,5$ Mol $TiCl_4$ pro Mol der Al-Verbindung. Das $TiCl_3$ kann man durch Umsetzung stöchiometr. Mengen von $TiCl_4$ u. Al-Alkylen u./oder Alkyl-Al-Halogenid herstellen. — Man leitet z. B. Äthylen in eine Mischung aus 0,4 g $(C_2H_5)_3Al$ u. 0,81 g $TiCl_3$, die in 1800 cm^3 Gasöl gelöst wird. (**F. P. 1 162 900** vom 21/12. 1956, ausg. 18/9. 1958. D. Priorr. 27/12. 1955, 21/1. u. 27/6. 1956.) M. PANKOW. 7173

Ruhrchemie Akt.-Ges., Deutschland, *Polymerisieren von Äthylen* (I) bei Tempp. $< 100^0$ u. Drucken < 100 at in Ggw. von Katalysatoren aus Organometallverbb. u. Verbb. der Metalle der Untergruppen 4—6 des Period. Systems. Während der Polymerisation führt man pro 1 kg Katalysator 2—200 Liter O_2 oder entsprechende Mengen O_2 enthaltender Gase, wie Luft, ein. — 2 Liter einer bei der CO-Hydrierung anfallenden C_8—C_{10}-Fraktion werden bei 50^0 mit einer Kontaktlsg. aus 100 cm^3 der gleichen Fraktion, 0,85 g $(C_2H_5)_2AlCl$ u. 1,15 g $TiCl_4$ versetzt. I wird bei 75^0 eingeleitet. Es hat einen O_2-Geh. von 0,0003 Vol.-% u. einen Geh. an W., CO u. C_2H_2 von 0,0018 Vol.-%. Nach 1 Std. leitet man 10 cm^3/Std. trockene Luft in das Reaktionsgefäß u. beendet die Polymerisation nach 10 Stunden. — I kann bei Beginn der Polymerisation ca. 0,0005—0,015 Vol.-% O_2 enthalten. (**F. P. 1 165 469** vom 6/11. 1956, ausg. 27/10. 1958. D. Priorr. 12/11., 12. u. 17/12. 1955.) M. PANKOW. 7173

Farbwerke Hoechst Akt.-Ges., vormals Meister Lucius & Brüning (Erfinder: **Gerhard Bier**, Frankfurt/M., **Werner Grundmann** und **Werner Starck**, Hofheim, Taunus), *Herstellung wässeriger Dispersionen thermostabiler Polymerisate und Mischpolymerisate des Vinylchlorids* mit über 40% Festgeh. in Ggw. von wasserlösl. Katalysatoren nach dem Verf. der Emulsionspolymerisation, dad. gek., daß man im Polymerisationsgefäß gewichtsmäßig die Relation wss. Phase/organ. Phase auf < 1 einstellt u. die Polymerisation, bes. unter Rückfluß, nur soweit durchführt, daß das Verhältnis wss. Phase/Restmonomeres < 7 ist. Die Rk. kann unter Redoxbedingungen durchgeführt werden. — Mengenbeispiele. Die Reaktionsgefäße bleiben prakt. belagsfrei. (**D. B. P. 968 141** Kl. 39c vom 25/7. 1954, ausg. 16/1. 1958. Anmeldung bekanntgemacht 16/2. 1956.) H. SCHINDLER. 7173

Ruhrchemie Akt.-Ges., Oberhausen-Holten, *Poröse Kunststoffe aus Polypropylen* durch Sintern bei erhöhter Temperatur. Zur Entfernung amorpher u. niedrig mol. Anteile wird das Polypropylen vor dem Sintern mit Lösungsmitteln, z. B. nacheinander mit Aceton, Ae. u. Heptan oder Octan extrahiert. Man sintert zweckmäßig in indifferenter oder red. Atmosphäre. (**Oe. P. 200 799** vom 7/10. 1957, ausg. 25/11. 1958. D. Prior. 8/11. 1956.) M. PANKOW. 7173

Esso Research and Engineering Co., Del., übert. von: **Robert F. Leary**, Cranford, N. J., V. St. A., *Mischpolymerisation* eines Gemisches aus 25—80 (%) eines aliphat. Isoolefins (C_{4-8}), z. B. *Isobutylen*, u. 20—75 einer einkernigen aromat. Vinylverb., z. B. *Styrol* oder Inden, unter Zusatz geringer Mengen einer aromat. Divinylverb., z. B. Divinylbenzol, bei 0 bis -40^0 in Ggw. von FRIEDEL-CRAFTS-Katalysatoren, z. B. $AlCl_3$. Durch die Menge an Divinylverb. wird die Viscosität u. Vernetzung geregelt. Tripolymere mit Eigenviscosität von 0,5—0,75 werden zur Herst. von Formprodd. oder Verbesserung der Eigg. von z. B. Schmierölen oder Kunststoffen verwendet. (**A. P. 2 830 973** vom 9/12. 1955, ausg. 15/4. 1958.) H. SCHINDLER. 7173

Markite International Corp., Panama, Panama, *Antistatisch gemachte Kunststoffgegenstände.* Um eine dauerhafte Wrkg. zu erzielen, setzt man dem Ausgangsmaterial vor der Verformung außer bekannten antistat. Mitteln, wie Amiden, Nitrilen, Nitroverbb. oder mehrwertigen Alkoholen, ein Material zu, das diese Mittel ab- oder adsorbiert. — Z. B. vermahlt man 100 (g) *Polystyrol* mit 20 TiO_2 u. 5 N-Acetyläthanolamin. (**Holl. P. 86 239** vom 8/12. 1953, ausg. 16/9. 1957.) F. BÖHM. 7173

Rohm & Haas Co. (Erfinder: **Sidney Melamed**), Philadelphia, Pa., V. St. A., *Polymerisation und Mischpolymerisation ungesättigter Äther* der Formel CH_2:CHOAN(R)·$CONHCONH_2$ oder CH_2:$CHOYC(CH_3)_2N(R)CONHCONH_2$ (A = Alkylen mit 2—18 C-Atomen mit gerader oder verzweigter Kette, Cyclohexylen, wobei die Alkylengruppe gesätt. oder ungesätt. KW-stoffsubstituenten, wie CH_3, C_2H_5, Hexadecyl, Vinyl, Allyl, Dodecenyl, enthalten kann u. wenigstens 2 der C-Atome des A sich zwischen den angrenzenden O- u. N-Atomen befinden; R = H, Benzyl, Alkyl mit 1—18 C-Atomen oder Cyclohexyl; Y = Alkylen mit gerader oder verzweigter Kette mit 1—15 C-Atomen). Man erhält diese Äther durch Rk. von Äthern der Formel CH_2:CHOANHR mit Alkylallophanaten der Formel $R'OCONHCONH_2$ (R' = Alkyl mit 1—18 C-Atomen) in Ggw. von etwas W. bei 60—80^0. Genannt sind u. a. *CH_2:$CHOCH_2CH_2NHC_4H_9$*, $Kp._{120}$ 88 bis 99^0; *$CH_2CHOCH(CH_3)CH_2NHC_2H_5$*, $Kp._{120}$ 72—73^0. Das monomere Ausgangsmaterial kann zum Plastizieren von Regeneratcellulose dienen. Die Polymeren dienen zur Herst.

von *Folien, Überzügen, Fäden, Klebstoffen, Wasserfarben* u. können ebenso wie die Mischpolymerisate durch Nachbehandlung mit Aldehyden in saurem Medium gehärtet werden; sie können mit CH_2O methyloliert werden, sind dann wasserlösl. u. dienen zur Behandlung von Textilien u. Papier u. können wärmehärtbaren Stoffen, wie Harnstoff-CH_2O-Harzen zugesetzt werden. In Mischpolymerisaten mit Acrylnitril verbessern sie dessen Anfärbbarkeit. — 11,8 g Methylallophanat (I), 24,9 g 2-Aminoäthylvinyläther u. 20 cm^3 W. werden 3 Tage bei 60—65° gehalten. Man konz. bei 60° u. 0,8 mm u. erhält ein rotbraunes Prod. der Formel $CH_2{:}CHOC_2H_4NHCONHCONH_2$, das mit heißem Chlf. behandelt u. aus W. umkrist. wird, F. 134—136°, lösl. in heißem W., Isopropanol, Dimethylformamid (II) oder Aceton. Man polymerisiert es in der gleichen Gewichtsmenge II 16 Std. bei 75° mit etwas Dimethylazoisobutyrat. 1 (Teil) des Polymeren kann mit 99 5%ig. CH_2O-Lsg. bei p_H 9 1 Std. bei 60° gehalten werden. Das Methylolderiv. wird zu Papierzeug gegeben. — I + 3-Aminopropylvinyläther → $CH_2{:}CHOC_3H_6NHCONH\cdot CONH_2$, F. 118—119°, hellgelbe Kristalle. (**F. P. 1 156 816** vom 30/9. 1955, ausg. 21/5. 1958. **Jap. A. S. 1796/1958** vom 7/10. 1955, veröff. 17/3. 1958. Beide A. Prior. 8/10. 1954.)

M. PANKOW. 7173

N. V. de Bataafsche Petroleum Mij., Den Haag, Holland, *Herstellung von Polyglycidyläthern aus mehrwertigen Phenolen* (I) erfolgt kontinuierlich in der Weise, daß die I u. soviel Epichlorhydrin, daß wenigstens 2 Mol je Phenol-OH-Gruppe zugegen sind, in die 1. einer Reihe von Reaktionszonen eingeführt werden u. das Gemisch dann die einzelnen nachfolgenden Zonen durchläuft, wobei kontinuierlich z. B. NaOH in 15%ig. wss. Lsg. zugegeben wird. Aus dem fl. Reaktionsgemisch wird W. u. Epichlorhydrin azeotrop abdest., letzteres nach Kondensation wieder eingeführt, so daß im Reaktionsgemisch ein Wassergeh. von 0,5—2% aufrecht erhalten wird. — In den Mengenbeispielen dient 2.2-Bis-(4-hydroxyphenyl)-propan als Ausgangsstoff. Das Endprod. wird kontinuierlich aus der Vorr. entfernt, filtriert, das NaCl u. Epichlorhydrin mit wasserfreiem Isopropanol ausgewaschen u. das Filtrat auf beide organ. Verbb. aufgearbeitet. Vermeiden höhermol. Produkte. (**E. P. 785 415** vom 30/1. 1956, ausg. 30/10. 1957. A. Prior. 31/1. 1955.)

H. SCHINDLER. 7177

Comp. Française Thomson-Houston, Seine, Frankreich (Erfinder: **Joseph Rosenberg**), *Alkydharz–Äthoxylinharz-Verbindungen* aus einem COOH-Gruppen enthaltenden Alkydharz, das bei der Rk. von höheren Fettsäuren (> 12 C-Atome) u. Hexachlorendomethylenhydrophthalsäure (I) oder deren Anhydrid entsteht, einem Epoxyharz, das neben Epoxygruppen ein Polyätherderiv. einer mehrwertigen organ. Verb., wie Polyel oder Polyphenol, enthält, u. I-Anhydrid. — Man erhitzt 186,3 (g) I u. 194,4 Glycerinmonoricinoleat 7½ Std. auf 195°, gibt zu 33,4 des Alkydharzes 10 Epon 834-Harz, erhitzt auf 150°, gibt 3,1 I-Anhydrid zu u. hält 3 Std. bei 150°. Ein Teil oder I-Anhydrid kann durch Phthalsäure oder deren Anhydrid ersetzt werden. — Biegsames Material mit guten elektr. Eigg., das zum Umwickeln von Spulen dienen kann oder als Gießharz verwendet werden kann u. mit dem Textilien imprägniert werden können. (**F. P. 1 130 308** vom 24/8. 1955, ausg. 4/2. 1957. A. Prior. 25/8. 1954.)

E. PANKOW. 7177

Reichhold Chemie Akt.-Ges., Hamburg (Erfinder: **Wolfgang Forster**, Elizabeth, N. J., V. St. A.), *Modifizieren von Epoxyharzen* (I). Die bes. aus Bisphenolen u. Epichlorhydrin erhaltenen I werden mit harzartigen Reaktionsprodd. (II) aus partiell epoxydierten ungesätt. Fettsäuren, bzw. deren Estern mit einwertigen, < 200° sd. Alkoholen, u. aus Di- oder Polyaminen umgesetzt. — Zu II (aus 300 [g] epoxydierter Soyaölfettsäure u. 124 Diäthylentriamin) werden 50 I (Epoxydäquivalenz 450—525) in fester oder gelöster Form zugegeben. Die Lsgg., z. B. in Isobutanol oder Toluol, dienen als *Lack*, bes. im Festharzverhältnis von 2 : 1 bis 1 : 2, der nach dem Ablüften 20—30 Min. bei 120—150° gehärtet wird. Lösungsmittelfreie Mischungen dienen auch als *Gießharz*. Die II können mit geringen Mengen an I erst zu einem noch lösl. u. schmelzbaren Prod. umgesetzt u. dann mit weiterem I unter Formgebung weiterverarbeitet werden. (**D. A. S. 1 041 246** Kl. 39b vom 14/2. 1956, veröff. 16/10. 1958.)

G. TEWES. 7177

E. I. du Pont de Nemours & Co. (Erfinder: **Robert Arthur Smiley**, Woodbury, N. J., und **John Daniel Tice**), Wilmington, Del., V. St. A., *Härtungsmittel für Epoxyharze* mit einer 1.2-Epoxydzahl > 1 sind Polyamine der allg. Formel I (R_1 u. R_2 = Alkylreste, die unter Ringbldg. zusammen treten können; R_3 = —NH—, —$NH(CH_2)_nNH$— oder der Rest II u. R_4 bzw. R_5 ein H-Atom oder niedere Alkylreste), z. B. N.N'-Bis-[(1-aminocyclohexyl)-methylen]-äthylendiamin, -piperazin (III), -2-methylpiperazin oder N.N'-Bis-

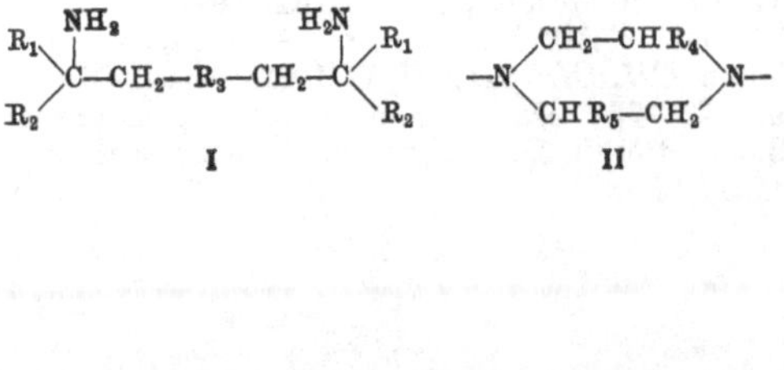

I II

[(1-aminocyclopentyl)-methylen]-piperazin. Das Polyamin wird zweckmäßig in solcher Menge zugesetzt, daß die Zahl der H-Atome an den N-Atomen der Zahl der Epoxydgruppen entspricht. — In die Schmelze von 50 (Teilen) Epoxyharz werden 17,7 III stufenweise eingetragen, die M. vergossen u. bei 100—120° 24 Std. ausgehärtet. Der transparente, blaßgoldene Körper hat eine Wärmefestigkeit von 139° gegenüber einem mit p.p'-Methylendianilin gehärteten von nur 120°. — Herst. von Gießharzen u. Anstrichmitteln. (**D. A. S. 1 038 278** Kl. 39b vom 28/9. 1956, veröff. 4/9. 1958. A. Prior. 28/10. 1955.) G. TEWES. 7177

Farbenfabriken Bayer Akt.-Ges. (Erfinder: **Gottfried Scriba** und **Wilhelm Graulich**), Leverkusen, *Herstellung von Mischpolymerisaten aus Tetrahydrofuran und Olefinoxyden*, dad. gek., daß man die Polymerisation in Ggw. von durch Säurebehandlung aktivierten Bleicherden (**I**) als Katalysatoren u. in Ggw. von Verbb. (**II**) mit reaktionsfähigen H-Atomen als Molekulargewichtsregler durchführt. Als **I** dienen bes. solche vom Montmorillonittyp. **II** sind W., Alkohole, Säuren, Säureimide oder enolisierbare Verbindungen. — 100 (Gewichtsteile) Tetrahydrofuran u. 100 Propylenoxyd werden in Ggw. von 20 Acetessigester u. 10 einer sauren Bleicherde bei 30—35° polymerisiert. Nach der Aufarbeitung des Prod. erhält man 120 Öl mit einer VZ. 19,5. — Schmiermittel, Treibstoffzusätze u. Ausgangsstoffe zur Herst. von Kunststoffen. (**D. A. S. 1 045 662** Kl. 39c vom 14/3. 1957, veröff. 4/12. 1958.) J. MÜHLEISEN. 7177

N. V. Onderzoekingsinstituut Research, Arnhem, Holland, *Verarbeiten von Polyamiden* aus ε-Caprolactam oder ε-Aminocapronsäure. Zur besseren Ablsg. des geformten Polyamids von der Form mischt man es mit einer Verb. der Formel $C_nH_{2n+1}OR$ (n = ganze Zahl von 11—37; R = H oder $C_mH_{2m+1}CO$—; m = ganze Zahl von 11—37), z. B. Octadecanol (**I**), Hexadecanolpalmitat, **I**-Stearat, Carnaubawachs, Wollfett. Man verwendet bes. Mengen von 0,02—1,5 Gew.-% (des Polyamids) u. kann das Schmiermittel schon während der Herst. des Polyamids zusetzen. (**Oe. P. 200 338** vom 19/8. 1957, ausg. 25/10. 1958. Holl. Prior. 24/9. 1956.) M. PANKOW. 7181

Farbenfabriken Bayer Akt.-Ges. (Erfinder: **Hans Holtschmidt, Günther Loew**, Köln, und **Günther Braun**), Leverkusen, *Stabilisierungsmittel in Polyurethanschaumstoffen* (aus Polyoxyverbb., wie endständige OH-Gruppen aufweisende Polythioäther oder Polyester, u. Polyisocyanaten), welche gegen den Einfl. von Licht u. O_2 schützen, sind gegebenenfalls alkylierte oder acylierte mehrwertige Phenole, die einen oder mehrere, gegebenenfalls kondensierte aromat. Ringsysteme enthalten oder deren OH-Gruppen teilweise veräthert sein können, bes. in Mengen von 0,05—10%, z. B. tert. Butylbrenzcatechin, 4.4-Dioxydiphenyl, Cyclohexylbrenzcatechin, 2.4-Dioxybenzophenon, 4-Oxy, 5-methoxybenzalacetessigester, Brenzcatechin, Resorcin, Hydrochinon, Pyrogallol. 4.4'-Dioxydiphenyldimethylmethan oder 4.4'-Dioxydiphenylmethyläthylmethan. (**D.A.S. 1 042 889** Kl. 39b vom 9/8. 1956, veröff. 6/11. 1958.) G. TEWES. 7181

Farbenfabriken Bayer Akt.-Ges., Leverkusen, *Polyurethanschaumstoffe mit keimhemmenden, besonders baktericiden und fungiciden Eigenschaften* werden hergestellt durch Zusatz von 0,2—5% Tetraäthyl-(methyl)-thiuramdisulfiden oder Dialkyldithiocarbamaten (Zn-Dimethyldithiocarbamat) zu der aus Polyoxyverbb. u. Polyisocyanaten gebildeten schaumbildenden M., bes. zu einem OH-Gruppen aufweisenden Polyester. (**E. P. 797 576** vom 20/9. 1956, ausg. 2/7. 1958. D. Prior. 26/9. 1955.) G. TEWES. 7181

Harvel Research Corp., übert. von: **Mortimer T. Harvey**, South Orange, und **Peter L. Rosamilia**, Newark, N. J., V. St. A., *Schwefeln von Rückständen*, die bei der Reinigung von Butadien durch extraktive Dest. mit Furfurol erhalten wurden u. als Reaktionsprod. 2.3.4.5-Bis-(Δ^2-butenylen)-tetrahydrofurfurol enthalten (vgl. Ind. Engng. Chem. **40**. [1948.] 2216—2220), erfolgt durch deren Behandeln mit S in Ggw. von Alkalien. Die entstandenen Prodd. können anschließend noch mit Mischpolymeren aus Vinylchlorid u. Vinylacetat umgesetzt werden. — 100 (Teile) Rückstand, die auf 125° erhitzt wurden, um W. u. flüchtige Bestandteile zu entfernen, werden mit 1 NaOH in 3 W. u. 10 S auf 150° erhitzt. Nach dem Zusatz eines Mischpolymeren aus 90% Vinylchlorid u. 10% Vinylacetat (VYNS) entsteht ein *hartes Produkt*. Durch Erhitzen des Rückstandes mit katenoiden Kondensationsmitteln (H_2SO_4, Monoalkyl-, Dialkylsulfate, HCl, H_3PO_4, Maleinsäure) u. Zusatz von anderen Stoffen, z. B. vorst. genannten Mischpolymeren, Paraformaldehyd, Maleinsäureanhydrid, entstehen *harzartige Produkte*. (**A.P. 2 816 878** vom 17/2. 1951, ausg. 17/12. 1957.) G. KRAUSS. 7185

Midland Silicones Ltd., London, England, *Herstellung von Siloxanen* mit den Struktureinheiten **I**, in denen R^1 CH_3 oder H, n 1,2 oder 3 u. R einwertige, gesätt. KW-stoffreste bedeuten, erfolgt durch Rk. der entsprechenden Polysiloxancarbonsäuren (E. P. 788 842; C. **1959**. 3319) mit Thionylchlorid (**II**) zu den Acylchloriden, die dann mit NH_3 die Amide ergeben. Man kann auch die nach E. P. 786 020; C. **1959**. 1962, erhältlichen Siloxan-

I

nitrile durch Hydrolyse mit kalter konz. H_2SO_4 in die Amide überführen. Ein Siloxan mit den Struktureinheiten $[HOOCCH_2CH_2Si(CH_3)O]$ ergibt mit **II** das Säurechlorid, das in Ae. gelöst mit NH_3-Gas nach der Aufarbeitung ein hartes, sprödes *Harz* mit den Struktureinheiten **I** (R^1 = H) ergibt. Die Prodd. können mit üblichen Siloxanen mischpolymerisiert werden. Die Siloxane sind gegen KW-stofföle u. Lösungsm. widerstandsfähig. — *Überzugsmassen* u. *Ausgangsstoffe* für *Siloxankautschuk.* (**E. P. 788 984** vom 1/5. 1956, ausg. 8/1. 1958. A. Priorr. 31/5. u. 18/7. 1955.) J. MÜHLEISEN. 7189

Monsanto Chemical Ltd. (Erfinder: **Abraam Gancberg** und **Albert Verheyden**), *Siliconöle* erhält man durch Erhitzen von Alkylsilanen mit einem R : Si-Verhältnis zwischen 1,5 u. 2 (R = Alkyl), die Alkoxygruppen u. hydrolysierbares Halogen enthalten, bes. in Toluol, in Ggw. von $AlCl_3$ oder $FeCl_3$, bis der größte Teil des Halogens als Alkylhalogenid entfernt ist bzw. 1—15% des ursprünglichen Halogengeh. beträgt, u. Entfernen des restlichen Halogens u. der Alkoxygruppen durch Rk. mit einem Trialkylsilanol. — Aus Methylchloräthoxysilan (CH_3 : Si = 1,73, erhalten aus Dimethyldichlorsilan u. Methyltrichlorsilan) u. wasserfreiem $FeCl_3$ unter Rückfluß bis der Cl-Geh. noch 4% beträgt, dann Rk. mit Trimethylsilanol, Waschen der Mischung mit W. → *Siliconöl,* $Kp._{20}$ 150°; Viscosität 1360 cP/20°; Ausbeute 83%. Die Viscosität des Öls wächst mit dem Verhältnis von R : Si. (**Aust. P. 202 513** vom 22/2. 1955, ausg. 9/8. 1956. Belg. Prior. 25/2. 1954.) G. KRAUSS. 7189

Süd-West-Chemie G. m. b. H. (Erfinder: **K. A. Schuch**), Neu-Ulm/Donau, *Kunstharz-Preßmassen* werden kontinuierlich hergestellt durch Beladen (Imprägnieren mit fl. oder oberflächlichen Aufbringen von pulverförmigen Bindemitteln) von voneinander getrennten, parallel laufenden Fäden, Strängen oder Schnüren (aus Hanf, Jute, Baumwolle, Leinen, Wolle, Zellwolle, Asbest, Glas u. gedrehtem Papier) mit thermoplast. oder härtbaren Kunstharzen (Pheno-, Aminoplaste u. Polyester) u. Schneiden der Prodd. auf gewünschte Stapellänge, z. B. 30 mm. Die ein niedriges Füllvol. ergebende M. wird entweder unter Erhaltung der parallelen Lagerung der Teilchen oder nach deren Stören (bes. durch Aufwirbeln) verpreßt. (**Schwz. P. 324 685** vom 2/12. 1953, ausg. 30/11. 1957.) G. TEWES. 7205

Commonwealth Engineering Co., übert. von: **Elwood P. Wenzelberger,** Dayton, Ohio, V. St. A., *Füllstoffe in Polyesterformmassen* (**I**) auf Grundlage ungesätt. Polyester u. daran anpolymerisierbarer Monomerer, bes. Styrol u. vinylsubstituierter tert. heterocycl. Amine (Vinylpyridin) sind Dextrane u. Benzyldextrane in einer Menge von 1—80%. Diese werden mit der **I** benetzt, die M. getrocknet u. gemahlen, bzw. granuliert. — *Preßpulver.* (**A. P. 2 826 557** vom 26/7. 1954, ausg. 11/3. 1958.) G. TEWES. 7205

Süd-West-Chemie G. m. b. H., übert. von: **Hugo Kloss,** Neu-Ulm, *Kontinuierliche Herstellung kunstharzgebundenen Faserstoffmaterials.* Die in einem gasförmigen Medium suspendierte Mischung aus Fasermaterial (Stein- u. Schlackenwolle, Baumwolle oder Kunstfasern) u. wärmehärtbaren Bindemittel (Phenol–Aldehyd-Harz, aminoplastbildende Harzmasse, ungesätt. Polyester u. Epoxyharze) wird mit hoher Geschwindigkeit von unten in eine kon. ausgebildete Wirbelkammer eingeführt, in der sie spiralförmig aufsteigt. Von dort wird die im Gas suspendierte M. auf ein transportierendes bandförmiges Trennsieb gepreßt, auf dessen unterer Seite ein Vakuum angelegt ist. Die gebildete Platte wird in üblicher Weise durch Erwärmen ausgehärtet. — Isolierplatten. — 3 Abbildungen. (**A. P. 2 811 195** vom 6/10. 1954, ausg. 29/10. 1957. D. Prior. 9/10. 1953.) G. TEWES. 7205

XII. Kautschuk.

E. R. Beaufils, *Physiologische Diagnostik.* 1. Mitt. *Methode zur Bestimmung des Bedarfs der Pflanzen an Nährstoffen.* Die statist. Auswertung von Zehntausenden von Beobachtungsdaten auf Kautschukplantagen hat zur Aufstellung physiol. Gesetzmäßigkeiten geführt. Diese Auswertungsmeth. wird im Vgl. zu anderen bekannten Methoden im Hinblick auf den Nährstoffbedarf der Pflanzen betrachtet. (Rev. gén. Caoutchouc **35.** 769—74. Juni 1958. I.R.C.I., Dep. Rech. Prod.) R. SCHÄFF. 7220

N. N. Snamenski und **O. A. Sseliwanow,** *Die Destruierung von Naturkautschuk in Lösung unter Ultraschalleinwirkung.* Vff. behandeln eine 0,63%ig. benzol. Lsg. von gereinigtem *Naturkautschuk* mit Ultraschall von 22—1000 kHz u. einer Intensität von 1,78—10 V/cm². Als Maß der Destruierung wird die Viscositätsänderung ermittelt. Sie nimmt mit steigender Frequenz weniger stark ab u. ist für 22—500 kHz prakt. gleich. Sie erreicht nach 40—50 Min. einen konstanten Wert u. beträgt 20—30% der der Frischlösung. Die Abnahme erfolgt exponentiell in Abhängigkeit von der Zeit, außer bei 1000 kHz, wo sie nur sehr gering ist u. linear verläuft. Vff. entwickeln hierfür Gleichungen. Eine starke Abhängigkeit der Destruierung von der Intensität bei 300 kHz wird bis ca. 7—10 V/cm² gefunden (nur noch 20% der Anfangsviscosität). (Каучук и Резина [Kautschuk u. Gummi] **17.** Nr. 9. 37—38. Sept. 1958. Wiss. Forschungsinst. für Gummi- u. Latexartikel.) O. KRAMM. 7222

W. I. Kibalnikow, Ch. E. Malkina, A. P. Puchow und **P. I. Tichomirow,** *Entkristallisierung von natürlichem Kautschuk auf dem Wege der Erhitzung durch einen elektrischen Strom hoher Frequenz.* Vff. untersuchen das Entkristallisieren des *Naturkautschuks* (NK) in Ballen durch Hochfrequenzstrom im Vgl. zur üblichen Heißluftbehandlung in Kammern. Die elektr. Kennzahlen des NK werden diskutiert u. als hierfür wichtigste der dielektr. Verlustwinkel mit 0,006—0,1 (in den meisten Fällen 0,02—0,06) angegeben. Als notwendige Frequenz werden 15—25 MHz genannt. An Hand einer bereits aufgestellten Anlage wird die mögliche Rationalisierung erörtert, die recht bedeutend ist. Dabei werden 4 Ballen je nach tg δ, meist jedoch 40 Min. (Erhöhung der Temp. auf 45°), Strom von 11 kW u. 17—20 MHz behandelt, wobei die Erwärmung an der Erdelektrode geringer ist als an der mit dem höheren Potential. *Chloroprenkautschuk* kann auch so entkristallisiert werden, jedoch bedeutend schneller (größerer tg δ). (Каучук и Резина [Kautschuk u. Gummi] **17.** Nr. 2. 31—34. Febr. 1958. Leningrad, Reifenwerk, Wiss. Forschungs-Inst. der Reifenind.) O. KRAMM. 7222

B. Dogadkin, K. Petschkowskaja und **E. Goldman,** *Über die Struktur und die verstärkende Wirkung der kolloiden Kieselsäure als Füllmittel für synthetischen Kautschuk.* Unters. des Verteilungscharakters der als Füllmittel angewendeten *koll. Kieselsäure* (**I**) in *Buna-Kautschuk* (**II**) ergab, daß das Herauslösen von **I** aus **II**-**I**-Gemischen mit Hilfe verd. Natronlauge um so schneller u. vollständiger vor sich geht, je aktiver die eingesetzte **I** war, was auf die Neigung der akt. **I** zur Bldg. von Kettenstrukturen hinweist. Der demnach als ein Kriterium für die Beurteilung des Strukturierungsgrades vorgeschlagene Auslaugungsfaktor (berechnet für 10-std. Auslaugung) betrug bei wenig akt. **I** ca. 25%, bei mäßig akt. 40—50%, bei hochakt. 80—100%. Die physikal.-mechan. Eigg. von **I**-Vulkanisaten (Zerreißfestigkeit, relative Dehnung, Restdehnung) waren um so günstiger, je aktiver die angewendete **I** war. Beim Erhitzen von **I** auf 600° tritt ein merklicher Verlust der Aktivität ein, was sich durch den Übergang der krist. Struktur von **I** in eine stabilere Form erklären läßt. (Доклады Академии Наук СССР [Ber. Akad. Wiss. UdSSR] **119.** 1170—73. 21/4. 1958. Forschungsinst. der Reifenind.)

W. DAWYDOFF. 7226

David Craig, Dwain Diller und **E. H. Rowe,** *Die während der Vulkanisation entweichenden Gase.* Durch massenspektroskop. Analyse wurden während der Vulkanisation von Kautschukmischungen die entweichenden Gase ermittelt. Bei der Vulkanisation von pale crepe mit 3% Tetramethylthiuramdisulfid (**I**) u. 5% ZnO entstehen W., CS_2, CO_2, COS, CO u. H_2 (kein H_2S). Ähnliche Befunde ergeben extrahierter Kautschuk oder Ameripol SN (cis-Polyisopren nach ZIEGLER) bei gleichen Mischungsbedingungen. Naturkautschuk mit S in Ggw. von 0,5% Mercaptobenzothiazol, 0,5% Stearinsäure, 6% ZnO (oder anderen beschleunigten S-Mischungen) lieferte H_2, W., CO_2 u. CO (kein H_2S). 2% Cumylperoxyd (**II**) in Naturkautschuk (130°/2 Std.) ergab H_2, C_2H_6, CO, Bzl., CO_2, W. u. CH_4 [bei **II** allein (130°/1 Std.): CH_4, C_2H_6, Bzl., $CH_3C_6H_5$, CO u. Aceton(?)]. ZnO + Tetramethylthioharnstoff bei 130° entwickeln keine Gase, während **I** + ZnO bei 150° CS_2, COS u. CO_2 erzeugen. Butylkautschuk GR-I 18 mit 4% **II** u. 10% ZnO bei 160°/3 Std. (gute Vulkanisation) liefern W., CO_2, CS_2 u. COS (u. H_2 nach 21 Std.). Diese Befunde werden auf Basis der Vulkanisationsmechanismen erörtert. (J. Polymer Sci. **28.** 435—38. März 1958. Brecksville, Ohio, B. F. Goodrich Res. Center.)

R. SCHÄFF. 7228

J. T. Watts, *Beschleuniger von Sulfenamidtyp.* Eine eingehende Unters. von Beschleunigern des Sulfenamidtyps führte zur Entw. von mit Furnaceruß verstärkten Reifenmischungen mit gutem Vulkanisationsverhalten. *Vulcafor BSO* (**I**; Benzothiazylsulfenoctylamid) verbessert die Verarbeitungssicherheit gegenüber einer *Vulcafor BSH*/ Verzögerer (Benzothiazylsulfencyclohexylamid + N-Nitrosodiphenylamin)-Mischung. Auch bei Mischungen mit Si-haltigen Verstärkerfüllstoffen gewinnt **I** großes Interesse. (Rev. gén. Caoutchouc **35.** 597—601. Mai 1958. Imp. Chem. Ind., Rubber Service Dep.)

R. SCHÄFF. 7228

W. F. Abbey, R. T. Zimmerman und **W. H. Cornell,** *Oberflächenversprödung von Butadien-Styrol-Mischpolymerisaten mit Mineralfüllstoffen.* Die bei Styrol-Butadien-Kautschuk (SBR)-Mischungen mit mineral. Füllstoffen (Ton, Kreide) bei der Alterung auftretende Oberflächenversprödung wurde durch O_2-Bombenalterung (7 Tage/80°) untersucht; sie hängt mit der Art des Polymerisats, dem Alterungsschutzmittel u. dessen Zumischung (während der Polymerisation bzw. der Mischungsherst.) zusammen. Das widerstandsfähigste Polymerisat ist *SBR 1001* (23,5% gebundenes Styrol, Na-Fettsäureemulgator, Persulfataktivator, 50° Polymerisationstemp., 68% Umsatz, Hydrochinonabbruch, octyliertes Diphenylamin als Stabilisator, saure Salzfällung). Alterungsschutzmittel vom Amintyp sind phenol. u. Alkylarylphosphiten überlegen. Am vorteilhaftesten ist eine Beimischung der Aminschutzmittel von 1,5 Teilen pro 100 Teilen Polymerisat während der Polymerisation. Cu-haltige Beschleuniger können verwendet werden, wenn entsprechende Stabilisierung vorliegt. (Rubber Wld. **138.** 256—60. 264. Mai 1958. New York, N. Y., R. T. Vanderbilt Co.) R. SCHÄFF. 7230

R. P. Dinsmore, *Reifen für moderne Kraftfahrzeuge.* Der Einfl. bestimmter Faktoren (Fahrbedingungen) auf die Leistung moderner Reifen u. konstruktive Maßnahmen (Reifenaufbau) zur Erfüllung der Anforderungen an solche Reifen werden erörtert. (Rubber Wld. **138.** 249—55. Mai 1958. Akron, Ohio, Goodyear Tire & Rubber Co.) R. SCHÄFF. 7230

R. G. Patterson, H. H. McCrea und **D. E. Howe,** *Cordverarbeitung und Vulkanisation von Nylonreifen.* Die Herst. von Kraftwagenreifen unter Verwendung von Nyloncord sowie dessen Vorbehandlung werden besprochen. (Rubber Wld. **138.** 409—17. Juni 1958. Wilmington, Del., E. I. tu Pont de Nemours & Co., Texdile Finers Dep.) R. SCHÄFF. 7230

I. F. Kanawetz, A. I. Lukomskaja und **M. M. Resnikowski,** *Über die Anwendungsmöglichkeit des Scherplastometers von Kanawetz für die Untersuchung von Kautschuken und Gummimischungen.* Es wird an Kurvenbildern demonstriert, daß der bisher in der Plastikindustrie eingesetzte Scherkraft-Plastometer nach KANAWETZ gegenüber ähnlichen Geräten (MOONEY) Vorteile hat u. sich für die Prüfung der Viscosität von Kautschuken, unvulkanisierten Mischungen u. Anvulkanisationen gut eignet. Vorteile gegenüber dem MOONEY-Gerät: das Gleichgewicht wird nach 2 statt nach 10 Min. erreicht (Schnellprüfung), die Kurvenknicke (Beginn der Vulkanisation) sind exakter, die Genauigkeit ist größer. (Каучук и Резина [Kautschuk u. Gummi] **17.** Nr. 5. 34—36. Mai 1958. Wiss. Forschungs-Inst. der Reifenind.) O. KRAMM. 7248

W. Hofferberth, *Zum Elastizitätsgesetz für den Verbundkörper Gummi–Textil.* Für eine vereinfachte Berechnung der Beanspruchungs- u. Formänderungsgrößen des Verbundkörpers Gummi–Textil mittels der klass. Elastizitätstheorie wurde ein limarisiertes Elastizitätsgesetz abgeleitet, dessen Bedeutung für die Praxis an Beispielen demonstriert wird. (Gummi u. Asbest **9.** 240. 242. 244—47. 1/5. 1956.) M. WINIKER. 7248

Goodyear Tire & Rubber Co., übert. von: **Nelson V. Seeger,** Cuyahoga Falls, und **Thomas G. Mastin,** Akron, Ohio, V. St. A., *Herstellung von Polyurethanelastomeren.* Zum Vernetzen kautschukartiger, linearer, isocyanatmodifizierter Polymerer (I) (aus Polyestern, Polyesteramiden u. gegebenenfalls difunktionellen Verbb.) wie sie als Ausgangsstoffe auch gemäß A. P. 2 798 859; C. **1959.** 3664, vorliegen, werden Addukte (II) mit wenigstens einer freien u. einer inaktivierten NCO-Gruppe in einer Menge angewendet, welche zu einem Gesamtverbrauch an Polyisocyanaten entsprechen von 2,8—3,2 Äquivalent, bezogen auf die funktionellen Gruppen der isocyanatfreien Ausgangsstoffe, führt. II sind die Reaktionsprodd. aus Polyisocyanaten (aliphat., cycloaliphat., aromat. u. aliphat.-aromat. Diisocyanate, ferner Tri- u. Tetraisocyanate) u. tert. Alkoholen (tert. Butylalkohol, Carbinole oder Triphenylsilinol), sek. aromat. Aminen (Diphenylamin oder Phenyl-β-naphthylamin), Mercaptanen (2-Mercaptobenzothiazol), Lactamen (ε-Caprolactam), Imiden (Succin- oder Phthalimid), einwertigen Phenolen (α-Phenyläthylphenol) u. Verbb. mit enolisierbarem H-Atom (Acetessigester u. Malonsäurediäthylester). Die Gemische aus I u. II erlauben einen gesteuerten Reaktionsverlauf u. werden nach den Methoden der Kautschukverarbeitung verarbeitet u. bes. bei 149° gehärtet. Sie dienen z. B. zur Herst. von *Reifen, Treibriemen, Dichtungen, Behälterauskleidungen, Preß- u. Tauchartikeln, Belägen, Walzen* u. dergleichen. (**A. P. 2 801 990** vom 12/11. 1952, ausg. 6/8. 1957.) G. TEWES. 7225

Firestone Tire & Rubber Co., übert. von: **Harry E. Albert,** Akron, Ohio, und **Lloyd O. Bentz,** Lancaster, Pa., V. St. A., *Ozonschutzmittel für Naturkautschuk,* bestehend aus einem Bis-3.4-dimethyl-6-R-phenolmonosulfid, in dem R ein KW-stoffrest mit 3—9 C-Atomen ist, z. B. Bis-3.4-dimethyl-6-isopropylphenolmonosulfid. (**A. P. 2 822 414** vom 24/12. 1953, ausg. 4/2. 1958.) W. OVERBECK. 7227

Firestone Tire & Rubber Co., übert. von: **Joseph C. Ambelang,** Akron, Ohio, V. St. A., *Ozonschutzmittel für Kautschuk,* bestehend aus einem Acylthioharnstoff der Formel $R_2CO-N(R)-CS-NHR_1$ (R u. R_1 = Cyclopenthyl, Cyclohexyl oder deren Alkyl-Substitutionsprodd. oder Alkyl mit 1—9 C-Atomen, u. R_2 Alkyl mit 1—5 C-Atomen), z. B. Acetyldimethyl- oder Butyryldiisopropylthioharnstoff. (**A. P. 2 822 412** vom 15/10. 1954, ausg. 4/2. 1958.) W. OVERBECK. 7227

United States Rubber Co., New York, N. Y., V. St. A., *Blähmittel für Kautschuk und Kunststoffe*, bestehend aus einem N-Nitrosulfonamid mit der Gruppe $-SO_2-N(NO)$, z. B. N-Nitroso-N-methylbenzolsulfonamid, $C_6H_5-SO_2-N(NO)-CH_3$. (**E. P. 788 822** vom 26/9. 1955, ausg. 8/1. 1958. A. Prior. 2/11. 1954.) W. OVERBECK. 7227

Goodyear Tire & Rubber Co., Akron, Ohio, V. St. A., *Kautschukvulkanisation* mit S u. einem Beschleuniger unter zusätzlicher Verwendung eines Peroxyds der Formel $(R_1)(R_2)(R_3)C-O-O-C(R_1')(R_2')(R_3')$. Die verschied. R sind aliphat., cycloaliphat., cycloalkenyl., aromat. oder aralkyl. KW-stoffreste. Beispiele: als Peroxyd Dicumylperoxyd; als Beschleuniger: 2-Mercaptothiazole, 2.2'-Thiazyldisulfide, Thiazolsulfenamide, Thiocarbamylsulfenamide u. Dithiocarbamate. (**E. P. 791 095** vom 12/1. 1956, ausg. 26/2. 1958. A. Prior. 20/6. 1955.) W. OVERBECK. 7229

Goodyear Tire & Rubber Co., Akron, Ohio, V. St. A., *Vulkanisationsbeschleuniger*, bestehend aus einem N-Pyridyl- oder N-Benzopyridylthiazolsulfenamid, z. B. N-2-Pyridylthiazolsulfenamid, N-(2'-Pyridyl)-2-benzothiazolsulfenamid, N-(3'-Benzo-[b]-pyridyl)-2-benzothiazolsulfenamid, N-[2'-(3'-Methylpyridyl)]-2-benzothiazolsulfenamid oder N-[2'-(4'-Methylpyridyl)]-2-benzothiazolsulfenamid. (**E. P. 788 768** vom 16/2. 1956, ausg. 8/1. 1958. A. Prior. 4/8. 1955.) W. OVERBECK. 7229

Farbenfabriken Bayer Akt.-Ges. (Erfinder: **Friederich Lober, Helmut Freytag**, Köln, und **Ernst Kracht**), Leverkusen, *Benzthiazolyl-2-dicycloalkylsulfenamide* (Cycloalkylreste mit 5—7 Ring-C-Atomen) erhält man, indem man N-Dicycloalkylamine mit wss. Alkalihypochlorit in die entsprechenden N-Chlordicycloalkylamine überführt u. diese in wss. Phase in Ggw. von wasserlösl. aliphat. Ketonen mit den Alkali- oder Erdalkalisalzen des 2-Mercaptobenzthiazols (I) umsetzt. — Beispiel: Dicyclohexylamin + NaOCl → N-Chlordicyclohexylamin (II). 222 (g) rohes **II** (97%ig) werden mit 400 cm^3 Aceton versetzt u. hierzu bei 30—35° unter Rühren eine wss. Lsg. von 167 **I** u. 1,12 Mol NaOH in 240 cm^3 W. zugetropft. Nach beendeter Zugabe wird noch ½ Std. auf 45—50° erhitzt, dann das Sulfenamid abfiltriert u. mit CH_3COOH (2%ig) u. W. gewaschen → *Benzthiazolyl-2-dicyclohexylsulfenamid*, aus A., F. 103—104°. — Analog wird das *Benzthiazolyl-2-dicyclopentylsulfenamid* von F. 75—76° hergestellt. — *Vulkanisationsbeschleuniger*. (**D. A. S. 1 046 056** Kl. 12p vom 13/3. 1957, veröff. 11/12. 1958.) H. BRÄUCKER. 7229

General Tire & Rubber Co., Akron (Erfinder: **Donald Lee Sweet** und **Stavros Achilles Kyriakides**, Cuyahoga Falls), Ohio, V. St. A., *Schlauchdichtungsmittel für Fahrzeugbereifungen aus Kautschuk*, dad. gek., daß es aus einem Band besteht, das auf 100 (Teile) nicht ölfestem, aber mit Mineralöl verträglichem Emulsionspolymerisat aus konjugierten Diolefinverbb. mit < 8 aliphat. gebundenen C-Atomen mit einer MOONEY-Viscosität von wenigstens 120, wie sie bes. durch Polymerisation bei < 15° erhalten werden, etwa 60 Ferri-Ferrooxyd, 15—25 Polybuten u. 65—85 öligen Weichmacher oder Kleber enthält. (**D. A. S. 1 038 214** Kl. 22i vom 16/7. 1956, veröff. 4/9. 1958. **E. P. 796 908** vom 3/7. 1956, ausg. 18/6. 1958. Beide A. Prior. 18/7. 1955.) C. LÜTTGEN. 7231

Dunlop Rubber Australia Ltd., Melbourne, Australien, *Faseriges Polstermaterial*, bestehend aus einer Schicht miteinander verklebter elast. Fasern u. einer äußeren Schicht von Celluloseacetat- oder Viscosefasern, die entweder miteinander vernäht oder verklebt werden. Als elast. Fasern dienen tier. Haare, Cocosfaser u. Alfa-alfagras, die z. B. mit *Kautschuk* oder mit einem elast. Harz miteinander verbunden sind. — Vgl. F. P. 1 085 465; C. **1956.** 8787. (**Aust. P. 165 151** vom 18/7. 1952, ausg. 29/2. 1955.) G. KRAUSS. 7231

XIII. Ätherische Öle. Parfümerie. Kosmetik.

Leo Levi, *Physikalisch-chemische Kennzeichnung von ätherischen Ölen sowie von Komponenten und Abkömmlingen ätherischer Öle*. Chem. definiertes trans-Isoeugenolacetat u. trans-Benzylisoeugenol bekannter Herkunft wurden spektralanalyt. untersucht. Es wurden jeweils die IR-Absorptions-, UV-Absorptions-, nahe IR-Absorptions-, Raman-, kernmagnet. Resonanz- u. Röntgenspektren aufgenommen. Angabe der Daten der experimentellen Messungen u. der Spektren. (Perfum. essent. Oil Rec. **49.** 512—28. Sept. 1958. Ottawa, Canada, Dep. of Nat. Health and Welfare, Food and Drug Labor.) H. SONNTAG. 7262

Hans Leideritz, *Symmachie zwischen Mensch, Schafswolle, Wollwachs und Körperpflege*. Die Schafswolle ist für die Bekleidung des Menschen unentbehrlich. Das bei der Wäsche der Rohwolle anfallende Wollwachs ist kosmet. u. medizin. außerordentlich wertvoll; Beispiele hierfür, sowie seine Gewinnung, Verarbeitung, Zus., Eigg. u. Verwendung werden beschrieben. (Parfümerie u. Kosmet. **39.** 353—54. Juni; 416. 419. Juli 1958.) H. MÜHLMEISTER. 7284

Herbert C. Janowitz, *Alte und neue Schönheitsmasken.* (Vgl. C. **1956.** 5703.) Herst. u. Anwendung von Alginat-, Ton- u. Enzymmasken werden kurz besprochen. (Soap, Perfum. Cosmet. **31.** 267—67. März 1958. Tel Aviv, Manon Cosm. Labors.) H. MÜHLMEISTER. 7284

Unilever N. V., Rotterdam, Holland (Erfinder: **Douglas Holness,** Orpington, und **Bertram James Frank Hudson,** Neston, England), *Parfümmischung,* gek. durch einen Geh. von 1—50, bes. 1,5—15%, eines Esters von 3.5.5-Trimethylhexanol mit einer aliphat. C_1—C_5-Carbonsäure, bes. 3.5.5-Trimethylhexylacetat. Die Ester verleihen den Mischungen eine blumen- bis beerenartige Note. (**D. A. S. 1 044 326** Kl. 23a vom 6/8. 1957, veröff. 20/11. 1958. E. Prior. 8/8. 1956.) C. LÜTTGEN. 7277

Hans Schwarzkopf, Chemische Fabrik (Erfinder: **Gerhard Orlick**), Hamburg, *Haut- und Haarpflegemittel,* gek. durch einen Geh. an N-Acylaminosäureestern in opt. akt. Form oder als Racemat, z. B. deren organ. oder anorgan. Salze, gegebenenfalls zusammen mit Vitaminen, Hormonen, antisept. wirkenden Stoffen, Pflanzenauszügen oder anderen bekannten haarpflegenden Stoffen. — Hautcreme: 10,0 (%) Bienenwachs, 50,0 Paraffinöl, 3,0 Lanolin, 1,0 Sorbitansesquioleat, 3,0 N-Acetylglycinbenzylester, die klare Lsg. dieser Stoffe wird bei 70° langsam unter Rühren mit 33,0 W. von 70°, das beliebige Mengen an Parfüm, Konservierungsmitteln u. Farbstoff enthalten kann, versetzt. — Haarwasser: 0,50 *dl*-N-Acetylmethioninäthylester, 0,25 *l*-N-Acetylglutaminsäurediäthylesterhydrochlorid, 0,25 Na-Pantothenat, 52,0 A. (96%ig), 47,0 W., Parfüm, Farbstoff. (**D. A. S. 1 035 855** Kl. 30h vom 29/6. 1957, veröff. 7/8. 1958.) E. PETERSEN. 7285

Devon Cold Wave Co. Ltd., London (Erfinder: **Gavern Thomas Walker**), *Haarbehandlungsmittel,* bes. zur Herst. von *Dauerwellen,* gek. durch einen Geh. an bes. 0,1 bis 3% eines Gemisches aus *dl*-Methionin (**I**) u. *dl*-Serin (**II**), bes. im Verhältnis von 1 : 1. Anscheinend wird im Haar aus **I** u. **II** Cystin gebildet, gegebenenfalls über verschied. Zwischenstufen, wie Homocystein u. Cystathionin. (**E. P. 797 167** vom 4/6. 1956, ausg. 25/6. 1958.) E. PETERSEN. 7285

Colgate-Palmolive Co., Jersey City, N. J., übert. von: **Hyman Henkin,** New York, N. Y., V. St. A., *Dauerwellen von Haar.* Man behandelt das Haar zunächst in aufgewickeltem Zustand mit einer Bisulfitlsg. (**III**), deren p_H-Wert ca. 6,0—7,0 beträgt; nachdem das Haar erweicht u. verformt ist, wird es mit einer nichtalkal. Lsg. von Harnstoff (**I**) behandelt, die Urease (**II**) enthält; es bildet sich NH_3, wodurch der p_H-Wert auf 8,0 bis 9,0 ansteigt u. die erweichende Wrkg. der **III** beendet wird. **I** u. **II** können **III** auch direkt zugesetzt werden, u. zwar 5—30, bes. 15—25 (%) **I** u. 0,1—2,0, bes. 0,3—1,5 **II**, bezogen auf **III**. Nach dem Abwickeln kann das Haar mit W. oder besser verd. Säure, z. B. Citronen- oder Weinsäure oder einer sauren Na-Bromatlsg. gespült werden. **II** darf der Lsg. erst kurz vor der Verwendung zugesetzt werden u. ist in jedem Fall gesondert zu verpacken. Das Verf. eignet sich bes. für „Heimwellen". (**A. P. 2 817 342** vom 17/12. 1953, ausg. 24/12. 1957.) E. PETERSEN. 7285

Heinrich Emil Büchi-Naef, Speicher (Erfinder: **Richard Mattessich**), Sackville, Canada, *Dauerwellmittel,* bestehend aus einem beständigen, wasserhaltigen Gemisch, das wenigstens ein Sulfit u. Salicylsäure (**I**) u. gegebenenfalls kationakt. Netzmittel, Verdickungsmittel, Farb- u. Duftstoff, A. u. Äthylenglykol enthält. — Beispiel: 300 (g) $(NH_4)_2SO_3$, 50 Gemisch aus **I** u. Na_2SO_3 im Verhältnis 1 : 1, 15 cm^3 des Markenprod. „Sandopan", 50 cm^3 des Markenprod. „Sandozol", 100 cm^3 A., 25 cm^3 „Trietdiamino Carbinol" (Prod. der Fa. MÜHLETHALER, Nyon), 5 cm^3 Parfüm, dest. Wasser. Das Prod. zeigt einen angenehmeren, weniger aufdringlichen Geruch, als die bisher verwendeten u. greift auch die Hände weniger an. (**Schwz. P. 327 505** vom 8/4. 1953, ausg. 15/3. 1958.) E. PETERSEN. 7285

Kefakos Akt.-Ges., Zürich, Schweiz, *Dauerwellpräparat,* das gegen Luftoxydation beständig ist. Man löst 2.4-Dihydroxythiazol (**I**) in wss. NH_3 oder in der wss. Lsg. eines aliphat. Amins (Methylamin) oder eines Ammoniumsalzes einer schwachen Säure [$(NH_4)_2 \cdot CO_3$] u. erwärmt zweckmäßig so lange auf 70—100°, bis die JZ. nicht mehr steigt. Durch einen Zusatz von Ammoniumacetat oder einem anderen organ. Ammoniumsalz wird die Haftfähigkeit der Fl. verbessert. — Z. B. wird eine Lsg. von 12 g **I** in 100 cm^3 wss. NH_3 (Konz. nicht angegeben! Der Referent) auf 80° erwärmt. (**Holl. P. 87 211** vom 13/10. 1952, ausg. 15/1. 1958. D. Priorr. 13/10. 1951 u. 15/5. 1952.) F. BÖHM. 7285

Joseph Anton Demi, Belgien, *Kaltwellmittel.* Man verwendet als O_2-fixierendes Präp. äther. Fruchtöle. — 10 (g) Citronenöl werden in 20 nicht ionisierter oberflächenakt. M. (einem Kondensat von Fettalkohol, Fettamid, vegetabil. Öl mit Äthylenoxyd) suspendiert, mit 20 polymerisiertem Na-Methylacrylat emulgiert, mit Lanolin oder Lecithin versetzt, um den Haaren ein seidiges Aussehen zu geben, u. mit 4950 einer reduzierenden Verb. homogenisiert, z. B. einem Mercaptan. — Weitere Beispiele. (**F. P. 1 156 163** vom 28/8. 1956, ausg. 13/5. 1958. Belg. Prior. 21/11. 1955.) G. WELTZIEN. 7285

XIV. Zucker. Kohlenhydrate. Stärke.

F. Schneider und **H. P. Hoffmann-Walbeck,** *Mikrobiologie und Zuckerfabrikation.* Vortrag. Mikroorganismen werden vorwiegend durch die den Rüben anhaftende Erde in den Fabrikationsgang eingeschleppt. Ihre Aktivität äußert sich durch p_H-Abfall im Schwemm- u. Waschwasser u. in den Diffusionsanlagen. Zu ihrer Bekämpfung ist neben Verwendung von Desinfektionsmitteln (Cl_2, Formalin oder SO_2) das Arbeiten bei höherer Temp. angezeigt. Bei etwa 80° werden nicht nur mesophile Bakterien, sondern auch die Thermophilen weitgehend vernichtet. Auch die Vorscheidung sollte bei Tempp. über 60° stattfinden. In Modellverss. wurde festgestellt, daß erst von dieser Temp. an bei p_H 8 Thermophile merklich gehemmt werden. In der Hauptscheidung wird durch Kalk u. hohe Temp. der größte Teil der Bakterien, mit Ausnahme weniger Sporen, vernichtet. Die Mesophilen, Thermophilen, Pilze u. osmophilen Hefen, die zuweilen in Roh- u. Weißzuckern, sowie in fl. Raffinade (65° Brix) gefunden werden, sind durch Sekundärinfektionen bedingt. (Zucker **9.** 417—26. 1/9. 1956.) R. RUTKOWSKI. 7400

J. Dědek, *Der technische Wert der Zuckerrübe.* Es wird vorgeschlagen, zur Erhöhung der Wirtschaftlichkeit beim Zuckerrübenanbau mehr wissenschaftliche Methoden zu verwenden, u. zwar sowohl auf biol. Gebiet (z. B. Bodenkunde, planmäßige Züchtung besserer Sorten) als auch bei der physikal.-chem. Prüfung in Labor. u. Betrieb u. bei der betriebswirtschaftlichen Auswertung der Ernteergebnisse. (Z. Zuckerind. **8** (**83**). 221—24. 20/5. 1958. Tirlemont.) M. REIHER. 7406

Ss. F. Dronow, *Die Gewinnung von Zucker aus gefrorenen Rüben.* Unterss. über die Kinetik des Auftauens von gefrorenen Zuckerrüben ergaben, daß bei Steigerung der Wassertemp. von 20 auf 80° die Rüben in 17—25 Min. bis 0° auftauen gegenüber 65 bis 70 Min. bei 20° Wassertemperatur. Aus aufgetauten Rüben werden mit kaltem W. 97 bis 99% Zucker ausgelaugt. Die Schnitzel von gefrorenen Rüben brauchen daher nicht zwecks Thermoplasmolyse der Zellen erwärmt zu werden. Von aufgetauten Rüben werden wesentlich bessere Schnitzel erhalten als von gefrorenen. Gefrorene Rüben müssen in der Kälte wesentlich länger u. bei höheren Tempp. gehalten werden, als die festgesetzten Normen vorsehen. Vor dem Schnitzeln müssen die gefrorenen Rüben auf 4—5° gebracht werden. Es muß eine zusätzliche Wäsche der n. nachgeschaltet werden. (Сахарная Промышленность [Zucker-Ind.] **33.** Nr. 1. 23—28. Jan. 1959. Inst. der Hydrolysenind.) OTTO MAIER. 7406

N. F. Dobronrawow und **A. M. Gerassimowa,** *Die Rückführung der Suspensionen aus den Absetzbehältern zur Vordefäkation.* Vergleichende Labor- u. Betriebsunterss. zeigen, daß bei Rückführung der Suspensionen aus den Absitzbehältern zur Vordefäkation die Vakuumfiltration schneller verläuft u. die Saftmengen auf der Reinigungsstation geringer sind als bei Rückführung des nichtfiltrierten Saftes der 1. Saturation. Die besten Filtrationsergebnisse u. die beste Qualität des Saftes der 2. Saturation werden erzielt bei der Rückführung von Suspensionsmengen, die 100% des nichtfiltrierten Saftes der 1. Saturation entsprechen. Die Vordefäkation muß bei 85—90° 3—4 Min. durchgeführt werden. Das p_H ist durch Zusatz von Kalkmilch oder ungenügend begastem Saft auf 10,8—11,0 zu bringen. (Сахарная Промышленность [Zucker-Ind.] **32.** Nr. 10. 21—26. Okt. 1958. Nowo-Troitzk, Gruppenlabor.) OTTO MAIER. 7412

Ödön Krieger und **Gábor Vavrinecz,** *Eine interessante Ablagerung in der Ammoniakleitung der Verdampfer.* In einer toten Abzweigung der Ammoniakleitung der Verdampfer wurde eine weiße kristalline M. mit gelben bis braunen Ringen gefunden. Sie bestand zu 20% aus Ammoniumcarbaminat u. 80% Ammoniumcarbonat neben wenig Fe_2O_3 u. Spuren von Trimethylamin. (Cukoripar **10.** 78 A. April/Juni 1957.) J. PLANK. 7414

F. H. C. Kelly, *Die maximale Viscosität von Füllmassen.* Von der Viscosität der Füllmasse hängt die Förderfähigkeit während des Kochens, Pumpens u. Kristallisierens, sowie andererseits die Ausbeute an Zuckerkristallen ab. Die Viscosität der Füllmasse wird bedingt durch die Viscosität der Mutterlauge u. den Mengenanteil an Kristallen. Bei einem Kristallanteil von 44% ist bereits eine freie Beweglichkeit der Einzelkristalle nicht mehr möglich, während bei 48% die Fließfähigkeit verlorengeht. (Int. Sugar J. **59.** 92—93. April 1957. Hobart, Tasmanien, Univ.) A. GRADL. 7416

O. A. Bakuschinskaja, *Verluste von Melasse bei der Lagerung.* Aus den Verss. folgt, daß bei der Lagerung von Melasse eine Besamung mit höchstens 15000 Mikroorganismen/g als n. gelten kann. Melassen mit $\gtrless$100000 Mikroorganismen/g sind fehlerhaft u. können schlecht aufbewahrt werden. In Melassen mit 72—80° (Saccharometer) können sich die Hefezellen nicht vermehren. In schwach verd. Melassen mit 68—69° vermehren sich die sporentragenden Bakterien u. vermindern den Zuckergeh.; bei ca. 50000 Mikroorganismen/g beträgt der Zuckerverlust 1,3%/Monat, bezogen auf das Gewicht der Melasse mit 46% Zucker. (Хлебопекарная и Кондитерская Промышленность [Brot- u. Konditorei-Ind.] **3.** Nr. 2. 13—16. Febr. 1959. Allunions Wiss. Forsch.-Inst. für Bäckereiwesen.) OTTO MAIER. 7418

Wm. H. Parker und **G. M. Bond,** *Der „Spaldinlab"-Zuckerbestimmungsapparat. Ein Gerät zur automatischen Bestimmung von Zuckerspuren in Kesselspeisewasser, Kondensern usw.* Bei dem beschriebenen Zuckerbestimmungsgerät wird *Triphenyltetrazoliumchlorid* als Reagens verwendet. Der feinverteilte Formazan-Nd. wird durch eine Fotozelle, die mit fast weißem Licht arbeitet, quantitativ ermittelt. (Int. Sugar J. **60.** 71—74. März 1958. Brit. Sugar Corp. Ltd., Chem. Control Serv.) M. REIHER. 7488

Braunschweigische Maschinenbauanstalt Akt.-Ges. (Erfinder: **Dietrich Schliephake**), Braunschweig, *Gewinnung von Zucker aus praktisch wasserfreien Gemischen,* bes. aus *Melasse,* unter Verwendung von konz. CH_3COOH, wobei die für Ausfällung u. Waschung verwendeten Stoffe durch Dest. voneinander getrennt werden, dad. gek., daß der höher sd. Stoff, der den Entzuckerungsrückstand noch gelöst enthält, so weit abdest. wird, bis das Restgemisch noch eine Viscosität besitzt, die eine Restausdampfung durch Verdüsung unter Druck ermöglicht. — Vgl. F. P. 1 080 214; C. **1950/54.** 611 S. (**D. B. P. 960 979** Kl. 89h vom 8/10. 1952, ausg. 28/3. 1957. Anmeldung bekanntgemacht 25/2. 1954.) A. GRADL. 7419

Penick & Ford Ltd., Inc., übert. von: **Carl C. Kesler** und **Erling T. Hjermstad,** Cedar Rapids, Iowa, V. St. A., *Oxalkylierung von Stärke oder Dextrin.* Man mischt den Ausgangsstoff mit 1. W., 2. CH_3OH, A. oder $(CH_3)_2CHOH$ u. 3. NaOH oder KOH in bestimmten Mengenverhältnissen u. behandelt diese Suspension mit einem Oxalkylierungsmittel, bes. Äthylenoxyd oder HOC_2H_4 Cl, wobei keine Gelatinierung erfolgen soll. — *Verdickungsmittel* u. *Klebstoffe.* (**A. P. 2 845 417** vom 6/10. 1955, ausg. 29/7. 1958.) K. FABEL. 7449

Robert Hill, Richmond, Calif., V. St. A., *Herstellung von Fructose-Polymeren* aus Inulin (I), dad. gek., daß I bei 30—130° länger als 1 Min. mit 0,05—100% einer wss., schwachen Säure, bes. CH_3COOH, im Kontakt gebracht wird. Das Reaktionsprod. ist ein Fructose-Polymeres mit Mol.-Gew. 340—2500, ist in kaltem W. lösl., wird unterhalb 40° durch 0,1n HCl hydrolysiert u. schmeckt nicht süß. (**A. P. 2 834 694** vom 7/10. 1955, ausg. 13/5. 1958.) A. GRADL. 7461

XV. Gärungsindustrie.

S. Windisch und **A.-M. Herbst,** *Zum Wuchsstoffbedarf von Bierhefen.* 51 Bierhefen wurden in einer synthet. Nährlsg. auf ihren Bedarf an Biotin (I), Ca-Pantothenat (II), Inosit, Thiamin u. Pyridoxin geprüft. Die Hefen wurden in 3 Gruppen eingeordnet als 1. untergärige Hefen, die Raffinose vollständig vergären; 2. als untergärige Hefen, die Raffinose nur zu $^1/_3$ vergären, u. 3. als obergärige Hefen. In der 1. Gruppe benötigten von 18 Stämmen 13 (72%) nur **I**, in der 2. Gruppen von 15 Stämmen 10 (67%) u. in der 3. Gruppe von 18 Stämmen 11 (61%) nur **I** u. **II**. Außer 2 Stämmen brauchten alle Hefen **I**. Alle obergärigen u. mit 2 Ausnahmen alle Hefen der 2. Gruppe zeigten Bedarf an **II**. Die übrigen 3 Wuchsstoffe wurden von einigen ober- wie auch untergärigen Hefen benötigt. Auxoautotrophe Bierhefen wurden nicht gefunden. Die Bedeutung von Wuchsstoffansprüchen, Ober- bzw. Untergärigkeit u. Raffinosevergärung für die Artabgrenzung wird diskutiert. (Brauerei, wiss. Beilage **11.** 133—37. Okt. 1958. Berlin, Inst. für Gärungsgewerbe, mikrobiol. Abt. u. Labor. für mikrobiol. Vitaminbest.) K. SCHAUERTE. 7506

Walter Deckenbrock und **Sibylle Küsters,** *Zum Problem des Kornaromas.* Zur Identifizierung der für das Kornaroma verantwortlichen Ester wurden Kornsprite nach den etwas abgeänderten papierchromatograph. Methoden von FREY u. WEGENER, sowie von BAYER u. REUTHER untersucht. Danach bilden sich bei Kornbranntwein während des Herstellungsprozesses Essigsäure (I), Propionsäure (II), Buttersäure (III), Valeriansäure (IV) u. Capronsäure (V), die in freier u. veresterter Form vorliegen u. von denen der Anteil an **I** bei weitem überwiegt. Bei der Rektifikation werden **II, III, IV** u. **V** jedoch völlig mit dem Nachlauf abgeschieden, so daß rektifizierte Kornspritzen nur **I** bzw. Essigsäureester enthalten, die somit vornehmlich das Kornaroma ausmachen. — 13 Literaturangaben. (Branntweinwirtschaft **80.** 45—47. 10/2. 1958. Lüdinghausen/Westf., Fachlabor. für die Spiritusind.) W. KREIPE. 7536

Harry Braus, J. W. Eck, W. M. Mueller und **F. D. Miller,** *Isolierung und Erkennung eines Steringlucosids aus Kornbranntwein.* Ein bisher unbekannter, in Whisky Trübungen verursachender Faktor wird als Sitosterin-β-D-glucosid erkannt. Es ist pflanzlichen Ursprungs u. gelangt in den Whisky als Extraktivstoff aus den Fässern. Aus 60 pounds Weißeichenholz werden 0,2 g des Glucosids isoliert. (J. agric. Food Chem. **5.** 458—59. Juni 1957. Cincinnata, Ohio, Nat. Dist. Prod. Corp.) PH. FRESENIUS. 7536

Karl Schuster und **Julius Grünewald,** *Darrprobleme.* Durch systemat. Verss. wurde festgestellt, daß es einen optimalen Wirkungsbereich innerhalb verhältnismäßig enger Temperaturgrenzen während des Schwelkens (40—60°) u. bei entsprechend abgestuften Wassergehh. des Grünmalzes gibt, der die Arbeitsweise moderner Hochleistungsdarren erklärt. Andererseits unterliegen die technolog. Einww. nicht allzu großen Schwankungen. Die Verwendung von Rückluft ist bei der Erzeugung von hellen Malzen mit Vorsicht durchzuführen. (Brauwelt, Ausg. B **97.** 1446—51. 27/9. 1957. München-Weihenstephan, TH, Fak. für Brauwesen, Chem.-technol. Inst.) K. SCHAUERTE. 7540

K. Schwabe und **K. Braun,** *Über den Einfluß der kalten und warmen Gärführung auf die Qualität des Bieres.* Es wurden 2 Versuchsreihen mit je 3 aufeinanderfolgenden kalten (4—5°) u. warmen (8—9°) Führungen durchgeführt. Während der stürm. verlaufenden Warmgärung wurde eine wesentlich höhere Kräusenbldg. beobachtet, jedoch kein Nachlassen der in etwas höheren Ausbeuten geernteten Hefen in ihrer Gärkraft. Der Geh. an Gesamt-N in den warmvergorenen Bieren liegt durch erhöhte N-Assimilation der Hefe niedriger als bei den Vergleichsbieren, auch die p_H-Abnahme ist größer. Die hohe Gärtemp. verbessert die Eiweißstabilität, verschlechtert den Schaum u. fördert die Ausscheidung der Bitterstoffe, doch wurden keine nennenswerten geschmacklichen Unterschiede festgestellt. (Brauerei, wiss. Beilage **11.** 137—43. Okt. 1958. Berliner Kindl-Brauerei A.G., Betriebslabor.) K. SCHAUERTE. 7544

R. H. Hopkins, *Die kolloidale Beständigkeit des Bieres.* Vortrag über Arten, Eigg. u. Rkk. der aus der Gerste stammenden Eiweißverbb. u. ihrer Hydrolyseprodd. u. die Anwendung von Gerbstoffen in der Brauerei. (Rev. Fermentat. Ind. aliment. **11.** 221—26. Sept./Okt. 1956. School of Malting and Brewing, Dep. of Appl. Biochem.) W. WESLY. 7550

Josef Mühlbauer, *Über die Abnahme des Sauerstoffes in Wasser und Bier infolge der reduzierenden Wirkung von Metallen.* Cu u. Al bewirkten eine O_2-Verminderung in einem O_2-reichen Quellwasser. Durch die p_H-Herabsetzung mittels anorgan. u. organ. Säuren sowie durch die Ggw. von Cl_2 u. Cl^- wurde die O_2-Abnahme verstärkt, ebenfalls durch die Bldg. von galvan. Elementen. Durch Auflsg. des Cu trat eine elektrolyt. Gewichtsabnahme auf. Im 2. Teil der Arbeit wird die Wirkungsweise einer Prallvorr. aus Cu zum Befüllen von Druck- oder Puffertanks mit Bier beschrieben, die ein Durchwirbeln oder Hochbrausen des unter Druck einströmenden Bieres mit der Luft vermeidet, eine O_2-Abnahme im Bier durch elektrochem. Vorgang bewirkt u. die CO_2-Verluste verringert. (Brauwissenschaft **10.** 223—29. Sept.; 249—54. Okt. 1957. Bayreuth.) K. SCHAUERTE. 7550

Josef Mühlbauer, *Die Sauerstoffabnahme durch den Einfluß von Metallen in Wasser und Bier. Über die Wirkungsweise einer Prallvorrichtung beim Befüllen von Flaschendrucktanks mit Bier.* Inhaltlich ident. mit der vorst. referierten Arbeit. (Brauwelt, Ausg. B **97.** 1558—66. 1/10. 1957. Bayreuth, Exportbierbrauerei Gebr. Maisel.) K. SCHAUERTE. 7550

E. Kielhöfer, *Die Bindung der schwefligen Säure an Weinbestandteile.* In einer weinähnlichen A.-Weinsäure-Tartrat-Pufferlsg. wurde die Bindung von SO_2 an *Glucose* (**I**), *Fructose* (**II**), *Arabinose* (**III**), *Acetaldehyd* (**IV**), *Acetoin* (**V**), *Diacetyl* (**VI**) u. *Brenztraubensäure* (**VII**) bei den im Wein vorkommenden Konzz. untersucht. Im Bereich von p_H 1—7 wird SO_2 von **IV** vollständig gebunden. Von je 1 g Substanz werden dem gegenüber von **I** nur 0,8%, **II** 0,03%, **III** 10,0% der vorhandenen freien SO_2 gebunden. In einem Wein mit ca. 20 g Restzucker je Liter werden vom Zucker nur 3—4 mg SO_2 gebunden, dagegen können bis zu 200 mg SO_2 an **IV** gebunden sein. **V** kann zu ca. 20%, **VI** u. **VII** zu ca. 80% an SO_2 gebunden sein. In Mosel-Riesling-Weinen sind ca. 10—20 mg SO_2 je Liter außerdem an nicht näher bekannte Verbb. gebunden. (Weinberg u. Keller **5.** 461—76. Sept. 1958. Trier/Mosel, Weinforschungsinst.) F. RADLER. 7554

G. L. Jepisskopossjan, *Das Verhüten der Acetamidkrankheit bei Weinen.* Es wird gezeigt, daß von Acetamidkrankheit befallene Weine durch Steigerung des A.-Geh. vom Mäusegeschmack in einiger Zeit befreit werden können. Bei einer optimalen Alkoholisierung der erkrankten Weine (30—35 Vol.-% A.) verschwindet der spezif. Geruch u. Geschmack in relativ kurzer Zeit. Die so verbesserten Weine können in Mengen bis zu 20—25 Vol.-% den Dessertweinen zugesetzt werden. (Виноделие и Виноградарство СССР [Weinbereit. Weinbau UdSSR] **29.** Nr. 1. 30—31. 1959. Schamchor, Cognacfabrik des Aserbaidshan. Weintrusts.) OTTO MAIER. 7554

H. Schilfarth und **K. Apel**, *Methodisches zur Bestimmung der schnell reduzierenden Stoffe in Würze und Bier.* Die bes. schnell oxydierbaren Stoffe in Würze u. Bier (Reduktone, Melanoidine) sind natürliche Schutzstoffe des Bieres gegen O_2-Einw., da sie nach ihrer Oxydation nicht qualitätsverschlechternd auf das Bier wirken, jedoch die langsamer reagierenden Gerb- u. Bitterstoffe, die im oxydierten Zustand die Qualität des Bieres vermindern können, vor Oxydation schützen. Zu ihrer Best. wird Würze bzw. Bier in einem mit Innengefäß versehenen Kolben mit einem Überschuß an TILLMANN-Reagens 20 Sek. zur Rk. gebracht, letzteres mit einer stets gleichen Menge Ae. ausgeschüttelt, dann die Lsg. auf Vgl. spektrophotometr. gemessen. Das Meßergebnis (R-Wert) stellt eine Vergleichszahl dar, die aus der zugegebenen u. wiedergefundenen TILLMANNs-Reagensmenge nach einer empir. Formel errechnet wird. Der Einfl. der Würze bzw. Biermenge, der Verdünnung, der Reaktionszeit, der Temp. u. des p_H auf den R-Wert wurde eingehend untersucht, die Genauigkeit der Meth. ermittelt u. eine Zusammenstellung der bisher gemessenen R-Werte von Würzen u. Bieren wiedergegeben. (Brauerei, wiss. Beilage **11.** 121—27. Okt. 1958. Berlin, Versuchs- u. Lehranst. für Brauerei, Brauereichem.-technolog. Abt.) K. SCHAUERTE. 7600

Patentauswertung Vogelbusch G. m. b. H. (Erfinder: **Wilhelm Vogelbusch**), Österreich, *Lufteinblasung in Hefegärbottiche.* Um bei der Hefeherst. eine Gaseruption beim Einblasen größerer Mengen Luft zu verhindern, bläst man zusammen mit der feinstverteilten Frischluft eine in bezug auf Luft relativ geringe Menge eines anderen Gases, bes. Gärungsabgases, in Form von großen Blasen gemeinsam mit den Luftbläschen ein. — Zeichnung. (**F. P. 1 156 344** vom 6/7. 1956, ausg. 14/5. 1958. Oe. Prior. 8/7. 1955.) G. WELTZIEN. 7507

Armour & Co., übert. von: **Milton A. Mitz**, Chicago, Ill., V. St. A., *Coenzym-Konzentrate.* Durch Adsorption an einen Anionenaustauscher, woraus z. B. das *Di-* u. *Triphosphopyridinnucleotid Coenzym* mittels eines sauren Mittels (HCl) bei einem bestimmten p_H eluiert wird. (**A. P. 2 828 302** vom 1/2. 1956, ausg. 25/3. 1958.) J. KETTNER. 7509

Wilhelm Schmid, Regensburg, *Biergärbottich.* Ein Al-Gärbottich wird mit einer gegen die chem. akt., bes. alkal. Stoffe der Betonumrandung mit einer Schutzschicht von gut wärmeleitenden Folien aus Polyterephthalsäureester oder Polyisobutylen verkleidet. In die Betonschicht sind, gleichzeitig als Armierung, die Kühlrohre eingebaut, welche in Spiralform verlaufen u. zum Zwecke der Oberflächenvergrößerung mit in die Betonmasse eingelassenen Flacheisenteilen verschweißt sind. — 5 Zeichnungen. (**Oe. P. 195 375** vom 5/3. 1956, ausg. 25/1. 1958. D. Prior. 7/3. 1955.) G. WELTZIEN. 7551

J. Ribéreau-Gayon et E. Peynaud, Analyse et contrôle des vins. 2e éd. Paris: Béranger. 1958. (XXIV + 558 S. m. 88 Abb.) 5500 fr.

XVI. Nahrungs-, Genuß- und Futtermittel.

Miroslav Bomar und **Hana Lebedová**, *Die Sorbinsäure als fungistatischer Stoff in der Verpackung von Lebensmitteln.* Mit Sorbinsäure in konz. 1,0% imprägniertes Verpackungspapier für Lebensmittel verhindert das Auftreten von Aspergillus niger, Penicillium brevi-compactum, nicht aber von Pseudomonas fluorescens, Micrococcus candidus. (Průmysl Potravin **9.** 364—67. Juli 1958. Praha, výzk. úst. obal.) E. VEVERA. 7634

J. Fragner, J. Blattná und **J. Manoušková**, *Vitaminisierung von Salz und Zucker mittels L-Ascorbinsäure.* Vff. stellen fest, daß Ascorbinsäure zu Salz u. Zucker zugesetzt, beim Aufbewahren in gewöhnlicher Verpackung nach 12 Monaten 10%, je nach Verarbeitung in Kochprodd. 5—60%, in einfachen Speisezubereitungen 10% an Geh. verliert. — 12 Literaturangaben. (Průmysl Potravin **9.** 371—74. Juli 1958. Praha, Výzk. ústav. potrav. techn.) E. VEVERA. 7642

F. Königsmann, *Entwicklungsstand der Verfahren zur direkten Dampfkonditionierung.* Behandelt werden die Verff. der Getreidekonditionierung von ALTROGGE/MIAG, TARUTIN u. SIMON. — 3 Schemata. (Getreidemühle **2.** 146—48. Juli 1958. Dresden.) M. WINIKER. 7664

M. Rothe, *Über das Bitterwerden von Cerealien.* 3. Mitt. *Zur Frage des Reaktionsmechanismus* (2. vgl. Fette Seifen einschl. Anstrichmittel **56.** [1954.] 667.) In weiteren Unterss.

konnte Vf. zeigen, daß die JZ. der Fettkomponente im Verlauf des Bitterwerdens von Hafer von Anfang an kontinuierlich abnimmt, obwohl zu Beginn der Rk. weder Peroxydbldg. noch O_2-Aufnahme nachweisbar sind. Somit liegt keine echte Autoxydation vor; diese tritt erst nach 23 Tagen auf, wie der dann erfolgende Anstieg der Peroxydzahl zeigt. Vielmehr läuft vermutlich eine Primäroxydation unter Abnahme der Doppelbindungen ab, bei der das gebildete Peroxyd unmittelbar nach der Rk. durch das Hafer-Antioxydans unter Beteiligung von Peroxydase zerstört wird. Dieser Vorgang steht in einem direkten Zusammenhang mit dem Bitterwerden des Hafers, da die Bldg. des Bitterstoffes nach einer oxydativen Schädigung des Hafer-Antioxydans unterbleibt. Die prim. Oxydation der Fette wird wahrscheinlich von einem prooxydativen thermolabilen Faktor, vermutlich Lipoxydase, eingeleitet. Nach dessen Entfernung werden die beschriebenen Vorgänge auch durch andere Prooxygene, wie Co-Salze, katalysiert. Diese prooxydativen Stoffe sind jedoch zum Bitterwerden nicht erforderlich, wenn Fette mit hohem Peroxydgeh. vorliegen. (Fette Seifen einschl. Anstrichmittel **57.** 425—28. Juni 1955.)
F. Krusen. 7664

G. Brückner, *Über die Auswirkung der Verwendung deutscher Aufmischweizen auf die Backqualität der Mehle.* Vf. gibt die deutschen Weizensorten überdurchschnittlicher Qualität an, die als Aufmischweizen für schwächere Inlandweizen empfohlen werden. Untersucht wurde die Auswrkg. der Hochzuchtweizenmehle auf durchschnittlich schwächere Inlandsweizenmehle bzgl. Teigausbeute, Volumenausbaute, Backzahl, Porung der Gebäckkrume, Wertzahl, Krumeneigg., Übergare u. Gärstabilität. Im allg. wurden die genannten Faktoren durch Aufmischweizen verbessert. (Mühle **95.** 671—72. 4/12. 1958. Berlin, Bundesforschungsanstalt für Getreideverarbeitung.) H. Haevecker. 7670

A. H. Bloksma, *Die Bedeutung von Thiol- und Disulfidgruppen im Kleber für die Backfähigkeit.* Durch amperometr. Titrationen wurden Thiol(**a**)- u. Disulfid(**b**)-Gruppen im Mehl u. im Kleber bestimmt. Obwohl die Titrationen keineswegs befriedigend reproduzierbar sind, stellt Vf. fest, daß Mehl ca. 0,40 **a**- u. 7,5 **b**-Gruppen je 1000 N-Atome enthält. Im Kleber wurden 0,15 **a**- u. 7 **b**-Gruppen ermittelt. Es wurden keine Hinweise gefunden für eine Senkung des **a**-Geh. im Kleber durch starke Dosierungen oxydierender Mehlbehandlungsmittel, so daß deren Wrkg. nicht auf einer Zunahme der Anzahl der **b**-Bindungen durch Oxydation von **a**-Gruppen beruhen kann. Der nach der Theorie der Kautschukelastizität errechnete Elastizitätsmodul für ein Klebermodell mit **b**-Bindungen als Querverbindungen zwischen Peptidketten entspricht den experimentellen Daten nicht. (Getreide u. Mehl **8.** 65—69. Sept. 1958. Wageningen, T.N.O., Inst. für Getreide u. Mehl.) H. Haevecker. 7674

E. Drews, *Wasserlösliche, niedrigmolekulare, nichtflüchtige organische Säuren in Mahlprodukten, Teigen und Broten.* Aus wss. Aufschlemmungen von Mahlprodd., Teigen u. Broten wurden die organ. Säuren auf Anionenaustauschern absorbiert, durch fraktionierte Elution getrennt u. quantitativ mittels Papierchromatographie bestimmt. Im Roggen- u. Weizenmehl wurden *Äpfel-* (**I**), *Citronen-*, *Bernstein-* (**II**) u. *Fumarsäure* (**III**) gefunden. Der **I**-Geh. stieg mit dem Ausmahlungsgrad an, wobei Roggenmehle mehr **I** enthielten als Weizenmehle gleichen Aschegehaltes. Neben diesen Säuren wurden in Teig u. Brot *Milchsäure* (**IV**) u. *Glykolsäure* gefunden. Bei Hefeführung dominierten im Teig **I** u. **II**, bei Sauerführung wurde die **IV**-Bldg. stark forciert. Der **I**-Geh. des Teiges liegt bei Sauerführung nach der Endgabe im Vgl. zu dem **I**-Geh. des verarbeiteten Mehles niedriger. (Brot u. Gebäck **12.** 261—64. Dez. 1958. Detmold, Bundesforschungsanst. für Getreideverarbeitung.) H. Haevecker. 7674

Tamotsu Yokotsuka, *Untersuchungen über die Duft- und Geschmackstoffe in Shōyu.* 15. Mitt. *Duft- und Geschmackstoffe in erhitztem Shōyu.* 2. Mitt. (14. vgl. C. **1958.** 11096.) Im schwach sauren Teil von „Shōyu" (Sojasauce), in Wasserdampf von 100° 5 Std. auf 80° erhitzt, wurden nach Ae.-Extraktion durch Gegenstromverteilung u. Papierchromatographie neben *4-Äthylguajacol*, *Vanillinsäure*, *Tyrosin* u. *Tyrosinsalzen* noch einige weitere unbekannte Stoffe mit starkem Geruch gefunden (eine instabile Substanz mit der Formel $C_5H_6O_3$, F. 126—128°; aromat. Nadeln mit F. um 110°; ein *2.3-Butylenglykol*-Deriv. mit F. 198°. Hieraus mittels Phenylisocyanat Nadeln mit F. 162°). (J. agric. chem. Soc. Japan [Nippon Nōgeikagaku Kaishi] **32.** 23—26. 15/1. 1958. [Orig.: japan.]) F. Mossner. 7684

Frithiof Alm und **Agneta Rappe,** *Einfluß von Lagerungstemperatur und Sonnenlicht auf Vitamin C-Retention, Geschmack und Farbe von in Glasflaschen verpacktem Orangensaft.* Bei Tempp. $< 20°$ sind die Verluste an Vitamin C (**I**) in Orangensaft in Glasflaschen mit dichtschließendem Verschluß sehr gering, bei 37° verschwinden in 6 Monaten $> 50\%$ des **I**, zugleich tritt Braunfärbung ein, wahrscheinlich durch Polymerisation oder andere Umsetzung des aus I entstehenden Furfurols. Neben einer Oxydation des I kann auch anaerobe Umlagerung zu dunklen Farbstoffen eintreten. Auch direkte Sonnenbestrahlung (nicht diffuses Licht) erhöht den I-Verlust, der Photoeffekt scheint aber gegenüber dem therm. gering zu sein. Ob die geringere Braunfärbung bei bestrahlten Proben auf eine „Bleichwrkg." oder auf eine Umlenkung der Rkk. des I zurückzuführen ist, kann aus den Verss. nicht entschieden werden. Geschmacksveränderungen werden mehr durch die Temp. als durch Bestrahlung bewirkt. (Svenska Inst. Konserveringsforskn. Publ. **116.** 1—18. 1956. Göteborg.) R. K. MÜLLER. 7706

E. G. Davis, *Wertbestimmung von Weißblechdosen für Nahrungsmittel.* Übersicht über die in den letzten Jahren ausgeführten Unterss. über das Verh. von Weißblechdosen u. (S- u. säurefesten) Lacken gegen Früchte u. Fruchtsäfte. — 13 Schrifttumshinweise. (Food Preservat. Quart. **18.** 66—72. Dez. 1958. Homebush, N. S. W., Commonwealth Scient. and Ind. Res. Organ., Div. of Food Preservat. and Transport.) W. WESLY. 7706

S. N. Mitra und **S. C. Roy,** *Gesetzliche Standards für Tumeric (Haldi). Tumeric* oder *Haldi* ist ein Prod. aus dem Rhizom von Curcuma (C. longa oder C. rotunda), das als Gewürz oder als Würze verwendet u. entweder ganz oder gepulvert im Verkehr gehandelt wird; es liegen darüber — um Fälschungen hintanzuhalten — aus dem Jahre 1955 für Indien gesetzliche Bestimmungen vor. 2 aus dem Handel bezogene Proben werden unter Heranziehung der üblichen analyt. Verff. untersucht. An Hand der tabellar. mitgeteilten Befunde werden als Qualitätsanforderung für das ganze Rhizom sowie für das Pulver folgende Werte aufgestellt: Gesamtasche 3,5—7,0 (%), säureunlösl. Asche 1,25, alkoh. Extrakt mindestens 4,0, flüchtiges Öl mindestens 2,0; wenn man den Geh. an Feuchtigkeit begrenzen will, dann wird als Grenzwert 15 vorgeschlagen. (J. Indian chem. Soc., ind. News Edit. **19.** 110—16. 1956. Calcutta, West Bengal Public Health Labor.) K. TÄUFEL. 7714

Jan Milewski und **Stefan Mrożewski,** *Rosenblumenblätter — ein Aroma- und Geschmacksrohstoff für die Lebensmittelindustrie.* Blütenblätter von Rosa rugosa Thunb. werden mit Zucker im Verhältnis 3 : 7 vermahlen, mit Citronensäure (1 g/kg) stabilisiert u. luftdicht verschlossen bei 15° aufbewahrt. (Przemysł Spożywczy **12.** 425—27. Okt./Nov./Dez. 1958. Warszawa.) F. URBAN. 7714

Marcin Szulc, *Untersuchungen über den Einfluß der Anwendung von Antibioticis bei Schlachttieren auf die Erhöhung der Widerstandsfähigkeit von Fleisch gegen Fäulnis.* Die Frischhaltung von Fleisch wird durch subcutane Injektionen von Antibioticis 2—6 Std. vor der Schlachtung verlängert. Am wirksamsten sind Tetramycin u. Tetracyclin, die noch mit 5 mg/kg Lebendgewicht Fleisch gegen Fäulnis merklich stabilisieren. (Przemysł Spożywczy **12.** 422—25. Okt./Nov./Dez. 1958. Warszawa.) F. URBAN. 7750

W. Gißke, *Beeinflussung der Qualität von Kochschinken durch Phosphate.* Durch Zusatz des Phosphatpräp. *Curafos* zur Spritzpökellake bei der Herst. von Dosen- u. Formschinken konnten die Geleeanteile vermindert sowie Konsistenz, Färbung, Aroma u. Schnittbild günstig beeinflußt werden. Die Verminderung der Geleeanteile durch Curafoszusatz, der einen niedrigeren Anteil an locker gebundenem W. u. einen leicht erhöhten p_H-Wert im Schinken bedingt, ermöglichte die Anwendung effektiverer Erhitzungsverff. (längere Erhitzungszeiten), wodurch die Haltbarkeit dieser anfälligen Halbkonserve gesteigert wurde. (Fleischwirtschaft **10.** 21—22. Jan. 1958. Kulmbach, Bundesforschungsanst. für Fleischwirtschaft, Fleischtechnol. Inst.) W. KREIPE. 7750

L. Kotter und **O. Prändl,** *Physikalisch-chemische Vorgänge bei der Fabrikation schnittfester Rohwürste.* 1. Mitt. Grenzflächenvorgänge zwischen den Speck- u. Fleischteilchen, wie sie bei der Fabrikation von Rohwürsten stattfinden, u. die Vermeidung der Ausbldg. von Hohlräumen in Würsten werden beschrieben. (Fleischwirtschaft **10.** 26—28. Jan. 1958. München, Univ., Inst. für Nahrungsmittelkunde der Tierärztl. Fak.) W. KREIPE. 7750

R. Grau und **A. Böhm,** *Über die Wirkung von Ascorbinsäure bei der Brühwurstherstellung.* Die Wrkg. der *Ascorbinsäure* (**I**) bei der Nitritpökelung wird auf die Umsetzung von salpetriger Säure mit I zurückgeführt, wobei *Stickoxyd* (**II**) sowie H_2 u. Dehydroascorbinsäure entstehen. **II** verbindet sich in dem als Umrötung bezeichneten Vorgang mit dem Muskelfarbstoff zu dem hitzebeständigen Pökelrot, das im Räucherprozeß eine Stabilisierung erfährt. Unter verschied. Bedingungen mit **I** behandelte Brühwürste zeigten, daß durch **I**-Zusätze (0,03—0,06%) eine beträchtliche Senkung des Geh. an freiem Nitrit (**III**) (40—50%) u. eine rasche u. gleichmäßige Umrötung in den fertigen Würsten eintritt. Wurde bei Anwesenheit von **I** der **III**-Geh. im Pökelsalz auf 0,3% herabgesetzt, konnten ebenfalls einwandfrei durchgerötete Würste erzeugt u. die Gesamtherstellungszeit verkürzt werden. Je nach Höhe des **I**-Zusatzes trat eine geringfügige p_H-Senkung von 0,02—0,09 p_H-Einheiten ein. Die Herstellungs- u. Abhängeverluste wurden jedoch nicht beeinflußt. Eine Beeinträchtigung der Haltbarkeit durch I-Zusatz war nicht feststellbar. — 7 Literaturangaben. (Fleischwirtschaft **10.** 23—26. Jan. 1958. Kulmbach, Bundesforschungsanst. für Fleischwirtschaft, Chem.-physikal. Inst.) W. KREIPE. 7750

Bohuslav Doležal, *Einfluß der relativen Feuchtigkeit auf die Qualität geräucherter Produkte und die Leistung von Räuchereianlagen.* Die wirtschaftlichste u. beste Meth. des Räucherns von Dauerwurstwaren ist das Räuchern bei erhöhter relativer Feuchtigkeit (30%). (Przemysł Spożywczy **12.** 402—05. Okt./Nov./Dez. 1958. Brno.) F. URBAN. 7750

I. I. Łapszin, *Neue Technologie des heißen Räucherns der Fische.* Die Fische werden kurz in eine „Rauchlsg." getaucht u. dann IR-Strahlung ausgesetzt. Die Rauchlsg. ist das konz. wss. Kondensat der trockenen Holzdest., aus dem teerige Bestandteile durch Aussalzen entfernt wurden. Sie enthält keine cancerogenen Verbindungen. Die Räuchermeth. führt zu kleineren Substanzverlusten als das klass. Verfahren. (Przemysł Spożywczy **12.** 398—401. Okt./Nov./Dez. 1958. Moskau.) F. URBAN. 7752

R. M. Love, *Der Preßsaft von Fischfilets.* 3. Mitt. *Nucleinsäure aus ungefrorenem Kabeljau unter verschiedenen Bedingungen.* (2. vgl. C. **1959.** 10757.) Der Geh. von Kabeljaufilets an Desoxypentosenucleinsäure nach verschied. Behandlungsarten wurde bestimmt. Die hierbei erhaltenen Werte wurden sowohl durch die Größe der Filets als auch durch die Dauer ihrer Aufbewahrung auf Eis beeinflußt. (J. Sci. Food Agric. **6.** 287—92. Mai 1955.) F. RANG. 7752

A. Banks, *Der Preßsaft von Fischfilets.* 4. Mitt. *Die auspreßbare Flüssigkeit von gefrorenem Kabeljau.* (3. vgl. vorst. Ref.) Menge u. Zus. der aus ausgenommenem, während verschied. Zeitabschnitte gefrorenem Kabeljau gepreßten Fl. wurden ermittelt u. mitgeteilt. (J. Sci. Food Agric. **6.** 584—87. Okt. 1955.) F. RANG. 7752

R. M. Love, *Der Preßsaft von Fischfilets.* 5. Mitt. *Zellzerstörung in auf einer Seite gefrorenen Filets. Allgemeine Übersicht.* (4. vgl. vorst. Ref.) Das Ausmaß der Zellzerstörung in einseitig eingefrorenen Fischfilets wurde durch Messung des Austritts von *Desoxypentosenucleinsäure* in die Zellzwischenräume in Abhängigkeit von der Einfrierdauer bestimmt. (J. Sci. Food Agric. **8.** 238—42. April 1957.) H. GOEBEL. 7752

Gerhard Koch, *Verwendungsmöglichkeiten der Tropfmilch.* Vf. nimmt zu den Ausführungen von FEILS (C. **1958.** 7915) krit. Stellung u. lehnt die Auffassung dieses Autor ab, nach der Tropfmilch im Sinne des Lebensmittelgesetzes grundsätzlich als „verdorben" anzusehen sei. (Milchwissenschaft **13.** 454—56. Okt. 1958.) M. WINIKER. 7756

H. Lück und **F. J. Joubert,** *Untersuchungen zur H_2O_2-Behandlung der Milch. Einfluß auf Milchproteine.* 2. Mitt. (1. vgl. C. **1959. 3998.**) Vff. stellten fest, daß durch H_2O_2-Behandlung (-Konservierung) das Casein geringfügige chem. Veränderungen erleidet, die sich in Form einer Verlängerung der Labgerinnungszeit, einer Beeinflussung des Alkoholtiters sowie einer Veränderung des Sedimentationsdiagramms (Ultrazentrifuge) manifestieren. — 22 Literaturhinweise. (Milchwissenschaft **10.** 370—75. Nov. 1955.) M. WINIKER. 7756

Hans Lück und **Hermann Kühn,** *Infrarot-spektroskopische Untersuchungen an Butter und Margarine.* Bei frischer *Butter* (**a**) verschied. Provenienz wurde 10,34 μ eine Bande im IR festgestellt, die auf Geh. an trans-Olefinen deutet (ca. 8%, berechnet als Elaidinsäure). *Margarine* (**b**) wies dieselbe Bande auf, jedoch war der Geh. an trans-Olefinen stark sortenabhängig (bei 5 verschied. Sorten wurden zwischen 2 u. 40% gefunden). UV-Bestrahlung bewirkte bei **a** u. **b** eine Zunahme der freien OH-Gruppen, eine Abnahme der olefin. Doppelbindungen sowie das Auftreten zusätzlicher Carboxylgruppen u. ungesätt. Aldehyde bzw. Ketone. Der Geh. an trans-Olefinen nahm bei **b** (im Gegensatz zu **a**) durch UV-Bestrahlung ab. Wurde **b** ohne Reduktionsmittel erhitzt, so konnte ein ähnlicher Effekt erzielt werden wie durch UV-Bestrahlung. Mit $NaHSO_3$ erhitzte **b** blieb nahezu unverändert. (Milchwissenschaft **13.** 457—63. Okt. 1958. München, Deutsche Forschungsanst. für Lebensmittelchem.) M. WINIKER. 7758

Pavel Miláček, *Verwendung von Epoxydharz in der Käseproduktion.* Bestreichen von Holzgeräten mit Epoxydharzlsg. erhöht die Haltbarkeit der Geräte nach Trocknen. (Průmysl Potravin **9.** 348—50. Juli 1958. Banovce nad Bebravou, Nitranske mliek. n. p.) E. VEVERA. 7760

Max Erich Schulz, *Die Grundlagen der Reifung von Käse in der Verpackung.* Vortrag. (Milchwissenschaft **13.** 443—50. Okt. 1958.) M. WINIKER. 7760

G. Stehle, *Die Oberflächenbehandlung von Edamerkäse und ihre Probleme.* Verss. mit der Frühparaffinierung u. dem Überziehen der Käseoberflächen mit Kunststoffdispersionen ergaben, daß beiden Verff. noch gewisse Mängel anhaften, so daß es verfrüht wäre, dieselben bereits als entscheidende Verbesserungen der Käsereitechnik zu werten. (Dtsch. Molkerei-Ztg. **79.** 1058—59. 7/8. 1958. Saarbrücken.) M. WINIKER. 7760

N. D. Dijkstra und **D. van der Schaaf,** *Untersuchung über den Nährwert von erhitztem Heu.* 2. Mitt. (1. vgl. C. **1957.** 2352.) Die Ergebnisse der an Hammeln mit 8 Heuproben, die auf verschied. Tempp. erhitzt worden sind, fortgesetzten Fütterungsverss. schließen sich an die früher ermittelten Werte gut an. Die Beziehungen zwischen Erhitzungsfarbe (auf Trockensubstanz umgerechnet) einerseits u. Abnahme der Gehh. an verdaulichem Roheiweiß u. an verdaulichem wirklichem Eiweiß u. der Abnahme des Stärkewertes andererseits werden in Kurven wiedergegeben. (Veren. Exploitat. Proefzuivelboerderij Hoorn, Versl. 1956. Versl. landbouwk. Onderz. **63.** Nr. 9. 1—20. 1957.) W. WESLY. 7782

Ladrat, Craplet und **Tardif,** *Bewertung des Nährwerts eines marokkanischen Fischmehls.* Bei Fütterungsverss. mit Hühnern erwies sich ein marokkan. Fischmehl (Sardinen) norweg. Heringsmehl als gleichwertig. (C. R. hebd. Séances Acad. Agric. France **44.** 804—09. 1958. Grignon, École Nat. d'Agric., Labor. de Zootechn.) M. WINIKER. 7786

Giuseppe Cerutti, *Bestimmung der l-Ascorbinsäure in Lebensmitteln mit Hilfe der Papierchromatographie.* Die vom Vf. kurz beschriebene Meth. zur Best. von *l-Ascorbinsäure* in Lebensmitteln besteht darin, den waagerechten Streifen, der dem R_F-Wert 0,30—0,40 entspricht, nach Stabilisierung mit einer Oxalsäurelsg. mit dem TILLMANSschen Reagens zu titrieren. Das Titrationsverf. liefert sicherere u. schnellere Ergebnisse als die Planimetrierung der Flecken, wobei die Größe der Flecken angenähert dem Ascorbinsäuregeh. entspricht. Einige experimentelle Ergebnisse sind angeführt. (Chim. e Ind. [Milano] **39.** 14—18. Jan. 1957. Milano, Centro Ricerche, Ist. Chemioterapico Italiano.) C. GOTTFRIED. 7788

Jaroslav Krasl, *Methode zur Bestimmung von Trockenmasse, Salz und Säuren einiger Konservenprodukte vor ihrer Sterilisation.* Vf. schlägt vor, vor der Verarbeitung zu Konserven aus dem Material in kleinen Proben Trockenmasse, Salz u. Säure zu bestimmen. (Průmysl Potravin **9.** 363—64. Juli 1958. Nebocady u Decina, Sever. konzerv. a lihovar.) E. VEVERA. 7790

J. W. Laakso, Madelyn Ferrigan, M. O. Schultze und **W. F. Geddes,** *Ein einfaches Verfahren zur Ermittlung der Verunreinigung von Weizen mit Urin von Nagetieren.* Die zu prüfenden Weizenkörner werden auf eine Tüpfelplatte aus durchsichtigem Kunststoff gebracht u. mit einer auf p_H 6,8 gepufferten Ureaselsg. 5 Min. behandelt. NESSLERs Reagens gibt darauf mit dem aus Urin abgespaltenen NH_3 eine Orangefärbung. (Cereal Chem. **33.** 141—45. März 1956. St. Paul, Minn., Univ. of Minnesota, Inst. of Agric., Dep. of Agric. Biochem.) H. GUDE. 7796

Brieskorn, *Über das Nachdunkeln der Mehle.* Krit. Bemerkungen aus der Praxis über die Benutzung der PEKAR-Probe zur Erzielung von Mehlen annähernd gleichen Aschegehaltes. (Müllerei **12.** 43—44. 24/1. 1959.) H. HAEVECKER. 7798

R. H. Harris und **G. H. Bruner,** *Einfluß der Weizensorte und des Wachstumsortes auf das spezifische Volumen von Mehl.* Vff. beschreiben einen App. zur Best. des spezif. Vol. von Mehl, bestehend aus einem graduierten Zylinder, in den eine bestimmte Menge Mehl unter gleichen Schütt- u. Lockerungsbedingungen eingefüllt wird. Die Unterschiede im spezif. Vol. lagen in Abhängigkeit von der Weizensorte bei 30%, in Abhängigkeit vom Anbauort bei 17%. Weizen mit ungenügenden Vermahlungseigg. ergaben das größte spezif. Vol. im Mehl. (Cereal Chem. **32.** 415—20. Sept. 1955. Fargo, N. D., Agric. Exp. Stat.) H. HAEVECKER. 7798

W. W. Luchsinger, L. S. Cuendet, P. D. Boyer und **W. F. Geddes,** *Eine empfindliche Methode zur Messung der Lipaseaktivität und ihre Anwendung auf Weizenprodukte.* Die Meth. gründet sich auf die Best. von Glycerin, das aus einer Monooleinemulsion bei p_H 7,4 u. 30° gebildet wird. Nach Inaktivierung des Enzyms u. Zerstörung der Emulsion mit Trichloressigsäure u. $CaCl_2$ wird das Glycerin in der wss. Phase durch Abspaltung mittels Perjodats bestimmt, das resultierende Formaldehyd wird mit Chromotropsäurereagens behandelt u. die Absorption des gefärbten Komplexes bei 570 mμ gemessen. Glycerinmengen von 0,2—18,0 γ können auf diese Weise direkt gemessen werden. Zur Best. in Weizenprodd. läßt man die Lipase auf den nach einer Extraktion mit PAe. u. $(NH_4)_2SO_4$-Lsg. (95%) verbleibenden Rückstand einwirken. Die in Müllereiprodd. ermittelten Werte standen in relativ guter Übereinstimmung mit den nach anderen Methoden ermittelten. (Cereal Chem. **32.** 395—404. Sept. 1955. St. Paul, Minn., Univ. of Minnesota, Agric. Exp. Stat.) H. HAEVECKER. 7798

M. Rohrlich, *Über einen Schnelltest (Jodqualitätstest) zur Ermittlung der Qualität von Roggen und Roggenmehl.* Vf. entwickelte einen Schnelltest, nach dem eine Roggenschrotsuspension auf 70° erhitzt wird. In Ggw. geringer β-Amylasemengen wird hierbei etwas Maltose abgespalten, jedoch nicht so viel, daß sich größere Mengen Grenzdextrine bilden. Oberhalb 62° wird vorhandene β-Amylase inaktiviert. Ist die β-Amylaseaktivität erhöht u. ferner infolge Auswuchses auch α-Amylase vorhanden, so tritt auch nach dem Erwärmen noch ein starker Abbau der Stärke ein. Die entstehenden Stärkebruchstücke färben sich im Filtrat der Suspension mit Jod rotviolett bis gelb. Die Ergebnisse des Jodqualitättestes standen in guter Beziehung zum Dextrin- u. Gelbzeitwert u. erlaubten eine schnelle Beurteilung auf Auswuchsfreiheit u. Auswuchsschädigung. (Mühle **95.** 672—73. 4/12. 1958. Berlin, Bundesforschungsanst. für Getreideverarbeitung.) H. HAEVECKER. 7798

H. Miller, J. Edgar und **A. G. O. Whiteside,** *Ein Laboratoriumsteigmischer zur Verwendung bei Untersuchungen der Weizenqualität.* Beschreibung des Geräts. — 3 Abbildungen. (Cereal Chem. **33.** 136—40. März 1956.) M. WINIKER. 7798

Milan Menhart, *Neolaborograph-Apparat zur Qualitätsbestimmung von Mehl.* Arbeitsweise u. Abb. eines ungar. Gerätes („Neolaborograph") zur Best. von Mehl u. Mehlprodukten. (Průmysl Potravin **9.** 368—69. Juli 1958.) E. VEVERA. 7798

H. Dörner und **E. Teßmer,** *Beziehungen zwischen Mehl- und Zwiebackqualität.* Vff. untersuchten verschied. ausländ. u. inländ. Weizenmehle, wobei versucht wurde, für die Qualitätskennzeichnung als Zwiebackmehl Grenzzahlen für den Eiweiß- u. Feuchtklebergeh. sowie für Quellzahlen u. Verlauf der Farinogrammkurven anzugeben. (Brot u. Gebäck **12.** 268—73. Dez. 1958. Detmold, Bundesforschungsanst. für Getreideverarbeitung.) H. HAEVECKER. 7798

Hans Fuchs, *Zahlenmäßige Zusammenhänge zwischen den Ergebnissen der Kleberprüfung, der Teigprüfung und des Backversuches.* An Hand von Unterss. an Versuchsmehlen aus sortenreinen Weizenmustern stellte Vf. fest: Die Volumenausbeute steht in enger Korrelation zum Klebergeh. u. damit zur Entwicklungszeit, Konstanz u. Dehnbarkeit des Teiges. Der Stand steht in enger Korrelation zur Kleberqualität (Quellzahl) u. damit zur Konstanz, zur Teigerweichung u. zum Dehnwiderstand. Die Gebäckausbeute korreliert am engsten mit der farinograph. Wasseraufnahme. (Müllerei **12.** 41—43. 24/1. 58—60. 31/1. 1959. Wien.) H. HAEVEKER. 7800

Hiroshi Imai und **Tsuyoshi Fujitani,** *Untersuchung über die Analyse von Mikrobestandteilen in Nahrungsmitteln.* 1. Mitt. *Schnellbestimmungsverfahren für Ascorbinsäure durch Spektralphotometrie.* Zu dem mit 2%ig. Metaphosphorsäure erhaltenen Auszug des Lebensmittels wird das Na-Salz von 2.6-Dichlorphenolindophenol zugegeben, die entstandene gefärbte Verb. mit Amylacetat ausgeschüttelt u. deren Extinktion bei 525 mμ bestimmt. So enthält z. B. ein konz. Orangen- (Natsumikan-) saft 159,82 mg% *Ascorbinsäure.* (J. chem. Soc. Japan, pure Chem. Sect. [Nippon Kagaku Zassi] **76.** 1212—15. Nov. 1955. Hiroshima, Lebensmittel-Unters.-Amt. [Orig.: japan.]) L. SCHULER. 7818

B. C. Bose, H. N. De und **I. H. Dalal,** *Eine Mikromethode zur Bestimmung der Nicotingruppe von Alkaloiden in Tabakpflanzen.* Inhaltlich ident. mit der C. **1959.** 1972 referierten Arbeit. (J. Indian chem. Soc. **33.** 131—34. Febr. 1956. Indore, Med. Coll., Dep. of Pharmacol. and Biochem.) K. F. MÜLLER. 7836

A. Banks, *Der Preßsaft von Fischfilets.* 2. Mitt. *Bestimmungsmethode.* (1. vgl. C. **1957.** 8092.) Es wird eine Meth. zur Best. der Menge der aus ganzen Kabeljaufilets auspreßbaren Fl. beschrieben. (J. Sci. Food. Agric. **6.** 282—86. Mai 1955.) F. RANG. 7852

Reinhard Marcuse, *Die Haltbarkeit bei gesalzenem Hering. Analysenmethodik und Antioxydanswirkung.* Durch Best. der Peroxydzahl (PZ.) u. des O_2-Verbrauchs wird festgestellt, daß der Verderb bei Heringsmasse von geringerem O_2-Verbrauch u. Heringsfilet langsamer erfolgt. Der Geschmack bleibt bei Heringsfilet in Plastdosen besser erhalten. Die Wrkg. des Zusatzes von Antioxydantien kann bei Heringsmasse auf Grund der PZ., bei Heringsfilets auf Grund des O_2-Verbrauchs einfacher verfolgt werden als durch organolept. Unters.; diese ist aber zur Bestätigung wertvoll. Nach solchen Tests wird eine ausreichende Verderbhemmung durch 0,01% Propylgallat, nicht aber durch Citrat- oder Phosphatzusatz nachgewiesen. (Svenska Inst. Konserveringsforskn. Publ. **133.** 1—39. 1957.) R. K. MÜLLER. 7852

Klaus Börger, *Beitrag zum Problem der Milchfiltration und Milchschmutzprobe.* Nach allg. Ausführungen zur Milchfiltration wird über Verss. mit verschied. Milchfiltern berichtet, bei denen sich *Perlon* als ungeeignetes Filtermaterial erwies. Weiter werden Verss. zur opt. Auswertung von Schmutzbildern mit dem *Lactophot* mitgeteilt, bei denen sich zeigte, daß dieses Gerät hierfür nicht geeignet ist. Abschließend wird die Problematik der z. Z. üblichen Qualitätsbeurteilung der Milch diskutiert. — 25 Literaturhinweise. (Kieler milchwirtsch. Forschungsber. **10.** 531—47. 1958. Kiel, Bundesforschungsanst. für Milchwirtschaft, Inst. für Milchhygiene.) M. WINIKER. 7856

Hanns Joachim Heidrich und **Hans-Joachim Holthoff,** *Beobachtungen über die Beeinflussung des Phosphatase-Blau-Testes (Lactognost) in der Milch bei Kühen durch die Schutzimpfung gegen Maul- und Klauenseuche.* Vff. stellten fest, daß nach Schutzimpfung gegen Maul- u. Klauenseuche mit Vaccine oder Hochimmunserum die Phosphatase-Blau-Probe schwächer als sonst oder sogar negativ ausfällt. (Milchwissenschaft **13.** 450—54. Okt. 1958. Berlin, Freie Univ., Tierklinik für Geburtshilfe u. Fortpflanzungskrankheiten; Berlin-Steglitz, Fa. Heyl & Co., Ver.-med. Abt.) M. WINIKER. 7856

Tadeusz Knaut, *Die Anwendung der Formoltitration zur Aktivitätsbestimmung bakterieller Proteolyse der Milch.* Die nach MAXA, MAŠEK u. VEDLICH modifizierte Formoltitration läßt sich zur Best. der proteolyt. Aktivität der Milchbakterien verwenden, wenn das Ergebnis als Differenz der Best. von n., frischer u. bakteriell zers. Milch angegeben wird. Die Proteolyse von Milcheiweiß verläuft charakterist. für den wirkenden Bakterienstamm. Bacillus subtilis u. Pseudomonas fluorescens alkalisieren die Nährlsg., Bacillus mycoides erhöht stark die titrierbare Acidität, ohne daß der p_H-Wert stärker erniedrigt wird. (Przemysł. Spożywczy **12.** 189—93. Mai 1958. Olsztyn.) F. URBAN. 7856

Max Erich Schulz und **Eberhard Voss,** *Erfahrungen mit Methoden zur Feststellung der Wasserverteilung in Butter.* Auf Grund von bei einer techn. Haltbarkeitsprüfung von *Butter* (**a**) in Kleinpackungen (Lagerung während 3 Wochen bei 15° u. 85% relativer Luftfeuchtigkeit) gemachten Erfahrungen schlagen Vff. vor, bei der Auswertung der Wasserverteilung in **a** zwischen Größe u. Zahl der Wassertropfen bzw. -tröpfchen u. der Wasserbeweglichkeit zu unterscheiden sowie folgende Methoden bei der Betriebskontrolle zu benutzen: a) Best. des Verdunstungsverlustes von **a** (Verdunstungsprobe); b) mkr. Best. der Wasserverteilung in **a**, c) Nachw. von Wassertropfen auf der Schnittfläche von **a** (Indicatorpapierprobe). (Milchwissenschaft **13.** 464—70. Okt. 1958. Kiel, Bundesforschungsanst. für Milchwirtschaft, Chem. Inst.) M. WINIKER. 7858

F. A. Haskins und **H. J. Gorz,** *Fluorometrische Bestimmung von freiem und gebundenem Cumarin in Steinklee.* Zur Best. von freiem *Cumarin* (**I**) u. Gesamt-**I** in Steinklee (Melilotus) werden geschnittene Blättchen mit 2 ml W. + 2 Tropfen 95%ig. A. 15 Min. bei 15 lbs./sq.in. autoklaviert. Danach wird gekühlt, die Blattreste werden mechan. entfernt. Dann wird 1 ml des Extrakts zu 9 ml 2,5n NaOH gegeben u. von den erhaltenen 10 ml 2 ml mit 8 ml W. gemischt (Lsg. a). Die restlichen 8 ml werden 30 Min. bei 15 lbs./sq.in. autoklaviert, gekühlt u. 1 ml zu einer Mischung von 1 ml 2,5n NaOH + 8 ml W. gegeben (Lsg. b). Die Lsgg. a u. b werden dann im Dunkeln 15 Min. mit UV bestrahlt. Freies **I** wird durch Fluorescenzmessung in Lsg. a, Gesamt-**I** in Lsg. b bestimmt, wobei **I**-Standard-Lsgg. mit Gehh. von 0,1—1 γ/ml in 0,5n NaOH nach Bestrahlung als Vgl. dienen. Der App. wird mit einer Lsg. von Chininsulfat (0,77 γ/ml 0,1n H_2SO_4) geeicht. Es wird über die Ergebnisse der Best. in 4 Phänotypen berichtet. (Agronomy J. **49.** 493—97. Sept. 1957. Lincoln, Nebr., Nebraska Agric. Exp. Stat.) PH. FRESENIUS. 7866

Farbenfabriken Bayer Akt.-Ges., Leverkusen (Erfinder: **Herman Bernhard,** Köln, **Wilhelm Thoma,** Leichlingen, und **Hermann Genth,** Krefeld), *Konservierungsmittel.* Für verderbliche Stoffe mit Ausnahme von Schaum- u. Perlwein verwendet man 0,001 bis 2% einer frischbereiteten wss. Dispersion von Pyrokohlensäureestern der allg. Formel ROOC·O·COOR, wobei die entstehenden Verbb. bei ihrer Wrkg. sich irreversibel umsetzen. Daher hält die Konservierung nur so lange an, wie in Folge eines festen Verschlusses keine neuen Keime eindringen können. Andererseits sind die so konservierten Stoffe nach Öffnen der Verpackung allen fermentativen Prozessen unbeschränkt zugänglich. — 100 (Teile) eines auf Trockenmagermilch aufgebauten Präp. für kosmet. Zwecke, das aus 3,9 Eiweißstoffen, 5 Milchzucker, 0,8 Mineralsalzen, 0,6 Duftstoff u. 89,7 W. besteht, werden 0,25 Pyrokohlensäurediäthylester zugesetzt u. gut vermischt. Das Präp. wird veschlossen aufbewahrt. — Weitere Beispiele aus der Lebensmittelindustrie. — Vgl. D. A. S. 1 011 709; C. **1958.** 2592. (**Oe. P. 199 980** vom 1/4. 1957, ausg. 10/10. 1958. D. Prior. 13/4. 1956.) G. WELTZIEN. 7635

F. Hoffmann-La Roche & Co. Akt.-Ges. (Erfinder: **Otto Isler, Marc Montavon, Rudolf Ruegg,** Basel, und **Paul Zeller,** Neuallschwil, Schweiz), *Herstellung von nicht cyclischen Carotinoiden,* da. gek., daß man 2.6.11.15-Tetramethyl-2.4.6.10.12.14-hexadecahexaen-8-in-1.16-dial mit einem gegebenenfalls hydrierten Geranylentriarylphosphin, dessen Arylgruppen noch Alkyl- oder Alkoxyreste enthalten können, in einem inerten Lösungsm. (CH_2Cl_2) kondensiert, die mittelständige Dreifachbindung katalyt.

teilhydriert u. anschließend isomerisiert nach dem Reaktionsschema: $C_{10} + C_{20} + C_{10} \rightarrow C_{40}$. Man kann auch zuerst die Dreifachbindung teilhydrieren u. anschließend kondensieren. — 2.7-Dimethyl-2.6-octadien-4-in-1.8-dial wird mit Orthoameisensäureäthylester in Ggw. von p-Toluolsulfonsäure acetalisiert, das entstandene Diacetal mit Vinyläther (Äthylvinyläther) in Ggw. von $ZnCl_2$ zu 4.9-Dimethyl-4.8-dodecadien-6-in-3.10-dialkoxy-1.12-diacetal umgesetzt, aus dem beim Erhitzen mit Essigsäure auf 100° unter Hydrolyse u. Abspaltung von A. 4.9-Dimethyl-2.4.8.10-dodecatetraen-6-in-1.12-dial, F. 165°, entsteht, das wie vorst. diacetalisiert u. anschließend mit Propenyläther umgesetzt wird u. dann beim Behandeln mit Säure 2.6.11.15-Tetramethyl-2.4.6.10.12.14-hexadecahexaen-8-in-1.16-dial, F. 190—192°, liefert; daraus entsteht mit H_2 in Ggw. eines mit Pb vergifteten Pd–$CaCO_3$-Katalysators u. Chinolin 2.6.11.15-Tetramethyl-2.4.6.8.10.12.14-hexadecaheptaen-1.16-dial, F. 190—191°; dieses gibt mit Geranylentriphenylphosphin (hergestellt aus 6-Methyl-2-heptanon + Na-Acetylid in fl. NH_3, selektive Hydrierung der Dreifachbindung, Bromierung mit PBr_3, Zusatz von Triarylphosphin u. Rk. des entstandenen Dihydrogeranyltriarylphosphoniumhalogenids mit Butyl- oder Phenyl-Li) in Methylenchlorid bei 30° $\rightarrow$ *Lycopin*, aus Methylenchlorid–Methanol tiefrote Nadeln, F. 172—173°; UV-Maxima 446, 472, 504 mμ; $E^{1\%}_{1\,cm}$ 2250, 3450, 3150 (PAe.). — 15.15'-Dehydrolycopin, rote Blättchen, F. 190—192°, daraus mit H_2 $\rightarrow$ 15.15'-cis-Lycopin, aus PAe. unter Isomerisierung $\rightarrow$ *all-trans-Lycopin*. — 6-Methyl-2-heptanon + Li-Acetylid, Teilhydrierung, Rk. mit PBr_3 u. Triphenylphosphin $\rightarrow$ Triphenyl-(3.7-dimethyl-2-octen-1-yl)-phosphoniumbromid, F. 185°, + Phenyl-Li in Ae. $\rightarrow$ Triphenyl-(3.7-dimethyl-2-octen-1-yliden)-phosphin, $\rightarrow$ *1.2.1'.2'-Tetrahydrolycopin*, F. 178—180°. — *Farbstoffe*, bes. zum *Färben* von *Lebensmitteln*. (**D. A. S. 1 038 033** Kl. 12o vom 16/6. 1956, veröff. 4/9. 1958. Schwz. Prior. 27/6. 1955.) G. KRAUSS. 7639

Röhm & Haas G. m. b. H., Deutschland, *Isolierung von Albumin* aus seinen Additionsverbb. mit Säuren (Trichloressigsäure) durch Behandlung der wss. Suspension mit Anionen- u. Kationenaustauschern. (**F. P. 1 156 220** vom 31/8. 1956, ausg. 13/5. 1958. D. Prior. 2/9. 1955.) S. BÖTTCHER. 7647

Nopco Chemical Co., Harrison, N. J., V. St. A., *Beifuttermittel*. Die Beifuttermittel bestehen aus kleinen, festen Granalien, die durch ein 16 Maschen-Sieb hindurchgehen, auf einem 60-Maschen-Sieb (U.S.S.S.) jedoch zurückgehalten werden. Sie setzen sich zusammen aus einem innigen Gemisch aus einem n., festen, wachsartigen Material mit F. wenigstens 37°, z. B. Petroleum-, Carnauba-, Candelilla- oder Bienenwachs oder hydrierten Glyceriden, einem pflanzlichen Mehl, z. B. Sojabohnen-, Mais-, Alfalfa- oder Hafermehl, u. Spurenelementen im Verhältnis von 10—20 : 20—50 : 30—70%. Die Herst. der Mittel erfolgt durch Erhitzen der M. auf ca. 70—98° unter starkem Rühren, langsamem Abkühlen unter Fortsetzung des Rührens u. Sieben der gebildeten Granulate. Man erhält stabile, leicht verdauliche Beifuttermittel, deren Vitamingeh. nicht beeinträchtigt wird. Sie sind bes. für Haustiere u. Geflügel geeignet. — Vgl. auch D. A. S. 1 006 705; C. **1958.** 3477. (**E. P. 780 022** vom 15/3. 1955, ausg. 31/7. 1957. A. Prior. 2/4. 1954.) H. KARST. 7787

Aktieselskabet Atlas, Kopenhagen, Dänemark, *Herstellung von Fischfuttermehl*. Die vom Öl befreite Preß-Fl. wird zwecks Spaltung der Leimstoffe unter Druck auf 140° erhitzt, eingedampft u. dann zusammen mit dem Preßrückstand getrocknet. (**Dän. P. 80 849** vom 4/3. 1948, ausg. 9/4. 1956.) K. H. KÄHLER. 7787

Biochemie G. m. b. H. (Erfinder: **Karl Schröder**), Kundl/Tirol, *Futterzusatzmittel*. Bakterienunwirksame Spaltprodd. des Penicillins, bes. Penicillo- u. Penillo- bzw. Penillsäure, werden mit Futterhefe, Fischmehl u. dgl. u. mit gegen Bakterien akt. Antibioticis gemischt. — 20 (g) ungereinigtes Na-Penicillin G werden in 200 cm³ W. gelöst, mit konz. NaOH wird auf p_H 10 gestellt, ¼ Std. stehengelassen, mit HCl auf p_H 6 gestellt, mit W. auf 1000 cm³ aufgefüllt u. mit 2 t Futterhefe, Fischmehl, Blutmehl, Getreidemehl oder Schrot zu einer homogenen M. gemischt. Für Schweine werden 2 kg/Tag dem Futter beigemischt. — Vgl. D. A. S. 1 026 606; C. **1958.** 13384. (**Oe. P. 198 116** vom 14/12. 1954, ausg. 10/6. 1958.) G. WELTZIEN. 7787

José Burger, Contribuição para a Organização da Tabela de Composição química dos Alimentos brasileiros. Vol. I. Minas Gerais (Brasilien): Belo Horizonte. 1958. (30 S. m. Abb.) Keine Preisang.

—, Food industries manual; a technical and commercial compendium on the manufacture, preserving, packing and storage of all food products. rev. ed. New York: Chemical Pub. Co. 1958. (979 S. m. Abb. u. Diagr.) 8°. $ 16,—.

—, Fundamental aspects of the dehydration of foodstuffs. Papers read at the conference held in Aberdeen, 25th—27th March, 1958, with the discussions that followed. London: Society of Chemical Industry. 1958. (238 S. m. Abb., Diagr. u. Tab.) 48 s.

—, Investigations on composition and nutritive value of vanaspati. Vol. 2. New Delhi: Council of Scientific & Industrial Research. 1958. (77 S. m. Abb.) Keine Preisang.

XVII. Fette. Seifen. Wasch- und Reinigungsmittel. Wachse. Bohnermassen usw.

B. Ja. Golant und **N. A. Petrow,** *Die Erhöhung der Beständigkeit von Fetten und fetthaltigen Produkten.* An Hand der neueren nichtsowjet. Patente (6 Angaben) behandeln Vff. die Wirksamkeit der Antioxydantien für Fette u. fetthaltige Produkte. (Маслобойно-Жировая Промышленность [Öl- u. Fett-Ind.] **24.** Nr. 12. 14—16. 1958.) OTTO MAIER. 7878

Pompeo Capella, Balilla Ballanti und **Giovanni Jacini,** *Einige Probleme beim Bleichen von Extraktionsolivenölen.* Vff. diskutieren das Bleichen von Extraktionsolivenölen u. berichten über eigene Verss., die zeigten, daß die Bleichung der Extraktionsolivenöle mittels $NaClO_2$ unter Berücksichtigung verschied. Gesichtspunkte vorgenommen werden muß, um eine Chlorierung der Fettsäuren u. eine nachfolgende Verfärbung der gebleichten Öle zu vermeiden. (Olii minerali, Grassi Saponi, Colori Vernici **35.** 357—71. Okt. 1958. Milano, Staz. Speriment. Olii e Grassi.) H. P. FIEDLER. 7894

N. P. Jarosch, *Über die qualitative Zusammensetzung des Öls und der Proteine der industriellen Arten der Baumwolle.* Im Samenöl der untersuchten Baumwollsorten (usbek., ägypt., afrikan.-asiat. u. indochines.) sind enthalten (in %): Gesätt. Säuren 20,4—23,8; Oleinsäure, 22,6—28 u. Linolsäure 49,0—52,2. Bei Bewässerung der Baumwollpflanzen hat das Samenöl folgende Kennzahlen: Brechungsindex 1,4726—1,4737, JZ. 108—114, SZ. 0,98—2,09; ohne Bewässerung 1,4712—1,4725 bzw. 102—110 bzw. 0,89—1,40. Der Eiweißgeh. der Baumwollsamen beträgt 25,6—35,6%. Von den enthaltenen 4,89—6,16% (von der Trockensubstanz) Gesamt-N werden 94—98% durch aufeinanderfolgende Behandlungen mit 5%ig. K_2SO_4-Lsg., 0,2%ig. NaOH-Lsg. u. 70%ig. A. extrahiert. Das extrahierte Eiweiß der Baumwollsamen enthält in %: Albumine 47,7—53,9, Globuline 37,5—44,5, Nichteiweiß-N 4,0—5,0, Gluteline 2,5—5,1 u. in A. lösl. Eiweiße 0,9—1,5. Ein Mangel an Bodenfeuchtigkeit wirkt sich auf die Zus. der Eiweiße wie folgt aus: bei Bewässerung Albumine 49,8—52,3, Globuline 37,4—39,8; ohne Bewässerung 42,0—43,5 u. 48,6—49,0. Bei Wassermangel steigt der Geh. der gesamten Salzfraktion um 1,5—2,0%. (Маслобойно-Жировая Промышленность [Öl- u. Fett-Ind.] **24.** Nr. 12. 6—10. 1958. Allunions Inst. für Pflanzenbau.) OTTO MAIER. 7894

R. P. Hansen, F. B. Shorland und **N. June Cooke,** *Spurenbestandteile von hydriertem Ochsennierenfett.* Folgende Fettsäuren wurden in Spuren isoliert: n-Decan-, n-Dodecan-, n-Pentadecan-, 13-Methyltetradecan-, (+)-12-Methyltetradecan-, n-Nonadecan-, n-Eikosan-, n-Heneikosan-, n-Dokosan-, n-Trikosan-, n-Tetrakosan- u. n-Hexakosansäure. Daneben aufgefunden wurden außerdem geringe Mengen von n-Undecan- u. Tridecansäure außer den in größerer Menge vorhandenen Myristin-, Palmitin- u. Stearinsäure. Die Säuren wurden durch fraktionierte Dest. der Methylester u. anschließende Gaschromatographie erhalten, wobei die Identität der n-C_{21}- u. n-C_{24}-Säuren wegen zu geringer Mengen nicht ganz gesichert ist. Die angeführten Säuren machen ca. 2% der Gesamtfettsäuren aus. — 34 Literaturangaben. (J. Sci. Food Agric. **9.** 391—96. Juli 1958. Wellington, N. Z., Dep. of Scient. and Ind. Res., Fats Res. Labor.) G. MEINHARDT. 7896

P. W. Naumenko und **B. A. Chasskin,** *Die Synthese von Nitrilen von Fettsäuren mit verschiedenem Molekulargewicht.* Für die Synth. der Nitrile wurden synthet. Fettsäuren der Fraktionen C_7—C_9 mit folgenden Kennzahlen benutzt: SZ. 394,9; VZ. 395; EZ. 0,1; Geh. an Nichtverseifbarem 0,5%; Feuchtigkeit 0,2%. Als Katalysator wurde 5% (von Gewicht der synthet. Fettsäuren) H_3PO_4 benutzt. Der Prozeß wurde bei 215 bis 250° durchgeführt. In die Reaktionszone strömten 4,5—6,5 Liter/Std. gasförmiges, auf 100—150° erwärmtes NH_3. Dauer 8—10 Std.; die Ausbeute betrug 78—80% der Theorie. Auch aus Stearinsäure (F. 61°; JZ. 0,73; SZ. 198) wurde ein Nitril synthetisiert (290—325°; 2,5—4,5 Liter/Std. NH_3). Die Ausbeute betrug 94—95%. (Маслобойно-Жировая Промышленность [Öl- u. Fett-Ind.] **24.** Nr. 10. 13—15. 1958.) OTTO MAIER. 7908

W. W. Wesselow, I. Ss. Katajewa, D. B. Oretschkin und **N. W. Popowa** (unter Mitarbeit von **L. N. Borodatschewa, A. P. Burkowa, Je. Je. Komissarowa, N. W. Lusgina** und **O. W. Muschta**), *Die Gewinnung von oberflächenaktiven und waschenden Mitteln durch Sulfurierung der Oxydationsprodukte von hochhydrierten Erdölfraktionen.* Aus den Laboratoriumsverss. folgt, daß man aus hochhydrierten, dann oxydierten u. wieder red. Erdölfraktionen durch Behandlung mit 95%ig. H_2SO_4 Alkylsulfate erhält. Die saure Schicht wird nach dem Absitzen mit NaOH-Lsg. neutralisiert (bis p_H 7); das Prod. wird getrocknet u. mit Bzl. extrahiert. Durch Zerstäubungstrocknung erhält man ein Waschmittel mit 31,1% akt. Stoffen u. 208%ig. Waschfähigkeit. Die Besonderheit des Verf. besteht darin, daß man als Zwischenprod. ein fl. Gemisch aus aliphat.

Alkoholen u. KW-stoffe mit überwiegender Isostruktur erhält. Zur Herst. können alle fl. u. Erdölfraktionen verwendet werden, deren Paraffine zu mehr als $^2/_3$ eine Isostruktur haben. (Маслобойно-Жировая Промышленность [Öl- u. Fett-Ind.] **24.** Nr. 10. 19—22. 1958. Moskau, Ester-Fabrik.) OTTO MAIER. 7912

L. S. Stuart, L. F. Ortenzio und **J. L. Friedl,** *Variationen beim Phenolkoeffizienttest.* Vff. diskutieren am Beispiel von Kresolseifen, quaternären Ammoniumverbb., Phenollösungsm., Seifen (Germiciden) die Fehlerbreiten der Best. des Phenolkoeffizienten. Mathemat. Behandlung des Problems. — 5 Tabellen. (Soap chem. Specialties **34.** Nr. 10. 79—85. 107—09. Okt. 1958. Washington, Pesticide Regul sec. Plant Pest Control, Div. U. S. Dep. of Agric.) J. BÖSS. 7938

C. S. Treacy und **A. S. Cascione,** *Carnaubawachs-Analyse.* (Vgl. C. **1959.** 1307.) Zur Abkürzung der gemäß Meth. D 1342-54 T der ASTM zur Best. von KW-stoffen in Carnaubawachs erforderlichen Zeit wurde ein spezieller Extraktionsapp. entwickelt, wodurch die erforderliche Zeit auf 50 Min. red. wird u. ca. 300 cm³ Heptan u. 4 g Wachs benötigt werden. Genauigkeit $^1/_{10}$%. Ausführliche Beschreibung des Extraktionsapp. u. des Extraktionsvorgangs sowie einer ebenfalls neu entwickelten Harzbestimmungsmeth. durch Extraktion mit kaltem Benzol. (Soap chem. Specialties **34.** Nr. 10. 97. 103—04. Okt. 1958. Mamaroneck, N. Y., M. Argueso u. Co.) J. BÖSS. 7944

Michele Carella, Taranto, Italien, *Gewinnung von Pflanzensäften,* bes. von *Olivenöl,* aus Oliven durch Auspressen, dad. gek., daß man das auszupressende Gut in eine Hülle mit durchlöcherten Wänden bringt u. in aufeinanderfolgenden Stadien mit wechselndem Druck auspreßt, wobei mit geringem Druck, z. B. 1—2 at, begonnen u. nacheinander mit steigendem u. gleichbleibendem oder etwas sinkendem Druck gepreßt wird. —Vorrichtung, (**It. P. 492 644** vom 1/7. 1952.) K. KOEBKE. 7895

Bialio Foglia, Bordighera (Imperia), Italien, *Herstellung von Seife,* dad. gek., daß Palmöl noch vor der Verseifung mit NaOH im emulgierten Zustand 6 (%) Lanolin, 4 Pinienöl, 4 A., 1 Jod, 0,75 Vitamin F zugefügt wird. (**It. P. 491 103** vom 24/2. 1951.) K. KOEBKE. 7911

Böhme Fettchemie G. m. b. H., Düsseldorf (Erfinder: **Johann Heinrich Helberger,** München, und **Joseph B. Niederl,** Chicago, Ill., V. St. A.), *Herstellung von Äthersulfonsäuren beziehungsweise deren Alkalisalzen* durch Umsetzen von Sultonen mit organ. Hydroxylverbb. bzw. deren Alkalisalzen, dad. gek., daß man solche Phenole, Phenoxyalkohole oder Phenoxyätheralkohole umsetzt, die am aromat. Kern einen Alkylrest mit mindestens 6 C-Atomen besitzen. — Man erhitzt ein Gemisch aus p-tert.-Octylphenoxyäthylalkohol u. Propansulton auf 120—135° u. setzt dann Na_2CO_3 hinzu. Nach Beendigung der Rk. erhitzt man kurz auf 140°. Nach längerem Stehen erhält man *p-tert.-Octylphenoxyäthoxypropylsulfonsäure* als helbfeste Masse. — *Anionakt. Reinigungsmittel.* (**D. A. S. 1 040 042** Kl. 12q vom 25/9. 1953, veröff. 2/10. 1958. A. Prior. 2/10. 1952.) R. SCHWECHTEN. 7913

Unilever Ltd., Port Sunlight, England (Erfinder: **Charles-Ewart Harvey**), *Reinigen von rohem Fettsäureaminomethansulfonat* (I). Man formt das rohe Prod. zu Flocken von 0,01—0,05 cm Dicke u. entfernt die für Waschzwecke unerwünschten Beimengungen durch Behandeln mit W., dem 2% NaCl zugesetzt sein können, bei einer Temp., bei der das I unlösl. ist, bes. bei $< -5°$. (**E. P. 789 032** vom 14/10. 1955, ausg. 15/1. 1958.) C. LÜTTGEN. 7913

Standard Oil Co., Chicago, übert. von: **Donald C. Walker,** Lansing, Ill., V. St. A., *Kerze mit verkürzter Brenndauer,* bestehend aus Paraffin oder anderen üblichen Wachskompositionen mit einem Zusatz von Polybuten (I), bes. 0,1—10% eines I mit einem Mol.-Gew. von 50000—500000. (**A. P. 2 831 330** vom 28/1. 1957, ausg. 22/4. 1958.) C. LÜTTGEN. 7921

—, Literature review on oils and fats. New Delhi: Council of Scientific and Industrial Research. 1956. (74 S.) Keine Preisangabe.

XVIIIa. Holz. Cellulose. Zellstoff. Papier. Papierdruck. Celluloid. Linoleum.

C. Jacquiot, *Über die Widerstandsfähigkeit des nach dem Boucherie-Prozeß in Holz eingeführten Kupfersulfats gegen Auswaschung.* Die nach dem BOUCHERIE-Verf. mit $CuSO_4$ behandelten Stämme wurden auf die Widerstandsfähigkeit der entstehenden Kupfer-Protein-Bindung gegenüber Auswaschen untersucht. Die Prüfung der verschied. oft im SOXHLET-App. extrahierten Proben auf Resistenz gegen Pilzbefall ergab zwar die bekannten Unterschiede gegenüber den einzelnen Pilzarten, jedoch blieb die Größe der Resistenz gegen ein u. dieselbe Pilzart selbst nach 250 Extraktionen voll erhalten;

die Kupfer–Eiweiß-Bindung besitzt also eine bedeutende Stärke. (Chim. et Ind. **78.** 629—31. Dez. 1957.) R. SCHÖLLHORN. 7952

Otto Pauli, *Chemikalien als Hilfsstoffe in der Holzfaserplatten-Industrie.* Übersicht über die Verwendung von Farbstoffen, Flammenschutzmitteln u. Insekticiden, wie u. a. Zn-Arsenat u. Na-Pentachlorphenolat sowie Polyester- u. Melamin–Harz-Lacken bei der Herst. von Holzfaserplatten. (Norsk Skogind. **12.** 505—08. Dez. 1958. Farbenfabriken Bayer.) E. BORCHERS. 7952

Giorgio Ceragioli, *Über den Einfluß einiger Veränderungen im Kaltsodaaufschluß.* Es wird über Unterss. des Aufschlusses von Pappelholz im Kaltverf. berichtet, bei welchen die Einfll. der NaOH-Konz., der Arbeitstemp. u. der Aufschlußdauer ermittelt werden. Es zeigt sich, daß es, je nach Variation der Aufschlußbedingungen, möglich ist, für die Papierindustrie geeignete Zellstoffe zu erhalten. Unabhängig von den Arbeitstempp. ist die Hemicellulose am leichtesten aufschließbar, während, je nach den Versuchsbedingungen, 5—17% Ligninverluste auftreten. Laugenkonzentrationserhöhungen (bis maximal 5%) verbessern die physikal. Eigg. bei gleichzeitiger Weißgehaltverminderung. Für den Fall, daß Zellstoff teilweise den Holzschliff ersetzen soll, wäre der Kaltsodaaufschluß wegen der größeren Ausbeute, der helleren Färbung u. der geringeren D. des Endprod. vorzuziehen. Die Unterss. sind durch anschauliches Tabellen- u. Diagrammmaterial ergänzt. (Cellulosa e Carta **10.** Nr. 1. 5—19. Jan. 1959. Milano, Staz. Sperimentale per la Carta e Fibre Tessili Vegetali ed Artificiali.) W. ANIKA. 7958

A. Bölviken und **H. W. Giertz,** *Gebleichte Hochausbeute-Fichtensulfitzellstoffe.* Nach dem von GIERTZ früher angegebenen Aufschlußverf. mit Na-Bisulfitlsg. bei p_H 3 bis 6 erhaltene ungebleichte Hochausbeutezellstoffe von 60—70% des Fichtenholzes wurden nach der üblichen 3stufigen Meth. zu Papierzellstoffen gebleicht. Bei ungebleichten Stoffen von 60—70% Ausbeute wurden bei 26 bzw. 30,5% Gesamtverbrauch an Cl_2 gebleichte Stoffe von 55% (I) Ausbeute des Holzes erhalten mit ca. 7000 m Reißlänge. Die aus dem mit Ca-Bisulfit erhaltenen ungebleichten Zellstoffen von 55% Ausbeute erhaltenen gebleichten Stoffe wurden nur in 51% Ausbeute (II) bei 6400 m Reißlänge erhalten. Vff. bezweifeln, daß der hohe Verbrauch von 18% Cl_2 bei der Bleiche für **I** wirtschaftlich vertretbar ist im Vgl. zu den Zellstoffen nach **II**, die nur 5% Cl_2 brauchen. (Norsk Skogind. **12.** 235—38. Juni 1958. Trondheim, Techn. Univ. ov Norway.) E. BORCHERS. 7962

M. G. Bestul, I. A. Stine und **J. C. McManus,** *Neue Tallölfraktion.* Bericht über eine neue Tallölfraktion, die in den chem. u. physikal. Eigg. dem Lanolin ähnlich ist u. die als Seifenzusatz, Rostverhinderungsmittel u. Emulgator verwendet werden kann, Handelsname „*Lanofat*“, Daten im Vgl. zu Wollfett (): SZ. <2 (0,4—2,0), VZ. 60—90 (97), JZ. (WIJS) — (19,8—30) modifiziert 300% Überschuß 120—140 (—), Aschengeh. 0,5—1,0 (0,11—0,40), freie Fettsäuren als Ölsäure 0,5—3 (0,1), Gesamtfettsäuren 47 (50), Unverseifbares % 53 (50), freie Stearine % Spuren (3,0—4,5), Gesamtsterine 25 (15,3), Harzsäuren Spuren (—); $D_{15,5}$ 0,95—0,98 (0,944—0,947), cP 210° F 165—190 (—), Farbe dunkel (gelbbraun) W. $<0,2$ ($<0,1$). (Soap chem. Specialties **34.** Nr. 10. 49—51. 56. Okt. 1958. Charlestown, S. C. West Virginia Pulp and Paper Co. Charleston Res. Labor.) J. BÖSS. 7966

W. K. Kalnina und **A. D. Tupuraine,** *Die Hydrolyse von Baumwollsamenschalen und Cellolignin der Baumwollsamenschalen in der Schwingmühle.* Bei Anwendung einer Schwingmühle kommt man bei der Hydrolyse pflanzlicher Materialien mit recht geringen H_2SO_4-Mengen aus, wobei das Hydrolysengemisch mit Vorteil anschließend auf 80° erhitzt wird. *Baumwollsamenschalen* gaben bei einem Modul von 1:0,3 quantitative Zuckerausbeuten, bei einem Modul von 1:0,2 Ausbeuten von 85% der theoret. möglichen Menge. *Cellolignin,* welches bei der Pentosenhydrolyse von Baumwollsamenschalen anfällt, gibt entsprechend gute Zuckerausbeuten. (Известия Академии Наук Латвийской ССР [Nachr. Akad. Wiss. LettSSR] **1957.** Nr. 7. 61—67.) M. ULMANN. 7968

Gustav Hagen, *Herstellung schützender Verpackungspapiere mit wässerigen Kunststoffdispersionen.* Auf geeignete geleimte Papiere wird eine Kunststoffschicht zur Erzeugung hochwertiger Verpackungsmaterialien aufgebracht. Zur Beschichtung dienen wss. Emulsionen von Mischpolymerisaten des Vinylidenchlorids u. des Vinylchlorids, die mittels einer Luftbürstenanlage aufgebracht werden. Die Arbeitsweise des Dispersionsauftrags, die Ausbldg. von porenfreien Beschichtungsfilmen u. weitere spezielle Maßnahmen zur Erhöhung der Gas- u. Wasserdampfundurchlässigkeit werden angegeben. Die Wasserdampfundurchlässigkeit der so beschichteten Papiere liegt zwischen 0,9 u. 12,0 g/m²/24 Std. bei 20° u. einem Feuchtigkeitsgefälle von 65% auf 0%, je nach Dicke u. Art der aufgebrachten Schicht. (Kunststoffe **45.** 503—06. Nov. 1955. Ludwigshafen/Rh., Bad. Anilin & Soda-Fabrik.) H. MEYER. 7982

R. E. Benton, *Zusatz von künstlichen Latices zum Papierstoff.* Zusammenfassende orientierende Mitt. über die bei der Papierherst. einsetzbaren künstlichen Latices sowie über dadurch erzielbare Effekte. (Papeterie **80.** 555—57. Aug. 1958.) F. Lang. 7982

Osmose Holzimprägnierung Carl Schmittutz (Erfinder: **Carl Schmittutz**), Pfaffenhofen/Ilm, *Pastenförmiges Holzimprägnierungsmittel* aus pulverförmigen, wasserlösl. Holzkonservierungssalzen im Gemisch mit Holzkonservierungsölen mit einem Zusatz von wasser- u. öllösl. Emulgatoren u. Füllstoffen, z. B. Kieselgur. — Beispiel: 55—60 (%) NaF, 24 Anthracenöl, 8—10 Buchenholzteer u. 5—8 Türkischrotöl. (**D. P.** [**DDR**] **5 519** Kl. 38h vom 9/4. 1942, ausg. 13/5. 1955 [Ausschließungspatent].) M. F. Müller. 7953

Pierre Albert Dussardier, Frankreich, *Imprägnieren von Holz* zum schnelleren Trocknen durch Eintauchen in ein Bad aus Paraffin $>100^0$. (**F. P. 1 087 297** vom 20/7. 1953, ausg. 22/2. 1955.) S. Böttcher. 7953

Badische Anilin- & Soda-Fabrik Akt.-Ges. (Erfinder: **Helmuth Orth**), Ludwigshafen/Rh., *Termitenfestes Imprägnieren von Holz, Holzwerkstoff oder Textilien* erfolgt dadurch, daß die Materialien mit 2.3-Dichlornaphthochinon-(1.4) (I) behandelt werden. Bei Herst. termitenfester Faser- oder Spanplatten werden I-enthaltende Bindemittel benutzt. (**D. A. S. 1 050 988** Kl. 38h vom 24/10. 1957, veröff. 19/2. 1959.) K. Wolk. 7953

Chemipulp Process, Inc., übert. von: **Albert D. Merrill,** Watertown, N. Y., V.St.A., *Zellstoffaufschluß,* dad. gek., daß man die Koch-Fl. aus einem Vorratsgefäß dem mit Rohstoff gefüllten Kocher zuführt, einen Teil der Koch-Fl. vor der Fertigkochung seitwärts aus dem oberen Kocherteil abzieht u. einem Tank zuführt, so daß die mitabgeführten organ. Stoffe in den Tank u. nicht in das Vorratsgefäß gelangen, Rohsäure unter Wärmeaustausch im Gegenstrom sowohl zu der abgezogenen Fl. als auch zu dem aus dieser Fl. abgetrennten Gas führt, das Gas der Rohsäure zur Absorption zuführt u. die gekühlte Rest-Fl. weglaufen läßt. — Herst. von *Sulfitzellstoff.* — Vorr., Zeichnung. (**A. P. 2 823 118** vom 27/10. 1950, ausg. 11/2. 1958.) G. Vogel. 7963

Zellstoffabrik Waldhof, Deutschland, *Herstellung von elastischem Zellmaterial* aus natürlichem oder künstlichem Kautschuk, Polyisoolefinen oder anderen Elastomeren mit einem Zusatz von Ligninprodd., bes. Gemischen, welche Ligninsulfonsäure oder Derivv. davon enthalten. Hierfür sind z. B. die Verdampfungs- u. Trockenrückstände von vergorenen Sulfitablaugen geeignet. Davon werden der elast. M. ca. 50—100% zugesetzt. Ebenso können bis zu 20% mineral. Stoffe zugegeben werden, z. B. Ruß, Al-Silicat, sowie Lösungsmittel in Form von mehrwertigen Alkoholen, wie Glykol oder Glycerin, ferner Weichmacher, z. B. Mineralöl. — Die Ligningemische werden z. B. in folgender Weise hergestellt: 1. Man mischt bei 80^0 70 (Gewichtsteile) Trockenrückstände von vergorenen Sulfitablaugen (**I**), 1,5 Eisessig, 4,0 Paraformaldehyd (**II**), 25 Glycerin u. 6 Anilin. 2. 70 **I**, 1,5 Eisessig, 4 **II**, 25 Äthylenglykol u. 6 Anilin. 3. 100 **I**, 1,5 Eisessig, 4 **II**, 55 Mineralöl, welches vorwiegend ungesätt. KW-stoffe enthält, u. 6 Anilin. — 430 der Ligninprodd. 1. 2. oder 3. werden mit 430 Naturkautschuk gemischt u. 200 Polyisobutylen (Mol.-Gew. 1500), 35 Schwefelblume, 35 Ozokerit, 35 $MgCO_3$, 35 gewöhnlicher S u. 35 Mineralöl zugefügt. Das Gemisch wird 1 Std. bei 125^0 vulkanisiert, darauf $2\frac{1}{2}$ Std. bei 125^0 mit einem Stickstoffstrom unter einem Druck von 600 at behandelt. Man läßt danach innerhalb 3 Std. abkühlen u. erhält ein Zellprod. mit geschlossenen Poren, D. 0,1, u. mit guter mechan. Widerstandsfähigkeit. (**F. P. 1 131 712** vom 27/9. 1955, ausg. 26/2. 1957. D. Prior. 23/9. 1955.) M. F. Müller. 7967

Monsanto Chemical Co., St. Louis, Mo., übert. von: **Glen E. Journeay,** Texas City, Texas, V. St. A., *Herstellung von Cyanäthyläthern der Cellulose oder Stärke.* Man setzt das Polysaccharid bei 25—140^0 mit 5—40 Teilen $\beta.\beta'$-Oxydipropionitril in Ggw. von wss. Alkalihydroxyd um. — Zwischenprodd. u. Herst. von Filmen, Überzugs- u. Verdickungsmitteln, Bohr-Fll. u. Klebstoffen. (**A. P. 2 842 541** vom 27/7. 1954, ausg. 8/7. 1958.) K. Fabel. 7971

René Escourrou, Frankreich, *Gewinnung von Papierstoff aus nicht zuckerhaltigen Sorghohirseblättern* durch Kochen mit NaOH, gegebenenfalls mit einem Zusatz von anderen Salz u. einer Zwischenbehandlung mit Cl_2. (**F. P. 1 133 056** vom 13/9. 1955, ausg. 20/3. 1957.) M. F. Müller. 7975

Rayonnier, Inc., übert. von: **Arthur N. Parrett,** Shleton, Wash., V. St. A., *Veredeln von gebleichtem und gewaschenem Sulfitzellstoff aus Holz* (Nadel- u. Laubholz), dad. gek., daß nach A. P. 2 823 119 der Stoff bei 150—175^0 u. 10—20 (%) Stoffdichte 45 Min. mit einer Lsg. aus 10—70 Na_2SO_3 (**I**), 35—80 Soda (**II**) u. bis 15 NaOH (insgesamt 6—20 Na_2O, auf Trockenstoff bezogen) digeriert wird. — Nach A. P. 2 823 121 enthält eine gleich stark alkal. Lauge bis 70 Na_2S neben restlicher II bei Tempp. von 140—185° u. nach A. P. 2 823 120 20—50 I u. 35—80 II bei 140—185°. Nach letzterer wird die saure Ablauge aus dem Ca-Bisulfitaufschluß durch einen mindestens teilweise Na-Ionen enthaltenden kation. Austauscher (Kunstharz) geführt, die gebrauchte Veredlungslauge teilweise zur Veredlung einer anderen Stoffcharge abgezogen u. der Rest der Lauge mit der aus dem Austauscher erhaltenen Na-Bisulfitablauge zusammen eingedampft u. verbrannt, wobei aus der Schmelze neue Veredlungslauge gewonnen wird. Alle Verff. dienen der Herst. von Viscose u. Celluloseacetat mit Mengenbeispielen u. Diagrammen über Ausbeute, α-Cellulosegeh., Weiße u. KOH-Löslichkeit bei 160° Behandlungstemperatur. (**A. PP. 2 823 119** vom 2/2. 1952, **2 823 120** vom 14/2. 1952 u. **2 823 121** vom 27/5. 1952, alle ausg. 11/2. 1958.) G. VOGEL. 7979

Sun Printers Ltd., Watford, Hertfordshire, England (Erfinder: **George Ludrik Fuchs** und **Jacob Davis Cohen**), *Wassertiefdruckfarbe.* Ein Kunstharz, z. B. harzmodifiziertes Maleinharz, wird in einem flüchtigen Lösungsm. gelöst oder dispergiert unter Zusatz von Pigment oder Farbstoff (Viscosität zwischen 0,04 u. 7 Poises) u. dann mit 5—50% W. zu einer W.-in-Öl-Emulsion verarbeitet. (**E. P. 768 228** vom 5/3. 1953, ausg. 13/2. 1957.) K. KITTLER. 7991

VEB Filmfabrik Agfa Wolfen, Wolfen, Kr. Bitterfeld (Erfinder: **Paul Schlack**, Berlin-Treptow), *Herstellung von Kunstschwämmen* aus Cellulose-Lsgg., wie Viscose oder Kupferoxydammoniakcellulose-Lsgg., die Fasern aus hochmol. linearen Polyamiden, auch gegebenenfalls andere Fasern, enthalten. Gute Festigkeitswerte u. hohe Dehnung. — 1300 g ungereifte Viscose, aus ungereifter Alkalicellulose hergestellt, werden mit 4 kg $Na_2SO_4 \cdot 10\,H_2O$ verschied. Stückgröße, 200 g Na_2SO_4 u. 50 g gekräuselter Polyamidfaser, die aus ε-Caprolactam unter Kaltverstrecken erhalten wurde, von 50—100 mm Länge gemischt, die Mischung wird in Formen koaguliert u. gewaschen. (**D. P. [DDR] 751 777** Kl. 39b vom 2/6. 1939, ausg. 3/9. 1957 [Wirtschaftspatent].) M. PANKOW. 8001

—, Festschrift zum 50jährigen Bestehen des Instituts für Cellulosechemie an der Technischen Hochschule Darmstadt. Darmstadt: Inst. f. Cellulosechemie. 1958. (193 S. m. Abb.) 4°. DM 15,—.

Sergejewa, Chemie des Holzes und der Cellulose. Dresden, Leipzig: Theodor Steinkopf. 1959. (VIII + 143 S. m. 26 Abb.) DM 6,50.

E. A. Apps, Printing ink technology. London: Roy. 1958. (XXII + 552 S. m. Abb.) 8°. 70 s.

XVIIIb. Textilfasern.

M. Kramer, *Die Isocyanate in der Textilveredlung.* Vortragsreferat über Eigg., Verwendung u. Vorteile neuer Textilhilfsmittel der Farbenfabriken BAYER A. G. auf Polyisocyanatbasis. (Tinctoria [Milano] **55.** 438—42. Nov. 1958.) A. SANDER. 8028

Wolfgang Ulmer, *Gedanken über das Schlichten unter Berücksichtigung von Eiweißschlichten.* 1. Mitt. Nach Übersicht über gebräuchliche natürliche u. synthet. Schlichtemittel wird das Schlichten von Baumwollgarnen beschrieben. Der Aufbau der Stärke, die Verkleisterung, Strukturviscosität, chem. u. fermentativer Abbau werden beschrieben. (Prakt. Chem. [Wien] **9.** 373—78. Okt. 1958.) W. BERNARD. 8030

O. Deschler, *Die $NaClO_2$-Bleiche und ihre Bedeutung für die nachfolgenden Veredlungsprozesse.* Die Bleiche mit $NaClO_2$ hat sich wegen der faserschonenden Arbeitsweise sehr schnell bei Reyon- u. Zellwolle einführen können. Für die Bleiche von synth. Fasern ist sie allein brauchbar. In Normalfällen ist auch diese Bleiche für Baumwollwaren möglich, wenn entsprechende Apparate für das Absaugen von ClO_2 vorhanden sind. Es ist dann möglich, auch ohne alkal. Abkochung auszukommen, wenn die Verschmutzungen nicht zu stark sind. Zur Verbesserung der Anfärbbarkeit von toter Baumwolle trägt auch eine Chloritbleiche nicht bei. Vorteile der Breitbleiche mit $NaClO_2$ werden geschildert. (Melliand Textilber. **39.** 1117—20. Okt. 1958. Farbwerke Hoechst.) W. BERNARD. 8032

Paul A. Majors, *Bestimmung der Wirksamkeit von antibakteriellen Gewebeausrüstungen.* Es wird eine Meth. angegeben, um die Wirksamkeit von antibakteriellen Gewebeausrüstungen zu prüfen. Im Prinzip wird die Hemmung des Wachstums von harnstoffzersetzenden Bakterien in einer gepufferten, harnstoffhaltigen Nährlsg. bestimmt, wobei das gebildete u. titrimetr. ermittelte NH_3 als Maß für die Wirksamkeit dient. Bei Tests mit Escherichia coli u. Staphylococcus aureus wird an Stelle von Harnstoff Glucose eingesetzt. (Amer. Dyestoff Reporter **48.** P 91—P 93. 9/2. 1959. Miamiville, Ohio-Hill Top Research Inst., Inc.) H.-A. WANNOW. 8032

J. David Reid, J. G. Frick jr., Robert M. Reinhardt und **Richard L. Arceneaux**, *Knitterfestausrüstung von Baumwollgeweben mit Triazonderivaten.* Die mit Dimethylol-äthyltriazon, Dimethylolhydroxyäthyltriazon, Tetramethyloläthylen-bis-triazon u. Handelsprodd. auf Triazonbasis erzielten Ausrüstungseffekte werden mit denen von Dimethyloläthylenharnstoff, Melamin- u. Harnstoff-CH_2O verglichen. Mit Triazonen ausgerüstete Baumwollgewebe neigen zur Fischgeruchsbldg., die jedoch durch eine gründliche alkal. Wäsche ausgeschlossen werden kann. Hinsichtlich Knitterfestigkeit u. Wash and Wear-Eigg. liefern die drei genannten Triazone geringere Effekte als Dimethyloläthylenharnstoff. Handelsprodd. auf Triazonbasis verhalten sich etwas günstiger, was auf die Wahl spezif. wirksamer Katalysatoren zurückgeführt wird. Mit Ausnahme von Tetramethyloläthylen-bis-triazon u. ein Handelsprod. (ohne Bezeichnung) zeigen die mit Triazonen ausgerüsteten Gewebe nach ausgedehnten Wäschen u. anschließende Chlorbehandlung geringe Reißfestigkeitsverluste beim Erhitzen (Scorchtest). Hierin verhalten sich die Triazone günstiger als Äthylenharnstoff. Die Ausrüstungen mit Melaminharzen liefern ebenfalls geringe Faserschädigung beim Scorchtest, neigen aber zum Vergilben bei der Chlorbehandlung. Die Harnstoffharze zeigen dagegen starke Faserschädigungen. Diese günstige Eig. der Triazone wird auf ihren bas. Charakter zurückgeführt. Gegen hydrolyt. Abbau durch Säuren sind die Ausrüstungen mit Triazonen beständiger als die mit Äthylenharnstoff. — 14 Tabellen u. 5 Abbildungen. (Amer. Dyestuff Reporter **48.** P 81—P 90. 9/2. 1959. New Orleans, La., Southern Regional Res. Labor.) H.-A. WANNOW. 8044

M. van Overbèke, P. Desprets und **G. Mazingue,** *Veränderung der färberischen Eigenschaften der Wolle durch Schwefelsäure.* Durch systemat. Verss. bestimmten Vff. als Ursache der beim Carbonisieren von Wolle manchmal auftretenden Änderungen der färber. Eigg. eine von der jeweiligen Konz. u. Dauer der Einw. der H_2SO_4 sowie Schwankungen der Temp. des Trockners bzw. Carbonisierofens abhängige Hydrolyse der Wolle. Am schädlichsten wirkt sich dabei eine Herabsetzung der Anfärbbarkeit der Wolle aus. Bei schwacher Säurekonz. spielt die Temp. eine geringere Rolle u. Vff. stellten fest, daß das Carbonisieren der Wolle bei 120° statt bei 90° keinen merklichen Einfl. auf die färber. Eigg. ausübt. — 5 Tabellen u. 2 Kurvenbilder. (Bull. Inst. Textile France **1958.** Nr. 74. 37—46. Mai Roubaix, Centre Textile de Contrôle et de Recherche Scientifique de la Chambre de Commerce.) A. SANDER. 8060

J. E. Algie, *Der Dehnungseinfluß auf den elektrischen Widerstand von Keratin.* Zuvor entfettete u. konditionierte Corridalwolle u. Roßhaare wurden bei 90% relativer Luftfeuchtigkeit u. 20° bis zu 20% gedehnt. Hierbei wurde gefunden, daß während des Dehnens der elektr. Widerstand mit steigender Dehnung stark ansteigt. Nach dem Aufhören der Dehnung ebenso stark wieder abfällt, um dann wieder langsam um ein weniges anzusteigen. Dieser Anstieg ist um so größer, je stärker die Faser gedehnt wurde. Die Versuchsergebnisse werden ausführlich diskutiert. — 7 Figuren mit Abbildungen. (Textile Res. J. **29.** 1—6. Jan. 1959.) H.-G. FRÖHLICH. 8060

Ø. Ellefsen und **E. A. H. Øgaard,** *Erfahrungen mit der P.F.I.-Viscose-Versuchsanlage.* 5. Mitt. *Einflüsse des Anfangsabbaues infolge der Aufbewahrung von Reyonzellstoffen.* Vff. prüften den Einfl. verschied. Lagerung von Reyonzellstoffen (I) auf die Vicsosität der daraus hergestellten Alkalicellulose sowie der Viscose sowie auf deren Filtrierbarkeit in der früher von ELLEFSEN beschriebenen P.F.I.-Versuchsanlage. Die dem gleichen Betrieb entnommenen 2 Muster von I wurden bei 20° u. 65% relativer Luftfeuchtigkeit ca. 12—50 Tage gelagert. Nach verschied. Lagerzeiten wurde die Viscosität in Cuproxamlsg. nach Meth. CCA-16 gemessen. Nach 2—3wöchiger Lagerung nahmen die Viscositäten der aus I erhaltenen Viscosen sowie der daraus regenerierten Cellulosen etwas ab, während sich die Filterkonstante Kw etwas besserte. Vff. führen die Änderung auf bevorzugten Abbau des langkettigen Anteils in I zurück, der den Abbau des kurzkettigen Anteils überwiegt. (Norsk Skogind. **12.** 255—58. Juli 1958. Oslo, Pulp & Paper Res. Institute.) E. BORCHERS. 8074

Horst Kirchner, *Einfluß des Fixierens mit und ohne Vakuum auf die technologischen Eigenschaften von Perlonseide.* Eine Perlonseide wurde einmal ohne Vakuum u. einmal bei 0,6 at Unterdruck 30 Min. lang mit Sattdampf jeweils bei den Tempp. 100, 110, 115, 120, 125 u. 135° fixiert. Aus danach ausgeführten Messungen der H_2SO_4-Löslichkeit, der Dehnung u. der Festigkeit wird geschlossen, daß beim Fixieren bei Tempp. über 125° u. ohne Vakuum Verschlechterungen der mechan. Eigg. auftreten, die keine rein therm. Schädigungen sind. (Dtsch. Textiltechn. **9.** 43—44. Jan. 1959. Sehma (Erzgeb.), VEB Garnveredelungswerke.) R. JUNGE. 8080

P. N. LaGasse und **A. R. Taylor jr.,** *Verbesserung des Griffs von Geweben aus Dacron.* Um den Griff u. Fall von Dacrongeweben zu verbessern, wird nach dem „C—H—C-Verf." das Gewebe zunächst kalandert, dann fixiert u. schließlich mit einer Ätznatronlsg. behandelt. Arbeitsvorschrift wird mitgeteilt. (Amer. Dyestuff Reporter **48.** 77—80. 9/2. 1959. E. I. du Pont de Nemours & Co., Inc.) H.-A. WANNOW. 8080

M. Kehren und **W. Scharroba,** *Prüfung der Autoxydationsneigung textiler Schmälzmittel.* 1. u. 2. Mitt. (Vgl. C. **1957.** 4856.) Neuere Feststellungen zeigen, daß durch Einfl.

von UV-Strahlung u. „Akceptatoren“ wie z. B. Chlorophyll im Olein, die auch als Prooxydans bzw. Katalysatoren bezeichnet werden können, ungesätt. Fettsäuren zu Fettsäureperoxyden umgewandelt werden können. Ähnlich wie das Chlorophyll wirkt auch das Ergosterin. Es findet dabei eine exotherme Polymerisation oder Polykondensation statt. Es werden eine Reihe von Antioxydantien genannt, welche eine OH- bzw. NH_2-Gruppe im organ. Körper enthalten u. den Schmälzmitteln zugesetzt werden können. Frühere Ansichten, daß Eisenseifen eine Autoxydation fördern, trifft nur bei Tempp. über 90° zu, die normalerweise nicht auftreten. Es werden die Prüfungen im MAKEY-App. beschrieben. Ausführlich werden die Verss. an Speisefetten u. -Ölen aufgeführt. Durch Ermittlung der LSS-Zahl wird der peroxyd. O_2 bereits dann ermittelt, wenn noch keine Wrkg. feststellbar ist (mg O_2 in 1 g Öl oder Fett). Ausführlich werden verschied. Methoden der LEA-Zahl beschrieben. Daneben werden auch die anderen Kennzahlen der untersuchten Fette u. Öle angegeben. Eine Reihe von Verss. werden auch von Oleinen angegeben. (Melliand Textilber. **36.** 735—37. Juli, 824—27. Aug. 1955.
W. BERNARD. 8098

M. Kehren und **C. Maurer,** *Quantitative Trennung von Wolle und Celluloseregeneratfasern mit Natriumhypochlorit.* 1. u. 2. Mitt. Es werden ausführliche Verss. beschrieben, die beweisen, daß eine Trennung von Wolle u. Regeneratfasern mit ähnlicher Genauigkeit wie bei der Kochung mit Kalilauge durch eine 15-Min.-Behandlung mit 1n Natriumhypochloritlsg. (35,46 g/Liter Aktivchlor) möglich ist. Als Faktor für den zurückbleibenden Celluloseanteil ist 1,007 (0,7%) festgestellt worden. Es wurden Fasertrennungen vorgenommen, die Mischungsverhältnisse von 10:90 über 50:50 u. 90:10 einschlossen. Für die Fasertrennung von stark gewalkten Geweben ist die Kalilaugemeth. dem Hypochlorit vorzuziehen. (Z. ges. Textilind. **60.** 766—69. 810—13. Sept. 1958. Textilprüfanstalt M.-Gladbach-Rheydt.) ——————— W. BERNARD. 8100

Chemische Fabrik Pfersee G. m. b. H. (Erfinder: **Heinz Enders**), Augsburg, *Lagerbeständige wässerige Dispersionen von n-Alkyl-N.N'-alkylenharnstoffen* (I) (Alkylrest >12 C-Atome, Alkylenrest 2—3, bei 2 C-Atome) zur *Behandlung von Textilien.* Zunächst werden nichtionogene Emulgiermittel u. flüchtige Basen enthaltende Dispersionen von **I** hergestellt, worauf diesen 10—30% (bezogen auf den Geh. an **I**) quartäre Verbb. der Formel $R-O-CH_2AX$ (R = Alkylrest mit >12 C-Atomen, A = Pyridin oder Hydroxyäthylmorpholin u. X = anorgan. Säurerest) zugesetzt werden. — Äthylenimin wird in wss. Lsg. mit oxäthyliertem Ricinolsäuretriglycerid in Ggw. von NH_4OH-Lsg. umgesetzt u. dann mit Octadecyldiisocyanat behandelt u. homogenisiert. Der Ansatz wird dann mit einer wss. Lsg. von *Octadecyloxymethylenhydroxyäthylmorpholiniumchlorid* stabilisiert. (**D. A. S. 1 048 555** Kl. 8k vom 18/9. 1957, veröff. 15/1. 1959.) H. MÖLLERING. 8029

Ciba Akt.-Ges. (Erfinder: **Otto Albrecht** und **Alfred Berger**), Basel, Schweiz, *Mercerisiernetzmittel.* Geeignet sind Äther des (Poly-)Äthylenglykols mit mindestens 7 C-Atomen der Formel $R\cdot O\cdot(CH_2\cdot CH_2\cdot O)_n-SO_3H$, wobei R = aliphat., cycloaliphat. oder aliphat. gebundener Aralkylrest mit 3—10 C-Atomen u. n = 1—5 ist. Die genannten Äther werden in Gemisch mit verzweigten Alkanolen mit 8—9 C-Atomen u. gegebenenfalls weiteren in W. wenig lösl. Alkoholen mit $\geqq 5$ C-Atomen verwendet. — Einer Mercerisierflotte von 30° Bé setzt man je 1 Liter 4—10 cm^3 einer Lsg. mit einem Geh. von 6 (Teilen) *Isooctylalkohol,* 4 *Äthylenglykolmonoäthyläther* u. 70 Lsg. des Na-Salzes des sauren *Schwefelsäureesters des Diäthylenglykolmonobutyläthers* (37% ig.) zu. (**D. A. S. 1 048 865** Kl. 8k vom 1/4. 1957, veröff. 22/1. 1959. Schwz. Prior. 11/4. 1956.)
H. MÖLLERING. 8033

Shea Chemical Corp., Jeffersonville, Ind., übert. von: **Ingenuin Hechenbleikner,** Adams, Mass., V. St. A., *Mittel zur Flammfestausrüstung,* bes. *von waschbaren Cellulosetextilien,* bestehend aus einem im Mol-Verhältnis 1:1—1,5:0,25—0,5 hergestellten Gemisch aus einem *(Di)-Alkylamidophosphat,* bes. $(C_2H_5O)_2P(:O)NH_2$ (**I**), einem Polymethylolazin, bes. *Trimethylolmelamin* (**II**), u. einem 1:1 Addukt aus CBr_4, CCl_4, $CHBr_3$, CH_2Br_2 oder CH_3Br an *Triallyl-* oder *Triäthallylphosphat.* — Zur Imprägnierung geeignet ist ein in 850 (Teilen) W. gelöster Ansatz aus 1 **II**, 1 **I** u. 3 Addukt aus Triallylphosphat u. CH_3Br mit einem Zusatz von Polyvinylalkohol, $NHCO_3$ u. $K_2S_2O_8$. Ein mit der Lsg. imprägniertes Gewebe wird abgequetscht u. 3 Min. bei 160° vergütet. (**A. P. 2 832 745** vom 31/8. 1956, ausg. 29/4. 1958.) H. MÖLLERING. 8037

Titaan N. V., Rotterdam, Holland, *Herstellen eines flüssigen Präparats für das dauerhafte Umformen von proteinhaltigen Fasern,* dad. gek., daß man als wirksamen Bestandteil einen Ester benützt, der sich von der Titan- oder Zirkonsäure u. einem Aminoalkohol der Formel $H-O-R-N(R_1)(R_2)$ ableitet. In dieser bedeutet R einen Äthylen- bzw. alkylsubstituierten Äthylenrest, R_1 einen β-Hydroxyalkyl- oder einen β-Aminoalkylrest u. R_2H, eine Alkylgruppe mit höchstens 3 C-Atomen, einen β-Hydroxyalkyl- oder einen β-Aminoalkylrest, z. B. *Triäthanolaminzirkonat.* (**Holl. P. 86 498** vom 5/8. 1953, ausg. 15/10. 1957. A. Prior. 6/8. 1952.) K. DEMMLER. 8079

Montecatini Soc. Gen. per l'Industria Mineraria e Chimica, Italien (Erfinder: **Domenico Maragliano** und **Enrico Cernia**), *Herstellung von gut färbbaren Polyacrylnitrilfäden.* Man verspinnt Polyacrylnitril-Lsgg., denen Maleinsäureanhydrid–Vinylpyridin (ca. 50:50)-Mischpolymerisate (**I**) zugesetzt sind. — Man gibt 90 (kg) Polyacrylnitril in eine Lsg. aus 10 **I** in 400 Dimethylformamid, spinnt u. verstreckt die Fäden. Gut färbbar mit Küpen- u. Acetatfarbstoffen. — In gleicher Weise kann man Polyacrylnitril mit Allylalkohol–Vinylpyridin (50:50)-Mischpolymerisaten verspinnen. (**F. PP. 68 204** u. **68 205** vom 20/9. 1955, ausg. 9/4. 1958. It. Prior. 20/9. 1954. **Zusatz zu F. P. 1 131 304; C. 1959. 2658.**) M. PANKOW. 8081

Manfred Jänsch und **Ernst Wünsch,** Rudolstadt, *Herstellung von textilen Flächengebilden aus Faservliesen.* Man macht die vliesbildenden Fasern durch Behandlung mit einem milden Lösungsm. oder Quellungsmittel plast. u. formbar u. fällt die gelösten Anteile dann durch Zusatz eines Nichtlösers auf der Faseroberfläche aus. — Ein Polyamidfaservlies wird mit einer methanol. Lsg. von Methoxymethylpolyamid getränkt. Durch Wassernachbehandlung fällt man das gelöste Harz aus. Das Gebilde besitzt hohe Fülligkeit. (**D. P. [DDR] 13 905** Kl. 8k vom 27/5. 1954, ausg. 8/10. 1957. [Wirtschaftspatent].) M. PANKOW. 8081

American Cyanamid Co., New York, N. Y., V. St. A., *Mit Triazinderivaten modifiziertes Aminoplastharz* mit durch erniedrigte Verarbeitungstempp. u. Drucke bedingten verbesserten Gießeigenschaften. Das Prod. besteht aus einem heißhärtenden Melamin–Formadehyd-Harz (Molverhältnis 1:1 bis 1:6) einem Harnstoff–Formaldehyd-Harz (1:1,3 bis 1:2,5) oder einem Melamin–Harnstoff–Formaldehyd-Harz (1:2,1:3,1 bis 1:2,1:11,25) u. einer Verb. der Formel **I**. Hierin bedeuten X u. X' O oder N. X kann weiterhin auch ein Alkylrest (**II**) oder ein monoolefin. Rest (**III**), jeweils mit 4—9 C-Atomen sein. R u. R' stehen für H, einen **II** oder einen **III** mit je 3—9 C-Atomen. Wenn X u. X' N bedeuten, so sind n u. n' = 2; wobei dann mindestens eines der Glieder R oder R' ein **II** der ein **III** mit 3—9 C-Atomen ist. Wenn X u. X' durch O bedeuten, so ist n = 2 u. n' = 1, R entweder H, oder wie R' ein **II** oder ein **III** mit 3—9 C-Atomen. Wenn schließlich X ein **II** oder einen **III** bedeutet, wird n = O, X' = N, R' = H u. n' = 2. Beispiel für **I**: *N.N-Dibutylmelamin.* — Verwendung zur Herst. von Glasfasermatten. (**Aust. P. 167 924** vom 19/11. 1953, ausg. 19/7. 1956. A. Prior. 10/12. 1952.) G. FRIKELL. 8083

I

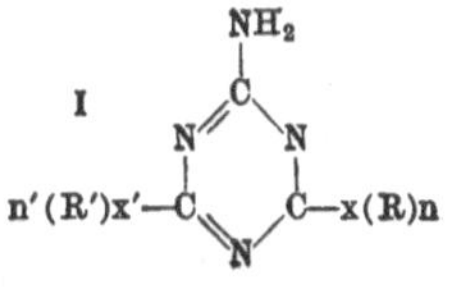

W. Gordon Crewther, Wool Textile Laboratories Melbourne-Australien. Untersuchungen über das Carbonisieren. 1. Eine Literaturübersicht. 2. Die Aufnahme von Schwefelsäure durch Wolle und durch die kleeblättrige Klette. 3. Ein neues Verfahren zum Schutz der Wolle beim Carbonisieren. Köln: Dt. Forschungsgemeinschaft Wolle. 1958. (40 S. u. 6 Taf.) 4°. Nicht im Buchhandel.

—, Quantitative chemical analysis of binary mixtures of nylon 6 or nylon 6,6 and certain other fibres. London: British Standards Institution. 1959. (8 S.) 8°. 3 s.

XIX. Brennstoffe. Erdöl. Mineralöle.

Shōichirō Tachikawa, *Oberflächenchemie von Kohle.* (Vgl. C. **1958.** 9654.) Berichtet wird über Benetzbarkeit von Kohle, über die spezif. äußere u. innere Oberfläche der Kohle, über Porensysteme der Kohle u. über ein Modell der Kohlenstruktur. (Rep. Resources Res. Inst. [Kawaguchi], A. **1958.** Nr. 8(41). 1—82. Aug. [Orig.: japan.; Auszug: engl.]) E. BOYE. 8126

S. Ergun, *Graphitähnliche Schichten in Kohlen und deren Hochvakuumdestillationsprodukten.* Von Vitriniten u. deren Hochvakuumdestillationsprodd. werden Röntgendiagramme angefertigt. Beim Vgl. der Intensität der Aufnahmen wurde bei den Destillaten u. den Rückständen aromat. Anteile festgestellt. Die von den Destillaten u. den Rückständen erhaltenen Diagramme waren deutlicher als die vom Vitrinit. Es ergab sich, daß beim Vitrinit (36% Flüchtiges) keine peripheren Gruppen vorhanden waren u. daß die aromat. Anteile aus 1—3 Ringen bestanden. Demnach muß der Vitrinit als ein Polymer aufgefaßt werden, das durch die Dest. zers. wird. Einige der Strukturbestandteile werden in Dampfform übergeführt, während die anderen ein wenig geordnetes C-Skelett bilden. (Fuel **37.** 365—70. Okt. 1958. Pittsburgh, Pa., Bur of Mines, Coal Res. Stat.) F. ROSENDAHL. 8126

T. F. Hurley und **D. L. R. Bailey,** *Beziehungen zwischen der optischen Dichte, der Konzentration und der Zusammensetzung der Rauchgase eines Lancashire-Kessels.* Die Unterss. wurden an einem mit Hand gefeuertem Lancashire-Kessel durchgeführt. Aus den Verss. ergibt sich: Die Mengen der in einem bestimmten Vol. suspendierten

Teilchen ist direkt proportional der opt. Dichte. Für eine gegebene opt. Dichte ergibt sich, daß die Konz. der festen Teilchen bei halber Arbeitsleistung größer ist als bei voller. Die opt. Dichte bei einer gegebenen Arbeitsleistung kann mit der Zus. des Rauchgases in Beziehung gebracht werden. Die Teilchen können das Vorhandensein beträchtlicher Mengen an brennbarem Material in den Rauchgasen anzeigen. (J. Inst. Fuel **31**. 534—40. Dez. 1958. Fuel Res. Stat., D. S. I. R.) F. ROSENDAHL. 8128

Béla Bátor, *Kohlenaufbereitung durch Trocknung.* Unterss. über die Trocknung von minderwertigen Kohlen mit höherem Feuchtigkeits-, Asche- u. Staubgehalt. Konstruktion eines einfachen Schichttrockners, Jalousie-Schichttrockners mit zweifacher Zirkulation, pneumat. Gleichstrom-Trocknungsrohrs, Trichter-Trockners mit Förderrohr. Die Wrkg. der Trocknung wurde bei Kesselfeuerungen, bei Mahlungen u. bei Gasgeneratoren untersucht. (Energia és Atomtechn. **10**. 563—71. Dez. 1957. Budapest, Höhtechnikai Kutato Intezet.) G. HALMI. 8134

D. Mirew und **I. Zlateva,** *Der Einfluß der flüchtigen Bestandteile auf die Entschwefelung der Kohle bei der Schwelung.* Es wird der Einfl. der flüchtigen Bestandteile u. der in HCl lösl. bas. reagierenden mineral. Beimischungen der Kohle auf die Entschwefelung bei gewöhnlicher Schwelung u. bei der Schwelung im NH_3-Strom untersucht. In beiden Fällen hängt das Entweichen des S in die Destillationsprodd. von den flüchtigen Bestandteilen der Kohle ab, u. zwar sowohl bei Stein- als auch bei Braunkohle. Bei der Schwelung im NH_3-Strom ist der Entschwefelungsgrad wesentlich höher. Bei der Kokskohle wird das Entweichen des S durch das Zusammenschmelzen der Kohle erschwert. Die mineral. Bestandteile der Kohle verschlechtern die Entschwefelung. Bei junger Kohle wird eine gute Entschwefelung auf pyrochem. Wege in Ggw. von H_2-abspaltenden Verbb., bzw. in reiner H_2-Atmosphäre erzielt. (Brennstoff-Chem. **39**. 366—68. 17/12. 1958. Sofia, Chem. Inst. der Bulgarischen Akademie der Wissenschaften.) H. SCHÖBERL. 8140

H. McKellar, W. Burns und **V. Giedroyc,** *Beziehungen zwischen den Eigenschaften von Kohlen und Kohlenmischungen und der Güte der daraus hergestellten Kokse.* Die Unterss. wurden an Koksen angestellt, die sowohl in einer Laboratoriumseinrichtung als auch im Betriebsofen hergestellt wurden. Als Qualitätsmaße diente der Shattertest u. die Micumtrommelprobe. Von allen bestimmten Eigg. der Kohle scheinen lediglich die plast. Eigg., der Geh. an Flüchtigen, die D. u. beim Laboratoriumskoks das Verh. zwischen verkokbaren u. inerten petrograph. Anteilen Einfl. auf die Güte des Kokses zu haben. In beiden Fällen scheint jedoch die maximale Fließbarkeit den größten Einfl. auf die Güte des Kokses auszuüben. Bestenfalls konnten 44% der variablen Eigg. für die wechselnde Qualität des Kokses verantwortlich gemacht werden. Nur statist. Analysen können einigermaßen gute Auskünfte erteilen. Jedoch bedeutet das nicht, daß die Eigg der Kohle, die keine bes. Beziehung zur Koksfestigkeit aufweisen, keinen Einfl. auf die Koksqualität ausüben. Unterss. mit petrograph. Anteilen schott. Kohlen brachten in Verbindung mit Laboratoriumsverss. den Nachw., daß eine Verbesserung der Koksgüte mit einem größeren Vorhandensein von Duroclarit u. Abwesenheit mit Vitrit verbunden war, bes. bei feinerer Verteilung der verkokbaren u. inerten Bestandteile. (J. Inst. Fuel **31**. 528—34. Dez. 1958. Colvilles Ltd.) F. ROSENDAHL. 8144

G. N. Chopta, *Vergasung der Braunkohlen Sibiriens mit Dampf–Luft-Gemisch, das unter Druck mit Sauerstoff angereichert ist.* Beim Druck von 5,19 u. 18 at u. Variierung des O_2-Geh. des Dampf–Luft-Stromes von 21—100% (Abstufungen je 20%) wurde die Vergasung von sibir. Braunkohlen in Abhängigkeit vom Geh. an CO_2 u. O_2 des Gases, dem Geh. an W. u. Asche im Brennstoff, vom Druck u. von der Austrittstemp. des Gases untersucht. Es zeigte sich, daß mit steigender O_2-Konz. bei konstantem Druck u. konstanter Intensität der Vergasung der Geh. des Gases an CO_2, H_2 u. CH_4 zunimmt, der Geh. an N_2 abnimmt. Der CO-Geh. nimmt zunächst bis 40% O_2 zu, dann ab. Der Geh. an Ballaststoffen ($N_2 + CO_2$) nimmt zunächst stark ab. Nach Erreichung von 60% O_2 ist diese Veränderung nur noch unbedeutend. Beim Übergang vom Dampf–Luft-Gemisch beträgt die Zunahme der Verbrennungswärme des ungereinigten Gases 900 kcal/Nm^3. Bei der Steigerung des O_2-Geh. des Gemisches von 60 auf 100% beträgt diese Zunahme nicht mehr als 5%. Die Verbrennungswärme des gereinigten Gases nimmt bei Verwendung von Dampf–O_2-Gemisch auf 1700 kcal/Nm^3 zu. Die Ausbeute an ungereinigtem Gas nimmt proportional dem N_2-Geh. des Gemisches ab. Der Zersetzungsgrad des Wasserdampfes nimmt um 30% ab. (Газовая Промышленность [Gas-Ind.] **1959**. Nr. 1. 11—16. Jan.) O. LEBTAG. 8148

I. I. Stepanow, *Der Gehalt an organischen Schwefelverbindungen im Haushaltgas von Tallin.* Die im Laufe von 3 Jahren durchgeführten Analysen des Haushaltgases von Tallin ergaben, daß der Gesamtgeh. an organ. S 16—19 g/100 m^3 beträgt, von denen 40% als COS, 35% als Thiophen u. Mercaptan u. 25% als CS_2 vorkommen. (Газовая Промышленность [Gas-Ind.] **1959**. Nr. 2. 33—35. Febr.) O. LEBTAG. 8156

Johann Strankmüller, *Ersatz von Lautamasse.* Eisenhydroxydschlamm aus Wasserwerken wird auf seine Eignung zur Entfernung von H_2S aus Gaswerkgas nach HOFSÄSS-DREES untersucht, wobei sowohl die Intensität als auch die Kapazität der Massen ermittelt wird. Auf diese Weise lassen sich die Wasserwerksmassen in vier Bewertungsklassen einteilen mit 100%, >80%, >60% u. weniger als 60% Lautamassequalität. Schwierigkeiten bereitet die Trocknung der Wasserwerksmassen auf den notwendigen Restgeh. an W. in Höhe von 50%. Aussichtsreich erscheint eine Vortrocknung in Drehzellenfiltern auf ca. 80% W. u. die anschließende Trocknung auf den gewünschten Endgeh. in einem Drehrohrofen. (Freiberger Forschungsh., Reihe A Heft **103.** 10—22. Aug. 1958. Böhlen.) F. SCHUSTER. 8172

Stefan Lipczyński, *Die Verbesserung der Teerqualität in Kokereien.* Vf. äußert sich über die Teerqualität, die in den poln. Kokereien in den letzten Jahren erzielt wurde, sowie über die Möglichkeiten ihrer Verbesserung. (Koks-Smoła-Gaz **2.** 55—57. März/April 1957.) A. BABCZYŃSKI. 8176

J. Grindrod, *Neue Methode zur Verarbeitung von Ölschiefer.* Vf. berichtet über das von der OIL SHALE CORP. entwickelte *Aspeco*-Verf. zur Ölschieferaufbereitung, ein Verf., das sich von den bisher üblichen im wesentlichen dadurch unterscheidet, daß Erhitzung u. Verbrennung des Ölschiefers in 2 getrennten, ausführlich beschriebenen Systemen durchgeführt werden. Das in der Versuchsanlage bisher angefallene Schieferöl ist qualitativ besser u. ermöglicht die Gewinnung geeigneter Brennstoffe zu Preisen, die den der Petroleumderivv. entsprechen. (Petroleum Times **63.** 29—30. 16/1. 1959.) H. P. FIEDLER. 8180

D. W. Morecroft, *Die Dichte von flüssigen C_3- und C_4-Alkenen bei Temperaturen oberhalb ihrer Siedepunkte.* Die Dichten von fl. Propen, Isobuten, Buten-1, cis-Buten-2 u. trans-Buten-2 wurden im Temperaturbereich von 0—80° unter ihrem eigenen Dampfdruck gemessen. (J. Inst. Petroleum **44.** 433—34. Dez. 1958. Shell Res. Labor. Ltd.) K. O. MÜLLER. 8188

J. U. Messenger, *Chemische Kontrolle des H_2S während einer Bohrgestängeprüfung.* Vf. macht Angaben über die Auswaschung des Gases mit NH_3-Lsgg. während einer Versuchsbohrung u. welche Vorsichtsmaßnahmen (Aufsetzen einer Gasmaske) bei hohen H_2S-Gehh. eingehalten werden müssen. (Wld. Oil **147.** Nr. 7. 111—12. Dez. 1958. Calgary, Mobil Oil Canada.) F. ROSENDAHL. 8190

A. P. Snamenskaja, *Pyrolyseteer von Kohlenwasserstoffgasen.* Bei der therm. Zers. niedriger Paraffin-KW-stoffe aus Erdöl, vor allem C_2H_6, C_3H_8, teilweise C_4H_{10}, zu Äthylen wird neben den gasförmigen Prodd. ein „Pyrolyseteer" erhalten. Die Gruppenzus. 7 solcher Teere ergibt einen Geh. von >60% Aromaten u. meist >12% Olefinen, 33—60% bis 150° sd. Anteile. Die gesamte Teerausbeute schwankt mit dem Ausgangsgas zwischen 6 u. 25%. In einer Tabelle werden 30 im Teer nachgewiesene Verbb., vor allem substituierte Aromaten u. Cycloalkane, mit Mengenangaben aufgeführt. (Химическая Промышленность [Chem. Ind.] **1958.** 208—10. Juni.) R. K. MÜLLER. 8192

W. J. Newby, *Neue Entwicklungen in der Raffination.* Die fortschreitende Motorenentw. macht auch eine laufende Qualitätsverbesserung der Kraftstoffe notwendig. Die wichtigsten Entwicklungsstufen dieser beiden Disziplinen werden im geschichtlichen Rückblick seit 1946 gebracht. Diskussion. (J. Inst. Petroleum **44.** 411—12. Dez. 1958. British Petroleum Co. Ltd.) K. O. MÜLLER. 8194

Aleksandar Mošić, *Der charakteristische Faktor und andere Eigenschaften der Nebenprodukte beim katalytischen Cracken.* Die geringwertigen KW-stoffe, schwerer als Bzn., welche in der Petroleumraffinerie Sisak (FNRJ) gegen Ende 1957 beim Cracken mit pulverförmigem Al-Silicatkatalysator im fluidisierten Zustand („Orhoflow A") neben hochklopffestem Bzn. anfielen (ca. 4% katalyt. Petroleum, ca. 12% leichtes u. schweres Gasöl, dekantiertes Öl ca. 14%), wurden einer eingehenden Unters. unterworfen. Durch Auswertung der physikal. Daten, namentlich der hohen Brechungsindices, des „refractivity intercept" nach KURTZ, der analyt. Vakuumdest., kinemat. Viscosität bei 38°, der Temperaturabhängigkeit der Brechungsindices — welche in der Gleichung $dn_D/dt = p - q \cdot K_M$ (K_M = WATSON-Faktor in metr. Maß) ihre mathemat. Formulierung fanden, wurde der hohe Geh. der Katalyseöle an Aromaten festgestellt. Die zwischen 190—300° sd. Crackprodd. stellen ein Gemisch aromat. u. alicycl. KW-stoffe u. teilweise dehydrierter u. isomerisierter Aliphaten dar, während die höher sd. Fraktionen aus überwiegend ungesätt. Aliphaten u. polycycl. Aromaten bestehen. Einen näheren Einblick in die Konst. dieser Verbb. vermittelt die n-s-Methode. Der ausgesprochen aromat. u. ungesätt. Charakter des katalyt. hergestellten Petroleums u. leichten Gasöls verweist diese unter die Rohstoffe der Netz- u. Weichmachungsmittel, Waschmittel, plast. Massen u. Kunstharze, Zwischenprodd. der Farben-, Lack- u. pharmazeut. Industrie u. dergleichen. Auch eine Wiederholung des Crackprozesses unter schärferen Bedingungen (wegen des niedrigen Mol.-Gew. des Ausgangsprod.) käme hier in Betracht. (Nafta [Zagreb] **9.** 158—62. Juni 1958. Raffinerie-Sisak.) D. Kolbah. 8196

József Gloetzer, *Entwicklungsmöglichkeiten zur Erzeugung von Synthesegas.* (Vgl. C. **1958.** 9391.) Zusammenfassung über die Erzeugung u. Anwendung von Synthesegas in Ungarn. Als Grundstoffe können a) Braunkohle u. Lignit, b) Mineralöl u. Teer oder Teeröl, c) Erdgas, d) Gase anderer Industriezweige (z. B. Crackgas) in Frage kommen. Zusammenfassung über die Grund-Rkk. der Herst. u. krit. Betrachtung der einzelnen Verfahren. Vff. gibt Berechnungen über Kosten der verschiedenen Herstellungsverff. bei ungar. Verhältnissen bekannt. (Energia és Atomtechn. **10.** 428—39. Dez. 1957. Budapest.) G. Halmi. 8200

M. W. Kellogg Co., Jersey City, N. J., übert. von: **Marvin F. Nathan,** New York, N. Y., V. St. A., *Verkoken von kohlenstoffhaltigem Material,* wie Kohle, Ölschiefer, Braunkohle, Ölsand. In einer Trockenzone wird die Kohle zur Entfernung des W. in einem dichten Bett erhitzt. Die abziehenden Gase werden zum Teil von den mitgerissenen festen Anteilen befreit. Aus der Trockenzone gelangen die Kohleteilchen in die Verkokungszone. Die Verkokungsprodd. werden aus dieser abgezogen; die mit den zum Teil mitgerissenen festen Teilchen aus der Trockenzone abziehenden Gase werden in einer Waschzone von dem größeren Teil der noch darin enthaltenen Feststoffteilchen durch Waschen mit einer Fl. befreit, wobei die zurückgehaltenen Feststoffe mit der Wasch-Fl. einen Schlamm bilden, welcher mit den Verkokungsprodd. vereinigt wird. — Vorr., Zeichnung. (**A. P. 2 844 526** vom 16/5. 1956, ausg. 22/7. 1958.) E. Kahles. 8145

Heinrich Koppers G. m. b. H. (Erfinder: **Friedrich Totzek**), Essen, *Erzeugung von Brenngas aus staubförmigen oder feinkörnigen Brennstoffen* durch Vergasen in der Schwebe mittels Luft u. gegebenenfalls Wasserdampf, bei der Brennstoff mittels Vergasungsluft in den Reaktionsraum eingeblasen wird. Für das Verblasen des Brennstoffes wird ein kalter oder nur mäßig vorgewärmter Teilstrom der Vergasungsluft verwendet. Die Brennstoff-Luft-Suspension wird einer in den Reaktionsraum führenden gekühlten Mischdüse zugeführt, in der sich dieses Gemisch mit dem hochvorerhitzten Hauptstrom der Vergasungsluft u. dem gegebenenfalls zugesetzten Wasserdampf bei einer solchen Strömungsgeschwindigkeit mischt, daß die Rk. erst nach Austritt des Gemisches aus der Mischdüse im Reaktionsraum einsetzt. (**D. B. P. 971 077** Kl. 24e vom 2/5. 1942, ausg. 8/1. 1959. Anmeldung bekannt gemacht 25/9. 1952.) W. Hauswald. 8149

Metallgesellschaft Akt.-Ges., Frankfurt/M. (Erfinder: **Otto Hubmann,** Bad Homburg), *Verfahren zum Schwelen und Vergasen fester Brennstoffe* in Schachtgaserzeugern in zwei übereinander angeordneten Zonen, bei dem in der oberen die Schwelung u. die teilweise Vergasung mittels eines im Kreislauf geführten, in einem Erhitzer aufgeheizten Gases erfolgt u. die vollständige Vergasung in der unteren Zone mit einem O_2- u. wasserdampfhaltigen Vergasungsmittel durchgeführt wird. In die obere Zone wird ein hocherhitztes CO_2- u. wasserdampfreiches Gas eingeleitet, das durch Teilverbrennung des im Kreislauf geführten Gases mit Luft oder O_2 in einer Brennkammer erzeugt wird. (**D. A. S. 1 042 167** Kl. 24e vom 27/3. 1943, veröff. 30/10. 1958.) W. Hauswald. 8149

Carl Mertens und **Hans Wisniewski,** Bochum, *Spalten von Kohlenwasserstoffen,* dad. gek., daß diese indirekt mittels eines durch Verbrennung von Rückstandsölen mit Luft erzeugten Rauchgases unter Zuführung von heißem Spaltgas als Siedepunkterniedriger in einer der Spaltanlage vorgeschalteten App. verdampft u. die Öldämpfe zusammen mit einer zur Verdünnung oder Belastungsregelung eingeführten Umwälzgasmenge angesaugt u. nach intensiver Durchmischung in den Reaktor gegeben werden. — Zeichnung. — Herst. z. B. von Stadtgas. (**D. A. S. 1 052 620** Kl. 26a vom 22/6. 1956, veröff. 12/3. 1959.) E. Kahles. 8157

Didier-Werke Akt.-Ges., Wiesbaden, *Vergasen von Flüssiggas und/oder Öl in Gaswerksöfen oder Koksöfen,* dad. gek., daß die zu vergasenden, verdampften Stoffe vor Einführung in die Kammer einer Überhitzung unterzogen u. daß die Überhitzung in den den Ofenkammern vorgeschalteten Erhitzerrohrschlangen durch Strahlungswärme der Ofenkammer, in welche die zu vergasenden Stoffe eingeführt werden, durchgeführt wird. — Vorr., Zeichnungen. (**D. A. S. 1 053 133** Kl. 26a vom 21/4. 1958; veröff. 19/3. 1959.) E. Kahles. 8161

Consolidated Mining & Smelting Co. of Canada Ltd., Montreal, übert. von: **Harold Doyle,** Trail, British Columbien, Canada, *Reinigen von Industriegasen.* Das Gas wird mit hoher Geschwindigkeit durch eine Wasch-Fl. abwärts geführt, wobei die Feststoffteilchen, welche das Gas mitgerissen hat, festgehalten u. ein Teil des durchströmenden Gases absorptiv zurückgehalten werden. Die Wasch-Fl. wird aus der ersten

Waschzone abgelassen u. einer 2. Waschzone zugeführt, in die wiederum zu reinigendes Gas eingeleitet wird. Die gereinigten Gasströme aus den beiden Waschzonen werden vereinigt u. aus der 2. Waschzone die Wasch-Fl. abgezogen. — Zeichnungen. (**A. P. 2 720 280** vom 25/2. 1953, ausg. 11/10. 1955.) E. KAHLES. 8165

Halliburton Oil Well Cementing Co., übert. von: **Hayden Roberts** und **Wayne F. Hower,** Duncan, Okla., V. St. A., *Abdichten von Erdformationen,* bes. wasserführenden gegen öl- oder gasführende Schichten. Man benutzt hierfür einen pumpfähigen Schlamm mit einer Viscosität von 15—20 P. Der Schlamm enthält 400 Gallonen Öl (mit sehr wenig W.) je 100 Sack Portlandzement u. 6 Gallonen eines oberflächenakt. mit dem Öl mischbaren Mittels, z. B. einer Mischung aus einem Alkylphenoxypolyoxyäthylenderiv. u. einer Mischung von Fettsäuren, die Ölsäure enthält. (**A. P. 2 800 963** vom 10/12. 1953, ausg. 30/7. 1957.) W. HAUSWALD. 8191

Halliburton Oil Well Cementing Co., übert. von: **Wayne F. Hower,** Duncan, Okla., V. St. A., *Steigerung der Durchlässigkeit von mit Bohrungen durchsetzten Formationen.* Man führt in die Bohrung eine salzsaure Lsg ein, in der Gilsonit, Naphthalin, Anthracen, p-Dichlorbenzol oder β-Naphthol dispergiert ist. Die Dispersionsstoffe dichten die stärker durchlässigen Schichten teilweise ab u. verhindern die Tendenz der Lsg., in diese Schichten einzutreten. Die Fl. tritt in die weniger durchlässigen Schichten ein. Nach dieser Behandlung werden schließlich die Ndd. in den durchlässigen Schichten mittels umlaufenden Öles entfernt. (**A. P. 2 803 306** vom 13/4. 1955, ausg. 20/8. 1957.) W. HAUSWALD. 8191

Halliburton Oil Well Cementing Co., übert. von: **Wayne F. Hower** und **John A. Knox,** Duncan, Okla., V. St. A., *Verfestigung des losen, in der von einer Erdölbohrung durchstoßenen Formation vorhandenen Sandes.* Zunächst wird Sand, dessen Körnung größer ist als die durchschnittliche des Formationssandes, mit Öl im Verhältnis 1:3 vermischt u. diese Mischung in die zu behandelnde Formation gepumpt. Dann wird Sand von der gleichen Korngröße, aber verschieden von diesem, mit fl. Harz überzogen (z. B. einem Epoxyharz), das mit einem Trocknungsmittel wie Diäthylentriamin vermischt wird. Der so behandelte 2. Sand wird nach Zugabe von Öl (Verhältnis ebenfalls 1:3) in die Formation eingepumpt, worauf er auf den nicht überzogenen Sand trifft. Es bildet sich in der Formation dann ein Sieb von mit Harz behandeltem Sand zwischen dem losen Sand der Formation u. der Bohrung. (**A. P. 2 815 815** vom 8/12. 1955, ausg. 10/12. 1957.) W. HAUSWALD. 8191

Socony Mobil Oil Co., Inc., New York, N. Y. (Erfinder: **Thomas Edd Watkins,** Arlington, Texas), V. St. A., *Bohrflüssigkeit für Tiefbohrlöcher.* Sie enthält ein Alkalisalz von Carboxymethylcellulose in einer Menge von ca. 0,3—3 kg/hl Bohrflüssgkeit. Die Körnigkeit des Salzes beträgt weniger als 100 Körner je mg. (**D. A. S. 1 041 892** Kl. 5a vom 4/2. 1956, veröff. 30/10. 1958. A. Prior. 5/5. 1955.) W. HAUSWALD. 8191

Socony Mobil Oil Co., Inc., New York, N. Y., übert. von: **Thomas E. Watkins,** Arlington, Texas, V. St. A., *Erdölbohrflüssigkeit* (I). Die wss. tonhaltige u. $Cu(OH)_2$ im Überschuß zur Bindung des Tones enthaltende Fl. mit einem p_H von mindestens 12 weist nach A. P. 2 816 071 noch einen Zusatz von ca. 0,1—4 pds./barrel I an Karaya-Gummi, nach A. P. 2 816 072 noch 0,1—3 pds./barrel I an Irisch-Moos auf, das der Verringerung der Wasserverluste dient. (**A. PP. 2 816 071** u. **2 816 072** vom 30/10. 1953, ausg. 10/12. 1957.) W. HAUSWALD. 8191

Socony-Vacuum Oil Co., Inc. (Erfinder: **Robert Louis Koch, Henry Jackson Ramey jr., Rodman Jenkins, Harry Alpine Barclay** und **Dean Pate Nichols**), V. St. A., *Gewinnung des Erdöls aus unterirdischen Formationen* durch partielle Verbrennung der in der Formation enthaltenen KW-stoffe u. Ausnutzung der Wärme zum Austreiben u. zur Gewinnung der KW-stoffe. Die Verbrennung wird durch Zuleiten eines O_2-haltigen Gases unterstützt. Zum Erwärmen u. zur Zündung wird eine Vorr. mit elektr. Glühspirale benutzt. — 17 Zeichnungen. (**F. P. 1 144 571** vom 30/7. 1954, ausg. 15/10. 1957. A. Priorr. 30/7. u. 28/8. 1953.) M. F. MÜLLER. 8191

Universal Oil Products Co. (Erfinder: **Kenneth Michael Brown**), *Entfernen von sauren Bestandteilen aus flüssigen Medien* (**I**), z. B. Mercaptane oder H_2S aus KW-stoffen, kann man in kontinuierlicher Weise so durchführen, daß man die **I** im Gegenstrom in einer Absorptionszone (**II**) mit einer verd. Natronlauge behandelt, dann die von den sauren Bestandteilen prakt. befreiten wss. **I** in einer Trockenzone (**III**) durch Behandlung mit Alkalihydroxyd in granulierter oder Flockenform trocknet, aus der **II** die verbrauchte, verd. Natronlauge abzieht, durch konz. Alkalilauge aus **III** ersetzt u. mit W. verd. u. aus **III** die von sauren Bestandteilen u. W. befreiten **I** gewinnt. — 2 Zeichnungen. (**Aust. P. 208 024** vom 28/3. 1956, ausg. 6/6. 1957.) O. ROICK. 8195

Mid-Century Corp., Chicago, Ill., V. St. A., *Abtrennung von Polyisopropylbenzolen aus Gemischen durch Destillation.* Man führt die fraktionierte Dest. des Gemisches in einer inerten Atmosphäre (N_2, CO_2, CH_4) durch die <3 Vol.-% gasförmigen O_2 enthält. (**E. P. 796 715** vom 14/3. 1956, ausg. 18/6. 1958.) P. UNGER. 8195

Universal Oil Products Co., Des Plaines, Ill., V. St. A., *Isomerisieren von Kohlenwasserstoffen.* Die Isomerisierung wird in Ggw. von prakt. wasserfreiem HF im Gemisch mit einem aus BF_3 u. einem Metallfluorid wie Fe-Fluorid gebildeten Komplex durchgeführt. (**E. P. 795 493** vom 25/4. 1956, ausg. 21/5. 1958. A. Prior. 27/4. 1955.) E. KAHLES. 8201

Gulf Research & Development Co., übert. von: **Joseph B. McKinley,** Pittsburgh, und **Charles W. Montgomery,** Oakmont, Pa., V. St. A., *Isomerisieren von gesättigten Kohlenwasserstoffen in* Ggw. von H_2 u. einem Hydrierungskatalysator, wie V-Oxyd, Mo-Sulfid, Mo-Oxyd, W-Sulfid, Fe, Co, Ni, NiO, FeS, Ni-Wolframat u. Co-Molybdat bei 775—1000° F u. 50 lbs./sq.in. Das bei dem Isomerisieren auftretende Cracken wird durch Zugabe von höchstens 5 Gew.-% Anthracen, Phenanthren, Chinolin, Acridin, Indol, verhindert. (**A. P. 2 762 854** vom 25/3. 1952, ausg. 11/9. 1956.) E. KAHLES. 8201

Universal Oil Products Co., Chicago, übert. von: **Vladimir Haensel,** Hinsdale, und **Clarence G. Gerhold,** Riverside, Ill., V. St. A., *Verbesserung von Leichtbenzin.* Das Leichtbenzin wird in eine C_8 u. tiefer sd. Fraktion u. in eine C_9- u. C_{10}-KW-stofffraktion zerlegt. Die letztere Fraktion wird in Ggw. von H_2 mit einem Dehydrierungs-Dehydrocyclisierungs-Katalysator in Kontakt gebracht. Die Reaktionsprodd. dieser Umsetzung werden zusammen mit der leichter sd. Fraktion mit einem Isomerisierungskatalysator in Kontakt gebracht. Die Reaktionsprodd. dieser Isomerisierung werden gekühlt u. vom Isomerisierungskatalysator getrennt. Es wird ein gasförmiger, H_2-haltiger Anteil u. ein fl. KW-stoffstrom mit hoher Octanzahl erhalten. Ein Teil des H_2-haltigen Gases wird in die 1. Reaktionszone zusammen mit den hochsd. KW-stoffen eingeleitet. — Zeichnung. (**A. P. 2 781 298** vom 14/3. 1952, ausg. 12/2. 1957.) E. KAHLES. 8201

N. V. de Bataafsche Petroleum Mij. (Erfinder: **Wilhelmus Marinus Johannes Ruedisulj**), Den Haag, Holland, *Herstellung von Motortreibstoffen durch katalytisches Reformieren*, dad. gek., daß das Reaktionsgemisch in an sich bekannter Weise durch einen, das Katalysatorbett umgebenden, mit Durchbrechungen versehenen Mantel u. ein zentral im Katalysatorbett angeordnetes, perforiertes Rohr geleitet wird, wobei zur Vergleichmäßigung der radialen Strömung durch den Katalysator die Summe der Druckabfälle im perforierten Zentralrohr u. in dem den Katalysator umgebenden Mantel gleich oder größer als der Druckabfall im Katalysatorbett selbst gehalten wird. — Vorrichtung. (**D. A. S. 1 050 480** Kl. 23b vom 20/11. 1957, veröff. 12/2. 1959. Holl. Prior. 22/11. 1956.) E. KAHLES. 8201

Socony Mobil Oil Co., Inc., New York, übert. von: **Raymond R. Halik,** Oak Ridge, Tenn., V. St. A., *Reformieren von Kohlenwasserstoffen.* Fein verteilte Katalysatorteilchen werden im Kreislauf geführt. Der Reformierungskatalysator enthält 0,5 bis 0,7 Gew.-% W. oder lose gebundenen O. Unter Reformierungsbedingungen werden die Katalysatorteilchen in die 1. Reformierzone eingeleitet u. abwärts durch diese Zone geführt. In der Nähe desAustritts des Katalysators aus der 1. Zone wird nach oben ca. 2—20% des vollständig verdampften Einsatzgutes in die Zone eingeleitet u. dort in Ggw. eines trockenen, aus dem Verf. erhaltenen H_2-haltigen Rücklaufgas reformiert. Das Reaktionsprod., welches W., KW-stoffe vom Kp. 400—425° F u. Rücklaufgas enthält, wird aus der 1. Zone abgezogen u. gekühlt; dabei werden die bei 400—450° F sd. KW-stoff erhalten. In eine 2. Reformierungszone wird trockener Katalysator eingebracht u. dort mit dem verdampften Einsatzgut in Kontakt gebracht u. ein dampfförmiges Prod. erhalten, welches Rückflußgas u. bei 400—450° F sd. KW-stoffe enthält. Der auf dem Katalysator niedergeschlagene Koks wird durch Abbrennen in O_2-haltigem Gas im Regenerator wieder entfernt. Das Reaktionsprod. der 2. Zone wird gleichfalls gekühlt, u. so werden die fl. Anteile, welche bei 400—450° F sd., gewonnen. Aus dem unkondensierten Anteil der Reaktionsprodd. der 2. Zone wird das H_2-haltige Rückflußgas mit einem Taupunkt $<40°$ F trocken erhalten. Der regenerierte Katalysator wird in die 1. Reformierzone zurückgeleitet. — Zeichnungen. (**A. P. 2 758 065** vom 15/8. 1952, ausg. 7/8. 1956.) E. KAHLES. 8201

Esso Research and Engineering Co., übert. von: **Donald D. Mac Laren,** Scotch Plains, N. J., V. St. A., *Entschwefelung und Reformieren von Kohlenwasserstoffen.* Eine S-haltige KW-stofffraktion vom Kp. 100—500° F mit einer krit. Temp. von 400—700° F wird durch eine Hydrofinierungszone bei 500—750° F u. einem Druck, der ausreicht, um das Ganze etwas unterhalb der krit. Temp. in fl. Zustand zu halten, geführt, wobei die S-Verbb. in H_2S übergeführt werden. Das hydrofinierte Prod. wird bei konstantem Druck auf 25—50° F unter die krit. Temp. gekühlt. Die fl. Anteile werden von den dampfförmigen Prodd. getrennt u. aus der Trennzone, werden die fl. Anteile der Reformierungszone zugeleitet. Aus der Hochdrucktrennzone werden die dampfförmigen Prodd. u. der H_2S abgezogen u. dann auf eine Temp. gekühlt, die ausreicht, um die dampfförmigen Anteile bei n. Druck zu kondensieren. Das Kondensat wird von den noch gasförmigen KW-stoffen u. dem H_2S bei Atmosphärendruck abgetrennt u. das Kondensat auf den Druck der Reformierungszone gebracht. Das Kondensat wird mit den der Reformierung zuzuführenden fl. Anteilen gemischt u. das Gemisch durch die Reformierungszone geleitet. Das katalyt. Reformat u. das H_2-haltige Gas werden getrennt. Das H_2-haltige Gas wird teilweise der Reformierungszone u. zum anderen Teil der Hydrofinierungszone zugeführt. — Zeichnung. (**A. P. 2 760 905** vom 31/3. 1953, ausg. 28/8. 1956.) E. KAHLES. 8201

Universal Oil Products Co., Des Plaines, übert. von: **George R. Donaldson**, North Riverside, Ill., V. St. A., *Umwandlung von Kohlenwasserstoffen mit einem platinhaltigen Katalysator.* Beim *Reformieren* von Leichtbenzin sind im H_2-haltigen Gas auch N-Verbb. enthalten, wodurch der Katalysator inaktiviert wird. Die Reformierung wird so lange durchgeführt, bis der Katalysator merklich an Aktivität eingebüßt hat, dann wird die KW-stoffzuführung unterbunden u. an deren Stelle ein KW-stoffstrom eingeleitet, der prakt. frei von den schädigenden Verbb. ist. Dieser letztere wird so lange zugeleitet, bis der Katalysator wieder reaktiviert ist u. hierauf kann der die N-Verbb. enthaltende KW-stoff wieder weiter reformiert werden. (**A. P. 2 838 446** vom 29/5. 1950, ausg. 10/6. 1958.) E. KAHLES. 8201

British Petroleum Co. Ltd., London, England, *Katalytisches Reformieren von Erdölkohlenwasserstoffen.* Die KW-stoffe werden mit fl. SO_2 extrahiert; dabei wird ein aromatenreicher Extrakt u. ein Raffinat erhalten. Das Raffinat wird katalyt. reformiert, das Reformat mit fl. SO_2 behandelt. Das dabei anfallende Raffinat wird wieder der katalyt. Reformierung zugeführt. — Zeichnungen. (**E. P. 800 430** vom 23/9. 1955, ausg. 27/8. 1958.) E. KAHLES. 8201

British Petroleum Co. Ltd., London, England, *Katalytisches Reformieren von Kohlenwasserstoffen.* Um aromatenreiche Fraktionen aus den Prodd. der katalyt. Reformierung zu gewinnen, werden die KW-stoffe in Ggw. eines Pt-Katalysators reformiert. Das Reformat wird durch Dest. in eine paraffinreiche Fraktion mit niedrigem Kp. u. eine Fraktion mit höherem Kp. zerlegt. Aus letzterer werden die Aromaten durch Extraktion mit einem selektiven Lösungsm. gewonnen. — Zeichnung. (**E. P. 800 431** vom 23/9. 1955, ausg. 27/8. 1958.) E. KAHLES. 8201

Gulf Research & Development Co., Pittsburgh, übert. von: **Victor J. Anhorn**, Oakmont, Pa., V. St. A., *Katalytische Umwandlung von schwefelhaltigen Kohlenwasserstoffgemischen* in Prodd. mit geringem S-Geh. u. niedrigem Siedepunkt. Man bringt das teilweise in Dampfform vorliegende KW-stoffgemisch bei 427—470° u. 52—140 at Druck in Ggw. von Teilchen eines Hydrierungskatalysators in Kontakt mit H_2. Geeignete Katalysatoren sind z. B. Mo, W, V, Co, Fe, Ni, Zn sowie ihre Oxyde u. Sulfide. Man verwendet vorteilhafterweise Gemische von 2 oder mehreren der genannten Katalysatoren. — Diagramme. (**F. P. 1 112 082** vom 20/8. 1954, ausg. 8/3. 1956. **E. P. 775 999** vom 4/8. 1954, ausg. 29/5. 1957. **A. P. 2 791 546** vom 22/10. 1951, ausg. 7/5. 1957.) T. OPPERMANN. 8201

Esso Research and Engineering Co., Elizabeth, N. J., übert. von: **Harry E. Cier**, Baytown, Texas, V. St. A., *Photochemische Umwandlung von Kohlenwasserstoffen.* Um aus KW-stoffen in der Gasphase fl. KW-stoffe mit höherem Kp. als die Ausgangs-KW-stoffe u. höherem Mol.-Gew. als diese herzustellen, werden die KW-stoffe bei 80—650° F in einer Reaktionszone einer Bestrahlung mit hochfrequenten Strahlen ausgesetzt. Der Dampfphase der KW-stoffe wird ein Metall, wie Hg, Zn oder Cd zugesetzt. Die Geschwindigkeit des Gemisches in der Reaktionszone wird bei einer 600—1000 REYNOLDSschen Zahl gehalten, während die Geschwindigkeit der fl. Prodd. viel niedriger ist. Als Ausgangsmaterial dienen Paraffin-KW-stoffe wie Isobutan, Isopentan oder Butan. — Zeichnung. (**A. P. 2762 768** vom 11/4. 1955, ausg. 11/9. 1956.) E. KAHLES. 8201

Esso Research and Engineering Co., übert. von: **Brook I. Smith, Harold W. Scheeline**, Elizabeth, und **Daniel S. Maisel**, Union, N. J., V. St. A., *Behandlung von Destillaten, die aus Aromaten und ungesättigten KW-stoffen bestehen.* In fl. Phase wird das Schwerbenzin mit Ton bei 250—500° F in Berührung gebracht. Das so behandelte Gut wird einer 1. Destillationszone zugeleitet. Mittels Wasserdampfdest. wird eine aromatenhaltige Fraktion von den bei der Behandlung mit Ton entstandenen Polymeren derDiolefine abgetrennt. Das mitübergehende W. wird durch Ausfrieren vom Destillat abgetrennt u. die wasserfreie Fraktion einer 2. Fraktionierung zugeleitet. Hierbei werden Konzentrate an C_8- u. C_7-Aromaten erhalten. Die C_6-Fraktion sd. bei 165—185° F. Durch extraktive Dest. der C_6-Fraktion wird reines *Bzl.* erhalten. — Zeichnung. (**A. P. 2 778 863** vom 19/3. 1952, ausg. 22/1. 1957.) E. KAHLES. 8201

Gulf Oil Corp., Pittsburgh, übert. von: **Troy L. Cantrell**, Drexel Hill, und **Mark L. Hill**, Springfield, Pa., V. St. A., *Dieselöl.* Zur Verhinderung der Korrosion von Marine-Dieselölen auf der Basis schwerer Destillatöle, die mit Seewasser emulgieren können, setzt man 0,001—0,1% eines neutralen Salzes eines prim. C_{8-18}-n-Alkylamins mit einer Dialkylphosphorsäure, die in den verzweigten Alkylresten je 5—12 C-Atome enthält, zu. — Beispiele: N-Dodecylaminsalz der 3-Methylbutyl- oder 2-Äthylhexylphosphorsäure. (**A. P. 2 841 126** vom 9/5. 1955, ausg. 1/7. 1958. **E. P. 789 779** vom 28/3. 1956, ausg. 29/1. 1958. A. Prior. 9/5. 1955.) E. DREWS. 8213

Esso Research and Engineering Co., Elizabeth, N. J. (Erfinder: **Hans Christian Henry Jensen**), V. St. A., *Schmieröl*, bestehend aus einem Komplexester aus Mono- u. Dicarbonsäuren u./oder ein- u. zweiwertigen Alkoholen, gek. durch einen Zusatz von 0,1 bis 10 Gew.-% Mercaptobenzthiazol oder dessen öllösl. Derivaten — Beispiele: 2-Benzthiazyl-N.N-diäthyldithiocarbamylsulfid der Formel I 2-Benzthiazyl-N.N-cyclohexylsulfenamid. — Verbesserung der Hochdruckschmiereigenschaften (**E. P. 766 576** vom 7/5. 1954, ausg. 23/1. 1957.) E. DREWS. 8221

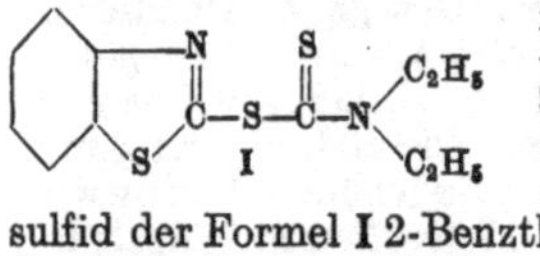

I

Esso Research and Engineering Co., Elizabeth, N. J., V. St. A., *Herstellung einer Öllösung eines praktisch geruchsfreien sulfurierten Terpens*, bes. techn. Dipenten, das durch Rk. eines monocycl. Terpens mit S hergestellt wurde, dad. gek., daß man aus einer konz. Lsg. des geschwefelten Terpens in einem Mineralöl durch Wasserdampfdest. unterhalb der Zersetzungstemp. >40 Gew.-% niedrigsd. Anteile bes. bei 100—130° abdestilliert. — *Schmierölzusatzmittel.* (**D. A. S. 1 010 521** Kl. 12o vom 11/5. 1954, veröff. 19/6. 1957. E. Prior. 15/5. 1953.) R. LINK. 8221

Esso Research and Engineering Co., übert. von: **David W. Young**, Roselle, **Arnold J. Morway**, Clark, und **Delmer L. Cottle**, Highland Park, N. J., V. St. A., *Stabilisierung organischer Verbindungen gegen Verfärbung und Oxydation an der Luft* u. in der *Wärme* erfolgt durch Zusatz von 0,1—10, bes. 0,3—6% eines Acyl-p-aminoresorcins (I) der allg. Formel $(HO)_2-C_6H_3-NH-CO-R$ (R = Alkyl, Aryl, Cycloalkyl, Alkaryl, bes. mit 4—18 C-Atomen); diese erhält man durch Rk. von Aminoresorcin mit dem entsprechenden Säureanhydrid oder -chlorid in Ggw. eines Lösungsmittels. — Aus p-Aminoresorcin u. Stearinsäure in Ggw. von Xylol (zur Wasserentfernung) → *N-Stearoyl-p-aminoresorcin.* 1 (%) davon wird einem Schmierfett aus 77,75 Di-2-äthylhexylsebacat, 21,75 Li-Stearat u. 0,5 Zn-Naphthenat zugesetzt u. die Mischung im „NORMA-HOFFMAN"-Oxydationsvers. geprüft. — R kann ferner sein: der *Buttersäure-, Capryl-, Caprin-, Laurin-, Myristin-, Palmitin-, Undecylen-, Öl-, Linol-, Cyclohexylvalerian-* u. *Naphthensäurerest.* Als Stabilisierungsmittel sind auch Verbb. aus 2 Mol Aminoresorcin u. 1 Mol einer zweibas. Säure geeignet, wie *Oxal-, Bernstein-, Glutar-, Adipin-, Pimelin-, Kork-, Azelain-, Sebacin-, Dilinol-* u. *Dilinolensäure.* Es können stabilisiert werden: *Schmierfette, Schmieröle,* Polyisobutylene, Mischpolymere aus Butadien u. Isopren bzw. Acrylsäurenitril, synthet. Kautschuk, bes. mit Mol.-Geww. von 40000—300000, tier. u. pflanzliche Fette u. Öle, Wachse. Die I sind wasserunlösl., jedoch öllöslich. (**A. P. 2 730 500** vom 21/9. 1951, ausg. 10/1. 1956.) G. KRAUSS. 8221

Esso Research and Engineering Co., übert. von: **David W. Young**, Westfield, und **Delmer L. Cottle**, Highland Park, N. J., V. St. A., *Antioxydationsmittel*, geeignet für fl. KW-stoffe, Gasolin, *Mineralschmieröle*, synthet. trocknende KW-stofföle (vgl. A. P. 2 652 342; C. **1954**. 5635), festes Polyisobutylen, Polyäthylen, natürlichen u. synthet. Kautschuk, pflanzliche u. tier. Fette, Alkohole, Oxoalkohole, Äther, Ester, Diisooctylphthalat oder -phosphat, Vitamine, fl. oder harzartige Polyester, wie Acrylate,

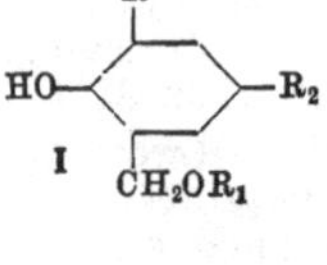

I

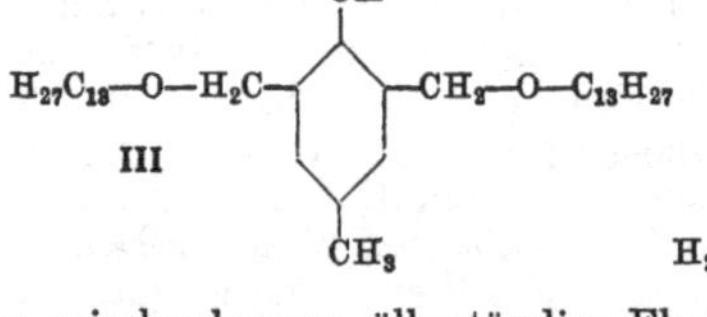

III

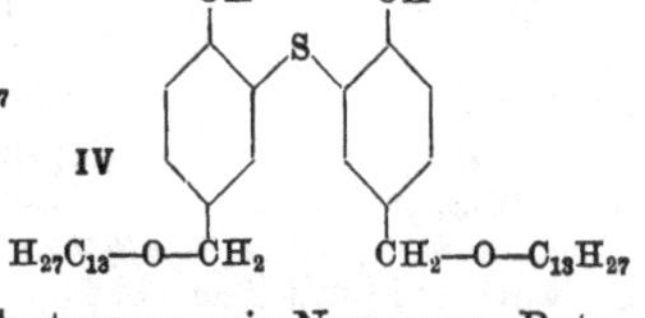

IV

Vinylchloridpolymere u. mischpolymere, ölbeständige Elastomere, wie Neopren u. Butadien–Acrylsäurenitril-Mischpolymere, der allg. Formel I erhält man durch Alkylierung von Phenolverbb. der allg. Formel $HO\cdot C_6H_4-R_2$ (R_2 = H, Alkyl mit 1—4 C-Atomen, Alkoxy mit 1—4-C-Atomen, Alkylphenolrest mit 7—10 C-Atomen, deren entsprechende Homologe u. die auch im Alkylrest Cl enthalten können, $-CH_2OR_1$; R_1 = verzweigtkettiges Alkyl mit 8—15 C-Atomen; R = H oder CH_2OR_1; n = 1—4) mit einem Chlormethyläther oder Alkanolen mit 8—15 C-Atomen. — Aus p-Kresol u. 2 Mol $C_{13}H_{27}OCH_2\cdot$

Cl in Ggw. von 10 g $AlCl_3$ bei 40—90° → **III**, Kp.$_3$ 210°, wirkt bei Gasolin besser stabilisierend als 2.6-Di-tert.-butyl-4-methylphenol. — Aus Phenol + $C_{13}H_{27}OCH_2Cl$ u. anschließenden Zusatz von SCl_2 → **IV**; *Ba-* oder *Ca-Salze*; *Zusatzmittel* für *Öle*. (**A. P. 2 769 784** vom 23/7. 1954, ausg. 6/11. 1956.) G. KRAUSS. 8221

Esso Research and Engineering Co., übert. von: **Alexander H. Popkin**, Newark, N. J., V. St. A., *Metallsalze saurer organischer Phosphorverbindungen*. Die durch Behandeln von KW-stoffpolymeren, deren O-haltigen Derivv., Monoolefin-, Vinyläther-, Vinylester-, Malein- u. Fumarsäureesterpolymeren mit einem Mol.-Gew. von 100—50000 mit P_2S_3, P_2S_5, P_4S_3, P_4S_7 oder P_2O_3, P_2O_5, P_4O_3, P_4O_7 u. S bei 200—600° F erhaltenen P- u. S-haltigen Verbb. werden mit einem Zn-, Sn-, Co-, Ni-, Mg-, Al-, Mn-, Cr-, Fe-, Cd- u. Pb-Halogenid in wss.-saurer Lsg. auf 140—500° F erhitzt. — 500 g eines mit P_2S_5 umgesetzten Polybutens vom Durchschnitts-Mol.-Gew. ca. 1200 werden mit 38 g $ZnCl_2$, 50 cm³ W. u. 15 Tropfen HCl auf 400—440° F erhitzt. Die erhaltene klare fl. Verb. kann mit Schmierölen gemischt werden. — *Schmierölzusatzmittel*, Insekticide u. Fungicide. (**A. P. 2 785 128** vom 20/9. 1954, ausg. 12/3. 1957.) G. KRAUSS. 8221

Esso Research and Engineering Co., Del., übert. von: **Jeffrey H. Bartlett**, Westfield, **Arnold J. Morway**, Rahway, und **Louis A. Mikeska**, Westfield, N. J., V. St. A., *Schmierfettherstellung*. Man erhitzt eine Dispersion eines C_{10-15}-Ätheralkohols (I), der eine prim. Alkoholgruppe u. eine Äthergruppe enthält, in Schmieröl auf 130 bis 180° F, gibt die zur Alkalischmelze u. Seifenbldg. nötige Menge NaOH zu, erhitzt auf 400—620° u. kühlt ab. Das Fett kann außerdem Seifen hoch- u./oder niedrigmol. Fettsäuren enthalten, deren Herst. durch Zugabe der Säuren in die Dispersion während der Schmelze erfolgt. — Beispiel für **I**: Monooctylphenyläther des Pentaäthylenglykols (**II**). — Beispiel: Fett aus 10 **II** (erhalten aus 1 (Mol) Monooctylphenol u. 5 Äthylenoxyd), 10 Hydrofolsäuren, 4 Eisessig, 6,5 NaOH, 1 Phenyl-α-naphthylamin, 68,5 Mineralöl. (**A. P. 2 801 972** vom 1/12. 1952, ausg. 6/8. 1957.) E. DREWS. 8223

Esso Research and Engineering Co., Del., übert. von: **Arnold J. Morway**, Rahway, und **Jeffrey H. Bartlett**, Westfield, N. J., V. St. A., *Schmierfettherstellung*. Man mischt ein Mineralöl mit 2—30 (Gew.-%; bezogen auf das fertige Fett) einer C_{12-22}-Fettsäure, 1—10 einer niedrigmol. Fettsäure u. einem cycl. prim. C_{10-20}-Alkohol (**II**) in solchen Mengen, daß das hieraus durch Alkalischmelze hergestellte Salz (**I**) 2—20 des fertigen Fettes beträgt u. das Mol-Verhältnis von **I**: den Salzen der Fettsäure = 1:4 bis 4:1 ist, gibt die zur Neutralisation der Säuren u. zur Herst. von **I** erforderliche Menge NaOH zu, erhitzt auf 300—400° F bis zur Verdampfung von W. u. weiter auf 500—580° bis zur Beendigung der Gasentw. u. kühlt ab. — Beispiel für **II**: Terpenalkohol der allg. Formel **III** (Nopol). — Beispiel Fett aus 10 **III**, 10 Hydrofolsäuren, 4 Eisessig, 6 NaOH, 1 Phenyl-α-naphthylamin, 68,5 Mineralöl. (**A. P. 2 801 974** vom 22/12. 1952, ausg. 6/8. 1957.) E. DREWS. 8223

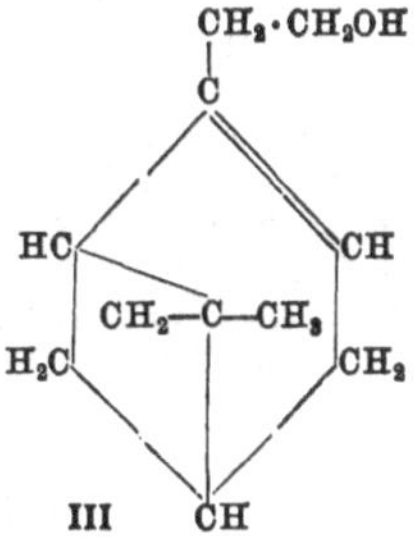

III

Esso Research and Engineering Co. (Erfinder: **Peter Joseph Vermont James Agius**), Elizabeth, N. J., V. St. A., *Schmiermittel und hydraulische Flüssigkeit*. Die Basis ist bei Schmieröl ein Mineralöl, bei der hydraul. Fl. ein W.-Glykol-Gemisch. Zur Verhinderung der Abnutzung werden organ. quaternäre Ammoniumsalze der allg. Formel **I** zugegeben. Hierin sind R_1—R_4 Alkyl-, Aryl-, Alkarylreste oder alicycl. Reste, wobei R_1—R_3 auch H sein kann, R_5 ist ein Alkyl- oder Alkenylrest. Das Schmieröl oder die hydraul. Fl. darf keine Partialester von Polyalkoholen enthalten. — Beispiele: Zusatz von 1 (Gew.-%) Phenyl-α-naphthylammoniumlaurat zu Mineralöl oder zu einer hydraul. Fl. auf W.-Glykol-Basis. (**E. P. 750 340** vom 20/8. 1953, ausg. 13/6. 1956.) E. DREWS. 8223

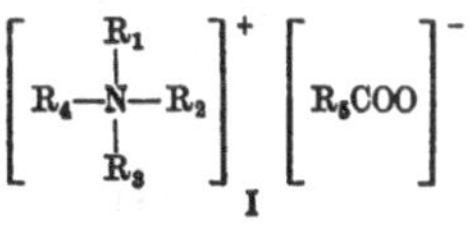

I

Esso Akt.-Ges., Hamburg (Erfinder: **Werner Meine**), *Ziehschmiermittel*, bestehend aus einer wss. Emulsion von tier. Fetten mit einem Geh. an aliphat. Polyglykolestern aus 2—10 Mol. Äthylenoxyd u. Fettsäuren mit 12—18 C-Atomen. Weiterer Geh. an aliphat. Polyglykoläthern u./oder Partialestern des Glycerins mit gesätt. Fettsäuren mit 12 bis 18 C-Atomen, vorzugsweise Stearinsäure u. Stabilisatoren, z. B. auf der Basis von Cellulose, Methylcellulose. — Beispiel: Ziehschmiermittel aus 46,5 (%) Rindertalg, 47,5 W., 4,0 Emulgator (Basis: Polyglykolester-Äther-Gemisch), 2,5 Methylcellulose. (**D. A. S. 1 052 042** Kl. 23c vom 10/1. 1957, veröff. 5/3. 1959.) E. DREWS. 8223

N. V. de Bataafsche Petroleum Mij., Den Haag (Erfinder: **Hendrik Mondria**, Amsterdam), Holland, *Abtrennen von einem oder mehreren festen Kohlenwasserstoffen* *oder komplexen Kohlenwasserstoffverbindungen aus ihren Gemischen mit stark polaren Flüssigkeiten,* z. B. von *festem Paraffin* oder komplexen KW-stoffverbb. aus ihren Gemischen (Suspension) mit einer stark polaren Fl. (W.), wobei die feste Verb. mit einer viel schwächer polaren oder nichtpolaren Fl. (Träger-Fl.), die sich — wenn überhaupt — nur wenig mit der polaren Fl. mischt, unter solchen Bedingungen in Berührung gebracht wird, daß der Winkel Θ, den die Grenzflächenspannung γ der fl. Phasen (polare Fl. u. Träger-Fl.) mit der festen Verb., gemessen über der Träger-Fl., bildet, $< 90^0$ ist, wobei die polare Fl. sich von der festen Verb. trennt oder die feste Verb. in die Träger-Fl. übertritt. Notwendigenfalls werden die beiden fl. Phasen voneinander u./oder die feste Verb. von der Träger-Fl. getrennt. Träger-Fl.: KW-stoff oder KW-stoffgemisch, z. B. Propan, Pentan, Heptan oder Bzl. oder Keton, z. B. Methyläthylketon. — Vgl. F. P. 1 074 016; C. **1956.** 9548. (**D. B. P. 947 415** Kl. 23b vom 20/12. 1952, ausg. 16/8. 1956. Anmeldung bekanntgemacht 23/2. 1956. Holl. Prior. 21/12. 1951.) P. UNGER. 8227

—, Symposium on Coal Preparation, 2nd, Leeds University, 1957. Proceedings. Sheffield: Coal Preparation Plant Association. 1959. (XIII + 513 S. m. Abb., Diagr. u. Tab.) 20 s.

Je. I. Sabrjanski und **A. P. Sarubin,** Die Beurteilung der Detonationsfestigkeit und Entflammbarkeit der Motortreibstoffe. Moskau: Gosstoptechisdat. 1958. (208 S.) 8 Rbl. 60 Kop. [russ.]

G. G. Suidema, Die Betriebseigenschaften der Schmieröle. Moskau: Gosstoptechisdat. 1957. (170 S.) 10 Rbl. 10 Kop. [russ.]

XX. Schieß- und Sprengstoffe. Zündmittel.

Wasag-Chemie Akt.-Ges. (Erfinder: **Lothar Reinhardt, Friedrich Stecher,** Aschau, und **Josef Lindner**), Essen, *Aufarbeitung von Nitrocellulose,* dad. gek., daß wss. Suspensionen der auf üblichem Wege erhaltenen Cellulosenitrate gemahlen u. mittels eines Hydrocyclons in eine Fraktion mit röscher Mahlung u. eine Fraktion mit schmieriger Mahlung zerlegt werden. Die rösche Mahlfraktion gelatiniert sehr gleichmäßig, weil langsamer als üblich. — Zeichnung. (**D. A. S. 1 049 282** Kl. 78c vom 20/12. 1957, veröff. 22/1. 1959.) A. GRADL. 8299

Activa Ibera Soc. An. (Erfinder: **Albert Augustin Alexandre Darche**), Schweiz, *Oberflächenbehandlung von röhrenförmigem Schießpulver* zur Erhöhung der Wirksamkeit, bes. der Schnelligkeit der Verbrennung des Pulvers, durch Aufbringen eines akt. Mittels auf die äußeren Oberflächen der röhrenförmigen Pulverformstücke. Um die Lsg. des akt. Mittels gleichmäßig u. vollständig unterzubringen, werden die Pulverformstücke vor dem Imprägnieren in eine inerte Fl. getaucht, um damit die röhrenförmigen feinen Kanäle zu füllen, wodurch ein teilweises Eindringen des akt. Mittels in die Kanäle ausgeschlossen wird. Nach dem Einbringen des akt. Mittels werden die Pulverteilchen getrocknet, wobei die in den feinen Kanälen befindliche Fl. entfernt wird. — Vgl. F. P. 1 124 471; C. **1958.** 9956. (**F. P. 1 144 485** vom 23/3. 1956, ausg. 14/10. 1957. Belg. Prior. 7/6. 1955.) M. F. MÜLLER. 8301

E. I. du Pont de Nemours & Co., Wilmington (Erfinder: **David Linn Coursen,** Newark, Del., und **Frank Abraham Loving,** Wenonah, N. J.), V. St. A., *Dynamitzusammensetzung,* enthaltend fl. HNO_3-Ester u. mindestens einen Bestandteil mit geringer D., gek. durch einen Geh. von mindestens 0,25%, bes. 0,25—4%, eines in W. u. in Nitroglycerin unlösl., wärmehärtbaren, brennbaren Harzes in Form hohler, kugelförmiger Körper, deren Schüttgewicht $< 0{,}3$ g/cm³ ist u. deren Durchmesser zwischen 1 u. 360 μ liegt. (**D. A. S. 1 047 091** Kl. 78c vom 10/1. 1958, veröff. 18/12. 1958. A. Prior. 18/4. 1957.) A. GRADL. 8305

Reynolds Metals Co., Louisville, Ky., übert. von: **Alex G. Streng** und **Abraham D. Kirshenbaum,** Philadelphia, Pa., V. St. A., *Wässerige Sprengstoffmischung,* bestehend aus: 38—49 (%) feinverteiltem Al, 20—43 Nitrat, Nitrit oder Perchlorat u. so viel W., daß das Verhältnis Al:W. = 1,4—1,5 ist. Beispiel: 42 Al, 30,1 NH_4NO_3, 27,9 Wasser. (**A. P. 2 836 484** vom 4/5. 1955, ausg. 27/5. 1958.) A. GRADL. 8305

Poudreries Réunies de Belgique, Soc. An., Brüssel, Belgien, *Sprengkapsel* für Sprengpatronen, dad. gek., daß die Sprengkapsel in eine Ausbohrung des Sprengstoffes in Richtung eingesetzt u. durch mechan. Hilfsmittel festgehalten ist. (**Belg. P. 532 822** vom 26/10. 1954, ausg. 14/3. 1958. D. Prior. 3/12. 1953.) A. GRADL. 8305

Imperial Chemical Industries Ltd., England, *Sprengkörper,* bes. zur Verwendung unter hydrostat. Druck. Man füllt NH_4NO_3, welches eine geringe Menge W. (0,1—1,0%) enthält, im Gemisch mit einer geringen Menge eines anderen Sprengstoffs, z. B. o-Nitrotoluol, in einen Weißblechkanister u. erwärmt die M. mehrere Std. auf Tempp. von 30 bis 60⁰. Der Sprengstoff wird nach dem Abkühlen als fester Block gewonnen. — Man verwendet z. B. ein Gemisch mit 92,5 (Gewichtsteilen) NH_4NO_3, 2 o-Nitrotoluol u. 5,5 Anthrazit. — Vgl. E. P. 776 185; C. **1958.** 13145. (**F. P. 1 143 118** vom 3/11. 1955, ausg. 26/9. 1957. E. Priorr. 8/11. 1954 u. 29/6. 1955.) M. F. MÜLLER. 8305

Soc. de Prospection Électrique (Procédés Schlumberger), Frankreich, *Sprengverfahren* zum Perforieren von Erdölbohrlöchern u. der Zementierungen. In die Zwischenräume der Sprengpatronen mit den Wandungen wird eine Substanz eingebracht, welche unter der Explosionswrkg. des Sprengstoffs eine starke exotherme Wrkg. ausübt, z. B. Ti-Metall oder ein anderes Metall der Titanreihe oder Gemische davon. — Vgl. F. P. 1 140 971; C. **1958.** 9955. (**F. P. 1 143 813** vom 23/2. 1956, ausg. 4/10. 1957.) M. F. MÜLLER. 8305

Hans H. Moser, Deutschland, *Kontaktzünder* auf Basis von Oxydations–Red.-Mitteln. Als Oxydationsmittel dienen höhere Oxyde von Ni oder Ag, z. B. ihre Peroxyde oder Gemische davon. Von Reduktionsmitteln sind genannt: Hydroxylamin, Hydrazin, alkylierte Hydrazine sowie ihre Salze u. Gemische davon, sowie Silane, z. B. ein Gemisch von sek. Hydraziniumnitrat mit prim. salzsaurem Hydrazin oder mit Na-B-Hydrid oder mit Boralkylverbindungen. Hydrazin kann auch mit 20% Sorbit als Reduktionsmittel verwendet werden. — Als Entzündungsträger dient ein semipyrophores Metall, z. B. Fe, Ni, Al-Pulver, amorphes Bor. Als Trägerstoffe sind geeignet Asbestfasern, Cellulosefasern, Ton, Silicagel. — Vgl. D. B. P. 961 602; C. **1957.** 10100. (**F. P. 1 143 084** vom 20/10. 1955, ausg. 26/9. 1957.) M. F. MÜLLER. 8309

E. I. du Pont de Nemours & Co., Wilmington, Del. (Erfinder: **Gene Vernon Mock**, Haddonfield, N. J.), V. St. A., *Unsymmetrische Dialkylhydrazine* erhält man durch katalyt. Hydrierung von Dialkylnitrosaminen mit 1—6 C-Atomen je Alkyl mit H_2 in Ggw. von Pt, Pd oder Rh als Katalysator auf C als Trägerstoff, bes. bei 20—75° u. mindestens 3 kg/cm². — Aus Diäthylnitrosamin in 95%ig. A. unter 4 kg/cm² H_2-Druck in Ggw. von 10% Pd auf Kohle im Schütteldruckgefäß → *N.N-Diäthylhydrazin*; *Oxalat*, F. 136 bis 137°; Ausbeute 50%. — Dimethylnitrosamin → *N.N-Dimethylhydrazin*; *Oxalat*, F. 146 bis 147°. Ferner können hydriert werden: *Di-n-propyl-*, *Diisobutylnitrosamin* u. alicycl. Nitrosamine. — *Treibstoffe* u. *Zwischenprodukte*. (**D. A. S. 1 037 464** Kl. 12q vom 11/1. 1957, veröff. 28/8. 1958. A. Prior. 10/2. 1956.) G. KRAUSS. 8311

Heyl & Co., Chem.-pharm. Fabrik, Berlin (Erfinder: **Hermann Büechl**, Hildesheim, *Raketentreibstoff*, der von atmosphär. Bedingungen unabhängig ist, bestehend aus einer Mischung von O_2-übertragenden Protonsäuren, bes. HNO_3 u. Persäuren, mit Borazanen der allg. Formel $BH_3 \cdot NR_3$ (R = Alkyl, Alkaryl u./oder Aryl), bes. dem fl. N-Triäthylborazan. Ein Gemisch aus 1 Teil N-Triäthylborazan u. 4,9 Teilen 100%ig. HNO_3 ergibt einen Schub, der 170 bzw. 200% des mit Anilin bzw. 80%ig. Hydrazinhydrates (im gleichen stöchiometr. Verhältnis) erzielbaren entspricht. (**D. A. S. 1 053 376** Kl. 78d vom 13/7. 1957, veröff. 19/3. 1959.) A. GRADL. 8311

Soc. Nouvelle des Établissements Brandt, Frankreich, *Signal- und Sprenggeschoß* mit gleichzeitig gefärbtem Rauch erzeugender Sprengladung. Als gefärbte Rauchentwickler dienen die in der Pyrotechnik bekannten Stoffe. — Für einen *blauen* Rauch verwendet man ein Gemisch aus 39 (%) Indigo, 28 $KClO_3$, 28 Lactose, 5 Kieselgur; für *Grün* 20 Auramin, 26 Indigo, 27 $KClO_3$, 22 Lactose u. 5 Kieselgur; für *Gelb* 8 Chrysoidin, 42 Aminoazobenzolgelb, 25 $KClO_3$, 18 Lactose, 7 Kieselgur; für *Rot* 30 Rosanitranilinrot, 32 diazotiertes Aminoazobenzolrot, 22 $KClO_3$, 12 Lactose, 4 Kieselgur. — Zeichnung. (**F. P. 1 145 502** vom 2/3. 1956, ausg. 28/10. 1957.) M. F. MÜLLER. 8313

B. P. Mullins and **S. S. Penner**, Explosions, detonations, flammability and ignition. London: Pergamon Pr. 1959. (300 S. m. Abb.) = Agardograph, No. 31. 70 s.

S. S. Penner and **B. Mullins**, Explosions, detonations, flammability and ignition (agard) nato. London: Pergamon Pr. 1959. (K.S.) 70 s.

XXI. Leder. Gerbstoffe.

Miroslav Tomíšek, *Bemerkungen zum Gerben von Sohlenledern.* Bei der Gerbung von Sohlenleder werden 3 Verff. verglichen: Gerbung im Faß mit Rexyntan SS (I), Gerbung in der Grube unter Vorgerbung mit I u. ohne Vorgerbung. Gegenüber dem amerikan. Gerbverf. wird ein Leder mit geringerem Aschegeh. u. geringerem Geh. an mit W. auslaugbaren Anteilen erhalten; gegenüber dem engl. Verf. sind die Unterschiede geringer. (Kožařství **5.** 63—64. April 1955. Praha, Minist. lehk. průmyslu.) R. K. MÜLLER. 8336

T. S. Ranganathan und **R. Reed**, *Untersuchungen über Zirkoniumgerbung. Die Ionennatur in maskierten Zirkoniumsulfatlösungen.* Eine frisch zubereitete 1% enthaltende $Zr(SO_4)_2$-Lsg. wurde mit steigenden Mengen Na-Citrat (von $^1/_8$—3 Mol) versetzt u. nach 1 Monat mittels Papierelektrophorese auf den Anteil an anion., kation. u. nichtionogenen

Zr-Komplexen untersucht. Hierbei wurde gefunden, daß mit steigenden Zusätzen an Na-Citrat der Anteil an anion. Zr-Komplexen stark zunimmt. Nach Zusatz von 1 Mol Na-Citrat liegt der Anteil bereits bei 90%, während bei $^1/_2$ Mol annähernd gleiche Anteile anion. u. nicht ionogener Komplexe bei ca. 6% kation. Verb. vorliegen. Die von Na-Citrat freie Lsg. enthält 50% nichtionogener, 40% kation. u. 10% anion. Zr-Komplexe. (J. Soc. Leather Trades' Chemists **42.** 205—10. Juni 1958.) H. G. Fröhlich. 8336

K. H. Gustavson, *Die Bindung pflanzlicher Gerbstoffe durch Hautpulver, das verschieden stark mit basischen Chloriden und Perchloraten des Chroms vorbehandelt wurde.* Es wurde gefunden, daß Hautpulver, das mit kation., bas. Chromverbb. $[Cr_2(OH)_{6-n}]X_n$ ($X = Cl, ClO_4, n > 4$) vorbehandelt wurde, mit steigendem Cr_2O_3-Geh., bis 4% auf Kollagen bezogen, steigende Mengen an pflanzlichen Gerbstoffen, wie Mimosa, Gambir, Myrtan, Gerbsäure u. sulfitiertem Quebrachoextrakt, aufzunehmen vermag. Ein höherer Cr_2O_3-Geh. (bis zu 12%) bewirkt jedoch keine weitere Aufnahme pflanzlicher Gerbstoffe. Aus den vorliegenden Ergebnissen werden Rückschlüsse über die Bindung vegetabil. Gerbstoffe an chromiertes Hautpulver geschlossen. — 7 Tabellen, 6 Figuren. (J. Soc. Leather Trades' Chemists **42.** 191—205. Juni 1958. Stockholm, Garverinäringens Forskningsinstitut.) H. G. Fröhlich. 8336

K. A. Grigorjan, *Dreiphasengerbung mit vermindertem Gerbstoffverbrauch.* Die Gerbung wird bei etwas niedrigem Flüssigkeitskoeff., aber bei höherer Temp. (30—35° für die 1. u. 2. Phase, 40—45° für die 3. Phase) als vorgeschrieben, ausgeführt. Die verbrauchte Brühe wird zum Lösen des Extrakts benutzt. Auf diese Weise verbraucht man für Sohlenleder 26% Gerbstoff, für Brandsohlen 20—22%. (Легкая Промышленность [Leicht-Ind.] **18.** Nr. 5. 47—48. Mai 1958.) J. v. Schroeder. 8336

E. Mezei, *Vegetabilische Einbadgerbung.* Es wird ein neuartiger vegetabil. Gerbprozeß beschrieben, der die Herst. von Sohlleder bester Qualität ermöglicht. Danach werden die Blößen nach einer n. Wasserwerkstattarbeit einige Std. im Faß unter Verwendung von CH_2O, synthet. Gerbstoffen oder Cr- u. Al-Salzen vorgegerbt, mechan. entwässert u. während 3—4 Std. in einem großen Gerbfaß mit einer genau dosierten Menge eines Spezialgerbextraktes voll u. satt durchgegerbt. Dann wird wie üblich im Faß gebleicht u. gefettet, ausgereckt u. getrocknet. Die Gesamtfertigung von der Rohhaut bis zum gewalzten Leder dauert ca. 12 Tage. Die Gerbextrakte wurden aus Quebracho-, Kastanien- u. Mimosaextrakten gewonnen. (Leder **9.** 155—57. Juni 1958.) H. G. Fröhlich. 8336

M. R. Litwinow und **D. R. Falkowitsch,** *Erhöhung der gerbenden Eigenschaften von Extrakten aus nicht vollwertigem Gerbrohstoff.* Eichenholzextrakt aus nicht abgelagertem Holz von geringem Durchmesser hat ungenügende gerbende Eigenschaften. Die Durchgerbungszeit ist zu hoch, die Leder werden hart u. dünn. Verbesserung gelingt durch Temperaturerniedrigung beim Extrahieren auf höchstens 115°; auch Mischung mit Syntan AN als Dispergator verringert die schlechten Eigg. des Extraktes. Mischung dieses Extraktes mit Weidenrindenextrakt (1:1) gibt ein allen Anforderungen entsprechendes Juchtenleder. (Легкая Промышленность [Leicht-Ind.] **18.** Nr. 11. 24. Nov. 1958.) J. v. Schroeder. 8336

M. N. Krassuchin und **A. I. Jakadin,** *Die Verbesserung der Eigenschaften von Eichenholzextrakten.* Die Verschlechterung der Eigg. von Eichenholzextrakten war Ursache zu eingehenden Verss. zur Klärung der Frage, welche Umstände die Qualität der Extrakte beeinflussen. Dabei wurde festgestellt, daß frisches, nicht abgelagertes Eichenholz einen minderwertigen Extrakt mit geringer Gerbstoffausbeute, ungünstigem Gerbstoff–Nichtgerbstoff-Verhältnis mit niedriger SZ. liefert. Holzscheite von 12 cm u. weniger im Durchmesser geben wenig u. schlechten Extrakt. Bei dickeren Scheiten ist die Hauptmenge des Gerbstoffes im Kernholz; das Splintholz hat wenig Gerbstoff u. viel Nichtgerbstoffe. Durch Lagern des Holzes (6 Monate) erhöhen sich Menge u. Qualität des Gerbstoffes. Der Extrakt aus den dünnen Scheiten soll bei niedrigerer Temp. (115°) hergestellt u. nur zum Gerben leichter Häute verwendet werden. (Легкая Промышленность [Leicht-Ind.] **18.** Nr. 11. 36—38. Nov. 1958.) J. v. Schroeder. 8336

E. Quendt, *Neuere Entwicklung auf dem Gebiet der Lederfettung.* Vf. gibt unter Berücksichtigung der Vor- u. Nachteile eine Übersicht über neuartige, im Licker-Verf. verwendete Fettungsmittel. Bzgl. ihrer Herst. aus synthet. Rohstoffen sind außer den Mineralölen die Derminole zu nennen, chlorierte oder sulfochlorierte Syntheseparaffine, gegebenenfalls mit endständiger Carboxyl- oder Sulfonsäuregruppe. Betreffs der Lichtbeständigkeit wurden Fettungsmittel entwickelt, bei denen durch Epoxydbldg. an der Doppelbindung deren gilbende Wrkg. auf das Leder aufgehoben ist. Lichtbeständig sind ferner Veresterungs- oder Verätherungsprodd. von Alkandiolen u. höheren, gesätt. Fettsäuren. Für eine vereinfachte, mit der Gerbung, bes. der Chromgerbung, kombinierte Fettung von ungefärbtem Leder eignen sich Gemische von Polyalkylenoxyden u. natürlichen Ölen, ferner die sogenannten kation. Fettungsmittel u. die, bes. gegen Säure, Salze u. Schwermetalle stabilen Prodd. mit maskierter Carboxylgruppe oder die sulfidierten Öle; auch in W. lösl. Chromseifen gehören hierher. Für Pastingleder wurden Fettungsmittel mit erhöhtem Fettgeh. entwickelt, auch wurde die gewünschte Oberflächen- sowie Tiefenfettung mit geeigneten Prodd. stufenweise oder mit polydispersen Emulsionen in einem Arbeitsgang erreicht. Zur Verbilligung u. Vereinfachung ersetzt man das klass. Sulfonat–Öl-Gemisch durch ein solches aus anion. u. kation. hydrophilierten Ölen mit gutem Erfolg. Unter Verwendung von organ. Lösungsmitteln bei der Fettung, z. B. alkylierte Bernsteinsäuren in KW-stoffgemischen vom Kp. 150—300°, genügt 1% Fettungsmittel pro Trockengewicht Leder. Auf die automat. Lederfettung in der Secotanmaschine wird hingewiesen. (Leder **9.** 222—29. Sept. 1958. Stuttgart, Chem. Fabrik Schill & Seilacher.) A. BEUTHER. 8338

Ss. I. Natkowitsch und **Ja. M. Fain,** *Austauschstoffe für Leder in der Ledergalanteriewarenindustrie.* Als Feinledérersatz werden angewandt: Kunstlack- u. Kunstsämischleder, IK-Leder, Pavinol, textilfreie Filme u. anderes. (Легкая Промышленность [Leicht-Ind.] **18.** Nr. 11. 43—45. Nov. 1958.) J. v. SCHROEDER. 8352

Böhme Fettchemie G. m. b. H. (Erfinder: **Rudi Heyden** und **Jürgen Plapper**), Düsseldorf, *Weichen von Häuten und Fellen.* Es werden hierfür niedermol. Mercaptoalkansulfonsäuren oder deren Salze (2-Mercaptoäthansulfonsäure, 1.3-Mercaptopropansulfonsäure, 1.3- oder 1.4-Mercaptobutansulfonsäure bzw. deren wasserlösl. Salze, wie die Alkali- oder Ammoniumsalze oder die Salze von organ. Basen, wie die des Dimethylamins, Tri- oder Diäthanolamins), gegebenenfalls unter Zusatz von anionakt. oder nichtionogenen Netzmitteln (Na-Thioglykolat, Alkylsulfonat oder Alkylbenzolsulfonat) verwendet. Zweckmäßig enthält das Weichwasser 0,05—1 g/Liter Mercaptoverbb. u. 0,5 bis 1 g/Liter Netzmittel. (**D. A. S. 1 046 251** Kl. 28a vom 22/1. 1957, veröff. 11/12. 1958.) W. GRÄGER. 8335

Rhenoflex G. m. b. H., Deutschland, *Herstellung von elastischen Schuhsteifkappen und Schuhsteifen.* Als Grundlage dient ein Gewebe oder Faserstoffilz, welche mit Latex, Kautschuk-Lsgg. oder polymerisierten Harzen imprägniert u. anschließend mit einem härtbaren Harz überzogen werden. — Vgl. F. P. 1 104 465; C. **1958.** 311, u. F. P. 1 112 072; C. **1958.** 2613. (**F. P. 1 144 376** vom 1/3. 1956, ausg. 11/10. 1957. D.Prior. 1/3. 1955.) M. F. MÜLLER. 8339

B. F. Goodrich Co. (Erfinder: **Stephen Thomas Semegen**), V. St. A., *Herstellung von Kunstleder* durch Imprägnieren von nicht gewebtem Fasermaterial, z. B. Nylon- oder Baumwollfäden, in einer Schichtdicke von 0,4—22 mm mit einem Polyesterurethan, welches erhalten wird durch Rk. von 1,2—2,0 Mol eines organ. Diisocyanats mit 1,0 Mol eines Polyesters aus einem Glykyl u. einer aliphat. Dicarbonsäure, dessen Mol.-Gew. zwischen 500 u. 10000 liegt. Der Polyester ist z. B. ein Polyäthylenadipat. Für die Herst. des Polyesterurethans werden z. B. 1,4 Mol p-Phenylendiisocyanat u. 1 Mol der Hydroxylverb. des Polyäthylenadipats (Mol.-Gew. 5000) verwendet. — Weitere Komponenten sind z. B. das Polyäthylenglutarat, Polytrimethylenadipat, Polypentamethylenadipat, ferner 1.5-Naphthylendiisocyanat, m-Phenylendiisocyanat, Tolylendiisocyanat. (**F. P. 1 145 244** vom 22/12. 1955, ausg. 23/10. 1957. A. Prior. 29/12. 1954.) M. F. MÜLLER. 8353

B. F. Goodrich Co., New York, N. Y., übert. von: **Robert E. Schornstheiner** und **Hugh P. Campbell,** Marietta, Ohio,V. St. A., *Elastische, wasserdampfdurchlässige und wasserfeste Schichtstoffe,* bes. *Kunstleder* u. *Polsterstoffe,* enthalten Polyvinylharze, wasserlösl. Weichmacher (I), wie Äthylen-, Propylencarbonat, Polyäthylen- oder Polypropylenglykol (II), u. Porenbildner, wie NH_4Cl, NaCl, KCl, NaBr usw. — Beispiel für eine Paste, die auf Gewebe aufgetragen wird: 100 (Gewichtsteile) Polyvinylchlorid, 17 Dioctylphthalat, 17 Alkylarylphosphat, 16 Dioctyladipat, 0,4 Stabilisatorpaste, 0,2 Sb_2O_3, 219 Salzpulver, 2 Rotpigmentpaste, 10 **II.** Das beschichtete Gewebe wird dann mit W. ausgewaschen, wobei sich Poren bilden. (**A. P. 2 819 981** vom 23/2. 1955, ausg. 14/1. 1958.) M. BÖTTCHER. 8353

XXIV. Photographie.

Eiichi Mizuki, *Theorie des Exponierens.* Übersicht über die Theorie des Exponierens von Silberhalogeniden. — 7 Literaturangaben. (Kagaku [Science] **28.** 406—11. Aug. 1958. Odawara, Fuzi-Film. [Orig.: japan.]) E. MAEKAWA. 8594

S. L. Petruschkina, *Anwendung der Irreversibilität der Adsorption optischer Sensibilisatoren.* Vf. sensibilisierte je einen Teil einer AgBr-Plattenemulsion mit je $1 \cdot 10^{-4}$ Mol mit *3.3'-Diäthyl-4'.5'-diphenyl-4-keto-5-(3''-äthyl-6''.7''-tetramethylenbenzthiazolinyliden-*

2''-α-phenyläthyliden)-thiazolinothiazolocyaninjodid u. dem orthochromat. Sensibilisator *3.3'-Dimethyl-9-äthyloxacarbocyaninjodid.* Nach Vermischen u. Aufgießen auf eine Platte wurde eine Photoschicht, bestehend aus zwei Teilchenarten, erhalten, welche auf rotes u. grünes Licht empfindlich sind u. Empfindlichkeitsmaxima bei 530 u. 640 mμ aufweisen. — Mit dieser Schicht können Abbildungen bei zwei Wellenlängen festgehalten werden, u. es wird die Irreversibilität der Adsorption der Sensibilisatoren bei AgBr bewiesen. (Доклады Академии Наук СССР [Ber. Akad. Wiss. UdSSR] **120.** 1302—03. 21/6. 1958. Akad. der Wiss. der UdSSR, Labor. für Aeromethoden.) H. TŮMA. 8604

G.-M. Schwab und **Th. Skulikidis,** *Beitrag zur Kinetik der photographischen Entwicklung.* Vff. untersuchen die Kinetik der photograph. Entw. von *AgBr*-Einkristallplatten. Aus elektronenmkr. Unterss. ist bekannt, daß das entwickelte *Ag* als Filz oder Schwamm von unorientiertem Haarsilber in das Innere des Bromsilberkornes hineinwächst. Vff. können diese Beobachtungen bestätigen. Der Silberschwamm wächst ins Innere der AgBr-Phase, unter deren Aufzehrung, dagegen nicht in die Entwicklerlsg. hinein. Mit einem Okularmikrometer wird die Zunahme der Schichtdicke des Silberschwammes beim Entwickeln eines vorbelichteten AgBr-Kristalles in Abhängigkeit von der Zeit verfolgt. Die Wachstumsgeschwindigkeit der porösen Silberschicht folgt der TAMMANschen Anlaufparabel $y^2 = kt$. Die Anlaufkonstante k nimmt mit der Konz. des Entwicklers zunächst überlinear zu, um dann einem Grenzwert zuzustreben. Der Temperaturkoeff. wurde bei allen Entwicklerkonzz. zu 5 kcal/Mol gefunden. Die Anlaufkonstante nimmt mit der Dauer der Vorbelichtung bis zu einem Grenzwert zu. Die Befunde sprechen für eine geschwindigkeitsbestimmende Diffusion der Entwicklersubstanz zu den Entwicklungskeimen hin. (Z. physik. Chem. Frankf. Ausg. [N. F.] **17.** 249—56. Aug. 1958. München, Univ., Physikal.-Chem. Inst.) W. GÜNTHER. 8618

Oskar Holbe und **Werner Wasinski,** *Bestimmung von Formaldehyd in Photobarytpapieren.* Vff. beschreiben eine verbesserte Meth. zur Best. von freiem *Formalin* in Photobarytpapieren. 100 cm² Papier werden zerkleinert u. 90 Min. in einem sd. Wasserbad extrahiert. 10—15 ml des trüben Extraktes werden in einer Laboratoriumszentrifuge (10000 U/Min.) maximal 7 Min. lang zentrifugiert, bis die Suspenson W.-Barytschicht getrennt ist u. die darüberstehende Lsg. vollständig klar erscheint. 1 ml der klaren Lsg. werden mit 4 ml dest. W. verd. u. mit 5 ml Chromotropschwefelsäure versetzt. Nach ca. 10 Min. werden weitere 35 ml dest. W. hinzugegeben u. nach einer Wartezeit von 30 Min. mit einem ZEISS-PULFRICH-Photometer colorimetriert. Mit dieser abgeänderten Meth. nach FEIGL u. TAUBE (vgl. C. **1957.** 12352) gelang es, gute u. reproduzierbare Ergebnisse zu erzielen. Das Verf. eignet sich für laufende Betriebskontrollen. (Chem. Techn. **10.** 362. Juni 1958. Dresden, VEB Photopapierwerk, Rohstoffprüflabor.)
W. GÜNTHER. 8658

W. A. Wooster und **J. A. L. Fasham,** *Untersuchungen über Mikrodensitometrie.* Vff. beschreiben Messungen mit dem von WOOSTER (vgl. C. **1957.** 1500) beschriebenen automat. registrierenden Mikrodensitometer. (J. sci. Instruments **35.** 153—56. Mai 1958. Cambridge, Brooklyn Crystallogr. Labor.) C. GOTTFRIED. 8660

Auergesellschaft Akt.-Ges. (Erfinder: **Egbert Reschauer**), Berlin, *Herstellung von Leuchtschirmen.* Zum Auftragen von Teilschichten mit verschied. Funktionen (Leuchtschichten, Reflexionsschichten usw.) werden die verschied., dazu nötigen Feststoffe gemeinsam in Suspension gebracht u. durch Zentrifugieren auf die Unterlage aufgetragen, wobei die Arbeitsbedingungen so geregelt werden, daß keine scharfe Trennungszone, sondern ein stetiger Übergang in der Zus. der Schichten entsteht. (**D. A. S. 1 039 837** Kl. 57b vom 27/4. 1956, veröff. 25/9. 1958.) A. KALIX. 8591

Typon, Akt.-Ges. für photographische Industrie (Erfinder: **Ernst Zünd**), Burgdorf, Schweiz, *Aufgerauhte, aber nichtmattierte photographische Schichten* erhält man durch Zusatz von feinverteilten inerten Stoffen zur schichtbildenden Lsg., z. B. von SiO_2-, Glas- oder Kunstharzpulver mit Korngrößen von 0,5—5 μ. Es können dazu auch Stoffe verwendet werden, die durch die Naßbehandlung herausgelöst werden, z. B. grobkörniges, desensibilisiertes Halogensilber, das beim Bildaufbau nicht mitwirkt. (**Schwz. P. 330 158** vom 31/7. 1954, ausg. 15/7. 1958.) A. KALIX. 8601

Kodak-Pathé, Seine, Frankreich, übert. von: **Bernard David Illingsworth, John Robert Dann** und **John Warburbon Gates jr.,** *Herstellung wasserlöslicher Polymerer.* (Nachtrag zu A. P. 2 763 625; C. **1958.** 13915.) Man kann auch eine polymerisierbare Verb. allein mit dem Protein polymerisieren, wobei man entweder 5—95% hydrophile oder 5—40% hydrophobe polymerisierbare Substanz anwendet. — Verwendung der Polymeren für *Photofilme* oder *Photoemulsionen.* — Je 13,8 (g) Acrylamid u. Gelatine in 116 cm³ W. werden mit 0,44 $K_2S_2O_8$ in 134 cm³ bei 85° 1 Std. gerührt. Klare Lösung. **F. P. 1141393** vom 29/4. 1955, ausg. 2/9. 1957. A. Prior. 29/4. 1954.) M. PANKOW. 8603

Kodak-Pathé, Seine, Frankreich (Erfinder: **John Robert Dann, Bernard David Illingsworth** und **John Warburton Gates jr.**), *Herstellung polymerer Hydrosole* durch Emulsionspolymerisation einer Mischung aus 5—60% eines Proteins (Gelatine, Casein, Sojaprotein, hydrolysierter Leim, Reaktionsprodd. der Proteine mit Säurechloriden oder -anhydriden) u. 95—40% eines polymerisierbaren ungesätt. Monomeren (z. B. einer Vinyl- oder Acrylverb. oder eines Diolefins). — Die erhaltenen Hydrosole können in der Phototechnik als *Gelatineersatz* verwendet werden. — Zu 1,27 (g) $K_2S_2O_8$ in 850 cm^3 W. von 85° gibt man in 12 Min. 40 Leim in 150 cm^3 W. u. 214 n-Butylacrylat u. hält die Mischung $^1/_2$ Std. bei 85°. Das milchartige Hydrosol kann mit Gelatine gemischt werden u. gibt dann nach dem Trocknen wasserunlösl. Schichten. (**F. P. 1 139 568** vom 7/4. 1955, ausg. 2/7. 1957. A. Prior. 8/4. 1954.) M. PANKOW. 8603

Kodak-Pathé, Frankreich (Erfinder: **Charles Francis Hitchcock Allen** und **Eleanor Rudd Webster**), *Gegerbte Gelatine für photographische Zwecke.* Als Gerbmittel

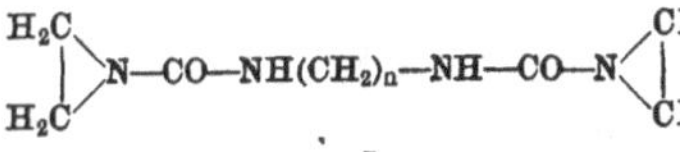

I

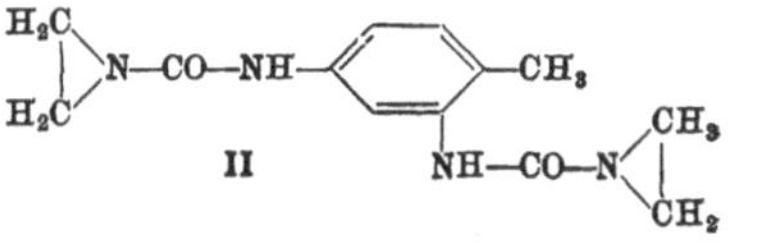

II

werden auf 100 (Teile) Gelatine 0,1 bis 3,0 eines Bis-aziridincarboxamids der allg. Formel **I**, **II** u. **III** zugesetzt, worin n = 2—10 u. R = Alkyl- oder Alkoxygruppe.

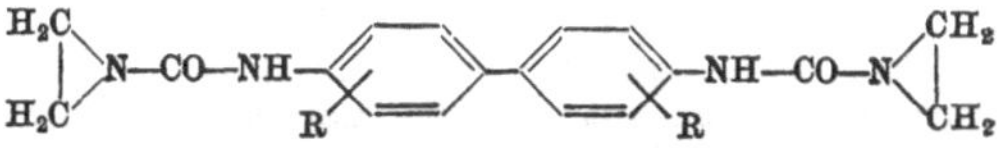

III

Verbb. dieser Art sind *N.N'-Trimethylen-*, *N.N'-Tetramethylen-*, *N.N'-Hexamethylen-bis-[aziridin-(1)-carboxamid]*, *3.3'-Dimethoxydiphenyl-4.4'-bis-[aziridin-(1)-carboxamid]*. — Auf einen Film aus Celluloseacetat wird eine photograph. positive Rapidemulsion von Gelatine-Chlorbromsilber aufgebracht, welche auf 100 g 1,265 g N.N'-Oktamethylen-bis-[aziridin-(1)-carboxamid] oder Toluylen-2.4-bis-[aziridin-(1)-carboxamid] enthält. Nach dem Belichten wird mit einem Entwickler folgender Zus. entwickelt: 2 (g) N-Methyl-p-aminophenol, 96 Na_2SO_3 (wasserfrei), 9 Hydrochinon, 48 Na_2CO_3 (wasserfrei), 5 KBr, mit W. auf 1 Liter gelöst. — Die Gelatine ist wasserwiderstandsfähig u. besitzt keine Quellfähigkeit. (**F. P. 1 147 763** vom 18/4. 1956, ausg. 29/11. 1957. A. Prior. 18/4. 1955.) M. F. MÜLLER. 8603

Eastman Kodak Co. (Erfinder: **Cornelius Charles Unruh, Donald Arthur Smith** und **William James Priest**), Rochester, N. Y., V. St. A., *Bindemittel für Halogensilberschichten.* Der Hauptbestandteil ist Polyvinylalkohol (97,5—99,6 Mol.-%), der Rest besteht aus Vinylcyanacetat-, N-Allylcyanacetamid- u. N-Methallylcyanacetamideinheiten. Das Halogensilber wird in Gelatine oder Gelatinederivv. ausgefällt, die Emulsion koaguliert, das Koagulat gewaschen u. im oben beschriebenen Polymerisat dispergiert. Die daraus gegossenen u. getrockneten Schichten sind gut härtbar. (**D. A. S. 1 046 492** Kl. 57b vom 26/6. 1956, veröff. 11/12. 1958. A. Prior. 29/6. 1955.) A. KALIX. 8603

Eastman Kodak Co., übert. von: **William J. Priest** und **Charles F. H. Allen**, Rochester, N. Y., V. St. A., *Halogensilberschichten.* Als Schichtbildner werden Polyvinylharze verwendet, die freie OH-Gruppen enthalten u. mit β-Aminodiäthylacetal (**I**) durch Einführung von NH_2-Gruppen „modifiziert" worden sind. Sie werden durch längeres Erwärmen einer mit HCl auf p_H 0,7 eingestellten Polyvinylalkohollsg. mit **I** auf Tempp. um 100° hergestellt u. als vollständiger oder teilweiser Ersatz der Gelatine in Halogensilberemulsionen verwendet. (**A. P. 2 739 059** vom 12/8. 1952, ausg. 20/3. 1956.) A. KALIX. 8603

Eastman Kodak Co., übert. von: **William J. Priest**, Rochester, N. Y., V. St. A., *Herstellung von Gelatineersatz für photographische Zwecke* durch Polymerisation von Zein, Gliadin oder Hordein mit einer Vinylverb. (**I**) in W.-A.-Lsg. bei ca. 100° in Ggw. von H_2O_2. Als **I** können (Meth-)Acrylsäure oder Itaconsäure eingesetzt werden, die bei Anwendung höherer Mengen die Viscosität der Prodd. erhöht. (**A. P. 2 824 077** vom 26/3. 1953, ausg. 18/2. 1958.) H. SCHINDLER. 8603

E. I. du Pont de Nemours & Co., Wilmington, Del. (Erfinder: **Ralph Kingsley Blake**, Highland Park, N. J., **Francis Peter Alles**, Westfield, N. J.), V. St. A., *Lichtempfindliches Material für Röntgenaufnahmen.* Die lichtempfindliche Schicht (I), vorzugsweise Halogensilber, ist mit einer Leuchtschicht (**II**) kombiniert, in der die Leuchtmasse, bes. ein Gemisch aus $PbSO_4$ u. $BaSO_4$ oder $CaWoO_4$, in einem chlorsulfonierten Additionspolymerisat eines Olefins mit 1—2 Olefinbindungen u. <5 C-Atomen, bes.

C_2H_4, eingelagert ist. Dabei kann II auf der einen Seite des gemeinsamen Trägers für I + II oder auf I abziehbar angeordnet sein, ferner kann sich auf jeder Seite des Trägers eine I u. darüber eine II befinden. Der Geh. an Leuchtmasse soll 0,5—15,0 g/cm², der Geh. an Halogensilber 5—150 mg/cm² betragen. (**D. A. S. 1 036 051** Kl. 57b vom 30/5. 1956, veröff. 7/8. 1958. A. Prior. 31/5. 1955.) A. KALIX. 8611

Agfa Akt.-Ges. (Erfinder: **Erich Reckziegel**, Leverkusen, **Karlheinz Menzel**, Köln, **Willibald Pelz** und **Ottmar Wahl**, Opladen), *Farbkuppler für Purpur* bilden 1-Phenylpyrazolone wie I, die im Phenylrest in o-Stellung zum Pyrazolon-N eine substituierte NH_2-Gruppe enthalten. In dieser soll mindestens ein H-Atom durch eine Alkyl-, Aralkyl-, Aryl-, Acyl- oder heterocycl. Gruppe ersetzt sein, außerdem können die 3 H-Atome im Pyrazolonring u. die H-Atome im Phenylrest in der üblichen Weise substituiert sein. Beschreibung der Darstellung. Im Original 11 weitere, nur durch Strukturformeln gekennzeichnete Verbindungen. (**D. A. S. 1 046 496** Kl. 57b vom 14/11. 1957, veröff. 11/12. 1958.) A. KALIX. 8631

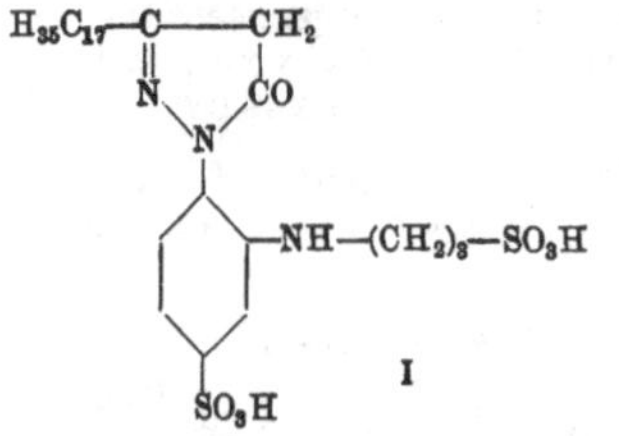

I

Agfa Akt.-Ges. (Erfinder: **Julius Geiger** und **Armin Ossenbrunner**, Leverkusen, und **Max Coenen**, Krefeld), *Lichthofschutzschichten.* Als Farbstoffe werden Triphenylmethanderivv. verwendet, die durch Rk. von p.p'-Dihalogen- oder p.p'-Dialkoxytriphenylcarbinolen mit Phenylendiamin (I) oder mit solchen Substitutionsprodd. von I erhalten werden, die noch mindestens ein substituierbares H-Atom an einem der N-Atome tragen. — Beispiel: Reaktionsprodd. aus p.p'-Dimethoxy-o''-chlortriphenylcarbinol (II) u. p-Amino-I, ferner aus I u. II, aus II u. p-Amino-N-oxyäthyl-N-äthylanilin, aus II u. p-Aminophenylglycin. Angabe der vermutlichen Strukturformeln. Diese Farbstoffe können mit natürlichen oder synthet. Harzen gemischt als bes. Schicht auf den Film aufgetragen oder der Filmgießlsg. zugesetzt werden. (**D. A. S. 1 045 798** Kl. 57b vom 29/3. 1957, veröff. 4/12. 1958.) A. KALIX. 8613

Agfa Akt.-Ges. (Erfinder: **Helfried Klockgether, Walter Kleist** und **Armin Ossenbrunner**), Leverkusen, *Antistatische Schichten.* Als Schichtbildner werden (für sich allein oder gemischt mit anderen schichtbildenden Stoffen) solche Acetale aus Polyvinylalkohol oder OH-haltigen Mischpolymerisaten u. aliphat., aromat. oder hydroaromat. Aldehyden verwendet, die an einer beliebigen Stelle ihres Mol. eine oder mehrere mit Alkali neutralisierte SO_3H-Gruppen in solcher Menge tragen, daß der S-Geh. der Acetale mindestens 5% beträgt. Neben freien u. acetalisierten können auch noch veresterte OH-Gruppen darin enthalten sein. — Beispiele: Acetale aus Polyvinylalkohol mittlerer Viscosität (I) u. butyraldehydsulfosaurem Na, aus I + Benzaldehyd (II) + II-sulfosaurem Na, aus I + II + II-disulfosaurem Na. (**D. A. S. 1 046 487** Kl. 57b vom 24/8. 1956, veröff. 11/12. 1958.) A. KALIX. 8613

D. A. Spencer, Hrsg., Progress in photography. 1955—1958. London: Focal Pr. 1958. (168 S.) 50 s.

REDAKTIONSSCHLUSS: 5. Juni 1959.

Herausgeber: Prof. Dr. Heinrich Bertsch, Berlin u. Prof. Dr. Dr. h. c. Wilhelm Klemm, Münster. Chefredakteure und verantwortlich für den Inhalt: Dr. Eugen Klever, Berlin SW 61, Dessauer Str. 28—31, Fernsprecher: 665421, u. Dr. Heinz Walter, Berlin N 4, Schiffbauerdamm 19, Fernsprecher: 425571.
©
Verlag: Akademie-Verlag GmbH, Berlin W 1, Leipziger Str. 3-4 (Fernsprecher: 220441, Postscheckkonto Berlin 35021), und Verlag Chemie GmbH, Weinheim/Bergstr. (Fernsprecher: Weinheim 3635 [Sammelnummer]; Fernschreiber: 0465516 chemieverl wnh; Postscheckkonten: Frankfurt/M. 145314 u. Berlin [West] 7430). Bestellnummer: 1007/130. Das Chemische Zentralblatt erscheint wöchentlich. Preis des Jahrganges einschl. Autoren-, Patent-, Sach- u. Formelregister: DM 960,—; einseitig bedruckte Ausgabe: DM 1050,—. Abgabe der Zeitschrift nur mit sämtlichen Registern. Abbestellungen nur bis spätestens 6 Wochen vor Ablauf des Kalenderjahres.

Satz u. Druck: VEB Leipziger Druckhaus, Leipzig, III/18/203. VIII. 59.
Veröffentlicht unter der Lizenznummer ZLN 5002 des Ministeriums für Kultur, Hauptverwaltung Verlagswesen.
Printed in Germany.

Fortsetzung s. umstehend

1949	Ergänzungsband 8	DM 75,—
	Ergänzungsband 9	DM 70,—
	Ergänzungsband 10	in Bearbeitung
1950	I. Halbjahr . . . . nur noch einzelne Hefte lieferbar	
	II. Halbjahr (Heft 1 bis 26) einschl. Autoren- und Patentregister	DM 125,—
	Autoren- und Patentregister I. Halbjahr (einzeln)	vergriffen
	Autoren- und Patentregister II. Halbjahr (einzeln)	DM 16,—
	Sachregister	vergriffen
	Formelregister	DM 27,—
Sonderband 1950—54	Teil 1	DM 42,—
	Teil 2	DM 48,—
	Teil 3	DM 52,—
	Teil 4	DM 47,—
	Teil 5	DM 46,—
	Teil 6	DM 45,—
	Teil 7—10	im Druck
	insgesamt sind ca. 13 Bände vorgesehen	
1951	I. Halbjahr (Heft 1 bis 25) (Autoren- und Patentregister vergriffen) nur noch einzelne Hefte lieferbar	
	II. Halbjahr (Heft 1 bis 25) (Autoren- und Patentregister vergriffen) nur noch einzelne Hefte lieferbar	
	Sach- und Formelregister	DM 80,—
1952	Jahresbezugspreis einschl. Autoren- und Patentregister	DM 320,—
	Sach- und Formelregister	DM 96,—
1953	Jahresbezugspreis einschl. Autoren- und Patentregister	DM 320,—
	Sach- und Formelregister	DM 96,—
1954	Jahresbezugspreis einschl. Autoren- und Patentregister	DM 370,—
	Sach- und Formelregister	DM 96,—
1955	Jahresbezugspreis einschl. Autoren- und Patentregister	DM 370,—
	Sach- und Formelregister	DM 96,—
1956	Jahresbezugspreis einschl. Autoren-, Patent-, Sach- und Formelregister	DM 680,—
1957	Jahresbezugspreis einschl. Autoren-, Patent-, Sach- und Formelregister	DM 680,—
	Autoren- und Patentregister, 1957 Teil I	vergriffen
1958	Jahresbezugspreis einschl. Autoren-, Patent-, Sach- und Formelregister	DM 680,—
Generalregister IX (1935 bis 1939)		
	Teil IV: Sachregister, 1. Lieferung	vergriffen
	2. Lieferung	vergriffen
	3. Lieferung	DM 52,—
	4. Lieferung	DM 55,—
	5. Lieferung	DM 52,—
	6. Lieferung	DM 52,—
	7. bis 8. Lieferung	im Druck
Generalregister X (1940 bis 1944)		
	Teil I: Autorenregister, 1. bis 4. Lieferung	vergriffen
	5. und 7. Lieferung	je DM 50,—
	6. Lieferung	vergriffen
	Teil II: Patentregister	vergriffen
	Teil III: Formelregister	vorgesehen
	Teil IV: Sachregister	vorgesehen
Generalregister XI (1945 bis 1949)		vorgesehen
Generalregister XII (1950 bis 1954)		
	Teil I: Autorenregister	in Bearbeitung
	Teil II: Patentregister	DM 33,—
	Teil III und IV	vorgesehen
Das System (Stand vom 1. April 1958) 95 Seiten — gr. 8^0		DM 12,—

Lieferungsmöglichkeit vorbehalten

A K A D E M I E - V E R L A G · B E R L I N

VERLAG CHEMIE · GMBH · WEINHEIM/BERGSTR.

Kolibri 360 GmbH
Ferdinand-Jühlke-Straße 7
99095 Erfurt, Deutschland
produktsicherheit@kolibri360.de